一带一路经济植物

主编　张卫明　袁昌齐　肖正春　穆占伟

东南大学出版社
SOUTHEAST UNIVERSITY PRESS
· 南京 ·

内容提要

本书以"一带一路"经济植物为切入点，总论重点论述了"一带一路"经济植物的交流与应用，中国经济植物在世界上的传播与影响，并按地理区域分别介绍了"一带一路"沿线地区经济植物交流的历史与传播。各论介绍了重要的经济植物502种，每种均记载有植物名、拉丁学名、科名、英文名、别名、植物形态、生态分布、历史与民俗、化学成分、加工与利用、附注等项，每种均附有彩图。本书还以表格形式列出了"一带一路"经济植物1 526种(含各论收载的502种)，分别记载了中文名、拉丁名、英文名、科名、原产地和用途。

本书集科学性、知识性、实用性与可读性为一体，是一本了解和认识"一带一路"植物资源和植物文化的专著，内容丰富、信息量大、彩图精美。对于了解"一带一路"经济植物历史、文化、开发利用和交流传播，推动"一带一路"经济植物的应用与交流起到积极作用。

图书在版编目(CIP)数据

一带一路经济植物/张卫明等主编. —南京：东南大学出版社，2017.11

ISBN 978-7-5641-7431-6

Ⅰ. ①一… Ⅱ. ①张… Ⅲ. ①经济植物—介绍 Ⅳ. ①Q949.9

中国版本图书馆CIP数据核字(2017)第223639号

一带一路经济植物

主　　编　张卫明 等
责任编辑　陈　跃(025)83795627

出版发行　东南大学出版社　　**出 版 人**　江建中
地　　址　南京市四牌楼2号　　**邮　　编**　210096
销售电话　(025)83794121
网　　址　http://www.seupress.com　　**电子邮箱**　press@seupress.com

经　　销　全国各地新华书店　　**印　　刷**　南京艺中印务有限公司
开　　本　889 mm×1 194 mm　1/16　　**印　　张**　31.75
字　　数　1 006千字　　**彩　　插**　2.75
版 印 次　2017年11月第1版　2017年11月第1次印刷
书　　号　ISBN 978-7-5641-7431-6
定　　价　160.00元

编写委员会

主编 张卫明　袁昌齐　肖正春　穆占伟

编委 束成杰　单　宇　王　鸣　贾晓东
陈　雨　刘启振　王奇志　鲁蓝青
印　敏　管福琴　刘　飞　徐　曙
王　碧　侯北伟　张宇思　张广伦
张锋伦　陈　蕾　陈　妍　周林芳
张　丹　郝瑞芬　徐　悦　李　童

序

“一带一路”是一条中国与世界互联互通之路、合作共赢之路，更是一条和平发展之路。

“一带一路”有着悠久历史的沉积，一批重要物品如茶、丝绸、瓷器、香料、药材、食材等因此得到了大交流，大大促进了沿线国家经济与文化的繁荣发展。

在经济全球化和国际化的今天，高兴地看到了《一带一路经济植物》的面世。总论中叙述了“一带一路”植物资源和植物文化交流传播的历史，以及不同地区分布的经济植物种类；而各论中更具体地介绍了502种主要经济植物的信息资料，图文并茂、实用性强。

相信此书的出版将能促进“一带一路”沿线国家植物资源的利用和保护，带动生物产业、健康产业、文化产业、旅游业等的发展和繁荣，切切实实地助力“一带一路”的健康发展。

欣然之余，乐之为序。

中国工程院院士

中国医学科学院药用植物研究所名誉所长

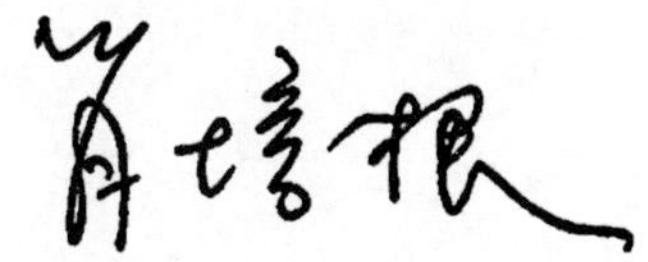

2017年6月于北京

前　　言

2013年9月和10月，中国国家主席习近平先后提出共建“丝绸之路经济带”和“21世纪海上丝绸之路”倡议，得到国际社会的高度关注和有关国家的积极响应。共建“一带一路”倡议借用古丝绸之路的历史符号，融入新的时代内涵。“一带一路”的提出，有利于实现我国改革开放的方针，有利于产业发展，有利于中国与“一带一路”沿线广大地区和国家在经济、政治、文化上取得更好的交流，以实现共赢，其意义极为重大。

历史上，陆上和海上丝绸之路国家的经济植物、作物及文化交流，丰富了沿线国家经济植物物种资源，增进了人类健康，提高了各国的物质生活水平，促进了各国经济繁荣和发展，调整了各国人民的衣食结构和生活习惯，增进了各国人民的友谊。经济发展、社会进步与植物资源的利用是相辅相成的，植物资源是人类文明发展的重要物质基础，经济植物的交流传播带动了社会的文明进步。在新的形势下，“一带一路”植物资源的利用与传播有着广泛的发展空间，在“一带一路”发展倡议和规划的指导下，必将大有作为，创造出新的辉煌。

本书以“一带一路”经济植物为切入点，总论重点论述了“一带一路”经济植物的交流与应用，中国经济植物在世界的传播与影响，并按地理区域分别介绍了“一带一路”沿线地区经济植物交流的历史与传播。各论介绍了重要的经济植物502种，每种均记载有植物名、拉丁学名、科名、英文名、别名、植物形态、生态分布、历史与民俗、化学成分、加工与利用、附注等项，并附有彩图。本书还以表格形式列出了“一带一路”经济植物1 526种(包括各论收载的502种)。

本书集科学性、知识性、实用性与可读性为一体，是一本了解和认识“一带一路”植物资源和植物文化的专著，内容丰富、信息量大、彩图精美。希望本书的出版对于读者了解“一带一路”经济植物历史、文化、开发利用和交流传播，并推动“一带一路”经济植物的应用与交流有所助益。

衷心感谢王思明院长、肖伟教授等给予的大力支持，特别感谢肖培根院士为本书作序。限于所掌握资料有限且实践经验有待增加，书中漏错之处恳请读者批评指正。

前言

1 秋葵 *Abelmoschus esculentus*

2 黄葵 *Abelmoschus moschatus*

3 阿拉伯胶树 *Acacia senegal*

4 南美稔 *Acca sellowiana*

6 蓍草 *Achillea millefolium*

8 猴面包树 *Adansonia digitata*

10 石栗 *Aleurites moluccana*

5 糖枫 *Acer saccharum*

7 中华猕猴桃 *Actinidia chinensis*

9 蓝色龙舌兰 *Agave tequilana*

11 韭葱 *Allium ampeloprasum*

12 洋葱 *Allium cepa*

13 藠头 *Allium chinense*

14 葱 *Allium fistulosum*

15 蒜
Allium sativum

16 虾夷葱
Allium schoenoprasum

17 韭菜
Allium tuberosum

18 海芋 *Alocasia macrorrhiza*

19 库拉索芦荟 *Aloe vera*

20 大高良姜 *Alpinia galanga*

21 繁穗苋 *Amaranthus cruentus*

23 白豆蔻 *Amomum kravanh*

24 砂仁 *Amomum villosum*

22 三色苋 *Amaranthus tricolor*

25 魔芋 *Amorphophallus rivieri*

27 菠萝 *Ananas comosus*

28 穿心莲 *Andrographis paniculata*

26 腰果 *Anacardium occidentale*

31 南美番荔枝 *Annona cherimola*

29 莳萝 *Anethum graveolens*

30 圆当归 *Angelica archangelica*

32 刺果番荔枝 *Annona muricata*

33 罗马洋甘菊 *Anthemis nobilis*

34 旱芹 *Apium graveolens*

35 长柄水蕹 *Aponogeton distachyos*

36 沉香 *Aquilaria agallocha*

37 落花生 *Arachis hypogaea*

38 草莓树 *Arbutus unedo*

39 牛蒡 *Arctium lappa*

40 槟榔 *Areca catechu*

41 桄榔 *Arenga pinnata*

42 阿甘树 *Argania spinosa*

43 梅 *Armeniaca mume*

44 辣根 *Armoracia rusticana*

46 苦艾 *Artemisia absinthium*

47 黄花蒿 *Artemisia annua*

48 龙蒿 *Artemisia dracunculus*

45 黑果腺肋花楸 *Aronia melanocarpa*

49 面包果 *Artocarpus altilis*

50 菠萝蜜 *Artocarpus heterophyllus*

51 博士茶 *Aspalathus linearis*

52 石刁柏 *Asparagus officinalis*

53 阿皮迪菊 *Aspilia mossambicensis*

54 榆钱菠菜 *Atriplex hortensis*

55 颠茄 *Atropa belladonna*

56 桃叶珊瑚 *Aucuba chinensis*

57 燕麦 *Avena sativa*

58 阳桃 *Averrhoa carambola*

59 印度楝 *Azadirachta indica*

61 埃及榭果 *Balanites aegyptiaca*

63 冬瓜 *Benincasa hispida*

60 刺棒棕 *Bactris gasipaes*

62 落葵 *Basella alba*

64 巴西栗 *Bertholletia excelsa*

65 甜菜 *Beta vulgaris*

66 胭脂木 *Bixa orellana*

67 阿开木 *Blighia sapida*

68 苎麻 *Boehmeria nivea*

69 凹唇姜 *Boesenbergia rotunda*

70 琉璃苣 *Borago officinalis*

71 糖椰子 *Borassus flabellifer*

72 卡氏乳香树 *Boswellia carterii*

73 莼菜 *Brasenia schreberi*

74 芥菜 *Brassica juncea*

75 欧洲油菜 *Brassica napus*

76 黑芥菜 *Brassica nigra*

77 花椰菜 *Brassica oleracea*

78 卷心菜 *Brassica oleracea*

79 球茎甘蓝 *Brassica oleracea*

80 青花菜 *Brassica oleracea*

81 大白菜 *Brassica rapa*

82 芜菁 *Brassica rapa*

83 苏木 *Caesalpinia sappan*

84 木豆 *Cajanus cajan*

85 金盏花 *Calendula officinalis*

86 油茶 *Camellia oleifera*

87 茶 *Camellia sinensis*

88 锡兰橄榄 *Canarium zeylanicum*

89 刀豆 *Canavalia gladiata*

90 依兰 *Cananga odorata*

91 蕉芋 *Canna edulis*

92 大麻 *Cannabis sativa*

93 刺山柑 *Capparis spinosa*

94 辣椒 *Capsicum annuum*

95 番木瓜 *Carica papaya*

96 红花 *Carthamus tinctorius*

97 葛缕子 *Carum carvi*

98 美国山核桃 *Carya illinoensis*

99 董棕 *Caryota urens*

100 番泻叶 *Cassia angustifolia*

101 欧洲栗 *Castanea sativa*

102 巧茶 *Catha edulis*

103 长春花 *Catharanthus roseus*

104 樱桃 *Cerasus pseudocerasus*

105 长角豆 *Ceratonia siliqua*

106 秘鲁天轮柱 *Cereus peruvianus*

107 香果菊 *Chamaemelum nobile*

108 昆诺阿藜 *Chenopodium quinoa*

109 茼蒿 *Chrysanthemum coronarium*

110 菊花 *Chrysanthemum morifolium*

111 鹰嘴豆 *Cicer arietinum*

112 苦苣 *Cichorium endivia*

113 菊苣 *Cichorium intybus*

114 金鸡纳 *Cinchona ledgeriana*

115 香樟 *Cinnamomum camphora*

116 锡兰肉桂 *Cinnamomum verum*

117 岩蔷薇 *Cistus ladaniferus*

118 西瓜 *Citrullus lanatus*

119 来檬 *Citrus aurantifolia*

120 苦橙 *Citrus aurantium*

121 柠檬 *Citrus limon*

122 柚子 *Citrus maxima*

123 佛手 *Citrus medica*

124 葡萄柚 *Citrus paradisi*

125 橘子 *Citrus reticulata*

126 甜橙 *Citrus sinensis*

127 椰子 *Cocos nucifera*

128 小果咖啡 *Coffea arabica*

129 薏苡 *Coix lacryma-jobi*

130 苏丹可乐果 *Cola acuminata*

131 芋 *Colocasia esculenta*

132 没药 *Commiphora myrrha*

133 长蒴黄麻 *Corchorus olitorius*

芫荽 *Coriandrum sativum*

135 欧洲榛 *Corylus avellana*

136 榛 *Corylus heterophylla*

137 海甘蓝 *Crambe maritima*

138 山楂 *Crataegus pinnatifida*

139 番红花 *Crocus sativus*

140 血红白叶藤 *Cryptolepis sanguinolenta*

141 西印度香瓜 *Cucumis anguria*

142 甜瓜 *Cucumis melo*

143 刺角瓜 *Cucumis metuliferus*

144 黄瓜 *Cucumis sativus*

145 笋瓜 *Cucurbita maxima*

146 南瓜 *Cucurbita moschata*

147 西葫芦 *Cucurbita pepo*

148 枯茗 *Cuminum cyminum*

149 姜黄 *Curcuma longa*

150 瓜尔豆 *Cyamopsis tetragonoloba*

151 海岸蜜树茶 *Cyclopia genistoides*

152 榅桲 *Cydonia oblonga*

153 柠檬草 *Cymbopogon citratus*

154 菜蓟 *Cynara scolymus*

155 油莎草 *Cyperus esculentus*

156 树番茄 *Cyphomandra betacea*

157 麒麟竭 *Daemonorops draco*

158 曼陀罗 *Datura stramonium*

159 胡萝卜 *Daucus carota*

161 康乃馨 *Dianthus caryophyllus*

160 马来麻竹 *Dendrocalamus aspera*

162 毛地黄 *Digitalis purpurea*

163 佛尼奥马唐 *Digitaria exilis*

164 龙眼 *Dimocarpus longan*

166 三角叶薯蓣 *Dioscorea deltoidea*

168 黑柿 *Diospyros digyna*

165 黄山药 *Dioscorea cayenensis*

167 山药 *Dioscorea opposita*

169 柿树 *Diospyros kaki*

171 锡兰莓 *Dovyalis hebecarpa*

172 榴莲 *Durio zibethinus*

170 龙脑香 *Dipterocarpus tubinatus*

173 紫锥菊 *Echinacea purpurea*

174 灰谷稗 *Echinochloa frumentacea*

175 沙枣 *Elaeagnus angustifolia*

176 蔓胡颓子 *Elaeagnus glabra*

177 油棕 *Elaeis guineensis*

178 荸荠 *Eleocharis dulcis*

179 小豆蔻 *Elettaria cardamomum*

180 穇子 *Eleusine coracana*

181 香果树 *Emmenopterys henryi*

182 阿比西尼亚红脉蕉 *Ensete ventricosum*

183 埃塞俄比亚画眉草 *Eragrostis tef*

184 枇杷 *Eriobotrya japonica*

185 芝麻菜 *Eruca sativa*

186 海刺芹 *Eryngium maritimum*

187 古柯 *Erythroxylum coca*

188 柠檬桉 *Eucalyptus citriodora*

189 蓝桉 *Eucalyptus globulus*

190 杜仲 *Eucommia ulmoides*

193 东革阿里 *Eurycoma longifolia*

191 红果仔 *Eugenia uniflora*

192 芡实 *Euryale ferox*

194 巴西莓 *Euterpe oleracea*

195 荞麦 *Fagopyrum esculentum*

196 苦荞麦 *Fagopyrum tataricum*

197 木苹果 *Feronia limonia*

198 阿魏 *Ferula assa-foetida*

199 无花果 *Ficus carica*

200 菩提树 *Ficus religiosa*

201 茴香 *Foeniculum vulgare*

202 草莓 *Fragaria ananassa*

203 柬埔寨藤黄 *Garcinia cambogia*

204 山竹子 *Garcinia mangostana*

205 栀子 *Gardenia jasminoides*

206 银杏 *Ginkgo biloba*

207 唐菖蒲 *Gladiolus gandavensis*

208 大豆 *Glycine max*

209 洋甘草 *Glycyrrhiza glabra*

210 甘草 *Glycyrrhiza uralensis*

211 灌状买麻藤 *Gnetum gnemon*

212 木棉树 *Gossampinus malabarica*

213 陆地棉 *Gossypium hirsutum*

214 小葵子 *Guizotia abyssinica*

215 南非钩麻
Harpagophytum procumbens

216 哈龙咖
Harungana madagascariensis

217 向日葵 *Helianthus annuus*

218 菊芋 *Helianthus tuberosus*

219 黄花菜 *Hemerocallis citrina*

220 橡胶树 *Hevea brasiliensis*

221 玫瑰茄 *Hibiscus sabdariffa*

222 沙棘 *Hippophae rhamnoides*

223 丽杯角 *Hoodia gordonii*

224 大麦 *Hordeum vulgare*

225 北枳椇 *Hovenia dulcis*

226 啤酒花 *Humulus lupulus*

227 风信子 *Hyacinthus orientalis*

228 量天尺 *Hylocereus undatus*

229 贯叶连翘 *Hypericum perforatum*

230 真蒲葵棕榈 *Hyphaene petersiana*

231 神香草 *Hyssopus officinalis*

232 玛黛茶 *Ilex paraguariensis*

233 八角茴香 *Illicium verum*

234 凤仙花 *Impatiens balsamina*

235 土木香 *Inula helenium*

236 甘薯 *Ipomoea batatas*

237 香根鸢尾 *Iris pallida*

238 茉莉 *Jasminum sambac*

239 核桃 *Juglans regia*

240 欧洲刺柏 *Juniperus communis*

241 山柰 *Kaempferia galanga*

242 非洲吊灯树 *Kigelia africana*

243 扁豆 *Lablab purpureus*

244 莴苣 *Lactuca sativa*

245 葫芦 *Lagenaria siceraria*

246 榔色木 *Lansium domesticum*

247 山黧豆 *Lathyrus sativus*

248 月桂 *Laurus nobilis*

249 薰衣草 *Lavandula angustifolia*

250 兵豆 *Lens culinaris*

251 玛卡 *Lepidium meyenii*

252 欧当归
Levisticum officinale

253 百合 *Lilium brownii*

254 亚麻 *Linum usitatissimum*

255 柠檬马鞭草
Lippia citriodora

256 苏合香
Liquidambar orientalis

257 荔枝
Litchi chinensis

258 山鸡椒 *Litsea cubeba*

259 蓝靛果 *Lonicera caerulea*

260 翅荚百脉根 *Lotus tetragonolobus*

261 棱角丝瓜 *Luffa acutangula*

262 丝瓜 *Luffa cylindrica*

263 白羽扇豆 *Lupinus albus*

264 枸杞 *Lycium chinense*

265 番茄 *Lycopersicon esculentum*

266 澳洲坚果 *Macadamia integrifolia*

267 西印度樱桃 *Malpighia glabra*

268 苹果 *Malus pumila*

269 欧苹果 *Malus sylvestris*

270 蔓蜜苹果 *Mammea americana*

271 芒果 *Mangifera indica*

272 木薯 *Manihot esculenta*

273 人心果 *Manikara zapota*

274 竹芋 *Maranta arundinacea*

275 母菊 *Matricaria recutita*

276 苜蓿
Medicago sativa

277 互生叶白千层
Melaleuca alternifolia

279 薄荷
Mentha haplocalyx

281 辣薄荷
Mentha piperita

278 香蜂花 *Melissa officinalis*

280 欧薄荷 *Mentha longifolia*

282 留兰香 *Mentha spicata*

283 欧山楂 *Mespilus germanica*

285 苦瓜 *Momordica charantia*

287 龟背竹 *Monstera deliciosa*

284 西谷椰子 *Metroxylon sagu*

286 罗汉果 *Momordica grosvenorii*

288 海巴戟 *Morinda citrifolia*

289 辣木 *Moringa oleifera*

290 桑树 *Morus alba*

291 黑桑 *Morus nigra*

292 调料九里香 *Murraya koenigii*

294 香蕉 *Musa nana*

295 嘉宝果 *Myrciaria cauliflora*

297 肉豆蔻 *Myristica fragrans*

293 芭蕉 *Musa basjoo*

296 卡姆果 *Myrciaria dubia*

298 香没药 *Myrrhis odorata*

299 香桃木 *Myrtus communis*

300 豆瓣菜 *Nasturtium officinale*

301 莲 *Nelumbo nucifera*

302 红毛丹
Nephelium lappaceum

303 烟草
Nicotiana tabacum

304 黑种草
Nigella sativa

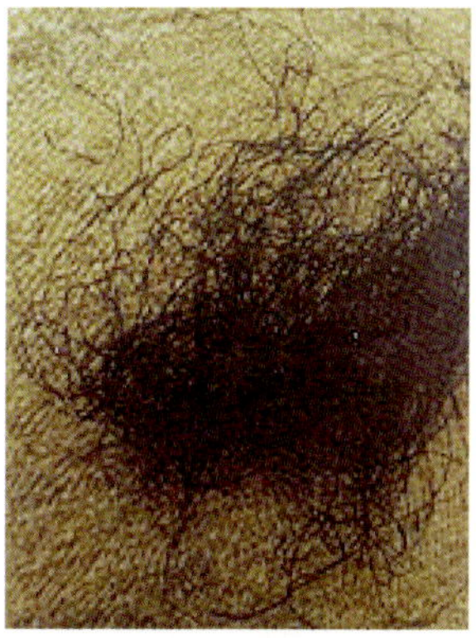

305 发菜
Nostoc commune

306 睡莲 *Nymphaea tetragona*

307 罗勒 *Ocimum basilicum*

308 丁香罗勒 *Ocimum gratissimum*

309 水芹 *Oenanthe javanica*

310 月见草 *Oenothera biennis*

311 油橄榄 *Olea europaea*

312 梨果仙人掌 *Opuntia ficus-indica*

313 欧牛至 *Origanum majorana*

314 牛至 *Origanum vulgare*

315 稻 *Oryza sativa*

316 桂花 *Osmanthus fragrans*

317 晚香玉酢浆草
Oxalis tuberosa

318 马拉巴栗 *Pachira aquatica*

319 豆薯
Pachyrhizus erosus

320 人参 *Panax ginseng*

321 三七
Panax pseudoginseng

322 西洋参 *Panax quinquefolium*

323 稷 *Panicum miliaceum*

324 罂粟 *Papaver somniferum*

325 西番莲 *Passiflora caerulea*

326 鸡蛋果 *Passiflora edulis*

327 香蕉西番莲 *Passiflora mollissima*　328 欧防风 *Pastinaca sativa*　329 巴西香可可 *Paullinia cupana*

330 育亨宾 *Pausinystalia yohimbe*

331 香叶天竺葵 *Pelargonium graveolens*

333 猪油果 *Pentadesma butyracea*

332 御谷 *Pennisetum glaucum*　334 紫苏 *Perilla frutescens*　335 鳄梨 *Persea Americana*

336 香蓼 *Persicaria odorata*

337 皱叶欧芹 *Petroselinum crispum*

338 巴西人参 *Pfaffia paniculata*

339 红花菜豆 *Phaseolus coccineus*

340 架豆 *Phaseolus vulgaris*

342 酸叶下珠 *Phyllanthus acidus*

343 余甘子 *Phyllanthus emblica*

341 海枣 *Phoenix dactylifera*

344 毛竹 *Phyllostachys heterocycla*

345 欧亚酸浆 *Physalis alkekengi*

346 黏果酸浆 *Physalis philadelphica*

347 多香果 *Pimenta dioica*

348 洋茴芹 *Pimpinella anisum*

349 意大利伞松 *Pinus pinea*

350 蒌叶 *Piper betle*

351 荜茇 *Piper longum*

352 胡椒 *Piper nigrum*

353 乳香黄连木 *Pistacia lentiscus*

354 阿月浑子 *Pistacia vera*

355 豌豆 *Pisum sativum*

356 安汶香茶菜 *Plectranthus amboinicus*

357 秋葵香茶菜 *Plectranthus esculentus*

358 鸡蛋花 *Plumeria rubra*

359 广藿香 *Pogostemon cablin*

360 鹅绒委陵菜 *Potentilla anserina*

361 蛋黄果 *Pouteria campechiana*

363 杏 *Prunus armeniaca*

364 欧洲甜樱桃 *Prunus avium*

362 非洲李 *Prunus africana*

365 欧洲李 *Prunus domestica*

367 桃 *Prunus persica*

366 巴旦杏 *Prunus dulcis*

368 黑刺李 *Prunus spinosa*

369 番石榴 *Psidium guajava*

370 草莓番石榴 *Psidium littorale*

371 四棱豆 *Psophocarpus tetragonolobus*

372 补骨脂 *Psoralea corylifolia*

373 蕨 *Pteridium aquilinum*

374 葛 *Pueraria lobata*

375 石榴 *Punica granatum*

376 火棘 *Pyracantha fortuneana*

377 西洋梨 *Pyrus communis*

379 欧洲白栎 *Quercus robur*

381 蛇根木 *Rauvolfia serpentina*

378 没食子树 *Quercus infectoria*

380 萝卜 *Raphanus sativus*

382 亮叶鼠李 *Rhamnus prinoides*

383 掌叶大黄 *Rheum palmatum*

384 食用大黄
Rheum rhabarbarum

385 红景天 *Rhodiola rosea*

386 杜鹃 *Rhododendron simsii*

387 黑茶藨 *Ribes nigrum*

388 红茶藨子 *Ribes rubrum*

389 鹅莓 *Ribes uva-crispa*

390 刺槐 *Robinia pseudoacacia*

391 蔊菜 *Rorippa montana*

392 狗牙蔷薇 *Rosa canina*

393 月季 *Rosa chinensis*

394 刺梨 *Rosa roxburghii*

395 玫瑰 *Rosa rugosa*

396 迷迭香 *Rosmarinus officinalis*

397 兴安悬钩子 *Rubus chamaemorus*

398 黑莓 *Rubus fruticosus*

399 覆盆子 *Rubus idaeus*

401 甜茶 *Rubus suavissimus*

400 罗甘莓 *Rubus loganobaccus*

402 酸模 *Rumex acetosa*

404 甘蔗 *Saccharum officinarum*

403 芸香 *Ruta graveolens*

405 蛇皮果 *Salacca zalacca*

406 牙刷树 *Salvadora persica*

407 蓝花鼠尾草 *Salvia farinacea*

408 药用鼠尾草 *Salvia officinalis*

411 小地榆 *Sanguisorba minor*

409 南欧丹参 *Salvia sclarea*

410 黑接骨木 *Sambucus nigra*

412 檀香树 *Santalum album*

413 乌桕
Sapium sebiferum

415 曼杰提树
Schinziophyton rautanenii

417 黑婆罗门参
Scorzonera hispanica

414 夏香草 *Satureja hortensis*

416 伯尔硬胡桃 *Sclerocarya birrea*

418 黑麦 *Secale cereale*

419 佛手瓜 *Sechium edule*

420 锯叶棕 *Serenoa repens*

421 芝麻 *Sesamum indicum*

422 小米 *Setaria italica*

423 水飞蓟 *Silybum marianum*

424 霍霍巴 *Simmondsia chinensis*

425 白芥 *Sinapis alba*

426 菊薯 *Smallanthus sonchifolius*

427 土茯苓 *Smilax glabra*

428 茄 *Solanum melongena*

429 南美香瓜茄 *Solanum muricatum*

430 马铃薯 *Solanum tuberosum*

431 苦苣菜 *Sonchus oleraceus*

433 高粱 *Sorghum bicolor*

432 欧洲花楸 *Sorbus aucuparia*

434 金纽扣 *Spilanthes acmella*

435 菠菜 *Spinacia oleracea*

436 甜槟榔青 *Spondias cytherea*

437 草石蚕 *Stachys sieboldii*

438 甜叶菊 *Stevia rebaudiana*

439 马钱 *Strychnos nux-vomica*

440 安息香 *Styrax tonkinensis*

441 印度獐牙菜 *Swertia chirata*

442 神秘果 *Synsepalum dulcificum*

443 丁香 *Syzygium aromaticum*

444 乌墨 *Syzygium cumini*

445 蒲桃 *Syzygium jambos*

446 黄金蒲桃 *Syzygium polyanthum*

447 莲雾 *Syzygium samarangense*

448 伊博卡 *Tabernanthe iboga*

449 万寿菊 *Tagetes erecta*

450 酸角 *Tamarindus indica*

451 西洋蒲公英 *Taraxacum officinale*

452 诃子 *Terminalia chebula*

453 番杏 *Tetragonia tetragonioides*

454 四翼豆 *Tetrapleura tetraptera*

455 西非竹芋 *Thaumatococcus daniellii*

456 可可树 *Theobroma cacao*

457 百里香 *Thymus mongolicus*

458 麝香草 *Thymus vulgaris*

459 菱 *Trapa bispinosa*

460 瓜叶栝楼 *Trichosanthes cucumerina var. anguina*

461 胡芦巴 *Trigonella foenum-graecum*

462 小麦 *Triticum aestivum*

463 硬粒小麦 *Triticum durum*

464 旱金莲 *Tropaeolum majus*

465 块茎金莲花 *Tropaeolum tuberosum*

466 郁金香 *Tulipa gesneriana*

468 绒毛钩藤 *Uncaria tomentosa*

467 安第斯薯 *Ullucus tuberosus*

469 异株荨麻 *Urtica dioica*

470 乌饭树 *Vaccinium bracteatum*

471 蓝莓 *Vaccinium corymbosum*

472 大果越橘
Vaccinium macrocarpon

473 欧洲越橘
Vaccinium myrtillus

474 蔓越莓
Vaccinium oxycoccos

475 越橘 *Vaccinium vitis-idaea*

476 欧缬草 *Valeriana officinalis*

477 莴苣缬草 *Valerianella locusta*

478 香荚兰 *Vanilla planifolia*

479 印度瓦特木 *Vateria indica*

480 香根草 *Vetiveria zizanioides*

481 蚕豆 *Vicia faba*

482 赤豆 *Vigna angularis*

483 绿豆 *Vigna radiata*

484 班巴拉花生 *Vigna subterranea*

485 豇豆 *Vigna unguiculata*

486 三色堇 *Viola tricolor*

487 洋豆蔻 *Virola sebifera*

488 葡萄 *Vitis vinifera*

489 山葵菜 *Wasabia japonica*

490 睡茄 *Withania somnifera*

491 文冠果
Xanthoceras sorbifolia

492 千年芋
Xanthosoma sagittifolium

493 海檀木 *Ximenia americana*

494 美洲花椒
Zanthoxylum americanum

495 花椒 *Zanthoxylum bungeanum*

496 胡椒木 *Zanthoxylum piperitum*

497 玉米 *Zea mays*

498 卡萨蒙纳姜 *Zingiber cassumunar*

499 姜 *Zingiber officinale*

500 水生菰 *Zizania aquatica*

501 茭白 *Zizania latifolia*

502 枣 *Ziziphus jujuba*

目　录

第一章

总　论

2013 年 9 月和 10 月，习近平主席在出访中亚和东南亚国家期间，先后提出共建“丝绸之路经济带”和“21 世纪海上丝绸之路”（简称“一带一路”，One Belt and One Road, OBOR）的重大倡议。“一带一路”是连接亚、欧、非三大陆的大动脉和东西方经济、文化交流的桥梁。习主席的倡议引发热烈反响，丝绸之路被认同是渗进理解信任、加强全方位交流的和平友谊之路。随着倡议逐步落地，沿线众多国家和几十亿百姓的命运，更紧密地交织在了一起。

2014 年 11 月，中央财经领导小组第八次会议专门研究了丝绸之路经济带和 21 世纪海上丝绸之路规划，发起建立亚洲基础设施投资银行和设立丝路基金。在博鳌亚洲论坛 2015 年年会上，习主席呼吁各国积极参与“一带一路”建设。随后，中国政府发布《推动共建丝绸之路经济带和 21 世纪海上丝绸之路的愿景与行动》，明确了“一带一路”的共建原则、框架思路、合作重点、合作机制等。2016 年 3 月，国家“十三五”规划纲要正式发布，“推进‘一带一路’建设”成为其中专门一章。2016 年 8 月，习近平在推进“一带一路”建设工作座谈会上，进一步提出 8 项要求，从统一思想到统筹落实，从金融创新到人文合作，从话语体系建设到安全保障，面面俱到。三年，蓝图由草创到一步步展开、一笔笔绘就。三年，筚路蓝缕，春华秋实。目前，已有 100 多个国家和国际组织参与到“一带一路”建设中来，中国同 30 多个沿线国家签署了共建合作协议，同 20 多个国家开展了国际产能合作，联合国等国际组织也态度积极，以亚投行、丝路基金为代表的金融合作不断深入，一批有影响力的标志性项目逐步落地。“一带一路”建设从无到有、由点及面，进度和成果超出预期。“一带一路”东联亚太经济圈，西接欧洲经济圈，跨越高山深海，正在逐步构建世界上最壮美的经济走廊。

“一带一路”倡议对于构建开发型经济新体制，形成东、中、西互济，海陆统筹的全方位开发新格局，对于实现两个一百年奋斗目标，实现中华民族伟大复兴的中国梦具有重大而深远的意义。人文交流合作也是“一带一路”建设的重要内容，要坚持经济合作和人文交流共同推进。同时，“一带一路”的发展将推动中国经济植物走向世界，也使世界经济植物来到中国，为推动经济发展、提升人民生活和健康产业创造了良好条件和广阔空间，为悠久而有差异的传统文化交流借鉴提供了极好的平台。

1　陆上丝绸之路和海上丝绸之路

1.1　丝绸之路的相关概念

丝绸之路（the Silk Road; the Silk Route）亦称“丝路”，一般是指西汉（公元前 202 年—公元 138 年），由张骞出使西域开辟的以长安（今西安）为起点，经甘肃、新疆，到中亚、西亚，并联结地中海各国的陆上通道。鉴于由这条路西运的货物中以丝绸制品的影响最大，故得此名。其基本走向定于两汉时期，包括南道、中道、北道三条路线。丝绸之路是历史上横贯欧亚大陆的贸易交通线，在历史上促进了欧亚非各国和中国的友好往来。中国是丝绸的故乡，在经由这条路线进行的贸易中，中国输出的商品以丝绸最具代表性。

其实，古代的中西交通线路本来没有概括的总体名称，“丝绸之路”这一名称是在 19 世纪末才开始出现的。它最早见于德国地理学家李希霍芬（Ferdinand von Richthofen）的《中国，亲身旅行的成果和以之为根据的研究》（1877 年出版）一书，他在书中将公元前 114 年至公元 127 年间连接中国与中亚河中地区以及印度的丝绸贸易路线称为 Die Seidenstrassen；英文将其译成 Silk Road，中文则译为“丝绸之路”。后来，德国史学家阿尔巴特·赫尔曼（Albert Herrmann）在《中国和叙利亚之间的丝绸古道》（1910 年出版）一书中又作了进一步的阐述，并将丝绸之路向西延伸至叙利亚。在这以后，“丝绸之路”一称逐渐为学术界所接受，现在已成为古代中国、中亚、西亚之间，以及通过地中海（包括沿岸陆路）连接欧洲和北非的交通线之总称。此外，由于罗马与安息、萨珊王朝争夺丝绸的角逐又扩展到海上，中国自汉代起也极力开拓海上交通，海路遂成为罗马获取丝绸的主要来源之一。因此，一些学者又将汉代以后从中国至印度、再到地中海沿岸及其以西地区的海路称为“海上丝绸之路”。

由此可见，丝绸之路便是泛指起始于古代中国，连接亚洲、非洲和欧洲的古代商业贸易路线。具有狭义与广义两种涵义：狭义的丝绸之路一般指陆上丝绸之路；广义上讲则又分为陆上丝绸之路和海上丝绸之路。

1.2 陆上丝绸之路的交通路线

陆上丝绸之路的开辟是一个较长的历史过程，行走的路线也比较复杂，主要可分为北方丝绸之路和南方丝绸之路。丝绸之路开通以前，中原与欧亚草原之间就存在着密切的文化交流，只是尚未形成规模。丝绸之路正式开通于两汉时期。

丝绸之路全长近 8 000 km，在中国境内约有 4 400 km。丝绸之路的基本走向形成于汉代，其主干线起点在都城长安（今西安）或洛阳。丝绸之路一般可分为三段，而每一段又分为北、中、南三条线路（图 1）。

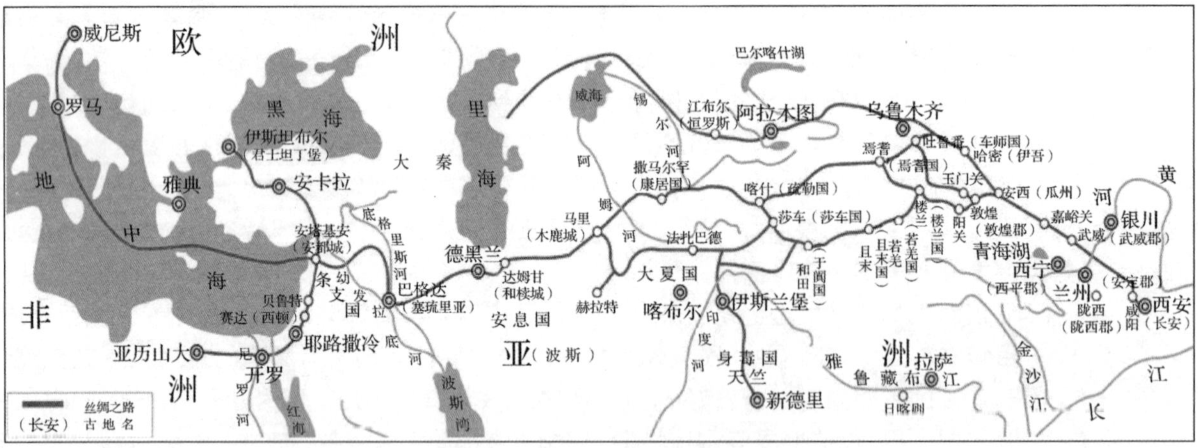

图 1　陆上丝绸之路交通路线

东段从长安（或洛阳）到玉门关、阳关。主要的三条线路均从长安（或洛阳）出发，到武威、张掖汇合，再沿河西走廊到敦煌。线路选择多考虑翻越六盘山以及渡过黄河的安全性与便捷性。北线从泾川、固原、靖远至武威，路线最短，但沿途缺水、补给不易。南线从凤翔、天水、陇西、临夏、乐都、西宁至张掖，补给容易，但路途较长。中线从泾川、平凉、会宁、兰州至武威，距离和补给均属适中。

中段从玉门关、阳关以西至葱岭，主要是西域境内的诸条路线，随绿洲、沙漠的变化而时有变迁。中段在西汉大体有南北两条道路。南道指昆仑山北麓和塔克拉玛干沙漠之间的东西通道。东起阳关，沿塔克拉玛干沙漠南缘，经楼兰、且末、尼雅（精绝）、和田、莎车等，越葱岭（帕米尔），向西或向西南，可到达大夏（阿富汗）、粟特（乌兹别克斯坦）、安息（伊朗）、条支（伊拉克），最后可到达大秦（罗马帝国）。北道从玉门关向西，经车师国（吐鲁番地区）的高昌古城和交河古城，沿天山南麓向西南，再经危须（和硕）、焉耆、尉犁（库尔勒）到龟兹（库车）。再往西有两条岔道，一条西行过姑墨（阿克苏）、温宿（乌什），到乌孙首府赤谷城，再向西过阗池南，沿纳林河向西到塔拉斯河中游的郅支城（江布尔城）。另一条则是由龟兹向西南行，到疏勒（喀什），越葱岭上的休循到大宛（费尔干纳）。东汉时，又开辟了新北道，即由玉门关西行，过莫贺延碛沙漠北缘到伊吾（哈密），再向西北行，到蒲类海（巴里坤湖）、车师后部，西通乌孙。

西段自葱岭以西经中亚、西亚直到欧洲。西段的北、中、南三线分别与中段的三线相接对应。其中，经里海到君士坦丁堡的路线在唐朝中期开辟。北线沿咸海、里海、黑海的北岸，经过碎叶（托克玛克）、怛罗斯（江布尔城）、阿斯特拉罕（伊蒂尔）等地到伊斯坦布尔（君士坦丁堡）。中线自喀什起，经费尔干纳盆地、撒马尔罕、布哈拉等到马什哈德（伊朗），与南线汇合。南线起自帕米尔山，可由克什米尔进入巴基斯坦和印度，也可从白沙瓦、喀布尔、马什哈德、巴格达、大马士革等前往欧洲。

西南丝绸之路（南方丝绸之路）是中国的西南地区连接亚洲大陆腹地与南亚次大陆即中南半岛的枢纽。早在 4 000 年前，四川盆地就有几条南方通向沿海，通向今缅甸、印度地区的通道。西南丝绸之路比北方丝绸之路形成至少早两个世纪（图 2）。西南丝绸之路是中国和南亚、东南亚商贸交往的重要陆上通道。随着经贸交往的密切，沿西南丝绸之路进行的商贸往来愈加频繁，商品种类不断丰富，中国和南亚、东南亚诸国的经济联系更加紧密。西南丝绸之路一直是中国通往东南亚、南亚的重要陆上通道。这段古道在维护中国疆土完整、巩固边防方面发挥了巨大作用，同时也促进了中国与东南亚、南亚的商贸往来及文化交流。千百年来，中外使节、精明商旅、虔诚僧侣、忠勇军人通过这条古老而漫长的道路传递着友谊，促进了经济文化的交流和繁荣。

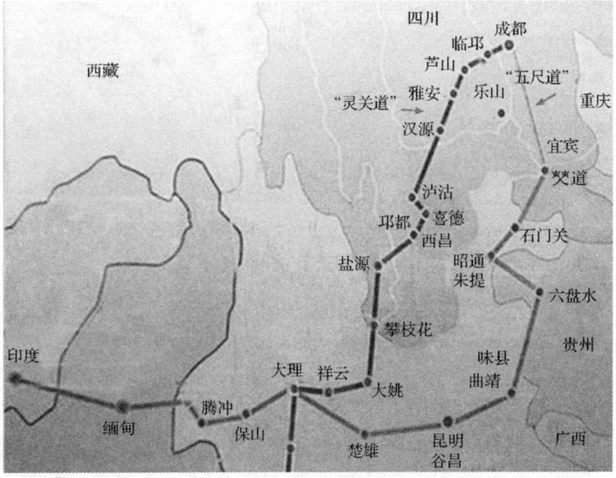

图 2　西南丝绸之路的交通路线

1.3　海上丝绸之路的交通路线

海上丝绸之路，几乎与陆上丝绸之路同时发展，有南海航线和东海航线两条，以东部沿海城市为起点，向东通往朝鲜半岛和日本，向南通向东南亚、南亚、非洲和欧洲，是古代中国与朝鲜、日本以及东南亚、南亚、北非等联系的海上重要通道。其中，南海航线是丝路的主线，东海航线为次线（图 3）。

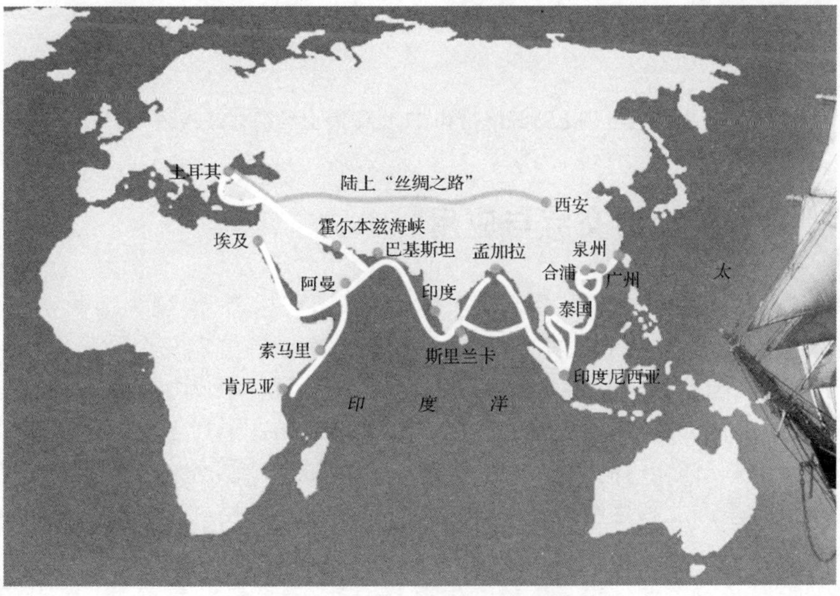

图 3　海上丝绸之路的交通路线

海上丝绸之路是指自汉朝起由中国东南沿海经东海、南海，连接东亚、东南亚、南亚、西非、东非以及中东、欧洲等地中海沿岸各国的海上交通路线。历史上，该线路以丝绸、陶瓷、香料等贸易著称，因此被称为海上丝绸之路。它的开辟缩短了东西方之间的距离，是人类文化交流和文明进程的重要里程碑。作为连接亚欧大陆的交通大动脉，海上丝绸之路逐渐取代了陆上丝绸之路以往的重要地位，而且一直保持着持续发展的势头。

"一带一路"的框架思路是促进共同发展、实现共同繁荣的合作共赢之路，是增进理解信任、加强全方位交流的和平友谊之路。中国政府倡议，秉持"和平合作、开放包容、互学互鉴、互利共赢"的理论，全方位推进务实合作，打造政治互信、经济融合、文化包容的利益共同体、命运共同体和责任共同体。国务院授权，由发改委、外交部、商务部联合发布的《推动共建丝绸之路经济带和21世纪海上丝绸之路的愿景与行动》指出，要站在新的起点上，中国与沿线国家一道，平等协商，兼顾各方利益及诉求，携手推动更大范围、更高水平、更深层次的大开放、大交流、大融合；欢迎世界各国和国际地区组织参加。"一带一路"贯穿亚、欧、非大陆，一端是活跃的东亚经济圈，一端是发达的欧洲经济圈，中间广大腹地国家的经济发展活力巨大。"一带一路"建设中，丝绸之路经济带重点为中国经中亚、俄罗斯至欧洲(波罗的海)，中国经中亚、西亚至波斯湾、地中海，中国至东南亚、南亚、印度洋。21世纪海上丝绸之路重点方向是从中国沿海港口过南海到印度洋，延伸至欧洲，从中国沿海港口过南海到南太平洋(图4)。

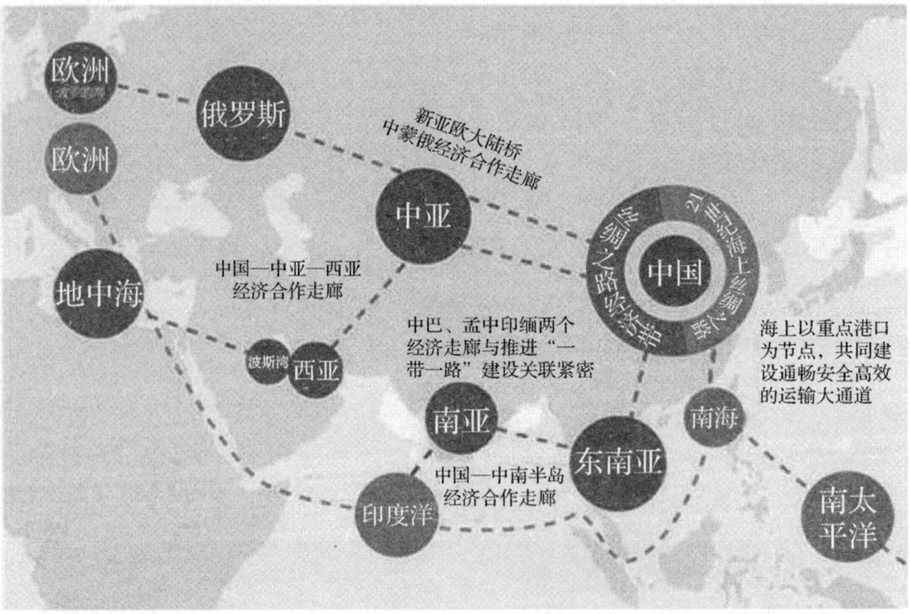

图4　丝绸之路经济带和21世纪海上丝绸之路路线

2　"一带一路"经济植物的交流与应用

历史上，"一带一路"的发展，与丝绸、香料、经济植物等密切相连，丝绸之路作为东西方文明交流的纽带，使得世界地理大发现得以开启，人类开始走到一起，整个世界进入一个前所未有的时代。"一带一路"的提出，有利于实现我国改革开放的方针，有利于产业的发展，有利于中国与"一带一路"沿线广大地区和国家在经济、政治、文化上取得更好的交流，以实现共赢。中国通过互惠互利的合作融入世界，其本质是中国梦的实现和世界一体化。同时，"一带一路"的发展推动中国经济植物走向世界，也使世界经济植物来到中国，为发展健康产业和生物产业创造了良好条件和广阔空间，为悠久而有差异的传统文化交流、借鉴提供了极好的平台。

植物是财富的种子，植物资源保障了人类的生存与发展，一直是世界贸易与文化交流的重要内容。从衣食住行中的香料、蚕桑、药材乃至工业原料，无一不与植物密切相关。植物和人类关系至为密切，植物不仅为人类创造了适宜的生存环境，而且为人类提供了大量丰富多样的食物及生活中所需要的各种工业原料和医药原料，植物是人类生存与生活的支柱，经济植物的利用在人类文明建设与经济发展过程中起着重要作用，也是世界贸易与文化交流的重要内容。

当今人们的生产生活中应用的很多经济植物都来自“一带一路”中的国家和地区。从地中海到亚洲、欧洲，各国权利的影响及渐次扩张，更与经济植物紧密相连。曾经一些重要的经济植物——茶、棉花、甘蔗、橡胶、烟草等及其相关的某些领域，在欧洲人为争夺利益的操纵下，变得十分异常、诡秘。在16世纪的香料交易中，欧洲人对香料进行狂热追逐，如胡椒、肉桂、丁香、姜、豆蔻等，人们喜用的香料甚至贵比黄金。为此引发了资源征战，并由此推动了为寻找香料的航海远行。1493年，哥伦布第二次前往新大陆，发现了起源于亚洲的甘蔗，并把它带到加勒比群岛。在拉丁美洲，殖民者为扩种甘蔗，从非洲转移大量奴隶，依靠蔗糖生产创造了巨大财富；同时也改变了加勒比地区的文化和人口构成。茶叶是原产于中国的神效仙草，是“世界三大饮料”之一，公元前200年，《尔雅》首次提及野生茶树的种植。中国是最早熟知茶的秘密及其生产加工技术的国家。18世纪以前，茶叶的生产一直为中国垄断。1848年，英国东印度公司派植物猎人罗伯特·福琼（Robert Fortune）到中国内地考察，他带走了23 892株小茶树和大约17 000粒茶种子，在印度建立了茶园。1890年，英国市场90%的茶叶来自印度，茶叶成为印度主要的出口产品，其产量甚至超过中国。

“不是张骞通西域，安能佳种自西来？”这句话概括了丝绸之路通向西域的一部分贡献，也反映了丝绸之路促进了东西方经济与文化的交流。公元前138年至公元前119年，张骞两次出使西域，沟通了亚洲内陆交通要道以及与西域各国的友好往来，开拓了中国甘肃、新疆到阿富汗、伊朗等国的陆地交通，即丝绸之路。丝绸之路上葡萄、胡桃、胡萝卜、胡椒、胡豆、菠菜等植物的传播，为东亚人的日常饮食增添了更多的选择。西域地区的葡萄酒经过历史的发展已经融入到中国的传统酒文化当中。秦汉时期，在中国海面上满载着丝绸、瓷器、茶叶和香料的古老船队，从岭南出发，从番禺、徐闻、合浦等港口起航西行，与从地中海、波斯湾、印度洋港口出发往东航行的船只在印度洋上相遇，并实现了对接。海上丝绸之路，这条联系东西方经济文化的桥梁应运而生。它连接着东亚、南亚、西亚、非洲和欧洲的主要港口。明朝郑和船队曾来往于西太平洋及北印度洋之间，在东非、红海、波斯湾等地都曾留下足迹。就当时情况而言，无论在规模或技术手段上，郑和船队都有能力打通东西通道。海上丝绸之路形成于秦汉，发展于魏晋，繁荣于隋唐，到宋元时期达到顶峰，因明清海禁，盛极而衰。大洋洲和拉美地区是21世纪海上丝绸之路构想的涵盖区域，极大地丰富了21世纪海上丝绸之路的内涵，是古代海上丝绸之路的延伸和发展。

陆上和海上丝绸之路各个国家经济植物和作物及文化交流，丰富了沿线国家经济植物物种资源，增进了人类健康，提高了各国的物质生活水平，促进了各国经济繁荣和发展，调整了各国人民的衣食结构和生活习惯，增进了各国人民的友谊。通过中外植物交流，各国人文精神深入交流与融合，提升了各国的精神文化水平。

丝绸之路上许多重要经济植物种类通过交流，至目前其起源中心已不再是生产中心，通过生产中心的迁移，作物生产比原产地发展更快、更好，形成了新的生产中心（表1）。

表1 重要经济植物起源中心与目前生产中心

作物	起源中心	目前生产中心	作物	起源中心	目前生产中心
小麦	中亚	北美	橡胶	南美	亚洲
玉米	热带美洲	北美	咖啡	东非	南美
马铃薯	南美	东欧	可可	南美	非洲
甘薯	中美	东亚	香蕉	东南亚	南美
花生	南美	亚洲、非洲	凤梨	巴西	夏威夷
大豆	中国	北美	猕猴桃	中国	澳大利亚
向日葵	北美	俄罗斯	南瓜	美洲	中国
甘蔗	热带亚洲	南美			

通过“一带一路”引入我国的食药植物种类极多，已经渗透融入到日常生活与生产实践中。至今保留的含“西、胡、番、海、洋”字样的瓜果、蔬菜、调料、草药、纤维、油脂等植物物种，均带有域外、舶来之意。如西瓜、西洋参、西番莲、西红柿、西洋梨、西葫芦等，胡瓜、胡荽、胡麻、胡桃、胡椒、胡蒜、胡萝卜等，番木瓜、番石榴、番木鳖、番茄、番荔枝、番红花等，海葱、海枣、海巴戟等，洋地黄、洋葱、洋金花、洋柿子、洋姜、洋芋、洋甘菊、洋槐等。也有些引进的经济植物，直接冠以国外的国名或地名，如法国梧桐、印度防己、荷兰芹、欧洲防风、日本当归等。重要经济植物种类有来自东南亚的薏苡、甘蔗、粟(小米)、赤小豆、肉豆蔻、白豆蔻、丁香、杨桃、橄榄、柠檬、榴莲、冬瓜、丝瓜、苦瓜、树棉、马钱子、木橘、安息香、沉香等；来自南亚的重要经济植物如黄葵、黄瓜、绿豆、魔芋、茄、胡椒、姜、龙眼、芒果、香蕉、胡黄连等；来自中亚与近东的经济植物如洋葱、蒜、韭菜、葱、蚕豆、菠菜、苜蓿、燕麦、大麦、胡桃、葡萄、无花果、海枣、阿月浑子、石榴、甜菜、罂粟、红花等；来自欧洲与地中海地区的重要经济植物如芹菜、萝卜、胡萝卜、花椰菜、芫荽、芦笋、甜菜、草莓、黑莓、欧洲越橘、亚麻、油橄榄、留兰香、薰衣草、迷迭香、牛至、番红花、胡芦巴等；来自非洲地区的重要经济植物如黄秋葵、西瓜、葫芦、䅟、高粱、蕹菜、咖啡、苏丹可乐果、丁香、乳香、阿拉伯胶、油棕、小葵子、芦荟、非洲李等；来自北美地区的重要经济植物如美国山核桃、向日葵、大果越橘、甜玉米、美洲薄荷、菊芋、西洋参等；来自南美与中美地区的重要经济植物如花生、番茄、笋瓜、番薯、马铃薯、西葫芦、辣椒、小米椒、玉米、红豆、甜叶菊、玛卡、巴西可可、鳄梨、香荚兰、番木瓜、腰果、凤梨、番荔枝等。

我国第二次粮食生产革命对外域植物的引进始于16世纪，基本与西方后哥伦布时代的植物引种驯化同步。在明朝后期(1550—1644)至清朝末期约400年期间，对原产南美植物的引种栽培与明清人口增长的状况，清晰地显示了植物引种驯化栽培与人口增长和社会经济、社会发展的关系。

美洲四种农作物花生、番薯、玉蜀黍、马铃薯传播至中国的400余年来，对我国沙地、瘠壤、丘陵、高寒地区的利用做出了重大贡献。全国人口从明初时期6 500万到8 000万，增加到1953年的58 300万。由于吸收美洲农业优秀成果并与中国传统精耕细作、集约经营紧密结合，明清时期人口增长9倍，并保持了相应的农业增长水平；解决了耕地面积仅增加4倍，人多地少，粮食供应缺乏的问题。玉米、番薯和马铃薯都是耐旱、耐瘠作物，一般粮食作物难以生存的土壤、深山苦寒地区均可种植，这些作物的传播，拓展了农业生产空间，满足了日益增长的人口需要(表2)。

表2　美洲作物引入与人口增长概况(1400—2015)

年　代	人口($\times 10^6$)	粮食产量(kt)	粮食耕地面积($\times 10^6$ hm^2)	作物引入时间
1401年(明建文三年)	72	20 520	19.8	1503年(明弘治十六年)，引入花生； 1567—1572年(明隆庆)，引入玉米； 1573—1619年(明万历)，引入马铃薯、番薯
1650年(清顺治七年)	123	35 055	32.0	
1750年(清乾隆十五年)	260	74 100	48.0	
1821年(清道光元年)	380	108 585	59.0	
1952年(中华人民共和国)	569	162 139	86.3	
2015年	1 373	621 435	113.3	

在油料作物中，花生的引进增加了食用油原料的种类，丰富了我国食用油的品味。汉代以前，饮食中主要使用动物油脂，通过丝绸之路，芝麻传入中国，因其含油量高，作为油料作物用来榨油；宋代，油菜和大豆作为主要油料作物；明清时期，美洲花生和向日葵的传入，丰富了我国食用油品种，成为我国五大油料中的两种。向日葵在我国成为超过芝麻和胡麻的第三大油料作物。中国是世界最大的番薯生产国，产量占世界的83%。我国是仅次于美国的玉蜀黍生产国，是仅次于俄罗斯的马铃薯生产国，是仅次于印度的花生生产国。我国玉米产量已成为仅次于稻米和小麦的第三重要粮食作物。据资料初步统计，我国秦汉时期的粮食产量为2 085万t，隋唐时期为3 130万t，宋代(1100年)为4 175万t，明代(1600年)为6 960万t，到清朝(1800年)已达10 440万t(注：2013年我国粮食总产量为60 193.5万t)。

因此，康乾盛世也被称为“番薯盛世”，或更准确地说是“康熙乾隆盛世、玉米番薯盛世”。

在漫长的历史进程中，我国从丝绸之路及海上丝绸之路引进、驯化、栽培了包括农作物、粮食作物、园林花卉、油料作物、纤维作物、药用植物等数以万计的物种。对经济社会的发展和人类文明进步发挥了巨大作用。但不可否认，数以万计的引种植物从苗圃、试验地、植物园、私人庄园中“逃逸”至野外生境成为“归化”植物种类，对自然植物群落造成了危害。中国每年因外来入侵虫害及入侵植物造成的经济损失高达 145 亿美元。根据最近出版的我国入侵植物名录，初步估算，我国有外来入侵植物 515 种，其中 34 种为恶性入侵种，69 种为严重入侵种，85 种为局部入侵种，80 种为一般入侵种，另有 247 种需要进一步观察、评估及详细研究。如按上述分级，与“古丝绸之路”相关的我国外来野生入侵植物种类主要集中在局部入侵植物(3 级，85 种)和一般入侵植物(4 级，80 种)的 160 多种植物之中，它们属于没有造成大规模危害或已经确定危害不大或不明显，并难以形成入侵发展趋势的物种。

3 中国经济植物在世界的传播与影响

中国是世界农业发祥地和起源地中心之一，农作物是中国向域外国家输出的主要内容。可以毫不夸张地说，农业交流作为古代中外交流最重要的一环，肩负着演绎世界农业文明的重任。而这些交流又都是通过陆海丝绸之路展开的，从这个意义上来说，丝绸之路是中外交流的桥梁。

中国农业四大发明——稻、大豆、蚕桑缫丝和茶，对人类发展的贡献堪与四大发明媲美。稻产自中国，于公元前 25 世纪传至南亚次大陆、东南亚地区，后来传入大洋洲、近东、欧洲、美洲以及埃及等地区和国家。稻的传播使世界其他非原产地区成了旱作全球化的受益者。1740 年以后，稻成为继烟草、小麦之后英属北美殖民地的第三大农作物。大豆至迟在 13 世纪传入东南亚地区，1740 年传入欧洲，1882 年传入南美，1898 年由我国东北传入俄罗斯，1857 年传入埃及，1887 年传入澳大利亚。中国发明的大豆加工产品如豆腐、豆浆、豆豉等更是风靡世界。1954 年，美国成为世界最大的大豆生产国，远超中国。目前，美国、巴西、阿根廷、印度、中国是世界上比较大的大豆生产国。蚕桑缫丝技术均起源于中国，公元前 11 世纪传入朝鲜，之后传入日本、印度和东南亚；6 世纪传入欧洲，后来传入美洲。目前，中国蚕丝年产量是世界总产量的 70%以上。茶叶是世界三大饮料之一，约 50 亿人饮茶。中国是茶叶的原产地和原始分化中心，是最早饮茶、制茶的国家。人工植茶至少有 2 700 年历史。茶大约于 6 世纪传入日本，直至 16 世纪才传至欧洲。1789 年，东印度公司从广州引种茶至印度。印度、印尼、日本茶叶出口发展迅速，一度远超中国。目前，世界上 60 多个国家生产茶叶，中国茶叶产量约是世界总产量的 1/3，出口 120 多个国家和地区。

东汉时期，班超从洛阳出发，再次出使西域，他到达了西域，他的随从到达了罗马。印度僧人沿着丝绸之路到达洛阳，将佛教传入中国；唐代永徽二年，伊斯兰教从阿拉伯传入中国的泉州、广州等地，当时主要由阿拉伯商人、士兵和阿訇。同样他们也带走了华夏大地的有用植物，如将中国的桃、杏引种到伊朗以及欧洲。从外国人近 300 年来在中国采集与研究植物的历史可以清楚地看到，首批来华采集的是英国人，以后依次是葡萄牙、法国、俄国人等，较晚才是美国与日本人。很明显，这与帝国列强势力在华夏大地扩张的历史是吻合的。外国人带走了大批珍贵美丽的园林花卉，有的连中国人自己都没见过。据不完全统计，在过去的 200 多年中，外国人在中国采集了近 100 万号植物标本、上千种植物苗木和种子。

表 3 原产中国的草本观赏植物属及其种数

属 名	世界种数	我国种数	属 名	世界种数	我国种数
菊属 *Dendranthema*	200	>50	银莲花属 *Anemone*	150	52
报春花属 *Primula*	500	300	紫堇属 *Corydalis*	320	200
堇菜属 *Viola*	500	120	龙胆属 *Gentiana*	500	>230
虎耳草属 *Saxifraga*	370	200	绿绒蒿 *Meconopsis*	45	37
凤仙花属 *Impatiens*	500	120	百合属 *Lilium*	80	35
乌头属 *Aconitum*	350	165			

我国原产的木本观赏植物约有 100 个属，有些属中的种数占世界首位，见表 4。

表 4　原产中国的木本观赏植物属及其种的数量

属　名	世界种数	我国种数	属　名	世界种数	我国种数
杜鹃属 *Rhododendron*	800	650	槭属 *Acer*	200	150
冬青属 *Ilex*	400	118	忍冬属 *Lonicera*	200	100
栎属 *Quercus*	450	110	悬钩子属 *Rubus*	500	150
铁线莲属 *Clematis*	300	110	蔷薇属 *Rosa*	150	60
李属 *Prunus*	200	140			

我国有药用植物 11 146 种，包括传统中药 1 000 余种，其中常用药材 500～600 种。民族药 4 000 余种，其中有藏药 3 000 余种，蒙药 2 300 余种，维药 600 余种，壮药 700 余种，傣药 1 000 余种。民间药 5 000 余种。

表 5　我国药用植物分类统计结果

类别	科数	属数	种数	类别	科数	属数	种数
藻类	42	56	115	苔藓类	21	33	43
菌类	40	117	292	蕨类	49	116	456
地衣类	9	15	52	种子植物类	222	1 972	10 188

4　“一带一路”沿线地区经济植物的交流

4.1　东亚地区经济植物交流

东亚，亚洲东部的简称，东临太平洋，西接中亚内陆，包括中国、日本、朝鲜、韩国和蒙古共 5 个国家。东亚区是沿经线方向延伸，南北跨三十多个纬度的地理大区，地势西高东低，具亚热带季风气候，植被种类众多，植物资源极其丰富。东亚地区在“一带一路”文化交往、物资交流中占有重要地位，也是“一带一路”上的重要节点。

东亚五国在历史上有着密切联系。西汉张骞在公元前 138 年至公元前 119 年两次通西域，开辟了一条横贯亚洲大陆、连接地中海的丝绸之路。丝绸之路全长约 1 094 万 km，西汉至隋唐时期，丝绸之路连续通畅达千年之久。西汉时期，除经丝绸之路西传外，还有通往朝鲜、越南的陆路以及经朝鲜半岛东渡至日本的海路。通过以上途径，中华文化对东亚各国文化产生了极为深远的影响。东海起航线始自周王朝（公元前1 112年），周武王派箕子从山东半岛经海路到达朝鲜。大约在公元前 1 000 年，中国与日本之间就有两条交流路线。一条是经中国东北到朝鲜半岛，再渡海到达九州；另一条是从长江下游的浙江南部渡海到达九州西部。日本在九州西北地区的考古发现，这一时期从中国传入水稻、葫芦、构树、芋头、茭白、白苏等植物，还有原产印度经中国栽培驯化的绿豆。两汉时期，中国的水稻、大豆、植桑养蚕技术传至东南亚、朝鲜和日本，还有大量的药材经中医传至朝鲜、日本和越南。

公元 3 世纪开始，中医药学理论经朝鲜半岛传入日本，成为日本传统医学的主体，至今很多中药在日本广泛应用。743—753 年，鉴真和尚六渡日本，历时十年之久，带去了大量佛经、文物、医药书籍及多种药材，如乳香、龙脑等。西晋南北朝时期，朝鲜的医疗技术和药材传入我国，《本草经・集注》（500 年）收集了来自朝鲜的药材，有人参、细辛、五味子、款冬花、芜荑、昆布、蜈蚣等。《本草拾遗》（713—741 年）和《海药本草》（907—925 年）收载有由朝鲜产的白附子、海松子、延胡索等。当时由朝鲜输入的药材还有牛黄、芝草等。

中国国土面积 960 万 km^2，占东亚面积的 4/5，大部分地区位于北温带和亚热带，中国的经济植物种类可以作为东亚地区的代表。根据 A. Takhtajaa(1978)《世界植物区系区划》,东亚地区属于泛北极域北方亚域东亚区,这一地区植物区系极为丰富而独特。有 14 个特有科,300 多个特有属,基本上都分布于中国,其中多数为中国特有。中国植物资源基本上反映了东亚植物资源状况。

中国有高等植物 30 000 多种,其中有经济植物 14 851 种(包括国外引入种)。中国是世界上栽培植物的三大起源地之一,世界主要栽培作物 1 500 余种,近 1/5 起源于中国,著名的如大豆、绿豆、赤豆、水稻、大麦、莜麦、粟、稷、荞麦、甘蔗、油茶、油桐、茶叶、大白菜、青菜、紫菜苔、芜菁、芥菜、榨菜、水芹、葱、蒜、茭白、莲藕等。水稻,源于中国,栽培历史可追溯到公元前 5 000 多年,中国的水稻从长江下游传到东南亚以及印度、日本等,后传到全世界,解决了世界人民的吃饭问题。

我国有药用植物 11 000 多种,包括传统中药 1 000 多种,民族药 4 000 多种,民间药 5 000 多种。如原产于中国的大补元气的人参,补药之长的黄芪,益气补脾的山药,活血化瘀的三七,有情之药的当归,保健抗衰的茯苓,滋阴敛气的五味子,乌发延嗣的何首乌,补益清热的甘草,长寿珍品枸杞子,药食兼用的山楂,将军成名的大黄,辅治眩麻的天麻,良药苦口的黄连,延寿黄华的菊花,抗疟圣药青蒿等。

中国有果树 300 余种,原产于中国的有 50 多种。著名的如吉福吉祥的红枣,原产我国黄河中游,栽培历史超过 4 万年,远销世界各国。"甘果之王"的栗树、"枝头春意闹"的红杏,公元 2 世纪经丝绸之路传入中亚,后经希腊传入罗马帝国,14 世纪传入英国,18 世纪传入美国。香飘万里的梨经丝绸之路传入印度、波斯。五果之首的桃经丝绸之路传入波斯、印度,后传入欧洲,再传至美国等诸多国家。猕猴桃原产我国,唐朝时已有栽培。桑原产我国,我国是植桑养蚕最早的国家,公元前 1 800 多年,殷商就有植桑记载。我国是佳果良药柑橘的故乡,世界各国的柑橘几乎都来源于我国,在汉朝通过丝绸之路传入印度,经海上丝绸之路传入日本、菲律宾以及南洋群岛等国家和地区。16 世纪,葡萄牙人将柑橘带到地中海地区,1812 年传入英国,后来传入美国。珍稀名果荔枝原产于我国,作为大宗商品销往世界,在国际市场上有较强竞争力。樱桃在我国已有 3 000 多年栽培历史,现世界各国广泛栽培。冬花夏果枇杷在我国已有 3 000 多年栽培历史,约 7 世纪传入日本,后传至法、英、印、墨和阿根廷等国家和地区。我国的著名果树还有李、香榧、柿、榛、银杏、苹果、文旦、柚子、佛手、梅子、哈密瓜等。

中国在世界园林花卉中拥有的种类占世界总数的 60%～70%,超过 7 500 种,有"世界花园"的称誉。世界上很多名花均原产中国或以中国为原产中心。如一树独先天下春的梅花原产于我国,栽培历史悠久,15 世纪中叶传至朝鲜和日本,现欧洲以及美国都有栽培。国色天香的牡丹原产我国西北,被国外誉为中国国花,8 世纪左右传入日本,17 世纪引入欧洲,19 世纪引入美国。"桂子飘香迎金秋"的桂花,原产中国,已有 2 000 多年历史,18 世纪 70 年代传入英国,后传入地中海沿岸国家,现在已成为世界各地重要观赏植物。"傲霜斗寒争春华"的菊花,原产于我国,已有 1 600 年以上历史,唐末(公元 900 年前后)经朝鲜东传日本,1688 年西传至荷兰,1789 年传至法国,1843 年引入英国,并传入欧洲各国。我国重要的观赏植物还有如珙桐、杜鹃花、报春、丁香、茶花、蜡梅、玉兰、木兰、含笑、芍药、菊花、兰花、百合、月季、玫瑰等,稀有观赏树木如银杏、苏铁、水杉、金钱松等。

此外,我国重要的经济油料植物有大豆、油菜、花生、油茶、芝麻、亚麻、大麻、向日葵、核桃等,其中大豆、油菜、油茶是原产我国并贡献于世界的重要油料植物。原产中国的重要蔬菜有蕨菜、蔓头、葱、白菜、莼菜、芥蓝、芜菁、刀豆、菜豆、茭白等,食用植物有稻、山药、芋、荸荠、芡实、苦荞、百合、赤豆、豇豆等,饮料植物有茶、忽布等,纤维植物有桑、大麻、苎麻、野葛、芦苇、毛竹等。

4.2 东南亚地区经济植物交流

丝绸之路东南亚段落,位于印度与中国之间,穿越东南亚地区,是南海丝绸之路上的咽喉路线和重要段落。不仅为中国和东西方海上交往做出了重要贡献,也为东南亚地区的繁荣发展起到了巨大的促进作用。

东南亚,指亚洲东南部地区,又称南洋,由中南半岛与马来群岛组成,包括越南、老挝、柬埔寨、泰国、缅甸、马来西亚、新加坡、印度尼西亚、文莱、菲律宾、东帝汶等 11 个国家,面积约 457 万 km^2,人口约 5.6 亿。连接亚洲和大洋洲,沟通太平洋与印度洋,高温多雨,热带气候。中南半岛北部和菲律宾北部地区属于热带季风气候。马来群岛大部分地区属于热带雨林气候。植物资源丰富多样。印度尼西亚有高等植物 80 000 多种，越南有 12 000 多种。

海上丝绸之路主要有东海起航线和南海起航线两条主线路。东海起航线比陆上丝绸之路历史悠久。公元前就有了东海与南海航线。秦汉时，与我国接壤的越南就有经济植物传入我国，《后汉书·马援列传》记载："初，援在交趾，常饵薏苡实……援欲以为种，军还，载之一车。"由此，品种优良的薏苡种子传入我国中原地区。《魏书·西域传》记载："梁武帝天监十七年(518 年)，由波斯(今伊朗)运来药材很多，如薰陆、郁金、苏合、青木等香；胡椒、荜拨、石蜜、千年枣、香附子、诃黎勒、无食子、盐绿、雌黄等。"《本草经集注》收载了苏合香、沉香、薰陆香、鸡舌香、詹糖香、木香等西域香料以及槟榔、白兔藿等药材。西晋嵇含著《南方草木状》记载了一些从东南亚传入的南方药材，如豆蔻花、山番花、蒟酱、益智子、沉香、槟榔等。

公元 1405—1433 年，郑和率庞大船队先后七次下西洋，访问了 30 多个国家和地区，带回了大量西洋各国贡品和特产，这些商品有一百多种，主要有香料、药品、珍宝、珍禽异兽、棉麻织品等。其中香料种类很多，如龙涎香、胡椒、肉豆蔻、白豆蔻、降真香、安息香、檀香、乌香、丁香、蔷薇水等。药材有犀牛角、芦荟、没药、苏合油、紫胶、硫黄、龙脑、片脑、乌木、黄蜡、大风子、阿魏子等。

郑和从西洋带回的众多生产和生活必需品，当属苏麻离青和苏枋木两种大宗生产原料对国计民生影响最大。苏麻离青矿石产于伊拉克萨迈拉(Samarra)地区，可提取青花瓷发色鲜亮的呈色剂——钴蓝料。另一种为苏木科植物苏木(*Caesalpinia sappan*)，又名苏枋木，根泡制作解毒剂，能解热、清血、收敛、祛痰，在东南亚多用于战场疗伤，郑和在下西洋过程中经常使用；干材中含巴西苏木素，为红色染料，原本无色，被空气氧化后变紫红色，用来解决丝绸染色和香云纱纱面掉色问题，还用于染制棉麻、线、纸等纤维制品。苏枋木的引入促进了明代丝绸外贸的迅速发展。

隋唐时期，中国医药交流频繁，很多越南药物传入中国，据《唐本草》(659 年)和《本草拾遗》(713—741 年)载，当时从越南输入中国的药物有白花藤、庵摩勒、丁香、詹糖香、苏枋木、白茅香等。

东南亚国家盛产热带水果，种类繁多，品质优良。如热带水果王——芒果，原产印度和东南亚，东南亚普遍栽培，品种繁多，品质优良。我国种植也已有 1 300 多年历史，据说为唐代高僧玄奘去印度取经时带回。榴莲，在东南亚热带国家被誉为"果中之王"，原产东南亚，是郑和下西洋由南洋群岛带回的。椰子原产马来西亚、新西兰等地，西汉时期传入海南，已有 2 000 年历史。槟榔原产马来西亚、印度一带，我国栽培已有悠久的历史。腰果，马来西亚一带栽培最多。山竹子，原产马来西亚，被誉为"果中之后"，现已普遍栽培。莲雾，原产马来西亚及印度，东南亚热带地区普遍栽培。椰子，东南亚各国普遍分布，产量占世界果品第四位，有极高的经济价值。其他热带地区著名水果还有菠萝、香蕉、番木瓜、人心果、牛心果、红毛丹、菠萝蜜、鳄梨、杨桃、甘蓝、酸橙、柠檬、来檬、甜橙、柑、文旦、葡萄柚等。

东南亚的热带花卉有扶桑、西番莲、鸡蛋花、凤凰树、腊肠树、木麻黄、大王椰子、炮弹树、鹿角蕨、猪笼草、天堂鸟、旅人蕉、滴水观音、叶子花、黄婵、龟背竹、龙船花、变叶木等。

东南亚分布的代表性药用植物有大黄草(马鞭石斛，*Dendrobium fimbriatum*)，茎入药，有抗肿瘤、抗衰老、增强机体免疫力作用；小豆蔻(*Elettaria cardamomum* var. minuscula)，根和根茎入药，有抗肿瘤、抗血小板聚集作用；马钱(*Strychnos nux-vomica*)，种子入药，有镇痛、消炎、抗癌、抗肿瘤作用；东革阿里(*Eurycoma longifolia*)，根入药，东南亚称之为马来人参，有增强性功能、抗疟疾、抗糖尿病、解热等作用；肉豆蔻(*Myristica fragrans*)，种仁入药，有抗菌消炎、止泻、镇痛作用；血竭(麒麟竭，*Daemonorops draco*)，果实所含的树脂入药，有抑菌、抗血栓、止血等功效；安息香(白花树，*Styrax tonkinensis*)，树脂入药，有防治神经性疾病和炎症、抗肿瘤的作用；白木香(*Aquilaria sinensis*)，含树脂的木材入药，有镇静安神、抗炎、抗菌、止咳作用；苏合香(*Liquidambar orientalis*)，树干香脂入药，有抗血小板凝集、抗炎作用；豆蔻(*Amomum kravanh*)，果实入药，有抗炎、抗癌、平喘、止吐作用；肾茶(*Clerodendranthus spicatus*)，地上部分入药，有保肾、抑菌、降压利尿作用；胖大海(*Sterculia lychnophora*)，种子入药，有抗炎、减肥、泻下、降压作用；胡椒(*Piper nigrum*)，果实入药，有镇静、抗炎、保肝作用；海巴戟(*Morinda citrifolia*)，果实、叶和根入药，有抗肿瘤、抗氧化、抗菌消炎、止痛等作用；槟榔(*Areca catechu*)，种子入药，有驱虫、抗病原微生物、抗癌作用。

东南亚重要香料植物有红豆蔻、肉豆蔻、白豆蔻、丁香、白千层、荜橙茄、山柰、紫苏、香茅、苏合香、安息香、胡椒、荜拨等。

东南亚重要的蔬菜植物有海芋、薏苡、冬瓜、节瓜、丝瓜、参薯、芜菁、多穗刀豆。重要的糖料植物有董棕等。

4.3 南亚地区经济植物交流

南亚，指从喜马拉雅山脉西段和中段的南侧到印度洋的广大地区。包括尼泊尔、阿富汗、不丹三个内陆国家，印度、巴基斯坦、孟加拉三个临海国家，斯里兰卡、马尔代夫两个岛国和克什米尔地区。总面积 430 万 km^2，人口约 15.64 亿。大部分地区属热带和亚热带季风气候，一年分热季(3～5 月)、雨季(6～9 月)和冷季(10 月至次年 2 月)。热带雨林和热带季风林在南亚地区占有广大面积，其分布与降水量有密切关系。南亚地区雨热条件充足，植被群落丰富，是芒果、蓖麻、茄子、香蕉、甘蔗以及莲藕等栽培植物的原产地。历史上南亚地区位于“陆上丝绸之路”的西段，塔吉克斯坦、马尔代夫、斯里兰卡、印度均是古代陆上丝绸之路的重要沿线国家。南亚地区所产黄麻、茶叶约占世界总产量 1/2 左右。稻米、花生、芝麻、油菜籽、甘蔗、棉花、橡胶、小麦和椰干等的产量在世界上也占重要地位。南亚位于亚欧大陆核心地带，是我国发展稳定的安全屏障，也是我国向西开放的进取方向。南亚国家同我国利益深度融合，是共建“丝绸之路经济带”和“21 世纪海上丝绸之路”的重要支点。从植物资源的角度回顾历史，我们可以发现，中国与南亚地区诸国在植物资源方面一直进行着交换与交流，更深入地了解“一带一路”南亚国家的自然资源，尤其是植物资源，可更好地为国家和地区之间的交流发展、为特色资源的开发与应用提供参考。

中国的西南地区是连接亚洲大陆腹地与南亚次大陆即中南半岛的枢纽。特殊的地质结构使这里高山险峻，河谷横断，地理气候复杂，素有“高原秘境”之称。这里有一条中国通往印度的秘密古道——西南丝绸之路(南方丝绸之路)，这条在中国西南部崇山峻岭和原始森林中的丝绸之路长久以来鲜为人知。西南高原作为西南丝绸之路的重要地段和东西文化交流的中间区域，曾在历史上起到过地理枢纽作用。公元前 139 年，张骞出使西域，在大夏(今阿富汗北部)市场上看到了大月氏毛毡、大秦国的西布，尤其是四川的邛竹杖和蜀布，由此推知，从蜀地有路可通身毒、大夏。在身毒(今印度)有许多蜀地商人专营西南物品，大夏的蜀布和邛竹杖便是大夏商人从东南数千里的身毒买去的。印度就是通过西南丝绸之路才了解中国。西南丝绸之路至少比北方丝绸之路早两个世纪形成。

2 000 多年前，西南丝绸之路连接沟通着东方的两大文明发源地——中国和印度。在西南丝绸之路的沿途，存在着一些崇拜古老文化的现象，如葫芦神话和崇拜至今在西南高原很多民族中存在。在印度，古人以葫芦象征子宫而加以崇拜，这和我国西南高原上佤族、傣族等葫芦神话如出一辙，极为相似，反映了中印文化之间的交流与影响。杜鹃花属植物是南方丝绸之路沿线一个显著的生态文明标志。沿线的蜀西南、滇东北和藏东南一带，即横断山脉与喜马拉雅山东段相连的区域内，山地遍布野生杜鹃花属植物，境外缅甸东北部、北部，印度东北部等地区也以杜鹃花属植物闻名。19 世纪，英国人胡克爵士是第一个走进喜马拉雅山脉东北山区的西方人，发现了众多绚丽无比的杜鹃花属植物，将之运回英国，并用它培育出抗寒、杂交杜鹃花，从而引发了世界花卉界的杜鹃花热。人们对杜鹃花的喜爱一直持续到今天。

西南丝绸之路从古到今在推动中国西南地区与周边国家，特别是在中印关系发展过程中扮演着重要角色。印度文化是丝绸之路上汇聚的人类主要文明之一。在丝路文化交流历史上，印度起过非常重要的作用。进入 21 世纪以来，这条连接中国西部与南亚的国际大通道，正在继续为推动中印关系发展和中国实施新一轮西部大开发战略，发挥着越来越大的作用。西南丝绸之路是一条经四川、经由云南进入缅甸到达印度的通商通道。西南丝绸之路为中印经贸发展做出了重大贡献，为中印文化交流发挥了重要作用，为中国的民族解放事业做出了巨大贡献。比如滇缅公路，在第二次世界大战中扮演着重要的角色，支撑着中国抗日战场全部战备物资以及大后方的经济供应。中国和印度是世界上两个最大的发展中国家，两国共有 25 亿人，占世界总人口的 35%，通过西南丝绸之路，进一步加强经贸合作与人文交流，对中印两国的发展具有十分重要的意义。

中国和印度是两大文明古国，也是世界两个重要的栽培植物起源中心。随着中国丝与丝绸由蜀身毒道西传印度，印度的养蚕技术也发展起来。印度养蚕技术最先起源于川、滇、缅、印间蜀道的开通，一些云南原产的植物很可能传到印度。我国云南、贵州、四川和西藏是茶的原生地，茶的种子可能由僧人带到印度。莲，原产印度，汉朝时随佛教传入我国。香蕉，又名绿色象牙，由印度传入我国，约7世纪从亚洲传入西非，后传入西欧、北美。中国传入印度的重要经济植物有茶、大豆、柑橘、桃、梨、油柿、月季、荔枝等。印度先后传到中国的有荸荠、葫芦、胡瓜、金瓜、蛇丝瓜、苦瓜、茄子、刀豆、南苜蓿、扁豆、甘蔗、木菠萝、杨桃、萝芙木、曼陀罗、穿心莲、茉莉花等。两国间的相互交流，可追溯到十分遥远的年代。两国之间的栽培植物交流历史悠久，内容丰富，促进了两国的农业经济发展，丰富了人们的物质生活。

南亚地区分布的重要经济植物中，纤维植物有黄葵等；食用植物有木豆、黄瓜、棱角丝瓜、绿豆等；蔬菜有苋菜、落葵、茄等；香料植物有莳萝、姜黄、莪术、小豆蔻、香茅、马丁香茅、苦苣、胡椒、调香九里香、姜等。果树有番荔枝、木菠萝、龙眼、芒果、刺黄果、大果假虎刺、仔榄树、菜豆树、五月茶、酸味子、锡兰橄榄、白树、余甘子、锡兰莓、乌蛋果、肉豆蔻、水榕、岗稔、椰子、枳椇、毛叶枣、牛油果、甜来檬等；蔬菜有苋菜、大海芋、番瓜、大南瓜、葫芦、甜大薯、落葵、刀豆、扁豆、绿豆、莲、茄等。观赏花木有可爱花、狗牙花、夹竹桃、凤仙花、红杜鹃、刺桐、印度榕、细叶榕、秃花蒲桃、莲、茉莉、九里香、白花曼陀罗等。

南亚药用植物种类很多，以印度为例，印度是世界上三大传统医学诞生地之一，是传统医药大国，有种子植物45 000种，植物药5 000多种，其中较为重要的有2 500种，人工栽培的大宗药材有颠茄、三角叶薯蓣、金鸡纳、麦角、长春花、芦荟、齿阿米、萝芙木、番泻叶、吐根、罂粟、黄花蒿等。有“印度人参”美称的睡茄，能增强精力，有滋补、催情、清脑、镇静、安神等作用。积雪草是阿育吠陀医学的常用药物，有滋补、镇静、增强记忆、缓和炎症、加快伤口愈合作用。齿叶乳香树能有效治疗各种炎症，如支气管哮喘、溃疡性大肠炎、关节炎等。印度楝是印度最常用草药，有抗炎、解热、抗微生物、驱杀肠道寄生虫、抗疟等功效。

源于印度阿育吠陀体系的藏医药、蒙医药与傣医药等是随着丝绸之路佛教和伊斯兰教的传入逐渐发展起来的。藏医药是藏族人民以最古老的苯医学为基础，广泛吸收古印度医学、中医学、波斯医学精髓，逐步形成的系统完整、独具特色的医学体系。藏医药学是世界现存传统医学中理论和实践资料最为丰富、原始形态保存最好的医药学之一。蒙医药是蒙古族文化遗产的一部分，也是祖国传统医学的重要组成部分，它是蒙古族人民在长期的医疗实践中逐渐形成与发展起来的，吸收了藏医、汉医及古印度医学理论的精华，逐步形成具有鲜明民族特色、地域特点和独特理论体系、临床特点的民族传统医学。生活在草原、森林地区的蒙古人对草药的知识掌握比较多，随着他们与国内各兄弟民族和阿拉伯、印度以及欧洲国家之间的经济、文化交流的不断发展，不仅推动了社会的进步，同时也推动了中外医药学知识方面的联系和交流，内地和国外的药物也不断传入到蒙古地区。古印度大藏经《甘珠尔》《丹珠尔》于17世纪被译成蒙文，其中包括古代印度“阿育吠陀”(Ayur Veda)医学巨著。这些医著在蒙医的发展史上发挥了重要作用。

印度药用植物主要有麻嘎喝罕(缅茄)、麻景(油瓜)、麻芒(芒果)、牙勇(马唐)、哥麻口拉(人面果)、哥丹(糖棕)、牙竹麻(朱蕉)、埋嘎筛(龙血树)等。傣医药的产生也与印度医药学的发展关系密切，深受印度小乘佛教的影响。

4.4 中亚与西亚地区经济植物交流

中亚广义泛指亚洲中部，包括中国新疆、西藏、内蒙古等地以及蒙古，哈萨克斯坦，吉尔吉斯斯坦，塔吉克斯坦，乌兹别克斯坦和土库曼斯坦等国。狭义的中亚地区包括哈萨克斯坦、吉尔吉斯斯坦、塔吉克斯坦、乌兹别克斯坦和土库曼斯坦五国。地跨亚欧大陆腹地，总面积400万km^2，总人口约6 000万。由于处于欧亚大陆腹地，尤其是东南缘高山阻隔印度洋、太平洋的暖湿气流，该地区气候为典型的温带沙漠、草原的大陆性气候，其突出特征是雨水稀少，极其干燥；中纬度大陆内部地区，晴天多，太阳辐射强，温度高，蒸发旺盛；温度变化剧烈。西亚，也称西南亚，位于亚洲西部，介于里海、黑海、地中海、红海和阿拉伯海之间，面积有700多万km^2，人口2.5亿，高原广布，北部多山脉，中部有南美米索不达米亚平原。

东部和内部高原属亚热带草原，属沙漠气候，石油储量和产量在世界上占重要地位。西亚的概念与中东类似，包括伊朗、巴基斯坦、叙利亚、伊拉克、约旦、黎巴嫩、阿拉伯、也门、沙特阿拉伯、阿联酋、阿曼、科威特、卡塔尔、巴林、土耳其、塞浦路斯和非洲的埃及等国和地区（不包括阿富汗），战略地位重要，是欧亚非三洲交通枢纽。中亚与西亚地区国家在“一带一路”植物的传播过程中做出了杰出贡献，尤其是经济植物的引种与出口，极大地促进了东西方地区间的交流合作，丰富了人们对食物的选择，扩大了农作物栽培，提高了地区经济发展与融合。

毋庸置疑，中亚、西亚是亚非欧陆上商贸、文化交流的纽带与桥梁，在东西方相互了解中具有重要的作用。中亚、西亚属于陆路丝绸之路西段。古丝绸之路有狭义和广义两个概念。从狭义上讲，丝绸之路一般指从长安出发，穿越中亚，翻过帕米尔高原，抵达西亚、中亚的交通路线；广义上讲是从上古开始陆续形成的遍及欧亚大陆，乃至包括北非和东非在内的长途商业贸易和文化交流线路的总称。

4.4.1 丝绸之路农作物方面的交流

两汉时期，随着中外贸易交流的不断扩大，中原和西域的经济植物也络绎不绝地在丝绸之路穿行。张骞还从西域带回了红蓝（红花）种子，可以入药、做染料、制胭脂。从西域传来许多特用香料植物，有印度的胡椒和姜，阿拉伯国家的乳香，索马里的没药、芦荟、安息香，北非的迷迭香，东非的紫檀等。中国先后从中亚及东南亚得到的植物还有香菜、蚕豆、洋葱、胡瓜（黄瓜）、茄子、洋白菜、安息茴香、金花菜、杨桃、胡榛子、酒杯藤、指甲花、芭蕉等。从中亚、西亚得到油橄榄树、菠菜、刀豆、皂荚树、扁桃树、巴旦杏、红蓝（燕支花）等。与此同时，中国的水稻、大豆、桑树及养蚕技术传到了东南亚、中亚以及朝鲜、日本。果桑、桃、李、杏等树种传到东亚及欧洲，大量中草药传到朝鲜、越南及中亚地区，并通过这些地区传到四面八方。

随着丝绸之路的成功开辟，汉朝成为中国引进域外农作物的第一个高潮时期，大量作物沿着丝绸之路逐步传入内地。两汉至南北朝时期引种的具有代表性的农作物主要有如下种类。

葡萄（*Vitis vinifera* L.），葡萄科葡萄属植物，大约有80多个种，是世界上最古老的植物之一。在中国古代，葡萄还有“蒲陶”（《史记》）、“蒲萄”（《后汉书》）、“蒲桃”（《汉书》）、“葡桃”等几种叫法。中国古代通称的葡萄属于欧洲葡萄，其原生地是黑海和地中海沿岸一带，最初传至埃及。在5 000～6 000年以前，欧洲葡萄在埃及、叙利亚、伊拉克、伊朗以及南高加索以及中亚细亚等地已开始栽培。中国内地引种葡萄始于西汉时期。《史记・大宛列传》和《汉书・西域传》都有汉使从西域带回葡萄种的记载。现在的标准称谓“葡萄”一词在唐诗中开始出现，至宋代该词已趋于稳定。目前，中国的葡萄产量已居于世界前五位。

苜蓿（*Medicago sativa* L.），又名紫（花）苜蓿，系豆科多年生牧草，以“牧草之王”著称，产量高，草质优良，多种畜禽均喜食。原产于伊朗高原，希波战争期间从中亚传入希腊。汉代张骞通西域时，苜蓿开始传入中国内地。《史记・大宛列传》载：大宛“马嗜苜蓿。汉使取其实来，于是天子始种苜蓿、蒲陶肥饶地。及天马多，外国使来众，则离宫别观旁尽种蒲陶、苜蓿极望”。苜蓿主要在北方黄河流域种植，唐代时分布已经较为广泛。苜蓿最主要的用途是作为牲畜的饲料，鲜草干草皆可；还被当作蔬菜和酿酒的原料，明代李时珍把苜蓿归入菜部，并说其荚果“内有米如穄米，可为饭，亦可酿酒”；苜蓿还可入药，有清解胃热、利尿除湿等功效。近代以前，西北、华北地区几乎家家户户均有种植。目前，苜蓿广泛分布于中国的西北、华北、东北地区和江淮流域。

石榴（*Punica granatum* L.），又名安石榴，是落叶灌木或小乔木。最早植于汉代，石榴花现为西安市市花。《博物志》云“汉张骞出使西域，得涂林安石国榴种以归，故名安石榴。”唐代欧阳询《艺文类聚》引西晋陆机《与弟云书》曰：“张骞为汉使外国十八年，得涂林安石榴也”。石榴品种虽多，但也不外乎食用和观赏两大类，果实分酸、甜两种。石榴酸果可作药用，果实、皮、根皮和花均可作药，其性甘、酸、温，无毒。中国传统文化视石榴为吉祥物，寓意多子多福、儿孙满堂。

棉花（*Gossypium* spp.），古称吉贝、梧桐木，也叫白叠。它是锦葵科棉属植物，原产于中亚、西亚地区，后传入西域。《后汉书・西南夷传》云：“哀牢人，……知染采文绣，罽毲帛叠，兰干细布，织成文章如绫锦。有梧桐木华，绩以为布，幅广五尺，洁白不受垢污。"又《梁书·诸夷传》曰："高昌国……草实章如茧，茧中丝如细纑，名曰白叠子，国人多取织为布。布甚软白，交市用焉。"这表明公元前2世纪至公元4世纪时，棉花已从印度和西域先后传入中国云南和新疆等地。

榅桲(*Cydonia oblonga* Mill.)，也叫蛮楂，落叶小乔木，原产于伊朗以及中亚一带。东晋葛洪《西京杂记·上林名果异树》载："初修上林苑，群臣远方，各献名果异树，……查三：蛮查、羌查、猴查。"除了食用外，其药用价值也很显著，《本草图经》云："治胸膈中积食，去醋水，下气，止渴。欲卧啖一两枚而寝，生熟皆宜。"榅桲花芳香浓郁，可以用来熏酒，果实也香气鲜明，可以作为天然香料直接使用，"实初熟时，其气氛馥，人将致衣笥中亦香"。

此外，古籍中还称张骞从西域引进了不少以"胡"命名的农作物，现列举如下。

胡桃，即核桃(*Juglans regia* L.)，乔木。原产于欧洲东南部及亚洲西部，今在华北、西北、西南及华中等地均有大量栽培。西晋张华《博物志》记载："张骞使西域还，乃得胡桃种。"苏颂《本草图经》云："此果本出羌胡，汉张骞使西域还，始得其种，植之秦中，后渐生东土，故曰陈仓胡桃，薄皮多肌。"核桃耐储存，营养高，被称为"长寿果"，其性甘、平、温补，是制作糕点糖果的重要原料。中医历来认为核桃是滋补强壮剂，有健肾、补血、润肺和益胃等诸多功效。

胡蒜，即大蒜(*Allium sativum* L.)，也叫蒜头，半年生草本植物，百合科葱属，原产自欧洲南部及中亚地区。蒜分为小蒜、大蒜。北魏贾思勰《齐民要术·种蒜第十九》引东汉王逸曰："张骞周流绝域，始得大蒜、葡萄、苜蓿。"李时珍《本草纲目》认为："小蒜乃中土旧有，而大蒜出胡地，故有胡名。"现在，中国的大蒜产量占全球总产量的70%以上，大蒜种植面积达70万hm^2左右，占全球大蒜种植面积的60%以上，主要生产基地集中在山东、河南、江西、江苏、安徽等地。

胡荽，即芫荽(*Coriandrum sativum* L.)，也叫香荽、香菜，一年生或二年生草本植物。它原产于地中海沿岸及中亚地区，现中国大部分地区皆有种植。《本草纲目》云："张骞使西域始得种归，故名胡荽。"又引唐代陈藏器曰："石勒讳胡，故晋汾人呼胡荽为香荽。"

胡瓜，即黄瓜(*Cucumis sativus* L.)，葫芦科黄瓜属植物，一年生蔓生或攀援草本。它原产于喜马拉雅山南麓，中国各地普遍栽培，广泛种植于温带和热带地区。据《本草纲目》载："张骞使西域得种，故名胡瓜。"按杜宝《大业拾遗录》云："隋大业四年(公元608年)避讳，改胡瓜为黄瓜。"

胡麻，即芝麻(*Sesamum indicum* L.)，亦称脂麻、胡麻、油麻等，一年生直立草本植物，高60～150 cm。原产非洲，现在主要分布在黄河及长江中下游，其中河南产量最多。北宋沈括《梦溪笔谈·药议》说："胡麻直是今油麻，更无他说，……中国之麻，今谓之大麻是也。有实为苴麻；无实为枲(麻)，又曰牡麻。张骞始自大苑得油麻之种，亦谓之麻，故以'胡麻'别之，谓汉麻为'大麻'也。"

胡豆，一指豌豆，一指蚕豆。其中，豌豆(*Pisum sativum* L.)起源于数千年前的亚洲西部、地中海地区、小亚细亚西部，外高加索全部和埃塞俄比亚，是春播一年生或秋播越年生攀援性草本；蚕豆(*Vicia faba* L.)原产欧洲地中海沿岸、亚洲西南部至北非，为豆科、野豌豆属 年生草本。《本草纲目》云："胡豆，豌豆也。其苗柔弱宛宛，故得豌名。……然豌豆、蚕豆皆有胡豆之名。……盖古昔呼豌豆为胡豆，今则蜀人专呼蚕豆为胡豆，而豌豆名胡豆，人不知矣。"又说："《太平御览》云：张骞使外国，得胡豆种归，指此也(蚕豆)，今蜀人呼此为胡豆，而豌豆不复名胡豆矣。"

隋唐时期，从中亚得到胡椒、胡葱、阿魏、波斯枣(蜜枣)、胡黄连、木菠萝树、番栀子、蒼葡树、无花果、素馨花、红口水仙、安息香树、金钱花等。

宋元时期，中国从中亚得到绿豆、胡萝卜等，从中亚、东欧得到芫荽等。与此同时，中国大量植物传到国外，传到中亚及东南亚的有龙眼、荔枝、黄皮树、水仙花、大豆等。

唐宋时期，由阿拉伯民族引进、输入我国的农作物新品种几乎涵盖了海外农业种类的各个领域，尤以经济作物和食用作物为多。这些农作物和经济植物品种，不仅增加了我国农作物、园艺花卉、工业产品的种类，也促进了农业、园艺业、工艺制造业及医药学的发展，在古代中国社会开发中具有重要意义。一些引进的新品种具有多种用途，已在我国生根落户，成为我国农业生产中的必需品，对我国粮食结构变化产生过很大影响。唐宋时期，输入中国的经济植物数量众多，品种各异，在中国分布甚广。其中大部分种类成为我国农业经济品种中的重要组成部分。例如，阿月浑子（开心果），原产于伊朗和亚洲西部，唐朝时，由阿拉伯人传入中国。胡荽，又名芫荽，原产于亚洲西部、波斯及埃及一带，唐时由阿拉伯人传入中国。胡椒，主产于波斯、阿拉伯、印度及东南亚、非洲一带，唐时传入中国。蔽齐，又称白松香，原产于叙利亚、波斯。无食子，原产于波斯、亚美尼亚、叙利亚和小亚细亚等地，均于唐时传入中国。八担仁，原产于波斯，唐时传入中国，名为“婆淡”。波斯枣，原产于波斯，唐时传入中国。莳萝，原产于波斯，唐时由陆路和海路分别传入中国。齐墩，即橄榄，原产于波斯、叙利亚一带，唐时传入中国。阿勃参，原产阿拉伯南部，移植到巴勒斯坦一带，唐时传入中国。芦荟，为非洲特产，尤以索科特拉岛（Socotra）所产最为著名，唐时由波斯人与阿拉伯人传入中国。指甲花，又名海蒳，原产波斯，宋时传入中国。

隋唐是中国传统社会的另一个盛世，这个时期又有一批域外作物通过丝绸之路引入内地。据唐代段成式《酉阳杂俎》、刘恂《岭表录异》和其他一些文献的记载，当时传入中国的农作物主要有如下种类。

波斯枣（*Phoenix dactylifera*），又名椰枣、海枣、无漏子、番枣等，属于棕榈科刺葵属。其原产地一般认为是北非的沙漠绿洲或是亚洲西南部的波斯湾周围地区。《酉阳杂俎・木篇》载：“波斯枣，出波斯国，波斯国呼为窟莽。树长三四丈，围五六尺，叶似土藤，不凋。二月生花，状如蕉花，有两甲，渐渐开罅，中有十余房。子长二寸，黄白色，有核，熟则紫黑，状类干枣，味甘如饧，可食。”《岭表录异》亦载：“波斯枣：广州郭内见其树，树身无间枝，直耸三四十尺，及树顶四向，共生十余枝，叶如海棕。广州所种者，或三五年一番，结子亦似北中青枣，但小耳。自青及黄叶已尽，朵朵著子，每朵约三二十颗。”

偏桃，又名巴旦杏[*Prunus dulcis*(Mill.) D. A. Webb.]，为中型乔木或灌木，原产亚洲西部，现在主要分布于新疆、陕西、甘肃等地。《酉阳杂俎・木篇》曰：“偏桃，出波斯国，波斯呼为婆淡。树长五六丈，围四五尺，叶似桃而阔大，三月开花，白色，花落结实，状如桃子而形偏，故谓之偏桃。其肉苦涩不可啖，核中仁甘甜，西域诸国并珍之。”

婆那娑，即菠萝蜜（*Artocarpus heterophyllus* Lam.），又名树菠萝，桑科波罗蜜属常绿乔木。它可能原产印度西高止山，隋唐时从印度传入中国，称为“频那挲”，宋代改称菠萝蜜，沿用至今。《酉阳杂俎・木篇》有云：“婆那娑树，出波斯国，亦出拂林，呼阿蔀嚲。树长五六丈，皮色青绿，叶极光净，冬夏不凋，无花结实。其实从树茎出，大如冬瓜，有壳裹之，壳上有刺，瓤至甘甜可食，核大如枣，一实有数百枚，核中仁如粟黄，炒食之甚美。”

齐墩，即油橄榄（*Olea europaea*），是木犀科木犀榄属常绿乔木，原产于波斯、叙利亚一带，为世界著名的木本油料兼果用树种。中国长江流域以南地区有栽培。《酉阳杂俎・木篇》载：“齐墩树，出波斯国，亦出拂林国，拂林呼为齐虚。树长二三丈，皮青白，花似柚，极芳香。子似杨桃，五月熟，西域人压为油，以煮饼果，如中国之用巨胜（芝麻）也。”

胡椒（*Piper nigrum* L.），胡椒科胡椒属木质攀援藤本，主要产于印度以及波斯、阿拉伯和东南亚、非洲。《酉阳杂俎・木篇》言：“胡椒，出摩伽陀国，呼为昧履支，其凿蔓生，茎极柔弱，叶长寸半，有细条与叶齐。条上结子，两两相对，其叶晨开暮合，合则裹其子于叶中。子形似汉椒，至辛辣，六月采，今人作胡盘肉食皆用之。”

底称实，即无花果（*Ficus carica* L.），隶属于桑科榕属。其原产地中海沿岸，分布于土耳其至阿富汗一带。唐代从波斯传入中国，现南北各地均有栽培，新疆南部尤多。《酉阳杂俎・木篇》：“底称实（阿驿），波斯国呼为阿驿，拂林呼为底珍。树长四五丈，枝叶繁茂，叶有五出，似椑麻、无花而实。实赤色，类椑子，味似干柿，而一月（年）一熟。”

阿月浑子（*Pistacia vera* L.），名称是波斯语“agozvan”的汉译，又名胡榛子、开心果、无名子，漆树科，原产于伊朗和亚洲西部，唐时由阿拉伯人传入中国。阿月浑子的果实是波斯和中亚人常见的食品。《酉阳杂俎・支植下》云：“胡榛子，阿月生西国，蕃人言与胡榛子同树，一年榛子，二年阿月。”《本草拾遗・木部》曰：“阿月浑子，味辛，温，涩，无毒。主诸痢，去冷气，令人肥健。”可见，阿月浑子还具有一定的医疗保健功能。

菠菜（*Spinacia oleracea* L.），即波薐菜，又名波斯菜、赤根菜、鹦鹉菜等，属苋科藜亚科菠菜属，一年生草本植物。菠菜原产亚洲西部的波斯，现在中国普遍栽培，为极常见的蔬菜之一。《唐会要·杂录》云："贞观二十一年(公元647年)，……泥婆罗(尼泊尔)国献菠薐菜，类红蓝花，实似蒺藜，火熟之。能益食味。"

莳萝(*Anethum graveolens* L.)，是伞形科莳萝属植物，一年生草本，原产于波斯，唐宋时由陆路和海路分别传入中国。五代李珣《海药本草》引《广州记》说："(莳萝)生波斯国。"又言："莳萝子即褐色而轻。主膈气，消食，温胃，善滋食味。多食无损。"北宋苏颂《本草图经·草部中品之下》说："莳萝，出佛誓国，今岭南及近道皆有之。"同时指出："今人多以和五味，不闻之入药用。"

胡萝卜(*Daucus carota*)，俗称黄萝卜、番萝卜，伞形科胡萝卜属二年生草本植物。原产于亚洲西南部，后传入西域，再传入敦煌及中原。宋代绍定三年(1230年)《澉水志·物产门·菜》中已有胡萝卜之名，元代《至顺镇江志·蔬》在"萝卜"条目下记载了胡萝卜的性状："又有一种名胡萝卜，叶细如蒿，根长而小，微有荤气，故名。"其为烹饪菜肴的重要原料，既可做菜，又用来雕刻食品造型艺术加工。胡萝卜含多种维生素，其营养价值极高，是人们生活中必不可少的菜品。一般认为是元代从伊朗传入的，例如《本草纲目》说："元时始自胡地来，气味微似萝卜，故名。" 实际上中国在宋代已有之，只不过缺少引种的相关记载，有从海路传入东南地区的可能性。

西瓜[*Citrullus lanatus*(Thunb.) Matsum et Nakai]，属葫芦科，一年生蔓生藤本植物，有"夏令瓜果之王"之美誉。其原产地一般都认为在非洲，现在中国南北各地皆有西瓜栽培，品种甚多。《新五代史·四夷附录》记载："同州郃阳(今陕西合阳)县令胡峤为翰掌书记，随入契丹。……始食西瓜，云契丹破回纥得此种，……大如中国冬瓜而味甘。"

由上可知，历史上有相当多种类的域外农作物传入中国内地。这些作物大多原产于亚洲西部，少数原产于地中海和非洲以及印度，主要通过陆上丝绸之路传入。所引进的作物一般以果树和蔬菜为多，粮食作物引进的种类则很少。

4.4.2 丝绸之路医药方面的交流

源于伊斯兰教的尤纳尼传统医学体系的维吾尔医药、回医药，哈萨克医药等，均是由丝绸之路随着佛教和伊斯兰教的传入，逐渐创建或发展起来。随着穆斯林的东来，伊斯兰教的传入，阿拉伯伊斯兰医学也随之大举进入中国，并与中医药相融合，形成了中国传统医学领域的一朵奇葩——回医药学。中国回医学的发展，相伴于中阿医药交流。中阿医药交流历史源远流长，经丝绸之路输入中国的物品中有不少药物，据范行准先生统计，矿物药如石硫黄、密陀僧等18种，植物药如木香、豆蔻等58种，动物药如羚羊角及龙涎等16种，共计92种。其中相当一部分是阿拉伯地区特色药物。这些药物均被当时汉医吸收和应用。从唐代开始，回族先民对香药推广应用贡献颇多，如用香药防治疾病、熏洗衣物、化妆美容、调味食品、祛邪防腐等。回医药发展到鼎盛时期，涌现了与回药物有关、集阿拉伯医药学与中国传统医学为一体，具有中国回族特色的医药大型综合性医著《回回药方》等专著。据统计《回回药方》残卷常用药259种，明显属于海药，其中注明中文名称沿用阿拉伯药名的有61种。

随着西汉丝绸之路的贯通，西域成为东西方文明交汇之地，这一点也反映在维吾尔医学上。从西域出土的中医药文献、印度阿育吠陀医学文献以及古罗马、波斯医学文献可知，产生于古丝绸之路大动脉之上的维吾尔医药学受到西方医学的广泛影响。维吾尔医药学是祖国医药学不可分割的组成部分，也是伊斯兰医药学的重要组成部分。维吾尔医药学与我国汉族中医药，古埃及、印度、古希腊、古罗马、阿拉伯、波斯等国的医药学也有着密切的联系，因此，维吾尔药资源具有在北非、南欧(地中海)，亚热带及北温带分布的规律。维吾尔药材在国外主要分布于北非的埃及、南欧(地中海一带)、亚洲阿拉伯半岛、中亚以及伊朗、印度、巴基斯坦等国家和地区，主要药材有安息香、苏合香、香没药树、洋橄榄、血竭、乳香、没药、没食子、马钱子、沉香、海葱、茄参、蜜蜂花、海狸香、龙涎香、洋乳香、浆果红豆杉、破布木果、洋菝葜、药喇叭根、番泻叶、欧细辛、檀香、西青果、沙龙子、欧当归、印度当药、西黄芪胶、非洲醉茄、亚麻车前等150多种，约占维吾尔医常用药材的30%，《维吾尔药志》(1999，上下两册)收集的328种药材中，进口药材就有66种。

唐宋时期，中国和阿拉伯在医药方面的交流也很密切。这一时期输入我国的植物药材有乳香、没药、沉香、木香、砂仁、诃黎勒、芦荟、琥珀、乌香、底也迦、补骨脂、荜拨、苏合香等，还有产于波斯、非洲的胡桐泪。阿魏，原产波斯和乌浒河、阿刺海和里海东岸驻地。胡芦巴，原产波斯、米索不达米亚沙漠和西亚。押不花，原产亚洲西部，由阿拉伯人传入中国。两宋时期，阿拉伯和非洲甚至更远地区的香料药物也随着阿拉伯民族的来华而大量输入我国。香药的最初含义，香指香料、药指药物，是由于香料中很大一部分具有药用价值，如沉香、乳香等，而药物中也有很多可用于制香，故二者的概念是相互交叉的。香与药合称香药，气味芬芳，经燃烧、煎煮、研粉、加热能产生香气，以及虽无特殊芳香气味，但用于合香、制香，习惯上被当作香料应用。阿拉伯香药，指产自阿拉伯国家的香药。本书所指阿拉伯，指兴起于公元7世纪，征服了周边多数国家，并且将势力扩展到北非和西班牙，横跨亚非欧三大洲的阿拉伯大帝国。其疆域分别与大唐帝国、拜占庭帝国（东欧）和查理曼帝国（西欧）为邻，此时期的阿拉伯帝国，包括叙利亚、巴勒斯坦、伊朗、伊拉克、中亚喀布尔、布哈拉、撒马尔罕等在内的广阔的阿拉伯地区，即包括《史记》记载的波斯（伊朗）、大食（阿拉伯）等国家在内。阿拉伯香药的主要种类有苏合香、乳香、没药、木香、安息香、补骨脂、肉豆蔻、藏红花、降真香、紫檀香、阿魏、沉香、血竭、丁香、小茴香、龙脑香、芦荟、荜澄茄、荜拨、缩砂、诃黎勒、番木鳖、迷迭香、栀子花、蔷薇水、无食子。阿拉伯香药在医药和生活方面应用广泛，医用方面有活血散瘀、消肿定痛、止痛、止泻、防毒等作用。用于预防瘟疫、瘴气与秽浊之气，消毒，杀虫等，也是日常生活中必不可少的常用品，用于美妆、护肤、调味、防腐、焚香、熏香、宗教祭祀等。在唐代官方药典中通行的若干特效药种有不少是以大食国药品做主药。如乳香，在治疗外科疾病方面有止痛、生肌的作用；檀香，理气和胃；胡椒，温中、下气、清痰、解毒；沉香，降气温中、暖肾纳气；降真香，理气、止血、定痛、利水通；槟榔，杀虫、破积、下气、行水等，这些药物被临床广泛应用，组成了许多新药方，如乳香没药丸、槟榔丸、檀香汤、胡椒汤等。阿拉伯香药输入我国后，增加了中国药物的种类，丰富了中医学基础理论和临床各科及方剂学的内容，促进了中医药的进步和发展。

除以上列出的中亚和西亚经济植物外，产于中亚、西亚的重要经济植物，蔬菜有洋葱、蒜、芥菜、沙芥、食用大黄、韭、葱、厚皮菜、长角豆、蚕豆、鹰嘴豆、豌豆、兵豆、紫苜蓿、菠菜、蒙戈豇豆等；食用植物有稷、荞麦、攀援菠菜、芜菁、燕麦、大麦、黑麦、小麦等；果树有沙枣、沙棘、枣柳、葡萄、欧洲栗、胡桃、楸子、欧洲李、酸樱桃、刺李、葡桃、榅桲、无花果、苹果、黑桑、海枣、阿月浑子、石榴等。香料有山鸡椒、紫苏、荜拨、孜然芹等；糖料有甜菜等；药用植物有红花、欧当归、罂粟等；花卉植物有番红花、花贝母、茉莉、小花毛茛等。

4.5 欧洲与地中海地区经济植物交流

欧洲位于东半球的西北部，北临北冰洋，西濒大西洋，南濒大西洋的属海地中海和黑海。欧洲面积为 1 017 万 km^2，居世界第六；人口世界第三，仅次于亚洲和非洲。欧洲大部分为温带海洋性气候，也有地中海气候、温带大陆性气候、极地气候和高原山地气候等。其中以温带海洋性气候最为典型。欧洲森林广布，农作物以小麦、大麦、燕麦、马铃薯、甜菜为主。盛产葡萄和苹果。

地中海东西共长约 4 000 km，南北宽约 1 800 km，面积（包括马尔马拉海，但不包括黑海）约为251.2 万 km^2，是世界最大的陆间海。西经直布罗陀海峡通大西洋，东北以土耳其海峡连接黑海，东南经苏伊士运河出红海，是沟通大西洋和印度洋的重要交通要道，被称为海上交通枢纽。地中海的沿岸夏季炎热干燥，冬季温暖湿润，被称作地中海性气候。植被叶质坚硬，叶面有蜡质，根系深，有适应夏季干热气候的耐旱特征，属亚热带常绿硬叶林。这里光热充足，是欧洲主要的亚热带水果产区，盛产柑橘、无花果和葡萄等，还有木本油料作物油橄榄等。

历史上，欧洲与中国的最早交流起源于丝绸之路。陆上丝绸之路是连接中国腹地与欧洲诸地的陆上商业贸易通道，形成于公元前 2 世纪与公元 1 世纪间，直至 16 世纪仍保留使用，是一条东方与西方之间进行经济、政治、文化交流的主要通道。汉武帝派张骞出使西域形成其基本干道。它以西汉时期长安为起点（东汉时为洛阳），经河西走廊到敦煌。从敦煌起分为南北两路：南路从敦煌经楼兰（今罗布泊）、于阗（今和田）、莎车，穿越葱岭（今帕米尔）到大月氏、安息（今伊朗），往西到达条支（今阿拉伯半岛）、大秦（罗马帝国）；北路从敦煌到交河、龟兹（今库车）、疏勒（今喀什），穿越葱岭（今帕米尔）到大宛（今费尔干纳盆地)，往西经安息(今伊朗)到达大秦(今罗马帝国)。这条东西通路，将中原、西域与阿拉伯、波斯湾紧密联系在一起。广义上丝路的东段已经到达了韩国、日本，西段至法国、荷兰。通过海路还可达意大利、埃及，成为亚洲、欧洲和非洲各国经济文化交流的友谊之路。

古代丝绸之路开辟了以中国为中心的东亚与欧洲之间联系的通道，而亚欧大陆各种文明之间的碰撞和交融又增进了亚欧之间经济文明的往来。在数千年的历史长河中，东亚文明与西欧文明在相互交融、碰撞中推动人类历史车轮的前进。从地理上来说，亚欧大陆自太平洋西岸到大西洋东岸是地球上陆地距离东西相连最长的两端。亚欧之间的最早交往可以追溯到距今约 3 000 年前的西周时代，公元前 6 或前 7 世纪，古希腊商人曾随西徐亚人(即斯基泰人)到达天山山脉。西方历史之父、古希腊历史学家希罗多德(公元前 484—公元前 425)等人的记载证实，公元前 6 或前 5 世纪希腊与中国就有往来，当时中国丝绸经过游牧民族的贩运进入希腊，成为希腊上层社会显贵的奢侈品。公元前 138 年和公元前 119 年，汉武帝派遣张骞两度出使西域，不仅了解了中西亚的风土人情，也获悉了古希腊和古罗马的信息。由于汉王朝国力强盛，以丝绸为主要商品的东西方贸易开始有了一条比较固定的陆上路线，即从中国陕西渭水流域通过河西走廊，由昆仑山脉的北麓或天山南麓向西穿越葱岭(帕米尔)，经中亚再沿西亚幼发拉底河到地中海东岸的安条克城，最后通向罗马，这就是著名的陆上丝绸之路。公元 97 年，汉朝又派使者前往大秦(罗马帝国)，希望与欧洲国家建立官方联系。当时中国与欧洲的贸易以间接方式进行，中亚人和西亚人起了中间商的作用，出口产品绝大部分是丝织品，还有肉桂、大黄等；进口商品有玻璃、珊瑚、珍珠、亚麻布和羊毛制品。张骞两次出使西域，沟通了中西经济文化交流的渠道，带回了许多瓜果蔬菜新品种。其中葡萄就是由希腊人从欧洲引入中亚的。而桃、杏、肉桂、茯苓等许多水果和药材也从中国传到西域，后又传到欧洲。球茎甘蓝原产欧洲，是通过西域、吐蕃、河西走廊的通道传到唐朝；玫瑰，原产中国以及中亚等地，秦汉时期传入周边国家，并通过中亚传入地中海沿岸，18 世纪传入法国，与法国玫瑰杂交，培育成世界名花；康乃馨，原产欧洲南部，19 世纪传入中国；无花果，公元前 3 000 多年，地中海沿岸和西南亚一带已有栽培，约在隋唐时期由波斯传入我国；阿月浑子(开心果)，原产地中海沿岸的土耳其和西亚的波斯，唐时由阿拉伯人传入中国；草莓，原产欧洲，20 世纪初传入我国；柠檬，原产巴尔干半岛，后传入伊朗、阿富汗、印度、中国等很多国家；萝卜，原产欧洲和亚洲温暖的沿海地区，世界各地广泛栽培。近代以来，中国从欧洲引入的有芦笋、油菜、母菊等。

近年来，欧洲草药受到关注，主要种类有山金车、金盏菊、母菊、紫锥菊、穗花牡荆、欧洲龙牙草、聚合草、黑接骨木、土木香、小茴香、香蜂花、甘草等。有些欧洲草药在世界各地受到重视，已广泛应用，如贯叶连翘调节情志；香蜂花治疗焦虑症、神经性疼痛和心脏疾病；山金车治疗风湿病；金盏菊治疗口腔黏膜炎症等。德国研发的降压药金纳多，其原料银杏 70% 从我国进口，每吨仅 500～600 元人民币，加工后每吨金纳多高达 2 000 美金。

20 世纪 90 年代以来，欧洲的芳香疗法十分流行，并逐步扩展至世界各地，近年来在中国很受欢迎，香薰与 SPA 在中国开始流行。芳香疗法应用的芳香植物中很多种产于欧洲，如欧薄荷、薰衣草、快乐鼠尾草、玫瑰、茉莉、天竺葵、马郁兰、迷迭香、百里香、莳萝、洋甘菊、柠檬、佛手柑、葛缕子、康乃馨、神香草等。20 世纪 80 至 90 年代，在中国范围内形成了“南菜北种，外菜中引”的大好局面。特色蔬菜琳琅满目，从地中海引进的有朝鲜蓟(洋蓟)、根用香芹(根用欧芹、根用洋荽)、根芹(球根糖蒿)、菊苣等。从欧洲引进的有西兰花(绿花菜)、菊牛蒡(黑皮婆罗门参、鸦葱、黑根)、家独行菜(胡椒草、芥荠)、神香草(牛膝草、海索草)等。

欧洲和地中海地区分布的重要经济植物，果树有欧洲蔓越橘、欧洲榛、酸果蔓、欧洲醋栗、红穗醋栗、角豆树、无花果、啤酒花、油橄榄、澳大利亚坚果、澳洲酸果、欧洲李、欧洲红树莓、花楸、欧洲朴树、爱尔兰草莓树等；蔬菜有洋大蒜、红叶葱、韭、桔梗菜、厚皮菜、茼蒿、萝卜、水田芥、红菜头(根用莙荙菜)、朝鲜蓟、叶用莴苣(生菜)、莴苣、鸦葱、婆罗门参、辣根、芜菁、花椰菜、卷心菜、孢子甘蓝、球茎甘蓝、豆瓣菜、菱、芹、小茴香、芫荽、美洲防风、野苣等；花卉有老鼠簕、小雪钟(雪花莲)、春雪片莲、口红水仙、中国水仙、夹竹桃、小长春花、常春藤、牛舌草、风铃草、康乃馨、高雪轮、矮雪轮、石碱花、耆草、春黄菊、矢车菊、蜡菊、母菊、大滨菊、水飞蓟、小蜡菊、香蓟、黄粉球、羽衣甘蓝、桂竹香、香花芥、屈曲草、夜香紫罗兰、金丝桃、香豌豆、风信子、假叶树、郁金香、洋丁香、仙客来、银莲花、漏斗花、飞燕草、黑种草、芸香、金鱼草、毛地黄、柳穿鱼、三色堇、香堇等。香料植物有果香菊、小白菊、茴香、神香草、蜜蜂花、月桂、薰衣草、圣罗勒、欧牛至、牛至、迷迭香、药用鼠尾草、山塔花、麝香草、母菊、留兰香、香没药、香薄荷、香桃木、芸香等；食用的植物有意大利松、西班牙鸦葱、白芥等；油料植物有油橄榄、亚麻等；果树有草莓、西洋梨、黑茶藨、醋栗、黑莓等；糖料植物有甜菜等。

4.6 非洲地区经济植物交流

非洲位于东半球西部，欧洲以南，亚洲之西，东濒印度洋，西临大西洋，纵跨赤道南北，面积为 3 022 万 km^2，占全球总陆地面积的 20.4%，是世界第二大洲，同时也是人口第二大洲（10.325 亿）。在地理上习惯分为北非、东非、西非、中非和南非五个地区，共 60 个国家和地区。非洲为高原大陆，地势比较平坦。东南部高，西北部低，有“热带大陆”之称，其气候特点是高温、少雨、干燥，气候带分布呈南北对称状。全洲分为 8 个气候区，分别是热带沙漠区、半干旱区、热带干湿季区、赤道区（热带潮湿区）、地中海区、副热带湿润海洋区、暖温带高原区和山区。非洲具有多种植被带。西非的几内亚海岸和刚果盆地均有低地雨林；东非有森林和灌木丛；热带海岸线上红树林沼泽地中红树种类繁多，呈阔叶灌木状；西非有阔叶林地及草原。

非洲既是古代丝绸之路的途经地和目的地之一，也是“一带一路”的必经之地，是“一带一路”不可或缺的参与者。古代陆上丝路和海上丝路都曾将非洲与亚欧大陆相联系，其中包括将中国与非洲连接起来。非洲是一个充满活力、充满希望和充满机会的正在复兴的大陆。将非洲国家和地区纳入“一带一路”范围，既满足一些非洲国家和地区参与“一带一路”的愿望，还有利于推动中非友好合作关系。古丝绸之路广义上讲是从上古开始，陆续形成的遍及欧亚大陆乃至包括北非和东非在内的长途商业贸易和文化交流线路的总称。历史上，海上丝绸之路是在东亚直到非洲东海岸之间的一系列港口组成的海上贸易网络。以我国泉州为起点，经过东南亚、印度、阿拉伯半岛等地，从唐后期到宋朝形成繁荣局面，促进了贸易交流与地理知识、航海技术的传播。明代郑和率领船队七下西洋，两次留驻非洲，时间达三年之久。1417 年冬至 1419 年 7 月第五次下西洋时，曾到过非洲及波斯湾。据载郑和船队曾连续四次访问过非洲东部海岸的一些国家和城市，不但促进了中非之间的经贸交流和合作，也推动了整个印度洋地区海上贸易的发展。

唐宋时期，中国和阿拉伯、伊斯兰国家进行了广泛的科学、文化、经济交流。海外珍贵的阿拉伯民族农作物、药材和经济植物通过丝绸之路传入我国。这些新输入的经济植物不仅增加了我国经济植物的种类，也促进了古代社会的进步。唐宋时期由阿拉伯民族引入我国的农作物新品种几乎涵盖了海外农业种类的各个领域，尤以经济作物和食用作物为多，其中大部分种类已成为我国农业经济品种中的重要组成部分，包括阿月浑子（开心果）、胡荽（芫荽）、胡椒、蔽齐（白松香）、无食子（八旦仁）、波斯枣、莳萝、齐墩（油橄榄）、芦荟、指甲花（海蒳）、阿魏、胡芦巴、押不花（曼陀罗花）等。唐宋时期，中国和阿拉伯在医药方面交流密切，这一时期输入我国的植物药材有乳香、没药、沉香、木香、砂仁、诃黎勒、芦荟、补骨脂、荜拨、苏合香、乌香、胡桐泪等。

两宋时期，阿拉伯和非洲甚至更远地区的香料、药物也随着阿拉伯民族的来华而大量输入我国，著名种类有乳香、木香、丁香、安息香、没药、血竭、苏合香油等。

明清时期，社会发展比较稳定，植物文化交流也有了很大进展。明永乐 3 年（公元 1405 年），郑和船队远航访问了亚非欧三洲 30 多个国家，在非洲访问了外来药物乳香的产地之一——“香料之角”葛尔得风（今索马里瓜达富伊角），到了祖法尔（今阿曼南部地区），用丝绸、瓷器换取了乳香、血竭、安息香等药材。明《本草纲目》收载了来自阿拉伯国家和非洲产的很多药材，如胡黄连、补骨脂、茉莉、清黛、番木鳖、莳萝、巴旦杏、无漏子（海枣）、无花果、阿勃勒、没药、阿魏、卢会、婆罗得等。

中华人民共和国成立以来，我国从非洲引种了一些经济植物，如 1972 年由东非埃塞俄比亚引入我国云南等省的高产油料作物小葵子（*Guizotia abyssinica*），含油率 39%～41%，工业出油率 31%～35%，亚油酸含量76.3%～78%。

非洲有药用植物2 500～3 000种，重要的药用植物有丁香、小花风车子、马岛哈仑木、可乐果、血红白叶藤、没药、阿拉伯胶、玫瑰茄、非洲李、非洲豆蔻、乌扎拉藤、沙漠仙人掌、阿皮迪菊、非洲防己、非洲姜、非洲蒿、乳香、南非红茶、南非钩藤、洪迪、圆布枯、埃及榭果、催吐萝芙木、蒙迪藤、蜜树茶、巧茶、孜然芹、奇异果、胡芦巴、辣木、伊波加木、长春花、黄花嘉兰、育亨宾树等。

原产非洲的食用植物有咖啡、黄葵、猴面包树、南非荔枝果、树番茄、穇、葫芦、高粱等；油料植物有油棕、小葵子等；纤维植物有草棉等；饮料植物有咖啡、苏丹可乐果、山地茶、南非红茶、蜜树茶等。原产非洲重要果树植物有树葡萄、蟾蜍树、猴面包树、西瓜、甜瓜、酸豆、四翼豆、枣椰、摩布拉巴李(沙苹果)、咖啡、牙刷树、神秘果等；非洲重要蔬菜植物有蕹菜、长豇豆、四菱豆、木薯、木豆、庞巴拉花生、秋葵等；原产非洲重要花卉植物有虎尾兰、松叶菊、百子莲、大花君子兰、非洲茉莉、南非凌霄、非洲紫罗兰、唐菖蒲、花叶芦荟、吊兰、虎眼万年青、旅人蕉等。

4.7 美洲地区经济植物交流

美洲位于大西洋与太平洋之间，北濒北冰洋，南与南极洲隔德雷克海峡相望。自然地理分为北美洲、中南美洲，面积达4 206.8万km^2，占地球地表面积的8.3%、陆地面积的28.4%，美洲地区拥有大约9.5亿居民，占到了人类总数的13.5%，是唯一一个整体在西半球的大洲。北美大部分属亚寒带和温带大陆性气候，有面积辽阔的针叶林和大草原；森林面积约92 000万hm^2，占全洲总面积的50%以上，约占世界森林总面积的23%，盛产红木、檀香木、铁树、木棉树、巴西木、香膏木、花梨木等贵重林木。草原面积约44 000万hm^2，约占全洲总面积的25%，占世界草原总面积的14%以上。北美洲农业生产专门化、商品化和机械化程度都很高。中部平原是世界著名的农业区之一，农作物以玉米、小麦、水稻、棉花、大豆、烟草为主，其大豆、玉米和小麦产量在世界农业中占重要地位。

海上丝绸之路跨海越洋，到达东、南、西方海外之国，形成了经济贸易、文化交流的海上通道，其发端于3 000多年的商周时期，形成于秦汉时期，兴盛于宋元明时期。英国郑和研究专家孟席斯认为，郑和下西洋的船队到过美洲，但郑和当年的航船记录已无从寻找，收集确实证据非常困难，但可以说郑和的庞大船队七下西洋，航行近30年，部分船只航行到美洲是有可能的。中国到美洲的海上丝绸之路在明代已经存在。清朝乾隆年间，美国派出“中国女皇号”军舰到达澳门与广州，运来西洋参和海兽皮之类，运走丝、茶、瓷器等中国特产。

16～19世纪期间，从中国沿海城市出发，经东南亚中转，最远到达拉丁美洲的贸易路线曾将海上丝绸之路推到了发展的顶峰，因此，在海上丝绸之路的范畴中，拉丁美洲地区不能不成为21世纪海上丝绸之路战略构想不可忽略的一极。历史上，海上丝绸之路的鼎盛时期是公元16～19世纪期间，形成了中国—东南亚—拉美间的贸易路线，“海上丝绸之路”带动了中国与世界各国的文化交流，同时原产拉美地区的经济作物也纷纷传入中国，促进了中国农业经济的发展。将21世纪海上丝绸之路延伸至拉美地区，形成中国—东盟—拉美地区21世纪海上丝绸之路经济带，为中国外向型经济注入新活力。

2016年3月国家发改委、外交部、商务部联合发布了《推动共建丝绸之路经济带和21世纪海上丝绸之路的愿景与行动》，强调“一带一路”相关国家基于但不限于古代丝绸之路的范围，各国和国际、地区组织均可参与，让共建成果惠及更广泛的区域。可以说，“一带一路”倡议应当包括美洲国家在内的域外国家。

在我国的现有农作物中，至少有50多种来自国外。宋以前我国引入的农作物大多原产于亚洲西部，部分原产于非洲和地中海，以及印度，它们大多是通过陆上丝绸之路传入的。这些早期传入的农作物多为果树和蔬菜，少有粮食作物。中唐以后，随着国家经济中心的南移，海上丝绸之路迅速发展，不断有新的农作物引进，其中美洲作物的引进和推广则占据了相当大的比重。这些作物的传入，不仅增加了我国作物的种类，同时对我国的农业生产及饮食结构的变化也产生了十分重要的影响。

1492年，哥伦布发现美洲后，引发了欧洲人对这块“新大陆”的注意。在美洲成功殖民后，16世纪后期，西班牙人进而在南亚的菲律宾建立殖民地，一些美洲农作物开始传入菲律宾，再由菲律宾传到南洋各地，并进一步传到中国。美洲作物的引种与传播成为明清时期我国农作物引进的一个显著特点。这其中包括玉米、番薯、马铃薯这样重要的粮食作物，也有花生、向日葵一类油料作物；既有番茄、辣椒、菜豆、番石榴、番荔枝等蔬菜和果树，也有烟草、陆地棉这样的嗜好作物和衣被原料，总数接近30种。

(1) 粮食作物

玉米(*Zea mays* L.)原产美洲的墨西哥、秘鲁。我国古代称番麦、御麦、玉麦、苞米、珍珠米、棒子等。至迟明代传入我国。嘉靖三十四年(1555)《巩县志》已有"玉麦"的名称，但明确而详细的记载则见于嘉靖三十九年(1560)甘肃的《平凉府志》卷11："番麦，一曰西天麦，苗叶如蜀秫而肥短，末有穗如稻而非实。实如塔，如桐子大，生节间，花炊红绒在塔末，长五、六寸，三月种，八月收。"此外，明代田艺衡《留青日扎》和李时珍《本草纲目》均有记载。

番薯[*Ipomoea batatas* (Lam.) L.]，一年生或多年生藤本植物。又名金薯、朱薯、玉枕薯、山芋、甘薯、地瓜、红苕、白薯、地瓜、红薯等，原产中、南美洲，主要用作粮食和蔬菜。宋元以前中国文献中屡见"甘薯"的记载，但那时所说的甘薯是薯蓣科植物的一种，而我们现在所说的"甘薯"则是旋花科植物，明万历年间传入我国。自它被引种到中国以后，因其形似我国原有的薯蓣科甘薯，有人便称之为甘薯，久而久之，"甘薯"一词已专指旋花科的"番薯"了。

豆薯[*Pachyrrhizus erosus* (L.) Urban]，一年生或多年生草质藤本植物。又名凉薯、地瓜、土瓜、沙葛、新罗葛，是一种既可当水果又能当蔬菜的作物。原产中美洲，后由西班牙人传入菲律宾，可能后来从新罗经海道传入我国福建。中国西南、华南地区和台湾地区种植较多。

马铃薯(*Solanum tuberosum* L.)，我国亦称洋芋、土豆、山药蛋、地蛋、荷兰薯。原产南美洲秘鲁和玻利维亚的安第斯山区，为印第安人所驯化。大约1570年传入西班牙，1590年传入英格兰，1650年左右传入中国。

木薯(*Manihot esculenta* Crantz)，世界三大薯类之一。起源于热带美洲，16世纪末传入非洲，18世纪传入亚洲。中国于19世纪20年代引种栽培，遍种于长江以南，其中以两广、福建、台湾为最。

蕉芋(*Canna edulis* Ker.)，别名蕉藕、姜芋，原产安第斯山脉。公元前2 500年在哥伦比亚驯化，1821年传入日本，1948年引入中国，福建、江西、浙江等地有少量栽培。

(2) 油料作物

花生(*Arachis hypogaea* L.)，原产美洲。我国亦称长生果、落花生、落地松、万寿果、番豆、无花果等，是一种人们喜爱的食品，也是一种重要的油料作物。分小粒型和大粒型两种，小粒型最早记载见于元末明初贾铭的《饮食须知》，大粒型是清代引进的。

向日葵(*Helianthus annuus* L.)，一年生草本油料作物，亦称西番菊、迎阳花、葵花等，原产北美。在中国的种植最早见于1621年王象晋所著的《群芳谱》，称西番菊。1688年陈淏子《花镜》始称向日葵。

(3) 蔬菜作物

辣椒(*Capsicum annuum* L.)，一年生或多年生草本植物。别名番椒、海椒、秦椒、地胡椒、辣茄。原产中南美洲热带地区，1493年传到欧洲，1593—1598年传至日本。传入中国有两条途径：一是经由古丝绸之路传入甘肃、陕西等地；一是经海路引入广东、广西、云南等地。中国关于辣椒的记载始见于明代高濂《遵生八笺》(1591)："番椒丛生，白花，果俨似秃笔头，味辣，色红。"辣椒一名最早见于乾隆二十九年(1764)《柳州府志》。

南瓜(*Cucurbita moschata* Duch.)，一年生草本植物，别名番瓜、饭瓜、倭瓜、金瓜等，原产中、南美洲。见于元末明初贾铭的《饮食须知》："南瓜味甘性温，多食发脚气黄疸，同羊肉食，令人气壅，忌与猪肝赤豆荞麦面同食。"说明元代我国已经引种。

笋瓜(*Cucurbita maxima* Dutch. ex Lam.)，别名印度南瓜、玉瓜、北瓜，原产南美玻利维亚、智利和阿根廷等地。中国笋瓜可能由印度传入，19世纪中叶安徽、河南等省方志中有记载。

西葫芦(*Cucurbita pepo* L.)，别名美洲南瓜，原北美洲南部。17世纪后期已见于陕西、山西等方志。

佛手瓜(*Sechium edule* Swartz)，别名瓦瓜、拳头瓜、万年瓜、阳茄子、土耳其瓜、棒瓜等，原产墨西哥和中美洲。18 世纪传入欧洲，后传到东南亚，1916 年由缅甸传入中国云南，现华南和西南等地有栽培。

番茄（*Lycopersicon esculentum* Mill），亦称番柿、六月柿、西红柿、洋柿子等。原产南美洲安第斯山地带。我国最早记载见于明代王象晋的《群芳谱》："番柿，一名六月柿，茎如蒿，高四五尺，叶如艾，花如榴，一枝结五实或三四实，一树二三十实，……来自西番，故名。"

菜豆（*Phaseolus vulgaris* L.），一年生草本植物。又称四季豆、时季豆、芸豆、四月豆、梅豆、联豆、架豆等，具有粮食、蔬菜、饲料等多种用途。原产中美洲。16 世纪初传入欧洲。中国自明后期曾多次引种，明李时珍《本草纲目》和清代《三农记》（1760）都有记载。南北皆有种植，栽培面积仅次于大豆。

棉豆（*Phaseolus lunatus* L.），豆科菜豆属栽培种。别称洋扁豆、荷包豆，原产中美洲。16 世纪初传入欧洲。20 世纪 30～40 年代传入中国。

（4）水果类作物

菠萝［*Ananas comosus*（L.）Merr.］，多年生常绿草本果品，别名凤梨、王梨、黄梨。原产南美巴西，很早为印第安人驯化。16 世纪初，热带各国相继引种。亚洲最早是由葡萄牙人引入印度（1550），后又传入菲律宾和印度尼西亚。中国在 17 世纪初（1605）由葡萄牙人将菠萝苗带入澳门，后经广东传入福建和台湾。广东《东莞县志》（1639）和台湾林谦光的《台湾纪略》（1687）都有凤梨的记载。约在 18 世纪末传入广西，19 世纪初传入云南。

番石榴（*Psidium guajava* L.），常绿小乔木或灌木。原产美洲墨西哥和秘鲁。南宋周去非《岭南代答》（1178）称黄肚子，清代《南越笔记》称秋果，《植物名实图考》称鸡矢果。台湾在 200 年前已有栽种，现主要分布在台湾、福建、广东、广西、海南和云南等地。

番荔枝（*Annona cherimola* L.），半落叶灌木或小乔木。又名佛头果。原产热带美洲，明末清初传入中国。最早见于《台湾府志》（1614）。现主要分布在台湾、福建、广东、广西和海南等地。

番木瓜（*Carica papaya* L.），小乔木，又称木瓜、乳瓜、万寿果，原产墨西哥南部，18 世纪后期成为世界上重要的一种水果。清代传入我国，《岭南杂记》和《植物名实图考》均有记载。我国南方各地都有种植，尤以广东、台湾最多。

腰果（*Anacardium occidentale* L.），乔木，又称槚如树、介寿果、鸡腰果，果仁是营养丰富的美味食品。原产巴西东北部，16 世纪由葡萄牙人传入非洲和亚洲。中国于 20 世纪 30 年代引入台湾和海南，云南西双版纳也有少量种植。

油梨（*Persea Americana* Mill.），常绿果树。原产中美洲。13～15 世纪墨西哥西部和南部已有栽培，20 世纪初传入亚洲。中国 1918 年开始引种，台湾、海南、广东、广西、福建、云南等地均有栽培，其中以台湾、海南为最多。

人心果［*Manikara zapota*（L.）van Royen］，热带常绿果树。又名吴凤柿，原产墨西哥以及中美洲。福建于 1900 年由华侨自新加坡引入，种植于漳州、厦门等地；广东于 1910 年引入，分布于湛江、汕头珠江三角洲各县市；台湾于 1920 年自爪哇引进，嘉义、台南、云林均有栽培。

蛋黄果［*Pouteria campechiana*（HKB）］，热带常绿果树。又名蛋果，原产南美秘鲁。中国于 20 世纪 30 年代引入，由印度尼西亚华侨带到海南繁殖，50 年代在广州栽培。

（5）重要药用植物

西洋参（*Panax quinquefolium* L.），多年生草本植物，别名五叶参、广东人参、花旗参。原产北美。1976 年后在中国北京、黑龙江、吉林、辽宁及陕西等地先后引种成功。

（6）其他经济作物

可可（*Theobroma cacao* L.），常绿乔木，世界三大饮料作物之一。原产南美洲亚马孙河上游热带雨林地区。17～18 世纪传入东南亚，1922 年传入我国台湾，1954 年引种于海南省。

烟草（*Nicotiana tabacum* L.），一年生作物。原产中南美洲，人类已有 1 500 多年使用的历史。后经西班牙和葡萄牙人传至欧洲和世界各地。传入我国时称"淡巴菰"，这是印第安语"烟草"的音译。我国最早记录烟草的文献是明代张介宾的《景岳全书》："此物自古未闻，近自我明万历时始出闽、广之间。"烟草的别称还有相思草、金丝烟、芬草、返魂烟等。

我国美洲作物的引种和传播主要是明清时期，是我国农业发展的一个显著特点和成就。下面仅以部分重要作物为例作一简要记述。

玉米在中国的传播大致经过了先边疆后内地，先丘陵山地后平原地区的过程。如道光《遵义府志》谈到“平地居民只知种稻，山间民只知种秋禾、玉米……”。平川地区居民即使地头屋角、田畔园圃“偶种一二”，也只是“以娱孩稚”或作为果蔬辅助食品（乾隆《霍邱县志》）。因此，李时珍《本草纲目》卷 23 指出：“玉蜀黍种出西土，种者亦罕。”但 19 世纪以后，随着人口的激增，玉米种植不仅继续向山区拓展，也逐渐走向平原地区。嘉庆《汉中府志》说：“数十年前，山内秋收以粟谷为大宗。粟利不及包谷，今日遍山漫谷皆包谷矣。”《植物名实图考・卷 1》亦说：“又如玉蜀黍一种，于古无征，今遍种矣。”从各地方志先后记述的情况看，19 世纪中期，玉米种植已遍及大江南北绝大多数地区，各地有关玉米的称谓多达 99 个。晚清至民国时期，玉米发展成为中国仅次于水稻和小麦的第三大作物。1936 年中国玉米种植面积达 693 万 hm^2，总产量 1 010 万 t。

经过长期发展，玉米在我国逐渐形成了三大种植区：北方春播玉米区、黄淮海夏播玉米区、南方山地丘陵玉米区。玉米种植比较集中的地方有黑龙江、吉林、辽宁、河北、山西、山东、河南、陕西、四川、云南、贵州、广西等。这些地区的玉米种植面积和产量约占全国的 80%。1983 年中国玉米播种面积已达 1 882万 hm^2，总产 6 819 万 t，分别占世界的 14.6%和 15.2%，是仅次于美国的世界第二大玉米生产国。2000 年玉米播种面积进一步增加到 2 306 万 hm^2，总产 10 600 万 t，播种面积和总产分别为第三大生产国巴西的 1 倍和 2 倍。

一般认为番薯传入我国有两条途径：一是陆路，由印度、缅甸引入云南；二是经由海路，从菲律宾传入福建或由越南传入广东。明嘉靖四十一年（1563）《大理府志》已有“紫蓣、白蓣和红蓣”的记载。此外，《云南通志》记有“红薯”，并指出云南 6 个府州都有种植。1582 年陈益从安南（越南）将番薯引入广东东莞，不久林怀南也将甘薯从越南引入广东电白。关于番薯传入福建，《闽小记》记载云：“万历中，闽人得之外国，……初种于漳郡，渐及泉州，渐及莆。”明朝苏琰所撰《朱蓣疏》亦谈及万历十一至十二年（1583—1584）有人将番薯从海上传至晋江。万历二十二至二十三年，泉州一带发生饥荒，“他谷皆贵，惟薯独稔，乡民活于薯者十之七八，由是名曰朱薯”。对番薯引种活动影响最大的还是福建长乐商人陈振龙从吕宋将番薯引入福州，经其子陈经纶上书金学曾巡抚倡议种植，收到显著效果。《农政全书》曰：“今番薯扑地传生，枝叶极盛。……闽、广人赖以救饥，其利甚大。”18 世纪末至 19 世纪初期番薯栽培向北推进到山东、河南、河北、陕西等地，向西推进到江西、湖南、贵州、四川等地，最终遍及全国。1985 年中国是世界最大的甘薯种植国，其种植面积 617 万 hm^2，约占世界总种植面积的 61%。

马铃薯传入中国是在 17 世纪前期，可能从东南、西北和西南几路传入。1650 年荷兰人斯特鲁斯（Henry Struys）访台，见到栽培的马铃薯，称之为“荷兰豆”。《致富纪实》则说：“阳芋，出俄罗斯。”明代蒋一葵《长安客话》和康熙《畿辅通志・物产》均有“土豆”的记载，说明北路传入的时间可能更早。康熙福建《松溪县志》（1700）记载：“马铃薯，叶依树生，掘取之，形有大小，略如铃子。色黑而圆，味苦甘。”马铃薯的重要性 18 世纪后渐趋显现。《植物名实图考》说：“阳芋，黔滇有之，……疗饥救荒，贫民之储。……闻经南山氓，种植尤繁富者，岁收数百石云。”四川《奉节县志》也谈到：“乾嘉以来渐产此物，然尤有高低土宜之异，今则栽种遍野，农民之食，全恃此矣。”到 19 世纪我国东西南北 10 多个省均有马铃薯栽培。2000 年我国马铃薯种植面积达 472 万 hm^2，总产 1 325 万 t，种植面积为世界第二。

番茄大约于 17 世纪传入菲律宾，后传到亚洲其他国家。中国栽培的番茄是明万历年间（1573—1620 年）从欧洲或东南亚传入。番茄引种之初长期作为观赏植物。直到 19 世纪中后期才进入菜圃，20 世纪初上海等大城市郊区才开始栽培食用。大规模发展是 20 世纪 50 年代以后，现已成为中国主要蔬菜之一。

花生原产南美巴西，16 世纪初传入中国。明嘉靖《常熟县志》（1538）和王世懋《学圃杂疏》均有明确记载。《三农记》卷 12 亦云：“番豆，乃落花生也。始生海外，过洋者移入百越，古因此名。初时为果，今湖田沙土遍植。”花生最初在广东福建一带种植。据《广东新语》的记述，清初已普遍种植。《滇海虞衡志》更称“落花生为南果中第一，……高、雷、廉、琼多种之”。17 世纪花生栽培渐至浙江，《衢州府志》《山阴县志》《瑞安县志》等均有记载。18 世纪以后花生种植又进一步发展到湖南、江西、四川及我国北方地区。近代以前我国花生种植品种皆为小粒种。19 世纪 80～90 年代美国传教士将大粒花生引入山东蓬莱，使蓬莱成为大粒花生的主要产区。因其种植便易、耐贫瘠，而且产量高，颇受农民欢迎，很快被推广至长江流域和北方各地区，其中尤以冀、鲁、豫等省最多。如郑州、商丘一带，过去很少种植花生，自 1894 年美国大粒花生传入后，往日“荒丘之区，向所弃之地，今皆播种花生”。1900—1929 年山东、河南、江苏、湖北等省的一些地方花生的种植面积已经占到整个耕地面积的 1/3，甚至 1/2。总之，民国初期至抗战前，山东、河北、河南为我国最重要花生产区，其花生播种面积和产量常年占全国的 45%～55%。20 世纪 80 年代，我国花生种植面积在 100 万亩以上的省(自治区)发展到 10 个，即山东、广东、河北、河南、广西、辽宁、四川、安徽、江苏、福建，其种植面积和产量均占全国的 90% 以上。花生单产也由 1949 年每公顷的 1 012.5 kg 增加到 1985 年的 2 010 kg，36 年单产提高了 98.5%。

向日葵作为油料作物早期只有少量种植。1980 年向日葵的种植面积增加到 84.47 万 hm^2，总产 90.98 万 t，成为超过芝麻和胡麻的第三大油料作物。

美洲作物传入中国后，之所以在不长的时间中获得如此迅速的发展，主要有以下两个原因。

(1) 人口激增，人地矛盾突出，食物供给紧张

明清时期正是我国人口高速增长时期，全国人口从明初的 6 500 万～8 000 万人增加到 1953 年的 58 300万人，数百年间人口增加了 9 倍，而同期耕地只增加了 4 倍。人多地少，耕地不足，给粮食供给造成了极大的压力。玉米、番薯和马铃薯都是耐旱、耐瘠的作物，一般粮食作物难以生存的贫瘠土壤、深山苦寒地区均可种植，而且产量高，如玉米较之大麦和高粱产量高 5%～15%。同治《建始县志》记载：当地“居民倍增，稻谷不给，则于山上种苞谷、洋芋或蕨薯之类，深山幽谷，开辟无遗。”《植物名实图考》也谈到：“山农之粮，视其丰歉；酿酒磨粉，用均米麦；瓤煮以饲豕，秆干以供饮，无弃物。”充分反映了玉米、番薯等美洲作物在农民食物生产中的重要性。尤其是番薯，因生长期短、适应性强，在南方一些地区几乎一年四季都可种，农民常常将它在常规作物种植失败后补种，对抗灾救荒起着十分重要的作用，因此备受关注。著名农学家徐光启曾将番薯的好处总结为“十三胜”，说它高产益人、色白味甘、繁殖快速、防灾救饥、可充笾实、可以酿酒、可以久藏、可作饼饵、生熟可食、不妨农功、可避蝗虫等优点，指出“农人之家，不可一岁不种。此实杂植种第一品，亦救荒第一义也”(《农政全书》卷 27)。可见玉米、番薯等美洲作物的传播为拓展农业生产的空间，满足日益增长的人口的需求起到了至关重要的作用。

(2) 商品经济日益发展，农民追求更多的经济利益

美洲作物的传播与商品经济在中国的发展也有着密切的关系。亚洲棉在 6～8 世纪就已传入中国，但是它取代大麻成为我国衣被的主要原料花了几个世纪，而美洲棉只用了短短几十年的时间就对中国亚洲棉的生产产生了巨大冲击，其重要原因就是中国近代纺织工业和对外贸易事业的发展。其他美洲作物的发展也存在同样的情况，如安徽全椒以前很少种植花生，但“近日种者颇多，为出产之大宗，榨为油，民间日用，大率皆是”，原因是从种植花生所得的收益远远大于其他作物。20 世纪 20 年代山东烟台等地约有 1/3 的耕地用于种植花生。1922 年带壳花生产量为 2 841 t，1931 年增加到 9 321 t。广东汕头一带历史上一直以种植水稻和甘蔗为主，但“近因落花生之需要增加，遂将稻米、砂糖之耕作面积皆改种落花生矣”。烟草种植也如此，1917 年以前，中国还没有美种弗吉尼亚烟草，但是到 1920 年已经栽培出 27 000 t，这与近代工业的兴起和商品经济的发育有着十分密切的关系。

美洲作物的传播是中国农业发展史上具有重大历史意义的活动，不仅增加了我国农作物的种类，促进了我国的农业发展，而且对中国饮食习惯也产生了影响。汉代以前，我国主要粮食作物是粟和黍，汉以后逐步演变为南方以稻米为主，北方以麦、粟和高粱为主，这种状况一直延续到明清时期。但明清期间玉米、番薯、马铃薯等美洲粮食作物引进与推广，改变了我国主要粮食作物种类的构成。如前所述，明清时期正是我国人口高速增长时期，全国人口增加了 9 倍，而同期耕地只增加了 4 倍。人多地少，耕地不足，给粮食供给造成了极大的压力。玉米、番薯、马铃薯等美洲高产作物的引进，不仅使原来不适于耕种的边际土地得到了利用，也使得人力资源得到了充分的利用。近代以后，虽然粮食生产南稻北麦总的

格局未变，但比重略有下降。相比之下，玉米、番薯等美洲作物的生产，无论从播种面积还是总产量都有相当快速的增长。例如，玉米 1914—1918 年间年产量为 366 万 t，但到 1938—1947 年间猛升到了 897 万 t，增长了 1.45 倍。番薯 1924—1929 年在粮食总产中所占的比重为 11.2%，到 1938—1947 年上升到 16.2%。

总之，玉米、番薯、马铃薯等美洲粮食作物具有耐瘠薄、耐寒的特性，使得以前不能利用的荒山、滩涂得以利用，从而增加了粮食生产的面积和产量。它们的引进与推广，不仅改变了我国主要粮食作物种类的构成，丰富了我国饮食品种，也影响了人们的饮食习惯。

当今我国应用的 150 余种主要蔬菜中约 60% 原产域外，其中原产美洲的主要有番茄、辣椒、南瓜、佛手瓜、马铃薯、菜豆、多花菜豆、洋刀豆、豆薯、香芋、菊芋、竹芋等，这些美洲原产蔬菜传入中国后，经过百余年的引种驯化与本土化发展，已深度融入中国饮食文化，成为中国百姓饭桌上的当家蔬菜。

美洲作物的传播在中国农业发展史上具有重要意义，不仅增加了我国农作物的种类，促进了我国农业发展，也对中国饮食原料的生产产生了深远影响。美洲作物的传播增加了中国粮食作物的种类和产量，满足了日益增长的人口需求；增加了优良饲料的种类，为我国畜牧业的发展作出了贡献；丰富了我国蔬菜瓜果的品种，改变了瓜果生产的供应结构，增添了人们的食物营养和饮食情趣；增加食用油料植物的种类，丰富了我国食用油的品味，从而推进了商品经济的发展。今后，还将在我国建设和发展中起着重要作用。

美洲分布的经济植物众多，除以上所述的各类经济植物外，还分布有其他一些重要经济植物。如南美食用植物有三叶防臭木、昆诺阿藜、笋瓜、树番茄等；果树有番荔枝、巴西坚果、甜果西番莲、蕉芋等；甜味植物有甜叶菊等；饮料植物有巴拉圭茶、雅贡等；重要的药用植物有巴西人参、巴西坚果、巴西莓、瓜拉那泡林藤、玛卡、刺果番荔枝、波尔多树、保哥果、南美血竭、柯柏油、茸毛钩藤、甜叶菊、卡木果、吐根、南美防己、古柯等。中美洲纤维植物有龙舌兰、陆地棉等；食用植物有血红苋、千谷苋、绿穗苋、笋瓜、西葫芦、佛手瓜、辣椒、红豆、棉豆等；果树有众香树、番石榴等；油料作物有鳄梨等；香料作物有香荚兰等。北美洲糖类作物有糖槭等；果树有美国山核桃、灰核桃、罗甘莓、大果越橘等；香料作物有美洲薄荷、小鸡草等；食用植物有加拿大接骨木、茭白等；药用植物西洋参等。原产美洲的果树植物还有冰花果（日中花）、腰果、红槟榔青（红酸枣）、杜吉果、美味比丽巴、马蒂沙果（南美沙宝打）、瓜栗、美洲甜蓝果、番木瓜、牛油果、佛手瓜、野曼蜜果、长山核桃、鳄梨、巴西坚果、毕当加（红果仔）、蛋黄果、霍霍巴、树番茄、酸浆、巴西树葡萄、蓝黑越橘、蓝莓、大果越橘等；原产美洲的花卉植物还有虾衣花、珊瑚花、龙舌兰、朱顶红、蓝花蜘蛛兰（水鬼蕉）、晚香玉、风雨草、花叶芋、马利筋、银星秋海棠、四季秋海棠、垂花水塔花、胜红蓟、金鸡菊、大丽花、万寿菊、百日菊、月光花、紫牵牛花、羽叶茑萝、猩猩红、一品红、大岩桐、一串蓝、一串红、叶子花、紫茉莉、王莲、月见草、倒挂金钟、大王椰（王棕）、花菱草、福禄考、花葱、荷包花、矮牵牛、金莲花等。

5 合作共赢，推进“一带一路”植物资源和植物文化的交流与发展

“一带一路”沿线的国家和地区，蕴藏着丰富的植物产品与植物资源，这些产品与资源可大大促进生物产业、健康产业、旅游业、文化业及其相关产业的发展与繁荣，不仅能提高国家和地区的经济效益、生态效益，更能增强国家与地区间的交流和融合。随着“一带一路”的建设与发展、经济的全球化与国际化，世界经济植物的交流与贸易必将日益频繁。合理开发利用“一带一路”沿线植物资源，潜能巨大且任重道远。

国家提出以经济发展为目的的“一带一路”共建，迎来了经济植物应用与交流的发展契机，我们不仅要学习和吸纳各个国家、各民族的优秀传统文化和知识，还要通过国际合作与交流，广泛收集利用国外的经济植物资源，以推动我国经济建设和发展。“一带一路”国家历史悠久，文化底蕴深厚，在植物资源的研究和开发方面有着丰富的历史经验和丰硕的研究成果。这一背景为地区间进一步开发利用植物资源的交流与合作奠定了良好基础。当前，国家 “一带一路”需重视和加强植物资源合理开发与高效利用，从国家与时代的角度出发，制定“一带一路”中与植物资源紧密联系的交流、开发、应用等相关方针政

策。在国家和地区合作方面，需建立多渠道的合作模式，建立并完善与“一带一路”沿线国家交流合作的机制，促进以经济植物资源为核心的产业发展，有计划地促进往来与合作；在科研创新方面，选择具有重大经济意义与生态意义的植物作为课题研究；在人才培养方面，要加强“一带一路”发展人才的培养，重视植物基础学科人才培养，为高层次植物学科人才提供更充足的科研资源保障，积极推动我国从事植物资源相关的人员和科研单位对外交流与合作；在植物文化发展方面，要加强历史文化的传承与推广，推动合作共赢、增进友谊；在环境保护方面，合理高效地开发植物资源，增加保护生物多样性的投入。追求资源环境保护与经济社会发展和谐统一，建立健全有利形成以资源节约型、科技先导型、质量效益型为基础的可持续的文明发展观，为生态文明建设和经济社会的发展提供强大的精神动力、智力支持和科技保障。

第二章
各 论

1 秋葵 *Abelmoschus esculentus* (L.) Moench (*Hibiscus esculentus* L.)

彩图 1　英文名:Okra;锦葵科

【别名】金秋葵,黄秋葵,羊角豆,咖啡黄葵,毛茄,黄蜀葵,洋辣椒

【植物形态】一年生草本;根系发达。茎直立,高 1～2.5 m,赤绿色,茎部木质化,自基部节位生侧枝数条。叶互生,上下两面被有粗毛,掌状 3～5 裂,下部叶片较大而圆阔,上部叶片逐渐变为狭小;叶柄长,中空。花腋生,在主杆上第 4～10 多节开始着生,以后通常每节着生 1 花;花两性,花直径 4～8 cm,花瓣通常是 5 片,由白到黄,花瓣基部有红色或紫色斑点。果实为蒴果,长 10～25 cm、横径 1.9～3.6 cm,先端细尖,略有弯曲,细长似羊角或辣椒,果皮薄革质,先端尖细,果色从淡绿至深绿色,亦有紫红色者;果实含有特殊黏滑物质,具有特殊香气或风味;老熟后转呈黑色,木质化纵裂。种子球形,比豌豆稍小,灰褐色。

【生态分布】喜温暖气候,喜光,不耐寒,以深厚肥沃土壤生长良好。生长于海拔 900～1 600 m 的低丘、草坡、旷地、稀疏松林下或干燥的瘠地。原产于非洲,广泛分布于越南、老挝、柬埔寨、泰国、缅甸、印度、马来西亚及澳大利亚等地区。在我国的河北、山东、江苏、浙江、福建、台湾、湖北、湖南、广东、海南、广西和云南等地引入栽培。

【历史与民俗】秋葵可能原产于热带西非。它作为西非以及印度的农业作物已经有好几个世纪了,在过去的奴隶贸易中,它也被带入中美洲和北美洲。该种在当今世界上所有的热带、亚热带和温带地区都有种植。它在阿拉伯世界、西非、加勒比和地中海东部地区是特别知名的烹饪食品原料之一。我国在 20 世纪初就有引种栽培,据称以江西萍乡最为盛产。

【化学成分】蒴果含有丰富的维生素 A、维生素 B、维生素 C 以及铁、钾、钙等微量元素,蛋白质含量高达 15%～26%,碳水化合物含量为 6.4%,脂肪含量为 2%,纤维素含量为 1%,每 100 g 提供 150 kJ 的热量。蒴果中含有一种黏性糖蛋白,有保护肠胃、肝脏和皮肤黏膜的作用。

【加工与利用】幼果(新鲜的或罐头)是口感爽口、黏糊糊的(胶质)蔬菜,通常可配以羊肉或鸡肉食用。也可以切片晒干,长时间保存。秋葵在北非作为炖菜(叫作 tajines)非常受欢迎,作为"foutou(基于木薯和香蕉辣西非盘)"和"gumbos(传统的鸡肉或海鲜菜)",是经典的非洲克里奥尔烹饪,也是印度和西印度传统的混合菜。

【附注】秋葵中富含的锌和硒等微量元素对增强人体防癌抗癌能力很有帮助。主要有利咽、通淋、下乳、调经等功效。还可预防糖尿病,预防癌症,保护胃黏膜。所含黏多糖具有增强机体抵抗力、维护人体关节腔里关节膜和浆膜的光滑效果,削减脂类物质在动脉管壁上的堆积,避免肝脏和肾脏中结缔组织萎缩等功效。

2 黄葵 *Abelmoschus moschatus* Medicus.

彩图 2　英文名:Musk mallow, Musk okra, Musk seeds;锦葵科

【别名】山油麻,芙蓉麻,假三稔,山芙蓉,香秋葵

【植物形态】一年生或二年生草本,高 1～2 m。被粗毛。叶互生;叶柄长 7～15 cm;叶片通常掌状 5～7 深裂,直径 6～15 cm,裂片披针形至三角形,边缘具不规则锯齿,基部心形,两面均疏被硬毛。花单生于叶腋间,小苞片 8～10,线形;花萼佛焰苞状,5 裂,常早落;花黄色,内面基部暗紫色,直径 7～12 cm;雄蕊柱长约 2.5 cm,平滑无毛,花柱分枝 5,柱头盘状。蒴果长圆形,长 5～6 cm,先端尖,被黄色长硬毛。种子肾形,具有香味。花期 6～10 月。

【生态分布】热带、亚热带植物,喜强光,不耐阴,对土壤适应能力强,常生于平原、山谷、溪涧旁或山坡灌丛中。我国台湾、广东、广西、江西、湖南和云南等地栽培或野生。分布于越南、老挝、柬埔寨、泰国和印度。现广植于热带地区。

【历史与民俗】黄葵生长于热带地区,茎皮作为纤维材料在民间使用历史悠久,主要用于制绳,少数用于纺织粗布或麻袋。黄葵同时也是我国西南地区少数民族的药用植物之一。

【化学成分】黄葵叶含 β-谷甾醇、β-谷甾醇-β-D-葡萄糖苷。花含 β-谷甾醇、杨梅树皮素(myricetin)、杨梅树皮素-葡萄糖苷。干果壳含 β-谷甾醇。种子含 α-脑磷脂、磷脂酸丝氨酸、磷脂酸丝氨酸缩醛磷脂和胆碱缩醛磷脂。还含菜油甾醇、谷甾醇、豆甾醇、胆甾醇及麦角甾醇。

【加工与利用】利用部位主要为种子,未成熟的果实、嫩叶、嫩枝梢均可食用。秋季种子成熟时采收,去杂后可以用压榨法提取脂肪油。黄葵有许多烹饪用途。种子粉碎后可加入咖啡中饮用;未成熟的果荚(麝香秋葵)、嫩叶片和新梢均可作为蔬菜烹饪各种菜肴。种子有香味,有时也用于菜肴加香。

【附注】黄葵是一种多用途的植物。黄葵韧皮纤维俗称"黄葵麻",柔韧、洁白而有光泽,但其单纤维很短,只能做"束纤维"使用,通常用于制绳,耐腐蚀性强。黄葵麻经处理后达到半脱胶状态,可以用于纺织,制成帆布以及特种用途的布料。

黄葵种子入药,可用于治疗头痛;其具有一种吸附能力(相当于炭末的 43%),能使蛇毒灭活。叶有体外抗菌作用,地上部分及果实有杀昆虫作用。籽油曾经用作麝香香水的替代品;然而由于它的成本较高,现在大多使用各种合成麝香。黄葵根含胶,可用于造纸工业的上浆原料。

3 阿拉伯胶树 *Acacia senegal* (L.) Willd. (*Mimosa senegal* L.)

彩图 3　英文名:Arabic gum tree,Gum acacia;豆科

【别名】胶树

【植物形态】小乔木,高 3～6 m,树皮呈片状剥落;幼枝被短柔毛,老枝变无毛。托叶刺状;二回羽状复叶,常 3 片簇生,叶轴长 2.5～5 cm,常有小刺,最上一对羽片着生处及总叶柄上各有腺体 1 个;羽片 3～5 对,对生或互生,长 1.2～3 cm;小叶 8～15 对,线形,长 2～5 mm,宽 1～1.5 mm,具疏缘毛。穗状花序长 5～10 cm;总花梗长 8～18 mm;花白色,芳香;花萼阔钟形,长 1.5～2.5 mm,无毛;花冠长约 4 mm;雄蕊多数,花丝长 6～7 mm,花柱丝状,柱头小,头状。荚果带状,长 5～8 cm,宽 1.7～2.5 cm,具短柄,顶端稍弯,呈喙状;种子 5～6 枚,碟状,长 6～9 mm,宽 5～8 mm,暗棕色或灰绿色。花期 3～5 月,果熟期 9～10 月。

【生态分布】阿拉伯胶树产于撒哈拉沙漠周边地区,其中苏丹北部的干旱半沙漠区是阿拉伯胶树的主要产地。这里属热带干旱稀树草原地带,为夏雨气候区,夏季平均气温在 28～30 ℃,年平均降雨量

400～500 mm，土壤蒸发量年均 2 000 mm 以上。阿拉伯胶树为深根性植物，土壤一般为轻盐渍化碱性土，主要靠地下水维持生活。

商品阿拉伯胶主要产于非洲，除苏丹以外，许多与苏丹同一纬度的中非及西非国家也有阿拉伯胶树分布，这一地区通称“胶带区(Gum belt)”。如尼日利亚、乍得等国，目前也能提供一定量的阿拉伯胶商品。此外，西南亚以及巴基斯坦、印度、澳大利亚等地有引种栽培，我国台湾、海南、云南等地也有引种栽培。

【历史与民俗】阿拉伯树胶早在 4 000 年前就被古埃及人使用，是最古老的商品之一。其树胶和树皮有收敛作用，民间最早用于治疗腹泻、痢疾、发热等疾病。树胶与一些香料混合使用，可使香味长久。因此，阿拉伯胶的应用几乎与香料一样久远，在当时就是十分畅销的商品之一。此种树胶最早的贸易起源于阿拉伯世界，阿拉伯胶的名称即来源于此。

【化学成分】阿拉伯胶树树干上分泌的天然阿拉伯胶为大小不等的珠滴状胶块，呈略透明的琥珀色，无味，精制的胶粉为白色。尽管不同产地的阿拉伯原胶有许多不同点，但质量高的阿拉伯胶应该是半透明、琥珀色、无味、椭球状胶块。阿拉伯胶的干粉非常稳定，可以长久储存，研究表明，存储了几十年的干胶块也没有明显的性状变化。

阿拉伯胶约由 98% 的多糖和 2% 的蛋白质所组成。含有钙、镁、钾等多种阳离子的弱酸性多糖大分子，结构上连有蛋白质分子。阿拉伯胶的多糖属高聚物，相对分子量为 50 万～100 万不等，具有以阿拉伯半乳聚糖为主链、多支链的复杂分子结构。阿拉伯胶经水解获得 D-半乳糖、L-阿拉伯糖、L-鼠李糖和 D-葡萄糖醛酸。多糖主链由(1→3)键合的 β-D-半乳糖基组成，侧链有长2～5 个单位的(1→3)-β-D-半乳糖基按(1→6)键合在主链上。主链和侧链上均键合有 α-L-呋喃阿拉伯糖、α-L-吡喃阿拉伯糖、α-L-鼠李糖、β-D-葡萄糖醛酸和 4-O-甲基-β-D-葡萄糖醛酸基。

阿拉伯胶的重要特性是在油-水界面有吸附倾向，并使之形成一层稳定的膜。在一般商品植物胶中，阿拉伯胶水溶液的黏度是最低的。它具有高度的水中溶解性及较低的溶液黏度，可配制成 50% 浓度的水溶液而仍具有流动性，这是其他亲水胶体所不具备的特点之一。阿拉伯胶溶液浓度在 40% 以下时呈牛顿流体，即在切变率发生变化时，其黏度几乎不变。这类现象通常只有在低相对分子量的有机溶液、盐溶液或纯水中才能看到。阿拉伯胶溶液浓度在 40% 以上则开始表现出假塑性流体特性。阿拉伯半乳聚糖蛋白中的蛋白链接受油相，而阿拉伯半乳聚糖成分则与亲水成分结合，因此，阿拉伯胶在乳浊液中的稳定性方面起到非常重要的作用。

阿拉伯胶能与大部分天然胶、淀粉互溶。在低 pH 条件下，阿拉伯胶与明胶能形成聚凝软胶，可用来包裹油溶性物质。

【加工与利用】利用部位为树干。阿拉伯胶树割胶一般是在旱季开始时，即 10～11 月份，选择树龄 6～7 年者，于树干皮上用利刀横切，在砍伤处剥去老皮(留下韧皮部)，切口长 2～3 cm，宽 2～3 cm。经过 2～3 周后在其伤口处即有饴状树胶凝集，再过 1～4 周胶质凝固后，由人工采收，收集晒干，干燥保存。

阿拉伯胶树的胶产量受气候因素影响很大，如果在其生长的雨季多雨，而旱季又高温炎热，则树干割口处分泌的胶量大。每一胶树可分泌 20～2 000 g 胶不等，每棵树每年平均可得约 250 g 干胶。在雨季来临之前，当地居民必须逐一从树干上采集完已经溢出的树胶，干燥后即为阿拉伯原胶。原胶块按色泽、大小分级后出售给经销商。

阿拉伯胶曾经是食品工业和其他工业中用途最广和用量最大的水溶胶，但由于许多新胶的出现和阿拉伯胶的价格上扬，以致阿拉伯胶的年消耗减少。目前，全世界阿拉伯胶的年需要量仍保持在大约 4 万～5 万 t 的水平。市场价格为 4～7 美元 / kg，取决于等级和来源。

【附注】阿拉伯胶在古代埃及等非洲国家民间就用来作为香料的稳定剂和药物。阿拉伯胶能够保护胃、肠、气管及其他脏器黏膜，防止发炎，减轻药物刺激，缓和药物的吸收而延长其作用的持续性。同时有软坚散结、通便滑肠的作用，主要用于大便燥结，消除胃肠道的浊物，配合其他刺激性药物使用可减少刺激性，有很好的发展前景；对肠瘘痈疽也有辅助治疗作用。

同属植物有：

1. 金合欢（*Acacia farnesiana* Willd.），我国广东、广西、浙江、福建、台湾、四川、云南等地有野生或栽培。树胶平滑，内部透明，质脆，易溶于水，也溶于乙二醇和甘油。其成分与阿拉伯胶类似，树干割口处分泌的树胶品质相当于进口的阿拉伯胶。金合欢胶为固体，淡黄色至淡红色，比重 1.35～1.49，含水量 15%～20%；其水溶液的黏度较阿拉伯胶为高。

2. 阿拉伯金合欢［*A. Nilotica*（Lam.）Willd.］，我国海南、云南等地有栽培。其树胶亦为商品阿拉伯胶的来源之一。

4 南美稔 *Acca sellowiana*（O. Berg）Burret（*Feijoa sellowiana* O. Berg）

彩图 4　英文名：Feijoa，Pineapple guava；桃金娘科

【别名】 菲油果，斐济果，费约果，菠萝番石榴

【植物形态】 常绿小乔木，高约 5 m；枝圆柱形，灰褐色。叶对生，叶片革质，椭圆形或倒卵状椭圆形，长 6～8.5 cm，宽 3.4～3.7 cm，顶端圆形或有时稍微凹或有小尖头，表面干时橄榄绿色，背面灰白色，初时表面有灰白色茸毛，以后变无毛，背面密被灰白色短茸毛；叶柄长 5～7 mm，有灰白色茸毛。花直径 2.5～5 cm；花瓣外面有灰白色茸毛，内面带紫色；雄蕊与花柱略红色。浆果卵圆形或长圆形，直径约 1.5 cm，外面有灰白色茸毛，顶部有宿存的萼片。

【生态分布】 喜温暖湿润气候。原产巴西、巴拉圭、乌拉圭和阿根廷。我国云南有引种栽培，供观赏用；果可供食用。

【历史与民俗】 原产于巴西南部、巴拉圭、乌拉圭和阿根廷东北部。它在南美洲当地为重要的果树，约 20 世纪末到达欧洲南部和美国种植，从这里被移植到世界许多地区的花园和公园，成为广受欢迎的观赏灌木。作为水果商业化种植，则仅限于澳大利亚、新西兰、古巴和美国的加利福尼亚州、佛罗里达州。某些品种已经开发成商品，包括“柯立芝”“猛犸”和“凯旋”等。

【化学成分】 南美稔果实富含维生素 C、叶酸、植物纤维，以及多种苷类和黄酮类物质。

【加工与利用】 新鲜果实可直接食用；将果实切成两半，舀出白色的、果冻状的果肉食用，或将其去皮，切片当点心食用，具有番石榴、菠萝和草莓的混合口感和风味。成熟的果实也非常适合用于制作水果沙拉，或以果盘、果泥、蜜饯、果酱形式食用。也可以被加工成果汁，作为果汁冰糕和冰淇淋的成分使用。

【附注】 本品具有排毒养颜、降血脂、抗癌等功效，被称为“水果中的中华鲟”。

5 糖枫 *Acer saccharum* Marshall

彩图 5　英文名：Sugar maple，Roc maple；槭树科

【别名】 糖槭，银白槭

【植物形态】 落叶乔木，高 10～17 m，树冠卵圆形，幼时树皮光滑，老树皮黄褐色。叶对生，叶片长 6～10 cm，3～5 深裂，纸质，各裂片先端长渐尖，基部宽楔形，边缘具深粗锯齿，中裂片常 3 裂，叶基部心形，上面绿色，背面白色，秋季变淡黄色或淡褐色；叶柄与叶片等长或较长。伞房花序腋生，有花 5～10 朵，先叶开花；花小，花萼 5；花瓣无；雄蕊 5；心皮 2，柱头头状，子房 1 室，胚珠多数。果实圆柱状钟形，基部浑圆，具翅。种子黄绿色，有光泽。花期 4～5 月，果期 8 月。

【生态分布】 原产于北美洲。喜光，喜温凉气候，耐一定程度的阴蔽。可以在沙质土壤中长得不

错，最佳的土壤基质是排水良好的壤土，稍微黏土质土壤也可以，但是如果排水不良的基质便极不合适。它是北美洲硬木森林成分之一，主产于加拿大新斯科舍、安大略省，美国佐治亚州等地。我国近百年内始引种，在辽宁、内蒙古、河北、山东、河南、陕西、甘肃、新疆，江苏、浙江、江西、湖北等地的各主要城市都有栽培。在东北和华北各省市生长较好。湖北省植物研究所引种的糖槭已开始采割糖液。初步试种推广的情况表明，糖枫在长江中下游广大地区生长正常，在海拔 800～1 000 m 的山区更为适宜。

【历史与民俗】北美(美国东北部和加拿大东南部)的原住民(以及后来的殖民者)利用糖枫树皮制作传统的糖和糖浆。其木材用于家具和贴面板(所谓的“鸟眼枫木”，在维多利亚时代流行)。

糖枫的叶形与加拿大国旗当中的红色枫叶极近似，有说法即是取自糖枫，且加拿大的枫糖制品多有此典型的图案。加拿大境内生长着 10 种北美特有枫树树种，几乎都产糖浆，其中又以糖枫和黑枫产量最高。东起魁北克城，沿圣劳伦斯河向西一直延伸到尼亚加拉大瀑布，就是加拿大著名的“枫树大道”。在这块长达 800 km 的地带上分布着大小糖厂上万个，年产枫糖 3.2 万 t，占全世界总产量的 80%以上。

【化学成分】含有糖、鞣质、氨基酸、黄酮、皂苷、香豆素、有机酸及微量元素等。

【加工与利用】枫糖浆独特的味道来自于其挥发油和其他天然香料成分。枫糖浆用作糖果糖浆，是流行的冰淇淋糖浆和甜味剂，其能量值较高。

【附注】糖枫提取物对皮肤有滋润、抗菌、抗衰老等作用，在化妆品中主要作用是皮肤保湿和去角质。在皮肤表面能形成保湿保护膜，具持久的皮肤保湿力，并能除去老化的角质层，可使皮肤清新舒适，更加滋润、光亮。已在多种产品中使用。

6 蓍草 *Achillea millefolium* L.

彩图 6　英文名：Yarrow，Milfoil；菊科

【别名】欧蓍草，千叶蓍，锯草

【植物形态】多年生草本，具细的匍匐根茎。茎直立，高 40～100 cm，有细条纹，通常被白色长柔毛。叶无柄，披针形、矩圆状披针形或近条形，长 5～7 cm，宽 1～1.5 cm，二至三回羽状全裂，末回裂片披针形至条形，长 0.5～1.5 mm，宽 0.3～0.5 mm，背面被较密的贴伏长柔毛。头状花序多数，密集成直径 2～6 cm 的复伞房状；总苞矩圆形或近卵形；总苞片 3 层，椭圆形至矩圆形，边缘膜质，棕色或淡黄色；托片矩圆状椭圆形，膜质。边花 5 朵；舌片近圆形，白色、粉红色或淡紫红色，长 1.5～3 mm，宽 2～2.5 mm，顶端 2～3 齿；盘花两性，管状，黄色，长约 2.2～3 mm，5 齿裂，外面具腺点。瘦果矩圆形，长约 2 mm，淡绿色，有狭的淡白色边肋，无冠状冠毛。花果期 7～9 月。

【生态分布】原产欧洲、亚洲及北美，现全球温带地区均有分布。性耐寒、耐旱，喜半阴，喜肥沃、疏松、排水良好的土壤，适应性强，对土壤要求不严。我国各地庭园常有栽培，新疆、内蒙古及东北少见野生。

【历史与民俗】蓍草常常和算命卜卦有关。苏格兰人常用它做护身符，以求好运。人们认为它有驱除邪灵的威力。教会也用它来对抗恶魔。年轻的少女会满怀希望地把蓍草藏于枕下，梦想以它的魔力招来真爱。希腊神话中也提到，阿基利斯在特洛伊战事期间，以蓍草为士兵疗伤。因此，其学名被取为“Achillea”，并为人所熟知。千百年来，蓍草均是各地民间治疗疾病的草药。瑞典人还把它加在啤酒中以增添刺激性。

【化学成分】全草含有可水解鞣酸(3%～4%)、挥发油(0.3%～1.4%，主要有芳樟醇、龙脑、樟脑、β-丁香烯、1,8-桉叶素)、倍半萜内酯(主要有蓍草素、蓍草苦素、对甲氧酚和吉玛烷型内酯)、黄酮类(芹菜素、木犀草素、异鼠李素、芦丁)。此外，还有氨基酸、脂肪酸、酚酸、维生素、生物碱、烃类、甾醇、糖苷和香豆素类等。

【加工与利用】全草可用。夏季开花时采集全草，去杂，晾干备用。可用其泡茶饮用。2 岁以下儿童不可服用，65 岁以上老人应从低剂量开始服用。妊娠期妇女禁用，哺乳期妇女避免过量服用。服用本品，若出现轻微不适，如出疹、腹泻时，可减少服用剂量或停止服用。冷茶也可以用来消毒伤口。

【附注】蓍草提取物有很好的消炎作用，可用于配制护肤霜、粉刺露及沐浴露液等；花还可用于制唇膏。

西北利亚蓍草（*Achillea sibirica*）、亚洲蓍（*Achillea asiatica*）用途与本种相同。

7 中华猕猴桃 *Actinidia chinensis* Planch.

彩图 7

英文名：Kiwifruit，Chinese gooseberry；猕猴桃科

【别名】藤梨，羊桃，木子，阳桃，毛木果

【植物形态】藤本；枝褐色，有柔毛，髓白色，层片状。叶近圆形或宽倒卵形，顶端钝圆或微凹，基部圆形至心形，边缘有芒状小齿，表面有疏毛，背面密生灰白色星状茸毛。花乳白色，后变黄色，单生或数朵生于叶腋。萼片 5，有淡棕色柔毛；花瓣 5～6，有短爪；雄蕊多数，花药黄色；花柱丝状。浆果卵形或长圆形，横径约 3 cm，密被黄棕色有分枝的长柔毛。花期 5～6 月，果熟期 8～10 月。

【生态分布】喜温暖湿润气候，喜阳光，常生于土层深厚、排水良好的砂质土壤中，不耐旱涝；在海拔 200～2 300 m 的山坡、林缘或灌木丛中均可生长。原产中国，河南、陕西、湖南、江西、甘肃、江苏、浙江、安徽、湖北、四川、贵州、云南、福建、广东、广西、海南、台湾均有分布。其中最集中的 3 大产区为：①河南的伏牛山、桐柏山、大别山区；②陕西秦岭山域；③湖南省的西部。现在欧洲、美洲以及澳大利亚均有引种。

【历史与民俗】关于中华猕猴桃，早在 2 000 年前《诗经 · 桧风》中有："隰（xi）有苌楚，猗傩（nuo）其枝；……隰有苌楚，猗傩其华；……隰有苌楚，猗傩其实；……"其中"苌楚"就是现今的中华猕猴桃，诗的意思是说：在潮湿的地方生长着中华猕猴桃，它的枝蔓轻柔摇曳，它的花和果实婀娜美观。东晋著名博物学家郭璞把它定名为羊桃。至今湖北和川东一些地方的百姓仍把中华猕猴桃叫"羊桃"。

中华猕猴桃这个名称很可能到唐代才出现。唐代诗人岑参的《宿太白东溪李老舍寄弟侄》诗中有"中庭井栏上，一架猕猴桃"的句子，说明至少在 1 200 多年以前中国已经在庭院中搭架栽植中华猕猴桃了。除作为野果食用外，由于中华猕猴桃的叶和花都很漂亮，作为观赏花木在庭院栽培在唐代就开始了。唐代医药学家陈藏器介绍中华猕猴桃的功效为"调中下气、主骨节风、瘫缓不随、长年白发"。

明代李时珍曾在《本草纲目》中生动地描述过中华猕猴桃名称的由来："其形如梨，其色如桃，猕猴喜食，故有诸名。"

中华猕猴桃在中国已有 1 300 多年的栽培历史，早在 1849 年已为外国引种。英国、美国、新西兰等都是最早的引种国。目前中华猕猴桃在新西兰、意大利等国成为果品产业中的支柱之一。

【化学成分】中华猕猴桃果实含有糖类、蛋白质（氨基酸丰富）、维生素 B_1 和维生素 C、胡萝卜素以及钙、磷、铁、钠、钾、镁、氯等多种成分。此外，中华猕猴桃果实还含猕猴桃碱、玉蜀嘌呤、9-核糖玉蜀嘌呤、大黄素、大黄素甲醚、大黄素-8-甲醚、ω-羟基大黄素、大黄素酸、大黄素 8-β-D-葡萄糖苷、β-谷甾醇、中华猕猴桃蛋白酶、色素、鞣质及挥发性烯醇类成分。

【加工与利用】果实富含维生素 C 等营养成分，可鲜食，亦可加工制成各种食品。初采后的果实坚硬，味涩，必须经过 7～10 d 后熟软化方可食用。加工后的食品很多，如含丰富维生素 C 的浓缩果汁、果酱、糖水罐头、果脯以及饼干、糖果、糖浆、冰糕、果酒等。

【附注】中华猕猴桃果实酸中泛甜，芳香怡人，营养丰富，而且还有抗衰老的作用。近年来有报道称，中华猕猴桃能阻断致癌物质——亚硝胺合成的活性成分，阻断率达 98%，有抑制癌细胞的作用。所以，中华猕猴桃是滋补强身的上等果品。其花可提取香精。

8 猴面包树 *Adansonia digitata* L.

彩图 8　英文名：Baobab，Monkey bread；木棉科

【别名】瓶状树，布希波布，包波布，指状阿当松

【植物形态】落叶乔木，主干相对较短，分枝多。叶集生于枝顶，小叶通常 5，长圆状倒卵形，急尖，上面暗绿色发亮，无毛或背面被稀疏的星状柔毛，长 9～16 cm，宽 4～6 cm；叶柄长 10～201 cm。花生近枝顶叶腋，花梗长 60～100 cm，密被柔毛；花萼高 8～12 cm；花瓣外翻，宽倒卵形，白色，长 12.5～15 cm，宽 9～11 cm；雄蕊管白色，长约 7 cm；花丝多数，向外反折成绒轮状；子房密被黄色的贴生柔毛；花柱远远超出雄蕊管，粗壮；柱头分裂为 7～10。果长椭圆形，下垂，长 25～35 cm，宽 10～16 cm。

【生态分布】原产非洲热带，喜温暖气候。它分布在非洲大陆较为干旱的地方，也分布在也门、阿曼以及阿拉伯半岛。常见海拔高度 450～600 m，但在埃塞俄比亚及其周边地区海拔为 1 000～1 500 m 也有生长。除了非洲，在地中海、大西洋和印度洋诸岛及澳大利亚北部也都可以看到猴面包树。中国福建、广东、云南的热带地区少量栽培。

【历史与民俗】猴面包树原产于热带非洲，种子、树叶也常常被食用，对其名称有两种说法。一种说，这是黑非洲土著人的称谓，意为"瓶状树"；另一种说法认为这是从一个阿拉伯语词汇演变而来。很早以前，此种树的荚果被贩运到埃及，当地人不知为何物。他们发现荚果多籽，就以"布希波布"这个词名之，意为"多籽的水果"。"布希波布"后来演化成"包波布"（Baobab）。这种多籽的水果状似大面包，猴子和狒狒最爱吃。因此，这种树有一个最广为人知的名字，即猴面包树。

法国著名的植物学家米歇尔·阿当松在 1749 年被派到塞内加尔工作。他在逗留的四年中搜集到大量植物标本，尤为详尽地描述了猴面包树的性状。1759 年，瑞典著名植物分类学家卡尔·林奈就以阿当松的名字作为该树的属名（*Adansonia*）；考虑到这种树的叶子呈伸展的手指状，故又加上一个形容词（*digitata*），称"指状阿当松"。

【化学成分】树干、叶片含有蛋白质 13%～15%、糖类 60%～70%、纤维素约 11%、灰分 16%、油脂 4%～10%。干叶片中还富含 β-胡萝卜素和维生素 A，嫩叶中蛋白质含量为 4%，并富含维生素 A 和维生素 C。叶片还含有丰富的矿质元素，如钙、铁、钾、镁、锰、钼、磷和锌等。

其成熟果实平均含水量为 8.7%，蛋白质 2.7%，脂肪 0.2%，糖类 73.7%，纤维素 8.9%和灰分 5.8%。果肉含有丰富的维生素 C，含量几乎是橘子含量的 10 倍。种子含蛋白质 33.7%、脂肪30.6%、糖 4.8%、纤维素 16.9%和灰分 5.9%，种子中还含有维生素 B_1 和维生素 C。

【加工与利用】果肉含有柠檬酸和酒石酸，具有愉快的馅饼味道，因而可以鲜食或晒干后食用。干燥的果实制成粉末，与水混合后制成饮料，有令人愉快的清凉感，也可以制成粥来食用。种子本身非常有营养，可以像坚果一样烤着吃。叶子煮熟了可以作为蔬菜食用。

【附注】树叶和果实含有大量的维生素 C，可作为营养食品。猴面包树油（包括种子油）具有抗炎和保湿功能，是一种良好的润肤剂，可舒缓、软化皮肤，对皮肤及头发有养护作用，改善皮肤弹性和促进皮肤再生。此外，猴面包树还有许多用途，树皮提供了有价值的软纤维，可编织成的布，或漂亮的手工制品垫子、手袋和帽子等。

本属植物有 6 个种产于马达加斯加，1 个种产于澳大利亚。

9 蓝色龙舌兰 *Agave tequilana* Web.

彩图 9　英文名：Tequila plant，Blue agave；石蒜科

【别名】阿苏尔龙舌兰，番麻，韦伯蓝色龙舌兰

【植物形态】蓝色肉质多年生草本。通常高 2 m，5 年生高达 5 m。叶莲座状，丛生，约 30～60 片，直径约 1.5 m，叶片长 1.5～2 m，中部宽 10～15 cm，肉质，尖齿状。花黄色，簇生，直径约 7 cm，生长 10 年以上才能用于酿酒。

【生态分布】原产于墨西哥哈利斯科州、科利马州、纳亚里特州和阿瓜斯卡连特斯州。生于海拔超过 1 500 m 高度的肥沃土壤或沙地，主要分布于墨西哥以及中美洲。全球热带、亚热带地区有栽培。

【历史与民俗】美洲阿兹特克人和玛雅人将本品用于治疗创伤。用龙舌兰汁液（通常与鸡蛋白同用）混合药粉搅成泥浆状或糊状，敷于伤口。阿兹特克人将龙舌兰汁液制酒，成为墨西哥大众化中的酒精饮料。麦斯卡尔酒和龙舌兰酒都是从发酵的龙舌兰汁液和果汁分馏得到。

【化学成分】龙舌兰汁液中含有大量糖类，主要为果糖。还含雌性激素样作用的异黄酮、生物碱、香豆素以及维生素 A、维生素 B_1、维生素 B_2、维生素 C、维生素 D、维生素 K。

【加工与利用】制作龙舌兰酒，夏秋季割取龙舌兰叶片，榨取汁液备用；与制备其他酒精饮料一样，使用酵母菌发酵、经蒸馏而得。传统上人们将一种龙舌兰虫添加到酒瓶子中测定酒的质量，如果酒精含量太低了，虫就会腐烂。在美洲，龙舌兰酒是著名的、颇受欢迎的酒精饮料。

【附注】龙舌兰提取液还可用作润滑剂、轻泻剂和杀菌剂，对消化系统疾病有良好的治疗作用。可用于治疗胃部、肠道的溃疡及炎症，能保护这些器官，以减少感染和疼痛，促进康复。龙舌兰还可用于治疗梅毒、结核、黄疸和肝脏疾病。

本种和其他龙舌兰植物在世界许多地方被栽培，其叶纤维长、硬，质地优良，是重要的工业植物纤维来源。

10 石栗 *Aleurites moluccana* (L.) Willd.

彩图 10　英文名：Candlenut tree；大戟科

【别名】烛果树，黑桐油树，铁桐，海胡桃，南洋石栗

【植物形态】常绿大乔木，高达 15 m，树皮黑灰色或花白色。幼枝密被锈色星状毛；叶互生，卵形至心形，长 10～20 cm，全缘或 3～7 浅裂，正面深绿色，有光泽，背面淡绿色或灰白色，被星状毛。圆锥花序顶生或近顶叶腋生，长 10～15 cm；花单性，雌雄同株，同序或异序，花序分枝及花梗被短柔毛或锈色星状毛；花小，白色；花萼具茸毛，3 裂；花瓣 5，呈倒卵状披针形；雄花：雄蕊 15～20。雌花：子房密被星状微柔毛，2～3 室，花柱 2 枚。核果近球形或稍偏斜的圆球状，直径 5～6 cm，具 1～2 颗种子。种子圆球状，侧扁，种皮坚硬，有疣状突棱。花期 4～7 月，果期 9～11 月。

【生态分布】热带植物，喜温暖湿润气候，原产于马来西亚及夏威夷群岛，现在大多数热带国家均有种植。我国广东、海南、广西及云南等地也有栽培。

【历史与民俗】石栗树被波利尼西亚拓荒者带上了夏威夷岛，并很快在当年繁茂生长，成为夏威夷州的州树，树语为"启迪"，也是夏威夷草药。传统上，当地人们把石栗油涂抹在婴儿身上，来保护婴儿肌肤不受阳光、盐分和其他物质的伤害。此外，石栗油也用来处理皮肤过敏、创伤和烧伤。

1903 年从越南引进至我国台湾地区。因果实形状貌似栗子、坚硬如石因而得名。在印度尼西亚，民间将石栗种子油用于木材防腐和肥皂、灯油燃料，以及蜡染工艺。印尼人会将处理过的石栗坚果拿来煮咖喱；其油分还被用作治疗头发脱落、皮肤硬茧和便秘。

【化学成分】种子含油量达 65%～70%，其中富含 α-亚麻酸和基础脂肪酸；还含有氨基酸及维生素 A、维生素 C、维生素 E 等营养成分。

【加工与利用】在印尼和马来西亚，完全成熟或煮熟的坚果被用来烹饪，作为颇受欢迎的咖喱菜成分，可添加菜的色彩和味道。新鲜的坚果是有毒（可致泻）的，不能生吃。石栗坚果也是食用油的

来源。半成熟的坚果油可用于照明。完全成熟的坚果在 9～10 月采收，晒至七八成干，碾压除去果壳，取出种子，继续晒干，用于加工脂肪油。可用压榨法或溶剂浸提法提取油，然后精炼加工成烹饪油。

【附注】 石栗坚果和种子含油量高(果实含油量达 26%，种子含油量达 65%～70%)，比现在较热门的油料植物麻风树果的含油量还要高。所榨油可用作油漆、肥皂、蜡烛等工业的原料，还可用作提取生物柴油。石栗树生长迅速，对市区环境适应能力强。加上其树干挺直，树冠浓密，有很好的遮阴效能，是城市绝佳的行道栽植树，其树干伐下也可用作木材。

11 韭葱 *Allium ampeloprasum* L.（*A*. *porrum* L.）

彩图 11　英文名：Wild leek，Broadleaf wild leek；百合科

【别名】 大象蒜，青蒜，扁叶葱，南欧蒜

【植物形态】 一年生草本，植株半直立生长，株高 40 cm 左右，鳞茎不膨大，茎部入土部分为白色，葱白扁圆形，假茎洁白如葱。叶扁平如蒜，叶片剑形，灰绿色，蜡粉多。其他与洋葱相似。

【生态分布】 喜温凉气候，抗寒性强，病虫害少。原产于欧洲南部、亚洲西部，至今已被许多国家种植，为欧洲普遍栽培的蔬菜。北美、北非、西亚和俄罗斯均有栽培，中国也有栽培。

【历史与民俗】 史前的人们就将该物种引入到了英国，当时它普遍生长于欧亚大陆和北非，人们对它并不熟悉。到了埃及和希腊文明时期，古代苏美尔人将它称为“韭葱”，并传播开来了。后来罗马人将它引入到英伦三岛，形成了重要的“韭葱”食品工业。

【化学成分】 茎叶能量含量低，富含硫、其他矿物质和维生素 A。

【加工与利用】 多用于许多法国标准肉汤(如奶油浓汤、韭葱和土豆汤)和其他著名的韭葱汤(如用韭葱与鸡制成的苏格兰汤)。韭葱也可以作为蔬菜食用，通常煮、炖或鲜品配上奶酪酱等。韭葱的白茎还是常用的调味料。

【附注】 韭葱可预防多种疾病。韭葱不要与葱混淆。

12 洋葱 *Allium cepa* L.

彩图 12　英文名：Onion，Bulb onion；百合科

【别名】 球葱，圆葱，玉葱，葱头

【植物形态】 二年生或多年生草本，高至 1 m。弦状须根，根茎外边包着一层薄薄的皮(白、黄或红色)，肉质根茎呈片层状，白色或淡黄色。叶子浓绿色，圆筒形、中空，表面有蜡质；叶鞘肥厚呈鳞片状，密集于短缩茎的周围，形成鳞茎(俗称葱头)。伞状花序，小花，白色或紫色；蒴果。

【生态分布】 原产于西亚，现已作为蔬菜在全世界各地栽培。耐寒、喜湿、喜肥，不耐高温、强光、干旱和贫瘠。高温长日照时进入休眠期。洋葱在我国主要分布于山东的金乡、鱼台、单县、平度，江苏丰县，甘肃酒泉、武威，云南元谋、东川，四川西昌等地。

【历史与民俗】 洋葱原产于中亚或西亚，在公元前 1 000 年的古埃及石刻中就有收获洋葱的图画，之后传到地中海地区。据称西汉时张骞通西域，从西域带回许多物种。当时在西域已经有种植洋葱的记录。地理大发现之后，洋葱由欧洲向世界传播。16 世纪传入北美洲。17 世纪传到日本。18 世纪时，《岭南杂记》记载洋葱由欧洲白人传入澳门，在广东一带栽种。在欧洲，古时医生就将洋葱作为抗菌、利尿药。在印度，洋葱的药用剂型有煎剂、浸剂或鲜品榨汁剂等，民间洋葱汁常与蜂蜜、姜汁和酥油混合

使用。

【化学成分】 洋葱含有多种含硫化合物(如环蒜氨酸)、类黄酮、酚酸、甾醇、皂苷及微量含硫化合物的挥发油,如蒜素(一种抗菌素)、蒜碱。

【加工与利用】 洋葱有非常广泛的烹饪用途。以新鲜的洋葱为原料可做很多菜品(如沙拉、汤、酱汁、炖菜、咖喱)或用来做泡菜、酸辣酱等。洋葱独特的美味,是由于它含有复杂的含硫化合物的混合物。

【附注】 洋葱有抗菌、降压、抑制血小板聚集、利尿、抗炎、防癌抗癌、抗衰老、止痛、祛痰和抗风湿等作用,还能刺激胃肠及消化腺分泌,增进食欲,促进消化,并对循环系统有益。

北美土著民族使用野生洋葱(*Allium sibiricum*)治疗蜇伤和缓解感冒症状。

13 藠头 *Allium chinense* G. Don

彩图 13　英文名:Rakkyo, Longstamen onion bulb;百合科

【别名】 薤,荞头,荞子

【植物形态】 草本,鳞茎数枚聚生,狭卵状,粗(0.5) 1~1.5(2) cm;鳞茎外皮白色或带红色,膜质。叶 2~5 枚,具 3~5 棱的圆柱状,中空,近与花葶等长,粗 1~3 mm。花葶侧生,圆柱状,高 20~40 cm,下部被叶鞘;总苞 2 裂,比伞形花序短;伞形花序近半球状,较松散;小花梗近等长,比花被片长1~4 倍,基部具小苞片;花淡紫色至暗紫色;花被片宽椭圆形至近圆形,顶端钝圆,长 4~6 mm,宽 3~4 mm,内轮的稍长;花丝等长,约为花被片长的 1.5 倍,仅基部合生并与花被片贴生,内轮的基部扩大,扩大部分每侧各具 1 齿,外轮的无齿,锥形;子房倒卵球状,腹缝线基部具有帘的凹陷蜜穴;花柱伸出花被外。花果期 10~11 月。

【生态分布】 喜温暖湿润气候,但适应性强。原产我国,在长江流域和以南各地区广泛栽培,也有野生;主要分布于我国的江西、江苏、湖北、湖南、福建、贵州、云南等地。日本、越南、老挝、柬埔寨和美国也有栽培。

【历史与民俗】 据记载,我国殷汤时即有种植和食用藠头的习惯,至今 3 000~4 000 年。近百余年来,随着商品经济的发展,从农村的零星种植发展成数个较为集中的产区,如湖北省武昌、鄂城、大冶三县交界的梁子湖畔,江西省新建县,福建省霞浦县,云南省开远县。随着出口事业的发展,武汉、南昌和云南省开远等地相继建立了生产基地,生产的藠头罐头畅销日本及我国港澳地区。湘阴藠头是跨年度栽培宿根草本作物,产于湖南省湘阴县,以鳞茎入食。湘阴县地处南洞庭湖滨,素有“藠头之乡”美誉。藠头在湘阴有近千年栽培史,是湘阴一项传统产业。它具有健脾开胃、止泻散痛等功能,藠头腌制品在日本更是“菜中灵芝、佐餐佳品”。2006 年 1 月,国家质检总局批准对湘阴藠头实施地理标志产品保护。目前,日本、朝鲜、韩国、俄罗斯等国家也都有引种栽培。

【化学成分】 每 1 000 g 可食部分含蛋白质 16 g、脂肪 6 g、碳水化合物 80 g、灰分 7 g、钙 640 mg、磷 320 mg、铁 210 mg、维生素 C 140 mg、维生素 B_1 0.2 mg、核黄素 1.2 mg、烟酸 8 mg。

【加工与利用】 藠头用于炒菜有特殊香味,类似蒜但没有蒜味浓,可当作一般素菜来炒,需要注意的是,藠头的头部耐煮,但叶久煮易老,如果不想浪费藠叶,应将藠头与叶分开,先将藠头跟其他配料炒熟,然后再放入藠叶,翻绿即可起锅。藠头加上大葱、蒜、番茄,可作为味道很好的火锅底料,在清汤底里面是比较有特色的;同样要注意将藠叶分开,藠叶只适合用来涮着吃。

【附注】 藠头在中国为稀特蔬菜,栽培面积较少。但是藠头的食用价值很高,又是国际上畅销商品,是中国的出口蔬菜之一。因此,大力发展、扩大面积很有必要。目前藠头的栽培局限于江南诸省,华北地区利用塑料大棚等保护设施也可以进行栽培。今后在北方适当栽种,以满足人们消费。

干制藠头入药可健胃、清痰、治疗慢性胃炎。据《神农本草经》记载，藠头“治金疮疮败，轻身者不饥耐老”“治少阴病阙逆泄痢，及胸瘅刺痛，下气，散血，安胎”。

14 葱 *Allium fistulosum* L.

彩图 14

英文名：Japanese bunching onion，Welsh onion；百合科

【别名】青葱，大葱，叶葱，胡葱，菜伯

【植物形态】多年生草本，高可达 50 cm。通常簇生，全体具辛臭，折断后有辛味之黏液。须根丛生，白色。鳞茎圆柱形，先端稍肥大，鳞叶成层，上具白色纵纹。叶基生，圆柱形，中空，长约 45 cm，径 1.5～2 cm，先端尖，绿色，具纵纹；叶鞘浅绿色。花茎自叶丛抽出，通常单一，中央部膨大，中空，绿色，亦有纵纹；伞形花序圆球状；总苞膜质，卵形或卵状披针形；花被 6，披针形，白色，外轮 3 枚较短小，内轮 3 枚较长大，花被片中央有一条纵脉；雄蕊 6，花丝伸出，花药黄色，丁字着生；子房 3 室。蒴果三棱形。种子黑色，三角状半圆形，花期 7～9 月，果期 8～10 月。

【生态分布】喜温暖湿润环境，耐寒，对光照反应呈中性，要求土层深厚、排水良好、富含有机质的壤土，耐旱不耐涝。原产中国，全国各地栽培，而以山东、河北、河南等省为重要产地。朝鲜、日本也有。

【历史与民俗】葱产自中国，相传神农尝百草找出葱后，便作为日常膳食的调味品，各种菜肴必加香葱而调和，故葱又有“和事草”的雅号。葱最早种植在中国中部或西北部，成为作物后，传入日本。葱的文献记录在中国为公元前 100 年，在日本为公元 720 年。

【化学成分】大葱含有挥发油，主要成分为蒜素，又含有二烯丙基硫醚、草酸钙，以及脂肪、糖类、胡萝卜素和维生素 B、维生素 C、烟酸、钙、镁、铁等成分。

【加工与利用】在东亚各国以及各处华人地区中，葱常作为一种很普遍的香料调味品或蔬菜食用，在东方烹饪中扮演着重要的角色。华人习惯于在炒菜前将葱和姜切碎一起下油锅中炒至金黄（俗称之为“爆香”或“炝锅”），尔后再将其他蔬菜下入锅中翻炒。在做汤面方面，如清汤面或牛肉面时，在面条熟后可将切碎的葱末（也称葱花）撒在面上。日本料理中，比如味噌汤，碎葱也是不可或缺的。

【附注】大葱还是一味药材，味辛，性微温，具有发表通阳、解毒调味的作用，主要用于治疗风寒感冒、恶寒发热、头痛鼻塞、阴寒腹痛、痢疾泄泻、虫积内阻、乳汁不通、二便不利等。

15 蒜 *Allium sativum* L.

彩图 15

英文名：Garlic；百合科

【别名】大蒜，蒜头，独蒜，胡蒜

【植物形态】多年生草本植物，具强烈蒜臭气。地下鳞茎扁圆形，分 6～10 瓣，味辛辣。叶基生，实心，扁平，线状披针形，宽约 2.5 cm，基部呈鞘状。花茎直立，高约 60 cm。按皮色不同分为紫皮种和白皮种。花粉红色，蒴果，种子黑色。花期夏季。

【生态分布】原产自欧洲南部及中亚地区，现全世界均有栽培。中国各地有栽培，如山东、江苏、河北、广西、河南、安徽、四川、云南、陕西及新疆等地均为主要产区。

【历史与民俗】蒜被认为是由“野蒜（*A. longicuspis*）”演化而来。其历史记录至少可以追溯到公元前 3 000 年。相传古埃及在修金字塔的民工饮食中，每天必须加大蒜，用于增加力气，预防疾病。蒜分

为小蒜、大蒜。北魏贾思勰《齐民要术·种蒜第十九》引东汉王逸曰:“张骞周流绝域,始得大蒜、葡萄、苜蓿。”李时珍《本草纲目》认为:“小蒜乃中土旧有,而大蒜出胡地,故有胡名。”现在,中国的大蒜产量占全球总产量的70%以上,大蒜种植面积达70万 hm^2 左右,占全球大蒜种植面积的60%以上,主要生产基地集中在山东、河南、江西、江苏、安徽等省份。

【化学成分】含挥发油约0.2%,油中主要成分为大蒜辣素,具有杀菌作用,是大蒜中所含的蒜氨酸受大蒜酶的作用而水解产生的。尚含多种烯丙基、丙基和甲基组成的硫醚化合物等。此外,还含生物碱、维生素、锗、硒、钙、磷、铁、粗纤维等成分。

【加工与利用】大蒜通常是将其捣碎,与其他原料混合制成调味酱。烤蒜有丁香温和的味道,现在也成为一种食用方式。蒜有调和各种菜肴味道和香味的功能。

【附注】蒜除用于菜肴外,还有抗菌消炎、消肿止痛、止泻止痢、祛风除湿的药用价值,并可用于治疗高血压、高血脂、血栓、冠心病、糖尿病、支气管炎等。在抗生素未发现前,大蒜用于治疗结核、伤寒等多种感染。第一次世界大战时,用于敷裹创伤。大蒜还可以治疗各种胸腔疾病、消化系统感染、某些循环系统疾病及由凝血引起的中风。研究表明,大蒜中γ-谷氨酰肽、蒜硫苷、甾体、三萜、黄酮和果聚糖类是其降血压和抗癌的有效成分。

大蒜辛温,多食生热,有一定刺激作用,目口舌有疾者忌食。

16 虾夷葱 *Allium schoenoprasum* L.

彩图16 英文名:Chive,Chives;百合科

【别名】小葱,香细葱,香葱,北葱

【植物形态】多年生草本。鳞茎矩圆状卵形,粗0.7~1 cm,单生至数枚聚生;鳞茎外皮褐色,纸质或近革质。花葶圆柱形,高10~40(60) cm,1/3~1/2具叶鞘。叶1~2枚,圆柱形,中空,略比花葶短,粗2~6 mm。总苞2裂,与花序近等长;伞形花序头状,多花,密集;花梗为花被的1/3~1/2长,无苞片;花被狭钟形,紫红色,有光泽;花被片6,长7~11(17)mm,披针形或披针状矩圆形,顶端收狭;花丝长为花被片的1/3~1/2,1/4~1/3合生并与花被贴生,内轮的基部为外轮基部的1.5倍宽;花柱不伸出花被。蒴果,3瓣裂。

【生态分布】喜温凉湿润气候,较耐寒,生于山坡、草地。适合于湿润肥沃的土壤及日照充足或半日照的环境。原产中国,分布于东北和新疆的阿尔泰山区;欧洲经远东直到日本也有分布。

【历史与民俗】据文献记载,古代中国人早在公元前3 000年就开始使用虾夷葱,而马可波罗则据信为将虾夷葱从中国携带至欧洲的使者;罗马人也被认为将虾夷葱携带至欧洲,而使其在欧洲繁殖遍野。事实上,野生的虾夷葱,目前生长范围已涵盖了北半球的大部分地区。中国民间认为虾夷葱能温暖身体,调整身体状况,对头疼、感冒、发烧等均有疗效。在欧洲,罗马尼亚的吉普赛人则会用虾夷葱来算命。一些欧美人相信在家的周围悬挂一束干燥的虾夷葱可以避免疾病及邪灵。

【化学成分】含有大量的有机硫化合物,如烯丙基硫化物、烷基亚砜。还含有丰富的维生素A、维生素C、钙、铁等。

【加工与利用】不论是中国菜中小炒时用作调味的配菜,或者是欧美菜肴中,或者是日本料理中撒于味噌汤上,都会使用虾夷葱。虾夷葱的用法为切细生用,常用在中餐炒菜、欧式沙拉或西式蛋饼的调味,或是撒在焗薯上作为点缀。

【附注】据报道,虾夷葱有益于人体循环系统,也有轻度的兴奋作用,还可作为利尿剂、防腐剂使用。虾夷葱一般不作为主菜,负面影响也很少。

17 韭菜 *Allium tuberosum* Rottler ex Spreng

彩图 17　英文名:Garlic chives, Oriental garlic, Chinese chives;百合科

【别名】山韭,长生韭,丰本,扁菜,草钟乳

【植物形态】具倾斜的横生根状茎。鳞茎簇生,近圆柱状。叶条形,扁平,实心,比花葶短,宽 1.5～8 mm,边缘平滑。花葶圆柱状,常具 2 纵棱,高 25～60 cm,下部被叶鞘;总苞单侧开裂,宿存;伞形花序半球状或近球状,具多而较稀疏的花;小花梗近等长,比花被片长 2～4 倍;花白色;花被片常具绿色或黄绿色的中脉,内轮矩圆状倒卵形,先端具短尖头或钝圆,长 4～7(8) mm,宽 2.1～3.5 mm,外轮的常较窄,矩圆状卵形至矩圆状披针形;花丝等长,为花被片长度的 2/3～4/5,基部合生并与花被片贴生,分离部分狭三角形;子房倒圆锥状球形,具 3 圆棱,外壁具细的疣状突起。花果期 7～9 月。

【生态分布】适应性强,抗寒耐热,中国各地到处都可栽培。南方不少地区可常年生产,北方冬季地上部分虽然枯死,地下部分进入休眠,春天表土解冻后萌发生长。原产亚洲东南部,世界上已普遍栽培,中国广泛栽培。

【历史与民俗】韭菜原产于中国。据《山海经》记载:"丹熏之山""北单之山"(今内蒙古)"崃山"(今四川)"鸡山"(今湖南或云南)"边春之山""视山""其山多韭"。至今华北、西北、东北等地方仍有野韭菜分布。经有关部门考察,野生韭菜几乎遍及全国,在青藏高原还有大面积的野韭菜地。韭菜在我国的栽培历史悠久,在《诗经》中即有"献羔祭韭"的诗句,由此可以证明韭菜在我国已有 3 000 年以上的栽培历史。早在 2 000 年前的汉代,就已提出利用温室生产韭菜的技术。到了北宋时期已有韭黄生产。300 余年前,我国农民已掌握利用风障阳畦进行韭菜覆盖栽培技术。韭菜于 9 世纪传入日本,后逐渐传入东亚各国,北至库页岛以及朝鲜,南至越南、泰国、柬埔寨,东至美国的夏威夷等均有栽培,欧洲等国栽培较少。

【化学成分】茎叶、种子含有挥发油及硫化物、蛋白质、脂肪、糖类、维生素 B、维生素 C 等。

【加工与利用】韭菜有多种用途,如用做配菜、调味料和蔬菜。韭菜很少生吃,但也大多只短暂地煮熟即可,因为长时间烹饪会使之黄软。将韭菜切碎,比葱的辛辣味更强,常常用于煲汤、炒米饭和面条中。花蕾也是很流行的菜肴,但较昂贵,也与洋葱的味道类似。韭菜为低能量蔬菜,并含有适量的维生素和矿物质,对人体健康有益。

【附注】韭菜也用于中药,被认为是治疗疲劳的良好药物。

18 海芋 *Alocasia macrorrhiza* (L.) Schoot.

彩图 18　英文名:Giant Taro, Elephant ear taro;天南星科

【别名】巨型海芋,滴水观音,尖尾野芋头,狼毒头,独脚莲

【植物形态】多年生草本,高可达 5 m。茎粗壮,粗达 30 cm。叶互生;叶柄粗壮,长 60～90 cm,下部粗大,抱茎;叶片阔卵形,长 30～90 cm,宽 20～60 cm,先端短尖,基部广心状箭头形,侧脉 9～12 对,粗而明显,绿色。花雌雄同株;花序柄粗壮,长 15～20 cm;佛焰苞的管长 3～4 cm,粉绿色,苞片舟状,长 10～14 cm,宽 4～5 cm,绿黄色,先端锐尖;肉穗花序短于佛焰苞;雌花序长 2～2.5 cm,位于下部;中性花序长 2.5～3.5 cm,位于雌花序和雄花序之间;雄花序长 3 cm,位于中性花序之上;附属器长约 3 cm,有网状槽纹;子房 3～4 室。浆果红色。种子 1～2 颗。花期春季至秋季。

【生态分布】原产东亚热带、亚热带地区。生长在海拔 200～1 100 m 热带雨林及野芭蕉林中。喜高温、潮湿,耐阴,不宜强风吹,不宜强光照。我国产地主要为江西、福建、台湾、湖南、广东、广西、四川、贵州、云南等地的热带和亚热带地区。国外自孟加拉、印度东北部至马来半岛、中南半岛以及菲律宾、印

度尼西亚都有分布。本种适合大盆栽培，因而各地栽培较多。

【历史与民俗】海芋在我国作为花卉和药用的历史悠久。《本草纲目》中记载："海芋生蜀中，今亦处处有之。春生苗，高四五尺，有叶如芋叶而有干。夏秋间抽茎开花，如一瓣莲花，碧色，花中有蕊，长作穗。其根似芋魁，大者如升碗，长六七寸，盖野芋之类也。"《庚辛玉册》云："羞天草，阴草也。生江、广深谷涧边，其叶极大，可以御雨，叶背紫色，花如莲花，根叶皆有大毒，可煅粉霜、朱砂，小者名野芋。"

【化学成分】根茎和茎含维生素 B_1、维生素 B_2、烟酸、抗坏血酸、去氢抗坏血酸、胆甾醇、菜油甾醇、豆甾醇、β-谷甾醇、岩藻甾醇、胡萝卜素、草酸钙、三半乳糖基二甘油酯、四半乳糖基二甘油酯、中性酯类、糖脂、磷脂、亚油酸、棕榈酸、亚麻酸、油酸。但海芋茎和叶内的汁液有毒，含草酸钙、氢氰酸及生物碱。

另有报道，从海芋的根茎中可分离得山嵛脂酸、反式阿魏酰酪胺、克罗酰胺、原儿茶酸、香草酸、对羟基苯甲酸、尼泊金甲酯、β-胡萝卜苷。

【加工与利用】利用部位主要为根茎和茎。全年均可采收，用刀削去外皮，切片，清水浸漂 5～7 天，并多次换水，取出鲜用或晒干。加工时以布或纸垫手，以免中毒。根茎供药用，对腹痛、霍乱、疝气等有良效。又可治肺结核、风湿关节炎、气管炎、流感、伤寒、风湿心脏病；外用治疥疮肿毒、蛇虫咬伤、烫火伤。调煤油外用治神经性皮炎。

海芋有毒。必须用大米共炒至焦黄，久煎(2 h 以上)去毒，方可内服。生用或煎煮时间过短，会引起舌肿麻木，甚者有中枢神经中毒症状。轻症可饮米醋或以生姜解毒。

海芋根茎富含淀粉，可提取作为工业用淀粉。海芋是大型观叶植物，宜用大盆或木桶栽培，适于布置大型厅堂或室内花园，也可栽于温室里，十分壮观。

【附注】海芋不要与马蹄莲相混淆。

19 库拉索芦荟 *Aloe vera* L.

彩图 19

英文名：Aloe；百合科

【别名】芦荟

【植物形态】多肉质的草本，高至 60 cm。茎较短，叶簇生，呈莲座状或生于茎顶，直立或近于直立，每片重可达 0.5～1.5 kg，肥厚多汁，叶常为披针形，长 15～36 cm、宽 2～6 cm，边缘有尖齿状刺。花茎单生或稍分枝，高 60～90 cm；总状花序疏散。小花长约 2.5 cm，黄色或具赤色斑点，管状小花 6 裂；雌蕊 6；雌蕊 1，3 室，每室有多数胚珠。蒴果三角形，室背开裂。

【生态分布】热带植物，喜温暖湿润气候，芦荟原产东非和南非，库拉索芦荟原产美洲西印度群岛和巴巴多斯岛，也称为巴巴多斯芦荟，美国称为翠叶芦荟或蕃拉芦荟，我国称为翠叶芦荟，日本称为芦荟蕃拉。现世界很多地区有栽培。我国云南、海南、广东等地有引种。一般分株繁殖。

【历史与民俗】Aloe 来自阿拉伯语，意为"苦而有光泽"。考古发现芦荟曾被置于金字塔中木乃伊的膝盖之间。关于芦荟的最早记载见于古埃及医书《艾帕努斯・巴皮努斯》。书中不仅记载了芦荟对腹泻和眼病的治疗作用，还包含了芦荟的多种处方。这部书写于公元前 1 550 年，也就是说，在 3 500年前芦荟就已经被当作药用植物了。之后芦荟传到了欧洲。公元前 1 世纪，罗马皇帝的御医蒂俄斯可利蒂斯著有医书《克利夏本草》，书中有针对不同病症使用芦荟的具体处方，并把芦荟称作为"万能药草"。

芦荟通过丝绸之路也传到了中国。李时珍所著《本草纲目》里也出现了芦荟。在这部书中芦荟不仅仅被认作是有用的植物，而且还有"色黑、树脂状"的记载，据此可以推断，当时中国所使用的是从欧洲传来的、将汁熬干形成的块状物。

【化学成分】库拉索芦荟的主要成分有蒽醌(如芦荟大黄素苷)、树脂、鞣质、多糖、氨基酸等。

【加工与利用】芦荟以叶片入药，全年可采。取其汁液，经干燥获得的生药称"老芦荟"，为红色膏体，呈不透明的红褐色或暗褐色，也叫“肝色芦荟”。

芦荟是集食用、药用、美容、观赏于一身的植物新星。其泌出物(主要有效成分是芦荟素等蒽醌类物质)已广泛应用到医药和日化中。芦荟在中国民间就被作为美容、护发和治疗皮肤疾病的天然药物。芦荟胶对蚊叮有一定的止痒作用。

库拉索芦荟具有消炎、抗菌、增强免疫力、抑制水肿、抗病毒、预防胃溃疡的发生、抑制胆固醇吸收和降低胆固醇水平、促进肠道蠕动、抗肿瘤、促进胆汁分泌、降血糖、致泻等作用。抑制水肿活性主要来自芦荟胶中的固醇类物质，如扁豆醇。芦荟中的三萜类物质是预防胃溃疡发生的有效成分；其蒽醌类成分能引起结肠收缩，具有致泻作用；其所含的水杨酸和乳酸镁可消炎，减少伤口红肿。

【附注】 芦荟根可用于治疗急性腹痛和绞痛。

20 大高良姜 *Alpinia galanga* (L.) Willd.

彩图 20

英文名：Greater galangal, Galangal；姜科

【别名】 红豆蔻，大良姜，山姜

【植物形态】 株高达 2 m；根茎块状，稍有香气。叶片长圆形或披针形，长 25～35 cm，宽 6～10 cm，顶端短尖或渐尖，基部渐狭，两面均无毛或于叶背被长柔毛；叶柄短，长约 6 mm；叶舌近圆形，长约 5 mm。圆锥花序密生多花，长 20～30 cm，花序轴被毛，分枝多而短，每一分枝上有花 3～6 朵；苞片与小苞片均迟落，小苞片披针形，长 5～8 mm；花绿白色，有异味；萼筒状，长 6～10 mm，果实宿存；花冠管长 6～10 mm，裂片长圆形，长 1.6～1.8 cm；侧生退化雄蕊细齿状至线形，紫色；唇瓣倒卵状匙形，长达 2 cm，有红线条；花丝长约 1 cm，花药长约 7 mm。果长圆形，长 1～1.5 cm，中部稍收缩，熟时棕色或枣红色，不开裂，内有种子 3～6 颗。花期 5～8 月；果期 9～11 月。

【生态分布】 热带植物，喜高温湿润气候，原产南亚以及印度尼西亚，且主要在印度尼西亚；在马来西亚、老挝、泰国等地有栽培。我国产地有台湾、广东、广西和云南等地区；生于海拔 100～1 300 m 山野沟谷阴湿林下或灌木丛中和草丛中。

【历史与民俗】 大高良姜的根茎是姜中最常用于烹调的香辛料之一。强壮的根茎有特别的甜味，闻起来有黑胡椒和松针混合的香味。红色的果实用于中药，其味道类似豆蔻，因而被称为“红豆蔻”。在泰国，烹饪高良姜自古备受欢迎。自中世纪以来，新鲜或干的大高良姜粉末在东欧以及俄罗斯也被用作香料。

【化学成分】 根茎含栓皮酸甲酯、樟脑、桉叶素、丁香油酚、α-和 β-蒎烯、柠檬烯、4-松油醇、乙酸龙脑酯、乙酸胡椒酚酯、乙酸香茅酸酯、乙酸牻牛儿醇酯、β-丁香烯、α-香柑油烯、芳-姜黄烯、β-甜没药烯、十五烷、β-倍半水芹烯、丁香烯氧化物、甲基丁香油酚、乙酸丁香油酚酯、胡椒酚、反式-β-金合欢烯、高良姜素、3-甲基高良姜、DL-1′-乙酸氧基胡椒酚乙酸酯、DL-1′-乙酰氧基丁香油酚乙酸酯、反式-3,4-二甲氧基桂皮醇、反式-4-甲氧基桂皮醇、反式-4-羟基肉桂醛、1′-羧基胡椒酚乙酸酯、二-(对-羟基-顺-苯乙烯基)甲烷、二乙酸-反式-对-香豆醇酯、二乙酸-反式-松柏醇酯、[1′S]-1′-乙酰氧基胡椒酚乙酸酯、[1′S]-1′-乙酰基丁香油酚乙酸酯、4-羟基苯甲醛。

【加工与利用】 大高良姜的根茎具辛辣味，是泰国厨师使用的叫做“favourite”的调味品的主要原料，具香气。大高良姜的切片或其粉末常常添加到咖喱粉和菜汤中，尤其干粉粉末广泛使用于各种菜肴，在俄罗斯也用于茶、醋和酒精饮料(如被称为 nastoyka 的利口酒)中。

大高良姜的果实称为“红豆蔻”，含挥发油，油中主要有 1′-乙酰氧基胡椒酚乙酸酯、1′-乙酰氧基丁香酚乙酸酯、丁香烯环氧物、丁香醇等成分，具有抗溃疡、抑制黄嘌呤氧化酶活性、抗肿瘤活性及抗病毒作用。常用于脘腹冷痛、食积胀满、呕吐泄泻、饮酒过多。

21 繁穗苋 *Amaranthus cruentus* L.

彩图 21 英文名:Grain amaranth, Blood amaranth, Inca wheat;苋科

【别名】血红苋,血苋,红苋菜,天雪米,鸦谷

【植物形态】一年生草本,高 20~80 cm,有时达 1.3 m;茎直立,粗壮,淡绿色,有时具带紫色条纹,稍具钝棱。叶片菱状卵形或椭圆状卵形,长 5~12 cm,宽 2~5 cm,先端锐尖或尖凹,有小凸尖,基部楔形,有柔毛。圆锥花序顶生及腋生,直立,或以后下垂,直径 2~4 cm,由多数穗状花序形成,顶生花穗较侧生者长;苞片及小苞片钻形,长 4~6 mm,白色,先端具芒尖;花被片白色,有 1 淡绿色细中脉,先端急尖或尖凹,具小突尖。胞果扁卵形,环状横裂,包裹在宿存花被片内。种子近球形,直径 1 mm,棕色或黑色。花期 6~7 月,果期 9~10 月。

【生态分布】繁穗苋是喜温作物,在温暖气候条件下生长良好,品质也佳。原产中美洲,生于山坡、路旁、旷野、荒地、田边、沟旁、河岸等处;生长由平地到海拔 2 150 m。现在世界各地有栽培。19 世纪末期由印度传入中国。我国各地都有种植,其中以华中、华南、华北、东北为最多。

【历史与民俗】中美洲的古人早在公元前 4 000 年时就将繁穗苋的种子作为谷物食用。野生的繁穗苋的籽粒是黑色的,经驯化栽培后则是白色的。种子可以磨成面粉、爆成米花、熬成粥或制成糖果食用。其叶可以食用,种子新发的嫩芽被称为"营养芽"。在美国中部,人们至今仍将它作为健康食品来种植和销售。很早,祖尼人就将种子壳磨成细粉,用于制作礼仪面包的红颜色。破碎的叶片和花朵也用于滋润皮肤和制作口红。

【化学成分】种子含淀粉、脂肪、维生素、鞣质、原花青素及矿物质元素等。它含有大量的优质蛋白质,特别是赖氨酸含量远远高于传统谷物。

【加工与利用】繁穗苋不只是在原产地作为粮食,已成为许多地区受欢迎的健康食品。特别是在墨西哥,繁穗苋破碎的种子制成人们喜爱的甜品。

【附注】繁穗苋的叶子也是很流行的蔬菜。

22 三色苋 *Amaranthus tricolor* L.

彩图 22 英文名:Chinese spinach, Chinese amaranth;苋科

【别名】苋,小天蓝绣球,老来少,雁来红,叶鸡冠,向阳红

【植物形态】一年生草木,株高 60~100 cm,茎直立,粗壮,绿色或红色,分枝少,单叶互生,卵形或菱状卵形,有长柄。初秋时上部叶片变色,普通品种变为红、黄、绿三色相间,优良品种则呈鲜黄或鲜红色,艳丽,顶生叶尤为鲜红耀眼,8~10 月为最佳观赏期。花小,簇生于叶腋或呈顶生穗状花序,花序小而不明显,花单性或两性,雌雄同株。浆果卵形,成熟期 9~10 月;种子细小,亮黑色。

【生态分布】原产印度。喜温,耐干旱,不耐寒,喜湿润向阳及通风良好的环境,喜肥沃而排水良好的土壤,忌水涝和湿热。分布于亚洲南部,中亚以及日本也有,我国各地有栽培。

【历史与民俗】三色苋原产印度,但也有说原产于美国南部。其叶、茎作为蔬菜,在加勒比和非洲,以及中国和日本均有各自的传统烹调习惯,如非洲人通常将它煮成绿色菜肴,在日本通常是一道蒸菜。它在世界各地不同的气候条件下形成了许多品种,叶片分别呈黄色、红色和绿色等。

【化学成分】叶子含有非常丰富的蛋白质、维生素(特别是维生素 A)和铁。另有报道,茎含亚油酸为主要成分的不饱和脂肪酸及棕榈酸。叶中有苋菜红苷(amaranthin)、棕榈酸、亚麻酸、二十四烷酸、花生酸、菠菜甾醇、单半乳糖基甘油二酯、二半乳糖基甘油二酯、三半乳糖基甘油二酯、三酰甘油、甾醇、游离脂肪酸、维生素 A、维生素 C、维生素 B 和核黄素。地上部分含正烷烃、正烷醇和甾醇类等。

【加工与利用】三色苋在中国和菠菜一样，是流行的美味和营养的蔬菜。其叶子也可以用于做新鲜沙拉，并常常是汤菜的原料（如 callaloo、加勒比汤等各种绿叶汤）。

【附注】三色苋还是一种 C4 固定植物，使得它比其他植物更能高效地将二氧化碳转换成生物量，是非常有营养的植物。根、果实及全草入药，有明目、利大小便、去寒热的功效。本品石油醚提取物中的正烷烃类、正烷醇类、16-三十一烷酮、甾醇类对金黄色葡萄球菌、白色葡萄球菌、草绿色链球菌（均为革兰阳性菌）、大肠杆菌、绿脓假单胞菌和克雷白杆菌（均为革兰阴性菌）有较强的抗菌作用。其中，16-三十一烷酮及甾醇类的抗菌作用强于正烷烃类。

23 白豆蔻 *Amomum kravanh* Pierre ex Gagnepain

彩图 23

英文名：Cambodian，Cardamom；姜科

【别名】柬埔寨小豆蔻，豆蔻，泰国白豆蔻

【形态特征】多年生草本，茎丛生，株高 3 m。茎基叶鞘绿色，叶片卵状披针形，长约 60 cm，宽约 12 cm，顶端尾尖，两面光滑无毛，叶舌圆形，长 7～10 mm；叶鞘口及叶舌密被毛。穗状花序圆柱形，稀为圆锥形，长 8～11 cm，宽约 4～5 cm，密被覆瓦状排列的苞片，苞片三角形，长 3.5～4 cm，麦秆黄色；小苞片管状，一侧开裂；花萼管状，白色微透红，外被长柔毛，顶端具三齿，花冠管与花萼管近等长，裂片白色，长椭圆形，长约 1 cm；唇瓣椭圆形，长约 1.5 cm，中央黄色，内凹。雄蕊下弯，药隔附属体三裂，长约 3 mm；子房被长柔毛。蒴果近球形，直径约 1.6 cm，白色或淡黄色，略显钝三棱，果皮木质，容易开裂为三瓣。种子为不规则的多面体，直径约 3～4 mm，暗棕色，有芳香气味。花期 5 月，果期 6～8 月。

【生态分布】原产柬埔寨、泰国，喜热带季风气候。白豆蔻开花期月平均温度以 20～25 ℃为宜，日平均气温低于 20 ℃时，一般不开花，开花授粉时，要求土壤水分在 25%以上，林下空气相对湿度 83%～90%，因此，年降雨量要求在 1 500 mm 以上。它喜湿润、忌干旱，也怕涝，喜荫蔽。在土壤深厚、疏松、排水性好、肥沃、富含腐殖质的背风林下生长良好，且要求有昆虫传粉才能提高结实率。白豆蔻主产于东南亚各国，印度、斯里兰卡等地也有种植。我国海南有引种栽培。

【历史与民俗】白豆蔻是热带地区著名的药用和香料植物。据史料记载，大约在公元前 4 世纪时就将白豆蔻用于治疗尿道炎。我国使用白豆蔻始载于宋《开宝本草》，作为中药材已有上千年的历史。它有理气宽中、开胃消食的功效。它与小豆蔻一样，也是贵重的烹调用辛香料之一；在药性方面也有许多相似之处。大约 16 世纪白豆蔻才批量传入欧洲，与小豆蔻一样受到人们的欢迎。

【化学成分】果实含挥发油，其中有 d-龙脑、d-樟脑、葎草烯及其环氧化物、1,8-桉叶素、α-及 δ-拍帕烯、α-及 β-蒎烯、石竹烯、月桂烯、桃金娘醛、葛缕酮、松油烯-4-醇、香桧烯等。

【加工与利用】一般在 8～10 月果实成熟时分批采收。用利刀割（剪）取成熟果穗。小心从果穗上剥取成熟果实，尽量不破坏果皮，果实晒干或烘干后，在密闭容器内干燥保存，注意防霉和防鼠。果实可用水蒸气蒸馏法提取精油，得率 5.4%～6.8%。白豆蔻精油具有浓郁的甜香、辛香气味，使人有舒适感，有温暖、醒脑和振奋精神的效果。精油也有刺激食欲和帮助消化的功能，对身体有滋补作用，能治疗反胃、胃灼热和胃胀气等疾病；还可舒缓腹泻，减轻由腹泻引起的胃肠绞痛等。

【附注】白豆蔻果实有浓郁的芳香气味，略带辛辣味，是很好的辛香调味料，我国十三香等著名调味料也常加入豆蔻粉。印度以及东南亚的咖喱粉中它也是基本成分。在肉制品生产也常用它，特别是生产灌肠作为配料效果很好，也用于制作酒类、糖果、烘烤食品等。

爪哇白豆蔻（*Amomum compactum* Soland ex Matom.）的果实功能与白豆蔻同。在药材上，白豆蔻称“原豆蔻”，爪哇白豆蔻称“印尼豆蔻”。

24 砂仁 *Amomum villosum* Lour.

彩图 24

英文名：Villosum；姜科

【别名】 缩砂仁，缩砂密，阳春砂

【植物形态】 多年生草本，高 1～2 m，具匍匐茎。叶片披针形或矩圆状披针形，长 20～30 cm，宽3～7 cm，顶端具尾状细尖头，基部近圆形，无柄；叶舌长 3～5 mm，叶鞘上可见凹陷的方格状网纹。穗状花序自根状茎发出，生于长 4～6 cm 的总花梗上；花萼白色；花冠管长 1.8 cm，裂片卵状矩圆形，长约 1.6 cm，白色；唇瓣圆匙形，宽约 1.6 cm，顶端具突出、2 裂、反卷、黄色的小尖头，中脉凸起，紫红色，其余白色；药隔顶端附属体半圆形，长约 3 mm，两边具宽约 2 mm 的耳状突起。果矩圆形，直径约 2 cm，紫色，干时褐色。种子多数，芳香。花期 3～6 月，果期 6～9 月。

【生态分布】 喜温暖、阴湿多露的气候，适宜于年平均气温 19.5～28 ℃的地区生长。喜荫蔽环境，透光度在 20%左右即可。适生地区的年降雨量为 1 200～1 500 mm，年平均相对湿度为 70%～80%。土壤以排水良好、富含腐殖质、肥沃疏松的砂质黄(红)壤土为好。砂仁主要生长于海拔 1 000 m 以下南亚热带地区的盆地、坝子或山麓林缘阴湿地方。砂仁栽培或野生于广东、海南、广西、云南和福建的亚热带以及南亚热带气候地区。主产于越南、缅甸、泰国和印度尼西亚。

【历史与民俗】 砂仁原产东南亚的印尼，类似豆蔻，成熟、干燥的果实含有强烈芳香的种子。它传入我国已有数百年历史。砂仁始载于《药性论》，名缩砂密。《海药本草》云："生西海及西戎等地，波斯诸国。多从安东道来。"《本草图经》云："缩砂密生南地，今惟岭南山泽间有之。苗茎似高良姜，高三四尺，叶青，长八九寸，阔半寸已来。三月、四月开花在根下，五六月成实。"《药物出产辨》云："产广东阳春县为最，以蟠龙山为第一。"从历代本草记载可见，自古砂仁产地就有国产、进口之分，"绿壳砂仁"即为进口者，"阳春砂仁"即为岭南栽培者。过去砂仁以进口为主，近百年来引种并开发国产砂仁，生产栽培有很大发展。砂仁在烹饪上是著名的辛香料，可做腌制榨菜，熏烤肉、鸡、鸭，制作糕点及汤菜等食品的调味料，有加香和增强食欲的作用。作为中草药可治疗胃痛和痢疾。

【化学成分】 种仁含挥发油，成分有乙酰龙脑酯、樟脑、柠檬烯、樟烯、α-蒎烯、β-蒎烯、龙脑、β-榄香烯、β-丁香烯、β-香柑油烯、α-侧柏烯、月桂烯、α-水芹烯、芳樟醇、α-金合欢烯、β-金合欢烯、荜草烯、β-甜没药烯、γ-荜澄茄烯、棕榈酸等近 30 种。果实含有多种微量元素(ug/g)：锌 64.2、铜 8.8，铁 44.0、锰 138.0、钴 0.10、铬 1.2、钼 1.15、镍 6.69、钛 0.95、钒 0.09 等。

【加工与利用】 种植 3 年后于 7～8 月果实成熟时剪下果穗，置于竹帘或草席上用微火烘至半干，趁热喷以冷水，使果皮骤然收缩与种子紧贴，以便保存时不易生霉，再用微火烘干，为壳砂。剥下的果壳(皮)为砂壳。剥去果壳的种子团，除去杂质即为砂仁。砂仁可以直接利用，亦可用水蒸气蒸馏法提取精油。砂仁是肉制品加工中一种主要调味香料，有解腥除异味的作用。用砂仁制作卤菜、炖肉，可使菜肴增香、味清凉可口、风味别致。砂仁还用于糕点、腌制榨菜等，可增添风味。砂仁是制作五香粉、十三香等调味料的主要成分之一。

【附注】 砂仁药用：味辛，性温。入脾、胃、肾经。有化湿开胃、温脾止泻、理气安胎之功效。

作砂仁用的植物尚有缩砂(绿壳砂)(*A. villosum* Lour. var. *xanthioides* T. L. Wu)、海南砂仁(*A. longiligulare* T. L. Wu)、红壳砂仁(*A. aurantiacum* H. T. Tsai et S. W. Zhao)。

25 魔芋 *Amorphophallus rivieri* Durieu

彩图 25

英文名：Rivier giantarum，Konjac；天南星科

【别名】 蒟蒻，磨芋，花杆莲，灰菜，鬼芋，星芋

【植物形态】 块茎扁圆形，直径达 25 cm。先花后叶，叶 1 枚，具 3 小叶，小叶 2 歧分叉，裂片再羽状

深裂，小裂片椭圆形至卵状矩圆形，长 2～8 cm，基部楔形，一侧下延于羽轴成狭翅；叶柄长 40～80 cm，青绿色，有暗紫色或白色斑纹。花葶长 50～70 cm；佛焰苞长 20～30 cm，卵形，下部呈漏斗状筒形，外面绿色而有紫绿色斑点，里面黑紫色；肉穗花序几乎 2 倍长于佛焰苞，下部具雌花，上部具雄花，两部分约等长，附属体圆柱形，长达 25 cm；花柱与子房等长，柱头微 3 裂。浆果球形或扁球形，成熟时为黄绿色。花期 4～6 月，果期 6～8 月。

【生态分布】魔芋喜温暖湿润气候，要求阴湿环境，但怕积水，对土壤要求不严，以疏松肥沃的酸性或微酸性壤土为最好。多生于海拔 450～700 m 的山坡、宅旁、水沟旁，或林下成片生长，或人工栽培。主要分布于东亚、东南亚等地，包括中国、日本、缅甸、越南、印度尼西亚等国。我国主要分布在长江流域及以南广大地区。主产于云南、四川、贵州、湖北、湖南、江西、浙江、福建、广西等地。

【历史与民俗】魔芋在我国利用历史悠久。魔芋又名蒟蒻，早在公元 250—306 年，我国西晋文学家左思著的《蜀都赋》中有“其圃则有蒟蒻”的记载。唐朝《酉阳俎》、宋朝《嘉祐本草图经》、明朝《本草纲目》等著作中都有蒟蒻的记载。日本的《和名类聚抄》中提到《蜀都赋》的注中说：“蒟蒻的根白色，用灰汁煮之，即凝成，可泡在苦酒中食之，蜀人对其珍之。”在我国魔芋产区，民间历来以魔芋块茎磨粉制作豆腐等食用，为民间的特色食品之一。

后来魔芋随佛教一起传入日本，最初药用，后偶尔食用。如今在日本，魔芋仍称蒟蒻，是日本民间最喜食的风雅食品。魔芋食品不仅味美，而且有治病健身的功能，被誉为健康食品。用魔芋加工精制成的保健食品如挂面、凉粉等是一种高纤维，低热能，营养丰富，色、香、味俱全的食品，具有防治肥胖、促进肠蠕动、防止便秘、防止胆固醇沉积、降脂等功能。长期食用，对肠癌、脑血栓、心脏病、糖尿病均有较好的辅助疗效，是延年益寿的佳品，作为保健食品备受日本人的青睐。

【化学成分】魔芋块茎主要成分为葡甘露聚糖和淀粉，尚含葡萄糖、果糖、蔗糖等可溶性糖，并含 18 种氨基酸和多种矿物元素。

【加工与利用】利用部位为块茎。在长江以南地区，进入 11 月中下旬，地上部分完全枯萎后收获最好。在产地应及时加工，一般是进行干魔芋片和干芋角的加工。

块茎（一些文献称为“根”）一般以水或含水乙醇作溶剂提取，将过滤液回收溶剂后，浓缩至干，多成粉剂。鲜魔芋块茎加工流程为清洗（除去泥沙等杂质）→削皮→切分→溶剂护色处理→粉碎→脱溶剂除杂→湿研磨→脱溶剂除杂→洗涤→干燥→碾碎→分级→魔芋胶粉成品。

以魔芋胶为主要原料制作的热凝胶类食品，包括魔芋糕、魔芋粉丝、魔芋条、魔芋片、魔芋翻花、魔芋仿生食品（如素虾仁、素肚片、素腰花、素蹄筋、素肥肠、贡丸、松丝、素鱿鱼、素海参、墨鱼丁、海蜇皮、素牛肉干等）、雪魔芋、魔芋珍珠等，都是利用魔芋胶在碱性、加热条件下形成热稳定凝胶的原理制成的。魔芋胶作为食品添加剂应用广泛，从面条、面包到各种冷饮、果汁等均可使用，此外，魔芋胶还可作为保鲜膜、胶囊、微胶囊、粉末香料等的材料。

【附注】魔芋块茎主要成分为葡甘露聚糖，即魔芋胶，国内外许多研究证实，魔芋葡甘露聚糖是一种优良的水溶性膳食纤维，有防治便秘、降血脂、降血糖、减肥、抗癌、排毒等重要保健功能。

魔芋胶在碱性、加热条件下可形成热稳定凝胶，利用这一特性，它在化妆品中具有保湿、护肤、护发等功能。此外，魔芋多糖在纺织、印染、陶瓷、消防、环保、军工、石油开采等方面都有广泛的用途。

魔芋拉丁名异名：*Amorphophallus konjac* K. Koch。其同属植物种类很多，均可提取魔芋葡甘露聚糖（魔芋胶），其性质、用途相同。

26 腰果 *Anacardium occidentale* L.

彩图 26　英文名：Cashew；漆树科

【别名】鸡腰果，槚如树

【植物形态】灌木或小乔木，高 4～10 m；小枝黄褐色，无毛或近无毛。叶革质，倒卵形，长 8～14 cm，宽 6～8.5 cm，先端圆形，平截或微凹，基部阔楔形，全缘，两面无毛；叶柄长 1～1.5 cm。圆锥花序宽大，多分枝，排成伞房状，长 10～20 cm，多花密集；苞片卵状披针形，背面被锈色微柔毛；花黄色，杂性；花萼外面密被锈色微柔毛，裂片卵状披针形；花瓣线状披针形，外面被锈色微柔毛，开花时外卷；雄蕊 7～10，通常仅 1 个发育，不育雄蕊较短，花丝基部稍合生，花药小；子房倒卵圆形，无毛，花柱钻形。核果肾形，两侧压扁，长 2～2.5 cm，宽约 1.5 cm，果基部为肉质梨形或陀螺形的假果所托，假果长 3～7 cm，成熟时紫红色；种子肾形，长 1.5～2 cm，宽约 1 cm。

【生态分布】原产巴西东北部的热带雨林和草原地区。16 世纪引入亚洲和非洲，现分布在南北纬 20°以内的几十个国家和地区。莫桑比克、坦桑尼亚、印度、巴西等国种植最多，中国海南和云南也有种植。

【历史与民俗】原产巴西东北部，16 世纪由葡萄牙人传入非洲和亚洲。中国于 20 世纪 30 年代引入台湾和海南，云南西双版纳也有少量种植。腰果在民间应用已久。“果子”可制成酱，在巴西制成一种叫 cajado 的饮料。由树干流出的树胶用于抵御蚂蚁和其他昆虫。腰果仁是很好的食品，营养价值很高，但要除去有毒的外皮。在印度以及非洲的天然药物中，将腰果叶子用于治疗牙病和牙龈疾病；在非洲西部则用它治疗疟疾。树皮在印度草药中作为蛇咬伤的解毒药；根用于通便；树胶外用治疗麻风、鸡眼和真菌感染。坚果外层和内层之间的壳所含的油具有腐蚀性，即使小剂量也能引起炎症反应，因此，热带地区民间将其用于除疣、鸡眼、金钱癣和溃疡。

【化学成分】果仁含脂肪 45%，蛋白质 20%，还有维生素、微量元素等成分。树胶含贾如酸等。

【加工与利用】主要利用部位为果仁。其果仁、叶、树皮、根和树胶均可入药。果实成熟时采收果仁，叶、树皮、根和树胶全年可采。果仁是美味和营养的食物，但需要烘烤，以除去刺激物和刺鼻的油。它通常用作咸味零食或用于沙拉，其果肉或果汁可加工成果酱、果冻、酸辣酱、蜜饯、果汁、腰果酒、烈酒和醋等。它用来生产的“cajado”饮料，在巴西是很受欢迎的饮品。

【附注】它所含的贾如酸有抗菌、抗真菌、杀蠕虫和杀原生动物的作用。伯克利大学(加利福尼亚州)近年来研究表明，贾如酸对被认为可引发胃癌的幽门杆菌具有抗菌活性。腰果仁中的某些维生素和微量元素成分有很好的软化血管的作用，对保护血管、防治心血管疾病大有益处。腰果中含有大量的蛋白酶抑制剂，能控制癌症病情。

腰果的果壳油及其蒸气有很强的刺激性，不可以任何形式使用于人体。

27 菠萝 *Ananas comosus* (L.) Merr. (*A. sativus* (Lindl.) Schult. f.)

彩图 27　英文名：Pineapple；凤梨科

【别名】凤梨

【植物形态】多年生常绿草本。具短而坚硬的茎。叶多数，莲座式排列，剑形，长 40～90 cm，宽 4～7 cm，顶端渐尖，全缘或有锐齿，腹面绿色，背面粉绿色，边缘和顶端常带褐红色，生于花序顶部的叶变小，常呈红色。花序于叶丛中抽出，状如松球，长 6～8 cm，结果时增大；苞片基部绿色，上半部淡红色，三角状卵形；萼片宽卵形，肉质，顶端带红色，长约 1 cm；花瓣长椭圆形，端尖，长约 2 cm，上部紫红色，下部白色。聚花果肉质，长 15 cm 以上。花期夏季至冬季。

【生态分布】菠萝原产南美洲热带高温干旱地区，性喜温暖。现在世界热带地区广泛栽培。中国菠萝栽培主要集中在台湾、广东、广西、福建、海南等地区，云南、贵州南部也有少量栽培，已有 400 多年的历史。

【历史与民俗】原产南美巴西，很早为印第安人驯化。16 世纪初，热带各国相继引种。亚洲最早是由葡萄牙人引入印度(1550)，后又传入菲律宾和印度尼西亚。中国在 17 世纪初(1605)由葡萄牙人将菠萝苗带入澳门,后经广东传入福建和台湾。广东《东莞县志》(1639)和台湾林谦光的《台湾纪略》(1687)都有凤梨的记载。约在18世纪末传入广西,19世纪初传入云南。菠萝从美洲初传入时,常常与从印度以及东南亚传入的菠萝蜜相混淆,但这两种热带水果实在差别很大,于是人们也渐渐得以分辨。清乾隆年间的李调元在《南越笔记》卷十三中说:"粤中凡村居路旁多植山波罗,横梗如拳,叶多刺,足卫衡宇。"可知这时又指称美洲水果的波罗蜜已简约为波罗,前面并加限制词"山",表示它可栽种在山坡上。清道光年的吴其在其所著《植物名实图考》卷三十一中说:"露兜子产广东,一名波罗。"他接着讲:"又名番娄子,形如兰,叶密长大,抽茎结子。其叶去皮存筋,即波罗麻布也。"这大概是最早称其为波罗的记载。菠萝民间药用已久。印度草药医师用其作子宫强壮剂。

【化学成分】 凤梨果实及叶含水解蛋白酶、菠萝蛋白酶,并富含维生素A和维生素C、挥发油、多种氨基酸、糖类和有机酸。

【加工与利用】 肉质聚花果(水果)大规模用于生产果汁,但也鲜吃和广泛用于烹饪菜肴,如绿色沙拉、水果沙拉、泡菜、酸辣酱等。

【附注】 未成熟的果实味酸,有改善消化功能的作用。成熟果实有镇静、缓解的作用,含有口服酶的混合物(统称为菠萝蛋白酶),用于治疗炎症和肿胀(创伤和术后水肿)。叶纤维强韧、柔软耐用,是纺织工业的良好原料之一。

28 穿心莲 *Andrographis paniculata* (Burm. f.) Nees.

彩图28

英文名:Herba andrographitis;爵床科

【别名】 一见喜,斩蛇剑,苦草,榄核莲

【植物形态】 一年生草本,高50~100 cm,全株味极苦。茎直立,多分枝,具四棱,节稍膨大。叶对生,卵状矩圆形至矩圆状披针形,长2~11 cm,宽0.5~2.5 cm,先端渐尖,基部楔形,全缘,正面深绿色,背面灰绿色;叶柄短或近无柄。圆锥花序顶生或腋生;花萼5深裂,外被腺毛;花冠淡紫白色,唇形,上唇外弯,2齿裂,下唇直立,3浅裂,雄蕊2,花丝一侧有柔毛;子房2室。蒴果长椭圆形,长约1.5 cm,两侧呈压扁状,中央具一纵沟。花期8~9月,果期10月。

【生态分布】 热带植物,喜温暖、湿润气候,生于湿热的平原、丘陵地区。原产于泰国、印度、斯里兰卡、缅甸、印度尼西亚、越南等国。我国广东、福建等长江以南各地均引种栽培。

【历史与民俗】 穿心莲被印度当地人称之为Chiranta;阿育吠陀(Ayu-veda)医药用作解热、苦味健胃、强壮药,也用于治疗肝炎。中国于20世纪50年代在广东、福建南部民间引种栽培,用于治疗多种感染性疾病及毒蛇咬伤。后来中国各地对穿心莲的栽培、化学成分、药理及临床方面进行深入的研究;现已将其收载于《中华人民共和国药典》(1985年版)一部中。

【化学成分】 叶(地上部分)主要含有二萜内酯、黄酮类、甾醇和生物碱等。其中二萜类有穿心莲内酯0.6%、14-去氧穿心莲内酯0.15%、新穿心莲内酯0.05%、14-去氧穿心莲内酯-19-β-D-葡萄糖苷(即14-去氧穿心莲内酯苷,又称3α-羟基穿心莲潘林内酯苷)0.03%、14-去氧-12-甲氧基穿心莲内酯0.001%、穿心莲潘林内酯0.03%;黄酮类有木蝴蝶素A、汉黄芩素;多酚类有咖啡酸、绿原酸及二咖啡酰奎宁酸混合物。还含穿心莲烷、穿心莲甾醇、β-谷甾醇-D-葡萄糖苷等。

另据分析,全草还含甾醇皂苷、糖类及缩合鞣质等。

【加工与利用】 利用其全草或叶。秋初茎叶茂盛时采割、晒干,备用。穿心莲采收时间和药效关系很密切,适时采收,有效成分含量高。以水、乙醇等为溶剂,浸渍或加热提取,回收溶剂,浓缩至干,得提取物。穿心莲的有效成分二萜内酯类化合物的提取主要以水、醇-水、酸-水、碱-水为溶剂。

全草具有解热、抗病原微生物、抗炎、增强免疫功能、抗生育、抗蛇毒的作用。穿心莲黄酮(Andrographin)等有免疫调节作用和抗病毒活性。穿心莲有清热解毒、凉血消肿的作用。可治疗急性菌

痢，胃肠炎、感冒、流脑、气管炎、肺炎、百日咳、肺结核、肺脓肿、胆囊炎、高血压、鼻衄、口咽肿痛、疮疖痈肿、水火烫伤及毒蛇咬伤。目前已制成注射剂、口服胶囊或片剂，用量须视各地生产制剂的不同含量而异。

【附注】穿心莲提取物用于化妆品中，有抑制真菌、细菌，保护皮肤的作用，对于粉刺、痤疮等皮肤疾病有治疗作用。穿心莲水提取物在化妆品中还有抑制头皮屑的作用；其对5α-还原酶有抑制作用，因此对于因睾丸激素偏高而导致的头发生长缓慢有改善作用。由于穿心莲提取物具有良好的持水力，在化妆品中可用于皮肤干燥症状的改善。

29 莳萝 *Anethum graveolens* L.

彩图 29　英文名：Dill；伞形科

【别名】黄花前胡，土茴香，野茴香

【植物形态】一年生或多年生草本，高 60～90 cm，茎直立，全株无毛，具有强烈的茴香香气。叶互生，矩圆形至倒卵形，长 10～35 cm，二回羽状全裂，最终裂片丝状，长 4～20 mm，宽不及 0.5 mm；叶柄长 5～6 cm，基部成宽鞘，长 1.5～2 cm，边缘白色。复伞形花序顶生，直径约 15 cm；总花梗长 4～13 cm；无总苞及小总苞；伞幅 5～15 个，稍不等长；花梗 20～50，长 5～10 mm；花黄色，花萼齿小；花瓣 5，椭圆形，内曲，早落；雄蕊 5。双悬果扁圆形，淡黄色，长 4～5 mm，宽 2～3 mm，背棱稍突起，侧棱狭扁带状，宽约 0.5 mm，每棱槽内具 1 大型油管，合生面（分果腹面）有油管 2 条。种子小。花果期 7～9 月。

【生态分布】喜温暖和凉爽的气候，野生于海拔 1 000 m 以下地区为多，生长于开阔地带。喜光，要求土壤肥沃和充足的水分，但忌渍水。原产欧洲南部、南亚及中亚。现已广泛栽培，特别是在英国、德国以及北美。我国南北各地均可种植，但以长江流域栽培较为适合。

【历史与民俗】原产于波斯，唐宋时由陆路和海路分别传入中国。五代李珣《海药本草》引《广州记》说："（莳萝）生波斯国。"又言："莳萝子即褐色而轻。主膈气，消食，温胃，善滋食味。多食无损。"北宋苏颂《本草图经·草部中品之下》说："莳萝，出佛誓国，今岭南及近道皆有之。"同时指出："今人多以和五味，不闻之入药用。"埃及人将它和芫荽及泻根混合，以治疗头痛。希腊人和罗马人也很爱用莳萝，管它叫 Anethon，这个名字也正是莳萝植物学属名的由来。莳萝的英语俗名 Dill 是由萨克逊语的 Dylle 或 Dylla 演变而来的，意指风平浪静、哄婴儿入睡等，可能是指莳萝祛肠胃胀气的主要用途。

公元前 1 500 年，古埃及人用莳萝作为止痛药的成分之一。古希腊人认为将其叶盖于眼睛上可以诱导睡眠。中世纪时人们认为莳萝有驱除巫术的魔力，燃烧它可以驱散雷云。在做泡菜时，它除了作为香料外，还是天然的防腐剂。古罗马人咀嚼莳萝的果实（种子）来促进消化，餐厅中挂有莳萝编制的花环，以示促进食欲。中国中医使用本品作为助消化药已经有 1 000 多年的历史。殖民者将莳萝带入北美洲，其种子（果实）浸剂即所谓的莳萝水，成了美国民间普遍使用于儿童的药物，如治疗咳嗽、腹痛、胃痛、胀气、消化不良和失眠。同时期的草药学家还认为莳萝可以治疗婴儿腹痛，咀嚼其种子可以治疗呼吸困难。饮用莳萝茶还可帮助消化和促进哺乳期乳汁的分泌。

【化学成分】果实和叶均含挥发油（果实含挥发油高达 15%，其中约一半是 α-水芹烯）、类黄酮、香豆素、咕吨酮和三萜。

【加工与利用】新鲜的莳萝是一种受欢迎的调味料，可装饰鱼菜、土豆沙拉和其他沙拉，还可用于芳香水果泡菜（如"莳萝泡菜"，主要是小黄瓜）、黄油（莳萝黄油）、醋、面包、奶酪、酱汁中。在北非，莳萝果实在肉菜中很受欢迎，而斯堪的纳维亚人传统上将它用于小龙虾或鲑鱼菜肴。莳萝比茴香芳香。春季采其茎叶，夏季采收果实（种子）以药用。果实（种子）还可用于蒸馏精油。

【附注】全草浸剂有降低血压，扩张血管，延缓心率，减低小肠张力和减少其蠕动，增进利尿。可用于治疗初期高血压症，特别是与溴剂合用效果较好。研究表明，莳萝制剂有助于松弛消化道肌肉的作

用，且有助于防止肠道产生气泡。莳萝种子油可抑制几种危害性细菌的生长，有助于防止由此而引起的腹泻；还可抑制大肠埃希杆菌，可用于治疗由大肠埃希杆菌引起的尿路感染。

果实提取的芳香油可作为调配香精的原料，也可作为小茴香的代用品。

30 圆当归 *Angelica archangelica* L.

彩图 30 英文名：Garden angelica，Holy ghost，Wild celery；伞形科

【别名】欧白芷，圆叶当归，欧洲当归

【植物形态】二年生草本，茎高可至 2 m，中空，有脊棱，近花序处密生茸毛。叶大，互生，浓绿色，二至三回羽状分裂，边缘有锯齿；有长的叶柄，叶柄基部扩大成大叶鞘，抱茎；全株有特殊香气。复伞形花序；花小，萼齿 5，不明显；花瓣 5，白绿色；雄蕊 5；花丝较花瓣长。双悬果卵形至椭圆形，灰褐色，背向压扁，合生面稍收缩，分生果外面有线形果棱，棱有阔翅。花期 6～7 月，果期 7～8 月。

【生态分布】圆当归生于温带海洋性气候地区，冬季温和，夏季凉爽；为长日照植物，喜肥，喜湿润环境。整个生育期要求土壤保持湿润，干旱会导致生长发育不良。宜于保水力强而富含有机质的肥沃微酸性（pH 6～7）壤土或砂壤土栽培。目前，圆当归在欧洲北部、东部以及俄罗斯栽培较多。我国有引进栽培，主要作为药用或观赏。

【历史与民俗】圆当归被认为是一种有魔力的草药，有 1 000 多年的使用历史。欧洲农民将其叶子佩戴在颈上，用于预防疾病和驱除魔咒；并将其根部榨汁，与其他草药混合制成水剂，用来治疗头痛、放松身心、延寿，并可抵御毒物侵害。17 世纪圆当归作为一种治疗感冒和其他呼吸系统疾病的药物广泛流行。欧洲殖民者到达北美时，发现当地许多土著部落和他们一样用圆当归治疗呼吸系统疾病，尤其是肺结核。殖民者还用大剂量的圆当归来终止妊娠。19 世纪，美国医生推荐用其治疗消化不良、胃灼热、支气管炎、疟疾和伤寒。

【化学成分】圆当归根中含挥发油（主要为 β-水芹烯）、内酯和香豆素类。

【加工与利用】初夏采收茎叶，秋末采收成熟的种子（果实），根部在生长 1 年后的秋末采挖。均干燥后保存。绿叶主要用于烹饪蜜饯糖和用于各种类型的甜品（蛋糕、点心、糖果）、布丁、果酱、冰淇淋和意大利面点，呈现明亮的绿色和清香的味道。新鲜茎可和奶油奶酪一起吃，或添加到沙拉中。根可作为蔬菜烹饪。碎茎、根和果实可用于制作著名的酒精饮料，如杜松子酒，黄绿色、微苦的苦艾酒和 vespetro。

据报道，在法国，利口酒类，如本尼迪克特甜酒等，都含有这种沁人心脾的圆当归香草。它是一种受人欢迎的花园植物，也是瘟疫的解毒剂，被认为是治百病的灵丹妙药。

【附注】圆当归根是一种温热滋补药，用于治疗消化不良、胀气和急性腹痛。它能改善血流，可用于治疗循环功能不良导致的疾病，还能治疗血栓闭塞性脉管炎；也用于缓解胸部疾病及支气管炎和治疗肺部虚弱病症。其根、茎和种子对呼吸道疾病也有疗效，但以根为最常用。在亚洲还用其治疗关节炎。

31 南美番荔枝 *Annona cherimola* Mill.

彩图 31 英文名：Chirimuya，Cherimoya，Custard apple；番荔枝科

【别名】毛叶番荔枝，番荔枝

【植物形态】落叶小乔木，高 4～5 m；枝条被短柔毛。叶薄纸质，卵圆形、卵状披针形或倒卵形，少数为椭圆形，长 5～25 cm，宽 2.5～10 cm，顶端钝或短渐尖，基部圆形，叶面被短柔毛，叶背被短茸毛。

花单生或2～3朵与叶对生；总花梗被茸毛；外轮花瓣长圆状线形，长3 cm，外面绿黄色或红色，被短柔毛，内面浅黄色或带白色，基部有紫色斑点，内轮花瓣鳞片状，肉红色或紫色。果实圆锥状或心脏形，有时圆球状或卵圆状，果皮有各式凹凸状；果肉白色，与种子易于分离，味甜酸；种子倒卵形，略扁，顶端斜截形。

【生态分布】 热带植物，原产于热带美洲无霜冻的高海拔地区(海拔700～2 400 m)，分布于秘鲁以及中南美洲，现在欧洲、亚洲、非洲各地区广泛栽种。中国云南、海南等地已有人工引种栽培。

【历史与民俗】 毛叶番荔枝起源于秘鲁和厄瓜多尔的亚热带高原，但长期以来在中美洲被栽培，并为当地民间普遍使用。据说其果实吃起来像香蕉、百香果、番木瓜和菠萝四种水果的混合口味。马克·吐温曾说过“毛叶番荔枝是人类已知最可口的水果”。将其果实用于甜面点起源于加勒比海，但在泰国、马来西亚和印度尼西亚也已广泛应用。墨西哥人及危地马拉人将种子压碎用作杀虫剂。

【化学成分】 果实含蛋白质1.83%、脂肪0.14%、糖类18.41%，并含丰富的维生素C及维生素A、维生素B_1、维生素B_2、胡萝卜素、叶酸、矿物质等。

【加工与利用】 美味的果肉可生吃，也常常用来制作新鲜水果沙拉、冰淇淋、奶昔、果冻、蜜饯、冰冻果子露和酸奶等。

【附注】 具有降血糖的功效，在国外常用来治疗糖尿病。毛叶番荔枝还是最佳的抗氧化水果，能够有效延缓肌肤衰老，美白肌肤。

32 刺果番荔枝 *Annona muricata* L.

彩图32

英文名：Brazilian pawpaw, Soursop, Prickly custard apple, Soursapi；番荔枝科

【别名】 红毛榴莲

【植物形态】 常绿乔木，高达8 m；树皮粗糙。叶纸质，倒卵状长圆形至椭圆形，长5～18 cm，宽2～7 cm，顶端急尖或钝，基部宽楔形或圆形，叶面翠绿色而有光泽，叶背浅绿色，两面无毛。花蕾卵圆形；花淡黄色，长3.8 cm；萼片卵状椭圆形，长约5 mm，宿存；外轮花瓣厚，阔三角形，长2.5～5 cm，顶端急尖至钝，内面基部有红色小凸点，无柄，内轮花瓣稍薄，卵状椭圆形，长2～3.5 cm，顶端钝，内面下半部覆盖雌雄蕊处密生小凸点，有短柄；雄蕊长4 mm，药隔膨大；心皮长5 mm，被白色绢质柔毛。果卵圆状，长10～35 cm，直径7～15 cm，深绿色，幼时有下弯的刺，刺随后逐渐脱落而残存有小突体，果肉微酸多汁，白色；种子多颗，肾形，棕黄色。花期4～7月，果期7月至翌年3月。

【生态分布】 热带植物，原产热带美洲西印度群岛；现世界各热带地区有栽培。中国台湾、广东、广西和云南等地区栽培。

【历史与民俗】 刺果番荔枝是番荔枝科的一种果树，在加勒比海地区俗称“奶油苹果树”，主要是因为其可食用的果实成熟时有微酸的味道。它的品种很多，现在已被广泛种植于全世界热带气候地区。“ilama”和“soncoya”来自墨西哥以及中美洲，“poshte”在危地马拉，“野生冻苹果”则出现在热带非洲。刺果番荔枝包括树叶、根茎、水果和种子在内的所有部分，在民间都有药用价值。

【化学成分】 果实硕大而有酸甜味，可食用，含蛋白质0.70%、脂肪0.40%、糖类17.10%。

【加工与利用】 刺果番荔枝可生食(白色多汁的肉切段用勺子舀)，但它主要用来加工成果汁和软饮料，其所含酸性果肉或果汁可用于制作水果沙拉、慕斯、冰淇淋、果冻和冰糕。

【附注】 尽管人们很早就用刺果番荔枝治病，但直到20世纪末，科学家才开始认真研究这种水果与癌症治疗之间的关系。主要是用刺果番荔枝的叶子和树干治疗癌症。从这种植物中分离出来的己酸配质(Acetogenins)和其他成分是抵御恶性细胞的主要活性成分。

33 罗马洋甘菊 *Anthemis nobilis* L.（*Chamaemelum nobile*（L.）All.）

彩图 33 英文名：Roman chamomile；菊科

【别名】春黄菊，白花春黄菊，香果菊，英国春黄菊

【形态特征】多年生草本，植株高 30～60 cm。茎直立，具条棱，上部常分枝，被白色疏绵毛。叶片矩形，羽状深裂，裂片篦齿状，三角状披针形，顶端具小硬尖，叶轴常有齿，下面被柔毛。头状花序单生于茎和枝端，直径 2.5～4.0 cm，具细长的梗；总苞半球形；总苞片初时有柔毛，后渐脱落，外层总苞片披针形，顶端尖，内层矩圆状条形，稍钝，顶端及边缘干膜质；花托半球形，托片宽条形；花异型，雌花舌状，银白色；两性花筒状，黄色，5 齿裂。瘦果四棱形，稍扁，具条沟；冠毛极短或几成冠状。花期 5～6 月，果期 6～7 月。

【生态分布】罗马洋甘菊原产地中海沿岸以及伊朗。喜光，喜温暖干爽气候，既耐寒，又较耐热。年平均气温 14～16 ℃，年降水量 350～700 mm 地区生长良好。我国引种在华北以南的冬季不太寒冷地区植株可露地越冬。秋播，翌年夏初开花。

罗马洋甘菊分布于地中海沿岸国家及英国，东欧各国均有栽培。我国亦有少量栽培。

【历史与民俗】洋甘菊的拉丁名来源于希腊词语“anthemis”，意思是“小花”。在法国用来给烈性酒增香。在古埃及和早期的斯堪的纳维亚文化中，洋甘菊和太阳神联系在一起。它被广泛用作药物已有 2 000 多年了，在许多药物典籍中都有洋甘菊的记载。在欧洲，16 世纪才发现洋甘菊具有显著的杀菌消炎作用。洋甘菊茶也很常用，可治疗消化不良、膀胱炎、儿科疾病等。近 200 年来洋甘菊已逐渐作为芳香蔬菜栽培和利用。

【化学成分】罗马洋甘菊精油的主要化学成分为松萜或蒎烯、莰烯、桧烯、月桂烯、桉树脑、松油精、萜品烯、石竹(萜)烯。

【加工与利用】罗马洋甘菊的舌状花开展时即可采摘。采摘时，宜在晴天上午露水干后进行。采收后的花朵，摊开晒干或在 60 ℃以下的低温干燥机中烘干。干花或鲜花均可采用水蒸气蒸馏法生产精油。

罗马洋甘菊精油气味香甜，带有像苹果样的香气，并有杀菌、驱虫和防腐的作用。这种香味具有温暖镇静的效果。在芳香疗法中，洋甘菊的功效许多方面与薰衣草相似。

【附注】罗马洋甘菊在草药茶、香水和化妆品方面还有更多用途。罗马洋甘菊精油在怀孕期间不建议使用，因为它会导致子宫收缩和流产。

34 旱芹 *Apium graveolens* L.

彩图 34 英文名：Celery，Smallage；伞形科

【别名】洋芹菜，西芹，西洋芹

【植物形态】一年或二年生草本，高 50～150 cm，全体无毛。基生叶矩圆形至倒卵形，长 7～18 cm，一至二回羽状全裂，裂片卵形或近圆形，长 2～4.5 cm，常三浅裂或深裂，小裂片近菱形，边缘有圆锯齿或锯齿，芳香；叶柄长 3～26 cm；茎生叶楔形，三全裂。复伞形花序多数；总花梗缺或甚短；无总苞和小总苞；伞幅 7～16；花梗 20 余；花小，绿白色；花萼与子房贴生，萼齿 5，花瓣 5，雄蕊 5，与花瓣互生，花柱 2。双悬果近圆形至椭圆形，长 1.5 mm，宽 1.5～2 mm，果棱尖锐，条形，花柱较柱基长 1.5 倍。

【生态分布】旱芹原产欧洲及亚洲西部，喜温凉湿润气候，对炎热及寒冷的忍耐性较差。常野生于英吉利以及威尔士海岸及沼泽地，现广泛作为蔬菜栽培。旱芹作为蔬菜在我国南北各地均有栽培。

【历史与民俗】3 000 多年前埃及就已栽培旱芹。古代希腊人和罗马人用其调味，古代中国亦用其

于医药。芹菜广泛分布于欧亚大陆，古代中国人、埃及人、希腊人和罗马人就将带点苦味的芹菜叶子作为调味品（而不是蔬菜）和药用，以及葬礼花环。中国芹菜可能来自亚洲野生种，而欧洲的芹菜可能起源于意大利，其块根较发达。

古代芹菜的形态与现今的野芹菜（smallage）相似。但自18世纪末期起，芹菜经培育形成大而多汁的肉质直立叶柄，可食用部分即其叶柄。

【化学成分】旱芹含有丰富的维生素C、蛋白质、矿物质及人体不可缺少的膳食纤维。旱芹种子含1.5%～3.0%的挥发油，其中主要为柠檬烯（60%～70%）、苯酞、β-芹子烯，其余还有香豆素、呋喃香豆素（佛手柑内酯）和黄酮（芹菜素）。

【加工与利用】中国芹菜有强烈的苦味，谨慎使用于草药。它主要用于汤菜或炒菜中，也用于炒米饭和面条。芹菜茎在沙拉中可生吃，也可添加到汤、炖肉或其他蔬菜中。在欧洲烹饪中，块根芹是一种受欢迎的蔬菜。

【附注】旱芹用作草药，主要有抗风湿、祛风、止痛、利尿、降血压和泌尿系统杀菌作用。近代研究表明，旱芹种子有镇静中枢神经系统和保肝作用；种子提取物有降血脂作用，种子油有降血压作用。但旱芹种子精油一般不能内服。

35 长柄水蕹 *Aponogeton distachyos* L. f.

彩图 35

英文名：Cape pondweed；水蕹科

【别名】水蕹

【植物形态】多年生淡水草本，具块状根茎，无毛，有乳汁。叶基生，有长柄，柄基具鞘；叶片椭圆形至长椭圆形，全缘，浮水或沉水，具平行叶脉数条和多数次级横脉。穗状花序单一或二叉状分枝，花期挺出水面，佛焰苞常早落；花两性，无梗；花被片1～3，分离，白色；雄蕊6，离生，两轮，宿存，花药外向，2室；雌蕊群由3～6枚心皮组成，子房上位，花柱短，胚珠2至多颗。蓇葖果革质。

【生态分布】喜温暖淡水环境，原产于南非，现在世界各地有引种栽培。

【历史与民俗】本种植物只在南非的西开普省被发现，花和含淀粉的根状茎在南非是传统食品。在过去的300年里它在好望角已经成为一种受欢迎的蔬菜。

【化学成分】花、叶含原花青素、蛋白质、脂肪、矿物质和一些维生素（包括叶酸）。根状茎含糖类（包括淀粉）、蛋白质、维生素、有机酸、矿物质等。

【加工与利用】全草是制作南非传统菜肴water-blommetjie bredie的主要成分，此即一种美味的炖肉，其组成大约为1 kg羊肉、1 kg本种鲜花，以及2个洋葱、约0.5 kg小土豆、1杯干白葡萄酒、1撮糖和一些盐和胡椒粉。有些厨师也放入少数栗色的树叶（如酢浆草），通常添加柠檬汁，或加入几块猪肉。其花煮成浆状时，具有独特的好味道和醇厚酱味。鲜花也可用于沙拉、汤、泡菜或清蒸蔬菜。

其新鲜茎或叶汁可用于治疗创伤和烧伤。

36 沉香 *Aquilaria agallocha* (Lour.) Roxb.

彩图 36

英文名：Eaglewood, Aloeswood；瑞香科

【别名】蜜香，栈香，沉水香

【植物形态】常绿乔木，高达30 m。幼枝被绢状毛。叶互生，稍带革质，具短柄；叶片椭圆状披针形、披针形或倒披针形，长5.5～9 cm，先端渐尖，全缘，下面叶脉有时被绢状毛。伞形花序；花白色；花

被钟形,5 裂,裂片卵形,喉部密被白色茸毛的鳞片;花冠管与花被裂片略等长;雄蕊 10,着生于花被管上;子房上位,长卵形,密被柔毛,花柱极短,柱头扁球形。蒴果倒卵形,木质,扁压状,密被灰白色茸毛,基部有略为木质的宿存花被。种子通常 1 颗,卵圆形,基部具有角状附属物。花期 3～4 月,果期 5～6 月。

【生态分布】 热带植物,一般生长于海拔 400 m 以下地区:北回归线附近高温多雨区皆有沉香树生长。主要分布于中国海南、广东以及越南、柬埔寨、老挝、泰国、马来西亚、新加坡、印度尼西亚等地区。

【历史与民俗】 沉香又名“沉水香”“水沉香”,古语写作“沈香”。古来常说的“沉檀龙麝”之“沉”就是指沉香。沉香香品高雅,而且十分难得,自古以来即被列为众香之首。与檀香不同,香料中的沉香并不是一种木材,而是由植株“结”出的,混合了油脂(树脂)成分和木质成分的固态凝聚物。我国史书记载,沉香在唐朝已传入广东,宋朝普遍种植,因为主要集中在东莞地区,所以又名莞香。关于莞香,当地人流传着一个美丽的故事:莞香的洗晒由姑娘们负责,她们常将最好的香块偷藏胸中,以换取脂粉,香中极品“女儿香”由此得名。

【化学成分】 沉香含挥发油和树脂等,还有酚性物质等。沉香木的丙酮提取物经皂化、蒸馏,可得挥发油,其中含苄基丙酮、对甲氧基苄基丙酮等,残渣中有氢化桂皮酸、对甲氧基氢化桂皮酸等。

【加工与利用】 沉香木为植物沉香的含有黑色树脂的木材,主产于印度、马来西亚等国。将沉香的木材部以丙酮等有机溶剂提取,提取液回收溶剂浓缩至干,得提取物,再经蒸馏得挥发油。进口沉香多呈圆柱形或不规则棒状,表面为黄棕色或灰黑色;质坚硬而重,能沉于水或半沉于水;气味较浓,燃之发浓烟,香气强烈,具有抗菌、镇静作用。进口沉香性微温,味苦辛,具有行气止痛、温中止呕、纳气平喘的功效,药效比白木香佳。

【附注】 沉香提取物除了药用外,在日用品行业开发的产品越来越多,如沉香空气清新剂和沉香牙膏、香皂、洗发精等。

37 落花生 *Arachis hypogaea* L.

彩图 37

英文名:Peanut, Groundnut;豆科

【别名】 花生,长生果

【植物形态】 一年生草本,根部多根瘤,茎高约 60 cm,有棕色柔毛。羽状复叶;小叶 4,倒卵形,两面无毛。花单生或簇生于叶腋;花萼和花托合生成托管,呈花梗状,萼齿 2 唇形;花冠黄色,旗瓣近圆形,龙骨瓣先端有喙。荚果大,膨胀,有网纹,成熟于土壤中。

【生态分布】 花生宜气候温暖,雨量适中的沙质土地区,生长季节较长。我国各地广泛栽培,主要分布于辽宁、山东、河北、河南、江苏、福建、广东、广西、贵州、四川等地区。花生在我国各地都有种植。主产地区为山东、辽宁东部、广东雷州半岛以及黄淮河地区、东南沿海的海滨丘陵和沙土区。其中山东省约占全国生产面积的 1/4,总产量的 1/3。福建龙岩产的花生果实饱满,香酥可口,应该是国内花生品种的一个地方特色。

【历史与民俗】 一般认为,花生原产秘鲁和巴西。在秘鲁沿海地带史前废墟中发现大量古代花生,可追溯到至少公元前 500 年,且美洲最早古籍之一《巴西志》即已明确记录之,古印第安人称之为“安胡克”。在哥伦布远航时期,航海家将花生荚果带至西班牙,在 1535 年出版的《西印度通史》中记载花生的西班牙语为“玛尼”,之后逐渐被传播到世界各地。

同时,也有部分证据表明,中国可能也是花生原产地之一。1958 年的浙江吴兴钱山洋原始社会遗址中,发掘出炭化花生种子,测定灶坑年代距今 4 700 年左右。1961 年,江西修水县山背地区原始社会

遗址中再次发掘出炭化花生种子。此外广西、云南、江西等地也曾报告过与花生形态极为相似的野生植物。2007 年经西安文保中心专家确认，距今 2 100 年前的汉阳陵丛葬坑出土的农作物里已经出现了花生。

中国唐朝段成式《酉阳杂俎》中记载"形如香芋，蔓生""花开亦落地结子，如香芋，亦名花生"。元朝人贾铭的《饮食须知》载有"落花生，味甘，微苦，性平，形如香芋，小儿多吃，滞气难消""近出一种落花生，诡名长生果，味辛、苦、甘，性冷，形似豆荚，子如莲肉，同生黄瓜及鸭蛋食，往往杀人，多食令精寒阳痿"。明《滇南本草》亦有花生的记载。然而现今广泛种植者，则为南美引进无疑。也有文献称，欧洲曾从中国引种花生，因此欧洲部分地区仍称之为"中国坚果"。刚果布朗氏在 1818 年的《刚果植物志》中称"花生是由中国传入印度、锡兰及马来群岛，尔后传入非洲的"。

【化学成分】花生果含脂肪 44%～45%、蛋白质 24%～36%、糖 20%左右，并含有维生素 B_1、核黄素、烟酸等多种维生素，还含有矿物质和人体必需氨基酸。花生仁还含有豆甾醇、菜油甾醇、胆甾醇和 24-甲基胆甾醇。

【加工与利用】种子可食，称花生仁；花生果为我国常见的干果。果实成熟时采挖。选晴天用人工或机械拔收、刨收、犁收均可，起收后就地铺晒，晒到荚果摇动有响声时，运回场院堆垛，荚果朝外，继续风干。约经 30 d，充分干燥后摘果，去除秕果，再充分晾晒后入库储藏。花生市售商品多种，有烘炒花生果等。花生果经花生剥壳机加工后，得花生仁。

花生是受欢迎的小吃，生吃或烤制。它也广泛用于糖果、炖菜、酱汁（包括常用沙爹酱）、辣椒酱、沙拉、汤、咖喱中。每年收获的花生果很大一部分用于冷榨油品，提取的油（约 50%的得率）可用于食用油、沙拉酱、黄油和蛋黄酱，在制造业中甚至可用于沙丁鱼罐头。

【附注】花生自古以来就有"长生果"的美誉。民谚道："常吃花生能养生。"研究发现，花生、花生油中含有一种生物活性很强的天然多酚类物质——白藜芦醇，它是肿瘤疾病的天然化学预防剂，同时还能降低血小板聚集，预防和治疗动脉粥样硬化、心脑血管疾病；同时白藜芦醇被列为最有效的抗衰老物质之一。花生的内皮含有抗纤维蛋白溶解酶，可防治各种外伤出血、肝病出血、血友病等。

38 草莓树 *Arbutus unedo* L.

彩图 38　英文名：Strawberry tree；杜鹃花科

【别名】莓实树，洋杨梅，垂花树莓

【植物形态】常绿灌木，高 5～10 m，树干直径可达 80 cm。单叶互生，椭圆状披针形，革质，深绿色，有光泽，长 5～10 cm，宽 2～3 cm，边缘有锯齿。穗状花序顶生或腋生，每穗有花 10～30 个；花两性，花冠钟形，白色（很少淡粉色），直径 4～6 mm；果实为红色浆果，近圆球形，直径 1～2 cm，表面粗糙，味甜可食。花期夏季，果熟秋冬季。

【生态分布】喜温暖湿润气候，喜光照，但也耐阴；喜排水性好的土壤。原产于地中海地区，分布于北半球和南美洲，以欧洲最多，美国、日本、朝鲜、墨西哥、加拿大等次之。中国多在大中城市郊区种植。

【历史与民俗】草莓树被认为是原产于欧洲南部、加那利群岛以及爱尔兰。其浆果表皮粗糙，可以食用，但口感并不好。其种名"unedo"来自古罗马作家老普林尼所说的"unum edo"，意思是"我吃过一个"，但由于味道不好而再没有吃第二个。马德里曾经被称为"草莓树的城市"，其城市的盾形徽章也显示有一只熊和一棵草莓树。

【化学成分】果实含有 15%的糖和 1%左右的苹果酸。还含熊果苷（最高可达 2.7%）、甲基熊果苷，其余有对苯二酚类、苦味质和鞣质。

【加工与利用】草莓树果实不适于生吃，但可以加工成果酱、果冻、水果酒或糖果。将它们发酵、蒸馏出酒精饮料，如利口酒。在葡萄牙有 Aguardente de medronho 或 medronho 白酒（酒精 50%），还有

brandymel(medronho 加蜂蜜)饮料。类似的饮料还有 licor di madrono(西班牙),l'arbouse 利口酒和甜奶油 d'arbouse(法国),而意大利撒丁岛有 acquavita di corbezzolo(30%酒精)和 liquore di corbezzolo(24%的酒精)。

【附注】叶、树皮含大量鞣质,为传统的收敛剂,用于治疗腹泻;叶可做药茶,能治疗膀胱炎。

39 牛蒡 *Arctium lappa* L.(*A. majus* Bernh.)

彩图 39　英文名:Burdock, Gobo;菊科

【别名】大力子,东洋萝卜,恶实,东洋牛鞭菜

【植物形态】牛蒡,二年生草本,高 1～2 m。根粗壮,肉质,圆锥形。茎直立,上部多分枝,带紫褐色,有纵条棱。基生叶大形,丛生,有长柄;茎生叶互生;叶片长卵形或广卵形,长 20～50 cm,宽 15～40 cm。先端钝,具刺尖,基部常为心形,全缘或具不整齐波状微齿,正面绿色或暗绿色,具疏毛,背面密被灰白色短茸毛。头状花序簇生于茎顶或排列成伞房状,直径 2～4 cm;总苞球形,苞片多数,披针形或线状披针形,先端钩曲;花小,红紫色,均为管状花,两性,花冠先端 5 浅裂,聚药雄蕊 5,与花冠裂片互生,花药黄色;子房下位,1 室;花柱细长,柱头 2 裂。瘦果长圆形或长圆状倒卵形,灰褐色,具纵棱,冠毛短刺状,淡黄棕色。花期 6～8 月,果期 8～10 月。

【生态分布】原产欧洲和亚洲,为长日照植物,喜温暖气候条件,既耐热又较耐寒。分布于全球温带地区(包括美国),主要分布于中国以及西欧。现在欧洲以及中国和日本有栽培。中国主要产于台湾、山东、江苏、陕西、河南、湖北、安徽、浙江等地。

【历史与民俗】牛蒡从欧洲引入北美洲。尽管牛蒡在中国药用历史悠久,1 000 多年前日本从中国引进牛蒡,并将其根改良作为食物;在欧洲和亚洲,牛蒡根也作为一种蔬菜食用。牛蒡是西方和中草药中著名的解毒植物药,传统习惯上用于治疗痛风,认为牛蒡是清血剂,能清除血液中的毒素。17 世纪时,其种子被认为可以治疗肾结石,能碎石。德国(1967 年)、日本(1986 年)学者证实牛蒡尤其是根中含有的聚烯类成分,有杀菌作用等。

【化学成分】牛蒡的根和种子主要有效成分有苦味苷(牛蒡苦味碱)、黄酮(牛蒡苷)、鞣质、聚烯类、挥发油、菊糖(含量达 45%)、黏液质、木质素等。据报道,牛蒡根含有人体必需的各种氨基酸,尤其是具有特殊药理作用的氨基酸含量高,如具有健脑作用的天门冬氨酸占总氨基酸的 25%～28%,精氨酸占 18%～20%,且含有 Ca、Mg、Fe、Mn、Zn 等人体必需的宏量元素和微量元素。牛蒡茎叶含挥发油、鞣质、黏液质、咖啡酸、绿原酸、异绿原酸等。牛蒡果实含牛蒡苷、脂肪油、甾醇、维生素 B_1、牛蒡酚等,其中脂肪油占 25%～30%。

【加工与利用】牛蒡根在日本是一种受欢迎的蔬菜,类似于胡萝卜。碎的牛蒡根被添加到汤、炖肉中,其切片或裂片用于炒菜,因为它有着朴实的味道和松脆的口感。牛蒡的嫩芽和嫩叶在法国南部和意大利被添加到汤(或炖吃)中。根和种子药用,能清除体内的废物,有助于排除体内的重金属。种子有消炎、抗氧化和保肝作用。

【附注】美国著名的保健专家艾尔·敏德尔博士在《抗衰老圣典》一书中说:"牛蒡的根部深受全世界人的喜爱,它是一种可以帮助人体维持良好工作状态(从幼年到老年均适用)的温和营养药草。食用牛蒡无任何副作用,对体内系统的平衡具有复原的功效。草药师用它作为一种癌症治疗剂,同时也视它为疗效突出的消化剂和解肝毒剂。"全世界最长寿的民族日本,人们长期食用牛蒡根。日本熊本大学医学部前田博士认为牛蒡的保健功能在于可消除及中和有害于人体健康的"活性氧"。因为"活性氧"不仅是致癌的因素,也是动脉硬化和人体衰老的原因之一。食用牛蒡安全而无毒副作用。

40 槟榔 *Areca catechu* L.

彩图 40 英文名:Areca;棕榈科

【别名】宾门,白槟榔,洗瘴丹,大腹子,橄榄子

【植物形态】常绿乔木,高 10 m 以上,有明显的环状叶痕。叶簇生于茎顶,长 1.3～2 m,羽片多数,两面无毛,狭长披针形,长 30～60 cm,宽 2.5～4 cm,上部的羽片合生,顶端有不规则齿裂。雌雄同株,花序多分枝,花序轴粗壮压扁,长 25～30 cm,上部纤细,着生 1～2 列的雄花,而雌花单生于分枝的基部;雄花小,无梗,通常单生,萼片卵形,长不到 1 mm,花瓣长圆形,长 4～6 mm,雄蕊 6 枚,花丝短,退化雌蕊 3 枚;雌花较大,萼片卵形,花瓣近圆形,长 1.2～1.5 cm,退化雄蕊 6 枚,合生;子房长圆形。果实长圆形或卵球形,长 3～5 cm,橙黄色,中果皮厚,纤维质。种子卵形。花果期 3～4 月。

【生态分布】热带植物,喜高温湿润气候,耐肥,不耐寒,16℃就有落叶现象,5℃就受冻害,最适宜生长温度为 25～28 ℃。主要产于东南亚地区。常散生于低山谷底、岭脚、坡麓和平原溪边热带季雨林次生林间,我国福建、台湾、广东、海南、广西、云南等地有栽培。

【历史与民俗】槟榔民间自古就食用和药用,传入我国已有上千年的历史,云南少数民族常将槟榔作为礼物送给客人。民间认为槟榔无毒,有消积、杀虫的功能。咀嚼槟榔也流行在一些亚洲国家,如中国(主要是湖南、台湾)、越南、菲律宾、马来西亚、缅甸和印度。在太平洋地区,尤其是巴布亚新几内亚,槟榔也很受欢迎。

【化学成分】槟榔原果的主要成分为 31.1%的酚类、18.7%的多糖、14.0%的脂肪、10.8%的粗纤维、9.9%的水分、3.0%的灰分和 0.5%的生物碱。槟榔还含有 20 多种微量元素,其中 11 种为人体所必需。槟榔种子含总生物碱 0.3%～0.6%,主要为槟榔碱,并含有少量槟榔次碱、去甲基槟榔碱、异去甲基槟榔次碱、槟榔副碱及高槟榔碱等,均与鞣酸集合存在;还含有鞣质、脂肪、甘露醇、半乳糖、蔗糖、儿茶精、表儿茶精、无色花青素、槟榔红色素、皂苷及多种原矢车菊素的二聚体、三聚体、四聚体等。所含脂肪酸的组成为:月桂酸 19.5%、肉豆蔻酸 46.2%、棕榈酸 12.7%、硬脂酸 1.6%、油酸 6.2%、亚油酸5.4%、十二碳酸 0.3%、十四碳烯酸 7.2%;含氨基酸,其中脯氨酸占 15%以上。

【加工与利用】槟榔经济价值高,中国槟榔品种产量高,单株产量可达 30 kg 左右。中国海南、台湾、湖南等地群众自古就有消费槟榔的习惯,是主要的咀嚼食品。目前仅加工产值就达 35 亿元,提供就业岗位 20 万个,市场潜力大。随着科学技术的注入,深加工产品种类丰富,消费市场逐渐扩大,市场前景更好。

【附注】槟榔碱可兴奋 M 胆碱受体,咀嚼槟榔可使胃肠平滑肌张力升高,增加肠蠕动和消化液分泌,促进食欲。种子有消积、杀虫、下气、行水之功能;大腹皮(果皮)有行水、下气、宽中之功能。花,味淡,为芳香健胃药,也可治疗咳嗽。

不过医学界长期以来怀疑经常嚼食槟榔会造成口腔溃疡、牙龈退变、黏膜下纤维化,进而导致口腔癌变。医学研究已发现咀嚼槟榔令口腔癌的风险上升 8.4～9.9 倍,槟榔果中的槟榔素和槟榔碱具有潜在的致癌性,槟榔的花、藤都含有致癌物质,美国和日本曾用槟榔提取物进行实验,发现会导致鼠类癌变。

41 桄榔 *Arenga pinnata* (Wurmb.) Merr.

彩图 41 英文名:Sugar palm;棕榈科

【别名】莎木,砂糖椰子,糖树,糖棕

【植物形态】常绿乔木状,高 5～10 m,直径 15～30 cm,有疏离的环状叶痕。叶簇生于茎顶,羽状全裂,羽片呈 2 列排列,线形或线状披针形,长 80～150 cm,宽 2.5～6.5 cm,基部两侧常有不均等的耳垂,顶端呈不整齐的啮蚀状齿或 2 裂,表面绿色,背面苍白色;叶鞘具黑色网状纤维和针刺状纤维。花序腋

生，从上部往下部抽生几个花序，当最下部的花序的果实成熟时，植株即死亡；花序长 90～150 cm，花序梗粗壮，佛焰苞多个；雄花大，长 1.5～2 cm，花萼、花瓣各 3 片，雄蕊多达 100 枚以上；雌花花萼及花瓣各 3 片，花后膨大。果实近球形，直径 4～5 cm，具三棱，顶端凹陷，灰褐色（未熟果实干后呈黑色）。种子 3 颗，黑色，卵状三棱形。花期 6 月，果实约在开花后 2～3 年时间成熟。

【生态分布】原产东南亚热带地区，喜阳，不耐寒，年平均温度在 20～30 ℃生长良好。喜肥沃湿润的森林土，黏重土地亦能生长，较耐水湿，不耐干旱。在灌木林中生长良好，多散生于石山沟谷及山坡和土山中下部。产中国海南、广西及云南西部至东南部。中南半岛及东南亚一带亦产。

【历史与民俗】桄榔原产于热带亚洲，从印度到印度尼西亚，自古以来就用桄榔制作糖和棕榈酒。据我国《本草纲目》《海药本草》等古书记载："桄榔粉味甘平，无毒，作饼炙食腴美，令人不饥，补益虚羸损，腰脚乏力，久服轻身辟谷。"桄榔粉具有无脂、低热能、高纤维等特点，食用方便，鲜美爽口，老幼皆宜，是早餐、夜宵等居家和旅行的原生态食品。

【化学成分】果实含淀粉、蔗糖、粗蛋白、脂肪，并含蛋白酶及铜、铁、锌等多种人体必需的微量元素。其花序的汁液含丰富的糖；树干髓心含淀粉。

【加工与利用】桄榔汁液可能发酵生产"tuak（椰花酒）"，即低酒精度的棕榈酒，它也可用来蒸馏烧酒。桄榔富含蔗糖的液汁可生产布朗棕榈糖。煮熟的果实可制成罐头，通常以水果块形式保存在糖浆中。树干髓心所含的淀粉可供食用；种子幼嫩的胚乳可用糖煮成蜜饯（注意：果肉汁液具有强烈的刺激性和腐蚀性，取出种子须小心）；幼嫩的茎尖可作蔬菜食用。

【附注】树干髓心含淀粉，叫"桄榔粉"，具有无脂、低热能、高纤维等特点，一般人群均可食用。适宜体质虚弱、产后病后恢复期、消化不良、神疲乏力；肺气虚、肺结核、肺痿咳嗽者食用。桄榔粉冲调方法：先用少许温开水将桄榔粉调匀，再用沸开水冲即可，制熟的桄榔粉呈透明膏状。叶鞘纤维强韧，耐湿耐腐，可制绳缆。

42 阿甘树 *Argania spinosa* (L.) Skeels

彩图 42　英文名：Argan tree；山榄科

【别名】摩洛哥坚果，刺阿甘树

【植物形态】乔木，高 8～10 m，全株长满长刺，单叶互生，很小，长 2～4 cm，椭圆形，先端急尖。花很小，淡黄绿色，花萼 5；花瓣 5，一般在 4 月开花。果实为核果，长 2～4 cm，宽 1.5～3 cm，呈椭圆形，果肉里面包含非常坚硬的果核，果实需要一年才能成熟，一般在 6～7 月收获。

【生态分布】阿甘树是西地中海地区的特有的树种，生长于摩洛哥南部 Sous 山谷地区到阿尔及利亚的廷杜夫地区的石灰质半干旱土壤中。

【历史与民俗】阿甘树原产于非洲的西北端（摩洛哥和阿尔及利亚），已经利用了几个世纪（特别是南方摩洛哥柏柏尔人），并将它介绍到以色列、利比亚和西班牙南部，还引种到美国。阿甘树籽油具有浓厚的黏性，摩洛哥柏柏尔人传统将它与蜂蜜混合，作为早餐的一部分。

【化学成分】种仁含脂肪油、蛋白质、维生素、鞣质、矿物质等；脂肪油中主要成分为（%）：油酸 43.0～50.0、亚油酸 29.3～37.0、棕榈酸 10.0～15.0。叶含鞣质等。

【加工与利用】阿甘树籽油，又称为摩洛哥坚果油，是果实冷榨油品，其得率高达 70%。它和橄榄油一样具有美妙的香气。阿甘树籽油是受欢迎的烹饪油，煎好的油常用于沙拉酱。

【附注】阿甘树籽油含有很丰富的油酸和亚油酸，以及植物甾醇和维生素 E。它已成为流行的化妆品成分，并用于芳香疗法。它还用作稀释珍贵精油的载体油，以减少一些精油的浓度，使其可以安全地直接应用于人体皮肤。提取油脂后的饼粕还是牛羊的良好饲料。老的树干还是十分有用的暗色木材。

43 彩图 43 梅 *Armeniaca mume* Sieb.（*Prunus mume* Sieb. et Zucc.）

英文名：Dark plum fruit，Smoked plum，Dark plum；蔷薇科

【别名】梅实，熏梅，橘梅肉，乌梅，春梅

【植物形态】落叶小乔木，高可达 10 m。树皮淡灰色，小枝细长，先端刺状。单叶互生；叶柄长 1.5 cm，被短柔毛；托叶早落；叶片椭圆状宽卵形，春季先叶开花，有香气，1～3 朵簇生于二年生侧枝叶腋。花梗短；花萼通常红褐色，但有些品种花萼为绿色或绿紫色；花瓣 5，白色或淡红色，直径约 1.5 cm，宽倒卵形；雄蕊多数。果实近球形，直径 2～3 cm，黄色或绿白色，被柔毛；核椭圆形，先端有小突尖，腹面和背棱上有沟槽，表面具蜂窝状孔穴。花期春季，果期 5～6 月。

【生态分布】原产中国，喜温暖湿润气候，需阳光充足，年平均气温 16～23 ℃，年平均降雨量在 1 000 mm以上的地区最适宜栽培。对土壤要求不严，以疏松肥沃、土层深厚、排水良好的砂质壤土为好。全国各地均有栽培。主产四川、浙江、福建、湖南、贵州；广东、湖北、云南、陕西、安徽、江苏、广西、江西、河南等地亦产。朝鲜、日本也有。

【历史与民俗】梅是中国特有的传统花果，已有 3 000 多年的应用历史。《书经》云："若作和羹，尔唯盐梅。"《礼记・内则》载："桃诸梅诸卵盐。"《诗经・周南》云："缥有梅，其实七兮！"在《秦风・终南》、《陈风・墓门》《曹风・鸤鸠》等诗篇中，也都提到梅。上述古书的记载说明，古时梅子是作为调味品的，系祭祀、烹调和馈赠等不可或缺的材料。至少在 2 500 年前的春秋时代，就已开始引种驯化野梅使之成为果梅。1975 年，中国考古人员在安阳殷墟商代铜鼎中发现了梅核，这说明早在3 200年前，梅已用作食品。

【化学成分】果实含枸橼酸、苹果酸、草酸、琥珀酸和延胡索酸，总酸量约 4%～5.5%，以前 2 种有机酸的含量较多。还含 5-羟甲基-2-糠醛，为无色油状物。所含挥发性成分主要有苯甲醛 62.40%，4-松油烯醇 3.97%，苯甲醇 3.97%和十六烷酸 4.55%。乌梅仁含苦杏仁苷约 0.5%，而梅仁含苦杏仁苷约4.3%。另有报道乌梅中还含苦味酸和超氧化物歧化酶（SOD）。

【加工与利用】一般可加工制成各种蜜饯和果酱。药用乌梅的制作，通常取干净乌梅微淋清水湿润，使肉绵软，略晾，敲碎，剥取净肉即成。或置蒸笼内蒸至极烂，放箩内揉擦，去核，取肉，晒干。乌梅药用，为收敛剂，能治痢疾，并有镇咳、祛痰、解热、杀虫等功效。

加工的乌梅有利胆、驱虫、抗菌、抗组胺、脱敏等作用。食用乌梅有增加食欲，促进消化，刺激唾液腺和胃腺分泌消化液的作用；亦有显著的整肠作用，促进肠蠕动，消除炎症；同时又有收缩肠壁的作用，因而可以用于治疗腹泻。

【附注】乌梅提取物含有多种有机酸，有收敛作用。可用于去痣、剥蚀皮肤色斑，对黄褐斑、蝴蝶斑有一定疗效，还能促进皮肤柔软、平滑，并具消炎、止痒的作用。产品有乌梅护肤霜、乌梅祛斑霜等。

乌梅又为提取枸橼酸的原料；梅的花蕾能开胃散郁、生津化痰、活血解毒；根研成粉末治黄疸有效。梅对氟化氢污染敏感，可以用来监测大气氟化物污染。种子含苦杏仁苷；花含挥发油，油中含苯甲醛、苯甲酸等，均可开发利用。

44 彩图 44 辣根 *Armoracia rusticana*（Lam.）Gaertn.（*A. Lapputhifolia* Gilib.；*Cochlearia armonacia* L.）

英文名：Horseradish；十字花科

【别名】香辣根，山萝卜

【植物形态】宿根性多年生植物，有强辣性的肥大肉质根。全体无毛；茎上部分枝；基生叶很大，叶片长卵形，长约 30 cm，宽约 15 cm，叶缘有羽状缺裂，有柄，具圆齿；茎生叶较小，叶片披针形，无柄，抱

茎。总状花序在果期延伸,花中等大小,白色,芳香;萼片 4,椭圆形,直立,具膜质边;花瓣 4,倒卵形,稍有脉纹;雄蕊 6;子房有 18~50 胚珠,花柱短,柱头 2。短角果近球形至长椭圆形,膨胀,开裂,果瓣极凸出;种子较大,宽椭圆形,扁平,带黑色。花期 4~5 月,果期 6 月。

【生态分布】原产欧洲和西亚,适宜冷凉气候。生长适宜温度为 20 ℃左右,气温高于 28 ℃时,生长不良,多歧根,且其肉质根的辛辣味淡;而在冷凉气候下生长,肉质根的辛辣味浓,品质好。辣根在长江中下游地区种植,地上部分冬季枯死,地下部分可安全越冬;黄河以北地区冬季冻土期长,不可露地越冬。辣根生育期中要求阳光充足,但又怕强光。喜湿润的土壤,稍耐旱,但不耐雨涝。适于深厚、肥沃、排水良好的黏质砂壤土栽培。现我国长江流域及其以北地区有引种栽培。

【历史与民俗】辣根似乎是一个古老、来源不明、混合血统的植物。它的原产地被认为是欧洲东南部。现在已广泛分布和栽培于世界各地。在民间辣根有悠久的利用历史。药用多作为利尿剂;作为辛辣调味品,在西欧有悠久的应用历史,是西餐中重要的辛香料,多用于鱼类和肉类罐头食品的调味。用它加工的干粉则多用于鱼、虾、牡蛎、牛肉等的调味,也用作调制沙司的原料。在日本吃生鱼片时,常用酱油调制鲜辣根来佐餐。辣根亦用于腌渍品。

【化学成分】根、叶含葡糖硫苷(主要是黑芥子硫苷酸钾)、天门冬酰胺、树脂、维生素 C 和类黄酮等。

【加工与利用】主根皮厚、灰色或黄棕色,具有纯白色的肉,并有辛辣的味道(由于含芥子油苷)。在德国、俄罗斯和斯堪的纳维亚都用它作为调味品,在阿尔萨斯尤其受欢迎。将它添加到牛奶或奶油中可得到软化的效果。现代辣根使用的主要形式是成品酱汁,是和其他各种原料,包括盐、醋、奶油和芥末调制而成,可热用或冷用;也可制作成蘸酱、沙拉酱、芥末酱等使用。将新鲜根洗净,去皮,磨碎或切成薄片,常用于肉类,如牛肉、猪肉、香肠和驯鹿肉(在斯堪的纳维亚半岛是传统使用方法),以及鱼类(尤其是鲱鱼和烟熏鳟鱼)、土豆沙拉和其他许多菜肴。

【附注】辣根可强烈地刺激消化,增强胃液分泌,增强食欲,有良好的利尿和促进排汗作用,也是祛痰剂和温和的抗菌剂,能有效地治疗发热、感冒和流感。根外敷可治疗冻疮。

辣根在英国以及欧洲中部是一种普遍使用的辛辣调味品。但值得注意的是,过量服用辣根后可刺激胃肠道;甲状腺功能低下者禁用;辣根敷剂也可能引起水泡。

45 黑果腺肋花楸 *Aronia melanocarpa* (Michx.) Ell.

彩图 45　英文名:Black chokeberry, Aronia berry;蔷薇科

【别名】野樱莓,不老莓

【植物形态】落叶灌木。树高 1.5~2.5 m,丛状树形。树皮光滑,多年生枝条灰褐色,新梢淡褐色;皮孔圆形,灰色。冬芽赤褐色,圆锥形,为混合芽。叶片互生,单叶椭圆形,叶缘重锯齿,叶脉羽状;深绿而光滑,大小 3 cm×5 cm;在秋天,叶色变为灿烂的红紫混合色。复伞房花序 6~8 cm,由 10~40 朵小花组成。花为完全花,白色;小花冠径 1.5 cm,花萼花瓣各 5 枚,离生雄蕊 15~18 枚,花药为背着药,粉红色;雌蕊为合生心皮,5 小室,每室 1~2 个胚珠,子房下位;浆果,果实甜酸略有微涩味,球形,果皮紫黑色,果肉暗红色,单果重 1~2 g,果径 1.4 cm。种子千粒重 4.6 g。

【生态分布】原产于加拿大东部,美国东部和中部,从纽芬兰西至安大略、明尼苏达,南到阿肯色,以及阿拉巴马和格鲁吉亚。喜湿润的酸性或微碱性土壤和生长季节降水充沛的气候条件。加拿大、俄罗斯、保加利亚、匈牙利、波兰、捷克等国家都有相当规模的栽培和相关的加工产业。中国、朝鲜、日本有引种栽培。

【历史与民俗】原产北美(美国和加拿大)东部。引入欧洲栽培已有一个世纪了。现在商业种植已经蔓延到世界的其他地方,包括丹麦、俄罗斯、中国、朝鲜和日本。

【化学成分】果实含花青素、黄酮(鲜果含量高达 0.25%~0.35%)、多酚,还含有多种维生素(维生

素 C 含量为 50～100 mg/100 g)和矿质元素等物质。

【加工与利用】浆果可用于生产“Aronia 果汁”(一种健康饮品),以及其他受欢迎的软饮料,其最吸引人的地方是暗紫色的色彩,显示出高含量的天然色素——花青素。成熟的浆果也可以用来制作美味的果酱、果冻,以及肉菜配料。由果实加工成的药品、保健饮料和食品在市场上非常普及和流行。

【附注】据报道,黑果腺肋花楸果实富含的花青素和黄酮(及其糖苷)有助于保持尿道健康;还富含维生素 C 和抗氧化剂(β-胡萝卜素),具有抗衰老功能。果实提取物对治疗辐射病和重金属中毒症有很好的疗效。

46 苦艾 *Artemisia absinthium* L.

彩图 46 英文名:Absinthe, Wormwood;菊科

【别名】中亚苦蒿,洋艾

【植物形态】多年生草本,高 1 m 左右。茎直立,密被灰白色短柔毛。叶互生,基生叶和茎下部叶二至三回羽状全裂,长卵形或卵形,长约 25 cm,表面绿灰色,背面白色,覆盖着白色、光滑的茸毛,并有油腺点;茎上部叶羽状全裂或 5 全裂,小,长 5～10 cm,有短柄。头状花序球形或近球形,下垂;花为管状花,花冠淡黄色。瘦果长圆形,先端微有不对称的冠状边缘。花、果期 8～11 月。

【生态分布】喜阴凉,自然生长在荒地、干旱地、岩石的斜坡、人行道和田野的边缘。原产欧洲,现欧洲、中亚、西亚、北非以及美国均有分布。世界各温带地区有栽培。我国主产新疆天山北部,生于海拔 1 100～1 500 m 地区的山坡、草原、野果林、林缘、灌丛地等,南京及其他少数城市也有栽培。

【历史与民俗】自古以来,苦艾的苦味成分起反射作用而被当成振奋剂。它能刺激胃等消化系统器官的分泌功能,抑制肝内的代谢酶,起保肝作用。古希腊医药大师希波克拉底也认为苦艾是治疗肝炎的良药,并能对付风湿。从 19 世纪起,欧洲用苦艾油制成的苦艾酒“Absinthe”,味道特别,小剂量饮用安全,大剂量则会引起脑损伤,甚至死亡。

【化学成分】本品含挥发油,为倍半萜类(洋艾内酯 Artabsin 和 Anabsinthin)、侧柏酮、异侧柏酮、澳黄酮、酚酸、木质素等。

【加工与利用】苦艾地上部分曾经是苦艾酒和其他酒精饮料(如 Pernod 和法国茴香酒)的重要风味成分。所有的苦艾酒(在法国受欢迎的酒精饮料,通常被称为“绿色缪斯”)于 1915 年被禁止,因为它容易使人上瘾、麻醉、迷幻(有时是致命的),最著名的受害者是佛兰德艺术家凡高,Pernod 酒等现在只用作调味料。偶尔饮用少量的苦艾酒无害,但经常摄入(如典型的酗酒者)可能会导致严重的中枢神经系统疾病。因为它含有侧柏酮和异侧柏酮,对神经有兴奋作用。因此,20 世纪以来就很少应用。

【附注】苦艾具有促进胆汁分泌、消炎、驱蠕虫、调经、解除胃痛的作用。芳香苦补,有刺激胃肠液的分泌功能和保肝作用,还可治疗贫血和胀气;有一定的驱除肠虫和杀虫作用,还可作为抗抑郁药。妊娠期和哺乳期妇女慎用。

47 黄花蒿 *Artemisia annua* L.

彩图 47 英文名:Sweet wormwood;菊科

【别名】青蒿,臭蒿,黄蒿,草蒿,香丝蒿

【植物形态】一年生草本，高 30～150 cm。中部叶卵形，三回羽状深裂，长 4～7 cm，宽 1.5～3 cm；裂片及小裂片长圆形或倒卵形；上部叶常为一回羽状细裂。头状花序球形，直径 1.5～2 mm，排成复总状或总状；总苞片 2～3 层；花筒状，外层雌性，内层两性。瘦果长圆形，长 0.6～1 mm，无冠毛。花期9～11 月，果期 10～12 月。

【生态分布】黄花蒿适应性强，野生于阴湿肥沃地，亦耐干旱贫瘠的环境。多见于海拔 1 000 m 以下山坡、溪边、沟谷等处。我国各地均产；欧洲，亚洲以及北美洲广布。

【历史与民俗】黄花蒿中药名青蒿。作为药物可以从长沙马王堆出土的 2 000 年前医书《五十二病方》记载中发现，当时是用作治疗痔疮。500 年后，晋代葛洪《肘后备急方》记载中，青蒿就用来进行抗疟治疗了，只不过以前都是把疟疾当成热病。在《本草纲目》中也有同样的记述。

青蒿（黄花蒿）为我国传统中药。其有效成分青蒿素在抗疟方面与传统的奎宁类抗疟药物具有不同的作用机理。在青蒿素的基础上开发出了多种衍生物如双氢青蒿素、青蒿琥酯、蒿甲醚、蒿乙醚，均有抗疟、抗孕、抗纤维化、抗血吸虫、抗弓形虫、抗心律失常和肿瘤细胞毒性等作用。

青蒿素是我国在世界首先研制成功的一种抗疟新药。它是从黄花蒿中分离出来的有效单体，是自 20 世纪 60 年代中期，在周总理亲自批示下，数百名科学家经过坚持不懈的深入研究而取得的成果。它是由我国科学家自主研究开发并在国际上注册的为数不多的一类新药之一，被世界卫生组织评价为治疗恶性疟疾唯一真正有效的药物。伊斯坦布尔第十五届国际化疗会议上，6 000 多名各国医坛专家公认青蒿素为治疗疟疾的中国神药，是世界医药史上的创举，是对人类的重大贡献。

【化学成分】地上部分含萜类：青蒿素，青蒿甲素、青蒿乙素、青蒿丙素、青蒿丁素、青蒿戊素，青蒿酸，蒿酸甲酯，青蒿醇，并含挥发油，油中主要为蒿酮、异青蒿酮、枯茗醛、1,8-桉油精、丁香烯等。青蒿素为白色针状结晶，属于半萜类化合物。

【加工与利用】提取青蒿素主要用叶片，在黄花蒿生长最旺盛期，即花蕾期进行收获。选择晴天，砍倒主秆，在大田晒 1 d。次日收起在晒场晒干，打落其叶片，叶片继续晒干，去杂即可。

青蒿素的提取方法很多，药典也有记载。高温提取对青蒿素有破坏作用。目前从黄花蒿叶中提取青蒿素的方法主要有超临界二氧化碳提取法、丙酮-硅胶柱层析法、低沸点汽油-超短粗型球状扩空硅胶过滤柱层析法、稀乙醇渗漉-连续萃取法、微波提取法、石油醚-超声波提取法、乙醚冷浸法、溶剂汽油提取-浓缩-结晶法、Vonwiller 的甲醇-乙醇-乙醚提取法、Paniego 的新鲜组织甲苯提取法、Elsohly 等的正己烷-乙腈法等。其中溶剂汽油提取-浓缩-结晶法操作简便，成本低，为多数厂家所采用。该法采用低沸点汽油热提取，提取液浓缩（回收溶剂）后静置结晶，得青蒿素粗品，再将粗品用乙醇重结晶，即可得到高纯度青蒿素。

从黄花蒿中提取的青蒿素作为高效速效抗疟药，用于间日疟、恶性疟，特别是脑型疟有良效。黄花蒿挥发油有抑菌等作用。

【附注】黄花蒿全草清热，祛风，止痒。治暑热发痧，潮热，小儿惊风，热泻，皮肤湿痒等。籽治痨，下气，开胃，止盗汗。青蒿素结晶后的母液，回收溶剂后得到的黏稠膏体仍有 0.7%～1.2% 的青蒿素，在工业上仍有回收、提取价值。其精油也可药用。

48 龙蒿 *Artemisia dracunculus* L.

彩图 48

英文名：Tarragon，French tarragon；菊科

【别名】狭叶青蒿

【植物形态】多年生草本，高 50～150 cm，有长地下茎。茎直立，无毛，下部木质，中部以上有密集的分枝。下部叶在花期萎谢；中部以上叶密集，条形或矩圆状条形，两面无毛，长 3～6 cm，宽 2～4 mm，全缘，顶端渐尖；上部叶小，宽约 1 mm。头状花序多数，在茎和枝上排列成稍密集的复总状花

序，有约与总苞等长的细梗及条形苞叶；总苞球形，直径 2.5～3 mm，近无毛，花冠淡黄绿色；总苞片 3 层，外层条形，内层较宽，边缘宽膜质。瘦果倒卵形，长 0.6 mm，褐色，无毛。花期 5～6 月，果期 5～7 月。

【生态分布】原产俄罗斯以及西亚和喜马拉雅地区。喜光，耐寒，喜温凉气候，不耐高温潮湿，较耐干旱。常见于 1 800 m 以下山地草甸、山坡、半荒漠草原、森林草原、林缘、田边、路旁、季节河的河岸阶地等处。中国产黑龙江、吉林、辽宁、内蒙古、河北(北部)、山西(北部)、陕西(北部)、宁夏、甘肃、青海及新疆。蒙古，阿富汗，印度(北部)，巴基斯坦(北部)，俄罗斯以及欧洲东部、中部及西部和北美洲各国都有分布。现作为调味香草被广泛种植。

【历史与民俗】据说龙蒿的植物拉丁属名来源于一位职掌狩猎和生育的女神阿尔特米西亚(Artemisia)。1 世纪时，古罗马自然学家普林尼指出，龙蒿能有效消除长时间旅途疲劳。在中世纪，人们认为植物外观能揭示其药用价值，因此，龙蒿蜿蜒的根被认为是能治疗蛇咬伤的象征。在几个世纪里，这种理念被推广到能治疗疯狗咬伤；到 17 世纪，这种观念才逐渐消失；19 世纪，有些医生认为应重新认识这些传统的疗效。龙蒿在欧洲还常用于烹饪，尤其是在法国有着很长的历史。法国龙蒿在清甜的香气中还稍带一点苦辣味，较俄罗斯龙蒿香味更浓；叶片干燥后香味会变淡，所以通常用嫩叶来加入菜肴中。

【化学成分】地上部分含鞣质、香豆素、类黄酮和挥发油。挥发油可达 0.8%，其中含草蒿脑 70%。

【加工与利用】利用部分为龙蒿地上部分。龙蒿作为辛香料适用于西方饮食，法国和美国人尤喜欢龙蒿的风味，但东方饮食则很少使用。新疆少数民族取龙蒿根干燥后研末，可像辣椒一样做为烹饪羊肉、马肉、牛肉的调味料。龙蒿也是著名的法国芥菜中专用添加料，法国的 Bearnaise 酱油即以龙蒿风味为特色，主要用于家禽、牛肉、蛋卷、奶酪、烤鱼以及海鲜等的加味。

龙蒿干粉直接用于法式沙拉，如做含萝卜、豌豆、芹菜、青豆、胡萝卜、龙须菜、洋葱、番茄、绿叶蔬菜的沙拉时风味效果极好。龙蒿细粉也用于汤料中。

龙蒿精油可用于软饮料、酒类的香精配制，同时也用以配制多种调味料、汤料等。

【附注】研究表明，龙蒿可抗风湿、抗菌、抗痉挛、开胃、祛胀气、促消化、利尿、通经、轻泻、麻醉及驱蠕虫等。龙蒿自古因能促进消化又是温和的镇静剂有助于催眠而闻名。古希腊人发现咀嚼本品能使口腔麻木，使用来治疗牙痛，但也只能暂时缓解口腔疼痛。

49 面包果 *Artocarpus altilis* (Parkinson) Fosberg (*A. Communis* J. R. Forst. & G. Forst.; *A. Indisus* L. f)

彩图 49

英文名：Breadfruit；桑科

【别名】面包树，马槟榔，面磅树

【植物形态】常绿乔木，高 10～15 m，树皮灰褐色，粗厚。叶大，互生，厚革质，卵形至卵状椭圆形，长 10～50 cm，成熟之叶羽状分裂，裂片披针形，先端渐尖，两面无毛，表面深绿色，有光泽，背面浅绿色，全缘；叶柄长 8～12 cm；托叶大。花序单生叶腋，雄花序长圆筒形至长椭圆形或棒状，长 7～30(40) cm，黄色；雄花花被管状，被毛，上部 2 裂，裂片披针形，雄蕊 1 枚，花药椭圆形。雌花花被管状，子房卵圆形，花柱长，柱头 2 裂，聚花果倒卵圆形或近球形，长 15～30 cm，直径 8～15 cm，绿色至黄色，表面具圆形瘤状凸起，成熟时褐色至黑色，柔软，内面为乳白色肉质花被组成；核果椭圆形至圆锥形，直径约 25 mm。果实少核或无核。

【生态分布】典型的热带常绿果树。喜高温多雨的气候环境。原产太平洋群岛以及印度、菲律宾，为马来群岛一带热带著名林木之一。斯里兰卡、美国的夏威夷、墨西哥、巴西等地有栽培。我国的台湾、海南有种植。

【历史与民俗】面包果原产于南太平洋地区和东南亚，是当地的传统主食之一，尤其是在波利尼西亚。相传科克(James Cook)船长在太平洋岛屿发现了面包果，并认为它可充当西印度群岛的黑奴的粮食，因而他建议威廉·布莱船长(William Bligh)将面包果带到西印度群岛。布莱指挥的“邦蒂号”(Bounty)航船第二次航行后便成功地将面包果栽种在牙买加了。但黑奴爱吃香蕉和木薯，而面包果始终未能成为他们的主食。

【化学成分】每 100 g 面包果含蛋白质 1.34 g，脂肪 0.31 g，碳水化合物 27.82 g，纤维素1.5 g，灰分 1.23 g 以及钙、磷、铁、钾，胡萝卜素和维生素 B 等营养成分。

【加工与利用】按一般水果的概念，面包果不算是水果，其淀粉含量高，很少生吃。一般需经烘烤、蒸煮、煎炒或晒干后磨成粉再供食用。它们没有自己的独特的味道，主要是淀粉的来源，用于炖食(吸收肉类和其他食物的味道)。制作面包是其一种常见的利用方法。也可将其煮至半熟，切块去皮后，添加到椰奶中制作咖喱菜。种子用盐水煮熟后，可作为零食或蔬菜吃。

【附注】在西印度群岛及中美洲(从墨西哥至巴西)，面包果树常栽培在门前庭院里，果实供市售。无籽类型面包果树可用根条繁殖。它在南太平洋岛屿栽培品种很多。但面包果树不耐霜冻，甚至在佛罗里达的最南部也未能栽培成功。在中国南海地区，其纤维质的内层树皮用以织布。在东南亚海岛，居民将其木材用以造独木舟和制作家具，树液用做黏合剂。

50 菠萝蜜 *Artocarpus heterophyllus* Lam.

彩图 50

英文名：Jackfruit；桑科

【别名】木菠萝，苞萝

【植物形态】常绿乔木，高可达 25 m，胸径 50 cm。树皮灰褐色，多纵裂或横裂，内皮红色，砍开后有白色乳液流出。小枝粗壮，圆柱形，具明显的环状托叶痕。单叶互生，厚革质，深绿色，椭圆形至倒卵形，长 7～15 cm，先端钝而短尖，基部稍短尖，边全缘或有时 3 裂，表面无毛而光亮，背面粗糙，托叶大。雌雄同株；花序生老茎或短枝上，雄花序圆柱形或棒状椭圆形，长 2～7 cm，花多数；雄花花被管状，长 1～1.5 mm，上部 2 裂，雄蕊 1 枚，花药椭圆形，无退化雌蕊；雌花花被管状，顶部齿裂，基部陷于肉质球形花序轴内，子房 1 室。聚花果椭圆形至球形，长 30～100 cm，直径 25～50 cm，成熟时黄褐色，表面有坚硬六角形瘤状凸体和粗毛；核果长椭圆形，长约 3 cm，直径 1.5～2 cm。花期 2～3 月。

【生态分布】波萝蜜是一种老茎开花的树种，主干、主枝，甚至露地的根也可结果。原产印度西高止山。喜热带气候。适生于无霜冻、年雨量充沛的地区。喜光，生长迅速，幼时稍耐阴，喜深厚肥沃土壤，忌积水。盛产于中国、印度、孟加拉国和巴西以及中南半岛、南洋群岛等地。我国的海南、广东、广西、云南东南部及福建、重庆南部有栽培。

【历史与民俗】菠萝蜜隋唐时从印度传入中国，称为“频那挲”，宋代改称菠萝蜜，沿用至今。《酉阳杂俎·木篇》有云：“婆那娑树，出波斯国，亦出拂林，呼阿蔀亸。树长五六丈，皮色青绿，叶极光净，冬夏不凋，无花结实。其实从树茎出，大如冬瓜，有壳裹之，壳上有刺，瓤至甘甜可食，核大如枣，一实有数百枚，核中仁如粟黄，炒食之甚美。”

【化学成分】果实含有丰富的糖类、蛋白质、B 族维生素(B_1、B_2、B_6)、维生素 C、矿物质、脂肪油等。

【加工与利用】未成熟的水果含有乳胶，经切片和煮熟后作蔬菜食用。成熟水果的食用部分为种子周围的肉质部分，有着菠萝和西瓜般甜蜜的味道。生的种子有毒，但煮后可作为栗子一样吃。在爪哇(Java)菠萝蜜尤其受欢迎，可加工成多种菜肴。

【附注】菠萝蜜黄色的木材流行用于木雕及制作家具；在印度曾经用作提取染制佛教僧侣长袍的染料。

菠萝蜜中的糖类、蛋白质、脂肪油、矿物质和维生素对维持机体的正常生理机能有一定作用。

51 博士茶 *Aspalathus linearis* (Burm. f.) R. Dahlgr.

彩图 51　英文名：Rooibos, Rooibos tea plant；豆科

【别名】线状芳香木，线叶阿司巴拉妥，路易波士，线叶金雀花，南非红茶

【植物形态】多年生灌木，高 0.8～1 m，全株芳香，茎枝丛生，细弱。其幼枝通常是红色的。树叶针状，长 15～60 mm，厚约 1 mm，全缘，灰绿色。伞状花序生于叶腋间，具 2～3 朵花。花长约 2 cm，花萼钟形，萼齿尖；花冠黄色，旗瓣阔卵形，先端凹陷。荚果长棒形。花果期 12 月至翌年 4 月。

【生态分布】喜温暖干燥气候，耐旱，耐贫瘠。产于南非西北部 Cederburg 山区。

【历史与民俗】博士茶的属名 Aspalathus 来自希腊语 aspalathos。在南非当地人将它称为“路易波士”(Rooibos)，即“红灌木” 之意。此植物只发现在南非的西开普省(后来的商业种植也集中在这里)。俄罗斯移民、茶叶商人本杰明·金斯堡于 1904 年开始商业营销博士茶。实际上 18 世纪以前，南非土著的丛林矮人族就已经开始了加工和饮用路易波士茶(博士茶)了，因为这一古老的土著民族善于在洞穴的石壁上绘画，因此当时留下的壁画记载了部分过程。据说瑞典植物学家卡尔在采集南非植物品种的时候，曾目睹了土著人采集、发酵茶叶的制作过程。

【化学成分】含有黄酮(9 种黄酮)、栎精、维生素、多种矿质元素，特别含有丰富的钙和维生素 C。

【加工与利用】利用部分主要为叶。夏季采集幼嫩的地上部分，去杂，洒水和晾晒后，堆积“发汗”，在这一点上，它有典型的中国红茶发酵的特点。待物料成红褐色、具有甜味时，即发酵过程已经完成，这时将其在晒场上晒干即成“博士茶”。它作为一种健康饮料很流行，与红茶相似。博士茶不含兴奋剂，是完全没有咖啡因的。它已经得到普及，一般包装成罐头形式出售。

【附注】博士茶提取物具有抗菌、抗氧化、抗过敏、降血脂、降血压等功能。可柔软皮肤，对皮肤瘙痒、湿疹、痤疮、粉刺有效，用于护肤、美白化妆品。

52 石刁柏 *Asparagus officinalis* L.

彩图 52　英文名：Asparagus；百合科

【别名】芦笋，露笋，龙须菜

【植物形态】多年生草本，高可达 1 m；根稍肉质。茎直立，光滑，上部后期常俯垂；分枝较柔弱。嫩茎粗厚，有紧贴的鳞片状叶；叶状枝每 3～6 枚成簇，近圆柱形，稍压扁，纤细，略弧曲，长 5～30 mm，粗 0.3～0.5 mm。叶鳞片状，基部具刺状短距或近无距。花 1～4 朵腋生，单性，雌雄异株，绿黄色；雄花的花被片 6，花丝中部以下贴生于花被片上，花药矩圆形；雌花较小，花被长约 3 mm，具 6 枚退化雄蕊。浆果球形，直径 7～8 mm，成熟时红色；具 2～3 颗种子。花期 6～8 月，果期 8～9 月。

【生态分布】原产亚洲西部和欧洲，喜夏季温暖、冬季冷凉的气候，气温 20～28 ℃时生长旺盛，对土壤适应性强，但以土层深厚、肥沃、富含腐殖质、排水良好的砂壤土为好。生于砂质河滩、河岸、草坡或林下。石刁柏在我国新疆有野生，其他地区多有栽培。现在美洲、大洋洲有大规模栽培。

【历史与民俗】早年希腊人将石刁柏作蔬菜食用，近年全世界普遍食用。石刁柏是一种有较高药用价值的蔬菜和保健食品，是目前世界十多种名菜之一，在国际上有“蔬菜之王”的美称，深受消费者

的欢迎。它以嫩茎作蔬菜食用。在欧洲栽培已有 2 000 年以上的历史，后由欧洲移民传入美洲。19 世纪末传入中国，但一直限于个别城市郊区少量栽培；20 世纪 60 年代栽培面积迅速扩大，现主要分布在台湾、浙江、山东、河南等地区。美国、西班牙、意大利、日本、加拿大均作为蔬菜普遍栽培。在美国，芦笋很少作为药用植物使用；然而在欧洲和亚洲，其全株，包括茎秆、根和花，作为药用的历史悠久，根具有利尿、通便的功效。其在中国和印度也是传统植物药，民间用芦笋来治疗心脏病、高血压、风湿病。

【化学成分】石刁柏全草含天门冬酰胺、松柏苷、皂苷、白屈菜酸。块根含皂苷，其皂苷元为美洲菝葜皂苷元；此外尚含松柏苷、白屈菜酸、天门冬酰胺、天门冬糖、精氨酸等。茎含天门冬素(天门冬酰胺)、胡萝卜素、谷胱甘肽、芸香苷、维生素 C、糖类(大部分是葡萄糖)和肽酶。叶含芸香苷及 4 种黄酮类化合物，酸水解后得槲皮素、葡萄糖和鼠李糖。

【加工与利用】芦笋是一种非常受欢迎的蔬菜。它可以用于煮或蒸菜，也常与融化的黄油或白色酱汁加工成沙拉、馅饼等；也可用于炒菜和汤菜；还被用作菜肴的装饰物。

【附注】现代研究表明，石刁柏具有抗突变、抗肿瘤、抗真菌、降血脂、免疫调节、抗衰老和保肝等作用，其抗癌有效成分为天门冬酰胺。此外，石刁柏还有缓解疲劳、利尿、镇静的作用。石刁柏干粉末也是一种传统的利尿药。

石刁柏提取物有 SOD 样作用，所含有的多种甾体皂苷具有激活皮肤细胞、改善粗糙皮肤和治疗皮肤损伤的作用，对护肤、抗衰老都有良好的效果，是护肤产品的良好原料。

53 阿皮迪菊 *Aspilia mossambicensis* (Oliv.) Willd.

彩图 53

英文名：Aspilia，Wild sunflower；菊科

【别名】阿斯皮菊，野向日葵

【植物形态】一年生草本，茎柔韧，红色至紫色，被毛，高 1～2 m，有时攀援于附近的其他植被。叶对生或近对生，无柄或有 1 cm 的短柄；叶子长椭圆形，先端矛状，长 20 cm，宽 8.5 cm，先端矛状部分长达 2.5 cm，宽 1 cm。头状花序腋生，花梗长 10～20 cm，花黄色至橙色，辐射状，直径 7～18 mm，边缘为舌状花，花管长 1.5～4.5 mm，花瓣长 6.5 mm。瘦果小，卵球形，长 2.5～5.5 mm，成熟时不开裂。花期夏季雨季。

【生态分布】原产于非洲东部地区，喜高温、湿润气候，现在自然生长在热带非洲。广泛分布于中部和东部热带非洲，从埃塞俄比亚到刚果、赞比亚、津巴布韦、马拉维、莫桑比克。

【历史与民俗】本植物在当地民间药用历史悠久，它被用于治疗膀胱炎、淋病、腹部疼痛、肠道蠕虫和皮肤感染等。有趣的是，研究人员发现，黑猩猩吞下阿皮迪菊的整个叶片，而随后又整个排出，大便中的叶子不显示任何明显破坏的迹象。但研究人员注意到，黑猩猩的排便物中同时有寄生虫，表明这种植物的叶片有驱虫的作用。

【化学成分】叶含类固醇、生物碱、黄酮类、蒽醌类、醛酮类、甾醇和碳水化合物等。根含有比叶更多的甾醇。

【加工与利用】利用部位主要为叶片。通常采集鲜叶，洗净；将叶片剪碎，泡在沸水里，每天饮用 100～200 mL，用于治疗胃肠道炎症、肠道寄生虫。非洲人用这种植物来治疗坐骨神经痛、腰痛、疟疾、坏血病，甚至肺结核和淋病(性病)。

【附注】从阿皮迪菊的根里共分离出 9 种活性成分。初步研究表明，其根提取物可抑制或延缓微生物的生长，预计它有着广泛的药用价值。阿皮迪菊已载入《乌干达药用植物》一书中。

54 榆钱菠菜 *Atriplex hortensis* L.

彩图 54　英文名：Garden orache，Red orache；藜科

【别名】灰毛滨藜，法国菠菜，山菠菜，洋菠菜

【植物形态】一年生草本，高可达 2 m。茎直立，粗壮；枝斜伸，钝四棱形，有绿色色条。叶片卵状矩圆形至卵状三角形，长 5～25 cm，宽 3～18 cm，先端微钝，基部戟形至宽楔形，两面均为绿色，背面稍有粉，全缘或具不整齐锯齿；叶柄长 1～3 cm。花序穗状圆锥状，腋生及顶生；雄花花被片 5，雄蕊 5；雌花二型：有花被雌花的花被裂片 5，矩圆形，无苞片，种子横生，扁球形，直径 1.5～2 mm，种皮薄壳质，黑色，有光泽；雌花无花被，具 2 苞片，苞片仅基部着生点合生；苞片果时近圆形，直径 1～1.5 cm，先端急尖，全缘，基部截形，表面有浮凸的网状脉，无粉，种子直立，扁平，圆形，直径 3～4 mm，种皮通常为膜质，黄褐色，无光泽。花果期 8～9 月。

【生态分布】适应性很强。它对土壤要求不严，喜湿润肥沃的土壤，耐盐碱，在土壤 pH 9 的重碱土中也能正常生长。耐寒，抗霜性较强。原产于欧洲和亚洲西部。现广泛栽培于加拿大、美国、澳大利亚、新西兰。我国北方各省有栽培。

【历史与民俗】榆钱菠菜在欧洲东南部和亚洲西部曾经是一种重要而受欢迎的蔬菜被种植。虽然如今它很少用于烹饪，但却成为绵羊和山羊理想的饲料作物。有时也被种植在花园里，更多的是种植在干旱地区牧场里。

【化学成分】鲜叶富含维生素（特别是维生素 C 和叶酸）和矿物质。榆钱菠菜的叶占总重的 49%～53%，其营养价值较高，粗纤维含量较低，无氮浸出物含量较高，而粗灰分含量也较高。

【加工与利用】榆钱菠菜有菠菜一样的味道。以前在地中海地区，它像菠菜一样受到青睐，叶子常作为煮菜或用于沙拉。有红色、白色、绿色叶片等品种，通常作为菠菜的替代品。在意大利，绿色叶子的榆钱菠菜曾经常见于意大利面中。

【附注】榆钱菠菜绿色或红色的肉质叶也被用作药草，通常用于治疗缺铁性贫血。

55 颠茄 *Atropa belladonna* L.

彩图 55　英文名：Deadly nightshade，Belladonna；茄科

【别名】颠茄草

【植物形态】多年生直立草本，多分枝，下部叶互生，上部叶 1 大 1 小双生，叶片草质，叶片卵圆形或椭圆形，先端渐尖，基部心形，脉上有细柔毛。花单生于叶腋，短而少花；花梗有腺毛；萼钟状，5 裂；花冠淡紫色，5 裂；雄蕊 5，较花冠略短，花药顶裂；子房上位，2 室，胚珠多数。浆果球形，初绿白色，成熟后黑紫色，有光泽，基部有宿存萼。种子细小，扁肾形，有网纹。花期 6～8 月，果期 7～9 月。

【生态分布】原产欧洲中、南部及小亚细亚。喜温暖湿润气候，怕寒冷，忌高温，以 20～25 ℃的气温生长快，超过 30 ℃生长缓慢。雨水多则易患根病。20 世纪 30 年代引进中国，上海、杭州、北京、山东等地栽培。现在世界各地有栽培。

【历史与民俗】颠茄的拉丁名与其毒性有关。Atropa 是希腊神话中司命运的三个女神中最年长的一位，她能割断生命之线，主管人的生死，由此可见颠茄毒性。颠茄根的煎煮物能使瞳孔放大，古代西班牙姑娘爱用颠茄液滴眼，引起瞳孔放大而显得漂亮，因此而得到 belladonna 这个种名。Belladonna 原为意大利语，意为“漂亮女人”。在古代，颠茄叶就很有名，但直到 16 世纪初才有记载；作为欧洲草药，1809 年载入伦敦药典。民间医学用于缓解肠绞痛和治疗消化性溃疡。

【化学成分】叶含莨菪烷类生物碱，总碱含量 0.1%～1.3%（以莨菪碱计不少于 0.3%），其中 L-莨

若碱占总碱的 75%～90%。另含少量东莨菪碱、阿扑阿托品、颠茄碱、去甲基莨菪碱以及东莨菪内酯和芸香苷等。在提取过程中，L-莨菪碱常转变为消旋体阿托品。此外，尚含 δ-N-甲基鸟氨酸、黄酮、香豆素和烟碱。

【加工与利用】整株均含生物碱，一般在 7 月中旬和 8 月中下旬分 2 次收落地叶和果、植株下部老叶和枝上已成熟的果实，晒干即可，避免淋雨腐烂。整株一般在 9 月底 10 月初收获，根、茎、叶、果实全部可采收，收获后晒干即可。颠茄原料一般以水、乙醇或其他有机溶剂用渗漉法提取浸膏、酊剂等产品。

莨菪烷类生物碱能抑制副交感神经，以减少唾液、肠和支气管黏液分泌，以及尿道、膀胱和肠的活动，还能增强心率和放大瞳孔。颠茄还有镇静、麻醉、止痛、解痉等作用，主要用于缓解肌肉痉挛，弛缓平滑肌，制止流涎、支气管黏液分泌过多和胃酸过多等；还用于治疗帕金森病，减轻震颤和僵化，改善语言和活动能力。颠茄叶的作用较根弱，但也经常使用。近代医学中常将颠茄提取物用作眼科检验中的扩瞳剂和麻醉剂。叶或根制成的酊剂为强力弛缓剂，用于治疗绞痛和帕金森病。

【附注】颠茄花冠钟状，球果，可供家庭养花，庭院栽植、盆栽均可。颠茄制剂的治疗量常接近中毒量，必须遵医嘱使用。

56 桃叶珊瑚 *Aucuba chinensis* Benth.

彩图 56　英文名：Aucuba，Chinese aucuba；山茱萸科

【别名】青木，植楠树，东瀛珊瑚

【植物形态】常绿灌木，高约 3 m；枝、叶对生。叶革质，长椭圆形，卵状长椭圆形，稀阔披针形，长 8～20 cm，宽 5～12 cm，先端渐尖，基部近于圆形或阔楔形，表面亮绿色，背面淡绿色，边缘上段具 2～4(6) 对疏生锯齿或近于全缘。圆锥花序顶生，雄花序长约 7～10 cm，总梗被毛，小花梗长 3～5 mm，被毛；花瓣近于卵形或卵状披针形，长 3.5～4.5 mm，宽 2～2.5 mm，暗紫色，先端具 0.5 mm 的短尖头，雄蕊长 1.25 mm；雌花序长(1)2～3 cm，小花梗长 2～3 mm，被毛，具 2 枚小苞片，子房被疏柔毛，花柱粗壮，柱头偏斜。果卵圆形，红紫色或黑色，长 2 cm，直径 5～7 mm，具种子 1 枚。花期 3～4 月。

【生态分布】喜温暖湿润环境，耐阴性强，不耐寒，要求肥沃湿润、排水良好的土壤。分布于湖北、四川、福建、云南、广西、广东、台湾、海南等地区。越南、缅甸也有。

【历史与民俗】桃叶珊瑚在我国作为观赏植物栽培已久。“桃叶珊瑚”之名出自《汝南圃史》，其叶入药，名为“天脚板”。目前已经作为观赏植物被各地引进，其中最著名的是洒金桃叶珊瑚(*Aucuba japonica* Variegata)，其叶面有黄色星点，是著名的观叶植物。1981 年的克朗奎斯特分类法将桃叶珊瑚属列入山茱萸科；1998 年根据基因亲缘关系分类的 APG 分类法，将桃叶珊瑚属单独列为一个科，放在绞木目下；2003 年根据基因亲缘关系分类的 APG Ⅱ 分类法，认为本科可以和绞木科有选择地合并。

【化学成分】桃叶珊瑚中化学组成主要包括氨基酸、糖类、皂苷、酚类与鞣质、蒽醌类、香豆素、甾体。

【加工与利用】主要以叶入药。全年均可采，晒干或烘干，亦可鲜用。桃叶珊瑚苷与香豆精衍化物秦皮苷相似，能促进尿酸排泄，具有清热解毒、消肿止痛功效。主要治疗痈疽肿毒、痔疮、水火烫伤、冻伤、跌打损伤。煎汤内服；外用时适量，捣敷，或绞汁搽，或研末调涂。

【附注】桃叶珊瑚是优良的室内观叶植物，宜盆栽或庭院中栽植。其枝叶可用于插花。其中最著名的是洒金桃叶珊瑚，此外还有峨眉桃叶珊瑚、东瀛桃叶珊瑚等。

57 燕麦 *Avena sativa* L.

彩图 57　英文名：Oats；禾本科

【别名】油麦，雀麦，野麦

【植物形态】一年生草本；根系发达，株高 60～120 cm，秆直立光滑，叶鞘光滑或背有微毛，叶舌大，没有叶耳，叶片扁平；圆锥花序，穗轴直立或下垂，向四周开展，小穗柄弯曲下垂；颖宽大草质，外稃坚硬无毛，有或无芒；颖果腹面具有纵沟，被有稀疏茸毛；成熟时内外稃紧抱子粒，不容易分离。千粒重 20～40 g，燕麦稃壳率 25%～40%。

【生态分布】原产北欧。燕麦是长日照作物，喜凉爽湿润，忌高温干燥，也不适应过于寒冷气候。对土壤要求不严，能耐 pH 5.5～6.5 的酸性土壤。作为粮食作物广泛栽培于世界温带地区。燕麦在我国很早就有栽培，主要分布在内蒙古、甘肃、山西、河北，产量占全国总产量的 90%以上。

【历史与民俗】燕麦起源早于其他野生谷类。燕麦在中欧考古记录（公元前 1 000 年）相对较晚。高卢人、罗马人、日耳曼人一直使用它作为主食（如粥），后来在斯堪的纳维亚和苏格兰也被发现食用燕麦。燕麦秸秆是农场家畜的重要粗粮来源。世界上年产燕麦约 4 000 万 t，近年来产量有所下降。燕麦在中国种植历史悠久，遍及各山区、高原和北部高寒地带。历年种植面积 120 万 hm^2，其中裸燕麦约 106 万 hm^2，占燕麦播种面积 88%。古代人们就用燕麦填充床垫、褥垫等，以改善风湿病。人们还用燕麦粉混合少量月桂油做成泥罨剂，治疗疥疮和麻风。

【化学成分】裸燕麦含粗蛋白质达 15.6%，脂肪 8.5%，以及淀粉和磷、铁、钙等。燕麦中的维生素 B、维生素 E、烟酸、叶酸、泛酸含量都比较丰富。

【加工与利用】夏季采收成熟果实，晒干去皮壳备用。燕麦是蛋白质含量最高的谷物，是人类饮食中粥的重要原料，可制成早餐食品、婴儿食品、燕麦饼干和燕麦糖果等。燕麦壳在铣削过程中可被移除；新的裸燕麦品种具有与普通燕麦一样的得率和优越的营养价值。

【附注】燕麦所含的糖分有降低胆固醇作用，燕麦的营养成分能提高人体耐力和精力。据澳大利亚专家研究，运动员服用燕麦食品 3 周后，在训练中能增强肌肉的功能，耐力提高 4%。在长期生病后食用燕麦，有助于恢复健康。外用能清洁皮肤、润肤；煎剂滤液作为浴剂可以止痒、治疗湿疹。

燕麦一般分为带稃型和裸粒型两大类。世界各国栽培的燕麦以带稃型为主，常称为皮燕麦。我国栽培的燕麦以裸粒型为主，常称裸燕麦。

58 阳桃 *Averrhoa carambola* L.

彩图 58　英文名：Starfruit，Carambola；酢浆草科

【别名】五敛子，洋桃，三廉子

【植物形态】常绿乔木，高 5～12 m。幼枝被柔毛及小皮孔。奇数羽状复叶；总叶柄及叶轴被毛，具小叶 5～11 枚，长约 13 cm；小叶卵形至椭圆形，长 3～6 cm，宽约 3 cm，先端渐尖，基部偏斜。圆锥花序生于叶腋或老枝上，长约 3 cm；花萼 5，红紫色，覆瓦状排列，长约 3 mm；花冠近钟形，白色至淡紫色，长约 5 mm，花瓣倒卵形，旋转状排列；雄蕊 10，其中 5 枚较短且无花药，花丝基部合生；子房 5 室，具 5 棱槽，每室胚珠多数。浆果卵状或椭圆状，长 5～8 cm，淡黄绿色，光滑，具 3～5 翅状棱。花期 7～8 月，果期 8～9 月。

【生态分布】喜高温湿润气候，不耐寒。在土层深厚、疏松肥沃、富含腐殖质的壤土上生长最好。原产马来西亚、印度尼西亚，广泛种植于热带各地。中国分布于福建、台湾、广东、海南、广西、云南。

【历史与民俗】阳桃原产东南亚，但现在已在世界所有热带地区种植。“carambola”一词为葡萄牙俗名，最早出现在 1598 年。它源于 Marathi karambal，并来自梵文“karmaphala”。在英文中它也被称为“carambola”(包括牙买加英语和菲律宾英语)。印度尼西亚的他加禄语则称“贝林宾”或“巴林宾”，也指“三敛”，它们是同属的 2 个种。在马来西亚、菲律宾它也有许多俗名。

【化学成分】含有挥发油、胡萝卜素类化合物、维生素 C、草酸、枸橼酸、苹果酸、蔗糖、果糖、葡萄糖、矿物质(富含铁)等。

【加工与利用】果实甜，是受欢迎的鲜食果品。阳桃有着橙色、多汁的果肉，可用于酸甜味的馅饼和水果沙拉。果芯部分除去边缘的肋骨，切成可爱的星形片，装饰美味的甜点，加奶油和糖也可食用。果实还可用于水果挞、果酱、蜜饯和水果饮料等。

【附注】果实提取物含有多种营养成分，用于化妆品可以保持皮肤湿润、美白皮肤。阳桃叶中还提取到一种能促进胶原产生的活性成分，有雌激素样活性，能抑制胶原酶和弹性酶活性，从而促进成纤维细胞增殖。外用可通过皮肤吸收，加速胶原成纤维细胞在皮层中的生成，有效延缓皮肤衰老。

59 印度楝 *Azadirachta indica* A. Juss.

彩图 59

英文名：Neem，Nim tree，Indian lilac；楝科

【别名】印度紫丁香，印楝

【植物形态】落叶乔木，高达 10～20 m，树冠浓密，圆形。二回羽状复叶互生，羽叶 4～5 对，小叶 5～11 对，狭卵形，长 20～40 cm，先端渐尖或长渐尖，全缘或少有疏锯齿。圆锥花序腋生，长约 25 cm，有花 150～250 枚；同时有雄花和两性花；花小，长 5～6 mm，宽 8～11 mm；雄蕊先熟；花瓣 5～6 个，白色或黄色。核果圆形或长圆形，光滑无毛，长 1.4～2.8 cm，宽 1～1.5 cm；外果皮薄，中果皮(果肉)纤维状，黄白色，苦中带甜，厚 0.3～0.5 cm，内果皮成坚硬的壳，白色，包含 2～3 粒种子；种子长圆形，棕色。

【生态分布】热带植物，喜光，耐旱，不耐寒。原产伊朗、巴基斯坦、印度、斯里兰卡。现分布于热带地区，包括马来西亚、印度尼西亚、澳大利亚以及西非。

【历史与民俗】印度楝在印度草医学中是最重要的草药之一，民间视其为“家庭医生”。阿育吠陀(Ayu-veda)医药中将其树皮用作强壮、收敛、驱虫、解热药。在印度等许多国家，民间将它的嫩叶、花作蔬菜吃。

【化学成分】果实、种子、叶、树皮含苦楝子素、三萜类、甾醇、鞣酸、黄酮类等，还含蛋白质、糖类、脂肪油、维生素、有机酸等。

【加工与利用】印度楝嫩梢、花在南亚许多国家民间作为蔬菜食用；在印度常作为腌酸菜食用，是吃米饭时的常备下饭菜；在柬埔寨、老挝、泰国、缅甸、越南通常将其作为酸苦沙拉食用；在缅甸，嫩梢、花与罗望子果实共煮，以减少苦味后做蔬菜吃，缅甸民间也将腌制过的嫩叶与番茄酱来煮鱼吃。在印度，印度楝的产品用于印度药有两千多年的历史。有报道从印度楝种子油中提取出免疫避孕活性成分，包括软脂酸甲酯、油酸甲酯、亚油酸、软脂酸、油酸、硬脂酸。种子油还具有抗炎、退热、抗微生物、愈伤、治疗肠道寄生虫、抗疟等功效。研究表明，印度楝中的苦楝子素有杀虫作用，可抑制虫的摄食和生长。

【附注】在印度以及非洲和中东，民间传统上将细长的印度楝树枝嚼成牙刷状，然后用于清洁牙齿和舌头。在印度农村，也常常可以看到年轻人嚼印楝树枝，因为它有减轻牙齿色斑和防治牙龈炎的功效。印度楝的种子油还是制备日用品的重要原料，如用于制造肥皂、洗发水、药膏和面霜以及牙膏等。

印度楝为常绿乔木，但在干旱季节，大部分或几乎所有叶片掉落。苦楝(*Melia azedarach*)也是一种

印度和中国药用植物，有治疗肠道寄生虫的特殊价值，可作为印度楝的代用品。

60 刺棒棕 *Bactris gasipaes* Kunth.

彩图 60　英文名：Pejibaye，Peach palm；棕榈科

【别名】桃棕，有刺桃棕

【植物形态】乔木状，茎干丛生，基部有很多气根。株高可达 20 m，直径 15 cm。茎干表面着生有许多尖刺，黑色，长约 5 cm；叶片脱落后会留下一圈圈列刺空隙，呈随机排列。叶羽状，长 2.5 m 左右；小叶暗绿色，光滑，长约 50 cm。穗状花序着生于下部叶腋，集束下垂。花单性，雌花每穗可结果 300 多粒。果似桃，由果仁、内果皮、中果皮（果肉）与外果皮组成，长 2～6 cm，果肉橙色。

【生态分布】喜温暖、半阴和湿润的生长环境。原产巴西、哥伦比亚、秘鲁等国，我国少量引入栽培。

【历史与民俗】刺棒棕果实在中美洲民间食用已有几个世纪了。考古发现，在哥斯达黎加可以追溯到 4 000 年前，西班牙探险家在哥斯达黎加发现了它。它是唯一的在新世界驯化的棕榈类植物。其果实煮熟后是亚马孙地区一种传统主食。现在成为种植园的新兴农林作物。

【化学成分】果实富含维生素 A、烟酸与淀粉，还含有蛋白质、脂肪、纤维、灰分、β-胡萝卜素、维生素 B_1、维生素 B_2、维生素 PP、维生素 C 等。

【加工与利用】刺棒棕的棕榈芯是美味食品，可以切成薄片生吃或煮熟食用，有和洋蓟类似的味道。在民间将其果实用盐水煮，除去果皮和种子，以盐或蜂蜜调味，其味道与玉米粥、烤板栗相似。在一些地区，将果实切成两半，填满沙拉酱或酸奶油来吃。棕榈果实也可加工成罐头。最有商业价值的是用其果实制成的面粉和植物油。

【附注】刺棒棕果汁含有多种营养成分，特别是含有多种维生素，有较强的抗氧化作用，用于化妆品可以保持皮肤湿润、美白皮肤和延缓衰老。刺棒榈果实还被广泛用作动物饲料，以其低纤维、高淀粉含量的特点而替代混合饲料中的玉米。

61 埃及槲果 *Balanites aegyptiaca* (L.) Delile

彩图 61　英文名：Desert date，Soap berry tree，Thron tree；蒺藜科

【别名】肥皂树，荆棘树，埃及诃子

【植物形态】乔木，树高约 10 m，树干呈褐灰色，树皮凹凸不平，在凹痕处为黄绿色的斑块。树冠较狭窄；树枝常常细长，有细长的绿色棘刺按螺旋状排列其上。叶为 3 小叶，生于棘刺的基部。小叶片的形状、大小相似，为长椭圆形，深绿色，革质，全缘。花为两性花，花萼 5，花瓣 5，黄绿色，是很好的蜜源。

【生态分布】喜温暖干燥气候，产阿拉伯半岛至非洲干旱区。它适应性强，能在多种环境中生长。

【历史与民俗】埃及槲果在埃及种植已超过 4 000 年，考古发现在埃及第十二王朝的墓葬中，它被放在墓中作为食物贡品。

【化学成分】果实乙醇提取物中含有生物碱、苷类、苏木素、黄酮和酚类等成分，并发现有雌激素样活性；粗提物经毒性试验证明无毒。从种仁中可获得较多脂肪油，能提取薯蓣皂素。

【加工与利用】黄色成熟的果实可食用，但微苦。在非洲，该植物的多个部分在饥荒时均是食物。如树叶可以生吃，或煮熟吃；种子微苦，可加入高粱煮食；花也可食。果实经过发酵可制成含酒精的饮

料。种子含有30%～48%的脂肪油。种子榨油后的饼粕，在非洲常常作为动物的饲料。在西非，其树皮为传统医学上的毒药解毒剂，同时也是堕胎药。

【附注】埃及榔果的叶、果实、树皮和树根均含有薯蓣皂苷元，可用于生产激素，如肾上腺皮质素激素、复方口服避孕药等。籽油(通常为成熟果实晒干后，破碎，以压榨法提取脂肪油)中除脂肪酸外，还有酚类、皂素等，具有抗菌、抗氧化作用，有很好的皮肤美白功效，可作为美白剂用于化妆品。

62 落葵 *Basella alba* L.（*B*. *rubra* L.）

彩图 62

英文名：Malabar spinach，Ceylon spinach，Vine spinach，Red vine spinach；落葵科

【别名】藤罗菜，木耳菜，染浆叶，软姜子，胭脂豆

【植物形态】一年生缠绕草本，全体肉质，光滑无毛。茎长达3～4 m，有分枝，绿色或淡紫色；叶互生，稍肉质，卵形或近圆形，长3～12 cm，先端急尖，基部心形或近心形，全缘。穗状花序腋生；小苞片2，呈萼状，矩圆形，宿存；萼片5，淡红色或淡紫色，下部白色，联合成管；无花瓣；雄蕊5，生于萼管口；花柱3。果实卵形或近球形，熟时暗紫色，多汁液，为宿存肉质小苞片和萼片所包裹。花期6～9月，果期7～10月。

【生态分布】落葵原产亚洲热带地区。喜温暖气候，不耐寒，较耐旱。10 ℃左右种子可以萌发，20～30 ℃为生长最适温度。适宜温度下生长迅速，一年可生长多茬。落葵对土壤无严格要求，在肥沃土地上生长快、品质好，但不宜在盐碱地上种植。我国华中、华东、西南、华南各地均有种植，在海拔2 000 m以下的河谷、平地、山坡、路边、村头、宅院均能健壮生长。在我国北方夏季可栽培。印度以及非洲、美洲栽培较多。

【历史与民俗】落葵原产热带地区，但我国引入栽培很早，在公元前300年即有关于落葵的记载。因其嫩茎叶口感很好，自古以来就是各地民间常用的食用植物，也是我国古老的蔬菜之一。《尔雅》中称作蘩露；《名医别录》称作天葵；《开宝本草》称藤葵、胡燕脂；《日用本草》称藤儿菜；《本草品汇精要》称滑菜、西洋菜；《本草纲目》称御菜、燕脂菜；《植物名实图考》称燕脂豆、木耳菜。

落葵在我国食用较早，后来由于其他蔬菜的兴起，民间食用逐渐减少。落葵叶或全草入药，始载于《名医别录》。《蜀本草》云："蔓生，叶圆厚如杏叶，子似五味子，生青熟黑，所在有之。"《本草纲目》谓："落葵三月种之，嫩苗可食。五月蔓延，其叶似杏叶而肥厚软滑……八九月开细紫花，累累结实，大如五味子，熟则紫黑色。"

由于落葵的嫩茎叶食用口感好，目前，各地多有栽培或野生，菜市常有出售，仍是大众喜爱的、具有独特风味的蔬菜品种。

【化学成分】叶含水溶性多糖，系由L-阿拉伯糖、D-半乳糖与痕量L-鼠李糖及少量糖醛酸所组成。又含类胡萝卜素、α-及β-胡萝卜素、蝴蝶梅黄质、叶黄素、蒲公英黄质等及有机酸，还含皂苷和油，油中脂肪酸以油酸和亚油酸为主。另据测定，落葵嫩茎叶每100 g鲜重含维生素C 46.8 mg、蛋白质2.25 g、可溶性固形物4.6 g、糖分0.82 g。

落葵成熟果实的果汁色素主要成分为甜菜苷。加工提取的色素为暗紫色粉末，有吸湿性，易溶于水和稀的乙醇溶液，可溶于甲醇，不溶于丙酮与醚类等有机溶剂，水溶液pH 5.84～6.94，呈红色，在pH 3～7稳定。落葵种子富含油脂，含量达到22%～36%，还含有维生素、皂素和胶质等。

【加工与利用】春夏之际，采集野生落葵的幼苗或嫩茎叶，可炒食。栽培落葵，四季可采。落葵的幼苗或嫩茎叶自古就是人们普遍食用的时令野菜，在我国南北各地，有野生，也有栽培。近年来，随着人们回归自然愿望增加，对落葵的营养和保健价值的认识加深，使得人们也十分重视它，因此其常作为时令蔬菜出现。目前，我国山东、安徽、江苏、湖北等省区都有落葵叶菜在当地菜市场销售。落葵嫩苗、嫩茎叶洗净后用沸水烫一下，放凉后，加酱、糖、醋等作凉拌菜，也可以直接切段炒食。

【附注】落葵不仅是时新蔬菜，而且是一种很好的保健食品。其嫩苗、嫩茎叶味甘、淡，性凉；有清热、滑肠、凉血、解毒的功效。也有人认为落葵原产我国。

63 冬瓜 *Benincasa hispida* (Thunb.) Cogn. (*B. cerifera* Savi)

彩图 63　英文名：Wax gourd；葫芦科

【别名】白瓜，白冬瓜，白瓜子，地芝，东瓜

【植物形态】一年生攀援藤本，有毛。叶柄粗壮，长 5～20 cm，被黄褐色的硬毛和长柔毛；叶片肾状近圆形，宽 15～30 cm，5～7 浅裂或有时中裂，裂片宽三角形或卵形，先端急尖，边缘有小齿，基部深心形，表面深绿色，有疏柔毛；背面粗糙，灰白色，有粗硬毛。卷须 2～3 歧，被粗硬毛和长柔毛。雌雄同株；花单生。雄花梗长 5～15 cm，密被黄褐色短刚毛和长柔毛；花萼筒宽钟形，宽 12～15 mm，密生刚毛状长柔毛，裂片披针形，长 8～12 mm，反折；花冠黄色，辐状，裂片宽倒卵形，长 3～6 cm，两面有稀疏的柔毛；雄蕊 3，离生。雌花梗长不及 5 cm，密生黄褐色硬毛和长柔毛；子房卵形或圆筒形，花柱长 2～3 mm，柱头 3。果实长圆柱状或近球状，大型，有硬毛和白霜，长 25～60 cm。种子卵形，白色或淡黄色，压扁。

【生态分布】原产于热带亚洲，喜温、耐热、喜光，为短日照植物。主要分布于亚洲热带、亚热带地区，中国各地区均有栽培。中国云南南部（西双版纳）有野生者，果较小；澳大利亚东部及马达加斯加也有分布。

【历史与民俗】冬瓜在中国和印度作为食物和药物已使用了数千年。在古印度药方中，以其果实榨取的汁与酸橙汁混合，内服可预防及制止内出血。在中国，从秦汉时的《神农本草经》就有栽培记载，公元 3 世纪初张揖撰《广雅・释草》也有冬瓜的记载。《齐民要术》中记述了冬瓜的栽培及酱渍方法。中国将冬瓜作为药物使用，最早的文献记载是公元 569 年的《唐本草》。

16 世纪印度有冬瓜栽培记载，截止到 1988 年已遍及全印度。日本在 9 世纪已有记录。欧洲于 16 世纪开始栽培，19 世纪由法国传入美国。20 世纪 70 年代以后由中国传入非洲。

【化学成分】果实含有丰富的蛋白质、碳水化合物、维生素以及矿质元素等营养成分。冬瓜富含矿物质，但维生素比南瓜含量较低；它还含有皂苷和甾醇类化合物。种子含油 14%。

【加工与利用】冬瓜果肉通常用作蔬菜煮熟食用。根据不同品种和地区（国家），冬瓜有各种不同的使用方式，例如用作炖菜、汤和咖喱的原料。冬瓜在中国有时也称为葫芦，在特殊的场合下用来掏空和雕刻作为菜肴的装饰。花和叶子也可以煮熟作蔬菜吃，制作炖菜和咖喱。有些地区，嫩的冬瓜也可如黄瓜一样生吃。

【附注】种仁具有利湿、清热、抗菌、抗炎、驱虫等作用；果实性凉，有利尿、润肠、清肺化痰作用。在中医药学中，冬瓜仁可用于治疗胸部疾病和带下病。在印度草医药学中，冬瓜仁用于治疗咳嗽、发热、口渴和驱除绦虫；果实用于利尿和通便，也用于治疗消化性溃疡和虚弱；民间认为它是催欲剂。近代研究表明，冬瓜果实有抗癌作用。

64 巴西栗 *Bertholletia excelsa* Humb. et Bonpl.

彩图 64　英文名：Brazil nut；玉蕊科

【别名】巴西果，巴西坚果

【植物形态】常绿乔木，树高 20～45 m，树干笔直。单叶互生，长椭圆形，叶长 35～40 cm，宽约

7.5 cm，叶缘波状，顶端尖。顶生或腋生圆锥花序，花序长 5～10 cm；花萼为落萼，花冠有花瓣 6 片，花瓣奶油色，蜡质；花直径约 5 cm，雄蕊多数，在花中央具特殊的兜帽体。木质蒴果，圆球形，棕色，直径 10～15 cm；每果有种子 12～24 粒，种子横切面三角形，种仁白色。果实成熟在 1～6 月，自然跌落的声音巨大，仿佛来自树冠的炮弹。果荚内塞满了橙色的坚果，有 12～25 粒，坚果外有包壳。每棵树可结果 300 个以上。

【生态分布】热带植物，原产于圭亚那、委内瑞拉和巴西，生于潮湿的热带丛林中，在亚马孙河盆地形成大片森林。分布于巴西、哥伦比亚、圭亚那、厄瓜多尔、秘鲁、委内瑞拉等国。

【历史与民俗】巴西栗是亚马孙热带雨林地区人们的重要食品。当地居民也用其果实作蜡烛用。果实榨的油可用于烹饪、点灯和制肥皂。巴西栗的果实和树皮还是常用的民间草药。亚马孙巴西栗的出口始于 17 世纪的荷兰商人，今天其出口量仍很大。

【化学成分】种仁含油 65%～70%（主要为油酸和亚油酸），蛋白质 13%～17%，碳水化合物 8%；100 g 种仁可产生热量 2 804 kJ。富含维生素 E、卵磷脂、抗氧化剂，还有矿质元素钾、磷、硒等。

【加工与利用】在欧洲以及美国，巴西栗受到高度追捧。坚果可生吃，可烤熟吃或盐渍后吃，还可像椰子一样应用于巧克力、糖果和冰淇淋等制作。在巴西、秘鲁，巴西栗的产量大，年产量达 40 000 t，多出口至欧洲以及美国，应用广泛。

每个巴西坚果中含硒 70 μg，超过美国 FDA 建议的每人每日的需求量。硒和维生素 E 均有显著的抗氧化作用；硒与蛋白质结合形成硒蛋白，能保护机体细胞免受自由基的损伤。硒蛋白有限制低密度脂蛋白胆固醇（LDL）氧化的作用，有益于冠心病和关节炎综合征患者。卵磷脂含有胆碱，能促进老年痴呆症患者恢复记忆力。

【附注】食用巴西栗可帮助增强体质，预防疾病。巴西栗果仁油可制护肤霜，用于保养皮肤和治疗皮肤病；还可用于清洁和营养头发。果实外皮泡茶饮用可治疗胃病。树皮煎剂可治疗肝病。

65 甜菜 *Beta vulgaris* L.

彩图 65

英文名：Sugar beet，Garden beet；藜科

【别名】菾菜，糖甜菜

【植物形态】二年生草本，根圆锥状至纺锤状，多汁。茎直立，高 1～2 m，稍有分枝。基生叶矩圆形，长 20～30 cm，宽 10～15 cm，具长叶柄，上面皱缩不平，略有光泽，下面有粗壮凸出的叶脉，全缘或略呈波状，先端钝，基部楔形、截形或略呈心形；叶柄粗壮，下面凸，上面平或具槽；茎生叶互生，较小，卵形或披针状矩圆形，先端渐尖，基部渐狭入短柄。花 2～3 朵团集，果时花被基底部彼此合生；花被裂片条形或狭矩圆形，果时变为革质并向内拱曲。胞果下部陷在硬化的花被内，上部稍肉质。种子双凸镜形，直径 2～3 mm，红褐色，有光泽；胚环形，苍白色。花期 5～6 月，果期 7 月。

【生态分布】甜菜起源于地中海沿岸。喜温凉气候，喜昼夜温差大、富含有机质的松软土壤。广泛种植于温带和寒温带地区。中国主要栽培于新疆、黑龙江、内蒙古等地。

【历史与民俗】野生种滨海甜菜大约在 1 500 年前从阿拉伯国家传入中国。在中国，叶用甜菜种植历史悠久，而糖用甜菜是 1906 年才引进的。

古代西方甜菜做药用，古代罗马帝国用甜菜治疗便秘和发烧，用甜菜叶子包裹治疗外伤。由于甜菜汁含硼，古代欧洲用它做春药。到中世纪，欧洲用甜菜根治疗消化系统和循环系统疾病。食用过多的甜菜会使小便颜色变红。

前苏联学者认为，甜菜由起源于地中海沿岸的野生种（*B. maritima*）演变而来。经长时期人工选择，到公元 4 世纪已出现白甜菜和红甜菜。公元 8～12 世纪，甜菜在波斯和古阿拉伯已广为栽培，其栽培品种后又由起源中心地传入高加索、亚细亚、东部西伯利亚以及印度、中国和日本。但当时主要以甜

菜的根和叶作蔬菜用。1747 年，德国普鲁士科学院院长 A. 马格拉夫首先发现甜菜根中含有蔗糖。他的学生 F.C. 阿哈德通过进一步的人工选择，于 1786 年在柏林近郊培育出块根肥大、根中含糖分较高的甜菜品种。这是栽培甜菜种中最重要的变种，也是世界上第一个糖用甜菜品种。1802 年，世界上第一座甜菜制糖厂在德国建立。19 世纪初，法、俄等国相继发展了甜菜制糖工业。

甜菜作为糖料作物栽培始于 18 世纪后半叶，至今 200 多年历史。中国大面积引种糖用甜菜始于 1906 年，先在东北试种，1908 年建立第一座机制甜菜糖厂后渐向其他地区推广。主产区在北纬 40°以北，包括东北、华北、西北三个产区。

【化学成分】甜菜根含有大量糖，还含蛋白质、甜菜花青素、纤维素、果胶、生物碱及矿质元素等。

【加工与利用】甜菜根采收后，经清洗、切块、浸泡、压榨提取糖液，浓缩、结晶，得蔗糖。目前许多国家以甜菜生产食用蔗糖。蔗糖（砂糖）除日常用作甜味剂直接食用外，在工业上广泛作为甜味剂，还是能量来源之一。

甜菜渣是制糖的副产品，是甜菜块根、块茎经过浸泡、压榨提取糖液后的残渣，故残渣中不溶于水的物质大量存在，特别是粗纤维全部保留。它是家畜良好的多汁饲料，对母畜还有催乳作用，多用于喂牛。主要成分为可溶性无氮物，而蛋白质和脂肪很少，含钙极多、含磷少，适口性强。

【附注】甜菜还可用来制取甜菜食用色素，亦称甜菜根红（Beet Root Red）。甜菜根红是以食用红甜菜为原料，通过浸提、分离、浓缩、干燥而成的天然食用色素。

66 胭脂木 *Bixa orellana* L.

彩图 66

英文名：Annatto tree，Lipstick tree；红木科

【别名】红木，胭脂树，臙脂木，红色树

【植物形态】常绿灌木或小乔木，高 3～7 m；小枝和花序有短腺毛。叶卵形，长 8～20 cm，宽 5～13 cm，无毛，基出脉 5 条；叶柄长 2.5～7.5 cm。圆锥花序顶生，长 5～10 cm；花粉红色，直径 4～5 cm；萼片 5，圆卵形，长约 1 cm，外面密生褐黄色鳞片；花瓣 5，长约 2 cm；雄蕊多数，花药顶孔开裂；子房1 室，胚珠多数，生于 2 个侧膜胎座上。蒴果卵形或近球形，长 2.5～4 cm，密生长刺，极像栗子的壳斗，2 瓣裂；种子红色。

【生态分布】热带植物，原产美洲和西印度群岛的热带雨林地区，在印度被广泛种植。我国广东、广西、云南、台湾等地区常有栽培。福建厦门、泉州、漳州、福州等沿海城市也有种植。

【历史与民俗】加勒比土著居民由胭脂木的叶和根制成一种有收敛作用的浸液，用于治疗发热、癫痫和痢疾。在南美热带地区，胭脂木种子肉质部分中的亮红色色素一般都作为涂抹身体的油彩。人们将其拌和唾液，再用手掌搓揉，涂抹脸部、皮肤，作为身体的装饰。它在西印度群岛也受到欢迎。在 17 世纪时，由西班牙人将它带到东印度群岛和东南亚（尤其是菲律宾），在那里同样也受到欢迎。

【化学成分】种子含有蛋白质、油脂、碳水化合物、维生素、矿物质等。种子肉质部分富含类胡萝卜素类物质。

【加工与利用】胭脂木是热带地区最有名的天然染料植物。由果实生产的红色或黄色粉末状染料可用于奶油、乳酪、人造奶油和熏鱼的着色。沙拉油经常变得很苍白，添加红木种子提取物可以加深其颜色。自合成食品色素被禁止后，胭脂木色素的消费便增加了。胭脂木种子提取物在牙买加是重要香料。在菲律宾，其种子经油炸后产生亮红色的油种子，可用于搭配肉菜饭和其他米饭。在墨西哥，它是辣椒粉的成分之一。

【附注】胭脂木有杀菌、抗炎、解毒、收敛作用。其叶的浸液可用于漱口，并有催情作用。种子肉质部分在烧伤初期可用于抑制水泡，内服可作解毒剂。果肉、种子提取物为红色或黄色粉末，在化妆

品中可作为杀菌剂、着色剂、护肤剂使用;种子油有芳香气味,能润滑皮肤,有防晒作用。胭脂木提取物对黑色素细胞的抑制、对自由基的消除作用使得其可作为化妆品中的美白成分;它还可作为生发剂使用。

67 阿开木 *Blighia sapida* K. Konig (*Cupania sapida* Voigt.)

彩图 67　英文名:Akee,Ackee, Achee;无患子科

【别名】西非荔枝果

【植物形态】常绿乔木,高达 10 m,具有短的树干和浓密的树冠。羽状复叶,长 15~30 cm,有小叶 3~4 对,小叶椭圆形至倒卵状长圆形,长 8~12 cm,宽 5~8 cm,革质,全缘。总状花序顶生或腋生,长达 20 cm,花单性,花小,有 5 个淡绿色的花瓣。雌花结出梨形的果实,成熟时由绿色变为红色、黄色或橙色,并 3 瓣裂,显露出发亮的黑色种子,种子外包有柔软、海绵状、白色至黄色的肉质假种皮。单果重 100~200 g。花果期夏、秋季。

【生态分布】热带植物,原产热带西非,现热带、亚热带地区广为栽培。

【历史与民俗】阿开木原产于西非。通过奴隶贸易到达西印度群岛,并成为重要的食用植物。现在它是牙买加全国性的水果和广泛种植的植物,“西非荔枝果鳕鱼”是当地有名的民族菜;西非荔枝酒也被推出。在中美洲的其他国家和地区(包括海地、古巴、巴巴多斯及美国的佛罗里达),它也被广为种植和消费。

【化学成分】每 100 g 果实产生 218 kJ 的能量,含脂肪(20%)、蛋白质(5%)、维生素 A(560 μg 总类胡萝卜素)、维生素 B_1 和维生素 B_2(130 μg)、维生素 C(25 mg)。

【加工与利用】阿开木的果实应在成熟后采摘。在烹调前,要将假种皮充分洗干净,并在沸水中煮约 5 min,将水废弃;然后用油炸,像炒蛋一样,被称为“蔬菜脑”。它(假种皮)与咸鳕鱼混合煮熟,在牙买加被认为是一种美味,并成为著名的“国家菜”。

【附注】如果在阿开木果实成熟之前食用的话,会引起呕吐或癫痫,甚至致命。因此只有等到果皮变成亮红色,黑色有毒的种子脱离后,人们才能享用这种美味又营养的食物。干种子、果实、树皮均可入药。

68 苎麻 *Boehmeria nivea* (L.) Gaud.

彩图 68　英文名:Boehmeria;荨麻科

【别名】白叶苎麻

【植物形态】苎麻属半灌木,高 1~2 m;茎、花序和叶柄密生短或长柔毛。叶互生,宽卵形或近圆形,表面粗糙,背面密生交织的白色柔毛。雌雄同株,团伞花序集成圆锥状,雌花序位于雄花序之上;雄花花被片 4,雄蕊 4;雌花簇球形,花被管状,被细毛。瘦果椭圆形,长约 1.5 mm。花果期 7~10 月。

【生态分布】苎麻属亚热带气候植物,喜温暖和雨量充沛;喜生长于肥沃的砂质壤土、腐殖土上,在山沟阴湿地也能见到。主产于湖南、江西、湖北、四川、贵州、云南、福建、广东、广西等省区;河南、山东、安徽、江苏、浙江、陕西(南部)也有栽培。越南、老挝等国也有。

【历史与民俗】苎麻是中国古代重要的纤维作物之一。原产于中国西南地区。新石器时代长江中下游一些地方就已有种植。考古出土年代最早的是浙江钱山漾新石器时代遗址出土的苎麻布和细麻

绳，距今已有 4 700 余年。秦汉以前，苎麻已进入北方，故《诗经》中有“东门之池，可以沤苎”。但长期以来，苎麻的主要产区在南方。故王祯《农书》说：“南人不解刈麻(大麻)，北人不知治苎。”不过在元代苎麻又有向北方扩展的趋势。当时的农书也开始积极致力于苎麻栽培技术的总结。元官修农书《农桑辑要》中就专门新添有“栽种苎麻法”，代表了当时苎麻栽培技术的最高水平。在王祯《农书》中有“农器图谱”，还专为苎麻设立一门，备载治苎纺织工具。

【化学成分】 原麻含水分 18%，灰分 2.6%，蜡质 0.2%，果胶 6.1%，纤维素 78%；单纤维最长 620 mm，平均长 600 mm，长宽比 1 200 以上，比重 1.484。苎麻成分及纤维随产地、品种之不同均有一定差异。如《植物纤维化学》介绍，苎麻单纤维长一般为 120～180 mm，宽为 20～50 μm，长宽比在 2 000 以上。

【加工与利用】 主要利用茎秆的韧皮纤维。苎麻每年一般可收割 2～3 次。于晴天清晨，用刀在近地面约 5 cm 处将茎割下，除去叶片。分别长短，将茎秆捆扎成捆，进行沤制、剥皮。

沤制：即以浸水发酵，除去部分胶质，使麻皮容易剥离的方法。在气温较高时，麻秆浸渍时间大约 1～3 h 即可；气温较低时，浸渍时间可适当延长一些。麻秆经浸渍后，即可剥取麻皮；将剥下的麻皮，用竹刀或铁质刀刮去表皮，以清水洗涤，除去杂质，晒干，即得原料麻(也称精干麻)。

据考证，早在 4 000 年前，中国古代人民就利用苎麻通过手工纺纱织布，而用棉花纺纱织布则从汉代开始，使用苎麻纤维纺纱织布仅比古埃及用亚麻手工织布大约晚 1 000 年左右。苎麻是我国特产，被世界称为“中国草”。过去主要利用其束纤维(为半脱胶纤维)制作苎麻布，制作要经过种麻、浸麻、剥麻、漂洗(日晒夜露)、绩麻、成线、绞团、梳麻、上浆、纺织等 12 道手工工序，一道也不能少。

因苎麻纤维长，结实，织物冬暖夏凉，“轻如蝉翼，薄如宣纸，平如水镜，细如罗绢”，织成的全手工夏布曾被历代列为贡布，成为皇室和达官贵族喜爱的珍品，20 世纪 30 年代曾获巴黎国际博览会金奖。全手工夏布牢实、挺括滑爽、透气排汗、吸湿性好，传热能力强，穿着舒适、凉爽，而且它缩水小、着色力强、不易变形，不易褪色、易洗快干，因而常远销欧美各国。

【附注】 苎麻叶是蛋白质含量较高、营养丰富的饲料。苎麻麻根含有“苎麻酸”的药用成分，有补阴、安胎、治产前产后心烦，以及治疗疮等作用。麻骨可作为造纸原料，或制造用于家具和板壁等的纤维板；还可酿酒、制糖。麻皮也用于造纸或用作修船的填料。鲜麻皮上刮下的麻壳，可提取糠醛，在化学工业中有广泛用途，如制作树脂塑料等。苎麻地上部分可以全部用于提取乙醇。

69 凹唇姜 *Boesenbergia rotunda* (L.)Mansf. (*B. pandurata*(Roxb.)Schltr.)

彩图 69

英文名：Chinese keys，Chinese ginger，Krachai；姜科

【别名】 提琴形凹唇姜，泰国沙姜，甲猜

【植物形态】 多年生草本，高约 50 cm，地上无茎；根茎卵形，深黄色，具辛香味；根粗。基生叶 3～4 片，2 裂，直立，叶片卵状长圆形或椭圆状披针形，长 25～50 cm，宽 7～12 cm，先端具小尖头，基部渐狭至圆形；叶柄长 7～16 cm；叶舌 2 裂；叶鞘红色。穗状花序藏于扩大的顶部叶鞘内，长 3～7 cm；苞片披针形，膜质；花芳香；花萼管长约 1.5 cm；花冠管长 4.5～5.5 cm，裂片长圆形，长 1.5～2 cm，淡粉红色；侧生退化雄蕊倒卵形；唇瓣宽长圆形，内凹成瓢状，白色或粉红色，且具紫红色斑纹，顶部平坦，边缘皱；花丝短，药隔附属体长 1～3 mm，反曲。花期 7～8 月。

【生态分布】 热带植物，原产印度尼西亚；我国产云南西双版纳，生于密林中，海拔 980 m。印度、斯里兰卡以及东南亚均有分布。

【历史与民俗】 凹唇姜被认为原产爪哇和苏门答腊，现在被广泛种植，遍布东南亚以及印度、斯里兰卡、泰国、越南、马来西亚、印度尼西亚，成为重要的香料和食用植物，特别是在泰国和越南。但在其他地方(包括中国、日本、俄罗斯和匈牙利)，它主要用于传统医学，也作为一种香料。

【化学成分】根含精油 1%～3%，主要成分有 1,8-桉油醇、樟脑、冰片和肉桂酸甲酯，还有姜烯、姜醇等。不挥发性成分有姜黄素、山柰酚及其糖苷。

【加工与利用】根状茎和根内呈明亮的黄色，有芳香、辛辣的味道，可少量添加到咖喱、什锦蔬菜汤和其他菜肴中。在中国，它是一种速溶汤的成分。在泰国，新鲜的根状茎和根常用于沙拉生吃，或者被添加到咖喱鱼汤和泡菜中。

【附注】本种新鲜或干的根状茎和根被广泛用作芳香消化药，可治疗肠胃气胀、绞痛、消化不良、腹泻和痢疾。本品有独特的香味，在化妆品中可作香料使用。它还有一定的美白皮肤作用，可用于美白化妆品；也可用于生发、减肥产品中。

70 琉璃苣 *Borago officinalis* L.

彩图 70 英文名：Borage，Starflower；紫草科

【别名】星星草，玻璃苣

【植物形态】一年生草本植物，稍具黄瓜香味，株高达 120 cm，茎紫色，有枝杈，被粗毛。基生叶大，粗糙，深绿色，长圆形，由于覆盖在叶面上下和茎部的毛刺顶端有极小的圆头，使得叶子形成椭圆球状，外部毛刺边际呈连续波浪形。聚伞花序生于枝杈端，下垂；花梗通常淡红色；萼 5 裂，裂片线形，近等大，结果时略增大；花冠辐状或钟状，裂片 5，喉部有鳞片，鲜蓝色，有时白色或玫瑰色；雄蕊 5，黄色，花丝短而阔；子房 4 裂；小坚果 4，平滑或有小刺，基部黏合。花期 7 月。

【生态分布】喜温植物，耐高温多雨，也耐干旱，不耐寒，要求不太贫瘠的土壤。原产于西班牙南部和摩洛哥，在地中海地区为常见杂草，常栽培于庭院。现欧洲和北美广泛栽培，我国也有栽培。

【历史与民俗】琉璃苣是欧洲人使用了 700 年的药草，拥有较高医学价值。许多年来，民间一直流传着琉璃苣的多种治疗功效。草药学家约翰·杰勒德指出："由琉璃苣花制成的糖浆是精神安慰剂，解除忧郁及平静谵妄或精神病。"它还可作蜜源植物；鲜叶在欧洲作蔬菜食用。

【化学成分】地上部分和花含黏液质、鞣质和生物碱（有肝毒性）。种子含油，油中富含多聚不饱和脂肪酸，γ-亚麻酸含量达 24%。

【加工与利用】盆栽的琉璃苣嫩叶子曾经流行，现在仍在某种程度上使用于沙拉、炖菜和汤（主要在法国、意大利和德国），它有一种温和的、像黄瓜样的味道。叶子和花通常被添加到饮品（如英国杜松子酒）中。它的花也被广泛用作水果沙拉、布丁和糕点的装饰。籽油被称为"星花油"，已经成为一种受欢迎的膳食补充剂。

【附注】琉璃苣地上部分所含黏液质可缓解和减轻呼吸道疾病，其柔润作用有助于缓解皮肤疼痛和发烫、红肿；可以制备成新鲜压榨浆液、膏剂或浸剂使用。花有发汗作用，叶有利尿作用。种子油常用于治疗痛经、风湿病、湿疹及其他慢性皮肤病。琉璃苣提取物可作为抗菌剂、消肿剂用于治痤疮、皮炎的护肤品中，还可作为保湿剂用于化妆品；种子油及其脂肪酸制剂也常用于护肤品中。

有些国家限制琉璃苣的使用，但种子油除外。

71 糖椰子 *Borassus flabellifer* L.

彩图 71 英文名：Asian palmyra palm，Sugar palm；棕榈科

【别名】扇叶糖棕，扇叶棕，糖棕

【植物形态】植株粗壮高大，一般高 13～20 m。叶大型，掌状分裂，近圆形，直径达 1～1.5 m，有裂

片60～80，裂至中部，线状披针形，渐尖，先端2裂；叶柄粗壮，长约1 m，边缘具齿状刺。雄花序可长达1.5 m，具3～5个分枝，每分枝掌状分裂为1～3个小穗轴；雄花小，多数，黄色，着生于小穗轴上小苞片里，萼片3，花瓣较短，匙形，雄蕊6，花丝与花冠合生成梗状，花药大，长圆形；雌花序长约80 cm，约有4个分枝，粗壮，小穗轴长20～25 cm，雌花较大，球形，直径约2.5 cm，退化雄蕊6～9。果实大，近球形，压扁，直径10～15(20) cm，外果皮光滑，黑褐色，中果皮纤维质，内果皮由3(1)个硬的分果核组成，包着种子。种子通常3颗，胚乳角质，均匀，中央有1空腔，胚近顶生。

【生态分布】热带植物，喜阳光充足、气候温暖的生长环境，较怕寒冷，生长适温为22～30 ℃，越冬温度不能低于8 ℃，对土壤的要求不严，但以疏松肥沃的壤土为最好。原产亚洲热带地区和非洲。主要分布于印度、缅甸、柬埔寨等地；喜生于干燥地区。我国华南、东南及西南地区有引种。

【历史与民俗】糖椰子主要产于印度和缅甸，人类使用它已有悠久的历史，现已成为重要的多用途的作物。除了食品用途外，其叶基可产生有价值的纤维(称为bassine或巴尔米拉纤维)；叶片和贝叶棕的叶片一样，可用来刻写文字或经文，还可盖屋顶，编席子和篮子，作绿肥。

【化学成分】椰肉中含有蛋白质、糖、维生素B_1、维生素B_2、维生素C等；椰汁含有的营养成分更多，如果糖、葡萄糖、蔗糖、蛋白质、脂肪、维生素B、维生素C以及钙、磷、铁等微量元素及矿物质。

【加工与利用】糖椰子在印度和缅甸农村地区是传统的甜味剂和能源，但在西方国家是制作糕点和糖果的重要原料。树汁用于制造棕榈酒，也可制成醋或蒸馏生产烈性酒精饮料(“烧酒”)。坚果内的液体像椰奶，可作为饮料。坚果的肉质胚胎可以烤来吃，而发芽的种子可以作为蔬菜吃，干种子可以磨成面粉，称为odiyal面粉。

【附注】糖椰子树型优美独特，是优良的热带景观树。其肉穗花序中的大量汁液可制作椰花饮料或浓缩制糖。在印度，人们常把它作为食用油、木材、糖、酒、饮料等的原料来源。

72 卡氏乳香树 *Boswellia carterii* Birdwood

彩图72　英文名：Mastic tree；橄榄科

【别名】乳香

【植物形态】矮小灌木，高4～5 m，稀达6 m。树干粗壮，树皮光滑，淡棕黄色，纸状，粗枝的树皮鳞片状，逐渐剥落。奇数羽状复叶互生，长15～25 cm；小叶15～21，基部者最小，向上渐大，长卵形，长达3.5 cm，顶端者长达7.5 cm，宽1.5 cm，先端钝，基部图形、近心形或截形；边缘有不规则的圆锯齿或近全缘，两面均被白毛，或表面无毛。花小，排列成稀疏的总状花序；花萼杯状，5裂，裂片三角状卵形；花瓣5，淡黄色，卵形，长约为萼片的2倍，先端急尖；雄蕊10，着生于花盘外侧，花丝短；子房上位，3～4室，柱头头状，略3裂。核果倒卵形，长约1 cm，具3棱，钝头，果皮肉质，肥厚，每室具种子1颗。花期4月。

【生态分布】主产于北埃塞俄比亚、索马里以及南阿拉伯半岛。土耳其、利比亚、苏丹、埃及亦产。

【历史与民俗】产地土著居民很早就将树干或树枝经切伤后流出并自然干燥的树脂乳香用于熏香；在生活实践中逐渐用于治病，主要作为祛瘀活血、舒筋止痛的药品。以它配制成的药品对胸腹疼痛、痛经、跌打损伤及痈肿疮毒具有明显的疗效。

乳香在我国药用已有1 700年的历史。中医用于行气活血、舒筋止痛、排脓、消肿，治疗气血淤滞、心腹疼痛、跌打损伤、风湿痹痛、痛经、产后瘀血等症。

【化学成分】乳香含树脂60%～70%、树胶27%～35%、挥发油3%～8%。树脂部分含α、β-乳香酸(α、β-boswellic acid)及其衍生物，α、β-香树脂素(α、β-amyrin)的衍生物，如α-香树脂酮(α-Amyrone)。树胶主要为多聚糖，含西黄芪胶黏素6%及苦味质等。挥发油含α-水芹烯、二戊烯、d-马鞭草烯醇及马鞭草烯酮等。

【加工与利用】以油胶树脂入药。夏季将树干皮部切伤后渗出并自然干燥的树脂采集作为药材。乳香药材呈小形乳头状、泪滴状或不规则小块，有时粘连成团块。淡黄色，半透明，有的表面无光泽，并常带有一层类白色粉尘。质坚脆，断面蜡样光泽。气微芳香，味微苦，咀嚼之成柔软可塑性块，唾液成乳白色，并有微香辣感。本品少量与水共研，能形成白色乳状液。

本品具有抗炎、抗胃及十二指肠溃疡的作用。其挥发油是镇痛的有效成分。主要用于治疗急性阑尾炎。

【附注】卡氏乳香树或其他乳香属树所得的树胶树脂经水蒸气蒸馏而得乳香精油。卡氏乳香树树枝中含精油 3%～8%。乳香油为《食品安全国家标准食品添加剂使用标准》(GB 2760—2011)允许使用的食品用天然香料，可用于调配辛香、药草香、热带水果香、姜香等食用香精，也用于调制花香型、果香型、古龙型、东方型、木香型等日用香精。

与卡氏乳香树产油胶树脂功效相同的植物还有鲍达乳香树(*Boswellia bhawdajiana* Birdw.)和野乳香树(*B. Neglecta* M. Moore)2 种。

73 莼菜 *Brasenia schreberi* J. F. Gmel.

彩图 73　英文名：Common water shield；睡莲科

【别名】蓴菜，马蹄菜，湖菜，水葵，水荷叶

【植物形态】多年生水生草本植物；根状茎细瘦，横卧于水底泥中。叶漂浮于水面，椭圆状矩圆形，长 3.5～6 cm，宽 5～10 cm，盾状着生于叶柄，全缘；叶柄长 25～40 cm，有柔毛，叶柄和花梗有黏液。花单生在花梗顶端，直径 1～2 cm；花梗长 6～10 cm；花萼片 3～4，呈花瓣状，条状矩圆形或条状倒卵形，宿存；花瓣 3～4，紫红色；雄蕊 12～18；子房上位，具 6～18 离生心皮。坚果革质，不裂，有宿存花柱，具 1～2 颗卵形种子。

【生态分布】莼菜属亚热带水生植物，喜温暖的气候条件，生长最适水温为 20～25 ℃，低于 15 ℃或高于 30 ℃时生长缓慢。其分布范围很广，亚洲、北美洲、非洲以及澳大利亚均有。我国的江苏、浙江、江西、湖南、四川和云南等省都有分布，以西湖莼菜最为著名。

【历史与民俗】莼菜自古以来就被各地民间作为食用植物和药用植物，古代《诗经》中就有记载，称之为茆；《名医别录》称之为莼；《新修本草》称之为丝莼；《经验良方》称之为马蹄草、缺盆草；《本草纲目》称之为锦带。莼菜一直是人们所喜爱的时令野菜。自晋代开始，莼菜与茭白、鲈鱼并列为江南三大名菜。莼菜的茎叶食用口感很好，十分爽滑，是野菜中的佼佼者。

【化学成分】莼菜营养价值较高。据测定，每 100 g 食用部分含蛋白质 0.745 g、总糖 0.29 g、铁 0.47 mg，还含有植物中少见的维生素 B_{12} 以及 18 种氨基酸，其中 8 种氨基酸为人体必需氨基酸，以谷氨酸、天冬氨酸和亮氨酸含量最多。另有资料称，莼菜所含多糖主要为酸性多糖，系由 D-半乳糖32%～40%、D-甘露糖 10%～14%、L-岩藻糖 13%～16%、L-鼠李糖 6%～9%、D-木糖 2%～7%、L-阿拉伯糖 2%～3%和微量的 D-葡萄糖所组成。

【加工与利用】莼菜以嫩叶为食用部分。在我国长江流域以南地区，夏季(5～8 月)采集莼菜的茎叶，鲜用或加工成罐头供进一步烹调之用。采集时应用手摘，将适当大小的嫩梢摘下即可。不能铁质刀等割取，装载的容器也不能用铁质的，要用木桶或塑料桶，否则会使莼菜断口处变黑。一般当天采集，当天处理完毕。因鲜品上市容易变质，所以大多加工后销售。莼菜嫩茎叶洗净，可直接切段烹调食用，主要用作汤菜。以莼菜为原料的名菜在南方菜系中多见，有名的菜谱有西湖莼菜汤、莼菜黄鱼羹、虾仁拌莼菜等。

【附注】莼菜茎叶中含生物活性成分蛋白质、氨基酸、葡聚糖和葡甘露聚糖，对溃疡和皮肤癌有抑

制作用。我国古代医药文献也认为莼菜味甘，性寒，有清热、利水、解毒、消肿的功效。古代名医陶弘景曰："冷补，下气，杂鲤鱼作羹，亦逐水。"《新修本草》记载："合鲋鱼为清羹，食之主胃气弱，不下食者至效。"《食疗本草》记载："和鲫鱼作羹，下气止呕。虽冷而补，热食之，亦壅气不下。甚损人胃及齿，不可多食，令人颜色恶。又不宜和醋食之，令人骨痿，少食，大补小肠虚气；久食损毛发。"

74 芥菜 *Brassica juncea* (L.) Czern.

彩图 74

英文名：Brown mustard，Indian mustard，Dijon mustard；十字花科

【别名】芥，雪里蕻，皱叶芥，黄芥，霜不老

【植物形态】一年生草本，高 50～150 cm。无毛，有时具刺毛，常带粉霜。基生叶的叶柄有小裂片；叶片宽卵形至倒卵形，长 15～35 cm，宽 5～17 cm，先端圆钝，不分裂或大头羽裂，边缘有缺刻或齿牙；下部叶较小，边缘有缺刻，有时具圆钝锯齿；上部叶窄披针形至条形，具不明显疏齿或全缘。总状花序花后延长；花淡黄色；花瓣 4，鲜黄色，宽椭圆形或宽楔形，长 1.1～1.4 cm，先端平截，全缘，基部具爪；雄蕊 6，4 长 2 短，长雄蕊长 8 mm，短雄蕊长 6 mm；雌蕊 1，子房圆柱形，长约 1 mm，花柱细，柱头头状。果条形，长 3～5.5 cm，具细喙；果梗长 5～15 mm。种子近球形，直径 1～1.8 mm，鲜黄色至黄棕色，少数为暗红棕色，表面具网纹。花期 4～5 月，果期 5～6 月。

【生态分布】喜冷凉湿润，忌炎热、干旱，稍耐霜冻。原产中国，是中国著名的特产蔬菜，全国各地栽培，多分布于长江以南各省。欧美各国极少栽培。

【历史与民俗】芥菜起源于中亚的喜马拉雅地区，是黑芥（*B. nigra*）和青芥（*B. campestris*）之间的杂交种。它从喜马拉雅地区传播到印度、中国和高加索地区。在中国，发展出许多变种，包括叶黄芥菜（*B. Juncea* var. *rugose*）和黄色种子类型，从而取代了黑芥。种子研磨而成的白色芥末是重要的香料（每年销售 160 000 t），在经济价值仅次于黑胡椒粉。

【化学成分】芥菜含有丰富的维生素 A、维生素 B、维生素 C 和维生素 D。根茎含 11 种挥发性的异硫氰酸酯。叶含芸薹抗毒素、环芸薹宁、环芸薹宁亚砜、马兜铃酸。种子含芥子油苷类，主要为丙-2-烯基芥子油苷、2-羟基-丁-3-烯基芥子油苷、2-羟基-戊-4-烯基芥子油苷、丁-3-烯基芥子油苷、2-苯乙基芥子油苷。

【加工与利用】芥子主要用作调味品，常用于烤肉或煮熟的肉菜。种子与水混合，加入醋、蛋黄、葡萄研磨（称为辛辣的"芥末"），或根据各地人的口味和习俗加入其他成分，在欧洲流行用于烹饪（特别是法国和英国）。芥末是众多酱汁的成分，可用于香肠、猪肉、鸡肉、鱼、通心粉、冷肉和烧烤食物。芥末也常用于德国腊肠和"热狗"。芥菜（茎、叶）有很高的营养价值，在沙拉里放一点芥菜会增添辣味；为避免过于辛辣，可将芥菜先在沸水中焯一下。芥菜和大麦、黑米、荞麦、马铃薯及豆类都可以搭配，用于制作沙司、面包糊。芥菜也可用蒸、煮或炒等方式烹饪。芥菜腌制后味道鲜美，可以增进食欲，促进胃肠消化功能。做汤时加入芥菜可以使菜肴微辣。芥菜疙瘩中含有食物纤维，可以促进胃肠蠕动。此外，芥菜是眼病患者的食疗佳品。

【附注】芥子油为澄明淡黄色至黄褐色半干性油，有芥子的特征性香气和辛辣味。不溶于水，溶于乙醇、乙醚。其主要成分为油酸、亚油酸等脂肪酸甘油酯及辛辣成分，以异硫氰酸烯丙酯为主。芥子油可用于制作泡菜、罐头、沙司、调味料等，也是酱和酱菜等食品工业的防腐剂。由于芥末在使用时须临时调制，久放会失效，因而对商品芥子油的需求不断加大。

75 欧洲油菜 *Brassica napus* L.

彩图 75　英文名：Rape，Oilseed rape，Swede，Rutabaga；十字花科

【别名】甘蓝型油菜

【植物形态】一、二年生草本，茎直立，有分枝，仅幼叶有少数散生刚毛。下部叶大头羽裂，顶裂片卵形，长 7～9 cm，顶端圆形，基部近截平，边缘具钝齿，侧裂片约 2 对，卵形，长 1.5～2.5 cm；叶柄长 2.5～6 cm，基部有裂片；中部及上部茎生叶由长圆椭圆形渐变成披针形，基部心形，抱茎。总状花序伞房状；花梗长 6～12 mm；萼片卵形，长 5～8 mm；花瓣浅黄色，倒卵形，长 10～15 mm，爪长 4～6 mm。长角果线形，长 40～80 mm，果瓣具 1 中脉，喙细，长 1～2 cm；果梗长约 2 cm。种子球形，直径约 1.5 mm，黄棕色，近种脐处常带黑色，有网状窠穴。花期 3～4 月，果期 4～5 月。

【生态分布】本种原产欧洲，喜温暖气候，适应性强。约 20 世纪 30 年代引入我国栽培，种子含油率高，现在已成为我国油菜中主要油用栽培品种。

【历史与民俗】欧洲油菜被认为起源于中世纪的欧洲混合型耕作地区，与萝卜、卷心菜并排生长。最初的形式可能是油菜（中世纪的饲料和油脂的来源）。瑞典人最初用于饲料。

【化学成分】欧洲油菜籽油的能量值为 3 767 kJ/100 g，油中含有油酸（52%）、亚油酸（22%）。根富含矿物质和各种维生素，包括烟酰胺（850 μg/100 g）和维生素 C（30 mg/100 g）。

【加工与利用】欧洲油菜籽油可用作食用油和沙拉油，主要用于制作人造黄油和蛋黄酱等。欧洲油菜嫩苗的根是很受瑞典人欢迎的菜肴，其食用方法与芜菁一样。

【附注】欧洲油菜籽油含有低芥酸和低硫代葡萄糖苷，容易被酯化，是生产生物柴油的好原料。

76 黑芥菜 *Brassica nigra*（L.）Koch.

彩图 76　英文名：Black mustard；十字花科

【别名】黑芥

【植物形态】一年生草本，高 50～150 cm。有时具刺毛，有粉霜。茎分枝。基生叶叶柄有小裂片；叶片宽卵形至倒卵形，长 15～35 cm，宽 5～17 cm，先端圆钝，不分裂或大头羽裂，边缘有缺刻和重锯齿；下部叶较小，不抱茎；上部叶窄披针形至条形。总状花序花后延长；花淡黄色；花瓣 4，鲜黄色，宽椭圆形或宽楔形，长达 1.1～1.4 cm；雄蕊 6，4 长 2 短；子房圆柱形，长约 1 mm，花柱细，柱头头状。长角果条形，长 3～5.5 cm，具细喙。种子近球形，直径 1～1.8 mm，鲜黄色至黄棕色，少数为暗红棕色。花期 4～5 月，果期 5～6 月。

【生态分布】喜温暖湿润气候，耐寒，耐旱，怕积水，对土壤要求不高。我国各地栽培，欧洲以及日本也有栽培。

【历史与民俗】黑芥菜自古以来就为人们所熟悉。它起源于中东地区（可能是伊朗和巴勒斯坦），后来在大部分地区成为流行的香料作物。在 20 世纪 50 年代，黑芥迅速被褐色芥末（*B. Juncea*）取代，因为后者为闭果（到成熟期不开裂），适用于机械收割；而黑芥种子成熟时会自发脱落。

【化学成分】黑芥菜籽含黑芥子苷、芥子碱、芥子酶、脂肪、蛋白质及黏液质。尚含 4-羟基苯甲酰胆碱及 4-羟基苯甲胺。芥子苷经芥子酶水解产生芥子油（挥发油）、酸性硫酸芥子碱及葡萄糖。

【加工与利用】种子成熟时采收，将植株晒干，打下种子，晒干，磨成粉末。成品具辛辣和刺激味道，这是由于它所含芥子苷经酶的水解而产生挥发性油的结果；烹饪用途多种多样，与褐色芥末相似。

【附注】种子含有黑芥子油（挥发油），在美体界，黑芥子油是很好的按摩油；用在化妆品中可以达到

美容效果。

77 花椰菜 *Brassica oleracea* L. var. *botrytis* L.

彩图 77　英文名：Cauliflower，Cape broccoli；十字花科

【别名】花菜，菜花，椰菜花，球叶甘蓝

【植物形态】一年生草本，高 60～90 cm，被粉霜。茎直立，粗壮，有分枝。基生叶及下部叶长圆形至椭圆形，长 2～3.5 cm，灰绿色，顶端圆形，开展，不卷心，全缘或具细齿，有时叶片下延，具数个小裂片，并成翅状；叶柄长 2～3 cm；茎中上部叶较小，且无柄，长圆形至披针形，抱茎。总状花序顶生或腋生，为 1 个由总花梗、花梗和未发育的花芽密集生成的乳白色肉质头状体；花淡黄色，后变成白色。长角果圆柱形，长 3～4 cm，有 1 中脉，喙下部粗上部细，长 10～12 mm。种子宽椭圆形，长近 2 mm，棕色。花期 4 月，果期 5 月。

【生态分布】性喜冷凉，属半耐寒蔬菜，耐热耐寒能力均不强。原产地中海地区，19 世纪传入中国，最初在上海、天津等地栽培，后逐渐在各地种植。

【历史与民俗】一般认为地中海东部为花椰菜原产地。约在 16 世纪末传入意大利，后传入德国和法国，在欧洲首先成为人们所喜爱的蔬菜。

【化学成分】菜花的营养比一般蔬菜丰富，含有蛋白质、脂肪、糖、膳食纤维、维生素 A、维生素 B、维生素 C、维生素 E、维生素 P、维生素 U 和钙、磷、铁等矿物质。

【加工与利用】花椰菜是容易被消化的食物，可生吃（包括沙拉或蔬菜火锅），通常将它烹煮制成白汁或奶酪酱。它可以制成冷沙拉、果泥和泡菜，添加到汤、意大利面中，也用于各种炖菜和炒菜。

【附注】据美国营养学家研究，菜花含有多种吲哚衍生物，此化合物有降低人体内雌激素水平的作用，可预防乳腺癌的发生。此外，研究表明，菜花中提取的萝卜子素能预防癌症，有提高致癌物解毒酶活性的作用。另外菜花中还含有二硫酚硫酮，可以减弱形成黑色素的酶及阻止皮肤色素斑的形成，经常食用可滑润开胃，对肌肤也有很好的美白效果。

78 卷心菜 *Brassica oleracea* L. var. *capitata* L.

彩图 78　英文名：Cabbage；十字花科

【别名】结球甘蓝，椰菜，包心菜，莲花菜，疙瘩白

【植物形态】二年生或多年生草本，高 30～90 cm，全体具白粉。基生叶广大；茎生叶倒卵圆形，较小。花轴从包围的基生叶中抽出，总状花序，花淡黄色；萼片 4；花瓣 4。长角果呈圆锥形。花期 5～6 月。

【生态分布】野生卷心菜喜温凉气候，原产于英吉利海峡和地中海沿岸，不同品种的卷心菜目前在世界各地有栽培。在中国各地普遍栽培，是东北、西北、华北等地区春、夏、秋季的主要蔬菜之一。

【历史与民俗】在地中海地区，甘蓝是有益健康、最古老的蔬菜之一。在希腊神话中，甘蓝是宙斯排汗转变而来；古希腊宗教仪式中将甘蓝献给即将生产的母亲以希望有丰富的乳汁。古罗马人用甘蓝作解毒药，尤其针对酒精中毒，认为它可解毒及减轻宿醉不适；甘蓝叶也常用于清理感染的伤口。今天甘蓝仍用于制备甘蓝敷剂（即用其叶片的中段烫热后敷于患处）。甘蓝作为蔬菜，在欧洲中世纪得到进一步发展。16 世纪西方人通过海陆传入日本，日本政府为了鼓励国民广泛食用，根据英文 coleslaw 将它

音译为高丽菜(实际与高丽无关),后由日本传到中国与朝鲜。

【化学成分】卷心菜叶富含维生素 C、维生素 B_6、维生素 E、β-胡萝卜素、叶酸、绿原酸、氨基酸和钾。据报道还含黄酮醇、白花青苷、维生素 U 及吲哚类化合物等。

【加工与利用】生卷心菜切碎后常用于沙拉,或众所周知的凉拌卷心菜和蛋黄酱。它也可用作煮汤、炖菜的填料。卷心菜制成的酸菜在欧洲是颇受欢迎的食物,如最著名的泡菜 choucroute(法语);它也是典型的德国传统烹饪菜肴原料,如著名的阿尔萨斯菜、黑森林菜和巴伐利亚菜,各有不同传统的和区域性配方。

【附注】卷心菜所含的维生素 U 对溃疡有很好的治疗作用,能加速溃疡的愈合。卷心菜叶营养成分丰富,对人体皮肤具有很好的营养、保湿、抗炎等作用。卷心菜叶汁和提取物可作为抗菌剂用于清洗液;作为营养物可滋养皮肤,用于制作营养保湿霜,有延缓衰老作用。

79 球茎甘蓝 *Brassica oleracea* L. var. *gongylodes* L.

彩图 79

英文名:Kohlrabi, Cabbage turnip;十字花科

【别名】苤蓝,擘蓝,玉蔓菁,甘蓝球

【植物形态】二年生草本,高 30~60 cm,全体无毛,带粉霜;茎短,在离地面 2~4 cm 处膨大成 1 个实心长圆球体或扁球体,绿色,其上生叶。叶略厚,宽卵形至长圆形,长 13.5~20 cm,基部在两侧各有 1 裂片,或仅在一侧有 1 裂片,边缘有不规则裂齿;叶柄长 6.5~20 cm,常有少数小裂片;茎生叶长圆形至线状长圆形,边缘具浅波状齿。总状花序顶生;花直径 1.5~2.5 cm。花及长角果和甘蓝的相似,但喙常很短,且基部膨大;种子直径 1~2 mm,有棱角。花期 4 月,果期 6 月。

【生态分布】球茎甘蓝喜温和湿润、充足的光照。较耐寒,也有适应高温的能力。原产地中海沿岸,由叶用甘蓝变异而来。在德国栽培最为普遍。16 世纪传入中国。现在世界各地有栽培。

【历史与民俗】球茎甘蓝被认为是起源于北欧,但确切的历史并没有记录。普林尼指出它于公元 1 世纪起源于地中海地区,认为它是与芜菁甘蓝相似的白菜,并称之为“庞贝城的白菜”。

【化学成分】每 100 g 肉质球茎含水分 91~94 g、碳水化合物 2.8~5.2 g、粗蛋白 1.4~2.1 g、维生素 C 34~64 mg。球茎甘蓝富含矿物质和维生素,而能量只有 100 kJ/100 g。

【加工与利用】肉质球茎去皮,质脆嫩,通常被用作煮菜食用,在烹饪过程中调节水量 1~2 次。也可以去皮生吃。它可作为汤菜的成分之一,像萝卜一样切块炖汤食用。

【附注】球茎甘蓝维生素含量十分丰富,尤其是鲜品绞汁服用,对胃病有治疗作用。其所含的维生素 C 等营养素有止痛生肌的作用,能促进胃与十二指肠溃疡的愈合。其含大量水分和膳食纤维,可宽肠通便,防治便秘,排除毒素。它还含有丰富的维生素 E,有增强人体免疫功能的作用。所含微量元素钼能抑制亚硝酸胺的合成,因而具有一定的防癌抗癌作用。

80 青花菜 *Brassica oleracea* L. var. *italica* Plenck.

彩图 80

英文名:Sprouting broccoli, Calabrese;十字花科

【别名】青花椰菜,意大利芥蓝,绿花菜,茎椰菜,西兰花

【植物形态】一、二年生草本植物,形态特征、生长习性和普通的白花菜基本相似。根茎粗大,表皮薄,中间髓腔含水量大、鲜嫩,根系发达。叶色蓝绿互生,逐渐转为深蓝绿,蜡质层增厚;叶柄狭长,叶形有阔叶和长叶 2 种。根据不同品种叶片生长 20 片左右抽出花茎,顶端群生花蕾,紧密群集成花球状,形

状为半球形，花蕾青绿色，故称青花菜。

【生态分布】喜光、喜温，耐热性和抗寒性都较强。原产欧洲地中海沿岸的意大利一带，清光绪年间传入中国，先在台湾地区种植，以后广东、福建、云南、北京、上海等地也随之栽培，现我国各地有栽培。

【历史与民俗】青花菜通常与意大利相关。据说 17 世纪从地中海东部进口(可能是克里特岛或塞浦路斯)到意大利，再从意大利传播到欧洲其他地方。通常将它称为"意大利芦笋"。

【化学成分】青花菜的花球中含蛋白质、碳水化合物、脂肪、矿物质、维生素 C 和胡萝卜素等。据分析，每 100 g 新鲜花球中含蛋白质 3.5～4.5 g，是菜花的 3 倍、番茄的 4 倍。此外，它所含矿物质成分比其他蔬菜更全面，钙、磷、铁、钾、锌、锰等含量都很丰富。

【加工与利用】青花菜品质柔嫩，纤维少，水分多，风味好，主要供西餐配菜或做色拉。青花菜煮后颜色会变得更加鲜艳，因而在使用前可以稍煮，或在沸水中烫一下，但要注意的是，煮、烫时间不宜太长，否则失去脆感，拌出的菜品质也会大打折扣。青花菜也可炒食，烹饪过程中可多加大蒜和香料。

【附注】青花菜含有丰富的维生素 A，有利人体激素的分泌。同时，它富含蛋白质、脂肪、碳水化合物、食物纤维、维生素及矿物质。它钙含量也较高，并含有一般蔬菜所没有的丰富的维生素 K。它还是含有类黄酮最多的食物之一。

81 大白菜 *Brassica rapa* L. var. *pekinensis*(Lour.)Hanelt.(*B. pekinensis*(Lour.) Rupr.)

彩图 81

英文名：Celery cabbage, Petsai；十字花科

【别名】白菜，黄芽菜

【植物形态】二年生草本，高 40～60 cm，全株无毛。基生叶多数，大形，倒卵状长圆形至宽倒卵形，长 30～60 cm，宽不及长的一半，顶端圆钝，边缘皱缩，波状，有时具不明显细齿，中脉白色，很宽；叶柄白色，扁平，边缘有具缺刻的宽薄翅；上部茎生叶长圆状卵形、长圆披针形至长披针形，长 2.5～7 cm，顶端圆钝至短急尖，全缘或有裂齿，有柄或抱茎，有粉霜。花鲜黄色，直径 1.2～1.5 cm；花梗长 4～6 mm；萼片长圆形或卵状披针形，长 4～5 mm，淡绿色至黄色；花瓣倒卵形，长 7～8 mm，基部渐窄成爪。长角果较粗短，长 3～6 cm，两侧压扁，有喙。种子球形，直径 1～1.5 mm，棕色。花期 5 月，果期 6 月。

【生态分布】喜温凉气候，原产于中国北方，是中国的传统蔬菜。主要分布于东北、华北，夏、秋栽培，为冬、春蔬菜。现各地广泛栽培，其栽培面积和消费量在中国居各类蔬菜之首。19 世纪传入日本以及欧美各国。

【历史与民俗】白菜是我国原产蔬菜，有悠久的栽培历史。据考证，在我国新石器时期的西安半坡原始村落遗址发现的白菜籽，距今有 6 000～7 000 年，《诗经・谷风》中有"采葑采菲，无以下体"的记载，说明距今 3 000 多年前的中原地带，对于葑(蔓菁、芥菜、菘菜，菘菜即为白菜之类)及菲(萝卜之类)的利用已经很普遍。到了秦汉，这种吃起来无渣而有甜味的菘菜从"葑"中分化出来；三国时期(公元 3 世纪)的《吴录》有"陆逊催人种豆菘"的记载。南齐(公元 5 世纪)的《齐书》有"晔留王俭设食，盘中菘菜(白菜)而已"的记述(《武陵昭王晔传》)，同时期的陶弘景说："菜中有菘，最为常食。"唐朝时已选育出白菘，宋时正式称之为白菜。

【化学成分】含糖类、脂肪、蛋白质、粗纤维、钙、磷、铁、胡萝卜素、维生素 B_1、烟酸，以及丰富的维生素(维生素 C、核黄素)和微量元素锌、钼。

【加工与利用】大白菜可以生吃、烹食或腌渍。大白菜可以入汤、炖菜，做菜馅的馅料或炒食；凉拌

白菜心清脆可口、味道鲜美，是一道受人喜爱的菜品；腌渍的大白菜非常美味，能增进食欲且简单易做。腌渍大白菜方法：选择新鲜而且叶子结实、紧密一点的大白菜。如果其外层叶子稍枯萎，可在腌渍前去除。将大白菜粗略剁一下，用盐腌好，然后放置几个小时，偶尔搅拌一下直至变软；彻底沥干水分，然后加入两三瓣蒜、一点姜末、葱末、米醋、酱油、糖、盐和辣椒即可。

【附注】美国纽约激素研究所的科学家发现，中国和日本妇女乳腺癌发病率比西方妇女低得多，是由于她们常吃白菜的缘故。白菜中有一些微量元素，它们能帮助分解同乳腺癌相联系的雌激素。

82 芜菁 *Brassica rapa* L. var. *rapa*（*B*. *campestris* L.）

彩图 82

英文名：Turnip，Neeps；十字花科

【别名】蔓菁，诸葛菜，圆菜头，盘菜，恰玛古

【植物形态】二年生草本，高达 90 cm。肉质根白色或黄色，球形或扁圆形，须根生于块根下的直根上。茎直立，上部有分枝。基生叶绿色，羽状深裂，长 30～50 cm，叶柄具有少数小裂片或无，叶片顶端的裂片最大而钝，边缘波浪形或浅裂，全叶如琴状，表面有少许散生的白色刺毛，背面毛较密；茎上部的叶通常矩圆形或披针形，不分裂，基部抱茎。总状花序长，花小，鲜黄色，长约7 mm；萼片 4，2 列；花瓣 4，具长爪；雄蕊 6，4 强；子房上位。长角果圆柱形，长 3.5～6 cm，喙细长。花期春季。

【生态分布】性喜冷凉，不耐暑热。原产地中海北岸及西亚地区，为世界性栽培的蔬菜。中国各地均有栽培，在北方较冷凉地区为春、夏、秋的主要蔬菜，南方等地为冬、春栽培植物。

【历史与民俗】芜青是最古老的块根作物之一，为泰奥弗拉斯托斯(公元前 400 年)和普林尼(约公元 100 年) 所描述，被认为起源于欧洲中部，现在欧洲和亚洲均有。实际上，芜菁原产阿富汗、巴基斯坦以及地中海沿岸、外高加索等地，中世纪古埃及、希腊、罗马已普遍栽培，美洲栽培的芜青由欧洲引入。中国自古就有栽培。

【化学成分】块根每 100 g 鲜重含水分 87～95 g、糖类 3.8～6.4 g、粗蛋白 0.4～2.1 g、纤维素 0.8～2.0 g、维生素 C 19.2～63.3 mg，以及其他矿物盐。据报道，块根还含皂苷、黄酮类、糖苷、生物碱、挥发油、酚类、鞣质、氨基酸、β-谷甾醇、正十六烷、β-胡萝卜苷、槲皮素-3-O-β-D-葡萄糖苷、正三十二烷醇、脂肪酸、异硫氰酸-3-丁烯酯、3-甲基-3-丁烯腈、5-甲硫基戊腈、2,3-二甲基-2-丁烯二酸、异硫氰酸丁酯、异硫氰酸丙酯、硫代葡萄糖苷等。

【加工与利用】芜菁在欧洲是最受欢迎的块根类蔬菜。它有广泛的烹饪用途(生吃和磨碎，或者用奶油、黄油炒或煮熟)，可制作汤菜和炖菜(包括法国 pot-au-feu)；还可将新鲜的芜菁腌好后，入锅加酱油、盐、糖等调味料，和年糕一起翻炒几下后，焖 20 分钟(加少许水)食用。

【附注】芜菁可抗菌、抗癌、抗氧化、清除自由基活性，还能增强免疫力，抗缺氧、抗疲劳、抗辐射等，有延缓衰老、养颜护肤之功效。其提取物可添加于美白、防晒、护肤、抗衰老等化妆品中。

83 苏木 *Caesalpinia sappan* L.

彩图 83

英文名：Sappan Wood；豆科

【别名】苏枋，苏方木，赤木，红柴，落文树

【植物形态】灌木或小乔木，高 5～10 m。树干有刺。小枝灰绿色，具圆形突出的皮孔，新枝被柔毛。二回羽状复叶，互生，长达 40 cm，羽片 7～13 对，对生；小叶 9～17 对，对生，长圆形至长圆状菱形，先端钝，微凹，全缘。圆锥花序顶生或腋生，长约与叶相等。花托浅钟形；萼片 5；花瓣黄色，最上面 1 片

基部带粉红色，具柄；雄蕊 10；雌蕊 1。荚果木质，近长圆形至长圆状倒卵形，先端有喙，红棕色，不开裂。种子 3～4 颗，长圆形，褐黄色。花期 5～10 月，果期 7 月至翌年 3 月。

【生态分布】苏木原产印度（有称为巴西），野生于海拔 500～1 800 m 的热带、亚热带地区。我国福建、台湾、广东、海南、广西、四川、贵州、云南等地有栽培。

【历史与民俗】苏木作为染料和药用的历史悠久，民间用于染布。入药始载于《南方草木状》，晋嵇含曰："苏枋树类槐花黑子，出九真，南人以染绛渍，以大庚之水则色愈深。"《新修本草》载："此人用染色者，出自南海昆仑，交州、爱州亦有之。树似庵罗，叶若榆叶而无涩，抽条长丈许，花黄，子生青熟黑。"《本草纲目》谓："海岛有苏方国，其地产此木，故名，今人呼为苏木尔。"又曰："苏木，煎汁忌铁器，则色黯。其木蠹之粪，名曰紫纳，亦可用。"

【化学成分】木材的心材含无色的原色素巴西苏木素（brazilin）约 2%。巴西苏木素遇空气即氧化为巴西苏木红素，又名苏木精（hematoxylin），是淡黄色到锈紫色的结晶体，易溶于酒精，微溶于水和甘油，易溶于热水和热乙醇，溶于碱、氨和硼砂的溶液。

苏木的药用成分含苏木酚（sappanol）、表苏木酚、3′-去氢苏木酚、3′-甲基苏木酚等以及巴西苏木素及其衍生物，四乙酰基巴西苏木素。又含商陆黄素、鼠李素、槲皮素、4,4′-二羟基-2′-甲氧基查耳酮等黄酮类。还含原苏木素 A、原苏木素 B、原苏木素 C、原苏木素 D、原苏木素 E-1、原苏木素 E-2，10-O-甲基原苏木素 B，苏木苦素 J、苏木苦素 P，β-谷甾醇，蒲公英赛醇，3-（3′，4-二羟基苄基）-7-羟基色原烷-4-酮等色原烷类化合物。

【加工与利用】以茎木入药和提取染料。苏木种植后 8 年可采。把树干砍下，削去外围的白色边材，截成每段长 60 cm，粗者对半剖开，阴干后，扎捆置阴凉干燥处贮藏。

提取时将其木材切成小段，浸泡于水中，并煮沸 4～6 h，待浸液变为带棕色的橙色溶液时，过滤去渣。滤液浓缩，放置 6～8 d 后，即可析出深紫红色的苏木素粗结晶。粗结晶用亚硫酸及水重结晶，可得纯的结晶体。也可将干燥的苏木心材粉碎后，以有机溶剂提取，再以硅胶柱色谱分离、结晶等方法制取苏木精等色素。

苏木素被氧化后生成苏木精，是一种天然媒介染料。同媒染剂（常用的是三价的铁或铝的盐）一起使用，能够使细胞核染色，是一种碱性染料。

苏木精用于蚕丝、毛皮和皮革的染色以及棉布的印花，用不同的媒染剂可得到蓝色或黑色。与重铬盐、铁盐、亚铁盐、铝盐和锡盐等一起可制成各种色淀。在分析化学中用于比色分析、显微镜分析，并用作 pH 指示剂，变色范围为 5.0～6.0，由黄色变紫色。

苏木在我国古代就是著名的红色系染料。苏木与不同的媒染剂作用，可染出不同的色彩。自古以来，苏木作为染料而被广泛使用，称为"苏枋色"。可以对天然的毛麻丝棉等进行染色；尤其在丝绸上可以呈现出鲜艳的大红色。从苏木中提取的苏木精用氧化铬为媒染剂可染成黑色，称之为苏木黑。

苏木水煎剂腹腔注射，对小鼠 LD50 为 18.9 g/kg，属低毒或无毒。但一般不作为食品染色剂使用。

【附注】干燥的木材供药用，味甘、咸，性平。具活血祛瘀、消肿止痛功能。近代研究表明，苏木具有抗癌作用：以人早幼粒白血病细胞株 HL-60 为靶细胞，苏木水提取液 0.5 mg（生药）/kg 有细胞毒作用。对小鼠淋巴瘤细胞株 Yac-1、人红髓白血病细胞株 K562 及小鼠成纤维细胞株 L929，苏木煎剂也有较强作用。对 EAC 荷瘤小鼠，苏木煎剂腹腔注射也能显著延长其生存时间。对于小鼠实验性白血病，苏木也能显著延长 P388 及 L1210 的生存时间，1∶1 煎剂每日腹腔注射 0.1 mL 及 0.2 mL，连续 7 d 的延长百分率分别为 97.8%、107.8%（P388）及 102.6%、117.5%（L1210）。此外，苏木还有抑制诱变效果。

84 木豆 *Cajanus cajan* (L.) Millisp. (*Cytisus cajan* L.)

彩图 84　英文名:Pigeonpea;豆科

【别名】三叶豆,树黄豆,豆蓉,树豆

【植物形态】直立灌木,1～3 m。多分枝,小枝有明显纵棱,被灰色短柔毛。叶具羽状 3 小叶;托叶小;叶柄长 1.5～5 cm;小叶纸质,披针形至椭圆形,长 5～10 cm,宽 1.5～3 cm,先端渐尖或急尖,表面被极短的灰白色短柔毛,背面灰白色。总状花序长 3～7 cm;苞片卵状椭圆形;花序、总花梗、苞片、花萼均被灰黄色短柔毛;花萼钟状;花冠黄色,旗瓣近圆形,背面有紫褐色纵线纹;雄蕊二体;子房被毛,有胚珠数颗,花柱长,柱头头状。荚果线状长圆形,长 4～7 cm,宽 6～11 mm;种子近圆形,稍扁,种皮暗红色,有时有褐色斑点。花、果期 2～11 月。

【生态分布】属热带植物,原产于印度,是印度以及东非、加勒比等热带地区的重要经济作物。极耐瘠薄干旱,栽培容易成活;生于山坡、砂地、旷地、丛林中或林边。我国主要分布于四川、广东、广西、台湾等地。

【历史与民俗】木豆又名树豆,是多年生常绿灌木。其栽培起源于印度,距今已有 6 000 多年的历史,是一种木本食用豆类作物,从印度传入我国,传统上分布在长江以南地区。木豆在我国南方各地广泛栽培,其种子为平民的主粮和菜肴之一,常用作包点馅料,因而又叫"豆蓉"。叶可作家畜饲料、绿肥。根入药能清热解毒。最重要的是它是紫胶虫的优良寄主植物。

【化学成分】木豆的种子富含维生素、矿物质和氨基酸。能量高(每 100 g 含能量 1 285 kJ),蛋白质含量在 20%以上。此外,种子还含苯丙氨酸和对羟基苯甲酸、γ-谷氨酰-5-甲基半胱氨酸、胰蛋白酶抑制剂、糜蛋白酶抑制剂。种芽含木豆异黄酮、木豆异黄烷酮醇。

【加工与利用】以木豆种子作为食品,食用木豆干豆子或去种皮的豆子。新鲜种子有芳香味。木豆可用于汤、炖菜和许多特色菜肴。在印度常与罗望子或绿色芒果混合制成可口的小菜。种子还可用于榨油、制作豆腐。

【附注】木豆是紫胶产区传统、优良的寄主植物之一,是高产、稳产的灌木类寄主植物。所生产的紫胶广泛用于国防、电气、涂料、橡胶、塑料、医药、制革、造纸、印刷、食品等工业部门。根药用,有清热解毒、止血止痛、杀虫之功效。

85 金盏花 *Calendula officinalis* L.

彩图 85　英文名:Marigold,Calendula,Pot marigold;菊科

【别名】金盏菊,盏盏菊,黄金盏,长生菊,醒酒花

【植物形态】二年生草本,高约 20～75 cm,通常自茎基部分枝,绿色,全株被毛。叶互生,长圆形,基生叶长圆状倒卵形或匙形。头状花序单生于枝顶,有黄、橙、橙红、白等色,也有重瓣、卷瓣和绿心、紫心等栽培品种。头状花序直径 4～5 cm,总苞片 1～2 层,披针形或长圆状披针形,外层稍长于内层,顶端渐尖,小花长于总苞的 2 倍,舌片宽达 4～5 mm;管状花檐部具三角状披针形裂片,瘦果全部弯曲,淡黄色或淡褐色,外层的瘦果大半内弯,常具小针刺,顶端具喙,两侧具翅,脊部具规则的横皱褶。花期4～9 月,果期 6～10 月。

【生态分布】原产欧洲南部及地中海沿岸,喜生长于温和、凉爽的气候,怕热、耐寒。要求有光照充足或轻微的荫蔽,疏松、排水良好、肥沃适度的土质,有一定的耐旱力。金盏花在欧洲栽培历史较长。中国各地有栽培。

【历史与民俗】金盏花原产欧洲,在欧洲栽培历史较长。中国金盏花的栽培是 18 世纪后从国外传

入的。清代乾隆年间，上海郊区已见批量金盏花生产。1949年以后，金盏花在园林中广泛栽培，应用于盆栽观赏和花坛布置。欧美人士喜欢剪下金盏花的花茎插在瓶里观赏。由于金盏花是圣母玛利亚通知怀孕的花朵，因此它的花语是“救济”。在法国诺曼底地区，则以金盏花为牛添染金黄色泽。相传它还有预测天气的功能：如果花在早晨7点以前绽放，当日必定是晴天，反之就将要下雨了。

【化学成分】花富含多种维生素，尤其是维生素A和维生素C，并含类胡萝卜素、番茄烃、蝴蝶梅黄素、玉红黄质、挥发油、树脂、黏液质、苹果酸等。根含苦味质、山金东二醇。种子含甘油酯、蜡醇和生物碱。

【加工与利用】金盏花适合于泡茶饮用，单泡或搭配绿茶泡饮。用一大匙干燥金盏花花瓣冲泡，焖约3～5 min即可，金黄色的茶映衬着漂浮的金黄花瓣，清香袅袅，饮来甘中微苦，可加蜂蜜调味。感冒时饮用金盏花茶，有助于退烧，清凉降火气。它还具有镇痉挛、促进消化的功效，对消化系统溃疡的患者极适合。此外还能促进血液循环。也可缓和酒精中毒，故也有益补肝的功效。但孕妇不宜饮用金盏花茶。

【附注】金盏菊植株矮生，花朵密集，花色鲜艳夺目，花期又长，是早春园林和城市中最常见的草本花卉。金盏花果实含丰富的维生素A，可预防色素沉淀、增进皮肤光泽与弹性、减缓衰老、避免肌肤松弛生皱。

86 油茶 *Camellia oleifera* Abel.

彩图86

英文名：Oil camellia；茶科

【别名】茶子树，油茶树，白花茶，建茶

【植物形态】灌木或小乔木，高达7 m；嫩枝有粗毛。叶革质，椭圆形或倒卵形，先端尖而有钝头，有时渐尖或钝，基部楔形，长5～7 cm，宽2～4 cm，表面深绿色，背面浅绿色，边缘有细锯齿；叶柄长4～8 mm。花顶生，近于无柄，苞片与萼片约10片，阔卵形，长3～12 mm；花瓣白色，5～7片，倒卵形，长2.5～3 cm，近于离生；雄蕊多数；子房有黄长毛，3～5室，花柱先端不同程度3裂。蒴果球形或卵圆形，直径2～4 cm，3室或1室，果壳木质，3片或2片裂开，每室有种子1粒或2粒。种子背圆腹扁，长至2.5 cm。花期9～10月，翌年秋季果熟。

【生态分布】喜温暖湿润气候，喜光照，怕寒冷，对土壤要求不严。油茶分布区的北界在淮河-秦岭一线；南界大致在北回归线附近；东界为东南海岸和台湾；西界是云南的怒江流域和青藏高原的东缘。垂直分布在东部地区一般在海拔800 m以下，西部地区可达海拔2 000 m。平原、丘陵、山地均有生长。产于四川、安徽、江苏、浙江、福建、台湾、江西、湖南、湖北、广东、广西、云南等地。东南亚也有分布。

【历史与民俗】油茶是我国最古老的木本食用油料植物之一，也是世界四大木本油料植物之一。在我国已有2 000多年的栽培历史，主要分布在我国南方几个省区的山区和丘陵地带，至少要种植五年以上才能开花结果。秋季开花，自开花到果实成熟为期一年，果实成熟于次年花开时节，采摘果实时分，茶油花已盛开，花果同树，民间有“抱子怀胎”之说。油茶树的寿命较长，有“寿经三四百年尚如新植”之说，堪称“天下第一奇果”。我国南方民间一直有栽培、食用油茶油的习惯，古代文献中也多有记载。如《本草纲目》记载：“油茶籽油性寒凉，味甘平，润肠通便，清热化湿，润肺祛痰，利头目。”

【化学成分】种子含油30.1%，种仁含油59.2%。油茶油为淡黄色的澄清液体。据报道，对132种油茶籽含油率进行了测定，并采用GC分析油茶籽油的脂肪酸组成。结果表明，油茶籽含油率大部分集中在30%～60%，平均含油率为38.39%；含油率最高为57.96%，最低仅为0.60%。油茶籽油脂肪酸主要是由软脂酸、硬脂酸、油酸和亚油酸4种组成；油酸含量在70.33%～86.21%，均值为78.24%；亚

油酸含量在 3.25%～17.18%，均值为 9.50%；软脂酸含量在 7.03%～13.85%，均值为9.63%；硬脂酸含量在 1.35%～5.49%，均值为 2.61%。

【加工与利用】种子含油，为主要利用部位。秋季采收成熟果实。采收时，一般树体不高，可人工将果实采摘下来，但不要损伤开花的花枝或花蕾。果实采摘后，及时晒干，果壳裂开后，打出种子，继续晒干，去杂，备用。一般以压榨法提取油茶籽油。

油茶籽油，可供食用，或用于润发、调药，可制蜡烛和肥皂，也可作机油的代用品。

油茶与油棕、油橄榄和椰子并称为世界四大木本食用油料植物。茶油的不饱和脂肪酸含量高达 90%，远远高于菜油、花生油和豆油，与橄榄油相比，其维生素 E 含量高一倍，具有更高的营养价值。

【附注】油茶具有很高的综合利用价值。茶籽粕中含有茶皂素、茶籽多糖、茶籽蛋白等，是化工、轻工、食品、饲料工业产品等的原料。茶籽壳还可制成糠醛、活性炭等，还是一种良好的食用菌培养基。研究表明，油茶皂素有抑菌和抗氧化作用。其根皮入药，有散瘀活血，接骨消肿功效，可用于治疗骨折、扭挫伤、腹痛、皮肤瘙痒、烫伤。油茶花入药，有凉血止血功效，主治吐血、咳血、衄血、便血、子宫出血、烫伤。其叶含有花黄素、茶碱等，也是医药工业的原料。木材可做小型农具。

87 茶 *Camellia sinensis* (L.) O. Ktze. (*Thea sinensis* L.)

彩图 87　英文名：Tea，Chai；山茶科

【别名】槚，茗，荈，茶叶，元茶

【植物形态】灌木或小乔木，嫩枝无毛。叶革质，长圆形或椭圆形，长 4～12 cm，宽 2～5 cm，先端钝或尖锐，基部楔形，表面发亮，背面无毛或初时有柔毛，边缘有锯齿，叶柄长 3～8 mm，无毛。花 1～3 朵腋生，白色，花柄长 4～6 mm，有时稍长；苞片 2 片，早落；萼片 5 片，阔卵形至圆形，长 3～4 mm，无毛，宿存；花瓣 5～6 片，阔卵形，长 1～1.6 cm，基部略连合，背面无毛，有时有短柔毛；雄蕊长 8～13 mm，基部连生 1～2 mm；子房密生白毛；花柱无毛，先端 3 裂，裂片长 2～4 mm。蒴果 3 或 1～2，球形，高1.1～1.5 cm，每球有种子 1～2 粒。花期 10 月至翌年 2 月。

【生态分布】原产中国、印度和斯里兰卡。需排水良好的砂质壤土，最适宜茶树生长的土壤酸度为 pH 5.5、年雨量在 1 500 mm 以上的地区。现在主要为栽培植物。我国主要产自长江流域及其以南地区。

【历史与民俗】在中国，茶自古以来就是人们普遍使用的饮料。追溯中国人饮茶的起源，有的认为起于上古，有的认为起于周，起于秦汉、三国、南北朝、唐代的说法也都有，造成众说纷纭的主要原因是因唐代以前无“茶”字，而只有“荼”字的记载，直到《茶经》的作者陆羽方将荼字减一画而写成“茶”，因此有茶起源于唐代的说法。

中国许多礼仪都与茶有关。后传入日本。印度和斯里兰卡的居民饮用茶的习惯较晚。茶主要产于中国南部及毗邻地区的泰国、缅甸、老挝和柬埔寨。它最初是以土特产出口，从中国出口到俄罗斯和其他国家。“茶”这个名字是基于中国南方方言，最初于 1830 年，以航运贸易到达英格兰。现在中国茶和印度阿萨姆邦茶的杂交种子植物已到达世界的许多地方，如今每年生产茶约 250 万 t。

【化学成分】茶含黄嘌呤、咖啡碱（1%～5%）、可可豆碱、鞣质、黄酮类化合物、油脂和维生素 C。还含芳香油、碳水化合物、蛋白质、氨基酸和多种矿质元素。

【加工与利用】在西方国家主要消耗红茶（茶加牛奶和糖），而绿茶（不含牛奶或糖）在中国和日本受到欢迎。将茶加入精油（柠檬、佛手柑）、干花（茉莉花）或香料（肉桂、薄荷）调味，在世界各地也很流行；现在冷饮冰茶也已经成为重要的产业。绿茶还可用于肉、鱼和蛋菜，特别是在中国和越南比较流行。

在中国，茶主要用于助消化，有助于治疗消化道感染。在印度草医药学中，茶用作发汗剂、收敛

剂、消化剂和神经强壮剂，用于治疗眼疾、痔疮、发热和缓解疲劳。茶叶外用可缓解昆虫蜇伤、皮肤肿痛以及日晒斑。研究表明，绿茶有益于肝炎的治疗。日本的研究则显示，茶含有抑制牙齿损伤的成分。

【附注】根据制茶方法不同，茶的产品形态有所差异。茶叶可分为绿茶、红茶、乌龙茶、白茶、黄茶、青茶等品种。绿茶提取物还在化妆品中使用。

88 锡兰橄榄 *Canarium zeylanicum* (Retz.) Blume (*Elaeocarpus serratus* L.)

彩图 88　英文名：Kekuna；杜英科

【别名】杜英榄

【植物形态】常绿乔木，树高 7～15 m，叶具长柄，互生，椭圆形，先端锐尖，基部钝，疏锯齿，绿色，革质，长 10～19 cm，宽 4～8 cm，侧脉 6～8 对。总状花序，腋生或顶生；花淡黄绿色，萼片卵形，花瓣先端分裂，花盘为腺体状，五裂；雄蕊 20～35 枚，由顶端横瓣裂放散花粉；子房 3 室。核果卵形，长约 3 cm，外形极似橄榄。4～6 月开花，果实于 12 月至次年 1 月成熟。

【生态分布】原产印度、斯里兰卡，喜温暖湿润气候，不耐寒。我国主要种植于福建、广东，其次为广西、海南、台湾，此外，四川、云南及浙江南部亦有少量种植。

【历史与民俗】锡兰橄榄果实在印度、斯里兰卡民间食用已久。我国引入历史不详，因其树形美观，多作为行道树、庭院树种植。广西等地民间发现其根有药用价值，有祛风止痛、壮筋续骨功效，用于治疗风湿痹阻经络、关节疼痛、跌打损伤。

【化学成分】果肉含丰富的总糖、蛋白质、脂肪、维生素 C 以及钙、磷等。

【加工与利用】利用部位主要为果实。果实成熟时采收，去杂，洗净，可鲜食。锡兰橄榄果大汁多，纤维较少，果胶含量较高，肉质柔嫩，口感滑爽，营养价值较高。锡兰橄榄除供鲜食外，主要用于加工制果脯、蜜饯、果粉、饮料等产品。

【附注】锡兰橄榄的树干通直，树姿优雅，可作为公路市街行道树。本种名为橄榄，实际上不是橄榄科植物。

89 刀豆 *Canavalia gladiata* (Jacq.) DC.

彩图 89　英文名：Semen canavaliae；豆科

【别名】挟剑豆，蔓生刀豆，葛豆，刀豆角

【植物形态】缠绕性草质藤本。茎嫩绿色，有白色短柔毛，后脱落。叶互生，三出复叶，叶柄长 10～15 cm；小叶通常阔卵形或菱形，长 8～15 cm，先端渐尖，基部阔楔形，侧生小叶偏斜。总状花序腋生；花排列较疏，通常 2 朵花基部有 1 披针形小苞片；花萼 2，唇形；花冠蝶形，淡红色；雄蕊 10 枚，连合为单体；子房条形，被毛。荚果大而长扁，略弯曲，长可达 30 cm。种子肾形，红色或褐色。

【生态分布】原产于美洲热带地区、西印度群岛。喜温暖湿润气候，不耐寒。世界各地有栽培。我国长江流域及南方各省均有栽培，广东、海南、广西、四川、云南、湖南、江西、湖北、江苏、山东、浙江、安徽、陕西普遍栽培。

【历史与民俗】刀豆因豆荚形似刀而得名“刀豆”。又因荚形似人挟剑横斜，故又名“挟剑豆”。刀豆原产于墨西哥及中南美洲，现在已分布于世界各地。500 多年前中国已有栽培。如《本草纲目》“温中下气，利肠胃，止呃逆，益肾补元。”《医林纂要》“和胃，升清，降浊。”《滇南本草》“治风寒湿气，利肠胃，烧

灰，酒送下，子，能健脾。”等均有记载。现在栽培的多为蔓生刀豆。刀豆在日本被称为隐元豆，源于早年由中国出生的隐元和尚将刀豆种子传入日本。

【化学成分】 刀豆种子含蛋白质 28.75%、淀粉 37.2%、可溶性糖 7.50%、类脂物 1.36%、纤维 6.10%及灰分 1.90%，还含有刀豆氨酸、刀豆四氨、刀豆球蛋白 A 和凝集素等。

【加工与利用】 利用干燥成熟种子。秋季采收成熟果实，剥取种子，晒干备用。置通风干燥处贮藏，注意防蛀。刀豆嫩豆荚可食用，质地脆嫩，肉厚鲜美可口，清香淡雅，是菜中佳品，可单作蔬菜炒食，搭配猪肉、鸡肉煮食尤其美味；还可腌制酱菜或泡菜食之。

干刀豆味甘，性平，无毒。主要功效为温中焦，顺气，调养肠胃，益肾，补元气，同时有镇静作用，还可以增强大脑皮质功能，使神志清晰，精力充沛。一般人群均可食用，尤适于肾虚腰痛、气滞呃逆、风温腰痛、小儿疝气等症患者食用。食用方法为煎汤，煮食，或研末服。烹饪刀豆时，必须注意火候，如火候不够，则有豆腥味和生硬感，或引起食物中毒，故一定要炒熟煮透，但要保持碧绿，不能煮成黄色。

刀豆的营养价值在鲜豆类蔬菜中属一般，蛋白质含量低于豇豆、扁豆，但维生素、矿物质含量较高，含钠量少，是高血压、冠心病及忌盐病患者理想的营养保健佳蔬。刀豆（豆粒）是一种滋补性食物，具有维持人体正常新陈代谢的功能，可以增强人体内多种酶的活性。刀豆还含有尿素酶、血细胞凝集素、豆赤霉素等。将刀豆尿素酶用于肝昏迷的病人，可使尿素水解减少，氨的产生也随之减少，从而可使肝昏迷患者获治或减轻其症状。刀豆中的氨酸、血细胞凝集素及刀豆赤霉素还具有抗癌的作用。

【附注】 刀豆是食用蔬菜，也是中药材。性温，味甘，无毒。具温中、下气、止呃、补肾之功效。用于治疗虚寒呃逆，呕吐，肾虚，腰痛，胃痛等。

90 依兰 *Cananga odorata* (Lamk.) Hook. f. et Thoms.

彩图 90 英文名：Cananga，Ylang；番荔枝科

【别名】 夷兰，香水树，依兰香，加拿楷

【植物形态】 常绿乔木，高达 20 m；树皮灰色。小枝无毛，有皮孔。叶大，薄纸质，卵状长圆形或长椭圆形，长 10～23 cm，宽 4～14 cm，先端渐尖或尖，基部圆形，表面无毛，背面沿叶脉疏被短柔毛；叶柄长 1～1.5 cm。花 2～5 朵簇生于叶腋内或叶腋外，黄绿色，芳香；萼片卵圆形，绿色；花瓣条形或条状披针形，长 5～8 cm，宽 8～16 mm；雄蕊基部窄，上部宽，药隔尖；心皮长圆形。小果 10～12，近球形或卵形，长约 1.5 cm，径约 1 cm，黑色。花期 4～8 月，果期 12 月至翌年 3 月。

【生态分布】 依兰原产缅甸、印度、印度尼西亚、菲律宾、马来西亚。要求年平均气温 22 ℃以上，绝对最低温不低于 3～5 ℃，年降水量 1 500～2 000 mm，以及排水良好的肥沃冲积砂质壤土或富含腐殖质的砂壤土。我国台湾、福建南部、广东、海南、广西、云南等地引种栽培。

【历史与民俗】 依兰寓意是“花中之花”，来自马来语“alangilang”，形容它悬吊摇曳的风姿；也被称为“东方之王”。东南亚的妇女使用依兰精油来使头发更具光泽。19 世纪时，依兰在欧洲也曾经一度是马加撒润发油的成分之一。在维多利亚时代，英国家庭主妇常使用马加撒润发油，因此，扶手椅后背上的椅罩成了隔离头发油污的工具。在印度尼西亚有一个有趣的风俗，新婚夫妇把依兰花瓣铺在床铺上，用于催情，提高性欲。1900 年以前菲律宾一直垄断世界上的依兰精油贸易，那时依兰又称为“穷人茉莉”；也广泛用在高档香水中。

【化学成分】 芳樟醇、香叶醇、橙花醇、松油醇、苯甲醇、苯乙醇、叶醇、丁香酚、对甲酚、对甲酚醚、黄樟油素、异黄樟油素、甲基庚烯酮、戊酸、苯甲酸、水杨酸、乙酸香叶酯、水杨酸甲酯、蒎烯、金合欢烯、石竹烯等。

花、叶精油中含里那醇（11%～30%）、黄樟脑、丁子香酚、牻牛儿醇、倍半萜烯内酯[大牻牛儿烯(germacrene)，15%～25%]等。

【加工与利用】通常采用鲜花。盛花季节采集鲜花，用水蒸气蒸馏法提精油，得率 1%～1.5%。国外依兰花在提油过程中按不同蒸出馏分分为特级、一级、二级和三级油；不分馏分的为依兰全油。鲜花也可用石油醚提取，过滤，回收溶剂，蒸干，得提取物（浸膏或粉剂）。

花和精油有镇静、防腐作用。精油有舒缓作用，并有催欲作用。花的提取物可用于治疗头痛、目赤、痛风和极度疲劳症状。

依兰精油为清新的花香，浓甜有力，颇似茉莉，较茉莉香粗强而留长。在调香上广泛用于各种中高档化妆品，如香水、香粉、膏霜等。它可适当代替茉莉，用于各种香精配方，可改进香气；几乎是无方不用。

【附注】依兰鲜花提取物抗菌能力较强，亦常用于护肤类化妆品中。

91 蕉芋 *Canna edulis* Ker Gawl.

彩图 91

英文名：Achira，Edible canna，Queensland arrowroot；美人蕉科

【别名】芭蕉芋，蕉藕，姜芋

【植物形态】根茎发达，多分枝，块状；茎粗壮，高可达 3 m。叶片长圆形或卵状长圆形，长 30～60 cm，宽 10～20 cm，叶面绿色，背面紫色；叶柄短；叶鞘边缘紫色。总状花序单生或分叉，被蜡质粉霜，基部有阔鞘；花单生或 2 朵聚生，小苞片卵形，淡紫色；萼片披针形，长约 1.5 cm，淡绿而染紫；花冠管杏黄色，长约 1.5 cm，花冠裂片杏黄而顶端染紫，披针形，长约 4 cm，直立；外轮退化雄蕊 2(3) 枚，倒披针形；唇瓣披针形，长 4.5 cm，卷曲，顶端 2 裂，上部红色，基部杏黄；发育雄蕊披针形，长 4.2 cm，杏黄而染红，花药室长 9 mm；子房圆球形，直径 6 mm，绿色，密被小疣状突起；花柱狭带形，长 6 cm（其中基部与退化雄蕊管连合），杏黄色。蒴果成 3 瓣开裂，瘤状。花期 9～10 月，果期 11～12 月。

【生态分布】喜高温，茎叶生长最适温度为 30 ℃，块茎膨大期最适温度约 25 ℃，喜光。较耐旱，怕涝。要求土层深厚肥沃的壤土。生长于海拔 140～2 000 m 的地区，常生长在林缘。原产西印度群岛和南美洲安第斯山脉。20 世纪中期引入中国，长江以南各地有少量栽培。

【历史与民俗】蕉芋也是观赏植物。原产南美洲安第斯山脉，委内瑞拉和智利尚有野生种。公元前 2500 年在哥伦比亚驯化，现在，它被广泛种植在墨西哥以及西印度群岛和南美洲的大部分地区。1570 年欧洲已有栽培，1821 年传入日本，1948 年引入中国南方，如福建、江西、浙江等省有零星种植。

【化学成分】干根含淀粉 80%、糖分 10%、蛋白质 1%～3%，并富含钾。据报道，鲜块茎含水分 70.7%、粗蛋白质 0.84%、粗脂肪 1.54%、无氮浸出物 25.1%、粗纤维 0.81%、灰分 1.0%；茎叶含水分 87.75%、粗蛋白 1.62%、粗脂肪 0.53%、粗纤维 2.79%、无氮浸出物 5.97%、灰分 1.48%。

【加工与利用】在秘鲁和厄瓜多尔南部，蕉芋根状茎或幼嫩芽是重要的食品，通常用于煮或烤来吃（通常作为传统节日的食品）。烧烤时，根状茎变成半透明状，鲜甜黏稠。在越南，蕉芋被大规模种植，产品加工成颇受欢迎的透明状越南面条。在澳大利亚北部（称为"昆士兰竹芋"），近年来也作为商业淀粉作物而广泛栽培。

蕉芋可加工成淀粉，或晒干发酵后酿酒，出酒率达 60%～70%，高于粮食出酒率。

【附注】酿酒产生的酒糟和蕉芋杆是喂猪的饲料。在纺织工业上，蕉芋淀粉可用于浆纱，相比用粮食淀粉，具有黏结度高、光洁度好等特点。蕉芋还可用于造纸、制鞋、制帽、服装和文化用品等行业。

92 大麻 *Cannabis sativa* L.

彩图 92　英文名：Hemp；桑科

【别名】汉麻，白麻，火麻，线麻

【植物形态】一年生草本，茎直立，高 1～3 m。根系发达，梢部有分支；茎基部圆形，中部以上呈方形，皮粗糙有沟纹，被短腺毛；皮层富含纤维。叶互生或对生，为掌状复叶，具 3～13 片披针形小叶，叶面有糙毛，背面密被灰白色毡毛，边缘有锯齿；花单性，雌雄异株；雄花排列成疏散的圆锥花序；花被片和雄蕊各 5，黄绿色至白色；雌花小，丛生于叶腋，绿色；每朵花外具 1 卵形苞片，花被退化，膜质，紧包子房。瘦果扁卵形，有棱，为宿存的黄褐色苞片包裹；种子深绿色。

【生态分布】喜温暖湿润气候，适应性强，山野荒地均能生长，但以排水良好的砂质土壤或黏质土壤上生长最好。原产锡金、不丹、印度以及中亚地区，现各国均有野生或栽培。中国新疆常见野生。我国辽宁、吉林、黑龙江、内蒙古、甘肃、陕西、山西、山东、河北、河南、江苏、浙江、安徽、江西、湖北、湖南、四川、云南、贵州、广东等地区有栽培。

【历史与民俗】大麻起源于我国，有“国纺源头，万年衣祖”之称，麻文化为东方服饰文明的重要标志。麻的发现、运用居天然纤维（麻丝毛棉）之首。在我国，大麻古称汉麻，其种植历史已有 8 000 多年，在黑龙江、内蒙古，人们称之为线麻；在安徽，称之为寒麻；在广西，叫它为火麻；在云南，叫作云麻；在新疆，则叫大麻；在河南，人们叫它魁麻。

早在 2 000 多年前的西汉，我国对大麻的麻纺织技术就已成熟。马王堆汉墓出土的“素色蝉衣”等大量麻纺精品就可以说明这一点。西汉时期，麻纺精品与丝织精品沿着“丝绸之路”进入中东、地中海、欧洲，从而走向世界。麻织品运用到官吏和宗教的服饰上，被赋予神圣祥瑞的象征，为世人膜拜。近代以来，随着棉花种植的推广，以及工业合成纤维的出现，古老的大麻渐渐淡出了人们的视野。

【化学成分】脱胶后的大麻纤维洁白而柔软，有光泽；单纤维长 15～25 mm，宽 15～25 μm，长宽比约 1 000。大麻纤维与碘-氯化锌试剂作用呈酒红色，经水化后呈蓝紫色。麻的化学组成(%)：水分 9.25，灰分 2.85，冷水抽出物 6.45，热水抽出物 10.5，乙醚抽出物 5.0，苯醇抽出物 6.72，1%氢氧化钠抽出物 30.76，聚戊糖 4.91，木质素 4.03，果胶 2.0，克贝纤维素 69.51。

【加工与利用】主要利用韧皮纤维。8～9 月种子成熟时收割。如不及时收割，茎秆倒伏，会影响纤维质量。一般以人工收割茎秆，除去根、叶及梢枝，以草绳捆扎，每捆直径不宜超过 25 cm。然后将捆立起，码成圆堆风干，待茎秆水分降到 18%以下时即可剥皮。

民间大麻剥皮有鲜剥和干剥 2 种。鲜剥：将茎秆用手直接剥取麻皮，再用麻刀除净粗皮(表皮)，在清水中洗净，晒干即成原料麻(束纤维)。干剥：即用亚麻剥皮机类，将茎秆轧碎，使其与麻皮分离，去杂后得原料麻。原料麻为束纤维，可直接用于制绳、造纸等。但要用于纺织则需进一步脱胶。一般以碱煮的化学脱胶工艺进行脱胶。

脱胶后为可纺纤维，单纺可纺 60 支以上的麻纱，素有“天然纤维之王”的美誉。以它制成的服装衣饰具有吸湿、透气、舒爽、散热、防霉、抑菌、抗辐射、防紫外线、吸音等多种功能，既可民用又可军用。

大麻的秆芯经研磨可生产木粉，制造活性炭、用于造纸；麻叶、麻花、麻根可提取药物，有止血、散淤、解毒、安胎等功效。

大麻籽仁可榨油，其不饱和脂肪酸含量高于深海鱼油，极有保健价值。榨油后剩余的籽粕中可提取麻仁蛋白，用于制作高营养食品。大麻籽油制成生物柴油，经坦克发动机和地面车辆行车试验，证明与现今军用柴油指标基本一致，可满足部队和地方能源多样化的需求。

【附注】本种的叶、花、果含四氢大麻酚(简称 THC)。THC 在吸食或口服后有精神和生理的活性作用。人类吸食大麻的历史长达千余年，20 世纪在毒品和宗教方面的使用有增加倾向，应予以注意。

93 刺山柑 *Capparis spinosa* L.

彩图 93　英文名:Caper bush;白花菜科

【别名】老鼠瓜,槌果藤实,棰果藤

【植物形态】半灌木状匍匐藤本。直根粗壮;茎多分枝,平卧或微斜上升,长 1～3 m。单叶,互生;叶片近革质,圆形、倒卵形、三角状倒卵形、椭圆形,长 1～5 cm,先端近圆形,有短尖,基部近圆形,全缘;托叶变为刺状,直或弯。花腋生,较大,两性,直径 4～6 cm,萼片 4,狭卵形,绿色;花瓣 4,倒卵形,顶端微凹,白色,稀为粉红色;雄蕊多数;雌蕊 1,子房具长柄,超出雄蕊。果实成熟后开裂,种子多数,肾形,黑褐色。花期 6 月,果期 8 月。

【生态分布】喜温和凉爽气候,耐旱、耐寒。喜光,幼苗较耐阴,对土壤要求不严,但以土层深厚、疏松、肥沃的砂质壤土上生长最好,适应性强。在我国新疆、甘肃(安西、敦煌)、西藏等地的戈壁、沙地、石质山坡、路边均能健壮生长。在哈萨克斯坦、阿富汗、伊朗、土耳其以及巴尔干和欧洲南部地区的干旱荒地均有分布。

【历史与民俗】刺山柑在地中海地区,自古以来人们就有在其开花前采集花蕾、嫩茎叶用醋腌渍后食用的习惯,并成为使用广泛的调味品之一。它的嫩叶芽是民间餐桌上常见的野菜,也是一种辛辣食品,深受古希腊人的喜爱;虽然对胃有些刺激,但至今在欧洲仍是受欢迎的食品。刺山柑花蕾经醋浸泡加工后可止胃痛,并能增进食欲,经常用于各种肉食菜肴的烹饪,以增加风味;也常用于白沙司、蛋黄酱、香辣酱等复合调味料中。

刺山柑在我国食用的地区不多,只有新疆少数民族地区民间作为食用和药用,有清热、健胃之功效,被视为有营养价值的“保健食品”。随着中外交流的增多和人们生活水平的提高以及保健意识的增强,刺山柑也逐渐成为高档餐馆的美味佳品。

【化学成分】刺山柑嫩叶、嫩芽及花蕾营养丰富,含有蛋白质、糖类、脂肪、膳食纤维、胡萝卜素、核黄素、维生素 C、皂苷、鞣质、芦丁、癸酸及各种矿物盐类等。

据测定,刺山柑果实中含糖(12%)、硫苷、芥子酶、甾体皂苷、芦丁(0.32%)、维生素 C(1 360 mg/kg)、红色素、碘等。

刺山柑种子含蛋白质 18%、半干性脂肪油 26%～36%。我国新疆产的刺山柑种子含脂肪油 34%～36%。脂肪酸组成(%):棕榈酸 3.4、硬脂酸 1.8、油酸 25.8、亚油酸 65.4、亚麻酸 2.5。种子中还含有阿魏酸和芥子酸等。

【加工与利用】自古以来,刺山柑的嫩芽、嫩叶和花蕾在产区就是很好的野菜,如西欧、中东、中亚以及我国新疆等地,当地人们很早就有利用刺山柑做菜和调味品食用的习惯。

刺山柑一般以群众自己采集、加工和自食。由于食用历史久远,当地各族人民在对刺山柑的长期认识、使用过程中积累了很多经验和烹调方法,形成了一些具有浓郁地方特色的佳肴。特别是我国新疆的少数民族将刺山柑的果实叫做“野西瓜”,认为其性温,有舒张血管和止血的作用,并有抑制布氏杆菌和结核菌的作用,是一种很好的保健食品。随着改革开放的深入和旅游业的发展,刺山柑和其他一些野生蔬菜一样,逐步由百姓自采自食走向市场,并迅速为广大消费者所喜爱。

刺山柑嫩芽、嫩叶和花蕾洗净,用醋浸泡后,可炒食和作调味品,可以炒肉、炒蛋等,或加酱、糖等作酸味凉拌菜和调制沙拉等。

在欧洲各地,刺山柑酸菜也是常用的汤料和风味佐料,有清爽的口感。

刺山柑的嫩芽、嫩叶和花蕾市上有售,主要用于制成酸菜、咸菜制品或制成罐头食品。

【附注】腌制的刺山柑花蕾及果实有治疗坏血病的作用,还可祛风,散寒,除湿,适用于风湿性关节炎、腰腿痛、关节肿大、四肢发麻等,有特殊疗效。

94 辣椒 *Capsicum annuum* L.

彩图 94 英文名：Sweet pepper，Paprika，Chilli；茄科

【别名】牛角椒，长辣椒，菜椒，灯笼椒

【植物形态】一年生或有限多年生植物；高 40～80 cm。茎近无毛或微生柔毛，分枝稍之字形折曲。叶互生，矩圆状卵形、卵形或卵状披针形，长 4～13 cm，宽 1.5～4 cm，全缘，顶端短渐尖或急尖，基部狭楔形；叶柄长 4～7 cm。花单生，俯垂；花萼杯状，不显著 5 齿；花冠白色，裂片卵形；花药灰紫色。果梗较粗壮，俯垂；果实长指状，顶端渐尖且常弯曲，未成熟时绿色，成熟后成红色、橙色或紫红色，味辣。种子扁肾形，长 3～5 mm，淡黄色。花果期 5～11 月。

【生态分布】喜温暖气候，既不耐旱也不耐涝；喜欢比较干爽的空气条件。辣椒原产于中美洲热带地区，现世界各地有栽培。中国主要分布于四川、贵州、湖南、云南、陕西、河北等地。

【历史与民俗】辣椒原来生长在中南美洲热带地区。据考古学家估计，早在公元前 5 000 年美索亚美利加人(玛雅人)就开始吃辣椒了，而在公元前 7 000 年的时候就在此生长了，所以辣椒可以说是人类种植的最古老的农作物之一。最初发现于美索亚美利加的一年生辣椒，包括了番椒、甜椒和墨西哥胡椒。欧洲殖民主义到达美洲以后，辣椒 1493 年率先传入欧洲，大约 1583—1598 年传入日本。传入我国的年代未见具体的记载，但是比较公认的最早关于辣椒的记载是明代高濂撰《遵生八笺》(1591 年)，曰："番椒丛生，白花，果俨似秃笔头，味辣色红，甚可观"。据此记载，通常认为辣椒即是明朝末年传入中国的。

辣椒传入中国有两条路径：一是声名远扬的丝绸之路，从西亚进入新疆、甘肃、陕西等地，率先在西北栽培；一是经过马六甲海峡进入中国，在南方的云南、广西和湖南等地栽培，然后逐渐向全国扩展。

【化学成分】每 100 g 辣椒(果实)维生素 C 含量高达 198 mg，居蔬菜首位。维生素 B、胡萝卜素以及钙、铁等矿物质含量亦较丰富。另有报道，红尖辣椒(括号内数据为青尖辣椒)可食部分 80%(84%)，每 100 g 中含热量 134(96) kJ、蛋白质 1.3(1.4) g、脂肪 0.4(0.3) g、碳水化合物 5.7(3.7) g、胡萝卜素 1 390(340) μg、维生素 B_1 0.03(0.03) mg、核黄素 0.06(0.04) mg、烟酸 0.8(0.5) mg、维生素 C 144(62) mg、维生素 E 0.44(0.88) mg。钾 222(209)mg、钠 2.6(2.2) mg、钙 37(35) mg、镁 16(15) mg、硒 1.90(0.62) μg。还含辣椒碱、辣椒红素等。

【加工与利用】肉质甜辣椒是一种很受欢迎的蔬菜，被广泛用于新鲜的沙拉，美味脆爽，适于搭配各种餐点。果实内的种子和白膜胎盘要去除。辣椒的属名"Capsicum"的意思是"盒子"，它的果实空洞内可以填充其他理想的食材。它们在地中海 cooking-famous 菜，包括 caponata 中尤其受欢迎；西班牙凉菜汤、piperade 和炖菜中均有辣椒。辣椒还可制成略有辛辣的干品或粉剂，辣椒粉已被广泛用于风味土豆、奶酪和炒鸡蛋中，也是著名的匈牙利浓汤和许多其他菜的成分。

辣椒能增强体力，缓解疲劳。其特有的味道和所含的辣椒素有刺激唾液和胃液分泌的作用，能增进食欲，帮助消化，促进肠蠕动，防止便秘。它还可以防治坏血病，对牙龈出血、贫血、血管脆弱有辅助治疗作用。一般人都会感觉到，吃了带有辛味的青椒之后会心跳加速、皮肤血管扩张、身热，所以中医称其可温中下气、散寒除湿。

95 番木瓜 *Carica papaya* L.

彩图 95 英文名：Papaya tree，Pawpaw；番木瓜科

【别名】木瓜，番瓜，万寿果，乳瓜，蓬生果

【植物形态】常绿软木质小乔木，高达 8～10 m，具乳汁；茎不分枝或有时于损伤处分枝，具螺旋状

排列的托叶痕。叶大，聚生于茎顶端，近盾形，直径可达 60 cm，通常 5～9 深裂，每裂片再为羽状分裂；叶柄中空，长达 60～100 cm。花单性或两性。植株有雄株、雌株和两性株。雄花：排列成圆锥花序；萼片基部连合；花冠乳黄色，冠管细管状，花冠裂片 5，披针形；雄蕊 10，5 长 5 短，被白色茸毛；子房退化。雌花：单生或由数朵排列成伞房花序，萼片 5；花冠裂片 5，分离，乳黄色或黄白色，长圆形或披针形；子房上位，卵球形，无柄，花柱 5，柱头数裂，近流苏状。两性花：雄蕊 5 枚或 10 枚，排列成 2 轮，子房比雌株子房较小。浆果肉质，成熟时橙黄色或黄色，长圆球形、梨形或近圆球形，长 10～30 cm 或更长，果肉柔软多汁，味香甜；种子多数，卵球形，成熟时黑色，外种皮肉质，内种皮木质。花果期全年。

【生态分布】喜高温多湿热带气候，不耐寒。原产于墨西哥南部以及邻近的美洲中部地区，现主要分布于东南亚的马来西亚、菲律宾、泰国、越南、缅甸、印度尼西亚以及印度和斯里兰卡，中、南美洲，西印度群岛以及美国的佛罗里达、夏威夷，古巴以及澳大利亚也有分布。中国主要分布在广东、海南、广西、云南、福建、台湾等地区。

【历史与民俗】玛雅人将番木瓜芽和乳液作草药使用。数百年前，加勒比地区印第安人发现把肉卷在木瓜叶里面，肉会变得更鲜嫩。如今，番木瓜的提取物是大部分肉类软化剂的有效成分。印第安人将未成熟的番木瓜切口，收集其中乳液（胶乳），用于治疗银屑病、癣菌病以及外伤和感染。番木瓜被引入亚洲热带地区后，迅速被当地居民用于治疗疾病。菲律宾人用根的煎剂治疗痔疮。

番木瓜何时传到中国，有两种说法。有人认为，《岭南尽杂记》记载了番木瓜，这部书成书于 17 世纪末，说明我国栽培番木瓜至少有 300 年历史了。也有人认为，宋代王说的《唐语林》讲到了番木瓜，而这本书是根据唐人小说的旧材料编写的；因此，番木瓜传入中国，最晚也应该在 12 世纪初，最早可能推至唐代。

【化学成分】果实含葡萄糖、果糖、蔗糖、胡萝卜素、维生素 C、酒石酸、枸橼酸、苹果酸等，并含有蛋白酶（木瓜蛋白酶、木瓜凝乳蛋白酶）、微量生物碱。未成熟果实的汁液中含更多量的番木瓜蛋白酶、脂肪酶。

【加工与利用】成熟的果实用于水果沙拉是很受欢迎的（包括印尼的 rujak 沙拉），或作为甜点（与糖、奶油，添加少许朗姆酒改善风味）；也可用于制成果汁、果酱、蜜饯或晒成干品。在东南亚，未熟的果实被作为蔬菜添加到沙拉和煮熟的菜肴中。

番木瓜果实、叶和乳液含有多种酶（如木瓜蛋白酶等），主要用于助消化，还可预防胃溃疡。青果中含果胶，可提取制成木瓜果胶代血浆。

【附注】未成熟番木瓜的乳汁可提取番木瓜素，是制造化妆品的上乘原料，具有美容增白的功效。番木瓜树干的乳液外敷，可加速伤口溃疡、烫伤、疣及肿瘤的愈合。种子有轻泻作用；乳液有类似驱虫效果，种子可以用于榨油。花的浸剂内服用于通经。叶常用于敷裹伤口。

96 红花 *Carthamus tinctorius* L.

彩图 96　英文名：Safflower；菊科

【别名】草红花

【植物形态】一年生或二年生草本，高 30～90 cm。叶互生，卵形或卵状披针形，长 4～12 cm，宽 1～3 cm，先端渐尖，边缘具不规则锯齿，齿端有锐刺；几无柄，微抱茎。头状花序顶生，直径 3～4 cm，总苞片多层，最外 2～3 层叶状，边缘具不等长锐齿，内面数层卵形，上部边缘有短刺；全为管状花，两性，花冠初时黄色，渐变为橘红色。瘦果白色，倒卵形，长约 5 mm，具四棱，无冠毛。花期 5～7 月，果期 7～9 月。

【生态分布】喜温暖干燥气候，耐寒、耐旱、耐盐碱、耐瘠薄。原产于伊朗和印度西北部，以及非洲。现在北美及远东地区均有分布。我国栽培红花历史悠久，自魏由“丝绸之路”传入，至今已有

1 700多年，河南省的主要红花产区保持至今。全国各地均有分布，新疆、河南、四川和浙江等地为主要产区。

【历史与民俗】红花最早被用作红色和黄色染料，用于纺织物的染色和制作化妆品。古代红花提取物曾用于染制包裹木乃伊的布匹；后来逐渐药用。民间以其花泡茶饮用，可退热和发汗。19世纪北美洲草药学中，将红花用于发汗、通经以及治疗麻疹。红花古称“烟支”“燕支”“胭脂”等，原产于西域。

【化学成分】花含黄酮及色素（包括羟基红花黄色素A、红花黄色素B和红花红色素）、木酚素、多糖、少量挥发油等。种子（瘦果）含油27.3%，种仁含油55.38%。油的脂肪酸组成（%）：肉豆蔻酸0～1.5，棕榈酸2.1～8.4，硬脂酸1～6.5，花生酸0.4～1.2，山嵛酸0～1.2，油酸7～37.6，亚油酸56.7～80.0，亚麻酸0～3.0。

【加工与利用】瘦果可提取食用油（通过冷压或溶剂萃取）。油含多不饱和脂肪酸（可用于人造黄油和沙拉油）。它是一种健康食品，很受人们欢迎，在已知的籽油中它是亚油酸含量最高的一种。干花用作红花色素和食用香料；如受欢迎的牙买加香料中就含有红花、红辣椒和丁香。

民间将红花作为兴奋剂、泻药、止汗剂、通经药、堕胎药、祛痰剂使用，以及用于治疗肿瘤。红花籽油可用于预防动脉粥样硬化。在印度医学中，红花全草用芝麻油加热提取，局部按摩用于治疗风湿性关节疼痛、肢体麻木等。

【附注】红花色素可用作染料以及食品和化妆品的天然色素添加剂。

97 葛缕子 *Carum carvi* L.

彩图97

英文名：Caraway；伞形科

【别名】贳蒿

【植物形态】一年生草本或多年生草本，高30～80 cm，芳香，全体无毛；直根圆柱状，肉质。茎直立，上部分枝。叶矩圆形或宽椭圆形，长6～15 cm，二至三回羽状深裂，最终裂片披针状条形或条形，长2～3 mm，宽1～3 mm；叶柄长5～8 cm，具宽叶鞘，边缘膜质，白色或粉红色。复伞形花序顶生和侧生；总花梗长5～8 cm；无总苞及小总苞，或有总苞片1～3、小总苞片数个，都为线形；伞幅8～16；花白色或粉红色。双悬果矩圆状卵形，长3～4 mm，宽2～2.5 mm，棕黑色，具黄色棱线5条。花果期6～7月。

【生态分布】原产于欧洲、亚洲温带地区，喜生于海拔2 000 m以上的向阳山坡。性喜光，喜冷凉气候，耐寒，气温30 ℃以上生长缓慢。我国分布于东北、华北、西北以及四川、西藏等地的路旁、草原或林缘。朝鲜、蒙古也有。欧洲、北非以及美国、俄罗斯等有栽培。

【历史与民俗】原产中欧、地中海地区和亚洲西部及中部。在世界许多地方，它已成为一种重要的香料作物。葛缕子是阿拉伯医生所熟悉和使用的草药，13世纪开始在欧洲使用，是历史上保持主要药用用途的少数草药之一。古希腊医生戴奥斯柯瑞迪曾指出葛缕子（果实）助消化，用于消化不良、胀气和婴儿腹绞痛。在欧洲、中东和早期的美洲，葛缕子是受欢迎的缓泻添加剂，可缓解泻药的一些强烈作用。

【化学成分】果实（种子）含挥发油3%～7%，油的主要成分为香芹酚（Carvacrol，约占50%～60%）、香芹酮（Carvone）、d-紫苏醇（d-Perilla alcohol）。另含有脂肪油、类黄酮、多糖、蛋白质和呋喃香豆素。

【加工与利用】双悬果，即“葛缕子”，有胡椒的味道，自古以来被使用在浓汤、酸菜、炖肉、奶酪、面包、蛋糕和饼干中，包括被称为pappadum的脆玉米面包。在法国，它被用来制作糖果（如糖衣杏仁）。它也是酒精饮料的成分，包括白兰地、kummel、杜松子酒和vespetro。葛缕子也广泛应用于印度以及中东烹饪菜肴里，尤其是咖喱菜、豆菜、泡菜和酸辣酱等。

葛缕子可减轻猪内脏、猪排骨、羊肉、鹅肉等荤味较重的肉食的腥臭味。德国熟食如酱肉、香肠、牛排、熏鱼等加入葛缕子有特别美味的风味。澳大利亚牛排中也常加入葛缕子以增香，在烘烤食品中也常加入葛缕子粉以增加特别的甜香，如面包、馅饼、糕点等。荷兰奶酪以葛缕子为特征风味。葛缕子还用于各种复合调味料中。其嫩叶及花可细切后用于汤品及沙拉。

【附注】 葛缕子能舒缓消化道平滑肌，用于缓解消化道胀气，增加食欲，对抗由消化不良产生的不适，并能减轻痉挛和痛经。种子还有祛痰和滋补作用，常用于治疗支气管炎和咳嗽，尤其适宜于儿童。葛缕子还可增加乳汁分泌，舒缓子宫平滑肌，并无刺激性。稀释的葛缕子精油可用于治疗疥疮。干燥种子(果实)夏末采收，可蒸馏精油。

98 美国山核桃 *Carya illinoensis* (Wangenh.) K. Koch.

彩图 98　英文名：Pecan，Hickory，Pecan nut；胡桃科

【别名】 长山核桃，美国核桃，薄壳山核桃，碧根果

【植物形态】 落叶大乔木，高可达 50 m，树皮粗糙，深纵裂。小枝被柔毛，后变无毛，灰褐色。奇数羽状复叶长 25～35 cm，叶柄及叶轴初被柔毛，后来无毛，具 9～17 枚小叶；小叶卵状披针形至长椭圆状披针形，通常稍成镰状弯曲，长 7～18 cm，宽 2.5～4 cm，基部歪斜阔楔形，顶端渐尖，边缘锯齿状，初被腺体及柔毛，后来只有脉上有疏毛。雄性葇荑花序 3 条 1 束，长 8～14 cm。雄蕊的花药有毛。雌性穗状花序直立，花序轴密被柔毛，具 3～10 花。雌花子房长卵形，总苞裂片有毛。果实矩圆状或长椭圆形，长 3～5 cm，直径 2.2 cm 左右，有 4 条纵棱，外果皮 4 瓣裂，革质，内果皮平滑，灰褐色，有暗褐色斑点，顶端有黑色条纹；基部不完全 2 室。5 月开花，9～11 月果成熟。

【生态分布】 喜潮湿的气候，在南、北纬 25°～35° 的地区生长结实表现很好。以生长季大于 250 d，年均温 15～20 ℃，年降雨量 1 000～1 500 mm，pH 6.0～8.0(最佳 7.0)的冲积土，或坡度小于 15° 的山地砂壤土或黏壤土为宜。原产北美洲；我国河北、河南、江苏、浙江、福建、江西、湖南、四川等省有栽培。

【历史与民俗】 薄壳山核桃起源可追溯至遥远的白垩纪时代，主要分布于美国和墨西哥北部。它是北美最重要、最有价值和最有前途的坚果树种之一。一般认为，薄壳山核桃的天然分布以密西西比河流域以及其东、西两面支流的河谷地带为主；现主要集中在 N 30°～38°、W 86°～100° 范围内的密苏里、阿肯色、路易斯安那、得克萨斯和俄克拉荷马等州。在美国，目前全国年产量约 12 万 t，主要用于内销，年出口约 1 万 t，是世界主要出口国。经过近 150 年的培育，美国已选育命名了栽培品种约 1 000 个，其中用于商业性种植的品种约占 10%。

我国于 19 世纪末开始种植美国山核桃，当时由西方传教士、商人、外交使节等人士从美国带入种子，作为观赏木种植在港口、码头和教堂周围。20 世纪 20 年代，我国正式从美国引进该树种，但仍以城市绿化为主要目的。中华人民共和国成立后，我国开始重视美国山核桃的果实利用价值，曾先后多次从国外引进过一些品种，并在以长江流域为主的十多个省市进行过试种，主要集中在亚热带东部地区。

【化学成分】 薄壳山核桃的果仁营养丰富。据云南林业科学院分析，每 100 g 果仁中含粗脂肪 76 g、淀粉 1.9 g、粗纤维 5.85 g、蛋白质 9.7 g；含矿质元素：硫 88.4 mg、磷 255.9 mg、钾 388.3 mg、钙 45.8 mg、镁 103.0 mg、铁 1.78 mg、锌 2.77 mg、铜 1.23 mg、锰 4.25 mg。

【加工与利用】 秋季薄壳山核桃成熟时，采摘果实，手工或机械除去外果皮，洗净，得带壳的薄壳山核桃。薄壳山核桃青果脱皮的基本工艺包括核桃鲜果挑选、低温冻结、升温融化、青皮剥离、清洗、晾晒和成品包装。

薄壳山核桃坚果个大(80～100 粒/kg)，壳薄，出仁率高(50%～70%)，取仁容易。其果仁色美味

香，无涩味，营养丰富，所含对人体有益的各种氨基酸比油橄榄高，还富含维生素 B_1、维生素 B_2，每 1 kg 果仁约有 32 kJ 热量，是理想的保健食品。

干果可即食，上市的也有加工制品。如五香核桃仁的加工产品，其工艺为：选果(仁)→浸泡清洗去涩→风干→调料液浸泡→风干→烘烤→成品分级→包装贮藏。干果是多种冰淇凌、糖果、饼干、面包的添加成分；现在还有山核桃乳、山核桃干酪、山核桃微胶囊速溶粉等产品上市。

薄壳山核桃仁油中含有大量单不饱和脂肪酸。研究表明，食用薄壳山核桃仁可以明显降低人体血液中低密度脂蛋白水平，而不改变高密度脂蛋白含量，有利于降低心血管疾病的发病率。另有报道，食用占食物能量 20% 的薄壳山核桃仁 4 周后，可明显提高人体血液中的 γ-生育酚(维生素 E 的一种)含量，有延缓衰老、健肠胃、预防前列腺癌的作用。

薄壳山核桃的油脂含量高达 70% 以上，优于油茶(44%)、核桃(60%)和文冠果(57%)；其中不饱和脂肪酸含量达 97%，优于茶油(91%)、核桃油(89%)、花生油(82%)、棉籽油(70%)、豆油(86%)和玉米油(86%)。薄壳山核桃油有很好的耐贮性，是上等的烹调用油和色拉油(冷餐油)。

【附注】薄壳山核桃还是优良的材用和庭园绿化树种。其木材纹理细腻，质地坚韧，是建筑、军工、室内装饰和制作高档家具的理想材料。其树形高大，树势挺拔，是深受欢迎的观赏、遮阴和行道树种。因此，薄壳山核桃是用途广、受益期长、经济效益高、社会效益和生态效益明显的优良经济树种。

99 董棕 *Caryota urens* L.

彩图 99

英文名：Fishtail palm，Toddy palm；棕榈科

【别名】酒假桄榔，果榜，酒鱼尾葵

【植物形态】乔木状，高 5～25 m，茎黑褐色，具明显的环状叶痕。叶长 5～7 m，宽 3～5 m，弓状下弯；羽片宽楔形或狭的斜楔形，长 15～29 cm，宽 5～20 cm，厚革质，基部以上的羽片渐成狭楔形，最顶端的 1 羽片为宽楔形，先端 2～3 裂；叶柄长 1.3～2 m；叶鞘边缘具网状的棕黑色纤维。佛焰苞长 30～45 cm；花序长 1.5～2.5 m，具多数、密集的穗状分枝花序，长 1～1.8 m；雄花花萼与花瓣被脱落性的黑褐色毡状茸毛，萼片近圆形，边缘具半圆齿，雄蕊(30－)80～100 枚，花丝短，花药线形；雌花与雄花相似，但花萼稍宽，花瓣较短，退化雄蕊 3 枚，子房倒卵状三棱形，柱头无柄，2 裂。果实球形至扁球形，直径 1.5～2.4 cm，成熟时红色。种子 1～2 颗，近球形或半球形。花期 6～10 月，果期 5～10 月。

【生态分布】性喜阳光充足、高温、湿润的环境，稍耐寒，生长适温 20～28 ℃。生于海拔 370～1 500 (2 450) m 的石灰岩山地区或沟谷林中。产于中国广西、云南等地区。印度、斯里兰卡、缅甸至中南半岛亦有分布。

【历史与民俗】董棕属热带地区的大型植物，它的分布从印度向东延伸至马来西亚、印尼和澳大利亚。一般是作为观赏和行道树种种植在世界温暖地区。其髓心及花序含淀粉，传统使用的广泛多样性表明，早在古代，很可能是农村人口相当重要的食物。

【化学成分】髓心含淀粉、糖类；幼嫩茎尖及未开花的花苞含糖、蛋白质、脂肪、维生素、矿物质；种仁含有丰富的淀粉和蛋白质。

【加工与利用】茎干汁液可用于生产棕榈糖，或者发酵后生产棕榈饮料或棕榈酒(后者是蒸馏产生的烈性酒精饮料，被称为棕榈烧酒)。茎富含淀粉，被用作应急食品和西米的来源(参见西谷椰子 *Metroxylon sagu* 条)。幼叶是可以食用的，可做蔬菜。

【附注】董棕对烟尘、二氧化硫、氟化氢等多种有害气体具较强的抗性，并具有吸收能力，适于在空气污染区大面积种植。除此之外，董棕还有许多用途：树干纹理致密，外坚内柔，耐潮防腐，是优良的建材；叶鞘纤维可制扫帚、毛刷、蓑衣、床垫、水塔过滤网等；棕皮可制绳索；棕叶可用作防雨棚盖；花、果、棕

根及叶基棕板可加工入药，主治金疮、疥癣、带崩、便血、痢疾等多种疾病；种子蜡皮则可提取出工业上使用的高熔点蜡；种仁含有丰富的淀粉和蛋白质，经磨粉后可作牲畜饲料。

100 番泻叶 *Cassia angustifolia* Vahl.

彩图 100　英文名：Senna leaf；豆科

【别名】狭叶番泻，埃及番泻叶，旃那叶，泡竹叶

【植物形态】草本状小灌木，高约 1 m。托叶卵状披针形，长 2～4 mm；偶数羽状复叶，互生，具短柄；小叶 5～8 对，叶片卵状披针形至线状披针形，长 2～4 cm，宽 0.7～1.2 cm，先端急尖，基部稍不对称，无毛或几无毛。总状花序腋生或顶生；花 6～14 朵，花梗基部有一卵形易落的苞片；萼片 5，长卵形，略不等大；花瓣 5，黄色，倒卵形，下面两瓣较大；雄蕊 10，上部 3 枚小形，不育，中央 4 枚等长，最下面 3 枚向下弯曲，两侧者较长，花药稍呈四方形，基部箭形，4 室；雌蕊弯曲如镰，子房具柄，被疏毛。荚果长方形，扁平，长 4～6 cm，宽 1～1.7 cm，先端尖突微小不显著，幼时有毛；种子 4～7 颗，种皮棕绿色，有细线状种柄，具疣状皱纹。花期 9～12 月，果期翌年 3 月。

【生态分布】原产东非热带近海或岛屿地区，阿拉伯南部、印度西北部及南部、巴基斯坦也产。广泛种植于印度和巴基斯坦，在印度其商品名为印度番泻叶或丁内未利番泻叶。我国台湾、广西、云南有引种栽培。

【历史与民俗】早在公元 9 世纪，番泻叶就被阿拉伯医生使用。印度草医学上，它被用来治疗皮肤病、黄疸、支气管炎、贫血症，也治疗便秘。

【化学成分】番泻叶含番泻苷 A、番泻苷 B、番泻苷 C、番泻苷 D，含量约 1.5%～3.0%，以番泻苷 A、番泻苷 B 为主，还有大黄酚、大黄素、大黄素甲醚、3-甲基-8-甲氧基-2-乙酰基-1,6-萘二酚-6-O-β-D-葡萄糖苷，以及多糖、黄酮类化合物（如鼠李素、山柰酚）、微量挥发油及树脂。

【加工与利用】番泻叶用水浸泡饮服，治疗老人便秘，哺乳期妇女回乳时服用，效果良好。番泻叶研粉口服，可治疗急性胃炎及十二指肠出血。煎剂灌肠，可治疗肠梗阻；手术后服用可促进肠蠕动恢复，可降低胃肠减压率，缩短排气、排便时间，提前进食（流质）；尚可治疗流行性出血热、急性胰腺炎及中毒性肠麻痹等。

【附注】秋季果实成熟时采集豆荚，其具有抗菌、止血的作用。

尖叶番泻 *C*. *Acutifolia* Delile 主产埃及，商品名为埃及番泻叶或亚历山大番泻叶。小叶长卵圆形。成分类似番泻叶，含量相对比较高。其荚果中番泻苷含量达 2%～5%。

101 欧洲栗 *Castanea sativa* Mill.

彩图 101　英文名：Sweet chestnut，Chestnut，Spanish chestnut；壳斗科

【别名】欧栗，甜栗，百骑大栗树

【植物形态】落叶乔木，高可达 30 m。树皮通常有网状深皱纹沿着树干螺旋运行，银灰色。叶披针形或长圆状披针形，长 16～28 cm，宽 5～9 cm，亮绿色。雌花和雄花的花序均为柔荑花序，长 10～20 cm，雄花在上部，雌花在下部。雌花发育成黄绿色带刺的壳斗，内含 2～3 枚光滑、褐色的坚果。夏季开花，秋季结果。

【生态分布】喜温暖气候，原产地中海地区、小亚细亚地区和高加索地区，在欧洲广泛生长，现广泛种植于温带地区。

【历史与民俗】该物种为食其种子而被广泛种植。早在罗马时代，它被引入到更北的地区，后来也被种植在寺院的园林里。相传古代的阿拉伯国王的王后亚妮有一次带领百骑人马到埃特纳火山游玩，忽然天降大雨，百骑人马连忙跑到这棵大栗树下避雨。巨大浓密的树冠如天然华盖，给百骑人马遮住了大雨。因此，皇后高兴地称它为“百骑大栗树”。传统上欧洲栗被认为是经土耳其进入撒丁岛的，人工栽培用以采收木材和坚果。

【化学成分】果实(栗子)是低热量和低脂肪食品，又是维生素B和维生素C的良好来源。其干物质中含淀粉50%～65%，总糖10%～25%，蛋白质6%～12%。

【加工与利用】欧洲栗是有名的干果，坚果为营养丰富的食物，可以烤、蜜制或制成粉后食用。或者将它们冷冻保存，制成不加糖的菜泥(通常用于肉类填料)或加糖的菜泥(在法国作为甜食，称为marrouns)。去皮的种子也可以煮、烤、炖或煮熟后作为配菜。栗子、栗子粉是糖果、甜点和甜蜜点心的重要成分(如著名的糖炒栗子)。

【附注】叶和树皮入药，含鞣质、塑体醌类和黏液质，有镇咳、健胃、收敛、抗痉挛、抗菌、抗真菌等作用。叶的浸剂可治疗百日咳、支气管炎和支气管充血。叶和树皮的煎剂作含漱剂对咽喉疼痛有效，内服用于治疗腹泻。叶还可用于治疗风湿病，减轻背部疼痛，缓解关节或肌肉僵硬。欧洲栗的树干是有名的木材。花有时也添加到烟草的混合香料中。

102 巧茶 *Catha edulis* Forssk

彩图 102

英文名：Chat，Khat，Arabian tea，Bushman's tea；卫矛科

【别名】阿拉伯茶，恰特草，咖特，也门茶，布什曼茶

【植物形态】灌木，高1～5 m；小枝密生细小白点状皮孔。叶对生，厚纸质或薄革质，椭圆形或窄椭圆形，长4～7 cm，宽2～4 cm，先端短钝渐尖，基部窄楔形稍下延，边缘有明显密生钝锯齿；叶柄长3～8 mm。聚伞花序单生叶腋；花序梗粗壮，2～4次分枝，分枝短壮；小聚伞3花，小花梗粗短，果时稍增长；花小，直径3～5 mm，白色；花萼5，三角卵形，长约1 mm；花瓣5，长方窄卵形或窄长圆形，贴生于花盘外侧；花丝明显，较花冠稍短；子房与花盘游离，3室，每室2胚珠，花柱短，柱头3裂。蒴果橙红色，圆柱状，长约8 mm，直径3～4 mm，每室常1种子成熟；种子黑褐色，窄长倒卵状；假种皮橙红色，包围种子下半部，并向下延伸，呈单翅状。

【生态分布】热带植物，喜温暖，湿润，阳光充足，疏松、富含腐殖质土壤。原产于热带非洲，埃塞俄比亚及阿拉伯半岛国家栽培。在中国海南兴隆及广西南宁有引种。

【历史与民俗】巧茶是一种矮小而抗旱的树，在从阿拉伯半岛南部到东非高地的适宜地区广为生长。它的真实起源不大清楚，多数栽培形式都是不结果的。在非洲之角地区(吉布提、厄立特里亚、埃塞俄比亚、索马里)和阿拉伯半岛，它用于咀嚼作为一种历史悠久的社会习俗可以追溯到几千年前。古埃及人认为咖特(巧茶)是神的食物，能够释放人类的神性。埃及人认为它的刺激作用可以超越“神化”而领略上帝的意图。苏菲派也用它来加强他们的神秘体验和方便与神交感。1856年，英国作家查尔斯·狄更斯描述了在非洲之角和邻近的海湾地区的咀嚼习俗，把它比作喝浓绿茶。

【化学成分】嫩茎叶除含有一般营养成分外，主要含有卡西酮(cathinone)。卡西酮结构不太稳定，易分解成去甲伪麻黄碱(cathine)和苯丙醇胺(norephedrine)。此外，其维生素C的含量非常高，含量为324 mg/100 g。

【加工与利用】利用部位为嫩茎叶。全年可采，一般鲜用。常用的吸食途径为口腔咀嚼(和槟榔相似)，茎、叶和花蕾都可被咀嚼出果汁后再吐出残留物。其叶还可用于制茶或酿酒。

早在13世纪当地人已经通过咀嚼巧茶的嫩芽和叶子来抵抗饥饿和疲劳，后来嚼巧茶的习惯传到非洲和中东许多国家。不少学生和司机通过嚼食巧茶来提神醒脑，而农民和劳动者则嚼食巧茶来减轻疲劳。

巧茶虽然有提振精神的作用，但长期嚼食会使人厌食，导致营养不良，降低人体免疫力，容易感染各种疾病。

【附注】本品为一种软性毒品，许多国家已禁止使用。我国根据中国国家食品药品监督管理总局、公安部、国家卫生和计划生育委员会2013年11月11日发布的《精神药品品种目录(2013年版)》，恰特草(巧茶)被列入精神药品，该目录于2014年1月1日起执行。根据中国刑法有关规定，恰特草(巧茶)属毒品范畴，严禁携带入境。

103 长春花 *Catharanthus roseus* (L.) G. Don.

彩图 103　英文名：Madagascar periwinkle；夹竹桃科

【别名】金盏草，四时春，日日新，雁头红，三万花

【植物形态】半灌木或多年生草本，高达60 cm。茎近方形，有条纹。叶对生，膜质，倒卵状长圆形，长3～4 cm，宽1.5～2.5 cm，先端浑圆，有短尖头，基部广楔形渐狭而成叶柄。聚伞花序腋生或顶生，有花2～3朵，花5数；花萼萼片披针形或钻状渐尖，长约3 mm；花冠红色，高脚碟状，花冠筒圆筒状，长约2.6 cm，喉部紧缩，花冠裂片宽倒卵形，长、宽约1.5 cm；雄蕊着生于花冠筒上半部，但花药隐藏于花喉之内，与柱头离生；花盘为2片舌状腺体所组成，与心皮互生而较长，子房为2枚离生心皮组成，花柱丝状，柱头头状。蓇葖果2个，直立，平行或略叉开，长约2.5 cm，直径约3 mm，外果皮厚纸质。种子黑色，长圆筒形，两端截形，具有颗粒状小瘤凸起。花期、果期几乎全年。

【生态分布】性喜高温、高湿，耐半阴，不耐严寒，喜阳光，怕涝。原产地中海沿岸、印度、热带美洲。中国栽培长春花的历史不长，主要在长江以南地区栽培，以广东、广西、云南等地区栽培较为普遍。

【历史与民俗】长春花的花朵特多，花期特长，花势繁茂，生机勃勃。从春到秋开花从不间断，所以有"日日春"之美名。长春花的花语是快乐，回忆。长春花为南非、斯里兰卡和印度等地的民间草药，多用于治疗糖尿病，后发现其有抗癌作用。

【化学成分】主要含有吲哚生物碱类成分，包括长春碱和长春新碱等。还含有黄酮、有机酸、氢醌苷等。

【加工与利用】采用全草或地上部分。全年可采，洗净，切段，晒干或鲜用。本品能影响细胞中纺锤体的形成，使有丝分裂停止于中期，对细胞增殖周期的M期有延缓或阻滞作用。此外，还可抑制嘌呤、RNA和DNA的合成。本药属细胞周期特异性药物。临床主要用于治疗急性淋巴细胞白血病、何杰金氏病、恶性淋巴肿瘤、小细胞肺癌、乳腺癌、卵巢癌、消化道癌等。

长春碱和长春新碱为重要的抗肿瘤成分。研究表明，长春花具有抗肿瘤、降血糖和降血压等作用。同时有抗菌、抗氧化、抑制酪氨酸酶活性的作用，可用于美白化妆品。

【附注】长春花为热带地区的重要花卉。

104 樱桃 *Cerasus pseudocerasus* (Lindl.) G. Don. (*Prunus pseudocerasus* Lindl.)

彩图 104　英文名：Cherry，Fruit of Falsesour Cherry；蔷薇科

【别名】车厘子，莺桃，荆桃，樱珠，玛瑙

【植物形态】落叶灌木或乔木，高3～8 m。树皮灰白色，有明显的皮孔。叶互生；叶柄长0.7～1.5 cm，先端有1或2个大腺体；托叶披针形，早落；叶片卵形或长圆状卵形，长5～12 cm，宽3～5 cm，先端渐尖或尾状渐尖，基部圆形，边有尖锐重锯齿，上面暗绿色，近无毛，下面淡绿色，沿脉或脉间有稀疏

柔毛；花两性，花序伞房状或近伞形；有花 3～6 朵，先叶开放；花梗长 8～19 mm，被疏柔毛；萼筒钟状，外被疏柔毛；萼片 5，三角卵圆形或卵状长圆形；先端急尖或钝；花瓣 5，白色，卵圆形，先端下凹或二裂；雄蕊 30～35，栽培者可达 50 枚；花柱与雄蕊近等长，无毛雌蕊 1，子房下位。核果近球形，红色，直径 9～13 mm，种子 1 颗，包围于黄白色木质内果皮中。花期 3～4 月。果期 5～6 月。

【生态分布】喜冷凉温和湿润气候，耐寒，对土壤要求不严。广泛分布于世界各地。樱桃在我国分布很广，北起辽宁，南至云南、贵州、四川，西至甘肃、新疆均有种植，但以江苏、浙江、山东、北京、河北为多。东北、西北的寒冷地区种植的多为毛樱桃。

【历史与民俗】我国栽培樱桃已有三千多年的历史了，1965 年发掘的战国时期古墓中就有樱桃种子，经科学鉴定即是中国樱桃。樱桃在世界各国广泛作为庭园植物种植，约在 20 世纪中叶，才扩大为商品性种植。如今俄国、德国、美国和意大利等国樱桃产量最多，几乎占了整个国际市场。

【化学成分】果实富含糖、蛋白质、维生素及钙、铁、磷、钾等多种元素。有报道，每 100 g 含水分 83 g，蛋白质 1.4 g，脂肪 0.3 g，糖 8 g，碳水化合物 14.4 g，热量 276 kJ，粗纤维 0.4 g，灰分 0.5 g，钙 18 mg，磷 18 mg，铁 5.9 mg，胡萝卜素 0.15 mg，维生素 B_1 0.04 mg，核黄素 0.08 mg，尼克酸 0.4 mg，抗坏血酸 900 mg，钾 258 mg，钠 0.7 mg，镁 10.6 mg。

【加工与利用】主要食用果实。果实成熟时采收，去杂，洗净，一般鲜食。果肉厚，食用率高，酸甜可口，是有名的水果之一。除生食外，还可煎汤，浸酒，或蜜渍服用。樱桃铁的含量较高，居于水果首位，因而樱桃可以缓解贫血。铁是合成人体血红蛋白的原料，对于女性来说，有着极为重要的意义。

樱桃入药，性味：甘；温；无毒。功能主治：补血益肾，主脾虚泄泻，肾虚遗精，腰腿疼痛，四肢不仁，瘫痪。

【附注】樱桃虽好，也注意不要多吃。因为其中除了含铁多以外，还含有一定量的氰苷，若食用过多会引起铁中毒或氰化物中毒。

105 长角豆 *Ceratonia siliqua* L.

彩图 105　英文名：Carob，Carob tree；豆科

【别名】角豆树

【植物形态】常绿乔木，高达 15～16 m。叶长 8～17 cm，有小叶 2～4 对；小叶革质，无毛，光亮，倒卵形或近圆形，长 3.5～5.5 cm，宽 3～3.5 cm，顶端圆钝，有微凹或有明显的心形凹陷，基部楔形或阔楔形，边全缘；侧脉明显突起。花组成侧生的总状花序，花序轴密被黄褐色柔毛；花小，红色，萼管陀螺状，裂片 5；花瓣缺。荚果弯曲，长 10～25 cm，宽 2.5 cm，扁平，棕紫色；种子间充满肉瓤状物质。花期 11 月。

【生态分布】原产于欧洲西南、西亚和北非。在暖和的温带地区的贫瘠土壤上生长茂盛。我国仅见广州有栽培。

【历史与民俗】在阿拉伯半岛，长角豆长期以来民间就用于食用。在地中海沿岸地区种植长角豆用作食物也有好几个世纪了。其果肉长期作为一种甜食，用于含酒精饮料中；也可制成粉末作为有可可味道饮料的主要成分。在古埃及，长角豆的豆荚与粥、蜂蜜和蜡调和在一起，作为治疗泄泻的药物；也用在驱虫、治疗视力差和眼睛感染的处方中。希腊的内科医生发现长角豆有减轻胃痛和帮助消化的作用。它的种子在重量和大小上非常均匀，被认为是原始的克拉重量物，有些珠宝商今天仍在使用它。

【化学成分】果实含蔗糖达 70%，另含有脂肪、淀粉、蛋白质、维生素及鞣质等。

【加工与利用】豆荚可作为甜食，或将豆荚加工成稠糖浆及美味的面粉，可用作巧克力的代替品。豆荚制成的面粉也可以加入热的或冷的牛奶中吃，也可与面粉混合烤制面包、煎饼及其他糖果。有价值的口香糖（称为“tragasol”）也是用长角豆种子提取物制成的，其提取物还用作冰淇淋的稳定剂和增稠

剂，以及用于沙拉酱、芥末酱、加工肉类、奶酪和许多其他食品。种子提取后的残渣是高蛋白面粉，可供糖尿病患者使用。

【附注】 长角豆种子含有半乳甘露聚糖胶，是早期加工、使用的半乳甘露聚糖胶的主要原料来源。其果肉的煎剂能抗泄泻，能和缓地帮助清除和减轻肠道内的刺激。树皮也是强的收敛剂。服用果实和树皮的煎剂可治疗泄泻。

106 秘鲁天轮柱 *Cereus peruvianus* (L.) Mill. (*C. repandus* (L.) Mill.)

彩图 106 英文名：Pitaya，Cactus apple；仙人掌科

【别名】 秘鲁苹果仙人掌，天轮柱

【植物形态】 植株圆柱形，多分枝，高可达 7～8 m，径粗 10～20 cm，具棱 6～8 枚，深绿或灰绿色。刺座较稀，带褐色毡毛，具刺 5～6 枚，中刺一枚，长约 2 cm。花侧生，漏斗形，长 16 cm 左右，白色；花夜间开放，只能保持一个晚上的开放。果实在玻利维亚、秘鲁被称为火龙果或苹果，是无刺的，外皮紫红色至黄色。果肉是白色的，有小的、可食的、脆脆的种子。

【生态分布】 热带植物，原产中南美洲，分布于加勒比海、瓜希拉半岛、哥伦比亚、委内瑞拉。现在世界各地有引种栽培，主要用于园林观赏。

【历史与民俗】 秘鲁苹果仙人掌产于墨西哥和中美洲，但尚无确切的起源地踪迹。这是因为尚未发现野生种。但它在民间却是传统食物来源。对它进行栽培并用于观赏，在殖民时期以来世界温暖的地方就有。在小范围内（如美国南部、以色列和墨西哥），最近对秘鲁苹果仙人掌有商业种植。在欧洲，它们有时被称作“koubo”，以避免叫做火龙果（但接近 pitahaya，龙水果）。

【化学成分】 果实含有约 10%碳水化合物和约 188 kJ/100 g 能量。它们还含有相当大量的矿物质和维生素（包括维生素 C）。

【加工与利用】 果实都是鲜食，或加工成各种饮料、果酱、蜜饯、糖浆、冰浆、冰淇淋或干的固体饮料。

【附注】 秘鲁天轮柱现在已广泛用于园林，作为观赏植物栽培。

107 香果菊 *Chamaemelum nobile* (L.) All. (*Anthemis nobilis* L.)

彩图 107 英文名：Chamomile，Roman chamomile；菊科

【别名】 白花春黄菊，罗马洋甘菊

【植物形态】 多年生草本，有强烈的香味，高 15～30 cm，通常自基部多分枝，全株被柔毛。茎直立，分枝。叶互生，无柄，全形矩圆形或披针状矩圆形，长 1～6 cm，宽 4～15 mm，二至三回羽状全裂，末回裂片很狭，条形或宽披针形，顶端有软骨质尖头。头状花序单生于茎和长枝顶端，直径约 2 cm，具异形花；总苞直径 6～12 mm，长 3～6 mm；总苞片具宽膜质边缘，3～4 层，覆瓦状排列。花托圆锥形，具宽钝膜质的托片；舌状花雌性，白色，花后舌片向下反折；管状花两性，黄色。瘦果长 1.2～1.5 mm，宽约 0.6 mm，具 3(4) 凸起的细肋，无冠状冠毛。夏季开花。

【生态分布】 喜温凉气候环境，原产西欧及欧洲一些温带地区。我国新疆、北京等地有引种栽培。

【历史与民俗】 原产于地中海地区，以及欧洲南部和西部。它是历史悠久的花草茶，可减轻压力和防治消化不良、喉咙痛。香果菊茶是维多利亚时代一种受欢迎的补药。在欧洲，果香菊是民间草药，治疗消化系统疾病时，常与母菊交替使用，然而果香菊浸剂比母菊作用更加强烈些。

【化学成分】花含 1.75% 精油(其中包括惕各酸酯、当归酸酯、母菊和其他倍半萜内酯)、类黄酮、香豆素和酚酸。

【加工与利用】使用花和精油。夏季采收鲜花,蒸馏精油,或将鲜花干燥备用。淡蓝色的精油可用于各种饮料(包括利口酒和草药茶),以及糖果和冰淇淋。干花辛辣,具草药茶的味道,很受欢迎,用于洗澡和加入一些煎药中。少量的洋甘菊有时被添加到香果菊花茶中,作为增白剂。

香果菊有镇静、解痉、止痛的作用,还有抗菌、抗炎和抗变态反应的作用。可用于治疗恶心、呕吐、消化不良、食欲不振,并有良效;还可减轻急腹症、痉挛和其他痉挛痛,并有助于使消化功能恢复正常。果香菊口服还可治疗头痛及周期性偏头痛,儿童亦可服用;对皮肤过敏也有帮助。

【附注】精油无医嘱不可直接内服。

108 昆诺阿藜 *Chenopodium quinoa* Willd.

彩图 108 英文名:Quinoa;藜科

【别名】藜麦,奎藜,南美藜、印第安麦

【植物形态】一年生草本,植株呈扫帚状,株高 60～300 cm 不等,根系为浅根系。茎直立,叶互生,有柄;茎中、下部叶片卵状三角形至卵状长椭圆形,长 6～15 cm,稍肥厚,先端急尖或渐尖,基部截形或楔形,边缘具不整齐的齿或波形。穗状花序,花两性,花被片 5,雄蕊 5。主枝和侧枝都有花和结籽;自花授粉。胞果扁圆形,色泽多种。种子为圆形药片状,直径约 1.5～2 mm,大小与小米差不多,比小米轻,千粒重 1.4～3 g,其表皮有一层水溶性的皂角苷。

【生态分布】原产地主要分布于南美洲的玻利维亚、厄瓜多尔和秘鲁,从海平面至海拔 4 000 多米都有分布,作为食用的品种主要种植在安第斯山区的高海拔地区。这里有沙漠,温暖干燥、寒冷干燥,或温和多雨、相对湿度较高,以及高原和高山地区的多种气候类型。我国山西、青海、四川有引种栽培。

【历史与民俗】藜麦发源于南美洲的安第斯山脉,距今已经有 5 000～7 000 年的食用和种植历史,兴盛于古代印第安三大文明(玛雅文明、印加文明、阿兹特克文明)之一的印加文明。在印加文明兴盛时期,藜麦已经成为古印加民族的主要食物之一,在 4 000 m 以上空气稀薄的山区,食用藜麦的信使能连续 24 h 接力传递 240 km,这不能不说是一个奇迹。藜麦不仅为古印加人民提供营养,而且是他们的精神食粮,被称为“粮食之母”,是祭奠太阳神及举行各种大型活动必备的贡品,每年的种植季节都是由在位的帝王用金铲播下第一粒种子。西班牙殖民者入侵南美洲后,为了从精神上统治印加民族,实行了禁止种植藜麦的制度,对于违反者最重可实行死刑,尽管如此,藜麦还是在边远山区延续种植至今。当地土著一直保持着以藜麦为主食的习俗,藜麦是他们生活的重要部分。

【化学成分】种子富含蛋白质和多种氨基酸,其中有人体必需的 9 种氨基酸,尤其富含其他植物中缺乏的赖氨酸,钙、镁、磷、钾、铁、锌、硒和锰等矿物质营养成分的含量均较高。种子中的油脂,富含不饱和脂肪酸、类黄酮、B 族维生素和维生素 E 等。此外,还含有齐墩果酸、三羟基齐墩果酸、常春藤皂苷、美商陆酸、β-香树脂醇及其糖苷等。

【加工与利用】种子通常用于像煮米饭一样,并具有坚果样的味道。它们也可磨成面粉,制成雪花糕、面条、早餐食品、玉米粉圆饼、煎饼和膨化谷物。藜麦粉也可与面粉混合,用于制作烘烤食品。它也可以发酵成啤酒,是传统的印加饮料。它还可搭配其他食材制作特色菜肴,一般将藜麦单独煮熟后再与其他食材烹饪,例如海参浇藜麦(海陆双尊)、藜麦扒鲍鱼(营养滋补餐)、藜麦水果沙拉(营养减肥餐)、藜麦蒸肉、藜麦红枣南瓜粥(养颜排毒)、藜麦鸭子肉粥、藜麦糕、藜麦鳕鱼,也可以将藜麦发芽后配合其他食材食用,营养更高。

【附注】研究表明,种子提取物有广谱抗菌和抗炎作用,可作为抗菌剂、抗炎剂、保湿剂、红血丝防治剂、皮肤美白剂、皮肤功能调理剂用于化妆品。

109 茼蒿 *Chrysanthemum coronarium* L.

彩图 109 英文名:Garland chrysanthemum, Crown daisy chrysanthemum;菊科

【别名】同蒿,蓬蒿,蒿菜,塘蒿,蒿子杆

【植物形态】一年生草本,无毛或几无毛;茎高达 70 cm。基生叶花期枯萎;中下部茎叶长椭圆形或长椭圆状倒卵形,长 8～10 cm,无柄,二回羽状分裂;一回为深裂或几全裂,侧裂片 4～10 对;二回为浅裂、半裂或深裂,裂片卵形或线形;上部叶小。头状花序单生茎顶或少数生茎枝顶端,但并不形成明显的伞房花序,花梗长 15～20 cm;总苞径 1.5～3 cm,总苞片 4 层;花冠舌片长 1.5～2.5 cm;舌状花瘦果有 3 条突起的狭翅肋;肋间有 1～2 条明显的间肋;管状花瘦果有 1～2 条椭圆形突起的肋,及不明显的间肋。花果期 6～8 月。

【生态分布】茼蒿属于半耐寒性蔬菜,对光照要求不严。原产地中海地区,属短日照植物,在中国分布广泛,主要分布于安徽、福建、广东、广西、广州、海南、河北石家庄、湖北、湖南、吉林、山东、江苏等地区。

【历史与民俗】茼蒿原产地中海地区,在欧洲曾用作花园植物,在欧洲历史上没有作为食物使用过;而在中国和日本它却成为一种受欢迎的蔬菜。茼蒿在中国已有 900 余年的栽培历史。在中国古代,茼蒿为宫廷佳肴,所以又叫皇帝菜。它有蒿之清气、菊之甘香。

【化学成分】叶含有蛋白质、脂肪、氨基酸、维生素 A、维生素 B,并含丰富的钙、铁,所以茼蒿也称为铁钙的补充剂。花中还含有丰富的花青素。花、叶还含挥发性成分。

【加工与利用】幼嫩的芽和叶可作为蔬菜烹饪食用。它也可加入到汤里,或与其他成分作为炒菜食用,例如将茼蒿炒一下,拌上芝麻油、味精、精盐,清淡可口,最适合冠心病、高血压病人食用。该植物的所有部分具有强烈的、独特的气味,因而并不吸引所有人。

【附注】茼蒿具有抗菌、抗炎、抗氧化、提高免疫力等功效。民间将水提取物外用,可治湿疹、皮肤瘙痒等。在化妆品中可作为皮肤保湿剂、抗过敏剂、杀虫剂、杀菌剂使用,为很好的护肤成分。茼蒿含有硒,具有调节机体免疫功能,有抑制肝癌、肺癌及皮肤癌等功效。

110 菊花 *Chrysanthemum morifolium* Ramat.

彩图 110 英文名:Florist's daisy, Hardy garden mum;菊科

【别名】杭菊,贡菊,秋菊,甘菊

【植物形态】多年生草本,高至 1.5 m。根状茎多少木质化。茎直立,基部有时木质化。叶卵形至披针形,边缘有粗大锯齿或深裂。头状花序单生或数个集生于茎枝顶端;舌状花白色、红色、紫色或黄色。瘦果不发育。花期多为秋季,果期冬季。

【生态分布】原产中国。菊花适应性强,性喜温暖,耐寒冷,喜湿润,但怕涝,喜阳光充足,忌遮阴,喜肥沃、排水良好的砂质壤土。生于山坡、灌丛、河边湿地、田边、路旁。目前世界各地广泛栽培,春天或初夏用插枝繁殖。

【历史与民俗】在西方,菊花是一种装饰品,而在中国却是一种很普通的草药,也是一种提神的饮品。在中国民间,菊花作为药物和饮料已有几千年的历史,首载于公元 1 世纪的《神农本草经》一书。相传,唐宋时代,菊花经朝鲜传到日本。17 世纪传到欧洲,然后再传到美洲。今天,我国的菊花已成为世界的名卉了。

【化学成分】含生物碱(包括水苏碱)、挥发油、倍半萜内酯、黄酮类(包括芹菜苷元)、甜菜碱和胆碱、维生素 B_1 等。有报道,菊花花瓣中含有 17 种氨基酸,其中谷氨酸、天门冬氨酸、脯氨酸等含量较高。此外,还富含维生素及铁、锌、铜、硒等微量元素。

【加工与利用】利用头状花序。夏秋季节，当花朵初开时采集，通常晒干，备用。清香宜人的甘菊适合泡茶饮用，苏杭一带产的白菊更是上选。泡饮菊花茶时，最好用透明的玻璃杯，每次放上四五粒，用沸水冲泡 2～3 min 即可。待水七八成热时，可看到茶水渐渐酿成微黄色。每次喝时，不要一次喝完，要留下三分之一杯的茶水，再添开水，泡上片刻，而后再喝。饮菊花茶时还可在茶杯中放入几颗冰糖，这样喝起来味更甘。菊花茶其实不加其他茶叶，只将干燥后的菊花泡水或煮来喝就可以，冬天热饮、夏天冰饮都是很好的饮料。

菊花具有发汗、抗菌、降血压、清热解毒、退热等作用，并有消除癌细胞、扩张冠状动脉等作用，长期饮用能增加人体钙质、调节心肌功能、降低胆固醇，适合中老年人和预防流行性结膜炎时饮用。

现代研究表明，菊花有降血压作用，对减轻与高血压相关的头疼、眩晕、失眠等症状非常有效。菊花对心绞痛也有缓解功效。鲜叶制成的抗菌药膏可用于粉刺、斑点、疮疖和皮肤发炎等。

【附注】本种拉丁异名有 *Dendranthema morifolium* (Ramat.) Tzvel.，*Chrysanthemum morifolium* var. sinense(Sabine) Makino

111 鹰嘴豆 *Cicer arietinum* L.

彩图 111

英文名：Chickpea，Gram；豆科

【别名】回鹘豆，桃豆，鸡豆，诺胡提，羊角状鹰嘴豆

【植物形态】一年生或多年生草本，高 1～2 m，茎直立，多分枝，被白色腺毛。托叶呈叶状；叶为奇数羽状复叶，具小叶 7～17 片，小叶片狭椭圆形，长 7～17 mm，宽 3～10 mm，边缘具密锯齿，两面被白色腺毛。花于叶腋单生或双生，花梗长 0.5～2.5 cm，花冠白色或淡蓝色、紫红色，长 8～10 mm；萼浅钟状，5 裂，裂片披针形，长约 6～9 mm，被白色腺毛。荚果卵圆形，膨胀，下垂，长约 2 cm，幼时绿色，成熟后淡黄色，被白色短柔毛和腺毛，有种子 1～4 颗。种子被白色短柔毛，黑色或褐色，一端具细尖。花期 6～7 月，果期 8～9 月。

【生态分布】原产西亚地区，耐寒、耐旱，适宜于海拔 2 000～2 700 m 地区生长。广泛分布于地中海沿岸、亚洲、非洲、美洲等地；我国新疆、甘肃、青海、陕西、山西、河北、山东、河南、台湾、内蒙古等地有栽培。

【历史与民俗】在土耳其东南部和叙利亚北部邻近地区的新石器遗址中有关驯化的鹰嘴豆的最古老的发现，其年代为公元前 8 000 年左右。鹰嘴豆是印度和巴基斯坦的重要的蔬菜之一，在欧洲食用鹰嘴豆也十分普遍，也是我国维吾尔医药的常用药材。因其面形奇特，尖如鹰嘴，故称此名。

【化学成分】种子含蛋白质、脂肪油、淀粉、矿物质、粗纤维。脂类中含胆碱磷脂。糖类有阿拉伯葡聚糖(arabinogucoglycan)、葡萄糖、蔗糖和鹰嘴糖(cicerose)。还含有胰蛋白酶抑制物。新收的种子含维生素 C 1 031 mg/100 g、维生素 E、维生素 B_1、泛酸、植酸(Phyticacid)；此外，尚含磷、钙、铁等无机元素。发芽的种子胚芽部分含异黄酮类，如鹰嘴豆芽素(blochanin)A、B、C 等。

【加工与利用】鹰嘴豆是印度、非洲及中、南美洲重要的作物。将鹰嘴豆捣碎，加柠檬汁、橄榄油、芝麻酱，即制成鹰嘴豆酱，在中东广泛食用，用作酱汁或沾面包吃。亦可将鹰嘴豆捣碎煮熟，做成小薄饼状煎食，此即以色列人爱吃的快餐食品炸豆泥(falafel)。在南欧，鹰嘴豆是汤、沙拉和炖菜的常用成分。亦可制成鹰嘴豆粉。籽粒作为主食或甜食，也可炒熟食用，也可制作罐头或蜜饯等风味小吃，鲜豆做菜也可生吃。

鹰嘴豆提取物具有抗菌、抗肿瘤作用，并具有植物性类雌激素活性；还含有可以产生 5-羟色胺的色氨酸，是一种可使人产生积极情绪的物质。鹰嘴豆异黄酮对女性健康的影响很大，是具有活性的植物性类雌激素，能够延迟女性细胞衰老，使皮肤保持弹性，养颜，丰乳，减少骨质丢失，促成骨生成、降血脂，减轻女性更年期综合症状等。因此，鹰嘴豆提取物也可用于美白、抗衰化妆品。

【附注】鹰嘴豆加工后的淀粉是棉、毛、丝纺织工业品上浆、抛光及制作工业用胶的优质原料。

112 苦苣 *Cichorium endivia* L.

彩图 112　英文名:Endive;菊科

【别名】栽培菊苣,明目菜,苦细叶生菜,意大利菊苣

【植物形态】一年生或二年生草本。茎直立,高达 100 cm,有铺散分枝,全部茎枝无毛,极少下部有刚毛。基生叶及下部茎叶有短翼柄,羽状全裂至不裂,但边缘通常有锯齿,中上部茎叶长椭圆形至宽卵形,基部无柄,圆耳或尖耳状抱茎。头状花序通常多数,1 个或数个单生或集生茎端或腋生于茎中上部的叶的叶腋中。总苞钟状,长 9～14 mm,总苞片 2 层,外层总苞片边缘多少有缘毛,下半部革质。舌状小花蓝色,极少淡白色。瘦果长 2.5～3.5 mm,冠毛膜片状,长 0.4～0.8 mm。花果期 5～12 月。

【生态分布】中生阳性植物,喜水、嗜肥、不耐干旱。喜潮湿、肥沃而疏松的土壤。生于山坡或山谷林缘、林下或平地田间、空旷处或近水处,海拔 170～3 200 m。原产南欧,现几乎遍布世界各地。中国南北各省区皆有栽培。

【历史与民俗】苦苣原产于地中海地区,后来发展成 3 个不同的形式。卷曲和阔叶菊苣,在希腊和圣经中提到过。在 19 世纪中期,比利时菊苣或"witloof"被发现其根可调配咖啡,称咖啡菊苣。根留在黑暗中发芽,形成白叶,这些变白的品种即成为"生菜"。

【化学成分】每 100 g 鲜苦苣菜中含蛋白质 1.8 g、糖类 4.0 g、膳食纤维 5.8 g、钙 120 mg、磷 52 mg 及锌、铜、铁、锰等微量元素,以及维生素 B_1、B_2(0.2 mg)、C(88 mg)、胡萝卜素(3.22 mg)、烟酸等。此外,还含有蜡醇、胆碱、酒石酸、苦味素等化学物质。

【加工与利用】苦苣不仅在中国广为人知,在欧洲也有不少知音。据介绍,欧洲常见的苦苣菜其形状与中国苦菜十分相似,开黄花,茎中空,折之有白色浆液流出。故欧洲民众俗称其为"牛奶菜"。欧洲农夫们普遍称苦苣菜为"猪婆菜"。据说母猪在产仔后只要经常喂给它新鲜苦苣菜就能增加其奶水,确保仔猪的健康成长。此外,苦苣菜在欧洲也是一种食用蔬菜,欧洲民众常采集嫩叶做色拉。苦苣制作的菜肴有苦苣拌肉丝、虾皮苦苣饼、凉拌苦苣、苦苣冰藻、苦苣什锦炒、苦苣豆腐卷、三色苦苣沙拉、百合苦苣、肉丝海蜇拌苦苣、肉丝拌菊花苦苣、烤培根卷苦苣、豆腐丝苦苣、鸡肉苦苣沙拉等。

苦苣性寒,味苦,无毒,有消炎解毒的作用,适用于阑尾炎、肠炎、子宫颈炎、乳腺炎、扁桃体炎、咽喉炎、急性黄疸性肝炎、细菌性痢疾等症,可防治癌症、利胆保肝、抗胃溃疡;外用可治疗疖疮,有利于伤口愈合,减轻疼痛。对肝病也有一定疗效。

【附注】苦苣菜的茎叶柔嫩多汁,嫩茎叶含水量高达 90%,无刺,无毛,稍有苦味,是一种良好的青绿饲料。

113 菊苣 *Cichorium intybus* L.

彩图 113　英文名:Chicory;菊科

【别名】苦苣,咖啡草,蓝菊,苦菜,咖啡萝卜

【植物形态】多年生草本,高 20～150 cm。根肥大。茎直立,有棱,中空,分枝偏斜且先端粗厚,有疏粗毛或绢毛。基生叶倒向羽状分裂至不分裂,但有齿,长 6～20 cm,先端裂片较大,侧裂片三角形,基部渐狭成有翅的叶柄;茎生叶渐小,少数,披针状卵形至披针形,上部叶小,全缘,全部叶的下面被疏粗毛或绢毛。头状花序单生茎和枝端,或 2～3 个在中上部地腋内簇生;总苞圆柱状,长 8～14 mm;外层总苞片长短形状不一;花全部舌状,花冠蓝色。瘦果先端截形,冠毛短,鳞片状,先端细齿裂。花期夏季。

【生态分布】原产地中海地区,耐寒,耐旱,喜生于阳光充足的海滨、田边、山坡等地。广泛分布于欧洲、亚洲、北非。我国新疆、北京、黑龙江、辽宁、山西、陕西均有栽培。

【历史与民俗】在2 000多年前，古罗马诗人贺拉斯在一篇记述自己饮食的文中写下“橄榄、菊苣及冬葵是我的粮食”。苏格兰学者蒙博杜则于1779年认之为“chicoree”，而法国烹饪中用栽培方法作为叶菜食用亦由来已久。在法国大革命拿破仑时期，菊苣根经过处理后开始作为掺杂物加进咖啡中，这也是今天菊苣根在英、美等地作为廉价咖啡代用品的起源。

【化学成分】根含菊糖（高达58%）、咖啡酸、香豆素、类黄酮、聚炔、精油（包括倍半萜内酯）和维生素、矿物质。有报道称，根含三萜成分，如山莴苣素、α-山莴苣醇、野莴苣苷，以及鞣质、α-香树脂醇、蒲公英萜酮、β-谷甾醇等；叶含单咖啡酒石酸、二咖啡酒石酸（菊苣酸）。

【加工与利用】菊苣可作为咖啡添加剂或咖啡的替代品。通常混合到速溶咖啡中，但没有真正的咖啡的相同香气或刺激影响。菊苣叶在罗马食谱中是一种有代表性的食品，以大蒜及红椒炒香，伴以肉类及马铃薯，可突出菊苣叶的微苦口味及辛香。

【附注】菊苣有清热、利尿、利胆、抗菌、消炎的功效。主治湿热黄疸，肾炎水肿，胃脘胀痛，食欲不振等。现在菊苣提取物还广泛作为调理性助剂，用于抗衰老护肤化妆品中。菊苣醇提取物对紫外线B区有吸收，可用于晒黑型护肤化妆品。菊苣提取物还是很好的生发剂，用于护发产品。

114 金鸡纳 *Cinchona ledgeriana* (Howard)Moens ex Trim.

彩图114

英文名：Cinchona；茜草科

【别名】莱氏金鸡纳，列氏规那树，列氏金鸡纳树，列氏奎宁树，奎宁树

【植物形态】常绿乔木，通常高3～12 m；树皮灰褐色，偶有白色条痕或纵裂。叶纸质或薄革质，大而宽，卵形、卵状椭圆形或长圆形，长10～24.5 cm，宽5.5～17 cm，顶端钝，基部阔楔形或圆形，常稍下延，新鲜时在下面常呈淡红色，上面无毛，下面有疏短柔毛或近无毛；叶柄长1.5～4 cm。花序腋生和顶生，长宽均可达23 cm，被淡黄色短柔毛；苞片和小苞片披针形；花梗长1～3 mm；花萼长约3 mm，檐部稍扩大，裂片三角形，长0.5 mm；花冠白色或粉红色，长1～1.2 cm，冠管圆筒形，稍具5棱，裂片卵状披针形，长约4 mm，内面边缘具淡黄色长柔毛。果近圆筒形或圆锥形，长1～1.8 cm，有短柔毛；种子椭圆形，周围具翅。花、果期6月至翌年2月。

【生态分布】要求年平均温度为21 ℃，平均最低温度为13.5 ℃，温暖、终年无霜的气候环境。原产于美洲热带山区，尤其在秘鲁。印度、斯里兰卡、菲律宾、印度尼西亚、非洲等地亦有种植。中国云南及海南有栽培。

【历史与民俗】早期的南美洲人对金鸡纳树皮的药用价值不很了解，主要是因为他们很恐惧其苦味。虽然秘鲁人在1513年就发现了金鸡纳，但直到1630年人们才用它的树皮治疗发烧。金鸡纳是治疗疟疾特效药奎宁的资源植物。1677年，伦敦药典首次收载。除抗疟外，还应用于发烧及消化系统疾病。秘鲁土著居民长期使用其树皮解热、助消化和抗感染。据传，1692年冬，康熙皇帝犯疟疾病时，也是传教的洪若翰等两位神父以金鸡纳霜治愈的。

【化学成分】含生物碱约26种，以奎宁、奎尼丁、辛可尼丁含量较多。总生物碱含量约5%～8%，最高可达15%（莱氏金鸡纳）。

【加工与利用】以树皮和根皮入药。全年可采，采剥6～8年生树木的树皮、枝皮和根皮，鲜用或干燥备用。它所含奎宁为抗疟疾的特效药。

其总生物碱能对整个消化系统发生反射刺激，增加胃液分泌。奎尼丁是一种心脏抑制药，能减慢心率，改善心率失常。金鸡纳树皮有退热、抗疟、补益、刺激食欲、镇痉、抗菌的功效，为苦味健胃药和强壮药。还可促进子宫收缩及治疗心脏病等。煎剂为治疗发热的良药；漱口液用于治疗咽喉痛；酊剂极苦，用于助消化。

【附注】金鸡纳属植物还有红金鸡纳树（*C. succirubra* Pavon ex Klotzsch）、黄金鸡纳树（*C.*

calisaya Wedd.)、棕金鸡纳树(*C. officinalis* L.)及其与上述种的杂交种,均含有类似的生物碱和同样的药理作用。

115 香樟 *Cinnamomum camphora* (L.) Presl.

彩图 115 英文名:Camphor tree, Camphorwood, Shiu;樟科

【别名】樟树,芳樟,乌樟,瑶人柴,栳樟

【植物形态】常绿乔木,高 20～30 m。树皮灰褐色或黄褐色,纵裂;小枝淡褐色,光滑;枝和叶均有樟脑味。叶互生,革质,卵状椭圆形以至卵形,长 6～12 cm,宽 3～6 cm,先端渐尖,基部钝或阔楔形,全缘或呈波状,上面深绿色有光泽,下面灰绿色或粉白色,无毛,幼叶淡红色,脉在基部以上 3 出,脉腋内有隆起的腺体;叶柄长 2～3 cm。圆锥花序腋生;花小,绿白色或淡黄色,长约 2 mm;花被 6 裂,椭圆形,长约 2 mm,内面密生细柔毛;能育雄蕊 9,花药 4 室;子房卵形,光滑无毛,花柱短;柱头头状。核果球形,宽约 1 cm,熟时紫黑色,基部为宿存、扩大的花被管所包围。花期 4～6 月。果期 8～11 月。

【生态分布】香樟适应性强,喜光,稍耐阴;喜温暖湿润气候,耐寒性不强,适于生长在砂壤土,较耐水湿。原产中国南方及西南各省区。越南、朝鲜、日本也有分布,其他各国常有引种栽培。

【历史与民俗】香樟的利用历史悠久,可以追溯到 1 000 多年以前。在中国和东南亚地区的居民把樟树看作是神之树,经常用于各种仪式。它在对尸体进行防腐处理方面应用广泛。樟树叶子也经常簇拥在战马周围,以避免瘟疫。它强烈的芳香气味吸引着人们,所以中国人把它用于造船和修建寺庙。波斯(现在的伊朗)曾经认为它是对抗瘟疫的一种有效的药物,波斯国王查尔二世认为它可以保护巴比伦宫殿中的珠宝。意大利的考古学者在婆罗洲考古发现了存放在罐子中的樟木制品,其有机物质保存完好。

【化学成分】主要有效成分为芳香油,香樟精油主要化学成分有芳樟醇(50%～65%)、乙酸芳樟酯、丁香醇、1,8-桉叶素、香叶醇、香茅醇、樟脑、莰烯、蒎烯、苧烯等。

【加工与利用】以叶、枝及木材入药。树叶全年均可采收,一般夏秋季节采收为宜。粗枝及木材在砍伐树木更新时采收。阴干的叶子及木材均可用水蒸气蒸馏方法蒸取叶的芳香油。香樟叶及精油可作为止痛剂、抗抑郁药、抗菌剂、抗痉挛剂、强心剂、祛风药、收敛剂、利尿剂、兴奋剂、发汗剂、驱蠕药、创伤药等。从普通感冒到肺炎等任何情况下,都可以通过香樟精油的平衡作用发挥功效。

香樟木含有丰富的挥发性油脂,具有浓厚的特殊香气,是高品质香水的提取源之一。而且樟木耐湿、抗腐、祛虫、保存期长,是贵重家具、高级建筑、造船和雕刻等理想的用材。香樟一身全是宝。

【附注】芳樟精油具有一定的刺激性,如果过量使用会引起抽搐和呕吐。孕妇禁用。

116 锡兰肉桂 *Cinnamomum verum* J. Presl. (*C. zeylanicum* Bl.)

彩图 116 英文名:Caylon cinnamon bark, Cinnamon bark tree;樟科

【别名】肉桂皮,正肉桂

【植物形态】常绿小乔木,高达 10 m,树皮黑褐色,内皮有强烈的桂醛芳香气。叶通常对生,卵圆形或卵状披针形,长 11～16 cm,宽 4.5～5.5 cm,先端渐尖,基部锐尖,革质或近革质,上面绿色,光亮,下面淡绿白色,两面无毛,离基三出脉,中脉及侧脉两面凸起;叶柄长 2 cm,无毛。圆锥花序腋生及顶生,长 10～12 cm,总梗及各级序轴被绢状微柔毛。花黄色,长约 6 mm。花被筒倒锥形,裂片 6,长圆形,外面被灰色微柔毛;能育雄蕊 9,花药 4 室;子房卵珠形,无毛,花柱短,柱头盘状。果卵球形,长 10～15 mm,熟时黑色;果托杯状。花期 1～4 月,果期 7～10 月。

【生态分布】热带植物,要求湿润的气候条件。原产斯里兰卡和印度。在菲律宾和西印度群岛已广泛种植。我国海南、湛江、南宁、厦门、西双版纳等地均已引种成功。东南亚各国均有分布。

【历史与民俗】桂皮曾比黄金贵重,古埃及用于尸体防腐及巫术;中世纪,欧洲用于宗教仪式和作为调味品。无论是印度,或是欧洲,肉桂皮传统上作为温药,常与姜一起配合用于治疗“寒”症。肉桂可刺激血液循环,还是治疗消化系统疾病的一味传统药物。后来在荷属东印度公司贸易中,桂皮是最有利可图的香料。桂皮用于糖果、咖喱食品等调味。欧美人喜用于焙烤食品中。

【化学成分】含挥发油达4%,尚含鞣酸、香豆素及胶浆。挥发油中桂皮醛占65%~75%,丁香醇占4%~10%。

【加工与利用】以树皮作为香料和药用,称“肉桂”。砍伐树干时,剥取树皮,将树皮刮去外层栓皮,多片重叠干燥而成“桂皮”。肉桂有甜美的香气和辛辣味。它广泛应用于糖果(如蛋奶冻布丁)、甜点和加香料的热葡萄酒。作为香料也添加到酱油、肉菜、炖菜、家禽、泡菜和汤中。树皮或提取物还应用在面包店和食品加工工业。它的气味较强,还具有类似的烹饪用途。在东南亚和美国,“桂皮”是一个日常香料。

其挥发油具有抗病毒、刺激作用。现代药理研究表明,桂皮醛具有止痛、镇静作用,其提取物有抗菌、抗真菌作用。可用于恶心、呕吐、腹泻,以及肌肉痛。对病毒性疾病,如感冒也有效。本品对消化功能低下的患者,有增强消化机能,主要用于康复期身体虚弱的治疗。它有轻微的通经作用,能刺激子宫、通经血。在印度作为一种避孕药用于产后避孕。

【附注】肉桂皮的味道源于精油中的主要成分肉桂醛。

117 岩蔷薇 *Cistus ladaniferus* L.

彩图 117

英文名:Labdanum, Gum rockrose;半日花科

【别名】赖百当,岩玫瑰,岩壁玫瑰

【植物形态】多年生亚灌木,常绿,茎直立,株高1.5~2.5 m。叶对生,披针形或线状披针形,长6~8 cm,宽0.5~1.5 cm,先端尖,全缘,黑褐色,叶面无毛,具黏胶状分泌物,背面具白色茸毛。花两性,生于枝端;萼片3,鳞片状;花瓣5,白色,每瓣颈部具黄色斑点,先端有不规则的凹陷,花直径8~9.5 cm;雄蕊多数。蒴果,扁球形或近椭圆形,灰褐色;种子多菱形,褐色。花期5~6月,果期6~8月。

【生态分布】原产于地中海沿岸,属地中海气候型植物。喜温暖、湿润的气候,可耐短时间−8~−7 ℃低温,喜光,要求肥沃疏松的酸性或中性的砂质壤土。主产于俄罗斯、乌克兰、西班牙、摩洛哥、希腊、法国等地。我国20世纪50年代引入栽培,在江苏、浙江等地表现较好。

【历史与民俗】岩蔷薇是一种生命力极强的植物,它几乎占领了西班牙中部的山区农田、草原和葡萄牙南部。在西班牙被称为“棘手的灌木”。在葡萄牙被誉为“爱斯特瓦”。它的根部常常会长出美味的牛肝菌来。岩蔷薇浸膏和精油是较为古老而重要的膏香香料,有类似龙涎香、琥珀膏香香气。20世纪初开始用于烟用香精,后来又用于其他食品。可配制柑橘、圆柚等果香香精,用于饮料、冷饮、糖果、烘烤食品等。

【化学成分】香树脂(浸膏)主要成分为α-蒎烯(约45%)、苯甲醛、苯乙酮、1,5,5′-三甲基-6-环己酮、双乙酰、糠醛、冰片、莰烯、桉叶油素、岩蔷薇醇、丁香酚、α-松油醇、薄荷酮、乙酸龙脑酯等。精油主要成分为苯甲醛、苯己酮、橙花醇、香叶醇、岩蔷薇醇、丁香酚、龙脑、α-松油醇、α-蒎烯、莰烯、月桂烯、β-水芹烯、α-松油烯、β-松油烯、烯、桉叶素、异薄荷酮、乙酸香叶酯、丁二酮、糠醛等。

【加工与利用】岩蔷薇以采收香树脂分泌物为目的。香树脂分泌物以夏季茎叶繁盛时较多。采收时以剪刀剪取枝叶,扎捆阴干,随时用于加工。岩蔷薇树脂是由茎叶经沸水煮出的物质,内含树脂,用苯

或石油醚浸提、浓缩而得。岩蔷薇叶油(精油)为茎叶用水蒸气蒸馏法得到,有萜类气息,膏香很少。得率 0.06%~0.12%。精油(cistus oil)也可是将上述"树脂"用水蒸气蒸馏法提取的挥发油,得率 1%~2%,为金黄色稠厚液体。

岩蔷薇浸膏(香树脂)又名赖百当浸膏,为我国《食品添加剂使用卫生标准》(GB 2760—1996)规定允许使用的食用香料。主要用于配制烟草香精,也可用于其他食品。美国香味料和萃取物质制造者协会(FEMA)规定的使用限量(单位:mg/kg)为:饮料 2.7,冰淇淋 2.0,糖果 5.5,焙烤食品 4.0。

岩蔷薇油(精油)又名赖百当油;英文名为 Labdanum oil。我国为允许使用的食用香料。主要用于配制烟草、柑橘等香精。FEMA 规定的使用限量(单位:mg/kg)为:软饮料 0.41,冷饮 0.78,糖果 2.0,焙烤食品 0.75。

香料岩蔷薇浸膏、精油等产品具温和而甜的龙涎香和琥珀膏香香气,有些花香药草香,扩散而相当持久。岩蔷薇是膏香中极重要的品种,有美好膏香及定香效果。常用来配制人造琥珀、龙涎香,广泛用于古龙型、东方型及紫罗兰、薰衣草、香薇、素心兰、檀香、柑橘、防臭木、松针、苔香等花香型和非花香型香精中。

岩蔷薇香树脂常用作定香剂、增甜剂和调和剂,在香水和香皂中使用。树脂净油定香力强,能增甜并赋予龙涎香香气,常用于化妆品中。树脂等制品近来也广泛用于熏香,它在燃烧时能发散出浓郁的香气。它在烟用香精中也是很好的香料。

在岩蔷薇叶中还分离得到没药醇,有抗炎、解痉、抗菌、抗血吸虫和抗消化胃蛋白酶的蛋白水解作用。

【附注】岩蔷薇属植物在地中海地区用于提取树脂、浸膏、净油等产品的还有 *C. creticus* L.、*C. populifolius* L.等植物。但以岩蔷薇最好。

118 西瓜 *Citrullus lanatus* (Thunb.) Matsum. & Nakai (*C. vulgaris* Schrad.)

彩图 118　英文名:Watermelon;葫芦科

【别名】水瓜,寒瓜,夏瓜

【植物形态】一年生蔓生草本;茎被长柔毛。卷须分 2 叉;叶柄有长柔毛;叶片带白绿色,长 8~20 cm,宽 5~15 cm,深 3 裂,裂片又羽状或二回羽状浅裂或深裂,两面有短柔毛。花雌雄同株,均单生;花托宽钟状,花萼裂片狭披针形;花冠淡黄色,辐状,裂片卵状矩圆形;雄蕊 3,近分生,药室 S 形折曲;子房卵状,密被长柔毛,柱头 3,肾形。果实大型,球状或椭圆状,果皮表面光滑,颜色因品种而异;种子卵形,两面平滑,色泽因品种而异。

【生态分布】西瓜喜温暖、干燥的气候,不耐寒,原产于热带非洲,广泛生于亚热带至热带地区。可能在金、元时始传入中国,现在中国各地有栽培,品种甚多,以新疆、甘肃兰州、山东德州、江苏溧阳等地最为有名。

【历史与民俗】西瓜在埃及应用已有 4 000 年以上的历史,用其治疗手指颤动、便秘和驱除恶魔带来的疾病。西瓜可能起源于近 5 000 年前在非洲的卡拉哈里沙漠,植物学家发现它的野生祖先还在不断增长。西瓜向北迁移到埃及,在罗马时代,西瓜被培育成珍品。埃及建筑物墙壁上的象形文字就有讲述收获西瓜的故事。西瓜也被埋葬在国王的陵墓,以滋养他们的来世。后来西瓜遍布欧洲大陆,特别蓬勃发展在温暖的地中海地区。

西瓜最初由地中海沿岸传至北欧,而后南下进入中东、印度等地,4~5 世纪时,由西域传入中国,所以称之为"西瓜"。《新五代史·四夷附录》记载:"同州郃阳(今陕西合阳)县令胡峤为(萧)翰掌书记,随入契丹。……始食西瓜,云契丹破回纥得此种,……大如中国冬瓜而味甘。"据明代科学家徐光启《农政全书》记载:"西瓜,种出西域,故之名。"明李时珍在《本草纲目》中记载:"按胡峤于回纥得瓜种,名曰西瓜。则西瓜自五代时始入中国；今南北皆有。"这说明西瓜在中国的栽培已有悠久的历史。

【化学成分】果实含大量水分(约93%)，还含有糖(5.6%)、蛋白质、脂肪、多种维生素(特别富含维生素B和维生素C)及微量元素等。种子还含有约45%的脂肪油和30%～40%的蛋白质。

【加工与利用】利用部位为果实(及种子)，果实成熟后采收。是一种美味的水果，主要是作甜点吃。水果肉只是切块食用，也可能做成不同形状的水果沙拉。在亚洲，特别是中国，成熟干燥的种子烤熟后，作零食吃。西瓜汁现在可以制成果汁(纯果汁或与其他物料混合)，甚至可以加工成糖浆或酒类。西瓜含有瓜氨酸和精氨酸，可增加肝脏尿素量，故能增加尿量。

在中医药中，西瓜主要用于治疗过度发汗、口渴、体温升高、少尿、腹泻和易怒，或以发怒为特征的中暑。果实和汁液可以缓解上述症状，增加尿量和洁净肾脏。果实有提神、消除胃肠胀气作用，也用于治疗肝炎。夏天，西瓜常用于治疗支气管炎和哮喘；果肉可外用于发炎发热的皮肤，也可防止晒黑。种子捣碎后用于驱虫。

【附注】西瓜汁里还含有多种重要的有益健康和美容的化学成分。它含瓜氨酸、丙氨酸、谷氨酸、精氨酸、苹果酸、磷酸等多种具有皮肤生理活性的氨基酸，尚含腺嘌呤等重要代谢成分，糖类、维生素、矿物质等营养物质。而西瓜的这些成分，最容易被皮肤吸收，对面部皮肤的滋润、防晒、增白效果很好。

119 来檬 *Citrus aurantifolia* (Christm.) Swingle

彩图119

英文名：Lime；芸香科

【别名】来姆，白柠檬

【植物形态】常绿小乔木。分枝多，刺粗、短。叶稍硬，有短小的翼叶；叶片阔卵形或椭圆形，长5～8 cm，宽2～4 cm，顶端钝或甚短尖，基部圆，叶缘有细钝裂齿。总状花序，有花达7朵，稀单花腋生；花萼浅杯状，5(4)浅裂；花瓣5、稀4片，质地略厚，长1～1.2 cm，白色；雄蕊20～25枚；子房球形，花柱甚短，约与柱头等长。果柄粗而短，果圆球形、椭圆形或倒卵形，直径4～5 cm，果顶有乳头状短突尖，果皮薄，平滑，淡绿黄色，油胞凸起，瓢囊9～12瓣，果肉味甚酸；种子小且少，卵形，种皮平滑，花期3～5月，果期9～10月。

【生态分布】喜温热湿润气候，不耐寒；原产于印度尼西亚和越南。现在则栽种于许多温暖的国家，如意大利、西印度群岛和美洲国家。我国云南、广西、广东有栽培。

【历史与民俗】来檬原产东南亚，在印度和中国很早就作为作物种植。几个世纪之前到达西印度群岛和墨西哥。据说是摩尔人把来檬带进欧洲，在16世纪时，又由西班牙与葡萄牙探险家带到美洲。今天，它广泛种植于西印度群岛、墨西哥、秘鲁、巴西、埃及、科特迪瓦、印度和南非。

【化学成分】果肉含糖0.3%、含酸7.7%。果实含有精油，精油主要成分为苧烯(占50%)，其他有月桂烯、莰烯、罗勒烯、芳樟醇、松香芹醇、香茅醇、橙花醇、橙花醛、香叶醇、香叶醛、醋酸橙花酯、乙酸香叶酯、β-石竹烯。

【加工与利用】秋季采收果实，可用冷榨法提取精油。来檬、来檬汁或来檬皮广泛用于果酱、冰糕、酸辣酱、泡菜、沙拉酱和甜点中。来檬是煮鱼和肉菜特别重要的调味料。来檬汁是受欢迎的饮料和鸡尾酒。西印度来檬叶(干或最好是新鲜的)在亚洲烹饪中也是常用的(如咖喱、辣椒酱、鸡汤和鱼类菜肴)。

【附注】精油具有抗菌、除臭、杀螨等功效。在化妆品中可直接作为香料使用。来檬提取物能有效地抑制透明质酸的分解，对皮肤有保湿作用。还有收敛、调理与清新的功能，可净化油腻的肤质，还能止住割伤与一般外伤的出血，可用于护肤化妆品。

120 苦橙 *Citrus aurantium* L.

彩图 120　英文名：Bitter orange，Seville orange，Sour orange；芸香科

【别名】酸橙，香圆，枳壳

【植物形态】小乔木，枝叶茂密，刺多，徒长枝的刺长达 8 cm。叶色浓绿，质地颇厚，翼叶倒卵形，基部狭尖，长 1～3 cm，宽 0.6～1.5 cm。总状花序有花少数，有时兼有腋生单花，有单性花倾向，即雄蕊发育，雌蕊退化；花萼 5 或 4 浅裂，有时花后增厚，无毛或个别品种被毛；花大小不等，花径 2～3.5 cm；雄蕊 20～25 枚，通常基部合生成多束。果圆球形或扁圆形，果皮稍厚至甚厚，难剥离，橙黄至朱红色，油胞大小不均匀，凹凸不平，果心实或半充实，瓢囊 10～13 瓣，果肉味酸，有时有苦味或兼有特异气味；种子多且大，常有肋状棱。花期 4～5 月，果期 9～12 月。

【生态分布】喜温暖湿润、雨量充沛、阳光充足的气候条件，原产亚洲热带地区，分布于中国长江流域及以南地区；越南、缅甸、印度、日本也有。地中海沿岸，尤其在西班牙有单一“酸橙果园”。

【历史与民俗】苦橙起源于中国东南部和缅甸北部，从那里蔓延到印度和日本。它又在阿拉伯帝国和周围地区流行，被种植到中东和地中海西部，如西班牙和摩洛哥。在中国，苦橙食用和入药已有上千年历史。从花中提取的橙花油，与叶和嫩枝中提取而有避孕用途的挥发油一样有名。两种提取物都可作香料使用。橙花水是提取挥发油的副产物，可用于香料和医药，还可为糖果、烘烤糕点添加香味。

【化学成分】果皮含有挥发油(90%的柠檬烯)、类黄酮、香豆素、三萜、维生素 C、胡萝卜素和果胶。叶的挥发油主要为乙酸芳樟酯(50%)；花的挥发油主要含芳樟醇(35%)。未成熟果实含有避孕作用的橙皮苷(cirantin)。

【加工与利用】秋季采果，叶全年可采(用水蒸气蒸馏提取挥发油)。成熟的果实主要用于加工果酱和皮蜜饯(结晶)。果实提取物也被用作软饮料调味剂，叶和果皮提取的芳香油在库拉索岛等用于著名的蒸馏烈性酒、橘味白酒和金万利酒。而法国厨师将酸橙汁(或酱汁酸橙)用于烤鸭。

果实的浸剂可用于退热、缓解头痛、平缓心悸。汁液有助于机体排除废物。在中药中，其未熟的果实叫“枳实”，有助于减轻胃肠胀气和脘腹胀痛。酸橙的精油，尤其是橙花油，是镇静剂，用于降低心率、缓解心悸、促进睡眠和治疗消化道疾病。稀释的橙花油用于按摩。花的蒸馏液可用于解痉和镇静。

【附注】除遵医嘱外，精油不可内服。

121 柠檬 *Citrus limon* (L.)Burm. f.

彩图 121　英文名：Lemon；芸香科

【别名】洋柠檬，黎檬

【植物形态】常绿小乔木，树冠开张，树皮灰色，枝条柔软，具短刺，嫩梢先端带紫色。单叶互生，幼时带红色，以后灰绿色，叶片椭圆形或长卵形，先端尖，基部楔形，边缘有锯齿或浅锯齿；叶柄短，具窄翼或不明显。花单生或数朵集生于叶腋或顶端，花直径 3.5～4.5 mm，花蕾带红色，花瓣上部白色，下部紫色；雄蕊 20～40，子房上部渐窄，花柱粗。柑果广椭圆形至倒卵形，长 5～7 cm，宽 5～6 cm，两端尖，先端具乳突，基部圆形，具颈；果皮厚，表面光滑，密布油腺点，油胞凹入，间有纵棱，成熟时黄色；囊瓣 8～10，多汁而味酸。种子小，卵圆形，表面光滑，内部白色，单胚或多胚。柠檬具有多次开花多次结果的特性。

【生态分布】喜排水良好和阳光充足，要求温暖湿润的气候。要求在年平均气温 17 ℃以上，冬季无冻害，最冷月平均温度 8 ℃以上的地区栽培。原产印度、马来西亚，目前地中海沿岸、东南亚和美洲等地都有分布，中国台湾、福建、广东、广西等地也有栽培。

【历史与民俗】柠檬原产印度，并有数千年栽培的历史。“柠檬”一词源于阿拉伯字母“laimun”，意指柑橘类水果。在中世纪从阿拉伯传到了欧洲，先在意大利西西里岛栽培，之后蔓延到地中海沿岸地区，西班牙、葡萄牙栽培较多。1887 年引进美国加利福尼亚，现在加利福尼亚南部商业化的柠檬产量已经可与原产地的印度相比了。由于柠檬富含维生素 C，印度民间常用作解毒剂和止血剂，并治疗某些疾病。它的香味也常作为食物的主要添加剂。

【化学成分】含挥发油(果皮含量达 2.5%)、香豆素、黄酮、维生素 A、维生素 B_1、维生素 B_2、维生素 B_3 和维生素 C(果实含 40～50 mg/100 g)。挥发油中含柠檬烯(70%)、α-松油烯、β-蒎烯、柠檬醛等。

【加工与利用】柠檬是最有用的水果之一。利用部位主要为果实，冬季维生素 C 含量最高时采收。果汁作为一种抗氧化剂，可防止新鲜水果和蔬菜的褐变。柠檬(果实)可用于沙拉、蔬菜、肉菜、卤汁、酱、蛋黄酱，尤其常用于鱼和其他海鲜。汁(或柠檬片)对各种饮料是至关重要的(如鸡尾酒、冰茶、酒精饮料和著名的柠檬水)，还用于冰淇淋和冰沙。果实具腺外皮的风味，常用作糖果、蛋挞、慕斯和奶油的加味剂。果皮蜜饯可添加到饼干和蛋糕中。

鲜果实经冷磨或鲜果皮冷磨后，直接压榨或加助剂冷榨得到冷榨精油；收集夏季或冬季修剪的枝叶，用水蒸气蒸馏法可得柠檬叶油。柠檬精油除用于调配食用香精外，在日用化妆品香精中也广泛使用。它有青甜鲜的果香，但不甚留长。在柠檬型、果香型香精中是重要的香料，主要是增添鲜的头香。常用于牙膏、香皂、香水、花露水等产品中。

【附注】柠檬根和叶含伞形花内酯、东莨菪素、槲皮素、马栗树皮素和根皮素(phloretin)。果皮含橙皮苷、香叶木苷、柚皮苷、新橙皮苷。根有止痛、祛瘀的功能。用于跌打、伤积、狂犬咬伤。叶辛、甘，性温，有化痰止咳、理气和胃的功能。用于咳嗽、腹胀、泄泻。果皮味酸、辛，性温。有祛痰、健胃、行气、止痛的功能。用于郁滞腹痛、不思饮食。柠檬精油不可内服。

122 柚子 *Citrus maxima* (Burm.) Merr. (*C. grandis* (L.) Osbesj.)

彩图 122 英文名：Shakkock, Pomelo, Pummelo；芸香科

【别名】柚，文旦

【植物形态】常绿乔木，高 5～10 m；小枝扁柔软，有刺，被柔毛。叶宽，卵形至椭圆状卵形，互生，长 9～20 cm，有钝锯齿；叶柄有倒心形宽翅。花单生或数朵簇生于叶腋，花大，直径 3.5～4.5 cm，长 1.8～2.5 cm；花萼长约 1 cm；花瓣反曲，上部白色，下部紫色；雄蕊 20～25，花药大，条形；子房圆球形，花柱圆柱形，柱头膨大。果大，球形、扁球形或梨形，直径 10～25 cm，果皮厚，表面平滑，淡黄色；囊瓣 8～10，白色或浅红色。种子卵形，先端尖，内部白色，单胚或多胚。花期 4～5 月，果期 10～11 月。

【生态分布】喜温暖湿润的气候，我国栽培历史悠久，长江流域以南的广大地区均可栽培。在年平均气温 16 ℃以上的地区均能很好地生长。主要分布于广东、广西、福建、江西、湖南、湖北、浙江、四川等地。美国、古巴、南非、巴西、阿根廷以及日本也有栽培。

【历史与民俗】柚子起源于中国南部，蔓延到整个东南亚。在中国、泰国和印尼，品种众多，一般根据产地分组。柚子一直生长在亚洲，但最近才在西方国家流行。柚子在我国为重要的南方亚热带水果之一，已有上千年的栽培历史，其皮药用(化橘红)亦有几百年历史。柚和圆柚的枝叶、花、果皮均含精油，具有愉快的芳香味。

【化学成分】柚果皮含柚皮苷、枳苷(poncirin)、新橙皮苷、柚皮素-4′-葡萄糖苷-7-新橙皮苷；果实含蛋白质、脂肪、碳水化合物、胡萝卜素、维生素 B_1、维生素 B_2、维生素 C、烟酸、钙、磷、铁及挥发油等。挥发油主要成分为柠檬烯(90%～92%)，其次有 α-蒎烯、芳樟醇、枸橼醛、香叶醇、芳樟酯、乙酸香叶醇酯、游离生物碱等。柚叶经水蒸气蒸馏而得柚叶油，其主要成分是双戊烯(约 25%)、芳樟醇(约 15%)、癸醛(约 1%)。

【加工与利用】 柚子果实成熟时采收，通常用于生吃，作为美味的零食，或添加到水果沙拉里。在亚洲，果皮有时用糖制成蜜饯；其果实榨汁制成果汁，或用于含酒精的饮料中。

柚皮冷榨提取精油作为天然食用香料是柚子的另一个重要用途。一般在 8 月下旬至 10 月采摘柚果用于鲜食，回收果皮作提油原料。此外，每年修剪的枝叶也可以水蒸气蒸馏提取精油。柚的精油具有愉快的芳香味，可用于调配多种食品、饮料、化妆品和牙膏等。冷榨的柚皮油除有芳香性成分外，还有柚苷等黄酮类成分，可消食化积、祛痰理气，并有抗炎杀菌的作用，是现代食品工业调味增香的良好天然食品添加剂之一。

柚子的各个部分均可药用：①外果皮（橘红）：味苦、辛，性温。有散寒、理气、化痰、消食功能。用于风寒、咳嗽、多痰、气郁胸闷、脘腹冷痛、食滞。②幼小果实：味酸、甘，性寒，无毒。有消食、去肠胃气的功能。③根：味辛，性温，无毒。有理气止痛、散风寒的功能。用于胃痛、疝气疼痛、风寒咳嗽。④种子（柚核）：治小肠疝气。⑤花：有行气、镇痛、祛痰的功能。用于胃脘胸膈间痛。⑥叶：味辛，性温。有祛风湿、止痛、消积食的功能。用于头风痛、寒湿痹痛、食滞腹痛。

【附注】 柚子在各地有许多品种，主要有广西沙田柚、晚白柚，福建文旦柚、麻豆文旦，浙江平阳四季柚，湖南慈利金香柚，广东金兰柚，四川垫江白柚、金堂无核柚，重庆五步柚等良种。

123 佛手 *Citrus medica* L. var. *sarcodactylis* Swingle

彩图 123

英文名：Fingered citron，Buddha's hand；芸香科

【别名】 九爪木，五指橘，佛手柑

【植物形态】 常绿小乔木或灌木。老枝灰绿色，幼枝略带紫红色，有短而硬的刺。单叶互生；叶片革质，长椭圆形或倒卵状长圆形，长 5～16 cm，先端钝，基部近圆形，边缘有浅波状钝锯齿。花单生、簇生或为总状花序；花萼杯状，5 浅裂；花瓣 5，内面白色，外面紫色；雄蕊多数；子房椭圆形。柑果卵形或长圆形，先端分裂如拳状，或张开似指尖，其分裂数代表心皮数，表面橙黄色，粗糙，果肉淡黄色。种子数颗，卵形，有时不完全发育。花期 4～5 月，果熟期 10～12 月。

【生态分布】 佛手原产我国，为热带、亚热带植物，喜温暖湿润、阳光充足的环境，不耐严寒；怕冰霜及干旱，耐阴，耐瘠，耐涝。以雨量充足、冬季无冰冻的地区栽培为宜。最适生长温度 22～24 ℃，越冬温度 5 ℃以上，年降水量以 1 000～1 200 mm 最适宜，年日照时数以 1 200～1 800 h 为宜。适合在土层深厚、疏松肥沃、排水良好的酸性壤土、沙壤土或黏壤土中生长。

佛手为栽培品种，在中国栽培历史悠久，主产于广东的，称"广佛手"，为地道品。产于四川者，称"川佛手"。产于浙江者，称"金佛手"。此外，广西、安徽、云南、福建等地也有栽培。

【历史与民俗】 佛手的柑果呈卵形或矩圆形，顶端分裂如拳，或张开如指，外皮鲜黄色，有乳状突起，无肉瓤与种子。因其形似人手，故名佛手柑。佛手在中国宋朝时期就已有栽培，晏殊《佛手花》诗曰："丹葩羔漆细馨浮，苍叶轻排指样柔。香案净瓶安顺了，还能摩顶济人不。"适用于居室案头欣赏。

【化学成分】 成熟佛手果实中含柠檬油素、6,7-二甲氧基香豆精、3,5,8-三羟基-4′, 7-二甲氧基黄酮、柠檬苦素、闹米林（nomilin）、胡萝卜苷、β-谷甾醇、对羟基苯丙烯酸、棕榈酸、琥珀酸、顺式-头-尾-3,4,3′, 4′-柠檬油素二聚体、顺式-头-头-3,4, 3′, 4′-柠檬油素二聚体、3,5,6-三羟基-4′, 7-二甲氧基黄酮及 3,5,6-三羟基-7,3′, 4′-三甲氧基黄酮，还含痕量的香叶木苷和橙皮苷。

【加工与利用】 采用佛手的果实。秋季果实未完全变黄时采收，切薄片，干燥用。亦可鲜用。中医药认为其味辛、微苦，性温。能舒肝解郁，理气和中，化痰。果实含有挥发油、佛手内脂、柠檬内脂、橙皮苷等。对肠管平滑肌有明显的抑制作用，对肠痉挛有解痉作用；有扩张冠状血管、增加冠脉流量的作用；高浓度时能减弱心肌收缩力、减慢心率、降低血压，以及预防心肌缺血；有一定的祛痰作用。

佛手的花与果实均可食用，可制作佛手花粥、佛手笋尖、佛手炖猪肠等，有理气化痰、舒肝和胃、解酒

之功效。利用佛手加工食品、饮料、酿制佛手酒等具有十分广阔的前景。

【附注】佛手具有较高的观赏价值和药用价值。佛手是形、色、香俱美的佳木。佛手的花有白、红、紫三色。白花素洁,红花沉稳,紫花淡雅。佛手的叶色泽苍翠,四季常青。佛手的果实色泽金黄,香气浓郁,形状奇特似手,千姿百态,让人感到妙趣横生。有诗赞曰:“果实金黄花浓郁,多福多寿两相宜,观果花卉唯有它,独占鳌头人欢喜。”

124 葡萄柚 *Citrus paradisi* Macfad.

彩图 124

英文名:Grapefruit;芸香科

【别名】朱栾,西柚

【形态特征】常绿乔木,高 5~8 m,分枝多而密集,树冠圆头形;幼枝有棱,通常无毛。单叶互生,叶片革质,卵形,顶端钝,基部广圆形,全缘,无毛;叶柄具翼叶,倒卵形或倒披针形,先端常与叶片基部重叠。花较柚为小,通常为腋生总状花序,稀单生。花萼 5 片,花瓣 5,白色;雄蕊 20~24;子房 10~15 室。柑果中等大,球形或梨形,直径 7~15 cm,果皮平滑,黄色,果皮中等厚,果瓣柔软多汁,互相连接,白色;种子白色,多胚。花期 3~4 月,果期 10 月。

【生态分布】葡萄柚为热带、亚热带季风气候的常绿果树,喜温暖湿润气候,对温度要求较严。喜光,对土壤适应范围较广,具有较强的耐瘠薄能力。主要产于西印度群岛、南非、巴西、美国佛罗里达州和加利福尼亚州。以色列也有葡萄柚精油生产基地。我国葡萄柚的栽培地区主要在华南各地,主要产于福建、广东、广西、台湾等地,大多栽培在海拔 500 m 以下地区。

【历史与民俗】葡萄柚起源于亚洲,是人工种植的树种,据说最早是由 Captain Shaddock 从中国引进到西方国家的,所以被称作 Shaddock fruit。早期被欧洲人作为装饰盆景、布置庭院使用,后又被沙达克船长带到加勒比周围各岛屿。传说葡萄柚最早在 18 世纪就在欧洲国家有种植,后来作为一种观赏植物常见于地中海地区,据说它是橘和柚的杂种。1809 年,葡萄柚的种子被西班牙殖民者带到美国,而葡萄柚真正在美国规模化栽培是在 1880 年以后。葡萄柚精油最早在 1930 年的美国佛罗里达就有商品销售,美国是最大的葡萄柚精油商品供应国。葡萄柚精油在食品、美容和香料业也作为一种添加成分。

【化学成分】果实含有蛋白质、脂肪、碳水化合物、维生素、有机酸、矿物质等。此外,果皮富含挥发油。果皮精油的化学成分可因不同的品种略有差异,但主要成分(%)为柠檬烯(76.0~95.4)、莰烯(0.04~0.87)、月桂烯(1.32~2.63),其他尚有 α-水芹烯、α-松油烯、辛醛、p-伞花烃、γ-松油烯、乙酸辛酯、壬醛、香茅醛、芳樟醇、癸醛、橙花醛、α-松油醇、香叶醛、β-石竹烯、乙酸香叶酯、β-红没药烯及邻氨基苯甲酸甲酯等。

【加工与利用】葡萄柚果实含有精油的腺体是在果皮的深处,就像橘子、柠檬一样,但产油量较少。以葡萄柚的鲜果生产精油,可采用冷榨法和水蒸气蒸馏法两种加工方法。但通过蒸馏的方法得到的精油,其质量明显低于压榨方法获得的精油。目前国内外普遍使用的还是冷榨法提取挥发油。葡萄柚果实还可直接鲜食,将带有苦味的果实切成两半,早餐时用呈锯齿状的勺子挖着吃。它还可撒在甜点上作为装饰。其果肉或果汁也可像橘子一样添加到鸡尾酒、水果沙拉、冰淇淋和糖果中。葡萄柚果汁冷饮也很受欢迎。葡萄柚也可像菠萝一样用于鸡肉和猪肉菜里。

葡萄柚对于肌肤具有洁净与润泽的功效。它所含的活性成分,如碳水化合物,氨基酸与果酸,都具有润泽与深层洁肤的功效,类黄酮能增加毛细血管壁的渗透性与抵抗力。这些成分所产生的共同作用,让葡萄柚具有完美的净化功能。葡萄柚精油为干甜柔和的柑橘样香气,近似于甜橙油,但带干甜,有提神和抗忧郁的效用。而且有较强的杀菌能力,可作杀菌防腐剂、抗毒素剂、抗忧郁药、收敛剂、净化剂、利尿剂、提神剂、助消化药、滋补药等。

【附注】葡萄柚实际上是柚子(*C. maxima*)×甜橙(*C. sinensis*)的杂交种。目前各地也有一些栽培品种。

125 橘子 *Citrus reticulata* Blanco.

彩图 125

英文名:Saksuma orange, Mandarin, Tangerine, Naartjie;芸香科

【别名】柑橘,黄橘,红柑,大红袍,宽皮橘

【植物形态】常绿小乔木或灌木,高约 3 m;枝柔弱,通常有刺。单叶互生,革质,披针形至卵状披针形,长 5.5～8 cm,宽 2.9～4 cm,顶端渐尖,基部楔形,全缘或具细钝齿;叶柄细长,翅不明显。花小,黄白色,单生或簇生于叶腋;萼片 5;花瓣 5;雄蕊 18～24,花丝常 3～5 枚合生;子房 9～15 室。柑果扁球形,直径 5～7 cm,橙黄色或淡红黄色,果皮疏松,肉瓤极易分离。花期 3～4 月,果期 11～12 月。

【生态分布】属中亚热带季风气候的常绿果树。喜温暖湿润气候,自然植被为季风常绿阔叶林和常绿落叶阔叶混交林。我国橘的栽培区域大致在秦岭、长江(下游)以南各地。主产于四川、广东、广西、福建、湖南、江西、浙江、台湾等地。湖北西部、河南西南部、陕西南部、甘肃东南部、安徽南部、江苏南部以及云南、贵州的海拔 1 000～1 200 m 地区亦有栽培。其他产区大多栽培在海拔 800 m 以下地区。目前,柑橘栽培已遍及五大洲各地。

【历史与民俗】柑橘原产我国,利用历史悠久。在公元前 1 000 年的周朝就开始作为一种赋税或贡品,英文的"Mandarin"一词意思就是中国古代给朝廷的贡品。在《山海经》中,橘也多次出现,《说文》记载,橘是江南的产物。公元前 239 年的《吕氏春秋》也有几处提到橘与柚以及它们的生长地。汉朝《史记·货殖列传》中写道:"蜀、汉、江陵千树橘……此其人皆与千户侯等。"意思是说,拥有一千株橘树的人,生活可以过得像一个千户侯爵那样美好。由此可见,我国橘的栽培和利用已有数千年的历史了。200 年前,柑橘在欧洲被广泛种植,尤其在地中海地区。

【化学成分】橘子含有丰富的碳水化合物、有机酸、氨基酸、类胡萝卜素及维生素等。橘皮含有挥发油、黄酮类、生物碱类、维生素类、肌醇和微量元素等成分。挥发油的化学成分较复杂,各品种间有差异,但多以右旋柠檬烯为主,另有 α-蒎烯、β-蒎烯、α-松油烯、γ-松油烯、β-月桂烯、α-水芹烯等几十种萜烯类化合物。黄酮类以橙皮苷为主,其次有柚皮苷、川陈皮苷、新陈皮苷、柑橘素、二氢川陈皮素、5-去甲二氢川陈皮素和甲基橙皮苷等。

生物碱类有辛弗林、N-甲基酪胺等。橘皮还分离得橘红多糖。

【加工与利用】橘了果实、果皮均可利用。秋冬季节果实成熟后采收;果实可鲜食,橘皮(鲜)可用冷榨法提取精油。橘子主要是生吃,它的甜香味和易于剥皮很受人们欢迎。新鲜果汁已经成为受欢迎的冷饮。果实在某种程度上用于制作果酱、蜜饯、烹饪和糖果,橘子皮也可用于利口酒、糖果。

橘皮含有丰富的有机酸、氨基酸、类胡萝卜素及维生素等。由新鲜橘皮中压榨制得的汁液可添加在化妆品中,具有优良的抗氧化能力;其中维生素 C 能抑制和消除皮肤色素沉着,维生素 E 能扩张毛细血管,促进血液循环;香精油有加香和润肤的作用。因此,用鲜橘皮压榨的汁液可用于配制花露水、美容霜、化妆水等多种化妆品。

鲜橘皮压榨提取精油的橘皮渣或鲜橘皮均可提取柚(皮)苷和橙皮苷。柚苷可用于制备柚苷二氢查尔酮,其为食品甜味添加剂,其甜度为蔗糖的 100 倍。橙皮苷可制备甲基橙皮苷,是一种水溶性物质,具维生素样作用,能增强人体毛细血管的抵抗力,防止动脉硬化,对心血管病有一定疗效。

【附注】中国药典收载橘及其栽培变种的干燥果皮为药材"陈皮"。橘的品种繁多,著名的有茶枝柑 *Citrus reticulata* "Chachi"(广陈皮的原植物)、大红袍 *C. reticulata* "Dahongpao"、温州蜜柑 *C. reticulata* "Unshiu"和福橘 *C. reticulata* "Tangerina"等。

126 甜橙 *Citrus sinensis* (L.) Osb. (*Citrus aurantium* L. var. *dulcis*)

彩图 126

英文名：Orange，Sweet orange；芸香科

【别名】橙子，黄果，金球，金橙，鹄壳

【形态特征】常绿小乔木，高 2～3 m，树冠圆头形，刺少或无。单叶互生，革质，椭圆形，长 4.0～8.0 cm，宽 2.0～4.0 cm，顶端渐尖，基部宽楔形，全缘，有透明的油点；叶柄短，有狭翅，顶端有关节。花小，单生或数朵簇生于叶腋；花蕾长圆形，花萼 5 片，花瓣 5，白色；雄蕊 20 或更多，花丝连合成数组，着生于花盘上，花药淡黄色；子房近球形。柑果近球形，直径 8～15 cm，果皮有油胞，橙黄色或橙红色；果皮粗而不易剥落，成熟时心实，囊瓣 10～13，不易分离；果肉黄至血红色，柔软多汁，甜酸适度，具香气。种子多数，卵形或纺锤形。花期 4～5 月，果期 11 月。

【生态分布】甜橙原产我国华南和越南，现在长江以南各地栽培。甜橙的栽培变种和品种较多。喜温暖湿润气候，对温度要求较严。它在红壤、黄壤、紫色土和冲积土上均能生长，但以土层深厚、疏松、富含有机质、保水能力强的夹砂土壤为宜。我国甜橙主要产于四川、重庆、福建、广东、广西、湖南、江西、浙江、台湾等地，云南、贵州、湖北、安徽也有栽培。

【历史与民俗】甜橙原产我国，利用历史悠久。先秦时期就有橘、柚(橙)和枳(酸橙类)的记载。在以后的 2 000 年中，已经成为我国的一项很大的产业。

在欧洲种植甜橙较晚，稀少而昂贵，到 17 世纪末，欧洲人才将它当作药物。古时候海丝佩拉花园传说中的“金苹果”大概就是指橙。柑橘被认为是果实收获的象征，希腊人称之为“金苹果园中的金色果实”。天神宙斯据说在他的婚礼上给过他的妻子赫拉一个柑橘。

阿拉伯语“narandj”是柑橘一词的来源。在 1290 年，卡斯提尔(古代西班牙北部一个王国)的埃莉诺把柑橘带到了英格兰，栽种于温室或橘园里当作奢侈品。在北方的气候条件下，只有非常富有的人才能买得起柑橘，经常在圣诞节时作为昂贵的礼物。大约到 16 世纪时在英格兰开始知名。在欧洲的宫廷里，柑橘和丁香混合在一起制成香丸用来驱除异味，消除不良情绪如压抑、紧张，给阴沉的冬日带来更多欢乐。

【化学成分】果实含蛋白质、脂肪、碳水化合物、胡萝卜素、核黄素、钙、磷、铁及挥发油，又含果胶、氨基酸、维生素 C、维生素 P、脱氧肾上腺素和肌醇等。果实还含黄酮苷、内酯、生物碱、有机酸等。黄酮苷中有橙皮苷、柚皮芸香苷、异樱花素-7-芦丁糖苷、柚皮素-4′-葡萄糖苷-7-芦丁糖苷、柚皮苷、柠檬素-3-β-P-葡萄糖苷和 O-D-木糖基牡荆素。内酯中有双内酯苦味成分柠檬苦素即黄柏内酯及其衍生物柠檬苦素酸单内酯。

果皮含有挥发油、橙皮素、柚皮素、柚皮苷、异樱花素(isosakuranetin)。橙皮精油的化学成分有柠檬烯(92%～95%)、月桂烯(2.56%～3.12%)、桧烯(0.25%～0.70%)、α-蒎烯(0.59%～0.90%)、芳樟醇(0.43%～0.61%)、癸醛(0.21%～0.38%)。其余还有 γ-松油烯、β-石竹烯、α-葎草烯、α-松油醇、γ-杜松烯、β-蒎烯、δ-3-蒈烯、香茅醛、橙花醛、紫苏醛、香叶醛、十二醛、α-甜橙醛等。

【加工与利用】甜橙采收的时间因其利用的目的不同而异。①鲜食即销的果品，应该达到该品种应有的色泽、香气和风味，肉质变软时采收。②贮藏用果实，在果实接近完全成熟时采收，此时肉质尚未变软。③加工用果实，一般要考虑综合利用。提取皮油，以接近成熟时采收，含油较高。但加工果汁，则以完熟为好。

甜橙是国内外鲜销的大宗果品之一。除鲜食外，也是食品工业的重要原料。可制成甜橙汁、果酱、果酒、碳酸饮料。其榨汁后的瓤瓣渣是目前提取果胶的最好原料。果胶又是食品工业的重要原料和添加剂。

甜橙精油的加工，一般与加工橙汁同时进行。如果用整果冷榨，可得精油和果汁的混合体，用油、水分离机把精油从果汁中分离第一次精油，在果汁浓缩时，还可分离第二次精油。全果冷榨，精油得率约 0.1%。甜橙油主要香气成分是醛香，由癸醛、辛醛、十一醛等发出甜橙特有的醛香。烯类是甜橙油的主

要组分，它与微量的3-甲基丁烯、异戊间二烯、月桂烯等共存，形成一股新鲜的青甜果香，较柠檬油更偏甜香。它除广泛用于饮食香精外，在日用化学品用香料中也应用甚广。如在香水、古龙水、盥洗水、膏霜、香粉、唇膏、发蜡、牙膏、香皂等香精中。除萜甜橙油可视作天然醛香而广泛用于水溶性果汁香精外，还常用于高档果香类型香精中，可与除萜橙叶油同用于古龙香水中，效果好。

甜橙油含大量的右旋烯(90%)，果皮药用，称"广柑皮"，味甘、苦，性温。有行气化痰、健脾温胃的功能。用于食欲不振、胸腹胀满作痛、乳痛、感冒咳嗽。甜橙精油还有退热作用，通过退烧作用对感冒、支气管炎的发烧有好的疗效。它有助于胶原形成，对身体组织器官的生长和修复很重要，它对于酸痛的肌肉及软骨病也是有效的治标剂。其发汗功能可以加速充血皮肤中毒素的排出，同时对干燥皮肤、皱纹和皮肤炎症也有作用。

【附注】苦橙在欧洲又称塞维雅橙，拉丁名为 *Citrus vulgalis* 或 *C. bigaradia*，其果皮用压榨方法提取的精油呈深金黄色，具有典型的橙皮香味，它和甜橙精油在成分上有些差别，但它精油的香气比甜橙精油更精致些，也作橙油使用。

127 椰子 *Cocos nucifera* L.

彩图 127　英文名：Coconut；棕榈科

【别名】椰果，树头，越王头

【植物形态】乔木，高 15～30 m，茎粗壮，有环状叶痕。叶簇生茎顶；叶柄粗壮，长达 1 m 以上；叶片羽状全裂，长 3～4 m；裂片多数，外向折叠，线状披针形，长 65～100 cm，宽 3～4 cm；先端渐尖，革质。肉穗花序腋生，长 1.5～2 m；花单性，雌雄同株；雄花聚生于分枝上部，雌花散生于下部；佛焰苞纺锤形，厚木质，老时脱落；雄花：萼片 3，鳞片状；花瓣 3，卵状长圆形，长 1～1.5 cm；雄蕊 6。雌花：基部有小苞片数枚；萼片阔圆形；花瓣与萼片相似，但较小。坚果倒卵形或近球形，长 15～25 cm，先端微具 3 棱，外果皮薄，中果皮厚纤维质，内果皮木质坚硬，近基处有 3 萌发孔。种子 1 颗，种皮薄，紧贴着白色坚实的胚乳，胚乳内有一富含液汁空腔；胚基生。花、果期主要在秋季。花后 1 年果熟。

【生态分布】热带植物。喜阳光和盐分较浓的砂质土壤。生于热带海滩沙地和气温较高的河流、溪谷两岸砂质土壤上，或较潮湿的平原及缓坡地。现广泛分布于亚洲、非洲、大洋洲及美洲的热带滨海及内陆地区。主要分布在南北纬 20°之间，尤以赤道滨海地区分布最多。我国主要集中分布于海南各地，台湾南部，广东雷州半岛，云南西双版纳、德宏、保山、河口等地也有少量分布。

【历史与民俗】椰子由东南亚、西太平洋地区蔓延到太平洋和印度洋群岛。大约 3 000 年前，葡萄牙和西班牙探险家发现了椰子，并将它带到其他热带地区。它是椰子油和无数的副产品(包括甘油炸药)的主要来源。椰子树，相传原产于亚洲东南部、印度尼西亚至太平洋群岛等地，约在我国西汉时期传入到我国海南，有 2 000 多年的历史了。椰子的别名很多，汉代的《上林赋》和《汉书》中称其为"胥邪"，《史记》上称之为"胥余"，《南方草木状》上称之为"越王头"，《台湾树木志》上称之为"椰标"，俗称"奶桃"，等等。

【化学成分】果肉含油量为 60%～65%。油中含游离脂肪酸 20%，亚油酸 2%，棕榈酸 7%，羊脂酸 9%，脂蜡酸 5%，羊蜡酸 10%，油酸 2%，月桂酸 45%。椰子油还含甾醇，其中含豆甾三烯醇 4.5%，豆甾醇及岩藻甾醇 31.5%，α-菠菜甾醇及甾醇 6%，β-谷甾醇 58%。果肉还含蛋白质(包括清蛋白、球蛋白、醇溶蛋白等)、维生素(主要有维生素 B_1、维生素 B_5、维生素 C 及 α-生育酚、γ-生育酚)等。

【加工与利用】食用椰子油(椰子油)是用干的、油性的胚乳(干椰子肉)提取，可用于生产酥油、人造奶油、冰淇淋、模仿乳制品和巧克力等。干椰子肉、椰子粉可用于糖果(包括饼干、蛋糕)。在印尼和波利尼西亚，用新鲜的胚乳作蔬菜，用于鱼和肉菜。椰奶(从生坚果中提取出来的清凉饮料)可增加印度咖喱的风味，可用于炖菜和米饭。椰子奶油是肉类的腌料，也可添加到甜点和糕点中。开花时的茎杆含糖液，可制造棕榈糖、棕榈酒和棕榈醋。在菲律宾，棕榈心也是一种受欢迎的蔬菜。

椰子油在热带地方为白色液体，在冷处则为牛油样的固体；有特殊气味，新鲜时气味芬芳。目前，主要是工业用油，为制皂的优质原料，发泡力强，可制高级香皂、牙膏。椰肉提取物营养丰富，具有润肤和改善皮肤粗糙的功效，可用于抗衰化妆品。

【附注】椰子果实本身除榨油外，其他各部分都有很高的利用价值。如果壳纤维、核壳等都有广泛用途。

128 小果咖啡 *Coffea arabica* L.

彩图 128　英文名：Arabian coffee，Coffee tree；茜草科

【别名】阿拉伯咖啡，小粒咖啡，咖啡

【植物形态】小乔木或大灌木，高 5～8 m，基部通常多分枝；老枝灰白色，节膨大。叶薄革质，卵状披针形或披针形，长 6～14 cm，宽 3.5～5 cm，顶端长渐尖，基部楔形或微钝，全缘或呈浅波形，两面无毛；叶柄长 8～15 mm；托叶阔三角形。聚伞花序数个簇生于叶腋内，每个花序有花 2～5 朵，花芳香，有长 0.5～1 mm 的花梗；苞片基部多少合生，二型；萼管长 2.5～3 mm，萼檐截平或具 5 小齿；花冠白色，长度因品种而异，一般长 10～18 mm，顶部常 5 裂，裂片常长于花冠管；花药伸出冠管外，长 6～8 mm；花柱长 12～14 mm，柱头 2 裂。浆果成熟时阔椭圆形，红色，长 12～16 mm，外果皮硬膜质，中果皮肉质，有甜味；种子背面凸起，腹面平坦，有纵槽，长 8～10 mm。花期 3～4 月。

【生态分布】原产于东非热带地区。喜温暖湿润气候，但抗寒力较强，能耐短期低温，在热带地区可生长于海拔 2 100 m 的高山上，不耐旱，不耐强风。现在咖啡已广泛栽培于各热带地区。中国福建、台湾、广东、海南、广西、四川、贵州和云南有栽培。

【历史与民俗】“咖啡”一词来源于“Caffa”，为埃塞俄比亚一个地区的名称，即咖啡最早是在这里发现的。考古学家发现，东非史前人就偏爱咖啡强烈的兴奋作用。他们在部落战争前、长期狩猎前或其他需要警觉、体力和耐力的活动前，服用未烘焙过的咖啡豆。作为普通兴奋剂服用很有效，对中枢神经系统作用尤其明显，能促进感觉和体力。在印度传统草药医学中，未成熟的咖啡豆用于治疗头痛，而成熟的、烘烤过的咖啡豆用于治疗腹泻。

【化学成分】种子含咖啡因、黄嘌呤、可可碱、茶碱以及鞣质。

【加工与利用】以种子入药。果实成熟时采收，经过发酵、晒干、烘焙成优质的咖啡豆。摩卡、波旁威士忌和马提尼克岛咖啡是最受欢迎的类型（有时用香草和肉桂调味）。速溶咖啡是由喷雾干燥而成（自 1930 年以来，也有无咖啡因的咖啡）。土耳其咖啡或过滤咖啡是用传统的方法加工的。意大利式咖啡是由蒸汽穿过咖啡粉而成的强黑色咖啡；卡布奇诺咖啡也是强的黑咖啡，但添加了泡沫奶油或牛奶（通常还搭配少量可可粉）。白咖啡是添加有奶油，而法国牛奶咖啡是咖啡和牛奶的混合物。咖啡可用于甜点、糖果、冰淇淋和利口酒。

咖啡因具强烈的兴奋作用。茶碱是兴奋剂，而且能松弛平滑肌。咖啡能增加心搏出量、刺激消化液的分泌。它也是一种强利尿剂，也可用于治疗头痛和偏头痛。咖啡因与止痛药配合使用，可治疗顽固性头痛。咖啡灌肠剂能有效清洁大肠，能治疗贫血引起的月经过多，能治疗时差引起的定向障碍、失眠和疲倦。咖啡还能加快体内新陈代谢，有助于减肥。咖啡还能治疗哮喘。咖啡因能减轻充血，用于治疗胸腔充血，如伤寒、流感和过敏等疾病。

【附注】妊娠期妇女服用时，需遵医嘱。

129 薏苡 *Coix lacryma-jobi* L.

彩图 129　英文名：Jobs tears，Coix seed，Adlay；禾本科

【别名】药玉米，水玉米，晚念珠，六谷迷，珍珠米

【植物形态】一年生草本，株高 1.5 m，茎直立粗壮，有 10～12 节，节间中空，基部节上生根。叶互生，叶鞘光滑，与叶片间具白色薄膜状的叶舌，叶片长披针形，长 10～40 cm，宽 1.5～3 cm，先端渐尖，基部稍鞘状包茎，中脉明显。总状花序，由上部叶鞘内成束腋生，小穗单性；花序上部为雄花穗，每节上有 2～3 个小穗，上有两个雄小花，雄花有雄蕊 3 枚（雌蕊在发育过程中退化）；花序下部为雌花穗，包藏在骨质总苞中，常 2～3 小穗生于一节，雌花穗有 3 个雌小花，其中一花发育，子房有两个红色柱头，伸出包鞘之外，基部有退化雄蕊 3。颖果成熟时，外面的总苞坚硬，呈椭圆形。种皮红色或淡黄色，种仁卵形，长约 6 mm，直径为 4～5 mm，背面为椭圆形，腹面中央有沟，内部胚和胚乳为白色。花果期 8～10 月。

【生态分布】薏苡是湿生性植物，喜温暖湿润气候，对土壤要求不严。原产我国和东南亚、南亚，如印度、马来西亚、菲律宾、朝鲜、日本等地。我国产于辽宁、河北、山西、山东、河南、陕西、江苏、安徽、浙江、江西、湖北、湖南、福建、台湾、广东、广西、海南、四川、贵州、云南等地。现在，世界的热带、亚热带、非洲、美洲的热湿地带均有种植或逸生。

【历史与民俗】薏苡在我国有悠久的栽培历史。浙江河姆渡遗址出土过大量薏苡种子，说明薏苡在我国至少有 6 000 年以上的栽培历史。有人猜测薏苡在中国出现的时间可能更早。《山海经・海内西经》记载："开明北有视肉、珠树、文玉树、玕琪树，不死树……又有离珠，木禾，柏树，甘水，圣木曼兑，一曰挺木牙交。"又曰"帝之下都，昆仑之墟……有木禾"。所谓"木禾"即指薏苡。如果木禾确指薏苡的话，那么薏苡在我国的利用历史可以追溯到远古的黄帝时代。

【化学成分】薏米含蛋白质 16.2%，脂肪 4.6%，糖类 79.2%。尚含维生素 B_1、薏苡素（$C_8H_7O_3N$）、薏苡仁酯（$C_{38}H_{70}O_4$）、三萜化合物和亮氨酸、赖氨酸、精氨酸、酪氨酸等氨基酸。

薏苡仁营养成分分析：100 g 干品含热量 1 494 kJ，碳水化合物 71.1 g，脂肪 3.3 g，蛋白质 12.8 g，纤维素 2.0 g，维生素 E 2.08 mg，维生素 B_1 0.22 mg，核黄素 0.15 mg，烟酸 2.00 mg，镁 88.00 mg，钙 42.00 mg，锌 1.68 mg，铁 3.60 mg，铜 0.29 mg，锰 1.37 mg，钾 238.00 mg，磷 217.00 mg，钠 3.60 mg，硒3.07 μg。

【加工与利用】薏苡子粒成熟不一致。可在田间子粒 80% 左右成熟变色时收割。割下的植株可集中立放 3～4 d 后再脱粒。脱粒后种子经 2～3 个晴天晒干即可。用脱壳机械脱去总苞和种皮，得薏苡仁，出仁率约为 50% 左右。薏苡仁与其他粮食一样，通常是煮米饭或添加到汤中及炖肉食用。也可磨成面粉加到面粉里烘焙面包，还可用于发酵，酿造啤酒和葡萄酒。在美国，脱壳的薏苡仁作为健康食品在销售。

薏苡仁是药食两用品。它有健脾、祛湿、止泻、排脓功效。用于脾虚腹泻，肌肉酸重，关节疼痛，水肿，脚气，白带，肺脓疡，阑尾炎。

【附注】薏苡仁以水、乙醇等为溶剂进行提取，经浓缩至干，得浸膏，对纤维芽细胞增殖的促进，意味着可增加皮肤活性、减少皱纹，有抗衰老作用，可在抗衰老化妆品中使用。以薏苡仁油制备的康莱特注射液，适用于不宜手术的气阴两虚、脾虚湿困型原发性非小细胞肺癌及原发性肝癌。配合放、化疗有一定的增效作用。对中晚期肿瘤患者具有一定的抗恶病质和止痛作用。

130 苏丹可乐果 *Cola acuminata* Schott et Endl.

彩图 130　英文名：Cola nut tree，Kola nut，Abata Cola；梧桐科

【别名】可拉豆，红可拉

【植物形态】常绿乔木，高约 10 m，最高达 20 m。叶片革质，互生，长椭圆形，先端渐尖，基部楔形，全缘，深绿色。花单生于叶腋，无花瓣，花萼花瓣状，黄白色。花柄顶端着生星芒状蓇葖果 4～5 个，长 8～10 cm，果皮绿色，木质，内含 5～9 个坚硬的白色种子，成熟时红色。花期盛夏。

【生态分布】原产西非。在热带地区，如尼日利亚、巴西和西印度群岛有大量种植。印度、加纳等国也有栽培。我国广州、海南、云南的西双版纳有少量栽培。

【历史与民俗】几千年前，非洲中西部地区的人们就开始咀嚼可乐果，用于健胃、滋补和壮阳。西印度群岛的可乐果有可能是由非洲奴隶带来种子栽培繁殖起来的。西非的奴隶将其带入巴西及加勒比海地区。在加勒比海地区被广泛用作利尿剂，治疗尿液潴留，还用于帮助消化及治疗腹泻、疲劳和心脏病。1886 年 5 月 8 日，亚特兰大的药剂师约翰·斯蒂斯·彭伯顿(John Styth Pemberton)配制了一个治疗感冒的新药方。他在自家后院的三脚黄铜罐里将可乐果和可可的提取物与糖混合在一起，在加入碳酸水后，得到了一种新的提神的饮料，他的书记员将其称为“可口可乐”。2 年后，他将这个配方以 2 300 美元的价格卖给了当地的商人阿萨·坎德勒(Asa Candler)。阿萨·坎德勒是一位雄心勃勃的营销者，到了 1895 年可口可乐已成为全美销量最大的软饮料。至今，可口可乐已是全世界最著名的产品。在美国宣布可卡因为非法之后，已将其中的可卡因剔除。

【化学成分】种子含有咖啡碱(达 2.5%，含量高于咖啡)、可可碱(Theobromine)，亦含少量栎鞣红、丹宁和花青素苷等。还含原花青素 B_{21}、原花青素 B_2、(+)-儿茶素、(-)-表儿茶素等。

【加工与利用】利用部位为干燥成熟种子。果实成熟后采收，晒干后，取出种子。种子(可乐坚果)被用来调味可乐饮料。其刺激性归结为坚果含有 1.5 %～3% 的咖啡因和可可碱。但现在的产品在很大程度上已被合成产品所取代了。

研究表明，可乐果种子能兴奋中枢神经系统和全身，增加灵活性和肌力，抗嗜睡症，现已成为一种抗抑郁症的药物。可乐果种子因有健胃、强壮和催欲作用而被嚼服。在美国它也用于治疗抑郁，缓解严重的生理和心理压力，并推荐用于治疗腹泻、肺炎、伤寒、偏头痛、晕船、孕妇晨吐及帮助戒烟。研究还表明，可乐果提取物对皮肤具有保湿、增进活力的作用，可作为皮肤保湿剂、过敏抑制剂、抗氧化剂、皮肤抗衰剂用于化妆品。

【附注】光亮可乐果 *C. nitida* 生长在非洲、巴西和西印度群岛，与苏丹可乐果一样药用。

131 芋 *Colocasia esculenta* (L.) Schott.

彩图 131 英文名：Taro，Cocoyam；天南星科

【别名】芋头

【植物形态】多年生草本。地下块茎卵形至长椭圆形，褐色，具纤毛。叶基生，叶柄长而肥厚，基部呈鞘状；叶片大，质厚，卵状广椭圆形，长约 30～50 cm，全缘，带波状，先端短而锐尖，基部耳形，叶面绿色，平滑。花茎 1～4 枚，自叶鞘基部抽出，各生 1 肉穗花序，长约 30 cm。佛焰苞长约 20 cm，淡黄色。肉穗花序在苞内呈椭圆形，具短附属体；上部生多数黄色雄花，占花穗之半，下部生绿色雌花，约占花穗的 1/4，中性花位于中部，亦占花穗的 1/4。花期 8 月。

【生态分布】性喜高温湿润；原产我国和印度、马来西亚等热带地区。我国以珠江流域及台湾地区种植最多，长江流域次之，其他省市也有种植。世界各热带、亚热带地区有栽培。

【历史与民俗】芋头被认为原产印度，但在东南亚(包括中国)栽培已有 10 000 年以上。它与古代水稻梯田灌溉耕作几乎同时。作为农作物，它也生长在太平洋地区，并传播到中东。在希腊和罗马时期，它已在埃及和地中海区域种植。后来西班牙和葡萄牙探险家把芋头又带到非洲和美洲新的世界。

【化学成分】芋头含有糖类、膳食纤维、维生素 B、钾、钙、锌等，其中以膳食纤维和钾含量最多。野芋块茎含多糖(包括半乳糖、甘露糖、鼠李糖、阿拉伯糖、半乳糖醛酸、甘露糖醛酸等)、4 种植物凝集素、β-

谷甾醇、豆甾醇、矢车菊素-3-葡萄糖苷等。

【加工与利用】8~9 月间采挖根茎，去净须根及地上部分，洗净，晒干备用。芋头是许多热带国家的主食。它可以像土豆一样煮熟食用，或可以用不同的方式处理（如水煮、油炸薯条方式、像乳酪口蘑一样烤熟、煮熟加咖喱或用于甜点）。芋头黏滑，可以发酵，如著名的夏威夷饮料 poi，在塔希提岛称为 poe。在海地人们使用碎的、原始的芋头做出各种各样的食品（如可口的馅饼和什锦蔬菜）。在中国蒸芋头球（即塞满了肉，然后油炸）是很受欢迎的。在日本肉类中常加芋头作炖菜。芋叶在亚洲被用于烹饪包装（包裹其他成分，称为 pateria）。

【附注】芋头块茎：消肿散结；用于瘰疬、肿毒、腹中痞块、乳痈、口疮、牛皮癣、烧烫伤。芋梗：用于泻痢、肿毒。芋叶：止泻、敛汗；用于瘾疹、疮疖。芋花：用于胃痛、吐血、阴挺、痔疮、脱肛。此外，芋头块茎提取物含有丰富的营养成分，具有抗炎、抗氧化、提高免疫功能等作用，对肌肤有很好的保护作用，能产生美容养颜、乌黑头发的效果；也可以作为抗炎剂和抗氧化剂用于化妆品。

132 没药 *Commiphora myrrha* Engl.（*C. myrrha* Engl. var. *molmol* Engl.）

彩图 132　英文名：Myrrh；橄榄科

【别名】没药树，末药，明没药

【形态特征】低矮灌木或乔木，高 3 m。树干粗，具多数不规则尖刺状的粗枝。树皮薄，光滑，小片状剥落，淡橙棕色，后来灰色。叶散生或丛生，单叶或 3 出复叶，柄短，小叶倒长卵形或倒披针形，中央一片长 7~18 mm，宽 4~8 mm，远较两侧一对为大，钝头，全缘或于末端稍具锯齿。花小，丛生短枝上；萼杯状，宿存，上具 4 钝齿；花冠白色，4 瓣，长圆形或线状长圆形，直立；雄蕊 8，自短杯状花盘边缘伸出，直立，不等长，花粉囊卵形；子房 3 室，每室各具胚珠 2 枚，花柱短粗，柱头头状。核果卵形，尖头，光滑，棕色，外果皮革质或肉质，种子 1~3 枚，但仅 1 枚成熟，其余均萎缩。花期 5~7 月。

【分布生境】没药分布于热带非洲及西南亚等地，性喜温暖、干燥气候。主要产于索马里、埃塞俄比亚、利比亚及阿拉伯半岛南部红海岸边等地。大部分属热带干旱气候，月平均气温在 10 ℃以上，年降雨量很少，大多在 300 mm 以下。

【历史与民俗】没药的使用已有 4 000 多年的历史。这种生长在荒漠中、带刺的小灌木，看起来并不起眼，但是它流出的树胶却非常有价值。和乳香一样，不少古文明中都有记载用没药来做香水、净身薰香和药材。没药在古代就常被用作香熏料，它能让祈祷者冥思和振奋精神。上千年以前，没药就作为化妆品和香熏料的主要成分。在印度阿育吠陀医学中，用没药作为滋补药、催欲药和净化血液，还用于改善智力。没药在印度和中东地区，中世纪时就广泛应用于治疗口腔、牙龈、咽喉炎、消化道疾病，以及治疗月经不调和痛经。中国使用没药已有 1 000 年的历史，中医用于治疗淤血、心腹诸痛、跌打损伤、痹痛拘挛、痈疽肿痛或溃久不敛等病症。

【化学成分】没药树含树脂 25%~35%，挥发油 2.5%~9%，树胶约 57%~65%，此外为水分及各种杂质约 3%~4%。树脂的大部分能溶于醚，不溶性部分含 α-及 β-罕没药酸，可溶性部分含 α-，β-与 γ-没药酸、没药尼酸、α-与 β-罕没药酚。尚含罕没药树脂、没药萜醇。挥发油在空气中易树脂化，含丁香油酚、间苯甲酚、枯醛、蒎烯、二戊烯、柠檬烯、桂皮醛、罕没药烯等。树胶水解得阿拉伯糖、半乳糖和木糖。

【加工与利用】夏、秋间采收。树脂从树干创伤处流出，初渗出的，为黄白色液体，空气接触后逐渐凝成红棕色硬块；采收后拣除树皮及其他杂质。树脂采用水蒸气蒸馏法获得精油，得率约 3%~8%。没药树脂和没药精油都有强烈而温暖的、有点苦的烟味，并有麝香样的味道。这种香味具有醒脑和温暖的功效。

没药主要有兴奋、防腐、抗菌、抗炎、收敛、祛痰、解痉和驱风的作用。但它不溶于水，一般采用粉末或酊剂。内服容易被肠吸收，通常多为外用或作含漱剂。本品为世界各国治疗咽喉炎、口腔溃疡、牙龈炎的主要草药，稀酊剂作为漱口剂和含漱剂治疗相关器官的感染和发炎。外用治疗粉刺和疖，以及皮肤轻度发炎。本品干燥后略具麻醉作用。

【附注】没药精油还可用于化妆品香精的调配。没药提取物可作为抗炎剂、抗菌剂和粉刺防治剂用于护肤化妆品。没药还是世界各国治疗咽喉炎、口腔溃疡、牙龈炎的主要草药，稀酊剂作为漱口剂和含漱剂治疗相关器官的感染和发炎。在芳香疗法中也广泛使用；没药精油是良好的肺部杀菌剂、祛痰剂和收敛剂，可以作按摩油或吸入油治疗肺部感染。不过，用没药精油来泡澡，效果较差，因为它非常难溶于水，即使先用酒精溶解，也难溶于水。

133 长蒴黄麻 *Corchorus olitorius* L.

彩图 133　英文名：Melokhia，Jew's mallow，Nalta jute，Tussa jute；椴树科

【别名】叶用黄麻，埃及锦葵，帝王菜，菜用黄麻，埃及野麻婴

【植物形态】木质草本，高 1～3 m。叶纸质，长圆披针形，长 7～10 cm，宽 2～4.5 cm，先端渐尖，基部圆形，两面均无毛，基出脉 5 条，两侧的上行不过半，中脉有侧脉 7～10 对，边缘有细锯齿；叶柄长 1.6～3.5 cm；托叶卵状披针形，长约 1 cm。花单生或数朵排成腋生聚伞花序，有短的花序柄及花柄；萼片长圆形，顶端有长角，基部有毛；花瓣与萼片等长或稍短，长圆形，基部有柄；雄蕊多数，离生；雌雄蕊柄极短，无毛；子房有毛，柱头盘状，有浅裂。蒴果长 3～8 cm，稍弯曲，具 10 棱，顶端有 1 突起的角，5～6 爿裂开，有横隔；种子倒圆锥形，略有棱。花期夏秋。

【生态分布】喜温暖湿润气候，原产印度。广泛分布在热带地区；我国长江流域以南各省有栽培。

【历史与民俗】长蒴黄麻是非洲人非常喜爱的一种营养成分极高的蔬菜，在以埃及为中心的阿拉伯国家的宫廷中作为御膳食用已有悠久的历史。在我国早已发现长蒴黄麻，广东省粤东地区的居民也有栽培和食用的习惯。

【化学成分】每 100 g 嫩茎叶中含胡萝卜素 6.41 mg、维生素 B_1 0.15 mg、维生素 B_2 0.53 mg、维生素 B_5 1.2 mg、维生素 C 80 mg、钾 700 mg、钙 360 mg、磷 122 mg、铁 7.2 mg，是一种补充人体矿质元素和维生素的营养保健蔬菜。

【加工与利用】当株高 30 cm 左右，真叶 6～8 片时可摘嫩梢食用，嫩茎和叶片中不含有毒物质，可放心食用。叶片切碎时有黏液渗出，无异味。可作各类型的菜肴，使用范围极广，上汤、凉拌、炒、油炸等均可，也可与其他蔬菜或糕点一起烹饪。将摘取的嫩茎叶晒干后研成细粉末加入到面粉、荞麦粉中制糕点，独具风味。在阿拉伯地区，它具有代表性的菜肴是做菜汤，方法是将洋葱、肉片放入水中先煮，接近煮好时放入切好的长蒴黄麻菜，最后加入调味料，做成黏黏糊糊的浓汤。

【附注】种子和老叶含黄麻苷元，黄麻属苷 A、B，长蒴黄麻苷(olitoriside)与长蒴黄麻素(olitorin)，黄麻酸，黄麻因以及皂苷等。长蒴黄麻苷与黄麻苷 A 都有毒毛旋花子苷样作用，并有明显的镇静作用。茎皮多长纤维，用途如黄麻纤维。

134 芫荽 *Coriandrum sativum* L.

彩图 134　英文名：Coriander，Cilantro；伞形科

【别名】胡荽，香菜，香荽

【植物形态】一年生草本，高 30～100 cm，全株无毛，有强烈香气。根细长呈纺锤形，多须根。基生叶一至二回羽状全裂，裂片呈广卵圆形或楔形，有长柄；茎生叶互生，二至三回羽状分裂，最终裂片狭线形，全缘。复伞形花序顶生，无总苞；伞幅 2～8；小总苞线形；花梗 4～10；花瓣 5，倒卵形，白色或淡红色，

在小伞形花序外缘的花具辐射瓣；雄蕊5，花柱直立。双悬果近球形，成熟时多不分开。花期4～7月，果期7～9月。

【生态分布】原产于地中海沿岸及中亚地区，喜光、喜温暖湿润气候。适应性强，能耐－12～－1℃的低温，较耐旱。全世界都有栽培。在南欧、俄罗斯、埃及、印度、南非等地均大量栽培芫荽，用于生产芫荽精油。我国各地亦有栽培，主要用作蔬菜。

【历史与民俗】芫荽是人类历史上使用最古老的调味品之一。公元前1 500多年，古埃及已有关于芫荽这种植物的记载。公元1世纪时，意大利古城庞贝（Pompi）废墟曾发现过芫荽籽。公元812年，查理曼大帝曾令人将芫荽种植于中欧的皇家农场中，以后又很快传入英国，到中世纪时，曾作催欲剂。18世纪，法国开始将芫荽籽油用于香水中。现在芫荽籽是印度食用咖喱粉中的重要成分；在拉丁美洲各国芫荽也是他们最为喜欢的一种食品调味料。芫荽在我国栽培、使用也有悠久的历史。据《本草纲目》记载："张骞使西域始得种归，故名胡荽，今俗呼为荽，乃茎叶布散之貌，俗作芫花之芫，非矣。"芫荽叶在古埃及就已使用，一般作为春药。而罗马学者和博物学家普林尼描写道："涂于痛处……用于烧伤、痈等，加入人乳可清洗眼睛。"

【化学成分】芫荽茎叶主要成分：芫荽萜醇、维生素C、胡萝卜素等。芫荽叶主要成分：挥发油（1.5%以上），其中有δ-芳樟醇（约70%）、α-蒎烯和萜品烯，叶还含黄酮、香豆素、苯酞、酚酸以及维生素C、胡萝卜素等。果实含脂肪油13%～21%，挥发油0.8%～1%，蛋白质11%～17%，戊聚糖约10%，糠醛约6%，以及葡萄糖、蔗糖、淀粉、树胶、维生素C、绿原酸、咖啡酸、鞣酸、草酸钙、D-甘露醇、黄酮、β-谷甾醇、伞形花酮、东莨菪素等。有报道，芫荽籽含精油约2%，其中主要为芫荽萜醇（60%～70%）、d-α-蒎烯（约5%）、dl-α-蒎烯、β-蒎烯、d-芳樟醇、牻牛儿醇、莰醇、癸醛、樟脑等。

【加工与利用】获取芫荽嫩茎叶可在苗高10 cm以上时开始采收；果实于夏末成熟时采收，晒干后保存。在许多亚洲东部、印度、中东、墨西哥和西班牙的菜肴中，芫荽叶（称为美洲香菜或其他地方香菜）是必不可少的成分；芫荽叶被用作风味成分和菜肴的装饰在西方国家也很受欢迎。它们有一种特殊的"臭虫"味道，有些人喜欢，但有些人讨厌。香菜果实（"种子"）是一种著名的香料，自古以来用于肉类菜肴、泡菜、卤汁、蔬菜和汤里。在亚洲和印度的烹饪中、咖喱粉和其他香料里芫荽籽也是特别重要的、不可或缺的成分。香菜还用于面包、蛋糕、饼干、杜松子酒和利口酒，使它们有黄绿的颜色和清香的味道。

芫荽在我国南方地区一般作为调味芳香蔬菜或冷盘佐餐，闽南和东南亚地区逢年过节吃春饼（春卷）时，芫荽是其中的主要调味品之一；北方地区常用较大的芫荽苗作芳香菜食用，各种面食中常放入些香菜调味。芫荽籽一般直接用于腌渍肉类、鱼类等食品，芫荽籽粉常用作复合调味品，广泛用于糖果、焙烤食品、肉类加工品、罐头制品、汤料等。芫荽在我国一些香肠、腊肉等食品中也是常用的调味料。

芫荽有促进外周血液循环的作用。芫荽籽能增进胃肠腺体分泌和胆汁分泌。其挥发油有抗真菌作用。芫荽作为药品，其提取物能温和地治疗胃肠气胀和急性腹痛，缓解胃肠痉挛和精神紧张。咀嚼芫荽叶可以清新口气。芫荽洗液外用治疗风湿痛。在欧洲被认为有壮阳效果。

【附注】芫荽籽精油为温和的辛香，又似芳樟醇的清香和甜木香。头香温和，有花香、膏香的底蕴。香气透发，但不甚留长。它微量用于某些化妆香型有提调香气的效用，其头香有花香中的特殊清香，有些似二氢茉莉酮的香气，用于茉莉、晚香玉、忍冬花、苹果花、紫丁香、铃兰等香精颇好。它的甜温香气与香紫苏油、香柠檬油等同用于古龙、花露型香精。在俄罗斯，大量芫荽籽油用于单离芳樟醇。

135 欧洲榛 *Corylus avellana* L.

彩图135　英文名：Hybrid hazelnut；桦木科

【别名】美国大榛子，欧洲大榛子

【植物形态】落叶灌木或小乔木，树高5～8 m。树皮深褐色，一年生枝黄褐色，密生腺毛和长柔毛。

叶片近圆形、宽卵形或倒卵形、椭圆形、短圆形，叶面深绿色，皱褶，叶缘具不规则复式锯齿，先端渐尖，叶基心形，叶表面有短茸毛，叶背面密生短茸毛；叶柄短而粗，密生茸毛。花单性，雌雄同株。雄花为柔荑花序，圆柱形。雌花为头状花序，着生在1年生枝的上部和顶端。果苞钟状，开张。苞叶1～2片，薄，其上生茸毛。坚果有多种形状：圆形、长圆形、椭圆形、卵形、扁圆形、圆锥形等。果面色泽有金黄色、金红色、红褐色，具彩色条纹，美观。坚果大型，平均果径1.4～2.2 cm，单果重2～4 g。开花期2～3月，坚果成熟期8～9月。

【生态分布】喜温暖、湿润的气候和中性、微酸性土壤。起源于亚洲的小亚细亚地区的黑海沿岸及欧洲的地中海沿岸。欧洲榛自然分布地域广阔，几乎遍及整个欧洲和亚洲西部。栽培较多的国家依次是土耳其、意大利、西班牙、美国、伊朗、法国、希腊、阿塞拜疆、俄罗斯等。我国是20世纪70年代起进行引种。

【历史与民俗】欧洲榛起源于亚洲的小亚细亚地区的黑海沿岸及欧洲的地中海沿岸，在公元前由此向希腊和罗马传播，并被当作果园作物广泛分布。后来，欧洲榛的栽培逐步深入到欧洲其他国家。据史料记载，欧洲榛栽培利用历史悠久，高加索、黑海沿岸及意大利，在公元前3世纪至公元前4世纪已食用欧洲榛；在土耳其北部的黑海沿岸及意大利已有1 000年以上的栽培历史。榛子真正走向园艺化栽培是在19世纪。其大面积栽培的品种主要来源于欧洲榛，其次来源于大果榛。由于近百年来不断地选种和育种，产生许多优良品种，并进行无性繁殖，在世界各地传播，现在的栽培范围超过了它们的自然分布区。

【化学成分】果仁含脂肪54.1%～70%，蛋白质12.12%～20.29%，碳水化合物9.17%～12.19%，还含有各种维生素和矿物质。脂肪中油酸占80%以上，还有β-谷甾醇、角鲨烯等；蛋白质中含有人体所必需的8种氨基酸。叶含多种酚性成分及维生素、矿物质。

【加工与利用】欧洲榛的坚果必须充分成熟后才能采收。采收过早，种仁不饱满；采收过迟，坚果会自然脱落，有鼠害等损失。榛树一般均可人工采收，但大规模种植园则多用机械化采收。坚果采收后，经过脱苞、除杂、干燥，再储藏。烤榛子（坚果）已经成为受欢迎的甜点，也有咸品食用。它还用于糖果、巧克力、蛋糕、糕点和饼干中。完整的或磨碎的榛子坚果在某种程度上可用于烹饪，特别是作为鸡肉、鱼类的填料，或放到炖菜里。欧洲榛的果仁味香，营养丰富，为优良坚果食品及食品工业原料。其果仁含油量高，坚果榨取的或有机溶剂提取的油是很好的食用油，可以用作沙拉酱。

欧洲榛（坚果）含有人体必需的氨基酸及多种微量元素。其含量是其他坚果的数倍至几十倍，其中磷和钙有利于人体骨骼及牙齿的发育，锰元素对骨骼、皮肤、肌腱、韧带等组织均有补益强健作用。欧洲榛含有丰富的脂肪，主要是人体不能自身合成的不饱和脂肪酸，一方面可以促进胆固醇的代谢，另一方面可以软化血管，维持毛细血管的健康，从而预防和治疗高血压、动脉硬化等心脏血管疾病。榛子还有促消化、增进食欲、提高记忆、防止衰老的功效。

【附注】近年来，欧洲榛的种子油及花、叶、壳斗、种仁提取物还用于化妆品。榛子油具有良好的润滑性，可用作化妆品的基础油脂；它对表皮角质细胞的增殖作用可增强皮肤细胞的新陈代谢，可用于抗衰化妆品。其叶的水提取物对血小板活化因子胞吐作用的抑制，显示其有抗炎作用。叶提取物还可作保湿剂使用。

136 榛 *Corylus heterophylla* Fisch.

彩图136 英文名：Siberian hazelnut，Filbert；桦木科

【别名】平榛，榛子，山板栗

【植物形态】灌木或小乔木，树高1～7 m。叶片圆卵形至宽倒卵形，长4～13 cm，先端骤尖，基部心形，边缘有不规则的重锯齿，并在中部以上，特别是先端常有小浅裂，叶表面几无毛，叶背面沿脉有短柔

毛。花单性，雌雄同株。雄花为柔荑花序，圆柱形。果1～6个簇生；总苞由(1)2个苞片形成钟状，外面密生短柔毛和刺毛状腺体，上部浅裂，裂片三角形，几全缘。果序柄长约1.5 cm；坚果几圆球形，直径7～15 mm。花期4～5月，果期9～10月。

【生态分布】榛分布于西伯利亚、日本、朝鲜、远东地区以及中国的吉林、河北、山西、辽宁、陕西、黑龙江等地，生长于海拔200～1 000 m的地区，常见于山地阴坡灌丛中。

【历史与民俗】我国是榛的起源地之一。榛子化石出土情况说明，榛子与许多被子植物一同发现于中侏罗纪，距今约1.5亿年，其起源时期还要早，大约起源于晚古生代。

我国先民采集和利用榛子有悠久的历史，在陕西半坡村新石器时代遗址中就发现大量的、已经炭化的榛果和果壳，说明距今5 000～6 000年前人类就开始采食榛子了。我国古文献中就有关于榛子的记载。《诗经》中有许多描写榛子的诗篇，如《邶风》中记载："山有榛。"《鄘风》中记载："树之榛栗。"还记述有卫文公徙居楚丘种植榛树和栗树的故事。《曹风》中记载："鸤鸠在桑，其子在榛。"《大雅》中记载："榛苦济济"等。稍后的《山海经》中记有"上申之山之榛苦"，"潘经之山，其下多榛苦"。

【化学成分】黑龙江产榛子每100 g干品中含可食部分27%，热能2 268 kJ，水分7.4 g，蛋白质20.0 g，脂肪44.8 g，粗纤维9.6 g，灰分3.5 g，碳水化合物14.7 g，胡萝卜素50 μg，视黄醇当量8 μg，维生素B_1 0.62 mg，核黄素0.14 mg，烟酸2.5 mg，总维生素E 36.43 mg，钙104 mg，钾1 244 mg，钠4.7 mg，镁420 mg，铁6.4 mg，锰14.94 mg，锌5.83 mg，铜3.03 mg，磷422 mg，硒0.78 μg。

【加工与利用】利用部位为果实。榛树的坚果必须充分成熟后才能采收。采收过早，种仁不饱满；采收过迟，坚果会有自然脱落等损失。灌木状榛树一般均可人工采收，但大规模种植园则多用机械化采收。采收后的处理：①脱苞。堆积带苞的榛果，使果苞发酵后自然脱落。②除杂。将已脱苞的榛子和果苞碎片、杂物利用风选分开。③干燥。新鲜榛子含水率高，为了便于贮藏和进一步加工，必须进行干燥，使其水分降低至5%～7%。干燥方法有晒干、自然风干和干燥机烘干(最高不超过45 ℃)。

榛是一种优良的干果，是我国东北地区著名的特产资源，是天然绿色食品。榛仁风味清香，不但营养丰富，而且发热量高，可生食或炒食，老幼皆益，经常食用具有滋补强壮，养颜护肤，抗衰老的作用。榛子可加工成袋装小食品，满足市场需要。榛仁广泛应用于食品工业中，以其为原料经加工可制成多种多样的糖果、巧克力、糕点、冰淇淋，如榛仁巧克力就是畅销欧美各国的高档食品。以榛仁为原料制成的榛子乳、榛子脂、榛子酱和榛子粉等价值较高的营养药食兼用制品，特别适宜于儿童、年老体弱及病后恢复的人群食用。

【附注】榛的果实含油率高达50%以上，是很好的木本油料植物。但目前作为干果经济价值更高。此外，榛的树皮含单宁3.55%，总苞含单宁9.43%，叶含单宁6.67%，均为栲胶原料。榛叶可作饲料，木材可作木杖、伞柄或作薪炭材等用。榛为优良的水土保持灌木，对维护自然界生态平衡、防风固沙、保持水土起着重要的作用。榛株形、花絮美丽，也可用于园林绿化。

137 海甘蓝 *Crambe maritima* L.

彩图137　英文名：Sea kale, Crambe；十字花科

【别名】两节荠，海芥兰

【植物形态】多年生盐生草本，可根出芽繁殖，越长越多。株高达75 cm，丛幅达60 cm。茎基部粗，径达2 cm，中空，有分枝。基生叶卵状长圆形，羽衣状，长达30 cm，宽可达20 cm，顶端急尖，基部宽心形，边缘具裂片，疏生锯齿，叶脉粗；叶柄粗壮；茎生菱状长圆形，有钝裂片；全部叶片肉质，灰白色。总状花序有多数花，成大圆锥花序；萼片长圆形；花瓣白色，倒卵形，长7～10 mm。短角果2节，上节球形，平滑，具不明显网纹，有4棱，下节有短柔毛；果梗细。种子球形，直径4～5 mm。花果期5～7月。

【生态分布】喜温暖气候，原产欧洲地中海地区，从北大西洋到黑海均有分布。

【历史与民俗】海甘蓝原产西欧和亚洲西部的一部分地区，它生长在靠近大海的海岸线附近。海甘蓝是英格兰和苏格兰的传统食品。18 世纪早期，在欧洲，它已成为了花园里的一种栽培植物，但其高度普及是在 19 世纪早期。

【化学成分】种子含油 30%～45%，其中 55%～60% 是芥酸；并含有丰富的 ω-3、ω-6、ω-9 脂肪酸。还含有甾醇、维生素 E 等成分。叶提取物含有蛋白质、脂肪、维生素、甾醇、矿物质等营养成分。

【加工与利用】夏季采集白嫩的叶梗和顶部的叶片及嫩花茎(总长约 20 cm)煮着吃，像芦笋一样受人们欢迎。它可蘸黄油或白汁沙司吃。作为蔬菜也可以用于新鲜的沙拉(带醋)或者和大蒜一起炒。味道有点苦。

【附注】种子油或叶的提取物具有抗菌、保湿、抗紫外线等功效。籽油是极佳天然润滑剂、缓和剂、皮肤滋养剂；其渗透力强，能修复受损、干燥肌肤，增强皮肤的屏障功能。可用于护发素、护唇膏、深层润肤乳液、防晒霜等化妆品。

138 山楂 *Crataegus pinnatifida* Bge.

彩图 138　英文名：Chinese hawberry，Chinese hawthorn；蔷薇科

【别名】北山楂，山里红

【植物形态】落叶小乔木。枝密生，有细刺，幼枝有柔毛。叶片三角状卵形至棱状卵形，长 2～6 cm，宽 0.8～2.5 cm，基部截形，两侧各有三至五回羽状深裂片，边缘有不规则锐锯齿。复伞房花序，花序梗、花柄都有长柔毛；花萼筒外有长柔毛，花瓣 5，白色，后渐变为粉红色，有独特气味。果实为梨果，成熟时深红色，近球形。花期 5～6 月，果期 9～10 月。

【生态分布】喜温凉湿润气候，生于山野、杂木林边或河岸砂土地上，群生或与其他乔木混生。分布于吉林、辽宁、黑龙江、内蒙古、河北、山西、河南、山东、江苏、浙江等地。

【历史与民俗】山楂的拉丁属名 *Crataegus* 来自希腊语中的“kratos”(硬的)。在中国民间山楂是药、果兼用树种。山楂的成熟果实可生用，或炒黄焦入药。南宋绍熙年间，宋光宗最宠爱的黄贵妃生了怪病，她突然变得面黄肌瘦，不思饮食。御医用了许多贵重药品，都不见效。眼见贵妃一日日病重起来，皇帝无奈，只好张榜招医。一位江湖郎中揭榜进宫，他在为贵妃诊脉后说：“只要将‘棠球子’(即山楂)与红糖煎熬，每饭前吃 5～10 枚，半月后病准会好。”贵妃按此方服用后，果然如期病愈了。于是宋光宗龙颜大悦，命如法炮制。后来，这酸脆香甜的山楂传到民间，就成了冰糖葫芦。明朝李时珍的《本草纲目》称：化饮食，消肉积，症瘕，痰饮痞满吞酸，滞血痛胀。

【化学成分】果实含糖 14.5%，总酸量 4.5%，鞣质 0.56%。江苏(北部)产的红果，可食部分，每 100 g 含水 73.8 g，蛋白质 0.4 g，脂肪 1.0 g，碳水化合物 22.1 g，热量 414 kJ，粗纤维 1.8 g，灰分 0.9 g，钙 85 mg，磷 26 mg，铁 2.1 mg。此外，果实还含山楂酸($C_{30}H_{48}O_4$)、酒石酸、枸橼酸、黄酮类、内酯、苷类、解脂酶及糖类等。种仁含蛋白质、脂肪、腈苷等。叶含绿原酸、槲皮素、山楂酸、熊果醇($C_{30}H_{50}O_2$)。

【加工与利用】果实为药食兼用品种。药用，9～10 月果实成熟后采收。山楂的果实采下后趁鲜横切或纵切成两瓣，晒干，或采用切片机切成薄片，在 60～65 ℃ 下烘干备用。

果实可生食，由于果实较小，多用于酿制果酒或制成山楂糕、山楂酱、山楂片及蜜饯等。9～10 月果实成熟采收后，及时运至阴凉处摊开，避免发热霉烂。

山楂自古以来就是健脾开胃、消食化滞、活血化瘀的良药。山楂含糖类、蛋白质、脂肪、维生素 C、胡萝卜素、淀粉、苹果酸、枸橼酸、钙和铁等物质，具有降血脂、降血压、强心和抗心律不齐等作用。山楂内的黄酮类化合物牡荆素是一种抗癌作用较强的药物，山楂提取物对癌细胞体内生长、增殖和浸润转移均

有一定的抑制作用。山楂是食疗佳品，可单味或与其他食物、药物配伍以提高其食疗作用，增强防病、治病效果。

【附注】山楂适应能力强，抗洪涝能力超强。树冠整齐，枝叶繁茂，容易栽培，病虫害少，花果鲜美可爱，因而也是田旁、宅园绿化的良好观赏树种。

139 番红花 *Crocus sativus* L.

彩图 139　英文名：Saffron；鸢尾科

【别名】藏红花，西红花

【植物形态】多年生草本，鳞茎扁圆球形，直径约 3 cm，外有黄褐色的膜质包被，茎高达 23 cm。叶基生，9～15 枚，条形，灰绿色，长 15～20 cm，宽 2～3 mm，边缘反卷；叶丛基部包有 4～5 片膜质的鞘状叶。花茎甚短，不伸出地面；花 1～2 朵，淡蓝色、红紫色或白色，有香味，直径 2.5～3 cm；花被裂片 6，2 轮排列，内、外轮花被裂片皆为倒卵形，顶端钝，长 4～5 cm；雄蕊直立，长 2.5 cm，花药黄色，顶端尖，略弯曲；雌蕊 3，心皮合生，子房下位，花柱细长，顶端 3 深裂，伸出花筒外部，深红色，柱头顶端略膨大。蒴果，长形，具三钝棱，长约 3 cm，果实成熟时始伸达地上。种子多数，圆球形，种皮革质。花期 11 月上旬至中旬。

【生态分布】喜冷凉湿润和半阴环境，较耐寒，宜排水良好、腐殖质丰富的沙壤土。原产于印度、巴尔干半岛、地中海东部，在印度、西班牙、法国、意大利和中东也有栽培。明朝时番红花经印度传入西藏，由西藏再传入我国内地。人们把由西藏运往内地的番红花误认为西藏所产，称作“藏红花”。我国北京、上海、江苏、浙江也有栽培。

【历史与民俗】番红花在公元前 5 世纪克什米尔的古文献中就有记载。在古希腊和罗马不仅用于药品和食品，也用于化妆品颜料。中世纪末期，在欧洲很盛行。如草药学家克里斯托弗·卡顿(Christopher Catton)所说：“本品能解郁安神，功效直达心脏，能使人开怀欢欣。”

中国的《本草纲目》(1552—1578)有记载。早期主要栽培中心是西利西亚和小亚细亚。约 961 年阿拉伯人将其栽种于西班牙。10 世纪一本英格兰医书中有记载。在许多时期，番红花贵于同重量的黄金，今天仍是世界上最贵重的香料。

【化学成分】柱头含多种胡萝卜素类化合物，含量约 2%，其中分离得番红花苷-1、番红花苷-2、番红花苷-3、番红花苷-4、反式和顺式番红花二甲酯、α-，β-胡萝卜素、α-番红花酸、玉米黄质、番茄红素、番红花苦苷。另含挥发油 0.4%～1.3%，油中主要含番红花醛，为番红花苦苷的分解产物，其次含桉油精、蒎烯等；此外含异鼠李素、山柰素及维生素 B_1 和维生素 B_2。

【加工与利用】利用部位为花柱和柱头。初秋摘取花柱及柱头，干燥备用。依季节，藏红花的主要用途是作为染料，用于奶酪、黄油、糕点和面点(如传统的瑞典番红花面包)。它也是最著名的法国普罗旺斯鱼汤和西班牙肉菜饭的成分，以及用于印度的米饭和咖喱菜。藏红花在意大利常用于调味饭、贻贝、白肉类、牛肚、炖菜、西红柿酱。它作为香料也添加到各种甜食中，如大米煮牛奶和粗粒小麦粉布丁。它也是一种黄绿色的染料成分。

番红花有兴奋子宫、活血止血、抗肾炎、抗动脉粥样硬化、抗癌等作用，还有抗自由基氧化，促进视网膜动脉血流量等多种药理作用。可用于调经、止痛、止血、缓解消化不良等。在中国草药医学中，番红花的柱头还时常用于治疗胸痹痛，刺激月经来潮或解除腹痛。

【附注】番红花提取物也是很好的植物色素，可作为化妆品调色原料，能调出美丽的色泽。它在化妆品中还可作为抗衰老剂、抗氧化剂、保湿剂和生发剂使用。番红花提取物还是著名的食用色素。

140 血红白叶藤 *Cryptolepis sanguinolenta* (Lindl.) Schlecter

彩图 140 英文名:Cryptolepis;萝藦科

【别名】非洲白叶藤

【植物形态】攀援蔓性灌木。叶对生,近革质,叶片卵状长椭圆形,全缘,羽状叶脉。聚伞花序,顶生或腋生;花5基数,花冠黄白色。蓇葖果双生,长圆形,种子长圆形,有白色冠毛。

【生态分布】分布于非洲的热带和亚热带地区,主要生长在非洲西海岸,如加纳等国。

【历史与民俗】血红白叶藤的根为非洲传统草药。民间主要用于治疗疟疾;还用于抗寄生虫、抗菌、抗病毒、健胃。尼日利亚将其根的浸渍液用于治疗肠绞痛及生殖系统感染。

【化学成分】含紫色吲哚生物碱、血红白叶藤碱(Cryptolepine)。

【加工与利用】利用部位为根。一般夏季挖取根部,洗净,干燥备用。血红白叶藤碱有强心、扩张血管、降血压及抗菌等作用。本品有杀灭恶性疟原虫的作用;与氯喹相比,40%的患者服用氯喹有副作用,而服用本品未见有副作用。本品提取物(含血红白叶藤碱)有降血糖作用。本品除用于抗疟外,还用于感染性疾病,如胃病、肠功能紊乱、生殖泌尿系统感染、上呼吸道感染以及类风湿病。本品提取物可用于Ⅰ型(胰岛素依赖)和Ⅱ型(非胰岛素依赖)糖尿病。

将本品研成细粉,外用,撒于患处,用于治疗创伤、疮疖等。将其制成粉剂、胶囊剂、茶剂或酊剂,用于内服,治疗各种疾病。

【附注】应在医生指导下内服。

141 西印度香瓜 *Cucumis anguria* L.

彩图 141 英文名:Gherkin, West indian gherkin;葫芦科

【别名】西印甜瓜,西印度黄瓜,花胡瓜,小黄瓜,小刺瓜

【植物形态】一年生攀援草本,茎长达3 m,茎、枝有棱沟,密被糙硬毛。卷须纤细,不分歧。叶片近圆形,3~7深裂,具锯齿,两面粗糙,被短刚毛。雌雄同株。雄花:簇生或稀单生;花萼筒钟状,5裂,裂片近钻形;花冠近钟状,黄色,5裂;雄蕊3,离生,花丝短,花药长圆形;退化雌蕊腺体状。雌花:单生或稀簇生;花萼和花冠与雄花相同;退化雄蕊缺如;子房纺锤形,花柱短。果实卵球形到长圆形,长4~5 cm,宽3~4 cm,有长柄,表面有长毛覆盖,有疣或刺,肉质,浅绿色,通常不开裂。种子多数,扁压,光滑,无毛,种子边缘不拱起。

【生态分布】喜温暖干燥气候,原产非洲,分布于安哥拉、博茨瓦纳、刚果、马拉维、莫桑比克、纳米比亚、南非、斯威士兰、坦桑尼亚、赞比亚、津巴布韦等地。现在欧洲、美洲、西亚、澳大利亚有引种栽培。

【历史与民俗】西印度香瓜是一种起源不详的植物,可能源于一个在非洲西南部的野生物种。野生种的果实外形有长刺,果肉有苦涩味。西印度香瓜曾被认为是产于西印度群岛,但这可能是由安哥拉的奴隶贸易时带过去的。在巴西,它已归化,在中美洲、南美洲及美国有小规模种植;现在非洲其他部分地区也广泛种植了。

【化学成分】果实含有少量糖,是低能量食品,并含有一定量的矿物质和维生素。

【加工与利用】幼嫩的果实可以腌制或煮熟作蔬菜吃。也可配合茶点或甜点吃。

【附注】民间也有用西印度香瓜治疗胃病,据说效果良好。

142 甜瓜 *Cucumis melo* L.

彩图 142　英文名：Muskmelon，Melon；葫芦科

【别名】甘瓜，香瓜

【植物形态】一年生匍匐或攀援草本；茎、枝有棱，有糙硬毛和疣状突起。卷须纤细，单一，被微柔毛。叶柄长 8～12 cm；叶片厚纸质，近圆形或肾形，长、宽均 8～15 cm，上面被白色糙硬毛，背面沿脉密被糙硬毛，边缘不分裂或 3～7 浅裂，裂片先端圆钝，有锯齿，基部截形。花单性，雌雄同株。雄花：数朵簇生于叶腋；花萼筒狭钟形，密被柔毛，长 6～8 mm，裂片近钻形，比筒部短；花冠黄色，长 2 cm，裂片卵状长圆形；雄蕊 3，花丝极短；退化雌蕊长约 1 mm。雌花：单生，子房长椭圆形，密被长柔毛和长糙硬毛，花柱长 1～2 mm，柱头靠合，长约 2 mm。果实通常为球形或长椭圆形，果皮平滑，有纵沟纹，或斑纹，无刺状突起，果肉白色、黄色或绿色，有香甜味；种子污白色或黄白色，卵形或长圆形，表面光滑。花果期夏季。

【生态分布】喜温暖，喜光照，不耐寒。原产非洲和亚洲热带地区，现世界温带至热带地区广泛栽培；我国南北各地有栽培。

【历史与民俗】甜瓜原产撒哈拉以南的非洲和中东地区。驯化可能发生在亚洲，中国古代著作记载，在中国至少 2 000 年前甜瓜就是一个重要的作物，《诗经》等古籍多有之，考古发掘材料，如甜瓜子在马王堆女尸胃中也有，贾思勰《齐民要术》称为小瓜，以别于古已有之的冬瓜(大瓜)。因本种栽培悠久，品种繁多，果实形状、色泽、大小和味道也因品种而异，园艺上分为数十个品系，例如普通香瓜、哈密瓜、白兰瓜等均属不同的品系。在地中海地区，甜瓜的种植大约在罗马时代终结时才开始。今天甜瓜的主要生产国有中国、法国、印度、西班牙、土耳其和美国。

【化学成分】甜瓜富含糖、氨基酸、果胶、葫芦素、维生素(胡萝卜素、核黄素、维生素 E、维生素 B_1、维生素 A、烟酸、维生素 C 等)，新鲜果肉含有丰富的超氧歧化酶和过氧化氢酶等。种子含脂肪油约 27%，油中有亚油酸、油酸、棕榈酸、硬脂酸及少量肉豆蔻酸、卵磷脂、胆甾醇等。

【加工与利用】果实成熟时采收，通常是作为点心鲜吃；有时作为餐前新鲜点心，也可配上火腿做开胃小菜或美味的甜点；可以切成方块，在饭后作为甜点；也可搭配冰淇淋食用。新鲜甜瓜榨汁均质后可直接食用或加工成各种饮料。

【附注】甜瓜提取物具有较强的抗氧化能力和保湿作用，适用于干性皮肤的保湿和抗衰老。也可用于美白和祛斑化妆品。甜瓜全草药用，有祛炎败毒、催吐、除湿、退黄疸等功效。

143 刺角瓜 *Cucumis metuliferus* E. Mey. ex Naudin

彩图 143　英文名：Horned melon，Kiwano，African horned cucumber，Jelly melon；葫芦科

【别名】非洲角瓜，非洲黄瓜，火参果，火天桃，非洲蜜瓜

【植物形态】一年生攀援草本，具深入土壤中的木质根，茎 5 棱，似葫芦一样攀架生长，茎叶均有毛，卷须纤细。单叶互生，叶片椭圆形，3～5 浅裂，两面粗糙，被短刚毛。雌雄同株。雄花：花萼筒钟状，5 裂；花冠近钟状，黄色，5 裂；雄蕊 3，离生；退化雌蕊腺体状。雌花：花萼和花冠与雄花相同；退化雄蕊缺如；子房纺锤形，花柱短。果实椭球形，外表金黄色如芒果状，单果重 100～200 g，外表带有许多圆锥形刺，刺长约 10 mm，直径 2～5 mm。果肉是绿色的、半透明的，有点黏，有许多可食用的种子，类似于黄瓜种子。

【生态分布】喜温暖干燥的气候条件，抗病性强，不耐寒；但在高湿、多雨的环境下容易发病。原产于撒哈拉以南的南部非洲。现在美国的加利福尼亚和密西西比州、智利、澳大利亚、新西兰均有种植。

我国也有引种栽培。

【历史与民俗】它的果实外表金黄色，带刺，十分的漂亮迷人，传说它是来自火星的奇特水果，所以叫作火星果，是一种一年多次种植的四季水果，果实像海参，又似带刺的橄榄型瓜，可用吸管直接吸食。

【化学成分】含水分超过 95%，含糖量较低，因而其能量值也低，约 42～63 kJ / 100 g。它主要含有矿物质及维生素 B 和维生素 C。还含膳食纤维和果胶质等。

【加工与利用】将成熟果实清洗干净，剥去外皮后，切成薄片或切成小方块状食用，或是打成果汁。也可以对切，再用汤匙挖出果泥食用。刺角瓜也可以切开顶部，插入吸管直接吸食，也可加入蜂蜜混合，风味极佳，是不可多得的天然饮品。刺角瓜可制成非常棒的沙拉酱，也可以代替醋来食用。在刺角瓜汁中加入几滴酸橙汁、柠檬汁和少许糖，对抑制口干有特别的疗效，而味道就像柳橙利口酒一样(即具甜味而芳香的烈酒)。刺角瓜的果泥也可以加入到调味酱、汤、沙拉、冰冻果子露中食用。

【附注】刺角瓜的绿色种子有促进肠胃的蠕动作用，尤其对女性起到美容、减肥、清肠的作用。

144 黄瓜 *Cucumis sativus* L.

彩图 144

英文名：Cucumber；葫芦科

【别名】胡瓜，刺瓜，勤瓜，青瓜，唐瓜

【植物形态】一年生蔓生或攀援草本；茎、枝伸长，有棱沟，被白色的糙硬毛。卷须细，不分歧，具白色柔毛。叶柄稍粗糙；叶片宽卵状心形，膜质，长、宽均 7～20 cm，两面甚粗糙，被糙硬毛，3～5 个角或浅裂，裂片三角形，有齿，有时边缘有缘毛，先端急尖或渐尖，基部弯缺半圆形。雌雄同株。雄花：常数朵在叶腋簇生；花梗纤细，被微柔毛；花萼筒狭钟状或近圆筒状，花萼裂片钻形；花冠黄白色，花冠裂片长圆状披针形，急尖；雄蕊 3。雌花：单生或稀簇生；花梗粗壮，被柔毛；子房纺锤形，粗糙，有小刺状突起。果实长圆形或圆柱形，长 10～30(50) cm，熟时黄绿色，表面粗糙，有具刺尖的瘤状突起，极稀，近于平滑。种子小，狭卵形，白色。花果期夏季。

【生态分布】喜温暖，不耐寒冷。现广泛种植于温带和热带地区。我国南北各地均有栽培。

【历史与民俗】黄瓜被认为原产于喜马拉雅山脉南部的山麓，并在亚洲一些地方栽培至少有 3 000 年了。众所周知，公元前 2 世纪，古希腊人和罗马人将黄瓜带到欧洲。而 1491 年哥伦布将它介绍到美洲等地区。在中国，据称黄瓜是西汉时期张骞出使西域带回中原的，称为胡瓜。五胡十六国时后赵皇帝石勒忌讳“胡”字，汉臣襄国郡守樊坦将其改为“黄瓜”。

【化学成分】果实富含蛋白质(包括游离氨基酸)、糖类(包括葡萄糖、鼠李糖、半乳糖、甘露糖、木糖、果糖)、维生素 B_2、维生素 C、维生素 E、胡萝卜素、烟酸、钙、磷、铁等营养成分；还含芸香苷、异槲皮素、绿原酸、磷脂、黄瓜酶、葫芦素 A、葫芦素 B、葫芦素 C、葫芦素 D 等；还有挥发性成分黄瓜醇(为黄瓜香味成分)。种子含脂肪油，油酸、亚油酸为主要成分。

【加工与利用】黄瓜一般尚未成熟时采收。世界许多地方，生吃黄瓜是作为小吃，或被添加到绿色沙拉中，与三明治同食。它也常被用于冷酱汁，与酸奶菜和冷汤同吃。也可用于热菜，将黄瓜去皮，切片，在沸水中焯烫几分钟，然后用于煮、烤、炖菜。嫩黄瓜根据配方切片或切成丝，用黄油与其他配菜炒食。幼嫩的黄瓜放在醋里腌制成“青瓜”，在许多国家是一种重要的食物。

【附注】黄瓜具有美容的功效，用黄瓜做面膜可以有效地抗皮肤老化，减少皱纹的产生。现实生活中，很多人喜欢直接做黄瓜面膜，这种天然面膜安全，对皮肤没有伤害。黄瓜提取物具有保湿、抗氧化、抗辐射、生发等多种功效，可用于生发、粉刺、抗衰老等化妆品。

145 笋瓜 *Cucurbita maxima* Duchesne

彩图 145　英文名：Winter squash，Pumpkin；葫芦科

【别名】印度南瓜，北瓜，玉瓜，大洋瓜，搅丝瓜

【植物形态】一年生蔓生藤本；茎粗壮，茎、叶、花均具白色短刚毛。叶柄粗壮，长 15～20 cm；叶片肾形或圆肾形，长 15～25 cm，全缘或具细锯齿，顶端钝圆，基部心形，弯缺开张，深、宽均约 2 cm，叶面深绿色，叶背浅绿色，两面有短刚毛，叶脉在背面明显隆起。卷须粗壮，通常多歧。雌雄同株；雄花单生，花梗长 10～20 cm；花萼筒钟形，裂片线状披针形，长 1.8～2 cm；花冠筒状，5 中裂，裂片卵圆形，先端钝，长、宽均为 2～3 cm，边缘皱褶状，向外反折；雄蕊 3，花丝靠合，长 5～7 mm，花药靠合。雌花单生；子房卵圆形，花柱短，柱头 3，2 裂。果梗短，圆柱状，瓜蒂不扩大或稍膨大；瓠果的形状和颜色因品种而异；种子白色，扁压，边缘多少拱起。

【生态分布】喜温暖湿润气候，笋瓜起源于南美洲的玻利维亚、智利及阿根廷等国，已播种到世界各地，中国的笋瓜可能由印度引入，在国内南、北各地普遍有栽培。

【历史与民俗】笋瓜似乎是在南美洲（秘鲁）开始驯化栽培，后来蔓延到墨西哥，然后传到地球的各个角落。笋瓜在美洲当地一直是民间传统食物之一。中国笋瓜可能由印度传入，19 世纪中叶安徽、河南等省方志有记载。

【化学成分】每 100 g 果实含水分 94.4～96.7 g、碳水化合物 2～3.9 g、蛋白质 0.5～0.8 g，还含有各种维生素（胡萝卜素、维生素 B_1、核黄素、维生素 E）等。还有脱落酸、二氢红花菜豆酸、葫芦素、叶黄素、胡萝卜素、没食子酸、黄酮等。种子含蛋白质、脂肪油（油中以油酸、亚油酸为主）。

【加工与利用】利用部位通常是成熟的果实。黄色或橙色的果肉，煮熟作为甜的蔬菜或甜味汤。笋瓜丁撒上干酪和橄榄油，用于烤制面包。笋瓜通常是用于面点作甜馅（在美国特别受欢迎）。笋瓜还可以用于腌制，如泡笋瓜、糖醋笋瓜、酱笋瓜、鱼油笋瓜和酱清笋瓜等。

【附注】果实药用可补中益气，用于脾胃虚弱症；调理肠胃，用于肠胃有热所致的食欲不佳等。种子油可以作为化妆品的油脂原料；果实提取物有较强的抗氧化性，可用于抗衰化妆品。

146 南瓜 *Cucurbita moschata* Duch.

彩图 146　英文名：Butternut，Musky winter squash；葫芦科

【别名】番瓜，方瓜，麦瓜，倭瓜，金冬瓜

【植物形态】一年生草质藤本。茎长，粗壮，有棱沟，节处生根，被短硬毛，卷须分 3～4 叉。单叶互生，叶片心形或宽卵形，5 浅裂有 5 角，稍柔软，长约 15～30 cm，两面密被茸毛，边缘有不规则的锯齿，沿边缘及叶面上常有白斑。单性花，雌雄同株异位。雄花：花萼裂片线形，顶端扩大成叶状；花冠钟状，黄色，5 中裂，裂片外展，具皱纹；雄蕊 3 枚。雌花：花萼裂片显著，叶状，子房圆形或椭圆形，花柱短，柱头 3，各 2 裂。瓠果，扁球形、壶形、圆柱形等，表面有纵沟和隆起，光滑或有瘤状突起，呈橙黄至橙红色不等。种子卵形或椭圆形，灰白色或黄白色。花期 5～7 月，果期 7～9 月。

【生态分布】喜温的短日照植物，耐旱性强，对土壤要求不严格，喜温暖湿润环境，原产墨西哥到中美洲一带，世界各地普遍栽培。明代传入我国，现南北各地广泛种植。

【历史与民俗】南瓜驯化可能是在中美洲南部的炎热潮湿的低地和南美洲北部地区。考古遗迹发现南瓜可以追溯到公元前 4 900 年（墨西哥南部）和公元前 3 000 年（秘鲁沿海）。哥伦布将南瓜带回欧洲，以后被葡萄牙人引种到日本、印尼、菲律宾等地，明代开始进入中国。李时珍在《本草纲目》中说："南瓜种出南番，转入闽浙，今燕京诸处亦有之矣。二月下种，宜沙沃地，四月生苗，引蔓甚繁，一蔓可延十余

丈……其子如冬瓜子，其肉厚色黄，不可生食，惟去皮瓤瀹，味如山药，同猪肉煮食更良，亦可蜜煎。”南瓜传入中国有多条路径，但以广东、福建、浙江为最早。中国人初期误以为南瓜来自日本，故名之为“倭瓜”，因日本在中国之东，所以又称南瓜为“东瓜”，此外还有进一步误会为产自朝鲜半岛，名之曰“高丽瓜”，而日本人则以为南瓜来自中国，所以称它为“唐茄子”（当时日本人将中国产品概称为唐物）。到了清代中后期，中国南方南瓜沿大运河向北移栽，特别是山东，成了北方南瓜种植重镇，人们开始意识到此瓜应自南来，“南瓜”之称开始流行。

元代贾铭在《饮食须知》中也曾提到“南瓜”，他说：“南瓜，味甘，性温，多食发脚气黄疸。同羊肉食，令人气壅。忌与猪肝、赤豆、荞麦面同食。”但此时哥伦布尚未发现美洲大陆，而中国亦未发现南瓜的其他野生种，因此书中“南瓜”绝非今天我们所说的南瓜，而是其他的瓜类植物。只是今天的南瓜也不适合与羊肉同食，故以讹传讹，甚至派生出“南瓜早就传入中国”“亚洲也是南瓜原产地”等错误的说法。

【化学成分】果肉含瓜氨酸 20.9 mg/100 g、精氨酸、天门冬素、葫芦巴碱、腺嘌呤、胡萝卜素、维生素B、抗坏血酸、脂肪 2%、葡萄糖、蔗糖、戊聚糖及甘露醇等。

【加工与利用】南瓜的利用部位主要是果实。南瓜在北美及英国等西方欧洲普遍栽培，果实供食用。食用时须去果皮，果肉经过烹煮就能适合人类食用。南瓜在欧洲主要用作蔬菜，南瓜馅饼在美国与加拿大则是感恩节和圣诞节的餐后甜点；南瓜还可做布丁汤，亦可与小果南瓜互换做成各种调理包子。南瓜在美国还用作万圣节的装饰品，掏去南瓜内部，刻成人面形，在里头点蜡烛，让灯光由镂空处透出的南瓜灯即鬼火（jack-o′-lantern）灯。

南瓜在中国广泛栽种，其果实可食用，通常其暗橙色果肉被认为是特别好吃的菜肴。它既可当菜又可代粮，在中国农村很有人缘。近年来，人们发现南瓜不但可以充饥，而且还有一定的食疗价值，于是土味十足的南瓜得以登大雅之堂。

【附注】南瓜性温，味甘无毒，入脾、胃二经，有润肺益气、化痰排脓、驱虫解毒、疗肺痈便秘、美容抗痘等功效。主治久病气虚、脾胃虚弱、便溏、蛔虫等病症。南瓜还能促进胰岛素分泌，有降低血糖的作用，是糖尿病患者的理想食品之一。南瓜（果实）提取物在化妆品中具有很好的润肤保湿功效，可用于多种护肤产品。它对于脂溢性粉刺有防治效果。

目前，南瓜子也是一种坚果类消闲小食品，特别是有些种子大而肥厚的品种很受欢迎。

147 西葫芦 *Cucurbita pepo* L.

彩图 147

英文名：Zucchini，Marrow，Summer squash，Pepo；葫芦科

【别名】熊（雄）瓜，白瓜，番瓜，美洲南瓜，荨瓜

【植物形态】一年生蔓生草本。茎粗壮，圆柱状，有棱沟，具白色的短刚毛。叶互生，叶柄粗壮，有短刚毛；叶片质硬，挺立，三角形或卵状三角形，先端锐尖，边缘有不规则的锐齿，基部心形，弯缺半圆形，上面深绿色，下面颜色较浅，叶脉在背面稍凸起，两面均有糙毛。卷须稍粗壮，具柔毛，分多歧。雌雄同株。雄花：单生；花梗粗壮，被黄褐色短刚毛；花萼筒有明显 5 角，裂片线状披针形；花冠黄色，常向基部渐狭呈钟状，裂片直立或稍扩展；雄蕊 3。雌花：花萼裂片显著，花冠与雄花相似，子房长圆形或长椭圆形，花柱短，柱头 3，各 2 裂。瓠果，一般长圆柱形，表面有纵沟和隆起，光滑，成熟时呈橙黄至橙红色不等。花期 5～7 月，果期 7～9 月。

【生态分布】喜光照，喜湿润，不耐干旱。原产北美洲南部，中国于 19 世纪中叶开始从欧洲引入栽培，世界各地均有分布，欧、美洲最为普遍。中国各地均有栽培，如山东、河北、北京等各地均广泛栽培。

【历史与民俗】西葫芦是最古老的作物之一（在墨西哥的考古遗址中它被发现，约有 10 000 岁高龄）。在中美洲的美国和一些南部及东部高地，栽培西葫芦至少可以追溯到公元前 2 700 年。它卓越的

多样性在哥伦布发现美洲大陆前就已经存在了。西葫芦除食用外，在美洲中部和北部还有广泛的用途。如玛雅人用植物汁液治疗烧伤，梅诺米尼人用种子作利尿剂，欧洲殖民者则用瓜子、水、牛奶或蜂蜜混合研磨物来驱虫。17 世纪后期已见于陕西、山西等方志。

【化学成分】100 g 果实含蛋白质 0.6～0.9 g，脂肪 0.1～0.2 g，纤维素 0.8～0.9 g，糖类 2.5～3.3 g，胡萝卜素 20～40 μg，维生素 C 2.5～9 mg，钙 22～29 mg。还含有瓜氨酸、腺嘌呤、天门冬氨酸等物质。果实还含有脑苷、13(18)-齐墩果烯-3-醇、胡萝卜苷、β-谷甾醇、豆甾醇等。种子富含蛋白质和油脂。氨基酸中以精氨酸比例最高。脂肪油中以油酸、亚油酸为主；还含有胆甾醇的糖苷、菠菜甾醇糖苷等。

【加工与利用】利用部位主要是幼嫩果实，有时也使用成熟果实、种子、叶子或花。西葫芦(嫩果实)以皮薄、肉厚、汁多、可荤可素、可菜可馅而深受人们喜爱。它可用于炒、填充、煮、烤或腌制各种菜肴。

【附注】西葫芦果实、种子提取物对胰蛋白酶有抑制作用，即对皮层弹性蛋白纤维有保护作用，从而避免皱纹的产生，可用于抗衰化妆品。其种子榨的油可以作为化妆品的基础油脂。

148 枯茗 *Cuminum cyminum* L.

彩图 148　英文名：Cumin；伞形科

【别名】孜然，小茴香，孜然芹，姬茴香，安息茴香

【形态特征】一年生草本，高 20～50 cm，茎直立，较细弱，有细纵条纹，全株无毛，从基部分枝，有香气。叶互生，二回羽状全裂，最终裂片线形，全缘，长 3～4 cm，无毛，有微扩展半抱茎的鞘。复伞形花序顶生，伞幅 3～5 个；总苞片与叶裂片相似，2～3 裂，与花序近等长；小总苞片 1～2 枚，线形，长约 1 cm，小伞形花序有花 5～8 朵；花萼具 5 个明显尖齿；花瓣 5，椭圆形，紫红色，长约 0.6 mm；雄蕊 5，花柱直立。双悬果狭长椭圆形，长 4～6 mm，分果肋线有短毛。花期 4～5 月，果期 6～7 月。

【生态分布】枯茗原产埃及，在地中海沿岸、中亚、伊朗、印度及北美等地区均有栽培。喜温暖、干爽的气候环境，较耐旱，不耐寒，对土壤要求不严，喜光，阳光不足可延迟开花结实。我国新疆和甘肃西部有栽培，生长良好。

【历史与民俗】枯茗产于地中海地区和西部亚洲。圣经中提到，广泛应用于中世纪汤、炖菜和肉菜(尤其是鱼和家禽)。古老的法国烹饪 cominee 是指包含孜然的菜肴。枯茗在埃及、希腊、土耳其、中东和印度已经栽培了许多世纪，今天在欧洲北部、摩洛哥、俄罗斯、中美洲、中国和日本也都有了。

枯茗是一种很古老的香料，可以追溯到石器时代。埃及人把它作为调料加到食物中，在埋葬他们的地方也发现了枯茗的踪迹。罗马人在制作面包时常添加枯茗，人们总是在饭后也吃些枯茗。早在圣经里，枯茗就被视为珍贵的植物，由于它有助于消化功能，所以被添加到很多菜肴中。埃及人把它和杜松、乳香配伍用来治疗头疼。印度人将其视为忠诚的象征，他们也用枯茗来治疗黄疸和痔疮，并且也是制作面包的重要成分之一。

【化学成分】籽(果实)含有挥发油(2%～5%)、脂肪酸和黄酮。挥发油中主要有醛类(25%～35%)、蒎烯、α-萜品醇等。脂肪酸的主要成分为岩芹酸(Cuminic acid)、芋烯油酸和亚油酸等。另据报道，果实含挥发油约 3%；精油主要成分有枯茗醛、枯茗醇、β-水芹烯、松油萜、枯茗烯、β-蒎烯、对-1,4-二烯-7-醇、肉豆蔻醚、伞形花烯、洋芹素及其 7-葡萄糖苷、木犀草素及其 7-葡萄糖苷、木犀草素葡萄糖醛酸、葡萄糖苷等。

【加工与利用】利用部位为果实(籽)。枯茗(孜然籽)的主要用途是作为香料——它是咖喱粉的基本成分之一(它略有苦味和独特的辛辣香味)。它还具有许多其他用途，如辣椒粉和各种香料混合物。在北非洲美食里，孜然添加到传统的羊肉菜、蒸粗麦粉和腌泡菜里。在东欧烹饪中，它作为香料添加到汤、酱汁、鱼、肉菜以及冷肉里。孜然也是用于面包(尤其是黑麦面包)和咸饼干以及其他美味佳肴的经

典调料。它也用于奶酪，如明斯特奶酪。

【附注】晒干果实（籽），可直接用水蒸气蒸馏方法提取精油，或先将果实压榨提取脂肪油后，将饼粕再用水蒸气蒸馏法提取精油。枯茗精油呈香菜样香气和滋味，有点刺鼻的辣味和辛香。香甜而辛，微有辣的口感，但不甚留长。香气具有温暖、提神和兴奋的效果。枯茗精油可用于化妆品的调香。根据枯茗籽提取物的实验表明，其具有抗炎、保湿、抗氧化及美白皮肤等功效，可用于护肤、美白、抗衰化妆品。

149 姜黄 *Curcuma longa* L.

彩图 149　英文名：Common turmeric；姜科

【别名】郁金，毛姜黄，印度姜黄，宝鼎香，黄姜

【植物形态】多年生草本；根状茎短圆柱形，深黄色，极香；根粗壮，末端膨大成块状。叶片矩圆形或椭圆形，长 30～45 cm，宽 15～18 cm，两面均无毛；叶柄长约 45 cm。花柱由叶鞘内抽出；穗状花序圆柱状，长 12～15 cm，苞片卵形，长 3～5 cm，绿白色，上部无花的苞片较狭，顶端红色；花萼长 8～9 mm，先端具不等的 3 钝齿；花冠管比花萼长 2 倍多，3 裂；侧生退化雄蕊与花丝基部相连；唇瓣倒卵形，长约 12 mm，白色，中部黄色；子房被微柔毛，柱头 2 裂；很少结实，蒴果膜质，球形，种子卵状长圆形，具假种皮。花期 8～11 月。

【生态分布】原产于亚洲热带和亚热带地区。喜温暖湿润气候，喜稍荫蔽的环境，要求肥沃、疏松、排水良好的壤土。如四川在海拔 800 m 以下的低山、丘陵、平原，全年无霜期在 300 d 左右的地区生长良好。产我国台湾、福建、广东、广西、云南、西藏等地。东亚及东南亚广泛栽培。

【历史与民俗】姜黄是一种古老的、尚未发现野生的植物。它被认为原产印度本土，许多世纪以来，在宗教仪式中，它被用作香料和染料。它从印度蔓延到东南亚和远东地区。迄今为止，印度仍然是最重要的姜黄生产国（每年近 35 万 t）；但在孟加拉国、巴基斯坦和东南亚各国也有一定的生产量。姜黄在印度和中国的应用历史悠久，其鲜黄色和香味很早就成为印度人喜爱的食物，特别是对消化系统和肝脏疾病有效而使它更受欢迎。20 世纪 70 年代以来，研究证明它是具有降低胆固醇和抗氧化（中和有害自由基）作用的食品，更引起人们对这一传统辛香食物的兴趣。

【化学成分】根茎含挥发油 1.3%～6%、色素 0.5%～6%、脂肪 5%～10%、苦味素、姜黄素、树脂、蛋白质、纤维素、戊聚糖、淀粉 40%～50%、矿质元素等。此外，还含齐墩果油树脂（oleovesin）、阿拉伯糖、果糖、葡萄糖、脂肪油等。

挥发油中含有倍半萜约 58%、姜烯约 25%、桉油精约 1%、d-α-水芹烯约 1%、d-桧烯约 0.6%、龙脑约 0.5%。又含姜黄酮、芳姜黄酮等。

色素成分有姜黄素 0.3%～1%，最高达 2.48%。并含去甲氧基姜黄素及去二甲氧基姜黄素。

【加工与利用】姜黄种植后 8～10 个月当茎枯萎时即可采收。收获时把植株挖起，随即把叶茎和根须去掉，抖掉或刷掉附着在根茎上的泥土，然后用水洗净，晒干备用。姜黄有胡椒样气息的特征性强烈辛香气，味辣，带点儿苦。它在东、西方烹调中均有广泛应用，特别是东南亚和印度最为偏爱。姜黄与胡椒能很好地融合，在一起使用时可增强胡椒的香气。姜黄主要用于给家畜、肉类、蛋类着色和赋予风味；同时可用于贝壳类水产、土豆、饭食、沙拉、泡菜、芥菜、布丁、汤料、酱菜等。姜黄也是配制多种复合调味料的重要成分之一。

姜黄根茎和块根均药用。根茎（片姜黄）味苦辛，性温，有破血行气、消积聚、止痛的功能。用于症瘕积聚、气血凝滞、脘腹胀痛、食积胀痛、经闭腹痛等症。块根（郁金）味辛、苦，性寒。有行气解郁、破瘀止痛的功能。用于胸胁腹痛、肝胃气痛、月经痛、闭经、吐血衄血、食欲不振、癫痫惊狂、热病神昏及湿热黄疸等。对姜黄根茎的现代研究证明，其抗炎作用比氢化可的松还强；姜黄素有强的抗菌作用，又有抗氧

化作用，比维生素 E 强；姜黄还可降低胆固醇的水平；它还是有价值的癌症预防药，并有抗凝血作用。

【附注】姜黄还是很好的皮肤保护剂，并可作为抗菌去屑剂、皮肤调理剂、抗过敏剂、祛皱剂、抗衰剂用于化妆品。姜黄根茎提取物中的黄色染料可用于纺织工业的染色。

150 瓜尔豆 *Cyamopsis tetragonoloba*（L.）Taubert.（*Cyamopsis psoralioides* DC.）

彩图 150　英文名：Guar gum，Cluster bean；豆科

【别名】四棱瓜尔豆，瓜尔胶

【植物形态】一年生丛状分枝草本，高可达 3 m，有很发达的根系，具有大而明显的根瘤。分枝具棱角，有沟槽，被短柔毛，某些品种有白霜。叶互生，3 小叶，小叶长 5～10 cm，卵圆形，有锯齿。花小，生于密集的腋生总状花序上，粉红到白色，两侧对称，果实为压扁的长圆形豆荚，长达 12 cm，有喙；种子每荚 5～12 粒；种子广椭圆形，白色，灰色或黑色，长约 5 mm，很坚硬，表面显粗糙。

【生态分布】原产南亚次大陆，印度和巴基斯坦广泛分布。喜温暖干燥气候。目前，主要栽培于热带、亚热带干旱地区，如巴西、巴勒斯坦、美国西南部和澳大利亚等地均能生长。在印度、巴基斯坦和美国西南部为了生产胶而大量种植。我国在 1974 年前后开始较大规模引种瓜尔豆，先后在云南、广西、广东、四川、贵州、湖南、湖北、江西、福建、浙江、江苏、河南、北京、陕西、新疆等地试种，各试种地均能收获种子，但产量各地不一。

【历史与民俗】瓜尔豆的起源问题，有起源于亚洲热带和非洲热带两种说法。但较多的学者认为，非洲热带是瓜尔豆的起源中心。如谢莫维奇（俄，1972）认为，在公元 9～13 世纪时，由于印度和阿拉伯之间贸易的发展，印度沿海地区每年需要从阿拉伯进口大量的马，当时运输马的海船将塞内加尔瓜尔豆作为马料带到印度。而南亚次大陆西部干旱地区的气候土壤条件很适合瓜尔豆繁衍生长，经过长期栽培选择，逐步驯化为现今的瓜尔豆。它在 19 世纪以前只是印度和巴基斯坦等少数国家作为蔬菜、饲料和绿肥作物大量栽培。20 世纪以后，有十多个国家先后引种。瓜尔豆在民间，其果实作为缓泻剂，并使用于因胆汁而引起的疾病。叶子可治夜盲症。煮熟的种子做成膏药用于治疗头胀痛、肝大以及骨折而引起的肿胀。瓜尔豆全草烧成灰，与油混合，调匀涂敷治疗烫伤。

【化学成分】绿的豆荚，100 g 中含水 82.5 g，蛋白质 3.7 g，脂肪 0.2 g，纤维 2.3 g，碳水化合物 9.9 g，灰分 1.4 g，Ca 0.13 g，P 0.05 g，Fe 5.9 mg，维生素 A 0.099 μg，维生素 C 49 mg。种子含有 30% 的蛋白质、45% 的碳水化合物和 2% 的脂肪。其碳水化合物，主要是非离子化的半乳甘露聚糖（mannogalactan），是由 D-甘露糖和 D-半乳糖按 2∶1 的物质的量比例组成，以多个（1→4 位）连接成 β-D-吡喃甘露糖线性链，而 α-D-吡喃半乳糖基单位以（1→6 位）键连接在每一个 D-吡喃甘露糖基单位上。有报告称，种子还含有胰蛋白酶抑制剂，但商业性瓜尔胶粉被报告不含有胰蛋白酶抑制剂。

【加工与利用】利用部位为嫩豆荚和成熟的种子。嫩豆荚像蔬菜一样食用，可像四季豆那样可炒食，也可盐腌或油炸来吃。成熟的种子可作为一种富含蛋白质的食物来源，可代替扁豆使用。在非洲，它的嫩叶也可像波菜一样当作菜吃。瓜尔胶，是从成熟种子胚乳中提取的，是一种高黏度多糖胶，它包含 80% 胶（多糖组成为 1/3 的半乳糖和 2/3 的甘露糖），在食品行业用作增稠剂，如用于果酱、果冻、饮料、啤酒、甜酒、八宝粥、冰淇淋、面点、汤料等中，既能在食品中起到稳定、增稠作用，又使食品清明透亮，色泽鲜艳。

种子具有轻泻、消食、降血糖、降胆固醇作用。在印度草药医学中，它是一种轻泻药和助消化药。它能延缓胃的排空，从而减缓对碳水化合物的吸收。因此，它有助于维持血糖水平，在糖尿病的前期及后期的初始阶段均有一定的治疗作用。它还能降低胆固醇。

【附注】瓜尔胶具有良好的胶凝性，在化妆品中有赋型作用，因而将瓜尔胶改性后，可用于头发软化剂，膏、霜类的增稠剂，护肤品的滋润保湿剂等。

瓜尔豆也常作为绿肥、家畜饲料来栽培。瓜尔豆耐旱而有根瘤，可改良土壤，有利于其他轮作植物的生长。

151 海岸蜜树茶 *Cyclopia genistoides*（L.）R. Br.

彩图 151　英文名：Honeybush tea，Heuningbos；豆科

【别名】 蜜树茶，蜜丛树茶

【植物形态】 小型灌木，高 2～3 m，茎为金黄色。小枝繁多，长达 1 m。叶互生，3 小叶，小叶长 1～2 cm，披针形，短针状，分布在小枝上。蝶形花小，明亮的黄色，芳香，单生于密集的叶腋间，两侧对称，旗瓣大，先端凹陷。果实为压扁的椭圆形豆荚，长约 3～4 cm，有喙；种子每荚 3～4 粒；种子卵圆形，棕色，长约 5 mm，坚硬。春季开花。

【生态分布】 喜温暖湿润气候，对霜冻敏感。生长于南部非洲，从塞德堡山脉向南至开普半岛向东到伊丽莎白港。它通常被限制在很小的区域生长，但像高的山峰或沼泽地区、页岩带和潮湿的南坡也是其栖息地。

【历史与民俗】 蜜树茶的“蜜”，如此命名是因为它有花蜂蜜样的味道。蜜树茶的味道与博士茶相似，但有一点甜。在一些农村地区，它常见的做法是把一壶蜜树茶冲泡后放在炉子上，准备饮用时会发现整个房子不像有茶味，而充满蜜的味道，并且茶的味道长久不变。蜜树茶是一种传统的非洲南部的饮料，直到最近，由于产品开发的需要，才开始建立种植园。

【化学成分】 枝叶含有多酚[包括 3-羟基苯基乙酸、4-羟基苯甲酸、3,4-二羟基苯甲酸、3,4-二羟基苯酸、2,4,6-三羟基苯甲酸、3,4,5-三羟基苯甲酸（没食子酸）和间苯三酚]、松油醇、黄酮、异黄酮、coumestans、木犀草素、4-羟基肉桂酸和呫吨酮。还有单宁，但含量较少。

【加工与利用】 利用部位为枝叶，或带花的枝叶。夏季采集，将小枝和叶子切成小块，湿润后，堆放自行发酵；也可在烘箱中加热到约 60～70 ℃进行发酵。经过充分发酵后，在阳光下晒干即得茶叶。蜜树茶与普通茶一样使用，通常和牛奶同饮，或加一片柠檬。经过煎煮的蜜树茶可改善风味。它可单独使用，或与其他草药茶混合使用（通常与南非博士茶混合使用）。蜜树茶还是一种优良的冰茶，是一种美味的冷饮。很黑的蜜树茶可用于烹饪，能提高菜肴的滋味（和其他调味料一样）和炖菜的颜色及味道。

【附注】 蜜树茶所含酚性成分具有较强的抗氧化作用，并可能有助于降低血脂。异黄酮和coumestans 为植物雌激素，有益于妇女更年期症状的改善。木犀草素是花的主要黄色色素，历史上就用作染料。这种黄色素可作为化妆品的调色剂，结合其酚性成分所具有的抗氧化功效和异黄酮等雌激素样作用，使得蜜树茶有很好的美白、抗皱作用，可用于美白、抗衰化妆品。

152 榅桲 *Cydonia oblonga* Mill.（*Pyrus cydonia* L.）

彩图 152　英文名：Common quince；蔷薇科

【别名】 木梨

【植物形态】 落叶乔木，高 8～10 m；小枝粗壮，二年生枝条褐灰色。叶片卵形至长卵形，长 4～7 cm，宽 2.5～4 cm，先端渐尖，基部圆形，边缘有钝锯齿，上下两面均无毛；托叶膜质，很早脱落。伞形总状花序，有花 3～6 朵，花梗长 2～3 cm；苞片膜质，早期脱落；花直径 2～2.5 cm；萼筒外面无毛，萼片三角卵形，内面具茸毛；花瓣宽卵形，基部具短爪，白色；雄蕊 20；花柱 5，稀 4。果实卵球形或椭圆形，直径1～1.5 cm，褐色，有稀疏斑点，萼片宿存。花期 4 月，果期 8～9 月。

【生态分布】原产亚洲西南部和中部地区，喜温暖气候，对环境要求不严。现在广布于欧洲，尤其是地中海地区；生于潮湿、肥沃篱笆边和灌木林中。我国分布于江苏、山东、湖北、河北、陕西、新疆及东北等地。

【历史与民俗】榅桲，也叫蛮楂，是落叶小乔木，原产于伊朗、中亚一带。东晋葛洪《西京杂记·上林名果异树》载："初修上林苑，群臣远方，各献名果异树，……查三：蛮查、羌查、猴查。"在中国新疆，榅桲也是古老果树之一。除了食用外，其药用价值也很显著。公元前 460—377 年，古希腊医师希波克拉底时代用作收敛剂。戴奥斯柯瑞迪记录了含榅桲油的处方，外用于瘙痒、伤口感染和扩散性疼痛。《本草图经》云："治胸膈中积食，去醋水，下气，止渴。欲卧啖一两枚而寝，生熟皆宜。"榅桲花芳香浓郁，可以用来熏酒，果实也香气鲜明，可以作为天然香料直接使用，"实初熟时，其气氛馥，人将致衣笥中亦香"。

【化学成分】果实含糖 10.58%（其中主要为果糖，占 6.27%）、鞣质 0.66%、原果胶 4.7%、有机酸 1.22%（为苹果酸、酒石酸、柠糠酸）和挥发油。果皮含具有果实特殊气味的庚基乙基醚和壬基乙基醚。种子含黏质达 20%、苦杏仁苷 0.53%、脂肪油 8.15%（油中含肉豆蔻酸和异油酸的甘油酯）。叶含生物碱 0.034 9%，葡萄糖苷 0.281%，没食子酚型鞣质 5.18%～5.56%，黏质 7.72%，酮糖 3.05%，醛糖 0.87%，脂质 4.83%，维生素 C 0.118%等。叶中尚含氰苷。

【加工与利用】利用部位为成熟果实。秋季果实成熟时采收，去杂，洗净，鲜用或干燥备用。果实很少生吃，大多是烹调成美味的甜点或作配菜。果实可制作果酱、蜜饯和果冻。由于它异常高的果胶含量，通常添加到其他水果中，不仅给出一个漂亮的粉色色彩，还改善口感。在葡萄牙，它用以调制"marmelada"，可能是英语中的"果酱"（不过现在由柑橘类水果调制）。榅桲还是一种粉红色的古代甜酒主要原料，即利口酒或与其他水果浸渍的榅桲甜醇酒。

【附注】榅桲具有抗菌、抗真菌、抗氧化、收敛、止痛等作用。未成熟果实是强效收敛剂，用于治疗痢疾，儿童使用安全。果实和果汁做成的含漱剂可治疗口腔溃疡、牙龈炎和咽喉炎。糖浆是一种美味温和的收敛剂，能促进消化。种子富含黏液质，可以治疗支气管炎，并有轻泻作用。榅桲果实提取物具有皮肤保湿作用和活肤作用，可用于美白、护肤、抗衰化妆品。

153 柠檬草 *Cymbopogon citratus* (DC.) Stapt.

彩图 153

英文名：Lemongrass；禾本科

【别名】柠檬香茅，香茅，香茅柠檬草

【植物形态】多年生草本，全株具柠檬样香气。秆粗壮，高达 2 m，节常具蜡粉。叶鞘抱茎无毛，线状叶从靠近根处长出；叶片条形，长约 1 m，宽约 15 mm，两面粗糙，呈灰白色。假圆锥花序长圆形，疏散，分枝细弱，由成对的总状花序和佛焰苞状的总苞所组成；佛焰苞披针形，狭长，红色或淡黄色；小穗成对，无柄小穗两性，线形或披针状线形，第一颖先端具 2 微齿，两侧有脊，脊间无脉，背面下方凹陷，无芒，第二外稃先端浅裂，具短尖头而无芒；有柄小穗紫色。秋冬季开花结果，颖果。

【生态分布】原产印度南部和斯里兰卡，适应性极强，喜温暖湿润环境，不耐寒，喜光照充足，对土壤的要求不高，以较为疏松、肥沃而排水良好的砂质壤土为佳。现广泛种植于热带地区，如中国广东、海南、台湾等地，亚洲的印尼、泰国、越南与北美洲、非洲等地。

【历史与民俗】柠檬草为印度、斯里兰卡的民间草药。叶可作茶剂，增强消化机能，放松肠胃肌肉，治疗痉挛痛和胀气，特别适宜于儿童。印度民间用叶制成糊剂，外涂治疗皮肤癣。在加勒比海地区用于退热。泥罨剂和稀释的精油外用止痛和治疗关节炎。在印度上百年来，柠檬香茅精油都很受欢迎，由于它植株茎秆是红色的，被称作"choomanapoolu"。另外，它还被叫做"印度马鞭草"或者"印度蜜蜂花油"，认为它可以退烧，减少感染和阻止肿瘤的恶化。

【化学成分】柠檬草茎叶含挥发油、蛋白质、果糖、蔗糖、二十八烷醇、三十二烷醇、三十三烷醇、木犀草素、异荭草素、2″-O-鼠李糖基异荭草素、木犀草素-7-O-β-葡萄糖苷、木犀草素-7-O-新橙皮糖苷、绿原酸、咖啡酸、对香豆酸等。精油主要化学组成为 α-柠檬醛,β-柠檬醛(65%～85%)、松油烯和月桂烯(10%～20%)、香叶醇、芳樟醇、甲基庚醇(1%～2%)、甲基庚烯酮(0.2%～0.3%)等。此外,还含香茅素、香茅甾醇。

【加工与利用】利用部位为肉质叶基部分(带一叶)。它是亚洲烹饪用的一种香草。生吃柠檬草时,只采用柔嫩部分(即球状叶基),细切,或捣碎成糊状。通常也给鱼、家禽、海鲜、咖喱和炖菜增添味道,但它只是整个茎切段加入锅中,后来又除去。柠檬草常被用来做汤("柠檬草汤"),或作为各种香料混合物的一个重要的成分。茎有时也用作虾和海鲜沙爹串。柠檬草也可添加到茶中,制成柠檬香油或柠檬茶。

在东南亚,柠檬香茅成为传统烹饪的调料,它被用在鱼汤咖喱饭菜中。在泰国,它有一股柠檬清凉淡爽的香味,常见于泰国菜。它气味芬芳而且有杀菌抗病毒的作用,从古至今受到医家的推崇。平日饮用,有效预防疾病,增强免疫力,达到有病治病、无病强身的效果。在中国常应用于海南鸡饭和泰式冬阴功汤等。在北美的超市中它也有了越来越多的位置。

柠檬草全株具有柠檬的香味,泡茶饮用具有强烈的杀菌剂效果,预防传染病,可治疗胃痛、腹泻、头痛、发烧、流行性感冒等。从其茎、叶蒸馏萃取精油,可以用于食品或制造化妆品、香水和肥皂香料。其精油相对比较便宜,经常被用来代替柠檬香料,也用于美容剂和染发剂中。

【附注】柠檬香茅精油经常和柠檬精油等混合使用,可以产生有香茅味道的香料,它也经常和昂贵的蜜蜂花或者柠檬马鞭草精油混合用。在香茅被用来做驱虫剂时,柠檬香茅被用作护肤产品。

154 菜蓟 *Cynara scolymus* L.

彩图 154

英文名:Artichoke, Globe artichoke;菊科

【别名】朝鲜蓟,菊蓟,洋蓟

【植物形态】多年生草本,高达 2 m。茎直立,粗壮,有条棱,全部茎枝被蛛丝状毛。叶大形,基生叶莲座状;下部茎叶全部长椭圆形或宽披针形,长约 1 m,宽约 50 cm,二回羽状全裂,下部渐窄,有长柄;中部叶及上部茎叶渐小;全部叶的上面绿色,无毛,下面灰白色,被茸毛。头状花序极大,生分枝顶端;总苞片多层,硬革质,几无毛,中外层总苞片先端渐尖,内层总苞片先端有硬膜质的附片;小花紫红色,花冠长约 4.5 cm,细管部长约 2.8 cm,檐部长约 1.7 cm,花冠裂片长约 9 mm。瘦果长椭圆形,4 棱,先端截形;冠毛白色,多层,长约 3.6 cm,呈刚毛羽毛状,先端渐细,基部联合成环,整体脱落。花期 6～7 月。

【生态分布】原产地中海地区,喜温暖湿润气候和肥沃土壤。现广泛栽培于美国的加利福尼亚、欧洲的比利时及地中海其他国家。19 世纪由法国传入我国上海,在上海、浙江、湖南、北京、云南等地有少量人工栽培,台湾有较大面积栽培。

【历史与民俗】菜蓟可能是由野生洋蓟或刺棘蓟(*C. cardunculus*)演变而来。从古希腊和古罗马人开始,它在欧洲一直是被栽培的一种植物。菜蓟在古希腊和古罗马时期就已被使用,早在 2 000 年前罗马人已开始食用。戴奥斯柯瑞迪介绍,将根捣碎外敷,用于清除腋下和身体其他部位恶臭。今天,它已成为一种重要的蔬菜,主要种植在法国、意大利、西班牙、比利时和美国加州。

【化学成分】全株含倍半萜烯内酯、洋蓟苦素(极苦)、(大量)菊糖。叶还含有洋蓟素,以及丰富的维生素 A、维生素 C 和天门冬酰胺、木犀草素、洋蓟酸、绿原酸、咖啡酸等。每 100 g 花苞含水 80.5 g、脂肪 0.2 g、蛋白质 2.8 g、糖类 9.9 g、维生素 A 160 mg、维生素 C 8 mg、钙 51 mg、磷 69 mg、铁 1.5 mg,还有对人类有益的菜蓟素、天门冬酰胺以及黄酮类化合物等。

【加工与利用】利用部位为未开花的花头。每个花头包括鳞片状苞片、肉质花托均可以食用。不能

吃的是多毛的中央核心，必须除去。菜蓟可以简单地煮吃，或与一种合适的酱（通常是黄油或奶油）混合吃，或可用于沙拉及作为热或冷菜的装饰。

菜蓟较小的花头通常最嫩，经烹调浇调味汁食用，或做沙拉、开胃菜、罐头；还可配以精肉、橄榄油、柠檬汁、辣椒、大蒜和盐等调味配料清炒，味道鲜嫩爽口；亦可作汤料配以家禽肉类炖、煲，营养丰富，清肝明目，健身养颜。女士食用有助于保护肌肤，颜面润泽。

【附注】菜蓟所含菜蓟素有利胆和保护肝脏作用，并有抗脂肪肝作用；叶子提取物能加速大鼠肝脏重量的增加。菜蓟苦素对 Helazzq 癌细胞有细胞毒作用。菜蓟鲜叶提取浓缩制成冲剂用于肝炎、肝胆病、消化系统疾病、肾脏病及过敏症。菜蓟叶提取物还有明显的抗炎作用，对过量组胺释放而引起的皮肤过敏有缓和及消除作用，并有较好的抗氧化作用，因而它可用于抗过敏护肤化妆品，也可用于生发产品。

菜蓟茎叶可作功能性饲料或深加工提纯后制成佐餐开胃酒。

155 油莎草 *Cyperus esculentus* L.

彩图 155

英文名：Chufa, Tiger nut, Chufa sedge, Yellow nutsedge, Tiger nut sedge；莎草科

【别名】油莎豆，铁荸荠

【植物形态】多年生草本，株高约 100 cm。根状茎多而细长，先端有膨大的块茎，每粒块茎均具数排环状叶节，并有芽眼 1～3 个。秆直立，粗壮，光滑。茎圆筒形，由叶片包裹而成。叶互生于基部，线形，宽 5～10 mm，表面光滑柔软，叶鞘淡褐色。少数植株开花，苞片长于花序；花长于主茎顶端，黄白色；为多出聚伞花序，穗状花序圆柱形或稍扁平；小穗多数，水平叉开，每穗具 8～30 朵花；鳞片卵形，长 2～3 mm，黄褐色。小坚果矩圆形，长 1.2～2 mm，灰褐色。

【生态分布】喜温暖湿润气候，阳性植物，喜光。耐旱、耐温、耐瘠、耐盐碱，适应性广。喜排水良好、疏松的土壤或砂壤土。原产于地中海地区，现广泛分布于非洲、欧洲、亚洲、北美洲和拉丁美洲的热带、亚热带地区。中国 1952 年从苏联引进，现有 20 多个省、区、市种植。黑龙江、北京、河北、湖南、山东、四川、江西、广东、广西等地均有栽培。

【历史与民俗】油莎草原产西亚和非洲。最早种植油莎草的是古埃及人。他们在尼罗河谷种植油莎草。早期殖民者开发尼罗河流域时发现油莎草，一直作为当地大众化食品。戴奥斯柯瑞迪认为它有舒胃作用。在印度阿育吠陀医药体系中，本品属于消化、滋补和壮阳药。19 世纪中叶美国南部开始种植，随后欧洲广泛栽培。只要气候和土壤适合就可以种植。现今主要商业性种植区域是在西班牙，集中于巴伦西亚地区。

【化学成分】块茎含脂肪油 20%～30%，淀粉约 25%～30%，糖分约 12%～20%，并含少量蛋白质和维生素 A。其油的脂肪酸组成为饱和脂肪酸 20%，油酸 64%，亚油酸 11%，亚麻油酸 2%。

【加工与利用】利用部位为块茎。块茎可与土豆一样烤着吃。它们有一种像坚果样的味道。块茎也可以生吃，或加工成面粉。块茎与水、糖、肉桂煮熟，特别像牛奶样的饮料。这种清甜爽口清凉饮料被称为“horchata dechufa”，其商用以塑料容器包装；在西班牙尤其流行（如安达卢西亚、穆尔西亚和瓦伦西亚），如今也在英国和巴西流行。块茎可生食、炒食、油炸，味道香甜。块茎磨成粉后可制饼干、糖果等。

油莎草块茎含油率 20%～30%，是很好的油料植物，以压榨法榨出的油为浅茶色，味香，可作食用油。也可用于医药、化妆品等行业。榨油后的饼粕还可酿酒或作精饲料。

【附注】此外，其茎叶含有较多的脂肪和糖分，是家畜的优良饲料，或作为造纸、编织的原料。

156 树番茄 *Cyphomandra betacea* Sendtn.(*Solanum betaceum* Cav.)

彩图 156　英文名：Tree tomato，Tamarillo；茄科

【别名】缅茄，洋酸茄，木本番茄，鸡蛋果

【植物形态】灌木状，高达 5 m，全株有短柔毛。叶互生，卵形，长 30 cm，宽 15 cm，先端渐尖，全缘，有辛辣的刺鼻气味。聚伞花序，腋生；花萼辐状，5 中裂，果时稍增大；花冠 5 深裂，粉白色，喇叭形，比花萼长 2 倍；雄蕊 5，着生于花冠喉部，花丝极短，花药纵裂；花盘环状；子房 2 室，胚珠多数，花柱粗壮，锥形。浆果为 2 室，橙红色卵形，长 6 cm。

【生态分布】原产中美洲高山地区，喜温暖的亚热带气候，不耐寒，要求年平均气温 15～20 ℃，年雨量 800 mm 以上。自然生长于秘鲁、智利、厄瓜多尔、哥伦比亚和玻利维亚。现南非、印度、美国、澳大利亚、新几内亚有种植。我国云南南部、台湾及西藏南部、贵州南部有栽培。

【历史与民俗】这个在南美洲大规模生长的、以前未知的植物，被认为原产于玻利维亚南部和阿根廷西北部。它已在安第斯山脉地区种植有几个世纪了，至今仍是受欢迎的一种庭园树，在南美的高海拔地区，几乎在每个城市和小镇都有它。作为作物发展，大约 50 年前从新西兰开始，并扩大出口到欧洲、日本和北美。“树番茄(tree tomato)”这个名字是一个商业名称，1967 年创造于新西兰。

【化学成分】每 100 g 果实含水 81～87 g、蛋白质 1.5～2.5 g、脂肪 0.05～1.28 g、纤维 1.4～6.0 g、总酸 1.0～2.4 g，维生素 A 0.32～1.48 mg、维生素 C 19.7～57.8 mg、钙 3.9～11.3 mg、镁 19.7～22.3 mg、铁 0.4～0.94 mg。有报道称，树番茄果实富含果胶。

【加工与利用】利用部位为果实，一般鲜食，有酸味，但现代的树番茄品种有甜的果实。它可作为甜点水果沙拉和冰淇淋食用。它也和西红柿一样包含在绿色沙拉和三明治里食用。整个果实的液汁可作为饮料食用(有时与牛奶、冰、糖混合食用)。成熟的果实非常适合制作果酱、果冻、酸辣酱和糖浆。它也可煮熟添加到汤里，或做炖肉的填料。树番茄的果肉清香扑鼻，比猕猴桃、番茄、热情果还要好。但野生种的皮和肉有一种不愉快的苦味。

【附注】本品富含果酸、果胶、维生素，具有美白、醒肤功效，有助于保持皮肤柔软、光泽、有弹性，可用于美白、抗衰化妆品。

157 麒麟竭 *Daemonorops draco* Bl.

彩图 157　英文名：Dragon's blood palm，Dragon's blood；棕榈科

【别名】血竭，麒麟血，骐竭，龙血藤，藤血竭

【植物形态】多年生常绿藤本，长达 10～20 m。茎被叶鞘并遍生尖刺。羽状复叶在枝梢互生，在下部有时近对生；小叶互生，线状披针形，长约 20～30 cm，宽约 3 cm，先端锐尖，基部狭，脉 3 出平行；叶柄及叶轴具锐刺。肉穗花序，开淡黄色的冠状花，单性，雌雄异株；花被 6，排成 2 轮；雄花雄蕊 6，花药长锥形；雌花有不育雄蕊 6，雌蕊 1，瓶状，子房略呈卵状，密被鳞片，花柱短，柱头 3 深裂。果实核果状，卵状球形，径约 2～3 cm，赤褐色，具黄色鳞片，果实内含深赤色的液状树脂，常由鳞片下渗出，干后如血块样。种子 1 颗。

【生态分布】热带植物，分布于印度尼西亚、马来西亚、伊朗；我国广东、台湾亦有种植。主产马来西亚、印度尼西亚、伊朗等地。

【历史与民俗】麒麟竭又名血竭，为棕榈科植物麒麟竭渗出的树脂，习称“进口血竭”。麒麟竭随着年代的逐渐长远，会逐渐由暗红变黑。年代越久黑得越沉，到了一定的时候，性质就会改变，变得入口即化。据说人吃了以后，有活血作用，邪虫不近，夏天连蚊子都不敢找你。明代李时珍在《本草纲目》中推

崇它为“活血圣药”。

【化学成分】果实和藤茎中的树脂，主要含有血竭红素（dracorubin）、血竭素（dracorhodin）、去甲基血竭红素、去甲基血竭素、(2S)-5-甲氧基-6-甲基黄烷-7-醇、(2S)-5-甲氧基蓼烷-7-醇、2,4-二羟基-5-甲基-6-甲氧基查耳酮、血竭黄烷A、血竭二氧杂庚醚，另含海松酸（pimaric acid）、异海松酸、松香酸、去氢松香酸、山达海松酸（sandaracopimaric acid）。

【加工与利用】麒麟竭的利用部位为树脂。采取果实，置蒸笼内蒸煮，使树脂渗出；或取果实捣烂，置布袋内，榨取树脂，然后煎熬成糖浆状，冷却凝固成块状。亦可将树干砍破或钻以若干小孔，使树脂自然渗出，凝固而成。经分析，血竭中含有鞣质、还原性糖和树脂类的物质，可治疗筋骨疼痛，并有散气、去痛、祛风、通经活血之效。主治跌打损伤、内伤瘀血、外伤出血、内科血症、妇科血症、胃肠炎等症。

【附注】麒麟竭树脂为红色，可用于化妆品的着色。麒麟竭提取物具有较强的抗氧化特性，其对5α-还原酶活性的抑制，对因雄性激素偏高而引起的脱发有较好的防治作用，可用于生发、防治粉刺、护肤敛疮等制品。

麒麟竭树脂为中药“血竭”。

158 曼陀罗 *Datura stramonium* L.

彩图 158　英文名：Thorn apple；茄科

【别名】洋金花，醉心花，狗核桃，枫茄花

【植物形态】一年生草本，高50～150 cm。茎粗壮，上部呈二歧状分枝。单叶互生，阔卵形；长8～12 cm，宽4～12 cm，基部渐狭，先端渐尖，边缘有不规则波状分裂，两面脉上及边缘均有疏生短柔毛。花单生于茎枝分叉间或叶腋间，白色，直立，具有短柄；花萼筒状，长4～5 cm，先端5裂；花冠漏斗状，长7～10 cm，直径4～5 cm；花冠管具5棱，上半部白色，5裂；雄蕊5，不伸出花冠管外；雌蕊1。蒴果直立，卵形，长3～4.5 cm，直径2.5～4.5 cm，表面具有不等长的坚硬针刺，成熟时4瓣裂，基部具五角形膨大的宿存萼；种子多数，近卵圆形而稍扁，干后黑色。花期6～10月，果期7～11月。

【生态分布】原产热带及亚热带，喜温暖、向阳及排水良好的砂质壤土。明朝末期作为药用植物引入中国，各省区有分布。现已分布于美洲、欧洲、亚洲和北非。在匈牙利、法国和德国也作为药用植物栽培。

【历史与民俗】曼陀罗是梵语的译音，意为悦意花，被称为佛教的灵洁圣物，只有天生的幸运儿才有机会见着它，见到它能给人带来无止息的幸福。因佛法修的是清心观世界，寡欲走红尘，手中无物，万象皆空，所以在很久很久以前，这无蕊的白花就被人们看作神的化身，象征着空心、无心和安心。

在西方的传说中，曼陀罗则一直被赋予恐怖的色彩。相传在古老的西班牙，曼陀罗花似冷漠的观望者，常盛开于刑场附近，祷告着生命消逝的每一个灵魂。此花全株剧毒，据说千万人之中只有一个人能有机会看到花开，所以但凡遇见花开之人，她的最爱就会死于非命。

本品作为药物使用已有悠久的历史了。戴奥斯柯瑞迪曾以henbane之名提到此植物。远古以来欧洲将它用作家庭药品。中古时期以后被废止不用，直到1760年由于Storckd的努力才再传入欧洲。由于本品服用一定剂量后，能引起幻觉，在古希腊特尔菲城的神谕以及南美印加人中用于占卜。本品能引起幻觉，可用于治疗精神错乱。

【化学成分】曼陀罗主要含东莨菪碱、莨菪碱，其次有阿托品、阿朴阿托品（apoatropine）、降阿托品、曼陀罗素（daturine）、惕各酰莨菪碱（tigloidine）、曼陀罗碱、茵芋碱、2,6-二惕莨菪碱、红古豆碱和7-羟基-3,6-二惕各酰氧托烷。还含黄酮类、睡茄苷、香豆素和鞣质等。种子含植物油，从种子中还提取出血球凝集素。

【加工与利用】以叶、花和种子入药。夏季采集叶和花，初秋采集蒴果，取出种子，均干燥后备用。由于它的主要作用是使肌肉松弛，汗腺分泌受抑制，所以古人将此药取名为“蒙汗药”是极为确切的。自20世纪70年代以来，以曼陀罗为主的中药麻醉剂重放异彩，这种麻醉方法已引起国外医学专家的重视，为世界医学作出了贡献。曼陀罗花不仅可用于麻醉，而且还可用于治疗疾病。其叶、花、籽均可入药，味辛性温，有大毒。花能去风湿，止喘定痛，可治惊痫和寒哮，煎汤洗治诸风顽痹及寒湿脚气。花瓣的镇痛作用尤佳，可治神经痛等。叶和籽可用于镇咳镇痛。由于曼陀罗花属剧毒，国家限制销售，特需时必经有关医生处方定点控制使用。

【附注】曼陀罗具有抗菌、抗真菌作用。其东莨菪碱为M-胆碱受体阻断剂。其乙醇提取物对酪氨酸酶活性有抑制作用；50%乙醇提取物对超氧自由基有消除作用。因而可用于皮肤美白化妆品，还可作为抗菌剂使用。

曼陀罗全株有毒，种子毒性最大，叶片较小；干叶比鲜叶毒性小。内服需在医生指导下进行。

159 胡萝卜 *Daucus carota* L. var. *sativa* DC.（附：野胡萝卜 *Daucus carota* L.）

彩图 159

英文名：Carrot；伞形科

【别名】红萝卜，番萝卜，丁香萝卜，小人参

【植物形态】二年生草本，高15～120 cm；根粗壮，红色。茎有白色硬毛；基生叶长圆形，二至三回羽状全裂，末回裂片线形或披针形，长5～15 mm，宽0.5～4 mm，顶端锐尖，叶柄长3～12 cm；茎生叶近无柄，有叶鞘，末回裂片小或细长。复伞形花序生于茎顶，花序梗长，有糙毛；总苞有多数苞片，呈叶状；伞辐多数，长2～7.5 cm，小总苞5～7，线形；花通常白色，有时带淡红色。双悬果卵形，长3～4 mm，有棱，棱上有白色刺毛。花期5～7月。

【生态分布】原产亚洲西部。喜冷凉气候，喜强的光照和相对干燥的空气条件，土壤要求干湿交替，水分充沛，并疏松、通透、肥沃。中国主要产于四川、贵州、湖北、江西、安徽、江苏、浙江等地，全国各地广泛栽培。分布于欧洲及东南亚地区。

【历史与民俗】它原产于亚洲西南部，后传入西域，再传入敦煌及中原。一般认为，公元10世纪胡萝卜从伊朗引入欧洲大陆。约在13世纪，胡萝卜从伊朗引入中国，发展成中国生态型；15世纪见于英国，发展成欧洲生态型；16世纪传入美国；于16世纪从中国传入日本。宋代绍定三年(1230年)《澉水志·物产门·菜》中已有胡萝卜之名，元代《至顺镇江志·蔬》在“萝卜”条目下记载了胡萝卜的性状：“又有一种名胡萝卜，叶细如蒿，根长而小，微有荤气，故名。”其为烹饪菜肴的重要原料，既可做菜，乂用来雕刻食品造型艺术。胡萝卜含多种维生素，其营养价值极高，是人们生活中必不可少的菜品。一般认为是元代从伊朗传入的，例如《本草纲目》说：“元时始自胡地来，气味微似萝卜，故名。”实际上中国在宋代已有之，只不过缺少引种的相关记载，有从海路传入东南地区的可能性。

【化学成分】种子含黄酮和挥发油，包括细辛醚、胡萝卜醇、蒎烯和柠檬烯等。栽培品的根含糖、黏液质、胡萝卜素、维生素、矿物质和天门冬酰胺。叶富含卟啉。

【加工与利用】利用部位为根。夏季开花结实前采收根，去杂，洗净备用。粗的或细碎的胡萝卜可做沙拉生吃。它是使用最广泛的蔬菜之一，切丁或切片配上各种调味料用于煮、蒸或炒菜。它还用于胡萝卜汤、炖肉和酱汁。商业产品包括有胡萝卜汁、罐头装的或冰冻的胡萝卜(小胡萝卜或切碎的胡萝卜，有时与其他蔬菜混合)和脱水胡萝卜。胡萝卜汁已成为流行的健康饮品之一。

【附注】中医认为，胡萝卜味甘、性平，无毒，入肺、脾经。具有健脾消食、润肠通便、杀虫、行气化滞、补肝明目、清热解毒等功效；能治疗食欲不振、腹胀、腹泻、咳喘痰多、视物不明、小儿营养不良、麻疹、夜盲症、便秘、高血压、肠胃不适、饱闷气胀等。胡萝卜籽油可用于配制化妆品香料。胡萝卜根、叶提取物也有多种功效，可作为抗氧化剂、抗炎剂、皮肤美白剂、皮肤保湿剂、活肤抗衰剂用于化妆品。

160 马来麻竹 *Dendrocalamus aspera* (Schultes f.) Heyne

彩图 160 英文名：Rough bamboo，Giant bamboo；禾本科

【别名】马来甜龙竹，菲律宾巨单竹，高舌竹，壮竹

【植物形态】竿高 15～20 m，直径 6～10(12) cm，竿梢长，下垂，竿基部数节常环列气根；节间长 30～50 cm；节内和节下方均环生一圈淡棕色茸毛；分枝习性高，主枝显著。箨鞘早落，革质，先端圆拱形，箨耳窄长形，箨舌突起；箨片披针形。末级小枝具 7～13 叶；叶耳微小；叶舌截形；叶片大小有变化，披针形乃至长圆状披针形，长(10) 20～30(35) cm，宽(1) 3～5 cm，下表面被柔毛；叶柄长 2～7 mm。花枝无叶，长可达 50 cm；小穗体扁，长 6～9 mm，含 4 或 5 朵小花及另一顶端退化小花；颖 1 或 2 片，卵状披针形；外稃宽卵形；内稃约与外稃等长，背部具 2 脊，脊间 1～3 脉，最上方小花的内稃较退化；鳞被无；花药长 3～5 mm；子房及花柱均被细毛，柱头 1，羽毛状。颖果。

【生态分布】热带植物，原产地在菲律宾，亦可能是印度尼西亚或马来半岛。中国香港、台湾、广西及云南均有栽培。菲律宾、马来西亚、印度尼西亚(爪哇)、泰国、老挝、缅甸等均有分布和广泛栽培。

【历史与民俗】马来甜龙竹是密集丛生的南洋乡土树种。它的幼芽在当地民间是传统蔬菜食用的一种。马来甜龙竹的竹笋是十分鲜美的山珍，味甘甜鲜脆，营养丰富，在我国栽培已久，也是民间传统佳肴。同时，竹笋药用价值已越来越被人们重视。

【化学成分】竹笋有丰富的蛋白质、氨基酸、脂肪、糖类、钙、磷、铁、胡萝卜素、维生素 B_1、维生素 B_2、维生素 C。

【加工与利用】利用部位为幼嫩的茎(竹笋)。幼嫩的茎(竹笋)有很好的脆皮味，在东方，特别是中国菜里，它非常受欢迎。竹笋和其他蔬菜一样，煮熟食用，可大量添加到菜肴中，特别是炒菜和炖菜。它也可用醋腌、盐腌或作蜜饯。常常将鲜竹笋保存，或者制成罐装。日本传统食用方法是直接切片和牛肉或各种蔬菜煮熟来吃。

【附注】马来甜龙竹为乔木状竹子，生长快，产量高，壁厚 2～4 cm，竹材纤维素含量高，竹浆率可达 41.3%～48%，适合作竹地板、竹胶合板、造纸等。

161 康乃馨 *Dianthus caryophyllus* L.

彩图 161 英文名：Carnation，Gilliflower，Clove pink；石竹科

【别名】香石竹，麝香石竹，狮头石竹，大花石竹，荷兰石竹

【植物形态】多年生草本，高 40～70 cm，全株无毛，粉绿色。茎丛生，直立，基部木质化，上部稀疏分枝。叶片线状披针形，顶端长渐尖，基部稍成短鞘围抱茎节上，5 脉，中脉明显，上面下凹，下面稍凸起。花常单生于枝端，或成聚伞花序，有香气，颜色鲜艳，有蔷薇色、紫色、白色各种；花梗短于花萼；花萼下有小苞片 4 枚，菱状卵形，先端短尖，长约萼筒之 1/4；花萼圆筒形，萼筒先端 5 裂，齿三角形，边缘膜质；花瓣 5，倒卵形，先端锯齿状浅裂，基部有须毛；雄蕊 10，雄蕊长达喉部；子房 1 室，花柱 2，伸出花外。蒴果卵球形，稍短于宿存萼。花期 5～8 月，果期 8～9 月。

【生态分布】原产地中海地区，喜凉爽，不耐热，喜光，不耐渍水。现在世界各地有栽培，也是我国常见的花卉之一。

【历史与民俗】香石竹(康乃馨)在欧洲也已有 2 000 多年的栽培历史，历来为西方名花。2 000 年前的 pliny 氏说香石竹起源于西班牙。据传说，香石竹由诺尔曼人传入英国；在 13 世纪时摩尔人就已栽培重瓣香石竹；英国 17 世纪就记载有 800 多品种。原种只在春季开花，1840 年法国人达尔梅将香石竹改良为连续开花类型。尤其是 1850 年传到美国后培育了百余个品种，并应用于商业生产。康乃馨这种

花在古代被编织花环，并常见于王冠上。据说它是爱神的象征，可以给人带来好运。康乃馨净油来源于石竹属植物的许多种类，但其中最重要的是香石竹。

【化学成分】花含挥发油(主要成分为丁子香酚、苯甲酸苄酯、柳酸苄酯、茉莉酮酸甲酯、亚油酸甲酯等)和黄酮化合物(主要有山柰酚的糖苷)。

【加工与利用】利用部位为鲜花。康乃馨花可做茶饮用。康乃馨花茶性微凉、味甘、入肺、肾经，有平肝、润肺养颜之功效。康乃馨茶冲泡时适合搭配勿忘我、紫罗兰、玫瑰花茶、腊梅花具有养颜等功效。

康乃馨花枝入药，能清热、利水、破血、通经，具有美容养颜、安神止渴、清心明目、消炎除烦、生津润喉、健胃消积之功效。对治疗头痛、牙痛有明显疗效。它含人体所需的各种微量元素，能改善血液循环、增强肌体的新陈代谢，具有清心除燥、排毒养颜、延缓衰老、调节女性内分泌系统、补肾提神、健胃开胃、调节血脂、减肥等功效。

【附注】康乃馨鲜花现在常用于提取精油(净油)。夏季开花时采集鲜花，以石油醚为溶剂，从鲜花中提取浸膏，一般得率为0.23%～0.29%(最大为0.33%)。再以乙醇抽提，可得浸膏的9%～12%的净油。这种净油不含不溶性的蜡。康乃馨净油是一种稍具黏稠的液体，具有相当持久、强烈而奇异的香气，闻起来带有蜂蜜的甜味，藏有一丝的丁香气息。这种香气具有温暖和令人陶醉功效，素有催情剂之誉。浸膏和精油为化妆品香料之一。提取物浸膏有明显的保湿作用，结合其抗菌、抗炎作用，可用于皮肤调理和护肤化妆品。

康乃馨是优异的切花品种。矮生品种还可用于盆栽观赏。这种体态玲珑、斑斓雅洁、端庄大方、芳香清幽的鲜花，随着母亲节的兴起，成为全球销量最大的花卉。

162 毛地黄 *Digitalis purpurea* L.

彩图 162

英文名：Purple foxglove；玄参科

【别名】洋地黄，紫花洋地黄

【植物形态】一年生或多年生草本，除花冠外，全体被灰白色短柔毛和腺毛，有时茎上几无毛，高60～120 cm。茎单生或数条成丛。基生叶多数成莲座状，叶柄具狭翅，长可达 15 cm；叶片卵形或长椭圆形，长 5～15 cm，先端尖或钝，基部渐狭，边缘具带短尖的圆齿，少有锯齿；茎生叶下部的与基生叶同形，向上渐小，叶柄短直至无柄而成为苞片。萼钟状，长约 1 cm，果期略增大，5 裂几达基部；裂片矩圆状卵形，先端钝至急尖；花冠紫红色，内面具斑点，长 3～4.5 cm，裂片很短，先端被白色柔毛。蒴果卵形，长约 1.5 cm。种子短棒状，除被蜂窝状网纹外，尚有极细的柔毛。花期 5～6 月。

【生态分布】原产于欧洲中部与南部山区。分布在海拔 1 200～1 800 m 的山区，较耐寒，较耐干旱，忌炎热，耐瘠薄土壤。喜阳且耐阴，适宜在湿润而排水良好的土壤上生长。现已普遍栽培。现中国浙江、上海、江苏与山东等地已有大量栽培。

【历史与民俗】1775 年，植物学家威瑟林(William Withering，1741—1799)听说有位农妇能用一种家传的秘方治疗水肿病(即心力衰竭性水肿)，效果极好，便开始对其进行有系统的研究。威瑟林发现，农妇的秘方虽含 20 多种药物，真正起作用的只有紫花洋地黄一种。这种药用植物早在中世纪就有医学家使用过，16 世纪和 17 世纪，英国和德国出版的药用植物著作也都提到过此药。他将洋地黄的花、叶、蕊等不同部分分别制成粉剂、煎剂、酊剂、丸剂，比较其疗效。结果发现，以开花前采得的叶子研成的粉剂效果最好。但是，直接使用洋地黄植物的剂量很难准确掌握，因治疗量接近于中毒量。

【化学成分】含强心苷，包括地高辛、洋地黄毒苷、毛花苷等。此外，还含蒽醌、黄酮和皂素。

【加工与利用】主要以叶入药。夏季采收叶片，干燥保存。本品可兴奋心肌，增加心肌收缩力，使收缩期的血液输出量增加而改善血液循环，对心源性水肿患者有利尿作用。用于快速强心、增加心肌收缩力、降低和稳定心率、刺激尿液产生、减少全身血量而降低血压。但代谢非常慢，因而可作为一种长效药。洋地黄对心脏疾病有很强的补益作用，它在不需要增加供氧量的情况下使心脏搏动更有力、更慢和更有规律。但过量服用本品可致死，因此有些国家限制使用。

【附注】洋地黄适于盆栽，若在温室中促成栽培，可在早春开花，因其高大、花序花形优美，可在花境、花坛、岩石园中应用，也可作自然式花卉布置，现在还是重要的切花。

163 佛尼奥马唐 *Digitaria exilis* (Kipp.)Stapf.

彩图 163

英文名：Fonio，White fonio，Fonio millet，Hungry rice；禾本科

【别名】白马唐

【植物形态】一年生草本。秆直立，节上生根。秆高 30～80 cm，叶片线状披针形至线形，质地柔软扁平，长 15 cm；叶耳 2～5，窄长。总状花序较纤细，2 至多枚呈指状排列于茎顶。小穗包括不孕花和可育花，背腹压扁，椭圆形至披针形，顶端尖，1～2 枚着生于穗轴之各节，互生成行排列于穗轴的一侧；小穗柄长短不等，下方一枚近无柄，第一颖短小或缺如；第二颖披针形，较短于小穗，常生柔毛；第一外稃与小穗等长或稍短，有 5～9 脉；第二外稃软骨质，顶端尖，背部隆起，贴向穗轴，边缘膜质扁平，覆盖同质的内稃而不内卷；雄蕊 3；柱头 2；鳞被 2；颖果长圆状椭圆形，长约 1.5 mm(千粒重约 0.5 g)，种脐点状。生长期通常在 165～180 天。

【生态分布】佛尼奥马唐生长在非洲西部的热带气候下，具有明显的旱季。然而，它也可在高海拔地区种植，如超过 1 000 m，具有较高年降雨量(1 200～1 500 mm)和较低气温(15～25°)的地区。它有发达的根系，可在土壤中达到 1 m 多深。故耐瘠薄和干旱。它主要栽培于西非乍得、佛得角、马里、布基纳法索，塞内加尔东部、几内亚北部、尼日利亚东北部以及尼日尔南部。

【历史与民俗】佛尼奥马唐是一种古老的非洲粮食作物，可能是最古老的西非作物，其栽培似乎在 7 000 年前就已经开始了。最早提到佛尼奥马唐食品报告是在 14 世纪。与其他谷类植物一样，其驯化可能始于它的野生种谷物收获匮乏的时期。在西非的大部分地区已经成为一种受欢迎的谷物，至少有 100 万人以它为主食。

【化学成分】果实的营养成分含有 8.7%的蛋白质、1%的脂肪和 80%的碳水化合物。还含有矿物质及少量维生素。

【加工与利用】利用部位为种子(颖果)。由于颗粒小，去皮困难和费时，传统的方法主要是放在石臼中碰撞。现在已有高效的机器，与加工大米一样的脱粒、除皮机。它被认为是特别好吃的。它可以煮粥、煮米饭或加工成一种高质量的麦粉。它(谷粒)可以用来酿造啤酒和爆米花。它也可以磨成粉，用来烤面包。

【附注】它与粮食小米的成分非常相似。其淀粉更多的为支链淀粉；蛋白质在粮食中是比较丰富的，特别是蛋氨酸和半胱氨酸丰富；它的膳食纤维也比较丰富。据报道，佛尼奥马唐对于患糖尿病者是最佳食品。

164 龙眼 *Dimocarpus longan* Lour. (*Euphoria longan*(Lour.)Steud.)

彩图 164

英文名：Longan，Dragon’s eye；无患子科

【别名】桂圆

【植物形态】常绿大乔木，高 10 m。多为偶数羽状复叶，互生；小叶对生或互生，革质，长椭圆形至

长椭圆状披针形，全缘或波状；上面暗绿色，有光泽，下面粉绿色。圆锥花序顶生或腋生；花小，杂性，黄白色；萼片、花瓣各5；雄蕊8。果球形，核果状，外皮黄褐色；鲜假种皮白色，透明，肉质，浆汁味甜。种子球形，黑色，有光泽。花期3～4月，果期7～8月。

【生态分布】原产于我国南部及西南部，野生龙眼是海南西南部低山丘陵台地半常绿季雨林常见的树种。现我国龙眼栽培主要分布于广西、广东、福建和台湾等地，此外，海南、四川、云南和贵州等地也有小规模栽培。世界上栽培龙眼的国家和地区还有东南亚、澳大利亚、美国等。

【历史与民俗】龙眼的成熟期在农历八月，由于古时称八月为“桂”，加上果实呈圆形，所以又称龙眼为桂圆。龙眼原产我国南方，栽培历史可追溯到2 000多年前的汉代。有关龙眼的文献记载最早见于《后汉书·南匈奴列传》：“汉乃遣单于使，令谒者将送……橙桔、龙眼、荔枝。”此后，在许多古籍中也都有记载，如北魏贾思勰的《齐民要术》云：“龙眼一名益智，一名比目。”

古时龙眼被列为重要贡品。西魏魏文帝元宝炬(535—551年)曾诏群臣：“南方果之珍异者，有龙眼、荔枝，令岁贡焉。”宋代，龙眼已在泉州普遍种植。北宋苏颂的《图经本草》(1061年)载：“龙眼生南海山谷中，今闽、广、蜀道出荔枝之处皆有之。”南宋，泉州郡守王十朋赞颂龙眼：“绝品轻红扫地无，纷纷万木以龙呼，实如益智本非药，味比荔枝真是奴。”明朝黄仲昭《八闽通志》记述：“龙眼树似荔枝，而叶微小，皮黄褐色。荔枝才过，龙眼即熟，故南人曰为荔枝奴。泉州府诸县皆有，郡中尤盛。”直到18世纪后，龙眼才由我国传到印度和东南亚一带。

【化学成分】龙眼果肉(干)含水分0.85%，可溶性物质79.77%，不溶性物质19.39%，灰分3.36%。含有葡萄糖24.91%、蔗糖0.22%、酸类(以酒石酸计)1.26%、含氮化合物(如腺嘌呤和胆碱)6.30%等。其他尚含有蛋白质5.6%和脂肪0.5%等。假种皮含葡萄糖26.91%、酒石酸1.26%及少量蔗糖，另含维生素B_1、维生素B_2、维生素P、维生素C。

【加工与利用】龙眼可食部分为假种皮，其果实可鲜销，更多的作为干果出售。鲜品龙眼是较难保鲜的果品，在常温下，采后3～4天就会褐变、酸腐、变质。除冷藏(结合防腐)可延长龙眼一定的贮藏时间外，主要是干制，包括桂圆干和桂圆肉。此外，还可加工成罐头或果酱。

龙眼有壮阳益气、补益心脾、养血安神、润肤美容等多种功效，可治疗贫血、心悸、失眠、健忘、神经衰弱及病后、产后身体虚弱等症。现代医学实践证明，其有美容、延年益寿之功效；其中桂圆干肉还是珍贵的滋养强化剂。

【附注】龙眼的叶、花、根、核均可入药。龙眼树木质坚硬，纹理细致优美，是制作高级家具的原料，又可以雕刻成各种精巧工艺品。龙眼花是一种重要的蜜源植物，龙眼蜜是蜂蜜中的上等蜜。

165 黄山药 *Dioscorea cayenensis* Lam. (*Dioscorea rotundata* Poir.)

彩图165

英文名：Yellow yam，White yam；薯蓣科

【别名】圆叶薯蓣，非洲山药，黄姜，白纱

【植物形态】缠绕草质藤本。块茎大致呈圆柱状，外皮光滑，褐色，肉白色，或黄色。茎可攀爬到10～12 m高度，圆柱形或略条纹，通常带刺，有时完全光滑。叶子深心形到近球形，长4 cm或更长。有些品种为紫叶和紫茎。雄花小(直径1～3 mm)；雌花不太经常出现，种子也很少见。

【生态分布】原产于非洲，喜温暖气候。现在是北美最重要的栽培山药。非洲、欧洲有种植。

【历史与民俗】非洲山药是大型植物；藤茎可以长达10～12 m。块茎通常重约2.5～5 kg。一般种植后7个月至12个月即可收获生长的块茎。在非洲，块茎是传统的蔬菜(通称“山药”)，大多数是捣烂成酱做菜吃。西非和非洲的山药移植到欧洲的历史可以追溯到16世纪。山药被送往北美洲，是葡萄牙、西班牙殖民时期通过巴西和圭亚那的边境到达的，其次是由加勒比海到达的。

【化学成分】非洲山药含水分、碳水化合物(主要为淀粉)、蛋白质、脂肪、薯蓣皂苷及B族维生素、维

生素 C、维生素 E，还含黏性物质。

【加工与利用】非洲山药利用部位为块茎，秋季藤叶枯萎时采挖，洗净备用。白色的山药被认为是生产最优质菜肴的原料。非洲山药也可以像土豆、红薯一样来做菜食用。

【附注】非洲山药是尼日利亚和西非人营养元素的一个重要来源。它有助于每人每天获得超过 837 J 的热量，也是西非超过 1.5 亿人的重要的收入来源。非洲山药对于资源有限的、贫困地区的农场是一种有吸引力的作物。它含有丰富的淀粉及其他营养成分，并可以一年四季都有收获，不像其他的不可靠的作物。这些特点使山药在撒哈拉以南的非洲国家成为首选食品和重要的、安全的粮食作物。

166 三角叶薯蓣 *Dioscorea deltoidea* Wall.

彩图 166　英文名：Deltoid yam；薯蓣科

【植物形态】缠绕草质藤本。根状茎横生，姜块状。茎左旋，新鲜时绿色，干后紫褐色，有明显的纵条纹。单叶互生，有柄，柄长 4～10 cm；叶片三角状心形或三角状戟形，通常 3 裂，中间裂片顶端渐尖，两侧裂片呈圆耳状，背面沿叶脉密被白色硬毛。花单性，雌雄异株。雄花无梗，常 2 朵簇生，稀疏排列于花序轴上组成穗状花序；苞片膜质，卵形，顶端突尖；花被杯状，顶端 6 裂；雄蕊 6 枚，着生于花被管基部，花药呈“个”字形着生。雌花序与雄花序基本相似，每花序有花 4～6 朵，具退化雄蕊。蒴果长宽几相等，约 2 cm，顶端凹入，成熟后为栗褐色，表面密生紫褐色斑点；种子卵圆形，每室通常 2 枚，着生每室中轴中部。花期 5～6 月，果期 6～9 月。

【生态分布】喜温凉气候，较耐寒。生于海拔 2 000～4 000 m 的灌木丛中及沟谷阔叶林中。分布于中国西藏的吉隆、聂位木、樟木、波密、昌都；云南也有。印度、尼泊尔、老挝、阿富汗、巴基斯坦也有分布。

【历史与民俗】三角叶薯蓣自古在藏药中使用，民间很早就用此植物的根状茎治疗大关节病、风湿心脏病。民间有时也将其根茎食用，有和胃、消食、止泻功效。但它尚未规模化人工栽培，属濒危物种。

【化学成分】块根、根茎均含薯蓣皂苷元、角鲨烯。根茎还含三角叶薯蓣苷、三角叶薯蓣混苷、薯蓣皂苷、薯蓣皂苷元三葡萄糖苷。

【加工与利用】利用部位为块茎，秋季藤叶枯萎时采挖，洗净备用。它可以食用，像土豆、红薯一样来做菜食用。因它含皂苷较多，主要做药用。它性甘、平。具补脾胃、益肺肾功效。主要用于治疗脾虚泄泻、肺虚久咳、肾虚遗精、消渴等。

【附注】本种为药食两用植物，有望在高原地区形成规模化栽培。

167 山药 *Dioscorea opposita* Thunb.（*D. batatas* Decne.）

彩图 167　英文名：Chinese yam；薯蓣科

【别名】薯蓣，土薯，山薯蓣，怀山药，白山药

【植物形态】缠绕草质藤本。块茎长圆形，新鲜时断面白色，富黏性，干后白色粉质。茎通常带紫红色，无毛。单叶，在茎下部的互生，中部以上的对生；叶片变异大，卵状三角形至宽卵状戟形，长 3～9 cm，宽 2～7 cm，先端渐尖，基部深心形（戟形）至近截形，边缘常 3 浅裂至 3 深裂，叶形的变异即使在同一植株上也常有出现。叶腋内常有珠芽（零余子）。雌雄异株。雄花序为穗状花序，长 2～8 cm，近直立；2～8 个着生于叶腋；苞片和花被片有紫褐色斑点；雄花的外轮花瓣片宽卵形，内轮卵形；雄蕊 6。雌花序为穗状花序，1～3 个着生于叶腋。蒴果三棱状扁圆形或三棱状圆形，长 1.2～2.0 cm，外面有白粉。种子四周有膜质翅。花期 6～9 月，果期 7～11 月。

【生态分布】喜温暖湿润气候,喜光,喜肥沃砂质土壤。原产中国,我国分布于华北、西北、华东和华中地区。多为栽培。朝鲜、日本也有。

【历史与民俗】山药作为保健食品,在我国至少已有 2 000 多年的历史,成书于东汉时期的《神农本草经》将山药列为上品,不过当时的山药可能是野生的,还未进入人工栽培阶段。到了唐代,《四时纂要》引用道士王旻所著的《山居要术》,对山药栽培作了较为详细的记载。

中医认为,山药“主伤中补虚,除寒热邪气,补中益气力,长肌肉,久服耳目聪明”。许多古典医籍都对山药作了很高的评价。在民间,山药是人所共知的滋补佳品。

【化学成分】块茎含薯蓣皂苷元、甘露聚糖、山药多糖、尿囊素、多巴胺、山药碱、植酸、多种氨基酸(天门冬氨酸最为丰富);还含有淀粉、鞣质、黏液质、糖蛋白、多酚氧化酶、胆甾醇、麦角甾醇、谷甾醇、油菜甾醇等。

【加工与利用】薯蓣的根茎俗称山药,药食兼用。秋季采挖块茎,除去泥土、杂质,洗净,备用。作为药材则需要加工、炮制,制成干品。山药鲜品一般可煮食,如山药炒羊肉。

现代科学分析,山药的最大特点是含有大量的黏蛋白。黏蛋白是一种多糖蛋白质的混合物,对人体具有特殊的保健作用,能防止脂肪沉积在心血管上,保持血管弹性,阻止动脉粥样硬化过早发生;可减少皮下脂肪堆积;能防止结缔组织的萎缩,预防类风湿关节炎、硬皮病等胶原病的发生。许多滋补方剂,如六味地黄丸、杞菊地黄丸、归脾汤、参苓白术散等中药都含有山药。从明代流传至今的益寿食品——八珍糕,是由山药、山楂、麦芽等 8 味中药研为细末,和以米粉制成的糕,用于治疗老人、小孩的脾胃虚弱、食少腹胀、面黄肌瘦、便溏泄泻之症,效果显著。

【附注】山药有很好的美容功效,因为它含有植物雌性荷尔蒙的成分,能防止肌肤老化,让毛孔、皮肤细嫩。而且它含有糖、蛋白质、黏液质、酚性成分、钙、铁、淀粉酶等成分,具有保湿、柔润、抗氧化功能,可改善肌肤干燥现象,有深层滋养的功效。以山药作为自制面膜的主要原料在美白和抗衰老方面起了非常大的作用。

168 黑柿 *Diospyros digyna* Jacq.

彩图 168

英文名:Black sapote, Black persimmon;柿树科

【别名】柿实,二花柱柿,黑果,巧克力布丁

【植物形态】常绿大乔木,高达 25 m;树冠长圆球形。枝开展,嫩枝初时有棱,有棕色柔毛或茸毛或无毛。叶纸质,叶片椭圆状长圆形,两端锥形,深绿色,有光泽,长 10~30 cm。叶柄长 10~20 mm。花雌雄异株,花序腋生,为聚伞花序。雄花小;花萼钟状,两面有毛,深 4 裂;花冠钟状,黄白色,4 裂;雄蕊 16~24 枚,退化子房微小。雌花单生叶腋,长约 2 cm,花萼绿色,有光泽,深 4 裂;花冠淡黄白色或黄白色而带紫红色,壶形,先端 4 裂,花冠管近四棱形,裂片阔卵形,上部向外弯曲;退化雄蕊 8 枚;子房近扁球形,多少具 4 棱,8 室,每室有胚珠 1 颗;花柱 2 深裂。果实番茄样,直径 5~10 cm,未熟时深黄绿色,成熟时皮为橄榄绿色,果肉暗褐色;果实含有种子,最多可达 12 枚。

【生态分布】黑柿起源于墨西哥和美国中部的低地,属热带植物,不耐寒。后由西班牙人带到马六甲、毛里求斯、菲律宾。夏威夷、巴西、古巴、波多黎各和多米尼加也有分布。

【历史与民俗】黑柿原产于中美洲。自古以来生长在墨西哥,现在种植在夏威夷、菲律宾、西印度群岛、美国南部、留尼汪岛和澳大利亚。虽然它未成熟的果实是苦涩的,但成熟的果实果肉味甜酸,像巧克力布丁一样。

【化学成分】果肉含蛋白质、脂肪、碳水化合物(包括糖、膳食纤维)和灰分。果肉含能量值 234 kJ/100 g 和维生素 A(45 μg/100 g)、维生素 C(20 mg/100 g)。

【加工与利用】利用部位为果肉。果肉光滑,暗褐色,或几乎是黑色的,像果冻,软软的,很甜。它的

质地和颜色接近于炖梅干，在中心，可能会有几粒种子，但果实经常是无核的。果实可以切成两半，其果浆可用勺子挖着吃，通常可加一点柠檬汁或橙汁；加入柠檬汁或酸橙汁的，还可用作馅饼等糕点的馅。目前，它的主要用途是用于各种甜点和商业冰淇淋。果浆可以加在橙汁或白兰地里饮用；或者加入牛奶和肉豆蔻粉（或肉桂和糖），再加上奶油，一种美味的饮料就做成了。在美国中部，将黑柿果实发酵制成的果酒有点像白兰地。

【附注】墨西哥民族药：黑柿树叶煎剂内服用于治疗糖尿病；外洗用于治疗烫伤、皮肤感染、头癣。

169 柿树 *Diospyros kaki* L. f.

彩图 169　英文名：Persimmon；柿树科

【别名】柿子，柿，猴枣

【植物形态】落叶乔木，高 10～14 m，胸高直径达 65 cm；树皮深灰色至灰黑色；树冠球形或长圆球形。枝开展，带绿色至褐色，无毛，散生纵裂的长圆形或狭长圆形皮孔；嫩枝初时有棱，有棕色柔毛或无毛。叶纸质，卵状椭圆形或近圆形，长 6～18 cm，宽 3～9 cm，先端渐尖或钝，基部宽楔形或近圆形，新叶疏生柔毛，老叶上面有光泽，深绿色，无毛，下面绿色，有柔毛或无毛；叶柄长 8～20 mm。花雌雄异株或同株；雄花成短聚伞花序，雌花单生于叶腋；花萼 4 深裂，果熟时增大；花冠白色，4 裂，有毛。浆果卵圆形或扁球形，熟时橙黄色或鲜黄色；果形有球形、扁球形等；种子褐色，椭圆状，侧扁。花期 5～6 月，果期 9～10 月。

【生态分布】喜温暖湿润气候，但也耐干旱，生长期的平均年雨量在 500 mm 以上即可；原产中国，分布很广，广东北至华北北部均有栽培，大抵北界在北纬 40°以南地区。朝鲜、日本、东南亚、大洋洲、阿尔及利亚、法国、苏联、美国等有栽培。

【历史与民俗】柿原产中国，栽培历史在 2 500 年以上。北魏《齐民要术》中已有以君迁子为砧木，用嫁接方法繁殖柿的记载。自明代以来，柿产区多有以柿饼代粮备荒的传统。关于“柿饼”，相传祖乙由耿迁至邢以后，就将国都定在那里，而将他的弟弟祖丙封于耿地（今天的山西河津山王村一带），建立耿国并立祖丙为国君。后来的耿氏族人尊祖丙为耿氏之祖，为纪念这位氏祖，每年的腊月初五祖丙诞辰，供祭祖丙时摆设柿饼，柿饼（思丙）这一词渐渐地传开了。

在山西省河津市种植着大量的柿子树，当地的方言中，柿饼近似于“思丙”，有追思祖丙的意思。柿饼中的上品又叫做耿饼，起源于耿地，据《括地志》中记载：“绛州龙门县东南十二里耿城，故耿国也。”另据《国家地名词典、河津词目专辑》中记载，距河津城关镇东南 10 km 的山王村即是耿国国都所在地。

【化学成分】柿果含有可溶性固形物 10%～22%。每 100 g 鲜果中含有蛋白质 0.7 g、糖类 11 g、钙 10 mg、磷 19 mg、铁 0.2 mg、维生素 A 0.16 mg、维生素 P 0.2 mg、维生素 C 16 mg。另有报道，果实含蛋白质、脂肪、碳水化合物、胡萝卜素、多种维生素（富含维生素 A、维生素 B、维生素 C）、矿质元素等。未成熟果实含鞣质（柿漆酚）。

【加工与利用】利用部位为果实。柿的采收期依需要而异。供软柿鲜食的，在果皮由黄转红时采收；供脆柿鲜食的，在果皮转黄时略早采收；供制饼用的则在果皮稍转红色而肉质未软化前采收，这样削皮容易，制饼率高，制的柿饼质量也好。供贮藏用的柿果应提前在果面绿色消退而肉质硬脆时采收。

果实常经脱涩后作水果，经过适当处理，可贮存数月，如采用冷冻法处理，贮藏在零下 10 ℃的低温，一年中都可随时取食。柿子亦可加工制成柿饼。柿果主要用于鲜食。在柿果销量较大的中国、日本、菲律宾、朝鲜、新加坡、马来西亚和印度尼西亚等国家，人们除日常食用外，还把柿果作为传统的节日佳品。中国明、清代以后，把柿果作为“木本粮食”。现今，仍把柿果作为时令果品。

【附注】柿饼是用柿树果实人工干燥成的饼状食品，又称干柿、柿干，肉质干爽，存放久而不变质，可用作点心馅。柿饼一般呈灰白色，断面呈金黄半透明胶质状，柔软、甜美，含有甘露醇、蔗糖、葡萄糖和木蜜醇。柿饼性甘温无毒，有润心肺、止咳化痰、清热解渴、健脾涩肠之功效，并有降血压、止血、清热、润肠作用。

未熟果、叶、柿蒂(花萼)提取物在化妆品中有多种作用，可作为皮肤调理剂、保湿剂、抗氧化剂使用。提取物对 5α-还原酶活性的抑制，显示可抑制雄性激素分泌，对由雄性激素偏高所引起的脱发有较好的防治作用，可用于生发化妆品。柿叶提取物还可作为抗炎剂、除臭剂和减肥剂使用。

170 龙脑香 *Dipterocarpus tubinatus* Gaertn. f.

彩图 170

英文名：East Indian copaiba balsam；龙脑香科

【别名】羯布罗香，油树，戈理曼荞

【植物形态】大乔木，高约 35 m，含芳香树脂；树皮灰白色或深褐色，纵裂。枝条密被灰色茸毛，有时无毛，有环状托叶痕。叶革质，全缘，有时为波状，卵状长圆形，长 20～30 cm，宽 8～13 cm，先端渐尖或短尖，基部圆形或微心形，侧脉在下面明显突起，被星状毛，上面无毛或被星状疏毛；叶柄长 2～3 cm；托叶长 2～6 cm。总状花序腋生，有花 3～6 朵。花萼裂片 2 枚为线形，另 3 枚较短；花瓣粉红色，线状长圆形，外面被灰色的长茸毛；花药线状披针形，药隔附属体丝状；子房密被毛，花柱圆柱状。坚果卵形或长卵形，密被贴生茸毛；果萼管无毛，被白色粉霜，增大的 2 枚花萼裂片为线状披针形，长 12～15 cm，具 1 条多分枝的中脉，沿中脉附近具小突起。花期 3～4 月，果期 6～7 月。

【生态分布】热带植物，喜温暖湿润气候。我国产云南西部及南部(西双版纳栽培)、西藏东南部。印度、巴基斯坦、缅甸、泰国、柬埔寨等有分布。

【历史与民俗】龙脑树的树脂十分丰富，凿开树干或树枝就能引出树脂来；除了天然凝结的龙脑晶体，其液态树脂也可以利用，古代称为“膏香”、“婆律膏”。现在中医使用的冰片就是龙脑树的干燥树脂，即古称的龙脑。古时候，人们就已经知道用加热蒸馏的方法“火逼成片”，从龙脑树的木材中提取晶体，称之为“熟脑”。对于龙脑香的存储保养古人也有专门的办法：“龙脑香及膏香，合粳米、相思子贮之则不耗。”《唐本草》载：天然龙脑质地纯净，熏燃时不仅香气浓郁，而且烟气甚小。无论是在东方还是西方，历来都被视为珍品。唐宋时期，出产龙脑的波斯、大食国的使臣还专门把龙脑作为“国礼”送给当时的皇帝。龙脑香早在西汉时就已传入中国。据《史记·货殖列传》记载，在西汉的广州已能见到龙脑香。那时的海上丝绸之路已有相当的规模，印度、西亚的很多物品都已进入中国南方。

【化学成分】龙脑香的树脂和挥发油中含有多种萜类成分。除龙脑外，尚含葎草烯、β-榄香烯、石竹烯等倍半萜，以及齐墩果酸、麦珠子酸、积雪草酸、龙脑香醇酮、龙脑香二醇酮、古柯二醇等三萜化合物。

【加工与利用】龙脑香是龙脑香树的树脂凝结形成的一种近于白色的结晶体，古代谓之“龙脑”以示其珍贵。天然龙脑晶体多形成于树干的裂缝中，体积小的为细碎的颗粒，大的多为薄片状。以片大整齐、香气浓郁、无杂质者为佳。

龙脑香树所产树脂出油率为 0.06%～1.0%，从树脂提出的油商品名为羯布罗香油，油可作调香剂和定香剂，香气浓郁，是很好的香料，也用于喷漆工业。树脂可作药用。叶可止血，外用于过敏性皮炎、疥疮、刀伤出血。

【附注】木材纹理细致，坚硬耐用，耐湿力强，可造船只、桥梁、家具等。种子可榨油，是良好的工业用油。本种为珍稀树种。

171 锡兰莓 *Dovyalis hebecarpa*（Gardner）Warb.

彩图 171　英文名：Ceylon gooseberry，Kitembilla；大风子科

【别名】酸味果，锡兰醋栗

【植物形态】常绿小乔木，高 3～10 m；有长而锐利的刺，树皮灰褐色。叶薄革质，卵形、椭圆状卵形至长椭圆状披针形，长(3－)7～10 cm，宽(2－)3～5 cm，先端渐尖，基部宽楔形，全缘或有稀疏钝锯齿，上面深绿色，有光泽，疏被灰色柔毛，下面淡绿色，有棕灰色长柔毛；叶柄长 0.5～1 cm。花单性，雌雄异株，萼片通常 4 片，稀 5～7 片，倒卵形至披针形。雄花：10 朵以上，呈伞形状，腋生；雄蕊多数，花丝细长，花药卵形，退化子房小或无。雌花：单生或 2~3 朵聚生在叶腋内；萼片长 6 mm，宿存，子房球形，花柱开展。浆果近球形，直径约 2.5 cm。花期 1～4 月，果期秋季。

【生态分布】热带植物，原产斯里兰卡和热带南部非洲。世界热带地区有引种栽培。中国台湾、广东(广州)、福建(厦门)均有栽培。生长良好。

【历史与民俗】锡兰莓原产斯里兰卡。它被种植在印度、亚洲热带地区。在美国和世界其他地方只在小范围内生长，如植物园和实验园。

【化学成分】浆果含碳水化合物(糖)、蛋白质，并富含花青素、多酚化合物、有机酸、维生素 C 等。

【加工与利用】利用部位为果实。秋季成熟时采收。浆果味酸，可生食和做成蜜饯。

【附注】果色红紫，可供庭园栽培观赏。

172 榴莲 *Durio zibethinus* Murr.

彩图 172　英文名：Durian；木棉科

【别名】榴琏，韶子，麝香猫果

【植物形态】常绿乔木，高可达 25 m，幼枝顶部有鳞片。托叶长 1.5～2 cm；叶片长圆形，有时倒卵状长圆形，长 10～15 cm，宽 3～5 cm，先端短渐尖，基部钝圆，两面发亮，上面光滑，背面有贴生鳞片；叶柄长 1.5～2.8 cm。聚伞花序细长下垂，簇生于茎上或大枝上，每序有花 3～30 朵；花蕾球形；花梗长 2～4 cm。苞片托住花萼，比花萼短；花萼筒状，长 2.5～3 cm，基部肿胀，内面密被柔毛，具 5～6 个短宽的萼齿；花瓣黄白色，长 3.5～5 cm，长圆状匙形，后期外翻；雄蕊 5 束，每束有花丝 4～18，花丝基部合生；蒴果椭圆状，淡黄色或黄绿色，长 15～30 cm，粗 13～15 cm，每室种子 2～6，假种皮白色或黄白色，有强烈的气味。花果期 6～12 月。

【生态分布】榴莲属于热带作物，海拔 600 m 以上的高地，由于气温下降，不能种植榴莲或不能结果。原产文莱、印度尼西亚和马来西亚。也有一些人认为原产菲律宾。榴莲生长遍布东南亚，主要生长在泰国、马来西亚、印度尼西亚等地，其他种植榴莲的地区，包括柬埔寨、老挝、越南、缅甸、印度、斯里兰卡、西印度群岛、佛罗里达州、夏威夷、巴布亚新几内亚、波利尼西亚群岛、马达加斯加、澳大利亚北部和新加坡。中国广东、海南、云南南部有栽培。

【历史与民俗】传说中国明朝郑和下南洋时，航海舰队到达今东南亚，品尝当地特产果实时，郑和对这种水果大为赞赏，然而果实只能一年一熟，故命名留恋，后人取其谐音，称作榴莲。对“榴莲”也有说它原产在马来西亚，在大城王朝时代传入泰国。马来语称榴莲为“徒良”，泰语至今也是这样叫法，而中文译为“榴莲”。

【化学成分】果实可食部分含蛋白质、脂肪、碳水化合物、膳食纤维、胡萝卜素、维生素 B_1、维生素 B_6、核黄素、维生素 C、维生素 E、烟酸及矿质元素等。果实香味成分有硫化氢、乙基氢化二硫化物、几种二烷基多硫化物、乙酸乙酯、1，1-二乙氧基乙烷和乙基-2-甲基丁酮酸酯。果实(包括果皮、果肉和种

子)的脂肪酸成分有棕榈酸、花生酸、棕榈炔酸。

【加工与利用】利用部位为果实，通常就叫“榴莲”。榴莲是一个有争议的水果，因为有些人爱上它，有些人讨厌它。在东南亚它是最昂贵的水果。它有黄油、奶油的味道，有着香蕉、焦糖、香草和大蒜混合物的奇怪的味道，可鲜食，也可和糖、鲜奶油或椰奶一起吃。未熟的果实可以煮着吃；它的大种子可烤来食用或切片用油炸着食用。榴莲也可以干燥、发酵、酸洗、深冻或盐渍等处理。

【附注】榴莲有大补的功效，特别是病后体弱者以及产后的妇女，更应适当多吃。此外，榴莲具有活血驱寒功效，对于胃寒及痛经妇女有缓解作用。榴莲含有丰富的蛋白质，脂肪，碳水化合物和纤维素，另外还含有维生素 A，维生素 B，维生素 C，维生素 E，叶酸，烟酸，无机元素钙、铁、磷、钾、钠、镁、硒等，是一种营养价值高且均衡的热带水果。现代医学实验表明榴莲的汁液和果皮中含有的一种蛋白水解酶可以促进药物对病灶的渗透，具有消炎和抗水肿、改善血液循环的作用。

173 紫锥菊 *Echinacea purpurea* (L.) Moench

彩图 173

英文名：Purple coneflower，Echinacea；菊科

【别名】紫花松果菊，紫松果菊，紫锥菊，紫锥花

【植物形态】多年生草本，具分枝的地下根系，主根圆柱形，向下渐尖，有香气，味甜；茎高 50～100 cm，最高可达 1.2 m，通常从基部分枝，每株有多数分枝，被短毛。叶互生或近对生，基部叶大，叶片卵圆形至披针形，主叶脉 3 条，暗绿色，被短刺毛，中、上部叶渐小。头状花序大，直径 2～6 cm，花心成圆锥形，生于枝顶，紫红色，美丽；边花 1 层，舌状，舌片长椭圆形，先端 2～3 裂，淡紫红色，长 2～3 cm；盘花两性，管状，5 齿，紫色。瘦果长圆形，有四棱。花果期 6～7 月。

【生态分布】原产北美洲中部，现在野生量很少。属温带植物，喜温凉湿润的气候环境，适应性强，喜光，耐寒，喜富含腐殖质、排水良好的砂质土壤。现在美国、欧洲大量商业性种植，在中国长江流域以北地区有栽培，吉林省可露地越冬。

【历史与民俗】紫锥菊为北美印第安民间草药。科曼契人用于治疗牙痛和咽喉痛；苏人用于治疗狂犬病、蛇咬伤和败血症。在历史上它也用于治疗猩红热、梅毒、疟疾和白喉。它因其花心外形似松果而得名“松果菊”。大约从中世纪起，松果菊就成为欧美最重要的草药之一。松果菊具有抗菌和消除过敏反应的功能，在用于皮肤消毒方面已有几百年的历史了。人们种植松果菊，从中选出紫松果菊，药效最好。

【化学成分】根和根茎含酰胺类(主要为异丁酰胺)、咖啡酸酯(主要为紫锥菊苷和洋蓟素)、多糖、挥发油(葎草烯)及蓝刺头酮等。紫松果菊根的酊剂主要成分有酰胺(主要为异丁基酰胺)、咖啡酸酯(主要是松果菊苷和洋蓟酸)、挥发油(葎草烯)、多糖、松果菊醇酮等。

【加工与利用】利用部位主要为根和根茎，根部一般 4 年生后的秋季采收。也采用开花时的全草。本品的一些成分能刺激免疫系统，提高淋巴细胞和吞噬细胞的活力，增强抗菌和抗感染作用。酰胺类成分有抗菌和抗真菌的作用。研究证明，它是通过刺激免疫系统来提高机体的抗菌和抗病毒能力的。可用于治疗各种感染，尤其是治疗慢性感染，如病毒感染后困倦综合征。也可以治疗冻疮、感冒、流感、皮肤病和呼吸道疾病。制成漱口剂用于治疗咽喉感染有效。

根也常用于芳香疗法。通常很少见到紫松果菊的精油，一般是使用其根的酊剂。松果菊酊剂或浸泡油非常适合皮肤上使用，用于治疗冻疮和其他皮肤病的疗效都很好。它可以治疗痤疮、皮肤干燥、轻微的烧伤或创伤，还有减少皱纹、妊娠纹、抚平旧伤疤痕等功效。它还可用于护肤霜、抗衰化妆品。

【附注】因为紫锥菊可以影响人体免疫系统功能，如果已参加任何的免疫力的治疗，不要服用这种草药。

174 灰谷稗 *Echinochloa frumentacea* (Roxb.) Link. (*E. crus-galli* (L.) P. Beauv. var. *frumentacea* (Roxb.) W. Wright.)

彩图 174

英文名：Japanese millet；禾本科

【别名】谷稗，湖南稗子，日本小米

【植物形态】秆粗壮，高 100～150 cm，径 5～10 cm。叶鞘光滑无毛，大都短于节间；叶舌缺；叶片扁平，线形，长 15～40 cm，宽 10～24 mm，质较柔软，无毛，先端渐尖，边缘变厚或呈波状。圆锥花序直立，长 10～20 cm；主轴粗壮，具棱，棱边粗糙，具疣基长刺毛；分枝微呈弓状弯曲；小穗卵状椭圆形或椭圆形，长 3～5 mm，绿白色，无疣基毛或疏被硬刺毛，无芒；第一颖短小，三角形，长约为小穗的 1/3～2/5；第二颖稍短于小穗；第一小花通常中性，其外稃草质，与小穗等长，内稃膜质，狭窄；第二外稃革质，平滑而光亮，成熟时露出颖外，顶端具小尖头，边缘内卷，包着同质的内稃。

【生态分布】喜温暖湿润气候，广泛栽培于亚洲热带及非洲温暖地区；印度、东南亚、日本均有分布。我国河南、安徽、台湾、四川、广西、云南等地也有，或引种栽培。

【历史与民俗】灰谷稗产于亚洲的温带地区，并广泛种植在中国、日本、韩国和菲律宾，但其历史记录很少。光头稗(*Echinochloa colona*)似乎是在埃及被驯化，但其野生种仍然是尼罗河上的杂草。而灰谷稗是一种重要的谷物，尚未发现考古记录。此类植物经常作为谷物和杂草出现。

【化学成分】颖果含蛋白质、脂肪、碳水化合物、胡萝卜素、维生素 B_1 和维生素 B_2 等。

【加工与利用】利用部位为去壳的颖果。灰谷稗和光头稗与其他小米一样被用作主食。它可以像大米一样煮饭，或磨成面粉食用。

【附注】它不仅供食用，入药有清热、消渴、滋阴、补脾肾和肠胃、利小便、治水泻等功效，又可酿酒。其茎叶又是牲畜的优等饲料。

175 沙枣 *Elaeagnus angustifolia* L.

彩图 175

英文名：Silver berry，Oleaster；胡颓子科

【别名】桂香柳，香柳，银柳

【植物形态】灌木或乔木，高 3～10 m。树皮栗褐色至红褐色，有光泽，树干常弯曲，枝条具枝刺，嫩枝、叶、花果均被银白色鳞片及星状毛。叶披针形，长 4～8 cm，先端尖或钝，基部楔形，全缘，上面银灰绿色，下面银白色。花小，银白色，芳香，通常 1～3 朵生于小枝叶腋；花萼筒状钟形，顶端通常 4 裂。果实椭圆形，长 9～12 mm，直径 6～10 mm，粉红色，密被银白色鳞片；果肉乳白色，粉质；果梗短，粗壮。花期 5～6 月，果期 9 月。

【生态分布】沙枣生活力很强，有抗旱，抗风沙，耐盐碱，耐贫瘠等特点，原产亚洲西部，在中国主要分布在西北各省区和内蒙古西部，少量的也分布到华北北部、东北西部。

大致在北纬 34°以北地区，包括辽宁、河北、山西、河南、陕西、甘肃、内蒙古、宁夏、新疆、青海通常为栽培植物，亦有野生。国外分布于地中海沿岸、亚洲西部以及苏联和印度。

【历史与民俗】沙枣作为药用、食用和饲料，在我国西北地区民间已有悠久的历史。果肉含有糖分、淀粉、蛋白质、脂肪和维生素，可以生食或熟食。果实和叶可作牲畜饲料，羊四季均喜食。羊食沙枣果实后不仅增膘肥壮，还能提高母羊发情和公羊配种率，有利繁殖。

沙枣在民间以果实、树皮入药。树皮清热、凉血、收敛、止痛，用于慢性气管炎、胃痛、肠炎、白带；外用治烧烫伤、止血。果实健脾、止泻，用于消化不良。

【化学成分】沙枣食部每 100 g 含水分 12 g、蛋白质 4.5 g、脂肪 4.2 g、碳水化合物 74.8 g、钙 46 mg、磷 67 mg、铁 3.3 mg、维生素 B_2 0.07 mg、烟酸 1.7 mg、维生素 C 7 mg，果肉含糖 43%～59%(其

中 20 %为果糖)。

果实还含黄酮类、果胶和鞣质。根和地上部分含哈尔满生物碱,含有哈尔满、哈尔醇、哈尔明碱等。叶含咖啡酸、绿原酸、新绿原酸、维生素 C(140～350 mg/100 g)及黄酮类。

【加工与利用】沙枣果大肉肥,在中国西北民间多作为干果食用。沙枣果实于 10 月中、下旬成熟。果实采回后,选择生长健壮、无病虫害、品质好的果实,及时摊晒,防止发霉。果肉含有糖分、淀粉、蛋白质、脂肪和维生素,可以生食或熟食,新疆地区还将果实打粉掺和在面粉中代主食,亦可酿酒,制醋酱、糕点等食品。

【附注】沙枣营养成分丰富,其叶和果实均含有牲畜所需要的营养物质,可做饲料。沙枣花香,是很好的蜜源植物,并含芳香油,花可提芳香油,作调香原料,用于化妆、皂用香精中。树液可提制沙枣胶,为阿拉伯胶的代用品。花、果、枝、叶又可入药治烧伤、支气管炎、消化不良、神经衰弱等。沙枣的多种经济用途受到广泛重视,已成为西北地区主要造林树种之一。从饲用角度看,沙枣在建立人工饲料林上具有重要意义。沙枣除饲用外,还是很好的造林、绿化、薪炭、防风、固沙树种。

东方沙枣(变种)*Elaeagnus angustifolia* L. var. *orientalis*(L.) Kuntze 与原变种的主要区别在于本变种花枝下部的叶片阔椭圆形,宽 1.8～3.2 cm,两端钝形或顶端圆形,上部的叶片披针形或椭圆形;花盘无毛或有时微被小柔毛;果实大,阔椭圆形,长 15～25 mm,栗红色或黄色。产新疆、甘肃、宁夏、内蒙古;生于海拔 300～1 500 m 的荒坡、沙漠潮湿地方和田边。俄罗斯、伊朗也有分布。

176 蔓胡颓子 *Elaeagnus glabra* Thunb.

彩图 176

英文名:Thorny elaeagnus;胡颓子科

【别名】抱君子,藤胡颓子,羊奶果,拟独,羊奶奶

【植物形态】常绿蔓生或攀援灌木,高达 5 m,稀具刺;幼枝密被锈色鳞片,老枝鳞片脱落,灰棕色。叶革质,卵形或卵状椭圆形,长 4～12 cm,宽 2.5～5 cm。花淡白色,下垂,密被银白色和散生少数褐色鳞片,常 3～7 花密生于叶腋短小枝上成伞形总状花序;花梗锈色,萼筒漏斗形,长 4.5～5.5 mm,在裂片下面扩展,向基部渐窄狭,在子房上不明显收缩,裂片宽卵形,长 2.5～3 mm,顶端急尖,内面具白色星状柔毛,包围子房的萼管椭圆形;雄蕊的花丝短,花药长椭圆形;花柱细长,无毛,顶端弯曲。果实矩圆形,稍有汁,长 14～19 mm,被锈色鳞片,成熟时红色。花期 9～11 月,果期次年 4～5 月。

【生态分布】喜温暖湿润气候,较耐寒,常见于海拔 1 000 m 以下的向阳山坡或路旁。产于江苏、浙江、福建、台湾、安徽、江西、湖北、湖南、四川、贵州、广东、广西。日本也有分布。

【历史与民俗】蔓胡颓子主要产自我国长江流域以南地区,民间自古以其果实食用,并作为民间草药。如"瑶药"称"羊奶果",果实用于治痢疾、肠炎腹泻。"水药"称"拟独""羊奶奶",根主治支气管炎。

【化学成分】果肉含粗蛋白、脂肪、碳水化合物、有机酸,并含 17 种氨基酸、维生素 C、胡萝卜素、维生素 B 及钙、磷。枝叶含酚类、糖类、生物碱、黄酮苷、氨基酸、有机酸等。树皮含左旋表儿茶精、左旋表没食子儿茶精。

【加工与利用】春季果实成熟时采摘,鲜用或晒干备用。果实一般鲜食。果实酸甜爽口,有止咳生津、消食化积、健脾开胃的作用,有较高的营养价值,是老少皆宜的营养保健食品,因而博得了产地群众的青睐。一些地区民间将其果实干制和制成蜜饯。

【附注】蔓胡颓子果实、根、叶药用,有抗菌、抗炎、收敛、止泻、镇咳解毒作用。其枝叶提取物有抗炎作用,结合其抗菌性,对相关皮肤疾病有防治作用,可用于护肤化妆品。同时,它还可作为生发剂和活肤剂用于化妆品。除此之外,蔓胡颓子的鲜花含芳香油,可作调香原料。茎皮纤维是造纸和制纤维板的原

料。植株可作园林绿化树，配植于花丛或林缘，颇有特色。

177 油棕 *Elaeis guineensis* Jacq.

彩图 177　英文名：Palm malaysiansis，Oil palm，West African oil palm；棕榈科

【别名】非洲油棕，马来西亚油棕，油椰子

【植物形态】乔木状。叶簇生于茎顶，羽状全裂，裂片外向折叠，线状披针形，叶轴下部的羽片退化为针刺。花单性，雌雄同株；花序腋生，总花梗短，为疏松、覆瓦状排列的苞片状佛焰苞所承托；雄花序由几个呈指状排列的穗状花序组成，其上密生雄花，小穗轴突起呈尖头状；雄花萼片 3 片，长圆形或披针形，覆瓦状排列，花瓣 3，长圆形，雄蕊 6 枚；雌花序近头状，雌花下着生 2 个急尖或具刺尖的小苞片，萼片和花瓣各 3，卵形或卵状长圆形，覆瓦状排列，花后增大；子房卵形或近圆柱形，3 室，花柱短，柱头 3 枚，线形。果实卵球形或倒卵球形，外果皮光滑，中果皮厚，肉质，具纤维，内果皮骨质，坚硬，顶端有 3 个萌发孔，种子 1～3 颗。

【生态分布】喜高温、湿润、强光照环境和肥沃的土壤。原产地在南纬 10°～北纬 15°、海拔 150 m 以下的非洲潮湿森林边缘地区，主要产地分布在亚洲的马来西亚、印度尼西亚，非洲的西部和中部，南美洲北部和中美洲。中国引种油棕已有 90 多年的历史，主要分布于海南、云南、广东、广西。

【历史与民俗】油棕榈树原产于西非。它的油脂在农村被利用已有许多世纪了。棕榈油的商业开发是在 19 世纪初开始于西非、苏门答腊和马来西亚。油棕迅速成为大豆以外的第二个重要的油料作物。中国自 1926 年才开始引种油棕。

【化学成分】果实富含油脂、胡萝卜素和生育三烯酚，还有蛋白质、碳水化合物、维生素、矿物质等。花含 β-胡萝卜素、挥发油、花色素和黄酮类等。

果肉含油 81.9%。油的理化性质：皂化值 198.6～208.3，碘值 51.5～60.0，酸值 9.6～18.7。油的脂肪酸组成为月桂酸微量，肉豆蔻酸 1.1%～2.5%，棕榈酸 40%～46%，硬脂酸 3.6%～4.7%，油酸 39%～45%，亚油酸 7%～11%。油中富含 β-胡萝卜素、维生素 E 等。

种仁含油 42.0%～53.9%。油的理化性质：皂化值 223.9～246.2，碘值 15.2～19.4，酸值 2.2～2.7。油的脂肪酸组成为辛酸 3%～4%，癸酸 3%～7%，月桂酸 46%～52%，肉豆蔻酸 14%～17%，棕榈酸 6.5%～9%，硬脂酸 1%～2.5%，油酸 13%～19%，亚油酸 0.5%～2%。

【加工与利用】利用部位为果实。油棕四季开花，果实四季可采。果穗变为橙红色时即可采收。采收后清除杂质，将新鲜、饱满的果穗及时运往榨油厂进行加工。油棕果实榨油前要将果肉和种子分开。分别以压榨法榨油。粗棕油的提取经由杀酶、脱果、榨取粗棕油和油的澄清与净化等四步半连续加工程序。

棕榈油主要是用来生产人造黄油、食用油、零食。方便面面饼也用油棕的油炸。棕榈仁油味美，常用于糖果、冰淇淋和人造黄油(也作为替代可可脂)。

油棕果含油量高达 50%以上，有“世界油王”之称。棕油精炼后是营养价值高的食用油脂，而且价格便宜。棕榈油除食用外，主要用来制造肥皂、润滑油、化妆品等，也是纺织业、制革业、铁皮镀锡的辅助剂等，棕仁油除直接食用和制造人造奶油外，还用于制造高级肥皂、香皂和各种化妆品。

油棕花、果提取物及果油均富含 β-胡萝卜素、维生素 E，具有强的抗氧化性和抗炎、提高免疫力及对皮肤保湿等功效。果油具有抗菌、抗炎、保湿、润肤等作用。在化妆品中可作为抗氧剂、抗炎剂、皮肤美白剂、保湿剂、活肤剂、抗衰剂使用。

【附注】棕仁粕是很好的饲料和肥料。果壳可制活性炭，用作脱色剂和吸毒剂。脱果后的空果穗可制牛皮纸，作肥料、燃料和培养草菇等。未成熟的花序割开后流出的汁液可酿酒、制糖和做饮料。

178 荸荠 *Eleocharis dulcis* (Burm. f.) Trin. ex Hensch. (*E. tuberosa* Roem. & Schult.)

彩图 178

英文名:Chinese water chestnut;莎草科

【别名】马蹄,水栗,凫茈,菩荠,地栗

【植物形态】多年生沼泽生草本,匍匐根状茎细长,末端膨大成扁圆形球状,直径约 4 cm,黑褐色。地上茎圆柱形,高达 75 cm,丛生,不分枝,中空,具横隔,表面平滑,色绿,叶片退化,叶鞘薄膜质,鞘口斜形,易脱落。穗状花序一个,顶生,直立,先端圆柱形,淡绿色;花数多或多数;鳞片宽倒卵形,螺旋式或覆瓦状排列,背部有细密纵直条纹;花被 6 枚,变为刚毛,上具倒生钩;雄蕊 2,花丝细长;子房上位,柱头 2 或 3 裂,深褐色。小坚果 呈双凸镜形,长约 2.5 mm。花期 6~7 月。

【生态分布】荸荠原产于印度,喜热带、亚热带气候,广布于全世界热带、亚热带地区。中国自西汉时已有栽培记载,目前主要分布于广西、江苏、安徽、浙江、福建、广东、湖南、湖北、江西、贵州等低洼浅水地区。

【历史与民俗】荸荠为热带植物。它的地下球茎可供食用。在中国,因它形如马蹄,人们也称它为"马蹄"。荸荠不仅是形状,连性味、成分、功用都与栗子相似,又因它是在泥中,所以又有"地栗"之称。目前在中国、日本和泰国均已商业规模种植。明朝李时珍的《本草纲目》称荸荠"味甘、微寒,滑、无毒"。其功能有消渴痹热,温中益气,下丹石,消风毒,除胸中实热气,可作粉食。

【化学成分】新鲜球茎中含蛋白质、碳水化合物、脂肪、粗纤维、钙、磷、铁以及胡萝卜素、维生素 C。还含抗菌成分"荸荠英"。

【加工与利用】球茎采收期为霜降至第 2 年春分,采收后除去泥土、杂质,洗净备用。荸荠球茎皮色紫黑,肉质洁白,味甜多汁,清脆可口,有"地下雪梨"之美誉,北方人称之为"江南人参",可做水果生吃,是大众喜爱的时令之品。中国荸荠(球茎)味道鲜美,去皮后脆脆的白色果肉是上好的食材,可以炒食,也可与其他菜肴(包括鱼、肉)炒、炖;还可将它切成薄片添加到汤菜中。

中医药认为荸荠性寒,具有清热解毒、凉血生津、利尿通便、化湿祛痰、消食除胀的功效,可用于治疗黄疸、痢疾、小儿麻痹、便秘等疾病。

【附注】研究表明,荸荠含有一种抗菌成分,对降低血压也有一定效果,这种物质还对癌症有防治作用。荸荠中含的磷是根茎类蔬菜中较高的,能促进人体生长发育和维持生理功能的需要,对牙齿骨骼的发育有很大好处,同时可促进体内的糖、脂肪、蛋白质三大物质的代谢,调节酸碱平衡,因此荸荠适于儿童食用。

荸荠提取物对 DPPH 自由基、超氧自由基均有消除作用,并可促进肌肤代谢,是良好的皮肤调理剂,还可用于护肤、抗衰化妆品中。

179 小豆蔻 *Elettaria cardamomum* (L.) Maton (*Amomum cardamomum* L.)

彩图 179

英文名:Cardamon, Mysore cardamom;姜科

【别名】圆豆蔻,豆蔻,波蔻,白豆蔻

【形态特征】多年生草本,根茎匍匐状,茎基部略膨大。株高可达 5 m,叶 2 列,茎基叶鞘红紫色,边缘膜质;叶片披针形,长 60~70 cm,顶端尾尖,叶舌圆形。花穗为圆锥花序,分枝上的花排成蝎尾状聚伞花序,苞片覆瓦状排列,淡绿色,花萼圆筒状,花冠管稍长于花萼管,裂片白色,唇瓣椭圆形,有紫红色脉状纹。雄蕊药隔无附属体。果长卵圆形,长 1~2 cm,径约 1 cm,显三钝棱,表面浅棕色至灰绿色,果皮质韧,能自裂;每果内含种子 15~20 粒。种子长卵形或 3~4 面形,长约 3~4 mm,厚约 3 mm,表面橙褐色至黑棕色,外被无色薄膜状假种皮,断面白色。香气浓烈,味辣微苦。

【生态分布】原产印度南部、斯里兰卡，在那里海拔 800～1 500 m 的森林中大量野生，那里为热带季风气候，年平均气温 24～27 ℃，年降雨量 1 500～2 300 mm。要求高温潮湿、荫蔽、无风害、无冻害的环境，需要砂质、肥沃、潮湿和排水性好的壤土。和其他豆蔻一样，全年都能抽薹开花，但只有雨季来临时授粉结实率才高。现在印度、斯里兰卡、东南亚各国、危地马拉等地大量种植。我国海南有引种。

【历史与民俗】小豆蔻在印度长期被当作一种调料和药物使用，根据《吠陀药经》记载：小豆蔻在东方医学上使用的历史已有 3 000 年以上了，并认为它对消化系统疾病，痔疮和黄疸，以及排尿困难等有很好的疗效。印度人经常用小豆蔻来帮助消化，其中有些人把小豆蔻当作食物的香料添加物，有些人则当作药物使用。印度人也利用小豆蔻来治疗咳嗽或作利尿剂。在印度，许多人将小豆蔻视为催情壮阳药，但并没有研究证明这种作用，不过小豆蔻有滋补、兴奋的作用是肯定的，可能以间接方式达到壮阳的效果。

随着中东的商贸交流，小豆蔻被运往古埃及、希腊和罗马。埃及人利用小豆蔻制成香水和熏香，并且他们也咀嚼小豆蔻种子来保持牙齿洁白。至今，小豆蔻还经常在咖啡中使用。希波克拉底和狄欧斯科里德都曾提到小豆蔻。狄氏更明确指出小豆蔻可以治疗坐骨神经痛、咳嗽、痉挛、腹痛和尿液迟滞。

罗马人在享用筵席后，常用小豆蔻来清胃。阿拉伯人认为小豆蔻对消化问题有效，同时也认为小豆蔻能很有效地刺激性欲。阿拉伯人在咖啡中放入小豆蔻用来招待客人。由于小豆蔻能明显地掩盖大蒜味，经常在东欧烹饪中使用。而在斯堪的纳维亚国家，人们在烈性酒中放入小豆蔻。在亚洲烹饪中，小豆蔻是一种很有名并且很重要的配料。

【化学成分】种子含有挥发油和少量皂苷、色素、淀粉等。挥发油的主要成分为 d-龙脑、d-樟脑及桉油素伞花烃。

【加工与利用】利用部位为种子。秋天，当天气干燥时，蒴果成熟初期即开始采收果实。小豆蔻果实用手工采收，或以利刃将果穗切割下来，采收果实，晒干。在封闭、干燥条件下贮存。使用时将蒴果果壳除去，筛出种子。种子（单独的或带假种皮）有美味的辛辣味，常被添加到印度咖喱和咖喱粉、大米、蔬菜、肉丸和甜点中。在欧洲、美国非常受欢迎，是咖啡和姜饼的一个重要组成部分。斯堪的纳维亚的厨师是豆蔻最大消费者，他们随心所欲地在烹饪中使用小豆蔻，如糖果、加香料的热葡萄酒和烩水果等都使用它。在东方它也是菜肴的重要调味品，特别是作为咖喱菜的佐料。

【附注】小豆蔻绿色果实中的精油含量最多。种子粉碎后，用水蒸气蒸馏法提取精油，得率3.5%～8.0%。种子粉碎后可用有机溶剂浸提得油树脂，也可用乙醇浸提、浓缩得酊剂。小豆蔻精油具有清香、木香、甜香、辛香气味，使人有很舒适的感觉。这种香气有温暖、醒脑和振奋精神的效果，素有催情剂之誉。小豆蔻油微辛，有清香气息，略有暖和之感，香气留长。它可应用于牙膏、食品、面霜、沐浴露中。在熏香、香粉、皂用香精中亦可使用，效果良好。

180 䅟子 *Eleusine coracana* (L.) Gaertn.

彩图 180　英文名：Finger millet；禾本科

【别名】䅟，鸭脚稗，红谷子，非洲黍

【植物形态】一年生。秆直立，基部的节间紧缩，常有分枝，高 60～120 cm。叶舌短，密生柔毛；叶片条形，宽 5～10 mm。穗状花序 2～9 枚生于秆顶，长 4～9 cm，穗轴有顶生小穗，成熟时向内弯曲；小穗紧密排列于穗轴的一侧，长 7～9 mm，含 5～6 朵小花；颖和外稃于脊上有狭翼；外稃具 3 脉。囊果。种子球形，有不很明显的皱纹。

【生态分布】喜热带少雨干燥、高温炎热气候，原产非洲和南亚。䅟子有悠久的栽培历史。印度、锡金、尼泊尔和乌干达大量栽培。中国西藏波密地区、海南，以及云南、贵州、四川、湖北、福建、江西和浙江等地的南部地区种植过，但面积零散，产量不多。

【历史与民俗】大约在公元前 2 000 年，䅟子起源于东非；而它在印度考古遗址中被发现可追溯到公元前 1 800 年。至今，在印度安得拉邦、卡纳塔克邦、泰米尔纳德邦、比哈尔和其他地区䅟子还作为粮食食用和出口。

【化学成分】每 100 g 䅟米含蛋白质 7.6 g、脂肪 1.5 g、碳水化合物 88 g、钙 370 mg、维生素 A 0.48 mg、维生素 B_1 0.33 mg、核黄素(B_2)0.11 mg。

【加工与利用】利用部位为籽粒，去皮磨粉或整粒食用。将籽粒煮粥，或磨成面粉用作面包食用。它的营养价值在于有较高含量的蛋氨酸，制成蛋糕、布丁或粥食用均好。籽粒是一种耐贮藏有营养价值的粮食，是非洲和印度人的主食，又称“非洲黍”。它含有很高的糖分，在非洲、尼泊尔等地传统上用于酿造发酵饮料或啤酒，均很受欢迎，并常常作为节日使用的调味酒。

【附注】䅟米四季食用，对促进婴幼儿生长、提高免疫力、抗感冒及清理体内毒素、健脾胃、软化血管、增加食欲、延缓衰老有独到功效。䅟草还是很好的家畜饲料。

181 香果树 *Emmenopterys henryi* Oliv.

彩图 181　英文名：Henry emmenopterys；茜草科

【别名】茄子树，水冬瓜，大叶水桐子，丁木

【植物形态】落叶大乔木，高达 30 m；小枝有皮孔。叶对生，有长柄，革质，宽椭圆形至宽卵形，长达 20 余厘米，顶端急尖或骤然渐尖，仅下面中脉、侧脉和脉腋内有淡黄色柔毛或有时全面有毛；托叶大，三角状卵形，早落。聚伞花序排成顶生大型圆锥花序状，常疏松；花大，黄色，5 数，有短梗；花萼近陀螺状，裂片顶端截平，脱落，但一些花的萼裂片中的 1 片扩大成叶状，色白而宿存于果上；花冠漏斗状，长约 2 cm，被茸毛，裂片覆瓦状排列。蒴果近纺锤状，长 3～5 cm，有直线棱，成熟时红色，室间开裂为 2 果瓣；种子很多，小而有阔翅。

【生态分布】喜温和或凉爽的气候和湿润肥沃的土壤。分布区内年平均气温 18～22 ℃，年降水量为1 000～2 000 mm。产于中国陕西、甘肃、江苏、安徽、浙江、江西、福建、河南、湖北、湖南、广西、四川、贵州、云南东北部至中部；生于海拔 430～1 630 m 处的山谷林中。

【历史与民俗】香果树为中国特产。起源于距今约 1 亿年的中生代白垩纪。最初发现于湖北西部的宜昌地区海拔 670～1 340 m 的森林中。英国植物学家威尔逊(E. H. Wilson)在他的《华西植物志》中，把香果树誉为“中国森林中最美丽动人的树”。中国已把它列为国家二级重点保护植物。它属茜草科落叶大乔木，古老孑遗植物，中国特有单种属珍稀树种，分布于我国很多地方。在神农架林区主产于南部海拔 600～1 400 m 的山坡或山沟边林中。板仓电站后山腰海拔 1 050 m 处有一株香果树，高约 28 m，胸径 186 cm，树龄约 300 年，是神农架山地和湖北省目前发现的最大香果树。香果树树姿优美，花色艳丽，也是很好的观赏植物。

【化学成分】枝干含蒲公英赛酮、蒲公英赛醇、熊果酸乙酸酯、β-谷甾醇、东莨菪素、伞形花内酯、胡萝卜苷、伞形花内酯-7-β-D-葡萄糖苷。

【加工与利用】香果树的根、树皮入药，全年均可采，切片晒干备用。性味辛，甘，微温。功能主治：温中和胃，降逆止呕。主要用于治疗反胃，呕吐，呃逆。

【附注】香果树是中国特有的古老孑遗树种，有科学研究价值。其木材纹理直、结构细、质轻而软，不翘裂，可供建筑和家具用材；树皮纤维是制蜡纸和人造棉的原料。树形美观，叶茂花繁，花大而色美，果具芳香，是庭园绿化的优良树种。

182 阿比西尼亚红脉蕉 *Ensete ventricosum* (Welw.) Cheesman

彩图 182　英文名:Enset, Ensete;芭蕉科

【别名】埃塞俄比亚香蕉,红香蕉

【植物形态】多年生大型草本,高 6～12 m。假茎高 1.5～5 m,基部宽。叶片长椭圆形,长 2～3 m,宽 0.8～1.2 m;无论是叶中脉和假茎通常可染紫色或紫褐色。主茎开花结实后死亡。一般品种和环境条件下,种植后 4～8 年开花。花序初时呈莲座状,后伸长成柱状,长 2～3 m,下垂。苞片紫色,通常宿存,每一苞片内有花 2 列,花长 4～8.5 cm,花白色到奶油色,花两性或雄性,偶尔也有雌性。雌花在花序的基部,而雄花接近顶端。果实黄色或橙色,长 8～15 cm,直径 4～5 cm,通常具宿存花柱。种子形状从球形到不规则的扁平状。

【生态分布】原产于东非热带地区,从埃塞俄比亚到安哥拉,是一种湿润和开放的栖息地的植物。它通常是沿着沼泽边缘、河岸或潮湿的山地森林生长,海拔 1 400～3 100 m 也有。在埃塞俄比亚南部和西南部已广泛种植。

【历史与民俗】阿比西尼亚红脉香蕉虽然也存在于其他东非国家,但它只在埃塞俄比亚作为作物栽培,并已至少被栽培 5 000 年了;至今已有 50 多个品种或杰出的类型。它仍然是超过 1 000 万人的主食来源。现在以埃塞俄比亚南部和其他地区的人民形成了阿比西尼亚红脉蕉的文化中心。1769 年著名的苏格兰旅行者詹姆斯・布鲁斯第一次给了阿比西尼亚红脉香蕉以描述,认为它是在阿比西尼亚湿地常见的植物,并宣布它是"并不成熟"的物种,当地叫"象腿"。1853 年英国领事将阿比西尼亚红脉香蕉的一些种子送到英国皇家植物园,欧洲人才知道了这种植物。

【化学成分】叶鞘和茎富含淀粉,并含少量蛋白质、维生素、矿物质等。

【加工与利用】利用部位主要为叶鞘和茎,根状茎也可食用。在埃塞俄比亚南部和西南部人们常以阿比西尼亚红脉香蕉包含在叶鞘和茎里的淀粉作为主食。由假茎经切碎、打浆、过滤制作成面粉,然后制作成面包、粥或汤。地下茎(根状茎)也可像土豆一样煮来吃,或切碎、发酵后煮食。坚硬的种子胚乳和花梗基煮熟也可当菜食用。

【附注】本种除了是一种重要的食物来源外,埃塞俄比亚香蕉也被用作牲畜饲料。叶子为茅草、雨伞、地垫和包装材料,如香蕉叶和叶梗纤维一样,可制作绳索和麻袋。这种植物有时还使用一部分根。在非洲东部它的大黑籽用于制成项链和念珠。

183 埃塞俄比亚画眉草 *Eragrostis tef* (Zucc.) Trotter (*E. abyssinica* Link.)

彩图 183　英文名:Teff, Williams love grass;禾本科

【别名】非洲画眉草,威廉姆斯画眉

【植物形态】一年生草本。秆丛生,高约 1 m。叶片线形。花序较紧缩;小穗两侧压扁,有多数小花,小花常疏松或紧密地覆瓦状排列;小穗轴常作"之"字形曲折;颖不等长,通常短于第一小花,具 1 脉,宿存,或个别脱落;外稃无芒,具 3 条明显的脉;内稃具 2 脊,常作弓形弯曲。颖果与稃体分离,球形。

【生态分布】喜干燥环境,适应性强,在海拔 1 800～2 100 m,生长季降雨量 450～550 mm 和 10～27 ℃的地区生长较多。它是日光敏感性植物,开花时最好有 12 h 的光照。原产于埃塞俄比亚和厄立特里亚。现在印度、澳大利亚、美国也有栽培。

【历史与民俗】埃塞俄比亚画眉草产于埃塞俄比亚高原。它已被种植了几个世纪,是制作一种特殊的埃塞俄比亚面包的原料。这种画眉草籽粒直径小于 1 mm、白色美观,在传统上是皇家使用之物。也生长在也门;在肯尼亚、马拉维、印度、美国、南非和澳大利亚均有小范围的栽培。

【化学成分】籽粒含蛋白质9%、脂肪2%、碳水化合物74%，它还富含赖氨酸和最重要的矿物质，被认为是健康食品。

【加工与利用】利用部位为干燥颖果(籽粒)。埃塞俄比亚画眉草籽粒主要用于制作“injera”——一种大圆的、平坦的、酸味的、有些松软的面包。即将它磨成粉，用大量的水混合(6 L 水∶5 kg 面粉)，并添加一点点的发酵面团，发酵2～3天。然后用一种特殊的锅在火上加热，放上一些食用油，将面团倒入，制成圆的薄饼。用餐时，每个人从中取一小块饼，然后捡起一些各种风味的菜肴，放置在饼的中间吃。埃塞俄比亚画眉草也可像大麦一样，经过一系列复杂的过程制作成一种传统的啤酒。

【附注】埃塞俄比亚画眉草的干草还是较好的家畜饲料。

184 枇杷 *Eriobotrya japonica* (Thunb.) Lindl.

彩图 184

英文名：Loquat；蔷薇科

【别名】芦橘，金丸，芦枝

【植物形态】常绿小乔木，高约10 m。小枝粗壮，密生锈色或灰棕色茸毛。叶片革质；叶柄短或几无柄，有灰棕色茸毛；托叶钻形，有毛；叶片倒披针形、倒卵形或长椭圆形，长12～30 cm，宽3～9 cm，先端急尖或渐尖，基部楔形，上部边缘有疏锯齿，上面光亮、多皱，下面及叶脉密生灰棕色茸毛。圆锥花序顶生，总花梗和花梗密生锈色茸毛；花直径1.2～2 cm；萼筒浅杯状，萼片三角卵形，外面有锈色茸毛；花瓣白色，长圆形或卵形，基部具爪，有锈色茸毛；雄蕊20，花柱5，离生，柱头头状。果实球形或长圆形，直径3～5 cm，黄色或橘黄色；种子1～5颗，球形或扁球形，褐色，光亮。花期10～12月。果期翌年5～6月。

【生态分布】原产亚热带，喜温暖湿润气候，喜光，稍耐阴。我国分布于中南及陕西、甘肃、江苏、安徽、浙江、江西、福建、台湾、四川、贵州、云南等地。日本、东南亚、印度尼西亚、美国(夏威夷及加利福尼亚)、印度、巴西、以色列、土耳其、西班牙等地都有栽种。

【历史与民俗】枇杷被认为原产中国东南部和日本。许多品种被开发，不同之处主要在果肉的颜色和质地。枇杷在我国栽培历史悠久，古代文献中记载颇多，如明代医学家李时珍在《本草纲目》中记载：“枇杷乃和胃降气，清热解暑之佳品良药。”枇杷因其神奇功效被评为“果之冠”，历史上常被作为贡品。

【化学成分】枇杷果实富含果糖、葡萄糖、纤维素、果胶、胡萝卜素、苹果酸、柠檬酸、钾、磷、铁、钙及维生素A、维生素B、维生素C。果实还含白桦脂醇、β-谷甾醇、酸性多糖。果皮含五桠果素(dillenetin)。叶含挥发油，主要成分为橙花叔醇和金合欢醇，还含苦杏仁苷、熊果酸、齐墩果酸、酒石酸、柠檬酸、苹果酸、鞣质、维生素A、维生素B及维生素C等，又含山梨糖醇。不论是叶、果和核都含有扁桃苷。

【加工与利用】利用部位为成熟果实。果实生吃是很好吃的水果之一，有略酸、清爽的味道。枇杷(果实)可作为甜点吃，新鲜的可作为水果沙拉原料或煮熟的果盘。也可加工成糖浆、果酱、果冻、糖果和利口酒。

果实含有丰富的维生素B、胡萝卜素，具有保护视力、保持皮肤健康润泽、促进儿童身体发育的功用，其中所含的维生素B_{17}，还是防癌的营养素，因此，枇杷也被称为“果之冠”。它可促进食欲、帮助消化，也可预防癌症、防止老化。

【附注】叶和果实入药，有清热、润肺、止咳化痰等功效；又蒸制其叶取露，取名“枇杷叶露”，有清热、解暑热、和胃等作用；枇杷叶提取物对脑酰胺生成有促进作用，有助于改善皮肤皮脂的组成，具有柔肤作用，改善皮肤粗糙，可用于护肤霜等产品；治皮肤病。枇杷叶、果提取物还可在化妆品中作为抗氧剂、抗衰防皱剂、抗炎剂、保湿剂、生发剂使用。种子可酿酒及提炼酒精；木材质坚韧，供制木梳、木棒等用材；花期在冬季又为极好的蜜源植物，在蜂蜜中，“枇杷蜜”质优。

185 芝麻菜 *Eruca sativa* Mill.

彩图 185

英文名:Rocket salad;十字花科

【别名】南芥,臭芥

【植物形态】一年生草本,高 20～90 cm,茎直立,通常上部分枝,有疏生刚毛。下部叶成大头羽状深裂,顶生裂片近圆形或短卵形,边缘有细齿;侧生裂片卵形或三角状卵形,全缘,仅下面叶脉上有疏柔毛;上部叶无柄,具 1～3 对裂片,顶生裂片卵形,侧生裂片矩圆形。总状花序伞房状;花黄色,有紫褐色脉纹,花直径 1～1.5 cm。萼片稍直立;花瓣 4。长角果圆柱形,长 2～3 cm,喙短而宽扁;种子 2 行,近球形或卵形,淡褐色。花期 2～4 月,果期 3～5 月。

【生态分布】喜温凉干爽的气候。喜光、半耐寒,喜湿润的土壤环境,但怕涝,在透气性好的、富含腐殖质、疏松的砂质土壤上生长良好;高温多雨或过于烈日曝晒易使叶子枯黄。产中国黑龙江、辽宁、内蒙古、河北、山西、陕西、甘肃、青海、新疆,四川。野生或栽培,生于海拔 1 400～3 100 m。欧洲北部、亚洲西部及北部、非洲西北部均有分布。

【历史与民俗】芝麻菜又叫火箭生菜,植株具有很浓的芝麻香味,故名芝麻菜。芝麻菜在欧洲民间自古以来经常用来拌制沙拉。花和梢部枝叶带辛辣之味,具芝麻一般的脂香,是有独特风味的野菜和调味品,并已有数百年的食用历史。芝麻菜和菠菜一样,若同根一起拌制沙拉,其味道会更香。

【化学成分】芝麻菜的叶、茎及种子有辣味和芝麻样的香气。其辛辣成分主要为少量黑芥子苷类[黑芥子硫苷(sinigrin)],经酶降解而生成异硫氰酸酯,产生辛辣味。芝麻菜茎、叶还含有蛋白质、纤维、脂肪、碳水化合物和矿物质等营养成分。种子还含脂肪和 4 种甾醇(包括胆甾醇、油菜甾醇、菜子甾醇、β-谷甾醇)。

【加工与利用】春季或秋季采集芝麻菜的嫩苗、嫩叶。鲜用,洗净,切段,炒食或作配菜。鲜叶洗净后,与酱、酒糟、醋腌渍成风味小菜或烹调用的调味料。嫩茎叶阴干可作辛香料使用。芝麻菜的种子研成粉末可以代替芥末。

在欧洲芝麻菜的主要用途是拌制各种沙拉菜,或其他菜肴的装饰物。芝麻菜在民间长期食用,无不良反应的报道,说明毒性较小或无毒。它既是民间常用的辛香料,也是一种具有特色的蔬菜。

芝麻菜为药食兼用野生植物。其茎叶有定喘祛痰的作用,食用芝麻菜对于感冒引起的咳嗽等有辅助治疗作用。其种子可榨油,油既可药用,又可食用。

【附注】芝麻菜的种子在四川作为"葶苈子"入药已有百余年的历史了,老中医反映其降肺气、利肺水的作用较其他种类的"葶苈子"强。芝麻菜的花瓣黄而有紫色脉纹,可用于装饰多种菜肴,以增加菜肴的品位。

186 海刺芹 *Eryngium maritimum* L.

彩图 186

英文名:Sea holly, Eryngo;伞形科

【别名】刺芹,滨海刺芹,海冬青

【植物形态】多年生草本;高至 60 cm。单叶,刺条状;花小,白色或绿白色;萼齿硬而尖;花瓣狭;卵圆形,表面有鳞片或瘤状凸起。

【生态分布】欧洲原生的海岸植物,生长于布列塔尼海岸沙地。分布于欧洲沿海,喜生于砂质土壤。

【历史与民俗】17 世纪,本品在英国作为甜食使用,还用于防治坏血病。1735 年 K'Eogh 在《爱尔兰草药》中记载,本品能利尿、通经,治疗胃肠胀气,消除肝、肾、膀胱梗阻。在 K'Eogh 时代,本品风靡一时,

有助于治疗各种神经系统疾病，如瘫痪和惊厥。

【化学成分】根含有碳水化合物、蛋白质、皂苷、香豆素、黄酮和有机酸。全草还含维生素 C。

【加工与利用】利用部位主要为根。秋季挖根，洗净、干燥保存。在欧洲，根被用作蔬菜或糖果；幼枝和叶有时被用作蔬菜，像香菜、芦笋一样被食用。

本品为食药兼用植物，具有利尿、通经、抗菌、消炎等作用。在现代欧洲本草中作为利尿剂使用，本品能治疗膀胱炎和尿道炎。虽然不能溶解已经形成的结石，但能阻止结石的形成，减轻肾结石症状。本品还用于治疗前列腺增生和前列腺炎，并用于治疗胸部疾病。

【附注】海刺芹全草提取物具有很强的抗氧化作用，并且营养丰富，为滋养皮肤佳品，结合其抗菌、抗炎和美白功效，可用于护肤、抗衰化妆品。

本属其他植物种类也有相似的作用。如刺芹 *E. foetidum* 在美洲和亚洲的部分地区均有分布。我国广东、广西、贵州、云南等地也有，通常生长在海拔 100～1 540 m 的丘陵、山地林下、路旁、沟边等湿润处。它的花也能作为药膳和食用香料。

187 古柯 *Erythroxylum coca* Lam.

彩图 187

英文名：Coca；古柯科

【别名】古加，高柯

【植物形态】常绿灌木，高至 3 m。树皮褐色。单叶互生，表面绿色，背面浅黄色，倒卵形或狭椭圆形，长 12～47 mm，宽 10～18 mm，顶部钝圆，基部狭渐尖，全缘；叶柄长 4～7 mm；托叶三角形，长 1.5～3 mm。花小，黄白色，1～6 朵，单生或簇生于叶腋内，开花期花梗伸长达 4 mm；萼片 5，长约 1.5 mm，基部合生成环状；花瓣 5，卵状长圆形，长 3～3.6 mm，内面有 2 枚舌状体贴生于基部；雄蕊 10，基部合生成浅杯状；子房近圆形或长圆形，3 室，花柱 3，分离，宿存。成熟核果红色，长圆形，有 5 条纵棱，长 7～8 mm，宽 3 mm，顶部渐尖，有种子 1 粒。全年开花，盛花期 2～3 月，果期 5～12 月。

【生态分布】原产秘鲁和玻利维亚，生于安多斯东部的雨林地区，海拔至 1 500 m。种植在海拔 500～2 000 m 地区。主产地位于秘鲁、玻利维亚、巴西、智利和哥伦比亚等国。我国以海南引种较多，台湾和云南也有栽培。

【历史与民俗】南美原住民嚼食古柯叶历史至少可以回溯到公元前 2500 年。对印加族（Inca）而言，这种植物既神奇又神秘。他们的宗教仪式及医疗行为中都使用古柯叶。16 世纪，西班牙人征服印加帝国，并禁止印加人嚼食古柯叶。征服者认为，印加人在宗教仪式上使用古柯叶是一种他们与魔鬼立协定的方式。后来，当征服者了解到嚼食古柯叶的印加人在工作时更卖力，便取消了禁令。

安多斯土著居民在随身携带的小袋内装有古柯叶和石灰，每日时时咀嚼。早期的欧洲旅游者发现咀嚼古柯的居民没有牙齿和牙龈疾病，当地民间用本品治疗牙痛。古柯叶水提取液至今仍作为可乐饮料调味剂使用。但可卡因长期以来在处方中被查禁。在玻利维亚和秘鲁的文化发展及艾玛拉族和奇楚亚原居民的民间医药中，古柯叶均有着重要作用。在高海拔地区，寒冷以及食物缺乏时，咀嚼混有石灰的古柯叶有强壮身体，抵御寒冷，补充营养的作用。

【化学成分】含可卡因和其他多种生物碱、挥发油、类黄酮醇、维生素 A、维生素 B、矿物质。

【加工与利用】利用部位为叶。在叶子开始卷曲时采收，晾干备用。原产地居民嚼食古柯叶的传统已逾数世纪。咀嚼叶片时常佐以用石灰为基本物质做成的混合物，借由此混合物使可卡因由叶片中释放出来。咀嚼过程中使用者的情绪因微妙而长时间持续释放的药效而感到愉悦。除此之外，古柯叶释放的药效还可以刺激身体、增加体力、减低食欲。原产地居民喜用它来治疗胃部不适、头痛，及其他疼痛。另外，它还能供给咀嚼者蛋白质、维生素。

【附注】叶中可卡因有兴奋和麻醉作用，可卡因（hygrine）在 1860 年首次分离出，但直到 1884 年才发现其具有局部麻醉作用。当古柯叶与酸橙或树一起咀嚼时，可释放出少量活性成分，其补益作用有助于预防感冒、抗疲劳和改善营养。在南美，古柯叶用于治疗恶心、呕吐、哮喘和加速恢复健康。哥伦比亚将古柯叶作为强心剂。古柯叶的提取物可卡因可作为局部麻醉剂，但也被非法地用作成瘾剂和兴奋药。因而很多国家对古柯叶限制使用。

188 柠檬桉 *Eucalyptus citriodora* Hook. f.

彩图 188　英文名：Lemon scented gum；桃金娘科

【别名】香桉

【植物形态】常绿乔木，高 10～30 m。树皮平滑，淡白色或淡红灰色，片状脱落，皮脱后甚光滑，色白，全体具柠檬香气。异常叶较厚，长达 30 cm，宽达 7.5 cm，下面苍白色；幼枝的叶被棕红色腺毛，叶柄盾状着生于离叶基 4～5 mm 处；正常叶互生，卵状披针形或狭披针形，长 10～20 cm，稍呈镰状。伞形花序，有花3～5 朵，数个排列成腋生或顶生圆锥花序；花直径 1.5～2 cm；萼筒杯状，直径 6～8 mm；帽状体半球形，较萼管短，2 层，外层稍厚，有小凸尖，内层薄而平滑，富有光泽；雄蕊多数，长 8～10 mm。蒴果卵状壶形，长约 1.2 cm，果缘薄，果瓣深藏。花期每年 2 次，3～4 月和 10～12 月。蒴果 9～11 月和次年成熟。

【生态分布】柠檬桉原产澳大利亚东部及东北部沿海地区，喜温暖气候，不耐寒，有较强的耐旱力，原产地年降水量 630 mm 左右，集中在夏季。现在许多热带及亚热带地区有栽培。中国华南及福建、浙江、云南、四川等地有栽培。

【历史与民俗】柠檬桉原产地澳大利亚的居民在还不知道疟疾的来源时就将它用以消除“瘴气”了。而在我国，柠檬桉栽培历史不长，主要分布在华南地区。树干高大通直如柱，因年年脱皮而呈灰蓝、灰白色，刚劲挺拔，直指云天；柔软轻盈的树冠，似杨柳轻飏，每当百花盛开之时，玲珑的坛、壶形蒴果像熟透了的葡萄挂满树梢，煞是好看。特别是它沁人心脾的柠檬香气，清香四溢，更令人陶醉。故人们把它叫作“林中仙女”。

【化学成分】主要有效成分为挥发油、树脂等。挥发油的主要成分为香茅醛(65%～80%)、香茅醇、栊牛儿醇、异胡薄荷醇、1,8-桉油素和愈创木醇。树脂含有香橙素-7-甲醚、山柰酚-7-甲醚、并没食子酸、香橙素二甲醚和柠檬桉醇。

【加工与利用】以叶入药，夏季采集新生的枝叶。每年可采 2～3 次。用水蒸气蒸馏法加工枝叶提取精油。鲜叶得油率为 0.6%～2%。柠檬桉叶及挥发油杀菌力较强，常用作抗菌剂、抗寄生虫药、抗神经痛药、抗腐剂，并有祛痰、退热、止痛的功效。在欧美国家的芳香疗法中，柠檬桉叶油通常作为桉叶油使用，功效与蓝桉叶油相同，但它的香气有柠檬香味，更能讨人喜欢。由于柠檬桉油有清新的香气和很强的杀菌及杀病毒的能力，吸入其蒸气是非常有效的治疗感冒的天然疗法，不仅可以舒缓鼻塞，还能抑制感冒、流感病毒的滋生。

【附注】柠檬桉叶油是香料工业中重要原料之一，可单离香茅醛、香叶醇以及用香茅醛进一步合成羟基香茅醛、薄荷脑等香料。用于香皂、香水、化妆品香精，并可供药用，配制十滴水、清凉油、防蚊油等。柠檬桉树遗传性能稳定，不易变种，多代培育仍能表现出速生、高大、干直、枝杈少等优良特性。出材率高达 75%以上，非一般阔叶树种所能比。材质硬重强韧，耐磨抗腐，广泛应用于工矿、建筑、交通、造纸等方面，尤以造船为最优。

本种精油儿童慎用，必要时应在医生指导下使用。

189 蓝桉 *Eucalyptus globulus* Labill.

彩图 189 英文名：Eucalyptus，Blue gum；桃金娘科

【别名】洋草果，灰杨柳，玉树油树，一口盅，金钟菩提

【植物形态】大乔木；树皮灰蓝色，片状剥落；嫩枝略有棱。幼态叶对生，叶片卵形，基部心形，无柄，有白粉；成长叶片革质，披针形，镰状，长 15～30 cm，宽 1～2 cm，两面有腺点，侧脉不很明显；叶柄长 1.5～3 cm。花宽 4 mm，单生或 2～3 朵聚生于叶腋内；无花梗或极短；萼管倒圆锥形，长 1 cm，宽 1.3 cm，表面有 4 条突起棱角和小瘤状突，被白粉；帽状体稍扁平，中部为圆锥状突起，比萼管短，2 层，外层平滑，早落；雄蕊长 8～13 mm，多列，花丝纤细，花药椭圆形；花柱长 7～8 mm，粗大。蒴果半球形，有 4 棱，宽 2～2.5 cm，果缘平而宽，果瓣不突出。花期 9～10 月，翌年 2～5 月果熟。

【生态分布】原产地在澳大利亚东南角的塔斯马尼亚岛，从海岸至海拔 300 m 的温暖地区，不是很热，也不是很冷，年雨量为 600～1 350 mm，属热带和亚热带地区。19 世纪引种至西方国家，现在世界各热带和亚热带地区的沼泽地带多有栽培。中国广西、云南、四川等地栽培。最北可到成都和汉中。

【历史与民俗】蓝桉为澳大利亚土著居民的传统草药，有强力杀菌作用，民间用于感冒、解热、咽喉痛和其他感染。有些地区的居民应用本品的特殊气味和其他一些精油混合，搽揉胸部，并施以魔法，治疗儿童的一些疾病。蓝桉生长需要大量水分，在沼泽地区种植的蓝桉可以吸干其水分，以防止疟疾的传播。

蓝桉精油的蒸馏最早在 1788 年，是由当时在澳大利亚殖民地的军队外科医生 John White 进行的。这种树当时是以“Tasmanian blue gum”之名为大家所知。它之所以引人注意，是因为生长很快，需水量大，因而可使沼泽转变成有用的陆地。或许也因为这个过程能破坏产生蚊子而传播疟疾的渠道。在 19 世纪还不知道疟疾的病源时，它就以消除“瘴气”或“发烧”而闻名于世，从此，便叫“Fever tree”，有时也叫“Blue gum oil”。

【化学成分】叶含挥发油、黄酮、鞣质和树脂。挥发油的主要成分为 1,8-桉叶油素(70%～85%)、α-蒎烯、聚伞花烃、桉叶醇、莳烯、蓝桉醇、樟脑等。

【加工与利用】以叶入药。叶全年可采，并用以提取精油。本品有抗菌、祛痰、促进局部血流的作用。桉叶提取物可明显降低糖尿病模型小鼠的血糖水平。果实提取物具有抗菌、抗肿瘤活性。桉叶精油在 6%以上浓度时有抑制结核杆菌的作用；其精油还有驱蚊、驱跳蚤、驱虱子、驱蠕虫、杀寄生虫、灭阴道滴虫等作用。桉叶常用于治疗感冒、流感、咽喉痛，以及胸部疼痛，如气管炎、肺炎等疾病。稀释的精油揉擦胸部和窦道的皮肤，有温暖和轻度麻醉的作用，有助于治疗呼吸器官感染。稀释的精油涂擦于治疗部位，有助于治疗风湿性关节疼痛和神经痛，还用于细菌性皮肤感染。

【附注】木材用途广泛，但略扭曲，抗腐力强，尤适于造船及码头用材；花是蜜源植物。

190 杜仲 *Eucommia ulmoides* Oliv.

彩图 190 英文名：Eucommia；杜仲科

【别名】丝楝树皮，丝棉皮，棉树皮，胶树

【植物形态】落叶乔木，高达 20 m。小枝光滑，黄褐色或较淡，具片状髓。皮、枝及叶均含胶质。单叶互生；椭圆形或卵形，长 7～15 cm，宽 3.5～6.5 cm，先端渐尖，基部广楔形，边缘有锯齿，幼叶上面疏被柔毛，下面毛较密，老叶上面光滑，下面叶脉处疏被毛；叶柄长 1～2 cm。花单性，雌雄异株，生于一年生枝基部苞片的腋内，有花柄；无花被；雄花有雄蕊 6～10 枚；雌花有一裸露而延长的子房，子房 1 室，顶端有 2 叉状花柱。翅果卵状长椭圆形而扁，先端下凹，内有种子 1 粒。花期 4～5 月。果期 9 月。

【生态分布】喜温暖湿润气候，耐寒性较强。生于海拔 300～500 m 的低山、谷地或疏林中。分布于

陕西、甘肃、浙江、河南、湖北、四川、贵州、云南等地。杜仲为中国特有树种，现在世界各国有引种。

【历史与民俗】杜仲是中国特有药材，其药用历史悠久，在临床有着广泛的应用。地球上杜仲属植物曾多达 14 种，后来它们在大陆和欧洲相继灭绝。存在于中国的杜仲是杜仲科杜仲属仅存的孑遗植物，它不仅有很高的经济价值，而且对于研究被子植物系统演化以及中国植物区系的起源等诸多方面都具有极为重要的科学价值。我国《神农本草经》谓其“主治腰膝痛，补中，益精气，坚筋骨，除阴下痒湿，小便余沥。久服，轻身耐老”。

【化学成分】树皮含杜仲胶 6%～10%（为易溶于乙醇、难溶于水的硬性树胶），叶亦含杜仲胶；树皮及叶另含糖苷、生物碱、果胶、脂肪、树脂、有机酸、酮糖、维生素 C，还含有维生素 E、维生素 B 及 β-胡萝卜素、醛糖、绿原酸等。种子含脂肪油，其脂肪酸组成为亚麻酸 67.38%、亚油酸 9.97%、油酸 15.81%、硬脂酸 2.15%、棕榈酸 4.68%。果实含胶量可达 27%，易溶于乙醇、丙酮等有机溶剂。

【加工与利用】主要以树皮、叶入药。在清明至夏至间，选取生长 15～20 年以上的植株，剥下树皮，刨去粗皮，晒干备用。树叶也同时采集，去杂，干燥备用。本品具有抗炎、抗过敏、抗肿瘤、营养强壮等功效。杜仲对免疫系统、内分泌系统、中枢神经系统、循环系统和泌尿系统都有不同程度的调节作用，杜仲能兴奋垂体—肾上腺皮质系统，增强肾上腺皮质功能。民间食疗有杜仲煨猪腰、杜仲爆羊肾、杜仲寄生茶、杜仲核桃煲兔肉、杜仲烧蹄筋、杜仲煮冬瓜、杜仲羊骨粥等，均有补肝肾、强腰止痛之功效。杜仲茶是以杜仲的叶为原料，在花蕾将开放或在花盛开而果实种子尚未成熟时采收叶片，经传统绿茶加工方法制作而成的杜仲健康饮品，品味微苦而回甜上口，常饮有益健康，睡前喝一杯特好，无任何副作用，保健价值极高，饮用方便。此外，杜仲提取物对酪氨酸酶有活化作用，可增强黑色素细胞的活性；同时它有对 5α-还原酶的抑制作用和对外毛根鞘细胞增殖的促进作用，从而对由于雄性激素偏高而引起的脱发有较好的防治作用，可用于防脱发和生发类产品中。杜仲提取物还作为红血丝防治剂、皮肤调理剂使用。

【附注】杜仲除药用外，它的叶、果实均含有杜仲胶，可作硬橡胶，加热软化加工成各种形状，冷却后不变形，有优良的绝缘、绝热、抗酸碱性能，是制作海底电缆和各种耐酸碱容器及输油管的重要材料。胶液黏着力强，是制作特殊油灰、水胶和黏胶剂的上等原料。杜仲木材质坚韧，纹理细致，具光泽，不翘裂，是高级家具用材。

191 红果仔 *Eugenia uniflora* L.

彩图 191　英文名：Surinam cherry，Pitanga；桃金娘科

【别名】巴西红果，巴西番樱桃，蒲红果，棱果蒲桃

【植物形态】灌木或小乔木，高可达 5 m，全株无毛。叶片纸质，卵形至卵状披针形，长 3.2～4.2 cm，宽 2.3～3 cm，先端渐尖或短尖，钝头，基部圆形或微心形，上面绿色发亮，下面颜色较浅，两面无毛，有无数透明腺点，侧脉每边约 5 条，稍明显，以近 45°开角斜出，离边缘约 2 mm 处汇成边脉；叶柄极短，长约 1.5 mm。花白色，稍芳香，单生或数朵聚生于叶腋，短于叶；萼片 4，长椭圆形，外反。浆果球形，直径 1～2 cm，有 8 棱，熟时深红色，有种子 1～2 颗。花期春季。

【生态分布】原产热带南美洲的东海岸，分布于苏里南、法属圭亚那南部、巴西，以及巴拉圭、阿根廷、乌拉圭的部分地区。红果仔喜温暖湿润的环境，在阳光充足处和半阴处都能正常生长，不耐干旱，也不耐寒。世界热带地区有引种，在西印度群岛（特别是海地）生长较多。在我国南部地区（广东、台湾、海南）有少量栽培。

【历史与民俗】红果仔产于巴西南部和阿根廷北部。现已经生长在许多温暖的地区（包括南部非洲、中国、美国、美洲中部），但只在巴西有商业规模的种植。它有显著的抗炎特性，在南美洲是民间广泛使用的一种治疗胃病的良药。

【化学成分】果实含蛋白质(包括多种氨基酸)、脂肪、有机酸和较低的糖,并富含多种维生素,以维生素 A、维生素 C 最多(维生素 C 为 25 mg/100 g),还有维生素 B_2。

【加工与利用】完全成熟的果实可以生吃——有美味、辛辣的味道。味道从甜到酸,取决于品种和成熟度(暗红色到黑色的相当甜,而橙色的有些酸)。它也可作为其他食物的调味品和维生素 A、维生素 C 的来源。它是制作果酱、果冻、糖果和冰沙的优质原料。红果仔和其他巴西樱桃还可制作各种含酒精和不含酒精的饮料,包括葡萄酒、利口酒和朗姆酒等。

【附注】红果仔有几个显著的药理特性。其挥发油有降血压、降血糖、抗肿瘤和镇痛作用。果实具有抗病毒和抗真菌活性。它还有抗微生物作用,如抗毛滴虫(在体外)、克氏锥虫和亚马逊利什曼原虫。红果仔树叶在巴西作为地板铺在房子里,当人们踩到地板上,它们会散发出气味,可驱除苍蝇。叶子在乌拉圭的某些地区也当茶饮用。

192 芡实 *Euryale ferox* Salisb.

彩图 192 英文名:Gordon euryale seed,Euryale nuts;睡莲科

【别名】鸡头米,鸡头莲,鸡头荷,刺莲藕,肇实

【植物形态】一年生大型水生草本。全株具尖刺。根茎粗壮而短,具白色须根及不明显的茎。初生叶沉水,箭形或椭圆肾形;后生叶浮于水面,革质,椭圆肾形至圆形,直径 10～130 cm,上面深绿色,多皱褶,下面深紫色,有短柔毛,叶脉凸起,边缘向上折。叶柄及花梗粗壮,多刺。花单生,属于花梗顶端;萼片 4,披针形,长 1～1.5 cm,内面紫色;花瓣多数,长圆状披针形,长 1.5～2 cm,紫红色,呈数轮排列;雄蕊多数;子房下位,心皮 8 个,柱头红色,呈凹入的圆盘状,扁平。浆果球形,直径 3～5 cm,海绵质,暗紫红色。种子球形,直径约 10 mm,黑色。花期 7～8 月,果期 8～9 月。

【生态分布】水生植物,喜温暖湿润气候,生于池塘、湖边。分布于黑龙江、吉林、辽宁、河北、河南、安徽、江苏、山东、浙江、江西、湖北、湖南、四川、福建、台湾、广东、广西、云南、贵州等地。主产于我国中部、南部各省。

【历史与民俗】鸡头米,即新鲜芡实,又名鸡头肉,俗称鸡头,果实呈圆球形,尖端突起,状如鸡头,有健脾益气、固肾涩精等作用。鸡头米为苏州葑门南塘特产,每年中秋前后上市,在苏州有"南塘鸡头大塘藕"的美誉。清朝沈朝初《忆江南》云:"苏州好,葑水种鸡头,莹润每疑珠十斛,柔香偏爱乳盈瓯,细剥小庭幽。"

【化学成分】芡实干品每 100 g 含水分 11 g,蛋白质 11.8 g,脂肪 0.2 g,碳水化合物 75.4 g,钙 21 mg,磷 264 mg,铁 9.6 mg,还含有少量维生素。

另有报道,种子含多量淀粉。每 100 g 中含蛋白质 4.4 g,脂肪 0.2 g,碳水化物合 32 g,粗纤维 0.4 g,灰分 0.5 g,钙 9 mg,磷 110 mg,铁 0.4 mg,维生素 B_1 0.40 mg,核黄素 0.08 mg,烟酸 2.5 mg,抗坏血酸 6 mg,胡萝卜素微量。

【加工与利用】以种子为利用部位。8～9 月采收,因全株有刺,宜先用镰刀将果实割下,使其浮于水面,捞起晒干后,打下种子,装入筐内,再用脚踩或木棒冲击,使种子外部的薄膜脱落,水洗干净,再晒干。另一种方法是将芡实果堆成大堆,洒水湿润,使其果皮自行沤烂后,再淘洗出芡实种子。

芡实种仁富含淀粉,可用于提取淀粉。加工所得的淀粉可用于生产罐头、糕点等,也用于酿酒等。芡实仁药食两用,是极好的食疗佳品,一般直接食用。其养生保健食谱举例如下:

芡实粳米粥:将炒芡实 50 g 倒入锅内,加水煮开片刻,再加淘洗干净的粳米 100 g 煮粥,粥成即可食用。常吃可健身体,强筋骨,耳聪目明。

芡实糊:将炒熟的芡实 1 000 g 研磨成粉,临服时,取 50～100 g 粉末冲开水调服。随自己喜好,可加入芝麻、花生仁、核桃肉等。常吃可健身强体。

芡实大补汤：用芡实 60 g、红枣 10 g、花生 30 g，加入适量红糖煮汤，具有易消化、营养高、能调补脾胃、益气养血等功用，对体虚者、脾胃虚弱的产妇、贫血者、气短者具有良好的疗效。

芡实牛肉汤：民间常用炒芡实 60 g，瘦牛肉 100 g，加调料煮烂食用，也能取得较好的疗效，对解除神经痛、头痛、关节痛、腰腿痛等虚弱症状有很大的好处。

【附注】芡实为观叶植物。在中国式园林中，与荷花、睡莲、香蒲等配植水景，尤多野趣。芡实的根、茎、叶、果均可入药。干燥成熟种仁具有益肾固精、补脾止泻、祛湿止带的功效，主治梦遗、滑精，遗尿、尿频，脾虚久泻，白浊、带下。外壳可作染料。嫩叶柄和花柄剥去外皮可当菜吃。全草可作绿肥，煮熟后又可作饲料。

193 东革阿里 *Eurycoma longifolia* Jack.

彩图 193 英文名：Tongkat ali，Pasak bumi；苦木科

【别名】长叶宽木，马来参，东革亚里，冬革阿里，东哥阿里

【植物形态】常绿小乔木，高约 15 m，根淡黄色，食用味苦。树干直径可达 30.5 cm，树皮暗灰色或褐色，嫩枝呈赤褐色，茎顶部有明显叶脱的痕迹。叶互生，奇数羽状复叶，长约 30～100 cm，小叶对生或近对生，长卵状或披针形，有 31～51 枚，长约 3～12.5 cm，宽 0.5～3.5 cm，先端渐尖，基部楔形，叶揉搓后完整无缺。圆锥花序顶生或腋生，色淡紫红，花序轴长达 25～85 cm，下垂有毛，雌雄异株，花柄短约 3～6 mm，雄蕊 5，被毛，雌花柱 5 裂，子房上位，花瓣 5 片。核果长约 12 mm，椭圆形，直径约7 mm，成熟时由黄色变红褐色。

【生态分布】生于森林山坡处，一般只分布于热带多雨国家，原产地为马来西亚与东南亚各国。

【历史与民俗】自古以来马来西亚和印度尼西亚等当地民众就已经常熬煮其树根饮用。据说其天然植物精华能恢复健康、恢复青春，它另一个美名叫“天然的催情药”或“天然的壮阳药”。在当地它又被称作 Pasak Bumi，意味着“阿里的行走拐杖（Ali's Walking Stick）”，“拐杖”在马来语中是“阴茎”常用的同义词，由此透露出对男士性作用的影响。

【化学成分】东革阿里含有多种生物碱。以 1D 和 2D 核磁共振全面分析及大量光谱数据为特征的 65 种化合物从东革阿里树根分离出来。在这些提取物中，有 4 种二萜类化学成分是第一次从自然资源中发现，分别名为 eurycomalide A（1），eurycomalide B（2），13β，21-dihydroxyeurycomanol（3），和 5α，14β，15β-trihydroxyklaineanone（4）。通过对细胞毒活性作用的测查，这些提取化合物在生物体外实验中还具有抗 HIV 和抗疟疾作用。其中 12、13、17、18、36、38、59 和 62 号化合物被证实对人类肺癌（A-549）细胞链有很强的细胞毒性作用；而 12、13、17、38、57、58 和 59 号对人类乳腺癌（MCF-7）细胞链有很强的细胞毒性作用；57 和 58 号化合物对恶性疟原虫（Plasmodium falciparum）有很强的抗疟活性。

【加工与利用】利用部位为根部（特别是芯），包含许多植物化学药物，它能增进睾酮的产量，睾酮是男性性功能所需的荷尔蒙，也是生殖器官和脑部发育所需的激素。在马来西亚，东革阿里有马来人参之称，向来被当作产后滋补品，治疗糖尿病、高血压、前列腺炎、肺结核、发烧、黄疸病及痢疾。其食用方法有泡茶、煮水、炖汤、泡酒饮用。东革阿里味极苦，服饮时可加入适量冰糖、蜂蜜、枸杞、红枣等调和。但有糖尿病、高血压、前列腺炎患者请勿浸酒服用。危重病人、怀孕妇人和未成年人（16 岁以下儿童）谨慎食用。

【附注】东革阿里树根含有细胞毒活性成分和抗疟药物成分，其中分离出的二萜类化合物，研究表明对马来西亚抗氯奎恶性疟原虫有体外抗疟活性。另外，它也含有多种元素，可以抗癌、抗氧化、抗风湿等等。

194 巴西莓 *Euterpe oleracea* Mart.

彩图 194　英文名：Brazilian acai，Acai berry；棕榈科

【别名】 蔬食埃塔棕，阿萨伊

【植物形态】 乔木，树身长，高达 15～25 m，树干直径约 10～15 cm，叶呈羽状，长达 3 m，叶鞘带有红色。穗状花序 3～8 束，花棕色或紫色；浆果圆球形，直径 1～2 cm，一粒粒排列于花序轴上，成熟时会由绿转紫色。

【生态分布】 喜高温湿润气候，常见于河岸、沼泽地、沙滩上或季节性淹水地。它广泛分布于南美洲北部，包括巴西、秘鲁、圭亚那和苏里南等地。美国和其他拉美国家也有。目前中国台湾、香港、广东惠州有少量种植。

【历史与民俗】 相传在巴西亚马孙河河口附近的贝伦，以前有一个很原始的部落，遭遇天灾，没有食物，使部落的每个人都处在死亡的边缘。国王为了让自己的部落延续下去，提出了一项法令，该部落的儿童(包括他自己的孙女)都将被抛弃杀死，把所有食物留给少数年轻人。到了夜里牺牲仪式继续在进行着，国王的女儿 Iaca 突然听到森林深处传来一阵阵哭声，她意识到这哭声就是自己女儿的声音，于是她顺着女儿的声音，发现死去的女儿被一棵大树紧紧地拥抱着。原来国王孙女的身体与灵魂已经交付给了这棵大树。大树上长满了如同女孩黑眼睛般明亮的果实。因而大树的果实拯救了部落，部落的每个人品尝果实时，都感觉有种酸酸的滋味，大家都说，这是死去女孩郁结在心里的泪水。后来国王给这种果实起了个名字，源于她的孙女与水果的发现者 Iaca，把名字倒过来写便是“acai”，让人们永远也不忘记这个女孩。

【化学成分】 果实每 100 g 提取物经过冷冻干燥后，营养成分为 2 234 J、碳水化合物 52.2 g、蛋白质 8.1 g、总脂肪 32.5 g、膳食纤维 44.2 g，还有少量维生素 C 与维生素 A、钙 260 mg、铁 4.4 mg 以及天门冬氨酸、谷氨酸，氨基酸总含量 7.59 g。脂肪中有油酸(占总脂肪 56.2%)、棕榈酸(24.1%)和亚油酸(12.5%)。还有大量花青素和黄酮化合物。花青素有矢车菊素-3-葡萄糖苷、矢车菊素-3-芸香糖苷、飞燕草色素—芸香糖苷、原花青素多聚物；黄酮类有芦丁、异荭草苷、荭草素、异牡荆素、金雀花素等。尚有 β-谷甾醇、油菜甾醇、豆甾醇和多酚化合物等。

【加工与利用】 利用部位为果实，在 7～12 月间，每树一次可结 4～6 串果实，每串有果实千颗以上。果实可直接食用，或榨汁饮用。因果实中种子约占 80%，也可将成熟果实洗净，粉碎后以水、乙醇等溶剂提取，过滤，提取液浓缩至干，得提取物浸膏或粉剂。目前消费市场上产品有冷冻果肉、果汁或含有巴西莓成分的各种产品，包括粮食酒、冰沙、各样食品等。许多知名营养医学期刊，如 *J Agric Food Chem*. 已确认巴西莓所含丰富抗氧化酵素即花青素有清除自由基的功效。而植物固醇就像人体荷尔蒙，可以帮助我们应付因荷尔蒙不足时出现的种种问题，如改善年长男性前列腺肥大引起的症状，以及降低胆固醇、避免中风与动脉硬化。同时，本品含有多酚、黄酮类和多种营养成分，具有较强的抗氧化作用和营养皮肤的能力。在化妆品中，可用作皮肤调理剂，其对 5α-还原酶活性的抑制表明，它对因雄性激素偏高而引起的脱发和其他疾患均有很好的防治作用，可用于生发、治粉刺等产品。

除了作为食品或饮料使用外，从其果实中获得的富含油脂酚醛类化合物，其成分有香草酸、丁香酸、对羟基苯甲酸、原儿茶酸、阿魏酸以及(+)-儿茶素和众多的原花青素低聚物。它的颜色是绿色的，有温和的香气以及高油酸和棕榈脂肪酸。它可用于烹饪，制作沙拉酱或在化妆品中作为洗发水、肥皂或皮肤保湿乳液。

【附注】 幼嫩花序也有其他商业用途，如广泛利用作为一种美味食品。叶可制成帽、垫、篮子、扫帚和住宅屋顶用的茅草。树干有抗病虫害能力，可用于建筑施工，树干还可提取矿物质。

195 荞麦 *Fagopyrum esculentum* Moench.

彩图 195　英文名:Buck wheat;蓼科

【别名】苦荞,甜荞,乌麦,三角麦,花荞

【植物形态】一年生草本。茎直立,高 30～90 cm,上部分枝,绿色或红色,具纵棱。叶三角形或卵状三角形,长 2.5～7 cm,宽 2～5 cm,顶端渐尖,基部心形,两面沿叶脉具乳头状突起;下部叶具长叶柄,上部较小近无梗;托叶鞘膜质,短筒状,长约 5 mm,顶端偏斜。花序总状或伞房状,顶生或腋生,花序梗一侧具小突起;苞片卵形,长约 2.5 mm,绿色,边缘膜质,每苞内具 3～5 花;花梗比苞片长,无关节,花被 5 深裂,白色或淡红色,花被片椭圆形,长 3～4 mm;雄蕊 8,比花被短,花药淡红色;花柱 3,柱头头状。瘦果卵形,具 3 锐棱,顶端渐尖,长 5～6 mm,暗褐色,无光泽,比宿存花被长。花期 5～9 月,果期 6～10 月。

【生态分布】原产于亚洲中部和北部,喜凉爽湿润,不耐高温旱风,畏霜冻。在中国分布甚广,南到海南省,北至黑龙江,西至青藏高原,东抵台湾地区。主要产区在西北、东北、华北以及西南一带高寒山区,尤以北方为多。荞麦在温带地区,特别是美国广泛种植。栽培荞麦的国家还有俄罗斯、加拿大、法国、波兰、日本、澳大利亚等。

【历史与民俗】据说荞麦起源于中东。当时作为粮食的补充品。荞麦最早也起源于中国,栽培历史非常悠久,种植经验也很丰富。最早的荞麦实物出土于陕西咸阳杨家湾四号汉墓中,距今已有 2 000 多年。另外陕西咸阳马泉和甘肃武威磨嘴子也分别出土过前汉和后汉时的实物。

【化学成分】荞麦含有蛋白质、脂肪、淀粉、膳食纤维、多种维生素、纤维素、镁、钾、钙、铁、锌、铜、硒等。还含有黄酮(芦丁)及 2,4-二羟基顺式肉桂酸。

【加工与利用】秋季割取地上部分,打下籽粒,晒干备用。食用时去壳取米或磨面。荞麦食品是直接利用荞米和荞麦面粉加工的。荞米常用来做荞米饭、荞米粥和荞麦片。荞麦粉与其他面粉一样,可制成面条、烙饼、面包、糕点、荞酥、凉粉、血粑和灌肠等民间风味食品。荞麦食味清香,在中国东北、华北、西北、西南以及日本、朝鲜、俄罗斯都是很受欢迎的食品。

苦荞含有 10%～15%的蛋白质和芸香素,且这些蛋白质黏性差,类似于豆类蛋白质,其质优于禾本科粮食。含 19 种氨基酸,人体必需的 8 种氨基酸齐全且丰富,还含有对儿童生长发育有重要作用的组氨酸和精氨酸。含丰富的维生素 B_1、维生素 B_2、维生素 B_6、维生素 C、维生素 P 和胆碱,还有丰富的无机元素磷、镁、铁、钾、钙、钠。由于荞麦的营养物质含量丰富,因此它对人体有极大的保健作用,对许多疾病有明显的防治效果。茎叶入药能益气力,续精神,利耳目,降气,宽肠,健胃,治噎食、痈肿,止血。荞麦粉作保健食品能防治糖尿病、高血脂、牙周炎、牙龈出血和胃病。苦荞中还含有较多的 2,4-二羟基顺式肉桂酸,含有抑制皮肤生成黑色素的物质,有预防老年斑和雀斑发生的作用。

荞麦所含芦丁有很强的抗氧化作用,能强化血管内壁,有降血压、降血糖等作用。常用于治疗循环系统疾病,最好泡茶或制成丸剂,与维生素 C 或柠檬汁同服,以帮助吸收。特别用于治疗毛细血管脆变,也用于强化肿胀的血管,促进冻疮痊愈。

【附注】荞麦营养丰富,不仅能给人粮、给畜草、给禽料,还能防病治病强身健体。荞麦皮历来是做枕芯的好材料,长期使用荞麦皮枕头有清热明目的作用。近代研究表明,荞麦皮的灰分中碳酸钾含量约占 4.6%,苦荞皮的芦丁含量高达 30%,荞麦皮出口价格高于荞麦,估计多用于医药及工业上的开发研究,所以荞麦深加工的综合利用工程大有可为。中国的荞麦特别是苦荞麦在食品、酿造、医药等领域的产业开发已居世界领先地位,产品出口比原粮出口增值数倍至数十倍。此外,荞麦还是很好的蜜源植物。

196 苦荞麦 *Fagopyrum tataricum* (L.) Gaertn.

彩图 196

英文名:Tartary buckwheat, Duck wheat, India buckwheat;蓼科

【别名】鞑靼荞麦,荞叶七,野兰荞,菠麦,乌荞

【植物形态】一年生草本。茎直立,高 30～70 cm,分枝,绿色或微呈紫色,有细纵棱,一侧具乳头状突起,叶宽三角形,长 2～7 cm,两面沿叶脉具乳头状突起,下部叶具长叶柄,上部叶较小,具短柄;托叶鞘偏斜,膜质,黄褐色,长约 5 mm。花序总状,顶生或腋生,花排列稀疏;苞片卵形,长 2～3 mm,每苞内具 2～4 花,花梗中部具关节;花被 5 深裂,白色或淡红色,花被片椭圆形,长约 2 mm;雄蕊 8,比花被短;花柱 3,短,柱头头状。瘦果长卵形,长 5～6 mm,具 3 棱及 3 条纵沟,上部棱角锐利,下部圆钝,有时具波状齿,黑褐色,无光泽,比宿存花被长。花期 6～9 月,果期 8～10 月。

【生态分布】性喜阴湿冷凉,可能起源于喜马拉雅地区,产于高山地域,垂直分布为海拔 1 200～3 500 m。现主要栽培于亚洲东部,也在欧洲和北美栽培。中国主要种植在云贵川高原、青藏高原、甘肃甘南、鄂湘武陵山区丘陵山地和秦巴山区南麓。

【历史与民俗】中国栽培苦荞的历史已有 2 000 多年。苦荞是自然界中甚少的药食两用作物,据《本草纲目》记载:苦荞味苦,性平寒,能实肠胃,益气力,续精神,利耳目,炼五脏渣秽。我国彝族对苦荞麦也有深厚的感情,它是维持彝民族生命、繁衍的主要食品,凡红白喜事,均不能没有苦荞麦,在各种粮食作物中,苦荞麦的地位最高,被视为粮中至宝。在凉山彝区,数千年以来流传着家喻户晓的苦荞歌,娓娓道来的是对苦荞麦这种农作物说不完、道不尽的感情:"撒下苦荞种,幼苗绿油油,嫩叶似斗笠,花开如白雪,结子沉甸甸,荞子堆成山,老人吃了还了童,少年吃了红润润,姑娘吃了双眼明如镜,乌发放光泽,十指嫩如笋,腰细如柳枝,容貌好似油菜花,迷醉多少男人心,马驹吃了乐津津,牛儿喂了胀鼓鼓,猪仔喂了肥胖胖,小鸡吃了鸣彻彻,瘦羊吃了蹦又跳……"

【化学成分】果实含淀粉、蛋白质、维生素、脂肪、黄酮类、酚类、矿物质等。黄酮类有芦丁、槲皮素、桑色素、莰菲醇、金丝桃苷、牡荆素、儿茶素、白藜芦醇;主要存在于麸皮中。酚类有原花青素(苦荞麸皮含量最高可达 5.03%)、没食子酸、原儿茶酸、香草酸、丁香酸、阿魏酸。油脂富含亚油酸、植物固醇。微量元素有硒、铬、锰等。

【加工与利用】利用部位为果实。秋季割取地上部分,打下籽粒,晒干备用。食用时去壳取米或磨面。荞麦食品是直接利用荞米和荞麦面粉加工的。苦荞米的吃法很简单,只是将它掺在米里一起煮,可做成饭亦可做成粥。它黏性弱,直链淀粉含量偏高,最适合与东北大米、日本米一起煮食。将米淘洗干净后,撒上少许苦荞米(具体比例按个人口味而定),搅拌均匀,放超过米面 2 cm 的水,加热通电前浸泡 10～20 min,煮好后再焖 5～10 min 即可。打开电饭煲,会闻到一股清淡的香味扑鼻而来,饭会呈浅黄偏绿的颜色。苦荞是自然界中甚少的药食两用作物,在《本草纲目》、《千金要方》、《中药大辞典》及相关文献中对苦荞都有记载,具有安神、活气血、降气宽肠、清热解痛、祛积化滞、清肠、润肠、通便、止咳、平喘、抗炎、抗过敏、强心、减肥、美容等功效。

苦荞还可以炒制后做成茶饮,每日饮用对"三高"患者有辅助治疗作用。

【附注】苦荞也是很好的饲料作物,苦荞籽粒、碎粒、皮壳、秸秆和青贮都可以饲喂畜禽,而广泛用作牲畜饲料的是碎粒、米糠和皮壳。苦荞还具有去污作用和护肤作用,是去污剂和化妆品的良好原料。国内外已研究制成多种洗涤剂和美容、护肤、护发素。苦荞皮壳的灰分中碳酸钾的含量约占 45%,是提取碳酸钾的好原料。

197 木苹果 *Feronia limonia* (L.) Swigle (*Limonia acidissima* L.)

彩图 197　英文名：Wood apple；芸香科

【别名】象橘，象苹果

【植物形态】落叶小乔木，高可至 20 m。树皮灰白色，不裂，刺劲直，斜向上生。羽状复叶，有小叶 5～7 片，小叶无柄，倒卵形或卵形，长 2.5～4 cm，宽 1～2.5 cm，顶端钝，常凹头，基部楔形，全缘，成长叶无毛；叶轴通常有略明显的翼叶。花甚多，细小；花梗短而纤细，被短柔毛；花萼在花后常脱落；花瓣卵形，扩展；雄蕊 7～12 枚，花药甚大，花盘被毛，花柱甚短。果实圆球形，直径 5～6 cm，果皮木质，粗糙，果肉味酸甜；种子长圆形而略扁。有棉质毛。花期 2～3 月。

【生态分布】原产于印度南部，属热带植物，生于热带树林或山坡、荒地中。现在亚洲各热带地区有栽培，中国台湾有栽培。

【历史与民俗】木苹果是印度民间使用上千年的草药之一，民间用果实和其他药物制成的膏药外敷在乳房上，以调节乳腺疾病。东南亚其他国家民间也用它治疗消化系统疾病。

【化学成分】果实(可食部分)每 100 g 含水分 69.5 g、有机酸 2.3 g、蛋白质 7.3 g、果胶 3～5 g、矿物质 1.9 g、纤维素 5.2 g、碳水化合物 15.5 g；钙 0.13 g、磷 0.11 g、铁 0.6 mg、核黄素 170 mg 和维生素 C。叶含鞣质和挥发油。

【加工与利用】利用部位为果实和叶。树叶全年可采，果实成熟时采收，鲜用或干燥后备用。成熟果实的果肉可鲜吃或加糖后吃。它的果浆是一个很好的冰冻果子露的原料；也可用于制甜酱。木苹果的果冻在质量上和黑加仑或苹果果冻相似。果实有兴奋消化系统作用。在印度，果实主要用于治疗消化系统疾患。叶有收敛作用，也可用于治疗消化不良、胃肠胀气、泄泻、痢疾(尤其是儿童)和痔疮。

【附注】木苹果树的树干和树枝渗出的树胶有类似阿拉伯树胶的性能。它的分泌在雨季后最为丰富。这种胶是不规则的半透明的滴状物，颜色由红棕色至淡黄色或无色。胶溶于水形成无味的黏液，比阿拉伯胶黏性强，是阿拉伯胶的良好替代品。

198 阿魏 *Ferula assa-foetida* L.

彩图 198　英文名：Asafoetida，Devil's dung；伞形科

【植物形态】多年生草本，具强烈蒜臭味。初时仅有根生叶，至第五年始抽花茎。根生叶近肉质，早落；近基部叶三至四回羽状全裂，长达 50 cm，叶柄基部略膨大；末回裂片长方披针形或椭圆状披针形，灰绿色，下面常有毛；茎上部叶一至二回羽状全裂。花茎粗壮，高达 2 m，具纵纹。花单性或两性；复伞形花序顶生，中内花序有伞梗 20～30 枝，每枝又有小伞梗多枝；两性花和单性花各成单独花序，或两性花序中内着生 1 雌花序；两性花黄色；萼齿 5，小；花瓣 5，椭圆形；雄蕊 5，长于花瓣；雄花与两性花相似；雌花白色，花盘肥大，2 心皮合生，被毛。双悬果卵形、长卵形或近方形，长 16～22 mm，背面无毛，果棱 10 条，丝状，略突起，油管多数，极狭。花期 3～4 月，果期 4～5 月。

【生态分布】原产于伊朗、阿富汗和巴基斯坦，喜温暖干旱气候。为获取其树胶而在许多地方人工栽培。

【历史与民俗】阿魏树脂使用的历史悠久。在古罗马时期它就是最受欢迎的香料之一，有像大蒜一样持久的味道。现在仍是辣酱油中的重要成分。在公元前 7 世纪，就有人认为阿魏是治疗肠胃胀气最好的药。

阿魏传入中国及药用已有 1 000 多年的历史，唐《新修本草》首载，明《本草汇言》(1624 年)称："阿魏化积、堕胎、杀虫之药也。其气辛烈而臭，元人入食料中，能辟一切禽兽鱼龟腥荤诸毒。凡水果、蔬菜、

米、麦、谷、豆之类，停留成积者，服此立消……气味虽有秽恶，然不损胃气，故方脉科每需用而不弃也。”

【化学成分】其渗出液含挥发油(6%～17%)、树脂和树胶。挥发油中含有二硫化合物。树脂含倍半萜烯苷、香豆素、臭阿魏素。

【加工与利用】利用部位主要为树胶和树脂。夏季从已生长4年的茎秆上采集其树胶(渗出物)。即由茎上部往下割取，将茎秆切断，切断处有乳液流出，上面用树叶覆盖，经10 d，渗出物凝固如脂，即可刮下，收集，再割去一小段，如上法采收。一般每株可割3～5次。

阿魏胶有很强的、令人不愉快的硫黄气味。它在东方烹饪中是一种重要的香料，少量用于肉菜、炖菜、肉汁、酱汁和泡菜，不愉快的气味在烹饪时消失。但它在西方美食中作为香料还是没有流行起来，只是作为著名的伍斯特沙司的成分。

阿魏树脂所含挥发油中的二硫化合物有祛痰作用，能恢复消化功能。阿魏亦有降血压、稀释血液的作用。在中东和印度草医药中，阿魏用于治疗单纯消化性疾病，如胃肠胀气、消化不良和便秘。人们服用阿魏(通常用片剂)用于治疗支气管炎、支气管哮喘、咳嗽和其他胸部疾患。它的刺鼻气味还可帮助治疗神经官能症。本品有较强的杀菌能力，对皮肤过敏有较好的防治功效，可作为抗菌剂、抗炎剂、抗过敏剂用于化妆品的护肤产品中，对皮肤感染有效。

【附注】阿魏属植物种类较多。波斯阿魏(*F. persica*)在中东用于治疗风湿病和骨痛。中亚的五福花阿魏(*F. sumbul*)用作神经补剂。中亚阿魏(*F. jaeschkeana*)近来被作为一种有潜力的避孕药而加以研究。

199 无花果 *Ficus carica* L.

彩图199　英文名：Fig，Fig tree；桑科

【别名】阿驵，奶浆果，天生子，文仙果，蜜果

【植物形态】落叶灌木，高3～10 m，多分枝；树皮灰褐色，皮孔明显；小枝直立，粗壮。叶互生，厚纸质，广卵圆形，长宽近相等，10～20 cm，通常3～5裂，小裂片卵形，边缘具不规则钝齿，表面粗糙，背面密生细小钟乳体及灰色短柔毛，基部浅心形；叶柄长2～5 cm，粗壮；托叶卵状披针形，长约1 cm，红色。雌雄异株，雄花和瘿花生于同一榕果内壁，雄花生内壁口部，花被片4～5，雄蕊3，有时1或5，瘿花花柱侧生，短；雌花花被与雄花同，子房卵圆形，光滑，花柱侧生，柱头2裂，线形。榕果单生叶腋，大而梨形，直径3～5 cm，顶部下陷，成熟时紫红色或黄色，基生苞片3，卵形；瘦果透镜状。花果期5～7月

【生态分布】喜温暖湿润气候，耐瘠，抗旱，不耐寒，不耐涝。喜阳光和土层深厚、疏松肥沃土壤。原产阿拉伯南部，后传入叙利亚、土耳其等地，目前地中海沿岸诸国栽培最盛。唐代即从波斯传入中国，现南北均有栽培，新疆南部尤多。

【历史与民俗】无花果是人类最早栽培的果树树种之一，从公元前3 000年左右至今已有近5 000年的栽培历史。传说古罗马时代有一株神圣的无花果树，因为它曾庇护过罗马创立者罗慕路斯王子，躲过了凶残的妖婆和啄木鸟的追赶，这株无花果后来被命名为“守护之神”。在地中海沿岸国家的古老传说中，无花果被称为“圣果”，作祭祀用果品。最新考古证实人类种植无花果的历史已达10 000年之久。更有趣的是，古今中外许多专家学者长期研究考查推断，无花果正是《圣经·旧约》中亚当夏娃偷吃的智慧果，而无花果那美丽宽大的叶片，则自然成为《圣经》里描述的人类第一套服装。无花果大约在唐代传入我国，至今约有1 300余年。《酉阳杂俎·木篇》：“底称实(阿驿)，波斯国呼为阿驿，拂林呼为底珍。树长四五丈，枝叶繁茂，叶有五出，似椑麻、无花而实。实赤色，类椑子，味似干柿，而一月(年)一熟。”在新疆阿图什栽培历史悠久，在民间也流传着很多有关无花果的传说。

【化学成分】果实含有机酸类，其中有大量枸橼酸，并有少量延胡索酸、琥珀酸、丙二酸、奎宁酸、莽草酸；含B族维生素、无花果蛋白酶、黄曲霉毒素B_1、黄曲霉毒素B_2、黄曲霉毒素G_1、黄曲霉毒素G_2；还

含 γ-胡萝卜素、叶黄素、堇黄质等类胡萝卜素类化合物;又含天门冬氨酸、甘氨酸、谷氨酸、亮氨酸、蛋氨酸、丙氨酸等氨基酸;并含寡肽如六肽、五肽、三肽以及蛋白质脂肪、糖类及钙、铁等微量元素。

【加工与利用】利用部位为榕果。果实成熟时采集,鲜用或干燥备用。无花果鲜食时味美,可作为开胃小菜,常与帕尔马火腿和奶酪同吃;干果有杏仁味,可搭配猪肉食用。无花果也被用于烹饪、甜点、糖果、果酱、蜜饯和饮料(如"figuette",即干无花果和杜松子浸泡在水中的一种饮料,具有咖啡风味)。

无花果含有丰富的蛋白质分解酶、酯酶、淀粉酶和氧化酶等酶类,它们都能促进蛋白质的分解。所以,当人们多食了富含蛋白质的荤食以后,以无花果或无花果干作为饭后的水果,有帮助消化的良好作用。无花果除了开胃、助消化之外,还能止腹泻、治咽喉痛。在日本的无花果产品包装上均印有"健康食品"、"美容"的宣传字样。无花果中含有多种抗癌物质,是研究抗癌药物的重要原料,其最重要的药理作用为对癌症的显著抑制性。它的抗癌功效已得到了世界各国公认,被誉为"21 世纪人类健康的守护神"。

【附注】无花果具有抗菌、消炎、润肺、止咳、润肠、皮肤保湿等作用。主要用于治疗咳喘、咽喉肿痛、便秘、痔疮等疾病。无花果提取物对黑色素生成有促进,对酪氨酸酶激活有促进,因而它在化妆品中可用于防晒黑型产品中,还可作为皮肤保湿剂和减肥剂使用。无花果的根、叶用于治疗肠炎,腹泻;外用治痈肿。

200 菩提树 *Ficus religiosa* L.

彩图 200　英文名:Peepal;桑科

【别名】印度菩提树,思维树

【植物形态】大乔木,高达 15～25 m;树皮灰色,平滑或微具纵纹,冠幅扩展;小枝灰褐色,幼时被微柔毛。叶革质,三角状卵形,长 9～17 cm,宽 8～12 cm,表面深绿色,光亮,背面绿色,先端骤尖,顶部延伸为尾状,基部宽截形至浅心形,全缘或为波状;叶柄纤细,与叶片等长或更长;托叶小,卵形。总花梗长约 4～9 mm;雄花、瘿花和雌花生于同一榕果内壁。雄花少,生于近口部,花被 2～3 裂,雄蕊 1 枚,花丝短;瘿花具柄,花被 3～4 裂,子房光滑,球形,花柱短,柱头膨大,2 裂;雌花无柄,花被片 4,宽披针形,子房光滑,球形,花柱纤细,柱头狭窄。榕果球形至扁球形,直径 1～1.5 cm,成熟时红色,光滑;基部苞片 3,卵圆形;花期 3～4 月,果期 5～6 月。

【生态分布】产于印度北部和中部的森林和林缘的水中。菩提树喜光,喜高温高湿,25 ℃时生长迅速,越冬时气温要求在 12 ℃左右,不耐霜冻;抗污染能力强,对土壤要求不严,但以肥沃、疏松的微酸性砂壤土为好。现广泛分布于南亚次大陆各国,常见于栽培。分布于中国广东、海南、广西、云南(北至景东,海拔 400～630 m),多为栽培。日本、马来西亚、泰国、越南、不丹、锡金、尼泊尔、巴基斯坦及印度也有分布,多属栽培,但喜马拉雅山区,从巴基斯坦拉瓦尔品第至不丹均有野生。

【历史与民俗】菩提树被印度人和佛教徒奉为圣物,传说佛祖释迦牟尼是在菩提树下修成正果的。菩提树还是一种长寿的树。据说,斯里兰卡的一棵菩提树有 2 000 多年的树龄。在印度,无论是印度教、佛教还是耆那教都将菩提树视为"神圣之树"。政府更是对菩提树实施国宝级的保护。

【化学成分】果实含果糖、黄酮类和酶。果实及其他部分含榕树素(ficusin)、香柑素(bergaptin)等。

【加工与利用】以果实、叶、树皮、乳胶入药,全年可采,鲜用或干燥备用。本品具有抗菌、收敛、止泻、止血、止痛等作用。菩提树与印度榕树的功效相似,其树皮和叶味涩,可用于治疗泄泻和痢疾;而叶单独使用可治疗便秘。叶和印度酥油(纯奶油)制成泥敷剂治疗疖疮,以及因腮腺炎出现的唾液腺肿大。果实的粉末用于治疗哮喘。乳胶用于治疗疣。

【附注】菩提树枝干上流出的乳状液汁可提取出硬性橡胶,枝叶可作象、牛等牲畜的饲料。菩提树木材心、边材区别不明显,散孔材,纹理交错,结构中,重量轻,干缩小,强度低,油漆后不光亮,容易胶黏,适宜做砧板、包装箱板和纤维板原料。

201 茴香 *Foeniculum vulgare* Mill.

彩图 201　英文名：Fennel；伞形科

【别名】小茴香，谷茴香

【植物形态】二年生或多年生草本。茎直立，株高 60～120 cm，全株无毛，有粉霜，具强烈香气。上部茎生叶卵圆形至阔三角形，丛生，长 20～30 cm，宽 30～40 cm，三至四回羽状细裂，最终裂片丝状，长 4～10 cm，叶柄具鞘。伞形花序顶生或侧生，直径 15 cm；总花梗长 4～25 cm，无总苞或小总苞；伞幅8～30 cm，长 2～8 cm，长短不等，花黄色，花梗长 2～6 cm，萼齿不显，花瓣 5，倒卵形，顶端内弯，雄蕊 5；子房下位，2 室，花柱基部长圆锥形，柱头双裂。双悬果长圆形，果棱尖锐，具 5 棱，有特异的香气。花期 6～7 月，果期 9～10 月。

【生态分布】原产于地中海地区，小茴香适应性强，可在年平均气温 14～20 ℃的地区生长。现温带地区广泛栽培。我国南北各地均有栽培，以北京、山东、内蒙古、山西、四川栽培面积较大。俄罗斯、罗马尼亚、匈牙利、法国、意大利、印度、日本和美国均有栽培。

【历史与民俗】小茴香原产地中海地区。古印度人认为本品能助消化。我国使用小茴香也有 1 000 多年的历史。它是世界上应用最广泛的辛香料之一。在古希腊，本品就有多种药用价值。希波克拉底认为本品能舒胃，治疗婴儿疝气。几百年后，戴奥斯柯瑞迪认为本品有抑制消化的作用，并推荐哺乳期妇女服用其种子催乳。希腊人还称本品为“Maraino”，意思是“变苗条”，有减肥作用。古罗马学者普林尼也偏爱本品。古印度阿育吠陀医药体系中认为本品能助消化，小茴香黄色的小花与胆囊相像，被认为能治疗黄疸。英国草药学家尼古拉斯·卡尔佩泊认为本品能排气、催乳、明目、缓解病人胃部不适等。牙买加人使用本品治疗感冒。非洲人使用本品治疗痢疾和消化不良。

【化学成分】茴香叶富含矿物质（尤其是钾）和维生素 A、维生素 B、维生素 C、维生素 E 和叶酸（100 μg/100 g）。能量值很低（109 kJ/100 g）。果实（种子）含有约 8%的挥发油（80%为大茴香醚，还有小茴香酮、甲基胡椒酚等）、黄酮、香豆素和甾醇等。

【加工与利用】利用部位有嫩茎叶和果实（俗称籽、种子）。嫩茎叶鲜用，果实秋季成熟时采收，去杂，干燥保存或提取精油。用水蒸气蒸馏提取精油，或以有机溶剂萃取提取油树脂。叶子在传统上用于鱼类菜肴，使用方法与莳萝相似。茴香嫩茎叶是受欢迎的沙拉原料（切片），或是作为蔬菜煮熟食用，可与芹菜一样用于各种各样的菜肴，或单独炒菜。果实精油可给利口酒提供茴香味。小茴香籽粒和粉状料常用于面包、糕饼、汤类、腌制品和鱼类海鲜品中；小茴香油和油树脂也是许多食品的调味料，包括在酒类与糖果中应用。英国和印度是消费小茴香最多的国家，在印度食品中，小茴香无处不在。相比之下，西式饮食中小茴香应用更广泛些。应用小茴香的食品有汤料（如英国和波兰风格的肉汤料）、焙烤佐料（如印度的烤鸭、烤鸡、烤猪肉）、海鲜佐料、腌制品佐料、复合调味料（五香粉、番茄酱）、肉用佐料（西式肉丸、意大利红肠）、沙拉调味料、面包风味料（德国式面包）、饮料和酒风味料（法国酒）等。

小茴香籽有抗菌、消炎、刺激食欲、利尿、通经、化痰等作用。挥发油释放的香气具有抗痉挛作用。研究还表明，本品有温和的雌激素作用，这种作用可能与传统催乳、通经有关。本品最常用于消肿、缓解胃痛、利尿和抗感染。与洋茴芹（*Pimpinella anisum*）和葛缕子（*Carum carvi*）相似，种子（果实）制成浸剂对增强消化功能、减轻腹胀都十分有效，还可用于治疗肾结石；与某些利尿药，如熊果叶（*Arctostaphylos uva-ursi*）合用治疗膀胱炎。本品制成漱口剂治疗咽炎，并具有温和的化痰作用；制成的浸剂或糖浆，治疗儿童疝痛和牙痛；制成滴眼剂用于治疗眼炎和结膜炎。本品可增加乳汁分泌，长期被认为有减肥和抗衰老的作用。在德国，本品与葛缕子一样，用于治疗消化不良、胀气、疼痛、肠激惹综合征和婴儿疝气。大剂量的小茴香能通经；老年女性使用本品能缓解更年期不适症状。小茴香果实精油除用于食品调味增香外，还用于配制牙膏、香水、化妆品等的香精。茴香果实蒸馏芳香油后的残渣中有 14%～20%的蛋白质和 12%～18.3%的油脂，是优良的饲料添加剂。

【附注】 茴香籽可能有毒，请勿过量使用，孕妇和儿童均限制使用。其精油不可内服。

202 草莓 *Fragaria ananassa* Duch. ex Rozier

彩图 202

英文名：Strawberry，Pineapple strawberry；蔷薇科

【别名】 洋莓，地莓，地果，红莓，士多啤梨

【植物形态】 多年生草本，高 10～40 cm。茎密被黄色柔毛。叶互生，三出叶，小叶具短柄，质地较厚，倒卵形或菱形，稀近圆形，长 3～7 cm，宽 2～6 cm，顶端圆钝，基部阔楔形，侧生小叶基部偏斜，边缘具缺刻状锯齿，锯齿急尖，上面深绿色，几无毛，下面淡白绿色，疏生毛，沿脉较密；叶柄长 2～10 cm，密被开展黄色柔毛。聚伞花序，有花 5～15 朵，花序下面具一短柄的小叶；花两性，直径 1.5～2 cm；萼片卵形，比副萼片稍长，副萼片椭圆披针形，全缘，稀深 2 裂，果时扩大；花瓣白色，近圆形或倒卵椭圆形，基部具不明显的爪；雄蕊 20 枚，不等长；雌蕊极多。聚合果大，直径达 3 cm，鲜红色，宿存萼片直立，紧贴于果实；瘦果尖卵形，光滑。花期 4～5 月，果期 6～7 月。

【生态分布】 喜温暖湿润气候，不耐寒冷。原产于南美洲，现在亚洲、欧洲和美洲均有分布。中国主要种植在四川、河北、安徽、辽宁、山东等地。

【历史与民俗】 所谓现代草莓、菠萝草莓，是一种自然混合物种，起源于欧洲（约在 1750 年），后来在智利和北美种植。它众多品种中的 *f. ananassa* 现在已在栽培业中占主导地位，这是一种大型的、有菠萝味的智利草莓。港译"士多啤梨"是其英语名称 Strawberry 的音译。草莓于 20 世纪初传入我国。

【化学成分】 草莓果实（聚合果）富含氨基酸、果糖、蔗糖、葡萄糖、柠檬酸、苹果酸、果胶、胡萝卜素、维生素 B_1、维生素 B_2、维生素 C、烟酸及矿物质钙、镁、磷、钾、铁等。尚含鞣花酸、环阿廷醇、β-谷甾醇、黄酮化合物、花青素（草莓红色素）。野草莓叶含类黄酮、鞣质和挥发油；果实含果酸、挥发油、甲基水杨酸盐和龙脑。

【加工与利用】 利用部位为果实（聚合果）。果实（聚合果）成熟时采集。新鲜草莓味美可食，通常加少许糖和奶油来吃，或制作成水果沙拉、慕斯和冰淇淋食用。它还可和酒、香槟、白兰地或利口酒同时食用，还可制作糖果、馅饼、蛋糕等。草莓还可加工成果酱、果冻、蜜饯、果汁等。

草莓有抗菌、抗炎、抗氧化、营养皮肤等作用。草莓中所含的胡萝卜素是合成维生素 A 的重要物质，具有明目养肝作用，对胃肠道和贫血均有一定的滋补调理作用，除可以预防坏血病外，对动脉硬化、冠心病也有较好的疗效。但痰湿内盛、肠滑便泻者及尿路结石病人不宜多食。

【附注】 草莓和野草莓果实或叶提取物中含有鞣花酸、黄酮等化合物，均有较强的抗氧化性，用于化妆品中，是较理想的抗氧剂。草莓、野草莓等提取物还有营养皮肤、促进毛发生长和护发等功效，可用于相应的化妆产品中。

203 柬埔寨藤黄 *Garcinia cambogia*（Gaertn.）Desr.（*Garcinia gummi-gutta*（L.）Roxb.）

彩图 203

英文名：Brindleberry；藤黄科

【别名】 藤黄果，马拉巴罗望子

【植物形态】 乔木，高 20 m，叶坚纸质，椭圆形或长圆状披针形，长 15～25 cm，宽 7～12 cm，顶端通常浑圆，稀钝渐尖，基部楔形，中脉粗壮，在上面微下陷，在下面隆起，叶柄长 2～2.5 cm。花杂性，异株，

4 基数；雄花序顶生，直立，圆锥状聚伞花序，长 8～15 cm，有花 8～12 朵；花的萼片阔卵形或近圆形，厚肉质，边缘膜质；花瓣黄色，长方状披针形；雄蕊合生成 1 束，几无花丝，有退化雌蕊；雌花通常成对或单生于枝条顶端；花梗粗壮，基部具半圆形苞片 2；子房近圆球形，柱头辐射状，8～10 裂，上面具乳头状瘤突；退化雄蕊基部联合成 1 轮，包围子房，上部分离。果大，成熟时扁球形，两端凹陷，直径 11～20 cm，黄色，光滑，有种子 8～10。种子肾形，假种皮多汁。花期 8～12 月，果期 12 月至翌年 1 月。

【生态分布】热带植物，喜温暖潮湿气候，生于低山坡地潮湿的密林中，原产南亚，也分布于东南亚。几个世纪以来，印度、泰国、柬埔寨多有栽培。

【历史与民俗】藤黄果自古以来被当作咖喱粉的香辛料成分之一，几个世纪以来，在印度南部和泰国被作为果型草药使用，并大量栽种。其果实和橙子大小几乎相同，外表面类似南瓜，常有数条纵沟。从藤黄果中提炼出的生物保健品已风靡世界各地。

【化学成分】果皮主要活性成分为羟基柠檬酸，还有羟基柠檬酸内酯、山竹子素、异山竹子素、矢车菊素及其糖苷。果实含葡萄糖、菊粉、淀粉、维生素等。

【加工与利用】利用部位为成熟果和果皮。藤黄果民间历来作为蔬菜用于烹调食用。近代研究表明它的有效成分可利用为减肥食品。藤黄果的主要有效成分是果皮上的羟基柠檬酸，而羟基柠檬酸的主要作用就是阻碍脂肪的合成。当人们摄取了糖类时，这些糖类会被分解为葡萄糖，搬运到肌肉内并且转换为热量。但若热量的摄取量大于消耗量时，多余的葡萄糖就会被转换为脂肪并被储存起来，这就是肥胖的原因。而若是在餐前摄取藤黄果，就能阻碍葡萄糖转换为脂肪，并且促进其转换为较容易被利用为热量的肝糖，因此能预防肥胖。现在已将果和果皮细碎后，以水、乙醇等溶剂提取，过滤，提取液浓缩至干，得提取物浸膏，并制成方便食用的胶囊、丸剂等。另外，藤黄果还能刺激饱食中枢，让人体不易有空腹感，食量自然就会减少，且藤黄果没有其他副作用，减肥后不容易反弹。藤黄果是美国最流行的减肥保健食品，在日本也相当风靡。

【附注】研究还表明，它的提取物对 DPPH 自由基、超氧自由基均有消除作用；山竹子素对角叉菜胶致大鼠足趾肿胀有抑制作用。柬埔寨藤黄果提取物对透明质酸酶有抑制作用，表明对皮肤有保湿作用；它还有抗氧化、抗炎作用。因而它可作为肌肤保湿剂、美白剂和抗炎剂用于化妆品中。

204 山竹子 *Garcinia mangostana* L.

彩图 204　英文名：Mangosteen；藤黄科

【别名】倒捻子，莽吉柿，凤果，山竺，山竹果

【植物形态】常绿乔木，高达 10 m，树冠圆形或圆锥形。树叶对生，厚革质，长 15～25 cm，顶端渐尖，全缘，两面无毛，有光泽。花杂性同株，雄花 3～9 朵成顶端簇生花序，直径约 4 cm；两性花单生或成对着生于枝头，直径约 5 cm；萼片 4；花瓣 4，肉质，黄色杂有红色；雄蕊多数；雌蕊一个，子房 2～12 室，柱头 4～8 裂。果实球形，直径 4～8 cm，紫色或深红紫色，表面光滑，有宿存的革质萼片，果皮很厚且极为坚硬，内含 5～7 粒种子，外包有白色多汁、香甜的假种皮，可食用，清凉甜美，口感柔和。果熟期 5～8 月。

【生态分布】热带果树，原产马来西亚；喜温暖湿润气候，中国广东南部、海南、台湾有栽培。东南亚各地有分布，其他热带地区有栽培。

【历史与民俗】山竹子原产于印度尼西亚的巽他群岛和摩鹿加群岛。它的假种皮多汁，质地细腻，略带酸甜的味道。山竹子在爪哇、苏门答腊岛及菲律宾南部等地自古以来就有栽培。中国 15 世纪就有山竹子的纪录，称山竹子来自爪哇，果肉白色，味美，有糖醋味。1753 年林奈的《植物种志》中山竹子就被收载。1855 年山竹子被引入英国温室，随后它就传到了西半球，开始在西印度群岛，特别是牙买加建立了栽培基地。后来又传播到了危地马拉、洪都拉斯、巴拿马、美洲大陆和厄瓜多尔。山竹子树一般在热带以外的地区生长不好。

【化学成分】果实可食部分含糖量高(16%～18%),热量值为314 kJ/100 g。而维生素C含量低(2～3 mg/100 g)。果皮含有多酚类物质,包括氧杂蒽酮(包括α-倒捻子素、β-倒捻子素、γ-倒捻子素、倒捻子烯醇、倒捻子醇等)和单宁酸类(包括表儿茶素、阿魏酸、咖啡酸、香草酸、香豆酸、对羟基苯甲酸等)。

【加工与利用】利用部位为果实。果实成熟时采集。山竹子鲜吃,被许多人认为是最美味的热带水果,它有一种微妙的甜酸味,可用于制作水果沙拉、冰淇淋、冰沙和果浆等。

【附注】剥取果皮,细碎后,以水、乙醇等溶剂提取,过滤,提取液浓缩至干,得提取物浸膏或粉剂。本品具有抗菌、抗氧化、抗真菌、保湿等功效。所含倒捻子素就有很强的抗氧化能力;同时对胶原酶活性的抑制表明,可减缓胶原蛋白纤维的降解,维持皮肤弹性,因而可用于抗衰化妆品。它对牙周致病菌有强烈的抑制作用,可用于口腔卫生制品。

205 栀子 *Gardenia jasminoides* Ellis

彩图 205　英文名:Cape jasmine;茜草科

【别名】黄栀子,黄栀,山栀子,玉荷花,白蟾花

【植物形态】常绿灌木,高达2 m。叶对生或三叶轮生,叶片革质,长椭圆形或倒卵状披针形,长5～14 cm,宽2～7 cm,全缘;托叶2,通常连合成筒状包围小枝。花单生于枝端或叶腋,白色,芳香;花萼绿色,圆筒状;花冠高脚碟状,裂片5或较多,花瓣成旋转卷形排列,开花初为白色,后变为乳黄色;雄蕊与花冠裂片同数;子房下位,1室。果卵圆形,黄色,为肉质果;有翅状纵棱5～8条;种子多数。花期5～7月,果期8～11月。

【生态分布】喜温暖湿润气候,好阳光但又不能经受强烈阳光照射。生于海拔10～1 500 m处的旷野、丘陵、山谷、山坡、溪边的灌丛或林中。产于山东、江苏、安徽、浙江、江西、福建、台湾、湖北、湖南、广东、香港、广西、海南、四川、贵州和云南,河北、陕西和甘肃有栽培。国外分布于日本、朝鲜、越南、老挝、柬埔寨、印度、尼泊尔、巴基斯坦、太平洋岛屿和美洲北部,野生或栽培。

【历史与民俗】栀子原产中国中部,现在世界各地广泛栽培。我国栀子花栽培已有2 000多年的历史。始见于《神农本草经》,又名木丹。汉司马相如所作《上林赋》中有"鲜支黄砾"之句,鲜支即栀子。《汉书》曾记"汉有栀茜园",《晋书》载有"晋有华林园种栀子,今诸宫有秋栀子"等语。大约在1757年传入英国,后来约于1762年传入美国。

【化学成分】果实含黄酮类栀子素及三萜类化合物,如藏红花素、藏红花酸、α-藏红花苷元,亦含环烯醚萜苷类栀子苷、异栀子苷、去羟栀子苷(京尼平苷)、京尼平龙胆二糖苷、山栀子苷、栀子酮苷、鸡屎藤次苷甲酯、脱乙酰车叶草苷酸甲酯、京尼平苷酸等。此外,尚含有D-甘露醇、β-谷甾醇、二十九烷、熊果酸。

【加工与利用】利用部位为成熟果实。10月,果实成熟,待果皮呈黄色时采收。采摘得的果实,除去果柄及杂质,晒干或烘干备用。栀子在中国有上千年的应用历史,民间用栀子泡茶饮用,并与麦芽、山渣、菊花一起煎汤作防暑饮料。1998年卫生部公布既是食品又是药品的品种名单,栀子为第一批。中日食用着色剂标准讨论会讨论统一红曲红、栀子黄色素的标准,然后共同向联合国粮农组织与世界卫生组织联合食品添加剂专家委员会(JECFA)申报,经该组织评价后,形成国际性的产品质量技术标准,使栀子黄可在全世界范围内广泛应用。

栀子黄色素的主要成分为藏红花素和藏红花酸,极易被人体吸收,在人体内可以转化为维生素A。可以补充人体维生素的不足,是一种营养型着色剂。同时,栀子还是常用中药,栀子黄有类似栀子的作用,有清热祛火、凉血利胆、降低胆固醇的作用,具有一定的保健功能。因此,它可以说是一种集着色、营养、保健多功能于一体的天然植物色素。

栀子干燥成熟果实中所含藏红花素是以现代生物工程原理，采用独特的高科技生产工艺提取而得的天然食用色素(亦称栀子黄色素)。它与藏红花的主要色素成分相同，属类胡萝卜素。用栀子黄色素配成0.1%水溶液使用，色素溶液呈亮黄色。

栀子黄色素稳定性好，着色力强，耐还原性、耐微生物性好，耐光、耐热，在pH 4～11范围内颜色基本不变；对金属离子稳定，不受铝、钙、锰、铜、铅、锡、汞等金属离子的影响，但对铁离子略有变黑的倾向。对淀粉、蛋白质染着效果好。栀子黄是着色力强的天然水活性类胡萝卜素，可作为食品添加剂使用。同时，可供纤维染色用。

【附注】栀子花、叶、果皆美，花芳香四溢，可以用来熏茶和提取芳香油；栀子花石油醚浸膏芳香，可调制化妆品香精使用。其花、果实提取物具有抗氧化、促进表皮细胞增殖、保湿、抗炎等功效，可用于美白、抗衰化妆品。此外，根、叶、果实均可入药；栀子木材坚实细密，可供雕刻。

206 银杏 *Ginkgo biloba* L.

彩图206　英文名：Ginkgo，Maidenhair tree；银杏科

【别名】白果

【植物形态】落叶乔木，胸径可达4 m，树皮灰褐色，不规则纵裂，有长枝与距状短枝。叶互生，在长枝上辐射状散生，在短枝上3～5枚成簇生状，有细长的叶柄，叶片扇形，两面淡绿色，在宽阔的顶缘多少具缺刻或2裂，宽5～8(～15) cm，具多数叉状平行细脉。雌雄异株，稀同株，球花单生于短枝的叶腋；雄球花成葇荑花序状，雄蕊多数，各有2花药；雌球花有长梗，梗端常分两叉(稀3～5叉)，叉端生1具有盘状珠托的胚珠，常1个胚珠发育成种子。种子核果状，具长梗，下垂，椭圆形、长圆状倒卵形、卵圆形或近球形，长2.5～3.5 cm，直径1.5～2 cm；假种皮肉质，被白粉，成熟时淡黄色或橙黄色；种皮骨质，白色。花期5～6月，果熟10月。

【生态分布】银杏深根性，喜光，对气候条件的适应范围很广。银杏树主要分布在山东、江苏、四川、河北、湖北、河南等地。日本、欧美各国均有引种。

【历史与民俗】银杏最早出现于3.45亿年前的石炭纪。曾广泛分布于北半球的欧、亚、美洲，中生代侏罗纪银杏曾广泛分布于北半球，白垩纪晚期开始衰退。至50万年前，发生了第四纪冰川运动，地球突然变冷，绝大多数银杏类植物濒于绝种，在欧洲、北美和亚洲绝大部分地区灭绝，只有中国自然条件优越，才奇迹般地保存下来。所以，银杏被科学家称为“活化石”。在山东日照浮来山的定林寺内有一棵大银杏树，相传是商代种植的，距今已有3 500多年历史了。

白果养生延年，在宋代被列为皇家贡品。同时，作为重要干果也出现在士大夫的餐桌上和作为馈赠礼品。宋代诗人张无尽诗：“鸭脚半熟色犹青，纱囊驰寄江陵城，城中朱门翰林宅，清风明月吹帘笙，玉纤雪腕白相照，烂银壳破玻璃明。”日本人有每日食用白果的习惯。西方人圣诞节必备白果。

【化学成分】白果的化学成分各地分析较多，但由于不同产地和取样差别，分析结果差异也较大。每100 g种仁含淀粉27.0～62.4 g，多数在35 g以上；蛋白质5.0～11.3 g，多数在7.0 g以上；脂肪1.18～9.48 g，多数在2.4 g以上；糖4.0～6.0 g；矿物质1.3%～3.0%，其中钙30～60 mg/100 g，磷35～89 mg/100 g，钾84～124 mg/100 g，铁1.0～2.79 mg/100 g。还含有胡萝卜素、维生素B_1、维生素B_2、核黄素和少量维生素B_1、维生素C等。有报道称，银杏叶含黄酮类、内酯、酚类物质等，黄酮苷和内酯是其主要活性成分。叶中黄酮类化合物含量为0.5%～1.0%(质量分数)。

【加工与利用】利用部位为种子核。当种皮逐渐变为橙黄色，并有少量白果脱落时即为采摘期。一般人工采摘，采收后摊放于室内或室外平地上，厚度不超过40 cm，不可浇水和覆土，只需盖上稻草。待外种皮腐烂时，取出，捣碎外种皮，将核用清水洗净，再摊晾2～3 h，待核壳发亮即可。不要日晒，以防变质。种子核可烤、煮、蒸，可作为零食或用作蔬菜，或作菜肴装饰，尤其是素食菜肴。它可做各式各样的

中国、韩国和日本菜肴，包括炒菜、炖菜和著名的燕窝汤。

银杏果仁含有多种营养元素以及银杏酸、白果酚、五碳糖、脂固醇等成分。具有益肺气、治咳喘、止带、驱虫、缩小便、平皱皱、护血管、增加血流量等食疗作用和医用效果。经常适量食用白果，可以滋阴养颜，抗衰老，扩张微血管，促进血液循环，使人肌肤、面部红润，精神焕发，延年益寿，是老幼皆宜的保健食品和款待宾客的特制佳肴。种仁中的黄酮苷、苦内脂对脑血栓、老年性痴呆、高血压、高血脂、冠心病、动脉硬化、脑功能减退等疾病还具有特殊的预防和治疗效果。

【附注】银杏叶提取物具有抗菌、抗炎、清除自由基、增强免疫功能等作用。日本在银杏叶提取物(GBE)的化妆品方面开发产品较多。如含 GBE 并加入维生素 E 或 SOD 的抗皮肤脂质过氧化的化妆品；含 GBE 与透皮吸水剂的喷雾剂、液剂、霜剂、贴剂等，可减轻皮肤刺激作用；含 GBE 的头发助生剂、生发液(霜)、发乳等系列产品；含 GBE 的减肥敷剂，敷于相应部位，能减少脂肪沉着，达到减肥的目的。

银杏树在园林中应用广泛，外种皮可作农药，木材是上等的材质，可用于建筑、家具、雕刻等。

207 唐菖蒲 *Gladiolus gandavensis* Vaniot Houtt

彩图 207

英文名：Gladiolus；鸢尾科

【别名】菖兰，剑兰，扁竹莲，十三太保，荸荠莲

【植物形态】多年生草本，球茎扁圆球形，直径 2.5～4.5 cm。叶基生，或在花茎基部互生，剑形，长 40～60 cm，宽 2～4 cm，基部鞘状，顶端渐尖，嵌迭状排成 2 列，灰绿色，有 1 条明显而突出的中脉。花茎直立，高 50～80 cm，不分枝，花茎下部生有数枚叶；蝎尾状单歧聚伞花序，长 25～35 cm，每朵花下有苞片 2，膜质，卵形或宽披针形；无花梗；花在苞内单生，两侧对称，有红、黄、白或粉红色等，直径 6～8 cm；花被管长约 2.5 cm，花被裂片 6，2 轮排列，内、外轮的花被裂片皆为卵圆形或椭圆形，上面 3 片略大；雄蕊 3，长约 5.5 cm，花药条形，红紫色或深紫色；花柱长约 6 cm，顶端 3 裂，柱头略膨大，子房椭圆形，绿色。蒴果椭圆形或倒卵形，成熟时室背开裂；种子扁而有翅。花期 7～9 月，果期 8～10 月。

【生态分布】喜光照，喜温暖气候，但气温过高对生长不利，不耐寒，生长适温为 20～25 ℃，球茎在 5 ℃以上的土温中即能萌芽。原产于非洲好望角，南欧、西亚等地中海地区亦有分布。主要生产于美国、荷兰、以色列及日本等。唐菖蒲在中国各地均有栽培，主要分布在广东、四川、福建、吉林、辽宁、云南、上海、甘肃、江苏、深圳和河北。贵州及云南一些地方常逸为半野生。

【历史与民俗】早在 17 世纪初叶，唐菖蒲还野生于非洲好望角一带时，只被一些爱花如命的贵族太太所赏识，派人采回家居的花园栽培。1807 年英国传教士威廉·赫伯特在主教庭园内用 11 种野生唐菖蒲进行杂交，培育出 3 个花色漂亮的新品种。后逐步传播到欧美各国。素有"百花王国"之称的荷兰，花商们优先把唐菖蒲推向市场，其总产量仅次于国花郁金香。唐菖蒲大约 20 世纪中叶首先进入我国港澳和广东等地。中国人认为唐菖蒲叶似长剑，有如钟馗佩戴的宝剑，可以挡煞和避邪，成为节日喜庆不可缺少的插花衬料，再加上其花朵由下往上渐次开放，象征节节高升，成为祝贺花篮中应用相当多的花材。在欧美民间也曾流传唐菖蒲是武士屠龙宝剑的化身，可以护卫家园，因此也常在家园四周种满剑兰。1984 年美国总统里根在结束对中国的访问，举行答谢宴会时，美方特地从港、穗空运 1 100 多枝新鲜的唐菖蒲到北京，以增进宴会的热烈气氛。

【化学成分】据报道，从鳞茎的乙醇提取物中分离鉴定出 32 个化合物，其中有 9 个新的齐墩果型三萜皂苷(1-9)，其结构特点是 C-29 位甲基被羟基或者糖苷所取代，这类结构不多见。也有报道称，从鳞茎分离得两个新的蒽醌类化合物：甲基 8-hydroxy-3-methoxy-6,7-methylenedioxy-1-methylanthraquinone-2-carboxylate(gandavensin, 1)和甲基 8-hydroxy-3,6,7-trimethoxy-1-methylanthraquinone-2-carboxylate (gandavensin 2)。此外，其茎叶含有大量的维生素 C 及其他营养成分。

【加工与利用】其球茎可入药，秋末将球茎自地中挖出，洗净，干燥备用；作为花种时，可放在室内干

燥处过冬。鳞茎味苦，性凉，有清热解毒的功效，用于治疗腮腺炎、淋巴结炎及跌打损伤等。用法用量：2～10 g，浸酒服或研粉吹喉。外用适量，捣烂敷或磨汁搽患处。也有认为鳞茎有少量毒性，应控制用量。茎叶还是提取维生素 C 的良好原料。

【附注】唐菖蒲为重要的鲜切花，可作花篮、花束、瓶插等。还可布置花境及专类花坛。矮生品种可盆栽观赏。它与切花月季、康乃馨和扶郎花被誉为“世界四大切花”。品种有忧郁唐菖蒲、甘德唐菖蒲等。

208 大豆 *Glycine max*（L.）Merr.

彩图 208

英文名：Soybean；豆科

【别名】菽，黄豆

【植物形态】一年生草本，高 30～90 cm。茎粗壮，直立，全株被褐色长硬毛。叶通常具 3 小叶；托叶宽卵形；叶柄长 2～20 cm；小叶纸质，宽卵形，近圆形或椭圆状披针形，顶生一枚较大，长 5～12 cm，宽 2.5～8 cm，先端渐尖，基部宽楔形，侧生小叶较小，斜卵形。总状花序，总花梗长 10～35 mm 或更长，通常有 5～8 朵无柄、紧挤的花；苞片披针形；花萼长 4～6 mm，常深裂成二唇形，裂片 5；花冠蝶形，紫色、淡紫色或白色，长 4.5～8(10)mm；雄蕊二体；子房基部有不发达的腺体。荚果肥大，长圆形，稍弯，黄绿色，长 4～7.5 cm，宽 8～15 mm，密被褐黄色长毛；种子 2～5 颗，近球形，卵圆形至长圆形，长约 1 cm，种皮光滑，淡绿、黄、褐和黑色等多样，因品种而异。花期 6～7 月，果期 7～9 月。

【生态分布】大豆原产中国。喜温暖气候，中国各地均有栽培，以东北最著名，亦广泛栽培于世界各地。

【历史与民俗】大豆起源于中国，中国学者大多认为原产地是云贵高原一带。现种植的栽培大豆是从野生大豆通过长期定向选择、改良驯化而成的。中国种植大豆的历史有 5 000 多年，古称菽。汉代司马迁（公元前 145—前 93 年）编的《史记》中，头一篇《五帝本纪》中写道：“炎帝欲侵陵诸侯，诸侯咸归轩辕。轩辕乃修德振兵，治五气，蓺五种，抚万民，庆四方。”郑玄注曰：“五种，黍稷菽麦稻也。”司马迁在《史记・卷二十七》中写道：“铺至下铺，为菽。”由此可见轩辕黄帝时已种菽。约于 1804 年引入美国，20 世纪中叶，在美国南部及中西部，大豆成为重要作物。世界各国栽培的大豆都是直接或间接由中国传播出去的。

【化学成分】每 100 g 大豆含蛋白质 36.3 g、脂肪 18.4 g、糖 25.3 g、热量 1 725 kJ、钙 367 mg、磷 571 mg、铁 11 mg、胡萝卜素 0.4 mg、维生素 B_1 0.79 mg、维生素 B_2 0.25 mg、烟酸 2.1 mg。

【加工与利用】利用部位为种子（俗称大豆）。大豆可以煮食，也用于加工各种食品。大豆可以加工成豆腐、豆浆、腐竹等豆制品，还可以提炼异黄酮。其中，发酵豆制品包括腐乳、臭豆腐、豆瓣酱、酱油、豆豉、纳豆等。而非发酵豆制品包括水豆腐、干豆腐（百页）、豆芽、卤制豆制品、油炸豆制品、熏制豆制品、炸卤豆制品、冷冻豆制品、干燥豆制品等。另外，豆粉则是代替肉类的高蛋白食物，可制成多种食品，包括婴儿食品等。

大豆含植物性蛋白质，有“植物肉”的美称。人体如果缺少蛋白质，会出现免疫力下降、容易疲劳的症状。大豆富含大豆卵磷脂，它是大脑的重要组成成分之一。吃黄豆有助预防老年痴呆症。此外，大豆卵磷脂中的甾醇可增加神经机能和活力。大豆富含大豆异黄酮，这种植物雌激素能改善皮肤衰老，还能缓解更年期综合征。此外，日本研究人员发现，黄豆中含有的亚油酸可以有效阻止皮肤细胞中黑色素的合成。

【附注】由大豆加工生产的豆油是重要的食用油之一，属半干性油。它是人体不饱和脂肪酸的重要来源，能起到降低胆固醇的作用，对高血压、心血管疾病也有辅助治疗功效。大豆油经过精炼形成的精炼大豆油主要供食用。豆油经过深加工，可生产多种产品，如大豆卵磷脂，有利于人体神经系统的发育；在糖果食品工业、医药、造纸和制革等方面广为应用。大豆榨油后的下脚料（大豆饼粕）是优质的蛋白饲料。大豆还可提制许多重要产品，如用于食品工业的磷脂，医药工业的豆甾醇、谷甾醇，是甾醇激素的原料等。

209 洋甘草 *Glycyrrhiza glabra* L.

彩图 209　英文名:Licorice,Liquorice;豆科

【别名】光果甘草,欧甘草,欧亚甘草

【植物形态】多年生草本,根与根状茎粗壮,根皮褐色,里面黄色,具甜味。茎直立,高 0.5～1.5 m,基部带木质,全株密被淡黄色鳞片状腺点和白色柔毛。奇数羽状复叶,叶长 5～14 cm;托叶线形,早落;小叶 7～19,卵形或长椭圆形,窄长平直,全缘,上面近无毛或疏被短柔毛,下面密被淡黄色鳞片状腺点。总状花序腋生,具多数密生的花;总花梗短于叶或与叶等长;苞片披针形,膜质;花萼钟状,长 5～7 mm,萼齿 5 枚,披针形,与萼筒近等长;花冠紫色或淡紫色,旗瓣卵形或长圆形,长 10～11 mm,翼瓣长 8～9 mm;龙骨瓣直,长 7～8 mm;子房无毛。荚果长圆形,长 1.7～3.5 cm,微作镰形弯。种子暗绿色,光滑,肾形,直径约 2 mm。花期 5～6 月,果期 7～9 月。

【生态分布】喜干燥温凉气候,喜生于河滩两岸荒漠草原、平原草地。我国新疆、甘肃等地有分布。欧洲、地中海区域、哈萨克斯坦、乌兹别克斯坦、土库曼斯坦、吉尔吉斯斯坦、塔吉克斯坦、俄罗斯西伯利亚地区以及蒙古均有分布。

【历史与民俗】光果甘草有几千年的药用历史,在古希腊就用于治疗哮喘、胸腔疾病和口腔溃疡,至今仍是最有价值的草药之一。它有强抗炎功效,适宜于关节炎和口腔溃疡。

【化学成分】根和根茎含三萜类化合物,如 11-去氧甘草次酸乙酸甲酯、24-羟基-11-去氧甘草次酸乙酸甲酯、11-去氧光甘草内酯-乙酸酯。还有黄酮类化合物,如光甘草啶、光甘草素等,其中光甘草啶为光果甘草的主要有效成分。

另有报道称,根含甘草甜素、甘草次酸、甘草酸,还含多种黄酮化合物,如甘草苷(liquiritin)、异甘草苷、新甘草苷、光果甘草苷、异光果甘草苷、甘草查耳酮 A 和甘草查耳酮 B。

【加工与利用】利用部位为根和根茎。秋季地上部分枯萎后挖根。因其根较深,应深挖根部,挖后除去泥土和芦头,按粗细分级,晒至半干,捆成小把,晒至全干,备用。切成碎片可作为甜食放在口中咀嚼食用。甘草汁主要用于糖果、饮料(如甘草水)、黑啤酒和利口酒。洋甘草汁与阿拉伯树胶、淀粉或糖粉和调味剂等混合还可制成各种类型的硬的或柔软的甘草糖。研究表明,甘草皂苷有与皮质甾醇或其他皮质甾醇类激素相同的抗炎和抗关节炎功效;还可以刺激肾上腺产生激素,并减缓肝脏和肾脏中激素的降解。可用于治疗消化系统各种炎症,如口腔溃疡、胃炎、消化性溃疡和胃酸过多以及许多胸腔疼痛、关节炎和某些皮肤病,还可缓解眼部炎症。本品刺激肾上腺,有助于治疗艾迪生病(肾上腺皮质功能减退),也可作为泻药使用。1985 年日本研究发现,甘草皂苷有助于治疗慢性肝炎和肝硬化。

【附注】光果甘草提取物具有抗菌消炎、抗氧化、抗衰老、防紫外线、美白亮肤、祛斑等功效,在全球化妆品界,光果甘草被誉为"美白黄金"。光果甘草提取物可有效地抑制酪氨酸酶活性,可在增白型和亮肤型护肤品中使用。它对过氧化氢酶也有很好的抑制作用,如果化妆品中使用了过氧化氢,再添加光果甘草提取物,会降低过氧化氢对皮肤的刺激性。光果甘草提取物还可有效地抗菌、抗炎,起到保护皮肤的作用。目前在化妆品行业大量使用,如膏、霜、水、露、乳液等广泛应用。

210 甘草 *Glycyrrhiza uralensis* Fisch.

彩图 210　英文名:Ural licorice;豆科

【别名】甜草根,红甘草,粉甘草,乌拉尔甘草

【植物形态】多年生草本,高 30～100 cm。根茎粗壮,皮红棕色。茎直立,带木质,有白色短毛和刺毛状腺体。奇数羽状复叶长 8～20 cm;小叶 7～17,卵形或宽卵形,长 2～5 cm,宽 1～3 cm,先端急尖或

钝,基部圆,两面均被短毛和腺体;托叶阔披针形,被白色纤毛。总状花序腋生,花密集;花萼钟状,萼齿5,披针形,外面有短毛和刺毛状腺体;花冠蓝紫色,长 1.4～2.5 cm,无毛,旗瓣大,卵圆形,有爪,龙骨瓣直,较翼瓣短,均有长爪;雄蕊二体(9+1)。荚果条形,呈镰刀状或环状弯曲,外面密被刺毛状腺体。种子4～8,肾形。花期7～8月,果期8～9月。

【生态分布】喜光照充足、降雨量较少、夏季酷热、冬季严寒、昼夜温差大的生态环境,具有喜光、耐旱、耐热、耐盐碱和耐寒的特性。适宜在土层深厚、土质疏松、排水良好的砂质土壤中生长。本种为世界广布种,亚洲、欧洲、大洋洲、美洲均有分布。我国主要分布于新疆、内蒙古、宁夏、甘肃、山西朔州等地。

【历史与民俗】甘草入药历史悠久。早在2 000多年前,《神农本草经》就将其列为药之上乘。南朝医学家陶弘景将甘草尊为"国老",并言:"此草最为众药之王,经方少有不用者。""国老",即帝师之称。把甘草推崇为药之"帝师",其原因正如李时珍在《本草纲目》中所释:"诸药中甘草为君,治七十二种乳石毒,解一千二百草木毒,调和众药有功,故有'国老'之号。"

【化学成分】根和根茎主含三萜皂苷,其中主要的一种为甘草甜素,系甘草的甜味成分,其次有乌拉尔甘草皂苷(uralsaponin)A、B和甘草皂苷(licoricesaponin)A_3、B_2、C_2、D_3、E_2、F_3、G_2、H_2、J_2、K_2。又含黄酮素类化合物甘草苷元、甘草苷、异甘草苷元、异甘草苷、新甘草苷、新异甘草苷、甘草西定、甘草利酮(licoricone)、刺芒柄花素、5-O-甲基甘草本定、甘草苷元-4′-芹糖葡萄糖苷、甘草苷元-7,4′-二葡萄糖苷、新西兰牡荆苷Ⅱ、芒柄花苷、异甘草黄酮醇、异甘草苷元-4′-芹糖葡萄苷。还含香豆精类化合物甘草香豆精、甘草酚、异甘草酚、甘草香豆精-7-甲醚、新甘草酚、甘草吡喃香豆精、甘草香豆酮等。又含生物碱5,6,7,8-四氢-4-甲基喹啉、5,6,7,8-四氢-2,4-二甲基喹啉、3-甲基-6,7,8-三氢吡咯并[1,2-a]嘧啶-3-酮。还含甘草苯并呋喃,又名甘草新木脂素、β-谷甾醇、正二十三烷、正二十六烷、正二十七烷等。另含甘草葡聚糖GBW,三种中性的具网状内皮活性的甘草多糖UA、UB、UC,多种具免疫兴奋作用的多糖GR-2a、GR-2Ⅱb、GR-2ⅡC和多糖GPS等。

【加工与利用】主要利用甘草根。秋季采挖,除去芦头、茎基、须根,截成适当长短的段,晒至半干,打成小捆,再晒至全干备用。甘草酸的提取:以甘草根或甘草浸膏为原料,经水浸提、酸析、醇提、浓缩,然后经大孔树脂纯化,得甘草酸或甘草酸铵,纯度可达90%。

甘草为传统中草药,除药用之外,甘草制成的粉末或浸出物在我国民间也是传统使用的一种甜味剂,一般用于食品中可代替部分蔗糖。以现代方法提取的甘草甜素更是经常使用的食品甜味添加剂,其甜度是蔗糖的数百倍。西方国家大量进口甘草,从中提取甘草次酸,还用于治艾滋病。

由于甘草酸有糖皮质激素样药理作用,而且无严重不良反应,临床已被广泛用于治疗各种急慢性肝炎、支气管炎和艾滋病。还具有抗癌防癌、干扰素诱生剂及细胞免疫调节剂等功能。甘草酸还具有降血脂与抗动脉粥样硬化作用,可阻止动脉粥样硬化的形成。

【附注】甘草提取物具有抗菌、抗炎、抗氧化、抗过敏、防紫外线、润肤等功效。甘草提取物对肌细胞增殖、血管内皮细胞增殖、胶原蛋白生成均有促进作用,对NO生成有抑制作用,表明它具有提高皮肤活性的作用,并有美白、抗过敏等作用,可用于抗衰化妆品。它还有较强的抗菌、消炎功能,可防治多种皮肤病。

211 灌状买麻藤 *Gnetum gnemon* L.

彩图211

英文名:Melinjo;买麻藤科

【别名】显轴买麻藤

【植物形态】小乔木或灌木,高达15～20 m,枝有膨大关节;叶对生,叶柄短,叶片长椭圆形,长8～20 cm,宽3～10 cm,全缘,羽状脉;叶面深绿色,有光泽。球花单性同株或异株,穗状,单穗或数穗组成顶生或腋生的聚伞花序式;雄球花紧密排成2～4轮,花序顶端常有一轮不育雄花,雄花假花被杯状,雄蕊2～1,花丝合生或半合生,花药1室;雌球花侧生于老枝上;雌花有囊状假花被包于胚珠外,珠被2层,花后珠被与假花被合生成肉质的假种皮；种子核果状，椭圆形，长 2～4 cm；成熟时红色；子叶 2 枚。花果期 6～9 月。

【生态分布】 热带植物，生长在热带雨林中，海拔 0～1 700 m 地区均有，原产于东南亚与西太平洋岛屿，从印度的米佐拉姆邦、阿萨姆邦到马来西亚、菲律宾、斐济和印度尼西亚均有分布。

【历史与民俗】 灌状买麻藤是产于印度尼西亚、马来西亚和泰国的一种食用植物。在印度尼西亚，它是一种传统的森林果品，可能已经被使用了许多世纪。现在它只在一个有限的范围内培养，通常出现在温暖地区的植物园里。

【化学成分】 球果（种子）含有丰富的白藜芦醇和多酚。从干燥的胚乳 50% 乙醇提取物分离得到 gnetin C，gnetin L（新类化合物），买麻藤苷 A、买麻藤苷 C 和买麻藤苷 D。干叶含有异牡荆苷、巢菜素Ⅱ、异当药黄素、当药黄素、日当药黄素、异日当药素。

【加工与利用】 利用部位为嫩叶、嫩花序和成熟种子（果实）。种子（果实）是一种面粉的来源。在印度尼西亚，种子粉制作（油炸）的晶片饼干平、脆，是很常见的食品，通常被放在印尼餐厅玻璃瓶里。种子（果实）略苦、坚果味，也作为零食食用。其幼嫩的花朵和叶子在泰国是一种蔬菜，常作为蔬菜汤的原料。在西爪哇岛，它也是一种受欢迎的蔬菜，被称为“sayur asam”，它常包含嫩叶和嫩的水果（种子）。灌状买麻藤种子也可以煮熟吃，或去皮，烤熟，作坚果吃。

【附注】 球果（种子）所含白藜芦醇具有抗菌、抗氧化活性，可作为食品防腐剂、异味除去剂和增味剂。因而它在食品加工工艺中，可以不使用任何化学合成物质。从干燥胚乳 50% 乙醇提取物分离得到的 gnetin C、gnetin L 以及买麻藤苷 A、买麻藤苷 C 和买麻藤苷 D 以及白藜芦醇具有清除 DPPH 自由基作用、抗菌活性和抑制脂肪酶和 α-淀粉酶活性；表明它在食品加工中还有更广泛的用途。

212 木棉树 *Gossampinus malabarica* (DC.) Merr. (*Bombax malabaricum* DC.)

彩图 212

英文名：Kapok，Commen bomhax flower；木棉科

【别名】 英雄树，攀枝花，斑枝花，琼枝

【植物形态】 落叶大乔木，高达 25 m。树皮深灰色，树干常有圆锥状的粗刺，分枝平展。掌状复叶；总叶柄长 10～20 cm；小叶 5～7 枚，长圆形至长圆状披针形，长 10～16 cm，宽 3.5～5.5 cm；小叶柄长 1.5～4 cm。花生于近枝顶叶腋，先叶开放，红色或橙红色，直径约 10 cm；萼杯状，3～5 浅裂；花瓣肉质，倒卵状长圆形，长 8～10 cm，两面被星状柔毛；雄蕊多数，下部合生成短管，排成 3 轮，花药 1 室，肾形；花柱长于雄蕊；子房 5 室。蒴果长圆形，木质，长 10～15 cm，被灰白色长柔毛和星状毛，室背 5 瓣开裂，内有丝状绵毛。种子多数，倒卵形，黑色，藏丁绵毛内。花期春季，果期夏季。

【生态分布】 喜温暖气候，为热带季雨林的代表树种，不耐寒，喜光，耐旱。生于海拔 1 400～1 700 m 以下的干热河谷、稀树草原、雨林沟谷、低山、次生林中及村边。分布于华南、西南及江西、福建、台湾等地。印度、印度尼西亚、菲律宾也有。

【历史与民俗】 木棉之“棉”又作绵。古代又叫斑枝花、古贝，或有称攀枝花、吉贝者；李时珍在《本草纲目》中说乃斑枝花、古贝之讹。木棉最早见载于晋葛洪的《西京杂记》，西汉时，南越王赵佗向汉帝进贡木棉树，“高一丈二尺，一本三柯，至夜光景欲燃”。广州人对木棉有着特殊的情感，这是因为木棉一直造福岭南。自古至今，西双版纳的傣族对木棉有着巧妙而充分的利用：在汉文古籍中曾多次提到傣族织锦，取材于木棉的果絮，称为“桐锦”，闻名中原；用木棉的花絮或纤维作枕头、床褥的填充料，十分柔软舒适；在餐桌上，用木棉花瓣烹制而成的菜肴也时有出现；此外，在傣族情歌中，少女们常把自己心爱的小伙子夸作高大的木棉树。

【化学成分】 花萼含水分，蛋白质，碳水化合物；种子含蛋白质、脂肪、类胡萝卜素、β-谷甾醇、a-生育酚、正二十六烷醇、棕榈酸十八烷醇酯、没食子酸、1-没食子酰-β-葡萄糖、没食子酸乙酯、鞣酸、葡萄糖、

鼠李糖、木糖。

【加工与利用】主要采用花和花提取物。春季采集花朵，风干备用。将花朵洗净，细碎，以水、乙醇提取，过滤，提取液浓缩至干，得提取物。木棉花可食用，可用于熬粥、煲汤、制作菜肴。如常见的木棉虾仁豆腐，可清热利湿，解郁除烦。木棉花有清热利湿之功能，豆腐能解热除烦，竹笋能润肠，与虾仁、火腿、鸡汤共煨，不但气香味美，而且更增加清热利湿和凉血之功效。豆腐中的异黄酮还有抗氧化和防衰老作用。民间每逢木棉花开，村里有不少老人、小孩见有花坠落便拾起，然后晒干，可以用来泡茶、煲汤、入药。

木棉的根、茎抽取物可用作收敛剂、镇痛剂等，它的汁液可用以治疗痢疾，它的根皮、茎皮和刺磨成粉制成药膏可用来治疗粉刺。

【附注】木棉花可食，无毒，含有多种营养元素及药效成分，能促进皮肤再生，滋润皮肤，有美白、祛皱功能，可用于美白、抗衰化妆品。

213 陆地棉 *Gossypium hirsutum* L.

彩图 213

英文名：Cotton，Upland cotton，Mexican cotton，American cotton；锦葵科

【别名】高地棉，大陆棉，美洲棉，墨西哥棉，美棉

【植物形态】一年生草本，高 0.6～1.5 m，小枝疏被长毛。叶阔卵形，直径 5～12 cm，长、宽近相等或较宽，基部心形或心状截头形，常 3 浅裂，中裂片常深裂达叶片之半，裂片宽三角状卵形，先端突渐尖，基部宽，上面近无毛，沿脉被粗毛，下面疏被长柔毛；叶柄长 3～14 cm；托叶卵状镰形，早落。花单生于叶腋，花梗通常较叶柄略短；小苞片 3，分离，基部心形，具腺体 1 个，边缘具 7～9 齿，连齿长达 4 cm；花萼杯状，裂片 5，三角形，具缘毛；花白色或淡黄色，后变淡红色或紫色，长 2.5～3 cm；雄蕊柱长 1. 2 cm。蒴果卵圆形，长 3.5～5 cm，具喙，3～4 室；种子分离，卵圆形，具白色长棉毛和灰白色不易剥离的短棉毛。花期 7～8 月，果期 10 月。

【生态分布】原产美洲墨西哥。适合亚热带、热带气候，现在许多国家有栽培。19 世纪末始传入我国，各地已有栽培。

【历史与民俗】考古证据表明，在墨西哥的特瓦坎山谷，虽然现在还没有证据表明具体地方在哪里，但早在公元前 3 500 年陆地棉就已经被栽培，这是美洲的棉花栽培迄今发现最早的证据。祖尼人很早就使用陆地棉做礼仪服装和细毛制成的绳索，用于祭祀仪式。同时，陆地棉很早就是玛雅人和阿兹特克人的药用植物。哥伦布第一次航行时就将其样品带回欧洲。美洲印第安人用其根皮止分娩疼痛；19 世纪时将其用作引经药和堕胎药；其根皮治疗月经不调方面很有效；棉籽油对男性有避孕作用。

【化学成分】籽仁含油量可达 35%～45%，含蛋白质 39% 左右，含棉酚 0.2%～2%。种子油的脂肪酸有棕榈酸 21.6%～24.8%、硬脂酸 1.9%～2.4%、花生酸 0～0. 1%、油酸 18.0%～30. 7%、亚油酸 44.9%～55.0%，精炼后的棉清油清除了棉酚等有毒物质，可供人食用。种子油还含有维生素 E、多酚类、黄酮类成分。根皮含棉酚和黄酮类。

【加工与利用】正常成熟的纤维色泽洁白或带有丝光，它的纤维长度为 21～33 mm，纤维细度为 4 500～7 000 m/g，纤维强度为 3.5～4.5 g。可纯纺或混纺 10～100 号细纱(60～6 英支)，是目前人们服装用纤维的重要来源。加工棉纤维后的棉籽可用压榨法榨取棉籽油。原油棉油是深棕色的，不适合用作食用油；但精制后的成品油是重要的食用油；在食品工业中，可生产人造黄油。它也用于食品加工业，例如，沙丁鱼罐头就是用棉花油制成的。

【附注】棉纤维给人类服饰带来革命性的变化，中国古代除了丝绸之外，大多数劳动人民是使用麻类等植物韧皮纤维，如麻布、葛布等。我国自从引入棉花后，棉纤维已代替了麻布、葛布，至今仍然是最有价值的服饰用植物纤维。棉籽所含棉酚可导致男性不育。种子油具有抗生育、抗病毒、抗菌、抗肿瘤、抗抑郁等作用。氢化种子油具有降胆固醇、补充维生素 E 等功效。《本草纲目》称棉籽油“治恶疮，疥癣

(外搽)”。棉籽提取物和油含有多种营养成分及有生理活性的化学成分,作为化妆品外搽,具有抗菌、抗氧化、扩张毛细血管、抗皱、生发、止痒等功效,可用于护肤、抗皱、生发等产品中。

214 小葵子 *Guizotia abyssinica*(L. f.)Cass

彩图 214

英文名:Niger seed;菊科

【别名】油菊

【植物形态】一年生草本。主根明显,根茎以上 2~3 节处有不定根。茎高 150~230 cm,粗 1~2 cm,圆柱形,直立,中空,被糙硬毛和紫色斑点,多分枝,枝绿色至紫色。叶对生,半抱茎,叶片椭圆形、卵状披针形至线状披针形,长 6~24 cm,宽 1.5~7.5 cm,边缘具疏锯齿,两面疏被柔毛,无叶柄。头状花序顶生或腋生;总苞钟状,1 列;花序托凸起,具干膜质托片;花黄色,边缘小花舌状,中央小花管状而浅 5 裂。瘦果稍扁平,先端圆,亮黑色,具 4 棱,长约 4~5 mm,无冠毛。花期 6~8 月,果期 7~9 月。

【生态分布】属阳性短日照植物,喜温暖气候,对土壤适应性强。原产热带非洲;它的栽培起源于埃塞俄比亚高原,并已蔓延到埃塞俄比亚的其他地区。中国于 1972 年引进,先后种植于云南、四川、湖北、广西等地,安徽合肥和江苏滨海地区试种也获成功。分布范围南自云南红河、德宏两州,北至淮北地区。在云南昭通海拔为 2 800 m 的地区均可种植,国外较广泛地栽培于埃塞俄比亚和印度,在东南亚和西欧一些国家以及苏联、日本也有栽培。

【历史与民俗】小葵子的种子(瘦果)产于埃塞俄比亚,几个世纪以来它是埃塞俄比亚农村食物来源。小葵子现已经成了一个重要的食用油来源,在埃塞俄比亚和印度南部,每年分别约生产 20 万 t 和 10 万 t 食用油。小葵子油在埃塞俄比亚被称为“nehigue”或“noog”。

【化学成分】种子(瘦果)含有蛋白质约 18%、脂肪 32%、碳水化合物 35%。小葵子油的脂肪酸组成(中国云南产)(%):棕榈酸 10.8、硬脂酸 6.0、油酸 5.2、亚油酸 78.0、亚麻酸微量。

【加工与利用】利用部位为瘦果(俗称种子);果实成熟后,采收总苞,晒干,打出瘦果,干燥备用。小葵子可用压榨法提取植物油。它的油产量高、质量好,是很好的食用油,可以代替橄榄油,也可以与亚麻仁油、菜油或芝麻香油混合食用。种子(瘦果)可以烤熟吃,或和蜂蜜制成甜蛋糕,或用作调味品。小葵子油在农村可用于点灯,在工业上可作为油漆、肥皂的原料。它的种子也已经成为受欢迎的鸟类饲料。它榨油后的饼粕也是一种有价值的牲畜饲料。

【附注】现蕾开花以前茎叶含水分高,柔嫩多汁,作为饲用。可在初花期刈割,虽略带涩味,但切细喂猪,无论青饲、煮热饲用还是青贮后饲用,效果均好,无不良反应。干草具有浓郁的清香味,为猪喜食。国外用以饲喂绵羊。小葵子生长快,耐刈割,夏秋两季均能供饲料。小葵子也是良好的绿肥作物,在四川成都,可以在麦茬后中稻之前或稻茬后小麦前播种,生长 40 多天即可翻耕,鲜草养分如下:氮0.13%~0.32%,五氧化二磷 0.17%~0.32%,氧化钾 0.30%~0.78%,可见它是一种含磷和钾较为丰富的植物。

215 南非钩麻 *Harpagophytum procumbens* DC.

彩图 215

英文名:Devil’s claw;胡麻科

【别名】魔爪,野毛茛,钩果草

【植物形态】多年生蔓生草本,长可达 150 cm,具形似萝卜的主根及块茎。主蔓多分枝。叶对生,叶片宽卵形,肥厚,具不规则的浅裂,边缘有齿,表面灰绿色。花大,两性,单生于叶腋;花萼 5 深裂;花冠管状,为不明显的二唇形,冠檐 5 裂,紫红色。蒴果长圆形,具独特带钩的棘刺。种子小,长圆形和深棕色或黑色。花期夏季，果期夏、秋季。

【生态分布】主要产于非洲东部及南部，尤其是纳米比亚的季节森林，南非、博茨瓦纳、安哥拉和津巴布韦的部分地区。在非洲南部的天然生长地有栽培。

【历史与民俗】南非钩麻的药用价值是由南部非洲土著居民发现的，已有几百年的历史。在当地各族人民中被广泛使用。传统上通常作为一种补药，用于治疗消化系统疾病、关节炎和风湿病，如他们用其块茎的汤剂来治疗消化道疾病及关节炎；还用于退烧；制成的药膏可治疗疮痛、溃疡和烫伤。19 世纪中期，德国军人 Mehnert 将其药茶介绍到欧洲。欧洲人，尤其是德国人一直在研究它，1989 年德国 E 委员会(German Commission E)正式承认它的功效，批准其为治疗骨关节炎、肌腱炎等风湿症和治疗消化不良的合法药物。

【化学成分】含环烯醚萜苷类(约 3%)、糖类、黄酮类、酸类以及植物甾醇类、玄参醌等。环烯醚萜苷类有钩果草苷(harpagoside)、哈帕苷、procumbide、玄参苷等。糖类如水苏糖。黄酮类如山柰酚、木犀草素等。酸类如熊果酸、齐墩果酸、桂皮酸、绿原酸等。

【加工与利用】以块茎入药。秋季采挖块茎，晾干保存。本品有抗炎、抗菌、止痛、促进消化、解热等作用。在欧洲，钩果草仅限于临床治疗风湿病和消化不良。它可缓解关节及肌肉疼痛，包括痛风、腰背疼、纤维组织炎及风湿性关节炎、肌腱炎。作为助消化药仅限于浸剂(草药茶)。德国 E 委员会和欧洲植物治疗科学联盟 ESCOP 批准的钩果草的适应证为严重的关节炎、肌腱炎及风湿病的支持治疗和辅助治疗，用于缓解疼痛和改善病人的活动度。最适合的剂量为每日 4.5 g 干燥块茎或相当的提取物，且连续服用 4 周，才能产生明显的效果。

目前钩果草已有根提取物上市，它的主要有效成分为钩果草苷。本品用于治疗支气管哮喘、溃疡性结肠炎、局部性回肠炎、风湿类疾患以及因药物、其他物质或疾患引起脂加氧酶水平增高的适应证。具有抗炎、镇痛、抗风湿、抗氧化活性、促进消化作用、免疫调节等作用。

【附注】本品可刺激胃酸分泌，胃及十二指肠溃疡者忌服。

216 哈龙咖 *Harungana madagascariensis* Lam. ex Poir.

彩图 216　英文名：Haronga；藤黄科

【别名】马岛哈尼木

【植物形态】常绿灌木，高至 8 m。叶对生，长椭圆形，叶面深绿色，被黑点，叶背面有红褐色茸毛。花冠红褐色，密集成簇状。

【生态分布】原产于马达加斯加和东非，热带地区生长，主要分布于喀麦隆、坦桑尼亚、马达加斯加。

【历史与民俗】为非洲民间传统草药，主要做收敛剂和缓泻剂。非洲传统上将哈龙咖树脂用来把箭头固定在箭杆上。

【化学成分】树皮含酚类色素、三萜烯类、蒽醌类和鞣质。有报道称从树皮提取物中分离得蒽酮化合物哈仑木素。叶含酚类色素、金丝桃素、黄酮类和鞣质。

【加工与利用】以树皮和叶入药。全年均可采集树叶和树皮。将其细碎后，以水、乙醇等溶剂提取，提取液浓缩至干，得提取物浸膏。提取物所含金丝桃素具有抗病原体和抗抑郁作用。本品能刺激胆汁分泌，还有收敛、缓泻、消食等作用。在非洲民间草医药中主要用于治疗消化系统疾病，如泄泻和痢疾。在欧洲草医药中，将它用于治疗消化不良和胰腺功能低下症。

【附注】本品所含金丝桃素具有抗病原体和抗抑郁作用。提取物还有较强的抗氧化和收敛等功效，将它用于化妆品，可提高皮肤的适应能力，可用于护肤霜及美白、抗衰等产品。

同属植物 *H. paniculata* 也产于马达加斯加和东非，中非也有分布，作为一种油的来源。这种油通常外用治疗各种皮肤疾病。

217 向日葵 *Helianthus annuus* L.

彩图 217　英文名:Sunflower;菊科

【别名】朝阳花,那仁花,太阳花

【植物形态】一年生草本,高 1.0～3.5 m。茎直立,粗壮。叶互生,心状卵形或卵圆形,先端锐突或渐尖,边缘具粗锯齿,两面粗糙,被毛,有长柄。头状花序大,直径 10～30 cm,单生于茎顶或枝端。总苞片多层,叶质,覆瓦状排列,被长硬毛。花序边缘生黄色的舌状花,不结实。花序中部为两性的管状花,棕色或紫色,结实。瘦果,倒卵形或卵状长圆形,稍扁压,果皮木质化,灰色或黑色,俗称葵花籽。

【生态分布】向日葵性喜温暖,耐旱。原产北美洲,世界各地均有栽培。我国南北各地有栽培。

【历史与民俗】向日葵具有向光性,在美洲古代的印加帝国,它是太阳神的象征。因此,人们称它为太阳花。英语称之为"sunflower"却不是因为它常朝着太阳这一特性,而是因为它的黄花开似太阳的缘故。"Sunflower"一词是 16 世纪至 17 世纪从拉丁语 flos solis 借译过来的。向日葵原产于美国的西部地区。它可能是原居民一种重要的食物来源,可能在公元前 2 世纪就已经开始驯化了。在 16 世纪它被带到欧洲,成为一种重要的产油作物,在俄罗斯,它也是含油丰富的品种,产油率达 50%,后来推广到世界的其他地方,今天已成为世界三大油料作物之一。

向日葵约在明朝时引入中国,如今所知最早记载向日葵的文献为明朝人王象晋所著《群芳谱》(1621年),该书中尚无"向日葵"一名,只在"花谱三　菊"中附"丈菊",称:"丈菊一名本番菊一名迎阳花,茎长丈余,秆坚粗如竹,叶类麻,多直生,虽有分枝,只生一花大如盘盂,单瓣色黄心皆作窠如蜂房状,至秋渐紫黑而坚,取其子中之甚易生,花有毒能堕胎。""向日"之名,见于文震亨《长物志》(约 1635 年左右)。1820 年谢方在《花木小志》中言向日葵处处有之,既可观赏,又可食用。说明向日葵 17 世纪在中国已广为种植。

【化学成分】每 100 g 葵花籽含热量 2 499 kJ,蛋白质 23.9 g,脂肪 49.9 g,碳水化合物 13 g,钙 72 mg,铁 5.7 mg,磷 238 mg,钾 562 mg,钠 5.5 mg,铜 2.51 mg,镁 264 mg,锌 6.03 mg,硒 1.21 μg,维生素 A 5 μg,维生素 B_1 0.36 mg,维生素 B_2 0.2 mg,维生素 E 34.53 mg,胡萝卜素 0.03 mg,叶酸 280 μg,烟酸 4.8 mg。

【加工与利用】葵花籽是向日葵的瘦果。其腔内一般只具有离生的一粒种子(籽仁),种子上有一层薄薄的种皮。瘦果成熟时采收,目前,大面积栽培的向日葵都是机械化收获和脱粒。脱下的籽粒晒干即可。瓜子是一种传统的休闲食品。葵花籽是瓜子中的佼佼者,不但可以作为零食,而且还可以作为制作糕点的原料。但葵花籽经炒后性温燥,多食后易致口干、口疮、牙痛等"上火"症状,故应注意。

葵花籽除可直接食用外,还是食用油的来源之一。它经压榨可提取食用油。油的主要用途是制作沙拉油、蛋黄酱、食用烹调油和人造黄油。目前,采用低温榨油技术,将其饼粕可加工成蛋白粉,供食用。这种蛋白粉色泽白、口感好、营养高、易吸收。用这种蛋白粉可制成营养面包、人造肉、香肠、罐头等保健食品。

干种子可以用来制造葵花籽面粉。种子(瘦果)还常作为笼鸟的食物。

【附注】我国中医学认为,葵花籽性味甘平,入大肠经,有驱虫止痢之功。《采药书》言其"通气透脓",《福建民间草药》言其"治血痢"。葵花籽含脂肪油达 50% 以上,其中亚油酸占 70%,有助于降低人体的血液胆固醇水平,有益于保护心血管健康。葵花籽含有丰富的铁、锌、钾、镁等微量元素,具有预防贫血等疾病的作用。葵花籽含维生素 B_1 和维生素 E,每天吃一些葵花籽就能满足人体 1 天所需的维生素 E,对安定情绪、防止细胞衰老、预防成人疾病都有好处。此外,尚含有磷脂等,有良好的降脂作用,对实验性动物的急性高脂血症及慢性高胆固醇血症有预防作用。葵花籽中的油脂,特别是亚油酸部分,能抑制实验性血栓形成。葵花籽及油还有润肤泽毛之效。

美国生物学、医学的专家对葵花籽的医疗作用进行了研究,也证实葵花籽能治疗抑郁症、神经衰弱、失眠症及各种心因性疾病,还能增强人的记忆力;对癌症、高血压、心脏病、缺铁性贫血等也有一定的疗效。

218 菊芋 *Helianthus tuberosus* L.

彩图 218 英文名:Jerusalem artichoke;菊科

【别名】洋姜,鬼子姜,菊藷,五星草,洋羌,番羌

【植物形态】多年生草本,高 1～3 m。具块状地下茎。茎直立,上部分枝,被短糙毛或刚毛。基部叶对生,上部叶互生;有叶柄,叶柄上部有狭翅;叶片卵形至卵状椭圆形,长 10～15 cm,宽 3～9 cm,先端急尖或渐尖,基部宽楔形,边缘有锯齿,上面粗糙,下面被柔毛,具 3 脉。头状花序数个,生于枝端,直径 5～9 cm,有 1～2 个线状披针形的苞叶;总苞片披针形或线状披针形,开展;舌状花中性,淡黄色,开展,长椭圆形,长 1.7～3 cm,特别显著;管状花两性,长 6 mm,花冠黄色、棕色或紫色,裂片 5。瘦果楔形;冠毛上端常有 2～4 个具毛的扁芒。花期 8～10 月。

【生态分布】性喜稍清凉而干燥的气候,耐寒、耐旱,对土壤要求不严。菊芋原产北美,17 世纪时经欧洲传入中国;在全国各地有栽培,一般多种植于田边、宅旁。

【历史与民俗】菊芋原产于北美,很早被印第安人栽培,其根茎作为当地居民的食物。16 世纪传到欧洲,现在种植在世界的许多地方,但它仍然是一种次要的作物。

【化学成分】根茎每 100 g 中含水分 79.8 g,粗蛋白 0.1 g,脂肪 0.1 g,碳水化合物 16.6 g,粗纤维 0.6 g,灰分 2.8 g,钙 49 mg,磷 119 mg,铁 8.4 mg,维生素 B_1 0.13 mg,维生素 B_2 0.06 mg,烟酸0.6 mg,维生素 C 6 mg,并含丰富的菊糖、多缩戊糖、淀粉等物质。据报道,鲜菊芋块茎中大约含 15%～20% 菊糖,约占菊芋干重的 70%,且其中 70%～80% 是低聚果糖,此外还含水分 79.8%、蛋白质 1.0%、灰分 2.8%、粗纤维 16.6%及一定的维生素。

【加工与利用】利用部位为块茎。秋霜后收获,挖出根茎,除去泥土,洗净备用。将根茎去皮,切片(丁),通常用于制作冷沙拉(如土豆沙拉)。也可用于煮、炖和蒸着吃,也可作为蔬菜,配上奶油、黄油或合适的酱汁吃。根状茎制成浆也可用于制作炸面糊,与洋蓟的味道相似。目前,美、英、法、德、澳大利亚都已生产含有菊糖及低聚果糖的食品,如乳制品、乳酸菌饮料、固体饮料、糖果、饼干、果冻和冷饮等,特别是保健食品和老年食品,约有 200 多个品种。菊粉并可作为填充剂、质构改良剂、风味掩盖剂和脂肪替代品应用于食品中。2007 年世界上菊粉及以其为原料生产的低聚果糖超过 10 万 t,进口菊粉的售价约为40 元/kg(4 万元/t)。中国菊粉及低聚果糖开发相对较晚,国内低聚果糖的年生产能力约为 3 000～5 000 t。

【附注】根茎含有菊糖、维生素、多种生物酶,具有抗菌、抗氧化、提高免疫功能的作用。研究发现:根茎提取的菊糖可治疗糖尿病。其对血糖具有双向调节作用,即一方面可使糖尿病患者血糖降低,另一方面又能使低血糖病人血糖升高。研究显示,菊芋根茎中含有一种与人类胰腺里内生胰岛素结构非常近似的物质,当尿中出现尿糖时,食用菊芋根茎可以控制尿糖,说明有降低血糖作用。当人出现低血糖时,食用菊芋根茎后同样能够得到缓解。研究还表明,菊芋根茎提取物能减少皮肤色素沉淀,有美白和美化皮肤的功效,使皮肤变得光滑细嫩有光泽,可用于美白、润肤化妆品中。

此外,菊芋新鲜的茎、叶作青贮饲料,营养价值较向日葵为高。

219 黄花菜 *Hemerocallis citrina* Baroni.

彩图 219 英文名:Daylily, Citron daylily;百合科

【别名】忘忧草,金针菜,萱草花,健脑菜,柠檬萱草

【植物形态】多年生草本,高 30～65 cm。根簇生,肉质,根端膨大成纺锤形。叶 7～20 枚,长 50～130 cm,宽 2～5 cm,全缘,中脉于叶下面凸出。花葶长短不一,一般稍长于叶,基部三棱形,上部多少圆柱形,有分枝;苞片披针形,下面的长可达 3～10 cm,自下向上渐短;花梗较短;花多朵;花被淡黄色,有

时在花蕾时顶端带黑紫色；花被管长3～5 cm，花被片6，裂片长6～12 cm，内三片宽2～3 cm。蒴果革质，钝三棱状椭圆形，长3～5 cm。种子约20多个，黑色，有棱，从开花到种子成熟约需40～60天。花果期5～9月。

【生态分布】黄花菜喜温暖湿润气候，原产中国，主要分布在秦岭、黄河以南地区，现在多为栽培，湖南、江苏、浙江、湖北、四川、甘肃、陕西所产较多。此外，吉林、广东与内蒙古草原亦有出产。日本也有引种。

【历史与民俗】黄花菜又名萱草。已栽种了2 000多年，是中国特有的土产。据《诗经》记载，古代有位妇人因丈夫远征，遂在家居北堂栽种萱草，借以解愁忘忧，从此世人称之为"忘忧草"。

萱草翠叶萋萋，着花秀秀，焕发出一种外柔内刚、端庄雅达的风采，教人感到亲切和蔼，赏心悦目。难怪古人把它比喻为慈母的音容。苏东坡曾赋曰："萱草虽微花，孤秀能自拔，亭亭乱叶中，一一芳心插。"他所述的"芳心"，就是指母亲的爱心。白居易有诗云："杜康能散闷，萱草解忘忧。"有关以萱草解忘忧的诗作还有很多。

古时民间有传说，当妇女怀孕时，在胸前插上一枝萱草花就会生男孩，故名宜男。唐玄宗时，兴庆宫中栽种了多种萱草，有人作诗曰："清萱到处碧鬖鬖，兴庆宫前色倍含；借问皇家何种此？太平天子要宜男。"可见萱草历来均受到人们的关注。

【化学成分】黄花菜花蕾100 g干品中含热量833 kJ，蛋白质19.4 g，脂肪1.4 g，碳水化合物34.9 g，膳食纤维7.7 g，维生素A 307 μg，胡萝卜素1 840 μg，维生素B_1 0.05 mg，核黄素0.21 mg，烟酸3.1 mg，维生素C 10.0 mg，维生素E 4.92 mg，钾610.0 mg，钠59.2 mg，钙301.0 mg，镁85.0 mg，锰1.21 mg，锌3.99 mg，磷216.0 mg，铁8.1 mg，铜0.37 mg，硒4.22 μg。此外，鲜黄花菜中含有秋水仙碱。

【加工与利用】以花蕾菜用，夏季采摘黄花菜的花蕾，采收后的鲜品较难保存，干燥后的黄花菜相对于鲜品而言，易于贮藏，因而必须及时加工。加工通常采用蒸制，也可采用腌制。黄花菜常与黑木耳等斋菜配搭同烹，也可与蛋、鸡、肉等做汤吃或炒食。黄花菜是人们经常食用的干菜，可做的菜肴很多，不再一一介绍。近代国内外学者对黄花菜的营养、药用价值有进一步发现，如日本学者把黄花菜称为"健脑菜"；中国《营养学报》曾评价黄花菜，具有显著降低动物血清胆固醇的作用。人们知道，胆固醇的增高是导致中老年疾病和机体衰退的重要因素之一。因此，常吃黄花菜能滋润皮肤，增强皮肤的韧性和弹力，可使皮肤细嫩饱满、润滑柔软、皱褶减少、色斑消退。黄花菜还有抗菌免疫功能，具有中轻度的消炎解毒功效，在防治传染方面有一定的作用。

黄花菜性平、味甘、微苦，归肝、脾、肾经；有清热利尿，解毒消肿，止血除烦，养血平肝，利水通乳，利咽宽胸，清利湿热，发奶等功效；主治眩晕耳鸣、心悸烦闷、小便赤涩、水肿、痔疮便血等病症。

【附注】鲜黄花菜中含有秋水仙碱，经过肠胃道的吸收，在体内氧化为二秋水仙碱，则具有较大的毒性。所以在食用鲜品时，每次不要多吃。鲜黄花菜的有毒成分，在60 ℃时可减弱或消失，因此食用时，应先将鲜黄花菜用开水焯过，再用清水浸泡2 h以上，捞出用水洗净后再进行炒食。

220 橡胶树 *Hevea brasiliensis* (Wild. ex Tuss.) Muell.

彩图220

英文名：Hevea seed，Para rubber tree，Caoutchouc tree；大戟科

【别名】三叶橡胶，巴西橡胶

【植物形态】乔木，株高20～40 m。主根圆锥形；侧根轮生，第1轮为主要吸收根系；第2轮起支撑作用。叶互生，三出复叶，小叶椭圆或倒卵形，革质，全缘，渐尖，基部楔形，网脉明显；叶柄长5～14 cm，小叶柄基部常具蜜腺点。花小，无花瓣，单性，雌雄同株；圆锥花序腋生，密被白色柔毛；花萼黄色，5裂；雌花生于花序各分枝顶端，具有绿色花盘，子房3室，柱头3裂；雄花较小，雄蕊10枚，花药2室，分两轮排列于雄蕊柱上。异花传粉。果为蒴果，球形，常含种子3粒，果壳木质，坚硬。种子椭圆形，长约3 cm，

具褐色斑纹，种背常隆起，种腹略扁平。每年开 2 次花。

【生态分布】橡胶树属热带植物，原产巴西，主要分布于南北纬 10°内，喜高温、高湿、静风和肥沃土壤，在 20～30 ℃范围内都能正常生长和产胶，不耐寒，在温度 5 ℃以下即受冻害。主产巴西，其次是秘鲁、哥伦比亚、厄瓜多尔、圭亚那、委内瑞拉和玻利维亚。现已布及亚洲、非洲、大洋洲、拉丁美洲的 40 多个国家和地区。种植面积较大的国家有印度尼西亚、泰国、马来西亚、中国、印度、越南、尼日利亚、巴西、斯里兰卡、利比里亚等；而以东南亚各国栽培最广。我国引种栽培的植胶区主要分布于海南、广东、广西、福建、云南，此外台湾也有种植，其中海南为主要植胶区。

【历史与民俗】巴西橡胶树在巴西亚马孙地区，当地人叫它“赫维(Hevea)”。1775 年法国植物学家乌布列特氏(Aublet)研究圭亚那植物时创立“Hevea”一词。1799 年茂尔氏(Muell)正式建立了橡胶树属(Hevea)，其中三叶橡胶为其代表种。原产于亚马孙森林的橡胶树，1873 年被移植到英国邱园，1877 年 22 株三叶橡胶树被运至新加坡，1898 年传到马来半岛，中国于 1904 年引种。

在史前时期，橡胶只有南美的印第安人对其进行简单的开采和利用。最初的时候，橡胶可能是被当作财富或极其珍贵的物品使用。公元前 500 年左右，墨西哥特瓦坎一带因生产橡胶而形成了一个橡胶之国——奥尔麦克王国。在一幅 6 世纪的壁画上，画有阿兹特克人向部落首领进贡生胶的情景。南美印第安人称橡胶树为“会哭泣的树”，只要小心切开树皮，乳白色的胶汁就会缓缓流出。

【化学成分】天然橡胶是从三叶橡胶树的乳胶制得，基本化学成分为顺-聚异戊二烯，弹性好，强度高，综合性能好。一般天然橡胶中含橡胶烃 92%～95%，而非橡胶烃占 5%～8%。由于制法不同，产地不同乃至采胶季节不同，这些成分的比例可能略有差异。

种子含油量 22%～27%，种仁含油量 41%～48%。油的理化性质和脂肪酸组成各地报道不一。据报道，橡胶籽油的密度(15 ℃)为 0.925～0.930 g/cm^3，碘值约 140，皂化值 192。脂肪酸组成为棕榈酸 10.6%，硬脂酸 12.3%，花生酸 1.0%，油酸 17.1%，亚油酸 35.5%，亚麻酸 23.5%。

【加工与利用】天然橡胶主要来源于三叶橡胶树，当这种橡胶树的表皮被割开时，就会流出乳白色的汁液，称为胶乳。胶乳经凝聚、洗涤、成型、干燥即得天然橡胶。

天然橡胶因其具有很强的弹性和良好的绝缘性，可塑性，隔水、隔气性，抗拉和耐磨等特点，被广泛应用于工业、国防、交通、医药卫生领域和日常生活等方面，用途极广。

橡胶树的种了 9～10 月采收。一般用竹竿打下蒴果，晒干，破碎，以风车或筛子清除果壳、杂物、泥土等，然后将种子继续晒干备用。注意：橡胶籽仁含有氰化物，在一定条件下能转化为有剧毒的、挥发性的氢氰酸。但随着贮藏时间的延长，氰类化合物的含量会逐渐下降。新鲜橡胶籽用布袋、麻袋或聚丙烯编织袋包装，贮藏时应远离人、畜，待毒气挥发后，再存放于通风、干燥的仓库内。橡胶籽的加工：将橡胶籽用压榨法或溶剂浸提法提取油脂，所得的为毛油。毛油需要精炼。橡胶籽毛油如果用碱炼精制容易乳化，得率低，油味差。宜先过滤脱胶脱色，再用减压水蒸馏脱酸脱臭，可得到品质好的精炼油。

橡胶籽精炼油为干性油，可作为油漆、涂料的原料。好的精炼油不饱和脂肪酸含量高，可食用，高血脂患者食用后，多数人的血脂有明显下降。在医药工业中可用于提取亚油酸等，制成滴丸。

【附注】橡胶树的木材质轻，花纹美观，加工性能好，经化学处理后可制作高级家具、纤维板、胶合板、纸浆等。

221 玫瑰茄 *Hibiscus sabdariffa* L.

彩图 221　英文名：Roselle，Jamaica sorrel，Hibiscus，Red sorrel；锦葵科

【别名】洛神花，洛神葵，山茄

【植物形态】一年生直立草本，高达 2 m，茎淡紫色，无毛。叶异型，下部的叶卵形，不分裂，上部的叶掌状 3 深裂，裂片披针形，长 2～8 cm，宽 5～15 mm，具锯齿，先端钝或渐尖，基部圆形至宽楔形，两面

均无毛；叶柄长2～8 cm，疏被长柔毛；托叶线形。花单生于叶腋，近无梗；小苞片8～12，红色，肉质，披针形，长5～10 mm，疏被长硬毛，近顶端具刺状附属物，基部与萼合生；花萼杯状，淡紫色，直径约1 cm，疏被刺和粗毛，基部1/3处合生，裂片5，三角状渐尖形，长1～2 cm；花黄色，内面基部深红色，直径6～7 cm。蒴果卵球形，直径约1.5 cm，密被粗毛，果爿5；种子肾形，无毛。花期7～9月，果期11～12月。

【生态分布】玫瑰茄生长于热带和亚热带地区。原产于非洲，世界各热带地区有栽培。我国玫瑰茄主产于云南临沧、元谋、永仁、保山等地区，其中临沧地区为最大的主产区。在广东、海南、广西、福建、台湾均有栽培。

【历史与民俗】每当开花季节，玫瑰茄红、绿、黄相间，十分美丽，有“植物红宝石”的美誉。原产非洲，在非洲民间普遍作为饮料，阿拉伯人用花萼泡的茶称为“苏丹茶”，有的还当作食品的天然色素和调味料。欧洲人很早就从非洲进口花萼干品，用作果子冻、调味清凉饮料等。叶子除有类似花萼的药效外，在医疗外科上用作脓疮的洗涤料，其叶汁还能治脚上的裂口，茎的表皮是非洲民间制绳的主要原料之一。

【化学成分】花萼为肉质结构，多汁，含有丰富的蛋白质、有机酸、维生素C、多种氨基酸以及大量的天然维生素和人体所需的矿物质，如铁、钙、磷等，还含丰富的红色素。据报道，花萼中有机酸主要为草酸和琥珀酸，其次有酒石酸、苹果酸、原儿茶酸、柠檬酸、丙二酸、木槿酸等。玫瑰茄红色素为花青苷类，主要成分为飞燕草素-3-接骨木二糖苷、矢车菊-3-接骨木二糖苷，还含有飞燕草素-3-葡萄糖苷和矢车菊素-3-葡萄糖苷。

有报道称，玫瑰茄花萼(干)含水分10%，蛋白质3.5%，碳水化合物63.5%，纤维素11%，灰分12%。

【加工与利用】以花萼为主要利用部位。11月上、中旬种子变黑时采摘花果。将采下的花果先晒1 d，让其收水脱萼。花萼应及时晒干，以免发霉变质，干燥处贮藏备用。

黑红色的花萼甜酸可口，是受欢迎的添加剂和药茶(称“芙蓉茶”、“美味健身茶”)。花萼提供了天然染料用于食品，特别是在酒精和非酒精饮料中。它可用来制作调味料，如酸辣酱。该产品可用作烹饪调味品，用于肉类和鱼酱汁。玫瑰茄的嫩叶可以像菠菜一样食用。

玫瑰茄花萼还是食品工业原料。它可制蜜饯、果酱、高级饮料、冷饮、汽水、冰茶、热茶、冰糕、罐头、果酒、汽酒、香槟酒及糕点夹馅、玫瑰茄豆腐等多种食品，含有丰富的维生素C，也是老年人、儿童的营养食品。

【附注】玫瑰茄红色素又称玫瑰茄色素，是从玫瑰茄花萼中提取的花色苷类色素，为紫红色水溶性液体或粉末，本品色泽明亮鲜艳，水溶液不沉淀，本品在535 nm和546 nm处有强吸收峰，在pH 2.98～3.46之间最稳定，pH ≥6.33就会变色，故不宜作为碱性食品的着色剂，而在酸性条件下，水溶液呈紫红色，且色调稳定，但对光、热敏感。本品较适合于酸性食品，可用于糖浆、冷点、粉末饮料、果子露、冰糕、果冻、果汁(味)饮料、糖果、配制酒等的着色，为红色至紫红色着色剂。玫瑰茄色素是一种安全、无毒天然食用色素，具有抗氧化、保肝、降血脂、降血压等重要生物活性。

玫瑰茄的花萼含有多种氨基酸、还原糖及有机酸等，并含有花青素，除主要用来制作饮料及食品用的天然色素外，果胶可作化妆品和药物的配料。其种子出油率为11%～13%，油中富含亚油酸，可供食用。

222 沙棘 *Hippophae rhamnoides* L.

彩图222

英文名：Sea buckthorn，Sandthorn，Sallowthorn，Seaberry；胡颓子科

【别名】醋柳，黄酸刺，酸刺柳，黑刺，酸刺

【植物形态】落叶灌木或小乔木，高1～5 m。棘刺较多，粗壮，密被银白色而带褐色鳞片，有时具白色星状毛；老枝灰黑色，粗糙。单叶通常近对生；叶片纸质，狭披针形或长圆状披针形，长3～8 cm，宽约

1 cm，先端钝形或基部近圆形，上面绿色，下面银白色或淡白色，被鳞片。雌雄异株；短的总状花序生于头年枝上叶腋处。花小，淡黄色，花被 2 裂；雄花序轴常脱落，雄蕊 4；雌花后于雄花开放。果实圆球形，直径 4～6 mm，橙黄色或橘红色。种子小，黑色或紫黑色。花期 4～5 月，果期 9～10 月。

【生态分布】 沙棘的地理分布很广，在东经 2°～123°、北纬 27°～69°之间，跨欧亚两洲温带地区。生于海拔 400～3 600 m 的阳坡、沙漠地区河谷阶地、平坦沙地和砾石质山坡。我国山西、陕西、内蒙古、河北、甘肃、宁夏、辽宁、青海、四川、云南、贵州、新疆、西藏等 19 个省(自治区)都有分布。欧洲、俄罗斯、印度、西亚、日本也有。

【历史与民俗】 沙棘在欧亚大陆地区早享盛名。古希腊时代，各城邦之间战争不断。有一次，斯巴达人打了胜仗，但是有 60 多匹战马在战争中受了重伤。斯巴达人不忍杀死自己的战马，又不想看到自己心爱的战马死去，于是将它们放到一片树林中。过了一段时间后，他们惊讶地发现那些濒临死亡的战马非但没有死去，而且一个个膘肥体壮，毛色鲜亮，浑身仿佛闪闪发光。斯巴达人感到非常奇怪，最终发现这群马是被放到了一片沙棘林中，这些马饿了就吃沙棘叶，渴了就吃沙棘果，依靠沙棘为生。聪明的古希腊人从此知道了沙棘营养和治病的价值，而且还赋予沙棘一个浪漫的名字“Hippophae rhamnoides ”，意思是“使马闪闪发光的树”，这就是沙棘拉丁学名的由来。沙棘在中国称为“圣果”、“维 C 之王”，日本称为“长寿果”，俄罗斯称为“第二人参”，美国称为“生命能源”，印度称为“神果”等。

【化学成分】 果实维生素 C 的含量为 300～882.6 mg/100 g，胡萝卜素 3%～4%(质量分数，下同)，维生素 E10%～15%，维生素 B_1 0.2%～0.4%，维生素 B_2 0.4%～0.5%，有机酸 3%～4%，糖 20.89%～64.0%(干果为 64%)，蛋白质 10.5%，以及鼠李素、异鼠李素-3-β-D-葡萄糖苷。果肉中还含 6%～8% 的油脂，油脂中有 100 mg/100 g 的维生素 A。还含去氢抗坏血酸、叶酸、胡萝卜素、类胡萝卜素、儿茶精、花色素等。

种子含油，其中脂肪酸为棕榈酸、硬脂酸、油酸、亚油酸、亚麻酸；非皂化部分有玉蜀黍黄质、隐黄质、α-胡萝卜素、γ-胡萝卜素和 δ-胡萝卜素、谷甾醇、β-谷甾醇-β-D-葡萄糖苷以及磷脂。

此外，果皮含 5-羟色胺、葡萄糖欧鼠李苷。叶含抗坏血酸、去氢抗坏血酸、异鼠李素、胡萝卜素。根皮含生物碱，根瘤含氯化血红素(hcmin)。

【加工与利用】 通常利用果实及籽油。秋季果实成熟时采集果实，洗净，鲜用或干燥备用。也可将果实打碎，滤出种子，直接以压榨法提取脂肪油，精炼后使用。

沙棘果实可以直接鲜食，能显著提高人体的免疫机能。在 1 000 多年前，人们发现经常食沙棘果的当地居民身体健壮，很少生病，特别是一些患有肠胃疾病、心脑血管疾病的患者不治而愈。在西藏医药中，喇嘛称沙棘果为包治百病的“灵丹妙药”。沙棘除鲜食外，还可加工成果汁、果酒、果酱、果脯、果冻、饮料、保健品等。沙棘种子含油率 10%～12%，果肉含油率 14%～18%，是提取沙棘油很好的原料。沙棘叶片含粗蛋白 15.75%、粗脂肪 9.48%、粗纤维 14.04%、无氮浸出物 54.84%，用沙棘叶可制作保健茶。

沙棘果实是药食兼用佳品。它含有丰富的有效成分和营养物质，具有抗菌、抗炎、抗氧化、抗辐射、提高免疫功能等作用。沙棘果和油具有很高的药用价值，可降低胆固醇，缓解心绞痛发作，防治冠状动脉粥样硬化性心脏病；有祛痰、止咳、平喘和治疗慢性气管炎的作用；能治疗胃和十二指肠溃疡以及消化不良等；对慢性浅表性胃炎、萎缩性胃炎、结肠炎等病症疗效显著；对烧伤、烫伤、刀烧、冻伤有很好的治疗作用；对妇女宫颈糜烂有良好的治疗效果。

【附注】 沙棘果实提取物对金属蛋白酶-1 活性、脂肪酶活性均有抑制作用，对羟基自由基有消除作用，表明它具有抗氧、抗衰功能，可用于抗衰化妆品。精制的沙棘油纯度、活性都很高，可用作面霜等的功能性成分及化妆品基础油。沙棘油含有的大量维生素 E、维生素 A、黄酮和 SOD 活性成分能够有效防止自由基，以达到抗衰老的作用，因此沙棘被化妆品产业用作重要的高级化妆品原料。

223 丽杯角 *Hoodia gordonii* (Masson)Sweet ex Decne.

彩图 223 英文名:Hoodia,Ghaap;萝藦科

【别名】蝴蝶亚仙人掌,浩迪

【植物形态】似仙人掌类的多浆植物,无叶,高至 50 cm。肉质茎有棱和刺。花瓣 5,亮紫色至黑色,具腐肉气味,可吸引苍蝇等昆虫授粉。蓇葖果 1,似山羊角,内含多数具种毛的种子,先端有毛。

【生态分布】喜高温、干旱气候。自然生长在南非和纳米比亚,主要产于南非干旱地区和喀拉哈里沙漠周围,并广布于东半球热带地区。

【历史与民俗】南非和纳米比亚的桑族(Khoi-San)人在长期游猎生活中有食用南非沙漠仙人掌肉质茎的传统。食用它具有抑制饥饿和口渴的作用,到 1937 年一位研究桑族人的荷兰人类学家已注意到丽杯角的用途,但南非科学与工业研究委员会(CSIR)的科学家们直到 20 世纪末才注意到有关它的报告,并开始研究这种植物。

1995 年,CSIR 获得了丽杯角抑制食欲的成分 P57 的专利。1997 年他们将 P57 许可给了英国 Phytopharm 生物技术公司。1998 年,美国辉瑞制药公司以 3 200 万美元的使用费得到了开发和销售 P57 的权利,计划将其开发成减肥药和治疗肥胖症的药品,预计的市场价值超过 60 亿英镑。当知道可能会利用其传统知识时,桑族人威胁要对 CSIR 的"生物海盗"行为提出诉讼。2002 年 3 月,CSIR 和桑人达成可分享以后所有专利提成费的谅解。尽管桑人可以得到一定金额,但该药品还需要做许多临床试验后才能上市。

【化学成分】茎含有强心苷及相关成分,如孕甾醇(pregnane)等。还有多种维生素、糖类、矿物质等。

【加工与利用】利用部位主要为肉质茎。茎四季可取,割取新鲜的肉质茎,去皮、刺后鲜食。当地的游牧猎人在横穿沙漠地带之前会食用丽杯角这种植物。他们在狩猎的 2~3 天里面可以不吃其他食物,而是咀嚼这种植物的茎,那样可以抑制饥饿和口渴。当地居民在数千年以前就知道这种植物有抑制饥饿和口渴的作用。

本品安全无毒,是药食兼用的健康食品,民间除作为食物外,也用于治疗皮肤感染。动物试验表明,P57 为强力食欲抑制剂,有减肥作用。

【附注】本品提取物还有抗菌、抗氧化、防晒等作用。它的多种成分可以调理皮肤,使皮肤柔润、光泽。由于它有天然的抑制饥饿的功效,后被当地商业人士用于做减肥商业用途,并被列入受保护物种名单,只有少数几家制药公司获得许可在南非种植这种珍贵的植物。

南非沙漠仙人掌[*Hoodia pilifera* (L. f.) Plowes]也具有与本种相同的作用。

224 大麦 *Hordeum vulgare* L.

彩图 224 英文名:Barley;禾本科

【别名】六棱大麦

【植物形态】一年生草本,高 60~100 cm。秆直立,光滑无毛。叶鞘无毛,叶鞘具弯曲沟状的叶耳;叶舌小,长 1~2 mm,膜质;叶片扁平,长披针形,长 8~18 cm,宽 6~10 mm,上面粗糙,下面较平滑。穗状花序,长 4~10 cm,分为若干节,每节着生 3 枚完全发育的小穗,小穗长约 2 cm,通常无柄,每小穗有花 1 朵,内外颖均为线形,微被短柔毛,先端延长成短芒,长 8~14 mm;外稃长圆状披针形,光滑,具 5 条纵脉,中脉延长成长芒,极粗糙,长 8~13 cm,外稃与内稃等长;雄蕊 3 枚;子房 1 枚,花柱分为 2 枚。颖果与内外稃愈合,罕有分离者,颖果背有沟。花期 3~4 月。果期 4~5 月。

【生态分布】属温带、亚热带植物，适应性强，现在世界各地有栽培。我国主要分布在长江流域、黄河流域和青藏高原。

【历史与民俗】大麦原产于中东地区，栽培的历史可能在史前，始于埃塞俄比亚高地和东南亚，在埃及可追溯到公元前5 000年。大麦为16世纪犹太人、希腊人、罗马人和大部分欧洲人的主要粮食作物。大麦在我国是个古老的作物，据考证，早在新石器时代中期，古羌族(居住在青海)就已在黄河上游开始栽培，距今已有5 000年的历史。

【化学成分】颖果含多糖、维生素、蛋白质、阿魏酸、去氢桂皮酸酯。据报道，大麦含丰富的蛋白质、碳水化合物(有β-葡聚糖、糊精等)，还含生育三烯醇、维生素B、烟酸、卵磷脂、尿囊素等。

【加工与利用】利用部位主要为颖果(种子)。春夏果实成熟时采集。大麦在中国是藏族人民的主要粮食，他们把裸大麦炒熟磨粉，做成糌粑食用。长江和黄河流域的人们习惯用裸大麦做粥或掺在大米里做饭。大麦仁还是"八宝粥"中不可或缺的原料。裸大麦中β-葡聚糖和可溶性纤维含量高于小麦，可作保健食品。此外，"大麦茶"是朝鲜族人喜欢的饮料。大麦通常还被加入汤和炖菜中，也可以单独食用。大麦略带橡胶特质，可以为混合的沙拉增加风味。磨碎后烘烤过的大麦可以制作充当咖啡替代物的麦芽。而大麦粉可以使汤和酱汁变黏稠，也可为各种食物增加甜味。另外，大麦可以用于炸丸子或制作布丁和甜点。用热水冲泡2～3 min大麦就可浸出浓郁的香茶。麦芽可以用来做啤酒和威士忌，或做咖啡替代品，也可以用来为某些食物增添风味，麦芽汁可以用来给牛奶饮品和蛋糕调味。

啤酒主要用大麦芽制造，全世界大麦总产量的10%以上用于制造啤酒。大麦味甘、咸，性良，具有益气和胃、除虚烦等功效。大麦胚芽中大量的维生素B_1与消化酶对幼儿、老人、维生素B缺乏者均有很好的功效，还能提神醒脑、消除脑部的疲劳。

【附注】它对脑酰胺生成有促进作用，可改善皮脂组成，有柔润、调理皮肤的效果；它对黑色素细胞有抑制和抗氧化作用等，均表明它可用于美白、祛斑、护肤等化妆品产品中。

栽培二棱大麦(*Hordeum distichon*)也有与大麦相似的用途。

225 北枳椇 *Hovenia dulcis* Thunb.

彩图225　英文名：Turnjujube，Japanese raisin tree，Oriental raisin tree；鼠李科

【别名】拐枣，鸡爪梨，万寿果，金钩子，甜半夜

【植物形态】落叶灌木，高约10 m。嫩枝、幼叶背面、叶柄和花序轴初有短柔毛，后脱落。叶互生，具长柄；叶片广卵形，长8～15 cm，宽6～10 cm，先端尖或长尖，基部圆形或心形，边缘具不整齐粗锯齿，两面均无毛。聚伞花序腋生或顶生；花杂性，绿色，花梗长6 cm，萼片5，近卵状三角形；花瓣5，倒卵形，先端平截，中微凹，两侧卷起；雄花具雄蕊5，花丝细，有退化的子房；两性花有雄蕊5，雌蕊1，子房3室，每室有1胚珠，花柱3浅裂。果实近球形，灰褐色，生于肥厚、扭曲、肉质的花梗上，成熟后味甘可食。种子扁圆，红褐色，有光泽。花期5～7月，果期8～10月。

【生态分布】喜温暖湿润气候，广泛分布各地，为阳性树种，生向阳山坡、山谷、沟边及路旁，或栽培；中国分布于江苏、安徽、浙江、江西、广东、福建、湖北、湖南、广西、陕西、四川、贵州、云南、河南等地省。朝鲜、日本也有。

【历史与民俗】拐枣在我国民间利用和栽培的历史久远。早在《诗经·小雅》中就有"南山有枸"的诗句。据《辞源》解释："枸即枳椇，南山谓之秦岭。"《陆疏》中说："枸树山木，其状如栌，高大如白杨，枝柯不直，子着枝端，大如指，长数寸，啖之甘美如饴，八九月熟。今官园种之，谓之木蜜。"古语云："'枳枸来巢'，言其味甘，故飞鸟慕而巢之。"另据《陕西通志》记述："华州(即今华县)有万寿果，叶如楸，实稍细于箸头，两头横拐，一名拐枣，紫红色，九月成熟，盖枳椇也。"苏联一位学者对拐枣作了不少研究，认为拐枣在地球上已有500～1 000万年的历史，是地球上最古老的果树之一。

【化学成分】北枳椇种子含黑麦草碱，β-咔啉，枳椇苷(hovenoside)C、D、G、G′和H；果实含大量葡萄糖、硝酸钾和苹果酸钾；果柄和花序轴均含葡萄糖、果糖和蔗糖；根皮含欧鼠李碱和枳椇碱A、B；木质部含枳椇酸。

【加工与利用】采用果实(包括种子、果梗)为利用部位。秋冬季剪下果枝，去杂，洗净，阴干备用。这是一种不同寻常的美味食物，其味道可与干果(葡萄干、干无花果和枣)相比。人们普遍用于鲜食，作为小吃，特别是农村儿童喜欢食用。但它也可以干燥存储几个月。也可以将果梗粉碎，加水、发酵，生产酒精饮料。也用于制造有解宿醉作用的健康饮品。

果柄含大量葡萄糖和苹果酸钾，经霜后味甜，除鲜食外，可用作酿酒、制醋、制糖的原料。果实、果柄提取物具有抗菌、抗脂质过氧化、提高免疫功能等作用。它含有大量的葡萄糖、苹果酸钙，有较强的利尿作用，能促进乙醇的分解和排出，显著降低乙醇在血液中的浓度，并能消除乙醇在体内产生的自由基，阻止过氧化酯质的形成，从而减轻乙醇对肝组织的损伤，避免酒精中毒导致各种代谢异常，诱发各种疾病。

【附注】果实、果柄提取物中的枳椇苷具有抗脂质过氧化能力，同时含有多种营养元素，有滋养皮肤功能，可用于润肤、抗衰化妆品。

其木材紫红色，硬度适中，纹理美观，容易加工，既是优质建筑用材和室内装饰用材，又是制作精细家具、美术工艺品、车船、枪柄等的上好用材。

枳椇(*Hovenia acerba* Lindl.)用途与本种相同。

226 啤酒花 *Humulus lupulus* L.

彩图226　英文名：Hop flower，Hops；桑科

【别名】忽布，香蛇麻，蛇麻花，酵母花，酒花

【植物形态】多年生攀援草本，茎、枝和叶柄密生茸毛和倒钩刺。叶对生、纸质，卵形或宽卵形，长4～11 cm，宽4～8 cm，先端急尖，基部心形或近圆形，不裂或3～5裂，边缘具粗锯齿，表面密生小刺毛，背面疏生小毛和黄色腺点；叶柄长不超过叶片。雄花排列为圆锥花序，花被片5、雄蕊5；雌花每两朵生于一苞片腋间；苞片呈覆瓦状排列为一近球形的穗状花序。果穗球果状，直径3～4 cm；宿存苞片干膜质，果实增大，长约1 cm，无毛，具油点。瘦果扁平，每苞腋1～2个，内藏。花期7～8月，果期9～10月。

【生态分布】喜冷凉，耐寒畏热，喜光。原产欧洲和亚洲，生于潮湿的路边。中国新疆北部有野生分布。世界各地作为商业用途而广泛栽培。我国先后从苏联和日本引入，于20世纪20年代初在黑龙江省尚志县种植。1949年前仅有少量栽培，现已遍及西北、华北、东北和华东各地。

【历史与民俗】啤酒花产于欧洲、亚洲和北美洲的北部温带地区。野生啤酒花用于酿酒的历史可以追溯到3 000年前，但最初种植啤酒花的记录是在欧洲巴伐利亚公元736年。后来从欧洲中部蔓延到世界的其他地方。但作为啤酒工业原料则始于德国。自11世纪以来，啤酒花用于酿造啤酒，作为芳香剂。它味苦，有增强和刺激消化功能，还作为镇静剂用于失眠和过度兴奋。俄罗斯、乌克兰等用啤酒花作镇静剂、利尿剂和消炎剂，用于治疗失眠、胆囊炎、膀胱炎；外用治疗头皮屑和脱发。

【化学成分】果穗含树脂、挥发油、黄酮类、鞣质、雌激素样物质和天门冬酰胺等。在成熟的雌花序苞片腺体中总树脂含量约8%～15%；树脂含葎草酮、蛇麻酮、类葎草酮等。挥发油(约为0.5%)主要有α-考绕咖烯、γ-白菖考烯等。黄酮类有黄芪苷、异槲皮苷、芸香苷等。

【加工与利用】采用雌花序及果油。秋初开始采收，采后低温晾干，干燥保存。以水蒸气蒸馏法提取精油。花为酿造啤酒的原料。在啤酒酿造中，啤酒花具有不可替代的作用，使啤酒具有清爽的芳香气、苦味和防腐力。其精油可使啤酒气香，而软树脂有苦味，树脂也有防腐剂的效果。啤酒泡沫

是酒花中的异葎草酮和来自麦芽的起泡蛋白的复合体。在麦汁煮沸过程中，由于酒花添加，可将麦汁中的蛋白络合析出，从而起到澄清麦汁的作用。啤酒花强烈的酒花味道能够平衡麦芽汁的自然甜度并激发食欲。原始的啤酒因为添加了蜜糖或枣椰子，味道比较甜美，但这样的啤酒并不十分解渴，这也是掺啤酒花酿造而成的啤酒在整个中世纪十分流行的原因。此外，芽与雄花在比利时像芦笋一样流行用于烹饪。

啤酒花所含葎草酮、蛇麻酮有杀菌作用。本品还有解痉作用，可松弛平滑肌，具有镇静、催眠、抗抽搐等作用。苦味质能增强消化功能，促进胆汁分泌。此外，还具有类似雌激素的作用。因而可用于治疗腹痛、气喘和痛经。近年来临床也用于治疗肺结核、麻风病、急性菌痢、感染、慢性溃疡，以及促进肉芽组织生长、创口愈合等。对矽肺、胃和十二指肠溃疡、慢性气管炎等也均有较好的效果。本品民间医药将提取物外用治疗头皮屑和脱发。

【附注】相关研究表明，啤酒花水提取物对 DPPH 自由基、超氧自由基、羟基自由基均有消除作用，对透明质酸酶活性有抑制作用。啤酒花提取物对弹性蛋白酶的抑制，对脑酰胺生成的促进和它的抗氧化特性表明，还可用于防止皮肤老化和抗皱化妆品。

啤酒花还可用于园林攀援花架或篱棚。

227 风信子 *Hyacinthus orientalis* L.

彩图 227　英文名：Common hyacinth，Garden hyacinth，Dutch hyacinth；风信子科

【别名】西洋水仙，五色水仙，时样锦

【植物形态】多年生草本，鳞茎球形或扁球形，直径 3～7 cm，有膜质外皮，其颜色与花色成正相关。叶基生，4～9 枚，肉质，肥厚，带状披针形，长 15～35 cm，宽 1～3 cm，具浅纵沟，绿色有光。花葶肉质，高 15～35(45) cm，中空，顶端着生总状花序；小花 10～20 朵密生上部，多横向生长，少有下垂，漏斗形，花被筒形，上部 4 裂，花冠漏斗状，基部花筒较长，裂片 6 枚。向外侧下方反卷。其花色大致分为蓝色、粉红色、白色、鹅黄、紫色、黄色、绯红色、红色等 8 个品系。原种为浅紫色，具芳香。蒴果。花期早春，自然花期 3～4 月。

【生态分布】性喜阳、耐寒，适合生长在凉爽湿润的环境和疏松、肥沃的砂质土中，忌积水。原产于亚洲西南部、南部，主要在土耳其中部、叙利亚西北部、黎巴嫩及以色列北部。欧洲在 16 世纪就开始种植。现被广泛种植于各温带地区。中国各地植物园和公园有栽培。

【历史与民俗】荷兰是风信子的主要生产地，在 18 世纪，风信子的栽种非常流行，在当时有记录的品种已经超过2 000个。1596 年英国已将风信子用于庭园栽培。18 世纪开始在欧洲广泛栽培，并已进行育种。如今，荷兰、法国、英国和德国将风信子的生产推向产业化。其中荷兰生产量最大，并畅销世界各地。中国栽培风信子始于 19 世纪末，主要在沿海的大城市，栽培不普遍。20 世纪 50 年代开始，各地植物园和公园有少量栽培，用于花坛观赏。直到 80 年代以后，风信子才在全国各地有较大的发展，广泛用于春季花卉展览和盆栽销售。

【化学成分】花、叶含生物碱，有二羟基甲基二氢吡咯烷、1-去氧野艽霉素、1-脱氧甘露糖野艽霉素、α-高野艽霉素、β-高野艽霉素等。

【加工与利用】利用花、叶提取物。春、夏有花时，采集花叶，鲜用或干燥备用。花可用有机溶剂浸提，得精油；花叶以水、乙醇等溶剂提取，提取液浓缩至干，得提取物浸膏。

研究表明，细胞培养时，花精油对成纤维细胞增殖，花石油醚浸膏对齿肉纤维芽细胞增殖、齿根膜纤维芽细胞增殖均有促进作用。风信子花精油可用于化妆品香料。精油、提取物对纤维芽细胞活性有较好的促进，有活肤、护齿的作用，可用于护肤、口腔卫生产品中。

【附注】风信子为重要的花卉之一。风信子可以盆栽和切花两种形式提供给消费者。球茎有毒性，

如果误食会引起头晕、胃痉挛、拉肚子等症状，所以要严防儿童或者动物误食。

228 量天尺 *Hylocereus undatus* (Haw.) Britt. et Rose (*H. triangularis* (L.) Br. & R.)

彩图 228

英文名：Pitahaya, Dragon fruit；仙人掌科

【别名】火龙果，霸王鞭，剑花，三角柱，三棱箭

【植物形态】攀援肉质灌木，长 3～15 m，具气根。分枝多数，延伸，具 3 角或棱，棱常翅状，边缘波状或圆齿状，深绿色至淡蓝绿色，无毛，老枝边缘常胼胀状，淡褐色，骨质；小窠沿棱排列；每小窠具 1～3 根开展的硬刺。花漏斗状，长 25～30 cm，直径 15～25 cm，于夜间开放；花托及花托筒密被淡绿色鳞片；萼状花被片黄绿色，线形至线状披针形，长 10～15 cm，宽 0.3～0.7 cm，先端渐尖，全缘，通常反曲；瓣状花被片白色，长圆状倒披针形，长 12～15 cm，宽 4～5.5 cm，先端急尖，具 1 芒尖，全缘或啮蚀状，开展；花丝黄白色，花药淡黄色；花柱黄白色，柱头 20～24，先端长渐尖。浆果红色，长球形，长 7～12 cm，直径 5～10 cm，果脐小，果肉白色。种子倒卵形，黑色。花期 7～12 月。

【生态分布】热带、亚热带植物，喜光耐阴、耐热耐旱、喜肥耐瘠。在温暖湿润、光线充足的环境下生长迅速。原产中美洲至南美洲北部，后传入越南、泰国等东南亚国家和中国的台湾地区，中国海南、广西、广东、福建、云南等地有栽培。

【历史与民俗】原产中美洲(确切的起源地还不能确定)。它在热带地区广泛种植，作为作物开发和商业化生产正在进行中，主要是在哥伦比亚、尼加拉瓜、以色列和越南。本种为外来种，原产墨西哥至中美洲诸国。量天尺入药始见于《岭南采药录》，谓："此植物颇类火秧簕，但火秧簕茎方形，而此则茎三角形而较大。"所述形态与今本品相符。

【化学成分】果实营养成分有蛋白质、膳食纤维、维生素 B_2、维生素 B_3、维生素 C、铁、磷、钙、镁、钾等，并富含大量的胡萝卜素。黑色芝麻状种子更含有丰富的钙、磷、铁等矿物质及各种酶、白蛋白、纤维质及高浓度天然色素花青素(尤以红肉为最)，花、茎及嫩芽更有如芦荟之各种功效。

【加工与利用】主要采用果实。果实采集后，洗净，备用。果实已成为受欢迎的、有吸引力的和异国情调的产品，常用于绿色沙拉或水果沙拉和鲜食。果实还可以加工果汁、各种葡萄酒、利口酒和冰激凌来食用。火龙果果实还可制罐头、果酱等。花可干制成菜，颜色可提炼食用色素。

火龙果果实是一种低能量的水果，富含水溶性膳食纤维，具有减肥、降低胆固醇、预防便秘和大肠癌等功效，含有丰富的粗纤维，能够预防便秘。火龙果中含有一般蔬果中较少有的植物性白蛋白，这种白蛋白会与人体内的重金属离子结合而起到解毒的作用。

【附注】火龙果富含抗氧化剂维生素 C，能美白皮肤防黑斑。果实提取物中还含有丰富的花青素、胡萝卜素等生物活性物质，花青素能够增强血管弹性，增进皮肤的光滑度，美容、美肤；抑制炎症和过敏，改善关节的柔韧性，本品还具有抗辐射的作用，防止紫外线损伤等。因而，本品还是美白、防晒、柔肤、抗衰等化妆品的好原料。

229 贯叶连翘 *Hypericum perforatum* L.

彩图 229

英文名：Perforate St John's-wort, Common Saint John's wort, St John's wort；金丝桃科

【别名】贯叶金丝桃，千层楼，小金丝桃，小叶金丝桃

【植物形态】多年生草本，高 20～60 cm，全体无毛。茎直立，多分枝。叶无柄，彼此靠近密集，椭圆形至线形，长 1～2 cm，宽 0.3～0.7 cm，先端钝形，基部近心形而抱茎，全缘，背卷，坚纸质，上面绿色，下

面白绿色，全面散布淡色或黑色腺点。两歧状的聚伞花序，生于茎及分枝顶端，多个再组成顶生圆锥花序；苞片及小苞片线形。萼片长圆形或披针形，长3～4 mm，果时直立，略增大；花瓣黄色，长圆形或长圆状椭圆形，长约1.2 mm，边缘及上部常有黑色腺点。雄蕊多数，3束。子房卵珠形，花柱3。蒴果长圆状卵珠形，长约5 mm。种子黑褐色，圆柱形，长约1 mm。花期7～8月，果期9～10月。

【生态分布】喜温暖湿润气候，生于山坡、路旁、草地、林下及河边等处，海拔500～2 100 m地区，在美洲有生长，以北加州、俄勒冈州为最多。我国产河北、山西、陕西、甘肃、新疆、山东、江苏、江西、河南、湖北、湖南、四川及贵州。南欧、塞浦路斯、非洲西北部、近东、中亚、印度至蒙古和俄罗斯也有。

【历史与民俗】贯叶连翘原产于欧洲和亚洲的部分地区，但现已蔓延全球。在欧洲，其名字为“圣约翰草”。它的拉丁名属名 *Hypericum* 来自希腊语 hyper 和 eikon。在古希腊时期就将本品用于治疗包括坐骨神经痛、毒虫咬伤在内的多种疾病。欧洲普遍用于外伤和烧伤；民间用于治疗肺病、肾病和抑郁症。

【化学成分】地上部分含苯并二蒽酮类（如金丝桃素、伪金丝桃素、原金丝桃素等，伪金丝桃素最多）、贯叶金丝桃素、黄酮类（山柰酚、木犀草素、杨梅素、槲皮素、芦丁等）、原花色素、有机酸（咖啡酸、绿原酸、苦马酸、阿魏酸、异阿魏酸、龙胆酸）等。有报道称，全草含鞣质（10%，酸解产生花白素）、挥发油（主要成分为蒎烯、倍半萜烯），另含维生素C、胡萝卜素、芸香苷（叶含2%，花含0.095%）、金丝桃苷、槲皮苷、槲皮素、咖啡酸、绿原酸、少量皂苷、β-谷甾醇。根、茎还含癸醛、月桂酸、甘露醇。

【加工与利用】利用地上部分（花、叶、茎）提取物。7～8月间采收花枝叶。趁鲜加工，或阴干备用。高温、暴晒将会引起有效成分的损失。据报道，采收时，只采集顶端15～20 cm部分，并且在44 ℃下阴暗处干燥备用。本品具有抗精神沮丧、止痉挛、利胆、收敛、镇静、止痛和抗病毒的作用。据研究报道，其抗焦虑作用与贯叶金丝桃素抑制神经传导物质5-羟色胺、去甲肾上腺素和多巴胺的再吸收有关。目前，广泛用于治疗抑郁症，促进睡眠，抗焦虑，抗精神疲劳和乏力，以及季节性情感疾病。其次用于耳部疾病（复发性中耳炎）、感冒、轻伤（扭伤、拉伤、皮肤伤）、溃疡性结肠炎、白癜风、创伤等症。

【附注】本种地上部分以水、乙醇、丁二醇等溶剂提取物具有抗痉挛、收敛、止痛和抗病毒的作用，并具有抗菌、抗炎、抗氧化、抗过敏、皮肤保湿等功效，特别是对弹性蛋白酶的抑制、对细胞增殖的促进，结合它的多种功能，有美容、抗衰老功效，可作为美白、抗衰化妆品原料。

小连翘（*Hypericum erectum*）花/叶茎提取物也有和贯叶连翘相似的功效。

230 真蒲葵棕榈 *Hyphaene petersiana* Mart.

彩图 230　英文名：Mokola，Real fan palm，Makalani palm；棕榈科

【别名】姜果棕，毛考拉棕

【植物形态】常绿乔木，高可达18 m，茎部光滑，顶端形成巨大的树冠。叶掌状，长（包括叶柄）1.5～2 m，扇形多裂，裂深常可及叶片中部，表面多褶，叶色灰绿。雌雄异株，花序腋生，下垂。果实长椭圆形，长12～18 cm，直径4～5 cm。

【生态分布】原产非洲亚热带、地势低洼地区，生于平原、开放林地、河流和沼泽岸边。自然分布于布隆迪、卢旺达、民主刚果、坦桑尼亚、安哥拉、莫桑比克、马拉维、赞比亚、津巴布韦、博茨瓦纳、纳米比亚和南非。

【历史与民俗】真蒲葵棕榈产于热带非洲南部。其传统用于生产棕榈酒。它的叶片民间用于编织篮子，尤其在博茨瓦纳很盛行。

【化学成分】棕榈酒是膳食重要的添加成分，传统上该棕榈酒的原料富含淀粉，尤其是钾、烟酸和维生素C，而该酒的酒精含量很低（约3.0%）。

【加工与利用】使用部位为树干的树汁（由韧皮部取得）。棕榈树汁通常由天然酵母充分发酵（通常

在 36 h 内)转化为棕榈酒(棕榈汁酒)。该棕榈汁酒味道鲜美,美味介于姜汁啤酒和啤酒花啤酒之间。它也可蒸馏出强烈的酒精饮料(在非洲南部生产“威士忌”,在世界的其他地方则生产烧酒)。为获得树汁需要反复切割树木的生长点,可能最终摧毁树木。

【附注】茎髓可食,而果实只含有相当有限数量的液体椰奶。在传统上果实也可生产白酒。

231 神香草 *Hyssopus officinalis* L.

彩图 231

英文名:Hyssop;唇形科

【别名】海索草,牛膝草,柳薄荷

【植物形态】半常绿灌木,高 80 cm。茎多分枝,钝四棱形,具条纹、被短柔毛。叶线形、披针形或线状披针形,长 1~4 cm,宽 0.2~0.7 cm,边缘粗糙而具有短的糙伏毛,叶两面无毛而具腺点。轮伞花序,3~7 朵花腋生,具短梗,常偏向一侧,组成顶生伸长的假穗状花序;苞片及小苞片条形;花萼管状,连齿长约 7.5 mm,色泽鲜艳,5 齿,等大;花冠浅蓝至紫色,长约 10 mm;花筒几不伸出花萼,上唇直伸,顶端 2 裂,下唇 3 裂。小坚果矩圆状三棱形,无毛。花果期 6~8 月。

【生态分布】喜阳光充足、温凉、干燥气候,较耐旱,非常不耐潮湿。常见于海拔 100~600 m、排水良好的碱性偏干的土壤上。神香草在欧洲及地中海国家,特别是巴尔干半岛各国和土耳其能自由生长,是一种普通的花园草本植物。我国长江流域的梅雨季节不利于它的生长,根部容易腐烂。北京、西安等地引种成功。

【历史与民俗】神香草原产于欧洲南部和东南部。它是历史悠久的烹饪和草药植物,在古阿拉伯、古希腊和中世纪的欧洲均广泛使用。约在 2 500 年前,犹太僧侣利用神香草浓烈的香气清洁耶路撒冷的神庙及各地的圣迹。希腊人和希伯来人都将神香草视为神圣的植物,旧约圣经中也数次提到神香草。神香草一词来自于圣经:“给我一枝神香草我将被净化。”起初,人们将成束的神香草当作扫帚来清洁庙宇和圣地,后来,人们改为将神香草直接洒在地上。这两种方法后来引导出燃烧少量神香草,以烟雾熏蒸来消毒房间和避免感染流行病的方法。这种植物对瘟疫、麻风有效。事实上,神香草的除臭功能,至今还用来使圣洁的寺庙清洁。它长久以来在人们心目中被尊为神圣的植物。但圣经中多次提到的神香草被认为是中东牛至属植物叙利亚牛至(*Origanum syriacum*)。现在神香草被广泛用于烹饪、药草和观赏园林。商业生产主要发生在法国、匈牙利和荷兰。

【化学成分】含萜类(如夏至草素)、挥发油(有樟脑、松樟酮、β-蒎烯、桉油酚、莰烯、异莰烯、桧烯、乙酸龙脑酯等)、类黄酮、酚酸、鞣质和树脂。

【加工与利用】利用部位为鲜叶或干叶以及叶提取的精油。通常于夏末秋初采集全草,切段,用水蒸气蒸馏提取精油。新鲜嫩叶有辛辣的气味和苦味,通常少添加到沙拉、汤、酱汁和肉菜里。新鲜或干叶子可作为油性鱼类菜肴和加工猪肉产品(熟食店)的调味料和填料的成分。神香草精油自古就用于草药蒸馏得的药酒,使其成黄绿色,此类生产延续到今天。它可以作为多种草药的添加剂。神香草的味道和薄荷非常相似,植株本身也可酿酒。

神香草精油和提取物具有抗菌、消炎、滋补、止痛等作用。全草经水蒸气蒸馏后得到的精油叫神香草油,作为药用植物又能制成祛痰剂、发汗剂、刺激剂、健胃剂、驱风剂,驱虫剂、利尿剂、缓下剂、强壮剂等多种内服药剂。其用法可以用新鲜叶的煎汁或干燥叶的煎茶剂。神香草叶子的汁加入砂糖、蜂蜜、果汁可食用,有驱蛔虫的作用。

【附注】神香草精油具神香草特殊香气,带些樟脑样气味。还可作日用香精的调配,但其樟脑气息也影响了它的广泛使用。研究表明,神香草提取物具有细胞增殖活性和对弹性蛋白酶的抑制,说明有活肤作用,可用于抗衰老化妆品。它还可作为保湿剂、抗过敏剂、抗炎剂、减肥剂用于相关产品中。

232 玛黛茶 *Ilex paraguariensis* St. Hil.

彩图 232 英文名:Mate, Yerba mate;冬青科

【别名】巴拉圭冬青,南美冬青,巴拉圭茶

【植物形态】常绿灌木或小乔木,高 6 m。单叶互生,长 7～11 cm,宽 3～5.5 cm,叶缘有锯齿。花小型,花白色带点绿色调,花瓣 4 片。浆果小,球形,红色,果径 0.4～0.6 cm。

【生态分布】野生于阿根廷北部、巴拉圭、乌拉圭、巴西南部,广泛栽培于阿根廷、西班牙和葡萄牙。

【历史与民俗】在南美亚热带地区,土著民族将巴拉圭冬青干燥的叶片浸泡在热水中,所泡出来的茶汤称为玛黛茶,是一种咖啡因含量很高的饮料。也是传统的南美药茶,味清香,能增强人们的体力和精力。

瓜拉尼人(Guarani)被认为是最早栽培这种植物的民族。玛黛茶源自于魁特查语中的"mati"这个词,意思是"葫芦"。玛黛茶也有其他的名字,比如"耶稣会茶"、"巴拉圭来的茶",以及"传教士的茶"。因为耶稣会的传教士是最早栽培玛黛茶的欧洲人,他们同时也将喝玛黛茶的习惯传播至南美各地。

【化学成分】含咖啡因(约 2.5%)、可可豆碱(约 0.2%)、茶碱和鞣质(达 16%)。

【加工与利用】以叶作茶饮。在果实成熟时采集叶片,晾干后保存。它像普通茶一样饮用,俗称玛黛茶。远古的南美洲人把绿叶和嫩芽采摘下来,经过晾晒、分拣后就冲泡饮用,后来又多了烘烤、发酵和研磨等工序,就逐渐演变成今天芳香可口的马黛茶。随着科技文明的进步发展,土制的马黛茶越来越少见。市面上销售的玛黛茶除了散装,还有不同分量的单位包装和袋泡包装。现在玛黛茶还可以与柠檬、牛奶或白兰地调味饮用。

玛黛茶的提神效果对于新陈代谢来说非常有效,可以加速自然循环。而安第斯玛黛茶被认为是治疗高山反应最好的药品。拥有漂亮茶色的玛黛茶含有丰富的矿物质,包括维生素、铁、钙、纤维素等,可以补充人体易缺乏的营养素,帮助排便,是南美人天天饮用的茶品,是具有纤体效果的纯天然饮品。

【附注】玛黛茶能兴奋神经系统,有缓和的镇静、利尿作用。可用于治疗头痛、偏头痛、神经痛、风湿痛、疲劳和轻度的焦虑,还用于治疗糖尿病。

本品对 UVA、UVB 均有很好的屏蔽作用,可用于防晒化妆品中。还可以抗氧剂、减肥剂用于化妆品。

本品不能与肉同食,因含大量的鞣质,可能影响营养成分的吸收。

233 八角茴香 *Illicium verum* Hook. f.

彩图 233 英文名:Star anise, Chinese star anise;八角科

【别名】八角,大茴香

【植物形态】常绿乔木,高 10～20 m。树皮灰色至红褐色,有不规则裂纹。枝密集,呈水平伸展。单叶互生,革质;叶柄粗壮,长约 1 cm;叶片长椭圆形或椭圆状披针形,长 6～12 cm,宽 2～4 cm,先端渐尖或急尖,基部楔形,全缘,上面深绿色,有光泽和油点,下面浅绿色,疏生柔毛。花两性,单生于叶腋或近顶生,花蕾球形,花被片 7～12,数轮,覆瓦状排列,内轮粉红色;雄蕊 11～19,排成 1～2 轮;心皮 7～9,离生。聚合蓇葖果,多由 8 个蓇葖果放射状排列成八角形,直径 3.5～4 cm,红褐色,木质;蓇葖果先端钝尖或钝,成熟时沿腹缝线开裂。种子 1,扁卵形,亮棕色。花期 2～5 月及 8～10 月,果实成熟期 9～10 月及翌年 3～4 月。

【生态分布】原产中国、印度和越南。八角适生于南亚热带冬暖夏凉的山地气候,生长于热带和亚热带地区,主要产于中国广西、云南、福建南部、广东西部。北美也有栽培。

【历史与民俗】中文名“八角茴香”意思是八个角的茴香。它与洋茴香(*Pimpinella anisum*)的味道相似,也同样用作调味品。八角茴香是我国的传统烹饪佐料,已有上千年的历史。它可以直接用于烹饪,亦为配制五香粉等的重要原料,可以除去肉类的腥膻、增加香味,是肉制品的必用辛香料。同时,八角茴香也是中草药中重要的药材之一。在16世纪,英国的领航员就把八角茴香带到了欧洲,很快,在法国、德国和意大利等地栽培。同样,它作为酒的调味剂在欧美各国需求量不断增加。尽管八角茴香作为民间草药已使用了几个世纪,但它直到16世纪才出现在中草药文献中。

【化学成分】果实(干)含挥发油4%~9%、脂肪油22%以及蛋白质、树胶、树脂等。有资料称,干果含芳香油8.0%~12.0%,鲜叶含油0.3%~0.5%。非挥发性成分还有黄酮类、木脂素(八角醇)、磷脂(卵磷脂、磷脂酰丝氨酸、磷脂酰基肌醇)、植物甾醇(β-谷甾醇、胡萝卜苷)和莽草酸。

挥发油的主要成分为茴香醚80%~90%,其余为δ-蒎烯、L-水芹烯、黄樟醚、甲基胡椒酚、茴香醛、茴香酸、茴香酮、3,3-二甲基烯丙基对丙烯基苯醚。叶油中含茴香醚、茴香醛。

【加工与利用】利用果实及籽油。八角每年开花2次,采果2次。9~10月果实成熟时采收的为正造果,春季3~4月成熟的为春造果,正造果优于春造果。果实采摘后用微火烘干,或用开水浸泡片刻,待果实转红后晒干备用。果实(包括种子)可用水蒸气蒸馏方法提取挥发油(精油)。

在亚洲,厨师通常将整个果实(带种子)添加到猪肉、鸭子、咖喱和肉汁中。在中国和印度的香料粉混合物(如五香粉、咖喱粉)里,它也是一种重要成分,味道有点甜,可用于甜点和糖果。在俄罗斯和斯堪的纳维亚国家,八角(果实和种子)也是一种常见的、用于饼干和糕点的原料。它强烈的茴香味来自果壳,而不是种子,而生产出的精油主要含有茴香脑,主要化合物为茴香醚。八角茴香油和洋茴香油一样,可用于生产茴香甜酒(茴香酒)和茴香调味糖果。

【附注】八角茴香油及提取物有较强的抗菌作用。八角茴香具有兴奋、利尿和助消化的功效,其提取物有抗菌作用。八角茴香在中草药中用于治疗风湿病、背痛和疝气,还有效祛风和治疗消化不良,尤其是腹绞痛,对儿童使用安全。在治疗肠疝或膀胱疝气方面,它通常与茴香(*Foeniculum vulgare*)配伍使用,这两种草药都有助于松弛内脏肌肉,解除痉挛,亦用于治疗牙痛。八角茴香油是常用的食品和牙膏香料成分之一。其提取物对金属蛋白酶(MMP)活性的抑制显示它有抗炎作用,同时它对谷胱甘肽生成的促进,显示有活肤作用,结合其有较强的抗氧性,提取物可用于护肤、抗衰化妆品中。

234 凤仙花 *Impatiens balsamina* L.

彩图234 英文名:Garden balsam, Toutch-me-not;凤仙花科

【别名】金凤花,灯盏花,急性子,指甲花,海莲花

【植物形态】一年生草本,高40~100 cm。茎肉质,直立,粗壮。叶互生;叶柄长约1~3 cm,两侧有数个腺体;叶片披针形,长4~12 cm,宽1~3 cm,先端长渐尖,基部渐狭,边缘有锐锯齿,侧脉5~9对。花梗短,单生或数枚簇生叶腋,密生短柔毛;花大,通常粉红色或杂色,单瓣或重瓣;萼片2,宽卵形,有疏短柔毛;旗瓣圆,先端凹,有小尖头,背面中肋有龙骨突;翼瓣宽大,有短柄,2裂,基部裂片近圆形,上部裂片宽斧形,先端2浅裂;唇瓣舟形,被疏短柔毛,基部突然延长成细而内弯的距;花药卵球形,顶端钝。蒴果纺锤形,熟时一触即裂,密生茸毛。种子多数,球形,黑色。花期7~10月。

【生态分布】性喜阳光,怕湿,耐热不耐寒。喜向阳的地势和疏松肥沃的土壤。它适应性强,一般很少有病虫害。原产中国、印度。中国各地庭园广泛栽培,为常见的观赏花卉。中国南北各地均有栽培。主产于江苏、浙江、河北、安徽等地。

【历史与民俗】凤仙花因其花头、翅、尾、足俱翘然如凤状,故名,民间又叫“金凤花”。它原产我国、印度等地,我国民间常用其花及叶染指甲。茎及种子入药。由于凤仙花适应性强,很早就传入欧洲,后

又被带到美洲。因为它的籽荚只要轻轻一碰就会弹射出很多籽儿来，人们将其称为“别碰我”，因而英文别名为“Touch me not”，美语为“Don't touch me”。在印度、中东等地将它称为海娜(Henaa)，其全草带有天然红棕色素，中东人很早就种植这种植物，用它的汁液来染指甲和修饰自己。据记载，埃及艳后就是利用凤仙花来染头发的。著名的印度身体彩绘也是用它来染色的。我国自唐、宋以来也多有赞美凤仙花的诗篇。

【化学成分】花含各种花色苷，有矢车菊素、飞燕草素、蹄纹天竺素、锦葵花素等。又含山柰酚、槲皮素，以及一种萘醌成分[可能是指甲花醌(Lawsone)]。根含矢车菊素苷、指甲花醌、2-甲氧基-1,4-萘醌。茎含山柰酚-3-葡萄糖苷、槲皮素-3-葡萄糖苷、蹄纹天竺素-3-葡萄糖苷、矢车菊素-3-葡萄糖苷等。种子含黄酮、萘醌、香豆素、有机酸、花青素、甾醇类等。

【加工与利用】全草可食用、药用。如人们煮肉、炖鱼时，放入数粒凤仙花种子，肉易烂、骨易酥，别具风味。凤仙花嫩叶可焯水后加油盐凉拌食用。茎及种子入药。茎称“凤仙透骨草”，有祛风湿、活血、止痛之效，用于治风湿性关节痛、屈伸不利；种子称“急性子”，有软坚、消积之效，用于治噎膈、骨鲠咽喉、腹部肿块、闭经。花入药，可活血消胀，治跌打损伤。花外搽可治鹅掌疯，又能除狐臭；种子煎膏外搽，可治麻木酸痛。总之，凤仙花是有多种用途的植物。

【附注】凤仙花如鹤顶、似彩凤，姿态优美，妩媚悦人。香艳的红色凤仙和娇嫩的碧色凤仙都是早晨开放，是欣赏凤仙花的最佳时机。凤仙花因其花色、品种极为丰富，是美化花坛、花境的常用材料，可丛植、群植和盆栽，也可作切花水养。

235 土木香 *Inula helenium* L.

彩图 235

英文名：Elecampane；菊科

【别名】青木香，祁木香，藏木香

【植物形态】多年生草本，高达 1.8 m，全株密被短柔毛。基生叶有柄，阔大，广椭圆形，长 25～50 cm，先端锐尖，边缘具不整齐齿牙；茎生叶大形，无柄，半抱茎，长椭圆形，基部心脏形，先端锐尖，边缘具不整齐齿牙。头状花序腋生，黄色，直径 5～10 cm；排成伞房花序，花序梗长 6～12 cm；总苞半球形，直径 2.5～5 cm，总苞片覆瓦状排列，约 9～10 层，外层苞片叶质，卵形，表面密被短毛；内层苞片干膜质，先端略尖，边缘带紫色；花托秃裸，有窠点；边缘舌状花雌性，先端 3 齿裂；中心管状花两性，先端 5 裂。瘦果长约 4 mm，表面 4～5 棱，冠毛多。花期 6～7 月。

【生态分布】原产欧洲东南部及亚洲西部，现温带地区很多国家包括美国都已栽培。喜潮湿、排水良好的土壤环境。中国分布于东北、华北及西北，在河北、山西、浙江、河南、湖北、四川等地有栽培。

【历史与民俗】古罗马时代，人们就将土木香作为药物和食品。长期以来，它作为良好的温补剂，可以治疗慢性支气管炎等呼吸系统疾病，还可以用于驱虫和抗菌。传说，海伦与帕丽斯动身前往特洛伊居住在一起时，她手中正握着土木香。而土木香的拉丁名 *helenium* 就是由 Helen(海伦)转化来的。1804 年，从土木香根中分离出菊糖，可缓解支气管炎。中国传统医药也早有记载，土木香有止痛、温中、驱虫的功效。

【化学成分】含有菊糖(44%)、挥发油(约 4%，其中有土木香醇等)、黏液质、倍半萜内酯(包括土木香内酯)、三萜皂苷(达玛二烯醇)、植物甾醇(β-谷甾醇、β-谷甾醇葡萄苷、豆甾醇)、聚炔类等。

【加工与利用】以根入药。秋末，挖取根部，洗净，切片，高温干燥备用。可用水蒸气蒸馏法提取芳香油；以水、乙醇等溶剂提取，提取液浓缩至干，得提取物浸膏。

土木香精油有镇静、杀菌、退烧和驱虫的作用，可作为消炎药、抗微生物制剂使用。土木香内酯有抑制结核杆菌和抗炎的作用，还可以驱除蛔虫、蛲虫、钩虫、鞭虫等。本品传统用于呼吸系统疾病，如祛痰、止咳，治疗慢性气管炎、哮喘，还有助于清除胸腔内的黏液。其苦味有健胃作用，有助于食物消化，可治疗食欲不振、消化不良。此外还用于治疗扁桃体炎等传染性疾病。

【附注】土木香精油可用作化妆品香料，香气持久。其提取物可作为抗菌剂、抗炎剂、皮肤保湿剂用于护肤霜等产品。

236 甘薯 *Ipomoea batatas* (L.) Lam.

彩图 236

英文名：Sweet potato；旋花科

【别名】红薯，番薯，山芋，红苕，甜薯

【植物形态】一年生草本。地下具圆形、椭圆形或纺锤形的块根。茎平卧或上升，偶有缠绕，多分枝，圆柱形或具棱，绿或紫色，节上易生不定根。单叶互生；叶柄长 2.5～20 cm，被疏柔毛或无毛；叶片形状、颜色因品种不同而异，通常为宽卵形，长 4～13 cm，宽 3～13 cm，全缘或 3～5 裂，先端渐尖，基部心形或近于平截，两面被疏柔毛或近于无毛。聚伞花序腋生，有花 1～7 朵，苞片小，披针形，早落；萼片 5，不等长；花冠粉红色、白色、淡紫色或紫色，钟状或漏斗状；雄蕊 5，内藏，花丝基部被毛；子房 2～4 室，被毛或有时无毛。蒴果，通常少见。花期 9～12 月。

【生态分布】属热带、亚热带植物，喜温、喜光、耐旱。原产南美洲及大、小安的列斯群岛，现已广泛栽培在全世界各地区（主产于北纬 40°以南）。我国主要分布于北京、山东、河南、天津、河北、东三省、内蒙古、云南、四川、湖北、甘肃、安徽、福建、陕西、湖南、广东等地。目前浙江、海南、广东、广西、云南等地栽培较多。

【历史与民俗】原产南美洲，主要用作粮食和蔬菜。来自秘鲁的考古证明甘薯至少可以追溯到公元前8 000年。在该地区，包括危地马拉、哥伦比亚、厄瓜多尔和秘鲁，驯化可能发生在公元前 4 500 年之前。在哥伦布发现美洲大陆之前的时期，甘薯就从这里蔓延到波利尼西亚。后来由葡萄牙和西班牙探险家带到欧洲、非洲和亚洲。在西印度群岛和非洲，淀粉类型的甘薯是首选，而甜山芋类型则流行在世界上大多数的其他地方。在加勒比地区、非洲、波利尼西亚和亚洲部分地区，至今它仍是一种主食，也是一种工业淀粉原料和乙醇的来源物。

甘薯是世界第七大粮食作物，在中国生产的 80% 作为食用，曾经是农村地区的主要食物来源。宋元以前中国文献中屡见“甘薯”的记载，但那时所说的甘薯是薯蓣科植物的一种，而我们现在所说的“甘薯”则是旋花科植物，明万历年间传入我国。自它被引种到中国以后，因其形似我国原有的薯蓣科甘薯，有人便称之为甘薯，久而久之，“甘薯”一词已专指旋花科的“番薯”了。甘薯通过多条渠道传入中国，时间约在 16 世纪末叶，明代的《闽书》、《农政全书》，清代的《闽政全书》、《福州府志》等均有记载。清朝陈世元《金薯传习录》中援引《采录闽侯合志》：“按番薯种出海外吕宋。明万历年间闽人陈振龙贸易于其地，得藤苗及栽种之法入中国。值闽中旱饥。振龙子经纶白于巡抚金学曾令试为种时，大有收获，可充谷食之半。自是硗确之地遍行栽播。”还说：“以得自番国故曰番薯。以金公始种之，故又曰金薯。”又据传，陈振龙 6 世孙陈世元及其子陈云，先后以甘薯传种于鄞州（浙江宁波）、胶州、青州（山东省青岛、益都一带）、豫州（河南朱仙镇一带）各地，渐次在浙江各地传播，时为清乾隆二十年前后。以上史实证明甘薯系在 16 世纪末叶从南洋引入中国福建、广东，而后向长江、黄河流域及台湾地区等地传播。目前中国的甘薯种植面积和总产量均占世界首位。

【化学成分】块根含并没食子酸和 3,5-二咖啡酰奎宁酸，为有效的生物活性成分。还有丰富的淀粉、糖类、蛋白质、维生素、纤维素以及各种氨基酸。

【加工与利用】主要利用块根。秋、冬季采挖块根，洗净，切片，鲜用或晒干备用。它是一种优良的食物来源，可作为蔬菜煮熟食用，或作为甜点吃。块根像土豆，但比土豆更甜。它可以煎、煮、烤来吃，或煮熟后去皮，配上奶油或甜的酱汁食用。它还可制作成甜蜜的肉饼、意面、奶油烤菜、甜点等食用。幼嫩

的叶子还可像菠菜一样食用。紫甘薯品种的紫皮、紫色肉都可食用，味道略甜。花青素含量 20～180 mg/100 g，有较高的食用和药用价值，是一种含纯天然色素的保健食品。

【附注】块根提取物具有抗氧化、抗紫外线、营养皮肤等作用。并能抑制磷酸二酯酶活性，有利于扩张血管，提高免疫功能，有活肤作用，使皮肤柔润、光亮，可用于护肤、抗衰化妆品。

紫甘薯品种含花青素，是水溶性色素，具有一般花青素的特点。自然界有超过 300 种不同的花青素。它们来源于不同种水果和蔬菜，其中紫甘薯是很好的色素来源之一。紫甘薯色素稳定，已投入商业性生产，可用于在配料酒、糖果、糕点、冰棍、雪糕、冰淇淋、果汁(味)饮料、碳酸饮料，用量 0.5%～5%。

237 香根鸢尾 *Iris pallida* Lam.

彩图 237

英文名：Orris，Dalmatian iris，Sweet iris；鸢尾科

【别名】粉叶鸢尾，白花鸢尾

【植物形态】多年生草本，有地下根茎。叶多数基生，绿色，叶面有白粉，剑形，常沿中脉对折，基部抱茎，成套折状。花茎直立，单一或分枝，1 至多花；单朵顶生或总状花序；花淡紫色或淡蓝色，有光泽，具有香气；花由苞片内抽出，苞片纸质；花被片下部常合生成管，外轮 3 片较大，反折，基部狭长柄状，内轮 3 片较小，直立或展开，基部狭爪状；雄蕊着生在外轮花被片的基部；花柱 3 分枝，扩大成花瓣状，反折盖住花药，顶端 2 裂。蒴果青莲色，草质，有 3～6 棱。花期 4 月，果期 5～6 月。

【生态分布】香根鸢尾原产欧洲，适生于地中海式气候，冬暖夏凉，喜光，较耐寒。以地下根茎越冬，可耐 −9 ℃的寒冷。耐旱，不耐涝。现主产于意大利(佛罗伦萨地区为其栽培中心)、法国、摩洛哥及印度北部。我国引种于浙江、云南、河北等地，以云南生长较好。

【历史与民俗】古埃及的金字塔群中就有鸢尾形象的记录，其历史可追溯到公元前 1 500 年。本品是美洲土著人最常使用的植物药之一。不同的部落有不同的使用方法，能催吐、泻下、利尿，治疗外伤、感冒、耳痛和霍乱。在英美传统草药中用于治疗腺体感染和肝脏疾病。

【化学成分】香根鸢尾主要含凝脂(硬脂)，干根茎得率为 0.2%～0.3%，浸膏得率 0.5%～0.8%。硬脂主要化学成分为鸢尾酮(59.5%～79.8%)、C8～C13 脂肪酸及其甲酯、苯甲酸、十四酸甲酯、油酸甲酯、棕榈酸甲酯、硬脂酸甲酯、糠醛、萘、苄醇、芳樟醇、香叶醇、苯甲醛、癸醛、油醛、苯乙酮、乙醛、丁二酮、十四酸乙酯、丁香酚、倍半萜烯等，还有黄酮类成分为野鸢尾苷、德国鸢尾苷、当药黄酮、芹菜素等及其糖苷、淀粉、维生素等。

【加工与利用】采用根(根茎)提取物。香根鸢尾种植 3 年后可收获，一般在 7～8 月收获为宜，收获时去掉叶，将根茎挖出，除去须根、腐物和繁殖用的小根茎后，用 40 ℃左右的温水洗去泥土，切成片状，晒干，打包贮藏于干燥、通风处，贮存 2～3 年，然后加工，所得硬脂香气纯正，得率高。新鲜的根茎无香气。凝脂加工采用水蒸气蒸馏法或浸提法提取。提取物以水、乙醇等溶剂提取，提取液浓缩至干，得提取物浸膏。

鸢尾凝脂又称鸢尾精油，为蜜甜香，似紫罗兰花香甜，而较之更甜厚，香气平和留长，是很珍贵的香料，价格昂贵。鸢尾净油的价格更贵，在国际贸易中，比大花茉莉净油贵两倍，比保加利亚玫瑰净油高 50%。因此，在食用香精中，利用其扩散提调效力，用少量即见效，以极微量用于悬钩子、草莓、桃子及朗姆酒香精中。鸢尾浸膏价格便宜些，常用于高档食品。

【附注】鸢尾硬脂或浸膏具有紫罗兰木香，是高级香料，可用于化妆品、香皂、香水、食品香精。在薰衣草型、花露水型、科隆型香精中使用尤为适宜。提过香料后的鸢尾根茎粉尚可作消毒薰香料和香囊等的填料。据报道，鸢尾根提取物对组织蛋白酶活性的促进、对胰蛋白酶活性的抑制显示它可增强皮肤细胞的新陈代谢，有抗衰老作用；提取物还有抗炎、抑制毛发生长、美白等作用，因而可用于美肤、抗衰化妆品中。

238 茉莉 *Jasminum sambac* (Linn.) Aiton

彩图 238

英文名:Arabian jasmine;木犀科

【别名】末花,末利,抹利,没利,末丽,摩利,末梨花,柰花,小南强

【形态特征】常绿灌木,幼枝有短柔毛。单叶对生;阔卵形或椭圆形,长 3~8 cm,宽 2.5~5 cm,全缘;聚伞花序顶生或腋生,通常有花 3 朵;总花梗长 1~3 cm,花柄粗壮;花白色,芳香;花萼筒状,裂片 8~9,线形,长 5~7 mm;花冠筒细,裂片椭圆形,约与花冠筒等长,雄蕊 2;子房 2 室,每室有 2 枚胚珠。花期 5~11 月。花后通常不结实。

【生态分布】茉莉原产于波斯湾地区的伊朗,印度、巴基斯坦也是原产地之一。茉莉的来源可能不止一个,由波斯人或印度人带入都有可能。但最早的且最广泛的说法,则认为茉莉来自波斯。近代植物学家根据实地考察指出,喜马拉雅山与云贵高原可能是茉莉的原产地。目前,国内大面积栽培茉莉的为福建省,此外还有广东、浙江、台湾、江苏、安徽、江西、湖南、四川等地区。湖北、广西茉莉花产量为全国之最,贵州、山东等地也在陆续发展或试种。

【历史与民俗】茉莉名称是胡语的译音,茉莉来自印度,印度名茉莉伽(梵语 mallika)。茉莉花期颇长,从夏直到深秋。素白色茉莉花不争春、不逞艳、骨中香彻的品格,颇能引起文人墨客共鸣。古籍中记载着大量以茉莉为题材的诗词歌赋。宋代诗人江奎在《茉莉》一诗里写道:"他年我若修花史,列作人间第一香!"我国将茉莉、桂花与兰花并称为"香花三元",它既有玫瑰的甜郁,又有兰花的悠远,梅花的清芬,所以历来受到人们的喜爱,把它作为幸福、纯洁的化身。菲律宾、印度尼西亚等国把茉莉定为国花,广为种植。每有外宾来访时,主人会将茉莉花结缀成大花环,挂到外宾脖子上,以表示亲善与尊敬。2004 年,江苏举办"省花"民间评选活动,茉莉花打败了名列"中国十大名花"的兰花、梅花,成为江苏地区民众心目中最理想的花卉。此外,还有歌颂茉莉花的歌曲,人们耳熟能详的便是传唱大江南北的《茉莉花》,不仅被中国人民喜爱,还传到世界各地。香港回归祖国和澳门回归祖国的交接仪式上,中国军乐队都演奏了民歌《茉莉花》;上海 APEC 会议,拉开文艺晚会序幕的是百名儿童演唱的《茉莉花》,《茉莉花》已成为世界人民心目中的中国民歌的代表。

【化学成分】每 100 g 茉莉花含挥发油性物质 2~3 g,主要成分为苯甲醇及其脂类、茉莉花素、芳樟醇、安息香酸芳樟醇酯等,还含有吲哚、素馨内酯等物质。

【加工与利用】茉莉除了具有观赏价值,其根、茎、叶、花均是有用的材料,可用于制作化妆品、窨茶,在酿酒、烹饪和医疗等方面也有应用。此外,用茉莉鲜花为原料还可提取昂贵的茉莉花精油。茉莉花含有挥发油和多种维生素,以及糖和淀粉等有益于人体的营养元素,是十分理想的美容佳品。每年 7~8 月,将尚未完全开放的茉莉花采集后经脱水处理制成干茉莉花,既可泡茶,又可熬粥。常饮茉莉花茶,有清肝明目、生津止渴、祛痰治痢、通便利水、祛风解表、降血压、强心、抗衰老之功效。用新鲜粳米 100 g 煮粥,待粥将好时,放入干茉莉花 3~5 g,再煮 5~10 min 即成。茉莉花粥味甜清香,十分爽口,茉莉花的香气可上透头顶,下去小腹,解除胸中一切陈腐之气,不但令人神清气爽,还可调理干燥皮肤,具有美肌艳容,健身提神,防老抗衰的功效。茉莉花用于菜肴,如茉莉花鸡肉片、茉莉花烩海参、茉莉花虾仁、茉莉花油糖粥等。茉莉花香有明显的麝香香味,是一种强烈花香香气。茉莉精油是一种阳刚味非常重的油,香味具有温暖和令人陶醉的作用,也有"催情剂"之誉。茉莉花浸膏和精油是近代重要的香料之一,也是名贵的食用香料,主要用于配制杏、桃、蜜糖、茶叶、覆盆子等香精,在现代食品工业中广泛应用。茉莉香精也用于唇膏、香粉、膏霜、美发用品及沐浴用品等化妆品的加香。茉莉浸膏和精油均有杀菌、抗忧郁、温暖、止血等功效。茉莉精油可作为抗抑郁药、止血剂、消炎药、防腐剂、抗痉挛药、化痰剂、助分娩剂、子宫疾病用药、除臭剂、调经剂、镇静剂、健胃剂、治肝药、泻药、滋补剂等。

【附注】素芳花 *Jasminum officinale* L. 木犀科,别名耶悉茗,法国素馨,大花茉莉,英文名为 common Jasmine。英语 Jasmine 源于阿拉伯语 yas(a)min 和波斯语 yasumin。在伊朗语里的意思是"天

生的福气"，几千年来，它一直吸引着诗人和商人们关注的目光。素芳花产于非洲、欧洲及地中海沿岸国家，我国贵州南部、四川、西藏、云南等地区有栽培。花白色，有时外面红色，浆果暗红色，后变紫色，花期 5～8 月，果期 9 月，可用于园林观赏或用于围墙、栅栏等地垂直绿化及坡地覆盖，也可制盆景。花可提取芳香油，其精油及浸膏均是高级化妆品及香精的原料。花药用，有疏肝、解郁、止痛等作用，根用于疥癣。

239 核桃 *Juglans regia* L.

彩图 239　英文名：Persian walnut，Common walnut；胡桃科

【别名】胡桃，羌桃，万岁子

【植物形态】落叶乔木，高 3～5 m，树皮灰白色，幼枝先端具细柔毛。羽状复叶长 25～50 cm，小叶 5～9 个，稀有 13 个，椭圆状卵形至椭圆形，顶生小叶通常较大，先端急尖或渐尖，基部圆或楔形，全缘或有不明显钝齿，表面深绿色，无毛，背面仅脉腋有微毛。雄柔荑花序长 5～10 cm；雌花 1～3 朵聚生，赤红色。果实球形，直径约 5 cm，灰绿色。幼时具腺毛，老时无毛，内部坚果球形，黄褐色，表面有不规则槽纹。花期 4～5 月，果实成熟期 8～9 月。

【生态分布】核桃喜光，耐寒，抗旱、抗病能力强，适应多种土壤生长。分布于中亚、西亚、南亚和欧洲东南部。生于海拔 400～1 800 m 的山坡及丘陵地带，中国平原及丘陵地区常见栽培。我国核桃分布地区广，除黑龙江、上海、广东、海南外，其他各省区均有分布。其中云南、山西、四川、河北 4 省产量占全国总产量的 65% 以上；河南、新疆产量也不少。

【历史与民俗】核桃是汉代张骞出使西域时（公元前 122 年）带回的，即路线为伊朗→印度→中国，至今有 2 000 多年的栽培历史。西晋张华《博物志》记载："张骞使西域还，乃得胡桃种。"苏颂《本草图经》云："此果本出羌胡，汉张骞使西域还，始得其种，植之秦中，后渐生东土，故曰陈仓胡桃，薄皮多肌。"但 1972 年在磁山遗址发掘的灰坑中发现两座坑底部有树籽堆积层，可辨认的有榛子、小叶朴和胡桃。胡桃就是现今的核桃，说明距今 7 000 年前的原始社会（新石器时代）就有了核桃。在西安半坡村原始氏族公社部落（距今约 6 000 年）遗址的出土文物中，经北京农业大学和中国科学院植物研究所分析后，也发现了核桃的孢粉；中国科学院 1966—1968 年在西藏聂聂雄拉湖相沉积中也发现丰富的核桃和山核桃孢粉。这些都证明我国也是世界核桃原产中心之一。核桃耐储存，营养高，被称为"长寿果"，其性甘、平、温补，是制作糕点糖果的重要原料。中医历来认为核桃是滋补强壮剂，有健肾、补血、润肺和益胃等诸多功效。

【化学成分】据报道，100 g 核桃仁含脂肪 63～70 g，蛋白质 14.6～19.0 g，碳水化合物 5.4～10.0 g，维生素 A 0.36 mg，维生素 B_1 0.26 mg，维生素 B_2 0.15 mg，烟酸 1.0 mg，钾 3.0 mg，钙 85 mg，磷 280 mg，铁 2.6 mg。

核桃仁中氨基酸含量比较丰富，含有 17 种氨基酸，其中有 9 种为人体必需氨基酸。氨基酸中含量多的有（mg/100 g）：谷氨酸（3 549）、精氨酸（2 621）、天门冬氨酸（1 656）、亮氨酸（1 268）等。核桃仁中含有多种矿物质和人体必需的微量元素。还含有维生素 E、肌醇、咖啡酸及丰富的亚油酸等。

江苏徐州产核桃种仁含油量 68.4%，其脂肪酸组成（%）：肉豆蔻酸微量，棕榈酸 5.8，硬脂酸 2.7，十六碳烯酸微量，油酸 19.9，亚油酸 62.1，亚麻酸 9.4。

【加工与利用】利用部位为带有内果皮的"核果"。在成熟前 1 个月内果实大小和坚果基本稳定了。生产上核桃果实成熟的标志是果皮由深绿变为淡黄、部分外皮裂口、个别果实脱落。这时，可人工采摘，也可用机械振动采收。采下的核桃果实首先要脱除核壳以外的青皮。脱除的方法主要是堆沤脱皮，在温度 30 ℃，相对湿度 80%～90% 条件下，一般 3～5 d 后可用棍敲击脱皮。脱皮后应及时洗去坚果表面残留的烂皮、泥土和其他污物，必要时可用漂白粉漂白。清洗后的核桃及时晾干、晒干或烘干备用。核

桃仁可用压榨法提取核桃油。

核桃仁除可以鲜食外，还是一种重要的点心，被广泛用于饼干、蛋糕、糖果、巧克力、糕点和面包以及冰淇淋中。这些也是美国黑核桃仁的主要用途。核桃油质量优异，长期以来一直用作沙拉油，尤其是在法国。剁碎或压碎核桃仁被添加到沙拉里，并广泛用于肉、家禽、鱼等菜肴，以它制成的酱料常用于面条和其他菜肴。核桃还用于风味葡萄酒和烈性酒（尤其是用它的绿色外壳制成的“brou de noix”法国酒）。

核桃在国内外享有“大力士食品”、“营养丰富的坚果”、“益智果”、“万岁子”、“长寿果”、“养人之宝”等美称。国内外专家建议人们每周最好吃 2～3 次核桃，尤其中老年人和绝经期妇女，因为核桃中所含的精氨酸、油酸、抗氧化物质等对保护心血管，预防冠心病、中风、老年痴呆等是颇有裨益的。一次不要吃得太多，否则会影响消化。

【附注】核桃仁除直接食用外，榨油是其最主要的利用方式。核桃油新鲜纯正、营养丰富、口感清淡，其脂肪酸组成近似母乳，易被消化吸收，是儿童发育期、女性妊娠期及产后康复的高级保健食用油。此外，核桃木材结构紧密，纹理、色泽美观，既是制作高档家具及装饰艺术品的珍贵木材，又是优良的胶合板贴面材。核桃树冠雄伟，树干洁白，枝叶繁茂，绿荫盖地，在园林中可作道路绿化树种。

240 欧洲刺柏 *Juniperus communis* L.

彩图 240　英文名：Juniper；柏科

【别名】普通柏，欧杜松，璎珞柏，欧桧

【植物形态】乔木，高达 12 m，或为直立灌木，高 3 m；木材坚硬，纹理致密，耐腐力强，树皮灰褐色。枝条直展或斜展。三叶轮生，全为刺形，宿存树上约 3 年，通常与小枝成钝角开展，直，条状披针形，先端渐窄成锐尖头，长 8～16 mm，宽 1～1.2 mm，上面稍凹，具 1 条较绿色边带为宽的白粉带，白粉带的基部常被绿色中脉分为两条，下面有钝纵脊，常沿脊具细纵槽。花雌雄异株，雄花黄色，雌花蓝色。球果球形或宽卵圆形，成熟时蓝黑色，径 5～6 mm，种子卵圆形，具三棱，顶端尖。

【生态分布】分布于欧洲、亚洲西南至喜马拉雅山和北美洲南部海岸至稍北的高沼泽地与山地。我国河北、青岛、南京、上海、杭州等省市引种栽培作观赏树。

【历史与民俗】古代将欧洲刺柏的小枝投入火中，用来辟邪，通过燃烧本植物以防治瘟疫。中世纪的欧洲人相信在门前种植欧洲刺柏可以将女巫挡在门外。后来人们认为它燃烧所产生的烟雾可以阻止麻风病和黑死病流行。直至第二次世界大战期间，法国的护士们仍用它来给医院房间消毒。

17 世纪时，本品是流行的利尿剂，英国草药学家尼古拉斯・卡尔佩泊对本品记述：“可以强烈刺激排尿……是治疗由充血性心力衰竭而引起的浮肿之良药。”他还将本品用于治疗咳嗽、气喘、肺病（肺结核）、通经以及安全分娩。印第安人也认为本品有助产作用。1540 年西班牙探险家科罗拉多（Coronado）发现祖尼族的妇女用本品促进产妇子宫的恢复。

【化学成分】含有挥发油（1%～2%）、鞣质、二萜、糖类、树脂和维生素 C。挥发油中大约含有 60 种化合物，主要有月桂烯、桧烯、α-蒎烯、β-蒎烯和桉叶油素。

【加工与利用】利用球果（通常称为杜松子）和精油。果实于秋季成熟时采收；果实及枝叶用水蒸气蒸馏精油。杜松子有辛辣、略苦、树脂味，广泛应用于肉菜的调味。在北欧，将它用于烹饪是特别受欢迎的。整个或碎的球果可提供辛辣的味道，可烹调各种类型的肉类（如野猪、鹿、兔、兔子和鸟类等），也用于动物肾脏、猪肉菜、酸菜、香肠等的腌制调味料。在法国烹饪里，主要用于鹿肉或鸟类肉的烹调，也使用含有酒精的杜松子酒。使用杜松子发酵和蒸馏生产各种类型的杜松子酒（如 steinhager）。

杜松子精油对神经紧张以及压力所引起的心理、情绪和生理等方面的问题也有效果。当你很忙碌之后心力疲惫时，在洗澡水中滴加少量杜松子精油进行泡澡，可以使人振奋。如果你对杜松子精油的味

道不很喜欢时，可以加些葡萄柚精油配合使用。杜松子精油也可以搽在手上或吸入其气味，均可快速提神。

【附注】球果和精油具有温热、安定、消除绞痛和恢复胃功能的功效，对尿道具有滋补、利尿和杀菌的作用。球果可治疗伤口和关节炎。外敷治疗湿疹和牛皮癣；内服可治疗淋病、膀胱和肾脏感染、肠绞痛、痛风及生殖泌尿系统疾病。因其与尿反应可产生紫罗兰芳香味，可用作慢性小便失禁患者的除臭剂。本品是治疗膀胱炎的有效药物，有助于舒缓尿液潴留，但肾病患者慎用。本品内服或外敷可治疗慢性关节炎、痛风和风湿病。稀释的精油外敷有轻微的热感，可促进皮下组织代谢物的排泄。注意：除医嘱外，精油不得内服。

241 山柰 *Kaempferia galanga* L.

彩图 241

英文名：Kaempferia，Galanga，Sand ginger，Aromatic ginger，Resurrection lily；姜科

【别名】沙姜，三赖，三柰，山辣，三藾

【植物形态】多年生宿根草本。块状根茎，单生或数枚连接，淡绿色或绿白色，芳香；根粗壮。无地上茎。叶 2 枚，几无柄，平卧地面上，圆形或阔卵形，长 8～15 cm，宽 5～12 cm，先端急尖或近钝形，基部阔楔形或圆形，质薄，绿色，有时叶缘及尖端有紫色渲染；叶柄下延成鞘。穗状花序自叶鞘中出生，具花 4～12 朵，芳香；苞片披针形，绿色，长约 2.5 cm，花萼与苞片等长；花冠管细长，长 2.5～3 cm；花冠裂片狭披针形，白色，长 1.2～1.5 cm；唇瓣阔大，径约 2.5 cm，喉部紫红色；侧生的退化雄蕊花瓣状，倒卵形，白色，长约 1.2 cm；雄蕊药隔宽，顶部与方形冠筒连生；子房下位，3 室，花柱细长，基部具二细长棒状附属物，柱头盘状，具绿毛。果实为蒴果。花期 8～9 月。

【生态分布】喜温暖、湿润和半阴的环境。自然生长于林下、山坡草丛之中，多见于山坡及排水良好的砂质土壤上。分布于印度尼西亚、中国南部、柬埔寨、泰国、印度等地。我国分布于云南、广西、广东、海南、台湾等地区。现已在东南亚广泛栽培。

【历史与民俗】山柰在印度尼西亚被用作烹调的草，在那里被称为 kencur，尤其是在爪哇、巴厘的美食中使用它。在泰国它也被用于烹调。在马来西亚它的叶片用于煮米饭。在中国，它也用于烹饪和中药，并在中国杂货店里出售。

在中国，山柰原名三赖，始载于《本草品汇精要》(1505 年)，药用已有五六百年，民间用于调味料历史更早。山柰有浓郁持久的芳香气味，味辛辣，多用于肉制品的加工，如酱肉类、卤肉类、熏肉类都用山柰作去腥增香料。在以香辣为主的香辣酱、四川火锅底料等的配方中，亦多使用山柰。在其他复合型调味料中也常使用。

【化学成分】根茎含淀粉、挥发油、黄酮类、皮香豆素、蛋白质、黏液质等。挥发油的主要成分是对-甲氧基桂皮酸乙酯、顺式及反式桂皮酸乙酯、龙脑、樟烯、3-蒈烯、对-甲氧基苏合香烯，又含黄酮类成分山柰酚、山柰素，还含维生素 P。

【加工与利用】11 月苗枯萎后挖出 2 年生以上的根状茎，洗去泥沙，除去须根，切片放在柜内用硫黄熏 24 h，然后晒干，即成商品市售。将根状茎切碎，以水蒸气蒸馏提取精油；或以水、乙醇等溶剂提取，提取液浓缩至干，得提取物浸膏。

本品为我国常用的辛香料之一，主要用于煮制各种肉、禽制品，如酱肉、卤肉、熏肉等。亦用于配制各种复合型调味品。在西方烹调中几乎不使用山柰。山柰的使用量无明确规定，按需而定。山柰精油香气持久，定香力强，为天然食用辛香料，在食品工业中和烹调应用上有较大潜力。但目前使用尚不普遍。

【附注】山柰根茎味辛，性温。有一定的抗菌抑菌作用，有温中散寒、除湿辟秽功效。用于治疗心腹冷痛、寒湿吐泻、牙痛等症。亦作伤湿止痛膏的成分。山柰根茎干粉可用于熏香料，各种线香、蚊香中掺

入山柰可增香和使香气持久。

山柰精油和提取物具有抗菌、抗氧化、抗辐射、维持和增强毛细血管正常抵抗力等功效。山柰精油可用于化妆品香精的调配；在男用辛香型香水及洗发水香精中有特殊的效用。山柰提取物可作为防晒剂、美白剂、抗菌剂、抗氧化剂用于化妆品。

242 非洲吊灯树 *Kigelia africana* (Lam.) Benth.

彩图 242

英文名：Kigelia，Sausage tree，Cucumber tree；紫葳科

【别名】吊灯树，吊瓜树，丰丽果，丰胸圣果，香肠树

【植物形态】乔木，高 13～20 m。奇数羽状复叶，交互对生或轮生，叶轴长 7.5～15 cm；小叶 7～9 枚，长圆形或倒卵形，顶端急尖，基部楔形，全缘，叶面光滑，亮绿色，背面淡绿色，被微柔毛，近革质。圆锥花序生于小枝顶端，花序轴下垂，长 50～100 cm；花稀疏，6～10 朵。花萼钟状，长 4.5～5 cm，直径约 2 cm，3～5 裂齿不等大，顶端渐尖；花冠橘黄色或褐红色，裂片卵圆形，上唇 2 片较小，下唇 3 片较大，开展，花冠筒外面具凸起纵肋；雄蕊 4，2 强，外露，药室 2，纵裂。花盘环状；柱头 2 裂，子房 1 室，胚珠多数。果下垂，圆柱形，长 38 cm 左右，直径 12～15 cm，坚硬，肥硕，不开裂，果柄长 8 cm。种子多数，无翅，镶于木质的果肉内。

【生态分布】原产热带非洲，喜高温、湿润、阳光充足的环境。我国广东（广州）、海南、福建（厦门）、台湾、云南（西双版纳）均有栽培。

【历史与民俗】吊灯树（吊瓜树）名字 Kigelia 来自莫桑比克的班图人的姓名 Kige-lia，阿拉伯语称阿勃勒，意思是“父亲的工具包”。因其果实是硕大的棕色水果，长 30～100 cm，重量 5～10 kg，下垂，像巨大的袋子挂在树上。看上去就像是一根根挂在树上的香肠。所以，又把它叫作“香肠树”。非洲吊灯树的果实被称之为“神的赏赐”，又叫丰丽果。这是由于非洲女人使用丰丽果和新疆的女孩使用奥斯曼涂抹眉毛一样，在女孩 10 岁左右，身体开始发育之初，母亲就会将丰丽果的汁液涂抹在女孩的胸部，当女孩十四五岁的时候，胸部就已发育得宛如成年女子，而在产后，甚至哺乳时，依然会坚持涂抹丰丽果的汁液。它犹如第二层肌肤般轻盈呵护胸部肌肤，从而让她们拥有诱人精致的美胸。

【化学成分】果实含多种非苷环烯醚萜（如 10-脱氧杜仲醇、7-羟基-10-脱氧杜仲醇、7-羟基杜仲酸、筋骨草醇、桃叶珊瑚苷衍生物等）、酚酸化合物（如咖啡酸、6-咖啡酰筋骨草醇等）、植物甾醇（如 β-谷甾醇）等。另有报道，果实化学成分包括不饱和脂肪酸、环烯醚萜类、咖啡酸、类固醇、黄酮类化合物。

【加工与利用】主要采用果实提取物。秋季果实成熟时采收。将果实细碎后，以水、乙醇等溶剂提取，提取液浓缩至干，得提取物浸膏。提取物具有抗菌、抗炎、润肤等作用。与化妆品相关的研究还有果实 90% 甲醇提取物对环氧合酶-1、-2 活性均有抑制作用，对白介素（IL-1α）释放量有抑制作用。研究表明，非洲吊灯树果实提取物具有明显的抗炎作用，可作为抗炎剂用于化妆品。有报道认为非洲吊灯树果实的成分不仅能够调节人体雌激素平衡，促进乳腺发育，使女性的胸部变得丰满坚挺，还会使胸部肌肤柔滑，充满弹性。因而可用于柔肤、丰乳产品。

【附注】吊灯树树姿优美，夏季开花成串下垂，花大艳丽，特别是其悬挂之果形似吊瓜，经久不落，新奇有趣，蔚为壮观，是一种十分奇特有趣的高档新优绿化树苗，可用来布置公园、庭院、风景区和高级别墅等处，可单植，也可列植或片植。树皮入药可治皮肤病；地上部分有利尿作用；果实用作泻剂；果实和茎皮在南非用于皮肤癌。

243 扁豆 *Lablab purpureus* (L.) Sweet (*Dolichos lablab* L.)

彩图 243

英文名：Hyacinth bean, Lablab bean；豆科

【别名】火镰扁豆，藤豆，沿篱豆，鹊豆，蛾眉豆

【植物形态】一年生缠绕草质藤本，长达 6 m。茎常呈淡紫色或淡绿色，无毛或疏被柔毛。三出复叶；叶柄长 4～14 cm；托叶披针形或三角状卵形；顶生小叶宽三角状卵形，长 5～10 cm，宽约与长相等，先端尖，基部广楔形或截形，全缘，两面均被短柔毛；侧生小叶斜卵形，两边不均等。总状花序腋生，长 15～25 cm，花序轴较粗壮，具 2～4 花或多花，小苞片舌状，2 枚，早落；花萼宽钟状，先端 5 齿，边缘密被白色柔毛；花冠蝶形，白色或淡紫色，长约 2 cm；雄蕊 10；子房线形，有绢毛，柱头头状。荚果镰形或倒卵状长椭圆形，扁平，长 5～8 cm，宽 1～3 cm，先端较宽，顶端具喙。种子扁椭圆形，白色、红褐色或近黑色，长 8～13 mm。花期 6～8 月，果期 9 月。

【生态分布】扁豆起源于亚洲西南部和地中海东部地区。适于冷凉气候，多种在温带和亚热带地区，在热带地区常在最寒冷的季节或在高海拔地区栽培。世界约有 40 个国家栽培扁豆，亚洲生产最多。中国主产于山西、陕西、甘肃、河北、河南、湖北、云南、四川等地。

【历史与民俗】扁豆原产热带非洲东部，来自其野生种群。有时也被认为它原产印度。几个世纪前，扁豆就在非洲温暖地区、印度和东南亚开始栽培。在农村地区，它是一种重要的食品植物。在奴隶贸易时，扁豆被带到西印度群岛，在新的世界里它也变得很受欢迎。

【化学成分】种子每 100 g 含蛋白质 22.7 g、脂肪 1.8 g、碳水化合物 57 g、钙 46 mg、磷 52 mg、铁 1 mg、植酸钙镁 247 mg、泛酸 1 232 μg、锌 2.44 mg。种子中还含胰蛋白酶抑制物、淀粉酶抑制物、血球凝集素 A 及 B；尚含豆甾醇、磷脂、蔗糖、棉子糖、水苏糖、葡萄糖、半乳糖、果糖、淀粉、氰苷、酪氨酸酶等。豆荚含哌啶酸-2、蛋白质、维生素 B_1 及 C、胡萝卜素，并含蔗糖、葡萄糖、水苏糖、麦芽糖及棉子糖；另含 1-哌可酸、植物凝集素(具有毒性)及豆甾醇、磷脂等。

【加工与利用】扁豆的嫩荚和老荚都可食用，可根据市场需要适时采收不同成熟度的豆荚上市。冬季采收成熟荚果，晒干，除去荚皮，收集种子炒黄或稍煮，干燥备用；或秋季采摘未成熟荚果鲜用。扁豆是一种营养丰富的蔬菜，嫩豆荚可以炒、煮食用，也可搭配肉类作为炒菜。成熟的种子也可炒菜食用，或添加到汤炖菜和肉菜中。扁豆还可制作成罐头食用。扁豆含皂苷和血球凝集素可引致食物中毒，烹饪时一定要煮熟，至少 10 分钟才能去除有毒物质。

【附注】扁豆味甘，性平，归胃经，气清香而不串，性温和而色微黄，与脾性最合。有健脾、和中、益气、化湿、消暑之功效。主治脾虚兼湿、食少便溏、湿浊下注、妇女带下过多、暑湿伤中、吐泻转筋等证。另据报道，扁豆中的植物血细胞凝集素能使癌细胞发生凝集反应，肿瘤细胞表面发生结构变化，从而发挥细胞毒的作用，并可促进淋巴细胞的转化，增强对肿瘤的免疫能力，抑制肿瘤的生长，起到防癌抗癌的效果。

244 莴苣 *Lactuca sativa* L.

彩图 244

英文名：Lettuce；菊科

【别名】莴笋，春菜，麦菜，石苣，千金菜，青笋

【植物形态】一年生或二年生草本，高 25～100 cm。根垂直。茎直立，单生，上部圆锥状花序分枝，全部茎枝白色。基生叶及下部茎叶大，不分裂，倒披针形或椭圆状倒披针形，长 6～15 cm，宽 1.5～6.5 cm，顶端急尖、短渐尖或圆形，无柄，基部心形或箭头状半抱茎，边缘波状或有细锯齿，向上的渐小，圆锥花序分枝下部及分枝上的叶极小；全部叶两面无毛。头状花序多数，在茎枝顶端排成圆锥花序。总

苞卵球形，长 1.1 cm；总苞片 5 层，全部苞片顶端急尖，外面无毛。舌状小花约 15 枚。瘦果倒披针形，长 4 mm，宽 1.3 mm，压扁，浅褐色，顶端急尖成丝状喙，冠毛 2 层，纤细。花果期 2～9 月。

【生态分布】野生莴苣分布于俄罗斯、印度、伊朗、哈萨克斯坦、蒙古、高加索、欧洲、乌兹别克斯坦以及中国新疆等地。地中海沿岸栽培最早。莴苣是半耐寒植物，喜冷凉，稍耐霜冻，怕高温，炎热季节生长不良；为长日照作物，喜光照充足；对土壤的酸碱性反应敏感，适合在微酸性的土壤。约在 5 世纪传入中国内地栽培。现世界各地有栽培。

【历史与民俗】莴苣原产地中海沿岸，约在 5 世纪传入中国；世界各国普遍栽培叶用莴苣，主要分布于欧洲、美洲，中国南北各地则以茎用莴苣（莴笋）栽培为主，叶用莴苣多分布在华南地区，台湾种植尤为普遍。

我国古代文献有关莴苣的记载有：《本草衍义》谓其“四方皆有”。暮春初夏，正是食莴苣的时节。宋代陆游的《新蔬诗》云：“黄瓜翠苣最相宜，上市登盘四月时。”《学圃余蔬》记载着古人爱食莴苣的情形，书中写道：“莴苣绝盛于京口，咸食脆美，即旋摘烹之亦佳。”民间还流传着神人食莴苣的美谈，相传五代时有位僧人有一天梦见一条金色龙食其所植莴苣数畦。金色龙乃神人所化，后来僧人便在莴苣地上修了一座寺院，名为“普安”，象征吉祥之意。

【化学成分】莴笋含有丰富的营养成分，特别叶中更高。每 500 g 鲜莴笋叶中（北京地区）含蛋白质 10 g、脂肪 2.5 g、碳水化合物 16.5 g、钙 190 mg、磷 185 mg、铁 5.5 mg、胡萝卜素 10.7 mg、维生素 B_2 0.6 mg、维生素 C 75 mg 等。但在茎中含量就低得多，每 500 g 莴笋茎含蛋白质 1.5 g、脂肪 0.2 g、碳水化合物 4.7 g、胡萝卜素及维生素 C 微量。但其生物活性成分与山莴苣相似，莴苣茎叶主要含莴苣内酯、山莴苣素、山莴苣苦素、β-谷甾醇、莴苣黄质等。

【加工与利用】叶用莴苣（俗称生菜）是粗茎尚未形成时采收；当莴苣心叶与最高叶片的叶尖持平时，即可采收莴笋上市。生菜总是使用新鲜的（除了干生菜、煮熟的）；叶子被添加到绿色沙拉和混合沙拉里，或将其细切像一般蔬菜一样用于烹调，也可软化成黄油切条，并添加牛奶或奶油食用。它是非常受欢迎的装饰菜、配菜等，用于烤肉和美国汉堡包。总之，莴苣可生食也可烹食，有许多烹饪方式。此外，莴苣还可用于加工饮料和莴苣脯。

莴苣的营养成分很多，包括蛋白质，脂肪，糖类，灰分，维生素 A，维生素 B_1，维生素 B_2，维生素 C，微量元素钙、磷、铁、钾、镁、硅等和食物纤维，故可增进骨骼、毛发、皮肤的发育，有助于人体生长。据报道，莴苣具有调节神经系统功能的作用，其所含有机化合物中富含人体可吸收的铁元素，对缺铁性贫血病人十分有利。莴苣的热水提取物对某些癌细胞有很高的抑制率，故又可用来防癌抗癌。

【附注】与化妆品相关的药理研究表明，莴苣叶 50% 乙醇提取物对表皮角质细胞增殖、荧光素酶活化、芳香化酶活化均有促进作用，可使雌激素增加，可在局部出现雌激素比较集中，结合提取物在较低浓度时对表皮角质细胞增殖的促进，可用于丰乳产品。

叶的乙醇提取物的多酚对超氧自由基、羟基自由基均有消除作用。叶甲醇提取物对 DPPH 自由基有消除作用，叶 1,3-丁二醇提取物对胶原蛋白团有收缩作用，可作为抗炎剂、抗氧剂、紧肤剂用于化妆品。

245 葫芦 *Lagenaria siceraria* (Molina) Standl (*L. vulgaris* Ser.)

彩图 245

英文名：Calabash gourd，Bottle gourd；葫芦科

【别名】嘎贝哲布（藏名），葫芦壳，抽葫芦，壶芦，蒲芦

【植物形态】一年生攀援草本，全株苍绿色，被软毛；卷须分枝。叶互生；叶片心状卵圆形或肾状卵圆形，长宽各为 10～40 cm，稍有角裂或 3 浅裂，先端钝尖，边缘有短齿，基部心形，有长叶柄，顶端具腺齿 2 枚。花雌雄同株，单生于叶腋；雄花柄较叶柄为长，雌花柄短；萼漏斗状，5 裂，裂齿狭三角形，被柔

毛;花瓣5,白色,稍圆形;雄花:雄蕊3枚,花药结合,1药具1室,另2药各具2室;雌花:子房椭圆形,有茸毛,花柱短,柱头3枚,各2裂。果实形状因不同品种而异,常呈扇圆球形或梨形,幼时略柔软,淡绿色,熟后外皮变硬,近于白色。种子白色,多数,呈倒卵状长椭圆形。花期7～8月,果期8～9月。

【生态分布】喜温暖气候。不耐低温,喜光,对土壤条件要求不严。中国各地栽培。广泛栽培于世界热带到温带地区。

【历史与民俗】这个物种可能原产于非洲。葫芦似乎是在古代就转播到所有的热带地区(可能是通过它能够漂浮在海洋里几个月仍能存活的果实而传播的)。在墨西哥考古中发现的葫芦种子可以追溯到公元前7 000年。而在我国古代葫芦有众多称呼,最早出现在甲骨文中。在河南安阳出土的甲骨文中有这种类型的文字,古文字学者指出,这是"壶字",有专家指出它也是"葫芦"。目前还不清楚葫芦最初是怎样驯化的。实际上,它是一种很受欢迎的作物被种植在非洲和亚洲的大部分地区(从印度、中国到印尼)。

【化学成分】果实含22-脱氧葫芦苦素D及少量22-脱氧异葫芦苦素D、维生素、果胶等。葫芦种子含蛋白质38.27%、油48.6%、糖5.2%;蛋白质的组成有18种氨基酸,包括所有必需氨基酸;油含棕榈酸、棕榈油酸、硬脂酸、油酸及亚油酸,为主要脂肪酸;糖主要有鼠李糖、果糖、半乳糖、蔗糖、棉籽糖及水苏糖。还含胰蛋白酶抑制剂LLTI-Ⅰ、Ⅱ、Ⅲ。有报道,葫芦食部:每100 g含蛋白质0.7 g、脂肪0.1 g、碳水化合物2.7 g、膳食纤维0.8 g、胡萝卜素40 μg、维生素B_1 0.02 mg、核黄素0.01 mg、烟酸0.4 mg、抗坏血酸11 mg、钾87 mg、钠0.6 mg、钙16 mg、镁7 mg、铁0.4 mg、锌0.14 mg、硒0.49 μg等。

【加工与利用】采用果实食用。秋季采收将成熟的果实(葫芦),洗净,像南瓜和西葫芦一样切片用作蔬菜。葫芦在印度、中国、马来西亚、菲律宾和日本是一种很受欢迎的食物,它被添加到炒菜、炖菜、汤和咖喱菜里。干的带状葫芦条被用于日本烹饪,特别常用于寿司。在中国葫芦果实的食法有炒、烩、做汤、制馅,如辣炒葫芦条、葫芦烧肉块、葫芦汤等。烹调时不宜煮太烂,否则营养损失多。在非洲和中国,其叶和茎尖作为蔬菜食用。

【附注】研究表明,葫芦果实提取物具有抗菌、抗病毒、抗氧化、抗辐射、保湿、润肤、滋补等功效。葫芦用于食疗,性寒、味甘,入肺、胃、肾经;具有清热利尿、除烦止渴、润肺止咳、消肿散结的功能;主治水肿腹水、烦热口渴、疮毒、黄疸、淋病、痈肿等病症。可用于辅助治疗肾炎、肝硬化腹水等症。新鲜果实提取物富含果胶、维生素、氨基酸、油脂,具有润肤、抗紫外线等作用,可用于防晒等护肤化妆品中。

246 椰色木 *Lansium domesticum* Corr.

彩图246

英文名:Lansium, Langsat, Lanzones;楝科

【别名】椰色果,朗色果,兰萨果,浪树,黄皮寄生

【植物形态】常绿乔木或灌木;叶为奇数羽状复叶或3小叶,小叶长椭圆形,长9～21 cm,宽5～10 cm,全缘,光亮。花序生于树干或大的树枝上,长10～30 cm;花小,近球形,杂性异株,亦有两性花;雄花为圆锥花序;雌花为腋生或茎生的总状花序;萼片5深裂,花瓣5,分离,基部与花丝筒合生;雄蕊10,花丝合生成一管状,花药排成2轮;子房3～5室,每室有胚珠2颗,花柱很短,柱头3～5裂;果为肉质浆果;种子单生或成对,为肉质的假种皮所围绕。

【生态分布】椰色木属于热带树种,喜高温湿润气候,喜阳光,怕寒冷。分布于印度、东南亚。我国台湾、海南、云南有栽培。

【历史与民俗】椰色木原产东南亚,在马来西亚、泰国、菲律宾和印度尼西亚的民间,植物的某些部分可用作传统医药的药材。如苦涩的种子可捣烂与水混合后作为驱虫和治疗溃疡的药物。树皮用来治疗痢疾和疟疾;树皮粉也可用于治疗蝎子蜇伤。果皮用作治疗腹泻的药物。在菲律宾,干燥的果皮可用作蚊香。

【化学成分】榔色果含糖、蛋白质、维生素和三萜类化合物等。维生素有维生素 B_1、核黄素、烟酸、维生素 C(含量很高)。三萜类化合物有榔色木酸、榔色木酸葡萄糖苷等,为榔色木果实中的主要活性成分,在果皮层中占 2.5% 左右。100 g 可食用部分含水分 86.5 g、蛋白质 0.8 g、乙醚提取物 0.3 g、碳水化合物 9.5 g、纤维 2.3 g、总矿物 0.6 g,其中钙 20 mg、磷 30 mg、铁 05 mg、胡萝卜素(维生素 A)39 μg、维生素 B_1 89 mg,还有抗坏血酸。

【加工与利用】果实为主要利用部分,果实成熟时采收。果肉(假种皮)可生吃。它也可以制作瓶装的糖浆。商业生产主要集中在泰国、马来西亚、印度尼西亚、菲律宾和越南。也有小规模种植在印度南部。

榔色木果皮乙醇提取物对 5α-还原酶有抑制作用,如用电导测定值来反映皮肤角质层的含水量,榔色木果皮水提取物配制成 0.01% 的溶液,分别测定皮肤涂敷榔色木提取物的、空白的和芦荟提取物的电导值,100 min 后测定,榔色木果皮为 133 μS,芦荟 111 μS,空白对照 35 μS。因而它对睾丸激素引起的皮脂腺分泌过多、粉刺、男性脱发症均有疗效;榔色木果皮提取物对遗传性脱发也有防治作用,可作为防治粉刺、作为头发强壮剂用于面霜和防脱发洗涤液等产品。榔色木果皮提取物有很好的持水力,也适合干性皮肤使用,可用于护肤类产品。

【附注】木头是硬的,厚的,重的,有弹性,可用于住宅建设或其他用途。

247 山黧豆 *Lathyrus sativus* L.

彩图 247

英文名:Grass pea, Chickling vetch;豆科

【别名】草豌豆,草香豌豆,印度豌豆,白豌豆,马牙豆

【植物形态】一年生草本,根有根瘤,高 30~50(70) cm,植株通常无毛。茎近直立,借卷须攀缘,多分枝,具细棱并有翅。偶数羽状复叶,具 1 对小叶;叶柄具翅,在叶轴末端具分歧的卷须;托叶为狭的半箭形,渐尖;小叶线状披针形,全缘,长 4~10 cm,宽 2~4(9) mm,基部楔形,先端渐尖。花腋生,有 5~8 朵花,稀为 2 朵,花轴有棱,花梗基部具 1~2 个线形苞片;花天蓝色或紫色,长 1.2~1.5(2) cm;萼短钟状,萼齿狭披针形,比萼筒长;旗瓣的瓣片广椭圆形,顶端微缺,基部收缩成极短的瓣爪,翼瓣的瓣片长圆状,龙骨瓣显著短于翼瓣。荚果近椭圆形或长圆形,扁平,顶端具短喙,长 2.5~3.5(4) cm,宽 1.2~1.5 cm,含种子 2~5 粒,白色或灰白,楔形,千粒重 110~230 g。花期 6~7 月,果期 8 月。

【生态分布】本种喜温凉气候,在欧亚各国常有栽培,有时生于田间杂草地或半自生。我国东北北部有栽培。

【历史与民俗】山黧豆是一种古老的作物,栽培历史悠久。一般认为原产南欧和西亚,多样性中心在中亚和地中海地区,但现在主要在印度栽培。也有说是原产于南高加索到印度北部一带,它的栽培种以杂草形式从其家乡向四处传播。我国的西北、华北地区也有零星分布。然而在地中海东部地区,驯化可能发生在大约 8 000 年前,并由巴尔干半岛蔓延到非洲和亚洲。目前在埃塞俄比亚、孟加拉国、印度和巴基斯坦,它仍然是一个重要的食品和饲料来源。

【化学成分】种子富含蛋白质(25%~30%)和碳水化合物(60%),并含有较高的赖氨酸。

【加工与利用】种子为主要利用部位。秋季荚果成熟时采收,晒干,脱出种子备用。种子可烤熟食用,或像其他豆类一样作为蔬菜吃,包括用于汤菜和炖菜里,或制成干膏球,可以存储供以后使用。草豌豆粉面可用于烹饪或烤面包。但有报道称花期植株及种子含有毒物质,为非蛋白氨基酸(ODAP),可能会导致中毒(下肢瘫痪),特别是在干旱和饥荒时(通常是在印度中部),食用茎叶及嫩种子会发生中毒。即使将其煮或烤熟可以除去毒素,也会使其营养成分损失超过 90%,降低其营养价值。

【附注】每公顷可收鲜草 10~23 t,其茎叶含水分 70% 左右,可青饲、放牧、青贮或调制干草,各种家畜均喜食。

248 月桂 *Laurus nobilis* L.

彩图 248 英文名:Bay laurel, Bay, Sweet bay, True laurel;樟科

【别名】香叶,月桂树,桂冠树,甜月桂,月桂冠

【植物形态】芳香性常绿灌木或小乔木,高可达 12 m;小枝绿色。叶互生,革质,矩圆形、长圆形或长圆状披针形,长 5～11 cm,宽 1.3～3.5 cm,边缘呈波状,两面无毛,具羽状脉,侧脉 10～13 对;叶柄长 5～8 mm,紫色。雌雄异株;伞形花序腋生,总花梗长 5 mm,无毛,花梗长 2 mm,被疏柔毛;花黄色,花被片 4,倒卵形;雄花中雄蕊通常 12,药 2 室,内向瓣裂。果实椭圆状球形,熟时暗紫色。花期 3～5 月,果期 6～9 月。

【生态分布】原产于地中海国家,喜潮湿、荫蔽处,也是常见园艺植物,世界各地多有种植。中国浙江、江苏、福建、台湾、四川及云南等地有引种栽培。

【历史与民俗】月桂的拉丁字源 Laudis 意为"赞美",罗马人视之为智能、护卫与和平的象征。所以在奥林匹克竞赛中获胜的人,都会受赠一顶月桂编成的头环,而"桂冠诗人"的意象,也正是由这个典故衍生出来的。人们也常将月桂树与医疗之神阿波罗联想在一起。在地中海地区,月桂被广泛栽培作为装饰树和受欢迎的烹饪药草。

【化学成分】叶和果含芳香油,叶含油 0.3%～0.5%,但亦有高达 1%～3%,果含油约 1%;芳香油的主要成分为芳樟醇、丁香酚、香叶醇及桉叶油素。种子含植物油约 30%,油供工业用。有报道称,叶含有 3%的挥发油(包括 30%～50%的桉叶油素,以及里那醇、α-蒎烯、α-乙酸萜品醇)、黏液质、鞣质和树脂。还含黄酮化合物(如山柰酚、川陈皮素、橘皮素及其糖苷)、木香烃内酯、中美菊素等。

【加工与利用】主要利用叶和叶油。叶四季可采,去杂,清洗,鲜用或干燥备用。叶趁鲜以水蒸气蒸馏法提取精油。在古罗马,月桂树叶被用作药用、香料和装饰。当时人们认为月桂树叶能治疗上消化道疾病;当作烹调的调料时,能促进对食物的消化吸收,特别是加速肉类食物的分解。因而在欧洲各国月桂叶是家庭常用的调味料。

月桂叶片可直接用于肉类、汤类及肉类罐头制品的加香矫味。西欧在烹炖肉类食物时必加月桂叶。在一些肉制汤类、鱼类腌渍品、糕点等也要加进月桂枝、叶或其浸出液,以增加食物的香味和风味。月桂叶也常用于风味牛奶布丁。树叶和植物精油在食品工业上也有广泛用途。另外,还有月桂叶油树脂。它是以月桂树叶干燥后用溶剂萃取而得,为深棕至绿色的半固体,有月桂叶香气。其挥发油含量 5～25 mL/100 g。常作为防腐剂、抗氧化剂用于食品。美国 FCC(1997)规定可作为食品添加剂使用。

【附注】月桂叶性热,味辛、苦。有温中散寒、理气止痛、补血镇痛、止咳平喘的功效。可用于胃寒腹胀、支气管炎等症。月桂叶精油有抗菌、杀螨、驱风、止痛、收敛等作用。研究表明,精油对 DPPH 自由基有消除作用。叶 50%乙醇提取物对弹性蛋白酶活性、金属蛋白酶 MMP-1 活性均有抑制作用,在细胞培养中对黑色素生成有抑制作用。因而月桂树叶精油可作化妆品香精原料。月桂叶提取物可作为抗菌剂、杀螨剂、抗氧剂、美白剂、紧肤抗衰剂用于化妆品。蒸馏精油后的种子还可榨油,含油约 30%;油脂可供工业用。

249 薰衣草 *Lavandula angustifolia* Mill. (*Lavandula officinalis* Chaix)

彩图 249 英文名 Lavender, Narrow leaf lavender;唇形科

【别名】药用薰衣草,狭叶薰衣草,真正薰衣草

【植物形态】半灌木或小灌木。茎直立,被星状茸毛,老枝灰褐色。叶条形或披针状条形,长 3～5 cm,宽 0.3～0.5 cm,被或疏或密的灰色星状茸毛,干时灰白色或橄榄绿色,全缘而外卷。轮伞花序通常 6～10 花,在枝顶聚集成间断或近连续的长约 3 cm 的穗状花序;苞片菱状卵形,具 5～7 脉,小苞片不明显;花萼卵状筒形或近筒状,长 4～5 mm,上唇 1 齿,较长,下唇具 4 个相等的齿;花冠蓝紫色,长约为

萼的2倍，花冠筒直伸，在喉部内被腺状毛，上唇较大，2裂，下唇3裂；雄蕊4，二强，均内藏。小坚果椭圆形，光滑。花芳香，花期6～7月。

【生态分布】薰衣草原产地中海沿岸阿尔卑斯山南麓，在海拔700～1 500 m山区生长。耐寒、耐旱、喜光、怕涝。我国从20世纪50年代开始引种薰衣草，现新疆伊犁地区已成为我国的主要生产基地。现在世界各地广泛栽培作为香料，庭园也作花卉栽植。

【历史与民俗】薰衣草原野生于法国和意大利南部地中海沿海的阿尔卑斯山南麓一带，以及西班牙、北非等地。13世纪，它是欧洲医学修道院园圃中的主要栽种植物；15世纪，赫特福德地区开始种植；16世纪末，在法国南部地区开始栽培；18世纪，萨里的密契、伦敦南区的熏衣山、法国的普罗旺斯、格拉斯附近的山区都以种植薰衣草而闻名，并成为世界闻名的旅游胜地；19世纪，英、澳、美、匈、保、俄、日等国相继引种栽培，现已遍及地中海与黑海沿岸诸国。薰衣草的英文名是从拉丁文"lavare(清洗)"一词而来，可能是从前人们用它来清洗伤口的缘故。薰衣草的利用，无论是精油或新鲜花或干花，人们使用它们的历史已有数千年了。它是一种很重要的、用作弛缓剂的草药，中世纪时，用于缓解头部疾患和不适。它也是1620年由英国清教徒带到美洲去的草药之一。它的香味比它的药效更为人们所知。

【化学成分】花序含挥发油(达3%)、黄酮类、鞣酸、香豆素等。挥发油中有40多种成分，主要有醋酸沉香酯(30%～60%)、桉树脑(10%)、沉香醇、橙花醇、茨醇等。

【加工与利用】主要采用盛花期的地上部分提取精油。夏季花期，晴朗的早晨采收，及时干燥备用。以水蒸气蒸馏法提取挥发油；也可以水、乙醇等为溶剂提取，提取液浓缩至干，得提取物浸膏。薰衣草的花常被用作香草茶和饮料。它的花即使已经干燥，仍可保留鲜艳的紫色和香味。因此，常用作香包、花束等来熏香和装饰。同时，它也是浴用香草的好原料，具有舒缓紧张、放松身心的优异效果。20世纪初以来，薰衣草油被应用到食品工业，主要用于配制柑橘类、杏、桃、梨等型香精。常用于软饮料、冷饮、糖果、焙烤食品、布丁类等产品中。

薰衣草精油和提取物有止痛、抗微生物、抗痉挛、驱虫、镇静、滋补等作用。作为药用，薰衣草味辛，性温，有利湿、健胃、清脑、除风寒等功效，用于风寒感冒、湿痹关节痛、胸腹胀满、心悸气短、头痛头晕等症。薰衣草茎叶和精油可作防腐剂，治疗烫伤、烧伤、溃疡、神经痛、皮肤病等。民间以茎叶作浴剂治疗风湿症。精油为缓和的兴奋剂和祛风剂，并对葡萄球菌、链球菌和八叠球菌有抑制作用。

【附注】作为香料，薰衣草油是重要的天然香料之一；它具有抗炎、抗菌、抗过敏、安抚、促进伤口愈合、刺激细胞再生等作用，是一种广泛用于化妆品香精调配的香料。其提取物可促进套膜蛋白、紧密连接蛋白等的形成，又有较强的抗氧化能力，可作为抗衰剂用于化妆品。植物提取物还具有镇静及防腐作用，能滋养头发，常用于洗发精、沐浴乳、各种护发产品中，亦常使用于口腔用品中。因而它主要用于配制日用化妆品香精。通常用于花露水、爽身粉、香皂、发乳等的加香。

杂薰衣草(*Lavandula hybrida*)、宽窄叶杂交薰衣草(*Lavandula intermedia*)、法国薰衣草(*Lavandula stoechas*)的用途也与薰衣草相似。

250 兵豆 *Lens culinaris* Medic.(*L*. *esculenta* Moench.)

彩图250

英文名：Lentil；豆科

【别名】滨豆，小扁豆，艾代斯，乃西克，麻苏尔

【植物形态】一年生草本，高10～40 cm，被极疏短柔毛，基部多分枝。羽状复叶，卷须不发达或呈刚毛状；托叶斜披针形，长3～7 mm，全缘，被长柔毛；小叶4～14枚，近对生，倒披针形、倒卵形或倒卵状长圆形，长6～12 mm，宽2～5 mm，先端圆或微凹，基部阔楔形，两面均被白色长柔毛。总状花序腋生，较叶短，具花1～2朵，花序轴及总花梗密被白色柔毛；萼钟状，萼齿5，狭披针形，长约8 mm，较花瓣稍长，密被白色柔毛；花冠白色或淡紫色，长4.5～6.5 mm，旗瓣倒卵形，翼瓣、龙骨瓣有爪和耳；子房无毛，

具短柄，花柱顶部扁平，里面有一纵裂髯毛。荚果无毛，长圆形，具网脉，膨胀。种子褐色。花期5～8月，果期8～9月。

【生态分布】兵豆喜凉爽、湿润的气候，原产地中海地区和西亚；我国河北、河南、陕西、甘肃、四川、云南、西藏等地有栽培。在云南可栽培于海拔1 700～2 450 m的田中。亚洲、欧洲广布。

【历史与民俗】在近东（包括阿拉伯半岛和土耳其向东到阿富汗、塔吉克斯坦），兵豆是最古老的作物之一。它被认为是一种野生小扁豆（*L. Orientalis*），大约在公元前7 000～前5 000年之间形成的新物种。由于现代工业相对不变，它仍然是最受欢迎的豆类。作为主要商品，它被种植在印度、巴基斯坦、土耳其、近东、地中海地区；最近，也被种植在阿根廷、智利和美国。现在全世界每年生产超过100万t。

【化学成分】种子含油脂（主要为油酸、亚油酸、亚麻酸等不饱和脂肪酸）、多种维生素（维生素B、维生素C、维生素K）、胆碱、叶酸、辅酶Q10、木脂素等。种皮富含儿茶素及其糖苷、表儿茶素、棓儿茶素和原花青素。另有报道，种子含D-甘露糖、唾液糖蛋白（sialoglycop-rotein）、甲硫氨酸、色氨酸、精氨酸、苏氨酸以及植物血细胞凝集素（phytohemaglutinin；PHA）等。

【加工与利用】主要采用种子。秋季果实成熟时，将兵豆收割后，晒干，筛出种子，干燥备用。兵豆粉可制做营养、美味的汤。煮熟的兵豆种子与其他干豆类一样，可作为蔬菜吃，或做果泥、酱汁的成分。兵豆传统上常和腌猪肉煮食。煮熟的兵豆或新鲜兵豆芽也被添加到沙拉里。

兵豆有纯化异常血液质，缓解血液沸腾，利喉止痛，清热退肿，清肺止咳等功效。可用于治疗高血压病、咽喉疼痛、乳腺炎、丹毒、腮腺炎、肺病咳嗽、肤表垢污等。还可治颈淋巴结核，疮疡腐烂，类风湿关节炎，热性眼病，结瘀性乳腺炎，尿多腹泻，经水过多等。

【附注】据报道，兵豆中植物血细胞凝集素（PHA）是一种蛋白多肽，能激活淋巴细胞胚形转化（Blasto-genic），促进有丝分裂，增加脱氧核糖核酸或核糖核酸的合成作用。富含寡糖，帮助肌肤调理油脂分泌、细致毛孔、维持角质正常代谢，对纤维芽细胞等活性有促进，协同促进胶原蛋白的生成及其抗氧化作用，表明有活肤功效，使肌肤呈现饱满紧致，因而可用于抗衰化妆品。

251 玛卡 *Lepidium meyenii* Walpere

彩图251　英文名：Maca，Peruvian ginseng；十字花科

【别名】玛卡独行菜，迈因葶苈

【植物形态】一年生或二年生草本，高12～20 cm。具块根，直径2～5 cm，似萝卜状，表面大多黄色或紫色，肉质白色，具有刺激性气味。茎极短，叶条形，长10～20 cm，叶片呈玫瑰花形排列。总状花序生于花葶顶端，花葶上部分枝，花小。果实短筒状，内含1粒种子。

【生态分布】原产于秘鲁安第斯山区海拔3 500～4 500 m处，现主要分布于中部puro生态区，是一种食、药兼用植物。

【历史与民俗】玛卡起源于南美洲安第斯山脉高海拔山区。大约是在1 300～2 000年前开始被印加印第安人所驯化。民间传统上本品用于增强精力，抗疲劳，改善性功能，提高生育力，治疗女性更年期综合征等。当西班牙人于1526年占领南美的时候，殖民者们就把玛卡作为生息繁衍扎根安第斯山区的必备品，用于解决人畜不育的难题，而且至今仍然作为具有提高精力、生殖力作用以及良好滋补作用的贡品，被西班牙皇室广泛使用。玛卡受到普遍重视是在20世纪90年代初，研究寻找"伟哥"替代药物时，发现了这种植物在提高性功能上有显著功效，并做了大量工作。

【化学成分】从根中分离得玛卡酰胺和玛卡烯，含量达0.6%；从新鲜根中得到芥子油苷，含量约1%。还有异硫氰酸酯（在干燥根中含量为0.10%～0.15%）、甾醇及其衍生物（甾醇往往以苷或乙酸酯形式存在，在干根中含量为0.03%～0.04%），还分离出4种生物碱。玛卡中的主要营养成分为干根含蛋白质10.2%、还原糖9%～12%、碳水化合物59%，矿物质有钾、钙、铁、锌等。

【加工与利用】利用部位为根。在植株开花前挖取块根，洗净，鲜用或干燥备用。药用可以水、乙醇等为溶剂提取，提取液浓缩至干，得提取物浸膏。玛卡根通常经阳光晒后可以食用，可以制成凉拌菜，熟食更佳。它能提供大量热能，品尝过玛卡的人说，食用它有满足感，令人感到十分舒服，其味道甘美。玛卡的鲜根可以和肉或其他蔬菜一起炒熟食用，也可以晒干后用水或牛奶煮熟食用，当地土著人常把鲜根加蜂蜜和水果榨汁作为一种饮料饮用。玛卡富含高单位营养素，对人体有滋补强身的功用，食用过的人会有体力充沛、精神旺盛的感觉。

【附注】玛卡可提高生育力，其机理可能是提高动物成熟卵子的数量、精子的活性和数量。这与所含的生物碱、丰富的精氨酸和果糖等有密切关系。动物实验证明，本品能改善性功能可能是玛卡烯和玛卡酰胺的作用。其生物碱可作用于视丘下部和垂体，具有调节内分泌腺的功能，可平衡荷尔蒙。本品主要用于增强精力、改善性功能、调节荷尔蒙。也与其他药材配伍制成非处方药，如淫羊藿、刺蒺藜等。

玛卡提取物的相关研究表明，根提取物有抗氧化、抑制酪氨酸酶活性、促进胶原蛋白生成、促进肌芽细胞增殖、平衡人体荷尔蒙等作用，有活肤、美白功效，可用于美白、抗衰化妆品。

252 欧当归 *Levisticum officinale* Koch.

彩图 252 英文名：Lovage，Lavas；伞形科

【别名】拉维纪草

【植物形态】多年生草本，全株有香气，高 1～2.5 m。根茎肥大，径 4～5 cm，有多数支根。茎直立，光滑无毛，带紫红色，中空，有纵沟纹。基生叶和茎下部叶二至三回羽状分裂，有长柄；茎上部叶通常仅一回羽状分裂；叶片轮廓为宽倒卵形至宽三角形，叶柄较短，最上部的叶多简化成顶端三裂的小叶片；末回裂片倒卵形至卵状菱形，长 4～11 cm，宽 2～7 cm，叶缘上部 2～3 裂，有少数不整齐的粗大锯齿，叶缘下部全缘，顶端尖锐，基部楔形。复伞形花序，伞辐 12～20，总苞片 7～11，小总苞片 8～12，均为宽披针形至线状披针形，有稀疏的短糙毛；小伞形花序近圆球形，花黄绿色，萼齿不明显，花瓣椭圆形，基部有短爪，顶端略凹入，花柱基短圆锥状。分生果椭圆形，黄褐色，背部稍扁压，长 5～7 cm，宽 3～4 cm，侧棱和背棱呈阔翅状。花期 6～8 月，果期 8～9 月。

【生态分布】原产南欧和西亚。喜温暖气候，喜光，耐干旱、耐寒，生于山坡、开阔地。北美有引种，或逸为野生。我国 1957 年从欧洲引种。目前，河北、山东、河南、内蒙古、辽宁、陕西、山西、江苏等地均有种植，民间用以代当归用。

【历史与民俗】欧当归原产地中海东部地区（可能是伊朗和阿富汗）。它是古代希腊人和罗马人的烹饪佐料和草药。欧当归在欧洲为民间传统草药。爱尔兰草药学家 K'Eogh（1735 年）曾记载欧当归“可以消除胃肠胀气……帮助消化，利尿，通经，明目和消除脸上斑点、雀斑、红斑”。现在，它已传遍欧洲、拉丁美洲和北美，成为归化植物。它通常生长在民间草药花园和以商业规模的栽培。

【化学成分】根、叶含挥发油（其中苯酞类占 70%）、香豆素、香柠檬烯、补骨脂素等，还有植物酸、β-谷甾醇、树脂和树胶。据报道，根含挥发油，主要成分为藁本内酯、β-水芹烯和香茅醛。叶含酚酸化合物，如绿原酸、新绿原酸、阿魏酸、咖啡酸等。还有黄酮（槲皮素等）、呋喃香豆精化合物。

【加工与利用】叶、茎、果实（籽）和根均可利用。春季和初夏采集叶片，秋季采果实（籽）、挖根。鲜用或干燥备用。在欧洲（尤其是英国和德国）新鲜的叶子是受欢迎的烹饪药草。它少量地被添加到沙拉、汤、酱汁、炖菜（汤）和各种肉菜中。嫩白茎用于沙拉和蜜饯。新鲜或煮熟的根也可用作蔬菜。干的、粉碎的根被用作调味品或浸入酒中做草药补品。欧当归果实（籽）有时也用于烹调。主要用于肉类的去异味和加香。

【附注】根、叶、果实（籽）可用水蒸气蒸馏方法提取挥发油（精油）。以水、乙醇等溶剂提取，提取液浓缩至干，得提取物浸膏。挥发油所含苯酞类有镇静和抗惊厥作用，并有抗菌、止痛、利尿、止咳、消食等

功效。本品具有促进消化，刺激食欲，治疗胃肠胀气、疝气和支气管炎的功效。还常用于治疗泌尿系统疾病，以及通经、舒缓痛经。

欧当归的根叶水提取物对 DPPH 自由基有抑制作用；其 80% 甲醇提取物对 ABTS 自由基有消除作用。因而其提取物还可作为抗菌剂、抗氧剂、抗炎剂用于化妆品。

253 百合 *Lilium brownii* F. E. Brown var. *viridulum* Baker

彩图 253　英文名：Lily bulb；百合科

【别名】野百合，山百合，喇叭筒，山蒜

【植物形态】多年生草本，高 70～150 cm。茎上有紫色条纹，无毛；鳞茎球形，直径约 5 cm，鳞茎瓣开展，无节，白色。叶散生，具短柄；上部叶常小于中部叶，叶片倒披针形至倒卵形，长 7～10 cm，宽 2～3 cm，先端急尖，基部变窄，全缘，无毛，有 3～5 条脉。花 1～4 朵，喇叭形，有香味；花被片 6，倒卵形，长 15～20 cm，宽 3～4.5 cm，多为白色，背面带紫褐色，无斑点，先端弯而不卷，蜜腺两边具小乳头状突起；雄蕊 6，前弯，花丝长 9.58～11 cm，具柔毛，花药椭圆形，花粉粒褐红色；子房长柱形，长约 3.5 cm，花柱长 11 cm，无毛，柱头 3 裂。蒴果长圆形，长约 5 cm，宽约 3 cm，有棱。种子多数。花、果期 6～9 月。

【生态分布】性喜湿润、光照，要求肥沃、富含腐殖质、土层深厚、排水性极为良好的砂质土壤，最忌硬黏土。生于山坡及石缝中，有栽培。分布于广东、广西、云南、贵州、四川、湖南、江西、福建、浙江、江苏、安徽、湖北、山东、河南、河北、陕西、甘肃等地。日本、北美和欧洲等温带地区也有。

【历史与民俗】百合花是一种从古到今都受人喜爱的世界名花。它由野生变成人工栽培已有悠久历史。早在公元 4 世纪时，人们只作为食用和药用。至南北朝时期，梁宣帝曾有诗云："接叶有多种，开花无异色。含露或低垂，从风时偃抑。甘菊愧仙方，藂兰谢芳馥。"赞美它具有超凡脱俗、矜持含蓄的气质。至宋代种植百合花的人更多。诗人陆游也利用窗前的土丘种上百合花，并有诗曰："芳兰移取遍中林，余地何妨种玉簪，更乞两丛香百合，老翁七十尚童心。"

关于百合花，在西方也有传说。古时一个国王与皇后有一百个儿子，国王的一个妃子居心叵测，与外臣勾结并且离间国王和皇后的感情。国王经不住谣言，最终把皇后赶出了皇宫。奸妃和外臣串通将国王软禁，并且发动政变。皇后得知后，通知了自己的一百个儿子。在儿子们的努力下，最终保住了国家。战争结束后，天上下起了雨，落在地上开出了洁白的花朵，人们根据百子合力救国的事件，为此花取名百合，意在赞美百子的美德。

【化学成分】甘肃兰州产鲜百合鳞茎每 100 g 中含可食部分 82%，能量 678 kJ，水分56.7 g，蛋白质 3.2 g，脂肪 0.1 g，膳食纤维 1.7 g，碳水化合物 37.1 g，灰分 1.2 g，维生素 $B_1$0.02 mg，核黄素 0.04 mg，烟酸 0.7 mg，维生素 C 18 mg，钾 510 mg，钠 6.7 mg，钙 11 mg，镁 43 mg，铁 1.0 mg，锰 0.35 mg，锌 0.50 mg，铜 0.24 mg，磷 61.0 mg，硒 0.20 μg。

另有资料称，鳞茎含淀粉 70.78%，还有少量蛋白质、脂肪及微量的秋水仙碱($C_{21}H_{23}O_6N \cdot 1/2\ H_2O$)。

【加工与利用】利用部位为鳞茎。7~9 月，百合地上部分枯萎时，即可挖取鳞茎，除去茎叶、杂质等，将鳞片剥开，或在鳞茎基部横切一刀，使鳞片散开，收集鳞片，洗净，在加有适量草木灰的沸水中捞过，取出，晒干或烘干，即得百合片。将新鲜鳞茎或干百合片加水磨成水浆，经过筛去杂。筛下的淀粉悬浮液经沉淀，甩干，再晒干或烘干，即得野百合淀粉。

百合的鳞茎含丰富淀粉，部分品种可作为蔬菜食用。百合粉是从野生或人工栽培的百合鳞茎中加工提取而来的一种粉状物质，其营养丰富，除含有淀粉、蛋白质、脂肪及钙、磷、铁、维生素 B_1、维生素 B_2、维生素 C、泛酸、胡萝卜素等营养素外，还含有一些特殊的营养成分，如秋水仙碱等多种生物碱。这些成分综合作用于人体，不仅具有良好的营养滋补之功，而且还对秋季气候干燥而引起的多种季节性疾病有一定的防治作用。

百合干或鲜百合(鳞茎片)是一种非常理想的解秋燥、润肺阴的佳品。最普通的食用方法是百合粥。原料:百合 50 g,粳米 60 g。制法:先将百合与米分别淘洗干净,放入锅内,加水,用小火煨煮。等百合与粳米熟烂时,加糖适量,即可食用。对中老年人及病后身体虚弱而有心烦失眠、低热易怒者尤为适宜。另外在百合粥内加入银耳,有较强的滋阴润肺作用;加入绿豆,可加强清热解毒之效。

【附注】百合鳞茎入药,味苦,性微寒。具有养阴润肺、清心安神之功效。用于阴虚久咳、痰中带血、虚烦惊悸、失眠多梦、精神恍惚等症。百合花为重要的花卉植物,多用于切花。目前,商品百合已包含有许多植物种及品种。

254 亚麻 *Linum usitatissimum* L.

彩图 254　英文名:Common flax, Linseed;亚麻科

【别名】胡麻

【植物形态】一年生草本植物。茎直立,高 30～120 cm,上部分枝,有时自茎基部分枝,韧皮部纤维强韧弹性。叶互生;叶片线形,线状披针形或披针形,长 2～4 cm,宽 1～5 mm,先端锐尖,基部渐狭,无柄。花单生于枝顶或枝的上部叶腋,组成疏散的聚伞花序;花直径 15～20 mm;花梗长 1～3 cm;萼片 5,卵形或卵状披针形,长 5～8 mm,先端凸尖或长尖,宿存;花瓣 5,倒卵形,长 8～12 mm,蓝色或紫蓝色,稀白色或红色,先端啮蚀状;雄蕊 5 枚,花丝基部合生;退化雄蕊 5 枚,钻状;子房 5 室,花柱 5 枚,分离,柱头比花柱微粗。蒴果球形,干后棕黄色,直径 6～9 mm,顶端微尖,室间开裂成 5 瓣;种子 10 粒,长圆形,扁平,长3.5～4 mm,棕褐色。花期 6～8 月,果期 7～10 月。

【生态分布】原产欧洲和亚洲的温带地区,现广泛栽培于温带地区。包括美国、加拿大和北欧。中国各地皆有栽培,如东北、内蒙古、山西、陕西、山东、湖北、湖南、广东、广西、四川、贵州、云南等地。但以北方和西南地区较为普遍,有时逸为野生。

【历史与民俗】亚麻起源于近东、地中海沿岸。早在 5 000 多年前的新石器时代,瑞士湖栖居民和古代埃及人已经栽培亚麻并用其纤维纺织衣料,埃及各地的“木乃伊”也是用亚麻布包裹的。亚麻籽药用也有悠久的历史,传统用作轻泻剂,特别是用于慢性便秘,其浸液可软化大便,促进肠蠕动,服用时需加 5 倍量的水。种子黏液质有消炎和缓解作用,用于治疗结肠炎、痔疮等症;种子打碎或磨碎后吞服,可缓解胸部及尿道疾病,对慢性阵发性咳嗽、气管炎、肺气肿及泌尿系统病患如膀胱炎有效。外用治疗疖疮,软化皮肤和排脓。葡萄牙处方用亚麻仁油与红酒混合外用,治疗创伤。油用型亚麻又叫作胡麻,在中国至少有 1 000 年栽培历史。纤维型亚麻是 1907 年从日本引入的。

【化学成分】种子含有脂肪油约 35%(其中含 55%α-亚麻酸、20%亚油酸)、蛋白质约 26%、纤维约 14%、黏液质约 12%、矿物质 2%,还有甾醇、木脂素(不在油脂中)、生氰苷类(亚麻苦苷)微量。

【加工与利用】利用成熟、干燥的种子。种子冷榨油是重要的食用油,尤其是在北非和中东地区的农村。完整或碎种仁可食用,有时会添加到面包和早餐麦片里。它几乎没有味道,但作为健康食品和膳食补充剂可用来改善消化和通便效果。而亚麻油富含亚麻酸、亚油酸等不饱和脂肪酸,特别是富含人体必需的 α-亚麻酸和 γ-亚麻酸,其中 α-亚麻酸占到亚麻油脂肪酸的 57%,比鱼油高 2 倍。能降低人体血压、血清胆固醇、血液黏滞度,对癌症、心血管病、内脏病、肾病、皮肤病、关节炎、肺病、免疫系统病等有治疗效果。英国、法国等 30 多个国家已批准将亚麻油作为营养添加剂或功能性食品成分使用。

亚麻籽的主要药理作用为滋补、缓和、轻泻、抗氧化、润肤,并有植物雌激素样作用。亚麻籽中的 α-亚麻酸与鱼油中的成分类似,有抗癌活性,保护心脏和血液循环,有助于缓解心律不齐,种子对子宫癌和乳腺癌有效。目前,亚麻籽因含有重要的脂肪酸而引起广泛重视。亚麻油中的脂肪酸成分有助于保持心脏健康和促进血液循环,还可预防慢性炎症。亚麻籽提取物及脂肪油具有改善皮肤脂肪含量,使肌肤更嫩滑、滋润、柔软有弹性,同时令皮肤呼吸及排汗正常,减轻种种皮肤问题;还可用于美白、抗衰护肤化妆品。

【附注】亚麻茎制取的纤维是纺织工业的重要原料，可纯纺，亦可与其他纤维混纺。由于亚麻纤维与动物纤维、其他植物纤维、合成纤维相比，具有许多独特的不可替代的优点，决定了它在国民经济中占重要地位。首先，亚麻纤维强韧、柔细，其强度是棉纤维的1.5倍、绢丝的1.6倍，可纺支数高，织物平滑整洁，适宜制作高级衣料。其次，亚麻纤维具有吸湿性强、散热快、耐摩擦、耐高温、不易燃、不易裂、导电性小、吸尘率低、抑菌保健等独特优点，适宜制作飞机翼布、军用布、消防、宇航、医疗和卫生保健服装及帆布、水龙带、室内装饰布及工艺刺绣品等。第三，打麻下脚料和麻屑也有较高的利用价值，加工后的短纤维即麻棉，可与毛、丝、棉、化纤等生产混纺纱，也可纺纯麻纱；麻屑是制造人造板材或高级纸张的优质原料。实际上，亚麻有油用和纤维用两种类型。

255 柠檬马鞭草 *Lippia citriodora* H. B. K.（*Aloysia triphylla*（L'Herit.）Britton）

彩图 255

英文名：Lemon verbena，vervain；马鞭草科

【别名】柠檬过江藤，三叶防臭木，柠檬棘枝，防臭木，香水木

【形态特征】落叶小灌木，高1.5～3 m，茎四方形，木质坚硬，粗糙而具条纹。叶对生或轮生，披针形，有强烈的香气。花小，排列成腋生、稠密、圆柱状的穗状花序；萼小，2裂，呈二唇形；花冠管状，冠檐二唇形，上唇1～2裂，下唇3裂，内白色，外红蓝色；雄蕊4，子房2室。果小，干燥。花期6～8月。

【生态分布】柠檬马鞭草原产中南美，生于热带，喜温暖湿润的热带、亚热带气候，年平均气温约20 ℃左右，年降水量1 200～2 000 mm。要求深厚、疏松、肥沃的砂质壤土。目前，在亚热带至暖温带地区普遍栽培，为芳香和观赏植物。我国陕西南部地区有少量引种。

【历史与民俗】柠檬马鞭草拉丁名中的属名'*Lippia*'本是一位欧洲医生的名字，这位医生生于1678年，是位植物学家。而其种名 *citriodora*，指的正是它橙类般的香气。柠檬马鞭草18世纪开始引入欧洲，替英国的花园点缀不少风情。柠檬马鞭草在欧洲应用的历史虽然短，但在法国、西班牙等地却是最受喜爱的花草茶之一，博得"花草茶女王"的美誉。许多人将它与柠檬香茅混淆，因为它们都是柠檬样味道。也有人将它与马鞭草（*Verbena officinalis*）混为一谈，这也许是因为柠檬马鞭草精油总是标示着法国名称"凡薇思（Verveise）"的关系。

柠檬马鞭草在欧洲大陆是很受欢迎的饮料成分，也可调味烈酒，女巫则利用它的催情特性来调制春药。

【化学成分】柠檬马鞭草叶含挥发油[油中含柠檬醛（30%～35%）、橙花醇、香叶醇等]；还含毛蕊花糖苷（具较强的抗氧化能力，特别是脂溶性的环境中）。1986年报道的柠檬马鞭草精油成分（%）为α-蒎烯（0.6）、甲基庚烯酮（2.3）、桧烯（1.8）、月桂烯（0.4）、苧烯（13.5）、1,8-桉叶素（4.9）、反-罗勒烯（1.7）、松油烯-4-醇（0.6）、α-松油醇（2.1）、香茅醇+橙花醇（5.9）、橙花醛（14.4）、乙酸橙花酯（0.1）、反-橙花叔醇（0.7）、香叶醇（6.6）、香叶醛（19.9）、乙酸香茅酯（0.6）、乙酸香叶酯（1.0）、α-柏木烯（0.2）、β-石竹烯（2.0）、α-葎草烯（0.2）、罗汉柏烯（0.2）、芳姜黄烯（2.4）、α-古巴烯（0.2）、δ-杜松烯（0.4）、1-辛烯-3-醇（0.4）、3-辛醇（0.4）、氧化石竹烯（2.1）等。

【加工与利用】春夏植株生长旺盛时，采收新鲜叶片、嫩枝梢及花序，可用水蒸气蒸馏方法，获得0.1%～0.7%的精油。干的叶子可广泛用于放松健康茶。新鲜或干叶子是商品健康茶的一个重要组成部分，有一些还用于煎药、利口酒和果汁饮料。新鲜的叶子有时用于沙拉。新鲜或干燥的产品通常作为替代柠檬草添加于汤中。

【附注】柠檬马鞭草也是干花中的重要材料，可以驱除细菌，常和其他植物一起制成干燥花，包括肉桂、丁香、杜松、柠檬、薰衣草、百里香及檀香等。过去，柠檬马鞭草精油曾被用于治疗发炎的眼睛和鹅口疮。现在，柠檬马鞭草精油的主要用途是制造肥皂与香水，由于这种植物的油含量较低，其价钱自然较昂

贵。柠檬马鞭草精油具有一股甜柠檬的香味。它有调理和镇定的功效。它还是一种重要的传统医学草药(被认为是消化和镇静属性)。柠檬马鞭草油也用于肥皂和化妆品。

256 苏合香 *Liquidambar orientalis* Mill.

彩图 256 英文名:Levant storax;金缕梅科

【别名】东方枫香树,土耳其枫香树

【植物形态】落叶乔木,高 10～15 m。叶互生;具长柄;托叶小,早落;叶片掌状 5 裂,偶为 3 或 7 裂,裂片卵形或长方卵形,先端急尖,基部心形,边缘有锯齿。花单性,雌雄同株,多数成圆头状花序,小花黄绿色;雄花的花序成总状排列,雄花无花被,仅有苞片,雄蕊多数,花药长圆形,2 室纵裂,花丝短;雌花的花序单生,花柄下垂,花被细小,雌蕊心皮多数,基部愈合,子房半下位,2 室,有胚珠数枚,花柱 2 枚,弯曲。果序圆球状,直径约 2.5 cm,聚生多数蒴果,有宿存刺状花柱;蒴果先端喙状,成熟时先端开裂。种子 1～2 枚,狭长圆形,扁平,顶端有翅。

【生态分布】原产于土耳其西南部,北非、印度有分布。喜生于肥沃的湿润土壤中。现我国广西等南方地区有少量引种栽培。

【历史与民俗】在欧洲,自 19 世纪起,苏合香就被广泛用作药物,也用作香水的定香剂。我国引入较早,《本草纲目》说:"此香出苏合国,因以名之。"

【化学成分】树皮分泌的树脂含树脂约 36%,其余为油状液体。主要为萜类化合物,其中含挥发性单萜、倍半萜类和三萜化合物,如齐墩果酮酸。苏合香树脂所含挥发油内有 α-及 β-蒎烯、月桂烯、樟烯、柠檬烯、1,8-桉叶素、对聚伞花素、异松油烯、芳樟醇、松油-4-醇、α-松油醇、桂皮醛、反式桂皮酸甲酯、乙基苯酚、烯丙基苯酚、桂皮酸正丙酯、β-苯丙酸、1-苯甲酰基-3-苯基丙炔、苯甲酸、棕榈酸、亚油酸、二氯香豆酮、桂皮酸环氧桂皮酸酯、顺式桂皮酸、桂皮酸酯等。

【加工与利用】通常于初夏将树皮击伤或割破,深达木部,使分泌香脂,浸润皮部。至秋季剥下树皮,榨取香脂;残渣加水煮后再榨,除去杂质,即为苏合香的初制品。如再将此种初制品溶解于酒精中,过滤,蒸去酒精,则成精制苏合香。宜装于铁桶中,并灌以清水浸之,置阴凉处,以防止走失香气。本品有抗血栓、抗血小板聚集、抗心肌梗死、扩张冠状动脉等作用,还有祛痰作用,用于治疗呼吸道疾病,也是复方安息香福瑞尔香脂的成分之一。该制剂被吸入后因刺激产生咳嗽而祛痰。苏合香制成的香脂外敷,可加速皮肤病,诸如疥疮、创伤、溃疡等的康复。

【附注】本品可与北美金缕梅(*Hamamelis virginiana*)和玫瑰水调制成洗液作为收敛剂使用。《中国药典》(2005 年版)规定,本品含肉桂酸($C_9H_8O_2$)不得少于 5.0%。《美国药典》(2005 年版)亦收载。

257 荔枝 *Litchi chinensis* Sonn.

彩图 257 英文名:Litchi,Lychee;无患子科

【别名】丹荔,丽枝,离枝

【植物形态】常绿乔木,高至 10 m,树皮灰黑色。偶数羽状复叶,互生,叶连柄长 10～25 cm;小叶 2～4 对,革质,披针形或矩圆状披针形,全缘,上面深绿色,有光泽,背面粉绿色。圆锥花序顶生,长 16～30 cm,有黄褐色短柔毛;花小,杂性,绿白色或淡黄色;花萼杯状,被金黄色短茸毛,萼片 4;无花瓣;雄蕊 6～8。果卵圆形至近球形,长 2～3.5 cm,成熟时通常显暗红色至鲜红色;种子全部被肉质假种皮包裹。

【生态分布】原产于中国南部，属亚热带果树。喜光，喜暖热湿润气候，喜富含腐殖质、深厚、酸性土壤，怕霜冻。分布于福建、广东、广西及云南东南部，四川和台湾有栽培。东南亚亦有分布。

【历史与民俗】荔枝是中国著名果树，在中国南部有悠久栽培历史。一般公认其原产地在中国南部的热带、亚热带地区。现已先后在海南和云南人迹罕至的热带森林中找到了野生荔枝。

中国最早记录荔枝的文献见于汉代的《上林赋》、《异物志》和晋代的《南方草木状》等。“荔枝”两字出自西汉，而栽培始于秦汉，盛于唐宋。古名离枝，意为“离枝即食”或“不能离其本枝”。

我国与荔枝相关的传说很多，其中最有名的是杨贵妃与荔枝的典故。《新唐书·玄宗贵妃杨氏传》：“妃嗜荔枝，必欲生致之，乃置驿传送，走数千里，味未变已至京师。”杜牧也有《过华清宫》诗：“长安回望绣成堆，山顶千门次第开，一骑红尘妃子笑，无人知是荔枝来。”

北宋史学大家司马光所编《资治通鉴》称：“妃欲得生荔枝，岁命岭南驰驿致之，比至长安，色味不变。”（《唐纪三十一·玄宗天宝五载》）

【化学成分】福建莆田产鲜荔枝：100 g 含可食部分 71%，热能 326 kJ，水分 80 g，蛋白质 0.9 g，脂肪 0.2 g，膳食纤维 0.2 g，碳水化合物 18.2 g，灰分 0.5 g，胡萝卜素 10 μg，视黄醇当量 2 μg，维生素 B_1 微量，核黄素 0.02 mg，烟酸 1.2 mg，抗坏血酸 48 mg，钠 0.6 mg，钙 1 mg，镁 9 mg，铁 0.5 mg，锰 0.06 mg，锌 0.10 mg，铜 0.17 mg，磷 25 mg，硒 0.14 μg。

【加工与利用】荔枝可食用的部分是包裹种子的假种皮。未经保存处理的荔枝有“一日色变，二日香变，三日味变，四日色香味尽去”的特点，鲜销货架期短。因此，鲜荔枝加工干制在民间历史悠久，成品肉厚，味香甜，历来为自尝及送礼佳品，远销国内外。其干制方法分日晒和热干燥（火焙或热风干燥）两种。其工艺大致如下：原料选择→预晒→烘焙→发汗→烘干→散热→包装。

鲜食时，切除脆壳后，半透明的白色的假种皮食用，新鲜美味、芳香，有点麝香和微酸性的味道。它也可加工成果汁，或添加到水果沙拉中。荔枝也可制成罐头。干制的“荔枝坚果（荔枝干）”在中国是一种美食。中国和泰国厨师有时使用荔枝肉作为鱼类菜肴填料的成分。荔枝可保存在酒精（尤其是朗姆酒）里制成香利口酒。

【附注】荔枝含丰富的糖分，具有补充能量、增加营养的作用。研究证明，荔枝对大脑组织有补充营养的作用，能明显改善失眠、健忘、精神疲劳等症状。荔枝肉有丰富的蛋白质和维生素 C，有助于增强机体免疫功能，提高抗病能力。荔枝有消肿解毒、止血止痛的作用；还有丰富的维生素，可促进微细血管的血液循环，防止雀斑的发生，令皮肤更加光滑。

果肉具有补脾益肝、理气补血、温中止痛、补心安神的功效；可止呃逆，止腹泻，是顽固性呃逆及腹泻者的食疗佳品，同时有补脑健身、开胃益脾、促进食欲之功效。其核具有理气、散结、止痛的功效。

荔枝肉除鲜食、干制外，果肉还可罐制、渍制、酿酒和制成其他加工品，是发展食品工业的重要原料。

荔枝核含有 57% 的淀粉类，可酿酒，每 100 kg 可制酒超过 10 kg。花芳香多蜜，为发展养蜂业提供了很好的蜜源。果皮、树皮、树根含有大量单宁，是制药的原料。荔枝树干细密坚实，耐潮防腐，是修建房屋、舟船、桥梁和制造家具的优良木材。

258 山鸡椒 *Litsea cubeba* (Lour.) Pers.

彩图 258　英文名：Litsea，Mountain spicy tree；樟科

【别名】山苍子，山胡椒，荜澄茄，澄茄子，木姜子

【植物形态】落叶灌木或小乔木，高 3～10 m。幼树树皮黄绿色，光滑，老树树皮灰褐色。小枝细长，枝、叶具芳香味。叶互生，披针形至椭圆状披针形，长 5～13 cm，宽 1.5～4 cm，先端渐尖，基部楔形，上面绿色，下面灰绿色，中脉在两面均凸起；叶柄长 0.6～2 cm。伞形花序单生或簇生于叶腋短枝上；总梗细；苞片 4，坚纸质；每一伞形花序有花 4～6 朵，先叶开放或与叶同时开放；花梗长约 1.5 mm；花被片

6，宽卵形。雄花：能育雄蕊 9，3 轮，第三轮雄蕊基部的腺体具短柄，退化雌蕊无毛。雌花：有退化雄蕊；子房卵形，花柱短，柱头头状。果近球形，直径 4～5 mm，幼时绿色，成熟时黑色；果梗长 2～4 mm，先端稍增粗；果托小浅盘状。花期 11 月至翌年 4 月，果期 5～9 月。

【生态分布】山鸡椒喜温暖湿润气候，适应性强，在年平均气温 10～18 ℃（短期可耐 -12 ℃低温），年降水量 900～1 200 mm 地区能自然生长，但以 1 200～1 800 mm 地区最为适宜生长。对土壤要求不严，在酸性黄壤、中性至微碱性紫色土、山地黄壤、山地红黄壤以及红壤上均能生长。原产我国华南及东南地区，以湖南、江西、福建等省最多。在我国广西、海南、广东、台湾、浙江、江苏、安徽、湖北、四川、云南、贵州、西藏东南部均有分布。东南亚各国也有分布。

【历史与民俗】山鸡椒果实作为荜澄茄入药已有上千年的历史，有祛风散寒、暖胃止痛的功效。"荜澄茄"这个名字的来历是由于它的圆形的小果子很像胡椒科的荜澄茄。它在爪哇也是一种传统植物。这种起源于东方的树木，在西方国家也家喻户晓。20 世纪 50 年代从它类似于胡椒的果实中提取出精油，并且开始流行，可与柠檬草精油相提并论，而有着更明显的优势。两种精油都有柠檬醛的基本成分，但柠檬草的香气更能持久些。

【化学成分】山鸡椒干果含芳香油 2.0%～6.0%，鲜果含油 4.0%～6.0%。油的主要化学成分为柠檬醛（含量 70%～80%）；尚含甲基庚烯酮、芳樟醇、柠檬烯、牻牛儿醇、牻牛儿酯等。

山鸡椒精油主要成分（%）：柠檬醛 66～80，α-松油醇 1.5、甲基庚烯酮 2.5～3.1、芳樟醇 2.5、黄樟油素 0.9、香茅醛 1～7.6、香叶醇 1.1、乙酸香叶酯 0.9，还有樟脑、α-蒎烯、莰烯、α-蛇麻烯、对伞花烃等。

山鸡椒根皮含芳香油 0.2%～1.2%。油的化学成分为柠檬醛（10%左右）、香茅醇（8%～12%）、芳樟醇及其酯类等。叶含芳香油 0.2%～0.4%。油的化学成分为桉叶醇（20%～35%），其次为醛类（6%～22%）。花含芳香油，油的含醛量为 37.36%。

【加工与利用】利用部位为山鸡椒的成熟果实。山鸡椒果实成熟期各地有些差异。以湖南、福建等主产区为例，5 月下旬至 6 月上旬，果实饱满，尚为绿色，采果蒸馏的油中醛含量为 50%～60%；7～8 月果实转黄，醛含量可达 70%～80%；8 月中、下旬果实为黄褐色，醛含量可达 90%。因此，以 8 月份采果蒸油，油的质量最好。果实采摘后，应及时用水蒸气蒸馏，提取精油。一般采用不锈钢蒸馏器，以压力蒸气蒸馏，出油率高，油的质量好。

山鸡椒精油有鲜甜的果香，有柠檬醛气息，有柠檬油的气味，但香气较杂，不及柠檬草精油美好。其香气强烈，但不甚留长。山鸡椒精油香气较杂是因为其化学成分常有变化，除了具有代表性的柠檬醛香气外，还有药草香、脂蜡香和生辣气息。这种香味有提神醒脑的作用。

山鸡椒果油的商品规格以柠檬醛含量的多少而定，通常含量 70%～85%，在香料工业上，主要作为合成紫罗兰酮系列的香料。如二甲基紫罗兰酮：似岩兰草油优美香气。异丙基紫罗兰酮：柔和桃子、紫罗兰香气；异丁基紫罗兰酮：有更柔和持久的木香、紫罗兰香气。烯丙基紫罗兰酮：果香、菠萝香气。异丙基紫罗兰酮：持久龙涎香、木香香气。此外，还可合成紫罗兰醇、紫罗兰酯等高级香料以及突厥酮、柠檬酮等香料。

柠檬醛还是合成维生素 A 的主要原料。维生素 A 在医药、香料工业中有重要用途，用于食品香精、化妆品香料等。

【附注】山鸡椒果实入药，药名为荜澄茄，味辛、微苦，性温。有祛风散寒、行气止痛、平喘、通阳之功效。用于以下疾病：①感冒风寒，头痛；②寒凝气滞，胃痛呕吐，胸闷少食，寒疝腹痛，痛经；③荜澄茄油可治慢性支气管炎、支气管哮喘；④治疗冠心病，能缓解心绞痛，兼有降血压作用；⑤治疗脑血栓形成；⑥阿米巴痢疾；⑦早、中期血吸虫病。

果实提取挥发性精油后的残渣（包括种子）还可榨取 30%～40%的脂肪油，是提取月桂酸和癸酸的原料。

山鸡椒适应性强，萌蘖性强，在适当地区常为绿化荒山的优良树种之一。

259 蓝靛果 *Lonicera caerulea* L. var. *edulis* Turcz. ex Herd.

彩图 259　英文名:Lan ding guo;忍冬科

【别名】蓝靛果忍冬,黑瞎子食,狗奶子

【植物形态】落叶灌木,高 1.5 m。老枝红棕色,枝节部常有大形盘状的托叶。叶对生;叶柄极短;叶片厚纸质,长圆形、卵状长圆形、卵状椭圆形,长 2～5 cm,宽 1～3 cm,先端尖或稍钝,基部圆形,近全缘,具纤毛,两面疏被生短毛。总花梗长 2～10 mm;苞片条形;小苞片合生成坛状壳斗,全包着子房,果熟时肉质;花冠黄白色,筒状漏斗形,外被柔毛,基部具浅囊,裂片 5;雄蕊 5;花柱无毛,伸出花冠外。浆果蓝黑色,椭圆形,长约 1.5 cm,稍被白粉。花期 5～6 月,果期 8～9 月。

【生态分布】喜温凉气候,抗寒力强,可达海拔 2 600～3 500 m 的灌丛或落叶林下。分布于黑龙江、吉林、辽宁、内蒙古、河北、山西、宁夏、甘肃、青海、四川、云南。俄罗斯远东地区、日本及朝鲜北部等地都有分布。

【历史与民俗】蓝靛果的果实可食,民间常作为野果采食。它在欧洲也有分布,被视为能够驱邪的食品,人们食之能避免瘟疫的侵害。

【化学成分】蓝靛果富含糖类、有机酸、矿物质、多种维生素和微量元素,特别是富含维生素 C 和维生素 B,同时含有大量的红色素。

研究表明,蓝靛果的红色素花青素的主要组分是花青定-3-葡萄糖,其他少量成分是花青定-3,5-双葡萄糖、花青定-3-芸香糖、花青定-3-龙胆二糖、芍药定-3-葡萄糖。另有资料称,蓝靛果的果实含花色素苷,分子式为 $C_{22}H_{21}O_{11}$;全草还含桃叶珊瑚苷。

【加工与利用】利用部位为果实,8～9 月果实成熟时采集,鲜用或晒干备用。果实多汁,味酸稍甜,可生食。经加工可制成果酱、果酒、果糕及清凉饮料等。果实药用,有清热解毒作用。尚可提取食用色素。

蓝靛果具有抗炎、抗氧化和抗病毒能力,能防止毛细血管破裂、降低血压,且具有抗肿瘤功效。研究表明,蓝靛果可明显提高小鼠耐高温、抗疲劳、耐缺氧能力,提高应激反应能力。

【附注】果实色素易溶于水、乙醇。在水中呈淡紫红色,在 pH 3.0 的缓冲溶液中呈红色,在 pH 3.0 的盐酸乙醇溶液中呈鲜艳的大红色;随着 pH 的升高则向紫色方向变化。可用于化妆品的调色。蓝靛果色素是采用物理方法提取的,一般使用安全。它还富含矿物质、多种维生素和微量元素,具有较高的营养价值和药用价值,是理想的天然保健营养食品。可作为饮料、果酱、果糕和果酒等的增色剂,一般用量为 0.1%～0.3%。

260 翅荚百脉根 *Lotus tetragonolobus* L.

彩图 260　英文名:Asparagus pea;豆科

【别名】莲花豆,芦笋豌豆,有翅豌豆

【植物形态】多年生草本,株高 15～40 cm。羽状复叶,3 小叶,丛聚于叶柄先端,叶柄基部有 2 枚托叶。花常排成伞形花序,很少单生;萼钟状,裂片 5,近等长;花冠深红色,干后变紫色,花瓣均具柄,旗瓣阔,外反,龙骨瓣内弯;雄蕊 10,二体(9+1),花药同型;子房有胚珠多数,花柱于子房上曲折,无毛;荚果圆柱形,具 4 翅,2 瓣裂,有种子数颗。

【生态分布】原产于欧亚大陆温带地区。喜温暖干爽气候。这是一种众所周知的蔬菜,俗称芦笋豌豆或翅豆。欧美各国广泛栽培,我国也有栽培。

【历史与民俗】芦笋豌豆产于欧洲南部,但已成为广泛分布在北非和亚洲的栽培植物。在地中海地

区（一些中世纪的教科书中提到的）它是传统食品。在欧洲和亚洲的许多地区是偶尔被种植的蔬菜。它与希腊神话中贪图安逸的人（荷马的《奥德赛》中描述）有关，据说住在贪图安逸国家的人是靠芦笋豌豆果实喂养的。

【化学成分】种子含20%的蛋白质，1.7%的脂肪，50%的碳水化合物。

【加工与利用】利用部位为嫩豆荚、绿色种子、成熟干燥种子。幼嫩的豆荚可作为蔬菜食用，和芦笋一样，配上黄油或白色酱汁蒸熟即可，也可用于沙拉、添加到汤里或者用于炖菜。绿色的种子或成熟、干燥种子可以像豌豆一样使用。烤熟的种子可以用来作为咖啡的替代品。

【附注】百脉根根系发达，侧根着生众多根瘤，根茬地翻耕后能增加土壤有机质和氮素，改土肥田效果好，对后作增产作用大，常与禾谷类粮草料及油料、经济作物轮作倒茬利用。茎枝匍匐生长，枝叶茂密，是良好的饲料作物，其地面覆盖度大，在荒坡裸地种植，护坡保持水土性能好。花期长，昆虫传粉，是很好的蜜源植物。

261 棱角丝瓜 *Luffa acutangula*（L.）Roem.

彩图 261　英文名：Angled luffa；葫芦科

【别名】广东丝瓜，粤丝瓜

【植物形态】一年生草质攀援藤本；茎稍粗壮，全株被短柔毛。卷须粗壮，常3歧。叶柄粗壮，长8～12 cm；叶片近圆形，膜质，长、宽均为15～20 cm，常为5～7浅裂，中间裂片宽三角形，稍长，其余的裂片不等大，基部裂片最小，顶端急尖或渐尖，边缘疏生锯齿，基部弯缺近圆形，上面深绿色，粗糙，下面苍绿色。雌雄同株；雄花通常17～20朵花聚集呈总状花序，总花梗长10～15 cm，花梗长1～4 cm；花萼筒钟形，径约1 cm，裂片披针形；花冠黄色，辐状，裂片倒心形，长1.5～2.5 cm；雄蕊3，离生。雌花单生，与雄花序生于同一叶腋；子房棍棒状，花柱粗而短，柱头3，膨大，2裂。果实圆柱状或棍棒状，具8～10条纵向的锐棱和沟，长15～30 cm，径6～10 cm。种子卵形，黑色，有网状纹饰。花果期夏、秋季。

【生态分布】喜高温、高湿，忌低温。对土壤适应性广，但土层深厚、潮湿、富含有机质的砂壤土生长最好。我国产华南地区，广东、海南、台湾、福建、广西有栽培。世界其他热带地区也有栽培。

【历史与民俗】野生的棱角丝瓜（var. *amara*）可能原产于印度，并可能在印度被驯化。野生的光滑丝瓜（var. *leiocarpa*）可能发生于缅甸到菲律宾（或许是澳大利亚和塔希提岛）。棱角丝瓜可能在东南亚较早已经被驯化栽培。它在公元1000年之前就已到达中国，今天它已被广泛种植在热带亚洲的大部分地区，在一定程度上已传播到了非洲和美洲。

【化学成分】果实含蛋白质、脂肪、碳水化合物、钙、磷、铁及维生素B_1、维生素C，还有皂苷、植物黏液、木糖胶、丝瓜苦味质、瓜氨酸等。

【加工与利用】主要以果实作为蔬菜食用。将棱角丝瓜突出的棱角削去，切成片，炒好肉片后放入丝瓜，翻几下就起锅，丝瓜又脆又香；用这个方法可以配多种肉类，如牛肉、鸡片、鱼片、鱿鱼片等。它的花和嫩叶也可像其他蔬菜一样炒菜食用，或用于汤菜中。

【附注】棱角丝瓜果实和茎叶中含有多种营养、生物活性成分，具有保湿、抗炎、抗过敏、减肥、促进皮肤细胞新陈代谢之功效，防止皮肤老化，维生素C能增白皮肤等，因而可用于抗衰化妆品。丝瓜提取物还有生发、乌发功效，可用于护发产品。丝瓜络含木聚糖、甘露聚糖、半乳聚糖等，有通经活络、解毒消肿之功效，用于痹痛拘挛、胸胁胀痛、乳汁不通等。

262 丝瓜 *Luffa cylindrica* (L.) Roem.

彩图 262 英文名：Luffa，Towel gourd，Suakwa，Sponge gourd，Vegetable sponge；葫芦科

【别名】 胜瓜，菜瓜

【植物形态】 一年生攀援藤本；茎、枝粗糙，有棱沟，被微柔毛。卷须稍粗壮，被短柔毛，通常2～4歧。叶柄粗糙，近无毛；叶片三角形或近圆形，通常掌状5～7裂，裂片三角形，上面深绿色，粗糙，有疣点，下面浅绿色，有短柔毛，脉掌状，具白色的短柔毛。雌雄同株。雄花通常15～20朵花，生于总状花序上部；雄蕊通常5，花初开放时稍靠合，最后完全分离。雌花单生，花梗长2～10 cm；子房长圆柱状，有柔毛，柱头膨大。果实圆柱状，直或稍弯，表面平滑，通常有深色纵条纹，未熟时肉质，成熟后干燥，里面呈网状纤维。种子多数，黑色，卵形，平滑，边缘狭翼状。花果期夏、秋季。

【生态分布】 原产亚洲热带地区，属短日照植物；喜温暖湿润气候。中国南、北各地普遍栽培，也广泛栽培于世界温带、热带地区。云南南部有野生，但果实较短小。

【历史与民俗】 丝瓜原产于印度尼西亚（另有一说原产印度）。大约在宋朝时传入中国，成为人们常吃的蔬菜。明代《本草纲目》有记载："丝瓜，唐宋以前无闻，今南北皆有之，以为常蔬。嫩时去皮，可烹可曝，点茶充蔬。老则大如杵，筋络缠纽如织成，经霜乃枯，涤釜器，故村人呼为洗锅罗瓜。内有隔，子在隔中，状如栝蒌子，黑色而扁。其花苞及嫩叶卷须，皆可食也。"

【化学成分】 果实含蛋白质、脂肪、碳水化合物、钙、磷、铁及维生素 B_1、维生素C，还有皂苷、植物黏液、木糖胶、丝瓜苦味质、瓜氨酸等。每100 g含蛋白质1.4～1.5 g，脂肪0.1 g，碳水化合物4.3～4.5 g，粗纤维0.3～0.5 g，灰分0.5 g，钙18～28 mg，磷39～45 mg，核黄素0.03～0.06 mg，烟酸0.3～0.5 mg，抗坏血酸5～8 mg。

【加工与利用】 利用部位主要为果实。丝瓜从开花至成熟约10～12天，采收标准：瓜身饱满、匀称，果柄光滑，瓜身稍硬，果皮有柔软感而无光滑感，手握瓜尾部摇动有震动感。采摘时果实要保持完整。

丝瓜食用时应去皮，可凉拌、炒食、烧食、做汤食或榨汁用以食疗。丝瓜洗净切片经开水焯后，拌以香油、酱油、醋等可做成凉拌丝瓜。丝瓜烹制时因丝瓜水汁丰富应现切现做，以免营养流失；另外，少用油，可采取勾稀芡的方式烹调，以保留香嫩爽口的特点。

丝瓜中含有防止皮肤老化的B族维生素和增白皮肤的维生素C等成分，能保护皮肤、消除斑块，使皮肤洁白、细嫩，是不可多得的美容佳品，故丝瓜汁有"美人水"之称。

【附注】 根（丝瓜根）：甘，平。活血，通络，消肿。用于鼻塞流涕。藤（丝瓜藤）：甘，平。通经络，止咳化痰。用于腰痛，咳嗽，鼻塞流涕，咳嗽。叶（丝瓜叶）：苦、酸，凉。止血，化痰止咳，清热解毒。用于顿咳，咳嗽，暑热口渴，创伤出血，疥癣，天疱疮，痱子。果实维管束（丝瓜络）：甘，平。清热解毒，活血通络，利尿消肿。用于筋骨痛，胸胁痛，经闭，乳汁不通，乳痈，水肿。果柄：用于小儿痘疹，咽喉肿痛。果皮：用于金疮，疔疮，臀疮。种子（丝瓜子）：微甘，平。清热化痰，润燥，驱虫。用于咳嗽痰多，驱虫，便秘。

263 白羽扇豆 *Lupinus albus* L.

彩图 263 英文名：White lupin，Egyptian lupin；豆科

【别名】 鲁冰花

【植物形态】 一年生草本，高20～120 cm。茎直立，粗壮，被毛。掌状复叶，小叶5～9枚；叶柄长于小叶片；托叶钻形，长1.5～2 cm，被毛；小叶长圆状披针形至倒卵形，长25～40 mm，宽12～18 mm，先端钝至锐尖，基部楔形，边缘睫毛状，上面无毛，下面被贴伏柔毛。总状花序多花，长5～10 cm，顶生；花

序轴长于叶；花长约 1.5 cm；苞片钻形，早落；花梗短；小苞片短，线形；萼二唇形，长 8～9 mm，绿色或淡蓝色，被毛，下唇长于上唇，在果期宿存；花冠白色，旗瓣先端蓝色，与翼瓣等长，龙骨瓣尖头。荚果线形，扁平，长 4～6 cm，密被长柔毛，后渐秃净，先端具尖喙；有种子 2～4 粒。种子凸镜形，白色至淡棕色，平滑。花期 2～4 月，果期 3～6 月。

【生态分布】喜温暖干爽气候，原产地中海区域，常见于草地、牧场和草坡，主要生于沙质和酸性土壤上。它分布于整个巴尔干半岛南部、西西里岛、科西嘉岛和撒丁岛、爱琴海的岛屿，以及以色列、巴勒斯坦和土耳其西部。并在埃及、苏丹、埃塞俄比亚、叙利亚、中欧和西欧、美国和南美、热带非洲和南部非洲、俄罗斯和乌克兰均有栽培。中国有栽培。

【历史与民俗】羽扁豆自然发生于地中海地区及委内瑞拉到智利和阿根廷北部。白羽扇豆在埃及可能于公元前 300 年之前开始驯化栽培。在 19 世纪早期，已有蓝色和黄色羽扇豆及甜羽扇豆；而生物碱水平非常低的品种是在 20 世纪初开发的。安第斯羽扁豆在秘鲁的印加时期（公元前 2 000 年）已经开始种植了。最近，通过植物育种已开发出低生物碱的新品种。

【化学成分】种子含蛋白质（35%～53.7%）、脂肪油（6.2%～12%）、维生素、矿物质。还含生物碱，有羽扇豆碱、羟基羽扇豆烷宁、羽扇豆定、二氧化无叶豆碱等。

【加工与利用】利用部分为成熟种子。荚果成熟时，割取地上部分，晒干，取出种子，干燥备用。苦的羽扇豆种子烹饪时需浸泡，滤干后使用。现在羽扇豆仍然是农村社区的一个重要的蛋白质来源（尤其是在秘鲁和地中海地区）。其种子可用于汤菜和炖菜，也可加工成种子粉，可作为大豆的替代品用于早餐。其籽油类似于花生油，适用于厨房烹调使用。

【附注】白羽扇豆蛋白对金属蛋白酶 MMP-1、MMP-3、MMP-9 均有抑制作用。其种子提取物对金属蛋白酶、胶原酶、弹性蛋白酶的抑制，可以减缓胶原蛋白、弹力蛋白、纤维黏连蛋白等细胞外基质以及基膜的组成成分断裂，可维持皮肤弹性，结合其抗氧性、抑制黑色素等，可用于抗衰老化妆品。白羽扇豆还可作饲料与绿肥，又可作观赏用。

264 枸杞 *Lycium chinense* Mill.

彩图 264

英文名：Chinese wolfberry，Chinse boxthorn，Wolfberry；茄科

【别名】枸杞菜，红珠仔刺，牛右力，狗牙子

【植物形态】落叶灌木，高 1～3 m。主茎数条，粗壮；小枝有纵棱纹，具不生叶的短刺和生叶、花的长刺。叶互生或数片簇生于短枝上；叶片披针形或长圆状披针形，长 2～8 cm，先端尖，基部楔形，全缘。花腋生，常单 1 或 2～6 朵簇生在短枝上；花萼种状，先端 2～3 深裂，花冠漏斗状，先端 5 裂，裂片卵形，粉红色或淡紫红色；雄蕊 5；雌蕊 1。浆果卵圆形、椭圆形，红色或橘红色，果皮肉质。种子多数。花期 5～10 月，果期 6～11 月。

【生态分布】枸杞属亚热带、暖温带气候植物，适应性强，喜光照，对土壤要求不严。常生于山坡、荒地、丘陵地、盐碱地、路旁及村边宅旁。原产中国，分布于河南、东北、河北、山西、陕西、宁夏、甘肃、青海东部、内蒙古乌拉特前旗以及西南、华中、华南和华东各省区。朝鲜、日本、欧洲有栽培或逸为野生。

【历史与民俗】枸杞这个名称始见于中国二千多年前的《诗经》。枸杞是中国的一种重要补药。在公元前 1 世纪就开始记载入《神农本草经》一书中。传统上人们认为枸杞能使人延年益寿。今天，无论是枸杞的果实或是其根部都广泛作为药用。

【化学成分】枸杞子含甜菜碱、胡萝卜素、玉蜀黍黄素、烟酸、维生素 B_1、维生素 B_2、维生素 C、多糖、钙、磷、铁、β-谷甾醇、亚油酸，以及 14 种氨基酸。据报道，枸杞子含生物碱（如甜菜碱、颠茄碱、天仙子胺、枸杞胺等）、黄酮类（有槲皮素、异槲皮素、山柰酚及其糖苷）、甾醇类（有羊毛甾醇、β-谷甾醇、

豆甾醇等)及氨基酸(以天门冬氨酸、谷氨酸、脯氨酸、丙氨酸含量最高,还含烟氨酸、γ-氨基丁酸、牛磺酸等)。

【加工与利用】主要采用果。6～11月果实陆续红熟,要分批采收,迅速将鲜果摊在芦席上,放阴凉处晾至皮皱,然后曝晒至果皮起硬,果肉柔软时去果柄,再晒干备用。其嫩茎叶民间也作为蔬菜食用。

枸杞子具有补肾养肝的功效,多吃枸杞还可延年益寿,缓解长期的腰痛。嫩叶可作蔬菜,在广东、广西等地,枸杞芽菜已经非常流行,可在菜市场买到,但南方基本为中华枸杞,没有宁夏枸杞。而在宁夏等西北地区,使用枸杞嫩叶作蔬菜较少。枸杞子被卫生部列为"药食两用"品种,枸杞子可以加工成各种食品、饮料、保健酒、保健品等。在煲汤或者煮粥的时候也经常加入枸杞。种子油可制润滑油或食用油,还有加工成保健品的枸杞子油。

【附注】1. 枸杞子提取物具有较强的抗菌作用和提高机体免疫作用。枸杞子含有丰富的营养物质和生物活性成分,有不同凡响的保健功效,可作为免疫功能促进剂、油性皮肤调理剂、减肥剂、抗氧抗衰剂用于化妆品。枸杞子提取物对酪氨酸酶有活化作用,也可用于需要增加黑色素的化妆品,如乌发型、晒黑型产品中。

2. 宁夏枸杞(*Lycium barbarum*)果是当前枸杞子的主流品种。

265 番茄 *Lycopersicon esculentum* Mill.

彩图 265　英文名:Tomato;茄科

【别名】西红柿

【植物形态】一年生或多年生草本,高0.6～1.5 m,全体生有柔毛和腺毛。叶为羽状复叶或羽状分裂,边缘有缺刻状齿,小叶片卵形或矩圆形,长7～12 cm,顶端渐尖或钝。聚伞花序有花3～7朵,腋外生。花黄色;花萼裂片5～7,条状披针形;花冠辐射状,5～7深裂;雄蕊5～7,花药合生成长圆锥状。浆果扁球状,或近球状,成熟时红色或黄色。

【生态分布】原产中美洲,喜温暖气候,现在我国各地有栽培。

【历史与民俗】相传番茄的老家在秘鲁和墨西哥,原先是一种生长在森林里的野生浆果。当地人把它当作有毒的果子,称之为"狼桃"。当地传说狼桃有毒,吃了狼桃就会起疙瘩长瘤子。虽然它成熟时鲜红欲滴,红果配绿叶,十分美丽诱人。但正如色泽娇艳的蘑菇有剧毒一样,人们还是对它敬而远之,未曾有人敢吃上一口,只是把它作为一种观赏植物来对待。

现在栽培番茄的祖先是樱桃番茄。墨西哥较早驯化栽培,1523年,番茄由墨西哥传到西班牙、葡萄牙,1550年前后传到意大利,1575年相继传到英国和中欧各国,当时作为观赏植物。18世纪中叶始作食用栽培。1768年米勒首次作出植物学描述,进行分类和定名。17世纪传入菲律宾,后传到其他亚洲国家。中国栽培的番茄从欧洲或东南亚传入。清代汪灏在《广群芳谱》的果谱附录中有"番柿":"一名六月柿,茎似蒿。高四五尺,叶如艾,花如榴,一枝结五实或三四实。……草本也,来自西番,故名。"由于番茄果实有特殊味道,当时仅作观赏栽培。到20世纪初,城市郊区始有栽培食用。中国栽培番茄是从50年代初迅速发展,成为主要果菜之一。

【化学成分】番茄(河北保定)的营养成分,100 g含可食部分95%,能量88 kJ,水分93.9 g,蛋白质0.8 g,脂肪0.2 g,膳食纤维0.6 g,碳水化合物4.0 g,灰分0.5 g,胡萝卜素690 μg,视黄素当量115 μg,维生素 B_1 0.01 mg,核黄素0.03 mg,烟酸0.8 mg,抗坏血酸25 mg,维生素E 1.16 mg,钠5.9 mg,镁8.0 mg,锰0.06 mg,锌0.09 mg,铜0.04 mg。

【加工与利用】生的或熟的番茄是一种广泛使用和通用的食品。番茄果实营养丰富,具特殊风味。可以生食、煮食,用于其他炒菜的配菜,新鲜番茄还可用于丰富多彩的装饰或沙拉和辛辣的凉菜。煮熟的番茄是不可或缺的酱汁原料,可用于炖菜和很多菜肴,特别是在南部欧洲的传统烹饪(塞西红柿和意大利面酱)多使用番茄。番茄也用于加工果汁、果酱、蜜饯、泡菜、番茄酱和番茄粉等。

番茄有生津止渴、健胃消食、清热消暑、补肾利尿等功能,可治热病伤津口渴、食欲不振、暑热内盛等病症。它有显著的止血、降压、降低胆固醇作用,对治疗血友病和癞皮病有特殊功效。

【附注】成熟番茄中含有番茄红素(Lycopene),即 ψ-胡萝卜素,属异戊二烯类化合物。番茄红素是一种化学结构式中含有 11 个共轭双键及 2 个非共轭双键的非环状平面多不饱和脂肪烃,分子式为$C_{40}H_{56}$,相对分子质量为 536.85,经过环化可形成 β-胡萝卜素。科学家们对番茄红素健康作用的研究有了很多新的突破,已经证明的包括:具有独特的抗氧化能力,可以清除人体内导致衰老和疾病的自由基;预防心血管疾病的发生;阻止前列腺的癌变进程,并有效地减少胰腺癌、直肠癌、喉癌、口腔癌、乳腺癌等癌症的发病危险。

266 澳洲坚果 *Macadamia integrifolia* Maiden et Betche

彩图 266　英文名:Macadamia nut, Queensland nut, Australian nut;山龙眼科

【别名】夏威夷果,昆士兰栗,澳洲胡桃

【植物形态】常绿乔木,高至 15 m。树皮灰白色,粗糙。叶 3~4 片轮生,叶长 10~50 cm,叶片披针形,革质,光滑,边缘有刺状锯齿。总状花序腋生,长 10~30 cm;花萼 4 片,花瓣状,无花瓣;花米黄色或浅粉红色。蓇葖果圆球形,果皮革质,绿色,成熟后果皮沿缝合线开裂,内有种子 1 枚;种子由种壳和种仁组成,种壳坚硬,种仁米黄色至浅棕色。

【生态分布】澳洲坚果属热带、亚热带树种,原产于澳大利亚的昆士兰州和新南威尔士州。现在主产于美国、澳大利亚、肯尼亚、南非、哥斯达黎加、危地马拉、巴西等国。我国大约在 1910 年引入,现在我国台湾、广东、广西、海南、云南、贵州、四川、福建等地有栽培。

【历史与民俗】很久以前,澳洲大陆被欧洲探险者发现的时候,土著居民聚居在澳洲东部 Great Dividing Range,以两种常青的树木果实为食,其中的一种被土著居民叫做"Kindal Kindal"的就是澳洲坚果。

1850 年,这些树被英国植物学家 Ferdinand Von Meuller 和澳洲 Brisbane 种植园主管 Walter Hill 注意到,这两个人在昆士兰的森林里面发现了这种美妙的植物。唯一的区别是他们所发现的两种澳洲坚果有所不同,分别是 *Macadamia integrifolia*(光滑果皮)和 *Macadamia tetraphylla*(粗糙果皮),两者都可以食用,只是后者烘烤以后没有前者美味。*Macadamia* 这个名字是为了纪念那个时候一位有卓越贡献的英国科学家而命名的,他是 Dr. John McAdam。

【化学成分】果仁营养丰富,含油量 70%以上,蛋白质 9%,含有人体必需的 8 种氨基酸,还富含矿物质和维生素。据报道,每 100 g 种仁含油脂 50~80 g,通常在 70 g 以上,蛋白质 9 g,糖 6 g,磷 240 mg,钙 53 mg,铁 2 mg,维生素 B_1 486 mg。

【加工与利用】澳洲坚果的种子为食用部分。坚果成熟后,尽管可以考虑机械收获,但坚果大部分还是以手工收获的。收获可以维持 6~12 周时间。收获的坚果用机械方式除果壳,使种子(坚果,包括内果皮)干到含水量小于 2%。去除碎的内核和壳碎片,然后上市。澳洲坚果被认为是最美味的美食。它大多是烤来食用,和咸、甜点一块食用,它松脆的口感和味道会让人想起椰子。它也常被添加在巧克力里制成坚果味的糖果、烘焙面包和冰淇淋。在亚洲它被添加到亚洲味的咖喱中。

澳洲坚果被认为是世界上最好的桌上坚果之一。种仁经过制作,香酥可口,有特殊的奶油甜香味,是世界上品质最佳的食用果,有"干果皇后"、"世界坚果之王"之美称,风味和口感都远比腰果好。同时,澳洲坚果营养成分极其丰富,食用部分是果仁,其功效主要为调节血脂和益智作用,非常适合老年人或血脂不好的人作为滋补食品。

【附注】澳洲坚果种仁含油量高达 75%~79%,尤其是以含有高比例不饱和脂肪酸为特点,以油酸和棕榈酸为主,这类脂肪酸在大多数植物种子和动物脂肪中含量很少能达到 10%。澳洲坚果含油量很

高，因而其热量也很高，尤其是多为不饱和脂肪酸，容易被人体吸收消化，有益健康，是理想的木本粮油之一。

澳洲坚果油可制作高级糕点、高级巧克力、高级食用油、高级化妆品等。澳洲坚果的果皮粉碎后，可混作家畜饲料，种壳可制作活性炭或作燃料，也可粉碎作塑料制品的填充料。

澳洲坚果树型优美，枝叶稠密，花美丽而芳香，木材坚实细密，抗病虫，不失为一种优良的园林绿化和用材树种。

267 西印度樱桃 *Malpighia glabra* L.

彩图 267 英文名：Acerola，Barbados cherry；金虎尾科

【别名】 光滑金虎尾

【植物形态】 常绿灌木或小乔木，高 2～3 m，最高 6 m。单叶对生，叶柄短，叶片厚纸质，卵状披针形至椭圆状披针形，长 2～8 cm，宽 1～4 cm，先端急尖，基部钝圆，全缘，被刺毛。聚伞花序腋生，具 3～5 朵花；花两性，花直径 1～2 cm；花萼 5 裂，具 6～10 腺体，宿存；花瓣 5，流苏状，粉红至红色；雄蕊 10。核果球形，成熟时鲜红色，直径 1～3 cm，重 3～5 g，具 3 个三角形的种子。

【生态分布】 喜温暖干爽气候，喜光，不耐寒，喜砂质土壤，不抗风。原产于南美洲、墨西哥南部和中美洲。最初它被发现于尤卡坦、墨西哥、中美洲、加勒比海地区。南美洲分布于秘鲁和巴西的东南部地区，在美国本土分布于佛罗里达州南部和得克萨斯州的里奥格兰德河谷。现在整个热带和亚热带地区，包括加那利群岛、加纳、埃塞俄比亚、马达加斯加、桑给巴尔、斯里兰卡、中国台湾、印度、爪哇、夏威夷和澳大利亚等地均有栽培。

【历史与民俗】 西印度樱桃原产于热带美洲，特别是加勒比海地区。它的果实是一种传统的可食用的水果。现在已传播到世界各热带地区。

【化学成分】 果实营养成分，每 100 g 有蛋白质 2.1～8.0 g，脂质 2.3～8.0 g，碳水化合物35.7～78 g，钙 117 mg，磷 171 mg，铁 2.4 mg，吡哆醇 87 mg，核黄素 0.7 mg，维生素 B_1 0.2 mg和膳食纤维 30 g。此外，还含黄酮和酚酸。

据报道，果实除富含维生素 C 外，尚富含胡萝卜素类（如 β-胡萝卜素、β-隐黄素、叶黄素等），以及黄酮类（天竺葵素、锦葵花素、矢车菊素、槲皮素、山柰酚及其糖苷）、酚酸类（如香豆素、阿魏酸、咖啡酸、绿原酸）。

【加工与利用】 利用成熟果实。果实成熟时采收，洗净，备用。成熟的果实生吃有着愉快、略酸的味道，但很少生吃。它主要用于制作果酱、果冻和果汁。果肉和果汁在食品工业上常用于作为增加维生素 C 的补充剂添加到果汁、果酱、婴儿食品中。

【附注】 果实提取物具有抗菌、抗氧化、抗过敏等作用，并对表皮细胞增殖有促进，表明它有活肤功效，结合其抗氧性，可用于抗衰化妆品中。

268 苹果 *Malus pumila* Mill.

彩图 268 英文名：Apple；蔷薇科

【别名】 柰，频婆，柰子，平波，超凡子

【植物形态】 落叶乔木，高达 15 m。幼枝有茸毛，芽有短柔毛。叶广椭圆形至椭圆形，或卵形，长 4.5～10 cm，宽 3～5.5 cm，先端稍尖，基部阔楔形，边缘具圆钝锯齿，幼叶两面有短柔毛；叶柄长1.5～3 cm，有短柔毛。伞房花序有花 3～7 朵；花白色而带红晕；花梗长 1～2.5 cm；萼宿存，裂片三角状披针

形，较萼筒长，花梗与萼都有茸毛；花瓣5枚，倒卵形；雄蕊多数；子房下位，花柱5，下半部有短柔毛。梨果扁球形，通常约7 cm，顶部及基部皆凹陷。花期4月。果期8～10月。

【生态分布】苹果树是喜低温干燥的温带果树，要求冬无严寒、夏无酷暑的气候条件。原产欧洲及亚洲中部，栽培历史已久，全世界温带地区均有种植。中国辽宁、河北、山西、山东、陕西、甘肃、四川、云南、西藏常见栽培。适生于山坡梯田、平原矿野以及黄土丘陵等处，海拔50～2 500 m。

【历史与民俗】苹果原产欧洲中部、东南部，中亚西亚以及中国新疆。在公元前300年的欧洲，M. P. Cato已记载了苹果的品种。其后，罗马人开始栽培，并有嫁接繁殖。18世纪已利用自然杂交进行实生苗选育，逐步推广栽培。发现美洲新大陆后，欧洲移民把苹果传入美洲，在美洲又培育了不少新品种。

苹果在中国已经有2 000多年的栽培历史，相传夏禹所吃的"紫柰"就是红苹果，可见苹果在中国的历史已经很悠久了。晋朝郭义恭著《广志》中说："西方例多柰，家家收切曝干为脯，数十百斛为蓄积，谓之频婆粮。"当时已知"正月二月中，翻斧斑驳椎之，则饶子"。即类似现代的环状剥皮技术，来促使多结果。晋代中国种植苹果的技术水平已达到相当高的程度了。宋人李调元的《南海百咏抄》已有咏苹果诗云："虞翻宅里起秋风，翠叶玲珑剪未工，错认如花枝上艳，不知荚子缀猩红。"至明代，不但有"夏熟"的"素萘，朱柰、绿柰"，而且"凉州有冬柰，冬熟，子带碧色"。19世纪中叶欧洲苹果入籍中国后，就逐渐代替中国的绵苹果。

【化学成分】果实含有糖类、有机酸、果胶、蛋白质、钙、磷、钾、铁、维生素A、维生素B、维生素C和膳食纤维。有机酸含有苹果酸、酒石酸。

【加工与利用】主要利用果实。秋季果实成熟时采收，去杂，洗净备用。苹果可生食或煮熟食用，也可做成果干、果酱、果子冻等，苹果在很多甜食中都会用到。

在生食或烹制之前最好在冷水中把苹果洗净。果肉如果暴露于空气中的话会被氧化而变黑。为防止氧化，要赶快食用或根据特点用途烹制。煮苹果时可加足量的水用文火煮。为了提高速度，可以把苹果切成片状后再用微波炉加热2 min。根据苹果的种类决定是否加糖和其他种类的水果。苹果煮熟后，所含的多酚类天然抗氧化物质含量会大幅增加，能达到降低血糖、抗炎杀菌的效果。

【附注】苹果籽蕴含大量植物性荷尔蒙，能有效双向调节人体内分泌，促进细胞微循环，提高细胞活性等。然而，苹果籽中含有毒性物质氰苷。氰苷遇酸或在生物酶的作用下可水解为剧毒物质氢氰酸(HCN)。每克苹果籽中的氰苷折算为氢氰酸后约有几百微克，几乎不存在致人中毒的可能，但在日常食用苹果时，也应避免食用果核部分，但可将它加工成相应产品。

平时有胃寒症状者忌生食苹果。

269 欧苹果 *Malus sylvestris* Mill.

彩图269　英文名：Apple，Forest apple；蔷薇科

【别名】洋苹果，野苹果，森林苹果

【植物形态】落叶乔木，高至10 m。叶卵形或宽椭圆形，边缘具圆钝锯齿。花序近伞形，有花3～6朵；花梗较粗；萼筒钟状；花瓣倒卵形，粉色。梨果球形或扁球形，黄绿色，有红晕。

【生态分布】主要分布在北温带，如欧洲、亚洲和北美。现在各地已有栽培。

【历史与民俗】古埃及、古希腊和古罗马人都很喜爱苹果，苹果也有几十个品种。古印度草医师认为苹果可以治疗痢疾。几个世纪以来，中国的医师用苹果树皮治疗糖尿病。中世纪德国草药学家提出生苹果对健康的人是一种补品，而煮熟的苹果可以作为任何疾病的初期治疗。英国人也认为每天吃一个苹果就不会生病。17世纪英国草药学家尼古拉斯·卡尔佩泊提出苹果可用于"胃热燥，胸部和肺部炎症和哮喘"，煮熟的苹果与牛奶混合可治疗枪伤。美国原没有苹果，后来苹果移植到美国，苹果、苹果酒和树皮都成为了美国的民间用药。1个世纪前美国草药医师也提出了苹果的许多用途，如生苹果用

于治疗便秘,烘烤或炖熟的苹果用于治疗轻微的发热。

【化学成分】果实含果胶(可溶性纤维)、类黄酮、异黄酮等。叶含根皮素。

【加工与利用】利用部位为果实和叶。夏季采集树叶和树皮,秋季果实成熟时采收果实。成熟果实可以生食或煮熟吃。但它目前主要作为药用,果实中的果胶有抗菌(如沙门菌、葡萄球菌、大肠杆菌)、抗癌、促进肠道蠕动、降低胆固醇的作用。类黄酮、异黄酮有抗氧化等作用,可预防癌症。叶中的根皮素有抗氧化和止血、抗菌的作用。因而可有效治疗由细菌引起的痢疾;促进肠道蠕动,可治疗便秘;并可降低血液胆固醇,预防因高胆固醇引起的心脏病和中风;还可将引起癌症的物质引到结肠,从而排出体外。它所含的类黄酮能防止动脉硬化引起的心脏病;异黄酮还可防止因细胞受损导致的癌症。叶中的根皮素可用于创伤止血。

【附注】本品含有多种营养物质和生物活性成分,有抗氧化、活肤作用,可用于护肤、抗衰化妆品中。

270 蔓蜜苹果 *Mammea americana* L.

彩图 270

英文名:Mammee, Mamey, Mammee apple;藤黄科

【别名】曼密果,圣多明戈杏,热带杏,南美洲的杏,嬷嬷苹果

【植物形态】常绿乔木,高达 18 m,在外观上类似于广玉兰。树干很粗,树冠椭圆形。单叶对生或亚对生,革质,椭圆形,长约 10 cm,宽约 5 cm,深绿色;叶片相当密集。花两性或单性,花 1～3 朵簇生于小枝顶或叶腋,花芬芳,有 4 或 6 枚长椭圆形的白色花瓣,长达 4 cm。果实为浆果(虽然它常被误解为核果),圆形或近圆形,直径 10～20 cm,顶端有短尖,褐色或灰褐色,事实上,外果皮和中果皮为可食的果肉,而内果皮为硬壳,内含有 1 粒种子。果实成熟时果肉稍微软化。

【生态分布】热带、亚热带植物,原产南美,对低温敏感,它在中美洲可生长在海拔 1 000 m 地区。1529 年后被引入亚非拉各地区,如西非,特别是塞拉利昂、桑给巴尔,以及东南亚、夏威夷。在美国的夏威夷、佛罗里达发现品种独特,大概是从巴哈马引入的。

【历史与民俗】蔓蜜苹果原产于中美洲(主要是西印度群岛和巴拿马)。这是一个重要的传统食物来源和作物开发种植植物。它分散在热带美洲的大部分地方种植,通常作为防风树或街道林荫树。现在它已被介绍到了热带西非、东南亚、爪哇和菲律宾,常见于热带国家植物园和公园。

【化学成分】果实每 100 g 可食部分含碳水化合物 12.5 g、膳食纤维 3 g、脂肪 0.5 g、蛋白质 0.5 g、维生素 A 12 μg、维生素 B_1 0.02 mg、核黄素 0.04 mg、烟酸 0.4 mg、泛酸 0.103 mg、维生素 B_6 0.1 mg、叶酸 14 μg、维生素 C 14 mg,钙 11 mg、铁 0.7 mg、镁 16 mg、磷 11 mg、钾 47 mg、钠 15 mg、锌 0.1 mg。

【加工与利用】利用部位为果实。果实可生吃,味道略酸,和吃杏子一样。它可添加到水果沙拉、冰淇淋里,并可制成果汁饮料,通常是配上少许糖和酸橙汁。它还可加工成果酱、果冻、蜜饯和冰沙等。花可用来生产一种利口酒,称为克里奥尔甜酒。

【附注】在美国中部和南部,蔓蜜苹果的种子是传统药物,其粉末可用来对付寄生虫性皮肤病。破碎的种子放入热水中搅拌,可获得驱虫药液。在特立尼达和多巴哥,其磨碎的种子与朗姆酒或椰子油混合,可治疗头上的虱子和恙螨。树皮富含鞣质,也可开发利用。

271 芒果 *Mangifera indica* L.

彩图 271

英文名:Mango;漆树科

【别名】忙果,马蒙,抹猛果,莽果,望果

【植物形态】常绿大乔木，高 10～20 m；树皮灰褐色，小枝褐色，无毛。叶薄革质，常集生枝顶，叶通常为长圆形或长圆状披针形，长 12～30 cm，宽 3.5～6.5 cm，先端渐尖、长渐尖或急尖，基部楔形或近圆形，边缘皱波状，无毛，叶面略具光泽，叶柄长 2～6 cm。圆锥花序长 20～35 cm，多花密集，被灰黄色微柔毛，分枝开展；苞片披针形；花小，杂性，黄色或淡黄色；花梗长 1.5～3 mm；萼片卵状披针形，长 2.5～3 mm，外面被微柔毛；花瓣长圆形或长圆状披针形，长 3.5～4 mm，无毛；雄蕊仅 1 个发育，长约2.5 mm，花药卵圆形，不育雄蕊 3～4；子房斜卵形，径约 1.5 mm，无毛，花柱近顶生。核果大，肾形，长 5～10 cm，宽 3～4.5 cm，成熟时黄色，中果皮肉质，肥厚，鲜黄色，味甜，果核坚硬。

【生态分布】喜温暖湿润气候，不耐寒。分布于印度、孟加拉、中南半岛和马来西亚。我国产海南、云南、广西、广东、福建、台湾，生于海拔 200～1 350 m 的山坡、河谷或旷野的林中。本种世界各地已广为栽培。

【历史与民俗】芒果原产印度及马来西亚；印度栽培历史最久，产量最多。芒果的名字来源于印度南部的泰米尔语。野芒果树的果实不能食用，印度人最先发现这种树，并栽培成可吃的芒果，距今已有 4 000 多年的历史了。据传说，当时有个虔诚的信徒曾将自己的芒果园献给释迦牟尼，好让他在树荫下休息。至今，在印度的佛教和印度教的寺院里都能见到芒果树的叶、花和果的图案。印度教徒认为芒果花的五瓣代表爱神卡马德瓦的五支箭，用芒果来供奉女神萨拉斯瓦蒂。1556—1605 年期间，莫卧儿帝王阿克巴在德里附近有一个十万株芒果树的果园，在当时是世界罕见的。目前，人们一致认为，第一个把芒果介绍到印度国以外的人是中国唐朝高僧玄奘法师，在《大唐西域记》中有“庵波罗果，见珍于世”这样的记载。而后传入泰国、马来西亚、菲律宾和印度尼西亚等东南亚国家，再传到了地中海沿岸国家。直到 18 世纪后才陆续传到巴西、西印度群岛和美国佛罗里达州等地。

【化学成分】果实含有糖类（蔗糖、葡萄糖、果糖、葡聚糖、阿聚糖、聚半乳糖醛酸）、三萜酸（芒果酮酸、异芒果醇酸、阿波酮酸、阿波醇酸等）、多酚类化合物（如没食子酸、间双没食子酸、没食子鞣质、槲皮素、异槲皮苷、芒果苷、并没食子酸等），并含多种类胡萝卜素（其中 β-胡萝卜素约占 60%），其他尚有胡蝶梅黄素、维生素 B_1、核黄素、叶酸等。

【加工与利用】果实为主要利用部位。果实成熟时采集，清洗后鲜食或干燥、分离果肉和果核，果肉进一步干燥备用。成熟果实（俗称芒果）的果肉鲜吃味美，或将果肉添加到水果沙拉、冷的甜点、冰淇淋、酸奶和意面里。它通常可用于加工果汁。在亚洲，未熟的果肉被广泛使用于味道酸辣的烹饪中，可添加到炖菜、鱼菜、咖喱和素食菜中。未熟的芒果肉在亚洲和非洲用于制作酸辣酱、泡菜和辣的酱汁，很受欢迎。芒果干和干粉可用于生产辛辣调味品，用于酸化各种菜肴、卤汁和酱料。在印度，芒果种子也可食用或制成面粉，也是一个食物来源。

【附注】芒果肉水提取物对纤维芽细胞增殖有促进作用，在皮肤涂敷试验中表明有保湿作用。其 50% 乙醇提取物对金属蛋白酶 MMP-1、MMP-3 活性有抑制作用。其 80% 乙醇提取物对酪氨酸酶活性有抑制作用。其乙醇提取物对透明质酸酶活性有抑制作用。其甲醇提取物对 5α 还原酶活性有抑制作用。鲜果压榨的果汁对羟基自由基有消除作用，对脂肪过氧化有抑制作用。这些研究结果均表明它可用于美白、抗衰化妆品中。芒果籽油也可用于化妆品。芒果树皮和树叶可以提炼天然的植物染料，用于纺织品的染色。

272 木薯 *Manihot esculenta* Grantz.

彩图 272

英文名：Manioc，Cassava；大戟科

【别名】树薯，南洋薯，木番薯

【植物形态】常绿直立亚灌木，高 1.5～3 m。块根圆柱状，肉质。叶互生；叶柄长约 30 cm；叶 3～7 掌状深裂或全裂，裂片披针形至长圆状披针形，长 10～20 cm，全缘。圆锥花序顶生；花单性，雌雄同株；

花萼钟状,5裂,黄白色而带紫色;无花瓣;花盘腺体5枚;雄花具雄蕊10,2轮;雌花子房3室,花柱3,下部合生。蒴果椭圆形,长1.5 cm,有纵棱6条。种子褐色。花期4~7月,果期7~10月。

【生态分布】原产于赤道地区和南美,现分布于巴西和安第斯山脉东部。有甜味和苦味品种之分。现在世界热带地区普遍种植。中国现已广泛分布于华南地区,广东、海南和广西的栽培面积最大,福建和台湾次之,云南、贵州、四川、湖南、江西等地亦有少量栽培。

【历史与民俗】木薯可能起源于巴西和墨西哥,因为野生木薯物种都是产于墨西哥和阿根廷之间的区域。木薯是一种重要的传统主食。南美洲人用复杂的发酵方法和加热方法去除有毒的生氰苷。木薯于16世纪末传入非洲,18世纪传入亚洲。中国于19世纪20年代引种栽培,遍种于长江以南,其中以两广、福建、台湾为最。在近几个世纪,木薯已成为重要的主食(饥荒食品)和作为工业加工原料。

【化学成分】根含有氰基糖苷(苦木薯含量为0.02%~0.03%,甜木薯为0.007%)和大量淀粉。叶含氰基糖苷、酚酸、维生素、糖类、蛋白质等。

【加工与利用】主要利用根,嫩叶也作为蔬菜食用。秋季挖根,洗净,鲜用或干燥备用。夏季采集叶片,洗净,晾干备用。新鲜根去皮,像土豆一样食用。干木薯根可生产淀粉,用于制作各种食品(如粗粒小麦粉、面条或面包)。木薯片可能被添加到汤、炖菜和肉菜中。木薯淀粉颗粒的生产是很重要的,可以加工各种各样的其他产品。木薯淀粉也作为增稠剂用于烹饪,甜木薯特别流行于制作布丁牛奶甜点。

【附注】木薯作为生产饲料的原料,木薯粗粉、叶片是一种高能量的饲料成分。在发酵工业上,木薯淀粉或干片可制酒精、柠檬酸、谷氨酸、赖氨酸、木薯蛋白质、葡萄糖、果糖等,这些产品在食品、饮料、医药、纺织(染布)、造纸等方面均有重要用途。它所含氰基糖苷有较强的抗菌作用。酚酸、维生素等具有抗氧化、润肤等作用。作为药用,可用于治疗痈疽疮疡、瘀肿疼痛、外伤肿痛、疥疮、顽癣等症。木薯叶提取物抗菌力强,可用于护肤化妆品,有防治皮肤疥疮、皮癣等功效,还有助于干燥、粗糙皮肤的渗液、润滑。

木薯根毒性较大,通常需经过去皮或特别处理才能使用。

273 人心果 *Manikara zapota* (L.) P. Royen (*Achras zapota* L.)

彩图273 英文名:Sapodilla;山榄科

【别名】吴凤柿,赤铁果,奇果

【植物形态】乔木,高15~20 m(栽培者常较矮,且常呈灌木状),小枝茶褐色。叶互生,密聚于枝顶,革质,长圆形或卵状椭圆形,长6~19 cm,宽2.5~4 cm,先端急尖或钝,基部楔形,全缘或稀微波状,两面无毛,具光泽;叶柄长1.5~3 cm。花1~2朵生于枝顶叶腋,长约1 cm;花梗长2~2.5 cm;花萼外轮3裂片长圆状卵形,长6~7 mm,内轮3裂片卵形,略短,外面密被黄褐色茸毛;花冠白色,长约6~8 mm,花冠裂片卵形;能育雄蕊着生于冠管的喉部,花丝丝状,花药长卵形;退化雄蕊花瓣状;子房圆锥形,密被黄褐色茸毛;花柱圆柱形。浆果纺锤形、卵形或球形,长4 cm以上,褐色,果肉黄褐色;种子扁。花果期4~9月。

【生态分布】喜高温湿润气候和肥沃的砂质壤土,适应性较强。原产墨西哥尤卡坦州和中美洲地区,美洲热带地区、东南亚各国和印度等作商业性栽培。后被引种到美国佛罗里达州、加勒比海地区及印度、菲律宾、马来西亚、越南等国。中国主要分布于云南、广东、广西、福建、海南、台湾等地的南部和中部。福建于1900年由华侨自新加坡引入,种植于漳州、厦门等地;广东于1910年引入,分布于湛江、汕头和珠江三角洲各县市;台湾于1918年自爪哇引进,嘉义、台南、云林均有栽培。

【历史与民俗】人心果产于墨西哥和中美洲。它的果实是一种传统植物食品,在玛雅和阿兹特克文化时期,它是阿兹特克人的咀嚼口香糖,或是一种树胶的来源。在哥伦布发现美洲大陆之后,它被传播到世界其他热带地区(尤其是东南亚、印尼和美国的佛罗里达),它变成了一种小果实的水果作物。

因人心果外形长得像人的心脏，因而得名。也有人以闽南语称为“查某籽仔”。在台湾人心果也被称为“吴凤柿”。于 1918 年由爪哇引进，种于嘉义。后于嘉义、台南、云林等地均有栽培。

【化学成分】果实含有乳胶、蛋白质、脂肪、糖分、多种微量元素、氨基酸。矿质元素中的硒、钙量高居水果、蔬菜之首。种子含油 20%。果实含脂肪酸、甾醇、赤藓二醇。

【加工与利用】主要利用果实、种子。秋季果实成熟时采收，洗净，干燥备用。新鲜果实可食用，果肉有轻微的纹理，甜、柔软、芳香，味道像梨。它也可添加到水果沙拉、浓汤、冰淇淋或制作冰镇的饮料。它的乳胶曾经用作口香糖基质。

果实粉碎后，以水、乙醇等溶剂提取，提取液浓缩至干，得提取物浸膏。

【附注】树皮的乳汁为制口香糖的胶料；种仁含油达 20%，根、皮、叶均可供药用。人心果含有丰富的葡萄糖和多种维生素，对心脏病、肺病和血管硬化有辅助疗效。果实提取物还有抗氧化、皮肤保湿、促进肌肤血液循环和毛发生长等作用，可用于润肤乳、护发液等产品中。

274 竹芋 *Maranta arundinacea* L.

彩图 274　英文名：Arrowroot；竹芋科

【别名】山百合

【植物形态】多年生草本，根茎肉质，纺锤形；茎柔弱，2 歧分枝，高 0.4～1 m。叶薄，卵形或卵状披针形，长 10～20 cm，宽 4～10 cm，绿色，顶端渐尖，基部圆形，背面无毛或薄被长柔毛；叶枕长 5～10 mm，上面被长柔毛；无柄或具短柄；叶舌圆形。总状花序顶生，长 15～20 cm，疏散，有花数朵，苞片线状披针形，内卷，长 3～4 cm；花小，白色，小花梗长约 1 cm。萼片狭披针形，长 1.2～1.4 cm；花冠管长 1.3 cm，基部扩大；裂片长 8～10 mm；外轮的 2 枚退化雄蕊倒卵形，长约 1 cm，先端凹入，内轮的长仅及外轮的一半；子房无毛或稍被长柔毛。果长圆形，长约 7 mm。花期夏秋。

【生态分布】原产美洲热带和加勒比海群岛，在圣文森特岛多有栽培。性喜高温多湿的半阴环境，畏寒冷，忌强光。目前有许多品种作为花卉在各地栽培。我国广东、海南、广西、云南等地常见栽培。

【历史与民俗】竹芋产自中、南美洲及西印度群岛的热带地区。竹芋属的学名 *Maranta* 得名于 16 世纪意大利的物理学家及植物学家 Bartolomeo Maranta。

【化学成分】根茎含淀粉 19.4%、蛋白质 0.2%、脂肪、色氨酸。淀粉主要含中性淀粉，几乎没有纤维。

【加工与利用】主要采用根茎。竹芋栽培后 10～11 个月即可采挖根茎，除去茎叶、泥土，洗净，鲜用或晾干备用。竹芋加工制成的粉几乎全是淀粉，不含维生素，蛋白质含量仅 0.2%。它可用于做汤、调味汁、布丁和尾食点心的增稠剂。加水煮沸成透明、无臭的可口糊状物。竹芋粉质细，与其他淀粉相比，可以在较低温度和较短时间的条件下烹调，又易消化，特别适合做不能煮过头的牛奶蛋糊等蛋品，也适宜制作淡味、低盐和低蛋白的食物。

竹芋根茎提取物有弱的抑菌作用和缓和作用。有清肺，利尿功效。可用于肺热咳嗽、小便赤痛。

【附注】竹芋淀粉主要为中性淀粉，洁白细腻，还可用作化妆品扑粉的基质。其糊化后黏度高，可作为化妆品的增稠剂，可减轻对皮肤的刺激。

275 母菊 *Matricaria recutita* L.（*M. chamomilla* L.）

彩图 275　英文名：Mayweed，German chamomile，Blue chamomile；菊科

【别名】德国洋甘菊，德国春黄菊，蓝甘菊，野生洋甘菊，匈牙利洋甘菊

【植物形态】一年生草本,全株无毛。茎高30~40 cm,有沟纹,上部多分枝。下部叶矩圆形或倒披针形,长3~4 cm,宽1.5~2 cm,二回羽状全裂,无柄,基部稍扩大,裂片条形,顶端具短尖头。上部叶卵形或长卵形。头状花序异型,直径1~1.5 cm,在茎枝顶端排成伞房状,花序梗长3~6 cm;总苞片2层,苍绿色,顶端钝,边缘白色宽膜质,全缘;花托长圆锥状,中空。舌状花1列,舌片白色,反折,长约6 mm,宽2.5~3 mm;管状花多数,花冠黄色,长约1.5 mm,中部以上扩大,冠檐5裂。瘦果小,长0.8~1 mm,宽约0.3 mm,淡绿褐色,侧扁,略弯,顶端斜截形,背面圆形凸起,腹面及两侧有5条白色细肋,无冠状冠毛。花果期5~7月。

【生态分布】分布于欧亚大陆北部和西部。喜光,喜温暖干爽气候,既耐寒,又较耐热。我国新疆北部和西部有分布,生于河谷旷野、田边。以肥沃、疏松、排水良好的砂质壤土为最好,忌积水。母菊(德国洋甘菊)在德国、匈牙利及东欧各国均有栽培。目前,我国只有少量栽培。

【历史与民俗】母菊(德国洋甘菊)在早期的斯堪的纳维亚文化中,和罗马洋甘菊(*Anthemis nobilis*)联系在一起。在欧洲,公元1世纪时人们将它作为药物,用途与罗马洋甘菊相同,并发现母菊具有显著的杀菌消炎作用,用于治疗消化不良、膀胱炎、小孩疾病等。母菊在我国何时入药、入食,尚未见明确记载。其入食主要是作茶饮。过去产地民间虽有将其花序作清热去火之茶饮者,但尚不多。到20世纪90年代后期方多起来。如今,每逢夏季,在一些菜市场、药店均有多种干花保健饮品出售,其中即有母菊。此花形美色艳,开水冲泡后汤清味甘,与茶同泡,汤味尤佳。现在,母菊在美国也被有关专家推荐为"100种热门药草"之一。

【化学成分】全草和花含挥发油,全草含0.46%~0.67%。油中含薁类成分兰香油薁及其前身物原薁,还含金合欢烯、α-甜没药萜醇、甜没药萜醇氧化物-A及愈创内酯类、愈创木薁、母菊素、母菊酮素、芸香苷、金丝桃苷等黄酮类。

母菊花还含胆碱(约0.32%)、芹菜素-7-葡萄糖苷、万寿菊苷、木犀草素-7-葡萄糖苷、槲皮黄苷等多种黄酮类。花中还含黏液质,由半乳糖醛酸、半乳糖、木糖、阿拉伯糖、葡萄糖、鼠李糖等组成。

【加工与利用】利用部位主要为花蕾和初开的花。当舌状花开展时,即可采摘。采摘时,宜在晴天上午露水干后进行。采收后的花朵,摊开晒干或在60 ℃以下的低温干燥机中烘干。母菊为药食兼用草本植物。我国民间早有将其花序作清热去火之茶饮者。中国传统医药学认为,母菊全草和花序性味甘,平,入肺、脾二经,有驱风解表之功,可治感冒、风湿疼痛等症。古埃及人早已将母菊作为常用草药之一。欧洲人从17世纪起已将母菊作为治疗失眠、神经痛、背痛和风湿痛的草药。美国有关专家也认为,母菊可帮助消化;还是天然镇静剂,可减轻压力,对身体有松弛作用;可治疗风湿病,消除背痛,缓解皮肤过敏症状,养护晒伤的肌肤;用母菊汁漱口,可减轻牙痛;加在洗发精里面,可为头发增添亮丽的光泽;将其浸膏加进洗澡水中,还可治疗痔疮;母菊也是天然安眠剂,睡前喝一杯母菊茶则可安然入睡。

【附注】母菊花色艳丽,是良好的观赏植物,各地有栽培。全草还含有大量的维生素A和维生素C,可用于制取维生素。

276 苜蓿 *Medicago sativa* L.

彩图276　英文名:Alfalfa, Lucerne;豆科

【别名】苜蓿,紫花苜蓿,蓿草

【植物形态】多年生宿根草本。主根长达2~5 m。根茎发达;茎高30~100 cm,直立或匍匐,光滑,多分枝。3出复叶,小叶片倒卵状长圆形,长2~2.5 cm,仅上部尖端有锯齿;小叶顶端有中肋突出;叶柄长而平滑;托叶大。花梗由叶腋抽出,花有短柄;8~25朵形成簇状的总状花序;萼钟状,有5齿;花冠蝶形,紫色。荚果螺旋形,2~3绕不等,稍有毛,黑褐色,不开裂。种子1~8粒,肾形,黄褐色,很小。花期5~6月。

【生态分布】喜温暖、半干旱气候，抗旱能力强，不耐水淹，在年降水量 200～800 mm，无霜期 100 d 以上地区均能生长良好。原产于亚洲、欧洲和北美，生于草地、开阔地和耕地。在温带地区种植作为饲料作物。我国东北、华北、西北、内蒙古各地均有栽培。长江、淮河流域也有少量栽培。

【历史与民俗】苜蓿，又名紫(花)苜蓿，系豆科多年生牧草，以“牧草之王”著称，产量高，草质优良，多种畜禽均喜食。原产于伊朗高原，希波战争期间从中亚传入希腊。汉代张骞通西域时，苜蓿开始传入中国内地。《史记·大宛列传》载，大宛“马嗜苜蓿。汉使取其实来，于是天子始种苜蓿、蒲陶肥饶地。及天马多，外国使来众，则离宫别观旁尽种葡萄、苜蓿极望”。苜蓿主要在北方黄河流域种植，唐代时分布已经较为广泛。苜蓿最主要的用途是作为牲畜的饲料，鲜草干草皆可；还被当作蔬菜和酿酒的原料，明代李时珍把苜蓿归入菜部，并说其荚果“内有米如穄米，可为饭，亦可酿酒”；苜蓿还可入药，有清解胃热、利尿除湿等功效。近代以前，西北、华北地区几乎家家户户均有种植。目前，苜蓿广泛分布于中国的西北、华北、东北地区和江淮流域。

【化学成分】茎叶含蛋白质、脂肪、碳水化合物、维生素、矿物质，以及大豆黄酮、皂苷。地上部分含异黄酮、香豆素、生物碱、维生素和卟啉。种子含水苏碱和高水苏碱。

【加工与利用】嫩茎叶为利用部位，种子也可食用。茎叶每年可收割 3～4 次，去杂，清洗，切段，鲜用或干燥备用。紫花苜蓿芽(嫩茎叶)被广泛用作新鲜蔬菜吃，可作为沙拉原料。其豆芽可以添加到汤、炖菜、鸡蛋菜肴和三明治中，作为营养配菜食用。但食用种子在某种程度上应避免过量。干的和老的叶子可以作为膳食补充剂，其含有大量矿物质和维生素。

【附注】紫花苜蓿在欧亚大陆和世界各国广泛种植，主要作为饲料与牧草。紫花苜蓿中的碳水化合物主要以糖类、淀粉、纤维素、半纤维素、木质素为主，是一类重要的能量营养素，在动物日粮中占有相当大的比例。紫苜蓿草中的维生素种类多、品种齐全，特别是含有大量的类胡萝卜素和叶黄素，能够改善鱼类及畜禽产品的色泽，提高其商品性能。在南美白对虾饲料中添加苜蓿提取物改善其体色，苜蓿提取物在着色效果上优于合成色素。在饲粮中苜蓿草粉能明显提高蛋的品质和蛋黄的着色度。苜蓿中的矿物质元素能够促进动物的生长、改善动物产品品质、提高动物的免疫机能等。

紫苜蓿提取物有雌激素样作用，对因雄性激素偏高而引起的脱发等有防治作用，可用于护发产品。本品在化妆品中还可作为抗菌剂、抗炎剂、皮肤保湿剂、抗衰剂使用。本品含有丰富的叶绿素，为口气清新剂的活性成分之一，也可用于含漱液抑制口臭等。

277 互生叶白千层 *Melaleuca alternifolia* (Maiden & Betche) Cheel

彩图 277　英文名：Tea tree；桃金娘科

【别名】茶树

【植物形态】常绿乔木，高 7 m，树皮白色，呈纸片状剥落。叶长条形，长 10～25 cm，宽 0.5～6 cm，先端尖，全缘，颜色从深绿到灰绿，揉碎后有强烈芳香气味。穗状花序，着生于小枝上，花白色；萼筒卵形，外面被毛，裂片 5；花瓣 5；雄蕊多数，合生成 5 束，与花瓣对生；子房下位。蒴果顶部 3 裂，杯状，直径约 5 mm，顶端截形。

【生态分布】喜温暖湿润气候，原产澳大利亚，目前在新南威尔士州及昆士兰州的潮湿地区栽培最多；夏季以扦插繁殖。我国广东、海南、广西、云南有引种。

【历史与民俗】澳大利亚土著人很早就识别出了茶树的性能。当地土著人将它的叶子用于治疗伤口的感染。1927 年茶树流传到了欧洲，很快人们就发现了它突出的防腐功能。事实上，英国人效仿了土著人的使用方法，也发现了它叶子的药效，但当时在医疗上还没有使用。第二次世界大战期间，在热带地区，茶树精油已被装进了药箱子里。在军需品工厂里也有，将它用于治疗皮肤病。它在内科和牙科手术中也得到广泛使用，在肥皂、除臭剂、抗感染剂和空气清新剂中也都有广泛使用。

本品为澳大利亚土著民族的传统草药，中世纪时人们将它视为希望的象征，用于治疗多种疾病。欧洲人传统将它用于治疗肾脏和膀胱结石，并作为利尿剂。19 世纪爱尔兰医生首先将其用于治疗心脏和循环系统疾病。目前，已广泛被应用，特别是用于心绞痛。

【化学成分】 枝叶含挥发油、黄酮（芦丁、槲皮素）、三萜、原花青素、香豆素和胺类，还含维生素、鞣质等。

【加工与利用】 采用叶和小枝。小枝和叶全年可采，洗净，鲜用；适当细碎后，以水蒸气蒸馏方法提取挥发油；以水、乙醇等溶剂提取，提取液浓缩至干，得提取物浸膏。茶树精油的香气强烈而带点药味，也有点杜松和丝柏精油样的香味。这种香气具有清凉和醒脑的功效。茶树精油有强烈的杀菌作用和兴奋功效，可作为杀菌剂、防腐剂、抗发炎剂、抗病毒剂、抗真菌剂、兴奋剂、止痛剂、体外驱虫剂、免疫刺激剂等。花枝和果实的酊剂为常用制剂。花枝煎剂用于循环系统疾病，花枝粉末丸剂适宜于长期服用。花枝或叶的浸剂用于维持血压正常状态。

枝叶提取物具有抗菌、抗氧化、促进血液循环、柔肤等作用。互生叶白千层叶 90% 乙醇提取物对蛋氨酸酶活性有抑制作用；其精油对试验药物经皮肤渗透有促进作用。互生叶白千层提取物含有精油，在化妆品中有促进皮肤渗透的作用，使许多活性成分快速渗透于皮下，使皮肤感到润泽、舒适，常作为助渗剂使用。同时，提取物芳香，有抗菌、抑臭功能，可用于含漱液，可防治口臭、口腔感染。

茶树油作为天然的芳香剂、抗菌剂、防腐剂正在广泛应用于日化、制药、食品、芳疗等行业。

【附注】 白千层属植物，除互生叶白千层（*M. alternifolia*）外，可用于提取精油（茶树油）的植物还有白千层（*M. leucadendron*）、绿花白千层（*M. viridiflora*）、白油树（*M. quinqunervia*）、石楠叶白千层（*M. ericifolia*）、苞鳞白千层（*M. bracteata*）等。

278 香蜂花 *Melissa officinalis* L.

彩图 278

英文名：Bee balm，Lemon balm，Sweet balm；唇形科

【别名】 蜜蜂草，香蜂草

【植物形态】 多年生草本，高 50～120 cm，根茎多分枝。茎直立，四方形，多分枝，具腺毛，略带紫色。单叶对生；叶片纸质，卵形或卵状心形，长 3～4.5 cm，宽 1.5～3 cm，边缘有钝锯齿，被腺毛和柔毛，具柠檬香气；叶柄，茎下部叶较长，上部叶渐短。轮伞花序，腋生，具花 3～5 朵，在枝上部成为穗状；苞片线形或线状披针形；萼长钟形，2 唇形，上唇 3 齿，下唇 2 齿；花冠白色或玫瑰色，弯曲，2 唇形，上唇直立，凹入，下唇扩展，3 裂，内疏生白毛；雄蕊 4 枚；花柱短，2 裂。小坚果卵形，栗褐色，平滑。花期 6～8 月，果期 8～9 月。

【生态分布】 原产南欧、西亚和北非。喜光、喜温和干爽气候。原产地年平均气温 14～16 ℃，年降水量 350～700 mm。较耐寒，耐旱，耐轻度盐碱，对土壤要求不严；怕涝，适生于排水良好的缓坡地带。在黑海、地中海沿岸国家及中欧各国海拔 600～1 000 m 地区有栽培。我国新疆、甘肃等地有种植，以宿根越冬。现世界各地广泛栽培。

【历史与民俗】 香蜂草在欧洲及地中海、黑海地区民间应用已有 2 000 年以上的历史。传说香蜂花的花蜜十分甜美，就像上帝饮用的甘露一样。瑞士著名的医生 Paracelsus 称香蜂花为“长生不老药”，因为它对心脏有镇静的作用。香蜂草有恢复体力的作用，所以也被称作“万能的药”。这种植物长久以来被药用，在中东地区被用作强心剂。

俄罗斯、乌克兰等国将香蜂花用于健胃、助消化；煎剂用于治疗心前区痛，还能平喘、降血压；酊剂外用治疗关节炎。

【化学成分】 含精油（2%）（主要有柠檬醛、氧化石竹烯、芳樟醇、香茅醇等）、黄酮、三萜、多酚和鞣质。

【加工与利用】利用部位为鲜或干的叶。夏秋季开花前采收，鲜用或干燥后备用。以水蒸气蒸馏方法提取挥发油(精油)。以水、乙醇等溶剂提取，提取液浓缩至干，得提取物浸膏。新鲜叶片芳香，有柠檬味，常用于沙拉、水果沙拉、甜点、牛奶布丁、汤、酱汁和馅料。它是理想的草药，可用于炒鸡蛋、鸡蛋饼、炖菜、白肉类和鱼类，以及猪肉菜和煮熟的蔬菜。叶通常还用于草药茶、一些煎药、果汁饮料和自制柠檬利口酒。芳香的鲜花蒸馏液可用于各种香水柠檬饮料和利口酒，并使其变成黄绿色。

本品一直被用作提神的补药。传统习惯用于增强精力、延长寿命、治疗创伤、弛缓心脏、治疗心悸和牙痛。近代用于安神，治疗焦虑、急躁、烦躁不安、神经紧张引起的心悸，焦虑引起的消化不良、食欲不振以及恶心、胀气和腹痛，还用于治疗高热性疱疹，可减少其病情的发展。挥发油中的柠檬醛和香茅醇有镇静和抗痉挛的作用。多酚类可抗病毒，尤其是能抵抗导致唇疱疹的单纯性疱疹病毒。本品还具有弛缓、解痉、抗菌、祛螨等作用。

【附注】香蜂花精油可用于配制化妆品香料。香蜂花提取物对套膜蛋白生成、紧密连接蛋白生成等有促进，有活肤作用，结合它的抗氧性、保湿性，可用于抗衰化妆品。本品还有较强的抗病毒能力，在化妆品中可防治高热性疱疹和其他皮肤疾患。

279 薄荷 *Mentha haplocalyx* Briq.（*Mentha arvensis* L.）

彩图 279

英文名：Field mint，Corn mint，Japanese mint；唇形科

【别名】野薄荷，亚洲薄荷，鱼香草，见肿消，水薄荷

【植物形态】多年生草本，高 60～100 cm，具匍匐的根状茎。茎方柱形；直立，下部可卧地生根。叶对生，长圆状披针形至椭圆形，叶色鲜绿至暗绿，被茸毛。轮伞花序腋生，花萼筒状钟形，萼齿 5；花冠淡紫色，裂片 4；雄蕊 4，伸出花冠外（有的品种不伸出），柱头 2 裂。小坚果卵球形，黄褐色。花果期 7～9 月。

【生态分布】薄荷原产中国，分布于海拔 3 500 m 以下的潮湿谷地。喜温暖湿润气候，喜潮湿，抗涝能力较强，喜光。对土壤要求不严，但以含腐殖质的壤土为最好。中国栽培薄荷的主要产区为华东地区，包括台湾。薄荷油产量居世界前茅。国外栽培薄荷的国家有巴西、巴拉圭、印度、日本、阿根廷、澳大利亚等国。

【历史与民俗】中国民间很早就有采集野生薄荷嫩叶作蔬菜食用的习惯，亦将薄荷叶晒干药用或泡茶喝，有祛风、消炎、镇痛、健胃的功效。薄荷之名首见于《药性论》（距今约千年），南北朝《雷公炮炙论》（公元 470 年）对薄荷的药性有记载。苏恭（公元 599—674 年）云："茎叶似荏而尖长，根经冬不死。又有蔓生者，功用相似。"李时珍《本草纲目》有较详细记载。

【化学成分】茎叶、花蕾含挥发油[主要为薄荷酮 5.68%～12.42%、薄荷醇（脑）70.87%～83.40%；还有胡薄荷酮、乙酸薄荷酯等]，以及苦味质和鞣质。

【加工与利用】主要利用鲜叶或精油。夏季开花时采收，干燥保存、备用。薄荷的阴干茎叶经水蒸气蒸馏而得薄荷精油。薄荷具有医用和食用双重功能，主要食用部位为茎和叶，也可榨汁服用。在食用上，薄荷既可作为调味剂，又可作香料，如薄荷粥、薄荷豆腐、薄荷鸡丝、薄荷糕、鲜薄荷鲫鱼汤等；薄荷还可配酒、冲茶等。薄荷在泰国、马来西亚、日本和印度也是菜肴中的一种常见成分，如新鲜的薄荷叶子被添加到泰国沙拉和用于装饰许多印度菜。在马来西亚，有些厨师喜欢使用薄荷作为辣面条汤的主要成分，并称为辣味米粉汤。叶子含有薄荷醇 60% 左右，在许多食品里，薄荷醇可显示典型的薄荷味道和"冷却"的感觉。

亚洲薄荷（包括原油和素油）有祛风、消炎、镇痛、健胃、杀菌的功效。还有抗痉挛、收敛、抗病毒、利胆、调经、化痰、助消化、利尿、兴奋、退烧、驱虫、发汗等作用。薄荷地上部分供药用，有散风热、清头目的功效。用于风热感冒、风温初起、头痛、目赤、喉痹、口疮、风疹、麻疹、胸胁胀闷。

薄荷油产品多，用途广。适合用来治疗擦伤、挫伤、扭伤、肿胀、神经痛、肌肉疼痛、皮肤湿疹、皮肤疖疮等。亦可用于减轻伤风、流行性感冒、头痛头晕、发热、偏头痛及精神萎靡等症状。此外，也可用于胃痛、咳嗽以及耳、咽喉、口腔、牙齿等诸多疾病。

【附注】 薄荷精油可能会刺激皮肤，但较低浓度可用于某些化妆品中。薄荷地上部分提取物可作为抗菌剂、抗炎剂、抗氧剂、防皮肤晒黑剂、血管增强剂、皮肤保湿剂等用于不同产品。还可用于含漱液以清洁口腔。

280 欧薄荷 *Mentha longifolia* (L.) Hudson

彩图 280

英文名：Horse mint；唇形科

【别名】 马薄荷，荷兰薄荷

【植物形态】 多年生草本，高达 100 cm；植株各部被具节的柔毛。茎直立，极分枝，锐四棱形，带白色，具条纹。叶无柄或下部叶具短柄，卵圆形至长圆状披针形，长 6 cm，宽 1.5 cm，先端锐尖，基部圆形至浅心形，边缘具粗大而不整齐的锯齿状牙齿，上面暗绿或深绿色，下面为绿色。轮伞花序在茎及分枝顶端集合组成圆柱形的穗状花序；苞叶类似苞片，线状钻形，除下部苞叶外均短于轮伞花序；花梗 2 mm。花萼钟形，长约 2 mm，5 脉，萼齿 5，果时靠合，近等于萼筒，长约 1 mm。花冠淡紫色，长 2 mm，冠筒向上渐扩大，与唇片等长，长 2 mm，上裂片长圆状卵形，先端微凹，其余 3 裂片长圆形，较狭，先端钝。雄蕊 4，伸出，花药卵圆形，2 室。花柱超出花冠很多；花盘平顶；子房无毛。花期 7～9 月。

【生态分布】 喜气候温和、阳光充足，生于土壤湿润、土质疏松肥沃、排水良好的地方。原产欧洲，但亚洲西部、中部及非洲（不热地区）也有。我国上海及南京有栽培。

【历史与民俗】 欧薄荷在欧洲各地作芳香及药用植物已有悠久的历史，如卡尔佩珀（1653 年）的草药著作中指出，"这是温暖胃肠，帮助驱除邪恶的良药，将它煎水饮用可以润喉，清除口腔恶臭和牙齿腐败。用于清洗头部，可防头皮屑"。

【化学成分】 花序及叶的出油率为 0.23%～1.1%，油的成分主要为胡薄荷醇（约含 40%）、薄荷脑及薄荷酮。

【加工与利用】 利用鲜的或干的茎叶提取精油。春末开花时采收，鲜用或晾干后备用。本种类型极多，欧洲各地作芳香及药用植物广为栽培。茎叶常作为润喉茶饮用，具有健胃、除臭、护齿等功效。在烹饪上，它既可作为调味剂，又可作香料，如做粥、烹饪鸡丝、肉丝、鲜鱼等菜肴。

【附注】 欧薄荷精油在制药、食品工业中也有广泛用途。

281 辣薄荷 *Mentha piperita* L.

彩图 281

英文名：Peppermint；唇形科

【别名】 欧洲薄荷，椒样薄荷

【植物形态】 多年生草本，有强烈的芳香气味；茎方柱形，直立，淡绿色至紫色，高至 80 cm，无毛。叶对生，叶柄长 0.5～1 cm；叶片披针形至卵状披针形，长 2.2～3.5 cm，宽 1～1.8 cm，先端急尖，基部近圆形或楔形，叶缘具细锯齿，叶两面均被腺鳞及疏被毛茸，上面绿色，下面淡绿色。轮伞花序聚合成穗状，长 3～7 cm，直径达 1.4 cm，顶生于茎或分枝顶端；苞叶与叶相似；花梗长 1～2 mm；花萼筒长约2 mm，萼齿 5，披针形；花冠白色或淡紫色，长约 3.5 mm，近无毛，花冠 4 裂，上唇先端 2 裂，较大，下唇 3，近等大；雄蕊 4，通常不伸出花冠筒外，花药紫色；花柱伸出花冠外，柱头 2 浅裂。花期 7

月，果期 8 月。

【生态分布】喜温暖气候，适应性较强。原产欧洲。埃及，印度，南、北美有引进。我国南京、北京有栽培。现广泛栽培于欧洲、亚洲和北美。

【历史与民俗】古埃及人、古希腊人和古罗马人很久以前就开始利用辣薄荷。古罗马人在盛大节日都会将辣薄荷戴在头上，他们认为辣薄荷具有去毒的功效。他们也将辣薄荷加进葡萄酒中。

在希伯来时期，辣薄荷是传统的香味成分，据说是因为辣薄荷具有壮阳的作用。但是，直到 1750 年在英国才开始商业种植辣薄荷。辣薄荷在美国最先种植是在 1855 年，美国的印第安那州、纽约州、俄亥俄州相继栽培。

【化学成分】地上部分含有精油(0.5%～4.0%)、黄酮(木犀草素)、薄荷苷、酚酸和三萜等。精油中主要成分有薄荷脑(35%～55%)、薄荷酮(10%～40%)等。

【加工与利用】利用鲜的或干的茎叶提取精油。春末开花前采收叶片及茎叶，鲜用或晾干后备用。辣薄荷是众所周知的对嘴和喉咙有"冷却"感觉的食物，是因为它含有的高含量的薄荷醇与口腔黏膜交互作用的结果。辣薄荷药草和精油是非常受欢迎的香料，广泛用于糖果(巧克力、薄荷糖)、甜点菜肴(果冻、布丁、冰淇淋)、甜食(蛋糕、馅饼、挞)和饮料(如薄荷甜酒)。辣薄荷叶子可以用于烹饪，但留兰香的叶通常是首选，因为它有不同的味道。

辣薄荷的主要作用是祛风、缓解肌肉痉挛、发汗、促进胆汁分泌、杀菌(精油具有强力杀菌作用)。薄荷脑有杀菌、清凉和麻醉作用，但有刺激性。全草对消化器官有解痉和消炎作用。可治疗过敏性便秘综合征，可增强消化液和胆汁的活动，放松肠肌，缓和急腹痛、绞痛和胀气，放松结肠以及治疗结肠痉挛引起的便秘。

【附注】本品外用于缓解皮肤过敏和疼痛，缓解由于消化系统疾病引起的偏头痛。吸入或在胸部外擦稀释的精油，可缓解呼吸道感染。2%精油稀释液轻涂太阳穴可治疗头痛。辣薄荷精油可有选择性地用作化妆品香精配料。辣薄荷提取物对胰蛋白酶、血纤维蛋白溶酶有抑制作用，对皮层弹性蛋白纤维有保护，可减缓皮肤皱纹的产生，结合其抗氧性，可用于抗衰化妆品。提取物还可缓解皮肤过敏和疼痛，可用于护肤产品。注意：5 岁以下儿童不要使用。无医生指导，精油不可内服。

282 留兰香 *Mentha spicata* L.

彩图 282　英文名：Spearmint；唇形科

【别名】绿薄荷，荷兰薄荷，香花菜，香薄荷，青薄荷

【植物形态】多年生草本，茎方柱形，直立，高 40～130 cm，无毛或近无毛。叶对生，具短柄，叶片卵状矩圆形或矩圆状披针形，长 3～7 cm，宽 1～2 cm，上面绿色，叶脉多少下陷，下面灰绿色，脉上带白色而明显隆起，两面无毛或近无毛。轮伞花序聚生于茎及分枝顶端，组成长 4～10 cm 的、间断的、圆柱形穗状花序；小苞片条形，长于花萼，无毛；花萼钟状，长 2 mm，外面无毛，具腺点，脉 5，萼齿 5，三角状披针形，长约 1 mm；花冠淡紫色，长 4 mm，无毛，裂片 4，近等大，上裂片微凹；雄蕊 4，柱头 2 分叉，雄蕊和花柱均伸出花冠外。小坚果卵球形。花果期 6～7 月。

【生态分布】原产欧洲南部，喜光，在整个生长期中要求有充足的阳光；以含腐殖质的砂质土、冲积土的壤土为最好。现在美国、印度、英国、荷兰、匈牙利、澳大利亚、日本、俄罗斯、意大利、巴西、法国、南非等都有栽培。中国河南、河北、江苏、浙江、广东、广西、四川、贵州、云南等地有栽培或逸为野生，新疆有野生。

【历史与民俗】留兰香是历史悠久的薄荷种类。它的清凉薄荷味和甜香气在欧洲民间很早就受到重视。古希腊人把留兰香视为滋补剂和芳香剂，大量用于泡澡的水中。它有治疗性病如淋病的声誉，同时也享有催情的名气。罗马人将它引进英国以后，当地人主要是用它来防止牛奶变酸、结块。但到中世

纪时，留兰香成了口腔卫生的代表药物，它被用来治疗牙龈疼痛及美白牙齿。

【化学成分】茎、叶及花蕾含有精油(鲜料含 0.3%～0.5%)、有机酸和黄酮等。我国产留兰香精油主要化学成分为左旋香芹酮(l-carvone，45%～65%)，其他成分有 α-蒎烯、β-蒎烯、月桂烯、水芹烯、苧烯、1,8-桉叶素等。据报道，欧洲产的留兰香精油主要成分为香芹酮和二氢香芹醇(67.6%)等。

【加工与利用】利用鲜的或干的茎叶提取精油。初花期，选择晴天采收地上部分，除去杂质，洗净，鲜用或干燥后备用。以水蒸气蒸馏而得唇萼薄荷精油。以水、乙醇等溶剂提取，提取液浓缩至干，得提取物浸膏。留兰香薄荷酱在英格兰传统上是烤羊腿的必备调料。留兰香制作的药草添加风味的酱料被广泛用作烹饪菜肴、沙拉和蔬菜(特别是豌豆和煮土豆)。通常也添加到肉类菜肴和炖菜里。它有时被用来调制风味茶或薄荷茶；即在其中加入新鲜或干的叶片，再加蜂蜜和一片柠檬，热饮、冷饮均可。在美国南部地区，薄荷朱利酒很流行，它是在一个高大的玻璃杯里制成的鸡尾酒，其中有薄荷叶子、碎冰、糖和波旁威士忌。

留兰香无毒，具有发汗、退热、祛风、止痒等功效。本品内服通过兴奋中枢神经系统使皮肤毛细血管扩张，促进汗腺分泌，增加散热，而起到发汗、解热作用；留兰香油能抑制胃肠平滑肌收缩，能对抗乙酸胆碱而呈现解痉作用；还有抗菌、消炎等作用。因而有助于解决消化方面的问题，例如呕吐、胀气、便秘与腹泻。有助于减轻旅途劳顿以及晕车的一些症状。可作为消化器官的滋补剂和开胃剂。留兰香精油也能缓解尿潴留，明显消除肾结石，对生殖系统也有一些效果，诸如消退乳房胀奶和发硬，也能改善经血过量及白带异常的现象。分娩时，还能帮助生产顺利。

【附注】留兰香精油香气好，可用于化妆品香料调配原料。它还可用于含漱液，能抑制口臭和牙龈疼痛。留兰香提取物对血纤维蛋白溶酶活性、胰蛋白酶活性的抑制可减缓弹性蛋白的降解，对皮层弹性蛋白纤维有保护作用，因而可减缓皮肤皱纹的产生，结合其抗氧性，可用于抗衰化妆品。提取物还是良好的抗炎剂、抗过敏剂和保湿剂。留兰香精油在制药、食品工业中还有广泛用途。

283 欧山楂 *Mespilus germanica* L.

彩图 283　英文名：Medlar，Common medlar；蔷薇科

【别名】欧楂，欧楂果，西洋山楂，德国山楂

【植物形态】落叶乔木，高达 8 m。树皮灰黑色，平滑或微浅裂。小枝褐色至灰褐色，常被灰色密毛。叶片长椭圆形，长 10～18 cm，宽 3～5 cm，先端尖或钝，基部圆形或楔形，叶缘有不规则的细锯齿；羽状叶脉，上面暗绿色，微被毛，下面灰绿色，密被灰白色短茸毛；叶柄粗，被毛；托叶早落。花单生或2～3 朵集生于新枝顶；花径 3～4 cm，梗极短；萼筒钟形，萼片细长，达 2.5 cm，外被密毛；花瓣宽倒卵形，径约 1 cm，白色；雄蕊 30～40，花丝略短于花瓣，花药紫红花；花柱 5，离生。果倒卵状半圆形，径 2～3 cm，微具 3～5 棱，基部少短窄，顶部宽阔，中央有一个凹坑，熟时暗橙色，宿存萼片薄而长。花期 4 月；果熟期 9～10 月。

【生态分布】要求夏季温暖，冬季温和，喜欢阳光、干燥和微酸性土壤。主要分布在欧洲南部，通常是罕见的。据报道在英格兰东南部的一些森林和一些花园中有种植。

【历史与民俗】欧山楂原产欧洲东南部和中亚。它在里海北部地区，大约 3 000 年前就已经有栽培。据介绍，大约在公元前 700 年的希腊、约公元前 200 年的罗马就有欧山楂的栽培。它是罗马和中世纪时代的重要水果植物。然而在第 17 和第 18 世纪它已被其他水果取代了。后来早期定居者把它介绍到北美。不过欧山楂目前在北美和欧洲的大部分地区也只有小规模种植。

【化学成分】成熟果实含有糖(10%以上)、少量蛋白质、脂肪、维生素，还有鞣质(主要是丹宁)、有机酸。

【加工与利用】果实为主要利用部位。秋季果实成熟时采收，去杂，洗净，一般鲜用。欧山楂主要用

于制造高质量的果冻，也可以制成美味的蜜饯。它有酸的、酒一样的味道，可以生吃。但更多的是将它美味的果汁制成饮料。

果实有补脾、健胃、消积活血化瘀功效。

【附注】本种一般用嫁接繁殖，亲和力强，用山楂实生苗作砧木，虽不是同属植物，但嫁接后极易成活，可作为培育和改良山楂品种的原始材料。

284 西谷椰子 *Metroxylon sagu* Rottb.

彩图 284　英文名：True sago palm；棕榈科

【别名】莎木，沙孤

【植物形态】常绿乔木。茎干单生，高达 10～20 m，由茎基部生多数萌芽，幼时包围叶柄之叶鞘生有硬刺，亦有渐次生长而失去者，故可分为“有刺”及“无刺”2 种。叶子很长，约有 3～6 m，每叶有 100～200 片小叶，复叶簇生于干顶，叶片绿色，颇似椰子，叶柄较粗大，上凹下凸，下脊部着生长刺，多 3 根一组簇生。圆锥花序硕大、顶生，着生多数淡红色花，雌雄同株。为黄褐色有光泽之鳞被所包，果实大如李子。

【生态分布】热带植物，性喜高温高湿、阳光充足的生长环境，不耐寒，生长适温 24～30 ℃，对土壤要求不严，但以疏松肥沃、排水良好的壤土生长良好。原产于印度尼西亚的摩鹿加群岛与巴布亚新几内亚群岛。世界各热带地区有引种。

【历史与民俗】在印尼和马来西亚的沼泽地区生长着西谷椰子。几个世纪以来西谷椰子已经被当地居民利用作为淀粉食物来源。为了及时地收获大自然赐给人类的食粮，当地人未等西谷椰子树开花就把它砍倒，刮取树干内的淀粉。自古以来，它的淀粉一直是当地土著居民的重要食粮。

【化学成分】西谷椰子含有 80%～85% 的淀粉，蛋白质和其他营养物质仅少量存在。

【加工与利用】西谷椰子的树干粗直，含有大量淀粉。一般西谷椰子树的寿命为 20 年，开花后就死去。人们在它即将开花之前，砍倒树干，去掉枝叶，横锯成段，每段 1 m 左右，再纵劈为二，用刀将茎内的淀粉刮出来，浸入水桶中，淀粉就慢慢地沉在桶底，这就是西谷椰子淀粉。如果把上面的水倒掉，干燥后即可加工成大米状的颗粒，当地居民称之为西谷米。西米传统上用于增稠剂，特别是用于鸡汤、炖菜和其他汤菜使用，也作为装饰或缩短烹饪时间时使用。另一个常见用法是制作甜点，并加入牛奶和香料(通常为肉桂)。西米淀粉在印尼烹饪用作粘贴饼，或与椰浆和牛奶混合制作甜点。在印度，各种甜的菜肴中也多使用珍珠西米。

【附注】西谷椰子提取淀粉后留下的纤维则可用作烤薄饼，或作鱼食，效益也很好。市场销售的西米即西谷米，不是西谷椰子产品，是印度尼西亚特产，是用木薯粉、麦淀粉、苞谷粉加工而成的圆珠形粉粒。西米有润泽皮肤之功能。

285 苦瓜 *Momordica charantia* L.

彩图 285　英文名：Kerala，Bitter melon，Bitter gourd，Bitter squash；葫芦科

【别名】癞瓜，凉瓜

【植物形态】一年生攀援藤本，长至 2 m。茎、枝被柔毛。卷须纤细，不分歧。叶柄细，长 4～6 cm；叶片轮廓卵状肾形或近圆形，长、宽均为 4～12 cm，上面绿色，背面淡绿色，5～7 深裂，裂片卵状长圆形，边缘具粗齿或有不规则小裂片，叶脉掌状。雌雄同株。雄花：单生叶腋，花梗纤细，长 3～7 cm；苞片绿

色，肾形或圆形，全缘；花萼裂片卵状披针形，被白色柔毛，长 4～6 mm；花冠黄色，裂片倒卵形，长 1.5～2 cm；雄蕊 3，离生，药室 2 回折曲。雌花：单生，花梗被微柔毛，长 10～12 cm，基部常具 1 苞片；子房纺锤形，密生瘤状突起，柱头 3，膨大，2 裂。果实纺锤形或圆柱形，多瘤皱，长 10～20 cm，成熟后橙黄色，由顶端 3 瓣裂。种子多数，长圆形，具红色假种皮，长 1.5～2 cm。花、果期 5～10 月。

【生态分布】苦瓜起源于热带，要求较高的温度，耐热而不耐寒，喜光，不耐阴。原产东印度，广泛栽培于世界热带到温带地区。中国南北均普遍栽培。

【历史与民俗】苦瓜在印度、日本和东南亚栽培历史很久。17 世纪传入欧洲，多作观赏用。中国在明代《救荒本草》(1406 年)中已有苦瓜的记载。明代《农政全书》(1639)提到南方人嗜食苦瓜。说明当时在中国南方普遍栽培苦瓜，现分布全中国。苦瓜以味得名，广东人又唤作凉瓜。苦瓜形如瘤状突起，又称癞瓜；瓜面起皱纹，似荔枝，遂又称锦荔枝。

苦瓜在亚洲和非洲为传统草药，尼泊尔、印度尼西亚以及加勒比海地区用果实治疗糖尿病。土耳其用果实治疗溃疡，西印度群岛人用于治疗寄生虫、尿道结石和退热。

【化学成分】含油脂、水溶性蛋白质、类似胰岛素的肽、苷类(木鳖子苷、苦瓜苷)、生物碱(苦瓜素)。果实还含有大量的矿物质和维生素(适量的维生素 A 和相当高水平的维生素 C，可多达 50 mg/100 g 或更多)。能量很低，不到 42 kJ/100 g。

【加工与利用】主要利用果实，有时也食用嫩叶。春季采集嫩茎叶，夏、秋季采收青的果实(未成熟时)，一般鲜用。嫩的果实是一种受欢迎的蔬菜和水果，可用于咖喱和泡菜。在中国烹饪中，常用作带微苦的蔬菜和功能食品。成熟的果实非常苦，可做泻药，大量食用时可能是有毒的。它可用蒸或煮方法除去或减少苦味。幼嫩的茎和叶有时也作为蔬菜煮熟食用。

据报道，苦瓜所含的肽具有降低血液和尿中血糖的作用。苦瓜种子有雄激素作用，能杀灭精子，有避孕作用。苦瓜果汁能刺激胰岛细胞再生，产生胰岛素。它还有抗孕育、抗肿瘤等作用。苦瓜果实浆汁用于治疗腹痛及胀气。叶的煎剂用于治疗肝痛、结肠炎及皮疹。种子油治疗创伤。未成熟的果实可用于降血糖(可治疗非胰岛素依赖性的糖尿病)、抗肿瘤，还能增进食欲。

【附注】苦瓜果实提取物对纤维芽细胞增殖的促进，显示有活肤作用，结合其抗氧性，可用于抗衰化妆品。苦瓜提取物还有皮肤保湿、抗菌、保护微血管等作用，可作为皮肤调理剂用于护肤、润肤化妆品。

286 罗汉果 *Momordica grosvenorii* Swingle

彩图 286　英文名：Grosvenor momordica，Fructus momordica；葫芦科

【别名】光果木鳖，拉汉果，青皮果，假苦瓜

【植物形态】多年生草质藤本，长 2～5 m。茎纤细，暗紫色。卷须 2 分叉，几达中部。叶互生，叶柄长 2～7 cm；叶片心状卵形，膜质，长 8～15 cm，宽 3.5～12 cm，先端急尖或渐尖，基部耳状心形，全缘，两面均被白色柔毛。花雌雄异株，雄花序总状，雌花单生；花萼漏斗状，被柔毛，5 裂，花冠橙黄色，5 全裂，先端渐尖，外被白色夹有棕色的柔毛。瓠果圆形或长圆形，被柔毛，具 10 条纵线，种子淡黄色。花期 6～9 月，果期 9～11 月。

【生态分布】罗汉果属亚热带植物，喜阴凉，昼夜温差大，无霜期长。但不耐高温，气温 22～28 ℃藤蔓迅速生长，高于 34 ℃生长不良，15 ℃以下植株停止生长。生于海拔 300～500 m 的山区。主产广西，特别是广西桂林市永福县，江西、广东有分布。

【历史与民俗】罗汉果是我国特有的珍贵植物，广西永福县是正宗的罗汉果发源地和主产地，至今已有 200 多年的种植历史，素有良药佳果之称。相传中国广西永福县一位瑶族农民在一次上山打柴时不慎被野蜂所蜇，他顺手从身边一条藤子上摘下一枚野果擦伤，竟然止住胀痛，此事被一位叫罗汉的乡

村医生所闻，对这种野果反复研究，发现用来治疗咳嗽等病效果很好。人们为了纪念这位瑶族医生，就把这种野果称为“罗汉果”。

【化学成分】果中非糖甜味成分主要是含有三萜苷类，包括赛门苷Ⅰ，罗汉果苷ⅡE、Ⅲ、ⅢE、Ⅴ、Ⅵ和罗汉果新苷。果实中含有黄酮类成分山柰酚-3，7-α-L-二鼠李糖苷和罗汉果黄素-D-甘露醇，还含大量葡萄糖、果糖（总糖量约为果实的15%），又含锰、铁、镍等20多种无机元素及蛋白质，维生素C、维生素E等。种仁含油脂成分，其中脂肪酸有亚油酸、油酸、棕榈酸等。

罗汉果甜苷性状为浅黄色粉末，有罗汉果香，味极甜，甜度约为蔗糖的240倍，熔点197～201 ℃（分解）。热稳定性强，易溶于水和稀乙醇。

【加工与利用】主要采用果实和果实提取物。秋季果实成熟时采收，置地板上8～10 d，使果皮由青绿转黄，刷去毛后鲜用，或再经微火烘干备用。在适当细碎后，以水等为溶剂提取，提取液浓缩至干，得提取物浸膏。

罗汉果的食用方法主要是泡茶饮用，在果两头各钻一小洞放入茶杯中，冲入开水，不久果内各种营养成分溶入水中，便是一杯色泽红润、味道甘甜、气味醇香的理想保健养生饮料。罗汉果一般可冲泡四五次，如能挑选到圆形色褐、个大质坚、摇之不响的优质果，冲泡次数还可增加。若煲汤时放个罗汉果，会令整锅汤清润甘甜。罗汉果还可与绿茶、桂花、绿豆等配制成各具特色的保健饮料。

罗汉果有清热润肺、止咳、利咽、滑肠通便之功效，可用于肺火燥咳、咽痛失音、肠燥便秘。

【附注】罗汉果提取物对变异链球菌等有较强的抑制作用。罗汉果水提取物对超氧自由基、羟基自由基均有消除作用，在细胞培养中对胶原蛋白生成有促进作用。罗汉果提取物对纤维芽细胞增殖的促进显示有活肤作用，结合其抗氧性，可用于抗衰化妆品。罗汉果提取物对龋齿有防治作用，可用于漱口水、牙膏等产品。罗汉果果汁也用于化妆品。

287 龟背竹 *Monstera deliciosa* Liebm.

彩图287

英文名：Delicious monster，Ceriman；天南星科

【别名】龟背蕉，电线莲、透龙掌，蓬莱蕉，龟背芋

【植物形态】攀援灌木。茎绿色，粗壮，有苍白色的半月形叶迹，长3～6 m，粗6 cm，节具气生根。叶柄绿色，长常达1 m，基部甚宽，对折抱茎，排列为覆瓦状；叶片大，轮廓心状卵形，宽40～60 cm，厚革质，表面发亮，淡绿色，背面绿白色，边缘羽状分裂，侧脉间有1～2个较大的空洞，靠近中肋者多为横圆形，宽1.5～4 cm，向外的为横椭圆形，宽5～6 cm；中肋及侧脉两面均隆起；Ⅰ次侧脉8～10对，基部的相互靠近，向上渐远离，Ⅱ、Ⅲ、Ⅳ级叶脉网状，不明显。花序柄长15～30 cm。佛焰苞厚革质，宽卵形，舟状，长20～25 cm，苍白带黄色。肉穗花序近圆柱形，长17.5～20 cm，淡黄色。雄蕊花丝线形，花粉黄白色。雌蕊陀螺状，长7～8 mm，柱头小，黄色，稍凸起。浆果淡黄色，柱头周围有青紫色斑点。花期8～9月，果于异年花期之后成熟。

【生态分布】原产于墨西哥热带雨林中，喜温暖潮湿环境，切忌强光暴晒和干燥，耐阴，易生长于肥沃疏松、吸水量大、保水性好的微酸性壤土，以腐叶土或泥炭土最好。龟背竹在欧美、日本常用于盆栽观赏，点缀客室和窗台，较为普遍。南美国家巴西、阿根廷和美洲中部的墨西哥除盆栽以外，常种植在廊架或建筑物旁，让龟背竹蔓生于棚架或贴生于墙壁，成为极好的垂直绿化材料。我国引种栽培十分广泛。福建、台湾、广东、广西、云南等地栽培于露地，北京、湖北等其他地区多栽于温室和室内。

【历史与民俗】龟背竹产于中美洲（墨西哥到巴拿马）。目前在野外很罕见了，但它在过去的两个世纪里已经传送到全世界所有温暖的地区。这种美丽的怪物现在流行于室内种植，当然该植物可以在户外无霜地区自由生长。

【化学成分】成熟的浆果含有16%的糖(能量293 kJ/100 g),并富含钾和维生素C。

【加工与利用】利用部位为果实,味美可食,但常具麻味。果实成熟后可用来做菜吃,有甜味,香味像凤梨或香蕉。但要注意果实未成熟不能吃,因为有较强的刺激性。在原产地居民称这种果实为“神仙赐给的美果”。但它与菠萝一样,当果实还没有完全成熟时有无数尖锐晶体存在,会刺激口腔。果实可以生吃,或者添加到水果沙拉、水果泥中。它也可以切片,搭配冰淇淋作为美味的甜点。

【附注】本种叶形奇特,孔裂纹状,极像龟背。茎节粗壮又似罗汉竹,深褐色气生根,纵横交错,形如电线。其叶常年碧绿,极为耐阴,是有名的室内大型盆栽观叶植物。龟背竹有晚间吸收二氧化碳的功效,对改善室内空气质量,提高含氧量有很大帮助。具有优先吸附甲醛、苯、TVOC等有害气体的特点,达到净化室内空气的效果,是一种理想的室内植物。

288 海巴戟 *Morinda citrifolia* L.

彩图288

英文名:Great morinda, Indian mulberry, Noni;茜草科

【别名】橘叶巴戟,海滨木巴戟

【植物形态】灌木或小乔木,高至8 m。根茎肉质肥厚,支根多少呈念珠状。茎有纵条棱,小枝幼时有褐色粗毛。叶对生,长椭圆形,长3～13 cm,宽1.5～5 cm,先端短渐尖,基部楔形或阔楔形,全缘,叶缘常有稀疏的短睫毛;叶柄有褐色粗毛;托叶鞘状。花序头状,花2～10朵,生于小枝顶端,罕为腋生;花萼倒圆锥状,长3～4 mm,先端有不规则的齿裂或近平截;花冠肉质白色,花冠管的喉部收缩,内面密生短毛,通常4深裂;雄蕊4枚,花丝极短;子房下位,4室,花柱2深裂。浆果近球形,直径5～9 mm,成熟后红色,顶端有宿存的筒状萼管,气味辛辣,难闻。花期4～5月。果期9～10月。

【生态分布】原产南亚,后流传至印度以西,以及太平洋上波利尼西亚东部和夏威夷等温暖地区。生长于海岸地区的火山土壤及海拔400 m以上的林地。现已广泛种植。

【历史与民俗】海巴戟树原产于印度、东南亚和太平洋地区。这是一个传统的印度的食品和药品,特别是在夏威夷,海巴戟果被称为诺丽果汁。它被用作太平洋岛屿上的饥荒食物,但在萨摩亚、斐济却是作为主食。在波利尼西亚,海巴戟已有2 000年的药用历史,主要用于抗感染和治疗慢性疾病。如叶用于治疗疖子和胃溃疡,制成药膏咀嚼可以消炎。在夏威夷,巫医长期使用本品促进重症患者的康复。

【化学成分】果实富含维生素B和维生素C以及其他大量的维生素和矿物质。其他含有蒽醌类(存在于树皮、果实中)、生物碱(叶和果实中)、赛诺宁原(果实中)及多糖和甾醇(叶和果实中)。果实中还有香豆素、三萜、乌索酸和环烯醚萜车叶草苷。

【加工与利用】主要采用成熟果实和果汁。果实成熟后采集,去杂,洗净备用。果实通常生吃,尽管它有不大好的气味和味觉,或用于制作酸辣酱和咖喱。近年来,它已经成为流行的健康食品、功能性食品或膳食补充剂。

海巴戟真正的药效直到19世纪末才开始受到重视。研究表明,其果汁具有显著的医疗功效,果实具有止痛、提高免疫力和抗癌活性。它还被认为含有制造身体所需的赛诺宁原(生物碱),有抗炎、促进愈合和维持正常细胞代谢的功能。特别是果实、果汁,可用于治疗肥胖病、糖尿病、癌症、疼痛、关节炎、心脏和循环系统疾病、癌症等。果汁传统用作含漱剂,治疗口腔和咽喉感染,还是空腹时饮用的最佳饮料。

【附注】据报道,海巴戟提取物有抗菌、抗氧化、促进皮肤细胞代谢功能等功效,可作为血管强化剂、皮肤美白剂、抗氧剂、抗炎剂、生发剂、抗衰剂用于护肤化妆品。

289 辣木 *Moringa oleifera* Lam.（*M. pterygosperma* Gaertn）

彩图 289　英文名：Drumstick tree，Horseradish tree，Moringa，Ben tree；辣木科

【别名】翼籽辣木，鼓槌树，印度辣木

【植物形态】乔木，高 3～12 m；树皮软木质；枝有明显的皮孔及叶痕，小枝有短柔毛；根有辛辣味。叶通常为三回羽状复叶，长 25～60 cm，叶柄柔弱，基部鞘状；羽片 4～6 对；小叶 3～9 片，薄纸质，卵形，椭圆形或长圆形，长 1～2 cm，宽 0.5～1.2 cm，通常顶端的 1 片较大，叶背苍白色，无毛；小叶柄纤弱。花序扩展，长 10～30 cm；苞片小，线形；花具梗，白色，芳香，直径约 2 cm，萼片线状披针形，有短柔毛；花瓣匙形；雄蕊和退化雄蕊基部有毛；子房有毛。蒴果细长，长 20～50 cm，直径 1～3 cm，下垂，3 瓣裂；种子近球形，径约 8 mm，有 3 棱，每棱有膜质的翅。花期全年，果期 6～12 月。

【生态分布】喜温暖湿润气候，喜光、耐旱，为热带落叶乔木。原产印度北部，分布于亚洲、非洲热带地区。我国华南、西南热带地区有引种。

【历史与民俗】辣木原产于印度西北部，在印度，是人们长寿的食材和药材。辣木树浑身都是宝，已经有上千年的食用历史，是人类较古老的药食兼用的树种之一。在非洲也被称为穷人的牛奶。它通常在温暖地区种植，但它直到现在还很少以商业规模种植和利用。

【化学成分】辣木叶片、果荚富含多种矿物质、维生素、20 种氨基酸、46 种抗氧素、36 种自然防炎物质和矿物质。种子含油约 30%，油中含油酸 62%～78%，总的不饱和脂肪酸的含量高于 80%。其中二十二碳酸即山嵛酸的含量也比较高，在 4%～8%。辣木油的脂肪酸组成与橄榄油很相近，并含有大量维生素 C 和维生素 B 及膳食矿物质。

有报道，辣木树根及木材含生物碱、皂素（内含辣木树素）。叶及幼果含蛋白质、脂肪、碳水化合物及多种矿物质。种子含油脂（内含油酸、棕榈酸、硬脂酸、甘油酸）。辣木尚含丰富营养成分，如辣木树籽油、胡萝卜素、维生素 A、维生素 C、钙、铁、钾等。

【加工与利用】嫩叶、嫩果实、种子和根都可利用。夏季采集树叶，初秋采集嫩果实，秋季采集成熟的果实和种子，一般冬、春季挖根。除种子干燥后用于榨油，其他部分一般鲜用。印度当地人在日常生活将辣木鲜叶作为蔬菜食用，嫩叶类似菠菜，可以做汤或沙拉。嫩果荚也可以食用，干种子可以打成粉末作为调味料，幼苗的根干燥后也可以打成粉末作为调味料，有辣味。辣木的花在略微变白之后也可以加入沙拉中食用。种子富含脂肪，可产生有价值的沙拉油；油也可用于油画。

【附注】辣木具有杀菌、抗炎、抗氧化、抗紫外线、润肤、营养头发、保湿等许多作用。叶提取物含大量蛋白质、维生素，具有较好的抗氧化和抗炎作用。树皮提取物含有辣木树素、鞣质、树胶，具有较强的抗菌、抗氧化、抗辐射等作用。种子提取物含有大量蛋白质、维生素及甾醇，具有抗氧化、防紫外线、润肤等功效。印度传统医学上用辣木树根来治疗水泡、溃疡和肿瘤。以辣木树叶治疗溃疡、肿瘤的现代研究报告近来也暴增。

籽油的脂肪酸组成与橄榄油很相近，特别是油酸含量很高，在化妆品市场上已出现了含辣木油成分的洁面乳等系列产品。树皮、叶、种子提取物是很好的皮肤柔润剂，除了用于抗衰化妆品外，还可用于防晒霜、护发素、润肤露等产品中。

290 桑树 *Morus alba* L.

彩图 290　英文名：White mulberry；桑科

【别名】白桑，家桑，桑，桑葚

【植物形态】落叶灌木或小乔木，高 3～15 m。树皮灰白色，有条状浅裂；根皮黄棕色或红黄色，纤

维性强。单叶互生;叶柄长 1～2.5 cm;叶片卵形或宽卵形,长 5～20 cm,宽 4～10 cm,先端锐尖或渐尖,基部圆形或近心形,边缘有粗锯齿或圆齿,有时有不规则的分裂,上面无毛,有光泽,下面脉上有短毛,腋间有毛,基出脉 3 条与细脉交织成网状,背面较明显;托叶披针形,早落。花单性,雌雄异株;雌、雄花序均排列成穗状葇荑花序,腋生;雌花序长 1～2 cm,被毛,总花梗长 5～10 mm;雄花序长 1～2.5 cm,下垂,略被细毛;雄花具花被片 4,雄蕊 4,中央有不育的雌蕊;雌花具花被片 4,基部合生,柱头 2 裂。瘦果,多数密集成一卵圆形或长圆形的聚合果,长 1～2.5 cm,初时绿色,成熟后变肉质、黑紫色或红色。种子小。花期 4～5 月,果期 5～6 月。

【生态分布】桑属于暖温带、亚热带植物,喜光,喜温暖湿润气候。耐寒,耐旱,不耐积水。我国大部分地区有栽培,也有野生的。桑分布广泛,亚洲、非洲、美洲、大洋洲等地均有野生桑生长,以亚洲最多。栽培桑的分布主要集中在中国、日本、印度、俄罗斯等国。

【历史与民俗】桑叶是蚕的"粮食"。早在 3 000 多年前从商代出土的甲骨文上就有了"桑"与"蚕"的字样,可见桑历史悠久,是与中国文化的发展紧密地联系在一起的。桑葚又名桑果,早在两千多年前,桑葚已是中国皇帝御用的补品。汉代乐府诗《陌上桑》有记载:"日出东南隅,照我秦氏楼。秦氏有好女,自名为罗敷。罗敷善蚕桑,采桑城南隅。青丝为笼系,桂枝为笼钩。头上倭堕髻,耳中明月珠……行者见罗敷,下担捋髭须。少年见罗敷,脱帽著帩头。耕者忘其犁,锄者忘其锄。归来相怨怒,但坐观罗敷。"因桑树特殊的生长环境使桑果具有天然生长,无任何污染的特点,所以桑葚又被称为"民间圣果"。

【化学成分】桑叶主要含有黄酮及黄酮苷类,桑黄素、桑皮黄素为桑的特殊成分,其余有芸香苷、槲皮素、异槲皮素、槲皮素-3-三葡萄糖苷等化合物,还有多酚类化合物如四羟基芪,以及生物碱、甾醇、挥发油、多糖氨基酸、微量元素等。甾醇类有 β-谷甾醇、油菜甾醇、豆甾醇及蜕皮甾酮等。

桑葚主要含脂类(62.6%)、游离酸(26.8%)、糖类(9%～12%),还有芦丁、胡萝卜素、维生素 A、维生素 B_1、维生素 B_2、维生素 C、蛋白质、芸香苷、醇类(1.6%)、挥发油(1%)、磷脂(0.41%)、鞣质及矢车菊素,另外还有锌、锰等多种微量元素。挥发油中主要成分为桉叶素(69%)和香叶醇(17%)。磷脂组分中以磷脂酰胆碱含量最高(32.15%),其次为溶血磷脂酰胆碱(19.30%)及磷脂酰乙醇胺(15.91%)。色素为水溶性色素。

桑和鸡桑的根皮(桑白皮)提取物含芪类化合物,如 2,3′、4,5′-四羟基芪等。

【加工与利用】主要采用桑葚(果实)。果实夏秋季采集,去杂,洗净,鲜用或干燥备用。桑葚可以鲜食,但桑葚成熟期比较集中,鲜品又不易保存,因此,最好是干制,或加工成可食用的产品。目前常见桑葚产品有桑葚酒、桑葚糕等。桑葚还可制成果酱、果冻、糖浆和其他各种食品和甜点。现代研究证实,桑葚果实中含有丰富的葡萄糖、蔗糖、胡萝卜素、维生素、苹果酸、酒石酸、磷质等丰富的营养成分,并含有丰富的活性蛋白,常吃能显著提高人体免疫力,具有延缓衰老、驻容养颜之功效。

桑葚榨汁后的果渣用浸提法可提制食用红色素。桑叶是养蚕业的主要饲料,实际上,桑葚只是副产品。

【附注】桑叶、树皮、根皮、果实等均可用水、乙醇等为溶剂,浸提或回流提取,提取液浓缩至干,即得提取物。桑提取物有很好的抗菌作用,将其溶于甘油中,抑菌能力不变,在油水体系中仍然表现出很好的抑菌效果。桑叶醇提取物的抑菌效果明显增强。桑葚有改善皮肤(包括头皮)血液供应,营养肌肤,使皮肤白嫩及乌发等作用,并能延缓衰老。桑葚是中老年人健体美颜、抗衰老的佳果与良药。

桑叶及桑白皮提取物在化妆品中的作用很多。桑叶水提取物对蛋氨酸酶有强烈抑制作用,而蛋氨酸酶是将蛋氨酸分解为低碳含硫化合物的酶,因此在漱口液和其他护肤品中加入时,可减轻口臭和体臭。桑叶乙醇提取物对弹性蛋白酶的抑制表明其有抗衰老作用,可在抗衰老化妆品中使用。桑叶与化妆品相关的作用还很多,如桑叶提取物可促进纤维芽细胞脑酰胺的合成,有柔润皮肤的作用;桑叶提取物对胶原纤维的收缩作用可用于瘦身型化妆品;桑叶提取物对芳香化酶有活化作用,显示可局部提高雌激素水平,对于因雄激素偏高而引起的痤疮有治疗作用。

291 黑桑 *Morus nigra* L.

彩图 291　英文名：Black mulberry；桑科

【别名】黑桑树

【植物形态】乔木，高约 10 m；树皮暗褐色；小枝被淡褐色柔毛。叶广卵形至近心形，长 6～12 cm，有时可达 20 cm，宽 7～11 cm，质厚，先端尖或短渐尖，基部心形，边缘具粗而相等的锯齿，表面深绿色，粗糙，背面淡绿色，被短柔毛和茸毛；叶柄长约 1.5～2.5 cm，被柔毛；托叶膜质，披针形，被褐色柔毛。花雌雄异株或同株，花序被柔毛或绵毛；雄花序圆柱形，长 2～4 cm；雌花序短椭圆形，长 2～2.5 cm。聚花果短椭圆形，成熟时紫黑色，长 2～2.5 cm，直径 1.5～2.5 cm，总花梗短，无明显花柱，柱头 2 裂，被柔毛。花期 4 月，果期 4～5 月。

【生态分布】黑桑原产亚洲西部，主要是伊朗。喜光，适应性强，耐湿，耐干旱，耐腐，耐轻盐碱，耐烟尘和有害气体。现在世界各地有引种栽培，我国主要分布于新疆，在吐鲁番、喀什以南地区栽培。但在山东烟台、河北也有栽培。

【历史与民俗】黑桑起源于亚洲西部外高加索地区，但具体起源于何地并不清楚。考古研究发现青铜时代晚期就已经有黑桑花粉存在。黑桑的种植最早可追溯到公元前 2 000 年，至少在铁器时代和罗马时代的近东和欧洲地区，黑桑就已经非常普遍了。我国新疆可能由伊朗引进栽培。各地民间主要食用它酸甜的果实。

【化学成分】成熟的黑桑葚有热值 314 kJ/100 g。它们含有约 8% 的糖，富含矿物质如钾（超过 200 mg/200 g）和维生素 C（15 mg/100 g）。酸味主要是由于含有柠檬酸。花青素是已知的抗氧化剂。据报道，还分离得到 8 个化合物，分别鉴定为羟基白藜芦醇、二氢桑色素、桑色素、桑根酮醇 F、桑根酮醇 H、2, 4, 2', 4'-四羟基-3-(3-甲基-2-丁烯基)-查耳酮、乌索酸和 β-谷甾醇。

【加工与利用】主要利用部位为成熟果实。夏季果实成熟采收，一般鲜食。黑桑葚比白桑葚味道更好，并且多汁。它有一个美味的甜酸口味和深紫颜色（由于有花青素色素）。成熟的桑葚流行用于制作果酱、果冻、糖浆、冷饮和桑葚酒。桑葚也可用于水果沙拉、甜点和布丁。

【附注】黑桑与白桑一样，桑叶可以饲蚕。黑桑葚具有多种活性成分，具有调整机体免疫功能，促进造血细胞生长、降糖、降脂、降血压、护肝、抗 AIDS 作用，在临床上应用很广，尤其是对中老年病和延缓衰老有重要意义。桑葚榨汁后的果渣用浸提法可提制食用红色素。

292 调料九里香 *Murraya koenigii* (L.) Spreng.

彩图 292　英文名：Curry patta，Curry leaf；芸香科

【别名】柯氏九里香，麻绞叶，咖喱叶树

【植物形态】落叶灌木或小乔木，高达 4 m。嫩枝具瘤状油点，并被短柔毛；奇数羽状复叶，叶轴无翼，叶具强烈的香味；叶有小叶 17～31 片，小叶斜卵形或斜卵状披针形，长 2～5 cm，宽 5～20 mm，基部钝或圆，一侧偏斜，叶轴及小叶两面中脉均被短柔毛，全缘或叶缘有细钝裂齿，油点干后变黑色。近于平顶的伞房状聚伞花序，通常顶生，花多，芳香；花序轴及花梗均被短柔毛；萼裂片卵形，长不及 1 mm；花瓣 5 片，倒披针形或长圆形，白色，长 5～7 mm，有油点；雄蕊 10 枚，长的约与花瓣等长，另 5 枚短的约与花柱同高；花柱比子房长约 1 倍。柱头头状。嫩果长卵形，成熟时长椭圆形，长 1～1.5 cm，蓝黑色，有种子 1～2 粒。花期 3～4 月，果期 7～8 月。

【生态分布】热带植物，喜高温、多湿气候。原产于南亚的热带森林中，现在印度有广泛种植。我国产海南南部、云南南部，见于海拔 500～1 600 m 较湿润的阔叶林中，河谷沿岸也有生长。越南、老挝、缅

甸、印度等也有分布。

【历史与民俗】该物种的种名是为了纪念植物学家 Johann König 而取的。它的鲜叶有芳香气味，印度、斯里兰卡居民传统用其叶作咖喱调料。在我国南方产区民间用叶（鲜或干）作调味料的历史已有数百年了。其味辛香，有花椒样的麻辣感。

【化学成分】枝叶含有 20 种以上的生物碱、糖苷、挥发油和鞣质。枝叶的精油主要化学成分（%）：α-蒎烯（38.41）、莰烯（0.53）、桧烯（0.27）、β-蒎烯（6.25）、柠檬烯（3.47）、β-罗勒烯（0.53）、γ-松油烯（0.29）、α-烯（0.58）、β-榄香烯（0.74）、反式石竹烯（12.94）、蛇麻烯（3.52）、β-荜澄茄烯（2.09）、γ-榄香烯、δ-杜松烯等。

【加工与利用】采用枝、叶及精油。夏季采收枝、叶，切段，鲜用或干燥备用。以水蒸气蒸馏方法提取精油。在印度，咖喱叶是烹调菜肴时的一种不可或缺的成分。在马来西亚和印度尼西亚它也已经成为流行的鱼咖喱。在印度南部咖喱叶可用少许油煎（如褐色芥末和辣椒粉一样），并将其添加到扁豆菜肴里。咖喱叶也是印度裔群众用于各种菜肴的咖喱类调味料。虽然有地区差别，但咖喱叶在很多地区用于制作咖喱粉；咖喱粉通常包含有胡椒、孜然、辣椒等必不可少的成分，通常也加入褐色芥末、豆蔻、丁香、香菜、姜、罗望子和姜黄。

调料九里香精油和提取物有抗菌、抗炎、止痛、滋补等作用。作为草药，它的根可用于止痛、驱虫、治疗银屑病以及血液病、皮肤病和肾病；树叶和根具有兴奋剂性质，外用可广泛用于虫、蛇咬伤；树叶可治疗痢疾和皮疹，干叶提取物可以止呕吐。

【附注】调料九里香精油有很好的花香韵，可用于调配化妆品香精。提取物可作为抗菌剂、除癣剂、抗炎剂、美白剂、保湿剂用于化妆品，对皮肤红血丝有较好的防治作用。本品在化妆品中还能促进烧伤及创伤伤口痊愈。

293 芭蕉 *Musa basjoo* Sieb. et Zucc.

彩图 293

英文名：Japanese banana；芭蕉科

【别名】绿天，扇仙，甘蕉，天苴，板蕉

【植物形态】植株高 2.5～4 m。叶片长圆形，长 2～3 m，宽 25～30 cm，先端钝，基部圆形或不对称，叶面鲜绿色，有光泽；叶柄粗壮，长达 30 cm。花序顶生，下垂；苞片红褐色或紫色；雄花生于花序上部，雌花生于花序下部；雌花在每一苞片内约 10～16 朵，排成 2 列；合生花被片长 4～4.5 cm，具 5（3＋2）齿裂，离生花被片几与合生花被片等长，顶端具小尖头。浆果三棱状长圆形，长 5～7 cm，具 3～5 棱，近无柄，肉质，内具多数种子。种子黑色，具疣突及不规则棱角，宽 6～8 mm。花期 8～9 月。

【生态分布】性喜温暖，耐寒力弱，茎分生能力强，耐半阴，适应性较强，生长速度较快。原产琉球群岛，中国台湾可能有野生，秦岭淮河以南可以露地栽培，主要分布于福建、广东、海南、广西、云南等地。多栽培于庭园及农舍附近。日本、东南亚均有栽培。

【历史与民俗】芭蕉在我国历史悠久，历代官邸庭院均有种植，多用于景观装饰。文人雅士常常将它与孤独忧愁，特别是离情别绪相联系。南方有丝竹乐《雨打芭蕉》，表凄凉之音。李清照也曾写过："窗前谁种芭蕉树，阴满中庭。阴满中庭，叶叶心心，舒卷有馀清。"把伤心、愁闷一股脑儿倾吐出来。民间以芭蕉花和果实食用、药用也很普及，《日华子本草》、《滇南本草》、《分类草药性》、《岭南采药录》等均有芭蕉药用的记载。

【化学成分】芭蕉果肉、花、叶、根中均含有丰富的糖类、氨基酸、纤维素、多种矿物质、硒等微量元素及多种化合物成分。有报道，采用水提取法、醇提取法和石油醚提取法对芭蕉根的化学成分进行定性实验，水提物中含蛋白质、氨基酸、糖类、有机酸、皂苷等物质；醇提物中含蒽醌、黄酮、香豆素、酚类、强心苷、蛋白质、氨基酸等化学物质；石油醚提取物中含有挥发油、甾体、油脂、内酯及香豆素等亲脂性成分，

并确定芭蕉根中含有氰苷。

【加工与利用】以花蕾或花为主要利用部分。夏秋季花蕾形成至开花时采收，去杂，洗净备用。芭蕉花味甘淡、微辛，性凉；具有化痰软坚，平肝，散瘀，通经的功效。主治胸膈饱胀，脘腹痞痛，吞酸反胃，呕吐痰涎，头目昏眩，心痛怔忡，妇女经行不畅。食用方法：如炒芭蕉，选用幼嫩的花瓣为原料。加工时先将蕉花洗净切细加少许食盐搅拌，并用手揉捏挤去汁液。素炒时，加点青辣椒末和豆豉用油炒熟即可。若烹饪肉末炒蕉花，应将料肉（猪肉或狗肉，以狗肉为佳）洗净，滤水后剁成肉末，先在姜、蒜炸过的油锅内爆炒至七八成熟再加入经盐渍挤去涩水的芭蕉花和食盐、味精，炒至芭蕉花熟透，即装盘供食。这道菜味美可口，无油腻感，独具特色，是傣族、哈尼族小有名气的风味菜。其他还有包蒸蕉花、蕉花汤、五香芭蕉花等。

【附注】芭蕉根药用，四季可采，洗净，鲜用或晒干备用。芭蕉根味淡，性凉。具清热，止渴，利尿，解毒功效。用于治疗天行热病，烦闷，消渴，黄疸，水肿，脚气，血淋，血崩，痈肿，疔疮，丹毒。用量：15～30 g（鲜者 30～60 g）煎服，或捣汁内服。外用：捣敷、捣汁涂或煎水含漱。

294 香蕉 *Musa nana* Lour.

彩图 294

英文名：Banana；芭蕉科

【别名】金蕉，弓蕉，甘蕉，芽蕉，蕉子

【植物形态】植株丛生，具匐匍茎，一般高不及 2 m，高型的高 4～5 m，假茎均浓绿而带黑斑，被白粉。叶片长圆形，长 2～2.2 m，宽 60～70 cm，先端钝圆，基部近圆形，两侧对称，叶面深绿色，叶背浅绿色，被白粉；叶柄短粗，叶翼显著。穗状花序下垂，花序轴密被褐色茸毛，苞片外面紫红色，被白粉，内面深红色，具光泽，雄花苞片不脱落。花乳白色或略带浅紫色，离生花被片近圆形，全缘，先端急尖，合生花被片的中间两侧生小裂片，长约为中央裂片的 1/2。最大的果丛有果 360 个之多，重可达 32 kg。果身弯曲，略为浅弓形（幼果向上直立），长 12～30 cm，直径 3.4～3.8 cm，果棱明显，有4～5 棱；果柄短，果皮青绿色，在低温下催熟，果皮则由青变为黄色，果肉松软，味甜，无种子。花、果期全年。

【生态分布】喜湿热气候，在土层深、土质疏松、排水良好的地里生长旺盛。分布区大多年平均 21 ℃以上，少数 20 ℃左右，香蕉要求高温多湿，生长温度为 20～35 ℃，最适宜为 24～32 ℃，最低不宜低于 15.5 ℃。香蕉怕低温、忌霜雪，耐寒性比大蕉、粉蕉弱。降雨量以每月平均 100 mm 最为适宜，低于 50 mm 即属干燥季节，香蕉因缺水而抽蕾期延长、果指短、单产低。中国是世界上栽培香蕉的古老国家之一，世界上主栽的香蕉品种大多来自中国。香蕉现分布在东、西、南半球南北纬度 30°以内的热带、亚热带地区。世界上栽培香蕉的国家有 130 多个，以中美洲产量最多，其次是亚洲。中国香蕉主要分布在广东、广西、福建、台湾、云南和海南，贵州、四川、重庆也有少量栽培。

【历史与民俗】中国汉代就栽培香蕉，那时称为“甘蕉”。据说，汉武帝建扶荔宫时，收集天下奇花异木，其中就有香蕉。晋人稽含记述香蕉说：“剥其子上皮，色黄白，味似葡萄，甜而脆，亦疗肌。”宋代陆佃所著《埤雅》云：“蕉不落叶，一叶舒则一叶焦，故谓之蕉。”公元 3 世纪时，亚历山大远征印度发现香蕉，此后才传向世界各地。埃及考古学家在出土文物中发现，远在 4 000 年前的埃及陶器上就画有香蕉的图案，可见非洲栽培香蕉的历史比中国还早。据说希腊人在 4 000 多年前就开始食用香蕉。古印度和波斯民间认为，金色的香蕉果实乃是“上苍赐予人类的保健佳果”。传说，佛教始祖释迦牟尼由于吃了香蕉而获得了智慧，因而香蕉被誉为“智慧之果”。

【化学成分】果实含淀粉 0.5%，蛋白质 1.3%，脂肪 0.6%，糖分 11%，灰分 1%，维生素 A、维生素 B、维生素 C、维生素 E 等，并含少量 5-羟色胺、去甲肾上腺素和二羟基苯乙胺。叶含少量鞣质及纤维素（11.55%）。

【加工与利用】利用部位为果实;果实将成熟时采收,鲜用或晒干备用。香蕉是淀粉丰富的有益水果。味甘性寒,可清热润肠,促进肠胃蠕动,但脾虚泄泻者却不宜。根据"热者寒之"的原理,最适合燥热人士享用。痔疮出血者、因燥热而致胎动不安者,都可生吃蕉肉。早餐、午餐和晚餐分别吃一根香蕉,能够为人体提供丰富的钾,从而使得大脑血凝块概率降低约 21%。民间验方更有用香蕉炖冰糖医治久咳,用香蕉煮酒作为食疗。近代医学建议,用香蕉可治高血压,因它含钾量丰富,可平衡钠的不良作用,并促进细胞及组织生长。用香蕉可治疗便秘,因它能促进肠胃蠕动。总之,香蕉含有的维生素 A 能增强对疾病的抵抗力,是维持正常的生殖力和视力所需要的;硫胺素能抗脚气病,促进食欲、助消化,保护神经系统;核黄素能促进人体正常生长和发育。香蕉还有促进肠胃蠕动,润肠通便,润肺止咳,清热解毒,助消化和滋补的作用。香蕉容易消化、吸收,从小孩到老年人都能安心地食用,并补给均衡的营养。香蕉是低热量食品,即使是正在减肥的人也能尽情地食用。

【附注】香蕉全草用于流行性乙型脑炎、白带、胎动不安,外用治痈疖肿毒、丹毒、中耳炎。用法用量:鲜品 50～200 g,外用适量,鲜品捣烂敷或捣汁搽患处。治中耳炎,取茎汁滴耳。

295 嘉宝果 *Myrciaria cauliflora* (C. martius)O. Berg.

彩图 295

英文名:Jaboticaba;桃金娘科

【别名】树葡萄,嘉歌桃

【植物形态】常绿乔木或灌木,树冠为自然圆头形,树高可达 12 m。枝梢的分枝能力较强。树皮细薄,浅褐色至微红色。叶对生,叶片披针形至椭圆形,长 2.5～10 cm,宽 1.2～2 cm,叶柄短,具茸毛,叶色深绿具光泽,质地坚韧。花通常着生于树干及枝干上,花小,白色,花瓣 4 个,带茸毛,雄蕊 60 个,长 4 cm。浆果近圆形,成熟时紫黑色,果肉白色,凝胶状,种子 1～4 粒。果实以单果着生于枝干上,当果实着生密集时,在枝干上可成串结果,从地上一直到树干和主枝上,一年可以结5～6 次果。从开花到果实成熟需 20～40 d,平均 30 d。

【生态分布】热带、亚热带植物,喜温暖湿润气候。原产于巴西,玻利维亚、巴拉圭、阿根廷东北部、乌拉圭、秘鲁也有分布。我国台湾有引种;天津等地多应用于阳台盆植、庭园景观或盆栽。

【历史与民俗】嘉宝果产于巴西南部。它是一种当地居民传统的食物来源,并已成为一种重要的农作物,已有小规模种植在巴西和其他世界热带地区。

【化学成分】嘉宝果每 100 g 果实可食用部分含热量 191 J,水 87.1 g,蛋白质 0.1 g,脂肪0.01 g,碳水化合物 12.58 g,纤维 0.08 g,灰分 0.20 g,钙 6.3 mg,磷 9.2 mg,铁 0.49 mg,硫胺素0.2 mg,维生素 B_2 0.02 mg,烟酸 0.21 mg,维生素 C 22.7 mg,色氨酸 1 mg,赖氨酸 7 mg。果实富含维生素 C 和花青素。

【加工与利用】成熟果实为利用部位。嘉宝果的果实外观和质地像葡萄,但皮较厚与硬。加利福尼亚的果实是从深紫色到黑色。果肉白色,凝胶状,微酸,味道与圆叶葡萄相似。果皮略带树脂味,但无涩味。生吃时的味道也被一些人认为像葡萄、荔枝和黑醋栗。果皮较硬,通常被丢弃。果实可以添加到水果沙拉里,或配入冰淇淋。它也可以加工成果酱、果冻、蜜饯、果汁、冰饮料,或者发酵产生一种暗黑的红酒。它的酱汁和洋葱可用于烹煮鸡或鸭类菜肴中。

【附注】据报道,果实含有丰富的黄酮类物质,如花青素、黄酮和黄烷醇、儿茶素等。果皮还含较多鞣质(主要有没食子和鞣花酸),这表明为水解单宁。因而嘉宝果可用于提取食用色素,在食品工业上有广泛用途。它生长比较缓慢,其苗也是制作盆景的上好材料,在园林方面也有应用前景。

296 卡姆果 *Myrciaria dubia*（Kunth.）McVaugh

彩图 296　英文名：Camu camu，Cacari，Camocamo；桃金娘科

【别名】疑似香桃木，卡姆梅

【植物形态】小型常绿灌木，高 3～5 m，树冠浓密。叶对生，奇数羽状复叶，小叶披针形至椭圆形，长 3～20 cm，宽 1～2 cm，全缘，绿色，光滑。花小，两性，单生或几个聚生于叶腋；花萼裂片 5，花瓣 5，蜡白色，气香，子房下位，中轴胎座。浆果球形或扁球形，直径 2 cm，成熟时红色至紫红色。

【生态分布】原产秘鲁和巴西的亚马孙雨林，生长于小河边，形成浓密的树林。喜高温湿润环境。它的分布范围包括哥伦比亚、厄瓜多尔、秘鲁、玻利维亚和巴西的亚马孙低地。

【历史与民俗】从亚马孙流域原住民自古流传的说法中，可以找到这个名字的由来。成熟的卡姆果被风吹落在亚马孙河中，引来鱼群，鱼群抢食果实时发出"哈姆哈姆"声，后来，人们就将这种水果叫作"卡姆果"。

【化学成分】果实每 100 g 中含蛋白质 0.4 g、碳水化合物 5.9 g、淀粉 0.44 g、糖 1.28 g、膳食纤维 1.1 g、脂肪 0.2 g、钙 15.7 mg、铜 0.2 mg、铁 0.53 mg、镁 12.4 mg、锰 2.1 mg、钾 83.9 mg、钠 11.1 mg、锌 0.2 mg、维生素 C 1 882～2 280 mg。

它含有丰富的黄酮类物质，如花青素、黄酮和黄烷醇、儿茶素、飞燕草素-3-葡萄糖苷、矢车菊素-3-葡萄糖苷、鞣花酸和芦丁。其他分析结果显示没食子和鞣花酸的存在，这表明水果具有水解单宁。

【加工与利用】主要采用果实。果实成熟时采收，洗净，鲜用。果实可鲜食，亦可加工为水果酒、果汁、冰淇淋及糕饼馅料等。

【附注】果实提取物具有较强的抗菌、抗氧化、抗过敏、紧肤、润肤等作用。其果实含有丰富的维生素 C 和黄酮类物质，可延缓皮肤老化，使皮肤有弹性、透亮。对粉刺也有改善作用。果肉及种子提取物可作为肌肤调理剂，果汁可作为柔润剂及抗氧化剂，用于美白、抗衰化妆品。

297 肉豆蔻 *Myristica fragrans* Houtt.

彩图 297　英文名：Nutmeg，Nutmeg tree；肉豆蔻科

【别名】肉果，玉果

【植物形态】常绿小乔木，高至 15 m。幼枝细长。叶近革质，椭圆形或椭圆状披针形，长 3.5～7 cm，先端短渐尖，基部宽楔形或近圆形，两面无毛；叶柄长 0.71 cm。花单性，雌雄异株；雄花序长 1～3 cm，无毛，具花 3～20，花长 4～5 mm，花被裂片 3～4，三角状卵形，密被灰褐色茸毛，花药 9～12，条形，长约雄蕊柱的 1/2；雌花序较雄花序为长，总梗粗，小苞片生于花梗顶部，脱落后留有环形痕，具 1～2 花，长 6 mm，花被裂片 3，密被微茸毛，子房椭圆形，密被锈色茸毛，花柱极短，柱头 2 裂。果常单生，具短柄，有时具残存的花被片，果实呈梨形或近球形，长 5～7 cm；淡黄色或橙黄色，开裂成 2 瓣。假种皮红色，撕裂至基部；种子卵形，直径约 2 cm，长 2～3 cm，红褐色至深棕色。

【生态分布】原产印尼马鲁古群岛，为热带雨林气候，高温多雨。热带地区现已广泛栽培，印尼和马来半岛盛产。印度、非洲东部、马来西亚等地也大量种植。中国台湾、广东、云南等地已有引种。

【历史与民俗】肉豆蔻的使用历史较 Mace（肉豆蔻衣）的使用历史短得多，Mace 在远古时代就受到人们的重视。在印度肉豆蔻用于治疗肠道紊乱，埃及人则用来为尸体防腐。它是一种意大利焚香的配料，和月桂、丁香、杜松、没药、桃金娘及玫瑰搭配用于驱赶瘟疫。在中世纪时，它成为治疗痔疮的良药而声名远播，将其磨碎和猪油混合做成软膏使用。它也被认为是一种强胃剂。葡萄牙曾一度垄断了肉豆蔻的香料贸易，从 1605 年起，他们接管摩鹿加群岛及其附近海域，并开辟了脱离海域的贸易路线。到

1768年肉豆蔻又称为Nux Moschata，被引进其他国家。肉豆蔻已经用于调味品，并作为烈性甜酒、护齿类产品、香水和许多洗发剂的成分之一。

【化学成分】肉豆蔻(种仁)含芳香性挥发油8%～15%，脂肪25%～40%，淀粉23%～32%，蛋白质少量。还含有没食子酸类、环苯丙苷类及色素等。挥发油主要成分为α-蒎烯、β-蒎烯、d-莰烯(约80%)、双戊烯(约8%)、芳樟醇、香叶醇(约6%)、肉豆蔻酯(约4%)、对百里香酚、丁香酚、异丁香醇等。用压榨法可制得24%～30%的不挥发油脂，称"肉豆蔻脂"，呈橘红或暗红色，其主要成分为肉豆蔻酸(十四烷酸)、油酸、三豆蔻酸甘油酯等。

【加工与利用】采用种仁和假种皮。肉豆蔻花期长，果实全年均有，一般每年集中采收2次。果实变黄，采收晒至半干，纵裂成两瓣，显露出带绯红色假种皮的种子。取出种子，分离假种皮与种仁。种仁通常要用石灰乳浸泡1 d，取出晒干即为"肉豆蔻"，假种皮称"肉豆蔻衣"。肉豆蔻是西方烹调和食品调味的常用辛香料。种仁为粉末和粒状两种，肉豆蔻衣为粉末。它与柠檬油、桂皮油、苦橙油、小豆蔻油、姜油等同用，有令人愉快的浓厚辛香。我国多将其用于肉制品的调味，是酱卤肉制品必用的辛香料之一，也用于高档灌肠制品中。在调味沙司、咖喱粉、甜点、布丁、肉类和鱼类烹调，以及快餐食品热狗、薯片等中广泛应用。肉豆蔻和肉豆蔻衣有一定的抗氧化作用，在油炸食品中使用效果很好。

种仁药用，味辛，性温。有温中、下气、消食、固肠的功能。用于腹胀痛、虚泻冷痢、呕吐、宿食不消。藏医主要用于头晕、神经衰弱、失眠、健忘及消化不良等症。肉豆蔻衣有祛风、兴奋等功能，为芳香健胃剂。肉豆蔻精油有兴奋、矫臭、祛风、抗菌的作用。外用可驱除寄生虫，治疗风湿痛等。

种仁精油和提取物具有抗菌、抗炎、抗血小板聚集、抗癌、杀虫、镇静等作用。肉豆蔻精油风味特殊，在化妆品香料中也有使用，如用于牙膏作风味料。其提取物有很强的抗菌性，可用作化妆品的防腐剂。它还可为抗炎剂、抗氧剂、驱虫剂、减肥剂用于护肤化妆品。

【附注】肉豆蔻种子含油脂38%～46%。用压榨法可得24%～30%的油脂，称"肉豆蔻脂"，为橘红色或暗红色黏稠液体，是重要的工业用油。

298 香没药 *Myrrhis odorata* (L.) Scop.

彩图298　英文名：Sweet cicely；伞形科

【别名】欧洲没药

【植物形态】多年生草本植物，茎中空，高60～90 cm。叶三至四回羽状分裂，叶片轮廓为长三角形，长达15~30 cm，下表面淡白色，基部有大叶鞘。花小，白色，顶生花序，仅外轮的花能育。果暗棕色，长1.9~2.5 cm，狭而具喙。

【生态分布】喜温凉湿润气候，喜光照。生于山坡、山谷沟边、路边、住宅附近。原产欧洲，主要分布在斯堪的那维亚地区。英格兰及苏格兰部分地区亦可见。

【历史与民俗】原产于欧洲。它作为草药使用历史悠久，欧洲中世纪教堂也常使用。根曾经作为蔬菜食用。后来通常将它种植在花园里，作为阴暗角落的一个有吸引力的装饰。

【化学成分】叶子含精油(0.05%)，油中富含异戊烯苯丙、茴香脑(85%)和甲基胡椒酚等。还含糖类、维生素、氨基酸、鞣质等。

【加工与利用】采用叶和果实。夏季开花时采集茎叶，去杂，洗净，切碎；秋季采集果实(籽)，去杂，干燥备用。叶子和果均用于烹饪；它有一种令人愉快的、甜的茴香或甘草味。它常用于沙拉、汤、鸡蛋饼、烩水果、饮料和利口酒中。干燥果实可以用来给肉菜增加甜辣的味道。

【附注】本种全草含挥发油，以水、乙醇等为溶剂提取，可得提取物。提取物含有精油等多种生物活性成分，具有抗菌、抗氧化、提高免疫功能等作用。其味芳香而有兴奋作用，可作为抗菌剂、抗炎剂、抗氧剂、皮肤调理剂用于化妆品。

299 香桃木 *Myrtus communis* L.

彩图 299　英文名：Myrtle；桃金娘科

【别名】爱神木

【植物形态】常绿灌木，或有时为高 5 m 的小乔木；枝四棱，幼枝稍被腺毛。叶芳香，革质，对生或 3 叶轮生，叶片卵形至披针形，长 1～3 cm，宽 0.5～1 cm，顶端渐尖，基部楔形，除中脉和边缘有柔毛外，余皆无毛；叶柄极短。花芳香，中等大，被腺毛，通常单生于叶腋，稀 2 朵丛生；花梗细长；萼片 5，细小，三角状卵形，短尖或渐尖；花瓣 5，白色或淡红色，较大，倒卵形，顶端钝或圆，被腺毛；雄蕊多数，离生，与花瓣等长，花药黄色短椭圆形。浆果球形或椭球形，蓝黑色或白色，顶端有宿存萼片；种子肾形，1 至数颗，有弯曲或螺旋状的胚。花期 5～6 月。

【生态分布】原产北非，喜温暖、湿润气候，喜光，亦耐半阴，萌芽力强，耐修剪，适应中性至偏碱性土壤，多生长于海拔 50～900 m 的地区。现在地中海沿岸各国的花园中已很常见。也有专业种植，以提取精油。我国产台湾、福建、广东、广西、云南、贵州和湖南等热带和亚热带地区，菲律宾、日本、印度、斯里兰卡、马来西亚和印度尼西亚等国也有。

【历史与民俗】古希腊时，香桃木用于供奉给爱与美的女神阿芙罗狄蒂；其叶常作为新娘的头饰。在古希腊时代，人们就已经知道香桃木具有杀菌能力。狄欧斯科里德指出：将香桃木的叶片放在酒中浸软，所得的浸液可以治疗肺部和膀胱感染。埃及人用香桃木来放松面部；罗马人认为它是治疗呼吸系统和泌尿系统疾病的万能灵药。到 16 世纪以后，香桃木被认为可以有效地抑制皮肤癌。

香桃木在圣经中是和平的象征。它的花经常出现在婚礼上的花束和头饰巾上面，也可以干燥之后给婴儿撒粉。16 世纪以后香桃木被认为可以有效地抑制皮肤癌。它也是“天使之水”（一种皮肤补剂）的成分之一。

【化学成分】含鞣质、黄酮和挥发油（主要有 α-蒎烯、桉油精和桃金娘醇）。

【加工与利用】叶、浆果为利用部位。叶含挥发油，春季采收鲜叶食用，或采用水蒸气蒸馏方法提取精油。罗马人使用叶子的味道用于炖菜和酒，在科西嘉岛、撒丁岛叶子仍然是重要的美食。它被添加到普罗旺斯鱼汤、菜猪肉和野猪肉里。叶被称为 nerto；也用于利口酒。香桃木叶子和果实可用作野味的填料，在烧烤前 5～10 min 包装添加到猎物中烧烤，味道鲜美。其干浆果可以在胡椒碾磨器中磨碎，作为一种辛辣料添加到炖菜和肉菜中。

叶具有收敛、滋补和抗菌作用。精油具有收敛、杀菌、驱风、镇静、祛痰、驱虫（体内）、滋补、壮阳等作用。叶片浸剂外敷，可清洗、治愈创口和溃疡；内服可治疗消化系统和泌尿系统功能紊乱。精油是强抗菌剂与减轻充血剂，在西班牙用于治疗支气管炎和肺部感染。

【附注】叶提取物对成纤维细胞活性有很好的促进，显示有活肤作用，结合其抗氧性，可用于抗衰化妆品。香桃木精油味道清新、清爽，非常宜人，比桉叶油温和，没有刺激性，可用于化妆品的加香。精油还是强抗菌剂、收敛剂与减轻充血剂，能净化阻塞的皮肤进而消除粉刺和不洁的突起物，也能驱散淤血，并改善干癣落屑的外观。精油内服需遵医嘱。

300 豆瓣菜 *Nasturtium officinale* R. Br.

彩图 300　英文名：Watercress；十字花科

【别名】西洋菜，水田芥，水焊菜，水生菜

【植物形态】多年生水生草本，高 20～40 cm。茎匍匐或浮水生，多分枝，节上生不定根。单数羽状复叶，小叶 3～7(9) 枚，宽卵形、长圆形或近圆形，顶端 1 片较大，近全缘或呈浅波状，叶柄基部成耳状，略抱茎。总状花序顶生，花多数；花白色，萼片长卵形；花瓣倒卵形或宽匙形，顶端圆，基部渐狭成细爪。雄蕊 6 枚，雌蕊长柱形。长角果圆柱形而扁。种子卵形，红褐色。花期 4～5 月，果期 6～7 月。

【生态分布】豆瓣菜原产欧洲和亚洲北部，喜冷凉气候，喜阳光，怕炎热，对水分十分敏感，要求浅水和空气湿润，以相对空气湿度 70%～85% 为宜。对土壤适应性强，但以保水、保肥的黏性壤土为好。据称传入我国已久，许多地方逸为野生，如陕西户县、周至、眉县海拔 800～1 500 m 的秦岭中的小溪、水塘边有野生。山东、河南、湖北、安徽、四川、贵州、云南、西藏也有野生或栽培。在欧、美许多国家也是人工栽培的重要野菜之一。

【历史与民俗】豆瓣菜作为食用、调味料和药用的历史悠久。据说古希腊人规劝愚蠢的人"吃豆瓣菜"，认为它有助于治疗大脑疾病。国外资料称，豆瓣菜煮熟食用，有通经、流产和避孕的作用。

在我国"本草"中，豆瓣菜始见于《植物名实图考》(公元 1848 年)，称无心菜，"湖北人多摘以为茹，亦呼为豆瓣菜"。

豆瓣菜的嫩茎叶食用有特殊的口感，随着我国人民生活水平的提高，作为野菜中的一员，已成为大众餐桌上具有独特风味的野菜了。

【化学成分】豆瓣菜每 100 g 食用部分含水分 94.5 g、热量 71 kJ、蛋白质 2.9 g、脂肪 0.5 g、碳水化合物 0.3 g、膳食纤维 1.2 g、灰分 0.6 g、胡萝卜素 9.55 mg、视黄醇当量 1.592 mg、维生素 B_1 0.01 mg、维生素 B_2 0.11 mg、烟酸 0.3 mg、维生素 E 0.59 mg、维生素 C 52 mg、钾 179 mg、钠 61.2 mg、钙 30 mg、镁 9 mg、铁 1.0 mg、锰 0.25 mg、锌 0.69 mg、铜 0.06 mg、磷 26 mg、硒 0.7 μg。生物活性成分为全草中含有的豆瓣菜苷及维生素 A、维生素 B、维生素 C 等。此外，种子中还有黑芥子苷、谷甾醇等。

【加工与利用】食用嫩茎叶。在我国大部分地区，整个生长季节均可采集豆瓣菜的嫩茎叶，鲜用、腌渍或干制均可。豆瓣菜一直是人们喜爱的野菜，在其生长时节，均可采集嫩茎叶食用，是一种有特色的野菜。嫩茎叶洗净，用沸水烫一下，放凉后，可凉拌、炒食、做馅、做汤。也可腌制成小咸菜或西餐配菜。长期以来，豆瓣菜在欧洲、日本常被添加到沙拉、三明治、肉类等中，作为调味料和鲜菜。其种子有似芥子的气味，但味不及芥子辛辣，在鱼类的烹调中亦常用以除腥味。

豆瓣菜不仅是一种时新野菜，而且是一种很好的保健食品。中医学认为豆瓣菜味甘、淡，性凉，有清热解毒、凉血止痛、助消化以及清燥润肺、化痰止咳、利尿等功效，是治疗肺痨的理想食物。

【附注】国外有报道，豆瓣菜能干扰卵子着床，阻止妊娠，可作为避孕、通经及流产的辅助食物使用。研究表明，本品还有抗癌活性。

豆瓣菜提取物对胶原蛋白、层黏连蛋白生成有促进，显示有活肤作用，可用于抗衰化妆品。它对皮脂分泌有抑制作用，可用于护肤化妆品，对因皮脂分泌过多而引起的粉刺等皮肤疾患有防治作用。

301 莲 *Nelumbo nucifera* Gaertn.

彩图 301 英文名：Hindu lotus，Lotus；睡莲科

【别名】荷，鞭蓉，水芙蓉，水芸，水旦

【植物形态】多年生水生植物。根茎(藕)肥大多节，横生于水底泥中。叶盾状圆形，表面深绿色，被蜡质白粉，背面灰绿色，全缘，并呈波状。叶柄圆柱形，密生倒刺。花单生于花梗顶端、高托水面之上，有单瓣、复瓣、重瓣及重台等花型；花色有白、粉、深红、淡紫色或间色等变化；雄蕊多数；雌蕊离生，埋藏于倒圆锥状海绵质花托内，花托表面具多数散生蜂窝状孔洞，受精后逐渐膨大称为莲蓬，每一孔洞内生一小坚果(莲子)。花期 6～9 月。果熟期 9～10 月。

【生态分布】原产于热带亚洲和澳大利亚昆士兰州，属亚热带、温带水生植物，广泛生于世界各地的

池塘、水沼中，我国南北各地均有栽培。

【历史与民俗】莲是被子植物中起源最早的种属之一。据化石研究证实，一亿三千五百万年以前，在北半球的许多地方的水域都有莲属植物分布。在郑州大河村仰韶文化遗址中发现的两枚古莲子有超过 3 000 年历史。我国历来认为荷花为圣洁高雅之物，所以古代诗词歌赋经常会有歌颂荷花的篇章。如曹植在《芙蓉赋》中说“览百卉之英茂，无斯华之独灵”。《群芳谱》中说：“凡物先华而后实，独此华实齐生。百节疏通，万窍玲珑，亭亭物华，出于淤泥而不染，花中之君子也。”周敦颐的《爱莲说》中有“予独爱莲之出淤泥而不染，濯清涟而不妖，中通外直，不蔓不枝；香远益清，亭亭净植；可远观而不可亵玩焉”，是对荷花最出名的赞誉。

在国外，相对于印度教，佛经对于莲花的记载更为广泛，莲花几乎可以和“佛”画上等号。在佛教符号体系中，莲花代表漂浮在欲望的污水上，身体、言语和心灵的纯洁。佛通常被描写坐在巨大的莲花和莲叶上。此外，据说公元前约 500 年，莲花传入埃及，可能是由波斯人带去的。古埃及人装饰庙宇柱顶的“莲苞”仿自莲花。希腊作家希罗多托斯描述埃及植物的时候写道：“河中生长着一些像玫瑰的百合，果实生长在像黄蜂窝的荚里，有很多像橄榄核大小的果实可以食用，可以吃鲜的，也可以吃干的。”他所说的显然是莲花。

【化学成分】根茎富含淀粉，以及维生素、矿物质。叶含莲碱、荷叶碱、原荷叶碱、亚美罂粟碱、前荷叶碱、N-去甲基荷叶碱、D-N-甲基乌药碱、番荔枝碱、鹅掌楸碱、槲皮素、异槲皮苷、莲苷、酒石酸、柠檬酸、苹果酸、葡萄糖酸、草酸、琥珀酸、鞣质，还含抗有丝分裂作用的碱性成分。莲子含大量的淀粉和棉子糖以及蛋白质 16.6%，脂肪 2.0%，碳水化合物 62%，钙 0.089%，磷 0.285%，铁 0.006 4%；其脂肪中脂肪酸组成为肉豆蔻酸、棕榈酸、油酸、亚油酸、亚麻酸；果实含和乌胺（higenamine）；果皮含荷叶碱、原荷叶碱、氧黄心树宁碱和 N-去甲亚美罂粟碱；莲心含莲心碱、异莲心碱、甲基莲心碱、荷叶碱、前荷叶碱、牛角花素、甲基紫堇杷灵、去甲基乌药碱，又含水犀草苷、金丝桃苷、芸香苷等黄酮类。

【加工与利用】莲的根茎称“藕”，鲜食时，在荷叶尚青时采挖；供制淀粉或蜜饯时，待荷叶枯黄后采挖。采挖前 10 d 放干池塘中的水，待泥土稍干时，将叶柄割下，沿叶柄下方将藕挖出；挖藕时，藕节不要挖断，以免泥土进入藕孔内，影响藕的质量。种子、根茎均含淀粉，可以利用。一般 8～10 月莲子成熟时采集莲蓬，除去莲蓬斗及莲子壳，取出种子，去杂，洗净，晒干或烘干，即得莲子。

藕可以像蔬菜一样煮或烤来吃，或者像薯片一样油炸。藕片有独特的穿孔，通常制作成罐头销售。它还用来装饰肉类或家禽菜肴。藕也可用于腌制或制作蜜饯。除去苦的胚后的种子可生吃，或煮、烤、醋腌着吃。干种子有一种香甜味道，被添加到汤、炖肉里。幼嫩的叶子可以像菠菜一样做菜吃，或包着米饭、虾或肉馅料食用。中医认为，藕是一款冬令进补的保健食品，既可食用，又可药用。生食能凉血散淤，熟食能补心益肾，可以补五脏之虚，强壮筋骨，滋阴养血。同时还能利尿通便，帮助排泄体内的废物和毒素。莲子的营养价值较高，有养心安神的功效，中老年人，特别是脑力劳动者经常食用，可以健脑，增强记忆力，提高工作效率并能预防老年性痴呆的发生。莲子心味道极苦，却有显著的强心作用，能扩张外周血管，降低血压。莲心还有很好的去心火的功效，治疗口舌生疮，有助于睡眠。

【附注】莲的种子、根茎均含淀粉，可以用于加工“藕粉”。莲藕粉营养价值高，药疗作用也佳，而且制成方便食品后，食用简便，一冲就可食用，且味道鲜美，老少皆宜，受到广泛好评。它是一种不带麸质，用水可调开的粉末，在中餐及日本料理中作为稠化剂使用。

莲的各部分提取物均有不同程度的抗菌、抗氧化、润肤作用。据报道，莲梗、莲叶含莲叶碱，对脂肪有促进分解的作用。莲叶和果实（莲子）提取物对脂肪分解均有促进作用，可用于减肥类化妆品中。莲子芯（胚芽）提取物对弹性蛋白、胶原蛋白、表皮细胞增殖均有促进作用，显示有增强皮肤活性的能力，可用于防皱、抗衰化妆品。

302 红毛丹 *Nephelium lappaceum* L.

彩图 302 英文名：Rambutan；无患子科

【别名】毛荔枝，韶子，红毛果，红毛胆

【植物形态】常绿乔木，高 10 m；小枝圆柱形，有皱纹，灰褐色。羽状复叶，叶连柄长 15～45 cm，叶轴稍粗壮，干时有皱纹；小叶 2 或 3 对，薄革质，椭圆形或倒卵形，长 6～18 cm，宽 4～7.5 cm，顶端钝或微圆，有时近短尖，基部楔形，全缘；干时褐红色；小叶柄长约 5 mm。花序常多分枝，与叶近等长或更长，被锈色短茸毛；花梗短；萼革质，长约 2 mm，裂片卵形，被茸毛；无花瓣；雄蕊长约 3 mm。果阔椭圆形，红黄色，连刺长约 5 cm，宽约 4.5 cm，刺长约 1 cm。花期夏初，果期秋初。

【生态分布】喜高温多湿，没有风害，低海拔的山地环境。要求年平均温度在 24 ℃以上，最冷月的温度要高于 17 ℃。原产于马来半岛。东南亚各国，如泰国、斯里兰卡、马来西亚、印度尼西亚、新加坡、菲律宾有生产，美国夏威夷和澳大利亚也有栽培。中国的台湾、海南有种植，云南西双版纳有野生红毛丹。

【历史与民俗】红毛丹起源于马来西亚，自古以来在这一地区已种植了，很早当地民间就从果皮中获得黑色染料用于染布。现在商业种植，以小规模种植园的形式遍布东南亚（主要是缅甸、越南到印尼）。最近在桑给巴尔、马达加斯加、中美洲和澳大利亚也有种植。

【化学成分】果肉含葡萄糖、蔗糖，含丰富的维生素、氨基酸、碳水化合物和多种矿物质。果皮富含多酚类化合物，主要有并没食子酸、鞣云实素、老鹳草素等。

【加工与利用】果实为利用部位。果实成熟时，采集果实。果皮坚硬，但很容易用手剥开，即可显示出白色、芳香、像荔枝一样美味可食的果肉，味甜，也与荔枝一样可生吃，或用于水果沙拉和甜的点心。也可以跟冰淇淋搭配食用，还可以同多种蔬菜和肉类一块儿烹饪。红毛丹果肉也可以用于炖菜、汤菜或加工成罐头备用。此外还可制蜜饯、果酱、果冻和酿酒。

【附注】红毛丹果壳洗净加水煎煮当茶饮，可改善口腔炎症与腹泻。红毛丹植株的树根洗净加水熬煮当日常饮料，能降火解热；其树皮水煮当茶饮，对舌头炎症具有显著的功效。果壳含丰富的色素，是不错的染料，用不同的媒染方法可以染成黄色、军绿、咖啡色。

红毛丹果皮提取物可有抗菌、抗炎、抗氧化、抗过敏、美白、促进胶原蛋白生成，有活肤作用，可用于护肤、抗衰化妆品。

303 烟草 *Nicotiana tabacum* L.

彩图 303 英文名：Tobacco；茄科

【别名】红花烟草，烟叶

【植物形态】一年生或二年生植物，全体被腺毛；根粗壮。茎高 0.7～2 m，基部稍木质化。叶矩圆状披针形、披针形、矩圆形或卵形，顶端渐尖，基部渐狭至茎成耳状而半抱茎，长 10～30（－70）cm，宽8～15（－30）cm，柄不明显或成翅状柄。花序顶生，圆锥状，多花；花梗长 5～20 mm。花萼筒状或筒状钟形，长 20～25 mm，裂片三角状披针形，长短不等；花冠漏斗状，淡红色，筒部色更淡，稍弓曲，长 3.5～5 cm，檐部宽 1～1.5 cm，裂片急尖；雄蕊中 1 枚显著较其余 4 枚短，不伸出花冠喉部，花丝基部有毛。蒴果卵状或矩圆状，长约等于宿存萼。种子圆形或宽矩圆形，径约 0.5 mm，褐色。夏秋季开花结果。

【生态分布】原产热带美洲，现在世界各地广泛栽培。我国南北各省区也有栽培。

【历史与民俗】烟草是美洲民间草药。印第安人用烟草作为梅毒的止痛剂，以抚慰患者的内心，使其忘却痛苦。尼古特（Jean Nicot）最早在葡萄牙见到了这种神奇的草药，并将烟草种子带回法国，称之为尼古丁那(Nicotina),据称可以治疗癌症及肿瘤,研成干粉吸入可治头痛,吸食烟草可减轻气喘。中美洲的玛雅人用烟草治疗气喘、痉挛和皮肤痛。在原始美洲文化中,烟草也被用于宗教仪式。烟草传入我国时称“淡巴菰”,这是印第安语“烟草”的音译。我国最早记录烟草的文献是明代张介宾的《景岳全书》:“此物自古未闻,近自我明万历时始出闽、广之间。”烟草的别称还有相思草、金丝烟、芬草、返魂烟等。

一般认为烟草最早传入中国是从菲律宾到中国台湾及福建的漳州、泉州,时间在1563—1640年间。开始传入的是晒晾烟,距今已有400多年的种植历史。1900年在台湾试种烤烟,自1910年后相继在山东、河南、安徽、辽宁等地试种烤烟成功;1937—1940年开始在四川、贵州和云南试种,发展成为中国主产优质烟区。20世纪50年代引进香料烟,20世纪60年代引进白肋烟,分别在浙江新昌、湖北建始试种成功。黄花烟约在200年前由俄罗斯传入中国北部地区种植。

【化学成分】含生物碱(主要为烟碱)、挥发油等。据报道,我国烤烟中化学成分的平均含量分别为总糖23.08%,还原糖19.63%,总氮2.00%,烟碱1.99%,蛋白质10.32%,施木克值2.45,总糖/烟碱14.21,总氮/烟碱1.15。

【加工与利用】利用部位主要为叶。秋季采收,阴干备用。烟碱有兴奋作用,还有消肿、解毒、杀虫等作用。烟草除能制成卷烟、旱烟、斗烟、雪茄烟等供人吸食外,尚有多种医疗用途。虽然烟草给人类带来了很多危害,甚至被称为“毒草”,许多国家或地区明文限制流通或抽吸,世界卫生组织成员还签署了《烟草控制框架公约》。但作为一种历史悠久的药用植物,其医疗价值不能因其危害性而被抹杀。如本品可用于治疗疔疮、肿毒、头癣、白癣、秃疮、毒蛇咬伤等。

【附注】烟叶富含蛋白质,烤烟叶在10%左右,晒烟和白肋烟可高达20%。烟草再生能力强,一年可多次收获,烟叶产量高,利用鲜烟叶提取蛋白,其亩产量可超过大豆,其他作物更无法相比。烟叶提取的蛋白可制作多种食品,有广泛用途,剩下的烟叶仍可用作卷烟的原料。从烟叶中提取烟碱制成医药可防治人们的病患,制成农药可防治农作物害虫,其前景也是可观的。

使用本品要注意用量,吸食过多会成瘾,外用时烟碱也可通过皮肤吸收。

304 黑种草 *Nigella sativa* L.

彩图304 英文名:Black cumin, Black seed, Kalonji;毛茛科

【别名】黑枯名,家黑种草,腺毛黑种草,果黑种草

【植物形态】一年生草本,高35~60 cm。茎中上部多分枝。叶为一回或二回羽状深裂,裂片细,茎下部叶有柄,长2~3 mm,上部无柄。花单生枝顶,花萼5个,白色至淡蓝色,形如花瓣,长8~12 mm,椭圆状卵形,基部逐渐变窄成爪;二唇形,上唇比下唇短小,其先端逐渐窄成线形,下唇2深裂,中部变宽,先端和中部有瘤状突起;雄蕊多数;心皮通常5,基部合生成一复子房。蒴果,长1.5~2 cm,顶端开裂,先端喙长8~10 mm。种子多数,扁三棱形,黑色,表面粗糙或有小点。花期6~7月,果期8月。

【生态分布】原产西亚,喜温凉干燥气候,喜光,要求阳光充足。亚洲的许多地区和地中海地区作为园林植物而栽培。我国新疆、西藏有栽培。

【历史与民俗】根据Zohary和Hopf的考证,认为黑种草种子被发现在几个古埃及坟墓中,包括图坦卡蒙的坟墓。虽然在埃及文化里黑种草的确切作用尚不清楚,但它用于埋葬法老是精心选择的,希望协助他来世幸福。

黑种草最早的书面记录被认为是在《圣经·旧约》中,收载有黑种草和小麦对比。伊斯顿美国圣经希伯来语词典ketsah是指黑种草毫无疑问(虽然不是所有的翻译是一致的)。根据Zohary和Hopf的考证,黑种草在古代的亚非拉地区就已经是一种传统调味品,其黑色的种子被广泛用于风味食品。黑种草种子在公元前2 000年的土耳其也已经被发现了。

【化学成分】种子含挥发油(1.4%)、皂苷(毛茛籽皂素)、生物碱、氨基酸和脂肪油(40%)。种子挥

发油的主要成分为百里香酚、黑种草酮等。生物碱为黑种草碱、黑种草胺-N-氧化物，还含黑种草素。脂肪油主要成分为油酸、亚油酸，还有胆甾醇、菜油甾醇、豆甾醇、β-谷甾酸、α-菠菜甾醇等。

【加工与利用】 主要利用种子。夏秋种子成熟时割取全株，晒干，打下种子，再晒至干备用。种子粉碎后可以水蒸气蒸馏方法提取挥发油。在印度和中东，芳香和辛辣的黑种草种子被广泛用作调味品，用于需要有胡椒辛辣味的菜肴。它也撒在蛋糕和面包上，尤其是传统的娜娜面包。印度“panch phora”是一个混合有黑孜然和真正的孜然、茴香、胡芦巴、芥末的五香粉。在东欧(俄罗斯、波兰)*N. damascena* 的种子也常撒在蛋糕和面包里。

【附注】 种子具有抗菌、止痛、抗痉挛、驱虫等作用。可以刺激消化、祛风止痛、补肾健脑、利尿、发汗、健胃、抗蠕虫、治疗哮喘等，也是维吾尔医学中一种习惯用药。近年来，又发现它在降脂、降糖、抗癌等多方面具有一定功效。黑种草精油可用于化妆品调配香精。种子提取物可作为抗菌剂、抗氧剂、皮肤美白剂、抗衰活肤剂用于护肤、抗衰化妆品。

305 发菜 *Nostoc commune* Vauch. var. *flagelliforme* (Berk. ex Cureis) Born. ex Flah.

彩图 305

英文名：Nostoc flagelliforme；念珠藻科

【别名】 头发菜，头发藻，地耳筋，地毛菜

【植物形态】 藻体为不分支的丝状体，干燥时缠绕在一起，黑色、蓝绿色或紫红色，为细丝型或宽扁型。藻体内由很多藻丝略平行排列形成胶质群体。藻丝长 10～20 cm，宽约 1 mm。每一条丝状体的胶被内又由一长串许多的细胞彼此相连而成。细丝细胞近球形，宽 4～5 μm。这些细胞无真正的细胞核，中间的原生质体与周围不同，成为一个中心，内含染色质粒。四周的质体基粒中含有叶绿素及一种蓝藻素，使细胞呈蓝绿色。每隔数个细胞便出现一个较大的细胞，其细胞壁特厚，称之为异形细胞，通常认为它是发菜遇恶劣环境时保存物种的一种形式。发菜一般用营养体进行繁殖。即一根丝状体可分成数小段，每小段为一连锁体，两连锁体之间生一异形细胞将它们分开，每段连锁体各自成为新丝。这样不断繁殖，藻丝不断增加，最后成为一团。

【生态分布】 发菜喜生于荒漠和半荒漠草原的植被下面、岩屑周围的草丛中。在未放牧的地区，不断找到生长良好的发菜。发菜原本是水生植物，而在我国西北地区却成为陆生植物。发菜既耐旱，又要求有足够的水分，一般在年降雨量 200～300 mm 的地区能够生长，尤以雨水较多的夏季生长最旺盛。发菜喜光，要求日照率在 60%～80%。在 10～25 ℃下生长良好。它喜欢生活在荒漠土壤上，以较黏性土壤及含有机质少，富含铁、钙、锰的碱性土壤最为适宜。发菜的适应性很强，能适应恶劣多变气候，尤其对干燥、变温、太阳强辐射表现出极强的忍耐力，使得它在荒漠之中仍顽强生存。我国的发菜主产区是甘肃、内蒙古、宁夏、青海及新疆部分地区，尤以内蒙古乌兰察布盟北部牧区的发菜最为著名。

【历史与民俗】 发菜在我国古代就叫作“潭石衣”。在甘肃、内蒙古等干旱地区的群众很早就有食用发菜的习惯。发菜因其形如乱发，颜色深黑，故当地群众称之为“发菜”；也有人称之为“地毛”。虽产自西北干旱地区，但其蛋白质丰富，又有海鲜味，极受人们的喜爱，并以为是极其稀罕之物，且“发菜”与“发财”谐音，因此，港、澳、台及东南亚等地的人们十分喜爱它，视为极高档的食品。

“发菜”始见载于清代李渔(1611—约 1679 年)《闲情偶记》：“菜有色相最奇而为《本草》、《食物志》诸书之所不载者，则西秦所产生之头发菜是也，浸以滚水，拌以姜醋，其可口倍于藕丝、鹿角菜。”据传，唐宋时期，发菜已是出口物资。又一传说，汉代苏武牧羊北海滨时，以发菜充饥，此说如有据，则汉代即已食用。从汉代起，权贵们就常把发菜作为贡品奉献给皇帝食用。据说慈禧太后的菜单上也有一道“拌发菜”。

【化学成分】 每 100 g 发菜可食部分为 100%，热量 1 026 kJ、水分 10.5 g、蛋白质 22.8 g、脂肪 0.8 g、膳食纤维 21.9 g、碳水化合物 36.8 g、灰分 7.2 g、硫胺素 0.23 mg、维生素 E 21.70 mg、钾

108 mg、钠 103.3 mg、钙 875 mg、镁 132 mg、铁 99.3 mg、锰 3.15 mg、锌 1.67 mg、铜 0.72 mg、磷 66 mg、硒 7.54 μg。

另据报道，纯净的发菜除含蛋白质、碳水化合物、脂肪、铁、钙、磷外，并含有 19 种氨基酸，其中人体所必需的赖氨酸 50%以上、精氨酸 6%以上、谷氨酸 8%以上。含碘量高达 0.01%～0.5%。还含 β-胡萝卜素、海胆烯酮(echinenone)、蓝溪藻叶黄素(myxoxanthophyll)、鸡油菌黄质(canthaxanthin)、叶绿素 A、藻青素(phycocyanin)、别藻青素(allophycocyanin)等。

【加工与利用】 野生发菜四季均可采集，一般 11 月至翌年 5 月采收最好。采集方法是：清晨或雨后地皮刚干时采集，此时发菜湿润而不易被拉断，可用手捡，也可用钢丝耙子搂起。采集时不免混入一些草根杂物，这叫作“毛菜”。“毛菜”经除去泥、杂草等后即为净菜。发菜采集后一般进行干制，食用时再用水发起。发菜藻体的食用方法很多，洗净后，可炒食、凉拌、馏、烩、做羹等。它虽然其貌不扬，在餐桌上却是有名的山珍海味，以滑、柔、嫩、脆、润取胜，滑润如莼菜，鲜嫩如口蘑，细洁如燕窝，柔韧如叶状地衣，常被用于国宴款待宾客。

【附注】 发菜提取物含有大量营养及生物活性成分，具有抗菌、抗氧化、吸收紫外线、促进皮肤血液循环、皮肤保湿等作用。据报道，其水提取物对 DPPH 自由基有消除作用，对紫外线有吸收作用。因而它可用于润肤、防晒化妆品中；还可作为抗菌剂、抗氧剂、皮肤调理剂在化妆品中使用。

306 睡莲 *Nymphaea tetragona* Georgi

彩图 306　英文名：Pygmy water lily；睡莲科

【别名】 子午莲，水芹花，瑞莲，水洋花，小莲花

【植物形态】 多年生水生草本。根状茎粗短，直立。叶丛生，具细长叶柄，浮于水面，革质或近革质，近圆形或卵状椭圆形，直径 6～11 cm，全缘，无毛，上面浓绿，下面暗紫色。花单生于细长的花梗顶端，漂浮于水，直径 3～6 cm。萼片 4 枚，花瓣 8～15，白色，宽披针形或窄卵形，内轮几乎不变形而成为雄蕊；雄蕊多数，较花瓣短；子房下位，5～8 室，柱头 5～8。浆果球形，直径 2～2.5 cm，为宿萼所包裹；种子多数，椭圆形，有肉质囊状假种皮。花期为 6～9 月，果期 7～10 月。

【生态分布】 睡莲原产北非和东南亚热带地区，生于池沼、湖泊和路边水沟中，常成片生长。少数产于南非、欧洲和亚洲的温带、寒温带地区，它喜阳光、通风良好，所以白天开花(喜热)，晚上花朵闭合(耐寒)，到早上又会张开。分布于日本、朝鲜、印度、俄罗斯、欧洲等地。美国也有。我国分布于云南至东北，西至新疆。各省区均有栽培。

【历史与民俗】 睡莲属植物的学名 *Nymphaea* 源于拉丁语 Nymph，意为居住在水乡泽国的仙女，在古希腊、古罗马，睡莲与中国的荷花一样，被视为圣洁、美丽的化身，常被作为供奉女神的祭品。在新约圣经中，也有“圣洁之物，出淤泥而不染”之说。睡莲是 8 月 5 日的生日花，花语为妖艳(glamorous)。古埃及人称睡莲为“尼罗河的新娘”，经常把它当作壁画上的主题。此外，还有“香水百合”和“妖精之花”等妖艳美丽的花名。

【化学成分】 根茎含淀粉 53.4%，粗纤维 15%左右。

【加工与利用】 根茎含淀粉，可以利用。一般 8～10 月采挖根茎。采挖前 7～10 d 放干池塘中的水，待泥土稍干时将叶柄割下，沿叶柄下方将根茎挖出，洗净，备用。根茎经清洗→加水粉碎→渣浆分离→细滤除沙→甩干脱水→干燥，最后成为淀粉。

睡莲根茎富含淀粉，可食用或酿酒。其淀粉食用价值类似于藕粉；但睡莲根茎较少，尚无睡莲“淀粉”产品上市。

【附注】 睡莲全草适宜作绿肥，其根茎还可入药，用于做强壮剂、收敛剂，可用于治疗肾炎病。睡莲在园林中应用很早，在 16 世纪，意大利就把它作为水景园的主题材料。在 2 000 年前，中国汉代的私家

园林中也曾出现过睡莲的身影。睡莲花叶俱美，花色丰富，开花期长，深为人们所喜爱，睡莲的根能吸收水中的铅、汞、苯酚等有毒物质，是难得的水体净化的植物材料，因此在城市水体净化、绿化、美化建设中备受重视。此外，睡莲的品种很多。

307 罗勒 *Ocimum basilicum* L.

彩图 307

英文名：Sweet basil，Basil，Common basil；唇形科

【别名】甜罗勒，九重塔，香佩兰，毛罗勒

【形态特征】一年生或多年生草本，高达 50～80 cm；茎直立，多分枝，茎及枝均四方形，被疏柔毛，老茎近圆形，无毛。单叶对生，卵形或卵状披针形，基部楔形，先端钝尖，全缘或略具锯齿，两面叶脉上被疏柔毛，下面有腺点；叶柄被疏柔毛。轮伞花序集成总状，每轮有 6 花；苞片卵形至披针形，边缘有长缘毛，早落；花萼钟状，外被疏柔毛，5 齿，上中齿最大，广卵形，边缘下延，下 2 齿披针形；花冠白色、蓝紫色或淡红色，上唇 4 浅裂，下唇矩圆形，下倾；雄蕊 4，后对花丝基部有齿状附属物；子房上位，4 裂。小坚果，矩圆形至卵圆形，平滑，褐色或黑褐色。花期 7～9 月。果期 10～12 月。

【生态分布】罗勒原产非洲、美洲及亚洲热带地区。喜温暖湿润气候。喜光照，耐热，不耐旱，特别是幼苗期。同时，也怕积水。它在热带地区可长成半灌木状，多年生长，而在我国长江流域及其以北地区为一年生草本。对土壤要求不严，但宜选择向阳、平坦、肥沃、疏松、排水良好的壤土或砂质壤土栽培。主要产自法国、匈牙利、科摩罗、马达加斯加、美国、埃及、意大利、土耳其、保加利亚等地。在我国长江以南及安徽、江苏、浙江、江西、台湾、广东、广西、云南等地均有栽培和野生。

【历史与民俗】罗勒英文名 basil 是希腊字“国王(besileum)”演化而来。古希腊人认为罗勒很珍贵，堪称植物之王；罗勒油也是国王所涂抹的圣油(基督教礼仪之一)成分之一。约翰·巴金森爵士也写道：“罗勒的味道如此之好，非常适合用在国王的宫殿。”戴奥斯柯瑞迪在《药物学》一书中也记载了非洲人相信食用罗勒可消减蝎子螫咬的疼痛。在现代希腊，罗勒仍然是非常有价值的植物，是佳肴中最常用的香料。

传说印度人把罗勒当作与牧牛神一样是神圣不可侵犯的，并认为它有保护的能力。古罗马人就用罗勒来缓解胃肠胀气、去毒、利尿和催乳。在印度，罗勒也是传统医药使用的重要药材。在欧洲，自古人们就用罗勒来治疗胸腔感染、消化系统问题以及黄疸。有些药草学家还认为罗勒具有壮阳、促进性欲的功效。

罗勒在我国食用和药用的历史也有 1 000 多年，北魏时期就已有栽培利用的记载了。中国人把它当作一种很有效的药物，据说可以用来治疗癫痫。罗勒在第二次世界大战的时候突然受到人们的欢迎，因为那时香料很难获得，罗勒精油也就在香水中使用了。

【化学成分】每 100 g 嫩茎叶含蛋白质 7.8 g，碳水化合物 12.6 g，胡萝卜素 4.9 g，纤维素 2.5 g，富含挥发油、抗坏血酸和钙。挥发油主要成分为罗勒烯、α-蒎烯、1,8-桉叶素、芳樟醇、牻牛儿醇、柠檬烯、3-蒈烯、甲基胡椒酚、丁香油酚、丁香油酚甲醚、茴香醚、桂皮酸甲酯、3-己烯-1-醇、3-辛酮及糠醛等。

【加工与利用】利用茎叶和花序。嫩茎叶可做蔬菜食用，或用作调料。提取精油的甜罗勒宜在始花期进行收割。收割时不宜带露水采收，一般在上午 9 时至下午 5 时收割茎叶和花序，采用水蒸气蒸馏方法提取精油。

嫩叶可食，亦可泡茶饮；可用作比萨饼、意粉酱、香肠、汤、番茄汁、淋汁和沙拉的调料。许多意大利厨师常用罗勒来代替比萨草，也是泰式烹饪中常用的调料。罗勒还非常适合与番茄搭配，不论是做菜、熬汤还是做酱，风味都非常独特。罗勒还可以和牛至、百里香、鼠尾草混合使用加在热狗、香肠、调味汁或比萨酱里，味道十分醇厚。

【附注】罗勒茎叶有驱风、芳香、健胃及发汗作用。罗勒精油香气芬芳，有清甜的茴香辛香、酒香、草

香，香气有力、留长。具有较强的杀菌能力，是良好的防腐杀菌剂，也是良好的抗忧郁剂、抗痉挛剂、驱风剂、化痰剂、退烧剂、镇静剂、健胃剂、调经剂、催乳剂、头部疾病药、刺激肾上腺皮质分泌剂、预防保健和滋补剂等。它适用于治疗肌肉酸痛、呼吸道疾病、月经不顺畅、感冒和流行性感冒、精神不振、焦虑等症。

罗勒油香气芬芳，主要用于调香，配制化妆品、皂用香精；也常用于牙膏、漱口剂中作矫味剂。精油和提取物有很强的抗菌性及促进毛发生长作用，可用于去头屑洗发液、香波中。在紫外线照射试验时，罗勒水提取物显示有较好的屏蔽作用，可用于防晒化妆品。

308 丁香罗勒 *Ocimum gratissimum* L.

彩图 308　英文名：Basil，Engenol type，Sweet scented basil；唇形科

【别名】非洲罗勒，丁香，臭草

【植物形态】多年生亚灌木，高 1～2 m；茎直立，上部草质，基部木质。单叶对生，卵形或卵状矩圆形，长 5～10 cm，基部楔形，边缘有钝或粗锯齿，两面密被柔毛，下面有细腺点；叶柄长 1～3.5 cm，密被柔毛。轮伞花序 6 花，密集组成顶生圆锥花序，长 10～15 cm，密被茸毛；苞片菱形至披针形，早落；小花梗比萼短，具短毛；花萼钟状，长 3.5 mm，外被柔毛及腺点，内面在喉部有柔毛，5 齿，上中齿宽大，边缘下延，下 2 齿极小，高度合生呈 2 刺芒；花冠白色或黄白色，长约 4 mm，上唇 4 浅裂，裂片近相等，下唇矩圆形，全缘；雄蕊 4，后对花丝基部有齿状附属物；子房上位，4 裂。小坚果近球形至卵圆形，深褐色。

【生态分布】丁香罗勒起源于热带地区，喜温暖湿润气候。喜光，光照不足则植株生长纤细，分枝也少，花穗也少，产量和含油率下降。丁香罗勒主要产自印度尼西亚、塞舌尔、马达加斯加等地。在我国台湾、广东、广西、福建、海南、云南南部等地均可栽培。

【历史与民俗】丁香罗勒原产非洲，其茎叶极香，当地民间把它作为传统草药，有健胃、镇痛之功效。19 世纪末才开始从丁香罗勒的茎叶、花序中提取精油，因其含有大量丁香酚，可代替丁香精油（clove bud oil）使用。

【化学成分】以水蒸气蒸馏上部茎叶及花序，其精油得率 0.2%～0.6%；主要化学成分（%）：丁子香酚（85.1）、松油烯-4-醇（2.6）、大根香叶烯 D（2.6）、石竹烯（3.6）、α-咕吧烯（1.9）、α-松油醇（1.2）、α-蒎烯（0.4）、p-伞花烃（0.5）、芳樟醇（0.2）、月桂烯（0.2）、去氢白菖烯（0.2）、顺-罗勒烯（0.2）、反-罗勒烯（0.4）、γ-木罗烯（0.2）、δ-杜松烯（0.2）等。

【加工与利用】利用精油及嫩叶。嫩叶可食，用作香辛料。夏季割取带花序的枝叶，鲜品以水蒸气蒸馏方法提取精油。通常较少食用。主要用于提取精油。我国《食用添加剂使用卫生标准》（GB2760—1996）规定丁香罗勒精油为暂时允许使用的食用香料，可用于甜酒、调味品、蔬菜、泡菜、糕点、肉糜制品等。

丁香罗勒全草入药，味辛，性温。有疏风行气、化湿健胃、活血解毒、散瘀止痛的功能。用于外感风寒头痛，胃腹胀满，消化不良，胃痛腹泻，月经不调，跌打损伤。外用可治虫蛇咬伤，湿疹皮炎。丁香罗勒油（重油）可单离丁香酚，是制造异烟肼（雷米封）的原料，用于治疗肺结核病。

【附注】丁香罗勒精油和提取物均有较强的抗菌作用，对口腔病菌敏感。并有抗氧化、收敛、促进血液循环、提高皮肤抗应变能力等作用。丁香罗勒油可用于化妆品、香皂、牙膏、烟草等的香精。在香石竹、紫罗兰、玉兰、白兰、依兰、栀子、玫瑰、茉莉、紫丁香、水仙等花香型中都可使用。其提取物可紧实肌肤，平衡油脂分泌，滋养皮肤，改善皮肤松垮、老化，清洁皮脂堵塞，预防粉刺，治疗青春痘。提取物配制成含漱液可防龋齿。

309 水芹 *Oenanthe javanica* (Blume) DC.

彩图 309 英文名：Javan water dropwort，Water celery；伞形科

【别名】 沟芹，野芹菜，水英，水芹菜，水蘄

【植物形态】 多年生草本植物，株高 15～80 cm。茎圆形中空，基部匍匐，上部直立，多分枝。叶互生，基生叶三角形，一至二回羽状分裂，裂片披针形，长 2～5 cm，宽 1～2 cm，边缘齿状。叶柄基部鞘状、抱茎。茎上部叶无柄，裂片较小。复伞形花序顶生；花萼具 5 尖齿；花瓣 5，白色，倒卵形，长约 1 mm；雄蕊 5；子房下位，2 室。双悬果椭圆形或近圆柱形，长约 3 mm。花期 6～7 月，果期 8～9 月。

【生态分布】 水芹原产亚洲东部，野生水芹在我国有分布，广泛生于水沟或低洼潮湿的田边，以南方诸省更为多见。喜温暖湿润的气候环境，但适应性强，对土壤要求不严，以微酸性、中性至弱碱性而肥沃、排水良好的砂质土壤为宜。它喜光，阳光不足可延迟开花结实。分布于中国长江流域；日本、印度南部、缅甸、越南、马来西亚、爪哇及菲律宾等地也有。我国浙江、上海、广东、云南、贵州常见栽培，其他地区也有栽培。

【历史与民俗】 相传 3 000 多年前的周代，祭祀的祭品中已有水芹。商初大臣伊尹就把水芹列为天下美食之一。水芹入药首载于《神农本草经》。《名医别录》曰："水蘄生南海池泽。"《蜀本草》曰："芹生水中，叶似芎穷，其花白色而无实，根亦白色。"《本草纲目》曰："水芹生江湖陂泽之涯。……二月生苗，其叶对节而生，似芎穷。其茎有节棱而中空，其气芬芳。五月开细白花，如蛇床花。"

【化学成分】 水芹每 100 g 鲜菜含水分 87 g、热量 129.7 kJ、蛋白质 2.5 g、脂肪 0.6 g、碳水化合物 3.22 g、粗纤维 1.0 g，胡萝卜素 4.2 mg、维生素 B_1 0.02 mg、维生素 B_2 0.33 mg、维生素 C 47 mg、烟酸 1.1 mg，钙 154 mg、铁 23.3 mg、磷 9.8 mg。全草含挥发油，其主要成分有 α-蒎烯和 β-蒎烯、月桂烯、异松油烯、β-水芹烯、丁香烯、樟烯、香荆芥酚、丁芝麻油酚等，还含 β-谷甾醇葡萄糖苷（β-sitosterol glucoside）、豆甾醇葡萄糖苷（stigmasteryl glucoside）、异鼠李素、金丝桃苷、蓼黄素及其 7-甲醚以及丙氨酸、缬氨酸、异亮氨酸等氨基酸和 1-二十烷醇、1-二十二烷醇、1-二十四烷醇等。此外，尚含香柑内酯（bergapten）、东莨菪素、绿原酸、咖啡酸、芸香苷、多种维生素及糖类。

【加工与利用】 水芹嫩茎及叶柄可食用。每年 4～6 月间采集 10 cm 以上的嫩茎叶，洗净，用沸水焯 5 min 左右，再用凉水浸泡，然后炒食、做馅或加酱、糖、醋等作凉拌菜，或加工腌菜、酱菜等。水芹既是优秀的蔬菜，也是最具保健作用的食品，现已成为大众餐桌上的风味野菜。春季采集水芹的嫩茎叶及嫩苗食用，别有风味。

水芹茎叶味甘、辛，性凉，具有清热利湿、解毒消肿的功效。因此，它除可以补充其他蔬菜营养的不足外，也是防病、增强抵抗力的良药。

【附注】 水芹提取物含挥发油、维生素、酚酸类及多糖成分，具有抗菌、抗氧化、镇静、促进血液循环、表皮细胞增殖等作用。具有润肤、养颜功效，可作为肌肤调理剂用于护肤化妆品。它还具有抗菌、护发作用，可用于护发洗液等产品。

310 月见草 *Oenothera biennis* L.（*Oenothera odorata* Jacq.）

彩图 310 英文名：Evening primrose；柳叶菜科

【别名】 待宵草，夜来香

【植物形态】 二年生草本，高约 100 cm。茎直立，被白色柔毛。叶互生，下部叶有柄，上部叶几无柄；叶片长椭圆状或长卵状披针形，长 4～9 cm，宽 1.5～3 cm，基部楔形，边缘疏生细齿，两面被柔毛。花两性，单生于叶腋或枝顶，苞片叶状，披针形；萼筒长，延伸于子房外，先端 4 裂，反折而脱落；花瓣 4，

黄色，倒卵形或倒心形；雄蕊 8；子房下位，4 室，柱头 4 裂。蒴果圆柱形，室背开裂成 4 裂；种子无种缨，具锐棱。花果期 6～8 月。

【生态分布】原产于北美，喜温凉湿润气候，生长于开阔地，尤其喜生于砂质土壤。早期引入欧洲，后迅速传播到世界温带与亚热带地区。在中国东北、华北、华东（含台湾）、西南（四川、贵州）有栽培，并早已沦为逸生。俄罗斯远东地区、朝鲜、日本（北部）也有。

【历史与民俗】美洲印第安人将本品作为食用和药用，全草外敷抑制伤口瘙痒和发炎；根泡酒治疗咳嗽。早期殖民者食用其根，并用种子作为调味品，并参照印第安人的做法，用来处理伤口，用种子泡茶治疗消化不良和其他消化系统疾病。19 世纪，人们用掺上猪油的种子浓茶外用治疗创伤及其他皮肤病。草药学家多将其用于治疗消化不良。后来本品很少被应用，随着月见草种子油中 γ-亚麻酸的发现，本品又逐渐受到重视。

【化学成分】种子油富含亚油酸（约占 70%）、γ-亚麻酸（GLA，约占 9%），还含油酸、棕榈酸、硬脂酸、顺-6，9，12-二十八碳三烯酸、顺-9，12，15-二十八碳三烯酸。

【加工与利用】利用部位为种子和根。秋季，一般花序上有一半果实成熟时即可采收，晒干，打取种子。通常用压榨法提取种子油。在地上部分枯萎后，挖取块根。块根含淀粉，可食用，但目前已很少食用了。种子油富含亚油酸、γ-亚麻酸（GLA）等，是很好的食用油，可用于烹饪，但此油十分珍贵，现在主要用于制药。

GLA 是前列腺素 E1 的前体，常与维生素 E 配合使用，有抗氧化的作用。据报道，月见草油还有抗肿瘤的作用。种子提取物具抗炎、抗氧化、抗菌等作用。月见草油外敷有助于治疗湿疹、某些致痒性皮肤病和乳房疼痛；内服可降血压和阻止血小板凝结，常用于治疗经前期综合征。GLA 可降低胆固醇，减少患心脏病的概率。此外，本品还可以缓解关节疼痛、肿胀和风湿性关节炎导致的触痛。

【附注】月见草花、叶、茎皮提取物有收敛、镇痛、降血压、助消化、止咳等作用。有报道，月见草油还有抗肿瘤的作用。其花、叶、茎皮提取物还有紧肤作用，可作为肌肤调理剂用于化妆品。月见草油有芳香味，除作为化妆品基础油配料外，其中所含 γ-亚麻酸具有 SOD 样作用，结合其对黑色素细胞活性的抑制，可用于美白、抗衰化妆品。

311 油橄榄 *Olea europaea* L.

彩图 311　英文名：Common olive，Olive；木犀科

【别名】洋橄榄，木犀榄，棕榄树，齐墩果

【植物形态】常绿小乔木，一般高 5～7 m；枝近于圆柱形，无刺。单叶对生，椭圆形、长椭圆形或披针形，长 2～5 cm，全缘，革质，表面灰绿色，背面密被银白色鳞片。圆锥花序，腋生，较叶为短；萼短小，4 齿裂；花冠短，4 裂几达中部；雄蕊 2 枚；子房 2 室，每室有胚珠 2 颗。花小，白色，芳香。核果近圆形或长椭圆形，长 2～4 cm，形如橄榄。内果皮硬，成熟时黑色有光泽；种子 1 颗，胚乳肉质，含有油分，胚直。花期 4～6，果期 8～9 月。

【生态分布】原产地中海沿岸，适宜夏季干热、冬季温暖湿润气候，土壤多为含钙质的肥沃土壤。现全球亚热带地区都有栽培。我国 20 世纪 50～60 年代比较大规模引种油橄榄，经多地试种，以甘肃陇南和四川广元地区的自然条件最适宜油橄榄生长发育，现已建有规模化引种栽培的基地。

【历史与民俗】油橄榄为世界著名的木本油料兼果用树种。中国长江流域以南地区有栽培。《酉阳杂俎・木篇》载："齐墩树，出波斯国，亦出拂林国，拂林呼为齐虚。树长二三丈，皮青白，花似柚，极芳香。子似杨桃，五月熟，西域人压为油，以煮饼果，如中国之用巨胜（芝麻）也。"据考古学家们发掘的古代遗物分析，在地中海沿岸地区，油橄榄已有多年的栽培历史。油橄榄是希腊的国树，这与希腊人民心目中神圣女神雅典娜是分不开的。从橄榄树上人们就能了解到希腊人民追求和平的历史。看到橄榄枝就会珍

惜来之不易的和平生活。当古奥运会在奥林匹亚举行时，橄榄枝被选作为给予运动员的最高奖赏。1896年，在现代奥运会恢复后的第一届希腊奥运会上，发予第一名的是一枚银牌和橄榄冠，第二名获铜牌和月桂冠，直到1904年，金牌才出现在奥运会。

【化学成分】果肉含油35%～70%。油的化学成分为肉豆蔻酸0～1.2%，棕榈酸7%～15.6%，硬脂酸1%～3.3%，花生酸0～0.9%，油酸65%～86%，亚油酸4%～15%。

另有资料，橄榄油的脂肪酸成分为饱和脂肪酸11%～17.7%，棕榈酸0.2%～1.8%，油酸65.8%～84.9%，亚油酸3.3%～17.7%，亚麻酸0.3%～1.3%。还含有0.03～0.36 mg/100 g的β-胡萝卜素、1.2～43 mg/100 g的维生素E及维生素A、维生素D、维生素F、维生素K等多种脂溶性维生素。

【加工与利用】果实含油，为利用部位。秋季果实成熟后，采摘果实，去杂、清洗，趁鲜用于榨油。橄榄果可以和红辣椒、洋葱或坚果混合，可用于快餐食品和具有原料风味的菜肴里。橄榄油是典型的南欧烹饪油，它已经普及到世界各地，作为超级食用油和沙拉油。据世界医学界数十年对人体的必需脂肪酸的研究证明：当人体的必需脂肪酸含量ω-3脂肪酸和ω-6脂肪酸的比例为1∶4时，各种疾病很难入侵人体。而橄榄油中所含的必需脂肪酸的比例正好是1∶4，同人乳相似。橄榄油中还含有丰富的微量元素角鲨烯、黄酮类物质和多酚化合物，能增强人体的免疫力，延缓衰老。

【附注】油橄榄叶含洋橄榄内酯、橄榄油甾醇和橄榄苦苷，有助于降血压、降血糖、利尿、抗菌等作用。有助于加强循环系统功能，降低血糖，可用于治疗膀胱炎等疾病，以及治疗糖尿病。橄榄油可保持血脂平衡，传统中其常与柠檬汁配合使用治疗结石病。油还对消化系统及干性皮肤有保护作用。榨油后的果渣可以做饲料和有机肥料。

312 梨果仙人掌 *Opuntia ficus-indica* Mill.

彩图312

英文名：Prickly pear；仙人掌科

【别名】印度无花果，印度仙人掌，仙桃仙人掌，刺梨

【植物形态】肉质灌木，高1.5～5 m。分枝多数，淡绿色至灰绿色，宽椭圆形、倒卵状椭圆形至长圆形，长(20)25～60 cm，宽7～20 cm，厚2～2.5 cm，先端圆形，边缘全缘，基部圆形至宽楔形，表面平坦，具多数小窠；通常无刺。叶锥形，长3～4 mm，绿色，早落。花辐状，直径7～8(10)cm；花托长圆形至长圆状倒卵形，长4～5.3 cm，先端截形并凹陷，具多数垫状小窠；萼状花被片深黄色或橙黄色，宽卵圆形或倒卵形，长0.6～2 cm；瓣状花被片深黄色、橙黄色或橙红色，倒卵形至长圆状倒卵形，长2.5～3.5 cm；花丝淡黄色，花药黄色；花柱长15 mm，淡绿色至黄白色；柱头黄白色。浆果椭圆球形至梨形，长5～10 cm，顶端凹陷，表面平滑无毛，橙黄色。种子多数，肾状椭圆形，淡黄褐色。花期5～6月。

【生态分布】原产墨西哥，现广泛种植于全球亚热带地区。在地中海及红海沿岸、南非、东非、毛里求斯、夏威夷、澳大利亚等地归化。我国四川、贵州、云南、广西、广东、福建、台湾、浙江等地有栽培，北方温室也有零星栽培，在四川西南部、云南北部及东部、广西西部、贵州西南部和西藏东南部海拔600～2 900 m的干热河谷逸为野生。

【历史与民俗】梨果仙人掌在墨西哥民间作为食品和药品应用历史悠久，果实用于制作果酱和酒类饮品；茎裹在受伤的手足上可作为急救措施。在美国，早期将梨果仙人掌从墨西哥引入，以满足从意大利和希腊移民的人口增长的需要。但在20世纪50年代中期，由于其他粮食的增加而失去了它的普及意义。

【化学成分】果实含有黏液质、糖类、维生素C和一些果酸。

【加工与利用】利用成熟果实。果实成熟后采收，去杂、洗净、去皮，通常鲜用。仙人球(果实)生吃味美，有时加点柠檬或酸橙的汁，以添加风味。它可以用于水果沙拉或制成蜜饯，在一些印度和墨西哥

风味的菜肴里都搁上一点。果肉可以制成果酱、蜜饯，用于冷的甜点、冰淇淋和奶油蛋糕。

【附注】 梨果仙人掌的花有抗菌、收敛、止血、止泻等作用；果实有滋补作用；茎有抗菌、消炎、滋润等作用。花可以止血，治疗胃肠系统疾病，如腹泻、结肠炎和过敏性肠综合征，也可用于治疗前列腺肿大。果实有滋补作用，对消化系统疾病有好处，还能强身健体。梨果仙人掌提取物富含多种营养成分和生物活性成分，可补充皮肤营养、滋润皮肤，并有较强的抗氧化、消除自由基、延缓皮肤衰老功效，可用于护肤、抗衰化妆品。据报道，本品还有抗辐射作用，可用于防晒化妆品中。

313 欧牛至 *Origanum majorana* L.

彩图 313

英文名：Sweet marjoram，Marjoram；唇形科

【别名】 马郁兰，墨角轮草，甘牛至

【植物形态】 多年生草本，株高至 50 cm；茎直立，菱形或四方形，绿色。叶对生，倒卵形至阔椭圆形，全缘，芳香。花序为伞房状圆锥花序；花萼钟状；花冠白色至紫红色，上唇瓣直立，顶端 2 浅裂，下唇瓣 3 裂。小坚果卵球形，褐色，光滑。花期 7～9 月，果期 9～11 月。

【生态分布】 原产地中海沿岸及西亚一带，属地中海式亚热带气候。现广泛栽培。主产地有保加利亚、埃及、德国、匈牙利、摩洛哥、突尼西亚等。中国各地有引种栽培，多为盆栽。

【历史与民俗】 欧牛至早在古希腊和罗马时代即为人们所利用，古埃及人将它作为草药来栽植，据记载，欧牛至（马郁兰）还用作润滑油和香料。希腊妇女用浸制的马郁兰油涂抹于头上来放松精神。在 16 世纪引种到欧洲。也有说法，将一束马郁兰放在牛奶旁边，牛奶就不会变坏。

在古希腊欧牛至也是一种很盛行的草药。人们用它来治疗痉挛和尿液迟滞，并认为有解毒的作用和有助于消化。1597 年，草药学家约翰·杰勒德评价本品："食用可以抵御伤风；塞入鼻孔可以刺激打喷嚏；咀嚼可以消除牙痛。"

【化学成分】 含挥发油（干品 3%，油中包括水合桧烯、桧萜、里那醇、香芹酚和其他萜类）、黄酮、咖啡酸、迷迭香酸和三萜类。

【加工与利用】 采用鲜叶或带花的枝叶提取精油。春夏季采集鲜叶；开花时采集枝叶，鲜用或干燥后使用。同时，可用水蒸气蒸馏法提取精油，鲜品的精油得率 0.3%～0.4%，干品的精油得率0.7%～3.5%。

在欧洲烹饪中马郁兰是必不可少的。它因强劲、芳香的气味被广泛用于风味肉、香肠、家禽、豆类、胡萝卜和黄瓜。有时添加在新鲜沙拉、鱼菜、鸡蛋饼、酱汁和馅料里。添加了马郁兰草末的菜肴，在烹饪时其挥发性风味确保不会丢失。马郁兰油可用于食品工业的肉类罐头和香肠的加香。其主要成分是甲基胡椒酚。马郁兰和月桂叶、欧芹、百里香都是经典的香草。马郁兰干叶子可用于混合香辛料，不过干燥马郁兰叶很少使用。

欧牛至（马郁兰）有温暖、镇静及杀菌功能；精油有止痛、抗痉挛、抗氧化、防腐、抗真菌、镇静、祛痰、驱风、抑制性欲、利尿、调经等作用。带花的地上部分是有兴奋和解痉作用的良药，可治疗胃肠胀气、疝气和呼吸系统疾病。与牛至相比，本品对神经系统有更好的功效。本品是滋补良药，有助于缓解焦虑、头痛和失眠，还可消减性欲。

【附注】 欧牛至油很香，有悦人的辛香气和苦艾样的气息，有温和文雅的感觉，除在食品中应用外，也是配制化妆品香精的常用香料，西欧于 19 世纪 80 年代已在香皂、洗涤剂、香水和膏霜类等配方中广泛应用。研究表明，它对人体皮肤无任何过敏和刺激性，因此，可安全使用于化妆品中。欧牛至提取物可作为抗菌剂、除螨剂、保湿剂、广谱抗氧剂、抗炎剂、皮肤美白剂、生发剂用于各种产品中。注意：妊娠期妇女忌用。精油慎内服。

314 牛至 *Origanum vulgare* L.

彩图 314　英文名：Oregano；唇形科

【别名】小叶薄荷，满坡香，土香薷，白花茵陈，五香草

【植物形态】多年生草本，高 25～60 cm。芳香。茎直立，四棱形，略带紫色，被短柔毛。叶对生；叶柄长 2～7 mm；叶片卵圆形或长圆状卵圆形，长 1～4 cm，宽 4～15 mm，先端钝或稍钝，基部楔形或近圆形，全缘或有远离的小锯齿，两面被柔毛及腺点。花序呈伞房状圆锥花序，多花密集，有覆瓦状排列的苞片；花萼钟形，长 3 mm，萼齿 5，三角形；花冠紫红、淡红或白色，管状钟形，长 7 mm，两性花冠筒显著长于花萼，雌性花冠筒短于花萼，外面及内面喉部被疏短柔毛，上唇卵圆形，先端 2 浅裂，下唇 3 裂，中裂片较大，侧裂片较小；雄蕊 4；子房 4 裂，花柱略超出雄蕊，柱头 2 裂。小坚果卵圆形，褐色。花期 7～9 月，果期 9～12 月。

【生态分布】原产于地中海沿岸、北非及西亚。喜靠近海边的白垩质土壤。生于海拔 500～3 600 m 的山坡、路旁、灌丛、草地、林下。分布于地中海地区至中亚、北非、北美及中国。我国分布于西南及陕西、甘肃、新疆、江苏、安徽、浙江、江西、福建、台湾、河南、湖北、湖南、广东、西藏等地。

【历史与民俗】相传自中世纪的欧洲以来，牛至的特殊香味就深深吸引很多人，不但将其做成香袋随身携带，在料理及花茶的领域里也占有一席之地。由于在意大利比萨中常用牛至调味，所以又被称为比萨草，另外还有奥勒冈、俄力冈等别名。亚里士多德曾讲过，龟吞食蛇之后会吃一些牛至，这似乎对龟而言是一件好事。在波斯，占星家从牛至中酿造香膏来抵御怀有敌意的行星。古希腊人认为本品可包治百病。本品也是早期新英格兰移民种植的草药之一。

【化学成分】茎叶含碳水化合物、蛋白质、挥发油(包括香芹酚、麝香草酚、β-红没药烯、石竹烯、里那醇和龙脑莰醇等)、鞣质、树脂、甾醇和黄酮。据报道，茎叶还含较多的超氧化物歧化酶(SOD)。

【加工与利用】主要采用叶及地上部分精油。采集开花时的枝叶，鲜用或干燥备用。可用水蒸气蒸馏法提取精油。精油得率：花序 1%，鲜茎叶 0.07%～0.2%，干茎叶 0.15%～0.4%。牛至枝叶的干燥一般采用低温(40～50 ℃)烘干。

牛至叶给比萨以古典味道。它那刺鼻的味道已经为世界各地许多人所喜爱。它也是西红柿菜和烤肉必不可少的组成部分之一，特别是在意大利南部如此(在意大利北方，主要使用马郁兰)。野生牛至叶在希腊菜中很受欢迎，尤其是烤羊肉中多使用它。

【附注】牛至所含香芹酚和麝香草酚均有抗细菌、抗真菌活性。精油还有止痛、抗痉挛、抗氧化、开胃、镇静、祛痰、驱风、利尿、通经、杀螨等功效。牛至地上部分有助于缓解胃肠胀气和刺激胆汁分泌；还可治疗呼吸系统疾病，如咳嗽、扁桃体炎及哮喘。精油用于治疗牙痛和关节痛。

牛至精油芳香，可用于化妆品的加香，同时，它还可作为化妆品的抗菌防腐保鲜剂。精油用于含漱液可防治牙痛。牛至茎叶提取物对蛋氨酸酶活性有抑制，结合其强烈的抗菌性，可作为抑臭剂用于除体臭产品。它在化妆品中还可作为抗炎剂、抗氧剂、驱虫剂使用。

315 稻 *Oryza sativa* L.

彩图 315　英文名：Rice；禾本科

【别名】水稻，旱稻

【植物形态】一年生水生草本。秆直立，高 0.5～1.5 m。叶鞘松弛，无毛；叶舌披针形，长 10～25 mm，两侧基部下延长成叶鞘边缘；叶片线状披针形，长 40 cm 左右，宽约 1 cm，无毛，粗糙。圆锥花序大型疏展，长约 30 cm，分枝多，成熟期向下弯垂；小穗含 1 朵成熟花，两侧甚压扁，长圆状卵形至椭圆

形，长约 10 mm；颖极小，仅在小穗柄先端留下半月形的痕迹，退化外稃 2 枚，锥刺状；两侧孕性花外稃质厚，具 5 脉，中脉成脊，表面有方格状小乳状突起，厚纸质，遍布细毛，有芒或无芒；内稃与外稃同质，具 3 脉，先端尖而无喙；雄蕊 6 枚，花药长 2～3 mm。颖果长约 5 mm；胚较小，约为颖果长的 1/4。

【生态分布】水稻原产于中国，是世界主要粮食作物之一。喜高温、多湿、短日照，对土壤要求不严，但需要有较充足的水分。其生产已遍及除南极以外的各大洲。我国南北均有栽培。

【历史与民俗】稻原产中国，其栽培历史可追溯到公元前 16 000—前 12 000 年前的中国湖南。在 1993 年，中美联合考古队在道县玉蟾岩发现了世界最早的古栽培稻，距今约 14 000～18 000 年。据我国史记记载，大禹时期就有水稻。《夏本纪》记载："令益予众庶稻，可种卑湿。命后稷予众庶难得之食。食少，调有余相给，以均诸侯。"大禹命令伯益给大家分发水稻种子，种在水田里，还命令后稷（周的先人）给大家分发食物。没有食物的地方，他就命令有多余的地方，分给那些少的地方。水稻在中国广为栽种后，逐渐向西传播到印度，中世纪引入欧洲南部。

【化学成分】只去掉外壳的稻米叫糙米，富含淀粉，并含约 8% 的蛋白质和少量脂肪，还含维生素 B_1、烟酸、核黄素、铁和钙。稻糠含油脂、维生素、甾体类、类脂、多糖等。油脂含油酸 40%～52%、亚油酸 29%～42%、亚麻酸 0.5%～1.8%、棕榈酸 12%～18%、硬脂酸 1.0%～3.0%。维生素有维生素 B_6、维生素 PP、烟酰胺等。甾体类有 β-谷甾醇、7-氧代谷甾醇、豆甾醇、7-氧代豆甾醇，以及它们与阿魏酸的酯（米甾醇）。类脂化合物有中性类脂、糖脂、磷脂。

【加工与利用】稻谷经砻谷机脱去颖壳后即可得到糙米。糙米再经加工碾去皮层和胚，留下的胚乳即为食用的大米。大米煮熟吃，还用于热的或冷的甜点和其他美味佳肴。大米吸收水，或加入牛奶、油、肉菜做成饭。大米可制作成多种多样的米饭，例如意大利烩饭、西班牙肉菜饭、荷兰和印尼的 rijstafel 饭和日本和泰国的糯米饭。用大米制作的酒精饮料包括中国绍兴酒、日本米酒、马来西亚 samau 酒和越南 choum 酒。

【附注】米糠和米糠油也有广泛用途。米糠是稻米加工时的副产品。米糠以有机溶剂提取油脂；也可以水、乙醇等溶剂提取，提取液浓缩至干，得提取物浸膏。例如，米糠油具有营养皮肤、保湿功效，可作为化妆品基础油使用。米糠提取物在细胞培养中对胆固醇生成、脑酰胺生成有促进，使得皮肤皮脂增加，提高皮肤柔润度，因而，是良好的皮肤调理剂。米糠提取物对谷胱甘肽酶活性的促进作用，显示有活肤功效，可用于抗衰化妆品。此外，米糠提取物含磷脂、多糖、维生素等，对头发有营养作用，可用于护发产品。

稻糠油提取物、糠蜡、胚芽提取物、胚芽油、叶提取物、淀粉等均用途广泛。稻秆为良好饲料、造纸原料和编织材料，谷芽和稻根可供药用。

316 桂花 *Osmanthus fragrans* Lour.

彩图 316　英文名：Sweet Olive；木犀科

【别名】木犀，岩桂

【植物形态】常绿灌木或小乔木，高达 12 m。叶革质，椭圆形至椭圆状披针形，长 4～12 cm，宽 2～4 cm，顶端急尖或渐尖，基部楔形，全缘或上半部疏生细锯齿，侧脉每边 6～10 条，上面下凹，下面隆起；叶柄长约 2 cm。花序簇生于叶腋；花梗纤细，长 3～10 mm，基部苞片长 3～4 mm；花萼长 1 mm，4 裂，边缘啮蚀状；花冠白色，极芳香，长 3～4.5 mm，4 裂，花冠筒长 1～1.5 mm；雄蕊 2，花丝极短，着生于花冠筒近顶部。核果椭圆形，长 1～1.5 cm，熟时紫黑色。花期秋季。

【生态分布】桂花适应于温暖湿润的亚热带气候。要求湿润环境和中等光照，过于荫蔽和强烈日晒均对生长不利。以肥沃、排水良好、中性或酸性的砂质土壤为宜。桂花原产我国西南部。现于南方各省区均有栽培或野生。主要分布于广西、湖南、贵州、浙江、安徽、江苏、福建、台湾、湖北、四川等地。印度、尼泊尔、柬埔寨也有分布。

【历史与民俗】桂花原产我国，栽培历史悠久。文献中最早提到桂花是战国时期（公元前475—前221）的《山海经·南山经》，谓“招摇之山多桂”。屈原（公元前340—前278）的《楚辞·九歌》也载有“援北斗兮酌桂浆，辛夷车兮结桂旗”。自汉代至魏晋南北朝时期，桂花已成为名贵花木与上等贡品。桂花在汉初引种于帝王宫苑，获得成功。唐宋以来，桂花栽培开始盛行。唐代文人植桂十分普遍，吟桂蔚然成风。宋之问的《灵隐寺》诗中有“桂子月中落，天香云外飘”的著名诗句，故后人亦称桂花为“天香”。唐宋以后，桂花在庭院栽培观赏中得到广泛的应用。元代倪瓒的《桂花》诗中有“桂花留晚色，帘影淡秋光”的诗句，表明了窗前植桂的情况。桂花的民间栽培始于宋代，昌盛于明初。我国历史上的五大桂花产区均在此间形成。我国桂花于1771年经广州、印度传入英国，此后在英国迅速发展。现今欧美许多国家以及东南亚各国均有栽培，以地中海沿岸国家生长为最好。

【化学成分】花含挥发油，成分比较复杂，主要成分是紫罗兰酮、芳樟醇、芳樟醇氧化物、7-癸内酯、桂花烷等。花的非挥发成分有苯丙素苷等。

【加工与利用】利用部位为鲜花。秋季桂花盛开时，采集桂花，除去枝、叶等杂质。鲜花采收后，最好尽快加工，一般采收后立即用腌制法贮存，然后再提取桂花油或浸膏。这样可以提高浸膏的质量和得率。用石油醚（60～70 ℃）作溶剂，采用低温浸提法，得浸膏。浸膏得率0.22%左右。浸膏再经精制得净油。花的提取物也可用水、乙醇等溶剂回流提取，提取液浓缩至干，得提取物浸膏。

桂花为我国特产，花极香，民间常直接将其混入米面中制成芳香的糕点，也用于制作蜜饯、糖果、点心等。桂花用盐、糖浸渍后作为食品香料。新鲜的桂花可直接用于熏茶。桂花浸膏为食用香料。我国《食品添加剂使用卫生标准》规定为允许使用的食用香料。主要用于乳品、糖果、饮料、果冻、胶姆糖等的加香。

【附注】研究表明，桂花冷吸附法提取的精油对成纤维细胞增殖有促进作用。石油醚法提取的精油对齿肉纤维芽细胞增殖、齿根膜纤维芽细胞增殖均有促进作用。花80%甲醇提取物对DPPH自由基有消除作用。花30%乙醇提取物在细胞培养时对双氢睾酮（DHT）生成有抑制作用。花50%乙醇提取物对B-16黑色素细胞活性、金属蛋白酶MMP-1、金属蛋白酶MMP-2均有抑制作用。

桂花提取物对纤维芽细胞活性的促进，以及其抗氧性，显示有活肤作用，可用于抗衰化妆品。本品对双氢睾酮（DHT）生成有抑制作用，结合其抗炎性，对因雄性激素偏高而引起的脱发、粉刺等有良好的防治，可用于防脱发、粉刺化妆品。桂花提取物还可用于护发化妆品中。

317 晚香玉酢浆草 *Oxalis tuberosa* Molina

彩图 317

英文名：Oca，Oka，New Zealand yam；酢浆草科

【别名】土豆酢，红花酢浆草

【植物形态】多年生草本。具块状地下根茎。茎匍匐。叶互生，指状复叶，有3小叶，呈圆形、心形或尖枪形；无托叶。聚伞花序，总花梗腋生；花红色、淡紫色；萼片5，覆瓦状排列；花瓣5，覆瓦状排列；雄蕊10，长短互间，全部具花药；子房5室，每室具1至多数胚珠，花柱5，分离。果为室背开裂的蒴果，果瓣宿存于中轴上。种子具2瓣状的假种皮，种皮光滑。

【生态分布】原产于南美安第斯山区海拔2 800～4 100 m的地区。喜温凉气候，年平均气温10～12 ℃，年平均降雨量700～885 mm，过热地区不能形成块茎。土壤要求酸性土。现在南美、北美、欧洲、新西兰有引种栽培。

【历史与民俗】晚香玉酢浆草产于南美洲的安第斯高地。它是一种古老的印加作物，其重要性仅次于马铃薯。现在仍然是南美洲（如阿根廷）高海拔地区的一种主食作物，在委内瑞拉和墨西哥，它也已成为一种重要的作物（称为“红土豆”）。它于1830年被引入欧洲，作为马铃薯的竞争对手；1860年又被引

种到新西兰，称为“新西兰山药”。晚香玉酢浆草除南美洲外，其他地区是否有栽培仍然未知。在墨西哥和新西兰的凉爽温带地区仍有潜在的商业种植前景。

【化学成分】晚香玉酢浆草块茎的营养成分含量是可变的。块茎中含有 70%～80% 的水，11%～22% 易消化的碳水化合物和 9% 的蛋白质。氨基酸非常平衡（富含缬氨酸和色氨酸），并富含铁和钙。酸类型的含草酸，但甜类型的只有微量草酸。还含核黄素、烟酸和维生素 C。

【加工与利用】利用部位为块茎。秋季挖取块茎，洗净，鲜用或干燥备用。块茎像土豆一样可煮、烤和油炸食用，或被添加到汤和炖肉里。它的一些甜蜜类型的块茎可以在沙拉中生吃或醋腌。其苦类型的块茎需处理或干制除去苦味后食用。它干燥的产品被称为 cavi 或 caya。将甜块茎在阳光下晒几天，其含糖水平可能增加近一倍。

【附注】叶和嫩枝也可以作为绿色蔬菜食用。块茎还可以用于制糖浆、酿酒等。

318 马拉巴栗 *Pachira aquatica* Aubl.

彩图 318　英文名：Malabar chestnut，Guiana chestnut；木棉科

【别名】发财树，美国花生，瓜栗，水瓜栗，大果木棉

【植物形态】常绿乔木，高达 18 m；树皮为绿色，干基部常膨大，小枝栗褐色。掌状复叶，互生，具长柄，小叶 5～7(9)，长椭圆形至倒卵状长椭圆形，长达 30 cm，全缘，革质有光泽。花大，单生叶腋，花萼短筒状，花瓣 5，长条形并反卷，绿白至黄白色，或带粉红色，长达 35 cm，雄蕊极多而长，上部开展，基部合生成管，花柱红色。蒴果卵形至椭球形，长达 30 cm，5 瓣裂；种子无绵毛，直径 1～2 cm。花期 6 月。

【生态分布】原分布于南美东北部的巴西、圭亚那、委内瑞拉等地的热带雨林地区，是当地的河岸林或沼泽森林的组成树种之一。喜高温和半阴环境，茎能贮存水分和养分，具有抗逆、耐旱特性，耐阴性强，容易栽培，喜肥沃、排水良好的砂质壤土。现世界多地有栽培。我国华南地区有引种栽培；作为盆景在全国多地栽培。

【历史与民俗】此树自然生长在中美洲的热带地区，从墨西哥南部到圭亚那、厄瓜多尔、秘鲁和巴西北部。它常常生长在河口的边缘，而且是当地一种重要的传统食物来源树种。据传，在 1986 年，恰逢韦恩台风来袭，台湾的货车司机王清富无法出车，待在家中帮从事美发工作的太太陈美华编辫子。一时突发奇想，随手把五棵马拉巴栗种在同一盆中，并把它们的枝干屈曲成辫子状，改名为“发财树”出售。这种扎枝的方法传至日本，随即受到热烈的欢迎，此后成为东南亚最普遍的观赏植物之一。

【化学成分】种子含 10% 的淀粉、16% 的蛋白质和 40%～50% 的脂肪，但也含有毒的“环丙烯脂肪酸”。

【加工与利用】通常食用成熟的种子，有时嫩叶和花也做蔬菜吃。种子生吃时，尝起来像花生。它可以烘焙或油炸，在这种情况下，据说味道让人想起栗子。坚果（种子）也可磨成面粉，做烤面包食用。马拉巴栗可以称为食用植物。

【附注】它能在半阴环境中生长，茎能贮存水分和养分，具有耐旱特性，容易栽培，可作为盆栽，装饰于庭院、室内。

319 豆薯 *Pachyrhizus erosus*（L.）Urban

彩图 319　英文名：Yam bean；豆科

【别名】沙葛，地瓜，凉薯，番葛，葛薯

【植物形态】一年生或多年生草质藤本植物;块根肥大、洁白、脆嫩多汁。茎蔓性,长 1.5～2 m,具右旋性。叶为三出复叶,叶片常分裂或有角,有小托叶。总状花序,自主茎 5～6 节起连续着生;每 1 花序能开花 10 余朵至数 10 朵,前者较小,质地细嫩,较早熟。花萼二唇形,上唇顶微缺,下唇 3 齿裂;花冠青紫色或白色,伸出萼外,旗瓣阔,基部有耳;雄蕊 10,二体(9+1);子房有胚珠多颗,花柱长,先端旋卷,沿内弯,一面有毛。荚果,扁平条形,长 10～13 cm,嫩荚有刺毛,不能食用。内含种子 8～10 粒,种子近方形,扁平,黄褐色间有槽纹,千粒重 200～250 g。

【生态分布】喜温喜光,生长期要求较高的温度条件。原产热带美洲。美洲栽培历史很久,哥伦布发现新大陆后由西班牙人传入菲律宾,以后传到世界各地。我国台湾、福建、广东、海南、广西、云南、四川、贵州、湖南和湖北等地均有栽培。

【历史与民俗】自古以来就一直在种植豆薯的有墨西哥人、阿兹特克人和玛雅人。在 16 世纪,西班牙人将它带到了菲律宾,进一步蔓延到印度尼西亚、远东地区和西非。在墨西哥它仍然是一种重要的作物。在世界许多地区,它已经在市场上成为一种常见的食物,包括在中国和美国南部作为“杂品”出售。我国西南、华南和台湾地区栽培利用较多。

【化学成分】每 100 g 鲜块根含热量 230 kJ,蛋白质 0.9 g,脂肪 0.1 g,碳水化合物 12.6 g,膳食纤维 0.8 g,以及一些矿物质、维生素等;还含有豆薯皂苷元 A($C_{30}H_{38}O_6$)、B($C_{23}H_{18}O_7$)、豆薯黄酮。据报道,块根还含脱氢表雄酮及一种雌激素样成分。种子含有凉薯素、鱼藤酮、凉薯酮(erosone)、豆薯素(pachyrrhizin)、异毛鱼藤酮。

【加工与利用】主要利用块根,有时也食用嫩豆荚。秋季挖取块根,去杂,洗净备用。豆薯块根肉质洁白、嫩脆、香甜多汁,可生食,有点甜的味道,但口感清新清爽。切成薄片,用于沙拉或与酸橙汁混合食用,也是受欢迎的小吃。块茎可以像土豆一样煮、烤或蒸来食用。在亚洲还可腌制后食用或加工制成沙葛粉(豆薯粉)。豆薯块根耐贮藏,可调节蔬菜供应。印度和东南亚各国,特别是泰国,其幼嫩的豆荚作为蔬菜食用。但成熟的种子有毒,不能食用。

【附注】从豆薯种子中经过特定的方法纯化分离出一种新的豆薯抗肿瘤蛋白,具有抑制肝癌、胃癌和黑色素瘤的活性。

豆薯块根提取物含多种营养成分和生物活性成分,具有抗癌、抗氧化、提高免疫力、皮肤保湿、美白等作用。特别是含有黏液蛋白和雌激素样成分,有润泽皮肤、激活表皮细胞等功效,对延缓衰老有很好的作用;可用于润肤、抗衰化妆品,已有用于面膜的产品问世。种子提取物可用于防治皮肤炎症、皮肤感染的护肤产品。

豆薯种子及茎叶中含鱼藤酮($C_{23}H_{22}O_6$),对人畜有剧毒,可制成敌敌畏等杀虫剂。

320 人参 *Panax ginseng* C. A. Mey.

彩图 320

英文名:Ginseng;五加科

【别名】棒槌,圆参,神草,地精、海腴、人葠

【植物形态】多年生草本;主根肉质,圆柱形或纺锤形,淡黄色;根状茎很短,多较明显;茎高 30～60 cm。掌状复叶 3～6 片轮生茎顶;小叶 3～5,中央一片最大,椭圆形至长椭圆形,长 8～12 cm,宽 3～5 cm,先端长渐尖,基部楔形,下延,边缘有锯齿,上面脉上散生少数刚毛,下面无毛,最外一对侧生小叶较小;小叶柄长达 2.5 cm。伞形花序单个顶生;花小,淡黄绿色;萼片缘有 5 齿;花瓣 5;雄蕊 5;子房下位,2 室;花柱 2 分离。果扁球形,成熟时鲜红色。

【生态分布】原产朝鲜和中国,喜冷凉湿润气候。喜斜射及漫射光,忌强光和高温。土壤要求为排水良好、疏松、肥沃、腐殖质层深厚的棕色森林土或山地灰化棕色森林土。生于冷凉山区针阔叶混交林和阔叶杂木林下。自然分布于中国辽宁东部、吉林东半部和黑龙江东部,河北、山西、山东有引种。俄罗

斯、朝鲜和日本也多栽培;现在欧洲也有引种。

【历史与民俗】由于根部肥大,形若纺锤,常有分叉,全貌颇似人的头、手、足和四肢,故而称为人参。从古代起,人参就有黄精、地精、神草的雅称。人参被人们称为“百草之王”。在西方,人参叫作 PANAX C. A. MEYER GINSENG,“PANAX”来源于希腊语,意思是“包治百病”。据古地质学家和古生物学家推断,人参是地球上最古老的孑遗植物之一。中国是世界上最早应用人参并用文字记载人参的国家。《甲骨文合集》中查到刻在甲面上的“参”字,这是个典型的象形文字。该字为上下结构,上部为人参地上部分的集中表现,茎上生着多个核果状浆果,这是人参最主要的植物学特征。下部则代表着人参的根茎、主根、侧根等。甲骨文始于殷商时代,距今有 3 500 年以上的历史。在 3 500 年前我国就已经创造出生动形象的“参”字,并有准确可靠的记载。

【化学成分】含有人参皂苷、人参多糖、人参多肽、甾醇及其苷、黄酮类、挥发油、氨基酸、脂肪酸及维生素、微量元素等多种有效成分。

【加工与利用】根为利用部位,种子种植 6～7 年后,8 月下旬至 9 月中旬参叶变黄时采收,不要挖伤根部。挖取后,洗净,鲜用或加工。人参是现在常用的食品补充剂,被添加到范围广泛的健康食品中,包括滋补饮料、滋补酒和食品补充剂。它不针对任何特定的疾病,但被认为是一种生理调节滋补药,治疗疲劳、虚弱和缺乏精力。中医药认为,人参有大补元气、复脉固脱、补脾益肺、生津止渴、安神益智等作用。临床研究的确表明人参积极影响身体、智力、情绪和免疫反应。

本品有抗衰老、抗癌等作用,为拯危救脱要药。适用于因大汗、大泻、大失血或大病、久病所致元气虚极欲脱,气短神疲,脉微欲绝的重危证候。单用有效,如独参汤(《景岳全书》)。本品亦为补肺要药,可改善短气喘促,懒言声微等肺气虚衰症状。治肺气咳喘、痰多者,常与五味子、苏子、杏仁等药同用,如补肺汤(《千金方》)。

【附注】研究还发现,人参的挥发油、多种氨基酸可通过皮肤的渗透作用为人体吸收,促进血液循环和新陈代谢,促进皮肤细胞生长发育,营养、光泽,有防皱、抗寒冷、抗紫外线辐射等作用。人参自古就有“皱面还丹”之说,因而可用于柔肤、抗衰化妆品。人参多糖具有抗补体作用,对单纯性补体系统疾病(炎症、变态反应性疾病)的效果较好,有更新皮肤、祛斑等护肤、润肤功效。人参皂苷对头发也有护理作用,防止脱发、断发。

注意:人参不可滥用。人参是一种补气药,如没有气虚的症状,不要随便服用。

321 三七 *Panax pseudoginseng* Wall. var. *notoginseng* (Burk.) Hoo et Tseng

彩图 321

英文名:Sanchi, Pseudoginseng, Nepal ginseng, Himalayan ginseng;五加科

【别名】人参三七,三七参,田七,金不换

【植物形态】多年生草本,高 30～60 cm。根茎短;根粗壮肉质,倒圆锥形或短圆柱形,有数条支根。茎直立。掌状复叶,3～4 枚轮生于茎端;叶柄细长,表面无毛;小叶 3～7 枚;小叶片椭圆形至长圆状倒卵形,长约 5～14 cm,宽 2～5 cm,中央数片较大,最下 2 片最小,先端长尖,基部近圆形,边缘有细锯齿。总花梗从茎端中央抽出,直立,长 20～30 cm;伞形花序单独顶生;花多数,小花梗细短,基部具有鳞片状苞片;花萼绿色,先端通常 5 齿裂;花瓣 5,长圆状卵形,先端尖,黄绿色;雄蕊 5,花药椭圆形;雌蕊 1,子房下位,2 室,花柱 2 枚,基部合生,花盘平坦或微凹。核果浆果状,近于肾形,长约 6～9 mm;成熟时红色。种子 1～3 颗,球形,种皮白色。花期 6～8 月。果期 8～10 月。

【生态分布】三七原产中国,起源于第三纪,属古热带残遗植物,分布范围极其狭小。喜温暖而阴湿的环境,怕严寒和酷暑,也畏多水。土壤要求疏松红壤或棕红壤,微酸性;年平均气温 16.0～19.3 ℃为宜。它生于山坡丛林下。现多栽培于海拔 800～1 000 m 的山脚斜坡或土丘缓坡上。我国三七主要产地为云南东南部及广西西部。

【历史与民俗】三七是中国特有的名贵中药材,也是我国最早的药食同源植物之一,三七自古以来就被公认为具有显著的活血化瘀、消肿定痛功效,具有“金不换”、“南国神草”之美誉。因枝分三枝,叶为七片,故称为“三七”,又名田七、金不换等,古时亦称昭参、血参、人参三七、田三七、山漆、三七参等。因常在春冬两季采挖,又分为“春七”和“冬七”。

【化学成分】三七的活性成分包括皂苷类、挥发油、氨基酸、聚炔醇类、黄酮类、甾醇、糖、有机酸、环二肽类、人参内酯类、无机盐等。

三七总皂苷,主要为人参皂苷 Rb1、Rb2、Rc、Rd、Re、Rf、Rg1、Rg2、Rh1 和三七皂苷 R1、R2、R3、R4 和 R6 等 20 余种,其中人参皂苷 Rb1 和人参皂苷 Rg1 是三七根中含量最高的两种成分。黄酮类主要为三七黄酮 B、三七黄酮苷(山柰酚-3-O-半乳糖-O-葡萄糖)、槲皮素等。

从三七的根、根茎、茎叶、花果等各部分分离和鉴定出 70 余种达玛烷型四环三萜皂苷,其大部分为达玛烷型的 20(S)-原人参二醇型和 20(S)-原人参三醇型皂苷,未发现含有齐墩果酸型皂苷,这与西洋参有显著差别。

【加工与利用】主要利用块根。目前三七为栽培植物。栽种后第 3 年冬季及夏末初秋采挖。去须根,曝晒至半干,搓揉,再曝晒,重复数次,置麻袋中加蜡打光。三七既是名贵中药药品,又是纯天然药食同源优等食品、保健品,是没有副作用的。经过相关科研机构长期科研结果表明,长期使用三七没有副作用。三七粉生服、三七花泡水每天都可以食用。长期服(食)用三七,对治病和养生都有好处。

【附注】将三七根茎粉碎成粗粉,以水、乙醇、丙二醇等提取,提取液浓缩至干,得浸膏。三七提取物、三七总皂苷对某些真菌有较强的抑制作用,对金黄色葡萄球菌、大肠杆菌等有一定的抑制作用。三七提取物能清除氧自由基,能增强内源性超氧化歧化酶的活性,降低血液中脂质过氧化作用;对 B-16 黑素细胞的活性有促进作用,可增加黑素的生成量,有乌发作用;提取物还能防止脂溢性皮炎、斑秃,可保持头发柔润光泽,可用于化妆品的护发产品。如能与人参、当归合用,能增加头发的营养和韧性,减少断发和脱发,延缓白发的产生。三七提取物含有皂苷 G-Rb1,还可防治雀斑、黄褐斑,可用于面霜等产品。提取物还有润肤、清洁皮肤的功效,可用于护肤化妆品。

322 西洋参 *Panax quinquefolium* L.

彩图 322 英文名:American ginseng;五加科

【别名】花旗参,美洲人参

【植物形态】多年生草本,高 25~30 cm。根肉质,纺锤形,时有分枝。茎圆柱形,具纵条纹。掌状复叶,通常 3~4 枚轮生茎顶;叶柄压扁状,长 5~7 cm;小叶通常 5,稀 7 片,下方 2 片较小;小叶柄长 1~2 cm;小叶片倒卵形或阔椭圆形,长 4~9 cm,宽 2~5 cm,先端尾尖,基部下延楔形,边缘具粗锯齿,上面叶脉有稀疏细刚毛。伞形花序单一顶生,有 20~80 多朵小花集成圆球形,总梗长 10~20 cm,苞片卵形;萼钟状,绿色,5 齿裂;花冠绿白色,5 瓣,长圆形;雄蕊 5,花丝基部稍扁;雌蕊 1,子房下位,2 室,花柱 2,上部分离。核果状浆果,扁球形,多数,含集成头状,成熟时鲜红色。花期 5~6 月,果期 6~9 月。

【生态分布】原产北美和喜马拉雅山脉,生于林地。喜湿润环境,美国主产区年平均气温为 3.6~12.7 ℃,1 月份平均气温为 0~3.9 ℃,7 月份平均气温为 20.1~24 ℃,年降雨量 1 100~1 200 mm。土壤为森林灰棕壤,表层灰褐色,团粒结构,腐殖质含量较高。因过度采挖,目前野生种已极少见。种植于美国威斯康星州和中国、法国。我国东北及北京、西安、江西等地有栽培。

【历史与民俗】西洋参原产于美国北部和加拿大南部的森林区,美国旧称为花旗国,因而又称“花旗参”。北美印第安人认为本品可增强妇女生育力。18 世纪中期,本品出口中国,变得相当赚钱,很多印第安人外出采挖。在奥吉布瓦(Ojibwa)部落,人们采挖 1 棵就补种 1 颗种子的做法仍不能有效缓解野生资源的枯竭。到 19 世纪末野生种已濒临绝迹。1976 年后在中国北京、黑龙江、吉林、辽宁及陕西等地先后引种成功。

【化学成分】根主要含皂苷类，其总皂苷含量5%～10%，野生品含量8%～10%，已分离出17种人参单体皂苷。还含挥发油（有37种成分，其中倍半萜类化合物26种，占挥发油的75%，以反式β-金合欢烯含量最高，占26%）、氨基酸（有17种以上）、果胶质、多糖、胡萝卜素及微量元素等。

【加工与利用】主要利用根。一般栽培4～5年后采收，也有更多年才采收的。现在美国加工成的西洋参均是生晒参，即采用烘干和晒干。西洋参具有滋阴补气、宁神益智及清热生津、降火消暑的双重功效。古语云："西洋参性凉而补，凡欲用人参而不受人参之温者皆可用之"。故补而不燥是西洋参的特别之处。食用方法：蒸煮后切片或磨粉食用，如切片含服、冲粉服、煮汤食用、泡酒饮用等均可。

【附注】西洋参功效与人参（*Panax gingseng* C. A. Mey）相似，但作用温和，可增强对各种疾病的抵抗力。在中国医药中，本品用于滋阴，可治疗虚弱、解热、呼吸不畅和咳嗽。现代医药中，本品可用于抑制鼻咽癌放疗的副作用，还用于治疗急性心肌梗死。

西洋参根中所含人参皂苷Rb1对弹性蛋白生成有促进作用。其60%乙醇提取物对超氧自由基有消除作用。此外，提取物还有镇静、美白、促进皮肤新陈代谢的作用。本品有促进成纤维细胞活性的作用，增加弹性蛋白的生成，并有抗氧化作用，可用于防皱、抗衰化妆品。

323 稷 *Panicum miliaceum* L.

彩图323

英文名：Proso millet，Millet，Common millet；禾本科

【别名】糜子，黍，粟，黄米

【植物形态】一年生草本，茎直立，高40～120 cm，节密被髭毛。叶鞘松弛，被疣基毛；叶舌膜质，顶端具睫毛；叶片线形或线状披针形，长10～30 cm，宽5～20 mm，两面具疣基的长柔毛或无毛，顶端渐尖，基部近圆形，边缘常粗糙。圆锥花序，果熟时下垂，长10～30 cm，分枝具棱槽，下部裸露，上部密生小枝与小穗；小穗卵状椭圆形，长4～5 mm；颖纸质，无毛，第一颖正三角形，顶端尖，通常具5～7脉；第二颖与小穗等长，通常具11脉；第一外稃具11～13脉；内稃透明膜质，短小；第二小花长约3 mm，成熟后因品种不同而有黄、乳白、褐、红和黑等色；第二外稃背部圆形，平滑，具7脉，内稃具2脉；鳞被较发育。胚乳长为谷粒的1/2，种脐点状，黑色。花果期7～10月。

【生态分布】糜子喜温凉、干爽气候，生育期短，耐旱、耐瘠薄。我国西北、华北、西南、东北、华南以及华东等地山区都有栽培，新疆偶见有野生。亚洲、欧洲、美洲、非洲等温暖地区都有栽培。

【历史与民俗】中国栽培黍子的历史十分悠久，河北磁山新石器遗址保存的早期农作物籽实灰化样品的定年测试，发现距今约10 000～8 700年前种植的是黍，而粟则在距今约8 700～7 500年期间少量出现。在《诗经·魏风》中有这样脍炙人口的诗句："硕鼠硕鼠，无食我黍。"可见黍的栽培在先秦时期的重要意义。据说，成吉思汗统一大漠时吃的就是这种携带方便的干粮，使得将士们不生疾病，个个身壮如牛。无独有偶，延安市宝塔区柳林林场的雒老回忆说，毛主席当年在延安吃到这种糜子米时曾认真地说，这种糜子米就是加工起来费点功夫，很适合我们的战士。

【化学成分】糜子含蛋白质12%左右，最高可达14%以上；淀粉70%左右，其中糯性品种含淀粉为67.6%，粳性品种含淀粉为72.5%。糯性品种中直链淀粉含量很低，优质糯性品种不含直链淀粉。粳性品种中直链淀粉含量一般为淀粉总量的4.5%～12.7%；脂肪3.6%，此外还含有β-胡萝卜素、维生素E、维生素B_6、维生素B_1、维生素B_2等多种维生素和丰富的钙、镁、磷及铁、锌、铜等矿物元素。另有资料，100 g糜子米（炒米）可食部分为100%，含热量1 566 kJ，蛋白质8.1 g，脂肪2.6 g，碳水化合物79.5 g，膳食纤维1 g，胡萝卜素1.2 μg，视黄醇当量7.6 μg，硫胺素0.29 mg，核黄素0.04 mg，烟酸0.7 mg，钾252 mg，钠10.7 mg，钙12 mg，镁112 mg，铁14.3 mg，锰0.63 mg，锌1.89 mg，铜0.45 mg，磷233 mg，硒4.53 μg。

【加工与利用】利用部位为果实。糜子成熟时采收,脱粒,晒干,碾磨,可得黄米。黄米可进一步磨面粉,供食用。糜子及糜子面可以制作多种小吃,风味各异、形色俱佳、营养合理、食用方便,制作历史悠久。例如茶汤、驴打滚、炸糕、枣糕、浸糕、年糕、连毛糕、糕斜儿、清真酥香糖、汤团、粽子、摊花、煎饼、窝窝、火烧、油馍、酸饭、糜子粉、炒米、糜面杏仁茶等。糜子还是传统的制酒原料,糜子产区几乎家家户户都有用糜子酿制黄酒的习惯,但多为自酿自用。

【附注】糜子细粉可用作化妆品的扑粉。糜米水提取物在细胞培养时对纤维芽细胞增殖有促进作用,显示有活肤作用,可用于抗衰化妆品。从黑黍糠秕中可提取非晶形固体粉末状棕色色素,作为色酒、果糖,尤其是面食品的着色剂,亦可用于化妆品的着色。

324 罂粟 *Papaver somniferum* L.

彩图 324 英文名:Poppy, Opium poppy;罂粟科

【别名】大烟花,芙蓉籽

【植物形态】一年生或二年生草本,无毛或微有毛。茎直立,分枝,高 30～300 cm,有白粉。基生叶具柄,长圆形或长卵形,长 5～15 cm,宽 2～7 cm,先端渐尖,基部心形,边缘有不整齐的缺刻及锯齿,或多少羽状浅裂;茎生叶无柄,基部抱茎。花单生于茎顶,红色、粉红色、紫色或白色,直径 7～10 cm,萼片卵状长圆形,长 1.5～2.0 cm,无毛;花瓣 4,有时重瓣,圆形,全缘或波状,或切裂;雄蕊多数;子房球形,柱头 8～12,辐射状分枝。蒴果球形,直径 3～6 cm,孔裂。种子细小,灰褐色。花期 5～7 月,果期 7～9 月。

【生态分布】罂粟原产欧洲南部、亚洲西部,喜温暖凉爽气候,喜光,喜肥,怕涝,稍耐干旱。在亚热带和温带地区均能生长,适应性强,随不同气候和土壤条件,植株生长高度和生长期长短有些差别。由于其果实可生产鸦片毒品,各国均严格控制其种植。

【历史与民俗】罂粟有重要的药用价值,至少有 4 000 年的栽培历史了。大约 3 000 年前引种至希腊,并从那里传至欧洲。7 世纪中国开始使用本品。而日本到 15 世纪才得到应用。本品在公元前1 700 年已被西亚亚述王国草药学家使用。戴奥斯柯瑞迪曾记载:"叶和花枝的煎剂饮用,或敷于头部有强烈的催眠作用。将花头捣碎与面粉和在一起,可治疗炎症和丹毒。"在印度阿育吠陀医药中,将罂粟未成熟果实的乳汁作为麻醉药使用。

在欧洲,以罂粟种子作调味料也有上千年的历史。罂粟籽焙烤或热炒,可呈现浓郁的脂香,加入菜肴有特殊的风味。它和芝麻一样,常用于焙烤食品和糕饼表面,烘烤后有特殊的香气和风味。碾粉后亦可混制各种糕点、面包等食品,呈现独特风味。本品为 ISO 允许使用的食用香料。

【化学成分】罂粟种子含油 44%～50%,油中主要脂肪酸有油酸、亚油酸、棕榈酸、硬脂酸、异亚油酸。另含可达明碱、可待因、β-可待因、隐品碱、格闹莨菪品碱、劳丹碱、劳丹尼定碱、袂康定碱、吗啡、那碎因碱、那可汀碱等生物碱。还含乳酸、袂康酸、醋酸、磷酸、卵磷脂、蛋白质、果胶、树脂、蜡、镁盐和钙盐等。种子内不含鸦片,无麻醉成分。

【加工与利用】利用种子和种子油。果实成熟时采集果实,晒干,去壳,取出种子,干燥备用。种子可用压榨法提取脂肪油。种子用于烘焙糕点,最初是在土耳其、埃及、欧洲中部和英国。但现在世界几乎所有地区都有使用,大多数人看到它被洒在面包中。它也作为调味品用于各种奶酪;在中国米线、面条里也作为风味成分。种子(通常是白色的)煎炸后有坚果味,也常添加到印度和马来风格的咖喱中,使其有更好的味道。罂粟籽油有一种苍白的颜色,味道像橄榄油一样,可用于烹饪。

【附注】罂粟籽药用:性温,有止泻、安神、镇咳、固精之功效。用于腹泻、神经衰弱、失眠、咳嗽、遗精、早泄等疾病。种子含有大量脂肪油,及少量生物碱、卵磷脂、树脂等,具有抗菌、抗氧化、促进皮肤血液循环、润肤等作用。罂粟籽油具有特殊油香,有良好的润肤作用,可用作化妆品的基础油配料。罂粟籽提取物显示有活肤功效,可用于护肤类化妆品。

325 西番莲 *Passiflora caerulea* L.(*P. lauseirii* G. Don; *P. chinensis* Hort ex Mast.)

彩图 325 英文名：Passionflower；西番莲科

【别名】 玉蕊花，转心莲，西洋鞠，转枝莲，转盘花

【植物形态】 多年生草质藤本。茎圆柱形，略具棱槽，有多数分枝，老枝常带紫红色；卷须腋生，长 13～17 cm。叶互生；叶柄长 2～3 cm；中部散生 2～6 个小腺体；托叶较大，肾形，抱茎；叶掌状 5 深裂，长 5～7 cm，宽 6～8 cm，裂片长椭圆形，中央的较大，两侧的略小，全缘。单花腋生，花大，直径 6～10 cm，淡绿色；苞片 3，宽卵形；萼片 5，背面近先端有一角状物；花瓣 5，长圆状披针形，与萼片近等长；副花冠裂片 3 轮，丝状，白色，上下两端带蓝色或紫红色；内花冠流苏状，紫红色，花盘膜质；雄蕊 5，花丝基部与子房柄合生；子房卵圆形，花柱 3，紫红色。浆果卵形或近球形，熟时黄色。种子多数，有红色假种皮。花期 5～7 月。

【生态分布】 原产南美洲，喜温暖湿润气候，喜光，不耐寒，夏天可露地种植。宜在含腐殖质而湿润的砂质壤土栽种。热带、亚热带地区常见栽培。中国广西、江西、四川、云南等地栽培，有时逸生。

【历史与民俗】 在美洲印第安人的传说中，西番莲是白天的女儿。她承袭了父亲给予的热情阳光，身上总是洋溢着灿烂笑容，她是森林和草地中最美的花朵。西番莲在欧洲是颇负盛名的草药，用于治疗失眠和焦虑不安。16 世纪，西班牙探险家在秘鲁和巴西的印第安部落中第一次遇见西番莲，并将它带入欧洲。印第安人认为西番莲是最好的镇静剂。

【化学成分】 西番莲果内含有丰富的蛋白质、脂肪、还原糖、多种维生素和磷、钙、铁、钾等多达 165 种化合物以及人体必需的 17 种氨基酸。果还含白杨素、苯并二氮杂(䓬)类化合物、新西兰鸡蛋果氰苷 B-4-硫酸酯。叶含类黄酮苷、二酚黄酮色素、一酚黄酮苷。全草含芹菜素和木犀草素的 C-葡萄糖衍生物，其中有牡荆素、导荭草素、芹菜素-8-C-双葡萄糖苷，还含类脂。花和果穗中含焦性儿茶酚、没食子酸、棕榈酸、肉豆蔻酸、谷甾醇、葡萄糖等。

【加工与利用】 主要利用果实。果实成熟时采收，通常洗净鲜食。西番莲果实成熟后气味芬芳，如切开则香气四溢、沁人肺腑，且果内有大量果瓤和果汁，食之甜酸可口，生津止渴，提神醒脑，特别适宜加工成果汁、果露、果酱、果冻等风味独特、营养丰富、滋补健身、有助消化的产品。西双版纳生产的西番莲果汁饮料已畅销国内外。

全草味苦，性温，具有除风、除湿、活血、止痛功效。主要用于治疗感冒头痛，鼻塞流涕，风湿关节痛，痛经，神经痛，失眠，下痢，骨折。西番莲的种子含油量高达 21.7%～25.25%，油质可与葵花油相媲美，是优质的食用油。

【附注】 西番莲花果俱美，花大而奇特，既可观花，又可赏果，是一种十分理想的庭园观赏植物。

326 鸡蛋果 *Passiflora edulis* Sims

彩图 326 英文名：Passion fruit, Granadilla；西番莲科

【别名】 洋石榴，紫果西番莲，百香果，藤石榴，西番莲

【植物形态】 草质藤本，长约 6 m；茎具细条纹，无毛。叶纸质，长 6～13 cm，宽 8～13 cm，基部楔形或心形，掌状 3 深裂，中间裂片卵形，两侧裂片卵状长圆形，裂片边缘有细锯齿，无毛。聚伞花序退化仅存 1 花，与卷须对生；花芳香，直径约 4 cm；花梗长 4～4.5 cm；苞片绿色，宽卵形或菱形；萼片 5 枚，长 2.5～3 cm；花瓣 5 枚，与萼片等长；外副花冠裂片 4～5 轮，外 2 轮裂片丝状，基部淡绿色，中部紫色，顶部白色，内 3 轮裂片窄三角形；内副花冠非褶状，顶端全缘或为不规则撕裂状；花盘膜质；雄蕊 5 枚，花丝分离，花药长圆形，淡黄绿色；子房倒卵球形，被短柔毛；花柱 3 枚，柱头肾形。浆果卵球形，直径 3～4 cm，无毛，熟时紫色；种子多数，卵形。花期 6 月，果期 11 月。

【生态分布】美洲的热带及亚热带植物，原产于巴西大小安的列斯群岛，1610 年间传入欧洲。现广植于热带和亚热带地区。我国栽培于广东、海南、福建、云南、台湾，有时逸生于海拔 180～1900 m 的山谷丛林中。

【历史与民俗】鸡蛋果的花语为憧憬。它是西番莲的同科属植物，其历史与民俗是相同的。在美洲印第安人的传说中，鸡蛋果是白天的女儿。她承袭了父亲给予的热情阳光，身上总是洋溢着灿烂笑容，她是森林和草地中最美的花朵。有一天，当晨星初升，她在睡梦中被一阵嘈杂声吵醒。张开眼睛一看，河边有一位少年正在玩水。他的俊美容貌吸引了公主，鸡蛋果一见钟情，爱上了他。这位少年不像她在白天所看到的其他人，他是黑夜的向导，只在夜间出现。公主对这位黑夜向导十分爱慕，时时刻刻计算时间，等待夜晚的来临，盼望见到黑夜向导一面，并憧憬着未来。

【化学成分】果实含果胶 1%、香味成分[Z, E-、E,F 的 6-(2-亚丁烯基)-1, 5, 5-三甲基-1-环己烯、(2R＊, 4S＊, 4aS＊, 8aS＊－)-4,4a-二氢鸡蛋果素、(2R＊, 2S＊, 8aS＊)-3-羟基鸡蛋果素]、糖类(葡萄糖、果糖、蔗糖等)、苷类(野樱苷、鸡蛋果苷)、隐黄质、硫胺素 B_1、烟酸、核黄素、α-胡萝卜素、β-胡萝卜素、维生素 C、钾、钠、钙、镁、铁、锌等。种子含脂类 29.4%，其中亚油酸约占 70%。

【加工与利用】主要利用果实和籽油。果实成熟时采集；鲜果分离出种子，可用压榨法提取脂肪油。鸡蛋果可直接鲜食，将果剖开，用调羹挖出瓤来直接食用，籽可食用，富含高级蛋白、高级脂肪。它可用于制作果汁，将果切开，用勺子将果肉舀入杯中，加水，加少许白糖、蜂蜜等调整甜度，搅拌即可得一杯色、香、味俱佳的营养果汁。泡茶：将果子一分为二，放入杯子，再放入冰糖，用沸水泡 6 min，即可饮用。用于高汤提味：将整个果子洗净后放入高汤，可以将汤的鲜味提出，令高汤口感更佳。果壳也可用于泡酒或泡茶，以及烹饪菜肴。

【附注】果壳可用于提取果胶、医药成分和加工饲料。鸡蛋果榨汁对羟基自由基有消除作用，对脂质过氧化有抑制作用。其果皮水提取物在细胞培养时对内皮素释放有抑制作用。鸡蛋果籽油含不饱和脂肪酸在 80% 以上，可用作化妆品基础油。果实提取物对内皮素释放的抑制和它的抗氧性显示可用于增白护肤化妆品。它还可减少红血丝的发生。

327 香蕉西番莲 *Passiflora mollissima* (Kunth.) L. Bailey

彩图 327

英文名：Curuba，Banana passion fruit；西番莲科

【别名】西番莲坚果，香蕉百香果，极软西番莲

【植物形态】木质藤本，攀援于其他树木上。单叶互生，叶片 3 深裂，中间裂片稍大，裂片边缘有锯齿，近革质，表面光泽，绿色至深绿色。聚伞花序腋生，花序梗具苞片。花两性，花梗长；花的底部有浅绿色蜜腺肿胀。花管长 6～8 cm，直径 0.7～1 cm，淡绿色，萼片 5，花瓣状，花瓣 5，长椭圆形，长 3～6 cm，粉红色，垂直于花管，或反折，无副花冠；雄蕊 5，生于雌蕊柄上，子房长圆形，花柱 3。果为肉质浆果，长纺锤形，长 10～14 cm，宽 3.5～4.5 cm，成熟时黄色或浅橙色。果实包含有许多可食用的橙假种皮和种子；种子扁平，黑色。

【生态分布】热带植物，喜温暖湿润气候。原产于巴西中部的灌木丛地区。它可以入侵到某些气候相似地区。现在普遍生长在南非、亚洲和太平洋岛屿的一些地区，在夏威夷，它可生长在海拔 600～2 100 m地区。

【历史与民俗】香蕉西番莲原产于安第斯山脉地区(玻利维亚、秘鲁、哥伦比亚和委内瑞拉)。在过去的几百年中它已经被驯化，现在通常种植在庭院和商业种植园(特别是在哥伦比亚)。

【化学成分】果实含蛋白质、糖类、果胶、维生素、矿物质、黄酮等。种子含脂肪油。

【加工与利用】利用部位为果实。秋季果实成熟时采收，一般鲜食。香蕉西番莲果实还流行制作果酱、果冻、冰淇淋、明胶甜点、鸡尾酒饮料，甚至酒(果汁被认为是最好的百香果果汁)。用等量的果浆、糖

与4～5份冷藏牛奶混合制成饮料，这种流行和美味的饮料被称为 sorbete de curuba。在南美部分地区，具有地方特色的风味冰淇淋、饮料、鸡尾酒多是使用本种的果实制成的。

【附注】香蕉西番莲除了果实美味外，还是一种美丽的庭园装饰植物。

328 欧防风 *Pastinaca sativa* L.

彩图 328　英文名：Parsnip；伞形科

【别名】欧独活，美洲防风，欧洲萝卜，芹菜萝卜，蒲芹萝卜

【植物形态】二年生草本。高 1～1.6 m，通常光滑无毛。根粗大，圆锥形，棕黄色，长达 30 cm。茎单生，有粗纵纹，基部不分枝，上部呈叉状分枝。基生叶有柄，长达 13 cm；叶片轮廓为长圆形或卵形，长 20～30 cm，裂片长圆形至卵圆形，长 5～8 cm，宽 2.5～4 cm，边缘有粗锯齿，浅裂或分裂；茎生叶有明显开展的叶鞘。复伞形花序顶生或侧生，花序梗粗大；总苞片通常缺少；伞辐 10～30，不等长；小伞形花序直径约 1 cm，有花 20 余朵；萼齿细小；花瓣黄色，卵圆形，长 1～1.2 mm，顶端内折；花柱基扁圆锥形，花柱短。分生果卵圆形至倒卵形，长 5～6 mm，背棱和中棱明显，侧棱有翅；每棱槽内有油管 1。花果期 6～8 月。

【生态分布】喜温暖干爽气候，原产欧洲大陆，现世界各地有引种栽培，我国陕西、上海、台湾等地有栽培。

【历史与民俗】欧防风在古罗马时代的温带欧洲和西亚就作为蔬菜食用和栽培。在德国和欧洲中部和北部的其他地方它曾经是一种重要的食物来源。欧防风的根被添加到面包里，或配咸鱼吃，并用于生产葡萄酒。但有了土豆后，它的人气就少了。后来它传播到西欧、西印度群岛和北美，仍然是一种受欢迎的蔬菜。

【化学成分】每 100 g 鲜根中含蛋白质 1.2 g，脂肪 0.3 g，碳水化合物 11.6 g，纤维素 4.34 g，β-胡萝卜素 0.07 mg，维生素 B_1 0.11 mg，维生素 B_2 0.07 mg，维生素 C 12.6～30 mg，钾615.6 mg，钠4.12 mg，钙63 mg，镁68.5 mg，磷 106.1 mg，铜 1.279 mg，铁 3.692 mg，锌 0.56 mg，锰0.215 mg，锶 0.683 mg。其中碳水化合物包括糖（主要为蔗糖）、膳食纤维（包括纤维素、半纤维素和木质素）。还含抗氧化剂如镰叶芹醇、镰叶芹二醇、和甲基镰叶芹二醇。

【加工与利用】主要采用根。夏、秋季挖取肉质根，除去泥土、杂质，洗净备用。欧防风根像萝卜一样可用来煮熟吃。它用于煮、炸或烤，有时捣碎成浓汁。它通常添加到汤、炖肉里，尤其是炖牛肉，其味道相对强劲好吃。它的形态像胡萝卜根，含糖量高，煮、烤均可，并可用于生产果酱、甜面粉蛋糕，甚至可发酵生产欧防风酒。欧防风蜜饯在北美仍然是一个受欢迎的小吃。幼嫩叶片需用沸水烫后再煮食或作沙拉。亦用于作罐头食品的调味品和炖肉的配菜。

【附注】欧防风根提取物具有抗菌、抗氧化、抗癌，抗炎和抗真菌特性，并含有多种营养成分和可溶性膳食纤维，具有润肤、保湿功效。因而可作为抗菌剂、抗炎剂、抗氧剂、皮肤柔润剂用于护肤化妆品，还能防治多种皮肤疾患。

329 巴西香可可 *Paullinia cupana* Knuth. ex H. B. K.

彩图 329　英文名：Guarana；无患子科

【别名】瓜拉纳，巴西可可，亚马孙香无患子，秘鲁可可，库盘泡林藤

【植物形态】木质藤本，长至 10 m。叶互生，奇数羽状复叶，叶长 15～30 cm，有小叶 3～7 片，小叶矩圆形至卵状长椭圆形，先端渐尖，基部圆形，边缘有粗锯齿，顶端 1 片较大。圆锥花序腋生，长 15～

25 cm，花黄色，簇生，花萼、花瓣、雄蕊均 5 数，雌蕊心皮 3，柱头 3 裂。果实梨形至圆形，红色；成熟时果实分裂，露出种子白色外衣，顶端带有一点棕褐色的凸起，种子小，光亮。

【生态分布】 原产巴西亚马孙地区的热带雨林中，适生于年平均温度 20～26 ℃，冬季最冷月平均气温 15 ℃以上地区。对水分及湿度的要求严格，年降雨量 1 500～3 000 mm，相对湿度大于80%。巴西有栽培。

【历史与民俗】 在巴西，民间传统习惯将巴西可可的种子烘烤、压碎、干燥，制成糕状，用于泡茶，可恢复体力，也可治疗腹泻。马卫斯印第安人已食用数百年，结果比不生产巴西可可地区的其他土著人的平均寿命长 1 倍以上；老年人头发乌黑，皮肤光滑无皱纹，肌肉亦富弹性，外表比实际年龄年轻很多。

瓜拉纳（巴西香可可）在巴西最早由印第安人种植，印第安人视它的种子为“神果”，他们习惯在狩猎和搏斗时咀嚼瓜拉纳种子，以获得能量。欧洲有记载使用瓜拉纳的时间可以追溯到 1775 年。1907 年，巴西开始用瓜拉纳生产饮料，由于瓜拉纳具有浓烈的热带地域特色风味，很快就流行起来，到 1940 年以后，瓜拉纳已经成为巴西的象征之一，被称为巴西的“国饮”。

【化学成分】 含黄嘌呤类（包括咖啡因 7%、可可豆碱、茶碱等）、鞣质和皂素。此外还含有氨基酸、多种维生素、碳水化合物和多种矿物质。

【加工与利用】 利用成熟种子。果实成熟时采收，干燥后取出种子，分别干燥备用。瓜拉纳是非常受欢迎的、非酒精的碳酸饮料，被称为瓜拉纳或“cupana”。它有一种水果味道和愉快的回味。在巴西，它每天可售出数百万瓶。饮料在美国和世界其他地方也变得受欢迎。大型饮料公司已经开始生产仿制品牌，但是原来的巴西品牌仍然是最受欢迎的。这些时尚的“能量饮料”富含咖啡因，因此可作为通用的滋补药，可消除疲劳。瓜拉纳也可以用于巧克力棒、口香糖、糖浆、糖粉中。其产品据说有壮阳药的作用，还广泛用于减肥食品，因而瓜拉纳常作为功能性食品上市。

种子所含黄嘌呤有兴奋、利尿、短时期恢复体力的作用。提取物还有抗菌和收敛作用。可用于治疗头痛、偏头痛、缓解紧张状态、提神，还可治疗慢性腹泻。

【附注】 本品富含鞣质，长期服用会影响人体对营养成分的吸收，也影响人体体力自然恢复进程。目前本品已逐渐为咖啡所替代。

果实提取物对 NF-kB 细胞活性和对金属蛋白酶-1、金属蛋白酶-3、金属蛋白酶-9 有抑制作用，显示有较强的抗炎作用，在化妆品中可作为抗炎剂使用。本品还具有紧肤、促进黑色素细胞增殖和黑色素生成的作用，有乌发功效，可用于乌发、护发产品中。

330 育亨宾 *Pausinystalia yohimbe* K. Schum.

彩图 330　英文名：Yohimbin bark，Yohimbe；茜草科

【别名】 育亨宾树

【植物形态】 常绿乔木，高至 30 m。树干直径 50～60 cm，树皮红棕色，具纵向的裂缝，容易剥离，苦味。边材淡黄色，心材赭黄色；木材是细粒度、相对密集的中等硬度。叶对生，叶柄短，叶片椭圆形，长 11～47 cm，宽 5～17 cm。花小，黄色，簇生状。

【生态分布】 原产于非洲西部和中部森林，喜温暖气候，特别是喀麦隆、扎伊尔、加蓬、刚果。其中以刚果出口量大。

【历史与民俗】 育亨宾的树皮在非洲自古以来就是用作催欲药的。在西部非洲，育亨宾的树皮享有盛名，特别在班图人中作为男性的壮阳药和温和的致幻剂。1900 年，哥维和苗勒等人将其应用于因神经衰弱所致的阳痿及麻痹性不感症取得疗效，因而逐渐用于临床。

【化学成分】 树皮含 6%的吲哚类生物碱（包括育亨宾碱等），以及色素和鞣质。

【加工与利用】 以树皮入药，可在一年中任何时候采集，采集后，除去外层粗皮和杂质，干燥备用。现代研究证明，育亨宾为非激素类药物，其药理作用为能使血管平滑肌扩张，降低交感神经张力，通过扩

张阴茎的动脉增加阴茎海绵窦血流量,使阴茎勃起,并使中枢交感神经兴奋。树皮所含生物碱中等剂量有兴奋大脑作用,但大剂量时毒性很大。

本品适用于精神性、神经性、血管性及糖尿病性阳痿。在西非,它经常作为兴奋剂使用,也是治疗阳痿的药物。目前,育亨宾碱已被作为治疗阳痿的常用药物,即为"痿必治"的原料药(每片含育亨宾碱5.4 mg),2 mg/kg的剂量可直接增加性欲。育亨宾碱也用于心绞痛、动脉硬化症。20世纪80年代,Pope在*Economic Botany*中把育亨宾描述为"最令人满意的非洲催情药"。美国大量从非洲输入育亨宾树皮原料生产成药。

【附注】妇女、儿童和肝肾功能严重损害者、消化性溃疡及心脏疾病者、对本品过敏者禁用。

331 香叶天竺葵 *Pelargonium graveolens* L. Her.

彩图331　英文名:Geranium;牻牛儿科

【别名】玫瑰天竺葵,香叶,天竺葵,驱蚊草

【植物形态】多年生芳香性的亚灌木,株高50~80 cm。茎基部带木质化,密被腺毛。叶对生,具长柄,叶片心状卵圆形,近掌状,5~7裂,裂片再分裂为小裂片,直径3~6 cm,边缘锯齿,密被茸毛。伞形花序,由6~9朵小花组成,与叶对生,花几无梗;萼片披针形,密被长毛,基部稍合生;花瓣5,匙形,上面2枚较大,长达1.2 cm,红色或玫瑰红色,有紫色脉纹;雄蕊10,花药多退化;雌蕊1,子房5室,花柱5,多不育,偶有发育结实者。蒴果5裂,开裂时旋卷,内含种子1粒。枝、叶、花均有香气。

【生态分布】香叶天竺葵原产南非,喜光、喜暖气候,不耐寒冷,要求土层深厚,质地疏松、肥沃和透水性良好的土壤;能耐弱碱土,但不适于酸性土。现在留尼旺岛、刚果、阿尔及利亚、埃及、摩洛哥、法国、意大利、西班牙、俄罗斯、保加利亚、日本及北美均有商业化栽培。我国多地有栽培,以云南、四川栽培面积较大。

【历史与民俗】"Geranium"应是老鹳草,早期的英文文献将天竺葵称为"Geranium"是错的,但它沿用至今。目前所指的天竺葵精油是从天竹葵属植物中提取出来的。玫瑰天竺葵和英国的Geranium robertianum、美国的Geranium maculatum一样,都是应用广泛的草药,它们有很多共性,很早就被用于治疗痢疾、痔疮、炎症、骨折、伤口、子宫出血和月经过多等问题。中世纪的人们还相信它能驱避邪灵、消除肿瘤。全球知名的《不列颠草药药典》也专门指出了天竺葵对胃溃疡、腹泻的卓越疗效。香叶天竺葵1962年由昆明植物所引入,在昆明、玉溪、石屏、宾川等地栽培成功,以后在中国各地庭园都有栽培。

【化学成分】精油主要成分为香茅醇、香叶醇、沉香醇、异薄荷酮、薄荷酮、水芹烯、桧萜、柠檬烯等。1985年报道我国产的天竺葵精油(香叶油)的主要化学成分(%)为香茅醇(40.00~40.90)、甲酸香茅酯(8.30~11.80)、香叶醇(3.70~7.90)、甲酸香叶酯(0.94~1.83)、玫瑰醚(2.30~4.70)、芳樟醇(沉香醇,3.07~4.38)、氧化芳樟醇(0.10~0.12),此外还有α-水芹烯、薄荷酮、古云烯、异薄荷酮等。

【加工与利用】采用嫩茎叶提取精油。栽培的香叶天竺葵一般以地面大部分被植株遮盖,有较浓郁的玫瑰香气时即可采收。采收后趁鲜采用水蒸气蒸馏法提取挥发油。装料时,应将嫩枝叶抖散混装,中部宜松,边缘适度压紧,以免蒸气受阻,加热不匀。粗精油可用干燥食盐脱水,再用滤纸过滤即可得精油。得油率约为0.1%~0.2%。香叶天竺葵又称为香叶草,有许多品种,其叶子都具有特异的香味,可作为香料和辛香料使用。它和供观赏用的天竺葵是不同的。香叶天竺葵的叶子可以提取精油,用于食品,主要用于配制烟用、酒用和面点、糖果等的香精。

香叶天竺葵全草入药,性温,味辛。有祛风除湿、杀虫的功能,用于风湿骨痛、阴囊湿疹、疥癣等症。药理研究表明,香叶油中的甲酸香茅酯、香茅醇和具愈创木烷骨架的倍半萜烯类化合物对S180、EC实体瘤有较高的抑制率。香茅醇、甲酸香茅酯、乙酸香茅酯、香叶醇有一定的抗癌活性。现已有香叶天竺葵茎叶油制剂,用于治疗子宫颈癌,对早、中期子宫颈癌适用,对晚期子宫颈癌也有一定疗效。

【附注】香叶油是香料工业中最重要的精油之一。香叶油香气甜美，有青草香气，故玫瑰配方应用其原油时应适量，过量会压倒花香。所以配制玫瑰香精最好使用其玫瑰醇或除萜香叶油，后者也是玫瑰醇香气。香叶油用途很广，可用于香水、香粉、膏霜和香皂精及其他化妆品中。它常用来配制玫瑰香料，也可用于风信子、香石竹、紫丁香、晚香玉、铃兰、紫罗兰、含羞草等香精配方中，又是调配蔷薇型、薰衣草型、玫瑰檀香型、东方香型等所必需的香料。

头状天竺葵（*Pelargonium capitatum*）叶提取物、盾状天竺葵（*Pelargonium peltatum*）提取物、荷叶天竺葵（*Pelargonium reniforme*）根提取物也用于化妆品。天竺葵（*Pelargonium hortorum*）提取物含花青素，可作为嫩肤剂用于化妆品。

332 御谷 *Pennisetum glaucum*（L.）R. Br.

彩图 332　英文名：Pearl millet；禾本科

【别名】蜡烛稗，珍珠粟，珍珠谷子

【植物形态】一年生草本，须根强壮。秆直立，常单生，高达 2 m，在花序以下密生柔毛。叶鞘疏松而平滑；叶舌连同纤毛长 2～3 mm；叶片扁平，长 20～90 cm，宽 2～5 cm，基部近心形，两面稍粗糙，边缘具细刺。主轴粗壮，硬直，密生柔毛；总梗长 2～5 mm，密生柔毛；小穗通常双生于一总苞内成束，倒卵形，长 3.5～4.5 mm，基部稍两侧压扁；颖膜质，具细纤毛；第一颖微小，长约 0.8 mm；第二颖长 1.5～2 mm，具 3 脉；第一小花雄性，第一外稃长约 2.5 mm，先端截平，具 5 脉，内稃薄纸质，遍生细毛；第二小花两性，第二外稃长约 3 mm，先端钝圆，具 5～6 脉；鳞被退化；雄蕊 3，花药顶端具毫毛。花柱基部联合，颖果近球形或梨形，成熟时膨大外露，长约 3 mm。花果期 9～10 月。

【生态分布】原产非洲。喜温暖气候，耐热、耐旱、耐瘠、耐盐碱，短日性植物。亚洲和美洲均已引种栽培作粮食；中国河北省有栽培。

【历史与民俗】珍珠粟（御谷）在非洲和近东已有数千年的栽培历史。在西非约 4 000 年前它已被驯化。从那里传播到非洲萨赫勒地区的草原上，以及苏丹东部和南部非洲（包括纳米比亚和安哥拉相邻的北部）。它传到印度至少在 3 000 年前，那时在拉贾斯坦邦成为一种重要的主食。今天，在非洲，珍珠谷子种植约 1 600 万 hm^2，在印度和巴基斯坦东南部约 1 100 万 hm^2。作为人类的一种主食，珍珠谷子还是迄今为止最重要的物种之一。

【化学成分】籽粒蛋白质含量为 8.3%～20.9%，平均为 16%；含脂肪 5%、碳水化合物 67%；还含有多种维生素、甾醇等。

【加工与利用】珍珠粟的籽粒作粮食用。将珍珠粟干磨成粉或湿磨成糊，做饼或面包以及其他形式的糕点。在非洲和印度部分地区，珍珠粟是一种重要的主食谷物，可用于做粥、面包、爆米花或蒸粗麦粉。它有相对较高的糖含量，传统上也用作酿造啤酒麦芽。但目前在发达国家和地区，它的籽粒主要用作家禽和牲畜饲料或填充剂。

【附注】将其茎秆作牲畜饲料、燃料或草房的建筑材料。珍珠粟（御谷）在中国分布于生育季节较长、纬度较低的干旱地区、山区的贫瘠和新开垦的土地上，作为粮食饲料兼用作物。

333 猪油果 *Pentadesma butyracea* Sabine

彩图 333　英文名：Butter tree，Tallow tree，Candle butter tree，Black mango tree；藤黄科

【别名】猪油树

【植物形态】常绿乔木，高5～7 m，树冠圆锥形。小枝深褐色，具纵条纹。叶片革质，倒卵状披针形或长圆状披针形，长(12-)24～28 cm，宽(2-)4～6 cm，顶端锐尖或钝，基部宽楔形或近圆形，上面暗绿色，具光泽，下面淡绿色，光滑无毛；叶柄粗壮，长1-1～5 cm。花大型，直径4～6 cm，5基数，5～12朵着生于枝条顶端；花梗粗壮，长约2 cm；萼片3大2小，卵状披针形；花瓣倒卵形或倒披针形，长4～4.5 cm，淡黄色；雄蕊多数，花丝基部联合成5束，花药线形；子房长圆球形，通常5室，柱头5裂。果成熟时棕褐色，斜卵球形，长10～12 cm，花被和雄蕊宿存；种子2～4，为淡红色假种皮包被，不规则的卵形、半圆形或圆球形，种皮薄。花期11月至翌年6月，果期5～7月。

【生态分布】原产热带非洲西部塞拉勒窝内的沿海地区，热带亚洲最早于1897年引入斯里兰卡，种植成功，1959年首次引入我国在福建试种；1963年自加纳引入在云南西双版纳试种，于1973年开花结实。

【历史与民俗】猪油果，原产于热带非洲西部沿海地区，种子含油，在原产地自古民间就用来作为食用油料，近代也供作可可油的代用品。因此被广泛引入到世界各地。

【化学成分】种子约含30%以上的油脂，脂肪酸成分以棕榈酸、硬脂酸为主，占50%～60%，其余有油酸、亚油酸等。因而在常温下为固体，熔点在37 ℃左右。油脂中还含酚性成分及甾醇等。

【加工与利用】主要采用种子的油脂。果实成熟时采收，将果实干燥，除去果皮和假种皮，然后将种子粉碎、烘烤、以热压法榨出固态油。猪油果油可用于烹调各种菜肴，也用于加工黄油、奶油。近代还用于代替可可脂制作糖果、糕点。

【附注】油脂中还含有一些酚酸及甾醇等成分，具有抗菌、抗氧化、润肤等作用。猪油果油脂会在手中融化，具有柔软和润滑皮肤的功效。可作为一些化妆品的基础油原料。它还可用于护唇膏、肥皂、柔软剂、睫毛膏和按摩乳液中。

334 紫苏 *Perilla frutescens* (L.) Britton (*Perilla arguta* Benth.)

彩图334

英文名：Common perilla, Beefsteak plant, Shiso；唇形科

【别名】桂荏，白苏，赤苏，白紫苏，苏麻

【植物形态】一年生草本，高可达2 m。茎方形，紫色或绿紫色，上部有长柔毛。叶对生，宽卵形或圆卵形，长7～13 cm，宽4.5～10 cm，先端长尖，边缘具粗齿，上面被疏柔毛，下面脉上被贴生柔毛；叶柄长3～5 cm，密被长柔毛。轮伞花序2花，组成顶生和腋生、偏向一侧、密被长柔毛的假总状花序；苞片卵形；萼钟状，下部被长柔毛，有黄色腺点，果时增大，上唇3齿，宽大，下唇2齿，喉部内面具疏柔毛；花冠紫红色、粉红色或白色，上唇微缺，下唇3裂；雄蕊4，二强；子房4裂，花柱着子房底。小坚果倒卵形。花期7～9月。果期9～11月。

【生态分布】原产中国，喜温暖湿润的气候，较耐热和耐寒，但对闷热极敏感，要注意通风。紫苏野生分布主要在长江流域及其以南的年降水量1 000 mm以上地区；人工栽培，全国各地均有。现在日本、美国、加拿大、俄罗斯等国均有栽培和产品开发。

【历史与民俗】紫苏原产亚洲东部，在我国采集利用已有2 000多年的历史，亦为传统中药材之一。古时称之为"荏"，多有利用，药用、食用均有。如陶弘景称："荏状如苏，高大白色，不甚香。其子研之杂米作糜，甚肥美，下气补益。榨其子作油，日煎之，即今油帛及和漆所用者。"《救荒本草》："荏子，所在有之，生园圃中。苗高一二尺，茎方。叶似薄荷叶，极肥大。开淡紫花，结穗似紫苏穗，其子如黍粒，其枝茎对节生。"

【化学成分】紫苏叶含挥发油、黄酮及其苷类化合物、色素、酚酸类等。挥发油成分主要为左旋紫苏醛，其次有左旋紫苏烯、紫苏酮、异紫苏酮、香薷酮、反式柠檬烯紫苏醇等。

黄酮类化合物有紫苏苷、7-咖啡酰芹黄素、木犀草素等。色素含量为2%～3%，属花青素类化合

物，主要为紫苏素和紫苏宁。酚酸类成分有3,3′-二乙氧基迷迭香酸、咖啡酸、迷迭香酸等。此外，还有类胡萝卜素。

【加工与利用】主要采用紫苏叶及籽油。一般在8～9月枝叶繁茂和有花时节割取上部枝叶，置于通风处晾干，备用。种子成熟时采收种子(小坚果)，干燥备用。籽(小坚果)以压榨方法提取脂肪油。紫苏用途很广。作为调味料，它的叶子、芽、花穗、果实都有增进食欲、清肠和消除胃胀的功效，并有特异清新的香气和抑菌防腐的作用。紫苏有去鱼毒功能(特别是花的效果最好)，我国广东名菜炒溪螺必用紫苏，它也是除去马肉异味的重要调味料。干叶常用作卤肉的调料，加工地方风味肉制品(如腊肉、腊鱼)也常用它。将干净的紫苏干叶放入酱油中，可以防腐和增香。新鲜的紫苏茎叶的汁液可用于糕点、梅干等食品染色和增味。腌制的紫苏叶可做菜食用，亦是很好的调味料，用于烹调可显独特的色香味。在日本、韩国烹饪里紫苏也是一种重要的调味品、装饰品和蔬菜。它的叶有几种传统的使用方法，如被作为生鱼片的装饰物，有时它也配入一种受欢迎的古老的天妇罗菜(将它用麻油炒一下作为装饰)。它紫色的叶子的味道和颜色也被添加到传统的酸梅中。

紫苏籽油被认为是富含α-亚麻酸的最好的食用油，α-亚麻酸(α-LNA)含量高达50%～70%。A-亚麻酸属ω-3系列不饱和脂肪酸是人体必需的不饱和脂肪酸之一，人体自身不能合成，只能从外界摄取。紫苏籽油还有其他一些药理作用。它可以调节血脂，能降低血清总胆固醇；有抗肿瘤作用，食用紫苏籽油可使结肠癌的发病率明显下降；有抗血栓作用，以及抗过敏作用。

紫苏全草可蒸馏紫苏油，这种油是医药工业的原料；可提取香精油，用作制酱的原料或保鲜剂；紫苏油还是一种天然色素原料，用于食品和纺织印染等行业。其叶不仅可制取叶汁保健饮料，而且可提取用途广泛的胡萝卜素。

【附注】实验表明，紫苏叶醇提取物(主要为黄酮成分)具有良好的抑制脂质过氧化作用，其作用与抗氧剂丁基羟基苯甲醚(BHA)相当。紫苏提取物对大肠杆菌、痢疾杆菌、金黄色葡萄球菌等有明显的抑制作用。并含有黑素形成抑制剂，能美白皮肤。同时，紫苏提取物对胶原蛋白纤维凝胶有收缩作用，可改善皮肤的松弛度。因而它可用于美白、抗衰化妆品。籽油芳香，可作为化妆品的基础油调配原料。

335 鳄梨 *Persea americana* Mill.(*P. gratissima* Gaertn.)

彩图 335 英文名：American avocado，Avocado；樟科

【别名】油梨，牛油果，樟梨，酪梨

【植物形态】常绿乔木，高约10 m，树皮灰绿色。叶互生，长椭圆形、椭圆形、卵形或倒卵形，长8～20 cm，宽5～12 cm，先端急尖，基部楔形、近圆形，革质，上面绿色，下面带苍白色，具疏毛；叶柄长2～5 cm。聚伞状圆锥花序长8～14 cm，多生于小枝下部，具梗，总梗长4.5～7 cm，各级序轴被黄褐色短柔毛；苞片及小苞片线形。花两性或单性，淡绿色，长5～6 mm。花被两面密被黄褐短毛，花被筒倒锥形，花被裂片6，长圆形，长4～5 mm，外轮3枚略小。能育雄蕊9，花药长圆形；退化雄蕊3。子房卵球形，长约1.5 mm，花柱长2.5 mm。果大，通常梨形，有时卵形或球形，长8～18 cm，黄绿色或红棕色，外果皮木栓质，中果皮肉质，可食。花期2～3月，果期8～9月。

【生态分布】鳄梨原产热带美洲。现广泛栽培于世界各热带地区。它喜光，喜温暖，气温16～32 ℃，相对湿度70%～80%生长旺盛。我国台湾、福建、海南、广东、广西、云南、贵州有栽培。

【历史与民俗】鳄梨拉丁学名中*Persea*是希腊文中“树”的意思，而*gratissima*在拉丁文中代表非常令人喜爱的。而Americana则是指其原产地美洲。鳄梨(牛油果)又称为酪梨，因为外形像梨，外皮粗糙又像鳄鱼头，所以人们也常称其为“鳄梨”，也叫油梨、樟梨。它有一个很大的果核，其果肉为黄绿色，味如牛油，被称为“森林的牛油”。

鳄梨原产墨西哥和中美洲，栽培历史不长，13～15世纪墨西哥西部和南部已有栽培。西班牙人征服美洲前，鳄梨在热带美洲广泛单株种植，直到1900年以后园艺学家发现鳄梨很容易嫁接，使得改良品种成为可能，才建立了鳄梨果园，以生产大小、外形、质量一致的果实。在墨西哥鳄梨种植极为普遍，后来加利福尼亚州、佛罗里达州也普遍种植，因此，加利福尼亚州成为世界上最大的鳄梨（牛油果）生产地。20世纪初传入亚洲。中国1918年开始引种，台湾、海南、广东、广西、福建、云南等地均有栽培，其中以台湾、海南为最多。

【化学成分】鳄梨富含油脂，含油量为50%～70%，海南产鳄梨果实油，碘值92.3，皂化值193.7，酸值1.6。其脂肪酸组成（%）：肉豆蔻酸0.1，棕榈酸38.9，硬脂酸微量，油酸34.3，亚油酸26.6。此外，鳄梨油和果肉中还含多种维生素，如维生素A、维生素B_2、维生素B_6、维生素C、维生素D等，还有蛋白质、甾醇和卵磷脂、多糖等。

【加工与利用】主要采用果实和果实油。鳄梨果大，水分多，一般以手摘取。果实榨油。鳄梨果实用压榨法或打浆后离心方法提取油脂。而用压榨机压榨鲜果肉会产生乳浊液，难于出油。油经澄清、脱胶、中和、漂白得到可食用的油。其脂肪酸组成与橄榄油相似，可用于各种菜肴的烹调。

果实可生食，也可做菜肴和罐头等。鳄梨是一种最美味的蔬菜，可用于沙拉和三明治的馅料。它包含有25%的单不饱和脂肪酸，不是很甜，也可以放一些盐、胡椒或酸橙汁食用。有些人喜欢加入糖或炼乳吃。果肉也可用于奶糕和冰淇淋。

【附注】鳄梨油曾有段时间被视为一种春药，鳄梨果泥也曾被当成发油来刺激头发生长，加速伤口排脓及被当成药剂。鳄梨油除大量不饱和脂肪酸外，还含有机酸、多种维生素、甾醇和卵磷脂。因此，鳄梨油可作化妆品的基础油使用，有润滑皮肤的作用。鳄梨提取物有很强的软化角质层的能力，可脱去死皮，使皮肤细腻、光滑。其主要作用是促使含较多黑素的角质细胞脱落，而使新形成的角质细胞只含有较少的黑素，从而可使皮肤美白。

由于鳄梨油除主要成分与橄榄油相似外，并含有维生素A、维生素B、维生素C、维生素D、维生素E、维生素K，以及甾醇和卵磷脂等，其对皮肤有很好的渗透性，很适合化妆品使用。美国在20世纪30年代起就已将鳄梨油用于化妆品。在化妆工业上用于制作洗发精、面脂、护肤膏、霜等。鳄梨油的非皂化成分对皮肤炎有很好的疗效，对湿疹、疥疮、鱼鳞癣等皮肤病都有好的效果，它能软化和营养皮肤。

336 香蓼 *Persicaria odorata* (Lour.) Sojak (*Polygonum odoratum* Lour.)

彩图336

英文名：Vietnamese mint，Vietnamese coriander，Laksa plant；蓼科

【别名】越南薄荷，越南香菜，柬埔寨薄荷，热薄荷，叻沙叶

【植物形态】多年生草本，高20～30 cm；茎平卧或上升，通常节部膨大。叶互生，卵状披针形，全缘，上面深绿色，有褐色斑点，背面暗红色；托叶鞘草质。花序穗状，顶生或腋生；花两性；苞片膜质；花被5深裂，宿存；雄蕊8；子房卵形；花柱2～3，中下部合生；柱头头状。瘦果卵形，包于宿存花被内。

【生态分布】喜温暖湿润气候，喜光，喜温暖、潮湿环境，主要分布于越南、柬埔寨、泰国、马来西亚、印度尼西亚等东南亚国家。

【历史与民俗】香蓼在越南是传统草药，被认为可抑制性冲动。许多佛教和尚在自己的私家花园里种植香蓼，并频繁吃它，相信这有助于他们保持独身。

【化学成分】叶含芳香油，油中含有癸醛（28%）、十二烷醇（44%）、正癸醇（11%），以及倍半萜烯（约占15%），如α-蛇麻烯和β-石竹烯等。叶还富含叶酸和铁。

【加工与利用】主要利用叶。除了冬季高温干旱季节外，其他时间均可采收鲜叶，洗净备用。

著名的新加坡和马来西亚海鲜面条汤里香蓼叶是不可或缺的成分和装饰品，被称为咖喱米面（即辣

味米粉汤和咖喱叶)。它有时用于煮鸡(而不是鱼和蟹),并包含了多种蔬菜,加上香料酱(由辣椒、高良姜、大蒜、柠檬草制成)。香蓼叶在越南和泰国常用于新鲜沙拉(通常包括香菜和薄荷叶)和流行的越南春卷里。新鲜香蓼等辣味米粉汤的确是越南菜的一个特点,它给予许多食物以独特的味道。香蓼叶可搭配任何菜,特别是在各种类型的面条汤(越南河粉)中不可或缺。

【附注】香蓼地上部分还是提取精油的良好原料。

337 皱叶欧芹 *Petroselinum crispum* (Mill.) Nym.

彩图 337

英文名:Parsley;伞形科

【别名】欧芹,皱叶石蛇床,法国香菜,洋芫荽,荷兰芹

【植物形态】一、二年生草本,根粗壮,茎圆形,稍有棱槽,高 30~100 cm,中部以上分枝。叶深绿色,表面平滑或皱起,光亮,基生叶和茎下部叶有长柄,叶片二至三回羽状分裂,末回裂片倒卵形,基部楔形,3 裂或深齿裂;叶缘锯齿状;上部叶 3 裂,裂片披针状线形,全缘或 3 裂。伞形花序有伞辐 10~20(30),近等长,约 2.5 cm;总苞片 1~2,线形;小伞花序有花 20,小总苞片 6~8,线形或线状钻形;花小,白色,花瓣长 0.5~0.7 mm。双悬果卵形,有棱纹,灰棕色,长 2.5~3 mm,宽 2 mm。花期 6 月,果期 7 月。

【生态分布】喜温暖气候,原产于欧洲和地中海东部,现野生种濒临灭绝,但世界各地广泛栽培。中国各大城市有种植。

【历史与民俗】欧芹产于地中海地区多岩石的海边,"Parsley"一词是从希腊语来的,意为石头。很早以前即被记载于希腊植物志上。公元前 3 世纪在罗马人的厨房里也可以找到欧芹的踪影。其新鲜的叶子常用来做西餐沙拉配菜,以及果菜沙拉的装饰,有时也可以生食。如果将其切碎脱水处理的话用途更加广泛,香味也会更加浓郁。古埃及人跟古希腊人一样,都认为欧芹代表胜利。因此打胜仗的士兵都可以得到欧芹织成的花冠。除此之外,埃及人也认为欧芹能治疗泌尿疾病,非常重视这种植物。文艺复兴之后的欧洲人已通过较科学的方法发现欧芹含有丰富的营养物质,有益于人体循环系统的功能。

【化学成分】含挥发油、黄酮、苯酞、香豆素、维生素 A、维生素 C、维生素 E 和含量较高的铁。挥发油中包括肉豆蔻醚(约 20%)、芹菜脑(约 18%)以及其他萜类成分。

【加工与利用】嫩叶可作菜蔬,根可供食用。欧芹是一次栽植多次采叶的芳香菜,要适时和适量,才能保证质量和产量。一般是在欧芹植株叶片总数有 15 片,心叶已经团棵并横向伸展,并开始封垄时采收,过早采收会影响植株的生长,降低产量。皱叶欧芹味道清新温和,有浓郁的香草味,是调味家族的重要成员,利用它的特殊香味可以掩饰其他食材中过强的异味而使之变得清香。欧芹能给菜肴增色增味,适合各种食材,如意大利面、沙拉、汤、奶油、鱼、肉、土豆和烤鸡等。

皱叶欧芹含有大量胡萝卜素、叶黄素、维生素 C、维生素 E、维生素 K 等维生素和矿质成分,均有直接或辅助的抗氧化、抗炎、抗衰老、祛斑、增进免疫、降胆固醇、降血压、抗血栓、强化骨质等作用,有益于心血管疾患、视网膜退化、关节炎和肿瘤的防治。

【附注】皱叶欧芹果实和叶含挥发油,可用水蒸气蒸馏方法提取精油。叶和籽(果实)细碎后,以水、乙醇等提取,提取液浓缩至干,得提取物浸膏。精油具有杀菌、除螨、抗痉挛等作用。提取物所含黄酮有抗炎和抗氧化活性。肉豆蔻醚和芹菜脑有促进皮肤代谢活性,挥发油比提取物作用更强些。皱叶欧芹精油具有甜香味道,可用于化妆品的加香,并有杀菌、除螨功效。提取物可抗菌、抗炎、抗氧化、促进皮肤新陈代谢,有活肤作用,可用于护肤抗衰化妆品。

338 巴西人参 *Pfaffia paniculata* (Mart.) Kuntze

彩图 338　英文名：Pfaffia，Brazilian ginseng，Suma，Para toda，Corango-acu；苋科

【别名】 南美苋，珐菲亚，苏马

【植物形态】 多年生草本，茎匍匐，根茎粗大。叶对生，长卵圆形至长椭圆形。花小，白色或稍带黄绿色，簇生于枝顶或叶腋。

【生态分布】 热带植物，原产于巴西热带雨林中。主要自然生长于亚马孙河流域。分布于巴西、厄瓜多尔、巴拿马、巴拉圭、秘鲁、委内瑞拉。

【历史与民俗】 在巴西自古珐菲亚就是一种常用的草药。在亚马孙河流域，人们很早就将其用于治疗伤口愈合，以及治疗糖尿病和癌症。由于本品具有刺激性欲的特点，在巴西民间使用很普遍，人们称之为 para todo。它的第一次植物学记录在 1826 年。

【化学成分】 含三萜皂苷(包括 pfaffosides)、甾醇(包括 β-蜕皮激素)和矿物质(包括含量较多的锗)。另有报道，根还含有 19 种氨基酸、大量的电解质和微量矿物质，包括铁、镁、钴、硅、锌和维生素 A、维生素 B_1、维生素 B_2、维生素 E、维生素 K、泛酸。

【加工与利用】 利用部位为根。全年可采挖，去杂，洗净，鲜用或干燥后备用。通常用于煎汤饮用。巴西人参被称为“para todo”，它是“中国人参”的南美版。它含有 11% 的人参皂苷。皂苷已作为抗肿瘤化合物。巴西人参已被用来帮助许多慢性疾病的治疗，包括白血病、关节炎、哮喘、高血压、单核细胞增多症、念珠菌、低血糖、高胆固醇和早期癌症。还能平衡女性荷尔蒙，帮助女性很好地度过更年期。它也可帮助解决阳痿和性冷淡。因而巴西人参是一种很好的药食兼用植物。研究表明，本品可预防和治疗癌症，三萜皂苷中的几种巴西人参皂苷能抑制肿瘤细胞的生长。本品含有人参皂苷类物质，其功效与人参相似。

【附注】 根热水提取物对胶原蛋白生成有促进作用。根 50% 乙醇提取物对肌芽细胞增殖有促进作用。根 60% 乙醇提取物对血管内皮生长因子有促进作用。因而本品可增强人体免疫力，提高抗感染能力。同时，对纤维芽细胞活性、胶原蛋白生成等均有促进作用，显示有较强的护肤作用，可用于抗衰化妆品。它对血管内皮生长因子的促进可促进毛囊细胞增殖和头发生长，可用于生发产品。

1994 年，巴西人参被美国 FDA 批准为健康食品。

339 红花菜豆 *Phaseolus coccineus* L.

彩图 339　英文名：Runner bean，Scarlet runner bean；豆科

【别名】 赤花蔓豆，看花豆，多花菜豆，虎斑豆，荷包豆

【植物形态】 多年生缠绕草本。在温带地区通常作一年生作物栽培，长可达 5～7 m。羽状复叶具 3 小叶；托叶小，不显著；小叶卵形或卵状菱形，长 7.5～12.5 cm，宽有时过于长，先端渐尖或稍钝，两面被柔毛或无毛。花多朵生于较叶为长的总花梗上，排成总状花序；苞片长圆状披针形，通常和花梗等长，多少宿存，小苞片长圆状披针形，与花萼等长或较萼为长；花萼阔钟形，无毛或疏被长柔毛，萼齿远较萼管为短；花冠通常鲜红色，偶为白色，长 1.5～2 cm。荚果镰状长圆形，长(5) 16～30 cm，宽约 1.5 cm；种子阔长圆形，长 1.8～2.5 cm，宽 1.2～1.4 cm，顶端钝，深紫色而具红斑、黑色或红色，稀为白色。

【生态分布】 起源于墨西哥或中美洲。性喜光，喜温暖湿润气候。世界各地的温带和热带地区皆有栽培。中国以云南、贵州、四川、山西等地种植较多，其他各地也有栽培。

【历史与民俗】 鲜红的红花菜豆自然发生在凉爽的山区，从墨西哥到巴拿马。在墨西哥至少于 2 000年前就已经驯化了，到 16 世纪传入欧洲和非洲。

【化学成分】100 g 干籽实含蛋白质约 20%，脂肪 1.8%，碳水化合物 62.0%，钙 114 mg，磷354 mg，铁 9.0 mg，维生素 B_1 0.5 mg，维生素 B_2 0.19 mg，维生素 PP（抗糙皮病维生素）2.3 mg，维生素 C 2.0 mg。

【加工与利用】主要利用嫩豆荚，也利用成熟种子（豆子）和块根。嫩豆荚和其他豆角一样作为绿色蔬菜煮或炒着食用，它们有一种类似的味道和口感；鲜美嫩豆荚及其加工制品（速冻、脱水、罐头）已广泛销往国内外市场。干豆粒的食用调制方法多样，如煮食，制汤，制糕点、豆馅、罐头等。在日本，煮干种子时加糖或蜂蜜制成菜肴被称为 nimame 和 ama-nattoh。不过干的豆粒必须在水中煮很长一段时间，以摧毁其有害物质。在墨西哥，其肉质根也是一种重要的食物。

豆粒性味甘平，有健脾、壮肾作用，可作为脾弱肾虚者的保健食品。

【附注】茎叶作牲畜饲料。

340 架豆 *Phaseolus vulgaris* L.

彩图 340　英文名：Common bean，French bean，Kidney bean，Haricot Bean；豆科

【别名】菜豆，四季豆，芸豆，刀豆

【植物形态】一年生缠绕草本。茎纤细，可攀援至 4 m。羽状复叶具 3 小叶；托叶披针形；小叶宽卵形或卵状菱形，侧生的偏斜，长 4～16 cm，宽 2.5～11 cm，先端长渐尖，基部圆形或宽楔形，全缘，被短柔毛。总状花序，有数朵生于花序顶部的花；小苞片卵形，宿存；花萼杯状，长 3～4 mm，上方的 2 枚裂片连合成一微凹的裂片；花冠白色、黄色、紫堇色或红色；旗瓣近方形，宽 9～12 mm，翼瓣倒卵形，龙骨瓣先端旋卷，子房被短柔毛，花柱压扁。荚果带形，稍弯曲，长 10～15 cm，宽 1～1.5 cm，略肿胀，通常无毛，顶有喙；种子长椭圆形或肾形，长 0.9～2 cm，白色、褐色、紫色或有花斑，种脐通常白色。花期春夏。

【生态分布】原产于南美，喜温暖气候，不耐霜冻。现广植于各热带至温带地区。我国各地普遍种植。

【历史与民俗】架豆原产中美洲，从墨西哥到秘鲁、玻利维亚和阿根廷。至少有两个独立驯化类型；小粒种架豆大约 7 000 年前在墨西哥就被驯化；大种子类型大约 8 000 年前在秘鲁被栽培。在美国，经典的印第安食用植物就是架豆、玉米和南瓜。

【化学成分】豆荚（包括种子）含植物凝血素、皂苷、黄酮、氨基酸和糖类。豆粒约含蛋白质 22.5%，淀粉 59.6%；还含维生素（如胡萝卜素、维生素 C、维生素 B_1、维生素 B_2、叶酸）、酚酸（如阿魏酸、对香豆酸、芥子酸）、原花青素、槲皮素、山柰酚及其糖苷等。

【加工与利用】主要采用种子，也食用嫩的豆荚。夏季嫩豆荚适时采收；果实成熟时采收，取出种子，干燥后备用。菜豆（豆角）是一种受欢迎的蔬菜，也可能是罐头或冷冻食品。新鲜嫩豆荚先在沸水里煮一煮，保持脆性，然后加入沙拉酱等各种成分食用。干豆浸泡在水中，煮至软，或添加到汤中，或作为炖肉的营养成分。著名的豆菜有法国豆焖肉和墨西哥香辣肉酱排。豆类经常与甜或咸酱汁共食。菜豆与番茄酱的加工食品有流行的烘豆或海军豆，全世界每天消耗超过一百万罐。在日本、中国和亚洲其他地区，菜豆多是做成甜的菜。

【附注】架豆提取物可提高人体免疫能力，增强抗病能力，对肿瘤细胞有抑制作用，并有抗菌、皮肤保湿作用。民间将豆子浆汁敷于患湿润性湿疹的部位，以止痒和清洁皮肤。谷胱甘肽在人体中有十分重要的生理活性，菜豆提取物对谷胱甘肽生成有促进，显示它有活肤功效，结合其抗氧化性，可用于抗衰化妆品。据报道，菜豆提取物可抑制体毛生长。

341 海枣 *Phoenix dactylifera* L.

彩图 341　英文名：Date palm；棕榈科

【别名】波斯枣，番枣，伊拉克蜜枣，枣椰子，椰枣

【植物形态】乔木状，高达 35 m，茎具宿存的叶柄基部，上部的叶斜升，下部的叶下垂，形成一个较稀疏的头状树冠。叶长达 6 m，叶柄长而纤细；羽片线状披针形，长 18～40 cm，顶端短渐尖，灰绿色，具明显的龙骨突起，2 或 3 片聚生，被毛，下部的羽片变成长而硬的针刺状。佛焰苞长、大而肥厚，花序为密集的圆锥花序；雄花长圆形或卵形，具短柄，白色，质脆；花萼杯状，顶端具 3 钝齿；花瓣 3，斜卵形；雄蕊 6，花丝极短；雌花近球形，具短柄；花萼与雄花的相似，但花后增大，短于花冠 1～2 倍；花瓣圆形；退化雄蕊 6，呈鳞片状。果实长圆形或长圆状椭圆形，长 3.5～6.5 cm，成熟时深橙黄色，果肉肥厚。种子 1 颗，扁平，两端锐尖，腹面具纵沟。花期 3～4 月，果期 9～10 月。

【生态分布】海枣耐高温、耐水淹、耐干旱、耐盐碱、耐霜冻（能抵抗 −10 ℃的严寒），喜阳光，可在热带至亚热带气候下种植。原产西亚和北非。我国福建、广东、广西、云南等地有引种栽培，在云南元谋露地栽培能结实。海枣是干热地区重要果树作物之一，且有大面积栽培，尤以伊拉克为多，占世界的 1/3。

【历史与民俗】伊拉克是椰枣最古老的故乡，有 5 000 多年的种植历史。就人工栽培来说，考古发现表明，最早发现在公元前大约 4 000 年，地域是美索不达米亚平原。当时，苏美尔人从伊朗高原来到这里，从事农耕活动，建立城邦国家。在他们建立的乌尔王朝的陵墓中，现今发现有椰枣和枣木。同时，在苏美尔人及其毗邻的阿卡德人使用的楔形文字中，也有椰枣的记载。在公元前 2 500 年的古埃及文献中，也发现有枣椰树的记载，并被视为丰饶的象征。据推断，埃及的枣椰树很可能是经部落游民或远征士兵之手从美索不达米亚传播而来。在公元前 12 世纪兴起于地中海东岸的迦太基帝国，枣椰树被刻制在纪念碑上，还被铸造在硬币上。

枣椰树的古学名为“腓尼基长枣的树”，据说是公元前 3 世纪的古希腊哲学家泰奥弗拉斯托斯在其著作《植物研究》中首先使用的。他认为这种树是腓尼基人从地中海东岸传播到希腊的。古希腊罗马人喜欢这种树，集会时经常带着枣椰树叶子，用作胜利的标志。

《酉阳杂俎・木篇》载：“波斯枣，出波斯国，波斯国呼为窟莽。树长三四丈，围五六尺，叶似土藤，不凋。二月生花，状如蕉花，有两甲，渐渐开罅，中有十余房。子长二寸，黄白色，有核，熟则紫黑，状类干枣，味甘如饧，可食。”《岭表录异》亦载：“波斯枣：广州郭内见其树，树身无间枝，直耸三四十尺，及树顶四向，共生十余枝，叶如海棕。广州所种者，或三五年一番，结子亦似北中青枣，但小耳。自青及黄叶已尽，朵朵著子，每朵约三二十颗。”

【化学成分】果实含蛋白质、脂肪、多糖、葡萄糖、果糖、蔗糖、氨基酸、类胡萝卜素以及维生素 A、维生素 B_1、维生素 B_2、维生素 C、β-胡萝卜素、油菜素内酯、粟甾酮等。干的果实含糖 60%～70%。

【加工与利用】主要采用成熟果实。秋季果实成熟时采收，去杂，洗净，干燥备用。海枣被归类为软、半干燥或干燥 3 种，这取决于含水量。在中东、北非和西亚的许多地方，它们被作为主食消耗。它非常高的糖含量和低水分含量确保其能保存很长时间。海枣是甜品，有无数用途，如甜点、糖果、酱汁、咖喱、鱼菜肴和炖菜（尤其是北非和法式烹饪的蔬菜炖肉中使用它）。

【附注】研究表明，海枣（果实）水提取物对 DPPH 自由基、ABTS 自由基均有消除作用。海枣乳酸菌发酵物水提取物对转化生长因子-β 活性有促进作用。转化生长因子-β 对多种细胞的生长、分化、凋亡及人体免疫调节功能均有影响，因而海枣提取物具有活肤功效，可作为肌肤调理剂用于抗衰化妆品。

海枣花序汁液可制糖，叶可造纸，树干作建筑材料与水槽，树形美观，常作观赏植物。

342 酸叶下珠 *Phyllanthus acidus*（L.）Skeels

彩图 342　英文名：Otaheite gooseberry，Malay gooseberry，Star gooseberry；大戟科

【别名】酸油柑，马来醋栗，西印度醋栗

【植物形态】常绿灌木或小乔木，树高 2～5 m。叶全缘，互生，先端尖，卵形或椭圆形，长 2～8 cm，宽 1～4 cm，深绿色，光滑。穗状花序，花两性，花红色或粉红色，夏季至秋季由枝干开花，在热带地区，花期一年可达 2 季，第一次为 4～5 月，第二次为 8～9 月，开花后结果，果实外皮淡黄色，呈扁球形，6～8 个角，每颗果实约有 4～6 个种子。

【生态分布】热带植物，喜温暖潮湿且全日照的环境，生于热带及亚热带海拔 900 m 以下地区。分布于东南亚、印度南部、马达加斯加、北非、中美洲等地。我国台湾、海南有栽培。

【历史与民俗】据说该树源自马达加斯加岛，被带到印度东部后再辗转至菲律宾及附近的海岛，那时并未被广泛栽培，后来在印度尼西亚、越南等地才渐渐普遍栽培起来，我国台湾地区的嘉义农试所有引种。现在非洲的几内亚比绍在庭院、街道两旁也有栽培。

【化学成分】果实含有蛋白质、氨基酸、碳水化合物、有机酸、鞣质、黄酮及适量的磷、钙、铁和维生素 C。

【加工与利用】利用部位为成熟果实。果实成熟时采收，去杂，洗净备用。新鲜果实太酸，所以通常加工成冷饮料、果冻、醋、酱汁、糖浆、酸辣酱、泡菜和酒（泰国）。在印尼烹饪里，新鲜果肉作为调味剂被添加到菜肴中。马来厨师使用成熟或未成熟的果实生产糖浆、甜蜜饯，十分美味。果实和果汁加糖煮沸时颜色变得通红。

【附注】西印度醋栗的生物活性成分主要是以倍半萜为主的萜类成分，具有较好的降血压、抗乙肝病毒等活性。因此，西印度醋栗值得深入研究和产品开发。

343 余甘子 *Phyllanthus emblica* L.

彩图 343　英文名：Emblic myrobalan，Myrobalan，Indian gooseberry；大戟科

【别名】油甘子，牛甘子，喉甘子，庵摩勒，庵摩落迦

【植物形态】落叶小乔木或灌木，高 3～8 m。树皮灰白色，薄而易脱落，露出大块赤红色内皮。叶互生于细弱的小枝上，2 列，密生，极似羽状复叶；近无柄；落叶时整个小枝脱落；托叶线状披针形；叶片长方线形或线状长圆形，长 1～2 cm，宽 3～5 mm。花簇生于叶腋，花小，黄色；单性，雌雄同株，具短柄；每花簇有 1 朵雌花，每花有花萼 5～6 片，无花瓣；雄花花盘成 6 个极小的腺体，雄蕊 3，合生成柱；雌花花盘杯状，边缘撕裂状，子房半藏其中。果实肉质，径约 1.5 cm，圆而略带 6 棱，初为黄绿色，成熟后呈赤红色，味先酸涩而后回甜。花期 4～5 月，果期 9～11 月。

【生态分布】属热带、亚热带植物，喜光、耐旱，一般在年均温 20 ℃左右生长良好，0 ℃左右即有受冻现象。我国野生分布在云南、广西、福建、海南、台湾、四川、贵州等地，江西、湖南、浙江等地部分地区也有。分布于印度、斯里兰卡、中南半岛、印度尼西亚、马来西亚和菲律宾等，南美有栽培。

【历史与民俗】果实初食味酸涩，良久乃甘，故名“余甘子”。余甘子在 1 700 多年前从印度传入我国。原译名“菴（同庵）摩勒”，首见于西晋嵇含《南方草木状》。其药用始载于《唐本草》，云：“菴摩勒味苦、甘，寒，无毒。主风虚热气，一名余甘”，“树叶细似合欢，花黄，子似李、柰，青黄色，核圆，作六、七棱，其中仁亦入药用”。

【化学成分】未成熟的果含鞣质 30%～35%。果实鞣质中有葡萄糖没食子鞣苷、没食子酸、并没食子酸、鞣料云实精、原诃子酸、诃黎勒酸、诃子酸、诃子次酸、3，6-二没食子酰葡萄糖。干果含黏酸4%～

9%。果皮含没食子酸、油柑酸、余甘子酚。种子含脂肪油约26%，油中含亚麻酸8.8%、亚油酸44%、油酸28.4 %、硬脂酸2.2%、棕榈酸3.0%、肉豆蔻酸1%等。

另据报道，果实含有黄酮类化合物（如槲皮素、汉黄芩素等及其糖苷）和维生素C、维生素B_1、维生素B_2、胡萝卜素、维生素A、维生素PP等，尤其富含维生素C，其含量可达0.6%～0.92%。还含17种氨基酸，包括了人体所需的8种氨基酸，其氨基酸总含量达185 mg/100 g，主要有谷氨酸、脯氨酸、天门冬氨酸、丙氨酸、赖氨酸。又含多种微量元素，主要有硒、锌、磷、铁、钾等。

【加工与利用】主要采用果实及果汁。果实成熟时采收，除去杂质，洗净，干燥备用，或将鲜果加适量水捣碎，过滤，取汁。果实可作水果和药用。果实富含丰富维生素C，可鲜食，有生津止渴，润肺化痰，治咳嗽、喉痛，解河豚毒等功效。果实或果汁还可加工成冷饮料、果冻、醋、酱汁、糖浆、酸辣酱、泡菜和果酒。果汁还可作去腥味的调味料，用于菜肴的烹饪。

余甘子果实具有抗炎、抗氧化、抗衰老、保肝等作用。余甘子各部分均可药用。果实：甘、微涩，凉。清热利咽，润肺止咳。用于感冒发热，咽喉痛，咳嗽，口干烦渴，耳痛，维生素C缺乏症。根：辛，寒。有毒。消食，利水，化痰，杀虫。用于高血压症，胃痛，泄泻，瘰疬。叶：辛，平。祛湿利尿。用于水肿，皮肤湿疹。树皮：甘、酸，寒。杀菌祛腐，止血。用于口疮，疥疮，痔疮，阴囊湿疹，外伤出血。树枝的虫瘿（油柑虫节）：用于胃痛，疝气，遗精，小儿疳积，牙痛。

【附注】余甘子具有明显的抗炎、抗氧化、抑制黑色素形成、促进胶原蛋白生成和表皮细胞增殖作用，有美白、活肤作用，可用于美白、抗衰化妆品。它还含有多种营养元素，对皮肤具有保湿作用，对因雄性激素偏高而引起的脱发、粉刺、脂溢等均有较好的防治作用。

余甘子的种子含油量16%，供制肥皂。树皮、叶、幼果可提制栲胶。木材棕红褐色，坚硬，结构细致，有弹性，耐水湿，供农具和家具用材。

344 毛竹 *Phyllostachys heterocycla* (Carr.) Mitt. (*P. pubescens* Mazel.)

彩图344　英文名：Moso bamboo；禾本科

【别名】楠竹，孟宗竹，江南竹，茅竹，毛竹笋

【植物形态】高达20余m，径8～10 cm，大的可达16 cm以上，竿环平，箨环隆起。新秆密被白粉和细柔毛，分枝以下仅箨环微隆起，秆环不明显，箨环被一圈脱落性毛。竿箨厚革质，背面密被黑褐色斑点及棕紫色刺毛。箨耳甚发达，镰刀形，边缘着生粗长卷曲毛。箨舌先端隆起，具粗长黑刺毛。箨叶绿色，长三角形至披针形。叶片相对较细小，长4～11 cm，宽0.5～1.2 cm。小枝顶端着生2～8叶。毛竹出笋甚早，冬季前形成之笋为“冬笋”，清明前后所出之笋为“春笋”。

【生态分布】毛竹要求温暖湿润的气候条件，年平均温度15～20 ℃，年降水量为1 200～1 800 mm。对土壤的要求也高于一般树种，既需要充裕的水湿条件，又不积水。在肥沃、湿润、排水和透气性良好的酸性砂质壤土的地方生长良好。中国是毛竹的原产地，广泛分布于长江以南400～800 m的丘陵、低山山麓地带。福建毛竹生长最多，江西、湖南、广东、广西、四川等地也是主要产地。秦岭、汉水以南各地有分布。

【历史与民俗】毛竹笋是中国传统的森林蔬菜之一，被列为“山珍”。《纲目拾遗》中载竹笋有“利九窍，通血脉，化痰涎，消食胀”等功效。

毛竹自古以来常置于庭园曲径、池畔、溪涧、山坡、石迹、天井、景门，以及室内盆栽观赏。常与松、梅共植，被誉为“岁寒三友”。

【化学成分】每100 g竹笋中含蛋白质3 g、脂肪0.2 g、糖类0.4 g，还含有维生素B_1、维生素B_2、磷、铁、钙和18种氨基酸、胡萝卜素等成分。此外，毛竹笋中膳食纤维是蔬菜中含量最丰富的一种。

【加工与利用】竹笋为竹的幼芽，是可食用部位。毛竹春笋一般3月中下旬开始出土，挖春笋要遵

从"初期挖笋，中期选笋留母竹，后期笋挖光"的原则。而秋季7～8月份开始萌动的笋，这时笋体小，无食用价值。到了冬季芽体膨大成为竹笋，称为"冬笋"，可挖取食用。

毛竹笋是公认的最佳绿色天然食品之一，做菜时，既可以单独烧、炒、焖、烩、蒸，也可和肉、鱼、家畜合烧。用毛竹笋烹制的各种菜肴香气清逸，滋味鲜美。

近年来还发现竹笋具有减肥、降血脂、抗衰老等多种保健功能，是一种新型的保健食品。毛竹笋中含量最多的纤维素在现代营养保健上有着重要作用。可防治高脂血症、高血压、冠心病、肥胖病、糖尿病、肠癌及痔疮等疾病。

【附注】 毛竹是我国经济价值最大的竹种。在现代建筑工程中，毛竹用来搭工棚和脚手架。沿海捕鱼，甚至北方打井，毛竹是必不可少的材料。毛竹竹材的韧性强，篾性好，纹理通直、坚硬光滑，可以加工劈篾，制作各种农具、文具、家具、乐器以及工艺美术品和日常生活用品，如竹席、竹罩、土箕、瓦篷、扇子、窗帘等。这些产品有的是我国传统出口商品。毛竹也是造纸工业的好原料，在园林造景方面也是很好的材料。

345 欧亚酸浆 *Physalis alkekengi* L.

彩图345 英文名：Winter cherry，Cape gooseberry，Bladder cherry，Chinese lantern；茄科

【别名】 酸浆，灯笼草，红姑娘

【植物形态】 多年生草本，基部常匍匐生根。茎高约40～80 cm，基部略带木质。叶长5～15 cm，宽2～8 cm，长卵形至阔卵形、有时菱状卵形，顶端渐尖，基部不对称狭楔形，下延至叶柄，全缘而波状或者有粗牙齿，两面被有柔毛；叶柄长约1～3 cm。花梗长6～16 mm，密生柔毛；花萼阔钟状，长约6 mm，密生柔毛，萼齿三角形；花冠辐状，白色，直径15～20 mm，裂片开展，阔而短，外面有短柔毛；雄蕊及花柱均较花冠为短。果梗长约2～3 cm；果萼卵状，长2.5～4 cm，直径2～3.5 cm，薄革质，橙色或火红色，被宿存的柔毛；浆果球状，橙红色，直径10～15 mm，柔软多汁。种子肾脏形，淡黄色，长约2 mm。花期5～9月，果期6～10月。

【生态分布】 原产于中欧、南欧和中国。适应性很强，耐寒、耐热，喜凉爽、湿润气候，喜阳光。生于潮湿的路边。现在广泛种植于温带和亚热带地区，包括南美、北美和南非。我国主要产于甘肃、陕西、河南、湖北、四川、贵州和云南。

【历史与民俗】 酸浆原产于中国，在中国栽培历史较久，在公元前300年，《尔雅》中即有酸浆的记载。酸浆长期以来是民间草药。希腊医生戴奥斯柯瑞迪认为本品可利尿和治疗黄疸。在西班牙，本品酿造的药酒可治疗尿潴留以及膀胱和尿道疾病。

【化学成分】 果实含黄酮、植物甾醇、酸浆果红素A、酸浆果红素B、维生素A(胡萝卜素)和维生素C。根含有莨菪烷型生物碱。据报道，果实含多糖8.9%，还含有18种氨基酸、21种微量元素和矿物质及8种维生素。

【加工与利用】 主要采用果实。夏季果实成熟时采收，鲜用或干燥后备用。酸浆以果实供食用，是营养较丰富的水果蔬菜。可生食、糖渍、醋渍或作果酱，也是加工饮料、果酒等饮品的好原料。果实香味浓郁，味鲜美。浆果富含维生素C、β-胡萝卜素、20多种矿质元素和18种人体需要的氨基酸，对治疗再生障碍性贫血有一定疗效。

酸浆水提取物有抗雌激素作用，还有抗菌、消炎、利尿、排石等作用。本品有助于治疗各种泌尿器官疾病和关节炎。在欧洲草药医学中，习惯将本品用于治疗膀胱和肾结石、尿潴留和痛风，也用于解热。注意：叶和未成熟的果实有毒，慎食。

【附注】 本品对多种自由基有消除作用，是很好的抗氧剂。同时，它还有抑制黑色素生成和抗炎作用，因而可用于美白、护肤化妆品。

346 黏果酸浆 *Physalis philadelphica* Lam.

彩图 346　英文名：Tomatillo，Jamberry；茄科

【别名】毛酸浆，酸浆，洋姑娘，地樱桃，金灯果

【植物形态】一年生草本，高 15～60 cm；无毛，有时茎秆上被稀疏的柔毛。单叶对生，叶片卵状长椭圆形，先端稍渐尖，边缘有不规则的牙齿。花萼阔钟状，长 7～13 mm。花冠直径 8～32 mm，黄色，喉部有微弱的绿色、蓝色或紫色斑点。花药是蓝色或蓝绿色。果期花萼增大，可达（18～53）mm×（11～60）mm。果实为（12～60）mm×（10～48）mm 大小。

【生态分布】原产中美洲，喜温暖湿润气候，喜光，适应性强，世界许多地区都有。生于海拔 500 m 以下阳光充足的开阔地、荒废地。我国分布于长江以南各省区。多生于山坡林下或田边路旁。

【历史与民俗】在玛雅和阿兹特克文化时期，黏果酸浆是一种重要的食物，在墨西哥和危地马拉已经栽培了许多世纪。科学家报道，他们在阿根廷的巴塔哥尼亚地区的化石分析中发现了黏果酸浆，可以追溯到距今 5 200 万年前。并确定是最早出现的茄科酸浆属植物之一。

在最近一段时间，它已经传播到世界许多地区，成为了一种新的水果作物。

【化学成分】浆果富含维生素 C，以及蛋白质、脂肪、碳水化合物、多种维生素、酸浆醇、多种氨基酸等。

【加工与利用】浆果为利用部位。果实成熟时采收，除去宿存花萼，洗净备用。黏果酸浆通常生吃，但主要用途是作为一种蔬菜，而不是一种水果。在墨西哥，流行的萨尔萨佛是一种用黏果酸浆成熟果实制作的肉类酱，有时也放些绿辣椒。果实被广泛用作蔬菜，用于炖菜、咖喱菜、炒肉菜和汤中，较少用于制作果酱或甜品酱汁。

【附注】研究表明，酸浆含有酸浆苦味素类特征性成分。具有抗炎，抗菌，抗癌等活性。其抗炎机理可能是抑制 PMN 氧自由基的产生和释放而发挥作用。它又是食药兼用植物，有广阔的应用前景。

347 多香果 *Pimenta dioica*（L.）Merr.

彩图 347　英文名：Allspice，Pimento；桃金娘科

【别名】牙买加胡椒，药用多香果，众香果，玉桂

【植物形态】常绿小乔木，平均株高 8～10 m，高的达 12 m。树干直立，较细，树皮光滑，灰色，多分枝。单叶对生，柄长约 1 cm，叶片卵圆形或长椭圆形，长 6～10 cm，全缘，在叶背面有透明的腺点；叶常簇生于分枝顶部。聚伞花序于枝顶组成圆锥状。花小，白色；萼管钟状，裂片多为 5，花瓣多为 5 数；雌雄异株。雄花：雄蕊多数。雌花：子房 2 室，下位，每室有胚珠 1 粒。果实为浆果，近球形，直径 0.4～0.6 cm，红褐色或红棕色，具宿存萼片。种子肾形，长约 4 mm。花期 4～6 月。

【生态分布】原产于加勒比海地区和中美、南美。生长最适温度为平均温度 22～27 ℃，在气温过高的地区（如爪哇等地）常不易结实，而在气温过低地方则生长不良。在牙买加、墨西哥、洪都拉斯、危地马拉、巴西等地已广泛栽培。我国海南有引种。

【历史与民俗】多果香（玉桂子）一词，可能是其气味和胡椒、丁香、肉桂的混合香气极其类似的缘故。它是牙买加的主要出口产品之一，故而有时也被称作“牙买加胡椒”。多香果含有大量的丁香酚，是一种高效的防腐剂。在西班牙人抵达中美洲之前，当地玛雅族印第安人早就将多香果用来包裹酋长或土族首领的尸体，防止腐烂。多香果也是当地著名的香料和促消化药。当地阿兹特克人把它用在一种叫做“chololada”的饮料中。如今它又出现在风靡西印度群岛的酒精饮料“pimento dram”和桂油香水中。

葡萄牙商人把多香果带入欧洲，现在，在北欧大量使用，通常作为辛辣调味品和风味食品。目前，多香果在西方烹调中占有重要地位，尤其是英国、美国和德国，而法国人则不太喜欢多香果的风味。多香果的叶子蒸馏精油始自 1916 年，其与多香果浆果精油的生产相比，相对较晚。现在，多香果精油和多香果一样也用于医药和各种食品。

【化学成分】果实含约 4% 的挥发油（包括约占油 80% 以上的丁子香酚）、蛋白质、油脂、维生素 A、维生素 B_1、维生素 B_2、维生素 C 和矿物质。据报道，非挥发性成分有酚酸、儿茶素、没食子酸的葡萄糖苷、槲皮素的葡萄糖苷等。

【加工与利用】利用果实和挥发油。因为果实成熟后挥发油含量最高，所以在果实完全成熟后采收。干燥备用。果实经干燥、粉碎后，用水蒸气蒸馏方法提取精油；树叶也可以提取精油。

多香果亦称甜胡椒。它具有肉桂、豆蔻及丁香等 3 种辛香料的味道，也有些胡椒样辛辣味，后味略涩。作为辛香调料，通常有整粒及粉状两种产品。粒状的多用在汤类、腌渍品，粉状者多用于蛋糕、馅饼、夹心甜饼、香肠等。

多香果在西方烹调中占有重要地位，尤其是英国、美国和德国，东方食品中较少使用，但现在有增多使用的趋势，然而法国人也不喜欢多香果的风味。多香果几乎可用作所有肉类和禽肉食品的佐料。如德国香肠、腊肠、红肠等，尤其适合熏、烤、煎肉类的佐料。用于汤料的调制，如鸡汤、甲鱼汤、牛肉汤及番茄汤、蔬菜汤。也用于制作各种调味料，如番茄酱、辣椒酱、肉酱、卤汁、咖啡粉、辣椒粉、沙拉调料等。还用于各种面点、肉馅、布丁、糖果、酒料和饮料，以增加风味。如墨西哥的巧克力曾用多香果以增香甜风味。多香果精油和油树脂与多香果一样也用于各种食品。

多香果含挥发油，有促消化功能，可用于缓解腹泻和消化不良，也用于治疗痢疾。多香果还可作兴奋剂、养胃剂和杀菌剂。

【附注】精油杀菌力强，有抗忧郁、刺激提神、滋补、抗痉挛等作用。精油对 DPPH 自由基有消除作用。果实和叶提取物对黄嘌呤氧化酶活性、酪氨酸酶活性均有抑制作用。其果实 70% 乙醇提取物在脂肪细胞培养时对中性脂质水解有促进作用。果实和叶的精油是日用化学工业的重要原料之一，美国在 19 世纪 90 年代就开始使用。主要用于香皂、洗涤剂、膏霜类和香水中。提取物具有抗菌、杀虫、抗氧化、抑制黑色素生成等作用，可用于美白、护肤化妆品。

348 洋茴芹 *Pimpinella anisum* L.

彩图 348　英文名：Anise，Aniseed；伞形科

【别名】大茴香，茴芹，洋茴香

【植物形态】一年生草本，高 40～80 cm。茎直立，上部分枝，具短茸毛。基生叶丛生，有长柄，不分裂或具浅裂片，裂片呈卵形，基部心形，边缘有锯齿或齿裂，叶片长 2～3 cm；茎中部叶片常全裂为楔形裂片，边缘有锯齿；上部叶二至三回羽状全裂，具短柄或无柄，裂片呈条形，无毛。复伞形花序由 10～20 个近等长伞幅组成，无总苞；小伞形花序约有 10 朵小花，具有条形小总苞 1 枚或缺；花瓣 5，倒卵形，白色，长约 1.5 mm，顶端有内折的小舌片；雄蕊 5，花药卵圆形，基底着生；花柱直立，基部略扁。果卵形，长 2～4 mm，直径约 2 mm，多不分开，肋间油管多而小，接合面常有 2 个较大油管。花果期 6～8 月。

【生态分布】原产地中海东部、西亚和北非，喜温暖湿润气候，喜光，较耐旱，适应性强，现在南欧、中南美洲、北非及印度等地均大量栽培茴香，质量以西班牙产者最好。土耳其等地亦产。我国各地亦有引种，但数量不多，新疆等地有种植。

【历史与民俗】在埃及种植洋茴芹至少有 4 000 年的历史，它在古埃及时代就被作为健胃消食药物使用。后来又为常用的烹调辛香料，也是欧洲及中东地区使用较早的辛香料之一。至今，埃及人在制作

面包的过程中还经常使用。在古希腊，洋茴芹的利用也很早，迪奥斯科里德（公元 1 世纪）提到洋茴芹“温燥、发散，促进呼吸，减轻疼痛，利尿和减轻口渴”。洋茴芹具有祛风作用，人们经常把它添加到酒和饮料中，如佩诺茴香酒和苦艾酒。

【化学成分】果实含挥发油（包括 70%～90% 的茴香醚、甲基胡椒酚和其他萜类）、呋喃香豆素、黄酮、脂肪酸、甾醇和蛋白质。

【加工与利用】主要用果实和果实精油。8～9 月份果实成熟时采收，干燥备用；将果实直接用水蒸气蒸馏方法提取精油。果实粉碎后，以水、乙醇等溶剂提取，提取液浓缩至干，得提取物浸膏。

洋茴芹籽具有强烈的甘草样甜的辛香气味，味感甜辛而凉，且留长。后来发现我国八角茴香与之香味相似。洋茴芹精油与八角茴香精油主要成分相同，但比八角茴香精油香气更为精致、柔和并有强烈的甜辛香气。

洋茴芹是东西方人都喜爱的辛香料，在美国和印度的消费量最大。它香味强烈，可用于制作各种肉类食品作料，如香肠、腊肠、红肠、热狗等，西欧人认为加了洋茴香的肉类在回锅时会产生新鲜感；洋茴香在烘烤面食中可增味，如北欧的燕麦面包和法国式面包；可用于调制各式调味料和佐料，广泛用于沙拉、果酱、果汁、咖啡、腌制品等。洋茴香萃取物常用于酒类（如法国的大茴香酒、苦艾酒、威士忌等）、糖果、软饮料、牙膏等。洋茴香为 ISO 允许使用的食用辛香料。

洋茴芹为欧洲传统草药之一。现代药理研究证明：茴香醛用于豚鼠实验性结核治疗，可增强小量双氢链霉素的效力。茴香煎剂有止呕、镇咳、祛痰和止喘作用，并有祛风散寒、消食健胃、消肿利尿之功效，用于胃寒作疼、食欲不振、气喘咳嗽及风寒症引起的头痛、水肿、尿道结石以及乳汁不通等症。

【附注】茴香醚有雌激素样作用，有嫩肤作用。其挥发油还有止痛、抑菌作用。果实水提取物对 DPPH 自由基有消除作用，对脂质过氧化有抑制作用。果实 70% 乙醇提取物对过氧化物酶激活受体（PPAR）活化有促进作用。果实乙醇提取物对超氧自由基有消除作用，对黄嘌呤氧化酶活性有抑制作用。洋茴芹精油除用于食品调味外，也用于化妆品调香，很早就用于牙膏。洋茴芹提取物含有精油和更多的其他成分，对过氧化物酶激活受体（PPAR）活化的促进显示有抗炎作用。它有雌激素样作用，有嫩肤功效，结合其抗菌、抗氧化、驱虫等作用，可用于护肤、护发等产品，还可防治头虱和疥疮。

349 意大利伞松 *Pinus pinea* L.

彩图 349

英文名：Italian stone pine，Umbrella pine，Stone pine；松科

【别名】意大利石松，石松，意大利五针松，意大利松

【植物形态】常绿乔木，高 12～20 m，树冠为非常有特色的伞状外形，树干短，圆形。树皮厚，红褐色，深纵裂。针叶中绿色，柔软，分为两簇，长 10～20 cm（特殊情况可达 30 cm）。5～10 年内的幼树所长的幼态叶比较不同。单簇，灰绿色。成长叶在第 4 年或第 5 年开始与幼态叶混生，直至第 10 年左右完全替换完毕。幼态叶也会在成年树体受损后重新生长时出现。球果呈宽阔卵形，长 8～15 cm，36 个月成熟，所用时间比其他任何松树都长。松子较大，长 2 cm，苍白褐色，表面被覆有容易擦掉的黑色粉末，还有一个 4~8 mm、容易掉落的翼。

【生态分布】喜温暖湿润环境，能在湿润而排水良好的土壤和温度变化少的沿海沙地茁壮成长。分布于阿尔巴尼亚、塞浦路斯、法国（科西嘉）、希腊（东爱琴海中克里特岛）、意大利（西西里岛）、黎巴嫩、葡萄牙、西班牙（巴利阿里）、土耳其。我国有引种。

【历史与民俗】自史前年代起，松子已经被用来食用。最初期的意大利石松也许只在葡萄牙和西班牙出现，为了能食用其松子，已广泛栽培至少有 6 000 多年了。这些松子在早期的历史时期就已经成为了交易物。这种松树最先是在地中海区域移植、种植，因为它被认为是本地作物。直至约 1 700 年前才被介绍到其他有类似地中海气候的地区。现在主要分布在南非（那里它被列为入侵物种），并普遍种植

于加利福尼亚州、澳大利亚和西欧北部苏格兰南部。

【化学成分】 松子有非常高的能量(2 805 kJ/100 g),富含蛋白质、维生素 B_1、磷和铁。种子油富含不饱和脂肪(大约 80%)。

【加工与利用】 利用部位为种子。当果鳞逐渐变黄,大部分球果果鳞张开,并有个别球果自然掉落,即可采收种子。松果采集后,待球果进一步干燥后打出种子,筛除杂质备用。

松子可生吃,一般将种子烤制,作为坚果零食和作为甜点。它有树脂的辛辣的味道,是香蒜酱的重要组成部分。在欧洲南部,坚果(种子)也用于多种肉菜、面食、鱼、家禽和蛋菜,以及各种类型的甜点,包括羊角面包、饼干、蛋挞和糕点。在土耳其、中东和印度,坚果用于煮米饭,也是很受欢迎的装饰物。它也添加到新鲜沙拉里,会有一种伴有橄榄油样的味道。

【附注】 种子含油,主要为不饱和脂肪酸,是非常好的食用油。它也是一种普遍存在的园艺树种。许多实木复合地板也使用这种树的木材。

350 蒌叶 *Piper betle* L.

彩图 350

英文名:Betel;胡椒科

【别名】 蒟酱,青蒟,芦子,槟榔蒟,槟榔蒌

【植物形态】 攀援藤本;枝稍带木质,节上生根。叶纸质至近革质,背面及嫩叶脉上有密细腺点,阔卵形至卵状长圆形,长 7~15 cm,宽 5~11 cm,顶端渐尖,基部心形,腹面无毛,背面沿脉上被短柔毛;叶柄长 2~5 cm;叶鞘长约为叶柄的 1/3。花单性,雌雄异株,聚集成与叶对生的穗状花序。雄花序开花时几与叶片等长;总花梗与叶柄近等长,花序轴被短柔毛;苞片圆形或近圆形,稀倒卵形,直径 1~1.3 mm;雄蕊 2 枚,花药肾形。雌花序长 3~5 cm,于果期延长;花序轴密被毛;苞片与雄花序的相同;子房下部嵌生于肉质花序轴中并与其合生,顶端被茸毛;柱头通常 4~5,被茸毛。浆果顶端稍凸,有茸毛,下部与花序轴合生成一柱状、肉质、带红色的果穗。花期 5~7 月。

【生态分布】 热带、亚热带植物,喜温暖湿润气候,不耐寒。常攀援于其他植物上。我国东起台湾,经东南至西南部各省区均有栽培。分布于印度、斯里兰卡、越南、马来西亚、印度尼西亚、菲律宾及马达加斯加。

【历史与民俗】 蒌叶又名蒟酱、芦子、槟榔蒟,是我国古代有名的栽培植物,既具有独特的民族食疗文化,又有较好的药用价值。据明代李时珍在《本草纲目》中说,蒌叶有破痰积,治心腹虫痛、胃弱虚泻、霍乱吐逆,解酒食味,散结气,治牙痛等作用。东南亚许多民族喜以其叶包古贲灰与槟榔咀嚼用。蒌叶在我国某些地方也用作传统粽子馅的佐料。

【化学成分】 蒌叶富含挥发油,其中含有胡椒酚、蒌叶酚、烯丙基焦性儿茶酚、香荆芥酚、丁香油酚、对聚伞花素、1,8-桉叶素、丁香油酚甲醚、石竹烯、荜澄茄烯、未定倍半萜等。还含多种游离氨基酸、抗坏血酸、苹果酸、草酸、葡萄糖、果糖、麦芽糖、葡萄糖醛酸等营养成分,每 100 g 含铁 25 mg。

【加工与利用】 主要采用叶油和叶提取物。茎叶全年可采,去杂,鲜用或干燥备用。以水蒸气蒸馏方法提取挥发油;以水、乙醇等溶剂提取,提取液浓缩至干,得提取物浸膏。

蒌叶提取的芳香油为民间习用的辛香料。研究表明,叶油和提取物具有抗菌、抗氧化作用。蒌叶水、乙醇提取物对齿周致病菌有很好的抑制作用。蒌叶水提取物对羟基自由基有消除作用。蒌叶甲醇提取物对超氧自由基有消除作用,对脂质过氧化有抑制作用。蒌叶 30% 乙醇提取物对黄嘌呤氧化酶活性有抑制作用。

蒌叶入药,性温,味辛、微甘。具祛风散寒,行气化痰,消肿止痒功效。可用于治疗风寒咳嗽,支气管哮喘,风湿骨痛,胃寒痛,妊娠水肿。外用治疗皮肤湿疹、疮疖、脚癣。

【附注】 蒌叶提取的芳香油抗菌性强,有防治皮肤湿疹、疮疖、脚癣等作用,可用于护肤化妆品。蒌

叶提取物有抗菌、抗氧化、抗过敏作用，特别对牙周致病菌有较强抑制作用，可用于口腔卫生产品和护肤产品。

351 荜茇 *Piper longum* L.

彩图 351　英文名：Long pepper；胡椒科

【别名】荜拨，荜拨梨，椹圣，鼠尾

【植物形态】木质藤本，长达数米，茎枝有粗纵棱，幼时密被短柔毛。单叶互生，纸质，叶柄长短不等，密被柔毛，叶片卵圆形或卵状长圆形，长 6～12 cm，宽 2.5～11 cm，先端短尖或渐尖，基部耳状心形，上面近光滑，背面沿脉被短柔毛，基出脉 5～7 条。花单性，异株，穗状花序；雄穗被粉状短柔毛，花小，苞片 1，无花被，雄蕊 2，花丝粗短；雌穗密被柔毛，苞片较小，无花被，子房上位，倒卵形，1 室，无花柱，柱头 3。浆果卵形，基部陷入花序轴，并与之结合，顶端有 1 小凸起。花期 7～9 月，果期 10 月至翌年春季。

【生态分布】荜茇原产印度尼西亚、菲律宾、越南。喜高温湿润气候。原产地年平均气温在 22 ℃以上，年降雨量在 1 500 mm 以上，冬天温暖，夏无酷暑。现在我国云南、广东、海南、台湾、福建等地有引种栽培。在云南也发现有野生。

【历史与民俗】荜茇在原产地民间应用已久，约公元 7 世纪传入我国，有开胃消食之功效，作药用和辛香调味料被广泛利用。“荜茇”一词出自《开宝本草》。《唐本草》有记载：“荜拨，生波斯。丛生，茎叶似蒟酱，其子紧细。味辛烈于蒟酱，胡人将来入食味用也。”

【化学成分】荜茇果实含胡椒碱(piperine)、四氢胡椒酸、十一碳-1-烯-3,4-亚甲二氧基苯、哌啶、荜茇壬三烯哌啶、荜茇壬二烯哌啶、荜茇十一碳三烯哌啶、胡椒酰胺、几内亚胡椒酰胺、N-异丁基十八碳(2E,4E)烯酰胺、N-异丁基二十碳(2E,4E)二烯酰胺、N-异丁基二十碳(2E,4E,8E)三烯酰胺、N-异丁基癸反-2,4-二烯酰胺、荜茇明宁碱、二氢荜茇明宁碱，还含芝麻素及挥发油。种子含长柄胡椒碱、双异桉脂素。

【加工与利用】主要采用果穗。秋冬季节果穗由青黄变成黑绿色时采摘，晒干，除去杂质，干燥备用。它的主要成分与胡椒相似，只是辛香味不及胡椒那样强烈，也不像胡椒样使用普遍，但它在禽类的加工、烹饪上有独到的效果，如鸡、鸭的烧烤、卤制时使用荜茇更显辛香而微甜。荜茇也常用作复合调味料的组成成分。荜茇为 ISO 承认的食用香料植物。

【附注】荜茇药用有降血脂、抗缺氧、抗心肌缺血、抗心律失常、镇静、镇痛、解热的作用；荜茇挥发油有广谱的抗菌作用。

荜茇提取物含挥发油及胡椒碱等成分，具有抗菌、抗炎作用，提取物对纤维芽细胞增殖和对黑色素细胞活性的抑制，显示有美白、活肤功效，可用于美白、抗衰化妆品。

352 胡椒 *Piper nigrum* L.

彩图 352　英文名：Black pepper，Pepper；胡椒科

【别名】黑胡椒

【植物形态】常绿木质攀援藤本；茎长 5 m，茎枝无毛，具膨大的节，常生根。叶互生，近革质，通常为椭圆形，长 8～15 cm，宽 5～9 cm，基部圆形或钝，基出脉 5～7 条；叶柄长 1.5～3 cm；托叶稍短于叶柄。花通常单性，雌雄同株，间有杂性，无花被；穗状花序稍短于叶，有长 10～15 mm 的总花梗；花白色，苞片基部与花序轴合生成浅杯状；雄蕊 2，花丝粗；子房卵形或球形，柱头 3～4(5)裂。浆果球形，直径3～

4 mm，熟时红色，干后黑色而有皱纹；有强烈芳香辛辣味。花期4～10月，果期为10月至次年5～6月。

【生态分布】原产印度西南部，生长慢，耐热、耐旱、耐剪、易移植，不耐水涝。现广泛栽培于全球的热带地区。中国台湾、福建、广东、广西及云南等地区均有栽培。

【历史与民俗】在4 000多年前的东亚及印度，人们就用胡椒作为药材或烹调用的香料。药用主要是治疗泌尿系统和肝脏方面的疾病，也用于治疗霍乱和痢疾。胡椒这个词来源于梵文的“pippali”，在拉丁语中转变成“piper”。到5世纪时，欧洲人也发现了胡椒的用途，胡椒开始成为一种重要的商品。胡椒在罗马人中非常受欢迎，以至于代替钱币来支付税收；希腊人大量使用胡椒治疗发烧；土耳其人则对携带大量胡椒穿越其领地的旅行车队征收很高的税。在中世纪，印度和欧洲的胡椒贸易非常重要，经常导致葡萄牙、法国和荷兰之间的海战。到19世纪，葡萄牙一直垄断着胡椒贸易。

【化学成分】胡椒含有生物碱(达9%，主要为胡椒碱)、挥发油(包括β-甜没药烯、樟脑、β-石竹烯和萜类及倍半萜类)、树脂、蛋白质(约11%)、纤维素、戊聚糖和淀粉，另有不挥发性乙醚抽提物(6%～10%)，还有少量矿物质。

【加工与利用】利用果实和精油。至少要3年生胡椒植株方能采收果实。胡椒精油一般是用黑胡椒以水蒸气蒸馏法提取所得。

胡椒中的胡椒碱对口腔具有较强的刺激性，在烹饪中有去腥、提鲜、增香、开胃的作用。在肉制品生产中无论中式或西式产品都常使用黑胡椒。胡椒在欧美国家的咖喱粉、沙司、调味番茄酱等调味料中是不可缺少的重要原料，在我国几乎可用于任何烹饪食品。整粒的胡椒多用于肉类、汤类、鱼类及腌渍食品；粉状品多用于蛋类、汤类、肉类、调味汁及蔬菜等，为筵席必备用品。此外，胡椒还用于软饮料、糖果、冰淇淋等食品的调味。

胡椒有兴奋消化道和循环系统的作用，还有抗菌、抗风湿、解热的作用。胡椒有强烈的味道，可温暖身体，在胃痛、胃肠胀气、便秘、恶心呕吐、食欲不振时有改善消化机能的功效。精油用于治疗风湿痛和牙痛。

【附注】胡椒精油除主要用作调味品外，在医药工业和香料工业也用途广泛，也用于化妆品的调香。胡椒精油和胡椒提取物用于牙膏中，可防治牙痛。据报道，胡椒提取物含挥发油，有清除活性氧作用，有抗衰老功效，可用于抗衰化妆品。胡椒提取物还可作为抗菌剂、助渗剂、抗氧剂、抗过敏剂、皮肤美白剂、活肤剂用于化妆品。

胡椒精油除遵医嘱外，一般不可内服。

353 乳香黄连木 *Pistacia lentiscus* L.

彩图353

英文名：Mastic tree；漆树科

【别名】黏胶乳香树，熏陆香，洋乳香树，乳香

【植物形态】常绿灌木或小乔木，高5 m，树皮棕褐色或灰棕色，平滑。叶互生，偶数羽状复叶，小叶片长椭圆形，全缘，暗绿色。雌雄异株，穗状花序，簇生于叶腋，花小，微红色。

核果倒卵形，鲜红色，成熟后变黑色。

【生态分布】原产于地中海地区，生长于灌木林和开阔地。现在为取其树脂而广泛种植。主产于摩洛哥、希腊、法国南部、土耳其、叙利亚、伊朗。

【历史与民俗】熏陆香(乳香黄连木所产生的香料)的气味像丝柏。当地传说，异教徒受罗马人迫害，熏陆香树看了不忍而流下泪晶。相关的记载可追溯到公元前5世纪，古希腊人用它来治疗胃痛，更常用于美白牙齿。罗马人的牙签是用熏陆香木材做的。熏陆香树脂可以说是人类最早的口香糖，能强健牙龈，保持口腔卫生。本品在欧洲草药中使用日久。古希腊时期就用本品给尸体作防腐处理。

【化学成分】树脂含α-乳香树脂、β-乳香树脂、挥发油(主要有α-蒎烯)、鞣质、Masticin和乳香酸。叶含挥发油(主要有α-蒎烯、苧烯、大根香叶烯D、4-松油醇等)、没食子酸、对香豆酸、杨梅黄酮及其糖苷。

【加工与利用】主要采用树脂胶。夏季或秋季将树干或树枝切伤后渗出油胶树脂，数日后树脂凝固、干燥形成梨形或卵形树脂，收集后除净杂质，备用。树脂进一步提纯得树脂胶或精油。熏陆香本身气味很浓烈，却擅长化解其他食物的浓腻感。所以熏陆香是重口味食品和油炸食品的最佳拍档。本品通常用于烘焙和烹饪，增加乳香香气，如奶油蛋卷食品、冰淇淋和其他甜点。它是已知的阿拉伯美食，但最近乳香也越来越多地应用于日本料理。它还用于制造乳香酒（乳香白酒）。

本品有祛痰、收敛、杀菌、消炎等作用。萜烯有杀菌活性。曾用于治疗支气管炎、咳嗽和腹泻，但目前已很少使用。也用于治疗多种皮肤疾病，如疮疖和溃疡。

【附注】树脂胶有收敛、杀菌、消炎、抗氧化等作用。萜烯有杀菌活性。叶提取物含有挥发油、酚酸等，也有较强的抗菌性。树脂胶及精油可作为抗菌剂、抗炎剂用于护肤化妆品，能防治多种皮肤疾病，如疮疖和溃疡。树脂胶和其他复合物混合还可作为补牙的填充料。叶提取物可作为抗氧剂、防腐剂、抗炎剂用于化妆品。乳香还可用于制作清漆。乳香清漆可用来保护和保存照相底片。

354 阿月浑子 *Pistacia vera* L.

彩图 354　英文名：Pistachio；漆树科

【别名】开心果，胡榛子，皮斯坦（维语）

【植物形态】落叶小乔木，高 5～7 m。小枝粗壮，被微柔毛或近无毛；幼枝常被毛。奇数羽状复叶互生，通常具 3 小叶，稀 5 小叶；小叶无柄或几无柄，叶卵形或阔椭圆形，长 4～10 cm，顶生小叶较大，先端钝或急尖，基部阔楔形、圆形或截形，侧生小叶基部常不对称，全缘，叶上面无毛，叶下面疏被微柔毛，革质。花雌雄异株；圆锥花序长 4～10 cm，雄花序宽大，密集；雄花花被 3～5，长圆形，大小不等，雄蕊 5～6；雌花花被 3～5，长圆形，膜质；子房无柄，长圆形。核果卵形或长椭圆形，长约 2 cm，宽约 1 cm，先端急尖，具细尖头，成熟时黄绿色至粉红色。花期 3～5 月，果期 7～8 月。

【生态分布】阿月浑子属干旱亚热带的古老树种。它抗旱，耐热，喜光。原产叙利亚、伊拉克、伊朗、苏联西南部及南欧。现在意大利、法国、希腊、土耳其、叙利亚以及阿富汗、伊朗、伊拉克等国广泛栽培；美国西南部的加利福尼亚州亦有一定种植面积。我国栽培阿月浑子虽然历史悠久，但多为零星种植，主要集中分布在新疆天山以南的喀什和田、阿克苏地区，以疏附县和疏勒县种植较多。

【历史与民俗】阿月浑子为波斯语“agozvan”的汉译，是漆树科的一种小乔木或灌木。唐时由阿拉伯人传入中国。阿月浑子的果实是波斯和中亚人常见的食品。《酉阳杂俎》云：“胡榛子，阿月生西国，蕃人言与胡榛子同树，一年榛子，二年阿月。”《本草拾遗》亦云：“阿月浑子，味辛，温，涩，无毒。主诸痢，去冷气，令人肥健……生西国诸蕃，云与胡榛子同树，一岁榛子，二岁浑子也。”可见，阿月浑子还具有一定的医疗保健功能。

阿月浑子的坚果叫开心果，又名必思答、绿仁果等。传说公元 5 世纪时的波希战争中，波斯人英勇无比，在恶劣的环境中愈战愈勇，最终打败了希腊人，其“秘密武器”就是士兵们吃了一种神奇的干果——开心果。因此，古代波斯国国王将开心果视为“仙果”。近代，开心果也被称为“美国花生”。

【化学成分】阿月浑子的种仁含脂肪 54.84%，蛋白质 20.19%，糖 9.80%，维生素 C 21.74 mg/100 g，磷446 mg/100 g，钾 969 mg/100 g，钙 785 mg/100 g。

据报道，开心果每 100 g 果仁含维生素 A 20 μg，叶酸 59 μg，铁 3 mg，磷 440 mg，钾 970 mg，钠 270 mg，钙 120 mg；同时还含有烟酸、泛酸、微量元素等。种仁含油率高达 45.1%。

【加工与利用】利用部位为果实（核果），其内果皮坚硬，与核桃相似，但开裂有缝而与核桃不同，故名开心果。树冠矮小的多以手工采摘，树体高大的多用长杆击打枝干振动果实落地后收集。如果果穗上果实成熟不一致，可以多次采收。阿月浑子果实采收后 24 h 内必须进行脱皮，否则内果皮（坚果皮）污染变褐，影响坚果外观。可用机械或人工脱皮。脱皮后的开心果果核长 1.2～2 cm，卵圆形或椭圆形，先端尖，光滑，灰白色，果壳坚硬，厚约 1 mm。种子表皮呈灰棕色或带紫红，基部种脐呈长方形疤痕状，痕长约 3 mm，内部绿色至淡绿色。气微，味微甘香，是世界四大坚果之一，是极富营养价值的休闲食品。它不仅可鲜食、炒食，还广泛用于制糖、糕点、巧克力、烤面包、冰淇淋、蜜饯、干果罐头等食品工业。

阿月浑子的种仁含有 50%～55% 的油脂，榨油可食用，是高级食用油。同时，由于开心果中含有丰富的油脂，因此有润肠通便的作用，有助于机体排毒。开心果又是滋补食药，味甘无毒，温肾暖脾，补益虚损，调中顺气，能治疗神经衰弱、浮肿、贫血、营养不良、慢性泻痢等症。

【附注】 开心果（核果）乙醇提取物对大肠杆菌、绿脓杆菌、金黄色葡萄球菌、白色念珠菌均有抑制作用。其乙醇提取物对超氧自由基有消除作用，对脂质过氧化有抑制作用。其乙醇提取物在大鼠试验时对角叉菜胶致足趾肿胀有抑制作用。开心果脂肪油是很好的食用油，在化妆品中可作为基础油使用。开心果提取物可作为抗氧剂、抗菌剂、抗炎剂、皮肤调理剂用于护肤化妆品。

阿月浑子适应性强，可供旱地、半沙漠地、山坡地造林，也是城市的绿化树种。

355 豌豆 *Pisum sativum* L.

彩图 355　英文名：Garden pea，Field pea；豆科

【别名】 回鹘豆，麦豆，雪豆，荷兰豆

【植物形态】 一年生攀援草本，高 0.5～2 m。全株绿色，光滑无毛，被粉霜。叶具小叶 4～6 片，托叶比小叶大，叶状，心形，下缘具细牙齿。小叶卵圆形，长 2～5 cm，宽 1～2.5 cm；花于叶腋单生或数朵排列为总状花序；花萼钟状，深 5 裂，裂片披针形；花冠颜色多样，随品种而异，但多为白色和紫色，雄蕊（9+1）两体。子房无毛，花柱扁，内面有髯毛。荚果肿胀，长椭圆形，长 2.5～10 cm，宽 0.7～14 cm，顶端斜急尖，背部近于伸直，内侧有坚硬纸质的内皮；种子 2～10 颗，圆形，青绿色，有皱纹或无，干后变为黄色。花期 6～7 月，果期 7～9 月。

【生态分布】 豌豆为长日照植物，喜冷冻湿润气候，耐寒，不耐热，幼苗能耐 5 ℃低温。世界主要分布于亚洲西部、地中海地区和埃塞俄比亚、小亚细亚西部。我国主要分布在中部、东北部等地区。主要产区有四川、河南、湖北、江苏、青海、江西等地区。

【历史与民俗】 豌豆起源中心为埃塞俄比亚、地中海和中亚，演化次中心为近东；也有人认为起源于高加索南部至伊朗。豌豆由原产地向东首先传入印度北部，经中亚细亚到中国，16 世纪传入日本，新大陆发现后引入美国。豌豆是古老作物之一，在近东新石器时代（公元前 7 000 年）和瑞士湖居人遗址中发现碳化小粒豌豆种子，表面光滑，近似现今的栽培类型。中国最迟在汉朝引入小粒豌豆。《尔雅》中称为“戎菽豆”，即豌豆。东汉崔寔辑《四民月令》中有栽培豌豆的记载。16 世纪后期高濂著《遵生八笺》中有“寒豆芽”的制作方法和做菜用的记述（寒豆即豌豆）。

【化学成分】 每 100 g 豌豆含有能量 440 kJ、蛋白质 7.4 g、脂肪 0.3 g、碳水化合物 21.2 g、叶酸 82.6 μg、膳食纤维 3 g、维生素 A 37 μg、胡萝卜素 220 μg、硫胺素 0.43 mg、核黄素 0.09 mg、烟酸 2.3 mg、维生素 C 14 mg、维生素 E 1.21 mg、钙 21 mg、磷 127 mg、钾 332 mg、钠 1.2 mg、碘 0.9 μg、镁 43 mg、铁 1.7 mg、锌 1.29 mg、硒 1.74 μg、铜 0.22 mg、锰 0.65 mg。

【加工与利用】 食用绿的豆子或老熟的干豆子。通常未完全成熟时采收豆荚，剥出种子（豆粒）作为蔬菜食用。成熟的干豌豆可作为主食，豌豆磨成豌豆粉是制作糕点、豆馅、粉丝、凉粉、面条、风味小吃的原料，嫩荚和嫩豆粒可菜用，也可制作罐头备用。干（成熟的）种子还可用于汤、炖菜中。绿色（不成熟的）豌豆作为蔬菜经常和小牛肉、羊肉和家禽煮食。新鲜豌豆好吃（尤其是小粒类型），用作冷冻或罐装豌豆也很好吃。在欧洲发达国家，现代非纤维豆荚食用品种已很流行，与此相似的雪豌豆在亚洲也已流行。豌豆嫩豆芽也被作为一种蔬菜食用。

【附注】豌豆具有益中气、止泻痢、调营卫、利小便、消痈肿、解乳石毒之功效；主治脚气、痈肿、乳汁不通、脾胃不适、呃逆呕吐、心腹胀痛、口渴泻痢等病症。因而豌豆具有一定的食疗作用。

李时珍《本草纲目》记载，豌豆具有“祛除面部黑斑，令面部有光泽”的功效。研究表明，成熟豌豆提取物对胶原蛋白生成的促进、对弹性蛋白酶的抑制均显示有活肤作用。所含维生素A均有润泽肌肤的作用，并可紧肤、抗皱、调理皮肤，可用于护肤、抗衰化妆品。豌豆淀粉还可以做化妆品粉扑使用。

356 安汶香茶菜 *Plectranthus amboinicus* (Lour.) Sprengel

彩图356　英文名：Indian borage，Country borage；唇形科

【别名】到手香，古巴牛至，洋薄荷，排香草

【植物形态】多年生草本，全株被毛，具浓郁香气，茎多分枝或丛生，基部卧伏，木质化，上部斜伸或直立，淡绿色。叶对生，叶片肥厚肉质状，心形或近心形，粗锯齿缘。轮伞花序，小花多数，轮状着生，小梗纤细，花萼卵形，黄褐色，花冠长8～12 mm，淡紫色或晕紫色，果实瘦果，花果春、秋间或周年。

【生态分布】热带植物，喜温暖湿润气候，耐阴、耐旱。原产于非洲南部和东部，从南非东南部到安哥拉、莫桑比克、肯尼亚和坦桑尼亚。它现在被广泛栽培在世界热带地区。在印度南部和其他许多地区，它被用来作为房内装饰植物。我国园林也有栽培。

【历史与民俗】叶片香味浓郁，切碎后可以被用来作为肉类的调味，尤其是牛肉、羊肉。这种调味品的地理分布很广。在柬埔寨和南非，它也可以用来作为一种蔬菜。在东南亚，它常用来替代牛至药用，在食品贸易中标有“牛至味道”的食品很可能含有这种药草。在留尼汪群岛，常用它来治疗创伤。浸液有抗流感活性。

它被认为原产于热带非洲，以后传播到达印度和东南亚各地。近年来，在澳大利亚、南美洲和西印度群岛，它已经成为众所周知的植物。其叶在世界各地农村，包括巴西部分地区，似乎受到高度追捧而在自给农业里种植。

【化学成分】叶富含挥发油、矿物质、维生素和叶酸，并具低能量。

【加工与利用】利用部位为叶片。摘取新鲜嫩叶，洗净备用。它有百里香、鼠尾草一样的芳香。碎叶是受欢迎的香料，用于肉菜和禽类菜肴。在马来西亚和爪哇，它被添加到鱼和羊肉里，目的是减少强烈的气味。在印尼，当地人用来煮汤，是妇女分娩后的哺乳期的传统食品。

叶片有清热、化痰、止呕、行气、化湿、消炎、祛风、解毒、健胃和脾之功效，用来治疗中暑、呕泻、胸积苦闷、头痛寒热。外用敷治痈疮肿毒、刀伤、烫伤等症状。

【附注】近年来欧美国家盛行芳香疗法，它以其特殊的香气，被用来促进上皮组织再生，治疗粉刺、足癣及皮肤干裂等症状，是极受欢迎的香药草植物。

叶还可提取精油，据报道其有抗癌作用。

357 秋葵香茶菜 *Plectranthus esculentus* N. E. Br.

彩图357　英文名：Kaffir potato，Livingstone potato；唇形科

【别名】可食香茶菜，利文斯通马铃薯，香茶菜秋葵

【植物形态】多年生草本，高至2 m。根茎肥大，椭圆形，肉质。茎直立，四棱形。叶对生；叶片肉质，卵状披针形，长0.8～9 cm，宽0.5～3 cm，先端渐尖，基部楔形下延于叶柄，边缘有锯齿，两面被短柔

毛,有时近无毛,下面具褐色腺点。二歧聚伞花序多花,组成顶生疏散的圆锥花序;苞片针状,小;花萼钟形,外面被极短硬毛,萼齿5,三角形;花冠黄色,外面被短柔毛,内面无毛,上唇先端3圆裂,下唇2裂,内凹呈舟状;雄蕊4,二强,内藏;子房4裂,花柱与雄蕊近等长。小坚果卵形,黑褐色。

【生态分布】秋葵香茶菜原产非洲赤道地区,喜温暖干爽气候,耐旱,适应性强,并向南至安哥拉,向东至南非的德兰士瓦和夸祖鲁-纳塔尔,以及斯威士兰均有分布。

【历史与民俗】秋葵香茶菜原产非洲南部热带。它也是第一个在尼日利亚和中非共和国的尼日尔上游河谷种植粮食作物;在非洲,它自史前时代以来至今仍然是一种食用作物,只是减少了栽培面积。目前社会对它的负面看法已开始减弱,在非洲已开始有了商业市场。在法国,它的作物名称是波姆德泰尔(d'afrique),在豪萨语中它被称为“rizga”。

【化学成分】块茎含有丰富的碳水化合物、维生素、矿物质和必需氨基酸。每100 g含粗蛋白13 g、总脂肪0.6 g、总碳水化合物80 g、钙140 mg、铁50 mg、维生素A 0.17 mg。

【加工与利用】肉质的地下块茎为食用部分。它与土豆块茎一样使用,但更独特,有点芳香的味道。它可以生吃或作为蔬菜煮熟吃,也可作为主食,或用作汤菜和炖菜的一种成分。

秋葵香茶菜块茎通常用作马铃薯、甘薯的替代品,可以直接煮或烤食。它也被用来煮稀饭(粥)食用。它的叶子芳香,可以用于煮酱。

【附注】秋葵香茶菜地上部分可帮助消化,解决消化道问题,可用来治疗胃痛、腹痛。它也被用来作为驱除寄生虫的药物。

358 鸡蛋花 *Plumeria rubra* L.

彩图358

英文名:Frangipani,Red paucipan,Red-jasmine;夹竹桃科

【别名】缅栀子,蛋黄花,印度素馨,大季花

【植物形态】小乔木,高达5 m;枝条粗壮,带肉质,无毛,具乳汁。叶厚纸质,长圆状倒披针形,顶端急尖,基部狭楔形,长14~30 cm,宽6~8 cm,叶面深绿色;中脉凹陷,叶背浅绿色,中脉稍凸起;叶柄长4~7 cm。聚伞花序顶生,长22~32 cm,总花梗三歧;花梗被短柔毛或毛脱落;花萼裂片小,阔卵形;花冠深红色,花冠筒圆筒形,长1.5~1.7 cm,直径约3 mm;花冠裂片狭倒卵圆形或椭圆形,长3.5~4.5 cm;雄蕊着生在花冠筒基部,花丝短,花药内藏;心皮2,离生。蓇葖双生,广歧,长圆形,顶端急尖,长约20 cm,淡绿色;种子长圆形,扁平,长约1.5 cm,浅棕色,顶端具长圆形膜质的翅。花期3~9月,果期7~12月。

【生态分布】喜湿热气候,耐干旱,喜生于石灰岩石地。原产于美洲热带地区;分布于西印度群岛和美洲,现广植于热带和亚热带地区。我国引入栽培有红鸡蛋花 *P. rubra* L.及鸡蛋花 *P. rubra* L. cv. acutifolia,福建、广东、广西及云南常见栽培,但数量较少。

【历史与民俗】花的外面白色略带淡红,内面基部黄色,通常称为“冠白,心黄”,形似鸡蛋白包着蛋黄,故名。鸡蛋花原产热带美洲,现广植于各热带地区,在一些国家,常被种植于寺庙四旁,故又名“庙树”或“塔树”。我国在公元1778年以前,史籍已有栽培鸡蛋花的记载,按此推算,鸡蛋花落户中国已有数百年历史。

【化学成分】树皮中含α-香树脂醇、β-香树脂醇、β-谷甾醇、鸡蛋花苷、东莨菪素等。根中含环烯醚萜类化合物:13-O-咖啡酰鸡蛋花苷、13-脱氧鸡蛋花苷、β-二氢鸡蛋花新酸葡萄糖苷、1α-鸡蛋花苷、原鸡蛋花素A、8-异鸡蛋花苷。花含芳香油、原花青素、糖类、维生素及鸡蛋花苷。

【加工与利用】利用树皮、花及花的精油。树皮四季可采,夏季开花时采集花,均可干燥备用。鲜花可用水蒸气蒸馏方法提取芳香油。将鸡蛋蛋花从树上摘下即可用滚水泡之,饮之清香、润滑。晒干了的鸡蛋花也可泡成上好的茶。鸡蛋花经晾晒干后具有清热解暑、润肺润喉咙的功效,还可以治疗咽喉疼痛

等疾病。鸡蛋花略带甘苦味，治疗夏季中暑、夏季经常发生的痢疾病症、腹痛肚子疼等疾病时，都可以搭配其他的中药一起进行治疗。它还可以治疗秋季转凉之后的咳疾，有化痰清肺的作用。

据报道，鸡蛋花的树液可以治疗 HIV 感染、抗癌及电疗所引起的皮肤病。

【附注】树皮、根和花提取物具有很强的抗菌作用，对革兰阳性和阴性菌以及结核杆菌都有明显抑制效果。鸡蛋花苷对革兰阴性和阳性细菌也有显著抑制作用。提取物还有抗氧化作用。此外，红鸡蛋花茎、皮、叶及带皮茎的水提取液对兔、豚鼠、猫和小鼠均有抗痉挛作用。

鲜花提取的芳香油可用于调制化妆品香精和高级香皂的加香。提取物具有较强的抗菌、抗氧化和润肤、保湿作用，可用于护肤、柔肤化妆品。

359 广藿香 *Pogostemon cablin* (Blanco) Benth. (*Pogostemon patchouly* Pellet.)

彩图 359

英文名：Herba pogostemonis；唇形科

【别名】派超力，印度薄荷

【植物形态】多年生分枝草本或亚灌木，高 30～100 cm，揉之有香气。茎直立，基部木质化，近圆形；新枝方柱形，密被灰黄色柔毛，或带红棕色。单叶对生，多集聚于枝条上部，叶柄长 2～5 cm，被柔毛；叶片厚纸质或草质，卵圆形或阔卵圆形，长 5～10 cm，宽 3～7 cm，先端钝或渐尖，基部楔形或钝圆，边缘具不规则钝锯齿；叶面绿色，具灰褐色或浅棕褐色晕斑，两面被灰白色茸毛，背面较密。轮伞花序密集成假穗状花序，顶生或腋生，长 4～10 cm，宽 1～2 cm；花萼筒状，长 7～9 mm，内外均被茸毛，萼齿 5，钻状披针形；花冠淡紫红色，二唇形，长约 8 mm；雄蕊 4，伸出。小坚果 4，椭圆形，平滑。

【生态分布】热带植物。原产于菲律宾、马来西亚、印度尼西亚等地，适应热带气候，要求温暖湿润气候，不耐强烈日晒和霜冻，忌干旱。我国台湾、广东广州、海南、广西南宁、福建厦门等地引种，并广为栽培。世界各热带地区广泛种植。

【历史与民俗】广藿香名字 patchouli 源自印度语，在马来西亚、中国、印度、日本均有较长的药用历史。它是对付昆虫和蛇类咬伤的著名解毒剂；其最普通的应用还是作为催欲药。广藿香药用传入我国有近千年的历史。但将其蒸馏挥发油作为香料也只有百余年的历史。广藿香茎叶为芳香开胃剂，有健胃、解热、镇呕作用，产区民间亦有将其干叶作辛香调料用于烧肉等。在印度，广藿香油广泛用作香精和驱逐昆虫药。

【化学成分】广藿香精油中主要成分为广藿香醇，约占 52%～57%，其他成分有苯甲醛、丁香酚、桂皮醛、广藿香薁醇、广藿香吡啶 、表愈创吡啶，另有多种其他倍半萜，如石竹烯、β-榄香烯、别香橙烯、α-广藿香烯、γ-广藿香烯、α-古芸烯、β-古芸烯、γ-荜澄茄烯、α-愈创木烯、δ-愈创木烯、二氢白菖蒲烯 、瓦伦烯。近又分离得环赛车烯。

【加工与利用】主要采用茎叶提取精油。在热带地区种植，茎、叶一年 2～3 次。茎、叶干燥后备用。将干枝叶用水蒸气蒸馏方法提取精油。其精油具有浓烈的香气，香气嫩。将它作为食用香料，主要用于可乐型饮料中，亦用于各种糕点等。

广藿香枝叶及其挥发油有抗病原微生物的作用，即对皮肤癣和多种致病真菌有抑制作用；对螨虫有杀灭作用。它还有催欲作用。本品除用于催欲药外，还用作抗抑郁药。可治疗头痛和发热，胃肠炎，慢性鼻窦炎，小儿夏令感冒，皮肤瘙痒等症。

【附注】广藿香精油芳香，用于治疗皮肤病，据称对皮肤恢复健康有再生作用，有助于治疗诸如湿疹、痤疮等皮肤病。精油还可以用于治疗静脉曲张和痔疮。

广藿香精油具有强且浓的香气，是一种优良的定香剂，又是白玫瑰和馥奇型香精的调和原料，可用于化妆品、香皂、香水香精。

360 鹅绒委陵菜 *Potentilla anserina* L.

彩图 360　英文名：Silverweed；蔷薇科

【别名】蕨麻，蕨麻委陵菜，人参果，洋沙果，延寿果

【植物形态】多年生匍匐草本，根肥大、肉质，纺锤形。整个植株呈粗网状平铺在地面上。纤细的匍匐枝微具长柔毛，节上生不定根。基生叶为羽状复叶，小叶3～12对，叶丛高达15～25 cm，叶柄长4～6 cm，小叶长圆状倒卵形、长圆形，边缘有尖锯齿，下面密生白色绵毛；小叶间有极小的小叶片；托叶膜质；茎生叶的小叶较少。花单生于匍匐茎的叶腋，花梗长1～7 cm，有长柔毛；花黄色，直径1～1.8 cm；萼片5，三角卵形，先端急尖或渐尖，副萼片5，椭圆形或椭圆披针形，全缘或有2～4齿；花瓣5，倒卵形，先端圆形，比萼片长1倍。瘦果卵圆形，具洼点，背部有槽。表面微被毛。花期5～7月，果期7～9月。

【生态分布】广泛分布于欧洲、亚洲和北美，喜凉爽、湿润、阳光充足的草地。适应性强，生于海拔500～4 100 m的河岸、路边、山坡草地及草甸上。我国分布于东北、华北、西北及四川、云南、西藏等地。但它只有在青海各高寒地区，块根才肥大，产量高，品质好。通常见于海拔1 700～4 300 m的草甸、河漫滩。

【历史与民俗】鹅绒委陵菜，叶正面深绿，背后如羽毛，密生白细绵毛，宛若鹅绒，故名。鹅绒委陵菜的块根俗名“蕨麻”，系高原特产，含有维生素及镁、锌、钾、钙元素。它具有较高的医疗和营养价值，具有健胃补脾、生津止渴、益气补血的功能，藏医常以其入药，若长食之，确有人参延年益寿的功效，因此被人们美誉为“人参果”。本品在欧洲、亚洲许多国家的民间被认为是有滋补作用的草药。其块根在民间被认为是滋补佳品。

【化学成分】全草含胡萝卜素、维生素 B_2、维生素C，还含有淀粉、膳食纤维、脂肪、胆碱和甜菜素等。风干块根含水分8.77%，灰分3.09%（水溶性灰分0.50 %，酸不溶性灰分2.51%），还原糖2.79%，蔗糖1.2%，淀粉3.30%，戊聚糖8.34%，蛋白质6.19%，鞣质10.76%，粗纤维15.42%，委陵菜苷（tormenlol）0.120%。此外还含脂质约2%，其脂肪酸部分含花生酸、十四酸、油酸、亚油酸、亚麻酸；非皂化部分中含甾醇、蜡醇、廿九烷。除含上述鞣质、委陵菜苷和黄酮类外，不含其他生物碱和皂苷。

【加工与利用】块根为利用部位。春、夏、秋均可采挖块根，块根挖出后，除去杂质、泥沙，洗净，晒干备用。青海、甘肃的高寒地区所产本种的根部肥大，富含淀粉，可供食用，俗称蕨麻。蕨麻可以食用、酿酒，是煮粥、炖肉的上佳原料，举例：①将蕨麻与百合、莲子、枸杞、银耳、红枣、葡萄干、大米加水煮30 min左右，加入少许白糖，即可做成清香爽口的八宝粥，冷却后味道更佳。②将蕨麻配小黄米、红枣、红糖加水，微火至粥烂，人体更易吸收。③将蕨麻加当归、母鸡、枸杞放入汤盆微火煮至鸡肉熟透，即可做成芳香四溢的佳肴。

干燥块根（蕨麻）可直接磨粉，过筛，得蕨麻粉，可作为保健食品原料。块根（蕨麻）含收缩及松弛平滑肌的2种成分，但作用很弱。松弛或解痉的成分为苷类或含 NH_4^+ 的盐类。增强平滑肌蠕动或提高张力（大鼠子宫及豚鼠小肠）的成分则为胆碱。有报告在临床上对月经不调有良好功效，但对子宫无解痉作用。

【附注】鹅绒委陵菜全株含鞣质15.25%，全草可提取栲胶及黄色染料。此外，全草还供药用，有收敛、滋补、抗菌、抗炎、止泻、止血等作用。可用于治疗痢疾，对肠胃其他疾病也有一定的疗效。还可用作痔疮流血的洗液或药膏。国外资料报道其能治疗肿瘤、坏血病等症；榨取汁液内服，可排除尿结石，治疗结石症。

全草80%甲醇提取物对羟基自由基有消除作用。因而可用于护肤类化妆品。它还可制成含漱剂，可防治咽喉疼痛。

361 蛋黄果 *Pouteria campechiana*（Kunth.）Baehni

彩图 361　英文名：Canistel；山榄科

【别名】狮头果，蛋果，桃榄，仙桃

【植物形态】小乔木，高约 6 m；小枝灰褐色，嫩枝被褐色短茸毛。叶坚纸质，狭椭圆形，长 10～15（20）cm，宽 2.5～3.5（4.5）cm，先端渐尖，基部楔形，两面无毛；叶柄长 1～2 cm。花 1(2) 朵生于叶腋，花梗长 1.2～1.7 cm，被毛；花萼裂片通常 5，卵形，长约 7 mm；花冠较萼长，长约 1 cm，冠管长约 5 mm，花冠裂片(4)6，狭卵形，长约 5 mm；能育雄蕊通常 5，花丝钻形，花药椭圆形；退化雄蕊钻形；子房圆锥形，5 室，花柱圆柱形，柱头头状。果倒卵形，长约 8 cm，绿色转蛋黄色，外果皮极薄，中果皮肉质，肥厚，蛋黄色；种子 2～4 枚，椭圆形，压扁，黄褐色。花期春季，果期秋季。

【生态分布】蛋黄果喜温暖多湿气候，适宜年均温 24～27.5 ℃。能耐短期高温及寒冷。对土壤适应性强，以砂壤土生长最好。原产古巴和南美洲热带地区，主要分布于中南美洲、印度东北部、缅甸北部、越南、柬埔寨、泰国、中国南部。中国在 20 世纪 30 年代引入，50 年代广州始有栽培。我国广东、广西、云南南部和海南有零星栽培。

【历史与民俗】蛋黄果产于北美的极端南部地区（墨西哥南部、伯利兹、萨尔瓦多和危地马拉）。它已经扩散到佛罗里达和中美洲，包括巴哈马、哥斯达黎加、巴拿马、波多黎各、牙买加和古巴，它在这些地区已特别流行。现在实验种植被发现在几乎所有世界热带地区。

【化学成分】果实含碳水化合物 36.69 g、膳食纤维 10 g、脂肪 13 g、蛋白质 1.68 g、硫胺素 17 mg、核黄素 1 mg、烟酸 3.72 mg、维生素 C 58.1 mg、钙 26.5 mg、铁 92 mg、磷 37.3 mg。

【加工与利用】成熟果实供食用。果实成熟时采收，一般采摘后需过 4～7 d 再食用。皮与核不要吃。果肉甜软多汁，与芒果、黄肉番薯、熟蛋黄的味道类似。它可以生吃，但往往是与盐和胡椒粉混合来吃。果肉汁与牛奶、糖和香草混合，制成美味的饮料，或添加到奶油冰淇淋里食用。它还可以制成果酱、煎饼、面粉食用以及酿制果酒。

蛋黄果含有丰富的磷、铁、钙、维生素 C、类胡萝卜素等营养物质及人体必需的 17 种氨基酸，具有帮助消化、化痰、补肾、提神醒脑、活血强身、镇静止痛、减压降脂等功效。

【附注】树干的木材可用于建筑，它是制作木板或椽子的良好材料。

362 非洲李 *Prunus africana*（Hook. f.）Kalkman

彩图 362　英文名：Pygeum，Red stinkwood，African cherry；蔷薇科

【别名】非洲臀果木，紫荞，喀麦隆非洲李

【植物形态】常绿乔木，高达 25 m，胸径达 1.5 m；树枝开展，树冠直径达 10 m 以上；树皮黑褐色。单叶互生，叶片卵圆形，长 8～20 cm，先端稍渐尖，基部阔楔形，边缘具细锯齿，无毛，上面深绿色，下面淡绿色；叶柄粉红色或红色。总状花序腋生，花两性，花萼、花瓣 5；花冠白色；雄蕊 10～20，绿白色或浅黄色。浆果圆球形，长 7～13 mm，红棕色。

【生态分布】非洲臀果木为非洲特有的植物之一，原产非洲撒哈拉以南山地和马达加斯加岛。喜温暖湿润气候，稍耐霜冻，现在除安哥拉、冈比亚、莫桑比克、喀麦隆和南非还有野生分布外，其资源已严重短缺。

【历史与民俗】考古研究发现，在乌干达山地和低地沼泽岩心样品里有非洲臀果木的花粉存在，放射性碳年代测定，大约为 43 000～33 000 年前。由于非洲臀果木木质坚硬，在非洲广泛用于制造运货马车、牛车。它的树皮为民间传统草药，用于治疗泌尿系统疾病。

【化学成分】树皮含植物甾醇(如β-谷甾醇)、三萜类(如熊果酸和石竹素)、高级脂肪醇、鞣质等。

【加工与利用】主要以树皮入药。树皮全年可采,采后除去外皮,干燥备用。以水、乙醇等溶剂提取,提取液浓缩至干,得提取物浸膏。树皮提取物对因前列腺增生及前列腺炎而导致的膀胱和尿功能紊乱症状有疗效,能缓解尿频、尿痛、排尿困难、会阴坠感、膀胱疼痛及尿潴留等症状。在中非、南非,树皮常用于治疗泌尿系统疾病。在法国,树皮脂溶性提取物已作为治疗前列腺肥大的首选药物。在意大利也是治疗前列腺疾病的首选药物。其煎剂可缓解严重前列腺炎,也可用于治疗男性由于前列腺分泌不足引起的不育症。治疗前列腺癌,常与其他药物配合使用。

【附注】树皮提取物具有抗菌、抗炎、抗氧化、润肤等作用。提取物能抑制人体皮肤成纤维细胞的生长。非洲臀果木还能抑制表皮生长因子,从而可防止细胞肥大。树皮提取物对皮肤成纤维细胞生长的抑制和对表皮生长因子的抑制,显示有较强的紧肤功效,可消除皮肤皱纹,因而可用于面霜等嫩肤化妆品。树皮提取物还可作为抗菌剂、抗炎剂、抗氧剂、肌肤调理剂用于化妆品。

363 杏 *Prunus armeniaca* L.

彩图 363

英文名:Apricot;蔷薇科

【别名】杏子

【植物形态】落叶乔木,高至 10 m;树皮灰褐色,纵裂;枝浅褐色,皮孔大而横生。叶片宽卵形或圆卵形,长 5~9 cm,宽 4~8 cm,先端急尖至短渐尖,基部圆形至近心形,叶边有圆钝锯齿,两面无毛或下面脉腋间具柔毛;叶柄长 2~3.5 cm。花单生,直径 2~3 cm,先于叶开放;花梗短;花萼紫绿色;萼筒圆筒形;萼片卵形至卵状长圆形;花瓣圆形至倒卵形,白色或带红色,具短爪;雄蕊约 20~45,稍短于花瓣;子房被短柔毛,花柱稍长或几与雄蕊等长。果实球形,直径约 2.5 cm 以上,白色、黄色至黄红色,常具红晕,微被短柔毛;果肉多汁,成熟时不开裂;核卵形或椭圆形,两侧扁平;种仁味苦或甜。花期 3~4 月,果期 6~7 月。

【生态分布】杏为阳性树种,适应性强,深根性,喜光,耐旱,抗寒,抗风。原产中国,遍植于中亚、东南亚及南欧和北非的部分地区。18 世纪被西班牙教士带入加利福尼亚南部。据说,西欧的杏是通过中国古代的丝绸之路传播过去的,而现在在全世界都有栽培。杏在我国分布范围很广,除南部沿海及台湾地区外,大多数地区皆有,其中以河北、山东、山西、河南、陕西、甘肃、青海、新疆、辽宁、吉林、黑龙江、内蒙古、江苏、安徽等地较多。

【历史与民俗】杏在中国、印度已有 2 000 多年的历史。果实营养丰富,历来用于润肠通便。杏花的花语和象征代表意义为少女的慕情、娇羞、疑惑。有些地方流传燧人氏教人取枣杏之火煮食。还有的地方以四大美女之一的杨玉环为杏花花神。安禄山之乱平息后,唐玄宗想移葬杨贵妃,看见马嵬坡下有一林杏花,因此,后人称杨玉环为杏花花神。

【化学成分】果实含糖、果酸、维生素、铁等成分。黄杏仁含蛋白质 23%~27%、粗脂肪 50%~60%、糖类 10%,还含有磷、铁、钾、钙等无机盐类及多种维生素。苦杏仁含 8%的苦杏仁苷(能产生苦杏仁苷元和氢氰酸);树皮含鞣质等成分。

【加工与利用】果实和种子为食用部分。树皮入药。果实在春末成熟时采收,鲜食或用于加工其他食品。杏果肉可以加工成杏干、杏脯、杏汁(杏茶)、糖水罐头、果酱、话梅和果丹皮等。杏仁可制成高级点心的原料、杏仁霜、杏仁露、杏仁酪、杏仁酱、杏仁酱菜、杏仁油、杏仁粉等。杏仁油微黄透明,味道清香,不仅是一种优良的食用油,还是一种高级的油漆涂料的重要原料。

【附注】杏仁有止咳、平喘、祛痰、润肠通便等作用,用于治疗呼吸道疾病,如支气管炎、支气管哮喘等;还用于治疗便秘。苦杏仁苷在西方国家用来治疗癌症。树皮有收敛作用。树皮的煎剂用于消炎和缓解皮肤刺激。

其果实、籽仁、叶提取物具有抗菌、抗氧化、润肤、紧肤、增白等作用，可用于护肤类产品，并可防治皮癣、痤疮等皮肤疾患。杏仁脂肪油也可用于化妆品中，可作基础油使用，对消除皮肤疾患也有良好效果。

364 欧洲甜樱桃 *Prunus avium* L.

彩图 364　英文名：Sweet cherry；蔷薇科

【别名】 欧洲李，欧洲樱桃，甜樱桃，欧洲大樱桃

【植物形态】 落叶灌木或小乔木，高至 8 m，树冠圆锥形。树皮红褐色。叶互生，叶片卵圆形或椭圆形，长 7～14 cm，宽 4～7 cm，先端渐尖，边缘具锯齿，上面光滑无毛，绿色，下面有细茸毛；叶柄长 2～3.5 cm。伞房花序腋生，有花 2～6 朵；花梗长 2～5 cm；花两性，花直径约 3.5 cm；花瓣 5，白色；雄蕊多数，黄色；子房上位，含胚珠 2 粒，只有 1 粒形成种子。果实为核果，球形，直径 1～2 cm，红色；果核长 8～12 mm，宽 10 mm；种子长 6～8 mm。花期春季，夏季果熟。

【生态分布】 原产于欧洲（安纳托利亚、马格里布）和西亚，分布于欧洲（北至挪威）、摩洛哥、突尼斯、伊朗北部、喜马拉雅西部等国家和地区。现在世界温带地区均有栽培。中国、美国、澳大利亚均有引种。

【历史与民俗】 与甜樱桃密切相关的野生樱桃自然生长在欧洲和亚洲西部的大部分温带地区。在泰奥弗拉斯托斯（公元前 300 年）时期，樱桃已经成为种植作物了。它在罗马时代变得非常受欢迎。在中世纪人们对它的兴趣下降后，樱桃再次流行于欧洲和北美。

【化学成分】 果实含少量水杨酸盐、氰苷和大量维生素 A、维生素 B_1、维生素 C，并富含花青素、各种花色苷、褪黑激素、槲皮素、异槲皮素、酚酸类（绿原酸）等；种子含苦杏仁苷和氰苷，以及氨基酸、维生素、脂肪油等。

【加工与利用】 利用果实、种子及仁油。夏季采收果实，干燥备用；将果皮、果核除去，取出种子（仁）。种仁可用压榨方法提取脂肪油。甜樱桃果大，风味优美，生食或制罐头，樱桃汁可制糖浆、糖胶及果酒；核仁油与杏仁油相似。

甜樱桃大量食用期短。柔软的甜樱桃被称为欧洲甜樱桃，在英格兰流行用于水果甜点或用作水果沙拉。它也可制成蜜饯或保存在利口酒和糖浆里。樱桃蜜饯（糖渍樱桃）常用于蛋糕和布丁，作为原料和装饰物，尤其是被放在各种冰淇淋的菜肴中。樱桃也用作泡菜、糖醋菜和调料。樱桃也可制作各种酒精饮料。

【附注】 茎提取物有利尿和收敛作用；果实含大量糖等，有轻泻作用。长期以来，茎被用于治疗膀胱炎、肾炎、尿潴留、关节炎、痛风等疾病。果实用于治疗便秘。

果实、种子提取物具有抗菌、抗氧化、收敛等作用。欧洲樱桃花青素对环氧化酶-1、环氧化酶-2 均有抑制作用。种子沸水提取物对干细胞增殖有促进作用。果实甲醇提取物对脂质过氧化有抑制作用。果实、种子提取物对干细胞增殖有促进作用并显示有活肤作用及抗氧化作用，可用于抗衰化妆品。种子油可用于化妆品基础油的调配。

365 欧洲李 *Prunus domestica* L.

彩图 365　英文名：English plums，European plum；蔷薇科

【别名】 酸梅，黑布林，杏梅

【植物形态】 落叶乔木，高 6～15 m。树冠宽卵形，树干深褐灰色，枝条无刺或稍有刺。叶片椭圆形或倒卵形，长 4～10 cm，宽 2.5～5 cm，先端急尖或圆钝，基部楔形，边缘有稀疏圆钝锯齿，上面暗绿色，无毛，下面淡绿色，被柔毛，边有睫毛；叶柄长 1～2 cm，被柔毛，通常在叶片基部边缘两侧各有一个腺体；托叶线

形，早落。花 1～3 朵，簇生于短枝顶端；花梗长 1～1.2 cm；花直径 1～1.5 cm；萼筒钟状，萼片卵形，萼筒和萼片内外两面均被短柔毛；花瓣白色，有时带绿晕。核果通常卵球形到长圆形，直径 1～2.5 cm，通常有明显侧沟，红色、紫色、绿色、黄色，常被蓝色果粉；核广椭圆形，顶端有尖头，表面平滑。花期 5 月，果期 9 月。

【生态分布】原产欧洲，抗寒、抗旱、抗病虫、耐瘠薄。现世界各地均有引种栽培。中国各地也都有引种栽培。

【历史与民俗】它被认为是黑刺李和樱桃李的杂交种。在欧洲，它是最普遍种植的一种观花植物，梅干（李子）是由本种的果实制成的。在英语中“plum”一词虽然不是指所有的李子，但也包括了李属（*Prunus*）的很多种植物。

【化学成分】果实富含维生素 C、维生素 B_1、维生素 E，并含有丰富的糖、花色苷、果酸、氨基酸等营养成分。种子含有丰富的脂肪油，以多不饱和脂肪酸为主；并含谷酰胺、丝氨酸、甘氨酸、脯氨酸等。

【加工与利用】使用果实、种子及仁油。夏季采收果实，干燥备用；将果皮、果核除去，得种子（仁）。种仁可用压榨方法提取脂肪油。李子果肉香，甜或有点酸。李子是红色或紫色的，干后可保存很长一段时间。新鲜的、干的或保存的水果有许多烹饪用途。它可以做英国著名的葡萄干布丁或用于果酱、果馅饼和其他糖果。李子也保存在白兰地里，或用于发酵、蒸馏酒精饮料。李子可用于蛋挞和布丁，煮熟作为配菜或调味品，如作为肉菜原料；制成梅干可做零食。

【附注】果实、种仁提取物可抗氧化，对黑色素细胞活性有抑制，可调理肌肤、保湿，种子及花瓣提取物可作为肌肤柔润剂使用，因而欧洲李提取物可用于美白、润肤、护肤类化妆品。种子油可作为化妆品基础油使用。

366 巴旦杏 *Prunus dulcis*（Mill.）D. A. Webb.（*P. amygdalus* Butsch.；*Amygdalis communis* L.）

彩图 366

英文名：Almond；蔷薇科

【别名】甜扁桃，巴旦木，洋杏

【植物形态】中型乔木或灌木，高 3～6 m；枝直立或平展，无刺，具多数短枝，一年生枝浅褐色，多年生枝灰褐色至灰黑色。叶片披针形或椭圆状披针形，长 3～6(9) cm，宽 1～2.5 cm，先端急尖，基部宽楔形，幼嫩时微被疏柔毛，老时无毛，叶边具浅钝锯齿；叶柄长 1～2(3) cm。花单生，先于叶开放，花梗长3～4 mm；萼筒长 5～6 mm；萼片长圆形至宽披针形，长约 5 mm；花瓣长圆形，长 1.5～2 cm，白色至粉红色。雄蕊长短不齐；花柱长丁雄蕊，子房密被茸毛状毛。果实长圆卵形，扁平，长 3～4.3 cm，顶端尖或稍钝，外面密被短柔毛；果肉薄，成熟时开裂；核卵形，表面多少光滑，具蜂窝状孔穴；种仁味甜。花期3～4 月，果期 7～8 月。

【生态分布】原产于西南亚，喜光，不耐阴，抗寒力强，对土壤的适应力很强，在砾石山坡和沙漠戈壁上均能生长。但是作为果树生产栽培，应选土层深厚、通气良好的壤土和砂壤土。我国主要集中在西北地区，尤以新疆天山以南的阿克苏、喀什、和田种植的较多，成为新疆发展干果生产的主要树种之一。欧洲、中东、北非、北美均有栽培。

【历史与民俗】巴旦杏为世界著名的干果树种，起源于中亚细亚，约有 6 000 年的栽培历史。据考证，公元前 4000 年，在希腊、土耳其扁桃就有栽培。当地居民将其视为神灵植物。公元前 450 年，扁桃在地中海沿岸已很普遍，而大面积栽培则始于 19 世纪后期。我国巴旦杏栽培始于唐代之前，迄今已有 1 300 多年的历史。古时称偏桃、扁核桃、婆淡树，世界上许多国家称“扁桃”。新疆巴旦杏是从古波斯（现今伊朗）传入。在《酉阳杂俎》、《岭表录异》有记载考证，唐书文中载：偏桃出波斯国，波斯呼为婆淡树。长五六丈，围四五尺，叶似桃而阔大，三月开花，白色。花落结实，状如桃子，而形偏，故为之偏桃。其肉涩不可啖，核中仁甘甜，西域诸国并珍之。

【化学成分】每 100 g 核仁含水 5 g，热量 2 503 J，脂肪 54 g，蛋白质 19 g，碳水化合物 20 g，纤维

3 g，灰分 3 g，钙 234 mg，磷 500 mg，铁 5 mg，钠 4 mg，钾 770 mg，镁 625 mg，维生素 B_1 0.24 mg，维生素 B_2 0.92 mg，维生素 B_5 3.5 mg，还含维生素 C、杏仁苷、消化酶、杏仁素酶等成分。据报道，采自新疆南疆的巴旦杏仁含油 58.4%。油的脂肪酸组成(%)：棕榈酸 6.0，硬脂酸微量，油酸 70.0，亚油酸 24.0。

【加工与利用】巴旦杏以仁(带壳或不带壳)为干果食用。巴旦杏(扁桃)果实的成熟是从树冠外部到内部依次成熟，当冠内果实开裂时即可采收。果实成熟采收后，将果实去皮，果核干燥备用。果核可用压榨方法榨取脂肪油。种仁，营养丰富而全面，属高级营养食品，其营养价值高出同等量牛肉的 6 倍。甜仁不仅可直接鲜食、炒食、用于烹调，还大量作为配制多种面包、点心、糖果、巧克力等食品的原料。巴旦杏在国际市场上与核桃、腰果、榛子一起，并列为世界四大干果。

【附注】巴旦杏也是一种优良的木本油料树种。其种仁含油量 50% 以上，油中含有丰富的不饱和脂肪酸及磷脂等营养成分，油质稳定，容易消化。苦杏仁含有苦杏仁素，占 2% 至 8%，是医药业的重要原料，可广泛用于医疗、保健方面。其果皮含钾盐，可制作肥料、肥皂和精饲料。果壳可制活性炭及用作石油工业的缓冲物。

仁油有良好的柔肤功效，可用于化妆品的基础用油。种子提取物可抗炎、促进纤维芽细胞增殖、抑制黑色素生成，显示有美白、活肤、抗衰老作用，可用于美白、抗衰化妆品。树皮、果皮(果肉)提取物可作为抗氧剂、肌肤调理剂用于化妆品。

367 桃 *Prunus persica* (L.) Batsch. (*Amygdalus persica* L.; *Persica vulgaris* Mill.)

彩图 367　英文名：Peach；蔷薇科

【别名】桃树，桃子

【形态特征】乔木，高 3～8 m；树皮暗红褐色；小枝细长，无毛，有光泽，具大量小皮孔。叶互生，长圆披针形、椭圆披针形，长 7～15 cm，宽 2～3.5 cm，先端渐尖，基部宽楔形，上面无毛，下面脉腋间有少数短柔毛或无毛，叶边具细锯齿或粗锯齿；叶柄长 1～2 cm。花单生，先叶开放，直径 2.5～3.5 cm，花梗极短，萼筒钟形，被短柔毛，萼片卵形至长圆形；花瓣长圆状椭圆形至宽倒卵形，粉红色，雄蕊 20～30，花药绯红色；花柱几与雄蕊等长或稍短，子房被短柔毛。果实形状和大小均有变异，卵形、宽椭圆形或扁圆形，长宽几相等，直径 3～12 cm；色泽由淡绿至橙黄色，外面被短柔毛；核大，表面具纵、横沟纹和孔穴；种仁味苦。花期 3～4 月，果熟通常为 8～9 月。

【生态分布】桃树原产我国，其适应性强，喜向阳、温暖的平原或山地，以长江流域至黄河中、下游地区分布最多。目前品种繁多，各地广泛作为果树栽培。世界各地均有栽植。

【历史与民俗】我国桃的利用历史悠久，2 000 多年前的《诗经》有“桃之夭夭，其叶蓁蓁”的诗句。《本草图经》有“桃核仁并花、实等，今处处皆有之，京东、陕西出者尤大而美。”

近代中国考古学家在浙江河姆渡新石器时代遗址中发现了 6 000～7 000 年前的野生桃核。在河南郑州二里岗新时期时代遗址中，也发掘出数量极多的野生桃核。特别是在河北藁城台西村商代遗址中发掘出外形完整的两枚桃核和六枚桃仁，经鉴定，它和今天栽培的桃完全相同。出土文物印证古籍记载，确证中国是桃树的起源地。目前，桃仍是我国十分重要的水果之一。

公元前 2 世纪之后，中国桃树沿“丝绸之路”从甘肃、新疆经由中亚向西传播到波斯，再从那里引种到希腊、罗马及地中海的沿岸各国，尔后渐次传入法国、德国、西班牙、葡萄牙。但直至公元 9 世纪，欧洲种植桃树才逐渐多起来。公元 15 世纪后，中国桃树引进了英国。

【化学成分】每 100 g 可食果肉含蛋白质 0.8 g，脂肪 0.1 g，碳水化合物 7 g，粗纤维 4.1 g，钙 8 mg，磷 20 mg，铁 1 mg，胡萝卜素 0.01 mg，硫胺素 0.01 mg，核黄素 0.02 mg，烟酸 0.7 mg，抗坏血酸6 mg。尚含挥发油、苹果酸、柠檬酸、葡萄糖、果糖、蔗糖、木糖等。桃仁含油 30%～50%，油的组成包括有中性脂、磷脂和糖脂 3 部分。中性脂包括三脂酰基甘油酯、1,2-二脂酰基甘油酯、1,3-二脂酰基甘油酯、单脂酰基甘油酯、甾体酯类、游离脂肪酸和烷烃。磷脂主要是磷脂酰胆碱、磷脂酰乙醇胺和磷脂酰丝氨酸。糖脂主要是乳糖二甘油苷、甾体葡萄糖苷和酰化甾体葡萄糖苷。

【加工与利用】主要利用果实，果实成熟时采收，洗净备用。核仁可用压榨方法提取脂肪油。果肉味甘、清爽。一般鲜食，为重要水果之一。果肉可加工成罐头(山东、江苏、河南)、桃干(河北、新疆)、蜜饯(北京、江苏)、桃汁饮料(山东、河南的黄桃汁等)。桃树干上分泌的胶质俗称桃胶，可用作黏接剂等，为一种聚糖类物质，水解能生成阿拉伯糖、半乳糖、木糖、鼠李糖、葡萄糖醛酸等，可食用，也供药用，有破血、和血、益气之效。

【附注】研究表明，桃仁等提取物具有抗氧化、保湿、紧肤、对表皮角质细胞增殖的促进、对氮氧化合物生成的抑制作用，显示有明显的活肤作用和对因干性皮肤引起的老化有防治作用，并有抑制黑色素的作用，因而可用于美白、防干、抗衰化妆品。提取物对大鼠毛囊母细胞生长的抑制显示可用于多毛症的防治。桃仁油有良好的润肤功效，可作为化妆品的基础油使用。

368 黑刺李 *Prunus spinosa* L.

彩图 368　英文名：Blackthorn，Sloe；蔷薇科

【别名】刺李

【植物形态】灌木，极少乔木，高 4～8 m；树皮深灰褐色；多分枝，多刺；老枝粗壮，红褐色。叶片长圆倒卵形或卵状椭圆形，长 2～4 cm，宽 8～18 mm，先端急尖或圆钝，基部近圆形，边缘有细钝锯齿，有时具重锯齿，上面暗绿色，粗糙，下面黄绿色，被柔毛；叶柄长 5～7 mm；托叶膜质，早落。花单生，先于叶开放；花梗长 6～8(15)mm；花直径 1～1.5 cm；萼筒钟状，萼片三角状卵形；花瓣白色，长圆形，有带浅紫色脉纹；雄蕊 20～25，排成紧密不规则 2 轮，雄蕊与花瓣近等长；雌蕊 1，心皮无毛，柱头头状。核果球形或圆锥形，先端急尖，直径 1～1.5 cm，黑色，具浅蓝色果粉，果肉绿色；核淡褐色，卵圆形，稍扁平，具起伏不平皱纹。花期 4 月，果期 8 月。

【生态分布】原产欧洲、北非和西亚，喜温暖气候，多生于森林草原地带、林中旷地、林缘和河谷旁，海拔 800～1200 m。我国有引种栽培。

【历史与民俗】黑刺李在欧洲存在有其悠久的历史。早期食用黑刺李人的证据，是 1991 年在奥地利及意大利边境的阿尔卑斯山脉奥兹塔尔冰川里发现人类木乃伊，它已有 5 300 岁了。在它的胃里有残存黑刺李，表明那时的人类就食用黑刺李了。有文献提到，15 世纪时，有人将黑刺李果实作为钓鱼的诱饵。黑刺李盛开的花还是古代凯尔特人庆祝圣布里吉德节的圣物。

【化学成分】黑刺李和其他李子一样，含有约 10% 的糖，富含矿物质(尤其是钾)；但维生素 C 含量则相对较低。

【加工与利用】利用部位为果实和叶。果实成熟时采收，叶夏季可采，均洗净，干燥备用。果实蓝黑色，味酸，直径 2 cm，一般不鲜食，主要供制干果、果酱、果汁及果酒。利口酒即大家熟知的黑刺李杜松子酒(sloe gin)就是用这种相当苦的果实的果肉做成的。它的叶可做茶饮用。

【附注】黑刺李茶褐色的木头光滑、润泽，可用来制作手杖和其他工艺品。

369 番石榴 *Psidium guajava* L.

彩图 369　英文名：Guava；桃金娘科

【别名】芭乐，鸡屎果，拔子，喇叭番石榴

【植物形态】乔木，高达 13 m；树皮平滑，灰色，片状剥落；嫩枝有棱，被毛。叶片革质，长圆形至椭圆形，长 6～12 cm，宽 3.5～6 cm，先端急尖或钝，基部近于圆形，上面稍粗糙，下面有毛；叶柄长 5 mm。花单生或 2～3 朵排成聚伞花序；萼管钟形，长 5 mm，有毛，萼片帽近圆形，长 7～8 mm，不规则裂开；花瓣长 1～1.4 cm，白色；雄蕊长 6～9 mm；子房下位，与萼合生，花柱与雄蕊同长。浆果球形、卵圆形或梨形，长 3～8 cm，顶端有宿存萼片，果肉白色及黄色，胎座肥大，肉质，淡红色；种子多数。花期 5～8 月。果期 8～11 月。

【生态分布】适宜热带气候，怕霜冻。原产南美洲热带地区，16～17 世纪传播至世界热带及亚热带地区，如北美洲、大洋洲、新西兰、太平洋诸岛、印度尼西亚、印度、马来西亚、北非、越南等。约 17 世纪末传入中国。台湾、海南、广东、广西、福建、江西、云南等地均有栽培，有的地方已逸为野生果树。

【历史与民俗】番石榴原产于中美洲。南宋周去非著《岭南代答》(1178)中称黄肚子。清代《南越笔记》称秋果，中国《植物名实图考》称鸡矢果。中国台湾在 200 年前已有栽种，现主要分布在中国台湾、福建、广东、广西、海南和云南等地区。在世界的许多地方，现在是一种重要的商业水果作物，在中美洲、亚洲、非洲和澳大利亚都有商业性规模种植。

【化学成分】果实富含蛋白质和维生素 C，还含有维生素 A、维生素 B 以及微量元素钙、磷、铁、钾等。并富含膳食纤维、胡萝卜素、脂肪及果糖、蔗糖、氨基酸等营养成分。成熟果实还含有槲皮素、番石榴苷、没食子酸、并没食子酸、无色矢车菊素、维生素 C，并检出鼠李糖、木糖、核糖(ribose)、阿拉伯糖、果糖、葡萄糖、半乳糖、蔗糖、缬氨酸、丙氨酸、苏氨酸、天门冬氨酸、谷氨酸、胱氨酸，又含扁蓄苷。

叶含 β-谷甾醇、三萜类，又含槲皮素、番石榴鞣花苷、无色矢车菊素、番大榴鞣花苷、番石榴酸、扁蓄苷，并含挥发油，有丁香油酚、顺-3-己烯-1-醇、己烯醇、己醛，另有苯扁甲酸甲酯、己酸-β-苯己酯、肉桂酸甲酯、苹果酸、树脂、蜡及鞣质等。

【加工与利用】主要以成熟果实食用。果实成熟时采收；清洗，鲜用或干燥备用。番石榴可生吃，也用于甜点和水果沙拉。美味的新鲜番石榴果味酸，可以补充一点糖或朗姆酒一起食用。将它煮熟(或罐头)很受人们欢迎，还有番石榴果冻、果酱、奶酪、果汁和花蜜。这些加工处理通常要将煮过的果实切开，把种子滤出，将果汁用于果酱、果冻、酸辣酱及糖果(蛋挞、蛋糕、馅饼)、甜点(布丁、酱汁、冰淇淋)、早餐食品和婴儿食品等。

【附注】番石榴果和叶具有较强的抗菌作用。果实、叶：甘、涩，平，收敛止泻，止血，用于泄泻、痢疾、小儿消化不良。鲜叶：外用于跌打损伤，外伤出血，臁疮久不收口。

番石榴提取物对弹性蛋白酶、胶原酶活性有抑制作用，显示可维持皮肤弹性，同时，提取物还有活化皮肤、增白，以及抗氧性，可用于美白、抗衰化妆品。番石榴提取物还可作为抗菌剂、抗炎剂用于护肤产品，有防治皮肤瘙痒功效；它还可作为生发剂、减肥剂使用。番石榴籽油也可作为化妆品基础油使用。

370 草莓番石榴 *Psidium littorale* Raddi

彩图 370

英文名：Cattley guava，Strawberry guava；桃金娘科

【别名】鸡矢果，樱桃番石榴

【植物形态】灌木或小乔木，高达 7 m；嫩枝圆形。叶片厚革质，椭圆形至倒卵形，长 5～10 cm，宽 2～4 cm，先端急尖，基部楔形，全缘，两面均无毛，侧脉不明显。花白色，腋生单花；萼管倒圆锥形，萼片 4～5，长卵形；花瓣倒卵形，长 1 cm；雄蕊比花瓣短；子房下位，与萼管合生，4 室，花柱纤细，柱头盾状。浆果梨形或球形，长 2.5～4 cm，花期夏季。

【生态分布】原产巴西，喜光、喜温、喜湿。最适温度 23～28 ℃，最低月平均温度 15.5 ℃以上才有利于生长。年降雨量以 1 000～2 000 mm 为宜。耐旱亦耐湿，如阳光充足，结果早、品质好。对土壤水分要求不严，但喜酸性土。中国华南有栽培。世界各热带地区有引种栽培。

【历史与民俗】草莓番石榴虽然果小，在巴西民间自古就食用。后来作为一种小果树种传到世界其他热带地区。有时，人们以为它是中国小石榴。

【化学成分】果实营养丰富，含有糖、蛋白质、谷氨酸、脂肪，维生素 C 含量最多（是摄取维生素 C 最好的来源），同时其铁、磷、钙的含量极多（尤其是种子部分），铁的含量为热带果实中最多的一种。

【加工与利用】食用成熟果实。果实成熟时采收；去杂，清洗，鲜用或干燥备用。草莓番石榴可以生吃，其果肉松软多汁，味如草莓。它也可以制成果酱和果子冻。种子小，颜色是白色，烘培后可作为咖啡替代品。它的叶子可以煮茶饮用。

草莓番石榴富含多种矿质元素，特别是铁的含量为热带果实中最多的一种，具有防老化的作用。此外，还具有抗氧化功效，能美白肌肤、防止黑斑及雀斑形成、增加皮肤对紫外线的抵抗力，是女士们保持美白肌肤的最佳选择。

【附注】草莓番石榴较耐寒，可作番石榴砧木。

371 四棱豆 *Psophocarpus tetragonolobus* (L.) DC.

彩图 371　英文名：Winged bean；豆科

【别名】翼豆，四角豆，翅豆，杨桃豆，热带大豆

【植物形态】一年生或多年生攀援草本。茎长 2～3 m，具块根。叶为具 3 小叶的羽状复叶；叶柄长，基部有叶枕；小叶卵状三角形，长 4～15 cm，宽 3.5～12 cm，全缘，先端急尖或渐尖，基部截平或圆形；托叶卵形至披针形。总状花序腋生，长 1～10 cm，有花 2～10 朵；总花梗长 5～15 cm；小苞片近圆形；花萼绿色，钟状，长约 1.5 cm；花冠浅蓝色，旗瓣圆形，直径约 3.5 cm，翼瓣倒卵形，龙骨瓣稍内弯，基部具圆形的耳；雄蕊 2 体，花药同形；子房具短柄，无毛，胚珠多颗，花柱长，弯曲，柱头周围及下面被毛。荚果四棱状，长 10～25(40)cm，宽 2～3.5 cm，黄绿色或绿色，翅宽 0.3～1 cm，边缘具锯齿；种子 8～17 颗，白色，黄色，黑色，近球形，直径 0.6～1 cm，光亮，边缘具假种皮。果期 10～11 月。

【生态分布】原产亚洲热带地区，属短日照植物，对光照长短反应敏感，在长日照条件下则营养生长旺盛，而不能开花结荚；喜温暖多湿，稍抗旱。现亚洲南部、大洋洲、非洲等地均有栽培。中国云南、广西、广东、海南和台湾有栽培。

【历史与民俗】原产地可能是亚洲热带地区，民间早有食用，其人工栽培历史至少已有 4 个世纪。四棱豆在巴布亚新几内亚和缅甸历来有较大规模的生产栽培，在东南亚以及印度、孟加拉国和斯里兰卡也有广泛栽培。我国栽培四棱豆的历史也在 100 年以上，主要分布在低纬度的南部，如云南、贵州、广西、广东、台湾和海南等地，现在大洋洲、非洲等地均有栽培。

【化学成分】嫩果含蛋白质、脂肪、碳水化合物、膳食纤维、多种维生素、胡萝卜素、多种矿质元素和氨基酸等。种子（成熟）含蛋白质 32%～41%（包括 18 种氨基酸）、脂肪 13%～19%（其中不饱和脂肪酸 70%，油酸 32%～39%，亚油酸 37%，亚麻酸 1%～2%）、维生素、矿物质、糖类等。根含蛋白质达 24%，还含有淀粉、皂苷、生物碱（甜菜碱）、胆碱、植物凝集素等。

【加工与利用】主要食用嫩豆荚、种子和根。夏季采集嫩豆荚、嫩叶及花；秋季果实成熟时采集荚果，除去果荚，取出种子；秋冬季挖根。均去杂、洗净，鲜用或干燥备用。四棱豆各种营养器官均可做菜用。嫩豆荚，口感脆嫩细腻，营养价值很高，并有保健功能。其嫩叶和花叶可作为蔬菜食用，可凉拌、鲜炒、盐渍、制作酱菜和罐头。地下根块含有高蛋白质，可做菜和粮，蒸食或炒食，制作干片，口味也很鲜美。种子可制作豆奶、豆腐等食品，做出的豆腐比大豆更为鲜嫩，也可炒食，味似花生；还可以用压榨法榨油，被誉为“热带大豆”、“豆科之王”、“绿色金子”。

叶片、豆荚、种子及块根均可入药，对冠心病、动脉硬化、脑血管硬化、不孕、习惯性流产、口腔炎症、泌尿系统炎症、眼疾等 19 种疾病有良好疗效。

【附注】据报道,其提取物所含植物凝集素有抗肿瘤功效,其维生素有抗氧化、延缓衰老作用,其皂苷、生物碱可杀菌、防治口腔溃疡、皮肤炎症,维生素、胡萝卜素有促进血液循环、润肤作用,氨基酸有护发、防脱发作用。

叶、种子和根提取物还具有养颜护肤、改善皮肤粗糙、润肤、使皮肤有弹性的功效,结合其抗氧性,可用于柔肤、抗衰化妆品。提取物也是护发佳品,用于洗发液等产品,有防止脱发、白发功效。提取物还可用于含漱液,防治口腔炎症等。

372 补骨脂 *Psoralea corylifolia* L.

彩图 372　英文名:Scurf pea,Malaytea scurfpea fruit;豆科

【别名】骨脂,故子,故脂子,破故纸,婆固脂

【植物形态】一年生草本,高 60～150 cm。枝坚硬,具纵棱;全株被白色柔毛和黑褐色腺点。单叶互生;托叶成对,三角状披针形,膜质;叶片阔卵形,长 5～9 cm,宽 3～6 cm,边缘具粗锯齿。花多数密集成穗状的总状花序,腋生;花萼钟状,先端 5 裂;花冠蝶形,淡紫色或黄色。荚果椭圆形,长约 5 mm,不开裂,果皮黑色,与种子黏贴。种子 1 颗,有香气。花期 7～8 月,果期 9～10 月。

【生态分布】补骨脂为我国传统中药材,喜温暖湿润气候和日光充足的环境,喜肥沃土壤,生于丘陵山地、沟谷、灌丛边。目前,野生资源稀少,主要为人工栽培。在山西、陕西、安徽、浙江、江西、河南、湖北、广东、四川、贵州、云南均有分布或栽培。印度、缅甸、斯里兰卡也有分布。

【历史与民俗】补骨脂在我国作为中药材历史悠久,最早的中药文献《神农本草经》称其"补不足,益气力",当时称"苞丝子",后多种本草著作称其性味辛苦平,功能补肾健脾,养肝黑发。"补骨脂"史载于《雷公炮炙论》。《本草纲目》曰:按白飞霞《方外奇方》云,破故纸收敛神明,能使心胞之火与命门之火相通,故元阳坚固,骨髓充实,涩以治脱也。胡桃润燥养血,血属阴恶燥,故油以润之,佐破故纸有木火相生之妙。故语云,破故纸无胡桃,犹水母之无虾也。又破故纸恶甘草而《瑞竹堂方》青娥丸内加之何也?岂甘草能和百药,恶而不恶耶?又许叔微《本事方》云,孙真人言补肾不若补脾。予曰,补脾不若补肾,肾气虚弱则阳气衰劣,不能熏蒸脾胃,脾胃气寒,令人胸膈痞塞,不进饮食,迟于运化,或腹胁虚胀,或呕吐痰涎,或肠鸣泄泻,用破故纸补肾,肉豆蔻补脾,二药虽兼补,但无斡旋,往往常加木香以顺其气:使之斡旋空虚仓廪,仓廪空虚则受物矣。

【化学成分】果实含挥发油(约 20%)、有机酸、一种甲基糖苷、碱溶性树脂、不挥发性萜类油、皂苷。种子含香豆精类补骨脂素和异补骨脂素共约 1.1%、黄酮类补骨脂黄酮、甲基补骨脂黄酮、异补骨脂黄酮和查耳酮类补骨脂查耳酮、异补骨脂查耳酮、单萜烯酚衍生物补骨脂酚;尚含挥发油、树脂、脂肪油。花含脂肪油、挥发油、甾醇、生物碱等。油中的脂肪酸主要有棕榈酸、油酸、亚油酸、硬脂酸、亚麻酸等。本植物还含棉籽糖。

【加工与利用】主要采用果实和种子。秋季果实成熟时,采取果穗,晒干,打下果实,除去杂质,进一步干燥备用。补骨脂有补肾助阳,纳气平喘,温脾止泻功效。主治肾阳不足、下元虚冷、腰膝冷痛、阳痿、尿频、遗尿、肾不纳气、虚喘不止、脾肾两虚、大便久泻、白癜风、斑秃、银屑病。补骨脂是药食兼用植物,补骨脂汤,配方:补骨脂(炒)50 g,附子(炮裂,去皮脐)50 g,人参 50 g,肉苁蓉(酒浸,切,焙)50 g,五味子(去梗)50 g。制法:上(口父)咀,如麻豆大。用法:每服 6 g,水 1 盏,煎至 7 分,临熟入酒 2 分搅匀,去滓,食前温服。功效:主治骨虚酸痛多倦。菟丝子补骨脂瘦肉汤,材料:猪瘦肉 60 g、补骨脂 10 g、菟丝子 15 g、红枣 4 个。做法:①补骨脂、菟丝子、红枣(去核)洗净;猪瘦肉洗净、切件。②把全部用料放入锅内,加清水适量,武火煮沸后,文火煲 1 小时,调味供用。功效:补肾延寿,美发养颜。适应证是早衰发白属肾阳虚者。症见未老先衰,须发花白,形态虚弱,头晕耳鸣,腰膝酸软,小便频数,或小便余沥,遗精早泄,皮肤色斑。

研究表明，补骨脂素及其衍生物均为光敏性化合物，需辅以日光或紫外线照射。用药后作用于受损细胞邻近尚未完全破坏或正常的黑素细胞，使酪氨酸酶活性增加，促进黑素合成。中国中医药研究中心研究证明 δ-甲氧基补骨脂素(δ-MOP)口服适于白斑多、范围广的患者，服药 2 h 后照射阳光和长波紫外线(UVA)称为光化学疗法(PUVA)。外用法以 0.2%～0.5%δ-MOP 溶液涂患处，1～2 h 后光疗。也可用 0.1%δ-MOP 洗剂或酊剂涂患处，1～2 h 后日光或紫外线照射。三甲基补骨脂素为人工合成，毒性反应较低，口服后 2～4 h 照射阳光或 UVA，儿童酌情减量，无严重不良反应，但再生色素不持久且需长期治疗。

【附注】 补骨脂提取物具有抗菌、抗肿瘤、扩张血管、光敏作用和提高免疫功能及雌激素样作用。补骨脂素和异补骨脂素亦能促进皮肤黑色素的合成，并使之沉积于皮下。果实甲醇提取物对 DPPH 自由基有消除作用。果实乙醚提取物对脂肪氧合酶-5 活性有抑制作用。由于补骨脂提取物有较强的抗氧化、抗衰作用，对皮肤黑色素生成有促进作用，可用于晒黑类护肤化妆品；还可作为乌发剂用于护发、洗发产品。

373 蕨 *Pteridium aquilinum* L.

彩图 373　英文名：Fern，Bracken fern；凤尾蕨科

【别名】 欧洲蕨，如意菜，蕨萁，龙头菜，山凤尾

【植物形态】 大型多年生草本，根状茎长而粗壮，表面被棕色茸毛。叶每年春季从根状茎上长出，幼时拳卷，成熟后展开，有长而粗壮的叶柄，叶片轮廓三角形至广披针形，为二至四回羽状复叶，长 60～150 cm，宽 30～60 cm，革质。孢子囊棕黄色，在小羽片或裂片背面边缘集生成线形孢子囊群，被囊群盖和叶缘背卷所形成的膜质假囊群盖双层遮盖。

【生态分布】 喜温凉湿润气候和荫蔽环境，适应性强，为世界性种，南北半球温带地区均有分布。我国各地普遍生长。生于海拔 200 m 以上的山坡、荒地、林下、林缘向阳处。

【历史与民俗】 蕨菜自古以来就是各地民间常用食用植物和药用植物。《诗经》里就有“陟坡南山，言采其蕨”之句。古人还以采蕨、采薇作为清高的隐喻。唐宋时期的诗歌里关于蕨菜的诗句也很多，如“溪莺喧午寝，山蕨止春饥。”“对酒溪霞晚，家人采蕨还。”陆游也有“蕨芽珍嫩压春蔬”之句。可见古时蕨菜已是人们常食的野菜了。

蕨菜入药始载于《食疗本草》。《本草拾遗》云：“蕨，叶似老蕨，根如紫草。”《本草纲目》云：“蕨，处处山中有之。二三月生芽，拳曲状如小儿拳，长则展开如凤尾，高三四尺。其茎嫩时采取，以灰汤煮去涎滑，晒干作蔬，味甘滑，亦可醋食。其根紫色，皮内有白粉，捣烂，再三洗澄，取粉作粔妆，荡皮作线食之，色淡紫而甚滑美也。”

【化学成分】 嫩叶含胡萝卜素、维生素、蛋白质、脂肪、糖、粗纤维、钾、钙、镁、蕨素、蕨苷、乙酰蕨素、胆碱、甾醇。此外还含有 18 种氨基酸等。根茎含丰富的淀粉 25%～46%，还含有丰富的蛋白质、维生素、糖苷、胆碱、麦角固醇、鞣质和人体所需的镁、锌、锗等微量元素。

【加工与利用】 嫩芽、嫩叶、块茎均可食用。在我国东北、华北、西北、西南许多地区，春季(3～5 月)采集蕨菜的嫩叶，鲜用、腌渍或干制均可。其肉质根茎制取淀粉食用。蕨菜一直是人们普遍食用的特色野菜。近年来，随着人们对蕨菜的营养和保健价值的认识加深，特别是经过腌制后的蕨菜，具独特风味，不仅我国各族人民群众非常喜爱，朝鲜、韩国、日本的人们也都喜欢蕨菜，蕨菜成了宾馆、饭店餐桌上的美味佳肴。蕨菜嫩芽、嫩叶洗净，用沸水烫一下，用凉水浸泡、洗净后，可炒食，如炒肉、炒蛋等；或加酱、糖、醋等作凉拌菜或加工成干菜、腌菜等。蕨菜不仅是一种时新野菜，而且是一种很好的保健食品。它的嫩芽、嫩叶是色鲜嫩脆、有特殊风味的菜肴。蕨菜味苦，性寒，有小毒(腌制后的蕨菜无毒)。有清热解毒，祛风利湿的功效。

它的根状茎富含淀粉，其营养价值不亚于藕粉，不但可食，还可作酿酒的原料。根茎提取的淀粉可用于制作糕点、粉丝、粉皮、饴糖等食品，也可用于提制葡萄糖。在我国许多地区，群众历来有采挖野生蕨根的习惯，用来加工蕨粉和粉条。在湖南、广西、云南等地，蕨粉(条)已成为旅游特色食品。目前，市场上有蕨根粉出售，是从野生蕨菜的根茎里提炼出来的淀粉类做成的粉丝食品。天然野生蕨无污染，而蕨根粉是经现代工艺制取的淀粉，再精制而成，是绿色保健食品中的珍品之一。市场上有宽粉或细粉，略有药味，可做夏季凉拌菜或为老年人食疗食品。食用时要注意需将蕨根粉煮熟，保证没有硬芯，软硬程度也可根据个人的需要和爱好自由掌握。凉拌蕨根粉吃起来口感非常滑爽，也很开胃。

【附注】 蕨的根茎供药用。性味：甘、寒。功用：清热、滑肠、降气、化痰。主治食嗝、气嗝、肠风热毒。根茎和叶提取物所含蕨菜素具有良好的杀菌、抗炎之功效，维生素、鞣质有较强的抗氧化作用，蛋白质、糖苷有较好的润肤、嫩肤功效。因而可用于护肤、抗衰化妆品，并有防治湿疹、疮疥等皮肤疾患。根茎富含淀粉，可用于化妆底粉。

374 葛 *Pueraria lobata* (Willd.) Ohwi

彩图 374

英文名：Lobed kudzuvine；豆科

【别名】 野葛，葛藤，葛条

【植物形态】 多年生藤本，长达 10 m，全株被黄褐色粗毛。块根肥厚。叶互生；具长柄；3 出复叶，顶端小叶的柄较长，叶片菱状圆形，有时有 3 波状浅裂，长 8～19 cm，宽 6.5～18 cm，先端急尖，基部圆形，两面均被白色伏生短柔毛，下面较密；侧生小叶较小，偏椭圆形或偏菱状椭圆形，有时有 2～3 波状浅裂。总状花序腋生，总花梗密被黄白色茸毛；花密生；苞片狭线形，早落，小苞片线状披针形；蝶形花蓝紫色或紫色，长 15～19 mm；花萼 5 齿裂，萼齿披针形；雄蕊 10，两体(9＋1)；子房线形，花柱弯曲。荚果线形，扁平，长 6～9 cm，宽 7～10 mm，密被黄褐色的长硬毛。种子卵圆形而扁，赤褐色，有光泽。花期 4～8 月。果期 8～10 月。

【生态分布】 葛原产亚洲东部，属亚热带至暖温带植物，喜光，对土壤适应性较强，能忍耐干旱、霜冻、放牧、坡地、杂草等不良自然条件。我国除新疆、青海、西藏外，其他各地均有分布。在海拔 300～2 700 m向阳的坡地、路旁、灌木丛及丘陵草地最为常见。其中贮量较大的有辽宁、陕西、甘肃的武都、四川、重庆市、贵州、云南、广西、湖南、广东、福建、河南、湖北、安徽、江西、浙江的金华等地区。印度、东南亚、韩国、日本、马来西亚、印度尼西亚和澳大利亚北部有分布；欧洲、北美有引种。

【历史与民俗】 我国有关葛的记载至少有 2 500 年。《诗经·周南》："葛之覃兮，施于中谷，维叶萋萋。"《全金元词》："试问禅关，参求无数，……免葛藤丛里，婆娑游子，梦魂颠倒。"佛经《论开语》："昔缘未了论开悟，今又葛藤试解环；此事当人须直取，吃瓜莫受卖瓜谩！"在许多文学作品中也有关于葛的描述。在历代古籍中葛又名鸡齐、黄斤、黄葛藤、野扁葛、葛条等。《神农本草经》把葛列为中品。英国人 Bentn 于 1825 年发现葛，给葛定了拉丁名。

葛原产中国，在古代广为种植，应用亦广。葛衣、葛巾为服饰；葛纸、葛绳应用亦久；葛根用于治病，酿酒，荒年充饥；葛粉作为饮料；葛花解酒毒。16 世纪中叶的《本草纲目》对葛的植物学特征、栽培、气味、主治、附方和食用方法等进行了较全面研究。美国最早于 1876 年在费城百年纪念博览会上出现从日本引种的葛根。葛根在日本也有悠久的种植、采收和利用历史。

【化学成分】 葛根主要含碳水化合物、植物蛋白、多种维生素和矿物质，此外还含有黄酮类物质。块根含活性成分总黄酮高达 5%～10%(以干品基计)。

葛根含葛根异黄酮，约占葛根总量的 5%～10%。葛根异黄酮包括黄豆苷元、黄豆苷、葛根素、黄豆苷元-4′,7′-二葡萄糖苷、4′-甲氧基葛根素、7-木糖苷葛根素、4′,6′-O-二酰基葛根素、芒柄花素-7-葡萄糖苷、生原单宁等，还有 6,7-二甲基香豆素等香豆素类化合物，胡萝卜苷等甾醇类。其中葛根素为其特征性成分。

【加工与利用】 利用部位为块根。秋后采挖取大的块根，保留小根，一般2～3年可采挖1次。挖出的根洗去泥沙，刮去外层粗皮，切片晒干或烘干。淀粉提取工艺：葛根→去杂→清洗→粉碎→水漂→过筛→淀粉乳、渣；淀粉乳→过滤分离→淀粉乳、渣。从鲜葛根中提取的葛粉，质地洁白、细嫩，除富含大量淀粉外，还含有少量维生素、矿物质和多种生理活性物质，可研制各种功能性保健食品和药膳食品。目前，中国已开发的葛根系列保健食品有葛根面条、粉丝、冰淇淋、饮料、红肠等。葛根的食用、药用价值很高，素有"亚洲人参"之美誉，葛粉被称为"长寿粉"，在日本被誉为"皇室特供食品"。常食葛粉能调节人体机能，增强体质，提高机体抗病能力，抗衰延年，永葆青春活力。此外，用葛粉替代芡粉或生粉勾芡，使菜汁浓稠味美，且营养丰富，具有保健、美容之功效。

【附注】 葛根提取物的作用广泛。研究表明，在表皮纤维芽细胞培养中，葛根提取物对脑酰胺和胆固醇生成有促进作用，脑酰胺和胆固醇是皮脂的重要组成部分，其含量增加将改善皮肤的柔润度，在调理皮肤、改善油性皮肤等方面均有良好效果。葛根提取物对组织蛋白酶的活化，可增强皮肤细胞的新陈代谢，结合其清除氧自由基的作用，显示其有抗衰老功效。因而葛根提取物可用于美白、抗皱、抗衰化妆品。葛根淀粉可作为化妆品粉扑使用。

葛的单纤维很细，比苎麻细、短。因此，它的束纤维也可以分得很细，在古时候制作精纺织物几乎可与丝绸媲美，深受人们喜爱。但它所耗费的人力也不亚于丝绸，因而也只有当时达官贵人才能使用。也由于葛的单纤维很短，平均只有2 mm，当时单纤维很难利用，而手工织物比较粗糙，后来逐渐被棉花所取代。

375 石榴 *Punica granatum* L.

彩图375

英文名：Dwarf pomegranate，Pomegranate；安石榴科

【别名】 安石榴

【植物形态】 落叶灌木或乔木，通常高3～5 m。枝顶常成尖锐尖长刺，幼枝有棱角，无毛。叶对生或簇生；叶柄短；叶片长圆状披针形，纸质，长2～9 cm，宽1～1.8 cm，先端尖或微凹，基部渐狭，全缘，上面光亮。花1～5朵生枝顶；花梗长2～3 mm；花径约3 cm；萼筒钟状，长2～3 cm，通常红色或淡黄色，6裂，裂片略外展，卵状三角形；花瓣6，红色、黄色或白色，与萼片互生，倒卵形，长1.5～3 cm，宽1～2 cm，先端圆钝；雄蕊多数，花药球形，花丝细短；雌蕊1，子房下位，柱头头状。浆果近球形，直径5～12 cm，通常淡黄褐色、淡黄绿色或带红色，果皮肥厚，先端有宿存花萼裂片。种子多数，钝角形，包裹在果肉中，红色至乳白色。花期5～6月，果期7～8月。

【生态分布】 原产于亚洲西南部，喜温暖向阳的环境，耐旱，耐寒，也耐瘠薄，不耐涝和荫蔽。中国南北都有栽培，以江苏、河南等地种植面积较大。也引种至欧洲和其他地区。现作为果树被广泛栽培。

【历史与民俗】 石榴，又名安石榴，是落叶灌木或小乔木。最早植于汉代，石榴花现为西安市市花。《博物志》云："汉张骞出使西域，得涂林安石国榴种以归，故名安石榴。"唐代欧阳询《艺文类聚》引西晋陆机《与弟云书》曰：张骞为汉使外国十八年，得涂林安石榴也。石榴品种虽多，但也不外乎食用和观赏两大类，果实分酸、甜两种。石榴酸果可作药用，果实、皮、根皮和花均可作药，其性甘、酸、温，无毒。公元前1 500年，Tuthmosis法老把石榴从亚洲带到了埃及。除食用其果实，还认为其有驱虫功效。1世纪时，古希腊医生戴奥斯柯瑞迪对其驱虫功效已有所了解，但在随后的1 800年中，此种功效为大家所遗忘。直到19世纪初期，印度草药学家用石榴治愈一位患有绦虫病的英国人后，在印度的英国医生才对其产生兴趣，其药物活性才为大家所认知。中国传统文化视石榴为吉祥物，寓意多子多福、儿孙满堂。

【化学成分】 石榴含有多种人体所需的营养成分，果实中含有维生素C及维生素B、有机酸、糖类、蛋白质、脂肪以及钙、磷、钾等矿物质。据测定，100 g可食部分含蛋白质1.4 g、脂肪0.2 g、碳水化合物

18.7 g、膳食纤维 4.8 g。

果壳和树皮含石榴碱、鞣花鞣质(约 25%)、三萜类化合物,其中生物碱有毒。据报道,果皮、茎皮、树皮均含生物碱,已分离出石榴皮碱、异石榴皮碱、伪石榴皮碱、N-甲基异石榴皮碱等。又从树皮所含鞣质中分离出石榴皮鞣质、2,3-O-连二没食子酰石榴皮鞣质、2-O-没食子酰-4,6-(s,s)并没食子酸连二没食子酰-D-葡萄糖、2,3-(s)-六羟基联苯二甲酰基-D-葡萄糖、石榴皮葡萄糖酸、木麻黄鞣质、木麻黄鞣宁。

【加工与利用】食用部分为果肉,果壳、籽和树皮可药用。夏季果实成熟时采收,剥开果壳,食用果肉。石榴中维生素 C 含量比苹果高 1~2 倍,而脂肪、蛋白质较少,果实以鲜食为主,也可用于酿酒和制作饮料。

石榴性温,味甘或酸,具有生津止渴、涩肠止泻、杀虫止痢的功效。发热、口舌干燥者、口臭者食用可以缓解夏天烦热口干,酒醉烦渴时食用石榴最佳。石榴含有石榴酸等多种有机酸,能帮助消化吸收,增进食欲;石榴所含的维生素 C 和胡萝卜素都是抗氧化剂,可防止细胞癌变,能预防动脉粥样硬化。

【附注】石榴叶子可制作石榴茶,能润燥解渴,如用以洗眼,还可明目、消除眼疾。果壳和树皮提取物含有大量鞣质、生物碱,有驱虫、抗菌、抗真菌、抗氧化、美白、柔肤、紧肤、活肤等功效;可用于护肤、美白、抗衰化妆品。其提取物还有生发、染发作用,可用于洗发液等产品。石榴籽油也可用于化妆品。

376 火棘 *Pyracantha fortuneana* (Maxim.) Li

彩图 376　英文名:Fortune firethorn;蔷薇科

【别名】火把果,救兵粮,赤阳子,台湾红果

【植物形态】常绿灌木,高达 4 m。侧枝短,先端成刺状,嫩枝外被锈色短柔毛,老枝无毛。叶互生,在短枝上簇生;叶柄短;叶片倒卵形至倒卵状长圆形,长 1.5~6 cm,宽 0.5~2 cm,先端圆钝或微凹,有时具短尖头,基部楔形,边缘有锯齿,近基部全缘。花两性,集生复伞房花序;花柄长约 1 cm;萼筒钟状;萼片 5,三角形;花瓣 5,近圆形,白色;雄蕊 20,花药黄色,花柱 5,离生,子房上部密生白色柔毛。果实近球形,直径约 5 mm,橘红或深红色。花期 3~5 月,果期 8~11 月。

【生态分布】喜温暖湿润气候,喜光照,原产东亚,我国为分布中心,生于海拔 500~2 800 m 的山地灌丛中或溪沟旁。分布于长江流域及其以南(包括西南)地区。产于陕西、江苏、浙江、福建、湖北、湖南、广西、四川、云南、贵州等地。东南亚及日本也有。

【历史与民俗】火棘在民间多年来被称为"救兵粮"。传说太平天国时,翼王石达开余部兵入川滇,缺草断粮,就将这个起眼的红色果实采收起来磨碎后充作军粮,解了军需之危。因而在川滇一带民间就将这种俗称"豆荆粮"的火棘改称"救兵粮"了。

【化学成分】果实含有丰富的水分、蛋白质、脂肪、糖类、维生素 A、维生素 B、维生素 C、维生素 D 及矿物质钙、磷、铁和膳食纤维。果实含糖 19.62%,水分 50.93%;特别富含维生素 C 和红色素等。

【加工与利用】利用部位为果实。9~10 月,果实成熟时,连果柄一起采摘,然后除去果柄、杂质,鲜食或干燥备用。果实可以生食或酿酒。生食味甜稍酸涩,对糖尿病、高脂血症、动脉硬化、便秘有益。它解肝毒,具有明显疗效,能清除体内垃圾,改善体内循环,促进新陈代谢,被誉为大自然的最佳清血剂。用于加工的果实应严格分选,拣去坏果,然后用清水洗净,然后加工。以一般常规方法加工,酿酒、熬糖及做成各种食品。

【附注】火棘果皮还可提取红色素。该色素安全无毒,着色力强,热稳定性好,耐光性、水溶性良好。是天然的优质食品添加剂。此外,一些火棘产区的妇女都用其果汁液敷面,据说增白效果很好。研究发现,红色果中含有生物增白物质,能有效地抑制人体内各种色素酶的活力,使皮肤不产生色素。因而其

提取液被广泛用于化妆品中。

根皮含鞣质。据报道，根皮、茎皮、果实含丰富的单宁，可用来提取鞣料。

377 西洋梨 *Pyrus communis* L.

彩图 377 英文名：Pear；蔷薇科

【别名】巴梨，葫芦梨，米格阿木党，茄梨，洋梨

【植物形态】乔木，高达 15 m，树冠广圆锥形；小枝有时具刺，无毛或嫩时微具短柔毛。叶片卵形、近圆形至椭圆形，长 2～5(7) cm，宽 1.5～2.5 cm，先端急尖或短渐尖，基部宽楔形，边缘有圆钝锯齿，幼嫩时有蛛丝状柔毛；叶柄长 1.5～5 cm；托叶膜质，早落。伞形总状花序，具花 6～9 朵，花梗长 2～3.5 cm；苞片膜质，线状披针形；花直径 2.5～3 cm；萼筒外被柔毛；萼片三角披针形；花瓣倒卵形，长 1.3～1.5 cm，先端圆钝，基部具短爪，白色；雄蕊 20，长约花瓣之半；花柱 5，基部有柔毛。果实倒卵形或近球形，长 3～5 cm，宽 1.5～2 cm，绿色、黄色，稀带红晕，具斑点，萼片宿存。花期 4 月，果期 7～9 月。

【生态分布】原产欧洲及亚洲西部，喜温暖气候，抗寒。欧洲、北美已广泛分布。我国有引种栽培。

【历史与民俗】西洋梨起源于欧洲和西亚。它被种植在中国至少有 4 000 年了。它被罗马人推广到整个欧洲。今天有 1 000 多个品种。

【化学成分】100 g 西洋梨果含水分 83.5 g、蛋白质 0.3 g、脂肪 0.3 g、热量 251 J，碳水化合物15.6 g，亦含有维生素 A、维生素 B_2、维生素 C、纤维素、钾、钙、磷、铁等，所含糖分中多为果糖和葡萄糖，另含苹果酸及柠檬酸。西洋梨果尚含黄酮(如鼠李素及其糖苷、氰苷)、酚酸(如绿原酸、4-香豆酰奎宁酸等)。

【加工与利用】果实为利用部分。果实成熟时采收，洗净，一般鲜用。西洋梨作为甜点生吃是一种受欢迎的水果，可用作水果沙拉。当用作装饰时，水果要撒上柠檬汁，以防止氧化变色。它用于烹饪也很常见，正常使用是做甜点，新鲜梨或梨罐头都可用于众多的甜点，如馅饼、蛋挞、慕思、蜜饯、果冻、冰淇淋、冰沙。它也常用于酒和酱油。它也用作煮熟的肉菜，特别是鸡肉、兔子和鸭子可以使用。干梨可做零食吃，或作为风味陪衬在煮熟的菜肴里搁上一点儿。西洋梨果汁发酵，可制作梨酒，也可蒸馏制成梨白兰地或梨利口酒。

【附注】果实提取物所含维生素 C、酚酸等具有较强的抗氧化等作用，黄酮类有杀菌作用，糖类和有机酸具有润肤、促进皮肤细胞新陈代谢等作用。相关研究还表明，西洋梨榨汁对羟基自由基有消除作用，对脂质过氧化有抑制作用。果实提取物或榨汁可用于美白、抗皱、抗衰化妆品。

378 没食子树 *Quercus infectoria* Oliv.

彩图 378 英文名：Aleppo oak；壳斗科

【别名】染色栎，阿勒颇栎

【植物形态】灌木，高 1.5～2 m。树皮暗灰褐色，略平滑，有些弯曲，顺风向有些倾斜，比较粗糙，小枝褐色，无毛；看上去为光滑明亮的绿色小树。单叶互生，叶柄较短，叶片长椭圆形，10～15 cm，叶缘有锯齿，叶面光滑。叶片在秋季落叶前会发红褐色，从远处看十分美观。雄花柔荑花序下垂，雌花单生于总苞内。坚果单生，果皮内壁无毛，不发育的胚珠位于种子基部之外侧。栎树瘿波纹状，出现在幼枝上。其寄生动物体小，长约 6 mm。当雌虫产卵时，先以产卵器刺伤植物的幼芽，旋即产卵于伤口中，至孵化成幼虫后，能分泌含有酶的液体，使植物细胞中的淀粉迅速转变为糖类，从而刺激植物细胞的分生。当幼虫周围细胞中的淀粉粒消失，遂收缩而形成虫瘿，幼虫成长后，即穿孔飞去。

【生态分布】喜温暖较干爽气候。原产希腊、塞浦路斯和小亚细亚。现在主要分布于地中海沿岸希腊、土耳其、叙利亚、伊朗及印度等地。我国无分布记载。

【历史与民俗】主要利用其虫瘿，在印度传统医学典籍中有记载，虫瘿被作为牙科粉用作牙痛、牙龈炎的治疗药物。其主要成分为单宁。单宁作为医学用途也已使用了几百年，目前已成为不可或缺的治疗皮肤疾病的药物。它并已用于鞣制皮革。

【化学成分】含没食子鞣质50%～70%，没食子酸2%～4%，及没食子酸、树脂等。又含β-谷甾醇、白桦脂酸甲酯、齐墩果酸甲酯。

【加工与利用】利用部位为虫瘿和种子。秋季采集虫瘿或种子，去杂，干燥备用。栎树虫瘿中主要含有没食子酸和鞣花酸，这2种类型的单宁酸已被传统医学用于治疗疾病，这些可水解单宁早已在欧洲和美国被认为是官方的药用制剂。它们已经被记载于许多药典，被推荐用于治疗炎症和溃疡，包括皮肤病、肠道溃疡和腹泻等，作为内服外用药。现在，缩合单宁也具有重要的药用作用，它具有稳定的、强有力的抗氧化性。在中国，含单宁物质，如五倍子、石榴皮、诃子及其他一些水果都可作为一些药物制剂。

成熟种子晒干，磨成粉末，用作炖菜等或混合谷物制作面包的增稠剂。种子含有单宁苦味，可以用水浸泡，滤去水分，虽然会失去许多矿物质，但可以彻底清洗种子。清洗后的种子可以直接食用或将种子干燥后研磨成粉食用。一些地区的传统的制备方法是把种子埋在沼泽地越冬。发芽的种子被挖出来，在春天的时候它就失去了单宁；这样的种子烤干后可代替咖啡饮用。

【附注】树皮也含有鞣质，可以提取利用。

379 欧洲白栎 *Quercus robur* L.

彩图 379　英文名：English oka；壳斗科

【别名】欧洲栎，夏栎，橡树，英国栎，夏橡

【植物形态】落叶乔木，高至45 m。幼枝被毛，不久即脱落；小枝赭色，无毛。叶片长倒卵形至椭圆形，长6～20 cm，宽3～8 cm，顶端圆钝，基部为不甚平整的耳形，叶缘有4～7对深浅不等的圆钝锯齿，叶面淡绿色，叶背粉绿色；叶柄长3～5 mm。长柔荑花序。果序纤细，长4～10 cm，着生果实2～4个。壳斗钟形，直径1.5～2 cm，包着坚果基部约1/5；小苞片三角形，排列紧密，被灰色细茸毛。果实绿色至棕色，当年成熟，卵形或椭圆形，直径1～1.5 cm，高2～3.5 cm，无毛；果脐内陷。花期3～4月，果期9～10月。

【生态分布】原产欧洲法国、意大利等地，分布于全欧洲，生于林地和路边。中国新疆、北京、山东引栽，在新疆伊宁、塔城、乌鲁木齐生长良好，在伊宁霍城惠远乡有4株，树高达20 m。

【历史与民俗】欧洲白栎在欧洲草药医学中一直受到重视，巫师也认为它是不可冒犯的。其树皮、叶片、虫瘿均具有收敛作用。树皮还可用于鞣革和熏鱼。木材是过去欧洲国家制造海军军舰的材料。它还是一种长寿的树种，虽然能自然生长好几个世纪，但一些修剪技巧常能延长它们的寿命。其中一株位于立陶宛 Stelmužė 村庄内的欧洲栎，估计寿命达1 500岁。另一株在丹麦境内的欧洲栎也有近1 200年寿命。如计算未经过任何修剪的夏栎，则是一株位于德国伊文那克（Ivenack）的老欧洲栎，经树轮鉴定后其寿命估计达800岁以上，并成为当地的重要景点。

【化学成分】坚果含淀粉54.4%，单宁6.9%，蛋白质5.7%，油脂4.6%。树皮含鞣质（15%～20%），包括赭朴鞣质、前没食子鞣质和没食子酸。虫瘿含五倍子鞣质（约50%）。

【加工与利用】以种子为利用部位。9～10月采集成熟果实。采收时，连壳斗摘下，经日晒后，以人工或机械脱除壳斗和种壳。然后将种仁晒干备用。种子含大量淀粉，但含鞣质较多，苦涩味重些，一般用于酿酒或作饲料。

【展望】树皮煎剂制成的含漱剂，用于治疗咽喉疼痛和扁桃体炎。其煎剂也用于治疗腹泻、痢疾和

直肠出血。煎剂也可制成洗液、洗剂和软膏治疗痔疮、痔瘘、小面积烧伤和其他皮肤疾病。树皮粉，鼻嗅可以治疗鼻息肉；敷于湿疹上可以使患处干燥。虫瘿的作用更强，功效与树皮相同，但用量更少。

树皮和果实提取物具有较强的抗氧性，对透明质酸酶活性的抑制显示有紧肤作用，可减少皱纹，使人靓丽，可用于嫩肤、抗衰化妆品。它对睾酮-5γ-还原酶活性的抑制，显示对雄性激素分泌有抑制作用，对因雄性激素偏高而引起的脱发等有很好的防治作用，可用于生发、粉刺类产品。树皮煎剂连续服用不应超过 4 周。

380 萝卜 *Raphanus sativus* L.

彩图 380　英文名：Radish；十字花科

【别名】莱菔

【植物形态】一、二年生草本。根肉质，长圆形、球形或圆锥形，根皮绿色、白色、粉红色或紫色。茎直立，粗壮，圆柱形，中空，自基部分枝。基生叶及茎下部叶有长柄，通常大头羽状分裂，被粗毛，侧裂片 1～3 对，边缘有锯齿或缺刻；茎中、上部叶长圆形至披针形，向上渐变小，不裂或稍分裂，不抱茎。总状花序，顶生及腋生。花淡粉红色或白色。长角果，不开裂，近圆锥形，直或稍弯，种子间缢缩成串珠状，先端具长喙，喙长 2.5～5 cm，果壁海绵质。种子 1～6 粒，红褐色，圆形，有细网纹。

【生态分布】原产欧洲和南亚，喜温凉湿润气候。世界各地作为蔬菜和药用而有栽培。我国南北各地有栽培。

【历史与民俗】萝卜产于欧洲和亚洲。萝卜是古希腊人和古罗马人众所周知的食物。今天，萝卜生长在世界各地，它们是许多亚洲国家的主食(尤其是中国、日本和韩国)。

中国 2 000 年前的《尔雅》称萝卜为芦菔。晋郭璞注为“紫华，大根，俗呼雹突”。6 世纪 30 年代左右，北魏贾思勰著《齐民要术》中已有萝卜栽培方法的记载。唐代苏恭著《本草》中谈到“莱菔”有“消谷，去痰癖，肥健人”的药用价值。宋代苏颂著《本草图经》中提到莱菔“南北皆通有之，……北土种之尤多”。说明当时中国各地已普遍栽培。

【化学成分】根含糖类，主要是葡萄糖、蔗糖和果糖。各部分含有香豆酸、咖啡酸、阿魏酸、苯内酮酸、龙胆酸、羟基苯甲酸和多种氨基酸。根还含挥发油、莱菔子素和维生素 C。据报道，白萝卜(根)含芥子油、淀粉酶和粗纤维。种子含脂肪油、挥发油。挥发油内有甲硫醇等。脂肪油中含大量芥酸、亚油酸、亚麻酸以及芥子酸甘油酯等，尚含莱菔素。种子还含芥子碱、菜子甾醇和 22-去氢菜油甾醇。

【加工与利用】主要食用鲜根，有时食用嫩叶，种子可榨油或药用。一般秋天采挖其根，除去泥土，洗净，鲜用。果实成熟时采集，干燥，除去果壳，取出种子，干燥备用。

萝卜(根)有辛辣味，大多是吃新鲜的，通常作为开胃小菜或绿色沙拉。萝卜可以不削皮，切片或切丝均可。在亚洲烹饪中，萝卜有非常不同的应用程序，它可以生吃或煮熟、蒸或炒。它也可捣碎与面粉混合成面团做蛋糕，或磨碎和切片，也是日本菜肴中常见的风味成分。

【附注】在中国食用萝卜以减轻腹胀。其茎的煎剂可用于治疗胸部疾病。成熟种子含莱菔子素，具有抗菌作用，可用于治疗脘腹胀满、腹泻、下痢、咳嗽多痰。

根中含有丰富的维生素 A、维生素 C 等各种维生素，特别是维生素 C 的含量很高。维生素 C 能防止皮肤的老化，阻止黑色色斑的形成，保持皮肤的白嫩；可用于嫩肤化妆品中。萝卜籽提取物具有良好的抗菌性，对胸腺素 β-10 生成的促进显示有增强机体免疫功能的作用，因而它可用于护肤化妆品，对粉刺等疾患有防治作用。萝卜籽提取物对酪氨酸酶的活化作用可用于预防白发、灰发生成的化妆品。

381 蛇根木 *Rauvolfia serpentina* Benth. ex Kurz.

彩图 381　英文名：Rauvolfia；夹竹桃科

【别名】萝芙木，印度萝芙木

【植物形态】常绿灌木，高 50～60 cm。除花冠筒内上部被长柔毛外，其余皆无毛；茎具纵纹，被稀疏皮孔。叶集生于枝的上部，对生，或 3 叶、4 叶轮生；叶柄长 1～1.5 cm；叶片椭圆状披针形或倒卵形，长 7～17 cm，宽 2～5.5 cm，先端短渐尖或急尖，基部狭楔形。伞形或伞房状的聚伞花序；总花梗、花梗、花萼及花冠筒均红色；花冠高脚碟状；花冠筒中部膨大，长约 1 cm，裂片白色；雄蕊着生于花冠筒中部；花盘环状；子房具 2 枚心皮，花柱圆筒状，柱头棒状。核果成对，红色，近球形，合生至中部。花期第 1 次 2～5 月，第 2 次 6～10 月；果期第 1 次 5～8 月，第 2 次 10 月至翌年春季。

【生态分布】热带植物，原产于南亚和东南亚大部分地区，包括印度、马来西亚、印度尼西亚；在印度和菲律宾广泛种植药用。中国云南耿马、景洪有野生，生于山地林中，西双版纳、昆明等地有栽培。广东、广西也有栽培。

【历史与民俗】在最早的印度草医学著作（公元前 700 年）*Charaka Samhita*（《遮罗迦本集》）中曾记载过印度萝芙木，从那时起就被用于治疗精神疾病和失眠症等。在印度阿育吠陀医药中作为镇静、降压药。印度民间用根、茎皮、叶作退热、抗癫、虫和蛇咬伤等药物。1785 年欧洲首先将它作为一种药用植物收录，直到 1946 年西方医学才确认它的药用功效。

【化学成分】根含吲哚类生物碱混合物，包括利血平、利新纳明、阿马林和育亨宾等。还含芦丁、7-去氢谷甾醇等。

【加工与利用】利用部位为根。一般冬末挖根，洗净，切片，干燥备用。根所含利血平广泛被西方医学用于降血压和缓解精神病症状。本品具有显著的安定和抑制交感神经系统的作用，可用于治疗高血压和焦虑症，也用于治疗焦虑、失眠以及较严重的神经性疾病，是一种作用缓慢的药物，需要使用一段时间才能显效。

【附注】根提取物具有抗菌性、抗氧性、皮肤美白等功效，可用于美白、嫩肤化妆品。

382 亮叶鼠李 *Rhamnus prinoides* L. Herit.

彩图 382　英文名：Geisho；鼠李科

【别名】非洲鼠李，非洲山茱萸

【植物形态】灌木或小乔木，高达 4～7 m；小枝圆柱状，浅绿色，通常密被微柔毛。单叶互生，叶片椭圆形至卵状椭圆形，长 4～12 cm，宽 1.5～4 cm，顶端渐尖，基部宽楔形，边缘腺状细锯齿，上面深绿色，无毛，有光泽，下面浅绿色，通常被微柔毛；叶柄长 1～1.6 cm。花单生，或 2 至数个簇生于叶腋，两性，5 基数，花梗长 5～13 mm；花萼倒金字塔形，果期宿存；花瓣三角形，长 1.5～2.7 mm，淡绿色；花盘薄，杯状；子房球形，柱头头状。核果近球形，直径 6～8 mm，成熟时红色，后变紫黑色，具 2 个分核，每核有 1 种子；种子无沟。花期 11 月至翌年 1 月，果期 12 月到翌年 6 月。

【生态分布】产于埃塞俄比亚至南非的中高海拔地区，野外生长在海拔 1 500～2 500 m、通常湿润条件（年降雨量达 1 000 mm）下，经常沿着溪流生长。现在非洲许多地区有种植。

【历史与民俗】原产撒哈拉以南的非洲，从南非到埃塞俄比亚。在埃塞俄比亚它已成为种植作物，几个世纪以来，它在农村经济中仍然是很重要的。

【化学成分】每 100 g 干叶含水分 8.9～10.6 g、蛋白质 7.1～9.2 g、脂肪 2～4 g、碳水化合物 61.9～76.3 g、纤维 11.7～28.7 g、灰分 5.8～11.5 g，钙 1 012～2 392 mg、磷 100～190 mg、铁 15.9～

118 mg、β-胡萝卜素 4.82～11.40 mg、硫胺素 0.04～0.08 mg、核黄素 0.59～0.67 mg、烟酸 1.8～2.9 mg、抗坏血酸 4～18 mg。

【加工与利用】 干燥叶为利用部位。夏、秋季采集树叶，去杂，洗净，干燥备用。非洲鼠李在埃塞俄比亚用于传统风味酒精饮料的生产和销售，包括传统啤酒称为“tella”（在某些地区也叫“sewa”）。它是用非洲鼠李和小米、玉米和高粱、发芽大麦共同发酵酿造而成的。非洲鼠李也用于制造传统美味苦香埃塞俄比亚蜂蜜啤酒，称为“tej”（阿姆哈拉语），有时称为“mies”。一些传统的家庭酿造的饮料叫“areki”或“katikala”，也是以非洲鼠李来调味的。这些饮料通常在埃塞俄比亚农村啤酒屋销售。

【附注】 非洲鼠李也被非洲人用于净化血液，治疗肺炎、风湿、扭伤和胃痛，并作为漱口液。它也可用于皮肤和呼吸道感染的治疗药物。

383 掌叶大黄 *Rheum palmatum* L.

彩图 383

英文名：Turkish rhubarb，Chinese rhubarb，Ornamental rhubarb；蓼科

【别名】 葵叶大黄，北大黄，珠莫萨

【植物形态】 高大粗壮草本，高 1.5～2 m，根及根状茎粗壮；茎直立中空。叶片长宽近相等，长达 40～60 cm，顶端窄渐尖或急尖，基部近心形，通常成掌状 5 裂，每一大裂片又分为近羽状的窄三角形小裂片，叶上面粗糙到具乳突状毛，下面及边缘密被短毛；叶柄粗壮，与叶片近等长；茎生叶向上渐小，柄渐短；托叶鞘大，长达 15 cm。大型圆锥花序，分枝较聚拢，密被粗糙短毛；花小，通常为紫红色，有时黄白色；花梗长 2～2.5 mm；花被片 6，外轮 3 片较窄小，内轮 3 片较大，宽椭圆形到近圆形，长 1～1.5 mm；雄蕊 9，不外露；子房菱状宽卵形，柱头头状。果实矩圆状椭圆形到矩圆形，长 8～9 mm，两端均下凹，翅宽约 2.5 mm。种子宽卵形，棕黑色。花期 6 月，果期 8 月。

【生态分布】 喜凉爽湿润气候，耐严寒，忌高温。原产于西藏北部及蒙古高原，一般生长在海拔 1 400 m以上山区，中国产于甘肃、四川、青海、云南西北部及西藏东部等地。西亚、欧洲有分布。

【历史与民俗】 掌叶大黄在中国众多的中草药早期文明中，药用功效久负盛名。今天仍然作为常规中药和草药在使用。在中国古代中药文献可以追溯到公元前 2700 年。中国历史上就已知其有净化肠胃，以及抑制发热的能力。它在梁代已用于抑制发热；它也被作为礼物送给唐代皇帝；在宋代用来战胜瘟疫；明代还用于杀菌。它是一种具有多种药效用途的植物，不久，就开始向世界的其他地区传播。事实上，它很早就成为一种最突出的药物随着丝绸之路而传播了。最早是在俄罗斯帝国（1731 年），以贸易方式从中国通过莫斯科和圣彼得堡，将亚洲的大黄根运到了欧洲及其他地区。125 年之后，大黄进口国甚至设有“大黄办公室”。在许多西方国家，对大黄是允许自由贸易的。并将一些与本种近缘种，均可以“Rheum palmatum”名称进口。也将它称为“俄罗斯大黄”、“土耳其大黄”和“印度大黄”，直接从中国的贸易路线进行贸易。

【化学成分】 根状茎和根中含有蒽醌类化合物（约 3%，包括游离和结合状态的大黄酚、大黄酸、芦荟大黄素、大黄素、蜈蚣苔素、大黄素甲醚）、结合性大黄酸蒽酮-番泻苷 A，B，C。尚含鞣质约 5%以及游离没食子酸、桂皮酸及其脂类等。叶含槲皮苷、金丝桃苷。

【加工与利用】 主要利用根和根茎。秋天地上部分变黄后采挖，洗净，干燥后备用。作为中药，可生用，或酒炒用（酒大黄、酒军：大黄片 100 kg，黄酒 14 kg），或酒蒸用（熟大黄：大黄 100 kg，黄酒 30 kg；蒸至内外皆呈黑色），或炒炭用。

大黄味苦，性寒。具泻下导滞，泻火凉血，行瘀破积，清热解毒功效。可用于治疗肠胃实热便秘，积滞腹痛，湿热下痢，黄疸，水肿，牙痛，血热吐衄，目赤咽痛，血瘀经闭，症瘕积聚，跌打损伤，肠痈腹痛，痈疮肿毒，烫火伤。研究表明，大黄口服后，结合型的蒽醌衍生物在肠内逐渐分解产生蒽醌苷及双蒽醌苷，刺激肠黏膜，并抑制钠离子从肠腔转运至细胞，使大肠内水分增加，蠕动亢进而致泻。但大黄中含有相

当量的鞣质，有收敛作用，致泻后常可产生继发性便秘。大黄对多种细菌、某些皮肤真菌及流感病毒都有抑制作用，有效成分为蒽醌衍生物。

【附注】本品提取物具有抗菌、收敛、抗氧化等作用。大黄提取物在恒温恒湿箱低湿度条件下测定，显示有吸湿性，在大鼠背部涂敷生发试验中，显示对毛发生长有抑制作用。掌叶大黄水提取物对 B-16 黑色素细胞活性、芳香化酶活性均有抑制作用。掌叶大黄 50% 乙醇提取物对血管内皮细胞增殖有促进作用。掌叶大黄 50% 乙醇提取物对超氧自由基有消除作用，对氮氧化物生成、油脂过氧化、金属蛋白酶-1、金属蛋白酶-3、组胺释放均有抑制作用。显示其对表皮细胞老化有抑制作用，具有较强的抗衰老作用，可用于护肤、抗衰化妆品。提取物对血管内皮细胞增殖的促进，显示可减少红血丝的生成，还可作为抑臭剂、毛发生长抑制剂用于化妆品。

384 食用大黄 *Rheum rhabarbarum* L.

彩图 384　英文名：Rhubarb，Garden rhubarb；蓼科

【别名】山大黄，唐大黄，土大黄

【植物形态】多年生高大草本，高 1～1.5 m，茎粗壮，中空，光滑无毛。基生叶大，叶片三角状卵形或近卵形，长 30～40 cm，宽 20～30 cm，顶端钝尖或钝急尖，常扭向一侧，基部心形，边缘具强皱波，上面深绿色，光滑无毛或在叶脉处具稀疏短毛，下面浅绿色，被毛；叶柄粗壮，宽扁半圆柱状，通常短于叶片，被有短毛；上部叶较小，多三角形。大型圆锥花序，花白绿色，5～8 朵簇生；花梗长 2.5～4 mm；花被片不开展，外轮 3 片稍小而窄，内轮 3 片稍大，椭圆形，长近 2 mm；雄蕊与花被等长；子房略为菱状椭圆形，花柱较短，向外反曲，柱头膨大。果实三角状卵形到近卵形，长 8～9 mm，顶端钝，基部心形，翅较窄，宽 1.5～2 mm。种子卵形，棕褐色，稍具光泽。花期 6 月，果期 7 月以后。

【生态分布】喜温暖湿润气候，耐寒、耐旱。产黑龙江、吉林及内蒙古，生于海拔 1 000 m 左右山地。俄罗斯、蒙古也有分布。欧洲、北美有引种。

【历史与民俗】食用大黄原产蒙古，传统上在亚洲北部国家一直用根茎作泻药。16 世纪初，欧洲将其作为药物使用。18 世纪，英国、法国将其叶柄作为食用，以后传至北美及世界其他国家。本种仅叶柄供食用，叶片含大量草酸，不可食用。

【化学成分】每 100 g 叶柄可食部分含碳水化合物 4.54 g、糖 1.1 g、膳食纤维 1.8 g、脂肪 0.2 g、蛋白质 0.9 g、水 93.61 g、叶酸（维生素 B_9）7 μg、维生素 C 8 mg、维生素 E 0.27 mg、维生素 K 29.3 μg（28%）、钙 86 mg、铁 0.22 mg、钾 288 mg、钠 4 mg、锌 0.1 mg。

根状茎和根中含有蒽醌类化合物约 3%，包括游离和结合状态的大黄酚、大黄酸、芦荟大黄素、大黄素、蜈蚣苔素（$C_{22}H_{22}O_{10}$）、大黄素甲醚，其主要的泻下成分为结合性大黄酸蒽酮-番泻苷 A，B，C（sennoside A，B，C）。此外，尚含鞣质约 5% 以及游离没食子酸、桂皮酸及其脂类等。叶含槲皮苷、金丝桃苷、草酸等。

【加工与利用】利用部位为叶柄（叶片不能吃，因含有大量草酸）。夏季采集叶子，除去叶片，将粗壮的叶柄洗净，备用。叶柄可当作水果食用，但它非常酸，必须加糖。它的主要用途是用于做馅饼、蜜饯和果酱。它也可以用于制葡萄酒和酸辣酱。

【附注】食用大黄的根及根茎春、秋采挖，切片，晒干后药用；具泻热解毒、凉血行瘀之功效。用于治疗湿热黄疸、痢疾、经闭腹痛、吐血、衄血、跌打瘀痛、痈肿疔毒、口舌糜烂、烧烫伤等。

385 红景天 *Rhodiola rosea* L.

彩图 385 英文名：Roseroot；景天科

【别名】蔷薇红景天，扫罗玛布尔（藏名）

【植物形态】多年生草本，高 10～20 cm。根粗壮，圆锥形，肉质，褐黄色，根颈部具多数须根。根茎短，粗壮，圆柱形，被多数覆瓦状排列的鳞片状的叶。从茎顶端的叶腋抽出数条花茎，花茎上下部均有肉质叶，叶片椭圆形，边缘具锯齿，先端尖锐，基部楔形，几无柄。聚伞花序顶生，花红色。7～9 月采收。

【生态分布】红景天属植物大多分布在北半球的高寒地带，多数生长在海拔 3 500～5 000 m 左右的高山流石地区或灌木丛林下。红景天喜凉爽湿润环境，喜肥，畏炎热，也耐瘠薄。我国红景天分布于黑龙江、吉林、西藏及云南西北部、宁夏、甘肃、青海、四川、西藏等地；在欧洲北部至苏联、蒙古、朝鲜、日本亦有分布。

【历史与民俗】红景天的应用历史悠久，2 000 多年前，青藏高原的人就以它入药，以强身健体，抵抗不良环境的影响。民间常用来煎水或泡酒，以消除劳累或抵抗山区寒冷。同时还防病健体和滋补益寿。因其有扶正固本、补气养血、滋阴益肺的神奇功效，历代藏医将其视为“吉祥三宝”。《神农本草经》将红景天列为药中上品，服用红景天轻身益气，不老延年，无毒多服，久服不伤人。能补肾，理气养血，主治周身乏力、胸闷等；还具有活血止血、清肺止咳、解热、并止带下的功效。《晶珠本草》言“红景天活血清肺、止咳退烧、止痛，用于治疗肺炎、气管炎、身体虚弱、全身乏力、胸闷、难于透气、嘴唇和手心发紫”。明代李时珍《本草纲目》记载“红景天，本经上品，祛邪恶气，补诸不足”，是“已知补益药中所罕见”。

【化学成分】红景天根茎含红景天苷即毛柳苷、对酪醇，还含有 β-(E)-桂皮醇基-O-(6'-O-α-L-呋喃阿拉伯糖基)-D-吡喃葡萄糖苷、β-(E)-桂皮醇基-O-(6'-O-α-L-吡喃阿拉伯糖基)-D-吡喃葡萄糖苷。

【加工与利用】主要采用红景天根和根茎。采集根和根茎，除去泥土，晒干备用。红景天可用于泡水饮服。即取红景天原药材 5～10 g，用研磨器研成粗粉，冲入沸水 150～200 mL，加盖浸泡 15 min，再调入蜂蜜 10 g，搅匀即成。一般每天上下午各饮 1 次，可以补气养心，增强人体适应能力。特别是对于每日过度用脑的“白领”一族，可能具有缓解疲劳的作用。

根和根茎有补气清肺、益智养心、收涩止血、散瘀消肿的功效，可用于治疗气虚体弱、病后畏寒、气短乏力、肺热咳嗽、咯血、白带腹泻、跌打损伤等。

【附注】红景天根和根茎提取物具有较强的广谱抗氧化性，为重要的抗衰剂，可用于护肤、抗衰化妆品。其提取物对芳香化酶有抑制作用，显示对因雄性激素偏高引起的脱发、粉刺等疾患也有防治作用，可用于防脱发、粉刺产品。

386 杜鹃 *Rhododendron simsii* Planch.

彩图 386 英文名：Sims azalea，Indian azalea，Azaleas；杜鹃花科

【别名】映山红，山石榴，山踯躅，红踯躅，满山红

【植物形态】落叶或半常绿灌木，高 2～5 m。多分枝，幼枝密被红棕色毛，树皮纵裂。叶二型；春叶纸质，较短，夏叶革质，较长，卵状椭圆形或长卵状披针形，长 3～6 cm，宽 2～3 cm，先端锐尖，具短尖头，基部楔形，全缘，表面疏被淡红棕色糙伏毛，背面密被棕褐色糙伏毛，脉上更多。花 2～6 朵，成伞形花序，簇生枝端；花梗长约 5～8 mm；花萼 5 深裂，裂片卵形至披针形，长 3～7 mm，外面密被糙伏毛和睫毛；花冠宽漏斗状，玫瑰色至淡红色、紫色，长 3～5 cm，5 裂，裂片近倒卵形，上方 1 瓣及近倒 2 瓣里面有

深红色斑点；雄蕊 10，稀 7～9，花药紫色；子房卵圆形，5 室，长 5～8 mm，密被扁平长糙毛，花柱细长。蒴果卵圆形，长 1～1.2 cm，密被棕色糙毛，花萼宿存。花期 4～6 月，果期 7～9 月。

【生态分布】性喜凉爽、湿润、通风的半阴环境，既怕酷热又怕严寒，生长适温为 12～25 ℃，夏季气温超过 35 ℃，则新梢、新叶生长缓慢，处于半休眠状态。生于海拔 500～1 200(2 500)m 的山地疏灌丛或松林下，喜欢酸性土壤，在钙质土中生长得不好，甚至不生长，为酸性土壤的指示作物。杜鹃原产我国，产于江苏、安徽、浙江、江西、福建、台湾、湖北、湖南、广东、广西、四川、贵州和云南。杜鹃花类植物全世界约有 900 种。中国是杜鹃花分布最多的国家，约有 530 余种，仅特有种类就达 400 多种。杜鹃花类植物分布非常广泛，北半球大部分地方都有分布，南半球分布于东南亚和北澳大利亚。中国横断山脉周围的云南、贵州、四川、西藏以及喜马拉雅山南麓尼泊尔、印度锡金邦、印度北阿坎德邦等地分布种类最多的大形杜鹃。本种与其他杜鹃花种类的杂交品种也很多。

【历史与民俗】杜鹃花的记载，最早见于汉代《神农本草经》，书中将“羊踯躅”列为有毒植物。杜鹃花的栽培历史至少已有一千多年的历史，到唐代出现了观赏的杜鹃花，此时杜鹃花就已移栽入庭园栽培，唐代著名诗人白居易对杜鹃花情有独钟，不但写下了许多赞美杜鹃花的诗句，而且还亲自移植栽培，第一次移植未成活，写下了“争奈结根深石底，无因移得到人家”；后来终于移植成活，诗曰：“忠州洲里今日花，庐山山头去年树，已怜根损斩新栽，还喜花开依旧数。”据记载，唐贞观元年(627 年)已有人收集杜鹃品种栽培，最有名的是镇江鹤林寺所栽培的杜鹃花。以后宋代、明代、清代均有载有杜鹃花的著作，而且，对杜鹃花的栽培已有一整套的经验，记载也多，如《花镜》《广群芳谱》《滇南新语》《盆玩偶录》《苏灵录》等。清道光年间(1821～1850)的《桐桥倚棹录》中提到“洋茶、洋鹃、山茶、山鹃”的记载，说明此时中国也引入国外杜鹃栽培了。

【化学成分】叶和嫩枝中含黄酮类、香豆精、三萜类、有机酸、氨基酸、鞣质、酚类、甾醇、甾醇强心苷、挥发油等；黄酮类中有红花杜鹃甲和乙，荚果蕨醇和荚果蕨苷，还含熊果酸和梫木毒素。

【加工与利用】杜鹃枝繁叶茂，绮丽多姿，萌发力强，耐修剪，历来是优秀花卉品种，根桩奇特，是优良的盆景材料。园林中最宜在林缘、溪边、池畔及岩石旁成丛成片栽植，也可于疏林下散植。杜鹃也是花篱的良好材料，毛鹃还可经修剪培育成各种形态。杜鹃专类园极具特色。在花季中绽放时杜鹃总是给人热闹而喧腾的感觉，而不是花季时，深绿色的叶片也很适合栽种在庭园中作为矮墙或屏障。

同时，杜鹃的根、叶、花均可药用，根全年可采，夏季采集叶、花；去杂、洗净、干燥备用。根：酸、甘、温。活血，止痛，祛风。用于吐血，衄血，月经不调，崩漏，风湿痛，跌打损伤。叶：酸，平。清热解毒，止血。用于痈肿疔疮，外伤出血，瘾疹。花：酸、甘，温。活血，调经，祛风湿。用于月经不调，经闭，崩漏，跌打损伤，风湿痛，吐血，衄血。

【附注】杜鹃的叶、花还可提取芳香油，有的花可食用，树皮和叶可提制栲胶，木材可做工艺品等。高山杜鹃根系发达，还是很好的水土保持植物。

387 黑茶藨 *Ribes nigrum* L.

彩图 387

英文名：Black currant；虎耳草科

【别名】茶藨子，黑加仑，黑果茶藨，旱葡萄，茶藨子

【植物形态】落叶直立灌木，高约 1.5 m。根系发达。枝条较多，丛生，直立，粗壮，嫩枝淡褐色或灰褐色，老枝暗褐色或紫褐色，基生枝当年形成花芽，第二年结果。叶柄长 2.5～3.5 cm，被短柔毛；叶片掌状 3 裂或不明显的 5 裂，长 5～7 cm，宽 6～10 cm，基部心形，先端尖，边缘具锐尖或稍硬的锯齿，表面无毛，背面叶脉隆起，沿叶脉疏生短柔毛，具黄色腺点，有香味。总状花序具 5～20(28)朵花，花两性，钟形，萼片 5，带紫红色，被短柔毛；花瓣 5，白色，比萼片小；雄蕊 5；花柱基部合生，中部 2 裂。浆果球形或

近椭圆形,直径 8～15 mm,成熟时紫黑色,具黄色腺点,每个果中有种子(5)15～50(60)粒。花期 4 月下旬至 5 月初,果期 6 月下旬至 7 月初。

【生态分布】 原产于欧洲西部和亚洲中部温带地区及喜马拉雅山脉一带,喜光,耐寒。在欧洲西部主要是作为果树栽培,果实酸甜。俄罗斯、乌克兰等地有分布,我国新疆、东北等地有栽培。

【历史与民俗】 黑茶藨原产欧洲北部和亚洲北部,它是作为一种作物经过几个世纪开发,并与野生物种混交,后来又与北美的物种,如加州的黑醋栗(*R. bracteosum*)和西方黑醋栗(*R. petiolare*)混交。现在果实生产(主要是欧洲)每年达近 100 万 t。

【化学成分】 果实含有维生素 A、维生素 B、维生素 C、维生素 P,尤其是维生素 C 含量很高,每 100 g 鲜果中含维生素 C 120～300 mg,含糖 4%～5%,还含有赖氨酸、谷氨酸、苏氨酸等 12 种氨基酸。种子含油 16%,果皮红色,含色素。浆果还含黄烷酮、黄酮醇。种子含油脂,其中有亚油酸、α-亚麻酸、γ-亚麻酸(达 18%)和硬脂酸(9%)。

【加工与利用】 主要采用果实。夏季果实成熟时采收果实,鲜用或干燥备用。浆果多汁,可加工果酒、果糖、果酱、果汁、饮料等。还用于制作甜点和烹饪(搭配肉菜)。黑醋栗甜酒(黑醋栗利口酒)是用浆果浸泡在酒精里,后来变甜。制作方法是以"双奶油或超级黑醋栗"配 20%的酒精和 40%的水果,制成含 16%的酒精的利口酒。利口酒可用于烹饪,但大多是作为饮料饮用,如"Kir""Kir rovale"或"communard"。浆果、果汁可提高机体抗传染病能力,原花色素成分有强的抗氧化作用。用于治疗流感、伤风感冒、肺炎等疗效与柠檬汁一样好,甚至超过柠檬汁。果汁还用于治疗肠道疾病,如消化不良等。

【附注】 叶提取物具有抗菌、消炎等作用。在欧洲,叶主要作利尿剂,通过利尿而降低高血压患者的血压。

果提取物具有较强的抗氧性,对黑色素细胞活性的抑制显示有皮肤美白、抗衰作用,可用于美白、护肤、抗衰化妆品。叶提取物也有相同的功效。叶提取物还可以制成含漱剂用于防治咽喉疼痛和口腔溃疡。籽油可用作化妆品的基础用油。

388 红茶藨子 *Ribes rubrum* L.

彩图 388

英文名:Red currant;虎耳草科

【别名】 红醋栗,红加仑,红果茶藨,欧洲红穗醋栗

【植物形态】 落叶灌木,高 1～1.5 m;枝斜生,小枝灰褐色或灰紫色,平滑。叶近圆形,长 3～7 cm,宽 4～9 cm,基部心脏形,稀近截形,掌状 3～5 浅裂,裂片卵状宽三角形,先端稍钝或急尖,顶生裂片与侧生裂片近等长,边缘具粗锐锯齿,上面深绿色,下面色较浅,两面无毛;叶柄长 3～6 cm,浅红褐色。花两性;总状花序长 2～6 cm,具花 5～15 朵;花梗长 3～5 mm;苞片小;花萼浅绿色,萼筒盆形,长 1～1.5 mm,萼片匙状圆形,长 2～2.5 mm;花瓣小,近匙形或近扇形,长约 0.5～1 mm,浅紫红色;雄蕊长于花瓣,花药卵状圆形;子房光滑无毛,花柱先端 2 裂,长于或几与雄蕊等长。果实圆形,稀椭圆形,直径 8～11 mm,红色,无毛,味酸。花期 5～6 月,果期 7～8 月。

【生态分布】 喜温凉湿润气候,耐寒。原产欧洲和亚洲北部,我国东北黑龙江等地区长期栽培。

【历史与民俗】 红醋栗原产于欧洲和亚洲的北部。红醋栗被开发成一种食用作物是在 500 年前的欧洲。人们认为,今天红醋栗树的品种是与 *R. sativum* 杂交及与 *R. petraeum* 或可能的其他物种回交的结果。

【化学成分】 红醋栗含有维生素 C(35～40 mg/100 g)、有机酸(大约 2.5%),有机酸中柠檬酸是主要的成分。其有机酸水平是鹅莓的两倍,类似于黑醋栗的水平。此外还含糖、膳食纤维、脂肪、蛋白质和矿物质。

【加工与利用】成熟果实为利用部位。夏季果实成熟时采收果实，洗净，鲜用或干燥备用。红醋栗可生吃（通常是添加些糖，以中和酸味），或者用于制作果酱、果冻或果汁。浆果都可用于水果沙拉、冷的甜点、冰沙、糖浆和糖果（糕点和蛋挞）。在法国专业酒吧里的果冻也都有红色和白色的醋栗。

【附注】果实提取物具有较强的抗氧性和抑制黑色素细胞活性能力，显示有皮肤美白、抗衰作用，可用于美白、护肤、抗衰化妆品。叶提取物也有相同的功效。叶提取物还可以制成含漱剂用于防治咽喉疼痛和口腔溃疡。籽油可用作化妆品的基础用油。

389 鹅莓 *Ribes uva-crispa* L.

彩图 389　英文名：Gooseberry；虎耳草科

【别名】欧洲醋栗，须具利，圆醋栗，醋栗，灯笼果

【植物形态】落叶灌木，高 1～1.5 m；老枝灰黑色，小枝灰色至灰褐色，幼时具柔毛，在叶下部的节上具 1～3 枚粗刺。叶圆形或近肾形，稍厚，近革质，长 2～4 (6) cm，宽几与长相似，不育枝上的叶较大，基部截形至浅心脏形，两面被短柔毛，掌状 3～5 裂，裂片先端微钝，边缘具粗大圆钝锯齿；叶柄长 2～4 mm，具柔毛。花两性，2～3 朵组成短总状花序或单生于叶腋；花梗长 5～7 mm；苞片卵圆形，长约 1.5～2 mm；花萼绿白色并染有红色；萼筒短钟形，萼片长圆形或舌形；花瓣近扇形或宽倒卵圆形，长 1.5～2.5 mm，浅绿白色，稀红色；雄蕊直立，花药卵圆形；子房梨形，花柱棒状，2 裂。果实球形，直径达 14 mm，黄绿色或红色，被柔毛或混生腺毛，稀无毛。花期 5～6 月，果期 7～8 月。

【生态分布】暖温带植物，原产欧洲。生于中海拔地区的林下或灌丛中。我国黑龙江、吉林、辽宁、新疆、河北、山东等地已引种栽培。北非和高加索及乌克兰等地也有分布，日本也有栽植。

【历史与民俗】鹅莓广泛分布在欧洲和亚洲。栽培始于 15 世纪，在 18 世纪变得非常受欢迎，有许多品种被开发出来。商业生产集中在西方，包括欧洲中部和东部，德国成为主要生产国。

【化学成分】鹅莓果含有 18 种氨基酸、维生素 C、维生素 B_1、维生素 B_2、铁、锡、钾、磷、锌等矿物质。每 100 g 果实含有 200 mg 维生素 C。还含黄酮、原花青素、糖类等。种子含有脂肪油、蛋白质、维生素等。

【加工与利用】主要采用成熟果实。夏秋季果实成熟时采收果实，鲜用或干燥备用。成熟的浆果可用于鲜食，或加工成果汁、果酱、甜点、布丁、水果沙拉、冰沙、糖浆和食物（如冷冻食品，混合奶油的甜水果泥）。未成熟的浆果也可用来制作果酱和果冻。鹅莓可以用来装饰鱼和家禽菜肴，或制成酸辣酱和酱料伴随各种菜肴。鹅莓的法语名称意思是“醋栗鲭鱼”，因为它是用来制造传统鲭鱼的调料。

【附注】浆果提取物具有抗菌、抗炎、抗氧化、软化血管、抗癌等作用。原花色素成分有强的抗氧化作用，并有润泽皮肤的作用，显示有活肤、抗衰功效，可用于护肤、抗衰化妆品。

390 刺槐 *Robinia pseudoacacia* L.

彩图 390　英文名：Black locust；豆科

【别名】洋槐

【植物形态】落叶乔木，高 10～20 m。树皮灰黑褐色，纵裂；枝具托叶性针刺，小枝灰褐色。奇数羽状复叶，互生，具 9～19 小叶；小叶片卵形或卵状长圆形，长 2.5～5 cm，宽 1.5～3 cm，基部广楔形或近圆形，先端圆或微凹，具小刺尖，全缘。总状花序腋生；花萼钟状，具不整齐的 5 齿裂；花冠蝶形，白色，芳香；雄蕊 10 枚，两体；子房线状长圆形，花柱几乎弯成直角。荚果扁平，线状长圆形，褐色，光滑。含 3～

10 粒种子，二瓣裂。花果期 5～9 月。

【生态分布】刺槐系喜光树种，不耐蔽荫。喜温暖湿润气候，不耐寒冷。原产于美国东部湿润气候区。在中国年平均气温 8～14 ℃，年降雨量 500～900 mm 的地方生长良好。目前，在中国已遍及华北、西北、东北南部的广大地区。垂直分布最高可达海拔 2 100 m。广泛分布在北美温带地区、欧洲、亚洲、非洲南部。

【历史与民俗】原产北美的树种，公元 1601 年就引入欧洲，公元 1877 年后引入中国，因其适应性强、生长快、繁殖易、用途广而受到欢迎。刺槐花在我国民间有食用习惯，《贵州民间方药集》载其止大肠下血，咯血，又治妇女红血。

【化学成分】刺槐花含有丰富的蛋白质、脂肪、糖、多种维生素、矿物质、刀豆酸、黄酮类及挥发油等。所含的花粉营养成分更佳。花蜜含糖(0.37%)及天门冬氨酸、谷氨酸、组氨酸、精氨酸、赖氨酸、鸟氨酸、亮氨酸、苯丙氨酸、缬氨酸、酪氨酸、脯氨酸及苏氨酸等多种氨基酸，其含量为花蜜干重的 0.002%～4.786%。

【加工与利用】主要利用花。6～7 月盛开时采收花序，摘下花，洗净，晾干备用。花色洁白，可有炒食、做馅等多种食用方法，也可配入肉菜中。罗马尼亚科学家发现，刺槐花提取物对动物毛细管渗透性有增效作用。我国也从刺槐花中提取得到刺槐苷晶体，具有抑菌、抗炎、健体等作用。

刺槐花的营养价值较高，含有大量芳香性有机物质、糖类、脂肪和多种人体必需的氨基酸、维生素、矿物质，其提取物是良好的皮肤调理剂，同时具有抗氧化、抗辐射、抑制黑色素生成、抗皱等功效，可用于美白、抗衰化妆品。

【附注】种子含半乳甘露聚糖胶，可作为增稠剂、乳化剂和稳定剂在食品工业和化妆品工业中使用。

误以洋槐幼芽及幼叶作副食品，可能因机体对洋槐过敏，或烹调不当，或食用过多，以及食后再经日光照射等因素而发生中毒。

391 蔊菜 *Rorippa montana* (Wall.) Small (*Rorippa indica* (L.) Hiern)

彩图 391 英文名：Indian rorippa，India yellowcress；十字花科

【别名】野油菜，印度蔊菜

【植物形态】一、二年生直立草本，高 20～40 cm，植株较粗壮，无毛或具疏毛。茎单一或分枝，表面具纵沟。叶互生，基生叶及茎下部叶具长柄，叶形多变化，通常大头羽状分裂，长 4～10 cm，宽 1.5～2.5 cm，顶端裂片大，卵状披针形，边缘具不整齐锯齿，侧裂片 1～5 对；茎上部叶片宽披针形或匙形，边缘具疏齿，具短柄或基部耳状抱茎。总状花序顶生或侧生，花小，多数，具细花梗；萼片 4，卵状长圆形，长 3～4 mm；花瓣 4，黄色，匙形，与萼片近等长；雄蕊 6，2 枚稍短。长角果线状圆柱形，短而粗，长 1～2 cm，直立或稍内弯。种子多数，细小，卵圆形而扁，褐色。花期 4～6 月，果期 6～8 月。

【生态分布】蔊菜分布于亚热带地区，喜温暖湿润的气候条件。蔊菜喜欢肥沃、疏松的土壤，但在较贫瘠的土壤中也可生长，不过品质较差。蔊菜适应性强，广布于我国华中、华东、西南、华南各地。缅甸、印度、印度尼西亚、菲律宾也有。在海拔 2 000 m 以下的河谷、平地、山坡、路边、村头、宅院均能健壮生长。

【历史与民俗】蔊菜自古以来就是我国各地民间常用食用植物和药用植物，但作为药用始载于《本草纲目》。在明代的《救荒本草》中介绍的风花菜和水芥菜也是蔊菜属植物，民间也作蔊菜食用。

【化学成分】每 100 g 食用部分含胡萝卜素 4.15 mg、维生素 B_2 0.60 mg、维生素 C 98 mg。另有资料称，100 g 嫩茎叶中含水分 84.63 g、蛋白质 2.06 g、脂肪 1.5 g、碳水化合物 8.46 g、粗纤维 2.46 g、维生素 C 110 mg、钙 240 mg、磷 43 mg。另外还含有黄酮化合物、生物碱、有机酸、焊菜素等成分。

蔊菜全草中含蔊菜素、蔊菜酰胺、苯甲酸、阿魏酸、香草酸、没食子酸、β-谷甾酸-3-O-β-D-葡萄糖

苷、葡萄糖基芥子酸酯、槲皮素-7-O-鼠李糖苷、山柰酚、山柰酚-7-O-β-D-葡萄糖苷、山柰酚-7-O-鼠李糖苷、山柰酚-3-O-阿拉伯糖苷、山柰酚-3-O-葡萄糖基-7-O-鼠李糖苷、焯菜苷、焯菜胺、1-异硫代氰酸基-10-甲基亚磺酰癸烷、硬毛钩藤碱、三个新的 ω-甲基磺酰基烷基异硫氰酸盐等。

【加工与利用】以嫩苗、嫩茎叶食用。在我国大部分地区,春季(3～5 月)采集焯菜的嫩苗、嫩叶,鲜用、腌渍或干制均可。

焯菜嫩苗、嫩茎叶,味似水萝卜缨子,可以生食;洗净后,用沸水烫一下,放凉后,加酱、糖、醋等作凉拌菜,也可以切段炒食或作馅,可以炒肉、炒蛋、饺子、包子等。焯菜也可以做成干菜,水浸复原后食用。

多年来,焯菜一直是人们普遍食用的时令野菜。焯菜的嫩苗、嫩茎叶色鲜嫩脆,清新爽口,有特殊辛辣清香味道,在一些地区也作为特产蔬菜来栽培。因此,在普通的菜市场里焯菜也作为时令蔬菜出现了。

焯菜不仅是一种时新野菜,而且是一种很好的保健食品。现代医学研究证明:①焯菜素有祛痰、平喘作用,对于慢性支气管炎有明显的治疗作用。②焯菜素及其他成分对肺炎链球菌、金色葡萄球菌、流感杆菌、绿脓杆菌和大肠杆菌有抑制作用。③焯菜素的体内过程,小鼠口服 14C-焯菜素后,6～8 h 血中放射性达到高峰值,2～24 h 间各组织中的放射性,以胃组织中最高,脑组织最低,24 h 从尿中排出的放射性总量相当于灌服剂量的 87%,说明焯菜素在体内排泄很快。④毒性,小鼠灌服焯菜素的 LD50 为 302～423 mg/kg,说明毒性较小。

【附注】全草、种子都作药用。具散寒、温中、下气、利尿、止咳、化痰之功效。适用于治疗咳嗽气喘,浮肿腹水,胃寒呕吐,麻疹透发不畅等症。

392 狗牙蔷薇 *Rosa canina* L.

彩图 392

英文名:Dog rose;蔷薇科

【别名】欧洲野玫瑰

【植物形态】落叶灌木,茎攀援,皮刺钩状,高 1～5 m。羽状复叶互生,具 5～7 小叶,小叶卵圆形,边缘有锯齿。花粉红色或白色,直径 4～6 cm,花萼、花瓣各 5;雄蕊多数。果实椭圆形,直径 1.5～2 cm,深红色。

【生态分布】原产于欧洲、亚洲温带地区和北非北部,生长于灌木篱墙或开阔地区。我国有引种栽培。

【历史与民俗】在 4 000 万年前,玫瑰就出现在地球上了。在西欧常见的野生玫瑰是狗牙蔷薇的花,拉丁语把它称为犬齿玫瑰——花枝上长着犬獠牙一样的刺。不过这种玫瑰一直在野生中自开自落,从未被人类驯化到花园里,直到 3 900 年前才被人类驯化。

【化学成分】花含挥发油,主要成分有苯乙醇、丁香酚、叶醇、苯甲醇、β-石竹烯、氧化石竹烯等。果实含维生素 C(达 1.25%)、维生素 A、维生素 B_1、维生素 B_2、维生素 B_3 和维生素 K 以及黄酮、鞣质、糖类、果胶、类胡萝卜素、挥发油和香草醛等。果中还含山柰酚的糖苷、熊果酸、齐墩果酸、白桦脂酸、油酸、亚油酸、亚麻酸等。

【加工与利用】采用花、果实。夏季开花时采集花、叶,秋季采收果实,去杂后鲜用或干燥备用。花可用水蒸气蒸馏方法提取芳香油。

玫瑰果实(花托)被广泛用于制造果酱、蜜饯、果冻和果汁。果实(花托)可制作玫瑰味的中国葡萄酒。玫瑰花瓣可给糖果和奶油加味,在巴尔干和中东地区,将花瓣放入糖里制成美味的玫瑰花瓣果酱。花瓣有玫瑰水和玫瑰精油,常用于制作风味玫瑰葡萄酒、果冻、面霜、冰沙、糖果、冰、糕点和蛋糕(比如 loukoum)。蔷薇花蕾含蜜,可煮制玫瑰蜜。花瓣还可浸渍在酒醋中并在阳光下晒制成玫瑰醋。蔷薇花蕾干粉和肉桂、丁香和黑胡椒混合,用于摩洛哥和突尼斯蔬菜炖肉和其他北非菜肴。

【附注】花和果实有滋补、收敛、抗菌、抗炎等作用。印度传统草药医师一直认为玫瑰花瓣有凉血和收敛作用，可制成膏药治疗皮肤创伤和消炎。

花的芳香油可用于化妆品香料的调香原料。果实提取物具有抗氧化、抗炎、抗皱、美白皮肤、肌肤调理和滋养功效，可用于美白、抗衰化妆品。果实提取物还有促进毛发生长的作用，可用于生发、护发产品。

393 月季 *Rosa chinensis* Jacq.

彩图 393 英文名：Chinese rose；蔷薇科

【别名】月月红，月月花，长春花，四季花，胜春

【植物形态】直立灌木，高 1～2 m；小枝粗壮，近无毛，有短粗的钩状皮刺。小叶 3～5，稀 7，连叶柄长 5～11 cm，小叶片宽卵形至卵状长圆形，长 2.5～6 cm，宽 1～3 cm，先端渐尖，基部近圆形，边缘有锐锯齿，两面近无毛，上面暗绿色，常带光泽，下面颜色较浅；总叶柄较长；托叶大部贴生于叶柄。花数朵集生，稀单生，直径 4～5 cm；花梗长 2.5～6 cm；萼片卵形，先端尾状渐尖，有时呈叶状，边缘常有羽状裂片；花瓣重瓣至半重瓣，红色、粉红色至白色，倒卵形，先端有凹缺，基部楔形；花柱离生，伸出萼筒口外，约与雄蕊等长。果卵球形或梨形，长 1～2 cm，红色，萼片脱落。花期 4～9 月，果期 6～11 月。

【生态分布】中国是月季的原产地之一。喜温暖湿润气候，喜光，较耐寒。在中国主要分布于湖北、四川和甘肃等省的山区，尤以上海、南京、南阳、常州、天津、郑州和北京等地种植最多。朝鲜、日本也有。

【历史与民俗】月季原产于中国，有 2 000 多年的栽培历史，相传神农时代就有人把野月季挖回家栽植，汉朝时宫廷花园中已大量栽培，唐朝时更为普遍。由于中国长江流域的气候条件适于蔷薇生长，所以中国古代月季栽培大部分集中在长江流域一带。中国的六朝南齐诗人谢朓有《咏蔷薇》诗句描述蔷薇花为红色。而古代月季的栽培，见之记载的则要比蔷薇晚 200～300 年左右。宋代宋祁著《益都方物略记》记载："此花即东方所谓四季花者，翠蔓红花，属少霜雪，此花得终岁，十二月辄一开。"那时成都已有栽培月季。明代刘侗著《帝京景物略》中也写了"长春花"，当时北京丰台草桥一带也种月季，供宫廷摆设。中国记载栽培月季的文献最早为王象晋（公元 1621 年）的《二如亭群芳谱》，他在著作中写到"月季一名'长春花'，一名'月月红'，一名'斗雪红'，一名'胜红'，一名'瘦客'。灌生，处处有，人家多栽插之。青茎长蔓，叶小于蔷薇，茎与叶都有刺。花有红、白及淡红三色，逐月开放，四时不绝。花千叶厚瓣，亦蔷薇类也。"由此可见在当时月季早已普遍栽培，成为处处可见的观赏花卉了。这比欧洲人从中国引进月季的记载早了 160 多年。

【化学成分】花含挥发油，其成分与玫瑰油相似，大部分为萜醇类化合物，主要为牻牛儿醇、橙花醇、香茅醇及其葡萄糖苷。另含没食子酸、槲皮苷、鞣质、色素等。

【加工与利用】主要采用花精油。夏、秋季选晴天采收半开放的花朵，鲜用或及时摊开晾干，或用微火烘干备用。鲜花可用水蒸气蒸馏方法提取精油。

月季为中国十大名花之一，被誉为"花中皇后"，而且有一种坚韧不屈的精神，花香悠远。花可提取香料。根、叶、花均可入药，具有活血消肿、消炎解毒功效，而且是一味妇科良药。中医认为，月季味甘、性温，入肝经有活血调经、消肿解毒之功效。由于月季花的祛瘀、行气、止痛作用明显，故常被用于治疗月经不调、痛经等病症。

月经过多、白带多，用月季花（或根）15 g 水煎服或炖猪肉食；月季花 10 g、大枣 12 g 同煎，汤成后加适量蜂蜜服用，此方又香又甜，不像是药，对经期潮热很有效。此外，女性常用月季花瓣泡水当茶饮，或加入其他健美茶中冲饮，还可活血美容，使人青春长驻。

【附注】月季精油可用于化妆品香精的调香。花提取物具有抗菌、抗炎、抗氧化、抗皱等作用，可作为皮肤调理剂用于护肤、抗衰化妆品。花提取物对因雄性激素偏高而引起的脱发、痤疮等有防治作用，

可用于生发、防粉刺等产品。

394 刺梨 *Rosa roxburghii* Tratt.

彩图 394 英文名：Roxburgh rose；蔷薇科

【别名】缫丝花，木梨子，茨梨

【植物形态】落叶灌木，高约 1 m。多分枝，遍体具短刺。叶互生，单数羽状复叶，小叶通常 7～11 枚，对生，长倒卵形至椭圆形，边缘具细锯齿，先端尖或圆形，基部阔楔形，两面无毛。花两性，单生于小枝顶端，淡红色有香气；花萼 5，基部连合成筒状，上端膨大而成花盘，表面密被细长刺针；花瓣 5，广倒卵形，顶端凹入，雄蕊多数；雌蕊多数。果实偏球形，被有密刺，成熟时为黄色，内含多数骨质瘦果，先端具束毛。花期 4～7 月。

【生态分布】喜光，喜温暖湿润气候，对土壤要求不严。生于海拔 500～1 000 m 的溪沟、路边及疏林中。分布于四川、贵州、云南、江苏、湖北、湖南、广东、安徽、浙江、江西、福建及陕西南部、甘肃东南部、西藏东南部。其中以云贵高原及其周边地区为最多。日本也有。

【历史与民俗】刺梨原产我国，果实可食。历史上利用刺梨酿制刺梨酒的记载，最早始见于清道光十三年（公元 1833 年）吴嵩梁在《还任黔西》中的诗句："新酿刺梨邀一醉，饱与香稻愧三年"。比此诗稍早或稍晚的贝青乔的《苗俗记》载："刺梨一名送香归……味甘微酸，酿酒极香。"

【化学成分】每 100 g 刺梨果含营养成分：热量 230 J，蛋白质 0.7 g，脂肪 0.1 g，碳水化合物 16.9 g，膳食纤维 4.1 g，维生素 D 2 800 μg，维生素 A 483 μg，胡萝卜素 2 900 μg，维生素 P 6 000 mg，硫胺素 0.05 mg，核黄素 0.03 mg，维生素 C 2 585 mg，维生素 E 3 mg，钙 68 mg，磷 13 mg，铁 2.9 mg。此外还含氨基酸、单宁、黄酮类、有机酸等成分，特别是富含超氧化物歧化酶（简称 SOD）。

【加工与利用】主要采用果实（蔷薇果）。8～9 月底均有果实陆续成熟，应以果实深黄色并有果香味散发时分批采摘为好。采后鲜食或干燥备用。鲜食时刮去刺挖去种子即可食，放冰箱内，可保存 1～2 个月，用食品塑料袋装，可放冰箱保鲜。糖渍：去除刺，放瓷罐内压紧（避用金属，以免破坏维生素 C），加入白糖，以装罐 5 成为好，拌匀后，起初几天由于空气放出和部分白糖发酵起泡，过几天就没有了，这不是腐败，不会影响品质。由于高浓度糖液具有抗氧化和反渗透作用，使细菌不能影响品质，起到防腐保鲜作用。食用时自上而下，每次 2～4 匙，冲一杯水，连同刺梨一起食用（渣可吐出），风味独特，既当饮料，又当药品，起到保健、防病、治病、美容、延寿作用，开罐时除了浓香之外，有少量酒味，这是少量糖发酵成酒精所致，不影响食用营养价值。

刺梨果实还可加工果汁、果酱、果酒、果脯、糖果、糕点等。

【附注】蔷薇果提取物具有抗菌、抗过敏、紧肤、润肤、促进皮肤新陈代谢等作用，并含 SOD，具有较强抗氧化、美白作用。提取物营养丰富，富含糖、维生素、胡萝卜素、有机酸和 20 多种氨基酸，以及过氧化物歧化酶；可增强皮肤细胞新陈代谢，具有延缓皮肤衰老的功效，可用于嫩肤、美白、抗衰化妆品。

395 玫瑰 *Rosa rugosa* Thunb.

彩图 395 英文名：Rosa，Rose；蔷薇科

【别名】红玫瑰，红玫花，笔头，刺玫花

【植物形态】直立灌木，株高约 2 m；枝干粗壮，有皮刺和刺毛，小枝密生茸毛。羽状复叶互生，小叶 5～9，椭圆形或椭圆状卵形，长 2～5 cm，边缘有钝锯齿，质厚，上面光亮，多皱，无毛，下面苍白色，有柔

毛及腺体;叶柄和叶轴有茸毛及疏生小皮刺和刺毛;托叶大部附着于叶柄上。花单生或3～6朵聚生;花梗有茸毛和腺毛;花托及花萼具腺毛;萼片5,具长尾尖,直立;花瓣5,或重瓣,直径6～8 cm,紫红色、红色或白色,芳香;雄蕊多数,着生于萼筒边缘;雌蕊多数,包于壶状花托底部。蔷薇果扁球形,直径2～2.5 cm,红色,表面平滑,具宿存萼裂片。花期5～6月,果期8～9月。

【生态分布】玫瑰系温带树种,喜光,耐寒,耐旱,对土壤要求不严。原产我国华北、辽宁、山东等地,现栽培分布各地,以山东、江苏、浙江、广东、新疆为多。朝鲜、日本及欧美均有引种栽培。

【历史与民俗】中国所说的玫瑰通常是指能用于提取玫瑰精油,制作玫瑰花茶、玫瑰酒、玫瑰酱及制药等的物种,也就是国际上所谓的传统玫瑰(old rose)。在欧洲诸语言中,蔷薇、玫瑰、月季都是使用同一个词,如英语是rose,德语是die rose。玫瑰是英国的国花。通俗意义中的"玫瑰"已成为多种蔷薇属植物的通称。且事实上杂交玫瑰也是由蔷薇属下各物种杂交选育所产生。

【化学成分】玫瑰精油成分报道的资料很多,至今玫瑰精油所鉴定出的成分已有360余种。1990年报道我国产的玫瑰精油(重瓣玫瑰油)的主要化学成分(%):香茅醇(59.98)、甲酸香茅酯(0.09)、香叶醇(8.64)、庚醛(1.33)、橙花醇(2.80)、2-十三酮(2.26)、甲基丁香酚(1.56)、乙酸香茅酯(2.69)、芳樟醇(沉香醇,1.95)、(E, E)-金合欢醇(2.42)、(E,Z)-金合欢醇(1.75)、α-蒎烯、α-庚醇、己醇、顺-玫瑰醚、2-十五酮、橙花叔醇、反-玫瑰醚、2-十一酮、香叶醛、橙花醛、α-松油醇、丁子香酚、苯甲酸苄酯等。

【加工与利用】主要采用花和花的精油。一般玫瑰定植后第三年就可进入采摘期。花朵半开放状态时,晴天5～9 h采摘,其精油含量最高。精油可用水蒸气蒸馏法与脂吸溶剂萃取法提取。净油是用石油醚提取的浸膏精制而得的。花可食用,民间常用玫瑰花加糖冲开水服,既香甜可口,又能行气活血。用玫瑰花泡酒服,舒筋活血,可治关节疼痛。自古就用蒸馏的方法把玫瑰制成玫瑰纯露,气味芬芳,疗效显著。玫瑰花含有多种微量元素,维生素C含量高,玫瑰花可制作各种茶点,如玫瑰糖、玫瑰糕、玫瑰茶、玫瑰酒、玫瑰酱菜、玫瑰膏等。玫瑰花在欧洲一些地区可直接食用。玫瑰根茎可煮来吃,玫瑰根可用来酿酒。玫瑰花提炼的香精(玫瑰油)可用于化妆品、食品、精细化工等工业。

花入药,理气活血、疏肝解郁,主治肝胃气痛、食少呕恶、月经不调、跌打损伤等症。玫瑰精油和净油都有杀菌、抗忧郁、收敛、止血等功效。

【附注】玫瑰精油的香气有温暖和镇静的效果,而玫瑰净油的香气则有温暖和振奋的效果。玫瑰净油和精油的香气飘逸而浓郁,但不完全像鲜花香气,可用于高级化妆品香精的调配。无论过去还是现在,玫瑰精油都广泛应用于各种化妆品、盥洗品和香皂。英国在都德时代,玫瑰水就已用于香盒,带在身上以防传染病;随后它用于各种乳液、黄褐斑祛除剂和染发剂加香。

玫瑰花提取物对干细胞增殖有促进,并有较强的抗氧化作用,显示有活肤作用,可用于护肤、抗衰化妆品。

396 迷迭香 *Rosmarinus officinalis* L.

彩图396　英文名:Rosemary;唇形科

【别名】臭旦草,万年志

【植物形态】常绿亚灌木或多年生草本,株高40～100 cm,最高可达2 m。木质茎,褐色,表皮硬,分枝直立或平卧,具短枝。叶片线形,全缘,无柄,先端钝,边缘反卷,革质,下面被茸毛。花对生,少数,腋生,密集在短枝的顶端成总状花序,花萼卵状钟形,11脉,二唇形,上唇具短小3齿,下唇2齿;花冠蓝紫色、淡蓝或带白色,冠筒伸出萼外,内面无毛,喉部扩大,冠檐二唇形,上唇伸直,先端浅2裂,下唇宽大,开展,3裂,中裂片最大,内凹;雄蕊仅前对完全发育,外伸;花柱远超过雄蕊,先端为不相等2浅裂。小坚果卵状,近球形,平滑,具一油质体。花果期6～7月。

【生态分布】原产地中海沿岸,属地中海式气候,喜光,耐旱,较耐寒;对土壤要求不严,有一定的耐盐碱能力，要求排水良好，不耐水渍；耐暑热和干燥。迷迭香主产于法国、西班牙、突尼斯、意大利及巴尔干地区。印度、巴基斯坦、美国亦有种植。我国引种迷迭香较早，在江苏、河北、云南、贵州等地有栽培，但未进行大规模商业化种植。

【历史与民俗】迷迭香是最早用于医药的植物之一，也是厨房和宗教仪式中常出现的植物。古希腊乡下人没有钱购买熏香，于是就在神龛中燃烧迷迭香，并将它称之为"熏香灌木"。古罗马人也尊迷迭香为神圣的植物；在古埃及人墓穴中也发现了它的踪迹。据记载，它在北魏时期就已传入我国，但我国多在园圃中栽培，尚无大规模商业栽培。

【化学成分】迷迭香枝叶含挥发油、蛋白质、脂肪、纤维素、树脂、单宁、戊聚糖、色素和矿物质等。精油的成分随产地和季节不同有所差异，其主要成分有 α-蒎烯、β-蒎烯、莰烯、柠檬烯、桉叶油素、双戊烯、樟脑、龙脑、马鞭草烯酮、芳樟醇、乙酸芳樟酯、松油烯、松油醇等。

【加工与利用】采用新鲜和干的枝叶及精油。开花时采收带花的枝叶。采收后，可用竹筛或托盘摊放，在通风处晾干，或用烘干机低温(50 ℃以下)烘干，除去杂质，备用。枝叶和花用水蒸气蒸馏法提取精油，以叶含精油最多，得率为 0.4%～1%。

在欧美和北非国家，迷迭香是重要的辛香料之一。迷迭香新粉碎的干叶有宜人的桉叶样清新香气，并有清凉和樟脑样的香韵，有些辛辣和涩感。它适合西式烹调，相对而言，以法国和意大利使用最多，东方菜肴很少使用。迷迭香香气强烈，使用少量就足以提升食品的香味。通常在烹饪羊肉、烤鸡鸭、肉汤或烧制马铃薯等菜肴中添加点迷迭香粉或将叶片与食物共煮，可提高食品风味和清香感。它亦在大多数蔬菜的烹调上使用，如豌豆、青豆、龙须菜、花菜、土豆、茄子、南瓜等。它也用于各种海鲜和面食(如饼干、面包)中。迷迭香也能制作香草茶饮用。迷迭香油和油树脂常用于烘烤食品、糖果、软饮料和调味品等。

迷迭香有抗菌、滋补、收敛、镇静、消炎和抗氧化作用。能促进血液循环直至头部，增强记忆力；缓解头痛和周期性偏头痛；促进毛发生长，升高血压，治疗虚弱，特别是循环不足导致的衰弱；有助于缓解长期紧张和由此引起的慢性疾病；促进肾上腺活动，治疗循环功能和消化能力的不足。所含的迷迭香碱有中度镇痛作用；精油有镇静、止痛作用；迷迭香酸和黄酮有消炎作用；黄酮能强化毛细血管；二萜和黄酮有抗氧化作用。

【附注】迷迭香油具有清凉、香辛的药草香。香气强烈，而且留长。习惯上，迷迭香油常作为化妆品的加香，如常用于古龙水及香水。并少量用于香皂和牙膏香精。迷迭香提取物具有良好的抗氧性，对纤维芽细胞增殖有促进，对弹性蛋白酶、胶原酶有抑制，显示有活肤作用，可用于护肤、抗衰化妆品中。迷迭香提取物尚可用于防晒、生发、护发产品。

397 兴安悬钩子 *Rubus chamaemorus* L.

彩图 397

英文名：Cloud berry；蔷薇科

【别名】云莓，沼泽金莓，矮桑悬钩子，鲑莓，黄莓

【植物形态】多年生低矮草本，雌雄异株，有长而分枝的匍匐根状茎；茎一年生，直立，高 5～30 cm；基生叶肾形或心状圆形，直径 4～9 cm，顶端圆钝，上面近无毛，下面具柔毛，边缘 5～7 浅裂，有不整齐粗锯齿；叶柄长 2～6 cm；托叶离生，叶状。花单生，顶生，单性，直径 2～3 cm，通常雄花较大；花梗长 3.5～6 cm，被柔毛；花萼外具柔毛和短腺毛；萼筒短；萼片 4～5 枚，长圆形，长 8～12 mm，顶端圆钝或急尖，在花果期常直立开展；花瓣 4～5，倒卵形，长 1.4～1.8 cm，顶端常有凹缺，白色；雌花中的雌蕊约 20，花柱长，线形，但雄蕊不发达，无花药；雄花中雄蕊发达，花丝长线形，但雌蕊不发育。果实近球形，直径约 1 cm，橙红色或带黄色，无毛；核大，光滑或微皱。花期 5～7 月，果期 8～9 月。

【生态分布】原产于寒冷的北极和北温带近北极地区，近阴性树种，喜潮湿，耐寒，多生于落叶松下，或苔藓沼泽地。我国产黑龙江(大兴安岭山区)、吉林长白山区、内蒙古大兴安岭。朝鲜北部、俄罗斯、日

本、欧洲北部及中部、北美也有分布。

【历史与民俗】云莓(兴安悬钩子)仅限于北极极地地区,毗邻冷温带地区北部的欧洲、亚洲和美洲。产地原住民萨米(以前称为拉普人)和因纽特人自古以来就有收集野生云莓果实的习惯。近年来云莓已成为一个小的商业产品,特别流行于瑞典、挪威和丹麦。

【化学成分】野生云莓(兴安悬钩子)含有非常丰富的维生素 C(105 mg/100 g)。这种维生素是当地其他新鲜水果相对稀缺的,而它是一个重要来源。它还有较多的糖、有机酸、维生素、矿物质。

【加工与利用】成熟果实为利用部位。秋季果实陆续成熟时,应以果实深黄色并有果香味散发时分批采摘为好。采后鲜食或干燥备用。野生云莓是一种美食,可以生吃或制成糖浆保存。也可以将它冻结,几个月后食用。它还可制成一种美味的果酱,近年来它被制成一种受欢迎的水果酸奶和果汁。它也用于水果沙拉,或作为配菜,与各种肉类烹饪成美味菜肴。新鲜或保存的果实还作为美味的成分和有吸引力的装饰物用于甜点、糕点、馅饼和蛋糕里。

【附注】云莓(兴安悬钩子)浆果的维生素 C 含量高,北欧海员和因纽特人用于防止坏血病。含有苯甲酸也使它作为一种天然防腐剂。云莓叶在古老的斯堪的纳维亚作为草药用于治疗尿路感染。在传统的北欧国家,可以用来制作芬兰露酒,这是一种云莓利口酒,具有很浓烈的味道。云莓还可以作为香料用于威士忌。在加拿大魁北克东北地区的一种云莓利口酒被称为 chicoutai。它宝贵的籽油还可以用于生产化妆品。

398 黑莓 *Rubus fruticosus* L. Agg.

彩图 398 英文名:Blackberry;蔷薇科

【别名】欧洲黑莓,树莓,盆莓

【植物形态】蔓生灌木,有皮刺,长至 4 m。单叶掌状,3~5 深裂,裂片边缘有锯齿。花序顶生,花白色、粉红色或红色。果为聚合果,黑色或红紫色小核果着生于多汁的花托上。

【生态分布】原产欧洲温带地区,适应性强,在北美东部和太平洋沿岸也生长很多,在不列颠群岛和西欧为常见萌生林和绿篱植物。在美国和澳大利亚已归化,生于路边、开阔地带和林地。我国江苏溧水等地有引种栽培。

【历史与民俗】黑莓原产欧洲和地中海地区,为欧洲民间草药。古代就将它制成含漱剂治疗咽喉疼痛。民间还用叶煎剂冲洗创伤以止血。它在世界的许多地方已成为栽培作物,经常与当地物种共存。

黑莓种植历史久远,从古希腊开始,当地人已形成采集野生有刺黑莓食用的风俗,到 17 世纪中,欧洲人开始驯化并优化野生品种,继后,19 世纪由美国引种到太平洋各洲。据不完全统计,截至目前,美国种植面积 30 000 hm^2,智利 20 000 hm^2,我国于 1996 年由中国科学院植物研究所从美国引植到南京溧水白马丘陵地带并获得成功,种植面积约 700 hm^2。

黑莓一直为野生种群,在欧洲和北美栽培品种的发展大约是在 150 年前开始的。相关物种发展成重要经济作物,包括欧洲的 *R. laciniatus* 和 *R. ulmifolius* 以及北美的 *R. allegheniensis*。无刺的品种通常来源于 *R. laciniatus*,已成为相当受欢迎的品种。

【化学成分】果实含花青苷、果胶、果酸和维生素 C;叶含鞣质、黄酮和没食子酸。据报道,黑莓鲜果中含糖、维生素 C、维生素 B_1、维生素 B_2、有机酸、粗蛋白、维生素 K、氨基酸、硒(为果树中罕见);氨基酸共有 18 种(其中 8 种必需氨基酸都有),并富含 γ-氨基丁酸。

【加工与利用】食用浆果。夏秋季采收浆果,鲜用或干燥后备用。黑莓是欧美地区广泛栽培的四大小果类果树的重要种类之一,浆果可以鲜食,通常加糖和奶油,成为美味的甜点。它可加工成果酱、蜜饯、果冻、糖浆、果汁、黑莓酒、果酒、杜松子酒、利口酒。新鲜的或保存的浆果可用于馅饼、蛋糕和其他糖果。

【附注】叶有收敛、抗炎、止血等作用。果实有滋补、抗氧化、润肤、促进皮肤新陈代谢等作用。浆果提取物含有多种生物活性成分，可润肤、保护皮肤细胞内部结构的完整，防止某些酶和细胞内部成分遭到破坏，延缓衰老；硒能抗氧化、防衰老，提高免疫力，可用于护肤、抗衰化妆品。此外，叶是强力收敛剂，用于含漱剂，可防治牙龈炎、咽喉疼痛。果实提取物也可制成含漱剂，可治疗口腔溃疡和消肿。

399 覆盆子 *Rubus idaeus* L.

彩图 399　英文名：Raspberry；蔷薇科

【别名】树莓

【植物形态】落叶灌木，高 1～2 m；枝褐色或红褐色，疏生皮刺。羽状复叶互生，小叶 3～7 枚，花枝上有时具 3 小叶，小叶长卵形或椭圆形，长 3～8 cm，宽 1.5～4.5 cm，顶端短渐尖，基部圆形，上面无毛或疏生柔毛，下面密被灰白色茸毛，边缘有不规则粗锯齿或重锯齿；叶柄长 3～6 cm；托叶线形。花生于侧枝顶端成短总状花序，总花梗和花梗均密被茸毛和针刺；花梗长 1～2 cm；苞片线形；花直径 1～1.5 cm；花萼外面密被茸毛和针刺；萼片卵状披针形，在花果时均直立；花瓣匙形，被短柔毛或无毛，白色，基部有宽爪；花丝宽扁，长于花柱；花柱基部和子房密被灰白色茸毛。果实近球形，多汁液，直径 1～1.4 cm，红色或橙黄色，密被短茸毛；核具明显洼孔。花期 5～6 月，果期 8～9 月。

【生态分布】原产于欧洲和亚洲，现有野生，温带的许多地区均有栽培。我国产吉林、辽宁、河北、山西、新疆。生山地杂木林边、灌丛或荒野，海拔 500～2 000 m。日本、苏联、北美、欧洲也有分布。

【历史与民俗】覆盆子产于欧洲、亚洲和北美洲。虽然自古以来以野生形式被使用，但覆盆子在中世纪才成为作物，在 18 世纪晚期才成为现代品种。黑果美国覆盆子(*R. occidentalis*)形成了紫色水果栽培种，后来通过杂交和回交生产了现代品种。覆盆子在今天是一个重要的经济作物，年产量近 30 万 t。主要生产地区为俄罗斯、欧洲(特别是中欧和东欧，也有法国和英国)、美国和加拿大。

【化学成分】果实含果胶、果糖、果酸、维生素 A、维生素 B、维生素 C 等。有报道，果还含花青素、矢车菊素-3-葡萄糖苷、没食子酸、并没食子酸、覆盆子酸、原儿茶酸、咖啡酸、阿魏酸及其衍生物、儿茶素、表儿茶素、槲皮素、山柰酚、叶酸等。籽含油，主要为不饱和脂肪酸。

【加工与利用】主要利用果实和籽油。夏季果实成熟时采收，一般鲜用。籽用压榨法提取脂肪油。新鲜树莓可食用，可用于水果沙拉和甜点，通常需配上糖和奶油。它被认为是最美味的甜点水果之一。树莓是果汁行业的一种重要原料来源；同时，也是食品、饮料广泛使用的一种重要的调味剂。其他用途包括制作果酱、果冻、果泥、蜜饯、糖浆、发酵饮料、利口酒和白兰地。

【附注】叶提取物有收敛、抗炎、抗菌等作用。果实具有滋补、缓和的收敛作用。目前，叶主要用来促进分娩。叶的煎剂用于缓解痢疾。叶可制成滴眼液用于治疗眼结膜炎；制成漱口剂用于治疗口腔疾病；制成洗剂用于溃疡的伤口和阴道过度松弛。果实用于滋补，增强体质。果提取物对胰蛋白酶有抑制，即防止皮肤弹性蛋白的降解，可用于抗衰化妆品。籽油可作为化妆品的基础油使用。

400 罗甘莓 *Rubus loganobaccus* L. Bailey

彩图 400　英文名：Logan berry；蔷薇科

【别名】洛根莓

【植物形态】蔓生攀援藤木，有皮刺，长至 4～8 m。单叶，卵圆形，有时掌状 1～2 裂，叶片边缘有锯齿。花序顶生,花白色,有时粉红色。果为聚合果,红紫色小核果着生于多汁的花托上。

【生态分布】 喜温暖湿润气候,主要产于北美地区,欧洲有引种。

【历史与民俗】 罗甘莓是一种蔓生植物,与黑莓具有很近的亲缘关系。罗甘莓最先于 1881 年被发现于加利福尼亚州圣克鲁斯市的 J. H. 洛根的花园里。在凉爽潮湿的气候中生长得最好。它采用压条法进行繁殖。

【化学成分】 它的维生素 C 含量较高(15～25 mg/100 g),在 20 世纪初就作为维生素 C 的来源之一。但它低糖、高酸,能量为 138 kJ/100 g,并富含矿物质和有机酸。

【加工与利用】 主要利用果实。夏季果实成熟时采收,一般鲜用。罗甘莓的浆果较大,好吃,可以鲜食,有蛋挞味道,常用于水果沙拉、甜点,并可制作果酱、果冻、酱汁、糖浆和果汁。它的使用与树莓、黑莓一样。

【附注】 新鲜的罗甘莓可以在市场上出售,也可以冷冻做成冷冻食品或者做成罐头出售。它还作为一些饮料的加香剂使用。

401 甜茶 *Rubus suavissimus* S. Lee

彩图 401

英文名:Chinese sweet tea;蔷薇科

【别名】 掌叶悬钩子,甘茶,甜叶悬钩子

【植物形态】 落叶灌木,高 1～3 m,根浅。茎干下部具锐刺,枝常被白粉,幼苗时紫红色,后变绿色。单叶互生,叶片 5 深裂,纸质,轮廓近圆形,长 5.2～11(16)cm,宽 5～13(22)cm,基部近心形或狭心形,裂片披针形或椭圆形;托叶常宿存,下半部贴生于叶柄。花两性,单朵着生于果枝顶端或叶腋内;花萼 5,花瓣 5,白色,倒卵形,边缘呈波状。聚合果卵球形,熟时橙红色。花期 3～4 月,果期 6 月。

【生态分布】 属亚热带气候植物,喜温暖湿润,喜阴,不耐寒。多生于山谷、山坡、草丛和灌木丛中。主要产于广西金秀、桂平、藤县、岑溪、苍梧、昭平、贺州等地。广东、湖南、江西等地也有。

【历史与民俗】 甜茶(掌叶悬钩子)最大主产区就是广西桂林平乐县大发瑶族乡,在广西民间利用历史悠久,人们常以其叶当茶饮用,故名甜茶,亦称神茶。当地人祖祖辈辈、从古至今都有用甜茶煮粽子、煮茶饭、煮茶粥的传统习惯。它是广西特有的无毒、低热能、高甜度和具有保健功能的野生珍稀甜味植物。甜茶(掌叶悬钩子)与罗汉果、甜叶菊并称广西三大甜味植物,均可提取甜味素,其中又以甜茶的甜味素口感最佳。

【化学成分】 据报道,叶含有甜茶素(占干叶的 5%左右)、黄酮(4.1%)、多酚类(18.04%)、蛋白质、氨基酸(18 种氨基酸总含量在干叶中的含量为 331.54 mg/100 g)、维生素 C(鲜叶中含量达 1.15 g/kg)以及矿物质(含钾、钠、钙、镁、锰等)。

【加工与利用】 利用部位为叶。夏季(6 月甜茶素含量最高)一般人工采摘;鲜叶采收后,拣去杂质(包括其他树叶),晒干或烘干备用。甜茶素是一种已被广泛使用的甜味剂,甜味是蔗糖的 300 倍,由于本品有甜味,热值低,故适用于糖尿病、肥胖症等患者代糖使用。本品除用于食品工业外,还可用于医药工业作矫味剂(矫正某些药物的异味、怪味)和辅料(片剂、丸剂、胶囊)。本品为非糖甜味剂,不会在口腔细菌作用下产生酸,因此用它制作的糖果食品不会因产生酸而腐蚀牙齿,对预防儿童龋齿有极好的作用。此外,本品还有降血糖、降血压、促进新陈代谢、治疗胃酸过多、强壮身体等作用。

【附注】 甜茶在民间有悠久的应用历史,其根、叶入药,有清热润肺、祛痰止咳的功效,也用于止血消肿,是伤口生肌的良药。

甜茶叶 50%乙醇提取物对棒状杆菌有抑制作用,对超氧自由基有消除作用。叶的乙醇提取物对尿酸酶活性有抑制作用,在细胞培养时对脑酰胺生成有促进作用。叶的水提取物对黑色素生成有抑制作用。甜茶叶提取物具有抗氧化、抗炎、抑臭、抑制黑色素生成、促进皮肤新陈代谢等作用,可用于美白、抗

衰化妆品,还可用于漱口液。

402 酸模 *Rumex acetosa* L.

彩图 402　英文名：Sour leek，Sorrel；蓼科

【别名】 山菠菜,山羊蹄,酸不溜,酸汤菜,大山七

【植物形态】 多年生草本植物,具须根。高 30～100 cm,茎直立,有棱线,中空。基生叶及茎下部叶具长柄,叶片矩圆形或卵圆状披针形,先端急尖或圆钝,基部箭形,全缘或稍波状;茎上部叶片较狭小,披针形,无柄。顶生花序长圆锥状,花单性,雌雄异株;花被片 6,成 2 轮;雄花雄蕊 6;雌花内轮花被片在果时增大,圆形,全缘,外轮花被片较小。瘦果椭圆形,有 3 棱,暗褐色。花期 6～8 月,果期 7～9 月。

【生态分布】 酸模广泛分布于亚热带和温带地区,喜温暖湿润的环境,较耐寒。生长适温为 10～22 ℃,低于 5 ℃或高于 30 ℃时生长缓慢。对土壤要求不严,但以肥沃、疏松的砂质土壤生长较好。广布于我国黑龙江、辽宁、吉林、内蒙古、河北、山西、山东、河南、陕西、甘肃、青海、江苏、湖南、湖北、浙江、福建、贵州等地。在海拔 2 000 m 以下的河谷、平地、山坡、路边均能健壮生长。朝鲜、日本、高加索、哈萨克斯坦、俄罗斯、欧洲及美洲也有。

【历史与民俗】 酸模历来是我国各地民间常用食用植物和药用植物。它为许多地区居民所采集食用,营养丰富,口味微酸,其加工品更是风味倍增,是我国珍贵的野生蔬菜资源。酸模又名山羊蹄,入药始见于《本草经集注》。李时珍谓:"根叶花形同羊蹄,但叶小味酸为异。其根赤黄色。"似为本品。

在欧洲,酸模的古名为 rumex,是"吸吮"的意思。古时候人们在旅途中就以吸吮它的叶子来解渴。因此酸模的花语是"体贴"。受到这种花祝福而生的人,如果是女性,一定充满母爱,温柔又善解人意,就像圣母玛利亚一般。当然,一旦恋爱也是无悔地付出,让对方感受到浓浓的情意。同时,酸模也是被选来祭祀七世纪的大主教——圣尤哈内的花朵。

【化学成分】 据测定,每 100 g 酸模嫩茎叶鲜品中含热量 92.05 kJ、水分 92 g、蛋白质 1.8 g、粗脂肪 0.7 g、粗纤维 2.2 g、碳水化合物 2 g、灰分 1.3 g、胡萝卜素 3.20 mg、硫胺素 0.36 mg、核黄素 0.13 mg、烟酸 0.7 mg、维生素 C 70 mg、钙 440 mg、磷 80 mg、钾 38.7 mg、钠 0.25 mg、镁 3.7 mg、铁 243 μg、锰 129 μg、铜 5 μg。

酸模的根含大黄酚、大黄素、大黄素甲醚、大黄素蒽酮、大黄素甲醚蒽酮、大黄酚蒽酮、芦荟大黄素、大黄酚苷、金丝桃苷及鞣质等。全草含尼泊尔羊蹄素、大黄素、大黄素甲醚、大黄酚。叶含大黄酚、1,8-二羟基蒽醌、芦荟大黄素、牡荆素、堇黄质;干叶含金丝桃苷。

【加工与利用】 以嫩苗、嫩叶食用。春季(3～5 月)采集酸模的嫩苗、嫩叶,鲜用、腌渍均可。酸模一直是人们喜欢食用的野菜,欧美人更喜食用酸模,主要是用来做沙拉青菜和有名的酸模奶油汤,也可作为点缀性配料,或在做鱼时放一些酸模叶子,吃起来口味更好。酸模嫩苗、嫩叶洗净,在沸水中焯 1 min,换清水投凉后炒食、凉拌或做汤食用。叶子有酸味和苦味是由于草酸的存在。

酸模嫩苗和嫩叶均能食用,味酸,口感也较好,随着我国人民生活水平的提高,作为野菜中佼佼者,已是大众餐桌上具有独特风味的野菜佳肴了。目前,酸模嫩苗、嫩叶主要是鲜菜上市,也可将其制酱或加工成罐头,除当地食用外,还可远销或长期贮存。

【附注】 在民间,酸模一直被用于治疗坏血病,因此,也成为制取维生素 C 的原料。酸模除作为野菜外,其深加工的经济价值也是较高的。酸模根或全草可入药。夏秋采收,晒干备用。具清热、利尿、凉血、杀虫功能,用于治疗热痢、淋病、小便不通、吐血、恶疮、疥癣。

酸模全草醇提取物对金黄色葡萄球菌、表皮葡萄球菌有较好的抑制作用。酸模甲醇提取物对弹性蛋白酶有抑制作用。酸模 80% 甲醇提取物对羟基自由基有消除作用。酸模提取物对弹性蛋白酶活性

有抑制，可减缓皮肤弹性蛋白纤维的降解，可用于抗衰化妆品。

403 芸香 *Ruta graveolens* L.

彩图 403　英文名：Rue，Herb of grace；芸香科

【别名】臭草，香草

【植物形态】多年生常绿草本，株高 60～100 cm，全株有腺点，具强烈的气味。枝叶蓝绿色，被白霜，各部无毛。叶互生，二至三回羽状复叶，全裂呈深裂，长约 6～12 cm，羽片倒卵形、圆形、矩倒卵形或匙形，长约 1～2 cm，全缘或具钝齿；具叶柄。聚伞花序顶生或腋生；花金黄色，直径约 1.2 cm；萼片 4～5，细小，宿存；花瓣 4～5，边缘撕裂呈流苏状；雄蕊 8～10 枚；子房 4～5 室，通常 4 室，每室胚珠 3 至多枚；花盘有腺体。蒴果球形，4 浅裂，4～5 室，成熟时上部开裂。种子肾形，具棱，种皮有瘤状凸起。花期 5 月，7～8 月果实成熟。

【生态分布】原产南欧和地中海沿岸地区，性喜温暖的气候，年平均气温在 15 ℃以上的地区均能生长。对土壤要求不严，以水肥条件较好的壤土或砂质黄壤、黄红壤较适宜。芸香在法国、摩洛哥、阿尔及利亚、日本、西班牙、南斯拉夫、意大利等国均有栽培。我国主要栽培于长江流域以南各省。主产于四川、甘肃东南部、陕西南部、贵州、云南等地。

【历史与民俗】芸香原产于欧洲南部，自古以来作为草药和传统补品。著名的古罗马作家老普林尼(公元 23—79 年)也这样认为。在《圣经》中提到，芸香曾在英格兰教堂街仪式中出现，后来被称为“恩典的草”。芸香在我国也有典故。“书香”二字最早是来自芸香草，因其散发出的香味能杀死书蛀虫，爱书如命的读书人就把芸香草夹在书中，对其飘散出的缕缕香气称为“书香”。芸香草就是古代的杀虫剂，又称灵香草，素有“香王”之称。

【化学成分】全草含挥发油(约 0.5%，其中包括 50%～90%的 2-十一烷酮醇)、黄酮(包括芦丁)、呋喃喹啉生物碱(包括崖椒碱、茵芋碱、山小橘碱等)。另据报道，鲜草含挥发油 0.7%～1.0%，叶含挥发油约 1.8%，花轴含挥发油约 0.5%，茎含挥发油少于 0.05%。挥发油中含胡椒酮 40%～50%、蒈烯 4 20%、牻牛儿醇 10%、牻牛儿酸乙酯 10%，尚有牻牛儿醛、柠檬烯等。

【加工与利用】主要采用鲜叶和精油。夏季采集全草或地上部分，去杂，鲜用或低温干燥备用。鲜品以水蒸气蒸馏方法提取挥发油(精油)。芸香的叶子有一种苦味和辛辣味，但在欧洲、北美、马来西亚和中国均很少直接用于烹饪。在新加坡，厨师则将它和绿豆一起使用。它在各地是传统风味香肠肉及肉类的填料。在东欧芸香用于腌料和奶油奶酪。意大利人用它来加强德拉格拉巴酒的味道，即将它(一小把)放进有白兰地的瓶子里。芸香用于甜酒尤其闻名——那些自制的辣的红葡萄酒，或是白葡萄酒都可以混入各种水果、药草和香料。

用芸香(地上部分)提取的精油主要用于冷冻乳制品、软糖等，亦用于糕点、复合调味品中。芸香油稀释后呈特殊的水果香气，只要很少的含量就能显出特殊的风味，因而仍很受欢迎。

【附注】芸香枝叶和花干燥后有强烈的香气，制成香花包，不仅有很好的香气，而且还有防虫效果。芸香油中含酮量高达 90%，其中主要为壬酮，在香料工业中以其为中间体合成其他香料，用途较广，现广泛用于化妆品的香精调配。芸香提取物具有抗菌、抗炎、抗氧化、抑制黑色素生成等作用，可用于美白、护肤化妆品。

在古希腊和古埃及，芸香就用于月经期出血过多、防止流产和增强视力。欧洲草药医生用它来治疗癔症、癫痫、眩晕、急腹症、肠道寄生虫、中毒和眼科疾患。本品的浸剂用作洗眼剂，可以消除眼睛疲劳，改善视力。本品还用于治疗面神经麻痹。

404 甘蔗 *Saccharum officinarum* L.

彩图 404　英文名：Sugarcane；禾本科

【别名】红甘蔗，秀贵甘蔗

【植物形态】多年生高大实心草本。根状茎粗壮发达。秆高 3～5(6) m。直径 2～4(5) cm，具 20～40 节，下部节间较短而粗大，被白粉。叶鞘长于其节间，除鞘口具柔毛外余无毛；叶舌极短，生纤毛，叶片长达 1 m，宽 4～6 cm，无毛，中脉粗壮，白色，边缘具锯齿状粗糙。圆锥花序大型，长 50 cm 左右，主轴除节具毛外余无毛；总状花序多数轮生，稠密；总状花序轴节间与小穗柄无毛；小穗线状长圆形，长3.5～4 mm；基盘具长于小穗 2～3 倍的丝状柔毛；第一颖脊间无脉，不具柔毛，顶端尖，边缘膜质；第二颖具 3 脉，中脉成脊，粗糙，无毛或具纤毛；第一外稃膜质，与颖近等长，无毛；第二外稃微小，无芒或退化；第二内稃披针形；鳞被无毛。

【生态分布】甘蔗喜温、喜光。甘蔗原产于印度，现广泛种植于热带及亚热带地区。中国的主产蔗区主要分布在北纬 24°以南的热带、亚热带地区，包括广东、台湾、广西、福建、四川、云南、江西、贵州、湖南、浙江、湖北、海南等南方 12 个省(自治区)。

【历史与民俗】甘蔗原产地不清楚，但在巴布亚新几内亚人们自古以来习惯嚼甘蔗。它的驯化栽培也有一个漫长而复杂的历史。至少在 2 500 年前甘蔗已经辐射到太平洋地区、东南亚和印度，并第一次生产出粗糖。后来传播到中国、北非、马达加斯加和地中海地区，并有商业规模种植。现在种植园主要建立在西印度群岛、加勒比海、巴西和美国。大量种植甘蔗的几个国家(尤其是巴西和印度)现在每年生产超过 10 亿 t。

【化学成分】甘蔗中含有丰富的糖分、水分，还含有多种维生素、脂肪、蛋白质、有机酸、钙、铁等物质。尚含黄酮类(如柚皮素、苜蓿素、芹菜素、木犀草素的糖苷衍生物)、酚酸类(如对羟基肉桂酸、咖啡酸等)。

【加工与利用】主要采用茎和茎提取物。秋季采收茎叶，去杂，切碎，鲜食或用于提取蔗糖。

甘蔗可以鲜食，但主要用于生产各种形式的蔗糖，并大量用于食品工业，生产糖果、果酱、冰淇淋、水果罐头、碳酸饮料、糖浆、甜葡萄酒、利口酒和许多其他产品。糖浆发酵生产朗姆酒和其他甘蔗的产品。蔗糖在烹饪中也有许多用途，如增强风味。

【附注】甘蔗提取物含有多种生理活性成分(如维生素、氨基酸、黄酮、酚酸等)，具有较强的抗氧性，对血栓素 B_2 和 12-羟基十七碳三烯酸的生成有抑制，显示有抗炎作用，此外，甘蔗提取物还是良好的皮肤保湿剂、调理剂，可用于护肤、润肤化妆品。

405 蛇皮果 *Salacca zalacca* (Gaertn.) Voss

彩图 405　英文名：Salak, Snake fruit；棕榈科

【别名】沙叻

【植物形态】植株丛生，短茎或无茎，有刺；叶羽状全裂，羽片披针形或线状披针形，呈 S 字形或镰刀状渐尖。花序生于叶间。雌雄花序异型。雄花序具分枝，总花序梗及分枝被包于宿存的佛焰苞内；雄花成对着生于小佛焰苞(苞片)的腋部；花萼和花冠管状，3 裂；雄蕊 6，着生于花冠管口，花丝短；雌花序分枝比雄花序的少，但较大；雌花成对着生或单生；苞片 2；中性花伴随着雌花，只有 1 个苞片；花萼基部管状，上部 3 裂；花冠约与花萼等长或稍长，上部 3 裂；退化雄蕊 6；雌蕊 3 心皮，3 胚珠，被扁平、光滑或直立的带刺状尖的鳞片，花柱短，柱头 3。果实球形、陀螺形或卵球形，外果皮薄，被以覆瓦状反折的鳞片，中果皮薄，内果皮不明显。种子 1～3，长圆形、球形或钝三棱形，肉质种皮厚，酸或甜。

【生态分布】喜热带湿润气候。生长最适宜条件是，年均气温高于 22 ℃，最冷月平均气温 18 ℃以

上，相对湿度在85%以上。原产印度尼西亚及马来西亚。中国华南地区、四川、重庆部分地区有引种栽培。

【历史与民俗】蛇皮果原产于马来西亚，在东南亚地区被广泛种植(例如在印度尼西亚巴厘岛和其他部分)。我国华南各地零星引进种植蛇皮果已有50多年的历史，但有关蛇皮果开发利用的研究和知识还比较缺乏。

【化学成分】每100 g蛇皮果含热量321.97 J、蛋白质0.5 g、碳水化合物20.9 g、钙28 mg、脂肪18 mg、铁4.2 mg、维生素B_1 0.04 mg。

【加工与利用】利用部位主要为果实。果实成熟时采收，去杂，洗净，除去鳞片状果皮，一般鲜食。成熟的果肉是白中带黄色，有点干，但质地清爽，咬下去是很爽脆的感觉，略具坚果味道。它既不甜也不酸。人们通常都是作为新鲜水果食用，也可以添加到水果沙拉里。它还可制作成蜜饯、腌制品、罐头，发酵成酒等。

【附注】蛇皮果有美容的效果。蛇皮果果肉含对人体皮肤有益成分，印尼本地姑娘经常将它作为美容水果食用。它是水果中钾含量最高的品种之一，果胶含量也很丰富，对人脑十分有益，有“记忆之果”的美誉。

406 牙刷树 *Salvadora persica* L.

彩图406 英文名：Mustard tree, Toothbrush tree；刺茉莉科

【别名】山柑藤，萨尔瓦多拉桃，阿洛，芥子树

【植物形态】常绿灌木或小乔木，高至7 m，具下垂的枝条。叶对生，近肉质，卵圆形至长椭圆形，长6~7 cm，宽3~5 cm，表面灰绿色，背面灰白色。花小，黄绿色，排列成疏松的圆锥花序，花序长达30 cm，小花在花序上簇生。浆果圆球形，直径达10 mm，只有1粒种子；成熟时红色，甜，可食，有胡椒味，也称“芥子树”。

【生态分布】热带植物，喜温暖气候，耐盐、耐旱，大量生长于洼地和盐碱地。原产于阿拉伯半岛、非洲、亚洲西部、中东、印度、巴基斯坦和斯里兰卡。

【历史与民俗】牙刷树是一种小乔木，树枝柔软，富有弹性。人们只要将树枝稍稍加工，就可以做成理想的天然牙刷。用它刷牙，不必使用牙膏也会满口泡沫。因树枝里含有大量的皂质和薄荷香油，不仅牙刷得干净，而且清凉爽口，感觉舒适。《圣经》中记述有本植物的果实。阿拉伯世界用其制成牙膏或口香糖以清洁牙齿。根的提取物称“peelu extract”(“peelu”是乌尔都语，指树名)，用于制造牙膏(牙膏名WISWAK)。在当地，牙科卫生保健中承认这一产品，但主要使用者为老年人。

【化学成分】根含木脂素苷(liriodendrin和salvadoraside)，还含苄基葡萄糖苷(salvadoside)、酚葡萄糖苷(丁香苷)、植物甾醇葡萄糖苷。又含吲哚生物碱(salvadorine)、尿素衍生物(salvadourea)和硫二胺，以及树脂、硒、三甲胺和维生素C。

根含β-谷甾醇和有机硫化合物，树皮、根皮含鞣质和皂素。叶含多酚化合物(包括槲皮素、咖啡酸、阿魏酸等)。种子含脂肪油45%(其中含月桂酸20%左右、肉豆蔻酸55%左右、棕榈酸19%左右)。

【加工与利用】主要采用根、树皮提取物。根和树皮全年可采，采挖根部和树皮，洗净，切成长10~20 cm的小块，干燥备用。以水、乙醇等溶剂提取，提取液浓缩至干，得提取物浸膏。

根所含化学成分有助于牙齿、牙龈的卫生保健。根的提取物有很强的抗菌、抗噬菌、抗炎和降血糖作用，对口腔卫生有益。非洲及阿拉伯地区，用本品制成牙膏和口香糖，以清洁牙齿和口腔保健。本品在塞内加尔用作利尿剂。在东苏丹则用其树皮打粉，加水制成糊剂敷在头部治疗热症；其叶用于治疗胃肠胀气、消化不良等疾病。

牙刷树的果实可以生吃，煮熟，晒干，储存或制成发酵饮料。叶有苦味、辣味，作为绿色蔬菜或做成

酱来吃。

【附注】种子油也是制作香皂、唇膏、肥皂的好原料。

407 蓝花鼠尾草 *Salvia farinacea* Benth.

彩图 407　英文名：Mealycup sage，Mealy sage；唇形科

【别名】粉萼鼠尾草，一串蓝，蓝丝线

【植物形态】多年生草本，高度 30～60 cm，植株呈丛生状，植株被柔毛。茎为四角柱状，且有毛，下部略木质化，呈亚灌木状。叶对生，长椭圆形，长 3～5 cm，灰绿色，叶表有凹凸状织纹，且有折皱，灰白色，香味刺鼻浓郁。具长穗状花序，长约 12 cm，花小，紫色，花量大，花期夏季。

【生态分布】喜温暖、湿润和阳光充足环境，耐寒性强，怕炎热、干燥。宜在疏松、肥沃且排水良好的砂壤土中生长。原产于北美南部地区。我国武汉等地有引种栽培。

【历史与民俗】在古代欧洲有一种传说，家中若种有蓝花鼠尾草，有毒的癞蛤蟆就不敢靠近。另一种说法则是，要看一户人家兴不兴盛，就看他家的蓝花鼠尾草长得茂不茂盛。拉丁文中的“Salvia”，有着“健康”的意思，是由“salvere”（拯救）这个字衍生而来，自古即被视为智慧的象征。我国大约在 19 世纪末引入栽培。

【化学成分】全草含挥发油、二萜、三萜、酚性化合物（包括迷迭香酸）、鞣质、维生素等。

【加工与利用】主要采用鲜叶或干叶和精油。夏季采收，去杂，洗净，鲜用或干燥备用。以水蒸气蒸馏法提取挥发油（精油）。干燥后的气味浓厚，一般用于煮汤类或味道浓烈的肉类食物时，加入少许可缓和味道，鲜叶可掺入沙拉中享用，更可发挥养颜美容的功效。花可拿来泡茶，散发清香味道，可消清体内油脂，帮助循环，具防腐、抗菌、止泻的效果，含雌激素，孕妇应避免使用。

【附注】目前，许多地区作为重要花卉栽培。例如，在武汉市 5～10 月均陆续开花。

408 药用鼠尾草 *Salvia officinalis* L.

彩图 408　英文名：Sage；唇形科

【别名】洋苏草，撒尔维亚

【植物形态】多年生草本；根木质。茎直立，四棱形，被白色短茸毛，多分枝。叶片长圆形或椭圆形，长 1～8 cm，宽 0.6～3.5 cm，先端锐尖，基部圆形，边缘具小圆齿，坚纸质，两面被白色短茸毛；叶柄长 3 cm至近无柄。轮伞花序 2～18 花，组成顶生长 4～18 cm 的总状花序；最下部苞片叶状，上部的宽卵圆形，比花萼长；花梗长约 3 mm，与花序轴密被白色短茸毛。花萼钟形，开花时长 1～1.1 cm，结果时增大，二唇形；花冠紫色或蓝色，长 1.8～1.9 cm，冠筒直伸，冠檐二唇形，上唇直伸，倒卵圆形，先端微凹，下唇宽大，中裂片倒心形，侧裂片卵圆形；能育雄蕊 2，伸至上唇，内藏；花柱外伸，先端不相等，2 浅裂；花盘前方稍膨大。小坚果近球形，径约 2.5 mm，暗褐色，光滑。花期 4～6 月。

【生态分布】原产地中海地区，现在世界各地均有栽培。喜阳光，春季种子繁殖。我国山东、湖北等地有引种栽培。

【历史与民俗】药用鼠尾草为欧美著名草药，应用历史悠久。鼠尾草的拉丁名“salvare”的词根的意思是“治愈”或“拯救”。因为鼠尾草和智慧及延长寿命有关，所以，它一直是数世纪以来很流行的一种草药。罗马人认为它能治愈所有的疑难杂症，将它称为一种“神奇的药草”。本品作为烹饪药草，常与百里香、迷迭香合用于贮藏食物，如肉类和乳酪。

【化学成分】含挥发油(1%～2%)、二萜、三萜、酚性化合物(包括迷迭香酸)、鞣质等。挥发油主要成分有桉树脑、β-石竹烯、环葑烯、δ-杜松萜烯等。

【加工与利用】采用鲜叶或干叶和精油。夏季采收,去杂,洗净,鲜用或干燥备用。以水蒸气蒸馏法提取挥发油(精油)。在英国,它被列为一种基本的草药,和西芹、迷迭香、百里香一样用于烹饪。它有咸味,略带麻辣味。它常出现在许多欧洲美食中,尤其是意大利、巴尔干和中东的烹饪需要使用。意大利菜中,它是小牛肉火腿、鱼和其他菜的一个重要的调味品。在英国和美国的烹饪里,传统上它常代替鼠尾草和洋葱,在圣诞节和感恩节也用于烤火鸡或鸡肉。其他菜肴,包括猪肉煲类、鼠尾草乳酪和林肯郡香肠也使用它。其精油有时在汤菜中加一点。

【附注】叶提取物主要有收敛、杀菌、清除黏液、健胃、止血、滋补和雌激素样作用。精油中含侧柏酮达50%,具雌激素样作用,还有健胃、杀菌作用,但侧柏酮对神经组织有毒性。二萜及酚性化合物有强烈抗氧化作用。迷迭香酸有助消化作用。

精油有强烈的清新香气,可用于化妆品香精的调香。提取物具有显著的抗炎、抗氧化、美白、嫩肤、保湿等功效,可用于美白、嫩肤、抗衰化妆品。提取物还可用作含漱剂防治咽喉炎、口腔溃疡、牙龈溃疡等。

409 南欧丹参 *Salvia sclarea* L.

彩图409

英文名:Clary sage;唇形科

【别名】欧丹参,香紫苏,莲座鼠尾草,快乐鼠尾草

【植物形态】二年生或多年生草本,上部茎为一年生,下基部木质化,直立,分枝,有髓,四棱形,高100～200 cm。叶对生,叶片长约27 cm,宽约21 cm,卵圆形至长椭圆形,皱缩,密被茸毛。轮伞花序,长71～81 cm,带有15～17个长10～15 cm的小花序,有6～12轮花,每轮有5～6朵小花;花两性,苞片宽卵形,粉红色至白色,长2.7 cm,宽2 cm;花冠雪青色,花冠筒内前方有一毛状环;雄蕊4,子房上位。小坚果卵球形,灰褐色,光滑。全株被短茸毛,有强烈的龙涎香气。花期6～7月,果期7～8月。

【生态分布】原产于欧洲南部和中东,现在法国和俄罗斯有栽培,并用于提取精油。喜温暖气候,喜干燥土壤和光照充足的地带。我国自20世纪50年代起引进快乐鼠尾草,先后在陕西、河南、河北、北京等地种植,但未能形成规模化栽培产业。

【历史与民俗】"clary"是快乐鼠尾草的俗名,有人认为它是从拉丁文"clarus"演变而来;而它的拉丁文种名"sclarea"则源于希腊语"Skleria(坚硬)",因为快乐鼠尾草的花瓣末端有个硬块。

在古时候,快乐鼠尾草被认为是能使人长生不老的灵丹妙药。它的茶曾被认为不仅能使人眼睛明亮,头脑清醒,还能激发人的直觉,使人对未来看得更清。中世纪的药草学家称快乐鼠尾草为"清澈之眼",因为它可以治疗各种眼疾。卡尔培波也指出,将快乐鼠尾草种子中的黏性胶质放入眼睛中,可以清除所有侵入眼睛的异物。

快乐鼠尾草起源于欧洲南部,德国的葡萄园中也经常有种植。当1562年引进到英国后,在啤酒酿造中有时候被作为蛇麻草的替代品,毫无疑问它有额外醉人的效果。在中世纪,它被称作"oculus christi",意思是基督的眼睛。现在一般用作香水的配料。

【化学成分】含挥发油(约0.1%,主要有乙酸里那醇和里那醇)、二萜烯类和鞣质等。精油的主要化学成分,各产地变化不大。1988年报道法国产精油的主要成分(%):α-蒎烯(0.1～0.2)、β-蒎烯(0.1～0.3)、月桂烯(0.1～0.2)、苧烯(0.1～0.2)、反-罗勒烯(0.1～0.2)、顺-3-己烯醇(微～0.1)、α-古巴烯(0.1～0.2)、芳樟醇(9.0～16.0)、乙酸芳樟酯(49.0～73.6)、松油-4-醇(微～0.1)、β-石竹烯(1.4～1.6)、α-松油醇(0.2～0.6)、大根香叶烯D(1.6～2.0)、乙酸橙花酯(0.2～0.3)、乙酸香叶酯(0.3～0.5)、橙花醇(微～0.1)、香叶醇(0.1～0.3)、斯巴醇(0.3～0.5)、香紫苏醇(0.1～0.2)等(含量在

0.1%以下的成分从略)。

【加工与利用】主要采用地上部分提取物和精油。生长的第2年夏季采收地上部分，干燥备用，或趁鲜用水蒸气蒸馏精油。干品粉碎后，以水、乙醇等溶剂提取，提取液浓缩至干，得提取物浸膏。精油广泛用于香水和香料，如麝香、葡萄酒、苦艾酒。它也被用于芳香疗法，可缓解焦虑和恐惧，以及与月经相关问题，还能改善睡眠。

本品是一种可止痉挛的芳香植物，其提取物具有滋补、安神、调经、抗菌、抗炎以及有雌激素样作用。主要用于治疗消化系统疾病，如胀气、消化不良等。本品还可缓解痛经和经前期不适。因本品具有雌激素活性，在雌激素水平较低时的更年期可有效治疗一些相关疾病。

【附注】精油带有甜草香和坚果味的混合香味，并带有一丝花香，香气持久留长，适合于化妆品的调香。精油也是激素刺激剂，添加到雪花膏中使用能够改善肤色，特别当你有痤疮或者暗淡、起皱、发炎的皮肤时很有效。提取物芳香，有雌激素样作用，结合其抗氧性，有活肤、嫩肤、抗衰功效，可用于护肤、抗衰化妆品。对因雄性激素偏高引起的脱发有防治作用，可用于生发、护发产品。精油勿内服，妊娠期妇女忌用。

410 黑接骨木 *Sambucus nigra* L.

彩图 410 英文名：Elder，Elderberry；忍冬科

【别名】西洋接骨木

【植物形态】落叶乔木或大灌木，高4～10 m，幼枝具纵条纹，二年生枝黄褐色，具明显突起的圆形皮孔。羽状复叶对生，有小叶1～3对，通常2对，具短柄，椭圆形或椭圆状卵形，长4～10 cm，宽2～3.5 cm，顶端尖或尾尖，边缘具锐锯齿，基部楔形或钝圆，揉碎后有恶臭，中脉基部、小叶柄基部及叶轴均被短柔毛；托叶叶状或退化成腺形。圆锥形聚伞花序分枝5出，平散，直径12 cm；花小而多；萼筒长于萼齿；花冠黄白色，裂片长矩圆形；雄蕊花丝丝状，花药黄色；子房3室，花柱短，柱头3裂。果实亮黑色。花期4～5月，果熟期7～8月。

【生态分布】原产欧洲，生于林地和荒野，广泛分布于温带地区。春季扦插繁殖。中国山东、江苏、上海等地民间及庭院引种栽培。

【历史与民俗】黑接骨木原产于北非洲、欧洲和亚洲。而美国也有，并且自然生长于北美的东部地区。黑接骨木作为草药，应用历史悠久，被称为“天然药箱”，用于治疗流感、感冒和胸部疾病。

【化学成分】花含黄酮(3%，包括芦丁)、酚酸、三萜、甾体、精油(2%)、黏液质和鞣质。叶含氰苷。果实含黄酮、花青素、维生素C和维生素A，还含接骨木苷、接骨木苷的糖苷、接骨木苷脂等。

【加工与利用】采用花序和果实。春末采集花序，秋季果实成熟时采收。鲜用或干燥备用。芳香的花朵(实际上只有花瓣)制成油煎饼(与鸡蛋和面粉混合)，或用于果酱、醋和发酵饮料以增加味道。成熟的浆果或者花泡在糖水里，发酵制成深色的葡萄酒和蒸馏酒精饮料。这种强烈的、甜的、无色的意大利茴香酒通常没有咖啡豆的味道。它的甜味可完全抵消咖啡豆的苦涩。

花提取物具有抗菌、皮肤保湿作用。花用于治疗咳嗽、感冒和流感，其浸剂用于发汗和退热。花能增强鼻和喉咙黏液对感染的抵抗力，用于治疗慢性充血、过敏、耳部感染和念珠菌病。花的浸剂和其他草药合用可减少枯草热发病的严重性；通过利尿和发汗，以排除体内废物，有助于关节炎的治疗。果实富含维生素C，可用于治疗风湿病、丹毒，并作为轻泻剂。

【附注】果提取物对黑色素细胞增殖的促进，显示可增加毛囊细胞黑色素的分泌量，用于生发、护发产品，可减少白发的生成。花提取物具有较强的抗氧性，可使皮肤细嫩，可用于美容、抗衰化妆品，并可防治皮肤皲裂。

411 小地榆 *Sanguisorba minor* Scop. (*Poterium sanguisorba* L.)

彩图 411　英文名：Salad burnet，Garden burnet，Small burnet，Burnet；蔷薇科

【别名】沙拉地榆

【植物形态】多年生草本，高 1～2 m；根粗壮；茎直立，有棱，无毛。单数羽状复叶；小叶 2～5 对，稀 7 对，矩圆状卵形至长椭圆形，长 2～6 cm，宽 0.8～3 cm，先端急尖或钝，基部近心形或近截形，边缘有圆而锐的锯齿，无毛；有小托叶；托叶包茎，近镰刀状，有齿。花小密集，成顶生、圆柱形的穗状花序；有小苞片；萼裂片 4，花瓣状，紫红色，基部具毛；无花瓣；雄蕊 4；花柱比雄蕊短。瘦果褐色，有细毛，有纵棱，包藏在宿萼内。

【生态分布】喜温暖气候，耐旱、耐阴。原产于欧洲西部、中部和南部，非洲西北和亚洲西南部；后来移植到北美洲。欧洲最为常见。

【历史与民俗】小地榆原产于欧洲中部和南部。它曾经是一种非常受欢迎的烹饪药草，而且常常作为草药栽培在花园里。现在美国、欧洲及亚洲均已归化。

【化学成分】和大多数蔬菜一样，叶含低能量，但富含矿物质和叶酸。据报道，叶富含蛋白质和维生素 C。

【加工与利用】利用部位为鲜叶。通常在春、夏季采集嫩叶，去杂，洗净，晾干备用。新鲜的叶子据说像黄瓜或坚果一样的味道，常被添加到沙拉、奶酪和香草黄油里。在法国烹饪中，它用于汤、冷酱汁、煎鸡蛋饼，以及像豆瓣菜一样用于新鲜沙拉。鲜叶也用于风味醋，或像琉璃苣一样被添加到冷饮中。碎叶可洒在三明治、马铃薯、鱼、蛋的菜肴中。叶片也可以腌制，供全年使用。

【附注】小地榆的干根和根状茎在欧洲和中国被用于传统医学，和地榆一样，用于止血。如果将它用来作为一种茶饮用，可缓解腹泻。

412 檀香树 *Santalum album* L.

彩图 412　英文名：Sandalwood；檀香科

【别名】白檀，东印度檀香

【植物形态】常绿小乔木、根具吸盘，能附着于寄主植物根上；高至 10 m。枝具条纹，有多数皮孔和半圆形的叶痕。叶片椭圆状卵形，薄革质，长 4～8 cm，宽 2～4 cm，先端锐尖，基部楔形，多少下延，边缘波状，背面有白粉；叶柄细长，长 1～1.5 cm。三歧聚伞式圆锥花序腋生或顶生，长 2.5～4 cm；苞片 2 枚，钻状披针形，早落；总花梗长 2～5 cm；花梗长 2～4 mm；花长 4～5 mm，直径 5.6 mm；花被管钟状，淡绿色；花被 4 裂，裂片卵状三角形，内部初时绿黄色，后呈深棕红色；雄蕊 4，外伸；花盘裂片卵圆形；花柱长 3 mm，深红色，柱头浅 3(4) 裂。核果长 1～1.2 cm，直径约 1 cm，成熟时深紫红色至紫黑色，宿存花枝基多少隆起。花期 5～6 月，果期 7～9 月。

【生态分布】喜热带、亚热带气候。喜光，不耐荫蔽，较耐干旱，忌积水。在酸性红壤、黄壤或河边冲积砂质壤上均生长良好。原产南亚热带地区，并需要合适的寄主植物。主产于印度东部、印尼、泰国、马来西亚、东南亚、澳大利亚、斐济等湿热地区。中国广东、广西、海南、云南、福建等地区有栽培。

【历史与民俗】檀香的使用历史要追溯到 4 000 年前。几千年来在印度和中国都得到很高的评价，其木材经常在印度和中国的佛教仪式上被当作香来烧。作为香，它是一种调理大脑的镇静剂，可使人处于镇定、沉着的状态。檀香木蒸馏的精油可用于制作香水。印度草药医学中将其木材制成软膏用于皮疹和皮肤瘙痒。在中国将其用于治疗胸部和腹部疼痛。

汉武帝时期开通了南海至印度洋航线，海上丝绸之路开始繁荣。从合浦、徐闻、广州、泉州多处港口

经南海至印度洋可抵达南海诸国及南亚、波斯湾、非洲东部。特别是明朝郑和七次下西洋，极大地加强了中国与外国的联系与交往，沿途国家回赠或郑和船队自己购买、采集的商品除了香料、珍禽异兽、珠宝外，还有今印尼、马来西亚的沉香，印度的檀香、乌木、紫檀木。

【化学成分】含挥发油(3%～6%，包括有倍半萜醇、α-连翘醇和β-连翘醇)、树脂和鞣质。木质部还含檀香色素、去氧檀香色素及银槭醛等。此外还含二氢檀香酸、檀油酸、姜黄酮、香榧醇、β-谷甾醇等。

【加工与利用】主要利用木材和精油。木材全年均可砍伐，干燥备用，或以水蒸气蒸馏法提取精油。本品具有抗菌、抗氧化、收敛、止痛等药理作用。檀香精油对各种体臭发生菌，如枯草芽孢杆菌、痤疮杆菌、腐生葡萄球菌、金黄色葡萄球菌等有很好的抑制作用，对螨虫有杀灭作用。可治疗泌尿生殖系统疾病，如膀胱炎和淋病。用檀香复方还可治疗冠心病、心绞痛、萎缩性胃炎、浅表性胃炎、胃痛、痛经等。

【附注】檀香精油是珍贵的香料原料，广泛用于化妆品、香皂、香水等香精中。檀香提取物芳香，有很好的抗菌作用，对蛋氨酸酶有抑制，可用于抑制体臭化妆品中；在护肤化妆品中可防治皮疹和皮肤瘙痒。

413 乌桕 *Sapium sebiferum* (L.) Roxb.

彩图 413　英文名：Chinese tallow tree；大戟科

【别名】柏子树，桐油树，木蜡树，木油树，木梓树，蜡烛树

【植物形态】落叶乔木，树高可达 15～20 m。树皮黑褐色，粗糙而厚。叶全缘，互生，菱形或卵形，长、宽约 3～9 cm，光滑无毛，叶柄长 6～7 cm，顶端有 2 个腺体。顶生总状花序，雌雄异花，花序长 6～12 cm，密生黄色小花，无花瓣，单性，但有时只有雄花。雄花：10～15 朵丛生于 1 苞腋内，苞片菱状卵形；花柄丝状；花萼杯状，3 裂；雄蕊 2 枚，稀 3 枚，花丝分离。雌花：生花序基部，花柄柱状，苞片 3 枚；花萼 3 深裂，裂片卵形或披针形，子房光滑，3 室，花柱 3 裂。蒴果木质，梨状球形，直径 1～1.5 cm，分果片由宿存的中轴上脱落。种子近圆形黑色，外被蜡层，长约 8 mm。花期 5～6 月，果期 10～11 月。

【生态分布】为亚热带植物，喜光，不耐阴，喜温暖环境，不甚耐寒，稍耐旱。乌桕原产我国，主要分布于长江流域及其以南各省，包括浙江、湖北、湖南、四川、贵州、安徽、云南、江西、福建、台湾、海南等地，以及河南省的淮河流域地区。垂直分布在浙江、湖北、湖南、安徽等省，海拔可达 600～800 m，在云南有的地区可达 1 850 m。韩国、日本也有。并引入印度支那、孟加拉、印度、马提尼克、南苏丹、美国(加利福尼亚、亚利桑那州、佛罗里达州、德克萨斯、北卡罗来纳州及南卡罗来纳州)、法国南部。

【历史与民俗】乌桕，以乌鸦喜食而得名。乌桕在我国民间利用历史悠久，为中国特有的经济树种，最早见于贾思勰著的《齐民要术》，已有 1 400 多年的栽培历史。乌桕为色叶树种，春秋季叶色红艳夺目，不下丹枫。北宋陆游诗中有“乌桕赤于枫”之句。宋代林和清也有诗：“巾子峰头乌桕树，微霜未落已先红。”我国七大秋季观赏红叶景区中，多数是由乌桕树种组成的林相，所谓“庐山秋色红叶，乌桕几占多数”；《长物志》载：“秋晚叶红可爱，较枫树耐久，茂林中有一株两株，不减石径寒山也。”叶落后，满树白色种子覆盖树冠，宛如积雪，亦可观赏。

【化学成分】广东罗定的乌桕种子其种皮含油 70.3%；油的脂肪酸组成：肉豆蔻酸微量、棕榈酸 68.9%、硬脂酸微量、油酸 31.1%、亚油酸微量。除去种皮的种子含油 31.7%；油的脂肪酸组成：癸酸微量、棕榈酸 6.6%、硬脂酸 1.3%、十二碳烯酸 16.1%、十六碳烯酸微量、油酸 11.8%、亚油酸 24.7%、亚麻酸 39.5%。

假种皮含蜡质 35.13%；其碘值 34.28；其脂肪酸组成为月桂酸 0～2.5%，肉豆蔻酸 0.5%～3.7%，棕榈酸 58%～72%，硬脂酸 1.2%～7.6%，油酸 20%～35%，亚油酸 0～1.6%。

种仁含油 64.78%；油的碘值 144.9。油的脂肪酸组成为棕榈酸和硬脂酸 9%，油酸 20%，亚油酸 25%～30%，亚麻油酸 40%，十碳-2,4-二烯酸 3%～6%。

【加工与利用】利用种皮蜡质和种仁油。10～11月，果实成熟时及时采收；因果实成熟后会自然裂开，种子会散落或被鸟取食。采收方法，可以将果序采下，晒干，手工或机械脱粒，筛出种子，并将种子外层的白色蜡质以碾磨方法脱去，种子进一步晒干备用。所脱下的蜡质另外保存备用。皮油：用乌桕子外层白色的蜡皮，经过加水蒸煮，过滤去渣，油水分离，出油率24%～26%，又称“桕脂”。在常温下为白色、无臭的蜡状固体，纯净无杂质。种仁油：将种子粉碎后，用热榨取油。也可用溶剂萃取法提取脂肪油。

乌桕是我国南方重要的工业油料树种。种子外被之蜡质称为“桕蜡”，可提制“皮油”。皮油用途很广，是制造高级香皂、雪花膏、蜡纸、蜡烛、甘油、润滑油和棕榈酸的重要工业原料，又可以提取硬脂酸。

种仁榨取的油称“梓油”。梓油用途也很广，适用于调制油漆涂料，涂饰机器，制造油墨，中医熬制膏药，作为生发油、擦亮金属、作机轮防锈剂等。

带蜡种子榨出的油称“木油”。木油可以用于制作蜡烛、肥皂、制药、油漆、油墨等。

【附注】乌桕木材白色，坚硬，不翘不裂，纹理细致，可作车辆、家具和雕刻等用材。叶为黑色染料，可染衣物。根皮可治毒蛇咬伤。榨油后的桕仁饼可做肥料，也可用来做洗衣服用的土碱。但是，桕籽饼不能做肥料，只能做燃料。

414 夏香草 *Satureja hortensis* L.

彩图414

英文名：Summer savory；唇形科

【别名】山塔花，夏季香薄荷

【植物形态】一年生芳香草本，高30～60 cm。叶片披针形，先端钝圆。轮伞花序有花2～5朵，密集或疏松排列；花冠白色、粉红色。小坚果卵球形。花果期6～9月。

【生态分布】喜温暖湿润气候，原产于欧洲大西洋沿岸，生于阳光充足、排水良好的地方。在欧美各国常作为辛香料、草药栽培于庭院中。

【历史与民俗】夏季香薄荷在欧洲自古就为人们所利用。恺撒时代，古罗马人把它带入英国；殖民者又将它带到美洲。它又被称为夏季花园里的风轮菜。西班牙的泰罗尼亚人称夏季香薄荷为“Sajolida”；在西班牙药典里，它具有驱风，促消化，抗痉挛，健胃，发汗，利尿，润肠通便，驱虫，芳香化湿等作用。

【化学成分】含挥发油，其中主要有香芹酚、对甲基异丙基苯、里那醇和百里香酚等。还含维生素A、维生素B_6、硫胺素、迷迭香酸、其他酚酸等。

【加工与利用】采用枝叶和精油。夏季采集嫩的枝叶，去杂，洗净，鲜用或干燥备用。夏季开花盛期，割取带花序的地上部分，用水蒸气蒸馏法提取精油。夏天新鲜枝叶是制作美味的传统风味的豆子和豆菜（豆角），尤其是蚕豆的香料。它用于沙拉、蘑菇菜、蔬菜炖肉、烤牛肉、烤猪肉、烤羊肉和腰花都很受欢迎。干茎叶可以用来做豌豆、炖菜、蔬菜炖肉、汤的香辛料。干草通常添加到香料粉和草药中。据说冬香薄荷味道较差，但仍然是传统风味的某些腌泡菜和软奶酪制作时的添加香料成分。夏季香薄荷的味道好些，类似薄荷和百里香。

夏季香薄荷花枝有收敛、杀菌作用；可用于泡茶，具有提振食欲，化解消化不良和胃肠胀气的功效。它也常用作漱口水，防治牙龈炎。

【附注】研究表明，精油有强的抗菌作用。精油对角叉菜胶致大鼠足趾肿胀有抑制作用。夏香薄荷精油可用于化妆品香精的调配。其提取物具有抗菌、抗炎、抗氧化、抑制黑色素生成、活肤等作用，可用于护肤、抗衰化妆品。

415 曼杰提树 *Schinziophyton rautanenii* (Schinz.) Radcl.

彩图 415　英文名：Manketti tree，Mongongo，Mongongo tree；大戟科

【别名】芒刚果树

【植物形态】乔木，高 15～20 m。树皮厚，木质轻，淡黄色，既轻巧又坚固。叶互生，为掌状复叶，有 7 个小叶，小叶椭圆状披针形，长约 15 cm，两面深绿色，被细毛。伞房状花序生于枝顶，花椭圆状，长 3.5 cm，宽 2.5 cm，白色至黄色。果实为坚果，长椭圆形，长 35 mm，直径 25 mm；成熟时红棕色，种子富含油脂。花期初夏。

【生态分布】喜炎热、干燥气候。原产于非洲东部，生于树木繁茂的小山或沙丘上，属卡拉哈里沙漠砂土壤类型的土壤。广泛分布于整个南部非洲草原，是一种快速成长的树，自 1952 以来，纳米比亚已经将它指定为保护树种。

【历史与民俗】曼杰提树原产于非洲南部(纳米比亚、博茨瓦纳、津巴布韦和莫桑比克)。它是一种土著居民的主食，至少有 7 000 年了。但尝试栽培此树，迄今尚未很成功。

【化学成分】100 g 去壳的坚果含脂肪 57 g(多不饱和脂肪酸 44%、单不饱和脂肪酸 18%、饱和脂肪酸 17%)、蛋白质 24 g、维生素 E 和生育酚 565 mg、钙 193 mg、镁 527 mg、锌 4 mg、铜 2.8 mg。据报道，坚果富含营养；坚果的能量值为 2 700 kJ/100 g(果肉 1 406 kJ/100 g)。坚果的蛋白质含量为 26%，脂肪含量 58%。坚果和果肉富含矿物质和维生素 B_1，而维生素 C 含量，果肉为 27 mg/100 g。

【加工与利用】利用部位为成熟果实(主要是油性坚果果肉)。秋季果实成熟时采收，晒干，除去果壳，果肉(籽仁)可食用，也可用压榨方法提取仁油。坚果肉和其他蔬菜一样是人们喜欢的食物。烤坚果很好吃，常常作为主食，消耗量大。将它捣碎，与其他成分混合可做成各种各样的传统菜肴。坚果是有营养和有价值的食物，因为它们干燥后可保存很大一部分食用物质。

【附注】坚果油具有抗菌、抗氧化、促进皮肤血液循环、保湿等作用。仁油含有大量多不饱和脂肪酸，对皮肤有很好的再生、重建和保湿功能。传统上，用作身体揉搓剂，以清洁和滋润皮肤。在化妆品中多应用于婴儿护理品、眼周制剂、润肤霜，也用于干糙受损头发用的香波，以及唇膏。

416 伯尔硬胡桃 *Sclerocarya birrea* (A. Rich.) Hochst. (*S. caffra* Sond.)

彩图 416　英文名：Marula，Marula tree；漆树科

【别名】玛鲁拉树，硬果漆

【植物形态】落叶乔木，高至 18 m，树冠圆形，树皮灰褐色，斑驳。羽状复叶，互生，密集生于枝的上部，小叶 9～17 枚，卵圆形，近全缘。雌雄异株；雄花密集，雌花单生，较大，黄白色。果实近球形，成熟时淡黄色，果肉白色，可食，具独特风味。种子长方形，有一种微妙的坚果香味。

【生态分布】喜温暖气候，原产于南部非洲的森林中。西非的萨赫勒和马达加斯加也有。现广泛分布于非洲，从北部的埃塞俄比亚到南方的夸祖鲁纳塔尔都有。

【历史与民俗】伯尔硬胡桃(硬果漆)广泛分布在热带、亚热带的非洲。它是重要的果树，自古以来已经被当地居民作为一种食物来源。实验种植表明，硬果漆树的果实有潜力成为一种水果作物而栽培。

【化学成分】果实富含维生素 C(含量相当于橙子的 8 倍)，还含糖、蛋白质、有机酸等。种子富含脂肪油、蛋白质等；仁油含有丰富的 Ω-9-油酸，油中含有十八烯酸 70%～78 %、亚油酸 4.0%～7.0%、α-亚麻酸 0.1%～0.7%、棕榈酸 9%～12%、硬脂酸 5.0%～8.0%、花生四烯酸 0.3%～0.7%；另外，仁油还含维生素 E、甾醇、黄酮类化合物与抗氧化成分如原花青素、没食子酸、鞣质和儿茶素。

【加工与利用】主要利用果实、种子和种子油。秋季果实成熟时采集，将果实洗净，干燥备用；或将种子取出，干燥备用。种子可用压榨方法提取脂肪油。

硬果漆树果实味美，可鲜食，也可加工成美味的传统啤酒或硬果漆树葡萄酒（当地人称为 mokhope 或 ubuganu），以及加工果冻、果酱、蜜饯、糖浆、糖和醋。使用硬果漆树的果肉还可制成有硬果漆味道的奶油利口酒。种子虽然很难取出，但它非常美味，并能生产宝贵的食用油。

【附注】种子油和果实提取物具有抗菌、抗氧化、润肤、抗皱、改善血液循环等作用。果实提取物富含维生素 C；种子的萃取油富含抗氧化剂和不饱和脂肪酸，有助于重建皮肤自然屏障，深层保湿，能有效补充肌肤水分，滋养并更新肤质。

硬果漆油可以作为基础油单独使用，或以一定比例与其他基础油来调制面油或者按摩油，用来制作乳霜也有非常好的效果。

417 黑婆罗门参 *Scorzonera hispanica* L.

彩图 417　英文名：Black salsify，Scorzonera；菊科

【别名】西班牙雅葱，西洋牛蒡，西洋白牛蒡

【植物形态】多年生草本，高 10～20 cm，植株无毛。根长达 1 m，直径 2 cm，直立，黑色。茎单生或数个丛生。基生叶多数，椭圆状披针形或长圆状披针形，长 5～12 cm，宽 2～6 cm，顶端渐尖，有的外弯，全缘，平或略皱曲，基部渐窄成不明显的柄，叶柄基部渐宽成鞘状，白色，抱茎，茎生叶苞片状，卵状三角形或披针形，长 1 cm，或更小。头状花序单生于茎顶，总苞钟状柱形，长 15～18 mm，总苞片 4～5 层，外层小，内层条状披针形，膜质边缘较宽，无毛，舌状花黄色，干时淡紫红色，长约 16 mm，舌片长约 8 mm，深色脉纹清楚，前端齿裂。瘦果（未熟）无毛，或于上端冠毛之下有一圈毛；冠毛淡黄褐色，长约 8 mm，羽毛状，上部 1/3 粗糙。花期 6～7 月。

【生态分布】黑婆罗门参原产于欧洲的中南部，盛产于法国。适应性强，耐寒，喜排水良好的壤土或砂壤土。约在 20 世纪初由欧洲和日本引入我国。

【历史与民俗】黑婆罗门参原产南欧和近东。从西班牙传遍欧洲，凯尔特人和德国人都爱吃黑婆罗门参，16 世纪时它被认为能对抗脉鼠疫和蛇咬。大约在 1660 年以前，黑婆罗门参在意大利和法国开始栽培，后来比利时人大量种植。黑婆罗门参在欧洲已有商业性使用，但更多的是在个人花园栽培，供厨房使用。

【化学成分】根的营养包含蛋白质、脂肪、天冬酰胺、胆碱、菊芋糖以及矿物质，如钾、钙、磷、铁、钠和维生素 A，维生素 B，维生素 E 和维生素 C，它有轻微的甜味，适合糖尿病患者食用。

据报道，肉质根有蔬菜牡蛎之称，营养丰富，每 100 g 食用部分含蛋白质 3.3 g、脂肪 0.2 g、糖类 5.2 g、维生素 B_1 0.08 g、维生素 B_2 0.22 mg、维生素 C 8 mg、钙 60 mg、磷 75 mg、铁 0.7 mg。

【加工与利用】以肉质根供食用。嫩叶也可食用。黑婆罗门参根有厚实的黑皮，是不可食的，必须在煮沸后去除，如果在煮沸前剥皮，剥皮后的根应该立刻浸没在水中，并和醋、面粉混合，以防止变色。鲜挖的婆罗门参具有浓郁的牡蛎香味。其风味来自于肉质根内流出的乳白色汁液，根皮有切口即会逐渐流去，因此烹饪婆罗门参时煮熟后去皮，才能保存似牡蛎的鲜味。去皮的肉质根可用于烤、煮、做汤或油炸。一般将煮沸过的肉质根切片，裹上面粉油炸。烤根可作为咖啡的替代品。嫩叶可做沙拉或炒食。

【附注】以根入药。春夏秋均可采挖，除去茎叶，洗净泥土，鲜用或切片晒干。性味归经：苦，寒。功能主治：清热解毒，活血消肿。外用治疔疮、痈疽、毒蛇咬伤、蚊虫叮咬、乳腺炎。

418 黑麦 *Secale cereale* L.（*Triticum cereale* Salisb.）

彩图 418 英文名：Rye；禾本科

【别名】普通黑麦

【植物形态】一年或越年生。秆丛生，高约 100 cm，具 5～6 节，于花序下部密生细毛。叶鞘常无毛或被白粉；叶舌长约 1.5 mm，顶具细裂齿；叶片长 10～20 cm，宽 5～10 mm，下面平滑，上面边缘粗糙。穗状花序长 5～10 cm，宽约 1 cm；穗轴节间长 2～4 mm，具柔毛；小穗长约 15 mm（除芒外），含 2 小花，此 2 小花近对生均可育，另 1 极退化的小花位于延伸的小穗轴上，两颖几相等，长约 1 cm，宽约 1.5 mm，具膜质边，背部沿中脉成脊，常具细刺毛；外稃长 12～15 mm，顶具 3～5 cm 长的芒，具 5 条脉纹，沿背部两侧脉上具细刺毛，并具内褶膜质边缘；内稃与外稃近等长。颖果长圆形，淡褐色，长约 8 mm，顶端具毛。

【生态分布】黑麦喜冷凉气候。分布范围可达北纬 48°～49°。俄罗斯和乌克兰约占世界产量的 1/3，其他主要生产国是德国、波兰、法国、西班牙、奥地利、丹麦、美国、阿根廷和加拿大。中国较少，分布在黑龙江、内蒙古和青海、西藏等高寒地区与高海拔山地。

【历史与民俗】黑麦来源于多年生山黑麦（Secale montanum），它分布于地中海地区到伊朗、伊拉克和土耳其东部，而黑麦是从其中一年生几个杂草里选出的，最早可能是在中东地区。它后来传播到欧洲北部和亚洲西北部，在铁器时代之前，可能成为了一种重要的主食。黑麦栽培可能在公元前 6500 年源于西南亚，以后向西经巴尔干半岛传遍欧洲。

【化学成分】麦粒富含淀粉、脂肪和蛋白质、维生素 B 和磷、钾等。有报道，黑麦含蛋白质、膳食纤维、木酚素、阿魏酸、烷基间苯二酚、果聚糖、戊聚糖、β-葡聚糖和阿拉伯木聚糖和矿物质等。

【加工与利用】采用麦粒（籽）食用。麦粒成熟时采收，脱粒，晒干备用。黑麦传统上用于黑烤面包（Schwarzbrot 或裸麦粉粗面包），略有酸味和沉重感，但为脆性结构。黑麦面粉通常可与小麦粉混合，以提高烘焙特性（黑麦没有麸质）和用于某些类型的面包、黑麦面包、姜饼和一些蛋糕、糖果。黑麦也用来制造流行的斯堪的纳维亚薄饼这样的零食（如 knackebrot），以及清爽的早餐麦片和牛奶什锦早餐。黑麦麦芽或黑麦可用来制作美国黑麦威士忌、荷兰杜松子酒、俄罗斯伏特加和俄罗斯的啤酒。

【附注】黑麦提取物所含阿魏酸对过氧化氢、超氧自由基、羟基自由基和过氧化亚硝基等都有较强的清除作用。在所研究的诸多谷物里，仅黑麦及小麦等麦类中含有大量的烷基间苯二酚（Ars）。Ars 具有多种重要的生物活性作用，如抗细菌（革兰氏阳性菌）、抗肿瘤、抗氧化和稳定细胞膜等作用。所含的木酚素又称木脂素，是组成纤维类复合物的一类多酚化合物，也是植物雌激素的一种，有嫩肤作用，可用于美容、抗衰化妆品。黑麦植物胎座培养物提取物滤液也可用于化妆品。

419 佛手瓜 *Sechium edule*（Jacq.）Sw.

彩图 419 英文名：Chayote，Vegetable pear；葫芦科

【别名】隼人瓜，安南瓜，寿瓜，丰收瓜，洋瓜

【植物形态】多年生宿根草质藤本，茎攀援，有棱沟。叶柄纤细，无毛，长 5～15 cm；叶片膜质，近圆形，中间的裂片较大，侧面的较小，先端渐尖，边缘有小细齿，基部心形；上面深绿色，稍粗糙，背面淡绿色，有短柔毛。卷须粗壮，有棱沟，无毛，3～5 歧。雌雄同株。雄花 10～30 朵形成总状花序，花梗长 1～6 mm；花萼筒短，裂片展开，近无毛；花冠辐状，宽 12～17 mm，分裂到基部，裂片卵状披针形；雄蕊 3，药室折曲。雌花单生，花梗长 1～1.5 cm；花冠与花萼同雄花；子房倒卵形，具 5 棱，有疏毛，1 室，花柱长

2～4 mm。果实淡绿色，倒卵形，有稀疏短硬毛，长 8～12 cm，径 6～8 cm，上部有 5 条纵沟，具 1 枚种子。种子大型，卵形，长达 10 cm，压扁状。花期 7～9 月，果期 8～10 月。

【生态分布】喜温暖湿润气候。原产于墨西哥、中美洲和西印度群岛，野生于海拔 800～1 800 m 地区，在哥斯达黎加、危地马拉有商业栽培。1915 年传入中国，在中国江南一带都有种植，以云南、浙江、福建、广东、台湾最多。

【历史与民俗】佛手瓜开发成作物是在中美洲。在墨西哥还可能看到与它近似的、苦涩果实的野生种。它在哥伦布时期之前的阿兹特克文明时期就已经被栽培驯化。18 世纪传入欧洲，后传到东南亚，1916 年由缅甸传入中国云南，现华南和西南等地有栽培。

【化学成分】每 100 g 果实中含有水分 90～92 g、蛋白质 0.9～1.2 g、碳水化合物 2.6～7.7 g、维生素 C 12～22 mg、胡萝卜素 20 μg、钾 190 mg、核黄素 0.1 mg、钙 500 mg、磷 320 mg、铁 40 mg、钠 10 mg、铜 0.03 mg、镁 7 mg、锌 8.35 μg、硒 2.3 μg。此外还含有叶酸、泛酸、烟酸等。

【加工与利用】利用部位为成熟或未成熟的水果、块茎和幼嫩的茎。夏季采集嫩茎，秋季采收成熟或将成熟的果实，一般冬季采挖块根。采收后，去杂，洗净，一般鲜用。佛手瓜(果实，一般使用较幼嫩的)食用方法很多，鲜瓜可切片、切丝，荤炒、素炒、凉拌、做汤、涮火锅、做优质饺子馅等。还可加工成腌制品或罐头。在欧美各国，佛手瓜以蒸制、烘烤、油炸、嫩煎等方法食用。除果实外，根茎也可以食用，方法和风味与土豆相似，含维生素 A、维生素 C 较多。嫩叶和新梢也可作为蔬菜食用。

佛手瓜在瓜类蔬菜中营养比较全面丰富，常食对增强人体抵抗疾病的能力有益。经常吃佛手瓜可利尿排钠，有扩张血管、降压的功能。

【附注】佛手瓜籽 96% 乙醇提取物对金黄色葡萄球菌、粪肠杆菌、链球菌有抑制作用。籽 90% 乙醇提取物对 DPPH 自由基有消除作用。果实 30% 甲醇提取物在细胞培养时对内皮素-1 生成有抑制作用。内皮素拮抗剂进入皮肤，可与黑色素细胞膜的受体结合，抑制内皮素的生成，因而抑制黑色素的生成。因此，本品可作为皮肤美白剂用于化妆品。

420 锯叶棕 *Serenoa repens* (Bartr.) Small.

彩图 420　英文名：Saw palmetto；棕榈科

【别名】匍匐蓝棕，锯齿棕，塞润榈，棕榈果，沙巴棕

【植物形态】常绿棕榈，株高至 6 m。叶扇形，叶长 1～2 m，小叶长 50～100 cm，叶片黄绿色。花乳白色；浆果暗红色至黑色，生于叶中部，有香荚兰气味。

【生态分布】通常生长在南北美洲气候炎热的地区。原产北美，分布于大西洋和加勒比海沿岸。

【历史与民俗】威斯康星的北部和纽约的原土著人，在与欧洲人接触之前，就发现锯棕榈纤维可以利用。他们用其盖屋顶。印第安人用果实治疗巴哈马鱼的中毒，但使用方法还不清楚。

【化学成分】脂溶性成分含脂肪酸、脂醇、植物甾醇等；还含黄酮类和多糖。脂肪酸以油酸为主(占 40% 以上)，还有亚油酸(占 7% 以上)、月桂酸、肉豆蔻酸等。

【加工与利用】采用浆果和果油。夏季果实成熟时采收，干燥备用。果实可用压榨法提取脂肪油。干燥果实可作茶饮用。欧美药草医师也广泛地推崇用锯叶棕果茶来治疗男性的各种尿道疾病。锯叶棕的浆果最早被印第安人用来治疗前列腺疾病及尿道感染，目前欧美一些国家已将锯叶棕的提取物加入了防治前列腺肥大的药方，并取得不错的疗效。现代研究发现棕榈果含有大量游离脂肪酸、生物活性植物等，它们对男性前列腺具有特殊的保健功能。

【附注】果实提取物具有收缩血管、增强肌力、抗炎、抗黏膜炎、抗癌、镇静等作用。研究还表明，果实提取物对环氧化酶有抑制，显示有抗炎作用，结合其抗菌、抗氧化作用，是良好的皮肤调理剂，可用于多种护肤化妆品中。锯叶棕果油可作为化妆品基础油使用。

421 彩图 421 芝麻 *Sesamum indicum* L.

英文名：Sesame；胡麻科

【别名】胡麻，脂麻

【植物形态】一年生直立草本，高 60～150 cm，分枝或不分枝，茎中空或具有白色髓部，叶微有毛。叶片矩圆形或卵形，长 3～10 cm，宽 2.5～4 cm，下部叶常掌状 3 裂，中部叶有齿缺，上部叶近全缘；叶柄长 1～5 cm。花单生或 2～3 朵同生于叶腋内。花萼裂片披针形，长 5～8 mm，宽 1.6～3.5 mm，被柔毛。花冠长 2.5～3 cm，筒状，直径约 1～1.5 cm，白色而常有紫红色或黄色的彩晕。雄蕊 4，内藏，子房上位，4 室，被柔毛。蒴果矩圆形，长 2～3 cm，直径 6～12 mm，有纵棱，直立，被毛，分裂至中部或至基部。种子扁圆形。花期夏末秋初。

【生态分布】原产地为非洲或为热带亚洲，现广植于各热带和温带地区；我国各地也广泛种植。

它是喜温植物，种植主要分布在 40°N 和 40°S 之间。中国芝麻种植区域可至 45°N 的地方，主要在黄河及长江中下游各省，以及河南、湖北、安徽、江西、河北等省分布较多，其中河南产量最大。

【历史与民俗】人们对芝麻的应用历史悠久，古埃及时，由于其种子营养丰富而为人们所食用，并用来榨油。种子油可作灯的燃油和制成药膏。长期以来，人们认为芝麻有一种神力，《一千零一夜》中的谚语“芝麻开门”已为大家所流传。北宋沈括《梦溪笔谈・药议》说：“胡麻直是今油麻，更无他说，……中国之麻，今谓之大麻是也。有实为苴麻；无实为枲(麻)，又曰牡麻。张骞始自大宛得油麻之种，亦谓之麻，故以‘胡麻’别之，谓汉麻为‘大麻’也。”

中国自古就有许多用芝麻和芝麻油制作的各色食品和美味佳肴，一直著称于世。古代《神农本草经》载，芝麻主治“伤中虚羸，补五内、益气力、长肌肉、填精益髓”。古代养生学家陶弘景曾说：“八谷之中，惟此为良，仙家作饭饵之，断谷长生。”宋代大诗人苏东坡也认为，芝麻能强身体，抗衰老，以九蒸胡麻，同去皮茯苓，少入白蜜为面食，日久气力不衰，百病自去，此乃长生要诀。

【化学成分】种子含油脂(约 55%，其中主要有不饱和脂肪酸，包括油酸、亚油酸)、蛋白质(26%)、泛酸、维生素 E、叶酸及矿物质(尤其是钙)等。还含木酚素类化合物(如芝麻素、表芝麻素、芝麻素酚、芝麻林素、芝麻林素酚等)。

【加工与利用】利用种子和种子油。秋季果实成熟时收集种子，或将种子磨碎提取油脂。种子可生吃或烤后吃，或用于榨油食用，特别是阿拉伯、中国和日本烹饪喜欢使用它。种子也用于糖果中，撒在面包和蛋糕上。芝麻油可以长时间存储不会腐败。哈尔瓦是一种美味的甜食，具有独特的由芝麻、杏仁装饰的糖果。芝麻酱也常用于烹饪，与芝麻、柠檬汁、辣椒、大蒜及各种香料配入咸或甜的菜沙拉、蔬菜菜肴、肉类和家禽菜肴、豆类菜肴。著名的调味品“鹰嘴豆泥”是由芝麻酱和鹰嘴豆混合而成。美味的芝麻调味料在日本和非洲很流行。在中国，人们常吃的芝麻制品有芝麻粉、芝麻糊、芝麻饼、芝麻酱。常吃芝麻，可使皮肤保持柔嫩、细致和光滑。有习惯性便秘的人，肠内存留的毒素会伤害人的肝脏，也会造成皮肤粗糙。芝麻能滑肠治疗便秘，并具有滋润皮肤的作用。

【附注】芝麻有补血、强身、抗衰老之功效。可用于治疗身体虚弱、头晕耳鸣、高血压、高血脂、咳嗽、身体虚弱、头发早白、贫血萎黄、津液不足、大便燥结、乳少、尿血等症。

种子油(精制)对皮肤有滋润、保护作用，并可防治某些皮肤病，可用于化妆品基础油配制原料。芝麻提取物对过氧化物酶激活受体(PPAR)的活化显示有抗炎作用，对多种皮肤炎症有防治作用；它还有防晒、美白皮肤、活肤、抗衰功效，可用于美白、抗衰化妆品。从芝麻的花和茎中还可获取制造香水所用的香料。

422 小米 *Setaria italica* (L.) Beauv.

彩图 422　英文名：Foxtail millet，Italian millet；禾本科

【别名】粱，狗尾草，黄粟，谷子

【植物形态】一年生，秆粗壮，直立，高 0.1～1 m 或更高。叶鞘松裹茎秆，密具疣毛或无毛；叶舌为一圈纤毛；叶片长披针形或线状披针形，长 10～45 cm，宽 5～33 mm，先端尖，基部钝圆，上面粗糙，下面稍光滑。圆锥花序呈圆柱状，通常下垂，长 10～40 cm，宽 1～5 cm，常因品种的不同而多变异，主轴密生柔毛，刚毛显著长于或稍长于小穗；小穗椭圆形或近圆球形，长 2～3 mm，黄色、橘红色或紫色；第一颖长为小穗的 1/3～1/2，具 3 脉；第二颖稍短于或长为小穗的 3/4，先端钝，具 5～9 脉；第一外稃与小穗等长，具 5～7 脉，其内稃薄纸质，披针形，长为其 2/3，第二外稃等长于第一外稃，卵圆形或圆球形，质坚硬，成熟后，自第一外稃基部和颖分离脱落；鳞被先端呈微波状；花柱基部分离。

【生态分布】适应性强，广泛分布于欧亚大陆暖温带地区。现广泛栽培于欧亚大陆的温带和亚热带，我国黄河中上游为主要栽培区，其他地区也有少量栽种。

【历史与民俗】小米产于欧洲和亚洲温带地区。它被认为是来自亚洲温带地区的绿色谷子（*S. viridis*）。目前尚不清楚是何时开始驯化小米的，但它在中国大约 5 000 年前就被记录为作物了。在欧洲最早可以追溯到新石器时代，据考古学发现，在青铜时代欧洲已广泛种植小米。现在小米仍然是一种重要的传统粮食，它被作为家庭消费而种植，在中国有 400 万 hm^2，在印度有 100 万 hm^2。

小米是中国古代的主要粮食作物，所以夏代和商代属于“粟文化”。小米耐旱，品种繁多，俗称“粟有五彩”，有白、红、黄、黑、橙、紫各种颜色的小米，也有黏性小米。中国最早的酒也是用小米酿造的。

【化学成分】每 100 g 小米含蛋白质 9.7 g、脂肪 3.5 g、糖类 72.8 g、热量 1 515 kJ、钙 29 mg、磷 240 mg、铁 4.7 mg、胡萝卜素 0.19 mg、维生素 B_1 0.57 mg、维生素 B_2 1.12 nag、烟酸 1.6 mg、镁 93.1 mg、铜 5.5 mg、锰 9.5 mg、锌 25 mg、硒 45 mg、碘 3.7 mg 以及类雌激素物质。小米的蛋白质有谷蛋白、醇蛋白、球蛋白等多种。蛋白质中含有大量的谷氨酸、脯氨酸、丙氨酸和蛋氨酸。

【加工与利用】利用部位为干燥颖果（种子）。果实成熟时采收，晾晒，脱粒，除去外皮，干燥备用。小米在中国和印度是一种重要的主食。将它变成面粉，或用水、牛奶煮食用。在俄罗斯是用来制造啤酒；在欧洲和美国，它是最好的鸟食。在中国小米粥是健康食品；可单独煮熬，亦可添加大枣、红豆、红薯、莲子、百合等，熬成风味各异的营养品。小米磨成粉，可制糕点，美味可口。小米的芽和麦芽一样，含有大量酶，是一味中药，有健胃消食的作用。小米粥有安神之效。

【附注】小米养肾气，治脾胃中热，益气。陈粟米，味道苦，性寒。主治胃热消渴，利小便，止痢，抑制丹石毒。加水服用，能治热腹痛和鼻出血。制成粉末，用水过滤成汁，能解多种毒，能治霍乱以及转筋入腹，又可镇静安神。能解小麦毒、发热、反胃和热痢。用它煮成粥食用，对丹田有好处，可以补虚损，开肠胃。但不能和杏仁一起吃，否则会让人上吐下泻。

423 水飞蓟 *Silybum marianum* Gaertn.

彩图 423　英文名：Milk thistle，Cardus marianus，Saint Mary's thistle；菊科

【别名】水飞雉，奶蓟，老鼠簕

【植物形态】一年生或二年生草本，高 30～120 cm。茎直立，多分枝，有棱。基生叶大，莲座状，具柄，叶片长椭圆状披针形，长 15～40 cm，宽 6～14 cm，羽状深裂，缘齿有硬刺尖，叶上面具光泽，有很多乳白色斑纹，下面有短毛，脉上被长糙毛，中脉于叶背显著凸出；茎生叶较小，基部抱茎。头状花序，直径 4～6 cm，顶生或腋生，弯垂；总苞宽，近球形；总苞片多层，质硬，具长刺，或外层的先端估尖；花托肉质，

具硬托毛；花全为管状花，两性；淡紫色或紫红色，白色。瘦果，椭圆形，长约 7 mm，宽约 3 mm，棕色或深棕色，表面有纵纹，腺体突起；冠毛白色，刚毛状。花果期 5～10 月。

【生态分布】喜凉爽干燥气候，耐寒，适应性强，对土壤要求不严，沙滩地、轻盐碱地均可生长。分布于欧洲、地中海地区、北非及亚洲中部。我国长江流域水飞蓟幼苗可以露地越冬。东北、华北、西北等地均有引种栽培。

【历史与民俗】水飞蓟原产于地中海地区，古希腊著名医生戴奥斯柯里德就记录了水飞蓟(奶蓟草)种子泡茶能治疗毒蛇咬伤。公元 23—79 年，欧洲的临床医师流行以奶蓟草加蜂蜜退黄疸，这个方法一直风行到 16 世纪末叶，据当时的记载，它能有效地将胆囊结石粉碎排出，让阻塞性黄疸消退。

【化学成分】果实含黄酮木脂素类成分——水飞蓟素或称水飞蓟宾、2,3-脱氢水飞蓟素、水飞蓟宁、水飞蓟亭、2,3-脱氢水飞蓟亭等。还含 5,7-二羟基黄酮醇、花旗松素、β-谷甾醇、肉豆蔻酸等。

中国产水飞蓟瘦果含油 29.8%(陕西)。油的脂肪酸组成(%)：肉豆蔻酸 0.1，棕榈酸 11.0，硬脂酸 8.4，花生酸 4.8，山嵛酸 1.1，油酸 4.7，亚油酸 69.9。

【加工与利用】7～9 月待果序总苞变白，向外卷曲，冠毛开始露出时，其果实(瘦果)已经陆续成熟，可分批剪下果序，晒干，脱粒，扬净，干燥备用。瘦果(籽)可用压榨法提取脂肪油。水飞蓟草可用作食物。根可以生吃，或与奶油煮食，或烤来吃。春天幼嫩的芽也可和奶油(代替根)煮食。头状花序上的尖刺状苞片像朝鲜蓟一样被食用。它的茎(脱皮)可以浸泡一夜之后炖熟食用。带刺的叶子可以修剪刺后像菠菜一样煮来食用，也可添加至生沙拉里。水飞蓟油色浅黄而透明，外观似花生油、红花子油，经动物毒性和营养试验证明无毒，具有较高的营养价值，可供食用。在国外，水飞蓟油也供食用，称“袋鼠油”。但水飞蓟油目前主要供药用。

【附注】瘦果(籽)含水飞蓟素，又名西马利灵，有保肝和治疗肝病的作用，能对抗肝脏中毒，并有抗 X 射线的作用，没有毒性，即使长期服用也无不良反应。

水飞蓟提取物具有抗氧化作用。水飞蓟素能通过消除氧自由基、氢过氧化物自由基、羟基自由基等抑制脂质过氧化及脂氧酶活性来降低被损伤组织中的丙二醛和白三烯含量，升高超氧化物歧化酶的含量，从而可达到修复皮肤的目的。水飞蓟提取物对酪氨酸酶也有抑制作用。同时，还发现水飞蓟素可防紫外线损伤，更多的是遮挡作用。它在防晒化妆品中应用前景被看好。水飞蓟提取物具有很强的抗氧化性，其抗氧化性是维生素 E 的 10 倍。加之它对弹性蛋白酶也有良好的抑制作用，以及对皮肤毛孔的收敛作用，也可在清除皱纹类的抗衰老化妆品中使用。水飞蓟油富含多不饱和脂肪酸，可作为化妆品的基础油使用。

424 霍霍巴 *Simmondsia chinensis* (Link) Specimen

彩图 424　英文名：Jojoba；西蒙得木科

【别名】西蒙得木，荷荷巴，希蒙得木

【植物形态】多年生常绿灰绿色灌木，一般高度在 1～3 m 之间，个别植株可达 5 m。灌丛形，叶椭圆形、小、对生，两面具光亮的蜡质层，叶片较厚。雌雄异株，雄花小，长约 0.6 cm，无瓣，腋生，花梗较短，簇状着生，总状花序，风媒花，雄蕊 10～12 个。雌花无花瓣，腋生，多为单花，偶有簇生多达 50 朵，花长约 1.3 cm，1 子房，1～3 个胚珠，5 片花萼成卵状或披针状，萼片软弱，被短毛。蒴果，长约 1.5 cm，多为 1 个种子，偶见 2～3 个种子，幼果绿色，成熟后成褐色，几周后果壳开裂，种子脱落。果实成椭圆状，浅褐色、褐色、黑褐色，长约 1.2 cm。

【生态分布】西蒙得木喜温暖，对低温敏感。低于 −5 ℃时许多植株的花、顶枝即受到冻害。西蒙得木对水分要求不高，是典型的耐旱植物，原野生地区年降水量约为 76～420 mm，少数年份可达 500 mm。最佳水分(平地)在 380～500 mm 之间。在坡地上的野生西蒙得木水分低于 500 mm 则对结

实产生较大影响。主要分布于美国加州、墨西哥、加勒比海等地，现在世界各地有引种，我国云南有引种。

【历史与民俗】美国土著人很早就发现霍霍巴的重要性。18 世纪初耶稣教会的传教士在加州半岛见到原住民以加热软化方法处理霍霍巴种子，并用研钵研制成一种油质药膏。这种药膏用于医治皮肤癣和头癣。索诺拉沙漠人也用霍霍巴种子制成药膏用于治疗烧伤。霍霍巴是一种生长在美国西南和墨西哥西北一带干旱沙漠地区的野生植物，人称世界油料之王。20 世纪 70 年代中期开始人工种植，20 世纪 80 年代初，国际市场上就开始售霍霍巴油，并应用于化妆品中，以取代鲸蜡油等。20 世纪 80 年代后期，我国四川和云南一些地方也引种了霍霍巴，可以提供化妆品用霍霍巴油。

【化学成分】种子含油 47%～62%，是一种金色的液态蜡。因为它不是由三酸甘油酯组成，而是由长链脂肪酸(平均链长 C20)以及长链含脂肪酸醇(平均链长为 C21)所组成。还含有清蛋白、球蛋白及多种西蒙得木多糖衍生物。叶含鞣质、维生素、叶绿素、有机酸、多糖等。

【加工与利用】主要采用种子油和叶提取物。一般夏季采叶，秋季采集果实，干燥后取出种子备用。叶可用水、乙醇等溶剂提取，提取液浓缩至干，得提取物浸膏。种子可用压榨法或有机溶剂萃取法提取蜡油(液态蜡)。

霍霍巴油具有抗菌、抗炎、防晒作用，其分子结构类似皮脂，能对青春痘产生疗效，并可抑制过度的皮脂积累；有证据显示西蒙得木油能渗透皮肤，并透过滤泡壁进入角质层。西蒙得木叶 50% 乙醇提取物对弹性蛋白酶活性、胶原酶活性、透明质酸酶活性均有抑制作用，在人成纤维细胞培养时对弹性蛋白生成有促进作用。

霍霍巴油不易被氧化，有良好的耐热稳定性且不易腐臭。它的储存期较长，即使经过数年的时间，其化学成分也不易改变；并能耐高温、高压，黏度变化小。因而它可以滋润头发，也是许多肥皂以及洗发精的成分；它可以平衡皮肤的酸性皮脂膜，干燥和油性的皮肤都适用。基于它不油腻的良好润滑特性，美容业使用氢化后的西蒙得木油来制造乳液、化妆水、肥皂和口红；它会和其他的蜡质形成固态以维持口红中的颜料和油。其叶提取物可作为活肤抗皱剂、皮肤保湿剂用于化妆品。

【附注】霍霍巴油的分子排列和人的皮脂非常类似，可用来改善敏感肌肤、风湿、关节炎与痛风。用作芳香按摩油时，它会连接皮下脂肪，并且畅通毛孔，不会留下任何废弃物质。

425 白芥 *Sinapis alba* L.（*Brassica alba*(L.) Boiss.）

彩图 425　英文名：White mustard；十字花科

【别名】白芥子

【植物形态】一年生草本，高达 75(100)cm；茎直立，有分枝，具稍外折硬单毛。下部叶大头羽裂，长 5～15 cm，宽 2～6 cm，有 2～3 对裂片，顶裂片宽卵形，长 3.5～6 cm，常 3 裂，侧裂片长 1.5～2.5 cm，二者顶端皆圆钝或急尖，基部和叶轴会合，边缘有不规则粗锯齿，两面粗糙；叶柄长 1～1.5 cm；上部叶卵形或长圆卵形，边缘有缺刻状裂齿。总状花序有多数花，无苞片；花淡黄色，直径约 1 cm；花梗长 5～14 mm；萼片长圆形或长圆状卵形，长 4～5 mm；花瓣倒卵形，长 8～10 mm，具短爪。长角果近圆柱形，长 2～4 cm，喙稍扁压，常弯曲；种子球形，直径约 2 mm，黄棕色，有细窝穴。花果期 6～8 月。

【生态分布】白芥原产南欧和地中海沿岸。属半耐寒性植物，喜冷凉气候。抗寒力较强，能耐 −7～−5 ℃的短期低温。喜光，喜肥沃土壤。白芥现在欧洲、北美以及新西兰等国栽培最多。日本、印度、苏联南部亦有栽培。我国南北许多地方均可栽培。长江流域及其以南地区秋播，次年春夏收籽。黄河流域以北地区为春播秋收。

【历史与民俗】白芥起源于地中海东部地区，并在中世纪扩散到欧洲其他地区。在北欧(特别是瑞典)，秆和叶可作为绿肥开发利用，种子可专作油的生产。现在主要生产地区有美国、加拿大、英国和欧洲的部分地区。

【化学成分】 种子主要成分为白芥子苷(sinalbin)、脂肪油、芥子酶(myrosin)、芥子碱(sinapine)等。白芥子含脂肪油25%～35%,不含挥发性油,其主要成分为白芥子硫苷(sinalbin)(2.5%～5%),遇水后,由于酶的作用而产生具有强烈的刺鼻辣味的二硫化白芥子苷、白芥子硫苷油等物质。经蒸馏可得挥发油。

【加工与利用】 主要利用成熟种子。初秋果实成熟时,将植株连根拔起,晒干后打下种子,去净果壳等杂质,即得到白芥种子,俗称"芥子"。将成熟干燥的芥子经压榨除去大部分脂肪油后,干燥、粉碎成粉末状,即可作调味料。白芥由于有芥末油,具有典型的辛辣味,后来才发展成芥末粉与水或酒混合使用。白芥有"热"苦和辛辣的味道,而黑色和褐色芥末有更辛辣的味道。在法国,它们之间的差别是黑色或褐色芥末才称为"芥末",而那些由白芥制成的"芥末"指的是"一般调味品"。一个例外是,在莱茵河与摩泽尔河地区著名的阿尔萨斯芥末是由白芥制成的,也叫"芥末"或"moutarde"。芥末是欧式食品的重要调味料,其地位如同辣椒在中国,有特殊鲜味和香味。北京产的芥末含油多、辣味大,较有名气。北方常用作凉拌粉皮及拼盘的调料。芥子粒可用于酸菜、色拉的调味,芥末粉可用于烹饪及加工蛋黄酱、咖喱粉等。

【附注】 芥子(种子)为传统中药之一,味辛,性温。有利气宽胸,豁痰散结,温中开胃,消肿止痛等功能。用于老年气喘咳嗽、胸胁胀满、反胃呕吐、跌打肿痛、扭伤挫伤、阴疽肿毒及各种神经痛。芥子油也可食用。

426 菊薯 *Smallanthus sonchifolius* (Poepp. et Endl.)H. Rob.

彩图 426　英文名:Yacon;菊科

【别名】 雪莲果,雪莲薯,雅贡

【植物形态】 多年生草本,根膨大成块根状,4～12 个一串,肉质淡橙色。株高约 1～2 m,全身密被粗毛,叶片极大,对生,长约 20～30 cm,叶片顶端卵状三角形,有不规则锯齿缘,叶柄两侧呈翼状。头状花序生于枝顶,外观接近向日葵,由边缘的舌状花和花盘中央的管状花组成,花瓣黄色,果实为瘦果。秋天开花。

【生态分布】 热带植物,喜温暖湿润气候,怕霜冻。特别适应于当地海拔 1 000～2 300 m 之间的砂质土壤上,喜光照,生长期约 200 多天。原产于南美洲的安第斯山脉,秘鲁,阿根廷,中国云南、台湾等地有种植。现已在云南、福建、海南、贵州、四川、湖南、湖北、山东、河南、河北引种栽培成功。

【历史与民俗】 菊薯原产于南美洲秘鲁南部至玻利维亚东部的安第斯山脉,当地名称为"yacon"(译为"雅贡"或"亚贡"),是当地印第安人的传统食品。在美洲莫切人的时代,它可能就是一种特殊的场合的食物。被当地人驯化并食用,可能有 500 年的历史。安第斯山脉的居民一直栽种这种植物作为根茎类蔬菜食用。于 20 世纪初传入欧洲,但是当时并没有受到注意,直到 20 世纪 80 年代才开始流行。1985 年日本从美国和新西兰引种栽培成功,随后流入韩国。我国于 2002 年在云南省成功引进,随后在南方各省有种植。

【化学成分】 根含果糖、葡萄糖、蔗糖、寡聚果糖以及淀粉、菊糖、纤维素、维生素和矿质元素等,其中菊糖和寡聚果糖占其干物质的 67%,还含鞣质、蛋白质、17 种氨基酸。维生素以维生素 E 含量最高,其次有 β-谷甾醇、维生素 B_1、维生素 B_2、维生素 A 等。叶含菊糖、蛋白质、氨基酸、维生素、叶绿素、鞣质、矿物质等。

【加工与利用】 利用部位为块根和叶。叶夏、秋季采集,块根秋、冬季挖取,洗净泥土,削去须根和头尾,个大者切成数块或厚片,晾干备用。块根含有鞣质,切开和去皮后,暴露在空气中就会变成褐色。为了防止变色,可将去皮切开的块根放在清水中浸泡,使其与空气隔绝,可防止氧化变色。根块,形似甘薯,多汁,不含淀粉,可以洗净削皮生吃、炒食或煮食,也可以炖鸡或排骨煲汤。它口感脆嫩、味微甜、爽口。很像甜味比较重而辣味比较轻的白萝卜。薯块和叶可加工制作饮料。叶子干后还可以制成茶,适用于低血糖患者饮用，在巴西已经有类似产品。

块根含果糖、葡萄糖、蔗糖、寡聚果糖以及淀粉、菊糖、少量的纤维素、维生素和矿物质等，其中菊糖和寡聚果糖占其干物质的67%，而菊糖和寡聚果糖不能被人体直接吸收，因此，它属于低能量食品。适用于糖尿病患者以及消化不良的人群食用，是一种很有前景的减肥食品。

【附注】块根具有调理血液，降低血糖、血脂和胆固醇功效，有预防和治疗高血压、糖尿病作用，对心脑血管疾病和肥胖症等也有一定疗效。块根提取物及叶提取物均有较强的抗菌、抗氧化、提高免疫力的作用，是有效的防治面痘、暗疮，养颜美容的天然保健品，可用于美容、护肤类化妆品。本品还有生发作用，可作为洗发水的成分。

427 土茯苓 *Smilax glabra* Roxb.

彩图 427 英文名：Glabrous greenbrier；百合科

【别名】光叶菝葜，禹余粮，刺猪苓，过山龙，山猪粪

【植物形态】攀援状灌木。根茎块根状，有明显结节，着生多数须根。茎无刺。单叶互生；革质，披针形至椭圆状披针形，长6～20 cm，宽1.2～5 cm，先端渐尖，基部圆形，全缘，下面常被白粉，基出脉3～5条；叶柄长1～2 cm，略呈翅状，近基部具开展的叶鞘，叶鞘先端常变成2条卷须。花单性，雌雄异株；伞形花序腋生，花序梗极短；小花梗纤细，基部有多数宿存的三角形小苞片；花小，白色，直径约4 mm；花被裂片6，2轮；雄花的雄蕊6，花丝较花药短，退化雌蕊缺；雌花的退化雄蕊线形，子房上位，3室，柱头3歧，稍反曲。浆果球形，直径6～8 mm，红色。花期7～8月，果期9～10月。

【生态分布】喜温暖湿润气候，对土壤要求不严。生长于山坡、荒山及林边的半阴地。分布于安徽、江苏、浙江、福建、广东、广西、江西、湖南、湖北、四川、贵州等地。主产广东、湖南、湖北、浙江、四川、安徽等地。越南、泰国和印度也有分布。

【历史与民俗】土茯苓民间药用已久。“土茯苓”一词出自《滇南本草》；陶弘景：“南人又呼平泽中有一种藤，叶如菝葜，根作块有节，似菝葜而色赤，根形似薯蓣，谓为禹余粮。言昔禹行山乏食，采此以充粮，而弃其余。此云白余粮也。生池泽。”《本草拾遗》：“草禹余粮，根如盏连缀，半在土上，皮如茯苓，肉赤味涩，人取以当谷，不饥。”《本草纲目》：“土茯苓，有赤白二种，入药用白者良。按《中山经》云，鼓镫之山有草焉，名曰荣草，其叶如柳，其本如鸡卵，食之已风，恐即此也。”

【化学成分】根状茎含淀粉69.67%；含有3种皂苷及鞣质、树脂、六碳糖；还含生物碱、微量挥发油、甾醇、油酸和亚油酸等。

【加工与利用】利用部位为根茎。秋末冬初采挖，除去芦头及须根，洗净泥沙，切成10 mm左右薄片，或切成13 mm左右的方块，晒干或用烘干机烘干备用。

土茯苓的根茎含淀粉达70%，但其含有皂苷、鞣质等物质，混杂在淀粉中，较难除去。因而一般将加工后薄片等磨碎、筛选，主要用于酿酒和其他工业用途。土茯苓片也是传统的中草药，有解毒，除湿，利关节的功能，可作为药膳使用，举例：

土茯苓赤小豆煲排骨材料：土茯苓40 g，赤小豆30 g，祛湿豆50 g，排骨300 g，水10碗，陈皮1/4个。做法：土茯苓、赤小豆和祛湿豆略微浸泡；排骨切块洗净，所有材料一起放进瓦煲内，加入清水约10碗量，武火煲沸后，改为文火煲至2 h。饮用时加入适量食盐便可。功效：预防手足口病，清湿热解湿毒。

绿豆土茯苓糖水材料：绿豆50 g，土茯苓50 g，红糖适量。做法：绿豆洗净，土茯苓洗净，加水6碗，煲至豆稔，加红糖，再煮片刻汤成，可饮食。功效：祛湿热，解毒凉血。绿豆有解毒清热作用，加土茯苓祛湿利水，可使疖疮加速愈复。

【附注】土茯苓药用有抗癌作用。根茎提取物对组织蛋白酶有活化作用，显示可增强皮肤细胞的新陈代谢；它对皮肤毛孔有收缩作用，具有紧肤功效，显示有抗衰老作用，可用于抗衰化妆品。

428 茄 *Solanum melongena* L.

彩图 428

英文名：Aubergine，Eggplant，Brinjal；茄科

【别名】茄子，酪酥，昆仑瓜

【植物形态】直立草本至亚灌木，高可达 1 m，小枝，叶柄及花梗均被星状茸毛，老时脱落。叶大，卵形至长圆状卵形，长 8～18 cm 或更长，宽 5～11 cm 或更宽，先端钝，基部不相等，边缘浅波状或深波状圆裂，两面被星状茸毛，下面较密，叶柄长 2～4.5 cm。能孕花单生，花柄长约 1～1.8 cm，毛被较密，花后常下垂，不孕花蝎尾状与能孕花并出；萼近钟形，直径约 2.5 cm 或稍大，外面密被星状茸毛及小皮刺，萼裂片披针形，先端锐尖；花冠辐状，一般白色或紫色，外面星状毛被较密，花冠筒长约 2 mm，冠檐长约 2.1 cm，裂片三角形；花丝长约 2.5 mm，花药长约 7.5 mm；子房圆形，顶端密被星状毛，花柱长 4～7 mm，中部以下被星状茸毛，柱头浅裂。果的形状大小变异极大。

【生态分布】喜温，喜光，喜湿润肥沃土壤。原产亚洲热带，认为原产阿拉伯地区；现在世界各地有栽培。我国各地区均有栽培。

【历史与民俗】野生茄子是一种带刺的植物，果实苦涩，生长在印度本土。它的种植被认为起源于印度。而中国是第二个中心，在公元前 500 年就种植茄子了。茄子通过阿拉伯和波斯进入非洲和欧洲，从 17 世纪起，在欧洲南部开始流行。18 世纪由中国传入日本。中国栽培茄子历史悠久，类型品种繁多。西晋嵇含撰写的植物学著作《南方草木状》中说，华南一带有茄树，这是中国有关茄子的最早记载。至宋代苏颂撰写的《图经本草》记述当时南北除有紫茄、白茄、水茄外，江南一带还种有藤茄。今天茄子已种植在世界的许多地方。

【化学成分】果实含有蛋白质、脂肪、碳水化合物、维生素及钙、磷、铁等。所含维生素有维生素 C、维生素 E、维生素 P，还含生物碱（胆碱、胡芦巴碱、水苏碱、龙葵碱等）、花青素（茄色苷）。根含有生物碱等。

【加工与利用】主要食用果实。果实成熟时采收，洗净，鲜用或干燥备用。茄子被用作多种蔬菜菜肴，特别是在东欧和地中海烹饪中喜欢使用茄子。它可用于炸、煮、烤、炖，或填充在印度、马来西亚或泰国咖喱羊肉和白色的肉菜里。茄子炒蘑菇是良好的素食菜肴，可以代替肉类菜肴，既营养又好吃。当然，茄子切片和煮熟的羊肉片、洋葱和大蒜，再搭配番茄酱，在巴尔干地区、土耳其和希腊也是一种受欢迎的菜肴。在意大利最著名的茄子菜，“melanzane”就是烤茄子和西红柿酱、帕尔玛干酪做成的；在西西里的“caponata”也是茄子、芹菜、橄榄和酸豆糖醋酱制作成的。茄子皮薄多肉不耐贮藏，一般都鲜食或加工，很少进行贮藏。中国民间茄子的加工有腌渍茄子、酱制茄子及干制茄子等方法。

茄子味甘性寒，入脾胃、大肠经，具有清热活血化瘀、利尿消肿、宽肠之功效。治肠风下血、热毒疮痈、皮肤溃疡。

【附注】茄子全草甲醇提取物对枯草杆菌、大肠杆菌、表皮葡萄球菌等均有抑制作用。果实甲醇提取物对 DPPH 自由基有消除作用。果实鲜汁在纤维芽细胞培养时对胶原蛋白生成有促进作用。叶 50% 乙醇提取物对酪氨酸酶活性有促进作用。根乙醇提取物对 5α-还原酶活性有抑制作用。茄子果汁对纤维芽细胞活性的促进显示有活肤作用，结合其抗氧性，可用于抗衰化妆品。它还有较强的抗菌、抗炎作用，用于护肤产品中，对热毒疮痈、皮肤溃疡有防治作用。

429 南美香瓜茄 *Solanum muricatum* Aiton

彩图 429

英文名：Pepino，Melon pear；茄科

【别名】人参果，香瓜茄，粗茎茄

【植物形态】一年生草本，株高可达 1 m。叶互生，单出或三裂片或 3 出叶。聚伞花序，花冠白色至

浅紫色。果为浆果，卵形、椭圆形或圆球形。花期春季，果实秋季。

【生态分布】不耐寒，也不耐高温。植株生长的适温为白天20～25 ℃，夜间8～15 ℃。坐果适温为20 ℃，温度高于25 ℃或低于10 ℃时易落花落果，0 ℃时易发生冻害。果实成熟时期要求光照充足，否则成熟期延长，果实香味淡。喜弱酸或中性土壤。南美香瓜茄被认为原产于温带安第斯山脉地区，包括哥伦比亚、秘鲁和智利。虽然不知道它的驯化过程的细节，但它应该是在安第斯山脉当地驯化的本地物种。现在它主要生长在智利、新西兰和澳洲西部。我国于20世纪80年代引入试种。

【历史与民俗】香瓜茄产于南美洲的安第斯山脉地区。起源的确切位置还不知道，但它是一个古老的农作物，并被描绘在秘鲁前哥伦布时期的陶器上。它的果实通常也在玻利维亚、智利、哥伦比亚、厄瓜多尔和秘鲁当地市场上出售。现在以商业规模种植在智利、加州和新西兰，并出口到欧洲、日本和美国。它最初的名字是"茄瓜甜酒"(西班牙语"甜蜜的黄瓜")，可能会与黄瓜混淆。

【化学成分】每100 g成熟鲜果中含蛋白质1.9 g、总糖3.1 g、粗脂肪0.2 g、维生素C 130 mg、维生素B_1 0.25 mg、维生素B_2 0.27 mg、胡萝卜素0.9 mg、总氨基酸1 818 mg，必需氨基酸253 mg，特别是富含微量元素硒，还含有钼、镁、铁、锌、锰、钴。

【加工与利用】利用部位为成熟果实。作为水果可鲜食。香瓜茄的科学食用与深加工的方法颇多，现简介如下：①香瓜茄炒肉片：香瓜茄250 g，猪肉100 g，精盐、味精、素油、料酒、葱花、姜末、酱油各适量。先将香瓜茄去蒂、洗净、切片，再将猪肉洗净、切薄片；油锅烧热下肉片煸炒，七八成熟时加入香瓜茄片和佐料，再炒熟装盘即可。②做水果鲜食：生食的香瓜茄一定要充分成熟，才有淡雅的清香气，果肉淡黄，爽口多汁，风味独特。③凉拌香瓜茄：将充分成熟的香瓜茄洗净、切片入盘中，加入适量精盐腌渍片刻，倒去渗出的水分，再加入适量蒜泥、味精、米醋和芝麻油，拌匀食用。④笼蒸香瓜茄：即将香瓜茄洗净，纵切至2/3处，让一部分果皮与果肉相连，将果瓤挖去，再将肉馅填入其中，入笼蒸熟，取出，用洁净的快刀将其横切成片.然后食之。此外，作为蔬菜，还可炸、焖、炖等；深加工还可制成香瓜茄果汁、罐头、果脯、冰淇淋、乳酪、果酱、果酒、蜜饯等。

【附注】香瓜茄有"抗癌之王"的美誉，因其富含多种微量元素，而这些微量元素如硒、铁、钙、锌等对激活人体细胞，增强人体免疫力，维持免疫细胞的正常功能，促进各种维生素及营养的吸收、利用，抑制恶性肿瘤细胞的裂变，起着重要作用。

430 马铃薯 *Solanum tuberosum* L.

彩图430　英文名：Potato；茄科

【别名】洋芋，阳芋，土豆

【植物形态】草本，高30～80 cm，无毛或被疏柔毛。地下茎块状，扁圆形或长圆形。叶为奇数不相等的羽状复叶，长10～20 cm；叶柄长约2.5～5 cm；小叶，6～8对，卵形至长圆形，最大者长可达6 cm，宽达3.2 cm，最小者长宽均不及1 cm，先端尖，基部稍不相等，全缘，两面均被白色疏柔毛。伞房花序顶生或侧生，花白色或蓝紫色；萼钟形，直径约1 cm，外面被疏柔毛，5裂，裂片披针形，先端长渐尖；花冠辐状，直径约2.5～3 cm，花冠筒隐于萼内，冠檐长约1.5 cm，裂片5，三角形，长约5 mm；雄蕊长约6 mm，花药长为花丝长度的5倍；子房卵圆形，无毛，花柱长约8 mm，柱头头状。浆果圆球状，光滑，直径约1.5 cm。花期夏季。

【生态分布】马铃薯性喜冷凉。原产智利、玻利维亚和秘鲁山区，现在全世界各地有栽培。

【历史与民俗】马铃薯原产于南美洲安第斯山区，人工栽培史最早可追溯到公元前8000—前5000年的秘鲁南部地区。安第斯山脉海拔3 800 m以上的滴滴喀喀湖区可能是最早栽培马铃薯的地方。在距今大约7 000年前，一支印第安部落由东部迁徙到高寒的安第斯山脉，在滴滴喀喀湖区附近安营扎寨，以狩猎和采集为生，是他们最早发现并食用了野生的马铃薯。大约1570年，马铃薯传入西班牙，

1590 年传入英格兰，17 世纪时，马铃薯已经成为欧洲的重要粮食作物，1650 年传入中国。

【化学成分】块茎含淀粉、维生素 A、硫胺素、核黄素、维生素 C、维生素 K、矿物质(特别是钾)、少量莨菪烷类生物碱。据报道，还含酚酸、咖啡酸、绿原酸、新绿原酸、阿魏酸、没食子酸等。

【加工与利用】主要利用块茎(土豆)。秋季至早春均可采挖块茎，除去泥土、杂质，洗净，晾干备用。土豆是有多种用途的蔬菜之一。它有广泛的食谱，可用于煮、烤、蒸、煎或炒，已成为非常受欢迎的食品原料，可制作薯条和马铃薯泥。土豆是工业用淀粉的来源，也是制作蒸馏酒(尤其是伏特加)和生产饼干的好原料。

【附注】块茎有抗炎、抗菌、止血、止痛等作用。块茎浆汁有助于治疗胃溃疡，改善胃酸浓度和止痛。块茎浆液外用，可缓解关节痛、头痛、背痛、皮肤痛和止血。印度用块茎外皮治疗牙龈肿痛和创伤。

本品具有抗菌、抗炎、抗氧化、保湿、皮肤美白、活肤等作用，可用于美容、抗衰化妆品。

431 苦苣菜 *Sonchus oleraceus* L.

彩图 431 英文名：Sonchus，Common sowthistle；菊科

【别名】苦菜，山苦荬，苦荬菜，苦麻菜，苦荬

【植物形态】一年生草本植物。株高 30～100 cm，根纺锤状。茎直立。叶柔软无毛，羽状深裂，大头状羽状全裂或羽状半裂，边缘有刺状尖齿，下部的叶柄有翅，基部扩大抱茎，中上部的叶无柄，基部宽大，戟耳形。头状花序在茎顶端排成伞房状；总苞钟状，暗绿色；总苞片 2～3 层；舌状花黄色，两性，结实。瘦果长椭圆状倒卵形，压扁，边缘有微齿，冠毛毛状。花期 6～8 月，果期 7～9 月。

【生态分布】苦苣菜为暖温带和亚热带广泛分布的植物。它适应性很强，耐寒、耐热又耐贫瘠。常生于田边、路旁、林缘、草丛、溪岸等地，海拔 170～3 200 m，几遍全球分布。我国南北大部分省市自治区均有分布，如辽宁、山东、河南、河北、山西、陕西、四川、云南、贵州、湖北、江西、浙江、安徽、江苏、福建、广东、广西、台湾等地。

【历史与民俗】苦苣菜作为野菜在我国食用历史非常悠久。早在 2 500 年前就有关于苦苣菜的赞美，“虽谓荼苦，其味如荠”，荼即苦苣菜。苦苣菜在明代的《救荒本草》中就有介绍。春季采集其嫩茎叶作蔬菜，因有苦味，又名苦菜，但有些地区或种类苦味较轻，或许是人们采集到不同的植物种类，实际上，人们常把苦苣菜属的其他多种植物都叫苦菜。一般食用时须先用开水烫一下，以除去苦味。苦苣菜又名荼草，入药首载于《神农本草经》。《本草纲目》云：“苦菜即苦荬也，家栽者呼为苦苣，实一物也。”

【化学成分】苦苣菜嫩茎叶，每 100 g 鲜菜中含粗蛋白 3.4 g、粗脂肪 1.4 g、粗纤维 1.6 g、胡萝卜素 3.22 mg、维生素 B_2 0.53 mg、维生素 C 88 mg。无机盐中以铁含量较高，为 53.7 mg，其次是镁，为 5.26 mg，还有钙 158.7 mg、磷 105 mg、铜 1.86 mg、锌 3.9 mg。另外还含有油脂、蜡醇、胆碱、转化糖、酒石酸、甘露醇、左旋肌醇、苦味素等成分。氨基酸含量测定发现，苦菜含有 17 种氨基酸，其中 8 种是人体必需氨基酸。

苦苣菜全草还含木犀草素-7-O-吡喃葡萄糖苷、金丝桃苷、蒙花苷、芹菜素、槲皮素、山柰酚。苦苣菜花含木犀草素-7-O-吡喃葡萄糖苷和木犀草素吡喃葡萄糖醛酸苷。

【加工与利用】以嫩苗、嫩叶食用。春季或秋季采集苦苣菜的嫩茎叶或嫩苗，洗净，鲜用。嫩茎叶洗净，沸水烫一下，凉水浸泡后，炒食或加酱、糖、醋等做凉拌菜。苦菜的吃法，不同地区各异。一般地区是将苦菜采挖后，用水洗净，加盐生拌或蘸酱生食，带有苦味，但吃起来爽口，营养成分也保存完整。全草入药，中药用于治咽喉肿痛、肠炎、痢疾、黄疸、吐血、衄血、便血、崩漏、血淋、痈肿疔疮等。

【附注】全草含抗肿瘤成分，在小鼠大腿肌肉接种肉癌-37，6 d 之后，皮下注射苦苣菜酸性提取物，6～48 h 后杀死小鼠，肉眼及显微镜观察，均可见到肉瘤受到明显的伤害(出血、坏死等)。

全草提取物具有抗菌、抗炎、抗氧化、润肤等功效。全草水提取物对羟基自由基有消除作用，对 NO 生成有抑制作用。全草甲醇提取物对 B-16 黑色素瘤细胞活性有抑制作用。全草 50% 乙醇提取物对角叉菜胶致大鼠足趾肿胀有抑制作用，因而是良好的肌肤调理剂，可作为抗炎剂、抗氧剂、皮肤美白剂、保湿剂用于护肤、抗衰化妆品。

432 欧洲花楸 *Sorbus aucuparia* L.

彩图 432　英文名：Rowan，Mountain-ash；蔷薇科

【别名】北欧花楸，欧亚花楸

【植物形态】落叶乔木，高至 12 m。树皮红色。羽状复叶，小叶长披针形，长 2～6 cm，宽 1～2.5 cm，边缘有锯齿，有短梗。复伞房花序，具花达 250 朵，总花梗和花梗具稀疏柔毛；花直径 8～10 mm；萼筒钟状，萼片 5，三角形；花瓣 5，椭圆形，淡黄白色；雄蕊 25，短于花瓣；花柱 2，基部或中部以下合生。果实圆形或卵圆形，长 10 mm，橙色或红色。花期 5 月，果期 8～9 月。

【生态分布】原产欧洲和亚洲西部。喜光，稍耐阴，耐寒。喜凉爽湿润气候，喜排水良好的酸性土壤。我国黄河流域以北地区可以种植。在北半球各地都有分布，生于林地，也作观赏树栽培。

【历史与民俗】在苏格兰高原，欧洲花楸被认为可以解除巫术，高原的居民将其种植在房屋附近，认为将欧洲花楸的灰烬撒向牲畜，可以保护它们免受魔鬼的袭击。成熟果实已用于传统的奥地利医学，内服(如茶、糖浆、果冻或甜酒)对呼吸道疾病有治疗作用，可治疗发热、感染、感冒、流感、风湿和痛风。

【化学成分】果肉中含有类胡萝卜素、柠檬酸、苹果酸、山梨酸、果胶、维生素 A、山梨醇、单宁和维生素 C。种子含油，还有糖苷。

【加工与利用】主要利用果和籽油。秋季果实成熟后采摘，去杂，洗净，取出种子后鲜用。种子以压榨法提取脂肪油。新鲜的果实通常有令人不快的味道，但它可以脱苦后做成果盘、果冻、果酱、浓糖浆、水果酱，或果汁，以及葡萄酒和甜酒，或用作茶饮，或磨成面粉。它也被用于制醋、白兰地和其他酒精饮料。在法国、德国和意大利，它用于生产发酵的苹果酒，就像喝“Apfelwein corme”。但果实鲜食不可过量。

【附注】本品有抗菌、消炎、收敛、止血等作用。研究表明，果实 70% 丙酮提取物对羟基自由基有消除作用。果实提取物可作为抗皱活肤剂、抗氧剂、抗炎剂、过敏抑制剂用于化妆品。还可制成含漱剂用于防治咽喉疼痛。种子油经精炼后可作为化妆品的基础油使用。

433 高粱 *Sorghum bicolor* (L.) Moench(*S. vulgare* Pers.)

彩图 433　英文名：Sorghum，Gaoliang；禾本科

【别名】蜀黍，芦粟，两色高粱，高丹草，栽培高粱

【植物形态】一年生草本，高 3～4 m。茎圆柱形，节上有黄棕色短毛。叶互生，狭披针形，长达 50 cm，宽约 4 cm；叶鞘无毛或被白粉；叶舌硬膜质，先端圆，边缘生纤毛。圆锥花序长达 30 cm，分枝轮生，无柄小穗卵状椭圆形，长 5～6 mm，成熟时下部硬革质而光滑无毛，上部及边缘有短毛。颖果倒卵形，成熟后露出颖外，亦褐色。有柄小穗雄性，其发育程度变化甚大。花、果期秋季。

【生态分布】喜温暖湿润气候，耐旱。现在全球温暖地区均有栽培。我国主要在东北、华北、西部地区种植，是重要的粮食作物之一。现主产国有美国、阿根廷、墨西哥、苏丹、尼日利亚、印度和中国。

【历史与民俗】高粱原产非洲，它在埃塞俄比亚至少5 000年前被驯化。它从这里传播到印度大约是3 000年前，然后传到东南亚和中国。它在非洲、印度、东南亚和中国仍然是一种主食，在小麦、水稻和玉米之外，是第四种最重要的谷物。它有近1 000个品种，在中国是著名的食品、工业用途和制糖的原料。20世纪，它在新世界也已经成为一种重要的作物。在中国制酒，源远流长，品种繁多，名酒荟萃，享誉中外。传说，发明酒的人名叫杜康。他有一次偶然把高粱饭放在树洞中，时间久了，发酵成了酒。所以开始名叫“久”，后来才有“酒”字。

【化学成分】颖果含高粱红色素的主要成分为5,7,4'-三羟基黄酮及槲皮素-7-葡萄糖苷。每100 g高粱米中含蛋白质8.4 g、脂肪2.7 g、碳水化合物75.6 g、粗纤维0.3 g、灰分0.4 g、钙17 mg、磷188 mg、铁4.1 mg、硫胺素0.14 mg、核黄素0.07 mg、烟酸0.6 mg、维生素B_1 0.26 mg、维生素B_2 0.09 mg。颖果中含较多的多酚化合物，主要为鞣酸，还有阿魏酸、咖啡酸、没食子酸、原儿茶酸、龙胆酸等；还有黄酮类，主要有芹菜素、木犀草素、山柰酚的糖苷。

【加工与利用】主要利用部位为颖果(籽)。秋季种子成熟后采收，脱粒，扬净，晒干备用。高粱籽粒加工后即成为高粱米，在我国、朝鲜、苏联、印度及非洲等地皆为食粮。食用方法主要是为炊饭或磨制成粉后再做成其他各种食品，比如面条、面鱼、面卷、煎饼、蒸糕、黏糕等。除食用外，高粱可制淀粉、制糖、酿酒和制酒精等。

中医认为，高粱性平味甘、涩、温、无毒，能和胃、健脾、止泻，有固涩肠胃、抑制呕吐、益脾温中、催治难产等功能，可以用来治疗食积、消化不良、湿热、下沥、小便不利、妇女倒经、胎产不下等。

【附注】高粱(籽粒)提取物具有较强的抗炎、抗氧化、抑制毛发生长作用，是良好的皮肤调理剂，可用于润肤、护肤化妆品。从高粱颖壳中提取的红色素(简称高粱红色素)是一种天然植物色素，属于类黄酮系化合物，含有多种成分。它易溶于水和稀乙醇，当色素溶液在某一恒定的pH时，其色泽不会随时间而改变，而且安全无毒，无特殊气味，可用于化妆品的着色。

434 金纽扣 *Spilanthes acmella* (L.) Murr.

彩图434

英文名：Spilanthes, Para cress, Toothache plant；菊科

【别名】拟千日菊，天文草，雨伞草，散血草，红铜水草

【植物形态】一年生草本，高30～90 cm。茎紫红色，斜生倾卧，着地生根，全株疏被柔毛。单叶对生；具叶柄；叶片广卵形或椭圆形，长4～7 cm，先端尖，基部宽楔形或平截，边缘有浅粗齿，背面叶脉明显。头状花序，顶生或腋生，花梗细，长5～6 cm；花小，深黄色，总苞片2层，长卵形绿色，花托有鳞片；舌状雌性，1列，舌片黄色或白色，两性花管状，雄蕊着生于花冠管上，子房下位。瘦果，二棱形或背向压扁，黑色，沿角上常有毛，顶冠有芒刺2～3条或无芒刺。花期夏季。

【生态分布】喜温暖湿润气候，在热带、亚热带地区广泛分布。主要分布于中国、印度、印度尼西亚、马来西亚、老挝、尼帕尔、泰国、日本。我国分布于福建、台湾、广东、广西、四川、云南、西藏等地。生于海拔800～1 900 m的田野沟旁、路边草丛湿处。

【历史与民俗】金纽扣原产于南美洲，被认为是秘鲁的一种古老的植物，但具体的原产地并不清楚。它从那里蔓延到南美各地和世界大多数热带地区。而在东南亚和中国，它是众所周知的一种食用植物。

【化学成分】地上部分含棕榈酸、硬脂酸、三十四烷酸、谷甾醇、豆甾醇、谷甾醇-O-β-D葡萄糖苷。另外还含苏氨酸、丙氨酸、赖氨酸、蛋氨酸、亮氨酸、缬氨酸、脯氨酸、羟基脯氨酸、酪氨酸、组氨酸、谷氨酸等。叶含生物碱、类胡萝卜素、精油、倍半萜类化合物、氨基酸。尚含酚(香草酸、阿魏酸、反式异阿魏酸)、香豆素(东莨菪内酯)等。

【加工与利用】主要采用嫩叶。春、夏季采收，鲜用或切段晒干备用。金纽扣嫩叶可以生食或煮熟食用，生食时，可以将少量的新鲜叶子切碎加入沙拉内，利用金纽扣独特的辛辣味来增添沙拉的口感。

煮熟会除去金纽扣的辛辣味，可以当作叶菜类蔬菜食用，也被添加到汤或者炖菜中。金纽扣常常和辣椒、大蒜一起使用在菜肴里，用来增加食物的风味和维生素含量。一种和金纽扣类似的种类也被引进到东南亚，使用在当地的菜肴里。在世界上其他地区则较少用金纽扣来做菜。

全草供药用，有解毒、消炎、消肿、祛风除湿、止痛、止咳定喘等功效。治感冒、肺结核、百日咳、哮喘、毒蛇咬伤、疮痈肿毒、跌打损伤及风湿关节炎等症，但有小毒，用时应注意。

【附注】地上部分提取物具有抗菌、抗炎、抗坏血病、免疫调节、杀虫等作用。花和茎叶甲醇提取物对DPPH自由基有消除作用。其氯仿提取物对超氧自由基有消除作用，在细胞培养时对NO生成有抑制作用。其50%乙醇提取物对B-16黑色素瘤细胞活性有抑制作用，在小鼠试验中对毛发生长有促进作用。其70%乙醇提取物对脂肪酶活性有抑制作用。因而可用于美白、护肤化妆品。它还可作为生发剂用于护发产品。

435 菠菜 *Spinacia oleracea* L.

彩图 435

英文名：Spinach；藜科

【别名】波斯菜，菠薐，鹦鹉菜，红根菜，飞龙菜

【植物形态】植物高可达1 m。根圆锥状，带红色，较少为白色。茎直立，中空，脆弱多汁，不分枝或有少数分枝。叶戟形至卵形，鲜绿色，柔嫩多汁，稍有光泽，全缘或有少数牙齿状裂片。雄花集成球形团伞花序，再于枝和茎的上部排列成有间断的穗状圆锥花序；花被片通常4，花丝丝形，扁平，花药不具附属物；雌花团集于叶腋；小苞片两侧稍扁，顶端残留2小齿，背面通常各具1棘状附属物；子房球形，柱头4或5，外伸。胞果卵形或近圆形，直径约2.5 mm，两侧扁；果皮褐色。

【生态分布】喜光、耐寒。原产于亚洲西部的波斯(今伊朗)，并经北非传到西欧西班牙等国。现在世界各地有栽培，中国各地均普遍栽培。

【历史与民俗】菠菜的源头可以追溯到2 000年前亚洲西部的波斯(今伊朗)，并经北非，由摩尔人传到西欧西班牙等国。《唐会要》上明确记载：菠菜种子是唐太宗时从尼泊尔作为贡品传入中国的。当时，中国称菠菜产地为西域菠菠国，所以将它叫作“菠菠菜”，后来简称为“菠菜”。

【化学成分】可食部分含蛋白质、脂肪、碳水化合物、粗纤维、钙、磷、铁、胡萝卜素、硫胺素、核黄素、烟酸、抗坏血酸、草酸、芸香苷、α-生育酚、6-羟甲基喋啶二酮。据报道，叶含锌、叶酸、氨基酸、叶黄素、β-胡萝卜素、新-β-胡萝卜素B、新-β-胡萝卜素U等类胡萝卜素，还含α-菠菜甾醇、豆甾烯-7-醇、胆甾醇以及甾醇酯和甾醇苷、万寿菊素、菠叶素等。根含菠菜皂苷A和B。

【加工与利用】食用全草或叶。冬、春季采收，除去泥土、杂质，洗净现用。菠菜以色泽浓绿，根为红色，不着水，茎叶不老，无抽薹开花，不带黄烂叶者为佳。它可以经常用来烧汤，凉拌，单炒，配荤菜合炒或垫盘。常见做法有鸡翅金针菠菜汤、猪肝枸杞菠菜汤、菠菜猪肝炒饭、菠菜粥、鸡蛋菠菜饼、菠菜窝蛋等。但菠菜不能与黄瓜、牛奶、豆腐同食。

带根全草：甘，凉。滋阴平肝，止咳，润肠。用于头痛，目眩，风火赤眼，消渴，便秘。果实：微辛、甜，微温。祛风明目，开通关窍，利胃肠。

【附注】根中所含菠菜皂苷A及菠菜皂苷B具有抗菌活性。全草酸性水提取物对黄嘌呤氧化酶活性有抑制作用，对DPPH自由基有消除作用。全草沸水提取物在细胞培养时对三磷腺苷生成有促进作用。全草50%乙醇提取物对膜透过量有促进作用。全草提取物对三磷腺苷生成的促进显示可增强皮肤新陈代谢，结合其抗氧化性，有抗衰老作用，可用于抗衰化妆品。它还是良好的肌肤调理剂，可用于各种护肤产品。

436 甜槟榔青 *Spondias cytherea* Sonn.

彩图 436

英文名：Ambarella，Hog plum；漆树科

【别名】番橄榄，金酸枣，甜味人面子，太平洋榅桲

【植物形态】落叶小乔木，高 1.5～5 m，有时可达 20 m；小枝粗壮，黄褐色，无毛，具小皮孔。叶互生，奇数羽状复叶，长 30～60 cm，有小叶 9～25 对，叶轴和叶柄圆柱形，无毛，叶柄长 10～15 cm；小叶对生，膜质，卵状长圆形或椭圆状长圆形，长 9～10 cm，先端渐尖，顶端边缘有细齿，基部楔形或近圆形。花序为圆锥花序，生于枝端；花小，白色。果实椭圆形，长 6～9 cm，果柄长 12 cm 以上。基本上四季开花结果；果实成熟时由绿变金黄色。

【生态分布】热带植物，喜高温、湿润气候，原产地波利尼西亚，东南亚各国有栽培；我国海南、云南南部各地引种栽培。

【历史与民俗】甜槟榔青原产波利尼西亚地区的塔希提岛及其周围地区。它的果实通常被称为“黄金苹果”或“Otaheiti 苹果”（“Otaheiti”为塔希提岛的旧名称）。目前它已被小规模地种植在西印度群岛和其他热带地区（如东南亚、印尼、留尼旺岛）。

【化学成分】果实含有糖、蛋白质、有机酸，以及少量的矿物质、类胡萝卜素和维生素。

【加工与利用】主要食用成熟果实，嫩叶、未成熟果实及树皮也可食用。果实可作为水果生吃；果肉脆脆的，有点酸。果实可制成蜜饯和香料调味汁，也用于汤、炖菜里。在东南亚各国和西双版纳，人们喜欢食用其嫩尖叶、未成熟的幼果及树皮。嫩尖叶做凉拌菜、沙拉生食；幼果切片凉拌或剁碎做辣咪（酱），也可切片煮鱼；树皮剁碎做剁生（剁碎的生肉）调料，佐以各种生食的食材，如薄荷叶、莲花白、鱼腥草、白簕、假蒟叶等食用。

【附注】木材用于制造小船、火柴等；还有树皮、根作为药物应用。

437 草石蚕 *Stachys sieboldii* Miq.

彩图 437

英文名：Sweet stem tuber；唇形科

【别名】地蚕，滴露，甘露儿，宝塔菜，甘露子

【植物形态】多年生草本，基部有匍匐枝，匍匐枝的顶端有块茎。茎高 30～120 cm，方形。叶对生，叶片卵形或长圆状卵形，两面均有毛。轮伞花序 3～6 花，成间断的顶生假穗状花序；小苞片线形；花萼钟状，外面有腺柔毛，5 齿裂；花冠淡红紫色，花冠筒上唇直立而略反折，下唇平展，3 裂；雄蕊 4，二强；子房上位，柱头 2 裂。小坚果卵状球形，黑色。花期 5～6 月，果期 6～7 月。

【生态分布】草石蚕喜温暖湿润气候，当气温在 25～30 ℃时，生长最为迅速。宜在年降水量 500～1 000 mm 地区生长。对土壤要求不大严格，但以疏松、肥沃、排水良好的砂质土壤为佳。一般生长在海拔 700 m 以下的丘陵或平原地区。原产我国，野生于华北及西北各省区，余地均多栽培。欧洲、日本、北美等地广为栽培。

【历史与民俗】草石蚕在我国古代中原一带很早就有食用的习惯。它的地下块茎称“甘露子”，是京西泡菜中的标志性组分。据说当年慈禧西行时，无意中吃到了百姓家的酱甘露子，她赞不绝口，甚至还派御厨专门研制它。

甘露子入药，以“地蚕”名首载于《日用本草》，《饮膳正要》始名“甘露子”。《救荒本草》曰：“甘露儿，人家园圃中多栽。叶似地瓜儿叶甚阔，多有毛涩，其叶对节生，色微淡绿，又似薄荷叶，亦宽而皱。开红紫花。其根呼为甘露儿，形如小指，而纹节甚稠，皮色黪白。味甘。”其他典籍也有记载。

《救荒本草》中，将甘露儿归于菜部，认为是很好的野菜，属药食兼用植物。随着我国人民生活水平

的提高,作为保健野菜它也占有一席之地,已成为大众餐桌上具有独特风味的野菜和保健食品了。

【化学成分】草石蚕(块茎)的主要营养成分有蛋白质、脂肪、粗纤维、碳水化合物、钾、钙、镁、锌、磷、铁等,还含有硫胺素、核黄素、烟酸、维生素 C 等。

草石蚕全草含水苏碱(stachydrine)、胆碱、水苏糖。地上部分含异高山黄芩素-4'-甲基醚-7-O-β(6''-O-乙酰基-2''-阿洛糖基)葡萄糖苷、洋丁香酚苷(acteoside)。块茎中含水苏苷(stachysoside)A, B, C。叶中含水苏苷 B、C、D。

【加工与利用】块茎供食用,夏秋季节采集其嫩块茎,去杂,洗净,一般鲜用。可直接切段加酱、糖、醋等腌制酱菜、咸菜、风味小菜等食用,或炒食、炖食等。长期以来,甘露子(草石蚕块茎)一直是人们喜爱的特种蔬菜。特别是它的口味特殊,医疗保健价值很高。它含有多种生物活性成分,能够调节人体内的代谢过程,具有食疗作用。甘露子味甘,性平,无毒,有益肾润肺、滋阴除热的功效。《饮膳正要》称:"利五脏,下气,清神。"《陆川本草》载:"滋养强壮,清肺补金,功类冬虫夏草。治身体羸瘦,虚劳咳嗽,小儿疳积。"《广西药用蔬菜》:"可治肾虚腰痛。" 由此可见,甘露子不仅是一种很好的蔬菜,而且是一种很好的保健食品。

【附注】草石蚕作为药用,夏秋时节收全草,秋季采挖块茎,洗净,鲜用或晒干。具有解表清肺、利湿解毒、补虚健脾之功效;用于治疗风热感冒、虚劳咳嗽、黄疸、淋证、疮毒肿痛、毒蛇咬伤等。此外,草石蚕还常作为观赏植物。

438 甜叶菊 *Stevia rebaudiana* (Bertoni) Bertoni

彩图 438

英文名:Stevia, Sugar-leaf, Sweet stevia;菊科

【别名】蛇菊,甜菊,糖草,甜草

【植物形态】多年生草本,高 100~150 cm。茎直立,基部半木质化,粗约 1 cm,多分枝。叶对生;无柄;叶片倒卵形至宽披针形,长 5~10 cm,宽 1.5~3.5 cm,先端钝,基部楔形,上半部叶缘具粗锯齿。头状花序在枝端排成伞房状,花两性;总苞圆筒状,长约 6 mm;总苞片 5~6;小花管状,白色,先端 5 裂。瘦果,长纺锤形,长 2.5~3 mm,黑褐色;冠毛污白色。花、果期 8~10 月。

【生态分布】甜叶菊原产巴西热带地区,喜温暖湿润气候,适宜温度 20~35 ℃。耐湿,不耐干旱,对土壤要求不严。我国北京、河北、陕西、江苏、福建、湖南、云南等地均有引种,但以华南、西南的高温多雨地区生长好,收益高。现世界热带地区多有引种栽培。

【历史与民俗】甜叶菊在南美洲民间作为药草和代替食糖已经有几百年历史。然而对我国来说,甜叶菊漂洋过海到中国定居的时间还很短。它的故乡在南美洲巴拉圭、巴西的热带原始森林小山坡杂草丛中,是多年生的草本植物。据称,1969 年日本的住田哲也教授在巴西山区发现了这种很甜的菊科植物,人们叫它甜叶菊。用它提取出的糖苷,其甜度大约为糖的 300 倍。甜叶菊是理想的甜味剂,具有热量低的特点,它的含热量只有蔗糖的三百分之一,吃了不会使人发胖,对肥胖症患者和糖尿病患者尤为适宜。

【化学成分】叶含蛇菊苷,甜叶菊苷 A, B, C, D, E,甜叶菊素 A, B, C, D, E, F, G, H,卫矛醇苷 A, B;还含蛇菊醇及其糖苷。叶还含甾醇类(豆甾醇、β-谷甾醇、菜油甾醇、豆甾醇-β-D-葡萄糖苷、β-谷甾醇-β-D-葡萄糖苷)、黄酮苷类(芹菜素-7-O-β-D-葡萄糖苷、芹菜素-4-O-葡萄糖苷、木犀草素-7-O-葡萄糖苷、山柰酚-3-O-鼠李糖苷、槲皮苷、槲皮素-3-O-葡萄糖苷、槲皮素-3-O-阿拉伯糖苷及 5,7,3-三羟基-3,6,4-三甲氧基黄酮)、多糖、蛋白质、色素、胶质等。

【加工与利用】采用地上部分提取物。夏季茎叶生长旺盛时采收的鲜叶经干燥、粉碎、过筛后备用。叶含蛇菊苷等甜味物质。大约在甜叶菊现蕾时,叶片中的甜味素含量最高。

甜菊糖苷的提取:传统的植物提取方法是将甜叶菊干叶浸泡在水中,过滤将液体与叶、茎分离,进一

步利用水或食品级酒精等进行提纯，从而得到一种可日常食用而不会影响血糖水平的纯天然的、极甜的增甜剂——甜叶菊苷。

但传统方法有工序多，耗时长，浸提时需添加防腐剂等缺点。现在已有新开发的全膜法工艺，可以有效回避这些缺点。采用膜分离、膜浓缩和膜脱色，可以使甜叶菊的浸提液精密过滤、分离脱色后再进入树脂吸附。这样可以缩短时间，所有的提取液都在密闭不锈钢管道中输送，不添加任何絮凝剂和防腐剂，完全可以满足食品添加剂生产要求，并减少废水排放。

甜菊糖的优点：①安全性高。甜菊糖苷原产地(南美巴拉圭等地)的居民食用已有几百年历史，至今未发现有任何毒害。②低热值。用于制作低热量食品、饮料，非常适用于糖尿病、肥胖病、动脉硬化患者食用。③甜菊糖苷属非发酵性物质，性质稳定，不易霉变，在食品、饮料等制作中不会发生变化，也易于储运。长期食用不会引起龋齿。④甜菊糖苷味似蔗糖，又有独特的清凉、甘甜的特点。可用于制作风味食品、糖果等。

在中国，人们用甜菊糖作为茶、软饮料、果汁、酸奶和加味水等的甜味剂。甜菊糖苷还可用于健康小吃、麦片、沙拉酱、番茄酱、口香糖、罐装水果和果酱、甜点、豆奶、格兰诺拉麦片以及能量棒、烘焙食品等，还可作为餐桌甜味剂。

【附注】甜菊糖苷溶液稳定性好，在一般化妆品的 pH 范围内进行加热处理仍很稳定。现已广泛应用于各类食品、饮料、医药、日化工业。在牙膏中可作为调味剂使用。甜叶菊提取物在化妆品中可作为皮肤美白剂、肌肤调理剂、抗炎剂、抗菌剂使用。它对毛发生长有促进作用，还可用于生发产品。

439 马钱 *Strychnos nux-vomica* L.

彩图 439　英文名：Nux vomica，Strychnine tree；马钱科

【别名】马钱子，士的宁树，番木鳖，苦实把豆儿

【植物形态】常绿乔木，高 10～13 m。树皮灰色，枝光滑。单叶对生；叶柄长 5～12 mm；叶片革质，广卵形或近圆形，长 6～15 cm，宽 3～9 cm，先端急尖或微凹，基部广楔形或圆形，全缘，光滑，无毛；叶腋有短卷须。圆锥状聚伞花序腋生，长 3～5 cm，被短柔毛；总苞片及小苞片均小，三角形，被短柔毛；花白色，几无梗；花萼绿色，先端 5 裂，密被短柔毛；花冠筒状，先端 5 裂，裂片卵形，内面密生短毛；雄蕊 5，着生于花冠管喉部，花丝极短，花药黄色；雌蕊长 9.5～12 mm，花柱圆柱形，柱头头状；子房卵形。浆果球形，直径 2～4 cm，幼时绿色，熟时橙色，表面光滑。种子圆盘形，直径 1～3 cm，表面灰黄色，密被银色茸毛。花期春、夏季，果期 8 月至翌年 1 月。

【生态分布】原产于亚洲西南部。喜热带湿润性气候，怕霜冻，生于深山老林中，而以石灰质壤土或微酸性黏壤土生长较好。产于印度、斯里兰卡、缅甸、泰国、越南、老挝、柬埔寨、马来西亚、印度尼西亚和菲律宾等。目前已作为经济树种栽培。我国台湾、福建、广东、海南、广西和云南南部等地有栽培。

【历史与民俗】马钱的种子在 15 世纪被带到欧洲，用于狩猎和灭鼠药。1640 年，欧洲将马钱子作为兴奋剂入药。1817 年欧洲分离出士的宁，1819 年分离出马钱子碱。在印度，民间医生掌握了将马钱子去毒的方法，如将马钱子放入牛尿中浸泡 7 天(每天换新尿)，然后除去种皮并与水牛的奶一起阴干。

【化学成分】含吲哚生物碱(3%，包括番木鳖碱、马钱子碱、番木鳖次碱、伪士的宁)、马钱苷、绿原酸和脂肪油等。

【加工与利用】以种子入药，果实成熟时采摘，晒干后取出种子，备用。制作“马钱子粉”：取砂子，置锅内炒热，加入拣净的马钱子，炒至呈深黄色并鼓起，取出，筛去砂子，刮去毛，研粉。“油马钱子”：取拣净的马钱子，加水煮沸，取出，再用水浸泡，捞出，刮去皮毛，微晾，切成薄片。另取麻油少许，置锅内烧

热，加入马钱子片，炒至微黄色，取出，放凉。

本品有中枢兴奋和镇痛、促进骨髓造血、镇咳、祛痰、平喘的作用。而其中的番木鳖碱有致命毒性，能产生肌肉痉挛。

本品有毒，很少内服。但仍是一种有效的神经兴奋剂。中医将马钱子外用，以缓解疼痛，治疗各种肿瘤，减轻瘫痪，包括面瘫。顺式疗法处方中将其用于消化系统疾病、畏寒等。中国临床试验表明，马钱子的糊剂用于 15 000 例面瘫患者中，80%以上的患者痊愈。

【附注】 在医药工业上，可用于提取士的宁（strychnine），又名番木鳖碱、士的年。药用其硝酸盐制剂。它对脊髓有选择性兴奋作用，可提高骨骼肌的紧张度，对大脑皮层亦有一定的兴奋作用。

440 安息香 *Styrax tonkinensis* (Pierre.) Craib. ex Hart.

彩图 440

英文名：Benzoin；安息香科

【别名】 白花树，越南安息香，滇桂野茉莉

【植物形态】 乔木，高 5～20 m。树皮灰褐色，有不规则纵裂纹；枝被褐色长茸毛，后变为无毛。叶互生；柄长 8～15 mm；叶片椭圆形、椭圆状卵形至卵形，长 5～18 cm，宽 4～10 cm，先端短渐尖，基部圆形或楔形，上面无毛或嫩叶脉上被星状毛，下面密被灰色至粉绿色星状茸毛，边全缘。顶生圆锥花序较大，长 5～15 cm，下部的总状花序较短，花梗和花序梗密被黄褐色星状短柔毛；萼杯状，5 齿裂；花白色，长 1.2～2.5 cm，5 裂，裂片卵状披针形；花萼及花冠均密被白色星状毛；雄蕊 10，等长，花丝扁平，疏被白色星状毛，下部联合成筒；花柱长约 1.5 cm。果实近球形，直径约 1 cm，外面密被星状茸毛。种子卵形，栗褐色，密被小瘤状突起和星状毛。花期 4～6 月，果期 8～10 月。

【生态分布】 原产于东南亚地区，生长于热带雨林，喜温暖、阳光充足的环境，耐短期霜冻。我国分布于江西、福建、湖南、广东、海南、广西、贵州、云南等地。越南、东南亚也有。现在已有人工栽培。

【历史与民俗】 在东南亚地区民间很早将本品作为药用。中国药用始载于《唐本草》（公元 659 年），其后的历代本草均有记载。

【化学成分】 本品含树脂 70%～80%，其中有 3-苯甲酰泰国树脂酸酯、松柏醇苯甲酸酯、游离苯甲酸（20%）、香草醛（0.15%～2.3%）。醇浸出物含总香脂酸 39%，绝大部分为苯甲酸。

【加工与利用】 利用部位为树脂。树干经自然创伤或夏季、秋季人工割裂树皮，收集流出的树脂，阴干备用。本品含有较多香脂酸，是医药上贵重药材，并可制造高级香料。

本品具有抗菌、消炎、祛痰、收敛等作用。内服，可缓解绞痛、刺激咳嗽和用于泌尿系统的消毒杀菌；还用于治疗咽喉炎、伤风感冒的头痛、气喘和支气管炎。本品外用，可治疗创伤和溃疡，对被感染的组织起到收敛和消毒杀菌作用；对骨折病人牵引时能减少皮肤刺激和增加胶布黏着力的作用。

【附注】 木材为散孔材，树干通直，结构致密，材质松软，可用作火柴杆、家具及板材；种子油称“白花油”，可供药用，治疥疮。

441 印度獐牙菜 *Swertia chirata* Buch. Ham.

彩图 441

英文名：Chirata；龙胆科

【别名】 印度当药

【植物形态】 一年生草本，高至 1.5 m。茎近圆形，有棱。茎生叶无柄，卵状椭圆形，长 5～10 cm，宽 2～5 cm，先端长尾尖，边缘具细锯齿。圆锥花序较大，花多，花梗细，基部有苞叶，花萼绿色，叶状，4 裂；

花冠黄绿色,4 裂,裂片卵状披针形;雄蕊 4;子房卵状长圆形,花柱明显,柱头小。蒴果卵形,长约 6 mm。种子细小,棕黄色,卵圆形,表面具网状纹。

【生态分布】热带、亚热带植物,喜温暖湿润气候。主产于印度、尼泊尔和不丹等地区。我国西藏东南部温暖地区也有。

【历史与民俗】本品为印度、尼泊尔及中国西藏的民间草药,使用历史悠久。印度传统医学将其作为苦味健胃药、解热药和驱虫药,用于治疗 pitta。在 Mahasudarshana churna 地区,由 50 多种草药组成的治疗发热性疾病,如治疗疟疾、肝(火)病、胆结石和消化不良的标准混合剂中,本品是其中的主要药物之一。在欧洲和亚洲使用金鸡纳以前,本品是治疗疟疾的常用药。

【化学成分】含三萜、黄酮、木脂素、环烯醚萜苷类、生物碱等化合物。

【加工与利用】利用部位为全草,夏季开花时采收,去杂,洗净,干燥备用。全草具有利胆保肝、增加胆汁分泌、保护肝细胞、抗菌、消炎、解痉、镇痛等作用;还有抗糖尿病活性。本品对脾胃虚弱者,尤其是与恶心、消化不良和胃胀有关的疾病有较好的治疗作用。少量多次服用本品可增进食欲和改善消化功能。将本品与蜂蜜混合服用,可治疗打呃。本品还可退烧、降体温和增加肝脏血流量。胃液分泌过多者禁用。

【附注】全草提取物具有较强的抗菌、抗炎、抗过敏、止痛、润肤等作用,并能改善血液循环,是良好的肌肤调理剂和活肤剂,可用于护肤、抗衰化妆品。

442 神秘果 *Synsepalum dulcificum* Daniell

彩图 442　英文名:Miracle fruit, Miracle berry, Miraculous berry;山榄科

【别名】变味果,奇迹果,梦幻果,西非山榄,蜜拉圣果

【植物形态】常绿灌木,树高 2~5 m,生长缓慢,树形略呈尖塔形。叶多数丛生枝端或主干互生,初叶为浅绿色,老叶呈深绿或墨绿色,叶片倒披针形或倒卵形,叶脉明显,叶缘微有波浪形。花生于叶腋,白色小花,径 0.65~0.75 cm,果为绿色椭圆体浆果,长约 2~3 cm,径约 1 cm,成熟后呈鲜红色。种子由果肉包覆,约占果实的二分之一,小橄榄状,果肉可供食用,果肉去除后的种子一半为深褐色的光滑表面,另一半为由果肉留下的一层薄膜包覆,难以去除。全年开花,花期 4~6 周,花有淡淡椰奶香味。

【生态分布】热带常绿灌木,性喜高温多湿,生长适温为 20~30 ℃,喜酸性砂质土壤。原产于西非、加纳、刚果一带。自然分布在西非至刚果一带,印度尼西亚的丛林中也有发现。20 世纪 60 年代引入我国海南、广东、广西、福建种植。

【历史与民俗】神秘果属山榄科热带常绿灌木,又称变味果,在西非、加纳、刚果一带被称为 agbayun, taami, asaa,或 ledidi。20 世纪 60 年代,我国周恩来总理到西非访问时,加纳共和国将神秘果作为国礼送给周总理。此后,神秘果开始在我国栽培。

【化学成分】果肉含有丰富奇特的糖蛋白、维生素 C、维生素 K_1、柠檬酸、琥珀酸、草酸等,种子含有天然固醇等,叶子含有钠、钾、钙、镁等微量矿物元素。据报道,果实含花青苷和黄酮醇色素、三萜烯醇(如 α-香树素、β-香树素)、甾醇(主要为 Δ-7-菠菜甾醇)等。

【加工与利用】主要食用果实。果实成熟时采收,去杂,洗净,备用。叶片也可作调味品。

熟果可生食、制果汁、制成浓缩剂、果汁组合无糖柠檬冰棒(神秘果冰棒);种子可生食及制成浓缩剂。叶子是一种纯天然的植物味精,可搭配到任何煲炖汤、火锅、面食底汤,使汤鲜甜美味,有营养;能用来制作各种风味的卤味。它还能用来泡茶,或是与其他茶叶混合同泡,都能让你的口腔享受一场极致的茶文化。叶子泡茶或做菜能调整高血糖、高血压,保护心脏、美颜瘦身、排毒通便、控制尿酸、减轻痛风证且能解酒。

神秘果含有一种变味蛋白酶(又称神秘果素),虽然并不能真正地改变食物的味道,但可以改变人的味觉,所以人们吃过神秘果后再吃任何酸的食物都觉得是甜的。

【附注】将神秘果枝叶粉碎,加入乙醇水溶液,回流提取 2～5 h,过滤,上清液减压蒸馏,冷冻干燥,得枝叶粗提取物干粉,再将其溶于水中,经大孔吸附树脂处理,然后用乙醇水溶液洗脱,得到的收集液分别进行真空浓缩、冷冻干燥得精制枝叶提取物。具有很强的 $DPPH^-$ 清除能力和很强的吸收氧自由基的能力。具有良好的黄嘌呤氧化酶抑制活性;可用于制备抗氧化剂、抗痛风药物和保健品。

此外,果实热水提取物对花生油烯酸致耳郭肿胀有抑制作用,在细胞培养时对游离组胺释放有抑制作用。果实 50% 乙醇提取物对超氧自由基有消除作用。果实甲醇提取物对 DPPH 自由基有消除作用,对酪氨酸酶活性有抑制作用。因而,可作为抗氧剂、抗炎剂、抗过敏剂、皮肤美白剂用于护肤化妆品。

443 丁香 *Syzygium aromaticum* (L.) Merr. & Perry (*Eugenia caryophyllus* (C. Spreng.) Bull. & Harr.)

彩图 443

英文名:Clove;桃金娘科

【别名】丁子香,公丁香、子香

【植物形态】常绿乔木,高 10 m,干直,多分枝,树皮灰色,树冠圆锥形。叶互生,革质,卵状长椭圆形,长 5～10 cm,宽 2.5～5 cm,先端渐尖或急尖,基部渐窄下延至叶柄,叶表面密布油腺点。花小,浓香,成顶生聚伞花序,花序梗着生 3 朵黑短柄的花。花蕾似钉形,全长 1～2 cm;花托圆柱状,略为四棱,长 0.6～1.3 cm,直径 2～4 mm,质硬;萼片 4,三角形,肉质,初为绿色,后为紫色;花瓣 4,作覆瓦状抱合呈短管状,直径 3～4 mm,白色稍带浅紫色;雄蕊多数,内曲于花瓣中,花柱直立于雄蕊中间,子房下位,2 室,中轴胎座。浆果卵圆形,稍有光泽,具宿萼,成熟果紫黑色或浅红色。种子小,多数,椭圆形。花期 5～7 月,果期 7～8 月。

【生态分布】丁香原产热带湿热森林地区,喜高温高湿的气候环境,不耐低温和干旱。丁香幼苗期喜阴,成龄树则需要充足的阳光,方能促进开花结果。主产于印度尼西亚、马来西亚、桑给巴尔、塞舌尔群岛、印度南部等地。我国海南、广东和云南南部少数地区有种植。

【历史与民俗】在东南亚地区,丁香的应用已有几千年历史。丁香有杀菌功效和具有特殊而温和的芳香气味,香气浓而带辣味,为一种闻名的香料,是最早进行贸易的香料之一,公元 176 年进口到埃及亚历山大。中国进口、使用丁香也很早,早在汉朝(公元 2 世纪)的古籍中,称丁香为"鸡舌",作为口腔香料。据说,当时低职人员拜见上层官吏时,口中含一粒丁香,以调理气息和口臭。印尼人将丁香和烟叶混合后制成称为"kretek"的香烟,颇为有名。

【化学成分】公丁香(花蕾)除含 17%～21% 的精油外,尚含树脂、蛋白质、单宁、纤维素、戊聚糖和矿物质等。

【加工与利用】利用部位为花蕾。一般在花芽形成后 6 个月左右长成含苞欲放的花蕾,由白转绿,并带有红色,花瓣尚未开放时采收,用手逐朵采摘。采后将花蕾和花柄分开,日晒 4～5 d,至花蕾呈浅紫褐色、脆、干而不皱缩,此产品称公丁香,鲜干比率为 3∶1,较嫩的花蕾为 3.5∶1。晒干的幼果叫母丁香。结合修剪可收集枝、叶作提取精油的原料。用水蒸气蒸馏提取精油。

丁香作为辛香料在众多地区使用。丁香油及干燥后的花蕾是普遍受欢迎的食品调味料,也是辛香料中芬芳香气最强的品种之一,主要用其芳香气和麻辣味。丁香可用于烘烤肉类佐料(如火腿、汉堡牛排、红肠等)、汤料(番茄汤、水果汤)、蔬菜佐料(沙拉、胡萝卜、南瓜、甘薯、甜菜等)、腌制品佐料(肉类及酸泡菜)、调味料(茄汁、辣酱油等)。丁香精油则用于酒和软饮料的风味料、口香糖和面包风味料等。整粒丁香多用于泡菜,其他方面多用粉剂。丁香也是 ISO 承认的天然食用香料之一。

【附注】丁香油内含乙酰基丁香酚、丁香酚甲醚、异丁香酚、香兰素、乙基香兰素等，是配制香石竹的主要香气，也是调配玫瑰、蔷薇、栀子、忍冬花、紫罗兰、依兰等花香不可缺少的香料；也为花香型中花露型、香薇型、东方香型香精中的必用香料。它在化妆品、香皂、牙膏、漱口水香精中常用。

花蕾（丁香）：味辛，性温。有散寒止呕功能。用于呃逆、腹痛、胃痛、吐泻。藏医用作暖脾胃、壮肾阳、降逆气。果实（母丁香）：温中，散寒。用于暴心气痛、胃寒呃逆、风冷齿痛、牙痛、口臭、妇人阴冷、小儿疝气。丁香油：有暖胃、温肾的功能。用于胃寒痛胀、呃逆、吐泻、痹痛、疝痛、口臭、牙痛。

444 乌墨 *Syzygium cumini* (L.) Skeels (*Eugenia cumini* (L.) Druce)

彩图 444

英文名：Jambolan plum，Java plum；桃金娘科

【别名】海南蒲桃，子栋树，乌木

【植物形态】乔木，高 15 m；嫩枝圆形，干后灰白色。叶对生，叶片革质，阔椭圆形至狭椭圆形，长 6～12 cm，宽 3.5～7 cm，先端圆或钝，有短尖头，基部阔楔形，稀为圆形，上面干后褐绿色或为黑褐色，略发亮，下面稍浅色，两面多细小腺点，侧脉多而密；叶柄长 1～2 cm。圆锥花序腋生或生于花枝上，偶有顶生，长可达 11 cm；有短花梗，花白色，3～5 朵簇生；萼管倒圆锥形，长 4 mm，萼齿很不明显；花瓣 4，卵形略圆，长 2.5 mm；雄蕊长 3～4 mm；花柱与雄蕊等长。果实卵圆形或壶形，长 1～2 cm，上部有长 1～1.5 mm 的宿存萼筒；种子 1 颗。花期 2～3 月。

【生态分布】原产于东南亚和澳大利亚。喜湿润的热带气候，适应性强、生长迅速。广泛分布于浓密的热带雨林中。印度、印度尼西亚和热带非洲均有。中国海南、福建、广东、广西以及云南等地有栽培。

【历史与民俗】海南蒲桃是印度和东南亚各国的民间草药。它的果实既是食物，又是药物。果实成熟时具有成熟杏果的香味和味道。自古人们就采食它，其果实和种子均具有减轻胃肠胀气和收敛的特性，种子能降血糖，有益于糖尿病的治疗。在印度草医学中，蒲桃用于治疗泄泻和痢疾。通常将蒲桃和芒果种子配伍碾成粉末用于治疗泄泻和痢疾。并将蒲桃种子研成粉末，偶尔制成酊剂，用于治疗糖尿病和伴随糖尿病的尿频。在印度草医学中，蒲桃还用于治疗消化不良，有助于缓解胃痛和痉挛，排除胃肠胀气。在东南亚部分地区蒲桃根用于治疗癫痫。

【化学成分】含苯酚类（甲基黄木灵）、鞣酸、生物碱（包括蒲桃碱）、三萜类化合物、挥发油。据报道，果实含碳水化合物、蛋白质、有机酸、维生素和矿物质（其中富含钙）。

【加工与利用】利用部位为果实和种子。秋季果实成熟时采收，果实鲜用或干燥备用，种子干燥、研粉使用。果实有巨大的椭圆形种子，周围为白色的肉。在成熟的时候食用是甜蜜的，有些人喜欢成熟果实的酸味和扑鼻的香味。果实通常蘸盐或盐水食用。它也用于制作果汁，发酵酿酒和制醋。

【附注】本品具有降低血糖、收敛、减轻胃肠胀气、利尿等作用。研究表明，海南蒲桃有显著降低血糖的作用，在胰腺的胰岛细胞停止分泌足够量的胰岛素时（即糖尿病早期较轻的阶段）用其治疗效果很好，当然，治疗期间病人应遵循严格的饮食要求。

445 蒲桃 *Syzygium jambos* (L.) Alston (*Eugenia jambos* L.)

彩图 445

英文名：Rose apple，Malabar，Jambos；桃金娘科

【别名】水蒲桃，香果，响鼓，风鼓，铃铛果

【植物形态】乔木，高 10 m，主干极短，广分枝；小枝圆形。叶片革质，披针形或长圆形，长 12～

25 cm，宽 3～4.5 cm，先端长渐尖，基部阔楔形，叶面多透明细小腺点；叶柄长 6～8 mm。聚伞花序顶生，有花数朵，总梗长 1～1.5 cm；花梗长 1～2 cm，花白色，直径 3～4 cm；萼管倒圆锥形，长 8～10 mm，萼齿 4，半圆形，长 6 mm；花瓣分离，阔卵形，长约 14 mm；雄蕊长 2～2.8 cm，花药长 1.5 mm；花柱与雄蕊等长。果实球形，果皮肉质，直径 3～5 cm，成熟时黄色，有油腺点；种子 1～2 颗，多胚。花期 3～4 月，果实 5～6 月成熟。

【生态分布】耐水湿植物，性喜暖热气候，属于热带树种。喜生河边及河谷湿地。喜光，耐旱瘠和高温干旱，对土壤要求不严。蒲桃原产于东南亚，海南地区有野生蒲桃。在中国台湾、福建、广东、广西、贵州、云南、海南等地区有栽培。分布于中南半岛、马来西亚、印度尼西亚等地。

【历史与民俗】蒲桃广泛分布在印度和东南亚。几个世纪以来，它一直被作为水果来种植。经常在热带地区的植物园和私人花园里见到。

【化学成分】叶含精油(主要成分为 DL-α-蒎烯 26.84%、L-柠檬烯 23.84%)、维生素、蒲桃素、油树脂、生物碱等。树皮中含有丹宁(7%～12.4%)、生物碱等。果实每 100 g 可食部分含水分 84.5～89.1 g、蛋白质 0.5～0.7 g、脂肪 0.2～0.3 g、碳水化合物 14.2 g、纤维 1.1～1.9 g、灰分 0.4～0.44 g、钙29～45.2 mg、镁 4 mg、磷 11.7～30 mg、铁 0.45～1.2 mg、钠 34.1 mg、钾 50 mg、铜 0.01 mg、硫13 mg、氯 4 mg、胡萝卜素 123～235 IU、维生素 $B_1$0.01～0.19 mg、核黄素 0.028～0.05 mg、烟酸 0.521～0.8 mg、抗坏血酸 3～37 mg。

【加工与利用】主要利用果实。果实成熟时采集，均去杂、洗净，一般鲜用。叶以水蒸气蒸馏方法提取精油。蒲桃果实有一种相当温和的香甜味道，很少用于生吃，但可以加工成美味的果酱、果冻和蜜饯。它有令人愉快的玫瑰香气，在用于发酵、蒸馏制成水果白兰地时也能闻到玫瑰的味道。

【附注】精油、提取物均有抗菌、抗炎、抗氧化、润肤、抗皱等作用。精油为黄色液体，可用于化妆品调香原料。叶提取物具有抗菌、抗氧化、润肤、凉血功效，是良好的肌肤调理剂，可用于护肤化妆品。果实提取物具有营养肌肤、抗氧化、抗皱、嫩肤等功效，可用于护肤、抗衰化妆品。

446 黄金蒲桃 *Syzygium polyanthum* (Wight) Walpers (*Eugenia polyanthum* Wight)

彩图 446 英文名：Salam leaf，Daun salam，Indonesian bay leaf；桃金娘科

【别名】印尼香叶，多花蒲桃

【植物形态】常绿乔木，小枝细长，叶对生，叶片椭圆形至披针状椭圆形，长 10～20 cm，宽 3～5 cm，芳香。聚伞花序顶生，有花数朵；花小，乳白色；萼管倒圆锥形，萼齿 4；花瓣分离。果实球形，肉质。

【生态分布】热带植物，喜高温湿润气候，产于东南亚半岛西部(缅甸至马来西亚)和印度尼西亚西部。

【历史与民俗】黄金蒲桃产于南亚，广泛分布于缅甸至印尼，它的叶被认为是印尼烹饪的基本成分之一，并有辣椒、椰子、香菜、大蒜、高良姜、姜、石灰、面条、棕榈糖、花生、大米、青葱、虾酱、罗望子、豆豉(煮熟，发酵大豆)等。据笔者所知，现在其烹饪的应用主要局限于马来西亚。

【化学成分】叶子含精油 0.2%，油中含有丁香酚和柠檬醛等。

【加工与利用】利用部位为鲜叶或干叶。树叶四季可采，但要求幼嫩一些，采收后，去杂，洗净，晾干备用。整片叶被用作一种蔬菜，新鲜的叶子被用来烹制肉菜。印尼厨师添加一些新鲜或干树叶于各种咖喱(鱼、鸡肉)、炖肉(鸡肉、牛肉)和酱料中。在巴厘岛，这种香料受欢迎的程度和重要性表现在几乎每一道菜都有它，从龙虾、咖喱到椰奶都是。它味道温和、略酸、涩，不像月桂叶那样强烈。

【附注】黄金蒲桃新鲜根茎磨成糊也可作为香辛料用于烹饪菜肴。

447 莲雾 *Syzygium samarangense* (Blume) Merr. & Perry (*Eugenia javanica* Lam.)

彩图 447

英文名：Jambu air,Java wax apple，Love apple，Java rose apple，Royal apple，Bell fruit，Wax jambu;桃金娘科

【别名】洋蒲桃，紫蒲桃，水石榴，辇雾，爪哇浦桃

【植物形态】乔木，高 12 m。嫩枝压扁。叶对生，叶柄极短，长不过 4 mm，有时近于无柄；叶片薄革质，椭圆形至长圆形，长 10～22 cm，宽 6～8 cm，先端钝或稍尖，基部圆形或微心形，上面干后变黄褐色，下面多细小腺点，侧脉 14～19 对，有明显网脉。聚伞花序顶生或腋生，长 5～6 cm，有花数朵；花白色，花梗长约 5 mm；萼管倒圆锥形，长 7～8 mm，宽 6～7 mm，萼齿，半圆形，长 4 mm，宽加倍；雄蕊极多，长约 1.5 cm，花柱长 2.5～3 cm。果实梨形或圆锥形，肉质，洋红色，发亮，长 4～5 cm，先端凹陷，有宿存的肉质萼片。种子为 1 颗。花期 5～6 月，果期 7～8 月。

【生态分布】原产地为马来西亚及印度，莲雾喜温怕寒，最适生长温度 25～30 ℃。对水分要求高，而对不同土壤条件适应力强，但喜好湿润的土壤，需有充足的水分供应。17 世纪引入中国台湾，后海南、广东、广西、福建和云南先后引种栽培，但栽培量仍然较少。

【历史与民俗】莲雾在原产地栽培历史颇为悠久，在 17 世纪就由荷兰人自爪哇引入中国台湾。莲雾主要在宜兰、彰化、台南、屏东等地栽培，而台湾最好的莲雾产自最南端的县份——屏东。20 世纪 30 年代，海南、广东、广西、福建和云南先后开始栽培。

【化学成分】每 100 g 莲雾果肉中，水分含量为 90.75 g，总糖含量为 7.68 g，蛋白质含量为 0.69 g，维生素 C 为 7.807 mg，有机酸为 0.02 mg，果皮花青素为 0.007 3 mg。

【加工与利用】利用部位为成熟果实。莲雾周年常绿，多次抽枝，多次开花结果，生长量大，结果也多。正常 3～5 月开花，5～7 月果熟。通过特殊处理能调节花期，使果熟期提早到 12 月至次年 4 月。在华南地区，3～4 月开 1 次花，5～6 月果实成熟，7 月下旬开 2 次花，8～9 月果实成熟，12 月份还有开花结果。果实成熟时采收，洗净，一般鲜食。果实水多，微甜，主要是享受它那清爽的质地和鲜味。它和苹果一样，通常是吃新鲜的，而马来玫瑰莲雾也可以煮熟吃。它还可制作所有人都适合食用的果酱、果冻和蜜饯。

【附注】莲雾是一种可治多种疾病的佳果，中医药学认为莲雾性平味甜，润肺、止咳、除痰、凉血、收敛。在中医食疗理论上，将莲雾煮冰糖食用能止咳除痰，而将莲雾抹上微量食盐食用可治消化不良。

448 伊博卡 *Tabernanthe iboga* Baill.

彩图 448

英文名：Iboga;夹竹桃科

【别名】伊波加木，伊博格

【植物形态】常绿灌木，高 1.8 m，根弯曲呈蛇状。叶为 3 叶轮生，卵形至宽披针形，长 4～8 cm，宽约 4 cm。花生于腋间，花萼、花瓣均 5 数；花瓣微黄色、粉红色或白色有粉红色斑点。果实长卵圆形，黄色，与橄榄一样大小。

【生态分布】喜热带雨林气候，主要分布于非洲的加蓬、赤道几内亚、刚果（布）、扎伊尔、喀麦隆等国。

【历史与民俗】本品在非洲各部落中是广泛使用的民间草药，有欣快和解除疲劳的作用，人们将其放在嘴里咀嚼可以消除疲劳。当地人在神秘社团加入仪式上咀嚼本品，据信可使人与精神世界的神灵们交流。目前，其他地区尚无引种的报道。

【化学成分】从根中分离出生物碱伊博卡因（ibogaine），得率 1.27%，根皮的得率 2%～6%。

【加工与利用】利用部位为根。根全年可采挖，洗净泥土，干燥备用。将其细碎后，以水、乙醇等提

取,浓缩,干燥,得提取物。

人食用根后出现兴奋和性欲旺盛。伊博卡因可以抑制酒精的摄入。近来发现本品还具有脱瘾作用。根的浸膏用于治疗抑郁症、虚弱和作为传染病后康复的强壮剂。本品的脱瘾作用,临床证实能减少对可卡因、吗啡的自我摄取,并减轻吗啡的戒断症状;也能减轻或消除对药物、酒精、烟草等的依赖。在加蓬,本品还用于治疗肺结核及心理疾病。当前,伊博卡因作为抗抑郁药已在国际临床上使用。

【附注】提纯的伊博卡因(生物碱)也有致人成瘾的情况。因而在比利时、波兰、丹麦、克罗地亚、法国、瑞典、瑞士已禁止或限制使用伊博卡因。美国也将它列入受控制的药物清单。

449 万寿菊 *Tagetes erecta* L.

彩图 449　英文名:Tagetes, Tagette, Taget;菊科

【别名】金鸡菊,黄菊,臭芙蓉,金菊

【形态特征】一年生草本,茎粗壮直立,株高约 70 cm。叶对生,羽状分裂,裂片长椭圆形或披针形,长 3~6 cm,宽 6~11 mm,边缘有尖齿,叶缘和叶背有腺体散生。头状花序顶生,直径 5~8 cm;花序梗上端常膨大,总苞杯状,有腺点;舌状花多数,雌性,黄色或橘黄色,舌片基部有长爪;管状花两性;聚药雄蕊 5,着生于花冠管上;子房下位。瘦果卵圆形,冠毛鳞片状。花果期 6~9 月。

【生态分布】万寿菊原产墨西哥及中美洲。适应性强,喜温暖湿润气候,生长期间最适温度为 15~30 ℃,15 ℃以上生长旺盛。它对土壤要求不严,以向阳、疏松肥沃的土壤栽培最好。我国各地庭园栽培。现世界各地广泛栽培。

【历史与民俗】万寿菊何时传入我国说法不一。据称清代乾隆年间,上海郊区已有批量万寿菊盆花生产。关于万寿菊名称的由来有一个有趣的故事。传说 16 世纪中叶,此花从国外传到中国南方,人们不知其芳名,只见它每年从秋到冬开花,呈瓣形,似菊,且花色美丽,因其花叶又有一股臭味,故称其为"瓣臭菊"。一年秋天,有位县太爷做大寿,管家为增添气氛,在大门口摆上两列盆花,顿时黄绿交辉,耀眼异常。县太爷见之大喜,问道:"这叫什么花?"管家笑答:"瓣臭菊。"谁料县太爷误听了,眉飞色舞地称赞道:"啊! 万寿菊,好呀! 好呀!"从此,万寿菊之芳名便不胫而走,广为流传。在 1912—1949 年期间,南京、上海等地栽培比较普遍,但品种比较单调。20 世纪 80 年代后,万寿菊随着国外新品种的不断问世,在品种上更新较快,规模上发展也较快。

【化学成分】花或带花的地上部分含挥发油(主要有 Z-罗勒烯、二氢万寿菊酮、Z-万寿菊烯、大根香叶烯 D、E-万寿菊烯酮、Z-万寿菊酮、Z-罗勒烯酮、E-罗勒烯酮、柠檬烯、β-丁香烯、万寿菊酮、辣薄荷酮、辣薄荷烯酮等);还含万寿菊苷、槲皮万寿菊苷、α-三联噻吩等。花中还含万寿菊素及其苷、槲皮万寿菊素、土木香脑、堆心菊素、玉红色素、堇黄质等色素。

【加工与利用】主要采用花提取食用色素。万寿菊盛花期间,采集花朵或带部分茎叶,鲜用或晒干备用。万寿菊色素提取工艺:以石油醚为浸提溶剂,温度 30 ℃,料液比 1∶8,时间 60 min。过滤,浸提液回收溶剂,浓缩得浸膏或粉剂。万寿菊色素的用途:饮料、冷饮、糕点和油脂食品等的着色,为黄色着色剂。

万寿菊花也可以直接食用。它是花卉食谱中的名菜,将新鲜的万寿菊花瓣洗净晾干,再裹上面粉用油炸,其香味会令人垂涎三尺,就如同臭豆腐一般,闻起来非常臭,油炸后却是香喷喷的,而且还很美味。科学研究发现万寿菊花含有多种人体所需的维生素及微量元素,能增强人体新陈代谢,助人长寿。据报道,世界长寿之乡俄罗斯高加索地区的居民经常食用万寿菊的鲜花。

【附注】万寿菊花有香味,可作芳香剂;可用作抑菌、镇静、解痉剂。它含挥发油,有镇静、降压、扩张支气管、解痉及抗炎作用。万寿菊精油和提取物有抗真菌、杀虫、镇静、抗痉挛、促进细胞再生、皮肤软化等作用。万寿菊精油具有强烈锐利的香气,带有淡淡的苹果香味,可作为化妆品的香料原料使用。精

油和提取物还可作为抗菌剂、抗真菌剂、杀虫剂、抗痉挛剂、皮肤软化剂、美白剂、抗氧化剂、生发剂用于化妆品。

450 酸角 *Tamarindus indica* L.

彩图 450　英文名：Tamarind；豆科

【别名】罗望子，酸豆，甜角

【植物形态】乔木，高 10～15 m，可达 25 m。叶互生，为偶数羽状复叶，有小叶 10～20 余对，托叶小，早落；小叶片小，长圆形，长 1.3～2.8 cm，宽 5～9 mm，无毛。花序生于枝顶，总状或少数分枝。花黄色或杂以紫红色条纹。总花梗和花梗被黄绿色短柔毛；小苞片 2 枚，长约 1 cm，萼管长约 7 mm，檐部裂片披针状长圆形，长约 1.2 cm；花瓣倒卵形，与萼裂片近等长，边缘波状，皱折；雄蕊长 1.2～1.5 cm，花丝分离部长约 7 mm，花药椭圆形；子房圆柱形，长约 8 mm，微弯，被毛。荚果圆柱状长圆形，肿胀，棕褐色，长 5～14 cm，直或弯拱；种子 3～14 颗，褐色，有光泽。花期 5～8 月，果期 12～次年 5 月。

【生态分布】热带植物，原产于马达加斯加岛，现在热带地区有栽培，包括加勒比海、苏丹、印度、印度尼西亚、泰国和中国等。我国主要产于云南的元谋、永仁、元江、红河、屏边、保山、腾冲、盈江、瑞丽、富宁，广西的西林、田林、百色、崇左、钦州、玉林，广东的恩平、普宁，福建的诏安，台湾的台南、屏东，海南的东方、昌江、白沙、儋县和四川的渡口、盐边等地。

【历史与民俗】酸角最早发源于热带非洲，后经苏丹引入印度繁衍栽植，生长非常适宜，以致人们误认为酸角是印度土生土长的植物。早在史前时代即被印度人重用；后又传入中国。中世纪时，阿拉伯人发现它的美味，流入中东社会，随后酸角进入了欧洲国家；17 世纪，西班牙的军队将酸角带往西印度群岛。至此，几乎每个热带地方都有了酸角的踪迹。后来酸角由亚洲南部传播到波斯、阿拉伯国家和欧洲等地。公元前 4 世纪酸角曾一度风靡古埃及和古希腊。

【化学成分】果肉含 16%～18% 的有机酸（包括烟酸、维生素 B），以及挥发油（包括香叶醛、香叶醇）、氨基酸、糖类、蛋白质。

种子红褐色，种仁占 60%～70%。种仁中蛋白质 17%～22%，脂肪 6%～8%，纤维 3%～5%，非纤维碳水化合物 65%～72%，灰分 2.5%～3.2%。种子中非纤维碳水化合物主要是一种中性多糖，俗称罗望子胶，是由 D-半乳糖、D-木糖和 D-葡萄糖以 1∶3∶4 的重复单元组成的中性多糖，除多糖外，还有少量游离的 L-阿拉伯糖及钾、钠、钙、镁、磷、硅等矿质元素。种皮约占种子的 30%，种皮中含丹宁 30%，色素 3%～4%，其他为纤维、蛋白和胶质。

树叶含牡荆素、荭草素等黄酮类。

【加工与利用】采用果实、种子及种子胶。果实成熟后采收，去杂，洗净，鲜用或干燥备用。种仁可提取罗望子胶。

酸角果实为荚果，果肉味酸甜，可生食。果实成熟后，剥开皮壳，挑出果核，取果肉与白糖相拌，做成果酱，存于器皿中，几个小时后即可食用。其味酸带甜，可做下饭菜。

果实也可用于加工多种风味饮料，国内外一些学者相继提出了酸角果汁和保健饮料的工艺流程，并已投入生产。在印度、苏丹、印度尼西亚、泰国、巴基斯坦等酸角主产国，随处可见用酸角果肉开发加工的饮料或食品，如酸角浓缩汁、酸角果肉粉、酸角蜂蜜茶、酸角茶、调味品、蜜饯、果脯、咖喱粉、果酱、果冻等产品。

【附注】种子可生产罗望子胶（多糖），可作食品添加剂、胶黏剂和增稠剂等，在美国、英国、法国、日本、印度、中国等国家广泛应用。它具有的凝胶特性可作为胶凝剂、增稠剂、稳定剂用于化妆品，在日化工业中，常用于牙膏、剃须膏、护肤霜及各种香精的乳化剂。

果实提取物具有滋补、抗炎、润肤、抗皱等作用，可用于抗衰化妆品。酸豆提取物还可作为抗炎剂、抗过敏剂、抑臭剂用于化妆品。叶提取物可作为抗菌剂用于护肤类化妆品。

451 西洋蒲公英 *Taraxacum officinale* Weber ex Wigg.

彩图 451 英文名：Common dandelion，Dandelion；菊科

【别名】欧洲蒲公英，蒲公英，蒲公草，药用蒲公英

【植物形态】越年生或多年生草本，高至 50 cm，全株光滑几无毛，内含白色乳汁，根粗大，单一或数条深入土中，淡褐色；根茎短，残留叶痕。叶基生，多数，具柄或略翼柄，淡绿色至紫红色，叶片长倒披针形或披针形，长 15～36 cm，宽 4～8 cm，叶缘深裂为羽状，部分裂片呈疏生线形针状锐尖，叶端三角状钝尖或锐尖。花梗单一，花期间陆续生长，梗出现即见花蕾，逐渐伸长至种子成熟时为止，长 15～57 cm，紫红色或绿色带紫色斑点，先端着头状花序 1 朵，花展开时，径 4～4.5 cm，总苞绿色，数层；舌状花黄色，舌瓣凿形，先端 5 浅裂，轮状重叠，两性结实，聚合而向内；雌花花丝呈细丝状。种子成熟时展开成球状，冠毛呈伞状，借以飞翔散播。花期在春天。

【生态分布】喜温凉气候，原产于欧洲和亚洲温带地区，现在全球大部分地区有分布，如北美洲、非洲南部都有，美国、新西兰、澳大利亚、印度广泛分布；在法国和德国有种植，中国新疆有分布。

【历史与民俗】平常视为杂草的蒲公英，却有令人惊讶的药用价值。在西方草药医学中，长期以来一直作为利尿剂药用。也被 11 世纪阿拉伯医师和 13 世纪威尔士医生所大力推荐。其根的药用历史相对较短，对肝脏有益。根曾经烧烤后代替咖啡，几个世纪以来，其叶作为蔬菜食用，常作野菜沙拉。在南欧(意大利和法国)，蒲公英的一些品种，如巨人、卷曲、叶用，在一定程度上已有商业种植。

【化学成分】全草含倍半萜内酯、三萜和维生素 A、维生素 B、维生素 C、维生素 D。叶含有香豆素、类胡萝卜素和矿质元素(钾较多)。根含蒲公英苷、酚类和矿物质(包括钾、钙)。蒲公英同时含有蛋白质、脂肪、碳水化合物、微量元素及维生素等。

据报道，根中含蒲公英醇、蒲公英赛醇、蒲公英甾醇、φ-蒲公英甾醇、β-香树脂醇、豆甾醇、β-谷甾醇、胆碱、咖啡酸、菊糖(果糖、蔗糖、葡萄糖)、对羟基苯乙酸、棕榈酸、蜡酸、蜂花酸、油酸、亚油酸等。叶含叶黄素、堇黄质、叶绿酯、维生素 C 及维生素 D 等。花含山金车二醇、叶黄素和毛莨黄质。

【加工与利用】采用叶和根。春季采收叶，秋季挖取二年生的根，均洗净，鲜用或干燥备用。

幼嫩叶子可添加到新鲜沙拉里生吃，它有点微苦味，或者它可以像菠菜一样煮来食用。传统的法国蒲公英沙拉含有大蒜调味。干燥开放的花可用来制造蒲公英酒。

【附注】蒲公英提取物具有抗菌、消炎、抗肿瘤等作用。叶可治疗高血压。根主要作用于肝脏和膀胱，帮助其清除代谢废物，也刺激肾脏排毒。根还可用于治疗便秘、痤疮、湿疹、牛皮癣、关节炎和痛风。

根和叶提取物具有较强的抗菌、抗氧化、抗炎作用，并能促进血液循环，可用于护肤化妆品。叶、根 30%丁二醇提取物对在小鼠试验时对小鼠毛发生长有促进作用，可用于生发类化妆品。

452 诃子 *Terminalia chebula* Retz.

彩图 452 英文名：Myrobalan，Medicine terminalia；使君子科

【别名】诃黎勒，藏青果

【植物形态】乔木，高达 30 m。枝近无毛，皮孔细长，白色或淡黄色。叶互生或近对生；叶柄粗壮，长 1.8～2.3 cm；叶卵形或椭圆形，长 7～14 cm，宽 4.5～8.5 cm，先端短尖，基部钝圆或楔形，偏斜，全缘或微波状，两面无毛，密被细瘤点；穗状花序腋生或顶生；花两性；花萼管杯状，淡绿带黄色，长约

3.5 mm，5 齿裂，长约 1 mm，三角形，外面无毛，内面被黄棕色的柔毛；花瓣缺；雄蕊 10，高出花萼之上，花药小，椭圆形；子房下位，1 室，圆柱形，长约 1 mm，被毛，花柱长而粗，锥尖。核果绿色，有臭气味，卵形或椭圆形，长 2.4～4.5 cm，径 1.9～2.3 cm，粗糙，无毛，成熟时变黑褐色，通常有 5 条钝棱。花期 5 月，果期 7～9 月。

【生态分布】原产印度和东南亚，喜高温湿润气候，耐旱、耐霜，喜阳光充足，多生于海拔 950～1 850 m之间。诃子遍布东南亚、印度、斯里兰卡、不丹、尼泊尔、孟加拉、缅甸、柬埔寨、老挝、越南、印度尼西亚、马来西亚、巴基斯坦、斯里兰卡、泰国。在中国原产云南南部；在福建、广东、广西、台湾有栽培。

【历史与民俗】本品在印度阿育吠陀医药中作为收敛、缓泻、防变质药，树皮用作强心、利尿药。诃子在我国药用历史悠久，历代本草也有记载。诃子也是最常用的藏药。在藏药学经典著作《晶珠本草》里，诃子被称为“藏药之王”。

【化学成分】含鞣质（20%～40%，其中主要成分为诃子酸、诃黎勒酸、没食子酸）和蒽醌及番泻苷等。据报道，果实含鞣质 23.60%～37.36%，其成分为诃子酸、诃黎勒酸、1,3,6-三没食子酰葡萄糖及 1,2,3,4,6-五没食子酰葡萄糖、鞣云实精、原诃子酸、葡萄糖没食子鞣苷、并没食子酸及没食子酸等。又含莽草酸、去氢莽草酸、奎宁酸、阿拉伯糖、果糖、葡萄糖、蔗糖、鼠李糖和氨基酸。还含番泻苷 A、诃子素、鞣酸酶、多酚氧化酶、过氧化物酶、抗坏血酸氧化酶等。树皮含 β-谷甾醇、鞣质、并没食子酸、没食子酸和焦性儿茶酚。

【加工与利用】以成熟或近成熟的果实入药。秋末冬初果实成熟时，选晴天采摘。采收的成熟果实，晒干或烘干即为药材诃子。采收未木质化的幼果，放入水中烫 2～3 min 后，取出晒干即为藏青果。

本品有抗氧化、抗菌、抗诱变、抗肿瘤、收敛、健胃等作用。对平滑肌有解痉作用，与罂粟碱相似。果实用于治疗消化系统和呼吸系统疾病；还用于冠心病的防治；还可用于治疗痔疮、烫伤、创伤、哮喘、咳嗽及口腔炎症。

藏医药学认为，诃子有全部藏药具备的六味、八性、三化味和十七效，能治疗很多种疾病。但使用诃子也要根据不同的疾病，分别使用诃子的果尖、外层果肉、中层果肉、果尾 、外皮等，并配合相应的药物。这样才能达到理想的疗效。在藏医使用的配方中，绝大多数都使用了诃子。如著名的藏成药“常觉”就是以诃子为主药治疗消化系统疾病的。

【附注】果实、树皮提取物具有较强的抗氧化、抗菌、抗皱、解痉作用，是良好的肌肤调理剂，可用于护肤化妆品。它对睾丸酮-5α-还原酶的抑制，显示对因雄性激素偏高而引起的脱发有防治作用，可用于护发产品。提取物还可用于含漱液等产品，对口腔炎症有防治作用。

453 番杏 *Tetragonia tetragonioides* (Pall.) Kuntze

彩图 453　英文名：Western-style meal，New Zealand spinach；番杏科

【别名】蕹菜，白番杏，白红菜，法国菠菜，洋菠菜

【植物形态】一年生肉质草本，无毛；茎初直立，后蔓延上升，高 40～60 cm，肥粗，淡绿色，从基部分枝。叶互生，卵状菱形或卵状三角形，边缘波状；叶柄肥粗。花单生或 2～3 朵簇生于叶腋；萼管裂片3～5，内面黄绿色；无花瓣；雄蕊 4～10；子房下位。坚果陀螺形，具钝棱，具宿存萼，种子数个。花果期8～10 月。

【生态分布】喜温暖湿润气候，20～30 ℃为生长最适温度。对土壤无严格要求，在肥沃土地上生长快、品质好。番杏原产澳大利亚、新西兰等地，我国许多地区在秋冬季也可种植。我国华东、西南、华南各地长江流域以南，海拔 1 000～2 000 m 以下的河谷、平地、山坡、路边、村头、宅院均能健壮生长。

【历史与民俗】番杏原产澳洲亚热带地区，在当地是古老的蔬菜之一。先后引入南欧、日本等地的

滨海地区，已成为民间常用食用蔬菜。我国虽引入较晚，其嫩茎叶口感很好，在各地民间也是常用食用植物。番杏在华南地区的民间以全草入药，始载于《质问本草》。

【化学成分】嫩茎叶营养成分丰富，含有蛋白质、脂肪、水溶性多糖及维生素 C；全草含丰富的铁、钙、维生素 A 和维生素 B、氯化钾、β-胡萝卜素、草酸。在其磷脂部分中含有磷脂酰胆碱、磷脂酰乙醇胺、磷脂酰丝氨酸、磷脂酰肌醇，并含抗生素物质番杏素。地上部分含甾醇类葡萄糖混合物。番杏叶含有6，10，14-三甲基-2-亚甲基十五醛、3，7，11，15-四甲基十六醛等。

【加工与利用】采用全草。春夏之际，采集野生或栽培的番杏幼苗、嫩茎叶。采集后将其根部去掉，洗净，晾干备用。栽培番杏，四季可采。番杏嫩苗、嫩茎叶洗净后用沸水烫熟，放凉后加酱、糖、醋等做凉拌菜，也可以直接切段炒食。番杏不仅是一种时新蔬菜，而且是一种很好的保健食品。其嫩苗、嫩茎叶味甘、辛，性平；有祛风清热、解毒消肿的功效。有人认为其有抗维生素 C 缺乏症的作用，其甾醇类葡萄糖混合物有抗溃疡发生的作用，还有抗胃癌、食管癌的作用。

【附注】番杏提取物有抗氧化、抗炎、抗菌、润肤、调理肌肤等作用。提取物所含甾醇类葡萄糖混合物有抗溃疡发生的作用，因而是良好的肌肤调理剂，可用于多种护肤化妆品，并有嫩肤、美容、防治皮肤溃疡等功效。

454 四翼豆 *Tetrapleura tetraptera* (Schumach. & Thonn.) Taub.

彩图 454　英文名：Prekese，Aridan，Aidan tree；豆科

【别名】四肋草，海红豆线虫

【植物形态】落叶乔木，高 6～30 m，树皮光滑而粗糙，灰色或棕色。叶柄长 4～11 cm；叶轴长7.5～23 cm，被微柔毛；羽片 5～7(－10)对；小叶 6～11(－13)对，小叶长圆状椭圆形至椭圆形，长(0.4－)0.65～2.1 cm，宽(0.3－)0.55～1.3 cm，先端圆形到微缺，小叶柄 0.5～0.7(－1)mm。总状花序，长4～14 cm。长梗 1.5～4 cm，花梗长 1～3 mm；花黄色至粉红色；花萼被微柔毛，长 0.5～1 mm，花瓣长2～3.5 mm，外面被微柔毛，或很少无毛；雄蕊花丝 2.5～4.5 mm。荚果长 12～23(－25)cm，宽3.5～5.7(－6.5)cm，暗褐色，有光泽，圆柱形，有时先端微缺，具 4 纵向的翅状脊，宽近 3 cm。种子卵圆形而扁，长 9～9.5 mm，宽 7～8 mm，厚 3.5～4 mm。

【生态分布】热带森林植物，生长在热带雨林。它生于高山林区、河边森林，以及非洲平原。主要分布于热带非洲，包括塞内加尔、苏丹、乌干达、肯尼亚，南到安哥拉和坦桑尼亚。

【历史与民俗】本植物在加纳称为“Prekese”，在西非，当地称为“aridan”。民间习惯将它的荚果用来调味菜肴，如制作班加汤。这是因为它有芳香味道和药用价值。在热带非洲的传统医学中，它的叶、树皮、根、果仁都可药用，可治疗一系列疾病，包括关节炎和其他炎症性疾病、哮喘、糖尿病、高血压、癫痫病、血吸虫病等。它的功效确切，但在欧洲或其他地区使用并不普遍。

【化学成分】荚果含有大量的糖和单宁、黄酮类、维生素、芳香物质等。据报道，它还含粗蛋白7.44%～17.50%、粗脂肪 4.98%～20.36%，以及钾、铁、钙、锌、磷、鞣质、黄酮类化合物、生物碱、皂苷甾体化合物和酚类化合物。树皮主要含单宁、黄酮类、淀粉等。

【加工与利用】利用部位主要为荚果，树皮也比较常用。果实成熟时采收，去杂，洗净，鲜用或干燥备用。树皮全年可采，一般除去粗皮后干燥备用。

干的荚果具有浓郁的香味，常用作调味料，做什锦菜肴，如香味肉辣椒汤、棕榈仁汤、辣椒鱼汤等，均使用这种香料。研究人员还发现，这种植物具有消炎、降压、抗溃疡、灭螺和抗微生物性能。

果实能以干混合粉末的形式生产护肤品，如肥皂。这种肥皂之所以受到极大关注，也是由于它有很高的抗菌、抑菌性能。

【附注】果实和鲜花可生产香水，与棕榈油一同制备润发油。树干的心材为红褐色，边材白色；木材

相当沉重，主要用于建筑物的柱、杵、工具手柄、雕刻。

455 西非竹芋 *Thaumatococcus daniellii* (Benn.) Benth.

彩图 455

英文名：Miracle fruit，Miracle berry，Katemfe；竹芋科

【别名】奇迹果，奇异果，非洲锡兰莓，卡坦菲

【植物形态】多年生草本，株高可达 3 m，叶宽椭圆形，薄如纸，长 60 cm，宽 20～40 cm，全缘。短穗状花序，生于近地面的叶柄上隆起的基部，每个花序有成对生长着约 12 对花，花紫红色。通常只 2～3 对或偶尔有 4～5 对开花结果。簇生于地面上，往往部分被枯叶、泥沙所覆盖。果实为三角形的肉质果，初熟时由墨绿色转为褐色，全熟时鲜红色。每个果实有 1～3 枚深黑色种子，种子顶端覆有柔软的膜质囊（即假种皮）。每年大部分时间都开花，以 2～6 月和 8～10 月花最盛，开花后约 3～4 个月果实即成熟，果实的重量变化颇大，单粒种子果实平均重 9 g，最重的果实可达 40 g。

【生态分布】热带植物，多年生草本，多生长在热带雨林。主要分布在塞拉利昂到扎伊尔的热带雨林中，安哥拉等地也有分布。澳大利亚有引种栽培。

【历史与民俗】卡坦菲（西非竹芋）成熟的果实是红色的三角锥形，一年可收两次。当地的居民很早就将它作为一种甜料来食用了。人们把它的种皮浸泡在水中，水就变得很甜了。1841 年，有个英国外科医生曾在西方介绍过卡坦菲，但并未引起人们的注意。直到 100 多年后，在寻找食糖代用品的热潮中，才有人重新想起了它，并发现它的种子要比食糖甜 3 万倍，科学家从它的假种皮中提取出一种叫“卡坦菲精”的物质，其甜度竟是食糖的 60 万倍，被誉为“甜王”。

【化学成分】果实含黏液质、多糖、挥发油、维生素等；从假种皮中可分离出 2 种糖蛋白，称为西非竹芋素Ⅰ和西非竹芋素Ⅱ，甜度比蔗糖高 2 000～3 000 倍。商业上提取的西非竹芋素可制成结晶状，含有 193 种氨基酸，蛋白质中是以丙氨酸作为 N-终端氨基酸的单个多肽链。

【加工与利用】采用果实提取物。果实成熟时采收，去杂，洗净，备用。商业上提取的西非竹芋素可制成结晶状，除了作为甜味剂外，还具有香味剂的潜在用途。西非竹芋素作为天然无毒低热量甜味剂，目前已经获得美国、欧盟、日本等国和组织的使用许可，可以广泛应用于食品生产行业。

【附注】果实提取物含多糖、糖蛋白，具有抗菌、润肤、抗皱等作用。提取物含极甜的黏性物质，吸水后可增加自身重量的 10 倍，因而可作为琼胶的替代品，在雪花膏、牙膏等化妆品中作为稳定剂、乳化剂使用。提取物还可作为抗菌剂、抗皱剂、润肤剂用于护肤化妆品。

此外，叶片可用于包装食品。叶柄可用来编织席子，或作为工具和建筑材料。整个叶也用于屋面。在传统药用中，叶汁液作为毒虫叮咬的解毒剂。根和叶的提取物可作为镇静剂，可治疗精神错乱。

456 可可树 *Theobroma cacao* L.

彩图 456

英文名：Cacao tree，Cocoa tree；梧桐科

【别名】可可

【植物形态】常绿乔木，高至 8 m。树皮浅棕色；嫩枝褐色，被短柔毛。叶具短柄，卵状长椭圆形至倒卵状长椭圆形，长 20～30 cm，宽 7～10 cm，顶端长渐尖，基部圆形或近心形，两面均无毛；托叶条形，早落。花排成聚伞花序，花直径约 18 mm；花梗长约 12 mm；萼粉红色，萼片 5 枚，长披针形，宿存，边缘有毛；花瓣 5 片，淡黄色，略比萼长，下部盔状并急狭窄而反卷，顶端急尖；退化雄蕊线状；发育雄蕊与花瓣对生；子房倒卵形，稍有 5 棱，5 室，花柱圆柱状。核果椭圆形或长椭圆形，长 15～20 cm，表面有 10 条

纵沟，干燥后为褐色；果皮厚，肉质，干燥后硬如木质，每室有种子 12～14 个；种子卵形，稍呈压扁状，长 2.5 cm。花期几乎全年。

【生态分布】热带植物，喜生在温度高、湿度大、土壤肥沃的环境。原产美洲中部及南部，已广泛栽培于全世界的热带地区。在中国海南和云南南部有栽培。

【历史与民俗】三千年前，美洲的玛雅人就开始培植可可树，称其为“cacau”。将可可豆烘干碾碎，加水和辣椒，混合成一种苦味的饮料。该饮料后来流传到南美洲和墨西哥的阿兹特克帝国，阿兹特克人称之为“xocoatl”，意思为“苦水”，他们为皇室专门制作热的饮料，叫“Chocolatl”，意思是“热饮”，是“巧克力”这个词的来源。1544 年一个来自多米尼加的玛雅贵族代表团拜访了西班牙的腓力王子，他们随身携带自己喝的可可饮料，是加了香草等香料的起泡沫的饮料，引起西班牙人的兴趣，他们也开始喝这种饮料，并加入糖和其他配料。到 17 世纪中期，巧克力已遍布欧洲，尤其是在瑞士、英格兰、比利时和荷兰大受欢迎。1753 年，生物学家林奈正式为可可树命名，把它命名为 *Theobroma cacao*，“theobroma”是希腊语，意即“神的食物”。可可于 17 至 18 世纪传入东南亚，1922 年传入我国台湾，1954 年引种于海南省。

【化学成分】籽肉含黄嘌呤、黄酮类、脂肪油和许多芳香成分。种子含有可可碱、咖啡因及少量的内啡肽。据报道，可可豆（生豆）含水分 5.58%，脂肪 50.29%，含氮物质 14.19%，可可碱 1.55%，其他非氮物质 13.91%，淀粉 8.77%，粗纤维 4.93%，其灰分中含有磷酸 40.4%、钾 31.28%、氧化镁 16.22%。

【加工与利用】主要采用种子（可可豆）及其脂。每两年采收 1 次荚果，干燥后取出种子备用。可可豆经烘烤后，以压榨法提取可可脂，压榨后的剩余物用于制成可可粉。巧克力是可可粉、奶粉和糖的混合物。可可饮料是巧克力或可可粉与水或牛奶混合而成。许多美味的甜点、糖果和巧克力糖是以巧克力为原料制成的。

研究发现，可可能够降低心血管病和癌症等疾病的风险，延长寿命。维生素 E 是可可中最主要的维生素，原花青素是可可中最主要的多酚。它们是主要的自由基清除剂，能够保护机体免受氧化损伤。因此，它们对多种疾病，如心血管病、癌症及衰老有预防作用。

【附注】可可碱、咖啡因有扩张血管的作用。内啡肽有止痛作用。黄酮类化合物有抗氧化作用。种子还有抗菌、强心、滋补、润肤等作用。可可提取物有促进皮肤新陈代谢、抗氧化、抗炎、抑制过敏、皮肤保湿等作用，可用于美容、抗衰化妆品。它还可用于护发产品。

可可油可在手中融化，常当成药膏、油膏以及按摩用的润滑剂来使用，具有柔软和润滑皮肤的功效。因而可可油也被用于口红、指甲漂白剂、护唇膏、肥皂、柔软剂、睫毛膏和按摩乳液。

457 百里香 *Thymus mongolicus* Ronn

彩图 457　英文名：Mongolia thyme；唇形科

【别名】地椒，地花椒，山椒，山胡椒，麝香草

【植物形态】半灌木。茎多数，匍匐或上升，被短柔毛；花枝高（1.5）2～10 cm，在花序下密被柔毛，具 2～4 对叶。叶为卵圆形，长 4～10 mm，宽 2～4.5 mm，先端钝或稍锐尖，基部楔形或渐狭，全缘或稀有 1～2 对小锯齿，两面无毛，叶柄明显，下部的叶柄长约为叶片 1/2，在上部则较短；苞叶与叶同形，边缘具缘毛。花序头状，多花或少花，花具短梗。花萼管状钟形或狭钟形，长 4～4.5 mm，下部被疏柔毛，下唇较上唇长或与上唇近相等，上唇齿短，三角形。花冠紫红、紫或淡紫、粉红色，长 6.5～8 mm，被疏短柔毛，冠筒长 4～5 mm，向上稍增大。小坚果近圆形或卵圆形，压扁状，光滑。花期 7～8 月。

【生态分布】喜温暖，喜光和干燥的环境，对土壤的要求不高，但在排水良好的石灰质土壤中生长良好。生于多石山地、斜坡、山谷、山沟、路旁及杂草丛中，海拔 1 100～3 600 m。主要产于甘肃、陕西、青海、山西、河北、内蒙古。亚洲温带地区、欧洲、非洲北部也有。

【历史与民俗】百里香在欧洲，传统上认为象征着勇气，所以中世纪经常用它赠给出征的骑士。在中国本种称为地椒、地花椒、山椒、山胡椒、麝香草等，产于西北地区。元朝的《居家必用事类全集》中，记有用百里香加入驼峰驼蹄调味。李时珍《本草纲目》记载："味微辛，土人以煮羊肉食，香美。"百里香在南欧被作为一种美食的香料而广泛种植。

【化学成分】全草含碳水化合物、蛋白质、维生素 C、硒、铁、钙、锌等，其含量均高于普通蔬菜，尤其是百里香中含有大量的单萜等挥发性成分，有较高的食用营养价值。

【加工与利用】利用全草，夏季开花时采收地上部分，鲜用或干燥备用，晾干时尽量保持其灰绿的颜色。可用水蒸气蒸馏方法提取挥发油(精油)。

百里香整株具有芳香的气味，很早就作为一种香料蔬菜、蜜源植物出现在人们的生活中，是人类从古至今应用的天然的调味香料之一。中国早在元朝就有用百里香作调味香料的记载。在烹调海鲜、肉类、鱼类等食品时，可加入少许百里香粉，以除去腥味，增加菜肴的风味；腌菜和泡菜时加入百里香，能提高它们的清香和草香味。

【附注】百里香可治疗多种疾病，气味甜而又似药草味。百里香在中国的药用记载可追溯到北宋。各种中医典籍都有所记载，如《嘉祐本草》谓其主淋炸肿痛。现代药用是用其地上部分或全草的鲜样或阴干样，有祛风、止痛的功能。

458 麝香草 *Thymus vulgaris* L.

彩图 458

英文名：Common thyme，German thyme，Garden thyme；唇形科

【别名】百里香，银斑百里香，法国百里香

【植物形态】多年生常绿小灌木，植株高 20～40 cm，茎直立或匍匐生长，多分枝，茎干下部为灰褐色，上部为淡紫色。叶对生，长椭圆状披针形或卵状椭圆形，肥厚，叶上表面浓绿色，下面灰绿色，叶缘略翻卷，叶片长 5～8 mm，宽 2～4 mm。叶具有浓厚的香气。穗状轮伞花序顶生或腋生，苞片长圆形；花萼钟状二唇形，上唇 3 裂，下唇 2 裂成针状，花冠筒内藏，冠肢二唇形，上唇直伸，先端微缺，下唇开展 3 裂，花冠淡红色或白色；雄蕊 4，前对较长，雌蕊 1，柱头 2 裂。小坚果椭圆形，平滑。花期 6～8 月，果期 9 月。

【生态分布】原产于地中海沿岸及小亚细亚，喜温暖干爽的气候。现广泛分布于全球，以种子或根蘖繁殖。我国新疆有规模化引种栽培。

【历史与民俗】古地中海文明就将麝香草视为药用植物，其英文名即来源于希腊字"Thymos"，意思是指"芳香"。自古以来它就是一种厨房药草，可以延缓肉类腐败；古罗马人也常用麝香草来作为干酪、饮料等的调味、增香。不过麝香草精油的应用只有 200～300 年的历史。现代科学实验证明，在有细菌的肉汁中加入麝香草或其精油，可以降低细菌的繁殖速度，可使新鲜肉汁保鲜 3 天。中国早在元朝就有用麝香草作调味香料的记载。在烹调海鲜、肉类、鱼类等食品时，可加入少许麝香草粉，以除去腥味，增加菜肴的风味。

【化学成分】植株含有挥发油及脂肪、蛋白质、单宁、纤维素、矿物质等，并含黄酮类和酚酸类。百里香精油的成分变化较大，一般是百里香酚和香荆芥酚(30%～60%)为主要成分，其次为 p-伞花烃、葛缕醇、芳樟醇，其他还有 α-松油烯、γ-松油烯、α-蒎烯、月桂烯、甲基百里香酚、β-石竹烯、1,8-桉叶素、龙脑、乙酸龙脑酯等。

【加工与利用】利用地上部分及其精油。夏季开花时采收地上部分，鲜用或干燥备用，晾干时尽量保持其灰绿的颜色。可用水蒸气蒸馏方法提取挥发油(精油)。因为麝香草(百里香)芳香宜人，且有防腐杀菌和抗氧化能力，很适合作为各种调味料。

我国《本草纲目》中记载："味微辛，士人以之煮羊肉食，香美"。麝香草在烹调中的应用，西欧大于东

方，尤以法国和意大利为最。法国菜常用的一种叫 Bouguet garni 的调味品就是以麝香草、欧芹和月桂叶组成的。美国新奥尔良地区的特色菜肴也是以麝香草(百里香)为基础的。用麝香草制作的法国勃兰地酱油专用于鸡、鹅、火鸡、畜肉等制品的冷菜的调味。

麝香草精油和油树脂除用于烹调外，也用于复合调味品、软饮料和甜酒(如法国 benedictine 甜酒就是百里香风味的)。

【附注】本品具有抗菌、抗痉挛、滋补、镇静、驱虫、抗氧化、抗衰老等作用。挥发油的抗菌力最强，其中麝香草酚(百里香酚)抗真菌活性最强。据《中国药植图鉴》记载其具有镇痉、驱风、强壮作用，主治炎症、痉挛性咳嗽、百日咳、喉头肿痛。

精油可用于化妆品香料的调香，也用于牙膏、牙粉、爽身粉和剃须膏等的香精中。茎叶提取物对环 AMP 磷酸二酯酶活性的抑制和对精氨酸酶活性的促进，显示有抗炎和愈合伤口的作用；研究表明：提取物具有滋补和抗氧化功效，可强化皮肤功能和抗衰老作用，可用于护肤、抗衰化妆品；可防治皮肤粗糙，还有助于防治癣菌病、鹅口疮和其他真菌感染。

459 菱 *Trapa bispinosa* Roxb.

彩图 459

英文名：Singharanut；菱科

【别名】菱角，二角菱，野菱，耳菱，四角菱

【植物形态】一年生浮水草本。茎细长。叶二型，沉水叶羽状细裂，灰绿色；浮水叶聚生于茎顶，成莲座状，叶片宽三角形或菱状三角形，长宽 2～4 cm，基部宽楔形，全缘，上部边缘具齿，表面绿色，脉上被毛；叶柄长 5～10 cm，中部膨胀成宽约 1 cm 的海绵质气囊，被柔毛。花两性，白色，单生于叶腋；萼片 4 深裂；花瓣 4，长约 7 mm；雄蕊 4；子房半下位，柱头头状，花盘鸡冠状。坚果三角形，连角宽 4～5 cm，两侧有 1 硬刺状角，先端锐尖，全果紫红色。花期 7～8 月，果期 9～10 月。

【生态分布】喜温暖气候，适应性较强，喜光照，生长适宜温度 20～30 ℃。对土壤要求不严。常见于低山、丘陵、平原地区的池塘、沟渠、湖泊边或水流缓慢的江河水面。产于黑龙江、吉林、辽宁、陕西、河北、河南、山东、江苏、浙江、安徽、湖北、湖南、江西、福建、广东、广西等地水域；全国各地有栽培。日本、朝鲜、印度、巴基斯坦也有分布。

【历史与民俗】菱在我国利用历史久远，根据考古发现，江苏和浙江多处出土文物中都有菱的遗存，距今 6 000 年以上，说明早在新石器时代江南地区已广泛采菱食用。公元前 300—前 400 年的《尔雅》中就已有关于菱的记载。《周礼·义疏》称作菱角。《周礼·天官篇》中记载："加笾之食菱、芡。"公元前 280 年郭义恭撰写的《广志》中记载："钜野大菱，大于常菱。"说明当时已注意到菱的选择。公元 6 世纪后魏贾思勰所写的《齐民要术》已提到菱的栽培方法。

【化学成分】果实中含有丰富的淀粉、葡萄糖、蛋白质、少量植物油脂以及钙、铁、磷等矿质元素。每 100 g 鲜品中含水分 69.2 g、蛋白质 3.6 g、脂肪 0.5 g、粗纤维 1.0 g、碳水化合物 24 g、灰分 1.7 g、钙 1.7 mg、磷 49 mg、铁 0.7 mg、胡萝卜素 0.01 mg、硫胺素 0.23 mg、核黄素 0.05 mg、烟酸 1.9 mg、抗坏血酸 5 mg。果肉中还分离出 4,6,8(14),22-麦角甾-四烯-3-酮、22-二氢豆甾-4-烯-3,6-二酮、β-谷甾醇。

【加工与利用】果实为主要利用部位。9～10 月分批采集菱的果实，去壳，鲜食、熟食均可，并可加工菱粉。菱的鲜嫩果肉洗净，加酱、糖、醋等做凉拌菜，或直接炒食、做粥、做汤等。菱角富含淀粉，除生食、熟食外，一般供酿酒、熬糖及提制菱粉、制作糕点。此外，还可用以生产菱角罐头、菱角酱。

【附注】近年来研究表明，果实有抗腹水肝癌 AH-13 的作用；种子的醇浸液对艾氏腹水癌有抗癌作用。可能有开发新药的潜力。

460 瓜叶栝楼 *Trichosanthes cucumerina* var. anguina (L.) Haines

彩图 460　英文名：Snake gourd，Serpent gourd；葫芦科

【别名】王瓜，蛇瓜

【植物形态】一年生攀援藤本；茎细弱，多分枝，被毛。叶片薄纸质，肾形或阔卵形，长达 25 cm，宽 20～24 cm，5～7 浅至中裂，通常 5 裂，裂片三角形或菱状卵形，先端钝，具短尖头，边缘具细齿或波状齿，基部心形，上面绿色，疏被微柔毛及长硬毛，背面淡绿色，密被白色短伏毛。卷须纤细，2～3 歧，被柔毛。花雌雄同株。雄花排列成总状花序，雌花单生于雄花序的基部，并先开放。雄花梗丝状；小苞片缺或极小；花萼筒状，裂片狭三角形；花冠白色，裂片长圆形，流苏几与裂片等长；花药柱长圆形，花丝纤细；无退化雌蕊。果实圆柱状长条形，长达 200 cm，顶端具喙，成熟时深红色。种子卵状长圆形，灰白色。花果期在秋季。

【生态分布】热带、亚热带植物，在热带地区可分布到海拔 1 900 m 地区。生于路边灌丛。分布于斯里兰卡、巴基斯坦、印度、尼泊尔、孟加拉、缅甸、中南半岛、马来西亚、澳大利亚西部和北部。中国产于广西、云南南部、西藏。

【历史与民俗】本种起源于印度和马来西亚。在当地，民间将其果实作为蔬菜食用已有很久的历史，近几个世纪以来它已被当地人们作为蔬菜种植，并普遍食用；但在西方国家人们对它知之不多。它的食物营养价值虽然相对较低，但它是矿物质和维生素的良好来源。同时，它的果实被传统医学作为苦涩性药物用于刺激食欲，改善消化。

【化学成分】果实含蛋白质、脂肪、碳水化合物、钙、磷、铁及维生素 B_1、维生素 C，还有皂苷、植物黏液、木糖胶、苦味质等。

【加工与利用】主要利用嫩的和成熟的果实。夏、秋季果实形成，未熟或成熟时采收，洗净，一般鲜用。果实柔软、温和，有点黏液的果肉与丝瓜、葫芦相似。但有些品种，未成熟的果实有一股难闻的气味，味微苦，这两者在煮熟时都会消失。未成熟的水果切成薄片，像其他蔬菜一样可煮熟食用。据说它是四季豆的一种很好的替代品，经常被添加到咖喱菜肴中。红色成熟的果实像番茄，但它的果肉变成纤维了，有点苦涩了。它的芽、卷须和叶也可以作为蔬菜吃。

【附注】瓜叶栝楼的根在中国和日本被作为淀粉的来源。

461 胡芦巴 *Trigonella foenum-graecum* L.

彩图 461　英文名：Fenugreek；豆科

【别名】香豆子，香草，苦豆

【植物形态】一年生或越年生草本，高 30～100 cm，茎直立，常从基部分二、三枝，茎、枝有疏毛。叶互生，具 3 小叶，中间小叶倒卵形或倒披针形，长 1～3.5 cm，宽 0.5～1.5 cm，先钝圆，两面均疏生柔毛，侧生小叶略小；叶柄长 1～4 cm，托叶与叶柄连合。花 1～2 朵生于叶腋，无梗；萼筒状，长约 7 mm，有白色柔毛，萼齿披针形；花冠白色，基部稍带堇色，长约为花萼 2 倍。荚果条状圆筒形，长 5～11 cm，直径约 0.5 cm，先端成尾状，直或稍弯，有疏柔毛，具明显的纵网脉；种子多数，棕色，扁圆略具棱形，表面不平。

【生态分布】喜温暖干爽气候，适应性较强；原产于北非、地中海东部周边地区，生于开阔地带，现广泛栽培于摩洛哥、埃及、希腊、印度、伊朗等地。胡芦巴在我国南北各地都有种植，主产于甘肃的武威、张掖，新疆的和靖、和硕，内蒙古的临河，河南的商丘，安徽的灵璧、泗县、阜阳、亳县等地。东北三省及陕西、宁夏也有栽培。黄河流域以北为春播地区；黄河流域以南地区为秋播地区。

【历史与民俗】胡芦巴原产于亚洲南部、欧洲西部。胡芦巴自古以来已有种植(例如亚述人),并作为食品使用,以及作为药用和作为饲料植物("foenum- graecum"意为"希腊干草")。种子在图坦卡蒙(公元前 1325 年)的墓里被发现。它在埃塞俄比亚的农村地区是一种重要的粮食作物。在中东和印度也作为一种有商业价值的植物而种植。

长期以来,胡芦巴苗株在我国西北地区民间也是食用的野菜,其茎叶晒干后仍然香气浓郁,似川芎和芸香香气。《本草纲目》称:"治冷气疝瘕,寒湿脚气,益右肾,暖丹田。""右肾命门药也。元阳不足,冷气潜伏,不能归元者,宜之。"它既是民间餐桌上的野菜,又是很好的保健食品。

【化学成分】胡芦巴鲜茎叶,每 100 g 含热量 146 J,水分 87.6%,蛋白质 4.6 g,脂肪 0.2 g,碳水化合物 6.2 g,纤维 1.4 g,灰分 1.4 g,钙 150 mg,磷 48 mg。此外,还含胡萝卜素、核黄素、硫胺素、烟酸、维生素 C 及多种氨基酸等。另有报道,胡芦巴的茎、叶、根含有甾体皂苷类化合物。种子含挥发油、生物碱(包括胡芦巴碱)、皂苷(薯蓣皂苷元)、黄酮类、黏液质(约 27%)、蛋白质(约 25%)、脂肪油(约 8%)以及维生素 A、维生素 B、维生素 C 和矿物质。种子尚含大量半乳甘露聚糖。

【加工与利用】利用部位为种子和嫩茎叶、花、幼果。夏季采集胡芦巴的茎叶、花及幼果,洗净,鲜用、腌渍、干制均可。种子成熟时采收植株,晒干,收集种子,并干燥备用。将种子浸泡,像其他豆类(如扁豆)一样煮熟,可获得蛋白质等丰富的营养物质。它还用来制造乳制品,代替婴儿牛奶和女性食用的高质量的传统食品(面粉混合橄榄油、蓖麻糖)。胡芦巴也被用作香料(种子粉是咖喱粉的成分之一),可用于鱼咖喱、泡菜、酸辣酱中。"Panch phora"就是包含胡芦巴的一种印度香料混合物(它还有褐色芥末、孜然、黑孜然和茴香)。在土耳其、印度和阿拉伯国家,胡芦巴的新鲜或干的叶片被用作一种蔬菜,即烹饪香草。

在中国西北地区,胡芦巴的茎叶、花及幼果也是高档的山野菜,长期以来,产区各地群众有采食其嫩茎叶作为蔬菜吃的习惯。也将带有花及幼果的胡芦巴植株洗净,晒干,研末,同姜黄等一起做面食,如蒸糕、烙饼均可,色香俱佳,甜香可口。特别是在中国西北少数民族地区,它成为当地的一种特色野菜,可烹制出许多种类的菜肴,风味独特。它不仅可以增进食欲,而且也有较高的营养价值。据称,在一些阿拉伯国家,妇女们吃了烘炒过的胡芦巴种子可获得健美身材(使乳房丰满)。

【附注】种子有抗菌、消炎、镇静、滋补等作用。胡芦巴种子芳香,用浸渍法提制衍生物(香料),如酊剂和流浸膏,可用于糖果、焙烤食品、肉类、饮料等的加香;也可用于烟丝加香的配方。胡芦巴种子也是一种中药材,有药用价值。鲜草富含营养,是一种优良的饲料作物。种子的子叶用于提取香豆胶,是 20 世纪 90 年代新兴的一种水溶性植物胶,被广泛应用于石油开采、纺织印染、食品、日用化工等行业。

462 小麦 *Triticum aestivum* L.

彩图 462 英文名:Bread wheat, Wheat;禾本科

【别名】普通小麦

【植物形态】一年生或越年生草本,秆直立,丛生,高 60~100 cm,径 5~7 mm。叶鞘松弛包茎,下部者长于上部者,但短于节间;叶舌膜质,长约 1 mm;叶片长披针形。穗状花序直立,长 5~10 cm(芒除外),宽 1~1.5 cm;小穗含 3~9 小花,上部者不发育;颖卵圆形,长 6~8 mm,主脉于背面上部具脊,于顶端延伸为长约 1 mm 的齿,侧脉的背脊及顶齿均不明显;外稃长圆状披针形,长 8~10 mm,顶端具芒或无芒;内稃与外稃几等长。颖果顶端具毛。

【生态分布】原产西亚,是一种温带长日照植物,适应范围较广,从平原到海拔约 4 000 m 的高原(如中国西藏、新疆高原地区)均有种植。现在世界各地有栽培。

【历史与民俗】小麦是新石器时代的人类对其野生祖先进行驯化的产物,栽培历史已有 1 万年以

上。中亚的广大地区，曾在史前原始社会居民点上发掘出许多残留的实物，其中包括野生和栽培的小麦小穗、籽粒，炭化麦粒、麦穗和麦粒在硬泥上的印痕。早在公元前7000—前6000年，在土耳其、伊朗、巴勒斯坦、伊拉克、叙利亚、以色列就已广泛栽培小麦；公元前6000年在巴基斯坦，公元前6000—前5000年在欧洲的希腊和西班牙，公元前5000—前4000年在外高加索和土库曼，公元前4000年在非洲的埃及，公元前3000年在印度，公元前2000年在中国，都已先后种植小麦。中国的小麦由黄河中游逐渐扩展到长江以南各地，并传入朝鲜、日本。公元15世纪至17世纪间，欧洲殖民者将小麦传播至南、北美洲；18世纪，小麦传播到大洋洲。

【化学成分】小麦主要含碳水化合物、酚类化合物，还含有蛋白质、油脂、甾醇等。据报道，种子含淀粉53%～70%，蛋白质约11%，糖类2%～7%，糊精2%～10%，脂肪约1.6%，粗纤维约2%。脂肪油主要为油酸、亚油酸、棕榈酸、硬脂酸的甘油酯。尚含少量谷甾醇、卵磷脂、尿囊素、精氨酸、淀粉酶、麦芽糖酶、蛋白质酶及微量维生素E等。麦胚含植物凝集素。

【加工与利用】食用小麦果实及胚芽油。小麦果实成熟时，收取果实，晒干备用。麦粒磨成面粉；胚芽油通常以类似浸泡方式的溶剂萃取，但也可以使用热压法提取。小麦面能揉成面筋。面团经酵母发酵产生二氧化碳，造成发酵面团而制成面包。如果没有添加酵母，则产生一种扁平的面包。硬质小麦面粉适合制作面包，而软质小麦面粉用于制作糖果（蛋糕、饼干、糕点等）。制作小麦淀粉时的下料还可提取小麦胚芽油。小麦也可用来制作小麦啤酒、巴伐利亚特色酒和杜松子酒。麦胚也可以用来代替蛋糕和小甜饼里的坚果。

小麦去皮与红豆煮粥食用可生津养胃，去水肿，它可以除热，止烦渴，利咽喉干燥，利小便，补养肝气，止漏血唾血，可以使女子易于怀孕，补养心气，有心病的人适宜食用。

【附注】研究表明，小麦有抗氧化、抗肿瘤、抗病毒等作用。胚芽油对表皮角质细胞增殖有促进作用，对DPPH自由基有消除作用，对胶原酶活性、B-16黑色素瘤细胞活性均有抑制作用。麦麸50%乙醇提取物对5α-还原酶有抑制作用。麦麸80%甲醇提取物对羟基自由基有消除作用。麦麸甲醇提取物对超氧自由基有消除作用。胚芽油和小麦红曲菌发酵物对纤维芽细胞增殖的促进，显示有活肤、抗衰老作用。麦胚油富含多元不饱和脂肪酸和维生素E，对老化皮肤有益，可自然地抗氧化作用，也有帮助细胞再生的特性，更具有软化皮肤的功能。因而胚芽油除可作为化妆品基础油使用外，还可增强人体皮肤新陈代谢，使皮肤细嫩、美白光滑，延缓皱纹产生，可用于美容护肤、抗衰化妆品。

463 硬粒小麦 *Triticum durum* Desf.

彩图463　英文名：Durum wheat, Macaroni wheat；禾本科

【别名】坚硬小麦，硬质小麦

【植物形态】秆直立，光滑无毛，高100～130 cm，径约5 mm，具4～5节。叶片上面被毛或无毛。穗状花序为简单穗状花序，细长而不分枝。花序下方具分枝或否，穗轴不易折断，棱边被粗硬毛；小穗含5～7小花；颖革质，宽卵形，长约为外稃之半，背部纵贯1明显的脊，先端几无齿，侧齿与侧脊均不明显；外稃卵圆形，具长芒，内稃稍短于外稃。颖果较大，细长或椭圆形，易于从稃内脱落。

【生态分布】适应性强，耐旱、抗寒。原产欧洲和亚洲中部，品质较好，我国华北、西北地区栽培面积也较广。

【历史与民俗】原产中东地区。硬粒小麦来自野生二粒小麦或卡姆（*T. turgidum*）通过一系列的突变和选择导致产生了硬粒麦子。它的种植可以追溯到公元前8000年。今天，它在世界上所有温带地区均有商业种植。

【化学成分】硬粒小麦含碳水化合物、蛋白质、油脂、甾醇等。食用价值超过小麦。

【加工与利用】主要食用果实。硬粒小麦果实成熟时，收取果实，晒干备用。麦粒可磨成面粉。硬

粒小麦面筋含量较低，使它不适合用于制作面包，但适合制作意大利面、粗粒小麦粉、蒸粗麦粉和保加尔等。它通过研磨的方式，可分为麸皮、胚芽和粗粒小麦粉等。保加尔(土耳其和地中海国家的主食)通常像大米一样。粗粒小麦粉是由硬麦片、硬质小麦、玉米和大米混合磨成小颗粒。黄色粗粒小麦粉是由小麦、白色粗粒小麦粉和大米制成。蒸粗麦粉(阿尔及利亚、摩洛哥和突尼斯食用)是由粗粒小麦粉和面粉制成的小球。正宗的意大利面是硬质粗粒小麦粉，用各种液体(水、牛奶或鸡蛋)混合制成的，它形状变化小(汤面食)，细长、平(例如烤宽面条)。硬粒小麦粉还用于特色菜、馄饨、饺子。正确的烹饪使它更有嚼劲。

464 旱金莲 *Tropaeolum majus* L.

彩图 464 英文名：Nasturtium 旱金莲科

【别名】金莲花，旱荷，旱莲花，金钱莲，寒金莲

【植物形态】一年生攀援植物，茎蔓生，长至 3 m。叶互生；叶柄长 6～31 cm，着生于叶片的近中心处；叶片圆形，直径 3～10 cm，有主脉 9 条，由叶柄着生处向四面放射，边缘为波浪形的浅缺刻，背面通常被疏毛或有乳凸点。单花腋生，花柄长 6～13 cm；花黄色、紫色、橘红色或杂色，直径 2.5～6 cm；花托杯状；萼片 5，长椭圆状披针形，长 1.5～2 cm，基部合生，其中一片延长成一长距；花瓣 5，近圆形，长 2.5～5 cm，宽 1～1.8 cm，边缘有缺刻，上部 2 片通常全缘，下部 3 片基部狭窄成爪；雄蕊 8，长短互间，分离；子房 3 室，花柱 1 枚，柱头 3 裂，线形。果扁球形，成熟时分裂成 3 个具一粒种子的瘦果。花期 6～10 月，果期 7～11 月。

【生态分布】原产于秘鲁，喜温和气候，喜生于向阳处，不耐严寒酷暑。我国河北、江苏、福建、江西、广东、广西、云南、贵州、四川、西藏等地均有栽培，为盆栽或露地观赏花卉，有时逸生。世界各地常作为观赏植物栽培，也可作为凉拌菜食用。

【历史与民俗】本品为南美草药。长期以来，安第斯草药中将它用于消毒和治疗创伤，并作为祛痰剂使用。传入我国后，因其叶似莲叶，花金黄，旱生于陆地而得名“旱金莲”。

【化学成分】全草含异硫氰酸苄酯、葡萄糖旱金莲苷、草酸、绿原酸、维生素 C 及碳水化合物、蛋白质等。据报道，种子含旱金莲苷、α-苯基桂皮腈、异硫氰酸苄酯、精油(含旱金莲素等)。茎叶含异槲皮苷、槲皮素-3-三葡萄苷、绿原酸。花含山柰酚葡萄糖苷、叶黄素、玉蜀黍黄素、α-胡萝卜素、β-胡萝卜素等。全草含木质素，并含一种旱金莲硫代葡萄糖苷。

【加工与利用】主要采用花、叶。夏季开花时采收花、叶，鲜用或干燥备用。其嫩梢、花蕾及新鲜种子可作辛辣的调味品。嫩茎叶作为蔬菜食用，通常清拌旱金莲。主料：旱金莲嫩茎叶 250 g。调料：蒜茸、精盐、味精、麻油等各适量。制作：将旱金莲采回去杂洗净，入沸水锅焯透，捞出用清凉水冲洗，沥水，切碎，装入盘内，倒蒜茸，放精盐，点味精，淋麻油，拌匀即成。

将干旱金莲 5 g 放入杯中，用沸水冲泡，代茶饮用，每日 1～2 剂，能清热解毒，同时治上呼吸道感染、扁桃体炎、咽炎，主要用于咽喉肿痛、慢性扁桃体炎、痈肿疮毒、口疮、目赤等症，如遇急性可以加量，但切勿长期加量饮用，否则会伤肾。

【附注】花叶和种子提取物具有抗菌作用，对金黄色葡萄球菌、链球菌、大肠杆菌、枯草杆菌及部分真菌有抑制作用。还有抗炎、抗氧化、促进毛发生长等作用，可用于护肤类化妆品；也可作为生发剂用于护发产品。

465 块茎金莲花 *Tropaeolum tuberosum* Ruíz et Pavón

彩图 465　英文名：Mashua，Tuber nasturtium；旱金莲科

【别名】块茎旱金莲

【植物形态】蔓性多年生草本，高 2～4 m，地下茎为块茎，黄白色，在凹陷处有小芽眼。叶为盾状叶，叶柄跟荷叶类似，着生于叶片的中间，叶缘分裂，叶互生。花单生，橙红色，有花距。其他与旱金莲相似。

【生态分布】原产于南美洲的玻利维亚、哥伦比亚、厄瓜多尔及秘鲁海拔 2 500～4 000 m 的山区，是高海拔地区的一种重要的农作物，可以取代土豆作为主食食用，现在玻利维亚、哥伦比亚、阿根廷及智利等高海拔山地都有种植。

【历史与民俗】块茎金莲花产于安第斯山脉地区(秘鲁和玻利维亚)。它被印加人作为食品植物种植了几个世纪。块茎旱金莲是一种重要的主食作物，和土豆一样能生长在高海拔地区。17 世纪后期，花园旱金莲被介绍到欧洲，成为受欢迎的观赏植物。而块茎金莲花仍留在南美洲，在世界其他地区传播不广。

【化学成分】块茎含有 10%的碳水化合物、1%～2%的蛋白质和维生素 C(约 60 mg / 100 g)。

【加工与利用】利用部位为块茎。秋季挖取块茎，去杂，洗净，晾干备用。块茎不直接鲜吃，常常像土豆一样煮熟吃。腌块茎在欧洲被用来装饰冷盘和冷肉。

【附注】块茎金莲花的块茎被认为有降低性欲的作用，实验结果显示，雄性老鼠在喂食块茎后其体内睾酮的含量会减少 45%。块茎金莲花还可用来治疗肾脏病，也可以作为利尿剂使用。

466 郁金香 *Tulipa gesneriana* L.

彩图 466　英文名：Didier's tulip，Common tulip，Garden tulip；百合科

【别名】洋荷花，草麝香，郁香，荷兰花

【植物形态】多年生草本。鳞茎卵形，直径约 2 cm，外层皮纸质，内面顶端和基部有少数伏毛。叶出，3～5 片，长椭圆状披针形或卵状披针形，长 10～21 cm，宽 1～6.5 cm；基生者 2～3 枚，较宽大，茎生者 1～2 枚。花茎高 6～10 cm，花单生茎顶，杯状，基部常黑紫色。花葶长 35～55 cm；花直立，长 5～7.5 cm；花瓣 6 片，倒卵形，鲜黄色或紫红色，具黄色条纹和斑点；雄蕊 6，离生，花药长 0.7～1.3 cm，花丝基部宽阔；雌蕊长 1.7～2.5 cm，花柱 3 裂至基部，反卷。花型有杯形、碗形、卵形、球形、漏斗形、百合花形等，有单瓣也有重瓣。花色有白、粉红、洋红、紫、褐、黄、橙等，深浅不一，单色或复色。花期一般为 3～5 月，有早、中、晚之别。蒴果 3 室，室背开裂，种子多数，扁平。

【生态分布】郁金香属长日照花卉，性喜向阳、避风，冬季温暖湿润，夏季凉爽干燥的气候。原产中国新疆、西藏，伊朗和土耳其高山地带。本种为广泛栽培的花卉，历史悠久，品种很多。而今郁金香已在世界各个角落普遍种植，其中以荷兰栽培最为盛行，成为商品性生产。

【历史与民俗】中文"郁金香"之名出自《本草纲目拾遗》。原产伊朗、土耳其和中国新疆、西藏等高山地带。16 世纪传入欧洲。

土耳其是最早栽培郁金香的国家。公元 1554 年，A. G. Busbeguius(布斯拜克)从土耳其将郁金香传入欧洲。1634—1637 年第一次郁金香栽培热。1655 年重瓣郁金香品种问世。1733—1734 年第二次郁金香栽培热。1753 年植物学家林奈将郁金香定名为 *Tulipa gesneriana*。在 19 世纪培育出了达尔文品系(Darwin Tulips)，在 20 世纪初培育了适合促成栽培的孟德尔品系(Mendel Tulips)和凯旋品系(Triumph Tulips)。第二次世界大战以后，通过原种进行种间杂交，培育出了达尔文杂种群(Darwin Hybrid Tulips)。目前栽培的主要国家有荷兰、英国、日本、丹麦、德国、美国等，其中荷兰占有面积最大，

已成为世界的栽培中心。在20世纪30年代,中国南京、上海、北京、庐山等地开始进行郁金香的引种驯化。

【化学成分】花粉含正二十七烷、异二十七烷。花被含异牡荆素、槲皮素-3-葡萄苷、槲皮素-3-O-β-D-龙胆二糖苷-7-O-β-葡萄糖醛酸苷、槲皮素-3-O-β-芸香糖苷-7-O-β-葡萄糖醛酸苷、槲皮素-3-O-β-葡萄糖苷-7-O-β-葡萄糖醛酸苷、山柰酚-3-葡萄糖苷、山柰酚-3-O-β-龙胆二糖苷-7-O-β-葡萄糖醛酸苷、山柰酚-3-O-β-芸香糖苷-7-O-β-葡萄糖醛酸苷、山柰酚-3-O-β-葡萄糖苷-7-O-β-葡萄糖醛酸苷。花还含赤霉素A_5、A_9和A_{13}及水杨酸。叶含郁金香苷A-C、10-二十九烷醇等。另外叶还含止杈酸甲酯等。

【加工与利用】主要采用花、叶及其提取物。春季开花时采集,除去杂质,洗净,切段,干燥备用。以水、乙醇等溶剂提取,提取液浓缩至干,得提取物浸膏。

据报道,花和叶中含的生物碱及郁金香苷对枯草杆菌有抑制作用。郁金香汁通过阳离子及阴离子交换树脂后,对金黄色葡萄球菌仍有抗菌作用。茎和叶的酒精提取液也有抗菌作用,其活性成分中含有多种氨基酸。花、叶具有化湿辟秽功效,主要用于治疗脾胃湿浊、胸脘满闷、呕逆腹痛、口臭苔腻。内服:煎汤,3～5 g。外用:适量,泡水漱口。

其提取物还有抗氧化、抗辐射、防紫外线、皮肤保湿等作用,是较好的肌肤调理剂,特别对防紫外线有效,可用于防晒化妆品。

【附注】郁金香是世界著名的球根花卉,还是优良的切花品种,花卉刚劲挺拔,叶色素雅秀丽,荷花似的花朵端庄动人,惹人喜爱。在欧美被视为胜利和美好的象征,荷兰、伊朗、土耳其等许多国家珍为国花。

467 安第斯薯 *Ullucus tuberosus* Caldas

彩图467

英文名:Ulluco,Tuberous basella,Melloco;落葵科

【别名】乌卢库薯,块茎落葵

【植物形态】缠绕草质藤本,全株无毛。具块茎,长6～8 cm。单叶,互生,全缘,稍肉质,通常有较长的叶柄。花小,两性,辐射对称,通常成穗状花序;苞片3,早落,小苞片2,宿存;花被片5,离生或下部合生,白色至淡黄色,宿存,在芽中覆瓦状排列;雄蕊5,与花被片对生,花丝着生花被上;雌蕊由3心皮合生,子房上位,1室,胚珠1,着生子房基部。胞果,被宿存的小苞片和花被包围,不开裂;种子球形,种皮膜质。

【生态分布】原产南美安第斯山脉高海拔地区,喜热带、亚热带气候,喜湿润,抗霜冻,中度抗旱,耐贫瘠。主要分布于厄瓜多尔、哥伦比亚、委内瑞拉、秘鲁、玻利维亚、阿根廷等地。北美、北欧有引种栽培。

【历史与民俗】安第斯薯产于安第斯山脉(厄瓜多尔、秘鲁、玻利维亚和阿根廷北部)。它是一种古老的印加食物来源,几个世纪以来一直种植在高海拔地区。安第斯薯在某种程度上已作为作物种植,其耕地面积已扩大到智利、委内瑞拉和阿根廷部分地区。仅在秘鲁,每年大约有30 000 t在当地市场出售。但它引入欧洲作为一种土豆的替代品是失败的。

【化学成分】鲜块茎含水85%,淀粉和糖14%,蛋白质1%～2%,维生素C 23 mg/100 g以及树胶等,不含脂肪。

【加工与利用】利用部位主要为块茎;有时也食用嫩茎叶。通常秋季挖取块茎,去杂,洗净,晾干备用。肉质块茎像土豆一样煮来食用,也可以烤着吃,但很少烤。它也被添加到汤菜、炖菜中,作为增稠剂;也可煮熟作为冷沙拉。干燥处理的块茎成为一种叫"菱"的产品,可以长时间存储。叶子可以像菠菜一样用于煮汤。在南美,块茎有时在超市销售;在秘鲁则制成安第斯薯罐头,已成为出口产品。它还被添加到辣椒酱中。它也是经典的秘鲁菜olluquito CON ch'arki的主要成分,以及哥伦比亚菜肉汤

boyacense 的一种基本成分。它一般切成细条用于腌制成干菜。

468 茸毛钩藤 *Uncaria tomentosa* (Willd.) DC.

彩图 468　英文名：Cat's Claw；茜草科

【别名】毛钩藤，猫爪藤

【植物形态】多年生攀援蔓生草本，长 30～60 m 或更长。茎的直径约 20 cm。叶对生，叶片大，长椭圆形，背面密生茸毛，边缘光滑；有尖锐的弯钩。

【生态分布】原产于安第斯山脉中部和东部的热带雨林地区，尤其是秘鲁、厄瓜多尔、哥伦比亚、哥斯达黎加、巴拿马。

【历史与民俗】本品为美洲著名草药。阿莎林卡人和秘鲁中部的土著人对本品的作用有较深入的了解，最初用于治疗一些较严重的疾病，如哮喘、糖尿病、关节炎和癌症等。本土医师能区分本植物的特征，从而选择那些含四环吲哚生物碱(TOA)较低的植株，以增强免疫系统的作用。

【化学成分】含五环吲哚生物碱(POA)、四环吲哚生物碱(TOA)、三萜苷类、甾醇类、黄酮类和鞣质(包括表儿茶酸和原花色素)。

【加工与利用】以茎皮和根皮入药，全年可采。20 世纪 90 年代开始大量采收根皮，这直接影响到野生存活数量。从植物资源可持续利用角度看，使用其茎皮是合理的。本品有抗菌、消炎、抗氧化和增强免疫系统作用，对肿瘤组织的产生与发展有抑制作用。茎皮水提取物有强的消炎作用，其中鞣质的几种成分有消炎的增效作用。本品还有避孕作用。本植物有 2 种类型，四环吲哚生物碱(TOA)可抑制免疫功能，因此，只有含五环吲哚生物碱(POA)多的类型才能入药。本品可用于感染性病症，如慢性疲劳综合征、艾滋病、慢性炎症(包括风湿性关节炎、溃疡性结肠炎和哮喘)；还用于预防癌症，尤其是乳腺癌，可减少化疗中出现的副作用。本品与紫锥菊合用，对免疫系统有促进作用，能增强身体抗感染和消炎能力。

【附注】茸毛钩藤在低剂量和中剂量时对中枢神经系统有抑制作用，在高剂量时对中枢神经系统有兴奋作用。本品可用于调节中枢神经系统的疾病。此外，本品有较强的抗炎、抗氧化和皮肤保湿功效，可用于美容、抗衰化妆品；对多种皮肤疾病也有防治作用。

妊娠期及哺乳期妇女忌用。

469 异株荨麻 *Urtica dioica* L.

彩图 469　英文名：Common nettle, Stinging nettle, Nettle；荨麻科

【别名】异叶荨麻，大荨麻，欧荨麻

【植物形态】多年生草本，常有木质化的根状茎。茎高 40～100 cm，四棱形，常密生刺毛和细糙毛，分枝少。叶片卵形或狭卵形，长 5～7 cm，宽 2.5～4 cm，先端渐尖，基部心形，边缘有锯齿，上面疏生小刺毛，下面(尤在脉上)生稍密的小刺毛和细糙毛，钟乳体点状；叶柄(至少茎中部的)长约相当于叶片的一半，向上的逐渐缩短；托叶每节 4 枚。雌雄异株，稀同株；花序圆锥状，长 3～7 cm。雌花序在果时常下垂。雄花具短梗，花被片 4，合生至中部，外面疏被微毛；退化雌蕊杯状；雌花小近无梗，有退化雄蕊。瘦果狭卵形，双凸透镜状，长 1～1.2 mm，光滑；宿存花被片 4，外面被微糙毛。花期 7～8 月，果期 8～9 月。

【生态分布】广泛分布于温带地区，喜马拉雅中西部、亚洲中部与西部、欧洲、北非、北美、安第斯

山脉、澳大利亚广为分布。中国产于西藏西部、青海和新疆西部。生于海拔 3 300～3 900 m 山坡阴湿处。

【历史与民俗】异株荨麻自然发生在欧洲和亚洲，它已广泛产于温带北部地区，已成为一种世界性的杂草。它可能是古代人的营养来源，特别是维生素 C。它也是一种利尿和解毒的草药，应用历史悠久。古希腊时，其新鲜叶用作创伤的绷带，其茎皮纤维用于织布。

【化学成分】鲜叶中含有约 82.4% 的水，17.6% 的干物质还有蛋白质 5.5%，脂肪 0.7%，碳水化合物 3.3%～7.1%，并富含维生素 A(724 mg/ 100 g)、维生素 C (333 mg/ 100 g)，以及铁、钾、锰、钙等。成熟叶中的脂肪酸含有约 40% α-亚麻酸，是宝贵的 Omega-3 酸。地上部分还含黄酮(槲皮素)、胺类(组胺、胆碱、乙酰胆碱、5-羟色胺)、醌葡萄糖苷。根含植物甾醇(豆甾醇)、酚类成分。

【加工与利用】主要食用嫩叶。春夏季采集，去杂，洗净，一般鲜用或干燥备用。异株荨麻嫩叶像菠菜一样广泛作为蔬菜煮着食用。叶片常年用于汤菜(它单独或与其他蔬菜，如韭菜、白菜或豆瓣菜混合煮食)。在苏格兰，它是一种受欢迎的蔬菜，通常配上黄油或肉汁食用，还可和哈吉斯、韭菜、洋葱、大米和燕麦合用。异株荨麻的叶子切碎，可用于沙拉。斯堪的纳维亚厨师将在烤箱里烤干的叶子粉碎，添加到面粉里，用于制作烤面包和其他糖果。异株荨麻也已经用于制造草药茶和啤酒。

【附注】异株荨麻所含黄酮及高钾成分有强的利尿作用，也有止血、抗过敏、促进乳汁分泌的作用。根还能影响人体性激素水平。叶可用于止咳，治疗肺结核、关节炎和促进头发生长；还用于解热、鼻窦炎、肾结石、尿道感染和皮肤病、虫咬伤、蜇伤等。美国和德国将根用于治疗前列腺增生。

异株荨麻提取物对 NF-kB 细胞活性的抑制，显示可提高皮肤免疫力，有较强的抗炎作用。它还可抗菌、抗氧化、抑制黑色素形成、促进血液循环，有美白、活肤等作用，可用于护肤霜等化妆品。本品还可促进头发生长，用于护发产品。

470 乌饭树 *Vaccinium bracteatum* Thunb.

彩图 470

英文名：Oriental blueberry；杜鹃花科

【别名】南烛，染菽，苞越橘，乌米饭

【植物形态】常绿灌木，高 1～3 m，分枝多；幼枝有灰褐色细柔毛。单叶互生，革质，椭圆状卵形、狭椭圆形或卵形，长 2.5～6 cm，宽 1～2.5 cm，顶端急尖，基部宽楔形，边缘有尖硬细齿，上面有光泽。总状花序腋生，有微柔毛；苞片大，宿存，边缘有疏细毛；花萼 5 浅裂，裂片三角形，有细柔毛；花冠白色，通常下垂，筒状卵形，5 浅裂，有细柔毛；雄蕊 10；子房下位。浆果球形，熟时紫黑色，有宿存萼齿。花期4～5 月，果期 9～11 月。

【生态分布】喜光、耐旱、耐寒、耐瘠薄，适应性强，多生于山坡灌木丛或马尾松林内、向阳山坡路旁，多生长在酸性土壤中。主产中国，分布于江苏、浙江、福建、安徽、江西、湖南、湖北、广东、台湾、海南等地。朝鲜、越南、日本、泰国也有。

【历史与民俗】乌饭树，在江淮一带，因人们有每年阴历三月初三用其叶蒸乌饭食用而得名。据传阴历四月初八是佛祖释迦牟尼的生日，民间也有吃乌饭的习俗。一般民间的用法是将乌饭树的树叶榨成汁液，用来泡米蒸饭。再包以油条，其清香味渗入米中，十分可口。

据说唐代的青粳饭，也叫“乌饭”，为道家所创，是按照道家食疗营养古方用南烛树叶浸米蒸煮而成的饭食。“南烛”又称乌饭树，人食其树叶汁能强筋、益颜。每年的农历四月初八，在我国苏、浙、皖、赣、鄂、湘等地区有吃乌饭的习俗，尤以江南为最。明代《本草纲目》中有这样的记载：“此饭乃仙家服食之法，而今释家多于四月八日造之，以供佛。”

【化学成分】乌饭树的花含乌索酸、对香豆酸、莽草酸、山楂酸、荭草素、异荭草素、无羁萜、水晶蓝苷、乌饭树苷、β-谷甾醇-β-D-葡萄糖苷。

乌饭树的果含糖、纤维、果胶、有机酸、色素等。果实色素为深红至蓝色，主要成分为氰靛-3-葡萄糖苷。

乌饭树的叶含有槲皮素和酚苷。叶含蓝黑色素，达 18.7%，其形成方式可能是槲皮素→花色素→表儿茶酚。一般认为，乌饭树叶的黑色素是相对分子质量较大的醌型色素，为多种色素的聚合物，主要有酪氨酸-黑色素（Tyrosine-melanin）、二羟基苯丙氨酸-黑色素（Dopa-melanin）、儿茶酚-黑色素（Catechol-melanin）。此外，乌饭树叶色素中还含有 19 种矿质元素，其中 Fe、B、Mn、Zn 含量较高；含有人体必需的 Fe、Mn、Zn、Cu、Co、Mo、V 等；但没有 As。

【加工与利用】以乌饭树的叶为原料，提取天然色素。春夏季采集树叶，去杂，晒干备用。将乌饭树的叶与大米混合煮饭，或将大米以乌饭树叶色素溶液浸泡，然后放在水浴锅上蒸煮，使米饭染成蓝黑色，并有清香味道。

乌饭树叶色素为蓝黑色浸膏，溶于水，在酸性条件下色素的稳定性好；耐光，热稳定性好；Fe^{3+} 对其无不良影响，因而在提取色素时可以使用铁质容器。乌饭树叶色素对蛋白质、毛发、淀粉、白醋及色拉油有良好的着色能力，可广泛用于食品、饮料、调味料、油脂、化妆品、医药产品的着色；同时，还可作为丝织品、羊毛织品的染色剂。因而乌饭树叶色素是一种具有广泛用途的天然、无公害着色剂。

【附注】乌饭树的果、枝叶、根均可药用。果：酸、甘、平，无毒；能强筋、益气、固精。枝叶：苦、平，无毒。根：鲜根捣烂，水煎外洗，用于治疗跌打损伤、肿痛；根还具散瘀、消肿、止痛之功效，可治牙痛。

将白色头发和黄色头发分别置于 2% 的乌饭树叶提取的色素溶液中，缓慢加热到 60 ℃，取出，晾干，结果白色头发染色效果较好。因而可作为天然染发剂用于染发化妆品。

471 蓝莓 *Vaccinium corymbosum* L.

彩图 471　英文名：Northern highbush blueberry，Highbush blueberry；杜鹃花科

【别名】北高丛蓝莓，高大越橘

【植物形态】低矮落叶灌木，高 1.8～3.7 m；叶和小枝光滑无毛。叶片椭圆形，长 2～5 cm，深绿色，有光泽；秋天，树叶变成鲜艳的红色、橙色、黄色或紫色。花生于小枝上，花小，长钟形或坛状，白色至淡粉色，长 8.4 mm。浆果小，近圆球形，直径 6.4～12.7 mm，蓝色至蓝黑色，有光泽，味甜。花期在春季，果熟在夏秋季。

【生态分布】原产于加拿大东部和美国东部及南部，从安大略起，东至新斯科舍；南到佛罗里达和德克萨斯。喜温暖湿润气候环境，喜潮湿的酸性土壤。日本、中国（江苏、安徽）、新西兰及欧洲等地有引种。

【历史与民俗】高丛蓝莓产于美国东部。当地人们几个世纪以来一直使用这些浆果作为食物来源。高丛蓝莓的驯化是在 19 世纪末，在加拿大、澳大利亚、新西兰及北美、欧洲等地，现在已成为最重要的蓝莓作物，年产量超过 40 000 t。

【化学成分】蓝莓果实中除了常规的糖、酸和维生素 C 外，富含维生素 E、维生素 A、维生素 B、SOD、熊果苷、蛋白质、花青苷、食用纤维以及丰富的 K、Fe、Zn、Ca 等矿质元素。

【加工与利用】利用部位为成熟浆果。蓝莓果实可作为甜点食用，可作为水果沙拉的一种成分，也用于制作冰沙、冰冻、果汁、酸奶、果泥、果冻、糖浆和蜜饯。它也用来制作果酱和流行的蛋挞、松饼和蛋糕。蓝莓可以成功地冻结储藏。

【附注】蓝莓中丰富的维生素 C 具有预防癌症、抵抗心脏病的功效。蓝莓果胶丰富，可以稀释人体脂肪，保护人体心脑血管的健康。另外，蓝莓中还有丰富的抗氧化剂，可以延缓人体的衰老。此外，蓝莓果实的花色苷色素对眼睛有良好的保健作用，能够减轻眼的疲劳及提高夜间视力。

472 大果越橘 *Vaccinium macrocarpon* Ait.

彩图 472　英文名：Large cranberry，American cranberry；杜鹃花科

【别名】酸果蔓，蔓越橘

【植物形态】常绿灌木，矮小，纤细，高约 30 cm。叶卵形至椭圆形，长 2～4 cm，全缘，厚，暗绿色。花单生于叶腋，花筒状，4 深裂，白色至粉红色。浆果红色，球形或近梨形。

【生态分布】原产于北美东部和亚洲北部，尤以酸性土壤和湿地、沼泽地为多，在美国东部有大面积栽培。

【历史与民俗】本品为民间传统的草药和调味剂。在瑞典传统用来制作水果馅饼、酸性饮料。1808 年英国植物学家 Joseph Banks 在英国最先种植大果越橘。19 世纪 40 年代，美国也开始种植大果越橘。现在美国已成为大果越橘的主要生产地。作为传统草药，它主要预防和治疗泌尿系统疾病。

【化学成分】每 100 g 浆果含水分 88 g，蛋白质 0.4 g，脂肪 0.7 g，碳水化合物 11.0 g，粗纤维 1.4 g，并含鞣质(儿茶酚、原花色素、多酚)、黄酮类和维生素 A、维生素 B_1、维生素 B_2、维生素 C 及钙、磷、铁、钠、钾等。

【加工与利用】利用成熟浆果。秋季浆果成熟时采收，去杂，洗净，一般鲜用或干燥备用。大果越橘果实有许多食用形式，可以鲜食。大果越橘也可制作越橘莓酱。大果越橘除鲜食外，其干燥后，还可进入一些食谱，包括制作面包、松饼、蛋糕和麦片。大果越橘提供绝佳的食物来源，它含有比其他类型的水果较高的抗氧化剂。它是无脂肪、无胆固醇、低钠食物。研究结果表明食用大果越橘可以帮助保护人体的心脏和免疫系统。

【附注】果实提取物有杀菌、抗氧化、阻止结石形成、预防白内障形成等作用。其果汁或提取物可用于尿道杀菌，治疗与排尿不畅有关的疾病，如前列腺增生、膀胱炎等。本品所含的维生素 C 、花青素苷等有抗氧化作用，可预防老年病，如心脏病、中风和多种癌症。花青素苷对眼睛有益，可预防白内障。本品是美国最畅销的十大草药之一。

473 欧洲越橘 *Vaccinium myrtillus* L.

彩图 473　英文名：Bilberry，Blueberry；杜鹃花科

【别名】黑果越橘，越橘

【植物形态】落叶灌木，高 15～60 cm。茎坚挺。叶小，卵形，长 1～2.5 cm，宽 0.5～1.4 cm，沿缘有细锯齿，叶柄长 1～1.5 mm。花单生于当年枝条的叶腋，下垂；花萼 4～5 裂，裂片不显著，近全缘；萼下无苞片；花冠坛状球形，长 3～4.5 mm，冠檐 4～5 线裂，淡绿带粉红色；雄蕊 8～10，花丝基部增宽，花药有两条长的附属物；花柱伸出花冠之外，子房下位，5 室。浆果近球形，顶端稍平扁，直径 6～8 mm，黑色，被有淡蓝色的粉霜层，果汁淡红色。花期 5～6 月，果期 7～8 月。

【生态分布】分布于北半球温带地区，生于阴湿的荒野和丘陵山地，环境多为酸性、贫瘠的土壤。主要分布在英国、北爱尔兰、北欧、阿尔卑斯山区、喀尔巴阡山区、乌克兰、白俄罗斯、罗马尼亚、保加利亚、波兰及土耳其北部地区，尤以奥地利、芬兰、挪威、瑞典、瑞士出产者为佳。北美也有。世界各地多有栽培。

【历史与民俗】欧洲越橘产于欧洲、亚洲和北美洲。常常野生于开阔的林地，几个世纪以来摩尔人采收和食用它。欧洲越橘很早也是西方常用草药和果酱食品。但到第二次世界大战期间，飞行员食用其果酱后可增强视力，才引起了广泛重视。现在已有种植，有时从奥地利和巴尔干地区有少量出口。

【化学成分】浆果和叶含鞣质(约 7%)、低聚体花青素、黄酮、果酸、酚酸、果胶、维生素 B_1、维生素 C 和胡萝卜素。据报道，叶还含金丝桃苷(hyperoside)和杨梅苷、黄酮类、水杨酸、维生素 C、鞣质和其他物质。

【加工与利用】主要食用浆果。冬末至早春采收果实，鲜用或干燥备用。新鲜或冷冻的浆果有各种烹饪用途。它有一种酸的味道，可作为甜点水果吃（通常是用于奶油或冰淇淋），或用于作为糖果的原料和装饰。它也用于制作水果沙拉、冰沙、糖浆、果酱、果冻和利口酒。

【附注】欧洲越橘果实能帮助眼睛适应暗淡和黑暗环境，还用于校正近视眼，有保护外周循环和毛细血管作用，促进眼内微循环，改善视力。叶有抗菌作用，有改善早期糖尿病患者血糖的作用。浆果提取物对糖尿病、高血压引起的视网膜损伤有保护作用，并有助于治疗，对眼出血、痛经、手术出血均有改善作用，也用于治疗间歇性跛行、雷诺病（坏疽）、脉管炎、青肿（碰伤）等病症，还用于预防白内障。叶用于治疗泌尿系统疾患，如尿道炎、膀胱炎，以及治疗肾结石。

474 蔓越莓 *Vaccinium oxycoccos* L.（*Oxycoccus palustris* Pers.）

彩图 474

英文名：Cranberry，Small cranberry；杜鹃花科

【别名】红莓苔子，蔓越橘，小红莓，酸果蔓，鹤莓

【植物形态】常绿灌木，直立或攀援，高 2～6 m。少分枝，枝条细长。叶散生，叶片革质，长圆形或长卵形，长 14～21 cm，宽 4.5～8.5 cm，先端渐尖或短尾尖，基部圆形而微凹，全缘，背面黄褐色；叶柄粗短。总状花序短，腋生，长约 3 cm，有 6～7 朵花；花梗长 0.9～1.2 cm；花萼筒状，萼片 5，三角状卵形，长约 3 mm；花冠短钟状，黄白色，长 6～11 mm，直径约 6 mm，裂片三角形，开展或反折；雄蕊略短于花冠，花丝扁平，药室背部有 2 个伸展的距。浆果球形，紫红色，直径 6～9 mm。花期 9～10 月，果期 11 月以后至次年 8 月。

【生态分布】生长在北半球的凉爽地带的酸性泥炭土壤中。主要分布于美国北部的马萨诸塞、威斯康星、新泽西、俄勒冈、华盛顿等 5 州，加拿大的魁北克、英属哥伦比亚 2 省，以及南美的智利。在我国的大兴安岭地区也比较常见。

【历史与民俗】蔓越莓的名称来源于它的原称“鹤莓”，因为蔓越莓的花朵很像鹤的头和嘴。对于北美洲的印第安部落来说，蔓越莓代表着营养和健康，他们用干鹿肉搅拌蔓越莓渣和油做成饼食用，也常用蔓越莓涂抹在伤口上吸收箭毒。在殖民地时代，野生蔓越莓就已经是“新大陆”最早出口到英国的产品之一。水手们在船上随时备有蔓越莓，预防缺乏维生素 C 所引发的坏血病。如今，蔓越莓已经成为美国家庭不可或缺的佐餐佳品及日常饮食伙伴。

【化学成分】果肉每 100 g 含蛋白质 0.4 g、脂肪 1.1 g、碳水化合物 83.1 g，还含丰富的维生素 C、原花青素，以及类黄酮、鞣质。种子富含脂肪油，以及蛋白质、糖类、多酚化合物。油脂中主要为多不饱和脂肪酸，还有丰富的维生素 E、维生素 A、谷甾醇等。

【加工与利用】采用果肉及籽油。秋季果实成熟时采收，洗净，鲜用。果实细碎后，将果肉与种子分离。种子以压榨法提取脂肪油。蔓越莓果小，但富含多种营养成分。由于新鲜蔓越莓果实的取得与保存不易，因此时下市面上较常见的蔓越莓产品，多以调和果汁、果干或锭剂的营养辅助品为主，而它之所以能够成为保健食品，除了富含水果之中不可或缺的维生素 C 之外，它还有许多种荣登蔬果界含量最高宝座的营养素，因此对于人体健康有着多方面的益处。如果每天喝约 350 mL 以上的蔓越莓果汁或是蔓越莓营养辅助品，对于预防泌尿道感染、膀胱炎和前列腺肥大等很有帮助。目前市场上有蔓越莓咀嚼片、蔓越莓果汁、蔓越莓胶囊、蔓越莓醋等。

【附注】蔓越莓的红色浆果富含抗氧化的多酚类物质。研究显示，适当进食蔓越莓有增强免疫效果、预防泌尿系统感染的作用。其提取物和籽油均有较强的抗菌、抗氧化、皮肤保湿等作用。籽油是化妆品良好的基础油。同时，籽油除含有多不饱和脂肪酸外，富含维生素 E 和维生素 A，可以滋养皮肤，减少皮肤衰老留下的印迹；它还有助于湿疹、牛皮癣等的防治。提取物富含能令肌肤美丽健康的维生素 C，能一面抵抗自由基对肌肤造成的老化伤害，一面为肌肤添加所需的营养元素，如此可使皮肤延缓衰

老，使皮肤柔嫩、光泽，因而，提取物可用于抗衰化妆品。

475 越橘 *Vaccinium vitis-idaea* L.

彩图 475 英文名：Lingonberry，Cowberry；杜鹃花科

【别名】温普，红豆，牙疙瘩

【植物形态】常绿矮小灌木，地下部分有细长匍匐的根状茎，植株高 10～30 cm。茎纤细，直立或下部平卧。叶互生，密集，叶片革质，椭圆形或倒卵形，长 0.7～2 cm，顶端圆，有凸尖或微凹缺，基部宽楔形，边缘反卷。短总状花序，生于去年生枝顶，有 2～8 朵花；苞片红色；萼片 4；花冠 4 片，白色或淡红色；雄蕊 8；花柱稍超出花冠。浆果球形，直径 5～10 mm，鲜红色。花期 6～7 月，果期 8～9 月。

【生态分布】越橘属温带植物，耐寒，在海拔 900～3 200 m 的高山沼地、石南灌丛、针叶林、亚高山牧场和冻原常成片生长。在我国分布于黑龙江、吉林、内蒙古、陕西、新疆。北欧，中欧，俄罗斯，北美至格陵兰群岛西部，蒙古，朝鲜，日本，西伯利亚至远东部分，堪察加，千岛群岛，库页岛等地均有分布。

【历史与民俗】越橘产于欧洲、亚洲和北美的北部。主要分布在松林、开放的林地和干灌木丛。浆果是野生水果和食物来源，几个世纪以来，是北欧美食的重要组成部分。它主要在斯堪的纳维亚、苏联、欧洲和加拿大东部等地，已成为近年来非常流行的食品。但因受当地气候条件影响，生产变化很大。它的驯化栽培只是几十年前才开始，新的越橘品种正在研制。

【化学成分】越橘果实中含有机酸(有柠檬酸、琥珀酸、富马酸等)、氨基酸(含有 19 种以上的氨基酸，其中有 7 种是人体必需的氨基酸)，并富含钙、镁等矿物质及铁、铜、磷、锌等微量元素，以及维生素 A、维生素 C、维生素 E、鞣酸、叶酸、黄酮等抗菌成分。还含有蛋白质、脂肪、糖类、果胶等。另据分析，新鲜果实中含糖约 8.57%，游离酸 2.2%，安息香酸 0.075%，鞣酸 0.224%，苯甲酸 0.075%；成熟果实内尚含有少量的类胡萝卜素、番茄红素和玉蜀黍黄素、儿茶精、苯甲酸、柠檬酸、草酸、苹果酸、奎宁酸、丙酮酸、乙醛酸和酮戊二酸，以及胡萝卜素(0.05%～0.12%)。叶的主要成分有熊果酸、洋梨苷、毛柳苷、4-羟苯基-β-龙胆二糖苷、金丝桃苷、扁蓄苷、槲皮素-3-D-葡萄糖-L-鼠李糖苷、α-O-咖啡酰基果粉苷、异槲皮苷，又含焦性儿茶酚型鞣质。

【加工与利用】主要食用成熟果实。8 月间果实成熟时采集果实，果实成熟时容易脱落，应及时采收，一般鲜用。果实除鲜食外，主要用于加工各种食品。越橘主要用于制造酸酱，是美味佳肴，在挪威、瑞典、丹麦和德国特别流行，主要用于炖菜，或用作酱烤鹅和煮肉。它还使用于水果冰慕斯，以及制作果酱、果冻、蜜饯和糕点。现在还可以买到越橘酸奶和越橘汁。家庭可将越橘制作成越橘饮料、糖拌越橘、越橘包子等。叶片直接干燥，可作茶叶，冲泡饮用。

越橘营养丰富，保护视力，防止失明、青光眼、白内障、视网膜出血，改善近视、黄斑退化、糖尿病性网膜症、色素性视网膜炎、视网膜剥落及夜盲症等。还有强化脑血管、预防脑血管的病变、强化心肌血管等功效。

【附注】果实提取物具有抗菌、抗炎、抗氧化、抗皱、润肤等作用。越橘叶水提取物对前列腺素生成有抑制作用。叶 50%乙醇提取物对胶原酶活性、弹性蛋白酶活性、脂质过氧化、B-16 黑色素瘤细胞活性均有抑制作用。显示可减缓胶原蛋白和弹性蛋白纤维的降解，可维持皮肤弹性，结合其抗氧性，可用于抗皱、抗衰化妆品。籽油也含丰富的花青素、维生素 A，能帮助修复粗糙及干燥的皮肤，同时含有维生素 E，具有很好的抗氧化效果，防止肌肤水分流失及抗衰老。籽油还可作为化妆品基础油使用。

476 欧缬草 *Valeriana officinalis* L.

彩图 476

英文名：Valerian，Garden Valerian，Garden Heliotrope；败酱科

【别名】缬草，穿心排草，鹿子草，猫食菜，大救驾

【植物形态】多年生草本，高达 1～1.5 m。根茎粗短呈头状，须根簇生，有香气。茎中空，有粗纵棱，被长粗毛。匍枝叶、基出叶和基部叶在花期常凋萎。茎生叶对生，卵形至宽卵形，2～9 对羽状深裂；中央裂片与两侧裂片同形同大，但常与第 1 对侧裂片合生成 3 裂状，裂片披针形或条形，先端渐窄，基部下延，全缘或有疏锯齿，两面及柄轴多少被毛。花序顶生，呈伞房状三出圆锥花序；苞片羽裂，长 1～2 cm；小苞片条形，长约 1 cm；花萼内卷；花冠淡紫红或白色，长约 5 mm，上部稍宽，5 裂；雄蕊 3，伸出花冠外；子房下位。瘦果长卵形，长约 4 mm，基部近平截，顶端有宿萼多条，羽毛状。花期 5～7 月，果期 6～10 月。

【生态分布】原产于欧洲和北非，喜湿润，耐涝，也较耐旱。生山坡草地、林下、沟边，海拔 2 500 m 以下的潮湿地区，中国分布于东北至西南的广大地区。欧洲和亚洲西部也广为分布。我国、中欧和东欧有种植。

【历史与民俗】本品从古罗马时代起就是作为止痛、弛缓的草药。戴奥斯柯瑞迪称之为“phu”，意指味道难闻。在中世纪，本品被认为拥有众多优点，是有名的“包治百病”药，尤其可治疗癫痫至痊愈。1592 年，Fabius Calumna 出版一本有关草药医学的书，其中提到使用本品治愈了他本人的癫痫病。缬草的拉丁文学名是“健康”的意思，可见其药效之佳。本品有助于缓解压力，近些年来已逐渐广泛使用。

【化学成分】根含挥发油（1.4%以上，包括醋酸龙脑酯、β-石竹烯）、环烯醚萜（缬草素、缬草酯、异缬草酯）和生物碱（缬草碱、鬃草宁碱、缬草生物碱 A、缬草生物碱 B、猕猴桃碱、缬草宁碱等）。尚含缬草三酯、异戊酰氧基二氢缬草三酯、缬草环臭蚁醛酯苷、咖啡酸、绿原酸、鞣质、树脂、β-谷甾醇等。

【加工与利用】主要采用根、根茎及其挥发油。秋季掘取二年生以上植物的根和根茎，洗净，切片，干燥备用。将根、根茎粉碎后，以水蒸气蒸馏方法提取挥发油。

缬草根可做茶饮用。缬草茶有苦涩的药味，与带有甜味的甘草或欧薄荷混合，比较好喝。它对中枢神经系统有镇定的作用，性情激动时可安定神经，并在疲劳时提供刺激，恢复精神，适合因心情不安而睡不着或头痛时饮用。还有，因为缬草根部含有缬草三酯（valepotriate），所以能够平定痉挛，有助于缓和神经性的消化不良、胃痉挛或肠炎。另外，它也有强化心脏、降低血压的功能，对生理痛也有效果。但是，摄取过多的话，可能会使血压上升，产生头痛，所以要避免一次喝太多或是长期使用。浸泡液（茶汁）能平定肌肉痉挛，治疗皮肤溃疡、伤口或刺伤。

【附注】挥发油和根提取物有抗菌、抗炎、抗氧化、解痉、镇静、促进血液循环等作用。

缬草挥发油可作为香料用于化妆品。提取物还有活血等作用，是良好的肌肤调理剂，并有抗皱、抗衰老功效，可用于护肤、抗衰化妆品。它还能促进毛发生长，可用于生发产品。

477 莴苣缬草 *Valerianella locusta* (L.) Laterr.

彩图 477

英文名：Corn salad，Common cornsalad，Lamb's lettuce；败酱科

【别名】野苣，羊莴苣，拟缬草，玉米沙拉

【植物形态】一年生或二年生植物，靠近地的基生叶莲座状叶丛，叶为匙形，长达 15.2 cm。茎生叶对生，披针状椭圆形。聚伞花序顶生；花两性；花萼裂片在花时向内卷曲，不显著；花小，白色至淡蓝色，花冠筒状，花冠裂片 5 枚；雄蕊 3，着生花冠筒上；子房下位，3 室，但仅 1 室发育而有胚珠 1 枚。

【生态分布】其耐寒性很好，在温带地区作为冬季绿色蔬菜种植。当气温变热时，会抽薹结子。莴

苣缬草生长在欧洲部分地区、非洲北部、亚洲西部。在欧洲和亚洲，莴苣缬草是一种耕地和闲置地上常见的野草。在北美洲，它们已经逸生到野外，在东部和西部沿海都已成为归化植物。

【历史与民俗】莴苣缬草最初由欧洲的农夫拿来作为动物的饲料，后来由路易十四的皇家园艺师让-巴蒂斯·德·拉·昆提涅推广到世界其他地方。它原产于欧洲和地中海地区，在法国、意大利和德国是一种传统的冬季沙拉。自17世纪以来，那些非常小、圆形的、更有趣的和好吃的几个品种已被开发出来了。

【化学成分】能量价值很低(只有151 kJ/100 g)，叶子含膳食纤维(1.5%)、维生素(特别是维生素C高达35 mg/100 g)和矿物质(0.8%)。有少量的蛋白质(2%)、脂肪(少于0.5%)和碳水化合物(0.7%)。

【加工与利用】利用部位为全草，主要是叶。冬季采集叶片或全株，去杂，洗净，一般鲜用。叶用于沙拉生吃，很受欢迎。它也用于混合沙拉，与甜菜根、土豆或者核桃混合制作一些沙拉食谱，如羊乳干酪奶酪、醋炒培根或者油炸面包丁等。它也可像菠菜一样煮着吃;还可以添加到家禽填料里。

【附注】根可作为缬草根药用。

478 香荚兰 *Vanilla planifolia* Andrews. (*Vanilla fragrans* (Salisb.) Ames)

彩图478

英文名：Vanilla;兰科

【别名】香子兰，香草，香兰草，墨西哥香荚兰

【植物形态】多年生攀援藤本，根系浅，地上部每个茎节均能长出2条气生根，可以起固定作用，也可吸收水分和养分。茎浓绿色，圆柱形，肉质，多节，茎粗0.4～1.8 cm，节长5～12 cm。3年生茎蔓可达12 m以上。叶互生，每节1片，肉质，浓绿色，近无柄，长椭圆形或宽披针形，长8～25 cm，宽4～7 cm，先端渐尖或急尖，平行叶脉不明显。总状花序，腋生，由20朵以上花组成，长6～20 cm。花浅黄绿色，花萼3枚，为花被外轮;花瓣3枚，为内轮，左右2枚较萼片小，中央1枚唇瓣短而大，呈喇叭状。合蕊柱仅有1枚花药，着生于顶端，花粉囊2室;柱头2裂，有黏性物，子房下位，1室。蒴果，扁三角形，像豆荚，果面有纵纹6～7条。花期3～6月。

【生态分布】原产墨西哥，属热带植物，要求温暖湿润、雨量充沛的气候环境，但一年中要有两个月的干旱期，以促使定期开花。主要栽培于马达加斯加、塔希提岛、科摩罗、留尼旺、印度尼西亚、塞舌尔、毛里求斯、瓜德罗普岛等热带地区。中国海南有栽培。

【历史与民俗】香荚兰是兰科植物中最有实用价值的优质香料植物。它虽然在18世纪才被发现利用，但由于它的优良品质，现已成为最受欢迎的天然食用香料植物之一。因此，其产量也在迅速增长。

【化学成分】香荚兰果实中含香兰素1.3%～3.8%、脂肪4.5%～15%、树脂1%、糖类7%～20%(主要是葡萄糖和果糖)、有机酸(主要是油酸和棕榈酸)、蜡、胶、单宁、色素、纤维素、矿物质及挥发油。

香荚兰净油主要成分有香兰素(3%～4%)、香荚兰酸、大茴香酸、大茴香醇、洋茉莉醛、丁子香酚、乙醇及其他一些酯类。

【加工与利用】利用部位为果实及净油。当果荚顶部开始变黄，其他部分从亮绿色变成深绿色，并出现黄条纹时，即可采摘，经发酵处理，生成香气后，成为香荚兰豆，或称香子兰豆。香荚兰豆以石油醚为提取物，萃取得净油，为深棕色液体，稍稠厚。

香荚兰豆(果实)常研成细粉使用，也常把它加工成酊剂，或以苯或丙酮等抽提制成香荚兰浸膏，还可再制成香荚兰净油和香兰素等产品应用。它们具沁人心脾的独特香气，被广泛用于调制各种高级香烟、名酒、特级茶叶，也是各类糕点、饼干、糖果、奶油、咖啡、可可、冰淇淋、巧克力、雪糕等高档食品和饮料的配香原料，素有“食品香料之王”的美誉，为ISO承认的食用香料植物之一。

【附注】香荚兰净油被认为是一种兴奋剂，可助消化、壮阳、提高女性性欲等。香荚兰在草医药中并不常用。其净油由于价格相当昂贵，在芳香疗法中一般也很少使用，但可以用来熏香，作为提振精神、提

高性欲的室内芳香剂。

香荚兰净油和提取物香树脂均是高档化妆品加香的香料。香荚兰豆提取物还可作为抗炎剂、抗氧剂、抗衰剂、生发剂用于化妆品。

479 印度瓦特木 *Vateria indica* L.

彩图 479　英文名：White dammar；龙脑香科

【别名】松树油，白虫胶，印度柯巴脂，白达麻香，白达玛脂树

【植物形态】乔木，高达 30 m；树皮平滑，灰白色，厚圆片状剥落。叶卵形、长圆形或椭圆状长圆形，长达 25 cm，宽 10 cm，基部心形或圆形，先端钝或渐尖，革质，幼时鲜红色，后变深绿色；侧脉纤细；叶柄长可达 4 cm；托叶斜披针形。伞房状圆锥花序顶生或侧生，花大，白色，芳香。萼裂片 5，披针形。花瓣 5，椭圆状长圆形。雄蕊 40～50；花药近无梗。子房被茸毛。果为蒴果，卵圆形、椭圆形或长圆形，长约 4.5 cm，褐色，瓣裂。花期 4 月，果期 7 月。

【生态分布】喜温暖湿润气候，原产印度，为印度特有树种。生于印度常绿森林中，在印度泰米尔纳德邦和喀拉拉邦的高山上，可达 1 300 m 处。

【历史与民俗】白达玛脂树的树脂是抓破树皮流出来的汁液，干燥后在印度被用作香料。树脂在印度也被用来作为一种阿育吠陀药品使用。它的木材坚固耐用，已被过度开发，尤其是胶合板工业生产。由于人类活动和栖息地的丧失，促进了其资源下降，现已成为濒危植物。

【化学成分】种子含有 19%～23% 的淡黄色脂状油，随时间而变白。其脂肪酸组成(%)：肉豆蔻酸 0～1.0、棕榈酸 9.7～13.0、硬脂酸 38.0～45.0、花生酸 0.4～4.6、油酸 42.0～48.0、亚油酸 0.2～2.3、亚麻酸 0.5。

【加工与利用】利用部分为籽脂(脂状油)。蒴果成熟时人工采集，除去果壳和种皮，并将籽粒破碎，消毒，晒干，以压榨方法提取脂肪油，一般得率 8%～9%。油脂精炼后得到的油可以食用。它可用来代替可可脂，制作许多食品，如酥油、糖果、糕点等。

【附注】种子油经过适当的处理，还可在纺织工业中用于浆纱；在日化工业中制造蜡烛、肥皂等。种子油具有抗菌、滋养、润肤、抗皱等作用。本品为黄绿色到白色，有令人愉快的气味，是良好的肌肤调理剂，可用于润肤、护肤化妆品，并可防治皮疹、溃疡等皮肤疾患。

480 香根草 *Vetiveria zizanioides* (L.) Nash.

彩图 480　英文名：Vetiver；禾本科

【别名】岩兰草

【植物形态】多年生草本，须根型，须根淡黄至黄褐色，老根色泽较深，具浓郁檀香气，长 1～1.5 m，粗 3～4 mm，在土层深 20～25 cm 处平展分布。秆直立，粗壮，簇生，长 1.5～2 m。叶狭长，线形，直立，坚硬，长 0.7～1.5 m，宽 7～13 mm，基部延伸，干时扁平或稍微折叠，先端短尖，中脉明显，叶鞘扁平而有中脊，无毛，叶舌小，边缘膜质。圆锥花序顶生，直立，紫色或淡绿色，分枝多数轮生，花序主轴粗壮，分枝细弱，长 5～12 cm，无柄小穗均是两性，线状披针形，基盆被短毛，第一颖革质或草质，长圆形，边缘内折，第二颖革质，边缘透明膜质，有睫毛，第一外稃透明，有睫毛，第二外稃先端齿裂，无芒；有柄小穗雄性，形似无柄小穗。秋季抽穗。

【生态分布】原产印度、斯里兰卡、马来西亚等国，为热带植物，可周年生长，喜温暖气候，喜光，最

好在终年无霜的地区栽培。香根草的经济价值在其须根，要求土层深厚、疏松肥沃、排水良好的砂质壤土。这种土壤所产香根草油的质量、产量、香气均较为理想。我国于 1958 年从印度尼西亚引入香根草，在海南、广东、福建、浙江试种，因大部分在北回归线以北地区，故不能终年生长，产量和质量均有一定影响。

【历史与民俗】香根草作为香料应用的历史不长，原产地群众使用历史不详。大约在 20 世纪初才开始将香根草用于生产精油调配香精。1958 年起我国才开始引种和生产香根草。

【化学成分】根含挥发油。香根草油的主要成分有 α-岩兰草酮、β-岩兰草酮、岩兰草醇、岩兰草酸、岩兰草烯、苯甲酸、棕榈酸等。

【加工与利用】利用部位为根。香根草经 1 年或 1.5 年种植后可收获。收获时将根挖出后，用水把根系上的泥土清洗干净，在通风处阴干，打包贮藏，贮藏时间不要过长，过长得油率将会降低。加工前挑选粗壮的根，去掉细小须根，将选好的根切成长 2 cm 的段，用于蒸油。一般采用水蒸气蒸馏法，最好采用加压蒸馏，可以缩短蒸馏时间和提高出油率。

香根草油具甜的类似檀香的木香味，香气持久，可直接用于配制食用香精，特别是烟用、酒用香精中有很好的定香能力，也可用于糖果、饮料等的增香。

【附注】香根草油具有类似檀香的香气，香气悦人且持久，是重要天然香料之一，广泛用于化妆品、香水、香皂香精。本品不仅可作定香剂，还可赋予干甜的木香，常用于香薇、素心兰、醛香、木香或琥珀香基以及东方香型、檀香型、苔香型、玫瑰香型等香精配方中。

481 蚕豆 *Vicia faba* L.

彩图 481　英文名：Broad bean，Fava bean，Faba bean；豆科

【别名】南豆，胡豆，竖豆，佛豆

【植物形态】一年生草本，高 30～100(120)cm。主根短粗，多须根，根瘤粉红色，密集。茎直立，具四棱，无毛。偶数羽状复叶，叶轴顶端卷须短缩；托叶戟头形或近三角状卵形；小叶通常 1～3 对，互生，小叶片椭圆形、长圆形或倒卵形，长 4～6(10)cm，宽 1.5～4 cm，先端圆钝，具短尖头，基部楔形，全缘，两面均无毛。总状花序腋生，具花 2～4(6) 朵，呈丛状着生，花萼钟形，萼齿披针形，下萼齿较长；花冠白色，具紫色脉纹及黑色斑晕，长 2～3.5 cm，旗瓣中部缢缩，基部渐狭，翼瓣短于旗瓣，长于龙骨瓣；雄蕊 2 体(9＋1)，子房线形无柄，花柱密被白柔毛。荚果肥厚，长 5～10 cm；表皮绿色，被茸毛。种子 2～4(6)，长圆形，中间内凹，青绿色。花期 4～5 月，果期 5～6 月。

【生态分布】喜温凉湿润气候，原产于欧洲地中海沿岸、亚洲西南部至北非，能生于北纬 63°温暖湿地，耐 −4 ℃低温，但畏暑热。现在世界各地有栽培。我国大多数省份都可种植，长江以南地区以秋播冬种为主，长江以北以早春播为主。

【历史与民俗】蚕豆为豆科、野豌豆属一年生草本。《本草纲目》云："胡豆，豌豆也。其苗柔弱宛宛，故得豌名。……然豌豆、蚕豆皆有胡豆之名。……盖古昔呼豌豆为胡豆，今则蜀人专呼蚕豆为胡豆，而豌豆名胡豆，人不知矣。"又说："《太平御览》云：'张骞使外国，得胡豆种归。'指此也(蚕豆)，今蜀人呼此为胡豆，而豌豆不复名胡豆矣。"这种被古希腊人和古罗马人作为重要的食物来源的植物传入中国是在公元 1200 年之后。今天，蚕豆栽培在所有世界的温带地区，而中国也是主要的生产国。在非洲、亚洲和地中海地区的一些国家，对蛋白质需求的很大一部分是依靠蚕豆。

【化学成分】蚕豆(干)含蛋白质(25%)、碳水化合物(55%)、脂肪(2%)，还有粗纤维、磷脂、胆碱、维生素 B_1、维生素 B_2、烟酸和钙、铁、磷、钾等多种矿物质，尤其是磷和钾含量较高。据报道，蚕豆种子含巢菜碱苷、伴蚕豆嘧啶、磷脂、胆碱、哌啶酸-2、植物凝集素、胰蛋白酶抑制素和胰凝乳蛋白酶抑制素等。蚕豆壳(蚕豆皮即种皮)含 β-[3-(β-D-吡喃葡糖氧基)-4-羟苯基]-L-丙氨酸、L-酪氨酸、

多巴。

【加工与利用】利用成熟和未成熟的种子。夏季豆荚饱满时采收荚果;成熟呈黑褐色时拔取全株，晒干，打下种子，扬净后再晒干备用。在成熟种子坚硬的外皮被移除之前，可煮熟后吃，去皮的豆瓣经常作为豆泥或汤菜，也作为炖菜的一部分。它可以被添加到各种传统菜肴里，如西班牙“fabada”或埃及“foul”。种子粉可以和面包粉混合制作各种食品。未成熟的豆荚作为蔬菜食用。

【附注】种子水提取物对转化生长因子-β有促进作用，在细胞培养时对透明质酸合成酶有促进作用。种子80%甲醇提取物对脂质过氧化有抑制作用。蚕豆乳酸菌发酵物的提取物在皮肤涂敷试验中显示有皮肤保湿作用。

种子提取物对转化生长因子-β的促进，可以提高机体免疫调节功能，是良好的肌肤调理剂，可用于润肤、护肤化妆品。

482 赤豆 *Vigna angularis* (Willd.) Ohwi et Ohashi

彩图482 英文名：Adzuki bean；豆科

【别名】小豆，红豆，红小豆

【植物形态】一年生直立或缠绕草本。高30～90 cm，植株被疏长毛。羽状复叶具3小叶;托叶盾状着生，箭头形，长0.9～1.7 cm;小叶卵形至菱状卵形，长5～10 cm，宽5～8 cm，先端宽三角形或近圆形，侧生的偏斜，全缘或浅三裂，两面均稍被疏长毛。花黄色，约5或6朵生于短的总花梗顶端;花梗极短;小苞片披针形，长6～8 mm;花萼钟状，长3～4 mm;花冠长约9 mm，旗瓣扁圆形或近肾形，常稍歪斜，顶端凹，翼瓣比龙骨瓣宽，具短瓣柄及耳，龙骨瓣顶端弯曲近半圈，其中一片的中下部有一角状凸起，基部有瓣柄;子房线形，花柱弯曲，近先端有毛。荚果圆柱状，长5～8 cm，宽5～6 mm，平展或下弯，无毛;种子通常暗红色或其他颜色，长圆形，长5～6 mm，宽4～5 mm，两头截平或近浑圆，种脐不凹陷。花期夏季，果期9～10月。

【生态分布】赤豆性喜温、喜光，抗涝。起源于中国，在喜马拉雅山山区有野生种和半野生种。由中国经朝鲜传入日本，并在日本形成次生中心。栽培面积以中国最大，其次为日本、朝鲜。美洲及非洲的刚果、乌干达亦有引种。

【历史与民俗】赤豆被认为是相对近期被利用的植物。然而我国历史文献却有许多记载，如《神农本草经》中称为赤小豆，《日华子本草》称亦豆，《本草纲目》称红豆，《本草原始》也称红小豆，《陆川本草》又叫红绿豆、虱拇豆，《中药材手册》称为朱赤豆，《药材学》中又称金红小豆、朱小豆，《本经逢原》称猪肝赤，《本草便读》又叫杜赤豆。以粒紧、色紫、赤者为佳，煮汁食之通利力强，消肿通乳作用甚效。赤豆今天主要在中国生产，日本(北海道)、中国台湾地区及世界其他地区也有种植。

【化学成分】干豆含蛋白质21%～23%，脂肪0.3%，碳水化合物65%。据报道，每100 g赤豆中含蛋白质21.7 g，脂肪0.8 g，糖类60.7 g，粗纤维4.9 g，钙76 mg，磷386 mg，铁45 mg，硫胺素0.43 mg，核黄素0.16 mg，烟酸2.1 mg。赤豆尚含三种结晶性皂苷。

【加工与利用】主要利用成熟干燥的种子。夏、秋分批采摘成熟荚果，晒干，打出种子，除去杂质，再晒干备用。赤豆可整粒食用，一般用于煮饭、煮粥、做赤豆汤或冰棍、雪糕之类。用于菜肴有红豆排骨汤等。由于赤豆淀粉含量较高，蒸后呈粉沙性，而且有独特的香气，故常用来做成豆沙，以供各种糕团面点的馅料。赤豆还可发制赤豆芽，食用同绿豆芽。

【附注】赤豆对金黄色葡萄球菌、福氏痢疾杆菌、伤寒杆菌有明显的抑制作用。红色赤豆入药治水肿脚气、泻痢、痈肿，为缓和的清热解毒药及利尿药;浸水后捣烂外敷，治各种肿毒。

483 绿豆 *Vigna radiata* (L.) Wilczek.

彩图 483　英文名：Mung bean，Green gram；豆科

【别名】青小豆，菉豆，植豆

【植物形态】一年生直立或顶端微缠绕草本。高约 60 cm，被短褐色硬毛。三出复叶，互生；叶柄长 9～12 cm；小叶 3，叶片阔卵形至菱状卵形，侧生小叶偏斜，长 6～10 cm，宽 2.5～7.5 cm，先端渐尖，基部圆形、楔形或截形，两面疏被长硬毛；托叶阔卵形，小托叶线形。总状花序腋生，总花梗短于叶柄或近等长；苞片卵形或卵状长椭圆形，有长硬毛；花绿黄色；萼斜钟状，萼齿 4，最下面 1 齿最长，近无毛；旗瓣肾形，翼瓣有渐窄的爪，龙骨瓣的爪截形，其中一片龙骨瓣有角；雄蕊 10，二体；子房无柄，密被长硬毛。荚果圆柱形，长 6～8 cm，宽约 6 mm，成熟时黑色，被疏褐色长硬毛。种子绿色或暗绿色，长圆形。花期 6～7 月，果期 8 月。

【生态分布】属热带、亚热带植物，喜温暖湿润气候。原产印度、缅甸地区。现在东亚各国普遍种植，非洲、欧洲、美国也有少量种植，中国、缅甸等国是绿豆主要出口国。

【历史与民俗】绿豆在印度被驯化栽培，它已经被使用了至少 3 500 年。野生绿豆（subsp. sublobata），广泛分布在亚洲和非洲。黑绿豆或绿豆变种（var. silvestri）仅分布在印度喜马拉雅山脉的山麓。绿豆和黑绿豆大规模生产是在亚洲南部和东部。中国、澳大利亚、美国和其他国家已经种植这些作物。

【化学成分】种子含有蛋白质、脂肪（包括磷脂）、碳水化合物（糖类）、维生素 B_1、维生素 B_2、胡萝卜素、烟碱酸、叶酸、钙、磷、铁。种子所含蛋白质主要为球蛋白，其组成中富含赖氨酸、亮氨酸、苏氨酸，但蛋氨酸、色氨酸、酪氨酸比较少。磷脂成分中有磷脂酰胆碱、磷脂酰乙醇胺、磷脂酰肌醇、磷脂酰甘油、磷脂酰丝氨酸、磷脂酸。绿豆皮含有 21 种无机元素，磷含量最高。另有牡荆素、β-谷甾醇。

【加工与利用】主要利用种子（籽）。秋季豆荚成熟呈黑褐色时拔取全株，晒干，打下种子，扬净后再晒干备用。绿豆种子被广泛食用。绿豆清热之功在皮，解毒之功在肉。绿豆汤是家庭常备夏季清暑饮料，清暑开胃，老少皆宜。传统绿豆制品有绿豆糕、绿豆酒、绿豆饼、绿豆沙、绿豆粉皮等。绿豆具有降血脂、降胆固醇、抗过敏、抗菌、抗肿瘤、增强食欲、保肝护肾等作用。绿豆还是良好的解毒剂，绿豆中含有丰富的蛋白质，生绿豆水浸磨成的生绿豆浆蛋白含量高，内服可保护胃肠黏膜。绿豆蛋白、鞣质和黄酮类化合物可与有机磷农药、汞、砷、铅化合物结合形成沉淀物，使之减少或失去毒性，并不易被胃肠道吸收。

【附注】绿豆提取物含有植物性 SOD，有较强的抗氧化作用。绿豆提取物还富含氨基酸、β-胡萝卜素、微量元素等营养成分，具有很好的抗衰老功能。另外，还有实验证明，绿豆中的鞣质既有抗菌活性，又有局部止血和促进皮肤创面修复的作用。因而具有抗衰老、润肤等功效，可用于美容、抗衰化妆品。绿豆叶片也是清热解毒的药物 。

484 班巴拉花生 *Vigna subterranea* (L.) Verdc.

彩图 484　英文名：Bambara groundnut，Bambara-bean，Jugo bean；豆科

【别名】地下沃安齐贾，班巴拉豆，刚果花生，非洲花生

【植物形态】一年生匍匐草本，具有很深的主根、侧根和包围着根的固氮根瘤。植株无毛，叶基生，叶柄长 5～30 cm，叶片具 3 小叶，小叶可长达 11 cm。花葶 1～3 枝，总状花序生于花葶顶端，花序梗长达 3 cm，蝶形花黄色，和豌豆花相似。花梗有毛，开花后，它伸展向下弯曲，使子房在地下生长。每个子房含有 1～4 胚珠，进而发育为种子。成熟后的种子可以是各种颜色，它们几乎是球形，直径 8～15 mm。

【生态分布】喜高温,较耐旱,也需要有雨水;喜排水良好的砂质土壤。原产非洲西部,现主要栽培于撒哈拉以南的非洲热带雨林地区。

【历史与民俗】班巴拉花生产于热带非洲,从西非到非洲南部。驯化栽培发生在西非。它是一种古老的非洲作物,目前在非洲和马达加斯加仍然是当地农村地区重要的作物。在美国、澳大利亚、中亚和东南亚,它也有小规模种植。

【化学成分】种子含有蛋白质 18%、碳水化合物 65%,尚含脂肪、维生素、矿物质等。

【加工与利用】主要采用近于成熟种子或成熟的干燥种子。秋季果实成熟时采收,将果实晒干,除去外壳和杂质,将种子晒干备用。它的种子可以煮熟食用,也用于烘烤或油炸制作出美味的小吃,或混在玉米或芭蕉中作为一顿饭。种子可以磨成粉后制作烘焙食品。在尼日利亚将它浸泡,煮熟,磨成糊状,用油炸或制作蒸菜食用。面粉也可以用作汤和炖菜。在赞比亚它通常作为面包增稠剂使用。种子磨成浆还可制作牛奶食用,种子发酵可以制作类似"豆豉"的产品。

【附注】种子提取物富含多种氨基酸和维生素,有抗菌、抗氧化、促进血液循环、营养肌肤等作用,是良好的肌肤调理剂,有营养皮肤细胞之功效,可用于护肤霜等化妆品。

班巴拉花生还具有一些药用的用途。在塞内加尔,叶制剂用于治疗伤口感染和脓肿。叶汁液用于治疗眼睛和癫痫。种子与水混合磨浆用来治疗白内障。其根可以作为春药。此外,班巴拉花生的枝、叶含有蛋白质和丰富的磷,是猪和家禽的好饲料。

485 豇豆 *Vigna unguiculata* (L.) Walp.

彩图 485　英文名:Cowpea, Black-eyed bean;豆科

【别名】角豆,姜豆,带豆,挂豆角,有爪镰扁豆

【植物形态】一年生缠绕、草质藤本。茎近无毛。羽状复叶,具 3 小叶;托叶披针形,长约 1 cm;小叶卵状菱形,长 5~15 cm,宽 4~6 cm,先端急尖,边全缘或近全缘,有时淡紫色,无毛。总状花序腋生,具长梗;花 2~6 朵聚生于花序的顶端,花梗间常有肉质蜜腺;花萼浅绿色,钟状,长 6~1 mm,裂齿披针形;花冠黄白色而略带青紫,长约 2 cm,各瓣均具瓣柄,旗瓣扁圆形,宽约 2 cm,顶端微凹,基部稍有耳,翼瓣略呈三角形,龙骨瓣稍弯;子房线形,被毛。荚果下垂或斜展,线形,长 7.5~70(90)cm,宽 6~10 mm,稍肉质而膨胀或坚实,有种子多颗;种子长椭圆形或圆柱形或稍肾形,长 6~12 mm,黄白色、暗红色或其他颜色。花期 5~8 月。

【生态分布】豇豆要求高温,耐热性强,属短日照植物,对日照要求不很严格。原产于印度和缅甸,主要分布于热带、亚热带和温带地区。中国各地常见栽培。全球热带、亚热带地区广泛栽培。

【历史与民俗】豇豆的起源地可能是热带非洲,因为在那里可以找到野生物种。豇豆在早期是通过埃及和其他阿拉伯国家传至亚洲及地中海区域的,现产于热带地区,而主产地为热带非洲及热带亚洲,据我国历史文献记载,《广韵》一书即有"豇"字,此书原在 601 年成书,原书已佚,历经重修,现存宋代陈彭年等重修本。北宋《图经本草》有豇豆的记载;苏轼有咏豇豆的诗;到明代,自朱橚的《救荒本草》以来,《便民图纂》、《本草纲目》等多种书志都有豇豆的记载,可见明代已广泛栽培豇豆。在历史记载中,黄河流域气候曾较温暖,根据上古籍记载,可能我国亦为豇豆原产地之一。

【化学成分】豇豆含蛋白质、脂肪、碳水化合物、粗纤维、灰分、钙、镁、磷、铁、锰、锌、铜、硒、胡萝卜素、维生素 B_1、维生素 B_2、烟酸。其中以磷的含量最为丰富,鲜嫩豆荚中还富含维生素 C,尚含熊果苷等。

【加工与利用】利用部位为成熟种子和未成熟的荚果。秋季采收成熟的荚果,除去荚壳,收集种子备用;或于夏、秋季采摘未成熟的嫩荚果鲜用。成熟的种子、嫩的豆荚和幼嫩叶子均可作为蔬菜食用。在中国通常喜欢食用嫩豆荚,可制作多种菜肴。在印度豇豆种子流行做汤菜食用。不成熟的荚果、种子

可制作成罐头或速冻食品。豇豆一般人群均可食用。尤其适合糖尿病、肾虚、尿频、遗精及一些妇科功能性疾病患者;气滞便结者应慎食豇豆。豇豆要烹饪热透食用,不熟豆角易导致腹泻、中毒。

【附注】豇豆富含胡萝卜素、维生素 C、维生素 E、烟酸(维生素 PP)、硒及熊果苷等,能提高免疫力、抗氧化、延缓衰老、防癌、增白、促进血液循环、滋润肌肤减少皱纹、抗糙皮病等,可用于美白、护肤、抗衰化妆品。

486 三色堇 *Viola tricolor* L.

彩图 486　英文名:Heartsease;堇菜科

【别名】猫儿脸,蝴蝶花,人面花,阳蝶花,鬼脸花

【植物形态】一年生、二年生或多年生草本,高至 40 cm。基生叶叶片长卵形或披针形,具长柄;茎生叶叶片卵形或长圆状披针形,先端圆或钝,基部圆,边缘具稀疏的圆齿或钝锯齿,上部叶叶柄较长,下部者较短;托叶大型,叶状,羽状深裂。花大,直径 3.5～6 cm,每个茎上有 3～10 朵,花梗稍粗,单生叶腋,上部具 2 枚对生的小苞片;萼片绿色,长圆状披针形,长 1.2～2.2 cm,先端尖,基部附属物发达;花瓣通常有紫、白、黄三色;上方花瓣深紫堇色,侧方及下方花瓣均为三色,有紫色条纹,侧方花瓣里面基部密被须毛,下方花瓣距较细;子房无毛,花柱短,基部明显膝曲,柱头膨大,呈球状,前方具较大的柱头孔。蒴果椭圆形,长 8～12 mm。无毛。

【生态分布】较耐寒,喜凉爽,喜阳光,喜肥沃、排水良好、富含有机质的中性壤土或黏壤土。原产欧洲北部,中国南北方普遍栽培。现亚洲温带地区、美洲有野生,生于牧场、山地至海滨地带。花园中多栽培作为观赏植物。

【历史与民俗】西方草药医学中三色堇作为清洁剂,用于治疗支气管炎和百日咳。1735 年《爱尔兰草药》中记载三色堇的花可治疗小儿痉挛、清肺、清洁乳房、解热、消炎和治创伤。

三色堇的品种繁多,色彩鲜艳,花期颇长。因此在欧美等发达国家十分流行。从 1629 年将野生种引进庭园栽培开始,19 世纪开始进行品种改良,并选出了圆形、大花品种。20 世纪初,德国的育种家选出了一些抗寒的品种。20 世纪中期,瑞典人育出瑞士大花(Swiss Giant)系列和美国人选出俄勒冈大花(Oregon)系列,花径达 10 cm。20 世纪 70 年代以后,美国、法国、德国、英国等国在三色堇的育种方面进展很快,花径大的达到 12 cm,也出现花径仅 3 cm 的迷你三色堇,并已育出黑色品种。三色堇在欧洲特别受崇拜,意大利将三色堇作为"思慕"和"想念"之物,尤以少女特别喜爱。

三色堇是欧洲常见的野花物种,也常栽培于公园中,是冰岛、波兰的国花。

【化学成分】地上部分含黄酮、甲基水杨酸、黏液质、树胶、树脂和皂素。茎、叶含三色堇黄苷。花含芸香苷、生育酚、番茄烃、六氢番茄烃、β-胡萝卜素、叶黄素、堇黄质。

【加工与利用】以地上部分入药,夏季采收,干燥备用。以水、乙醇等溶剂提取,提取液浓缩至干,得提取物浸膏。

三色堇提取物具有抗菌、抗炎、解热、抗风湿、抗痉挛等作用。三色堇乙醇提取物对金黄色葡萄球菌、表皮葡萄球菌、蜡状芽孢杆菌、大肠杆菌、绿脓杆菌、白色念珠菌等有抑制作用。本品除用于治疗支气管炎、百日咳及治创伤外,还用于治疗风湿痛、膀胱炎和排尿困难等。

【附注】三色堇提取物具抗菌、抗炎、皮肤美白、抗皱等作用,是良好的肌肤调理剂,可用于美白、护肤化妆品。据报道,三色堇可杀菌,可防治皮肤上青春痘、粉刺及过敏问题,三色堇药浴还有很好的丰胸作用。三色堇还可促进皮肤新陈代谢,护肤、护发。花具有芳香味,还可提取香精。

487 洋豆蔻 *Virola sebifera* Aubl.

彩图 487 英文名：Red ucuuba；肉豆蔻科

【别名】维罗拉，罗拉蜡皮，红黄蜡树

【植物形态】乔木，瘦长，高 5～30 m。单叶，对生或亚对生，卵圆状披针形，长约 30 cm，深绿色，有光泽。花单性，圆锥花序；花小，黄色，成小团簇。果红色，椭圆形，长约 10～15 mm，直径约 11 mm。

【生态分布】热带植物，原产于南美洲热带雨林中，生于常绿树森林和热带高原稀树草原（海拔高达 1 400 m）。分布于中美洲到南美的巴西北部。

【历史与民俗】洋豆蔻产于中美洲和南美洲热带雨林里，英文名 ucuuba 是由当地土著语 Ucu（脂）和 Yba（树）组成。委内瑞拉的土著人用树皮和树脂烹饪，或将其燃烧以驱逐邪恶鬼怪。

【化学成分】果实含油脂，主要为甘油单月桂酸二豆蔻酸酯和肉豆蔻酸；脂肪具有与可可脂、乳木果油相似的性质。它是黄色半固体状油脂，具芳香气味。果皮还含少量鞣质和生物碱。

【加工与利用】主要利用果油。果实成熟时采收，除去杂质，晒干备用，通常以加热压榨法提取油脂，过滤，得果油。

洋豆蔻种子富含脂肪（60%～70%），其 70% 的脂肪是由甘油三肉豆蔻酸酯和甘油肉豆蔻酸组成，是一种芳香精油。它是化妆品、医药、食品等行业的重要添加剂。当地人有时也将它的树皮（内皮）用于烹饪菜肴。

洋豆蔻油脂具有抗菌、抗氧化、促进表皮细胞再生、修复皮肤水膜等功效，可减轻老化影响。它是纯天然植物油脂，具超强抗氧化效果，温和无刺激；可深层滋润皮肤，防止干燥开裂。可用于护肤、抗衰老产品（如晚霜、敏感性肌肤和干性肌肤的护理产品等）。

【附注】新鲜的洋豆蔻皮或从受伤树皮流出的红汁可用于治疗脓肿、蜂窝组织炎、甲沟炎、疮疖、肛裂、腮腺炎、扁桃腺炎等疾病。

488 葡萄 *Vitis vinifera* L.

彩图 488 英文名：Grape，Grapevine；葡萄科

【别名】红葡萄，草龙珠，赐紫樱桃，菩提子，蒲陶

【植物形态】多年生落叶攀援藤本，茎蔓延，有卷须。叶纸质，互生，圆形或圆卵形，宽 10～20 cm，常 3～5 裂，基部心形，边缘有粗而稍尖锐的齿缺，下面常密被蛛丝状绵毛；叶柄长达 4～8 cm。花杂性，异株，圆锥花序大而长，与叶对生；花序柄无卷须；花萼极小，杯状，全缘或不明显的 5 齿裂；花瓣 5，黄绿色，先端黏合不展开，基部分离，开花时呈帽状整块脱落；雄蕊 5；花盘隆起，由 5 个腺体所成，基部与子房合生；子房 2 室，每室有胚珠 2，花柱短，圆锥形。浆果卵圆形至卵状矩圆形，富汁液，熟时紫黑色或红而带青色，外被蜡粉。花期 6 月。果期 9～10 月。

【生态分布】原产于欧洲南部和亚洲西部，喜温暖，喜光照，较耐旱。在世界各温带地区有栽培。我国长江流域以北各地均有栽培，主要产于新疆、甘肃、陕西、山西、河北、山东等地。

【历史与民俗】葡萄属于葡萄科葡萄属植物，有 80 余种，是世界上最古老的植物之一。它的植物化石发现于第三纪年代地层中，说明当时已遍布于欧、亚及格陵兰。在中国古代，葡萄还有“蒲陶”（《史记》）、“蒲萄”（《后汉书》）、“蒲桃”（《汉书》）、“葡桃”等几种叫法。中国古代通称的葡萄属于欧洲葡萄，其原生地是黑海和地中海沿岸一带，最初传至埃及。大约在 5 000～6 000 年以前，欧洲葡萄在埃及、叙利亚、伊拉克、伊朗、南高加索以及中亚细亚等地已开始栽培。中国内地引种葡萄始于西汉时期。《史记・大宛列传》和《汉书・西域传》都有汉使从西域带回葡萄种的记载。现在的标准称谓“葡萄”一词在唐诗

中开始出现，至宋代该词已趋于稳定。目前，中国的葡萄产量已居于世界的前五位。

【化学成分】叶含类黄酮、鞣质、酒石酸盐、肌醇、胡萝卜素、胆碱和糖等。果实中含有酒石酸盐、苹果酸、糖类、胶质、鞣质、黄酮苷类、花青素苷(在红色叶中也有)和维生素 A、维生素 B_1、维生素 B_2、维生素 C 及矿物质等成分。种子含脂肪、胆碱、泛酸、维生素 B_1、维生素 B_2、原花青素、蛋白质等。

【加工与利用】主要采用成熟果实。葡萄可以鲜食，也可以制作成葡萄干、蜜饯等直接食用的食品。葡萄干是在日光下晒干或在阴影下晾干的葡萄的果实，再经过特殊的工艺加工制作而成。葡萄蜜饯是将白色大果葡萄洗净，取出种子，此后放于糖水中煮制。开始时用文火熬煮，逐步加大火，不断搅拌，到基本熬干。此外，葡萄还可加工制成人们喜欢的果汁或发酵葡萄酒、起泡葡萄酒、白兰地酒和醋。葡萄酒的种类很多，红酒是由红色果皮和白色的果汁发酵而成的。但白葡萄酒不仅从白葡萄(布兰科·德·布兰科)发酵制成，也可以由红葡萄发酵制成。红色的葡萄还可酿制成玫瑰葡萄酒。葡萄酒的多样性和复杂性是西方文化的一个特征。葡萄酒也是重要的烹饪成分，如同酱油、料酒等调味料。在希腊烹饪中，将葡萄叶装满大米和肉，制作成“dolmades”。葡萄籽油是制造葡萄酒的一种副产品。

【附注】葡萄(果实)含的类黄酮是一种强力抗氧化剂，可抗衰老，并可清除体内自由基。葡萄中还含有一种抗癌微量元素(白藜芦醇)，可以防止健康细胞癌变，阻止癌细胞扩散。葡萄汁可以帮助器官移植手术患者减少排异反应，促进早日康复。

葡萄提取物所含花青素苷可减少毛细血管渗透性。叶(特别是红色的)有抗菌、抗炎、收敛、止痛等作用。果实有抗菌、抗氧化、润肤、皮肤保湿等作用。半胱天冬蛋白酶可导致细胞凋亡，种子提取物对半胱天冬蛋白酶-8、-9 的抑制，显示可延长细胞生命，即可增强皮肤细胞活性，因而可用于抗衰化妆品。葡萄提取物还可作为抗氧剂、过敏抑制剂、活肤美容剂、毛孔收敛剂等用于化妆品。葡萄籽油无毒且不易造成过敏，它常被用来制作润肤乳液。

489 山萮菜 *Wasabia japonica* (Miq.)Matsum. (*W. wasabi* (Siebold)Makino)

彩图 489

英文名：Wasabi；十字花科

【别名】山葵，日本山葵，雪花菜

【植物形态】多年生草本，高 40～60 cm，无毛或疏被单毛。单叶，基生叶丛生，叶柄长约 30～35 cm。茎生叶有较短的柄，叶片心形，深绿或绿色。根茎粗壮，有残存的叶柄或叶柄痕。茎数个丛生。总状花序伞房状，果时伸长；花小，萼片直立，长约 2 mm，外轮宽长圆形，内轮宽卵形，边缘膜质；花瓣白色，卵形，长 3～4 mm，顶端圆钝，基部具爪；雄蕊 6，花丝近基部变宽，花药长圆形；侧蜜腺半环状，中蜜腺位于长雄蕊内侧；雌蕊花柱短，柱头扁头状，稍 2 裂。角果短，长圆形，长约 8 mm，2 室，开裂；果瓣中脉明显，常呈龙骨状隆起。种子椭圆形，长约 2 mm，黑褐色。花期 4～5 月，果期 5～6 月。

【生态分布】喜温凉、潮湿的环境，要求透气性好的、富含腐殖质的砂质壤土，野生于冷凉湿润的山谷、溪边。分布于中国、朝鲜、日本。

【历史与民俗】山萮菜主要为日本民间使用的独特风味蔬菜和辛香调味品，已有数百年的历史。后又传到朝鲜和我国东北地区。原以采挖野生品作为野菜和辛香调料。大约明治时代，当地群众开始种植，至今已形成了若干个栽培品种，并有一定的市场份额。

【化学成分】山萮菜根茎和叶柄含水分 41.9%，蛋白质 18.4%，纤维 2.6%，脂肪 4.0%，碳水化合物 22.3%，灰分 9.5%；并含有特征成分黑芥子硫苷(sinigrin)、异丁基芥子油等。尚含黄酮类，主要有异牡荆苷、异肥皂草苷、芹菜素、木犀草素、异荭草素等。

【加工与利用】采用叶、根和根茎。一般可在夏季采叶，冬季叶片枯黄后采挖根茎和叶柄。采集后，洗净，切段，晾干备用。根茎和叶柄进行腌制或加工。通常趁鲜磨成浆，色泽鲜绿，具强烈的辛香味。亦可用乙醇浸提得油状浸膏。

在日本，常将其鲜根茎和叶柄加工研磨成酱，用作吃生鱼片的不可缺少的调味料；亦常用作寿司、荞麦面等的作料；有增进食欲、杀菌、促进消化的功效。鲜根茎切片亦可用于肉、鱼、家禽的料理。

鲜叶片在春、秋采收，洗净，切段，与酱、酒糟、醋等腌渍成独具风味的民间特色小菜和烹调用的作料。山萮菜的地上鲜茎叶可直接用作新鲜蔬菜食用，或作肉、鱼等的配菜。

山萮菜提取物，由山萮菜的根茎和叶子用乙醇提取而得；为淡黄色油状物质，主要成分有异丁基芥子油；有特殊刺激性香气；有抑制细菌作用和抗氧化作用；微溶于水，溶于乙醇和油脂。在食品加工业中可作保鲜剂(抑菌、抗氧化)，在日本主要用于焙烤类制品，也用于一般食品。山萮菜还有镇痛作用，民间将其捣烂，用纱布包裹贴敷于患处，可减轻神经性疼痛。

【附注】叶20%乙醇提取物对超氧自由基有消除作用。叶50%乙醇提取物对B-16黑色素瘤细胞活性有抑制作用，对单核巨噬细胞复活有促进作用。根20%乙醇提取物对超氧自由基有消除作用，对酪氨酸酶活性有抑制作用。因而提取物显示有抗炎、抗菌、抗氧化、抑制黑色素瘤细胞活性等，可用于美白、护肤化妆品。据报道，山葵含有的维生素C达到了169.2 mg/g，具有还原作用，能够抑制黑色素生成，保持肌肤美白，有防止青春痘、雀斑产生的护肤美容效果。

490 睡茄 *Withania somnifera* (L.)Dunal.

彩图490

英文名：Withania，Ashwagandha，Indian ginseng；茄科

【别名】醉茄，催眠睡茄

【植物形态】多年生小灌木，直立，高约1.5 m，具多少有结节的根。分枝：圆柱状，被粉、星状灰白茸毛，老枝无毛。叶：卵形至长圆形，长5～10 cm，宽3.6 cm，先端急尖，下面具短柔毛。花：无梗，腋生，4～6花成聚伞花序，花小，黄绿色。果：橙红色的浆果，光滑，多少球状。种子：黄色，有些皮屑。

【生态分布】喜温暖气候，分布于印度、地中海、中东、非洲地区。如印度、刚果、南非、埃及、摩洛哥、约旦、巴基斯坦等地都有分布。

【历史与民俗】睡茄被称为“印度人参”，用于印度草医学已有3 000多年的历史，在印度的名称是“horse smell”，这意味着有马的力量，表明有滋补和催情作用。在印度草药治疗中，它主要应用于滋补强身，尤其是在工作过度或精神疲惫后用于恢复精力。Robert Svoboda在《阿育吠陀，生命、健康和长寿》中阐述其有清脑、镇静、安神和安眠之功效。1世纪，戴奥斯柯瑞迪就提出本品有滋补作用。

【化学成分】含生物碱(主要为睡茄碱，还有醉茄碱、睡茄宁、莨菪碱、古柯液碱、假睡茄碱、假莨菪碱等)、甾类内酯(睡茄内酯)和铁。

【加工与利用】利用部位为叶、根和浆果。春季采收叶，秋季挖根和采收果实。鲜用或干燥备用。浆果可以用来替代凝乳酶放入牛奶里制作奶酪。根、叶在西方草药中主要用于抗衰老和慢性病的康复，通过抑制过度兴奋，促进休息和放松，并对伴有长期压抑的衰弱症有显著疗效。本品含有大量铁，可用于治疗贫血症；还可以用于治疗慢性炎症，如狼疮和风湿性关节炎，并可预防癌症。

【附注】睡茄提取物具有抗菌、抗炎、抗氧化、抑制黑色素瘤生成等作用；它对成纤维细胞增殖的促进和雌激素样作用有嫩肤、抗衰老功效，可用于美白、嫩肤、抗衰化妆品。

491 文冠果 *Xanthoceras sorbifolia* Bge.

彩图491

英文名：Shiny leaf yellow horn，Yellowhorn，Chinese flowering chestnut；无患子科

【别名】文官果，文冠树，崖木瓜，木瓜，温旦革子

【植物形态】落叶灌木或小乔木，高 2～5 m。小枝粗，褐红色，无毛。奇数羽状复叶，互生；叶连柄长 15～30 cm；小叶 9～17，小叶披针形或近卵形，长 2.5～6 cm，宽 1.2～2 cm，先端渐尖，基部楔形，边缘有锐利锯齿，顶生小叶通常 3 深裂，上面无毛，下面嫩时被茸毛。圆锥花序长 12～30 cm，花杂性，雄花和两性花同株；花梗长 1.2～2 cm；苞片长 0.5～1 cm；萼片 5，长 6～7 mm；花瓣 5，白色，基部紫红色或黄色，脉纹显著，长约 2 cm；雄蕊 8；子房 3 室，柱头乳头状。蒴果长 3.5～6 cm，近球形或椭圆形，有三棱角，室背开裂为 3 果瓣。种子扁球状，长达 1.8 cm，黑色而有光泽。花期 4～5 月，果期 7～8 月。

【生态分布】喜温暖干爽气候环境，喜光，耐旱力强，较耐寒，一般生于黄土地区，在丘陵、低山坡、荒地、林缘等地均能见到。分布于辽宁、河北、山西、内蒙古、陕西、河南、山东、甘肃、宁夏等地。日本、韩国、加拿大等国有引种。

【历史与民俗】文冠果原产我国，其种子含油量高，历史上人们采集其种子榨油供点佛灯之用，以后逐渐转为食用。同时，文冠果油具有较高的工业价值。文冠果种仁除可加工食用油外，还可制作高级润滑油、高级油漆、增塑剂、化妆品等工业原料。由于文冠果籽油制备的生物柴油相关烃脂类成分含量高，内含十八碳的烃类占 93.4%，而且无硫、氮等污染环境因子，符合理想生物柴油指标。在文冠果的柴油提取已获成功后，陕西、河南、甘肃、北京等国内地区已在积极筹建文冠果油大、中型加工厂，日本、韩国、加拿大等国也纷纷建造文冠果园林基地及加工厂。

【化学成分】种仁含油 58.6%。油的脂肪酸组成：肉豆蔻酸微量，棕榈酸 6.9%，硬脂酸和油酸 38.9%，花生酸 6.2%，山嵛酸 7.2%，亚油酸 40.2%，亚麻油酸 0.3%，二十碳烯酸 0.3%。

采自内蒙古赤峰的文冠果的果实，其种仁含油 59.9%。油的脂肪酸组成为肉豆蔻酸微量，棕榈酸 5.0%，硬脂酸 2.0%，花生酸微量，山嵛酸微量，二十四碳烷酸微量，油酸 30.4%，二十碳烯酸 7.2%，芥酸 9.1%，二十四碳烯酸 2.6%，亚油酸 42.9%，二十碳二烯酸 0.9%，亚麻酸 0.3%。

【加工与利用】利用部位为种子。秋季果实成熟时采收。因果实成熟后容易自然开裂，种子会散落，不易收集，因而果实成熟后要及时采收，可将果序割下，晒干后，揉搓，分筛，将种子与枝叶、杂质分开，种子晒干后，储藏备用。通常用压榨法取油。

文冠果是我国特有的珍稀木本油料树种，作为生物柴油原料的发展潜力极大，是国家有关部门列为制造生物柴油的八大树种之一，有“北方油茶”之称。

文冠果是我国特有的经济木本油料树种，种子含油率为 30.4%～47%，油黄色而透明，食用味美，是良好的烹饪油。油中所含亚油酸是中药益寿宁的主要成分，具有极好的降血压作用，食用文冠果油可有效预防高血压、高血脂、血管硬化等病症。

【附注】本种花序大而花朵密，春天白花满树，花期可持续 20 多天，是难得的观花小乔木，也是很好的蜜源植物；抗性很强，是荒山绿化的首选树种；木材坚实致密，纹理美，是制作家具及器具的好材料。

492 千年芋 *Xanthosoma sagittifolium* (L.) Schott

彩图 492

英文名：Arrowleaf elephant ear，Tannia，New cocoyam；天南星科

【别名】芋艿，夏威夷芋，慈姑叶黄肉芋，塔尼亚，箭叶黄体芋

【植物形态】多年生无毛草本，直立，高可达 2 m，成熟时有厚的肉质、卵圆形根茎（块茎），并有众多的叶痕，有时具气根。单叶数个，近无茎，莲座状；叶片卵状椭圆形，长 40～100 cm，宽 30～70 cm，先端钝，基部心形，边缘波状，上表面深绿色，下表面淡绿色；叶柄直立，长 1～1.5 m，绿色。花序腋生，1～3 枚，上升；花序梗长达 20 cm；佛焰苞纸质，长 13～15 cm，筒 6～7 cm，灰绿色，长圆卵形，叶片椭圆形，直立，凹陷，正面乳白色，先端短渐尖；肉穗花序稍短于苞，雌花带圆柱形，不育雄花带圆锥状，粉红色的能

育的雄花带拉长，椭圆形，奶油色。浆果小，黄色。

【生态分布】热带植物，喜温暖湿润气候，不耐寒。原产地尚不清楚，但它被认为是原产于北美南部，包括哥伦比亚、秘鲁、厄瓜多尔和委内瑞拉。现在它被广泛种植于西印度群岛、美国中部、热带非洲以及太平洋的亚洲热带地区和岛屿。

【历史与民俗】千年芋可能起源于南美洲北部，并蔓延到西印度群岛和中美洲。自哥伦布时代起，它被种植在中美洲和加勒比海地区，例如，1881 年在加勒比海的波多黎各岛被列为常见种。它到达西非可能是在 17～18 世纪，与奴隶贸易有关。现在它已成为一种重要的经济作物。

【化学成分】块茎含有大量的淀粉、黏液质、维生素、矿物质以及皂素等。

【加工与利用】主要来源块茎，嫩叶也可食用。秋季挖取块茎，去杂，洗净，晾干备用。块茎和叶子可以煮熟食用。球茎食用方法很多，可煮、蒸、烤、炒、烩、炸。最常见的做法是把它煮熟或蒸熟后蘸糖吃；烧肉吃或将其切成丁块，与玉米掺在一起煮粥食用。在巴西、中美洲国家，芋叶和块茎作为美食上市。如波多黎各菜肴，球茎像马铃薯一样用于炖菜、汤菜里。进入苏里南，切碎的芋根用于烤鸡肉、果汁、肉片都是流行的苏里南菜调料。球茎去皮和地面茎块还用于生产面粉。

【附注】千年芋，在中美洲是土著人的传统草药。有报道，其丰富的营养成分，具有增强人体的免疫功能的作用。可作为防治癌瘤的常用药膳主食。其丰富的维生素能够激活体内细胞，加速新陈代谢，并可达到减肥的目的。

493 海檀木 *Ximenia americana* L.

彩图 493　英文名：Wild plum，Sour plum；铁青树科

【别名】野李子，山梅

【植物形态】灌木或小乔木，高 2～4 m；小枝栗褐色，常有棱，有枝刺，刺长 0.8～1.2 mm；短枝长 0.4～0.8 cm。叶长圆形、椭圆形或卵圆形，干时黑褐色，长 3～5 cm，宽 2～3 cm，顶端圆钝，基部圆形；叶柄长 3～5 mm。花 3～6 朵，排成蝎尾状的聚伞花序，花序腋生或在短枝上成丛生状，长 1.5～2.5 cm，花梗长 2～3 mm，总花梗略扁，长 0.5～1 cm；花萼筒长约 1 mm，花瓣 4～5 片，白色，长椭圆形，长 3～7 mm，离生或其中 2～3 片合生，花瓣内面密被长毛；雄蕊 8～10 枚，与花瓣等长，着生在花瓣基部。果卵球形或近球形，直径 2～3 cm，熟时橙黄色。花期 4～5 月，果期 6 月。

【生态分布】热带植物，分布于热带与亚热带的美洲与非洲地区。我国仅见于海南省崖县、三亚附近；生于海边砂地上，或沿海低山少见。世界热带地区，如印度、斯里兰卡、缅甸、越南、柬埔寨、泰国、马来西亚、澳大利亚及太平洋群岛都有。

【历史与民俗】海檀木是小乔木，其属名是以 17 世纪的西班牙僧侣 F. 希梅内斯命名的。海檀木属植物在整个南部非洲均有大片生长，俗称野梅。果实像李子，颜色从明亮的橙色和猩红色到完全成熟时的深红褐色。南非妇女和女童传统习惯用海檀木油软化自己的皮肤和调理她们的头发。

【化学成分】果实含碳水化合物、蛋白质、脂肪、维生素、矿物质和生物活性物质（包括黄酮、花青素、多酚等）。种子含蛋白质、脂肪、维生素等；种子含油达 45.7%，为半干性油，碘值为 152.3；脂肪酸主要为不饱和脂肪酸（约 92%），其中以油酸（72.1%）、亚麻酸（10.3%）为主。

【加工与利用】主要采用果实和种子的脂肪油。秋季果实成熟时采收，除去枝叶、杂质，洗净，鲜食，或将果实破碎，滤出种子，干燥备用。一般以压榨方法提取脂肪油。

海檀木果实都含有丰富的维生素 C，除了生吃，还被用来做果酱、果冻和饮料。海檀木种子油中含有丰富的不饱和脂肪酸（约 92%），因此具有相当的营养价值，可以作为食用油用于烹饪。

海檀木籽油具有一定的抗菌、抗氧化作用；它还有抗炎特性和改善皮肤血液循环作用，对脸部、身体、头发均有柔润、保湿功效，对干裂肌肤及受损的头发特别有效。

【附注】种子油有助于保持皮肤细胞壁的完整性，并具有重组效果，有抗衰老作用。它的长链脂肪酸带来了良好的亲和性，赋活滋润和保湿肌肤。因而它可用于润肤、抗衰化妆品；也可以有效防治湿疹、粗糙皮肤和伤疤。籽油还可直接用于治疗皮肤干燥、皮肤皲裂，也是特别受欢迎的按摩油。海檀木还是良好的材用树种，可作为檀香木的代用品。

494 美洲花椒 *Zanthoxylum americanum* Mill.

彩图 494

英文名：Prickly ash，Toothache tree；芸香科

【植物形态】落叶灌木，高约 3 m。树皮灰棕色，光滑；枝条多刺，灰白色。奇数羽状复叶互生，具 5～11 小叶。小叶长圆形到卵状长圆形，边缘平滑（或有圆齿），上表面中绿色，有细小的腺体，无毛，下表面浅绿色，具短的柔毛至近无毛；侧生小叶无柄或近于无柄；叶轴幼时有毛，后变得无毛。雌雄异株；聚伞花序腋生，常见于上年树枝上；雄性花比较少，花瓣和雄蕊 4～5；花瓣黄绿色到橙色、椭圆形。雌花花瓣 4～5，黄绿色到橙色，椭圆形，直立，雌蕊 2～5，子房光滑绿色，卵形。蓇果成熟时红色。种子黑色。花期春季，夏季果熟。

【生态分布】原产于加拿大南部，美国北部、中部和西部，喜潮湿、荫蔽的林地。分布于美国北部，包括阿拉巴马州、阿肯色州、康涅狄格州、特拉华州、哥伦比亚特区、佛罗里达州、佐治亚州、爱荷华州、伊利诺伊州、印第安纳州、堪萨斯州、肯塔基州、路易斯安那州、马萨诸塞州、马里兰州、缅因州、密歇根州、明尼苏达州、密苏里州、北卡罗来纳州、北达科他州、内布拉斯加州、新罕布什尔州、新泽西州、纽约州、俄亥俄州、俄克拉荷马州、宾夕法尼亚州、罗得岛、南卡罗来纳州、南达科他州、田纳西州、弗吉尼亚州、佛蒙特州、威斯康星州和西弗吉尼亚州；加拿大的安大略、魁北克也有。

【历史与民俗】花椒属学名的作者是苏格兰植物学家林奈（1691—1771 年），花椒的属名“Zanthoxylum”来自希腊文词根“xanthos”（黄色）和“xylon”（木质），意思是形容木材是黄色的。而种名“americanum”是“美洲”。美洲花椒（包括树皮和蓇果）为温和的体内循环的促进剂，北美土著人咀嚼树皮和蓇果以减轻风湿疼痛和耳痛。西方草药学家认为本品可治疗风湿疼痛和关节炎。

【化学成分】含生物碱（白屈菜赤碱）、木脂素类（细辛素）、新棒状花椒碱酰胺、鞣质、树脂和挥发油等。

【加工与利用】主要采用蓇果。夏季采摘果实，干燥，除去种子后备用。种子可以用压榨法榨取脂肪油。美洲花椒在当地较少用于菜肴的烹饪。但这种植物的所有部分（叶、花、果实、树皮和树根）有芳香（柠檬香）味。俗称牙痛树，因为土著咀嚼树皮或果实（产生麻木效应）缓解牙齿疼痛。土著美国人也将它的树皮和根等用于治疗咳嗽、淋病、风湿、外伤。

【附注】花椒树皮、蓇果提取物可促进血液循环，增加皮肤细胞的氧气与营养供应，清除代谢废物。其甲醇提取物对 DPPH 自由基有消除作用。因而它具有增强皮肤新陈代谢，抗皱、抗氧化功效，可用于护肤、抗衰化妆品。

495 花椒 *Zanthoxylum bungeanum* Maxim.

彩图 495

英文名：Chinese prickly ash，Chinese pepper；芸香科

【别名】秦椒，凤椒，川椒，大红袍，岩椒

【植物形态】落叶灌木或小乔木，高 3～7 m，具香气，茎干通常有增大的皮刺。奇数羽状复叶，互生，叶柄两侧常有一对扁平基部特宽的皮刺；小叶 5～11，对生，近于无柄，纸质，卵形或卵状短圆形，长

1.5～7 cm，宽 1～3 cm，边缘有细钝锯齿，齿缝处有粗大透明的腺点，下面中脉基部两侧常被一簇锈褐色长柔毛。聚伞状圆锥花序顶生；花单性，花被片 4～8，一轮；雄花通常具雄蕊 5～7，退化心皮 2；雌花心皮通常 2～3，子房背脊上部有腺点，花柱略外弯，柱头头状，子房无柄。蓇果球形，红色至紫红色，密生状突起的腺体，成熟时开裂。种子圆球形，黑色，有光泽。花期 4～5 月，果期 6～8 月。

【生态分布】 原产我国，性喜温凉气候，但不耐严寒；喜光，在遮阴条件下生长细弱，结实率低；对土壤适应性较强，喜土层深厚肥沃，尤喜湿润砂质壤土和山地钙质土。无论是平原、丘陵或海拔 1 000 m 以上山上均能很好生长。我国花椒除东北、内蒙古和西北过于干旱、严寒地区外，大部分省区都有分布，尤以陕西、河北、河南、山东、四川等省最为集中。

【历史与民俗】 花椒一名，最早有文字记载是在《诗经》里。《诗经》是收载西周时期的民间诗歌，说明中国于三千年前已经利用花椒了。古代人认为花椒的香气可辟邪，有些朝代的宫廷用花椒掺入涂料用以糊墙壁，这种房子被称为“椒房”，是给宫女住的。花椒树结实累累，是子孙繁衍的象征，故《诗经·唐风》称：“椒聊之实，蕃衍盈升。”又班固《西都赋》载“后宫则有掖庭椒房，后妃之室”，意思是皇帝希望皇子们能像花椒树一样旺盛。

【化学成分】 100 g 花椒（果实）含水分 11.9 g、蛋白质 6.7 g、脂肪 11.6 g、膳食纤维 23.9 g、碳水化合物 38.1 g、灰分 7.8 g，胡萝卜素 90 μg、核黄素 0.35 mg、维生素 E 2.78 mg、钾 133 mg、钠 38.7 mg、钙 527 mg、锰 3.25 mg、锌 1.78 mg、铜 1.62 mg、磷 30 mg。干果含挥发油 2%～4%（甘肃产），有的可达 4%～9%（广东产）。挥发油主要成分为苧烯、月桂烯、β-罗勒烯 X、β-罗勒烯 Y 等。果皮还含香草木碱、茵芋碱、去甲茵芋碱、2-羟基-N-异丁基（反式 2，6，8，10）十二烷四烯酰胺、脱肠草素（herniarin）、二十九烷等。种子含柠檬烯 0.7%。

花椒精油主要成分有花椒油素、柠檬烯、枯茗醇、花椒烯、水芹烯、香叶醇、香茅醇以及植物甾醇、不饱和有机酸等。

【加工与利用】 主要采用果实。每年 9～10 月果实成熟；采收方法以手摘为宜，果实采收后，应摊开晾晒，干燥备用。可用水蒸气蒸馏法提取精油。

花椒味麻且辣，具有浓郁而持久的香气，是我国和日本、朝鲜的常用辛香调味料之一，炒、煮后香味四溢。在烹调中它们有除腥、去异味、增香、调味的作用。它适用于炒、烧、烩、蒸等多种烹饪技法；在腌肉时其香气最适于除肉腥味；亦常用于各种家禽、牛羊肉的调味。日本人常将花椒用于鱼类和海鲜的加工和料理。花椒还可用于制作面点、小吃的调香调味，有一定的增进食欲作用。

花椒可独立调香调味，还可与其他调味品按一定比例配合使用。以它为主的有椒盐、怪味、麻辣、椒麻、胡椒等各具特色的风味调味料，还常用于五香粉等复合调味料。我国川菜中更是以花椒的麻辣味而著名。在各种肉类加工食品中，如咸肉、熏肉、香肠等也离不开花椒的调味。

花椒油（精油）主要用于配制烹饪类（肉类、鱼类、蔬菜）香精，亦直接用于烹调和复合调味料中。

花椒药用性温，味辛。具温中止痛、杀虫止痒功能。用于脘腹冷痛、呕吐腹泻、虫积腹痛等症。外治湿疹瘙痒。用量 3～6 g；外用适量，煎汤熏洗。临床用于胃寒疼痛、虫积疼痛、风湿关节痛、牙痛、手癣、脚癣、湿疹、霉菌性阴道炎等。

花椒精油和提取物具有抗菌、杀虫、抗氧化作用。精油可作调香原料，可调制馥奇型香精，用于化妆品及皂类加香。提取物具有增强皮肤新陈代谢、抗氧化、润肤等作用，可用于护肤、防晒化妆品。并可防治手癣、脚癣、湿疹等皮肤疾患。

【附注】 花椒种子含油 22.7%～29.5%，粗纤维 30.33%，蛋白质 15.89%。籽油的脂肪酸组成为棕榈酸 12.9%，硬脂酸 2.4%，十六碳烯酸 22.3%，油酸 17.9%，亚油酸 18.7%，亚麻酸 25.8%。花椒籽油经精炼后成为风味食用油；亦可用于涂料、肥皂、润滑油等，又是矿石浮选剂、塑料增塑剂、皮革加脂剂等精细化工产品的原料。去皮种子榨油后的饼粕含蛋白质在 48%以上，是优良的蛋白饲料。

496 胡椒木 *Zanthoxylum piperitum* (L.) DC.

彩图 496 英文名：Japanese pepper，Sichuan pepper；芸香科

【别名】台湾胡椒木，胡椒树，秦椒，四川花椒，日本花椒

【植物形态】常绿灌木，高 30～90 cm，冠幅 30～60 cm。叶色深绿，具香气；奇数羽状复叶，叶基有短刺 2 枚，叶轴有狭翼；小叶对生，倒卵形，长 0.7～1 cm，革质，叶面浓绿富光泽，全叶密生腺体。雌雄异株，雄花黄色，雌花橙红色，子房 3～4 个。果实椭圆形，红褐色。

【生态分布】喜欢温暖气候，喜光照，生长慢。耐热、耐寒、耐旱、耐风、耐剪、易移植。不耐水涝。栽培土质以肥沃的砂质壤土为佳。我国产于长江以南地区，台湾也有栽培。朝鲜、日本也有栽培。

【历史与民俗】胡椒木产于东亚。在中国和日本是传统植物香料来源。

【化学成分】果皮和叶含挥发油。油的成分有柠檬烯、芳樟醇、芳樟醇乙酸酯，还含山椒素。根皮含二氢白屈菜红碱、氧化白屈菜红碱、N-乙酰番荔枝碱、茵芋碱、γ-崖椒碱、谷甾醇、芝麻脂素、δ-氧基-N-甲基佛林辛、白屈菜红碱、N-甲基大麦芽碱、木兰花碱、蔗糖。根含茵芋碱、加锡弥罗果碱、日巴里尼定、阿瑞罗甫碱。种子含油 23.1%，油的脂肪酸组成为癸酸 0.6%，月桂酸 0.4%，棕榈酸 13.6%，硬脂酸 2.3%，十六碳烯酸 0.1%，油酸 34.4%，二十碳烯酸微量，亚油酸 25.7%，亚麻酸 22.9%。

【加工与利用】采用蒴果、果皮、成熟的种子，有时也使用树叶。胡椒木果皮像胡椒一样使用（中国厨师喜欢白胡椒，很少使用黑胡椒粉）。它的细粉有辛辣的味道，常被撒在鸡肉菜、面条菜肴、汤类和其他中国菜和日本菜中。在日本，它是为数不多的调味品的一员，常被用于烹饪；其自然味道使菜肴有新鲜感。叶含有精油，叶粉有水果和柑橘的味道，也被用于各种菜肴的烹饪。

【附注】果实提取物具有抗菌、抗炎、抗氧化、促进皮肤新陈代谢、抗皱、局部减肥等作用，可用于护肤、美容、抗衰化妆品。

胡椒木生长慢，属低矮维护性灌木。叶色浓绿细致，质感佳，并能散发香味，适于花槽栽植、低篱、地被、修剪造型。庭园、校园、公园、游乐区、廊宇，单植、列植、群植皆美观。

497 玉米 *Zea mays* L.

彩图 497 英文名：Corn，Maize，Mealies；禾本科

【别名】玉蜀黍

【植物形态】一年生高大草本。秆直立，高 1～4 m，基部各节具气生支柱根。叶鞘具横脉；叶舌膜质，长约 2 mm；叶片扁平宽大，线状披针形，基部圆形呈耳状，无毛或具疵柔毛，边缘微粗糙。顶生雄性圆锥花序大型，主轴与总状花序轴及其腋间均被细柔毛；雄性小穗孪生，长达 1 cm，小穗柄一长一短，被细柔毛；两颖近等长，膜质，被纤毛；外稃及内稃透明膜质，稍短于颖；花药橙黄色。雌花序被多数宽大的鞘状苞片所包藏；雌小穗孪生，成 16～30 纵行排列于粗壮之序轴上，两颖等长，宽大，具纤毛；外稃及内稃透明膜质，雌蕊具极长而细弱的线形花柱。颖果球形或扁球形，成熟后露出颖片和稃片之外，其大小随生长条件不同产生差异。花果期秋季。

【生态分布】喜温作物，全生育期要求较高的温度。喜光照，为短日照植物。原产于安第斯山脉和中美洲地区，可能起源于秘鲁。种子繁殖，目前为全球广泛栽培的粮食作物之一。

【历史与民俗】原产美洲的墨西哥、秘鲁。我国古代称番麦、御麦、玉麦、苞米、珍珠米、棒子等。至迟于明代传入我国，栽培历史大约有 470 多年。嘉靖三十四年（1555）《巩县志》已有"玉麦"的名称，但明确而详细的记载则见于嘉靖三十九年（1560）甘肃的《平凉府志》卷 11："番麦，一曰西天麦，苗叶如蜀秫而肥短，末有穗如稻而非实。实如塔，如桐子大，生节间，花炊红绒在塔末，长五、六寸，三月种，八月收。"

此外，明田艺衡《留青日扎》和李时珍《本草纲目》均有记载。玉米是来自野生玉米还是来自墨西哥类蜀黍(*subsp. Mexicana*)尚不清楚。但在墨西哥种植玉米至少有7 500年了。现在，它已是世界三大谷物(玉米、大米和小麦)之一。世界近一半的玉米产量来自美国，但许多温带和热带国家也生产玉米来消费。

【化学成分】玉米须含脂肪油(2.5%)、挥发油、树胶、树脂、苦味糖苷、皂苷以及少量生物碱。还含有隐黄素、维生素C、维生素K、泛酸、肌醇、谷甾醇、豆甾醇等。种子富含蛋白质、糖类(包括淀粉)，还含维生素B_1、维生素B_2、维生素E、维生素A、胡萝卜素、烟酸、玉米色素等。胚芽含油，主要由不饱和脂肪酸组成(约65%～80%，富含ω-6脂肪酸)，仅含有少量饱和的棕榈油酸和硬脂酸。玉米胚芽油含有维生素A、维生素B_1、维生素B_2、维生素C和维生素E，其中维生素E含量达0.6%，并含铁、锌、钾、镁和铜。

【加工与利用】主要采用成熟、干燥的种子，有时也利用玉米须、胚芽和胚芽油。夏季玉米成熟时采收玉米须、种子等，去杂，干燥备用。玉米胚芽通常通过蒸气、加压的方式或有机溶剂浸提方式提取脂肪油。

玉米作为人类的食物有粗粒粉、细面粉和粥(如非洲和南美)。意大利的玉米粥，由碎谷物或粗粉制成；在北美，将玉米制作成各种食品，如松饼、饼干和煎饼。玉米淀粉或玉米粉可用作增稠剂。玉米也以玉米片食用，和其他早餐麦片一样。著名的美国小吃爆米花多是由玉米粒制作的。玉米和小玉米还常用作蔬菜食用，可以制成冻结产品、脱水产品或罐头。胚乳中含有高达50%的油，富含多不饱和脂肪酸(亚油酸60%)，是很好的食用油。玉米发酵可生产啤酒和波旁威士忌。大多数玉米还用作牲畜饲料。

【附注】玉米须、胚芽提取物具有抗菌、抗氧化、润肤等作用。玉米胚芽油含有多种营养成分，可增强皮肤新陈代谢，促使皮肤细嫩光滑，延缓皮肤皱纹的产生，因而常用于护肤化妆品，是制作润肤乳液和牙膏的良好原料。玉米发酵物对纤维芽细胞增殖有较好的促进，结合其抗氧化性，有较强的活肤、抗衰老作用，可用于抗衰化妆品。玉米须提取物具有美白、抗炎作用，可用于美白化妆品。

玉米淀粉、叶提取物也有许多工业用途。

498 卡萨蒙纳姜 *Zingiber cassumunar* Roxb.

彩图498 英文名：Cassumunar ginger, Bangle；姜科

【别名】补累(傣药)，野姜，印度姜

【植物形态】多年生宿根草本，株高1～2 m。根茎内部亮黄色。叶鞘无毛或边缘具短柔毛，绿色；叶舌长2～10 mm，疏生短柔毛，二裂；叶片线形或宽披针形，长13～35(60) cm，宽2～4(8) cm，先端渐尖，基部狭楔形。花序纺锤形，长8～15 cm，其茎(花葶)直立，8～60 cm，苞叶成熟卵形，长3～3.5 cm，被短柔毛，淡绿色、淡红色或紫色；小苞片卵形，长1～1.5 cm，具牙齿。花萼1.2～1.5 cm，膜质，截形，白色，无毛；花冠长4～6 cm，裂片线状披针形，淡黄色至白色，边缘红细条纹；唇瓣长6 cm，中央裂片宽圆形，侧裂片长圆形，雄蕊长约1 cm；子房长3～4 mm，被短柔毛。蒴果卵球形，直径约1.5 cm。

【生态分布】喜高温湿润气候；生于林缘、荒地、路旁，可达海拔2 000～3 000 m地区。主要产于泰国、柬埔寨；我国云南西双版纳地区有栽培。印度、印度尼西亚也有栽培。

【历史与民俗】卡萨蒙纳姜原产于东南亚，后传入欧洲，从那里又移植到许多地方。1807年William Roscoe描述过这种植物，当时叫“姜象草”。1810年，罗克斯堡将此植物命名为“*Zingiber cassumunar*”，并将它引入英国。虽然是Marloe(1812年)将它作为药物介绍到欧洲医疗单位。然而1854年，Pereira声称，此物种在1672年通过东印度贸易公司作为药物已经介绍给英国。

【化学成分】根茎含淀粉75.74%、精油1.84%。还含野姜宁(cassumurcin) A、B、C，野姜素

(cassumunarin)A、B、C。精油的主要成分是松油烯-4-醇(45.44%),还有 α-松油醇、D-龙脑、姜醇、姜烯等。

【加工与利用】采用根茎和根油。全年可采,洗净,鲜用或晒干备用。可用水蒸气蒸馏方法提取挥发油。根茎可作为食物、辛香料、食品添加剂。它的价值在于其香气和味道。在东南亚各国的烹饪中常常使用它,特别是各种肉类菜肴常常添加它。它也用于各种肉汤中,具有鲜香味。根茎作为药物在亚洲热带地区使用,主要为胃祛风剂和兴奋剂,对腹泻和腹痛有效。在印度尼西亚根茎用来治疗头痛。在马来西亚根茎用于肠胃不适和驱虫,而在老挝,它适用于脓肿、发热、腹痛、腹泻等肠道疾病,是一种净化剂以及中毒的解毒剂。在泰国,该物种是按摩油的主要成分,用以缓解肌肉疼痛。

【附注】根油具有抗菌活性,对革兰氏阳性、革兰氏阴性细菌及皮肤癣菌、酵母菌均有抑制作用,被广泛用于香料,作为人工天竺葵、胡椒、玫瑰和其他油(肥皂)香水和香精成分。

根油中的姜黄素有较强的抗氧化作用。根茎提取物对脂肪酶有激活作用,对酪氨酸酶活性、黑色素瘤形成均有抑制作用,对皮肤真菌也有抑制作用。根油、根茎提取物具有较强的抗菌、抗炎、抗氧化、镇痛、活肤作用,还有美白皮肤和将多余的脂肪转化为脂肪酸和甘油的功效。它可用于美白、美容、护肤化妆品,并有防治多种皮肤疾病和局部减肥的功效。

499 姜 *Zingiber officinale* Rosc.

彩图 499 英文名:Ginger, Jamaican ginger;姜科

【别名】生姜,白姜

【植物形态】多年生草本,高 0.5～1 m;根状茎肥厚,有芳香及辛辣味。叶片披针形至条状披针形,长 15～30 cm,宽约 2 cm;叶舌膜质,长 2～4 mm。花葶单独自根茎生出。穗状花序卵形,长 4～5 cm;苞片淡绿色,顶端有小尖头;花萼管长约 1 cm;花冠黄绿色,管长 2～2.5 cm,裂片披针形,长不及 2 cm;唇瓣中央裂片矩圆状倒卵形,短于花冠裂片,有紫色条纹及淡黄色斑点,侧裂片卵形,长约 6 mm;雄蕊花药长约 9 mm,药隔附属体包裹着花柱,长约 7 mm;子房 3 室。花期为夏秋季,一般栽培条件下很少开花,罕见结实。果实为长圆形 3 裂蒴果。种子小,具黑色角。

【生态分布】姜原产亚洲热带雨林地区,喜温暖湿润气候,喜阴湿,怕烈日直射。对土壤种类要求不严,土层深厚、疏松、肥沃、潮湿和排水性好的中性壤土、砂壤土最适宜生长,好的黏壤土、砖壤土也适合种植。我国一般在海拔 1 500 m 以下的地区栽培,主要分布于四川、贵州、浙江、山东、湖北、广东、福建、江西、湖南。其他各地也有少量种植。在印度、马来西亚、印度尼西亚、牙买加等地有大量种植。

【历史与民俗】姜原产亚洲南部,在印度和中国都有久远的利用历史。中国古代学者孔子,每餐饭都要食用姜。在调味料贸易中,很早就有姜贸易,如今已无法确定姜是起源于中国还是印度。在古印度的贸易市场也已经有了姜的梵文名了。在古时候的中国和古印度的传统疗法中就将姜作为药材。古希腊和阿拉伯药典里高度评价了姜作为香辛料,几个世纪过去了,香辛料的评价依然很高。干燥的姜根茎常用来做香辛料,有刺激性的芳香味,而且也是治疟疾的良药。中国传统医药把它用来化痰和增强心脏的功能。

【化学成分】含挥发油(1%～3%)、油树脂(4%～7.5%,包括姜辣素和姜烯酚)等。据报道,根茎所含挥发油的主要成分为姜醇、姜烯、莰烯、水茴香烯、龙脑、枸橼醛及桉油精等。此外尚含姜辣素(辣味成分)、姜烯酮(油状辣味成分)、姜油酮(结晶性辣味成分)等,以及蛋白质、多种维生素、胡萝卜素、钙、铁、磷等营养成分。

【加工与利用】采用根茎和姜油。通常栽种后 10 个月时挖掘根茎,洗净,鲜用或干燥备用。新鲜块茎清洗后切片,立即进行水中蒸馏,或冷榨后再蒸馏,精油得率 0.15%～0.3%。如果是干姜,应先磨碎成粗粉,用直接蒸汽回水蒸馏,蒸汽压力维持在 0.347 MPa,蒸馏 16～20 h,精油得率 1.5%～2.5%。

生姜的使用面很广，几乎各国的烹调中都有应用，尤其是中国、日本及东南亚国家的菜肴中使用最广。姜能圆合其他辛香料的香味，在加热过程中显出独特的辛辣味。新鲜或干姜粉几乎可给所有肉类调味，是必不可少的辅料，适合于炸、煎、烤、煮、炖等多种工艺；为东方鱼类菜肴中必用的作料。姜可用于制作各种调味料，如咖喱粉、辣椒粉，各种酱品、酱油等。它还用于焙烤食品，是姜面包、南瓜馅饼等的主要风味料。

干姜、姜粉一般应用于各种食品的烹调和食品工业，也可直接用于烹饪。我国产的干姜有辛辣的辛香气味，芳香气较弱；印度产的干姜有较明显的柠檬芳香气味，非洲产的干姜辛辣味更强。姜精油的辣味较小，而油树脂则与干姜一般，辣而又有甜味。姜油、油树脂等提取物则在食品工业上常用于酒类、软饮料、冰淇淋、糖果等的调味加香。

【附注】姜精油具有较强烈的胡椒味，辣的、芳香味浓的、带有姜特有的香味和少许柠檬香味。这种香气有温暖和振奋精神的效果，素有催情剂之誉。

姜油和提取物具有抗菌、抗炎、抗氧化、皮肤保湿、抑臭、增强皮肤活性等作用，可用于护肤、抗衰化妆品。对皮肤擦伤、粉刺等也有防治作用；用于漱口液对喉咙痛也有防治作用。

500 水生菰 *Zizania aquatica* L.

彩图 500　英文名：American wild rice，Canadian wild rice；禾本科

【别名】美洲茭白，野生稻

【植物形态】一年生，不具根状茎。秆高 1.2～3 m，直径达 1 cm。叶舌长 15～25 mm，叶片长 100 cm，宽约 4 cm。圆锥花序长约 40 cm；雄小穗长约 8 mm，通常黄绿色，雌小穗长约 2 cm，宽约 1.5 mm，芒长 4.5～6.5 cm。颖果长圆柱形，长约 10 mm，宽 1.2～1.4 mm。花果期 7～8 月。

【生态分布】温带水生植物，一般生于淡水中。原产于北美洲。江苏南京中山植物园有引种。

【历史与民俗】水生菰原产北美大湖地区（加拿大东部和美国东北部）。成熟的谷物被北美印第安人收集，并将它作为主食。它的野生种在 20 世纪 70 年代已经灭绝，此后，驯化栽培的植物成为了这种谷物唯一的存在了。

【化学成分】成熟干谷粒 100 g 中含能量 423 kJ，碳水化合物 21.34 g，膳食纤维 1.8 g，脂肪0.34 g，蛋白质 3.99 g，多种维生素及矿物质。

【加工与利用】利用部位是食用成熟干的细长谷粒，以及作为蔬菜食用的白色肿胀的脆茎。

由于种子成熟不均匀，在湖泊和河流环境下，需要多次收获种子，其收获率仅 30%～50%。收获时用船（通常是独木舟），将秸秆拉头到船中间，用棒轻轻敲打，使其释放成熟的颖果。收获期可延续数周。这种黑色、闪亮的谷物，它们在处理过程中被加热除去了外壳，这给出了一种美味的坚果香味。虽然野生稻的使用与普通大米一样，但它已经成为世界各地健康产品商店出售的产品。

白色肿胀的脆茎的发生是由于感染黑粉菌，这种真菌防止植物开花。它虽然在中国是常见的蔬菜，但在北美地区一般不食用，在美国也禁止进口，是为了保护北美洲免受真菌物种的入境。

【附注】水生菰是利尿剂，可用于治疗烧伤、心脏病、肝病、肾病、胃病等。

501 茭白 *Zizania latifolia* (Griseb.) Stapf

彩图 501　英文名：Wild rice stem，Manchurian wild rice；禾本科

【别名】茭瓜，茭笋，雕胡，菰瓜，高笋

【植物形态】多年生草本，常有根茎。秆直立，高90～180 cm。叶鞘肥厚，长于节间，基部者常有横脉纹；叶舌膜质，略成三角形，长达15 mm；叶片扁平而宽广，表面粗糙，背面较光滑，长30～100 cm，宽10～20 mm。圆锥花序大型，长30～60 cm，分枝多簇生，开花时上举，结果时开展；雄小穗长0～15 mm，两侧多少压扁，常带紫色，常着生于花序下部开展或繁荣昌盛的分枝上，脱节于小穗柄上，唯其柄较细弱；颖退化不见；外稃先端渐尖或有短尖头，并有5脉，厚纸质；花药6～9 mm；雌小穗长15～25 mm，外稃有芒，长15～30 mm，内稃与外稃同质，常均有3脉，为外稃所紧抱；颖果圆柱形，长约10 mm。花、果期秋季。

【生态分布】喜温性植物，生长适温10～25 ℃，不耐寒冷和高温干旱。茭白原产中国及东南亚地区。目前，把茭白作为蔬菜栽培的只有中国和越南，其中又以中国栽培最早。茭白分布于我国南北各地，河北、江苏、浙江、安徽、江西、福建、台湾、香港、河南、湖南、湖北、海南、广东、广西、四川、云南、黑龙江等地均有种植。

【历史与民俗】茭白在我国很早就已食用。据《礼记》记载："食蜗醢而菰羹。"菰食就是菰米饭，可见周朝已用茭白的种子为粮食。《周礼》中将"菰米"与"黍"、"麦"、"稻"、"菽"并列为"六谷"。古代主要采食其籽粒，并作为粮食作物栽培，后来"菰"受到黑粉菌的寄生，植株便不能再抽穗开花，转而茎尖形成畸形肥大的菌瘿，古称"茭郁"。菰黑粉菌为真菌，担子菌亚门。早在西周时期，人们发现这种菌瘿细嫩可食，是一种美味的蔬菜。《尔雅》记载："遽蔬似土菌生菰草中。今江东啖之甜滑。"《尔雅》成书于秦汉间，可见当时除用茭白种子为粮食外，已用茭白为菜。

【化学成分】茭白主要含蛋白质、脂肪、糖类、维生素 B_1、维生素 B_2、维生素E、微量胡萝卜素和矿物质等。嫩茭白的有机氮素以氨基酸状态存在，并能提供硫元素，味道鲜美，营养价值较高，容易为人体所吸收。

【加工与利用】主要利用白色肿胀的脆茎（茭白）。秋季采收嫩茎秆被菰黑粉菌刺激而形成的纺锤形肥大的部分，除去叶鞘，一般鲜用。茭白是我国有名的蔬菜之一，主要用于炒菜食用，切片、切丝，搭配各种肉菜炒制菜肴，如茭白炒肉片、油焖茭白、酸菜茭白丝等。茭白营养丰富，具有许多保健作用。茭白甘寒，性滑而利，既能利尿祛水，辅助治疗四肢浮肿、小便不利等症，还能解除酒毒，治酒醉不醒。但由于茭白含有较多的草酸，其钙质不易被人体吸收，凡患有心脏病、尿路结石或尿中草酸盐类结晶较多者，不宜多食。

【附注】中医药认为茭白解热毒，除烦渴，利二便。主治烦热，消渴，二便不通，黄疸，痢疾，热淋，目赤，乳汗不下，疮疡。

502 枣 *Ziziphus jujuba* Mill.（*Z. vulgaris* Lam.）

彩图 502

英文名：Chinese date，Jujube tree，Chinese jujube；鼠李科

【别名】大枣，红枣，干枣，枣子

【植物形态】落叶灌木或小乔木，高可达10 m。枝平滑无毛，具成对的针刺，直伸或钩曲。单叶互生；叶片卵圆形至卵状披针形，长2～6 cm，先端具短尖而钝，基部歪斜，边缘具细锯齿。花小形，成短聚伞花序，丛生于叶腋，黄绿色；萼5裂，上部呈花瓣状，下部连成筒状，绿色；花瓣5；雄蕊5；子房2室。核果卵形至长圆形，长1.5～5 cm，熟时深红色，果肉味甜，核两端锐尖。花期4～5月，果期7～9月。

【生态分布】原产中国、日本和东南亚地区，适应性强，喜温暖干燥的气候，生于荒坡、山野。中国南北各地均有分布或栽培。在亚洲的亚热带、暖温带及地中海地区广泛种植。

【历史与民俗】枣为中国原产，在中国早已栽培，中国的文字记载就有三千多年，而且吃枣历史更久远。《诗经》已有"八月剥枣"的记载了。《礼记》上有"枣栗饴蜜以甘之"，并用于菜肴制作。《战国策》有"北有枣栗之利……足食于民"，指出枣在中国北方的重要作用。《韩非子》还记载了秦国饥荒时用枣栗

救民的事。所以民间一直视枣为“铁杆庄稼”、“木本粮食”之一。枣作为药用也很早，《神农本草经》即已收载，历代药籍均有记载，对其养生疗病的认识不断深化。至今，枣都被视为重要滋补品，有“一日吃三枣，一辈子不显老”之说。至今，枣仍是中国烹饪中的主要干果之一。中国枣约于公元 1 世纪经叙利亚传入地中海沿岸和西欧，19 世纪由欧洲传入北美。

【化学成分】大枣含有皂角苷、黄酮类、糖类、黏液质、维生素 A、维生素 B_2 和维生素 C，以及钙、磷、铁等。另据报道，干枣药效成分含有机酸、三萜苷类、生物碱类、黄酮类、糖类、维生素类以及谷甾醇、豆甾醇、链甾醇，亦含有 cAMP 和 cGMP。

【加工与利用】主要采用鲜的或干燥果实。秋季采收果实，除去杂质，洗净，鲜用或干燥备用。枣味美、营养，除鲜食外，成熟果实经晾、晒或烘烤干制而成果皮红至紫红色的干品，俗称“红枣”；也可制成蜜饯。它也用于制作糕点和美味佳肴，并作为填料的成分用于甜酱和汤菜。

红枣的食用方法有很多，蒸、炖、煨、煮均可。最常用的方法是将红枣煎水服用，即将 10～30 g 红枣洗净，并用小刀在其表皮划出直纹来帮助养分溢出，然后加适量的水煮 1 h 左右即可。也可以在粥里加入红枣，做成枣粥食用。另外，将红枣加工制作成红枣莲子汤、红枣花生汤等也是比较常见的方法。

大枣具有温和的镇静及抗过敏作用，以及提高免疫系统功能的作用。红枣中除营养成分外，还含有大量的环磷酸腺苷等活性成分，具有补脾益气、养血安神、生津液、保肝、健脾、降低胆固醇、升高白细胞、抗过敏等作用。据报道，红枣内含有三萜类化合物的成分，可以抑制肝炎病毒的活性。三萜类化合物大都具有抑制癌细胞的功能。所以常食红枣的人很少患癌症。

【附注】研究表明，枣 50% 乙醇提取物对干燥棒状杆菌和金属蛋白酶 MMP-1、MMP-2 活性均有抑制作用，对肌芽细胞增殖、B-16 黑色素瘤细胞增殖均有促进作用。干燥棒状杆菌常常存在于人体表皮分泌腺内，产生异臭味，枣提取物可抑制它，因而可用于抑臭类化妆品。枣提取物具有抗炎、保湿、活肤、抗皱作用，是良好的肌肤调理剂，可用于润肤、抗衰类化妆品。它还能增加黑色素作用，可作为乌发剂用于护发产品。

第三章

“一带一路”经济植物名录

说明：

1. 名录包括中文名、拉丁名、英文名、科名、原产地、用途。
2. 原产地分列为亚洲(东亚、东南亚、中亚、南亚)、非洲、欧洲(欧洲、地中海地区)、美洲(南美、北美)。
3. 用途分为七类,用英文字母表示：

S 食用　含淀粉、糖料、饲用、饮料、瓜果、蔬菜、可食植物等；

Y 药用　含人药、兽药、植物源农药等；

X 纤维　含纺织、造纸、工业用等；

F 芳香　含芳香油、香精、辛香料等；

Z 油脂　含食用和工业用等；

L 绿化　含观赏、花卉、林用、园林、环境 保护、水土保持等；

Q 其他　含鞣料、染料、色素、树脂、树胶、蜡、寄生植物等。

中文名	拉丁名	英文名	科名	原产地	用途
秋葵	*Abelmoschus esculentus*	okra, lady's fingers, gumbo	锦葵科	非洲	YZ
黄蜀葵	*Abelmoschus manihot*	musk mallow, musk okra, musk seeds	锦葵科	东南亚	Y
黄葵	*Abelmoschus moschatus*	musk mallow, musk okra, ambrette	锦葵科	南亚	YX
香脂冷杉	*Abies balsamea*	balsam fir	松科	北美	Z
落叶松	*Abies gmelini*	dahurian larch	松科	欧洲、亚洲	YQ
相思子	*Abrus precatorus*	Jequirity	豆科	南亚	Y
磨盘草	*Abutilon indicum*	kanghi, Indian mallow	锦葵科	南亚、东南亚	Y
阿拉伯金合欢	*Acacia arabica*	babul	豆科	非洲	YQ
儿茶	*Acacia catechu*	catechu	豆科	东亚	YQ
银荆	*Acacia dealbata*	silver wattle	豆科	东亚	YQ
澳洲金合欢	*Acacia decurrens var. mollis*	Australian wattle	豆科	东亚	YQ
金合欢	*Acacia farnesiana*	sponge tree	豆科	东南亚	Y
黑荆树	*Acacia mearnsii*	black wattle	豆科	澳洲	Q
阿拉伯胶树	*Acacia senegal*	gum acacia	豆科	非洲	YQ
柔毛老鼠筋	*Acanthus mollis*	bear's breeches	爵床科	欧洲	Y
南美稔	*Acca sellowiana*	feijoa	桃金娘科	南美	S
糖枫	*Acer saccharum*	sugar maple	槭树科	北美	S
蓍草	*Achillea millefolium*	yarrow, milfoil	菊科	欧洲、亚洲、北美	Y

续 表

中文名	拉丁名	英文名	科名	原产地	用途
牛膝	*Achyranthes bidentata*	hyssop, marjoram, hyssopus officinalis, oregano	苋科	东亚	Y
乌头附子	*Aconitum carmichaelii*	Chinese aconite, carmichael's monkshood, Chinese wolfsbane	毛茛科	东亚	Y
欧乌头	*Aconitum napellus*	aconite monkshood	毛茛科	欧洲	Y
菖蒲	*Acorus calamus*	sweet flaf, calamus	天南星科	南亚	FY
石菖蒲	*Acorus tatarinowii*	grassleaf sweelflag rhizome, drug sweetflag rhizome	天南星科	亚洲	FY
软枣猕猴桃	*Actinidia arguta*	tara vine	猕猴桃科	东亚	SY
中华猕猴桃	*Actinidia chinensis*	kiwi, Chinese gooseberry, yang tao	猕猴桃科	东亚	SY
猕猴桃	*Actinidia deliciosa*	kiwifruit	猕猴桃科	东亚	SY
狗枣猕猴桃	*Actinidia kolomicta*	kolomicta	猕猴桃科	东亚	SY
葛枣猕猴桃	*Actinidia polygama*	silver vine	猕猴桃科	东亚	SY
猴面包树	*Adansonia digitata*	baobab, monkey bread	木棉科	非洲	S
鸭嘴花	*Adhatoda vasica*	malabar nut	爵床科	南亚	S
铁线蕨	*Adiantum capillus-veneris*	maidenhair fern	铁线蕨科	欧洲	YL
春福寿草	*Adonis vernalis*	yellow pheeasant's eye, spring adonis	毛茛科	东亚	YF
山羊草	*Aegilops squarrosa*	aegilops tauschii, aegilops, aegilops speltoides	禾本科	中亚	S
印度橘	*Aegle marmelos*	bael, bengal quince	芸香科	南亚	Y
羊角芹	*Aegopodium podagraria*	gout weed, ground elder	伞形科	欧洲	Y
欧洲七叶树	*Aesculus hippocastanum*	horse chestnut	七叶树科	欧洲	SF
毒欧芹	*Aethusa cynapium*	fool's pasley	伞形科	欧洲、亚洲	Y
班非砂仁	*Aframomum melegueta*	grains of paradise, melegueta pepper	姜科	非洲	YF
墨西哥藿香	*Agastache mexicana*	maxican giantthyssop	唇形科	北美	YF
藿香	*Agastache rugosa*	winkled gianthyssop	唇形科	东亚	YF
短叶布枯(圆叶布枯)	*Agathosma betulina*	buchu, round leaf buchu	芸香科	非洲	Y
椭圆叶布枯	*Agathosma crenulata*	oval leaf buchu	芸香科	非洲	Y
龙舌兰	*Agave americana*	agave, century plant	龙舌兰科	美洲	YFL
蓝色龙舌兰	*Agave tequilana*	tequila plant, blue agave	龙舌兰科	南美	YFL
米仔兰(树兰)	*Aglaia odorata*	odorata lour, aglaia	楝科	东亚	FL
欧洲龙牙草	*Agrimonia eupatoria*	agrimony	蔷薇科	欧洲	Y
偃麦草	*Agropyron repens*	couch grass	禾本科	欧洲	S
臭椿	*Ailanthus altissima*	tree of heaven	苦木科	东亚、南亚	YQS
匍匐筋骨草	*Ajuga reptans*	bugle	唇形科	欧洲、非洲、亚洲	Y
阔荚合欢	*Albizzia lebbeck*	albizzia, siris tree, pit shirish	豆科	南亚	Y
羽衣草	*Alchemilla vulgaris*	lady's manthle	蔷薇科	欧洲	Y
北美粉条儿菜	*Aletris farinosa*	star grass	百合科	美洲	Y
石栗	*Aleurites moluccana*	candlenut tree	大戟科	东南亚	ZY

续 表

中文名	拉丁名	英文名	科名	原产地	用途
韭葱	*Allium ameloprasum*	wild leek, broadleaf wild leek	百合科	中亚、欧洲	S
大头韭葱	*Allium ameloprasum var. holmense*	great-headed garlic, Levant garlic	百合科	中亚、欧洲	S
大象蒜	*Allium ampeloprasum*	wild leek,broadleaf wild leek	百合科	西亚、中亚	S
胡葱	*Allium ascalonicum*	shallot	石蒜科	中亚	S
洋葱	*Allium cepa*	onion, bulb onion	百合科	中亚	SY
分蘖洋葱	*Allium cepa var. aggregatum*	potato onion	百合科	中亚	S
火葱	*Allium cepa var. ascalonicum*	shallot	百合科	中亚	S
藠头	*Allium chinense*	rakkyo, longstamen onion bulb	百合科	东亚	SY
葱	*Allium fistulosum*	Japanese bunching onion, welsh onion	百合科	亚洲	SY
韭葱	*Allium porrum*	leek	百合科	欧洲	S
蒜	*Allium sativum*	garlic	百合科	中亚	S
虾夷葱	*Allium schoenoprasum*	chives	百合科	欧洲、亚洲	S
胡葱(小蒜)	*Allium scorodoprasum*	sandleek	百合科	欧洲、亚洲	S
韭菜	*Allium tuberosum*	garlic chives, oriental garlic, Chinese chives	百合科	东亚	S
熊葱	*Allium ursinum*	romsons	百合科	欧洲、亚洲	S
欧洲桤木	*Alnus glutinosa*	alder	桦树科	欧洲、亚洲	Q
海芋	*Alocasia macrorrhiza*	giant taro, elephant ear taro	天南星科	东南亚	S
好望角芦荟	*Aloe ferox*	cape aloe	百合科	非洲	QY
库拉索芦荟	*Aloe vera*	aloe	百合科	美洲	QYS
木立芦荟	*Aloe arborescens*	aloe	百合科	东亚	QYS
中华芦荟	*Aloe vera var. chinensis*	Chines aloe	百合科	东亚	QYS
三叶防臭木	*Aloysia triphylla*	lemon verbena	马鞭草科	南美	Y
华山姜	*Alpinia chinensis*	Chinese galangal	姜科	东亚	YF
大高良姜	*Alpinia galanga*	greater galangal, galangal, siamese ginger	姜科	东亚、东南亚	YF
山姜	*Alpinia japonica*	Japanese galangal	姜科	东亚	YF
草豆蔻	*Alpinia katsumadai*	jave amonum fruit	姜科	东南亚	YF
高良姜	*Alpinia officinarum*	lesser galangal, small galangal	姜科	东亚	YF
益智	*Alpinia oxyphylla*	sharpleaf galangal	姜科	东亚	YF
艳山姜	*Alpinia zerumbet*	beautiful galangal	姜科	东亚	YF
澳洲鸡骨常山	*Alstonia constricta*	fever bark, Devil's tree	夹竹桃科	澳洲	Y
药蜀葵	*Althaea officinalis*	marsh mallow	锦葵科	欧洲	YQL
狭叶苋	*Amaranthus angustifolius*	wild spinach	苋科	南亚	S
尾穗苋	*Amaranthus caudatus*	kiwicha, Inca wheat	苋科	南美	S
繁穗苋	*Amaranthus cruentus*	grain amaranth, blood amaranth, Inca wheat	苋科	美洲	S
苋	*Amaranthus gangeticus*	wild spinach	苋科	东南亚	S

续 表

中文名	拉丁名	英文名	科名	原产地	用途
绿穗苋	*Amaranthus hybridus*	common pigweed	苋科	美洲	S
千穗谷	*Amaranthus hypochondriacus*	amaranth	苋科	南亚	S
三色苋	*Amaranthus tricolor*	Chinese spinach，Chinese amaranth	苋科	东亚、南亚	S
皱果苋	*Amaranthus viridis*	duck's spinach	苋科	欧洲	S
阿米芹	*Ammi visnaga*	visnaga，khelia	伞形科	非洲	Y
孟加拉豆蔻	*Amomum aromaticum*	Bengal cardamom	姜科	南亚	YF
圆豆蔻	*Amomum kepulaga*	round cardamom	姜科	东南亚	YF
白豆蔻	*Amomum kravanh*	cambodian，cardamon	姜科	东南亚	YF
海南砂仁	*Amomum longiligulare*	Hainan amomum	姜科	东亚	YF
九翅豆蔻	*Amomum maximum*	Java cardamom	姜科	东南亚	YF
草果	*Amomum tsao-ko*	caoguo	姜科	东亚	YF
缩砂密	*Amomum villosim var. xanthioides*		姜科	东亚	YF
砂仁	*Amomum villosum*	villosum	姜科	东南亚	YF
大魔芋	*Amorphophallus giganti florus*	bigflower gigantarum	天南星科	东亚	SY
魔芋	*Amorphophallus rivieri*	konjaku，rivier giantarum	天南星科	东亚、东南亚	SY
弦毛魔芋	*Amorphophallus sinensis*	Chinese gigantarum	天南星科	东亚	SY
水甘草	*Amsonia elliptica*	gmsonia	夹竹桃科	东亚	Y
山桃	*Amygdalus davidiana*	David peach	蔷薇科	东亚	SG
腰果	*Anacardium occidentalie*	cashew	漆树科	美洲	SZ
南欧派利吞草	*Anacyclus pyrethrum*	pellitory	菊科	地中海	Y
琉璃繁缕	*Anagallis arvensis*	scarlet pimpernel	报春花科	欧洲	
印防己	*Anamirta cocculus*	cocculus	防己科	南亚	Y
菠萝	*Ananas comosus*	pineapple	凤梨科	南美	S
零陵香草	*Anaphalis hancockii*	herb of hancock pearleverlasting	菊科	东亚	Y
穿心莲	*Andrographis paniculata*	herba andrographitis，kalmegh	爵床科	南亚	Y
白头翁状银莲花	*Anemone pulsatilla*	pulsatilla. pasque flower	毛茛科	欧洲	Y
莳萝	*Anethum graveolens*	dill	伞形科	欧洲	YF
索氏莳萝	*Anethum sowa*	sowa dill	伞形科	南亚	YF
圆当归	*Angelica archangelica*	garden angelica，holy ghost，wild celery	伞形科	欧洲、亚洲	YF
兴安当归	*Angelica dahurica*	daharian dahurica	伞形科	东亚	YF
杭白芷	*Angelica dahurica var. fovmosana*	Hang baizhi	伞形科	东亚	YFQ
当归	*Angelica sinensis*	angelica，Chinese angelica	伞形科	东亚	YQ
玫瑰蔷薇木	*Aniba rosaeodora*	rose wood	樟科	南美	FY
南美番荔枝	*Annona cherimola*	chirimuya，custard apple	番荔枝科	南美	S
番荔枝	*Annona cherimola × A. squamosa*	atemoya	番荔枝科	南美	S
异叶番荔枝	*Annona diversigolia*	ilama	番荔枝科	南美	S
刺果番荔枝	*Annona muricata*	soursop，prickly custard apple，soursapi	番荔枝科	南美	S
紫番荔枝	*Annona purpurea*	soncoya	番荔枝科	南美	S

续表

中文名	拉丁名	英文名	科名	原产地	用途
破皮番荔枝	*Annona scleroderma*	poshte	番荔枝科	南美	S
番荔枝	*Annona squamosa*	custard apple	番荔枝科	南美	S
阔叶榆缘木	*Anogeissus latifolia*	latifolia anogeissus	使君子科	南亚	Y
落葵薯薞	*Anredera cordifolia*	Maderia vine, mignonette vine	落葵科	南美	S
臭春黄菊	*Anthemis cotula*	chamomile	菊科	欧洲	YF
罗马洋甘菊	*Anthemis nobilis*	Roman chamomile	菊科	欧洲	YF
细叶芹（蜡叶峨参）	*Anthriscus cereifolium*	chervil	伞形科	亚洲	Y
峨参	*Anthriscus sylvestris*	woodland beakchervil	伞形科	东亚、欧洲、北美	Y
田野芫荽菜	*Aphanes arvensis*	parsley piert	蔷薇科	欧洲、非洲、北美	Y
旱芹	*Apium graveolens*	celery, smallage	伞形科	欧洲、亚洲	SY
美洲茶叶花	*Apocynum cannabinum*	Indian hemp	夹竹桃科	北美	YQX
长柄水蕹	*Aponogeton distachyos*	Cape pondweed	水蕹科	非洲	S
沉香	*Aquilaria agallocha*	eaglewood, aloeswood	瑞香科	南亚	YF
土沉香	*Aquilaria sinensis*	agarwood, white wood incense	瑞香科	东南亚	YF
落花生	*Arachis hypogaea*	peanut, groundnut	豆科	南美	SQ
食用土当归	*Aralia cordata*	udo, Japanese spikenard	五加科	东亚	S
美楤木	*Aralia racemosa*	American spikenard	五加科	北美	SY
狭叶南洋杉	*Araucaria angustifolia*	Parana pine	南洋杉科	南美	QL
智利南洋杉	*Araucaria araucana*	chile nuts	南洋杉科	南美	QL
大叶南洋杉	*Araucaria bidwillii*	bunya-bunya pine	南洋杉科	澳洲	QL
草莓树	*Arbutus unedo*	strawberry tree, arbutus	杜鹃花科	欧洲	Y
牛蒡	*Arctium lappa*	burdock, gobo	菊科	欧洲	YS
熊果	*Arctostaphylos uva-ursi*	uva-ursi	杜鹃花科	欧洲、美洲	Y
朱砂根	*Ardisia crenata*	coral ardisia	紫金牛科	东亚	Y
槟榔	*Areca catechu*	areca	棕榈科	东南亚	YS
红蚤缀	*Arenaria rubra*	sandwort	石竹科	欧洲	Y
桄榔	*Arenga pinnata*	sugar palm	棕榈科	中亚、南亚	S
阿甘树	*Argaina spinosa*	argan tree	山榄科	非洲	S
蓟罂粟	*Argemone mexicana*	Mexican poppy	罂粟科	北美	Y
欧洲马兜铃	*Aristolochia clematitis*	birthwort	马兜铃科	欧洲、亚洲	Y
东北杏	*Armeniaca mandshurica*	mancharian apricot	蔷薇科	东亚	YSL
梅	*Armeniaca mume*	dark plum fruit, smoked plum, dark plum	蔷薇科	东亚	YSL
西伯利亚杏	*Armeniaca sibrica*	Siberian apricot	蔷薇科	东亚、欧洲	YSL
野杏	*Armeniaca vulagris var. ansu*	wild apricot	蔷薇科	东亚	YSL
杏	*Armeniaca vulgaris*	apircot	蔷薇科	东亚	YSL
辣根	*Armoracia rustivana*	horseradish	十字花科	欧洲	YS
山金车	*Arnica montana*	arnica	菊科	欧洲、北美	YF

续 表

中文名	拉丁名	英文名	科名	原产地	用途
黑果腺肋花楸	*Aronia melanocarpa*	black chokeberry，aronia berry	蔷薇科	北美	Y
秘鲁欧防风	*Arracacia xanthorrhiza*	arracache，Peruvian parsnip	伞形科	南美	Y
欧亚艾蒿	*Artemisia abrotanum*	southernwood	菊科	欧洲	YF
苦艾	*Artemisia absinthium*	absinthe，wormwood	菊科	欧洲、亚洲	YF
非洲蒿	*Artemisia afra*	African wormwood	菊科	非洲	YF
黄花蒿	*Artemisia annua*	sweet wormwood	菊科	亚洲、非洲、北美	YF
艾	*Artemisia arayi*	argy wormwood	菊科	亚洲	YF
蛔蒿	*Artemisia cina*	levant wormwood	菊科	欧洲	Y
俄罗斯龙蒿	*Artemisia dracunculoides*	Russian tarragon，false tarragon	菊科	欧洲、亚洲	YFQ
龙蒿	*Artemisia dracunculus*	tarragon，French terragon，estragon	菊科	欧洲、亚洲	YF
盐酸	*Artemisia halodendron*	salfliving sagelbrush	菊科	亚洲	YF
野艾	*Artemisia lavandulaefolia*	lavender of sagelbrush	菊科	欧洲	YF
罗马蒿	*Artemisia pontica*	Roman wormwood	菊科	欧洲	YF
野艾(艾蒿)	*Artemisia vulgaris*	mugwort	菊科	欧洲、亚洲	YF
面包果	*Artocarpus altilis*	breadfruit，breadnut	桑科	南亚	S
菠萝蜜	*Artocarpus heterophyllus*	jackfruit	桑科	南亚	S
全缘木菠萝	*Artocarpus integer*	champedak，chempedak	桑科	南亚	S
野菠萝蜜	*Artocarpus lacucha*	lacoocha	桑科	南亚	S
高贵木菠萝	*Artocarpus nobilis*	marang，terap	桑科	南亚	S
极香木菠萝	*Artocarpus odoratissimus*	marang，terap	桑科	南亚	S
猴面包树	*Artocarpus rigidus*	monkey jack	桑科	南亚	S
块茎马利筋	*Asclepias tuberosa*	pleurisy root	萝藦科	北美	S
博士茶	*Aspalathus linearis*	rooibos，rooibos tea plant	豆科	非洲	FY
石刁柏	*Asparagus officinalis*	asparagus	天门冬科	非洲、欧洲、亚洲	SYF
总序天门冬	*Asparagus racemosus*	shatavari	百合科	非洲	LY
香车叶草	*Asperula odorata*	sweet woodruff	茜草科	欧洲、亚洲、非洲	Y
白坚木	*Aspidosperma quebracho-blanco*	quebracho	夹竹桃科	南美	Y
阿皮迪菊	*Aspilia mossambicensis*	aspilia，wild sunflower	菊科	非洲	Y
西黄芪	*Astragalus gummifer*	gummy astragalus	豆科	中亚	YQ
库尔德黄芪	*Astragalus kurdicus*	kurdish astragalus	豆科	中亚	YQ
黄芪	*Astragalus membranaceus*	astragalus，milk vetch	豆科	东亚	YQ
紫云英	*Astragalus sinicus*	Chinese milk vetch	豆科	东亚	SQ
北苍术	*Atractylodes chinensis*	Chinese atractylodes	菊科	东亚	YF
吴苍术	*Atractylodes japonica*	Japanese atractylodes	菊科	东亚	YF
茅苍术	*Atractylodes lancea*	sworlike atractylodes	菊科	东亚	Y
白术	*Atractylodes macrocepha*	largehaed atractylodes	菊科	东亚	Y
灰毛绿藜	*Atriplex canescens*	saltbush	藜科	北美	S
盐地绿藜	*Atriplex halimus*	sea purslane，seabeach sandwort	藜科	欧洲	S

续 表

中文名	拉丁名	英文名	科名	原产地	用途
榆钱菠菜	*Atriplex hortensis*	garden orache, red orache	天门冬科	欧洲、亚洲	S
颠茄	*Atropa belladonna*	deadly nightshade, belladonna	茄科	欧洲、亚洲、北美	Y
木香(云木香)	*Aucklandia lappa*	common aucklandia	菊科	东南亚、南亚	Y
桃叶珊瑚	*Aucuba chinensis*	aucuba,Chinese aucuba	山茱萸科	东亚、东南亚	G
燕麦	*Avena sativa*	oats	禾本科	中亚、欧洲	S
三敛	*Averrhoa bilimbi*	bilimbi, cucumber tree	酢浆草科	东南亚	S
阳桃	*Averrhoa carambola*	starfruit, carambola	酢酱草科	南亚	S
印度楝	*Azadirachta indica*	neem, nimtree, Indinan lilac	楝科	南亚、澳洲	S
甜木奶果	*Baccaurea dulcis*	tjoopa	大戟科	南亚	S
假马齿苋	*Bacopa monnieri*	water hyssop	玄参科	美洲	Y
刺棒棕(桃棕)	*Bactris gasipes*	pejibaye, peach palm	棕榈科	南亚	S
埃及榆果	*Balanites aegyptiaca*	betu, dessert date	蒺藜科	欧洲、非洲	S
黑夏至草	*Ballota nigra*	black horehound	唇形科	欧洲、北美、亚洲	Y
刺竹	*Bambusa arundiacea*	spiny bamboo	禾本科	亚洲	L
龙头竹	*Bambusa bambos*	spiny bamboo, male bamboo	禾本科	南亚、东南亚	L
卡披木	*Banisteriopsis caapi*	ayahuasca	金虎尾科	南美	Y
马蓝	*Baphicacanthus cusia*	common baphicacanthus	爵床科	东亚	YQ
赝靛	*Baptisia tinctoria*	wild indigo	豆科	北美	YQ
冬山芥	*Barbarea verna*	land cress, winter cress	十字花科	欧洲、中亚	S
落葵	*Basella alba*	Malabar spinach, Ceylon spinach	落葵科	南亚、东南亚	SY
雏菊	*Bellis perennis*	daisies	菊科	欧洲、亚洲	LY
冬瓜	*Benincasa hispida*	wax gourd	葫芦科	亚洲、非洲	S
节瓜	*Benincasa hispida var. chiehqua*	hairy melon, fuzzy melon, mao gua	葫芦科	东南亚	S
冬青叶小檗	*Berberis aquifolium*	Oregon grape	小檗科	北美	L
欧洲小檗	*Berberis vulgaris*	barberry	小檗科	欧洲	YL
厚叶岩白菜	*Bergenia crassifolia*	siberian saxifraga	虎耳草科	亚洲	Y
巴西栗	*Bertholletia excelsa*	Brazil nut	玉蕊科	南美	S
甜菜	*Beta vulgaris*	sugar beet, garden beet	藜科	欧洲、亚洲、非洲	SQ
厚皮菜	*Beta vulgaris var. cicla*	leaf beet, spinach beet, Swiss chard	藜科	中亚、欧洲	SQ
食用甜菜	*Beta vulgaris var. esculenta*	beetroot	藜科	中亚、欧洲	SQ
桦木(垂枝桦)	*Betula pendula*	silver birch	桦木科	欧洲	L
狼把草	*Bidens tripartita*	sticktights, bur marigold	菊科	欧洲、北美、澳洲	Y
梓叶紫葳	*Bignonia catalpa*	catalpa	紫葳科	北美	LY
胭脂木	*Bixa orellana*	annatto, lipstick tree	红木科	南美	L
白及	*Bletilla striata*	common bletilla	兰科	东亚	Y
阿开木	*Blighia sapida*	akee, ackee, achee	无患子科	非洲	S
苎麻	*Boehmeria nivea*	boehmeria	荨麻科	东亚	X
凹唇姜	*Boesenbergia rotunda*	Chinese keys, Chinese ginger, krachai	姜科	东南亚	YF

续 表

中文名	拉丁名	英文名	科名	原产地	用途
琉璃苣	*Borago officinalis*	borage，starflower	紫草科	中亚、欧洲	YQ
糖椰子	*Borassus flabellifer*	Asian palmyra palm，sugar palm	棕榈科	中亚、南亚	L
卡氏乳香树	*Boswellia carterii*	mastic tree	橄榄科	非洲	YF
莼菜	*Brasenia schreberi*	common water shield	莼菜科	东亚	SY
埃塞俄比亚芥菜	*Brassica carinata*	Ethiopean mustard，Texsel greens	十字花科	非洲	S
芥菜	*Brassica juncea*	India mustard	十字花科	南亚	SY
欧洲油菜	*Brassica napus*	rape，oilseed rape	十字花科	欧洲	S
黑芥菜	*Brassica nigra*	black mustard	十字花科	中亚	Y
芥蓝菜	*Brassica oleracea* var．*acephala*	kale，borecole，collards	十字花科	欧洲	S
甘蓝	*Brassica oleracea* var．*alboglabra*	Chinese kale，Chinese broccoli	十字花科	欧洲	S
花椰菜	*Brassica oleracea* var．*botrytis*	cauliflower，Cape broccoli	十字花科	欧洲	S
甘蓝	*Brassica oleracea* var．*capitata*	cabbage	十字花科	欧洲	S
孢子甘蓝	*Brassica oleracea* var．*gemmifera*	Brussels sprouts	十字花科	欧洲	S
卷心菜	*Brassica oleracea* var．*oleracea*	wild cabbage	十字花科	欧洲	S
青菜	*Brassica rapa* var．*chinensis*	cabbage	十字花科	东亚	S
塌棵菜	*Brassica rapa* var．*narinosa*	Chinese flat cabbage	十字花科	东亚	S
大白菜	*Brassica rapa* var．*pekinensis*	celery cabbage，petsai	十字花科	东亚	S
芜菁	*Brassica rapa* var．*rapa*	turnip，heeps	十字花科	中亚	SY
鸦胆子	*Brucea javanica*	Java brucea	苦木科	亚洲	Y
异株泻根	*Bryonia dioica*	white bryony	葫芦科	欧洲	Y
柴胡	*Bupleurm chinense*	Chinese thorowax	伞形科	亚洲	Y
紫铆	*Butea monosperma*	butea	豆科	南亚、东南亚	Q
苏木	*Caesalpinia sappan*	sappan wood	豆科	南亚	YQ
木豆	*Cajanus cajan*	pigeonpea，pigeon pea	豆科	南亚	S
欧洲风轮菜	*Calamintha ascendens*	calamint	唇形科	欧洲、亚洲	YF
金盏花	*Calendula officinalis*	marigold，calendula，pot marigold	菊科	欧洲	YL
帚石楠	*Calluna vulgaris*	heaether ling	杜鹃花科	欧洲	Y
胡桐	*Calophyllum calaba*	calaba	金丝桃科	东南亚	Y
驴蹄草	*Caltha palustris*	marsh marigold	菊科	欧洲	YQL
旋花	*Calystegia sepium*	bindweed	旋花科	东亚	YL
油茶	*Camellia oleifera*	oil camellia	茶科	东亚	S
茶	*Camellia sinensis*	tea，chai	山茶科	东亚、南亚	S
圆叶风铃草	*Campanula rotundifolia*	harebell	桔梗科	北美	YL
喜树	*Camptotheca acuminata*	camptotheca	山茱萸科	东亚	YL
依兰	*Cananga odorata*	cananga，ylangylang	番荔枝科	南亚、东南亚	YF
橄榄	*Canarium album*	white Chinese olive，pili nut	橄榄科	东南亚	S

续 表

中文名	拉丁名	英文名	科名	原产地	用途
榄香脂（爪哇橄榄）	*Canarium commune*	Java almond	橄榄科	东南亚	S
哈瓦橄榄	*Canarium harvei*	Polynesian pili nut	橄榄科	东南亚	S
卵叶橄榄	*Canarium ovatum*	pili，pili nut	橄榄科	东南亚	S
乌榄	*Canarium pimela*	black Chinese olive	橄榄科	东南亚	S
锡兰橄榄	*Canarium zeylanicum*	kekuna	杜英科	南亚	S
洋刀豆	*Canavalia ensiformis*	Jack bean	豆科	美洲	S
刀豆	*Canavalia gladiata*	semen canavaliae	豆科	美洲	S
多穗刀豆	*Canavalia polystacha*	polystachys sword bean	豆科	美洲	S
白桂皮	*Canella winterana*	canella，wild cinnamon	白桂皮科	加热比海地区	YF
蕉芋	*Canna edulis*	achira，edible canna，queensland arrowroot	美人蕉科	南美	SQ
大麻	*Cannabis sativa*	hemp	桑科	南亚	YQX
刺山柑	*Capparis spinosa*	caper bush	白花菜科	欧洲	S
荠菜	*Capsella bursa-pastoris*	shepherd's purse	十字花科	欧洲、亚洲	YS
辣椒	*Capsicum annuum*	sweet pepper，paprika，chilli	茄科	美洲	YSQ
肉质辣椒	*Capsicum baccatum*	aji	茄科	南美	YS
小米椒	*Capsicum frutescens*	bird chilli，tabasco pepper，cayenne pepper	茄科	美洲	YSQ
毛辣椒	*Capsicum frutescens var. conoides*	rocoto	茄科	南美	YS
草甸碎米荠	*Cardamine pratensis*	lady's smock	十字花科	欧洲、亚洲	
倒地玲	*Cardiospermum halicacabum*	balloon vine	无患子科	美洲	Y
矮番木瓜	*Carica monoica*	colde monte，dwarf cooking papapaya	番木瓜科	南美	S
番木瓜	*Carica papaya*	papaya tree，paw paw	番木瓜科	北美	SQY
五棱番木瓜	*Carica* × *pentagona*	babaco	番木瓜科	南美	S
毛番木瓜	*Carica pubescens*	rocoto	番木瓜科	南美	S
托叶番木瓜	*Carica stipulata*	siglalon	番木瓜科	南美	S
大花假虎刺	*Carissa macrocarpa*	Natal plum	夹竹桃科	非洲	S
榕果舌	*Carpobrotus edulis*	sour fig	番杏科	非洲	S
红花	*Carthamus tinctorius*	safflower	菊科	南亚、非洲	YQS
印度藏茴香	*Carum ajowan*	India carausay	伞形科	南亚	YF
葛缕子（贡蒿）	*Carum carvi*	caraway	伞形科	欧洲、亚洲	YF
美国山核桃	*Carya illinoinensis*	pecan nut	胡桃科	北美	S
董棕（鱼尾葵）	*Caryota urens*	fishtail palm，toddy palm	棕榈科	南亚、澳洲	S
香肉果	*Casimiroa edulis*	white sapote	芸香科	美洲	S
小决明	*Cassia tora*	siokle senna	豆科	亚洲	Y
狭叶番泻	*Cassia acutifolia*	Congo senna	豆科	非洲	Y
番泻叶	*Cassia angustifolia*	senna leaf	豆科	非洲	Y
腊肠树	*Cassia fistula*	Indian laburnum	豆科	南亚	Y

续 表

中文名	拉丁名	英文名	科名	原产地	用途
决明	*Cassia obtusifolia*	cassia seed	豆科	美洲	Y
望江南	*Cassia occidentalis*	coffee senna	豆科	亚洲	Y
铁刀木	*Cassia siamea*	kassod tree	豆科	东南亚	LQ
日本栗	*Castanea crenata*	Japanese chestnut	壳斗科	东亚	S
美洲栗	*Castanea dentata*	American chestnut	壳斗科	北美	S
板栗	*Castanea mollissima*	Chinese chestnut	壳斗科	东亚	S
矮栗	*Castanea pumila*	chinquapin	壳斗科	北美	S
欧洲栗	*Castanea sativa*	Chestnut, sweet chestnut, Spanish chestnut	壳斗科	东南亚	S
美国梓	*Catalpa bignonioides*	Indian bean	紫葳科	北美	YL
梓树	*Catalpa ovata*	ovate catalpa	紫葳科	东亚	YL
巧茶	*Catha edulis*	chat, khat	卫矛科	非洲	SY
长春花	*Catharanthus roseus*	madagascar periwinkle	夹竹桃科	非洲	YL
欧洲类叶牡丹	*Caulophyllum thalictroides*	blue cohosh, squaw root	小檗科	北美	Y
红根鼠李	*Ceanothus americanus*	new jersey tea	鼠李科	北美	Y
大西洋雪松	*Cedrus atlantica*	atlantic cedar	松科	欧洲	LYZ
黎巴嫩雪松	*Cedrus libani*	cedar	松科	中亚	LYZ
吉贝	*Ceiba pentandra*	kapok	木棉科	美洲	Y
青葙	*Celosia argentea*	quail grass, mfungu	苋科	南亚、东南亚	YS
南欧朴	*Celtis australis*	southern hackberry	榆科	欧洲	L
矢车菊	*Centaurea cyanus*	cornflower	菊科	欧洲	YL
积雪草	*Centella asiatica*	gota kola, indian pennywort	伞形科	南亚	Y
吐根	*Cephaelis ipecacuanha*	ipecac	茜草科	南美	Y
樱桃	*Cerasus pseudocerasus*	cherry, fruit of falsesour cherry	蔷薇科	亚洲	SYL
长角豆	*Ceratonia siliqua*	carob, carob tree	豆科	中亚、欧洲	S
秘鲁天轮柱	*Cereus peruvianus*	pitaya, cactus apple	仙人掌科	美洲	L
残皱叶仙人掌	*Cereus repandus*	cadushi	仙人掌科	美洲	L
冰岛衣	*Cetraria islandica*	iceland moss	梅衣科	欧洲	Y
木瓜	*Chaenomeles sinensis*	Chinese quince, Japanese quince	蔷薇科	东亚	Y
鳞茎细叶芹	*Chaerophyllum bulbosum*	turnip-rooted chervil	伞形科	欧洲	Y
黄矮百合	*Chamaelirium luteum*	blazing star, false unicorn root	百合科	北美	Y
香果菊	*Chamaemelum nobile*	chamomile, Roman chamomile	伞形科	欧洲	YF
柳兰	*Chamaenerion angustifolia*	rosebay willowherb	柳叶菜科	欧洲	Y
母菊	*Chamomilla recutita*	German chamomile	菊科	欧洲	YQ
桂竹香	*Cheiranthus cheiri*	wallflower	十字花科	欧洲	Y
白屈菜	*Chelidonium majus*	greater celandine	罂粟科	欧洲、非洲	Y
窄叶蛇头草	*Chelone glabra*	balmony	玄参科	北美	Y
藜	*Chenopodium album*	goosefoot, fat hen, lamb's quarters	藜科	欧洲、亚洲、北美	YS
土荆芥	*Chenopodium ambrosioides*	wormseed, epazote, paiku	藜科	美洲	Y

续 表

中文名	拉丁名	英文名	科名	原产地	用途
球花藜	*Chenopodium foliosum*	leafy goosefoot	藜科	欧洲	S
气味藜	*Chenopodium graveolens*	yerba del zorillo	藜科	美洲	S
苍白茎藜	*Chenopodium pallidicaule*	kaniwa, canihua	藜科	南美	S
昆诺阿藜	*Chenopodium quinoa*	quinoa	藜科	南美	S
伞形喜冬草	*Chimaphila umbellata*	pipsissewa	鹿蹄草科	北美、欧洲、亚洲	Y
美国流苏树	*Chionanthus virginicus*	fringe tree	木犀科	北美	Y
金粟兰	*Chloranthus spicatus*	chu-lan tree	金粟兰科	东南亚	SYL
南酸枣	*Choerospondias axillaris*	axillary sruthern wild jujubr	漆树科	东亚	SL
南美防己	*Chondrodendron tomentosum*	pareira	防己科	南美	Y
红沙戟	*Chrozophora tinctoria*	tournesol plant, bezetta rubra	大戟科	欧洲	Y
香脂茼蒿	*Chrysanthemum balsamita*	alecost	大戟科	欧洲	YL
茼蒿	*Chrysanthemum coronarium*	garland chrysanthemum, tangho, shungiku	大戟科	欧洲	S
菊花	*Chrysanthemum morifolium*	Florist's daisy, hardy garden mum	菊科	东亚	YSL
小白菊	*Chrysanthemum parthenium*	feverfew	菊科	欧洲	YL
南茼蒿	*Chrysanthemum segetum*	corn marigold	菊科	欧洲、中亚	YL
菊蒿	*Chrysanthemum vulgare*	tansy	菊科	欧洲	Y
鹰嘴豆	*Cicer arietinum*	chickpea, gram	豆科	欧洲、中亚	S
苦苣	*Cichorium endivia*	endive	菊科	欧洲	SQ
菊苣(栽培)	*Cichorium intybus*	chicory	菊科	欧洲	SQ
多叶菊苣	*Cichorium intybus var. foliosum*	chicory, salad chicory	菊科	欧洲、亚洲	S
菊苣	*Cichorium intybus var. sativum*	chicory, root chicory	菊科	欧洲、亚洲	S
总状升麻	*Cimicifuga racemosa*	black cohosh, black sucke root	毛茛科	北美	Y
金鸡纳	*Cinchona ledgeriana*	cinchona, peruvian bark tree	茜草科	美洲	Y
阴香	*Cinnamomum burmannii*	Indonesian cassia, Indonesian cinnamon	樟科	东南亚	YSF
香樟	*Cinnamomum camphora*	camphor tree, camphorwood, shiu	樟科	东亚	YFLQ
肉桂	*Cinnamomum cassia*	cassia, cassia cinnamon, Chinese cinnamon	樟科	东亚、东南亚	YFS
天竺桂	*Cinnamomum japonicum*	Cinnamomum pedunculatum	樟科	亚洲	YFL
越南肉桂	*Cinnamomum loureirii*	Saigon cassia	樟科	东南亚	YF
柴桂	*Cinnamomum tamala*	Indian cassia	樟科	南亚	YF
正肉桂	*Cinnamomum verum*	cinnamon, Ceylon cinnamon	樟科	东亚	YF
川桂	*Cinnamomum wilsonii*	Wilson cinnamon	樟科	东亚	YF
锡兰肉桂	*Cinnamomum verum*	caylon cinnamon bark, cinnamon bark tree	樟科	南亚	YF
福橘	*Cistrus reticulata var. tangerine*	satsuma orange	芸香科	东亚	SY
岩蔷薇	*Cistus ladaniferus*	labdanum, gum rockrose	半日花科	非洲、欧洲	FQ
药西瓜	*Citrullus colocynthis*	bitter apple, colocynth	葫芦科	非洲	Y

续 表

中文名	拉丁名	英文名	科名	原产地	用途
西瓜	*Citrullus lanatus*	watermelon	葫芦科	非洲	SY
香瓜	*Citrullus moschata*	muskmelon	葫芦科	中亚	S
来檬	*Citrus aurantifolia*	lime	芸香科	东南亚	SY
苦橙	*Citrus aurantium*	Seville orange, bitter orange, sour orange	芸香科	东南亚	SY
香柠檬(佛手柑)	*Citrus bergamia*	bergamot	芸香科	亚洲	SY
地中海柑橘	*Citrus deliciosa*	Mediterranean mandarin	芸香科	东南亚	SY
箭叶橙	*Citrus hystrix*	makrut lime, papeda	芸香科	东南亚	S
朱白柠檬	*Citrus jambhiri*	rough lemon	芸香科	东南亚	S
香橙	*Citrus junos*	fragrant orange	芸香科	东亚	SY
宽叶橘	*Citrus latifolia*	Tahiti lime, Persian lime, seedless lime	芸香科	东南亚	S
甜柠檬	*Citrus limetta*	sweet lemon	芸香科	东南亚	SY
柠檬	*Citrus limon*	lemon	芸香科	东南亚	SY
柚子	*Citrus maxima*	pomelo, pummelo, shaddock	芸香科	东南亚	S
香橼	*Citrus medica*	citron	芸香科	东南亚、中亚	SY
佛手	*Citrus medica* var. *sarcodactylis*	finger citron, puddha's hand	芸香科	东亚	SYL
金橘	*Citrus nobilis*	king mandarin	芸香科	东南亚	SY
葡萄柚	*Citrus paradisi*	grapefruit	芸香科	东南亚	S
橘子(陈皮)	*Citrus reticulata*	mandarin, tangerine, nartjie	芸香科	东亚、东南亚	SYQ
甜橙	*Citrus sinensis*	orange, sweet orange	芸香科	东南亚	SY
温州蜜橘	*Citrus unshiu*	satsuma mandarin	芸香科	东亚、东南亚	S
香圆	*Citrus wilsonii*	Wilson citron	芸香科	东亚	SY
柑	*Citus madurensis*	calamondin	芸香科	东南亚	SY
齿黄皮	*Clausena dentata*	dentate wampi	芸香科	南亚	S
黄皮	*Clausena lansium*	wampi	芸香科	东亚	S
葡萄叶铁线莲	*Clematis vitalba*	traveler's joy	毛茛科	欧洲	YL
白花藤	*Cleome gynandra*	cleome	白花菜科	非洲	YL
肾茶	*Clerodendranthus spicatus*	spicate clerodendranthus	唇形科	东南亚	Y
君子兰	*Clivia miniata*	kaffir lily	石蒜科	非洲	L
地中海蓟	*Cnicus benedictus*	holy thistle	菊科	欧洲	SY
岩荠	*Cochlearia officinalis*	cragrass	十字花科	欧洲	Y
棉叶卷胚	*Cochlospermum religiosma*		卷胚科	南亚	Y
椰子	*Cocos nucifera*	coconut	棕榈科	东南亚	SQZL
党参	*Codonopsis pilosula*	codonopsis	桔梗科	东亚	Y
小果咖啡	*Coffea arabica*	coffee, Arabian coffee	茜草科	非洲	S
中粒咖啡	*Coffea canephora*	robusta coffee, Congo coffee	茜草科	非洲	S
大粒咖啡	*Coffea liberica*	Liberian coffee, Abeokuta coffee	茜草科	非洲	S

续 表

中文名	拉丁名	英文名	科名	原产地	用途
薏苡	*Coix lachryma-jobi*	adlay, Job's tears, Chinese pearl barley	禾本科	东南亚	SYQ
苏丹可乐果	*Cola acuminata*	cola nut, abata kola	梧桐科	非洲	S
光亮可乐果	*Cola nitida*	gbanja cola	梧桐科	非洲	S
秋水仙	*Colchicum autumnale*	meadow saffron	百合科	欧洲、非洲	LYQ
毛喉鞘蕊花	*Coleus forskahlii*	coleus	唇形科	南亚	Y
二蕊紫苏	*Collinsonia canadensis*	stone root	唇形科	北美	Y
芋	*Colocasia esculenta*	taro, taro potato, cocoyam, eddoe, dasheen	天南星科	东亚、南亚	S
小花风车子	*Combretum micranthum*	microleaf combretum	使君子科	欧洲	Y
阿比西尼亚没药	*Commiphora abyssinica*	Arabian myrrh tree	橄榄科	非洲	Y
没药	*Commiphora myrrha*	myrrh	橄榄科	非洲	YQ
毒参	*Conium maculayum*	hemlock	伞形科	欧洲	Y
铃兰	*Convallaria majalis*	lily of the valley	百合科	欧洲	YL
古巴香脂树	*Copaifera langsdorfii*	copaiba	豆科	南美	FQ
黄连	*Coptis chinensis*	Chinese goldthread	毛茛科	东亚	Y
三叶黄连	*Coptis trifolia*	goldthread	毛茛科	北美	Y
黄麻	*Corchorus capsularis*	roundnod jute	椴树科	南亚	XY
芫荽	*Coriandrum sativum*	coriander, cilantro	伞形科	中亚、南亚、欧洲	YS
欧洲山茱萸	*Cornus mas*	Cornelian cherry	山茱萸科	欧洲、亚洲	S
延胡索	*Corydalis yanhusuo*	yanhusuo	罂粟科	东亚	Y
美洲榛	*Corylus americana*	American hazelnut	桦树科	北美	SZ
欧洲榛	*Corylus avellana*	hybrid hazelnut	桦树科	欧洲、中亚	SZ
土耳其榛	*Corylus colurna*	Turkish hazelnut	桦树科	中亚	SZ
毛榛	*Corylus manshurica*	Manchurian hazelnut	桦树科	东亚	SZ
大榛	*Corylus maxima*	filbert, red filbert, white filbert	桦树科	欧洲、东南亚、中亚	SZ
西氏榛	*Corylus sieboldiana*	Siebold's hazelnut	桦树科	东亚	SZ
高贝叶棕	*Corypha utan*	buri palm, gebang	棕榈科	东南亚	X
海甘蓝	*Crambe maritima*	sea kele, crambe	十字花科	欧洲、中亚	S
道路拉藤山楂	*Crataegus douglasii*	black haw	蔷薇科	北美	S
湖北山楂	*Crataegus hupehensis*	hupen hawthorn	蔷薇科	东亚	SY
光滑山楂	*Crataegus laerigata*	hawthorn	蔷薇科	亚洲	S
单子山楂	*Crataegus monogyna*	hawthorn	蔷薇科	欧洲	S
锐刺山楂	*Crataegus oxyacantha*	hawthorn	蔷薇科	欧洲	S
山楂	*Crataegus pinnatifida*	Chinese hawthorn, Chinese hawberry	蔷薇科	欧洲、中亚	SY
多托叶山楂	*Crataegus stipulosa*	manzanilla	蔷薇科	美洲	S
三叶马槟榔	*Crataeva nurvula*	varuna	白花菜科	南亚	Y

续 表

中文名	拉丁名	英文名	科名	原产地	用途
海茴香	*Crithmum maritimum*	sea fennel, samphire	伞形科	欧洲	Y
番红花	*Crocus sativus*	saffron, saffron crocus	鸢尾科	欧洲、中亚	YQ
猪屎豆	*Crotaria mucronata*	striped crotalaria	豆科	亚洲	S
巴豆	*Croton tiglium*	purging croton	大戟科	亚洲、非洲	YZ
血红白叶藤	*Cryptolepis sanguinolenta*	cryptolepis	萝藦科	非洲	Y
鸭儿芹	*Cryptotaenia japonica*	mitsuba, mitzuba, Japanese parsley	伞形科	东亚	YS
西印度甜瓜	*Cucumis anguria*	gherkin, West Indian gherkin	葫芦科	非洲	S
甜瓜	*Cucumis melo*	melon, musk melon, cantaloupe melon	葫芦科	非洲、中亚	S
刺角瓜	*Cucumis metuliferus*	African horned cucumber, kiwano	葫芦科	非洲	S
黄瓜	*Cucumis sativus*	cucumber, gherkin	葫芦科	南亚、中亚	SY
银种南瓜	*Cucurbita argyrosperma*	cushaw	葫芦科	美洲	S
无花果叶葫芦	*Cucurbita ficifolia*	fig-leaf gourd, Malabar gourd	葫芦科	美洲	S
笋瓜	*Cucurbita maxima*	winter squash, pumpkin	葫芦科	南美	S
南瓜	*Cucurbita moschata*	butternut, musky winter squash	葫芦科	美洲	SY
西葫芦	*Cucurbita pepo*	zucchini, marrow, summer squash	葫芦科	美洲	S
枯茗(孜然芹)	*Cuminum cyminum*	cumin	伞形科	中亚、南亚	SFY
丝柏(地中海柏木)	*Cupressus sempervirens*	cypress	柏科	欧洲	Y
芒果姜	*Curcuma amada*	mango ginger	姜科	东南亚	F
狭叶姜黄	*Curcuma angustifolia*	Indian arrowroot	姜科	南亚	F
郁金	*Curcuma aromatica*	aromatic turmeric	姜科	东亚	YF
广西莪术	*Curcuma kwangsiensis*	kwangsi turmeric	姜科	东亚	YF
姜黄	*Curcuma longa*	common turmeric	姜科	南亚	YF
印拟芒果姜	*Curcuma mangga*	Indonesian mango ginger	姜科	东南亚	F
黄根姜黄	*Curcuma xanthorrhiza*	Javanese turmeric	姜科	东南亚	F
莪术	*Curcuma zedoaria*	zedoary	姜科	南亚	FY
附生菟丝子	*Cuccuta opithymum*	dodder, hellweed, devil's guts	旋花科	欧洲、亚洲、非洲	Y
瓜尔豆	*Cyamopsis tetragonoloba*	cluster bean, guar gum	豆科	非洲、南亚	S
辣子瓜	*Cyclanthera pedata*	achocha	葫芦科	南美	S
海岸蜜树茶	*Cyclopia genistoides*	honeybush tea, heuningbos	豆科	南非	S
山地茶	*Cyclopia intermedia*	mountain tea, honeybush tea	豆科	南非	S
南非蜜丛林茶	*Cyclopia subternata*	vlei tea, honeybush tea	豆科	南非	S
榅桲	*Cydonia oblonga*	common quince	蔷薇科	中亚	S
柠檬草(香茅)	*Cymbopogon citratus*	lemongrass	禾本科	南亚、东南亚	F
芸香草	*Cymbopogon distans*	remote lemongrass	禾本科	东南亚	F
曲序香茅	*Cymbopogon flexuosus*	East Indian lemongrass, Malabar lemongrass	禾本科	东南亚	F

续 表

中文名	拉丁名	英文名	科名	原产地	用途
马丁香茅	*Cymbopogon martini*	ginger grass, rosha, rusha, palma-rosa	禾本科	东南亚	F
亚香茅	*Cymbopogon nardus*	citronella grass, mana grass	禾本科	东南亚	F
香茅	*Cymbopogon winterianus*	lemongrass	禾本科	东南亚	F
刺苞菜蓟	*Cynara cardunculus*	cardoon, wild artichoke	菊科	欧洲	S
菜蓟	*Cynara scolymus*	globe artichoke	菊科	欧洲	S
油莎草	*Cyperus esculentus*	chufa, tiger nut, earth almond	莎草科	非洲、中亚	Y
香附	*Cyperus rotundus*	nutgrass, galingale	莎草科	亚洲	Y
树番茄	*Cyphomandra betacea*	tree tomato, tamarillo	茄科	南美	S
柔毛杓兰	*Cypripedium pubescens*	lady's slipper, american valerian	兰科	北美	L
麒麟竭	*Daemonorops draco*	dragon's blood palm, dragon's Blood	棕榈科	东南亚	YQ
大丽菊	*Dahlia pinnata*	garden dahlia	菊科	北美	L
降香檀	*Dalbergia odorifera*	lignum daibergiae odoriferae	豆科	南亚、东南亚	FY
欧瑞香	*Daphne mezereum*	mezereon	瑞香科	欧洲、非洲	XY
曼陀罗	*Datura stramonium*	thorn apple	茄科	美洲、欧洲、亚洲、非洲	Y
野胡萝卜	*Daucus carota*	wild carrot	伞形科	亚洲、欧洲	SY
胡萝卜	*Daucus carota var. sativa*	carrot	伞形科	亚洲、欧洲	SY
野菊花	*Dendranthema indicum*	Indian dendranthema	菊科	亚洲	SY
菊花	*Dendranthema morifolium*	florists chrysanthemum	菊科	亚洲	SY
马来麻竹	*Dendrocalamus aspera*	rough bamboo, giant bamboo	禾本科	东南亚	SQ
大麻竹	*Dendrocalamus giganteus*	bamboo	禾本科	东南亚	SQ
麻竹	*Dendrocalamus latifolius*	bamboo	禾本科	东南亚	SQ
毛鱼藤	*Derris elliptica*	derris root	豆科	亚洲	Y
上升山蚂蟥	*Desmodium adscendens*	beggarweed	豆科	非洲	Y
广金钱草	*Desmodium styracifolium*	snowbeellaef tickolover	豆科	东亚	Y
康乃馨	*Dianthus caryophyllus*	carnation, gilliflower, clove pink	石竹科	欧洲	L
瞿麦	*Dianthus superbus*	fringed pink	石竹科	东亚	YL
白鲜	*Dictamnus albus*	dittany, burning bush	芸香科	欧洲	YL
黄花毛地黄	*Digitalis lutea*	yellow foxglove	玄参科	欧洲	Y
毛地黄	*Digitalis purpurea*	purple foxglove	玄参科	欧洲	Y
十字马唐	*Digitaria cruciata*	cruciate fonio	禾本科	东南亚	S
佛尼奥马唐	*Digitaria exilis*	fonio, white fonio	禾本科	非洲	S
黑马唐	*Digitaria iburua*	black fonio, iburu	禾本科	非洲	S
马唐	*Digitaria sanguinalis*	crabgrass	禾本科	南亚	S
五桠果	*Dillenia indica*	elephant apple	五丫果科	南亚、东南亚	S
龙眼	*Dimocarpus longan*	longan, dragon's eye	无患子科	东亚	S
参薯	*Dioscorea alata*	greater yam, water yam, winged yam	薯蓣科	东南亚	SY
黄药子	*Dioscorea bulbifera*	yellow yam, white yam	薯蓣科	东南亚、非洲	Y

续 表

中文名	拉丁名	英文名	科名	原产地	用途
黄山药	*Dioscorea cayenensis*	yellow yam, white yam	薯蓣科	非洲	Y
三角叶薯蓣	*Dioscorea deltoidea*	deltoid yam	薯蓣科	东亚、南亚	Y
灌丛薯蓣	*Dioscorea dumetorum*	buch wood yam	薯蓣科	非洲	Y
刺薯蓣	*Dioscorea esculenta*	lesser yam, potato yam, Chinese yam	薯蓣科	东南亚	Y
山药	*Dioscorea opposita*	Chinese yam	薯蓣科	东亚、东亚	YS
三裂薯蓣	*Dioscorea trifida*	cush-cush yam, mapuey	薯蓣科	美洲	Y
茸毛薯蓣	*Dioscorea villosa*	wild yam	薯蓣科	美洲	Y
异色薯蓣	*Diospyros blanchoi*	mabola, velvet fruit, velvet apple	薯蓣科	东南亚	Y
黑柿	*Diospyros digyna*	black sapote, black persimmon	柿树科	美洲	S
柿树	*Diospyros kaki*	persimmon, Japanese persimmon, kaki	柿树科	东亚	SY
君迁子(黑柿)	*Diospyros lotus*	lotus plum, Caucasian persimmon	柿树科	东亚、东南亚	SY
大柿	*Diospyros major*	Tonga persimmon	柿树科	东亚	S
美洲柿	*Diospyros virginiana*	American persimmon	柿树科	北美	S
拉毛果	*Dipsacus fullonum*	teasel	川续断科	欧洲	Y
龙脑香	*Dipterocarpus tubinatus*	east Indian copaiba balsam	龙脑香科	东亚、东南亚	YF
双花扁豆	*Dolichos biflorus*	horse gram	豆科	南亚、东南亚	S
阿摩尼亚胶草	*Dorema ammoniacum*	ammoniacum	伞形科	非洲	Y
墨西哥桑	*Dorstenia contrayerva*	contrayerva	桑科	美洲	S
锡兰莓	*Dovyalis hebecarpa*	ceylon gooseberry, kitembilla	大风子科	南亚、非洲	S
圆叶茅膏菜	*Drosera rotundifolia*	sundew	茅膏菜科	欧洲、亚洲、北美	YL
欧洲鳞毛蕨	*Dryopteris filix-mas*	male fern	鳞毛蕨科	欧洲、亚洲、美洲	Y
欧茄	*Duboisia myoporoides*	corkwood	茄科	澳洲	S
榴莲	*Durio zibethinus*	durian	木棉科	东南亚	S
喷瓜	*Ecballium elaterium*	squirting cucumber	葫芦科	欧洲	S
狭叶紫雏菊	*Echinacea angustifolia*	tchinacea	菊科	北美	Y
紫锥菊	*Echinacea purpurea*	purple coneflower, echinacea	菊科	北美	Y
光头稗	*Echinochloa colona* (*E. utilis*)	sawa millet, sama, jungle rice	禾本科	非洲、亚洲	S
灰谷稗	*Echinochloa frumentacea*	Japanese millet	禾本科	亚洲、非洲	S
水田稗	*Echinochloa oryzoides*	large cockspur	禾本科	东亚	S
蓝蓟	*Echium vulgare*	viper's bugloss	紫草科	欧洲	Y
鳢肠	*Eclipta prostrata*	trailing eclipta	菊科	亚洲、非洲、澳洲	Y
沙枣	*Elaeagnus angustifolia*	silver berry, oleaster	胡颓子科	亚洲	SL
蔓胡颓子	*Elaeagnus glabra*	thorny elaeagnus	胡颓子科	东亚、东亚	SL
木半夏	*Elaeagnus multiflora*	cherry eleagnus	胡颓子科	东亚	SLY
油棕	*Elaeis guineensis*	palm malaysiansis, oil palm, West African oil palm	棕榈科	非洲、亚洲、美洲	Z
南美油棕	*Elaeis oleifera*	American oil palm	棕榈科	非洲	Z
锡兰杜英	*Elaeocarpus serratus*	Ceylon olive	胡颓子科	东南亚	Z

续 表

中文名	拉丁名	英文名	科名	原产地	用途
圆果杜英	*Elaeocarpus sphaericus*	olive nut	胡颓子科	南亚、东南亚	Z
荸荠	*Eleocharis dulcis*	water chestnu	莎草科	东亚、东南亚	S
小果型小豆蔻	*Elettaria cardamomum*	cardamon，cardamom，mysore cardamom	姜科	南亚	FY
小豆蔻	*Elettaria cardamomum* var. *minuscula*	cardamom，mysore cardamom	姜科	南亚	FY
穇子	*Eleusine coracana*	finger millet	禾本科	非洲、南亚	S
牛筋草	*Eleusine indica*	Indian goosegrass	禾本科	南亚	SX
刺五加	*Eleutherococcus senticosus*	siberian ginseng	五加科	东亚	Y
白花酸藤子	*Embelia ribes*	embelia	紫金牛科	东南亚	S
印度醋栗	*Emblica officinalis*	Indian gooseberry	大戟科	南亚	S
香果树	*Emmenopterys henryi*	henry emmenopterys	茜草科	东亚	S
象腿蕉	*Ensete ventricosa*	enset，ensete	芭蕉科	非洲	S
榼藤子	*Entada phaseoloides*	matchbox bean	豆科	非洲、澳洲	S
双穗麻黄	*Ephedra distachya*	ephedra	麻黄科	欧洲	Y
山岭麻黄	*Ephedra geraediana*	geravd ephedra	麻黄科	亚洲	Y
麻黄	*Ephedra sinica*	ephedra	麻黄科	东亚	Y
问荆	*Equisetum arvense*	horsetail，bottlebrush	木贼科	欧洲、非洲、亚洲、美洲	Y
埃塞俄比亚画眉草	*Eragrostis tef*	teff，Williams love grass	禾本科	非洲	S
加拿大飞蓬	*Erigeron canadensis*	Canadian fleabane	菊科	北美	Y
枇杷	*Eriobotrya japonica*	loquat	蔷薇科	亚洲、欧洲、美洲	SY
北美圣草	*Eriodictyon californicum*	yerba santa，yerba mate	田基麻科	北美	Y
芝麻菜	*Eruca sativa*	rocket salad	十字花科	欧洲、亚洲、非洲	S
单瓣狗牙花	*Ervatamia coronaria*	grape jasmine	夹竹桃科	东南亚	L
刺芹	*Eryngium foetidum*	eryngo	伞形科	欧洲	LY
海刺芹	*Eryngium maritimum*	sea holly，eryngo	伞形科	欧洲	LY
德苦草	*Erythraea centaurium*	centaury	龙胆科	欧洲、亚洲	
食用刺桐	*Erythrina edulis*	basul	豆科	南美	S
杂色刺桐	*Erythrina variegata*	Indian coral tree	豆科	南亚	L
美国猪牙花	*Erythronium americanum*	adder's tongue	百合科	北美	
古柯	*Erythroxylum coca*	coca	古柯科	美洲、亚洲	Y
花菱草	*Eschscholzia californica*	California poppy	罂粟科	北美	YL
火炬姜	*Etlingera elatior* (*Phaeomeria magnifica*)	torch ginger	姜科	东南亚	L
柠檬桉	*Eucalyptus citriodora*	lemon scented gum	桃金娘科	澳洲	FLY
窿缘桉	*Eucalyptus exserta*	protruding eucalyptus	桃金娘科	澳洲	FLY
蓝桉	*Eucalyptus globulus*	eucalyptus，blue gum	桃金娘科	澳洲	FLY
细叶桉	*Eucalyptus tereticornis*	forest gray gum	桃金娘科	澳洲	FLY
尤曼桉	*Eucalyptus youmanii*	youmans'stringybark，rutin bearing eucalyptus	桃金娘科	澳洲	FLY

续 表

中文名	拉丁名	英文名	科名	原产地	用途
杜仲	*Eucommia ulmoides*	eucommia	杜仲科	东亚	YQ
丁香	*Eugenia caryophyllata*	clove	桃金娘科	南美	FY
巴西番樱桃	*Eugenia dombeya* (*E. brasiliensis*)	grumichama, Brazilian cherry	桃金娘科	南美	S
南美番樱桃	*Eugenia luschnathiana*	pitomba, Brazilian cherry	桃金娘科	南美	S
红果仔	*Eugenia uniflora*	surinam cherry, pitanga	桃金娘科	南美	S
吴茱萸	*Euodia rutaecarpa*	medicinal euodia	芸香科	东亚	Y
紫花卫矛	*Euonymus atropurpureus*	Indian arrow wood	卫矛科	北美	YQ
大麻叶泽兰	*Eupatorium cannabinum*	hemp agrimony	菊科	欧洲	Y
贯叶泽兰	*Eupatorium perfoliatum*	boneset	菊科	北美	Y
紫苞泽兰	*Eupatorium purpureum*	gravel root, joe pye weed	菊科	北美	Y
柏大戟	*Euphorbia cyparissias*	cypress spurge	大戟科	欧洲	Y
飞扬草	*Euphorbia hirta*	pill-bearing spurge, asthma plant	大戟科	南亚、澳洲	Y
京大戟	*Euphorbia pekinensis*	daji	大戟科	东亚	Y
树脂大戟	*Euphorbia resinifera*	resin euphorbia	大戟科	非洲	Y
小米草	*Euphrasia officinalis*	eyebright	玄参科	欧洲	Y
芡实	*Euryale ferox*	gordon euryale seed, euryale nuts	睡莲科	东亚	SY
东革阿里	*Eurycoma longifolia*	tongkat ali, pasak bumi	苦木科	东南亚	Y
甘蓝棕	*Euterpe edulis*	acai, assai	棕榈科	南美	S
巴西莓	*Euterpe oleracea*	Brazilian acai, acai berry	棕榈科	南美	S
山葮菜	*Eutrema wasabi*	wasabi	十字花科	东亚、欧洲	SFY
荞麦	*Fagopyrum esculentum*	buck wheat	蓼科	东亚	S
苦荞麦	*Fagopyrum tataricum*	tartary buckwheat, duck wheat, India buckwheat	蓼科	东亚	S
欧洲水青冈	*Fagus sylvatica*	beech tree	壳斗科	欧洲	LS
木苹果	*Feronia limonia*	wood apple	芸香科	南亚	S
阿魏	*Ferula assa-foetida*	asafoetida, devil's dung	伞形科	中亚	YQ
蓬阿魏	*Ferula gummosa*	galbanum	伞形科	亚洲	YQ
新疆阿魏	*Ferula sinkiangensis*	chinese asafoeticta	伞形科	中亚	YQ
黄藤	*Fibraurea recisa*	common fibraurea	防己科	东南亚	YQ
印度榕树	*Ficus benghalensis*	banyan tree	桑科	南亚	S
无花果	*Ficus carica*	fig, fig tree	桑科	亚洲、欧洲	SY
薜荔	*Ficus pumila*	climbing fig	桑科	亚洲	SY
菩提树	*Ficus religiosa*	peepal	桑科	南亚	SY
中亚榕	*Ficus sycomorus*	sycamore fig	桑科	美洲	SY
旋果蚊子草	*Filipendula ulmaria*	meadowsweet, queen of the meadow	蔷薇科	欧洲	Y
刺篱木	*Flacourtia indica* (*F. ramontchi*)	governor's plum, Madagascar plum	大风子科	非洲、南亚	Y
罗比梅	*Flacourtia inermis*	lovi-lovi	大风子科	东南亚	S
大叶刺篱木	*Flacourtia rukam*	rukam	大风子科	东南亚	Y
野草莓	*Flemingia vestita*	wild strawberry	蔷薇科	欧洲、亚洲	SY

续 表

中文名	拉丁名	英文名	科名	原产地	用途
茴香	*Foeniculum vulgare*	fennel	伞形科	欧洲	SYF
地中海茴香	*Foeniculum vulgare var. azoricum*	Florence fennel	伞形科	欧洲	SY
金弹	*Fortunella crassifolia*	large round kumquat, Meiwa kumquat	芸香科	东亚	S
金柑	*Fortunella japonica*	round kumquat, Marumi kumquat	芸香科	东亚	S
金橘	*Fortunella margarita*	kumquat, oval kumquat	芸香科	东亚	S
草莓	*Fragaria ananassa*	strawberry, pineapple strawberry	蔷薇科	亚洲、欧洲、非洲	S
智利草莓	*Fragaria chiloensis*	strawberry	蔷薇科	欧洲	S
麝香草莓	*Fragaria muricata* (*F. moschata*)	musk strawberry, hautbois strawberry	蔷薇科	欧洲	S
野草莓	*Fragaria vesca*	wild strawberry	蔷薇科	欧洲、北美、亚洲	S
美国草莓	*Fragaria virginiana*	American strawberry	蔷薇科	北美	S
欧洲白蜡树	*Fraxinus excelsior*	ash	木犀科	欧洲	QL
花梣	*Fraxinus ornus*	manna ash	木犀科	亚洲	L
川贝母	*Fritillaria cirrhosa*	tendrileaf fritillary	百合科	东亚	Y
王贝母	*Fritillaria imperialis*	crown imperial	百合科	中亚	Y
浙贝母	*Fritillaria thunbergii*	thunberg fritillary	百合科	东亚	Y
药球果紫堇	*Fumaria officinalis*	fumitory	紫堇科	欧洲、非洲	YL
山羊豆	*Galega officinalis*	goat's rue	豆科	欧洲、亚洲	S
牛膝菊	*Galinsoga parviflora* (*G. ciliata*)	galinsoga	菊科	美洲	S
安古斯图拉树	*Galipea officinalis*	angostuura	芸香科	南美	Y
拉拉藤	*Galium aparine*	cleavers, goose grass	茜草科	欧洲、北美	Y
蓬子菜	*Galium verum*	lady's bedstraw	茜草科	欧洲、亚洲	Y
灵芝	*Ganoderma lucidum*	glossy ganoderma, lucid ganoderma	多孔菌科	东亚	Y
巴西藤黄	*Garcinia brasiliensis*	bakupari	藤黄科	南美	YQ
柬埔寨藤黄	*Garcinia cambogia*	brindleberry	藤黄科	东南亚	YQ
小叶藤黄	*Garcinia cowa*	cowa	藤黄科	东南亚	S
甜藤黄	*Garcinia dulcis*	baniti	藤黄科	东南亚	S
树胶藤黄	*Garcinia gummi-guta* (*G. cambogia*)	Malabar tamarind	藤黄科	南亚	S
藤黄	*Garcinia hanburyi*	gamboge	山竹子科	亚洲	YQ
印度藤黄	*Garcinia indica*	kokum, kokam, ktambi, wild mangosteen	藤黄科	东南亚、南亚	S
李氏山竹子	*Garcinia livingstonei*	imbe, African mangosteen	藤黄科	非洲	S
山竹子	*Garcinia mangostana*	mangosteen	藤黄科	东南亚	S
木竹子	*Garcinia multiflora*	Cay gioc, Bira tai	藤黄科	东南亚	S
大果藤黄	*Garcinia pedunculata*	tikul	藤黄科	东南亚	S
栀子	*Gardenia jasminoides*	cape jasmine	茜草科	亚洲、美洲	YLQ
伏卧白珠树	*Gaultheria procumbens*	wintergreen	杜鹃花科	北美	Y
石花菜	*Gelidium amansii*	agar	红藻科	东亚	SY

续 表

中文名	拉丁名	英文名	科名	原产地	用途
常绿钩吻(金钩吻)	*Gelidium chilense*	yellow jasmine, gelsemium	马钱科	北美	Y
欧龙胆	*Gentiana lutea*	gentian	龙胆科	欧洲	Y
网纹牻牛儿苗	*Geranium maculatum*	American cranesbill	牻牛儿苗科	北美	Y
纤细老鹳草	*Geranium robertianum*	herb robert	牻牛儿苗科	亚洲、欧洲	Y
童氏老鹳草	*Geranium thunbergii*	common heron's bill herb	牻牛儿苗科	东亚	Y
欧亚路边青	*Geum urbanum*	avens	蔷薇科	欧洲、亚洲	Y
巨竹	*Gigantochloa apus*		禾本科	东南亚	SQ
甜巨竹	*Gigantochloa ligulata*		禾本科	东南亚	SQ
银杏	*Ginkgo biloba*	ginkgo, maidenhair tree	银杏科	东亚	SYL
普通唐菖蒲	*Gladiolus communis*	whistling jack	鸢尾科	欧洲	L
唐菖蒲	*Gladiolus gandavensis*	gladiolus	鸢尾科	非洲、欧洲、亚洲	YL
欧活血丹	*Glechoma hederacea*	ground ivy, alehoof	唇形科	欧洲	Y
山皂角	*Gleditsia japonica*	Japan honeylocust	豆科	东亚	YQ
华南皂角	*Gleditsia microphylla*	microphyll honeylocust	豆科	东亚、东南亚	YQ
皂荚	*Gleditsia sinensis*	Chinese honeylocust	豆科	东亚	YQ
三刺皂荚	*Gleditsia triacanthus*	common honeylocust	豆科	美洲	YQ
嘉兰	*Gloriosa superba*	flame lily	百合科	亚洲、非洲	YL
大豆	*Glycine max*	soybean	豆科	东亚、美洲	S
洋甘草	*Glycyrrhiza glabra*	licorice, liquorice	豆科	亚洲	YS
肥果甘草	*Glycyrrhiza inftata*	licorice	豆科	亚洲	YS
甘草	*Glycyrrhiza uralensis*	ural licorice	豆科	亚洲、欧洲	YS
鼠曲草	*Gnaphalium affine*	gnaphalium affine	菊科	亚洲	Y
湿生鼠曲草	*Gnaphalium uliginosum*	swamp cudweep	菊科	亚洲	Y
灌状买麻藤	*Gnetum gnemon*	melinjo	买麻藤科	亚洲、大洋洲	S
木棉树	*Gossampinus malabarica*	kapok, commen bomhax flower	木棉科	亚洲	XL
树棉	*Gossypium arboreum*	tree cotton	锦葵科	亚洲、非洲、美洲	XZ
海岛棉	*Gossypium barbadense*	sea island cotton	锦葵科	南美	XZ
草棉	*Gossypium herbaceum*	short staple cotton	锦葵科	非洲、中亚、南亚	XZ
陆地棉	*Gossypium hirsutum*	cotton, upland cotton, Mexican cotton, American cotton	锦葵科	美洲	XQZ
亚洲扁担杆	*Grewia asiatica*	phassa	椴树科	中亚	YS
黄扁担杆	*Grewia flava*	bushman raisin bush	椴树科	非洲	YS
田园胶草	*Grindelia camporum*	gumplant	菊科	北美	Y
愈创木	*Guaiacum officinale*	lignum vitae	蒺藜科	南美	Y
南美祛痰楝	*Guarea rusbyi*	cocillana	楝科	南美	Y
小葵子	*Guizotia abyssinica*	niger seed	菊科	非洲、亚洲、欧洲	Z
匙羹藤	*Gymnema syhestre*	gymnema, gurmar	萝藦科	南亚	Y

续 表

中文名	拉丁名	英文名	科名	原产地	用途
肥皂荚	*Gymnocladus chinensis*	Chinese coffee tree	豆科	东亚	ZY
野茼蒿	*Gynura crepidioides*	gynura crepidioides	菊科	东亚	Y
白背三七	*Gynura divaricata*	gynura vegetable	菊科	东亚	Y
圆锥石头花	*Gypsophila paniculata*	white soapwort	石竹科	欧洲、亚洲	YQ
攀援菠菜	*Hablitzia tamnoides*	climbing spinach	藜科	中亚	S
北美金缕梅	*Hamamelis virginiana*	witch hazel	金缕梅科	北美	Y
南非钩麻	*Harpargophytum procumbens*	devil's claw	胡麻科	非洲	Y
酸梅	*Harpephyllum caffrum*	sour plum	槭树科	非洲	S
哈龙咖	*Harungana madagascariensis*	haronga	藤黄科	非洲	Y
洋常春藤	*Hedera helix*	English ivy	五加科	欧洲、亚洲	YL
向日葵	*Helianthus annuus*	sunflower	菊科	美洲、欧洲、亚洲	SZ
菊芋	*Helianthus tuberosus*	jerusalem artichoke	菊科	美洲、欧洲	S
嚏根草	*Helleborus niger*	black hellebore, christmas rose	毛茛科	欧洲	Y
黄花菜	*Hemerocallis citrina*	daylily, citron daylily	百合科	东亚	SY
肝叶獐耳细辛	*Hepatica nobilis*	liverwort	毛茛科	欧洲、北美	Y
原独活	*Heracleum sphondylium*	hogweed	伞形科	欧洲、亚洲	Y
治疝草	*Herniaria glabra*	rupturewort	石竹科	欧洲、亚洲	Y
橡胶树	*Hevea brasiliensis*	hevea seed, para rubber tree, caoutchouc tree	大戟科	美洲、亚洲、非洲、澳洲	Q
木芙蓉	*Hibiscus mutabilis*	cotlonrose hibiscus	锦葵科	东亚	LY
玫瑰茄	*Hibiscus sabdariffa*	roselle, jamaica sorrel, hibiscus	锦葵科	非洲、亚洲	SYQ
木槿花	*Hibiscus syriacus*	rose of Sharon, shrubalthea	锦葵科	东亚	YL
毛山柳菊	*Hieracium pilosella*	mouse-ear, hawweed	菊科	欧洲、亚洲、北美	Y
沙棘	*Hippophae rhamnoides*	sea buckthorn, sandthorn, sallowthorn, seaberry	胡颓子科	欧洲、亚洲	S
油渣果	*Hodgsonia macrocarpa*	ard fruit	葫芦科	东亚	Z
止泻木	*Holarrhena antidysenterica*	holarrhena	夹竹桃科	亚洲	Y
千年健	*Homalomena occulta*		天南星科	东亚	Y
丽杯角	*Hoodia gordonii*	hoodia, ghaap	萝藦科	非洲	YQ
南非沙漠仙人掌	*Hoodia pilifera*	hoodia, ghaap, South African desert cactus	夹竹桃科	非洲	I
二列大麦	*Hordeum distichon*	barley, two-rwed barley	禾本科	欧洲、中亚	S
大麦	*Hordeum vulgare*	barley, malt	禾本科	非洲、东南亚	S
鱼腥草	*Houttuynia cordata*	herba houttuyniae	三白草科	亚洲	YS
北枳椇	*Hovenia dulcis*	turnjujube, Japanese raisin tree, oriental raisin tree	鼠李科	东亚	SL
啤酒花(忽布)	*Humulus lupulus*	hop flower, hops	桑科	欧洲、亚洲、北美	S
石杉	*Huperiza selago*	fir clubmoss	石杉科	欧洲	Y
蛇足石杉	*Huperiza serrada*	huperzia	石杉科	东亚	Y
风信子	*Hyacinthus orientalis*	common hyacinth, garden hyacinth, Dutch hyacinth	风信子科	亚洲、欧洲	L
海南大风子	*Hydnocarpus hainanensis*	Hainan chaulmoogra tree	大风子科	东亚、东南亚	Y

续 表

中文名	拉丁名	英文名	科名	原产地	用途
乔木绣球	*Hydrangea arborescens*	wild hydrangea	虎耳草科	北美	L
北美黄连	*Hydrastis canadensis*	goldenseal	毛茛科	北美	Y
刺水蓑衣	*Hygrophila spinosa*	gokulakanta	爵床科	南亚	Y
量天尺	*Hylocereus undatus*	pitahaya，pithaya，dragon fruit	仙人掌科	美洲、东亚、东南亚	LS
莨菪	*Hyoscyamus niger*	henbane	茄科	欧洲、亚洲	Y
贯叶连翘（贯叶金丝桃）	*Hypericum perforatum*	perforate St John's-wort，common Saint John's wort，St John's wort	金丝桃科	美洲、亚洲、欧洲	Y
姜饼棕	*Hyphaene coriacea*	lala palm	棕榈科	非洲	S
真蒲葵棕榈	*Hyphaene petersiana*	mokola，real fan palm，makalani palm	棕榈科	非洲	S
萱小金梅草	*Hypoxis hemeracallidea*	hypoxis，African patato	仙茅科	非洲	Y
神香草（海索草）	*Hyssopus officinalis*	hyssop	唇形科	欧洲	FY
屈曲花	*Iberis amara*	wild candytuft	十字花科	欧洲	L
枸骨叶冬青	*Ilex aquifolium*	holly	冬青科	欧洲	LS
苦丁茶	*Ilex kudingcha*	leaf of Chinese holly，leaf of broadleaf holly	冬青科	东亚	S
玛黛茶	*Ilex paraguariensis*	mate，yerba mate	冬青科	南美	S
红茴香	*Illicium henryi*	hupeh star anise	木兰科	东亚	Y
披针叶茴香	*Illicium lanceolatum*	lance leaf anise	木兰科	东亚	Y
八角茴香	*Illicium verum*	star anise，Chinese star anise	八角科	东亚、南亚	FY
凤仙花	*Impatiens balsamina*	garden balsam，toutch-me-out	凤仙花科	亚洲	SYL
欧前胡	*Imperatoria ostruthium*	masterwort	伞形科	欧洲	Y
木蓝	*Indigofera tinctoria*	indigo plant	豆科	亚洲、非洲	QY
因加	*Inga feuillei*	ice-cream bean，pacay	豆科	南美	S
实因加	*Inga vera*	ice-cream bean，guaba	豆科	美洲	S
毛果豆	*Inocarpus edulis*	tahiti chestnut	豆科	东亚	S
土木香	*Inula helenium*	elecampane	菊科	欧洲、亚洲	YF
蕹菜	*Ipomoea aquatica*	kangkong，water spinach，swamp morningglory	旋花科	亚洲、非洲	S
甘薯	*Ipomoea batatas*	sweet potato	旋花科	南美、亚洲	SQ
药喇叭	*Ipomoea purga*	jalap	旋花科	北美	Y
德国鸢尾	*Iris germanica*	German swordflag	鸢尾科	欧洲	FL
香根鸢尾	*Iris pallida*	sweet iris	鸢尾科	欧洲	FL
鸢尾	*Iris tectorum*	iris	鸢尾科	欧洲	LY
变色鸢尾	*Iris versicolor*	blue flag，wild iris	鸢尾科	北美	L
素馨花	*Jasiminum grandiflorus*	Catalonian jasmin，Italian jasmine	木犀科	南亚	LF
素方花	*Jasminum officinale*	common white jasmine	木犀科	东亚、中亚	LF
茉莉	*Jasminum sambac*	Arabian jasmine	木犀科	南亚	LFY
麻风树	*Jatropha curcas*	physic nut	大戟科	美洲	Y
非洲防己	*Jatrorrhiza palmata*	columbo	防己科	非洲	Y

续 表

中文名	拉丁名	英文名	科名	原产地	用途
灰胡桃	*Juglans cinerea*	butternut	胡桃科	北美	SYZ
核桃楸	*Juglans mandschurica*	Manchurian walnut	胡桃科	东亚	YZ
黑胡桃	*Juglans nigra*	black walnut	胡桃科	北美	SYZ
核桃	*Juglans regia*	common walnut, Persian walnut	胡桃科	中亚	SYZ
臭椿叶胡桃	*Juglans sieboldiana* (*J. ailantifolia*)	apanese walnut, Siebold's walnut	胡桃科	东亚	SYZ
欧洲刺柏	*Juniperus communis*	juniper	柏科	亚洲、欧洲、北美	FQ
刺柏	*Juniperus formosana*	Taiwan juniper	柏科	东亚	FQY
杜柏	*Juniperus rigida*	stiff leaf juniper	柏科	东亚	FQY
西伯利亚刺柏	*Juniperus sibirica*	Siberian juniper	柏科	欧洲、东亚	FQY
山柰	*Kaempferia galanga*	kaempferia, galanga sand ginger, aromatic ginger, resurrection lily	姜科	东南亚	FY
非洲吊灯树	*Kigelia africana*	kigelia, sausage tree, cucumber tree	紫葳科	非洲与	L
红大戟	*Knoxia valerianoides*	knoxia	大戟科	东南亚	Y
秘鲁拉坦尼	*Krameria triandra*	rhatany	刚毛果科	南美	Y
扁豆	*Lablab purpureus*	hyacinth bean, lablab bean	豆科	非洲	S
山莴苣	*Lactuca indica*	Indian lettuce	菊科	东亚	S
莴苣	*Lactuca sativa*	lettuce	菊科	欧洲	S
野莴苣	*Lactuca serriola*	prickly lettuce	菊科	欧洲、中亚	S
臭莴苣	*Lactuca virosa*	wild lettuce	菊科	欧洲	S
葫芦	*Lagenaria siceraria*	bottle gourd, calabash gourd	葫芦科	非洲	SL
扁柄草	*Lallemantia iberica*	lallemantia	唇形科	中亚	S
短柄野芝麻	*Lamium album*	dead nettle, white dead nettle	唇形科	欧洲、亚洲	S
野桃	*Landolphia kirkii*	wild peach	漆树科	非洲	S
榔色木	*Lansium domesticum*	lansium, langsat, lanzones	楝科	东南亚	S
欧洲落叶松	*Larix deciduas*	larch	松科	欧洲	ZQL
太白红杉	*Larix chinensis*	Chinese larch	松科	东亚	ZQ
红杉	*Larix patanınıı*	hung shan	松科	东亚	ZL
新疆落叶松	*Larix sibirca*	siberia larch	松科	东亚、欧洲	LZ
极叉开拉瑞阿	*Larrea divaricata*	chaparral, creosote bush	蒺藜科	北美	Y
一年生香豌豆	*Lathyrus annuus*		豆科	欧洲	S
对叶香豌豆	*Lathyrus cicera*		豆科	欧洲	S
线叶香豌豆	*Lathyrus linifolius*		豆科	欧洲	S
山黧豆	*Lathyrus sativus*	grass pea, chickling vetch	豆科	欧洲、亚洲	S
块状香豌豆	*Lathyrus tuberosus*	earth chestnut, groundnut peavine	豆科	欧洲、亚洲	S
月桂	*Laurus nobilis*	bay laurel, bay, sweet bay, true laurel	樟科	欧洲	FL
薰衣草	*Lavandula angustifolia*	lavender, narrow leaf lavender	唇形科	欧洲	YFL
宽叶薰衣草	*Lavandula latifolia*	broad leaf lavender	唇形科	欧洲	YFL
药用薰衣草	*Lavandula officinalis*	lavender	唇形科	欧洲	YFL
散沫花	*Lawsonia inermis*	henna	千屈菜科	非洲、南亚	FY

续 表

中文名	拉丁名	英文名	科名	原产地	用途
查布美玉蕊	*Lecythis zabucajo*	sapucaia nut, paradise nut	唇形科	欧洲	S
兵豆	*Lens culinaris*	lentil	豆科	欧洲、亚洲	S
欧益母草	*Leonurus cardiaca*	motherwort	唇形科	亚洲	Y
葶苈独行菜	*Lepidium draba*	hoary cress	十字花科	欧洲、亚洲	S
宽叶独行菜	*Lepidium latifolium*	dittander	十字花科	欧洲、非洲	S
玛卡	*Lepidium meyenii*	maca, peruvian ginseng	十字花科	南美	YS
家独行菜	*Lepidium sativum*	garden cress, cress	十字花科	非洲、亚洲	S
北美独行菜	*Lepidium virginicum*	Virginia peppergrass	十字花科	北美	SY
灌丛鳞花木	*Lepisanthes fruticosa*	luna nut	无患子科	东南亚	Y
美婆婆纳	*Leptandra virginica*	black root, culver's root	玄参科	北美	Y
柠檬茶树	*Leptospermum petersonii*	lemon tea tree, lemon-scented tea-tree	桃金娘科	澳洲	YF
松红梅(扫帚叶澳洲茶)	*Leptospermum scoparium*	bloom tea tree, manuka	桃金娘科	澳洲	YF
欧当归	*Levisticum officinale*	lovage, lavas	伞形科	欧洲、西亚	YF
苏格兰藁本	*Ligusticum scotinum*	dittander	伞形科	欧洲	Y
天香百合	*Lilium auratum*	golden-rayed lily, yama-yuri	百合科	东亚	S
百合	*Lilium brownii* var. *viridulum*	lily bulb	百合科	东亚	S
欧百合	*Lilium candidum*	Madonna lily	百合科	欧洲	S
卷丹	*Lilium lancifolium* (*L. tigrinum*)	tiger lily, oni-yuri	百合科	东亚	S
新疆百合	*Lilium martagon*	Turk's cap lily	百合科	欧洲、亚洲	S
山丹花	*Lilium maximowiczii*	ko-oni-yuri	百合科	东亚	S
黄花蔺	*Limnocharis flava*	vegetable waterlettuce	泽泻科	东南亚	S
大叶石龙尾	*Limnophila rugosa*	rose marsh weed	玄参科	东亚	Y
印度木苹果	*Limonia acidissima* (*Feronia elephantum*)	elephant apple, Indian wood apple	芸香科	欧洲	S
柳穿鱼	*Linaria vulgaris*	common toadflax	玄参科	欧洲、亚洲	YL
亚麻	*Linum usitatissimum*	common flax, linseed	亚麻科	欧洲、亚洲	XYZ
柠檬马鞭草(柠檬棘枝)	*Lippia citriodora*	lemon verbena, vervain	马鞭草科	南美	Y
枫香	*Liquidambar formosana*	beautiful sweet gum	金缕梅科	东亚	FQY
苏合香	*Liquidambar orientalis*	levant Storax	金缕梅科	北非、亚洲	FQY
巴西榥榥木	*Liriosma ovata*	muira, puama	木犀科	南美	Y
荔枝	*Litchi chinensis*	litchi, lychee	无患子科	东南亚	S
小花紫草	*Lithospermum officinale*	gromwell	紫草科	欧洲	YQ
山鸡椒(山苍子)	*Litsea cubeba*	litsea, mountain spicy tree	樟科	东亚、东南亚	ZY
清香木姜子	*Litsea euosma*	fonrflower litse	樟科	东亚	FZ
木姜子	*Litsea pungens*	nungent litse	樟科	东亚	FZ
蒲葵	*Livistona chinensis*	Chinese fan palm, fountain palm	棕榈科	东亚、东南亚	YQX

续 表

中文名	拉丁名	英文名	科名	原产地	用途
北美山梗菜	*Lobelia inflata*	lobelia, Indian tobacco	桔梗科	北美	Y
深裂狭缝芹	*Lomatium dissectum*	lomatium, toza	伞形科	北美	Y
蓝靛果	*Lonicera caerulea*	lan ding guo	忍冬科	东亚	SY
轮叶忍冬	*Lonicera caprifolium*	honeysuckle	忍冬科	欧洲	YL
忍冬	*Lonicera japonica*	honeysuckle	忍冬科	亚洲	YL
魔根	*Lophophora williamsii*	peyote, cactus	仙人掌科	北美	Y
翅荚百脉根	*Lotus tetragonolobus*	asparagus pea	豆科	欧洲、亚洲	S
棱角丝瓜	*Luffa acutangula*	angled luffa	葫芦科	东亚	SQ
丝瓜	*Luffa cylindrica*	luffa, towel gourd, suakwa, sponge gourd, vegetable sponge	葫芦科	亚洲	SQ
白羽扇豆	*Lupinus albus*（*L. termis*）	white lupin, Egyptian lupin	豆科	欧洲	S
狭叶扇豆	*Lupinus angustifolius*	narrow-leaved lupin, blue lupin	豆科	欧洲	S
黄花羽扇豆	*Lupinus luteus*	yellow lupin	豆科	欧洲	S
变色羽扇豆	*Lupinus mutabilis*	tarwi, tarhui, Andean lupin, pearl lupin	豆科	南美	SY
宁夏枸杞	*Lycium barbarum*	Duke of Argyll's tea-tree	茄科	东亚	SY
枸杞	*Lycium chinense*	Chinese boxthorn, Chinese wolfberry	茄科	东亚、东南亚	S
番茄	*Lycopersicon esculentum*	tomato	茄科	美洲	S
石松	*Lycopodium clavatum*	club moss	石松科	欧洲	Y
美洲地笋	*Lycopus virgincius*	bugleweed	唇形科	北美	Y
忽地笑	*Lycoris aurea*	golden stonegartic	石蒜科	东亚	YQ
石蒜	*Lycoris radiate*	shorttube stonegarlic	石蒜科	东亚	YQ
鹿葱	*Lycoris squamigera*	deeronim stonegarlic	石蒜科	东亚	YQ
灵香草	*Lysimachia foenum-graecum*	strongfragrant loosestrife	报春花科	中亚、欧洲	FY
毛黄莲花	*Lysimachia vulgaris*	yellow loosestrife	报春花科	欧洲	Y
千屈菜	*Lythrum salicaria*	purple loosestrife	千屈菜科	欧洲	YL
澳洲坚果	*Macadamia integrifolia*	macadamia nut, Queensland nut	山龙眼科	澳洲	S
四叶澳洲坚果	*Macadamia tetraphylla*	macadamia nut	山龙眼科	澳洲	S
落叶润楠	*Machilus leplophylla*	thin leaf machilus	木兰科	东亚	L
硬皮豆	*Macrotyloma geocarpum*	hausa groundnut, Kerstingiella groundnut	豆科	非洲	S
印度紫荆木	*Madhuca indica*	moa tree	山榄科	南亚	S
长叶紫荆木	*Madhuca longifolia*	mahwa, mahua, mowra butter tree	山榄科	南亚	S
望春花	*Magnolia biondii*	biond magnolia	伞形科	中亚	YL
玉兰	*Magnolia denudata*	yulan magnolia	木兰科	东亚	YL
紫玉兰	*Magnolia liliflora*	lily magnolia	木兰科	东亚	YL
厚朴	*Magnolia officinalis*	hou pu, magnolia	木兰科	东亚	Y
西印度樱桃	*Malpighia glabra*	acerola, barbados cherry	金虎尾科	美洲	S
山荆子	*Malus baccata*	Manchurian crab apple	蔷薇科	东亚	S
湖北海棠	*Malus hupehensis*（*M. theifera*）	Chinese crab apple, tea crab apple	蔷薇科	东亚	S

续 表

中文名	拉丁名	英文名	科名	原产地	用途
楸子	*Malus prunifolia*	Chinese apple	蔷薇科	东南亚	S
洋苹果	*Malus sylvestris*	apple，forest apple	蔷薇科	欧洲、亚洲、北美	S
苹果	*Malus pumila*	apple	蔷薇科	中亚	S
小花锦葵	*Malva parviflora*	Egyptian mallow	锦葵科	欧洲、东南亚	S
欧锦葵	*Malva sylvestris*	common mallow，high mallow	锦葵科	欧洲	S
野葵	*Malva verticillata*	mallow	锦葵科	欧洲、亚洲	S
非洲蔓蜜苹果	*Mammea africana*	African mammee apple	藤黄科	非洲	S
蔓蜜苹果	*Mammea americana*	mammee，mamey，mammee apple	藤黄科	美洲	S
印度蔓蜜苹果	*Mammea suriga*	Indian mammee apple	藤黄科	南亚	Y
药用茄参	*Mandragora officinarum*	bauno，binjai	漆树科	东南亚	Y
芒果	*Mangifera indica*	mango	漆树科	南亚、东南亚	S
苹果芒果	*Mangifera odorata*	apple mango	漆树科	东南亚	S
婆罗树芒果	*Mangifera pajang*	bambangan	漆树科	东南亚	S
木薯	*Manihot esculenta*	manioc，cassava	大戟科	美洲	S
二齿铁线子	*Manilkara bidentata*	balata	山榄科	美洲	S
树胺铁线子	*Manilkara cicle*	crown gum	山榄科	美洲	S
铁线子	*Manilkara hexandra*	palu	山榄科	南亚	S
非洲梨	*Manilkara obovata*	African pear	山榄科	非洲	S
人心果	*Manikara zapota*	sapodilla	山榄科	北美	S
竹芋	*Maranta arundinacea*	arrowroot	竹芋科	美洲	S
欧夏至草	*Marrubium vulgare*	horehound	唇形科	欧洲	Y
南美牛奶藤	*Marsdenia candurango*	condurango	萝藦科	南美	Y
德国洋甘菊（母菊）	*Matricaria recutita*	mayweed，chamomile，blue chamomile	菊科	欧洲	FY
苜蓿	*Medicago sativa*	alfalfa，lucerne，lucern	豆科	亚洲、欧洲、北美	S
互生叶白千层（茶树）	*Melaleuca alternifolia*	tea tree	桃金娘科	澳洲	FY
红茶树	*Melaleuca bracteata*	black tea tree	桃金娘科	澳洲	FY
卡氏白千层	*Melaleuca cajuputi*	cajeput tree	桃金娘科	东南亚、澳洲	FY
白千层	*Melaleuca leucadendron*	white tea tree，cajeput，cajuput	桃金娘科	东南亚、澳洲	FY
五脉白千层	*Melaleuca quinquenervia*	niaouli tree	桃金娘科	东南亚、澳洲	FY
绿花白千层	*Melaleuca viridiflora*	niaouli	桃金娘科	南亚	FY
蜜果	*Melicoccus bijugatus*	genip，mamoncillo	无患子科	南美	FY
大果草木樨	*Melilotus macrocarpa*	large-fruited melilotus	豆科	欧洲	FY
黄香草木犀	*Melilotus officinalis*	melilot	豆科	欧洲、非洲、亚洲	FY
香蜂花	*Melissa officinalis*	lemon balm，bee balm，sweet balm	唇形科	欧洲、中亚	FY
水薄荷	*Mentha aquatica*	water mint	唇形科	欧洲、亚洲	FY
薄荷	*Mentha haplocalyx*	field mint，corn mint，Japanese mint	唇形科	欧洲、亚洲	FY

续 表

中文名	拉丁名	英文名	科名	原产地	用途
欧薄荷	*Mentha longifolia*	horse mint, long-leaf mint	唇形科	欧洲、亚洲	FY
辣薄荷	*Mentha piperita*	peppermint	唇形科	欧洲	FY
柠檬辣薄荷	*Mentha piperita var. citrata*	eau de cologne mint	唇形科	欧洲	FY
唇萼薄荷	*Mentha pulegium*	pennyroyal	唇形科	欧洲、非洲	FY
留兰香	*Mentha spicata*	spearmint, garden mint	唇形科	欧洲	FY
香薄荷	*Mentha suaveolens*	apple mint, pineapple mint	唇形科	欧洲	FY
睡菜	*Menyanthes trifoliatea*	bogbean	睡菜科	欧洲、亚洲、美洲	FY
凉粉草	*Mesona chinensis*	Chinese mesonia	唇形科	东亚	Y
欧山楂	*Mespilus germanica*	medlar, common medlar	蔷薇科	欧洲、中亚	Y
西谷椰子	*Metroxylon sagu*	true sago palm	棕榈科	东南亚	S
白玉兰	*Michelia alba*	michelia	木兰科	南亚	FL
黄玉兰	*Michelia champaca*	champaca michelia	木兰科	东亚	FL
布渣	*Microcos paniculata*	paniculate microcos	椴树科	东亚	Y
含羞草	*Mimosa pudica*	sensitive plant	豆科	美洲	YL
枪弹木	*Mimusops coriacea*	Madagascar mimusops	山榄科	非洲	S
埃郎氏枪弹木	*Mimusops elengi*	red coondoo	山榄科	南亚	S
紫茉莉	*Mirabilis expansa*	mauka	紫茉莉科	南美	L
李果藤	*Mitchella repens*	squaw vine	茜草科	北美	Y
香膏苦瓜	*Momordica balsamina*	balsam apple	葫芦科	东南亚	S
苦瓜	*Momordica charantia*	kerala, bitter melon, bitter gourd, bitter squash	葫芦科	南亚	SY
木鳖	*Momordica cochinchinensis*	cochinchina momordica	葫芦科	东亚	Y
罗汉果	*Momordica grosvenorii*	grosvenor monordica, fructus momordicae	葫芦科	东亚	SYQ
美洲薄荷	*Monarda didyma*	bee balm, Oswego tea	唇形科	北美	F
马薄荷	*Monarda punctata*	horsemint	唇形科	北美	F
卵叶老鹳阜	*Monsonia ovata*	monsonia	牻牛儿苗科	非洲	Y
龟背竹	*Monstera deliciosa*	delicious monster, ceriman	天南星科	美洲	L
小鸡草	*Montia perfoliata*	winter purslane, miner's lettuce, Cuban spinach	马齿苋科	北美	Y
海巴戟	*Morinda citrifolia*	great morinda, Indian mulberry, noni	茜草科	南亚	YS
巴戟天	*Morinda officinalis*	medicinal Indian mulberry	茜草科	东南亚	Y
辣木	*Moringa oleifera*	drumstick tree, horseradish tree, moringa, ben tree	辣木科	南亚	YS
桑树	*Morus alba*	white mulberry	桑科	东亚	YQSX
黑桑	*Morus nigra*	black mulberry	桑科	中亚	YQSX
刺毛黧豆	*Mucuna pruriens*	velvet bean	豆科	东南亚	S
调料九里香	*Murraya koenigii*	curry leaf, curry patta	芸香科	南亚	F

续 表

中文名	拉丁名	英文名	科名	原产地	用途
小果野蕉（大蕉）	*Musa acuminata*	banana	芭蕉科	东南亚	S
芭蕉	*Musa basjoo*	Japanese banana	芭蕉科	东南亚	S
野蕉	*Musa balbisiana*	balbis banana	芭蕉科	东南亚	S
香蕉	*Musa nana*	banana	芭蕉科	南亚	S
嘉宝果	*Myrciaria cauliflora*	jaboticaba	桃金娘科	南美	S
卡姆果	*Myrciaria dubia*	camu camu，cacari，camocamo	桃金娘科	美洲	S
蜡果杨梅	*Myrica cerifera*	bayberry	杨梅科	北美	S
香杨梅	*Myrica gale*	sweet gale，bog myrtle	杨梅科	欧洲	S
杨梅	*Myrica rubra*	Chinese strawberry tree，ioobai，yama momo	杨梅科	东亚	S
肉豆蔻	*Myristica fragrans*	nutmeg，nutmeg tree	桃金娘科	东南亚	FY
秘鲁香树	*Myroxylon pereirae*	peruvian balsam	豆科	美洲	FY
香没药	*Myrrhis odorata*	sweet cicely	伞形科	欧洲	FY
香桃木	*Myrtus communis*	myrtle	桃金娘科	南美	S
智利香桃木	*Myrtus ugni*	ugni	桃金娘科	南美	S
南天竹	*Nandina domestica*	heavenly bamboo	小檗科	东亚	YL
甘松	*Nardostachys chinensis*	spikenard，nard	败酱科	东亚、南亚	Y
匙叶甘松	*Nardostachys jatamansi*	spoonleaf nardostachys	败酱科	东亚	Y
豆瓣菜	*Nasturtium officinale*	watercress	十字花科	欧洲、亚洲、北美	SY
莲	*Nelumbo nucifera*	lotus，hindu lotus	睡莲科	亚洲、澳洲	SY
荆芥	*Nepeta cataria*	catmint	唇形科	欧洲、南亚、中亚	YF
海南韶子	*Nephelium lappaceum*	rambutan	无患子科	东南亚	S
红毛丹	*Nephelium mutabile*	rambutan	山荔枝科	东南亚	S
夹竹桃	*Nerium indicum*	sweetseented oleander	夹竹桃科	亚洲、欧洲	YL
烟草	*Nicotiana tabacum*	tobacco	茄科	美洲	YQ
黑种草	*Nigella sativa*	black cumin，black seed，kalonji	毛茛科	欧洲、亚洲、非洲	YZ
发菜	*Nostoc commune var. flagelliforme*	nostoc flagelliforme	念珠藻科	东亚	S
羌活	*Notopterygium incisium*	Qiang Huo	伞形科	东亚	Y
日本萍蓬草	*Nuphar japonicum*	nuphairs rhizoma，waterlily	睡莲科	东亚	YL
白睡莲	*Nymphaea alba*	white water lily	睡莲科	欧洲	YL
睡莲	*Nymphaea tetragona*	pygmy water lily	睡莲科	亚洲、欧洲	YL
水柳	*Nypa fruticans*	nipa palm	棕榈科	东南亚	S
罗勒	*Ocimum basilicum*	basil，sweet basil，common basil	唇形科	非洲、亚洲	FY
非洲罗勒	*Ocimum canum*	hairy basil，African basil	唇形科	非洲	FY
丁香罗勒	*Ocimum gratissimum*	basil，engenol type，sweet scented basil	唇形科	亚洲、非洲	FY
圣罗勒	*Ocimum tenuiflorum*	sacred basil，holy basil，tulsi	唇形科	东南亚	FY
水芹	*Oenanthe javanica*	javan water dropwort，water celery	伞形科	东亚	S

续 表

中文名	拉丁名	英文名	科名	原产地	用途
月见草	*Oenothera biennis*	evening primrose	柳叶菜科	北美	YZL
油橄榄	*Olea europaea*	olive, common olive	木犀科	欧洲、非洲、中亚	ZS
刺芒柄花	*Ononis spinosa*	spiny restharrow	豆科	欧洲	Y
盒果藤	*Operculina turpethum*	turpeth	旋花科	南亚	Y
中美仙人掌	*Opuntia cochenillifera*	nopalea cactus, cochineal plant	仙人掌科	北美	SL
梨果仙人掌	*Opuntia ficus-indica*	prickly pear	仙人掌科	北美	SL
欧牛至（马郁兰）	*Origanum marjorana*	marjoram, sweet marjoram	唇形科	欧洲、中亚	FYL
奥尼牛至	*Origanum onites*	pot marjoram	唇形科	欧洲、中亚	F
牛至	*Origanum vulgare*	oregano	唇形科	欧洲、中亚	F
木蝴蝶	*Oroxylum indicum*	Indian trumpet flower	紫葳科	东亚、东南亚	Y
肾茶	*Orthosiphon aristatus*	Java tea	唇形科	东亚、非洲、美洲	Y
诸葛菜	*Orychophragmus violaceus*	violet orychophragmus	十字花科	东亚	SZ
非洲稻	*Oryza glaberrima*	African rice	禾本科	非洲	S
稻	*Oryza sativa*	rice, Asian rice	禾本科	东亚、东南亚	S
桂花	*Osmanthus fragrans*	sweet olive	木犀科	东亚	FL
沙针	*Osyris wightiana*	wight osyris	檀香科	欧洲	Y
晚香玉酢浆草	*Oxalis tuberosa*	oca, oka, New Zealand yam	酢浆草科	南美	S
马拉巴栗	*Pachira aquatica*	Malabar chestnut	木棉科	南美	S
豆薯	*Pachyrhizus erosus*	yam bean, Mexican potato, potato bean, jicima	豆科	美洲	S
块茎豆薯	*Pachyrhizus tuberosus*	Amazonian yam bean	豆科	南美	S
芍药	*Paeonia latiflora*	white peony	毛茛科	东亚	YZL
欧芍药	*Paeonia officinalis*	peony	毛茛科	欧洲	YZ
人参	*Panax gingseng*	ginseng, Asian ginseng, Korean ginseng	五加科	东亚	YQ
三七	*Panax pseudoginseng* var. *notoginseng*	sanchi, pseudoginseng, Nepal ginseng, Himalayan ginseng	五加科	东亚	YQ
西洋参	*Panax quinquefolius*	American ginseng	五加科	北美	YQ
香露兜	*Pandanus amaryllifolius*	pandan leaves, fragrant pandan	露兜树科	东南亚	S
尼可巴面包树	*Pandanus leram*	Nicobar breadfruit	露兜树科	东南亚	S
露兜树	*Pandanus tectorius*	kelaki	露兜树科	东南亚	SL
马来大风子	*Pangium edule*	pangium	大风子科	东南亚	S
稷	*Panicum miliaceum*	millet, common millet, proso millet	禾本科	东亚、中亚	S
非洲黍	*Panicum sonorum*	sauwi	禾本科	非洲	S
虞美人	*Papaver rhoeas*	corn poppy	罂粟科	欧洲、非洲、亚洲	YL
罂粟	*Papaver somniferum*	poppy, opium poppy	罂粟科	欧洲、亚洲	YQ
药用墙草	*Paretaria officinalis*	pellitory of the wall	荨麻科	欧洲	Y
四叶重缕	*Paris guadrifolia*	herb paris	百合科	欧洲	Y

续 表

中文名	拉丁名	英文名	科名	原产地	用途
球花豆	*Parkia biglobosa*	locust bean	豆科	美洲	S
蕨状头花豆	*Parkia filicoidea*	African locust	豆科	非洲	S
美丽球花豆	*Parkia speciosa*	petai，bitter bean，twisted cluster bean	豆科	东南亚	S
鸭𧊈草	*Paspalum scrobiculatum*	kodo millet，ricegrass	禾本科	南亚	S
翅茎西番莲	*Passiflora alata*	wingstem passion fruit	西番莲科	南美	SL
西番莲	*Passiflora caerulea*	passionflower	西番莲科	南美	SL
鸡蛋果	*Passiflora edulis*	passion fruit，granadilla	西番莲科	南美	S
粉色西番莲	*Passiflora incarnata*	apricot vine	西番莲科	南美	S
樟叶西番莲	*Passiflora laurifolia*	yellow granadilla	西番莲科	南美	S
甜果西番莲	*Passiflora ligularis*	sweet passion fruit	西番莲科	南美	S
似苹果叶西番莲	*Passiflora maliformis*	chulupa	西番莲科	南美	S
香蕉西番莲	*Passiflora mollissima*	curuba，banana passion fruit	西番莲科	南美	S
大果西番莲	*Passiflora quadrangularis*	giant passion fruit	西番莲科	南美	S
欧防风	*Pastinaca sativa*	parsnip	伞形科	欧洲、亚洲	Y
巴西香可可	*Paullinia cupana*	guarana	无患子科	南美	S
秘鲁可可	*Paullinia yoco*	yoco	无患子科	南美	S
育亨宾	*Pausinystalia yohimbe*	yohimbin bark ，pamprama，yohimbe	茜草科	非洲	Y
骆驼蓬	*Peganum harmala*	harmala，African rue	蒺藜科	非洲、欧洲	Y
香叶天竺葵	*Pelargonium graveolens*	geranium	牻牛儿苗科	南非	FYQ
御谷（非洲独尾草）	*Pennisetum glaucum*	pearl millet，bulrush millet	禾本科	非洲	S
猪油果	*Pentadesma butyracea*	butter tree，tallow tree，candle butter tree，black mango tree	藤黄科	非洲	S
紫苏	*Perilla frutescens*	common perilla，beefsteak plant，shiso	唇形科	中亚、东亚	YFZ
回回紫苏	*Perilla frutescens var. crispa*	uygur perilla	唇形科	东亚	YFZ
鳄梨	*Persea americana*	avocado，American avocado	樟科	美洲	ZS
拳参	*Persicaria bistorta*	bistort	蓼科	欧洲、亚洲、北美	Y
水蓼	*Persicaria hydropiper*	water pepper	蓼科	东南亚	SY
绢毛蓼	*Persicaria mollis*	Sikkim knotweed	蓼科	东南亚	Y
香蓼	*Persicaria odorata*	vietnamese mint，vietnamese coriander，laksa plant	蓼科	东南亚	Y
蜂斗菜	*Petasites japonicus*	fuhi	菊科	东亚	YS
皱叶欧芹（欧芹）	*Petroselinum crispum*	parsley	伞形科	欧洲、中亚	YS
意大利欧芹	*Petroselinum crispum var. neapolitanum*	Italian parsley，celery-leaved parsley	伞形科	欧洲、中亚	Y
波尔多树	*Peumus boldo*	boldo	香材树科	南美	Y
巴西人参	*Pfaffia paniculata*	pfaffia，Brazilian ginseng	苋科	南美	Y
裂叶牵牛	*Pharbitis nil*	lobed leaf pharbitis	旋花科	东亚	YL
红花菜豆	*Phaseolus coccineus*	runner bean，scarlet runner bean	豆科	美洲	S

续 表

中文名	拉丁名	英文名	科名	原产地	用途
棉豆	*Phaseolus lunatus*	lima bean	豆科	美洲	S
多花菜豆	*Phaseolus polyanthus*	year bean	豆科	美洲	S
架豆	*Phaseolus vulgaris*	common bean, French bean, kidney bean, haricot bean	豆科	南美	S
海枣	*Phoenix dactylifera*	date palm	棕榈科	中亚	SY
刺葵	*Phoenix reclinata*	African wild date palm	棕榈科	非洲	S
林刺葵	*Phoenix sylvestris*	Indian wild date palm	棕榈科	南亚	XY
芦苇	*Phragmites australis*	common reed	禾本科	东亚	SX
酸叶下珠	*Phyllanthus acidus*	otaheite gooseberry, malay gooseberry, star gooseberry	大戟科	南美	S
苦味叶下珠	*Phyllanthus amarus*	bhumi amalaki	大戟科	亚洲	SY
余甘子	*Phyllanthus emblica*	emblic myrobalan, myrobalan, Indian gooseberry	大戟科	东南亚	S
人面竹	*Phyllostachys aurea*	fish-pole bamboo	禾本科	东亚	SX
桂竹	*Phyllostachys bambusoides*	madake bamboo	禾本科	东亚	SX
白哺竹	*Phyllostachys dulcis*	sweetshoot bamboo	禾本科	东亚	SX
食竹	*Phyllostachys edulis*	bamboo shoots bamboo	禾本科	东亚	SX
毛竹(冬笋)	*Phyllostachys heterocycla*	moso bamboo	禾本科	东亚	SX
雷竹(雷竹笋)	*Phyllostachys praecox*	Lei bamboo	禾本科	东亚	SX
欧亚酸浆	*Physalis alkekengi*	winter cherry, cape gooseberry, bladder cherry, Chinese lantern	茄科	欧洲、亚洲	SY
黏果酸浆	*Physalis philadelphica*	tomatillo, jamberry	茄科	美洲	S
灯笼果	*Physalis peruviana*	cape gooseberry	茄科	南美	S
带霜酸果	*Physalis pruinosa*	ground cherry, dwarf Cape gooseberry	茄科	北美	S
商陆	*Phytolacca acinosa*	vegetable phytolacca	商陆科	东南亚、东亚	Y
垂序商陆	*Phytolacca americana*	pokeweed	商陆科	北美	Y
牙马加苦木	*Picrasma excelsa*	quassia	苦木科	美洲	Y
苦木	*Picrasma quassioides*	Indian quassia	苦木科	东亚	Y
胡黄连	*Picrohiza kurroa*	picrorhiza	玄参科	南亚	Y
毛果芸香	*Pilocarpus jaborandi*	jaborandi	芸香科	南美	Y
多香果	*Pimenta dioica*	allspice, pimento, Jamaica pepper	桃金娘科	美洲	S
牙买加胡椒	*Pimenta officinalis*	allspice, pimento	桃金娘科	欧洲、北美、南美	S
多香果	*Pimenta racemosa*	bay rum tree	桃金娘科	美洲	S
洋茴芹(茴香)	*Pimpinella anisum*	anise, aniseed	伞形科	欧洲、中亚	FS
紫花捕虫堇	*Pinguicula vulgaris*	butterwort	狸藻科	欧洲	Y
芮木松	*Pinus cembra*	Siberian cedar	松科	欧洲、亚洲	SZQ
墨西哥松	*Pinus cembroides*	Mexican pine	松科	北美	SZQ
食松	*Pinus edulis*	pilton	松科	北美	SZQ
红松	*Pinus koraiensis*	Korean pine	松科	东亚	SZQ

续 表

中文名	拉丁名	英文名	科名	原产地	用途
意大利伞松	*Pinus pinea*	Italian stone pine, umbrella pine, stone pine	松科	欧洲	SZQ
欧洲赤松	*Pinus sylvestris*	scots pine	松科	欧洲、亚洲	SZQ
狭叶胡椒	*Piper angustifolium*	matico	胡椒科	南美	FY
蒌叶	*Piper betle*	betel	胡椒科	东南亚、南亚	FY
非洲荜澄茄	*Piper clusii*	West African black pepper, african cubebs	松科	东南亚	S
荜澄茄	*Piper cubeba*	cubeba	胡椒科	东南亚	FYS
几内亚胡椒	*Piper guineensis*	ashanti pepper	胡椒科	非洲	FYS
山蒟	*Piper hancei*	hance pepper	胡椒科	东亚	Y
荜茇	*Piper longum*	long pepper	胡椒科	东南亚	FY
卡瓦胡椒	*Piper methysticum*	ava pepper, kava kova	胡椒科	大洋洲	Y
胡椒	*Piper nigrum*	black pepper, pepper	胡椒科	南亚	SFY
假荜茇	*Piper retrofractum*	Javanese long pepper	胡椒科	东南亚	YS
牙买加毒鱼豆	*Piscidia erythrina*	Jamaica dogwood	豆科	北美	S
胶果藤	*Pisonia grandis*（-*P. alba*）	lettuce tree, moluccan cabbage	紫茉莉科	东南亚	S
乳香黄连木	*Pistacia lentiscus*	mastic tree	漆树科	欧洲	S
阿月浑子	*Pistacia vera*	pistachio	漆树科	中亚	S
豌豆	*Pisum sativum*	garden pea, field pea	豆科	中亚、欧洲	S
牛蹄豆	*Pithecellobium dulce*	Manila tamarind, opiuma	豆科	美洲	S
法车前	*Plantago afra*	psyllium	车前科	欧洲	Y
长叶车前	*Plantago lanceolata*	plantain, ribwort plantain	车前科	欧洲、亚洲	SY
大车前	*Plantago major*	broadleaf plantain	车前科	欧洲、亚洲	SY
卵叶车前	*Plantago ovata*	isapgohula, blond psyllium	车前科	欧洲、亚洲、非洲	SY
欧车前	*Plantago psyllium*	psyllium, flea seed	车前科	欧洲、非洲、亚洲	Y
车前	*Planyago asiatica*	asiapsyllium	车前科	东亚	SY
羊前胡	*Planyago depressa*	depressed psyllium	车前科	东亚	SY
桔梗	*Platycodon grandiflorus*	balloon flower	桔梗科	东亚	SY
香叶天竺葵	*Pleargonium graveolens*	smell storkbill	牻牛儿科	非洲	FS
安汶香茶菜	*Plectranthus amboinicus*	Indian borage	唇形科	非洲	FS
秋葵香茶菜	*Plectranthus esculentus*	livingstone potato, Hausa potato	唇形科	非洲	FS
圆叶香茶菜	*Plectranthus rotundifolius*	Sudan potato, Zulu round potato	唇形科	非洲	S
阔苞菊	*Pluchea indica*	Indian pluchea	菊科	东南亚、南亚	S
锡兰白花丹	*Plumbago zeylanica*	Ceylon leadwort	蓝雪科	南亚	Y
鸡蛋花	*Plumeria rubra*	frangipani, red paucipan, red-jasmine	夹竹桃科	美洲	LY
盾叶鬼臼	*Podophyllum peltatum*	American mandrake	小檗科	北美	FY
广藿香	*Pogostemon cablin*	herba pogostemonis	唇形科	东南亚	FY
非洲广藿香	*Pogostemon mutamba*	mutamba	唇形科	非洲	FS
晚香玉	*Polianthes tuberosa*	tuberose	石蒜科	南美	FL

续 表

中文名	拉丁名	英文名	科名	原产地	用途
美远志	*Polygala senega*	seneca snakeroot	远志科	北美	Y
远志	*Polygala vulgaris*	milkwort	远志科	欧洲	SY
多花黄精	*Polygonatum multiflorum*	solomon's seal	百合科	欧洲、亚洲、北美	Y
萹蓄	*Polygonum aviculare*	knotgrass	蓼科	东亚	Y
拳参	*Polygonum bistorta*	bistort	蓼科	欧洲、亚洲、北美	YZ
何首乌	*Polygonum multiflorum*	flowery knotweed, fleeceflower	蓼科	东亚	YQ
苦苣菜叶杯苣菊	*Polymnia sonchifolla*	yacon	菊科	南美	S
熊脚杯苞菊	*Polymnia uvedalia*	bearsfoot	菊科	北美	Y
欧亚水龙骨	*Polypodium vulgare*	polypody	菊科	北美	Y
枳	*Poncirus trifoliata*	trifoliate orange	芸香科	东亚	FY
欧洲大叶杨	*Populus candicans*	balm of gilead	杨柳科	欧洲	LQ
颤杨	*Populus tremuloides*	quaking aspen	杨柳科	北美	LQ
马齿苋	*Portulaca oleracea*	purslane	马齿苋科	欧洲、亚洲	SY
鹅绒委陵菜	*Potentilla anserina*	silverweed	蔷薇科	欧洲、亚洲、北美	SY
洋委陵菜	*Potentilla erecta*	tormentil	蔷薇科	欧洲	Y
蛋黄果	*Pouteria cainito*	canistel	山榄科	美洲	S
山榄桃榄	*Pouteria sapota*	sapote, mamme zapote, marmalade plum	山榄科	美洲	S
腐婢	*Premna microphylla*	Japanese premna	马鞭草科	东亚	
药用报春	*Primula veris*	cowslip, primula	报春花科	欧洲、亚洲	Y
夏枯草	*Prunella vulgaris*	selfheal	唇形科	欧洲、亚洲	Y
非洲李	*Prunus africana*	pygeum Africanum	蔷薇科	非洲	SY
美国刺李	*Prunus americana*	American plum	蔷薇科	北美	S
杏	*Prunus armeniaca*	apricot	蔷薇科	东亚	SYL
欧洲甜樱桃	*Prunus avium*	sweet cherry	蔷薇科	欧洲	SY
酸樱桃	*Prunus cantabrigiensis*	Chinese sour cherry, yingtao cherry	蔷薇科	东亚	S
卡帕李	*Prunus capuli*	capuli	蔷薇科	美洲	S
樱桃李	*Prunus cerasifera*	cherry plum, myrobalan	蔷薇科	美洲	S
欧洲酸樱桃	*Prunus cerasus*	sour cherry, tart cherry, dwarf cherry	蔷薇科	中亚	SY
欧洲李	*Prunus domestica*	English plums, European plum	蔷薇科	中亚	SY
巴旦杏	*Prunus dulcis*	almond	蔷薇科	欧洲	SY
乌荆子李	*Prunus insititia*	damson plum, greengage	蔷薇科	欧洲	S
东北杏	*Prunus mandshurica*	Manchurian apricot	蔷薇科	东亚	S
海李	*Prunus maritima*	beach plum	蔷薇科	北美	SY
梅	*Prunus mume*	Japanese apricot	蔷薇科	东亚	SYL
星李	*Prunus nigra*	Canada plum	蔷薇科	北美	S
桃	*Prunus persica*	peach	蔷薇科	东亚	SYL
李	*Prunus salicina*	Chinese plum	蔷薇科	东亚	SY
山樱桃	*Prunus sargentii*	sergeant cherry, mountain cherry	蔷薇科	东亚	S

续 表

中文名	拉丁名	英文名	科名	原产地	用途
西伯利亚杏	*Prunus sibirica*	Siberian apricot	蔷薇科	欧洲	S
杏李	*Prunus simonii*	apricot plum	蔷薇科	东亚	SY
黑刺李	*Prunus spinosa*	blackthorn, sloe	蔷薇科	中亚	SY
毛樱桃	*Prunus tomentosa*	Nanking cherry, Chinese bush cherry	蔷薇科	中亚	SY
北美李	*Prunus virginiana*	chokecherry	蔷薇科	北美	S
中美李	*Psidium friedrichsthalianum*	Costa Rican guava	桃金娘科	美洲	S
番石榴	*Psidium guajava*	guava	桃金娘科	美洲	S
圭亚那番石榴	*Psidium guineense*	Guinea guava, guisaro	桃金娘科	美洲	S
草莓番石榴	*Psidium littorale*	strawberry guava	桃金娘科	南美	S
亮草莓番石榴	*Psidium littorale var. lucidum*	yellow strawberry guava	桃金娘科	南美	S
四棱豆	*Psophocarpus tetragonolobus*	winged bean	豆科	亚洲	S
补骨脂	*Psoralea corylifolia*	scurf pea, malaytea scurfpea fruit	豆科	东亚	Y
蕨	*Pteridium aquilinum*	bracken, sawarabi	姬蕨科	东亚	SY
囊状紫檀	*Pterocarpus marsupium*	malabar kino	豆科	南亚	YQ
葛	*Pueraria lobata*	lobed kudzuvine	豆科	亚洲	SYX
甘葛藤	*Pueraria thomsonü*	kudzu vine	豆科	中国	SYX
沙芥	*Pugionium cornutum*	sand mustard	十字花科	中亚	S
疗肺草	*Pulmonaria officinalis*	lungwort	紫草科	欧洲	Y
石榴	*Punica granatum*	dwarf pomegranate, pomegranate	安石榴科	亚洲	SYL
火棘	*Pyracantha fortuneana*	fortune firethorn	蔷薇科	东亚	SYL
西洋梨	*Pyrus communis*	pear	蔷薇科	欧洲、亚洲	SY
沙梨	*Pyrus pyrifolia*	Asian pear, nashi, sand pear	蔷薇科	东亚	SY
麻栎	*Quercus acutissima*	sawtooth oak	壳斗科	东亚	SQ
白栎	*Quercus fabri*	white oak	壳斗科	东亚	SLQ
没食子树	*Quercus infectoria*	aleppo oak	壳斗科	欧洲	YQ
辽东栎	*Quercus liaotungensis*	east-Liaoning oak	壳斗科	东亚	SQ
欧洲白栎	*Quercus robur*	English oka	壳斗科	欧洲	Q
皂树	*Quillaja saponaria*	soap bark	蔷薇科	南美	Y
使君子	*Quisqualis indica*	rangoncreeper	使君子科	东南亚	Y
榕叶毛茛	*Ranunculus ficaria*	figwort, pliewort, celandine	毛茛科	欧洲、中亚	Y
萝卜	*Raphanus sativus*	radish, small radish	十字花科	欧洲、亚洲	S
茄菜	*Raphanus sativus var. oleiformis*	oil-seed radish, fodder radish	十字花科	欧洲、亚洲	S
催吐萝芙木	*Rauvoffia vomitoria*	emetic derilpepper	夹竹桃科	非洲	Y
蛇根木	*Rauvolfia serpentina*	derilpepper	夹竹桃科	南亚、东南亚	Y
芳香佳叶樟	*Ravensara aromatica*	ravensara	樟科	非洲	Y
地黄	*Rehmannia glutinosa*	rehmannia, adhesive rehmannia	玄参科	东亚	Y
欧鼠李	*Rhamnus frangula*	alder buckthorn	鼠李科	北美	Y
亮叶鼠李	*Rhamnus prinoides*	geisho	鼠李科	非洲	Y

续 表

中文名	拉丁名	英文名	科名	原产地	用途
波希鼠李	*Rhamnus purshiana*	caseara sagrada	鼠李科	美洲	Y
大黄	*Rheum officinale*	medicinal rhubarb	蓼科	东亚	Y
掌叶大黄	*Rheum palmatum*	Turkish rhubarb，Chinese rhubarb，ornamental rhubarb	蓼科	东亚	Y
食用大黄	*Rheum rhabarbarum*	rhubarb	蓼科	中亚	YS
红景天	*Rhodiola rosea*	roseroot	景天科	东亚、欧洲	Y
大果桃金娘	*Rhodomyrtus macrocarpa*	finger cherry	桃金娘科	澳洲	S
桃金娘	*Rhodomyrtus tormentosa*	downy rose-myrtle	桃金娘科	东南亚	S
光滑漆树	*Rhus glabra*	smooth sumac	漆树科	北美	YZ
美洲茶藨	*Ribes americanum*	American blackcurrant	茶藨子科	北美	S
北美茶藨	*Ribes cynosbati*	American wild gooseberry	茶藨子科	北美	S
黑茶藨	*Ribes nigrum*	black currant	茶藨子科	欧洲	S
红茶藨子	*Ribes rubrum*	red currant	虎耳草科	欧洲、亚洲	S
醋栗	*Ribes ussuriense*		茶藨子科	东亚	S
鹅莓	*Ribes uva-crispa*（*R. grossularia*）	gooseberry	茶藨子科	欧洲、亚洲	S
欧洲醋栗	*Ribes* × *nidigrolaria*	jostaberry	茶藨子科	欧洲	S
蓖麻	*Ricinus communis*	castor bean plant	大戟科	非洲	YQS
刺槐	*Robinia pseudoacacia*	black locust	豆科	东亚	YSL
鬼灯擎	*Rodgersia aesculifolia*	guidengqing	虎耳草科	东亚	Y
小叶蔊菜	*Rorippa microphylla*	brown watercress，winter watercress	十字花科	欧洲	YS
蔊菜	*Rorippa montana*	Indian rorippa，India yellowcress	十字花科	亚洲	YS
水田芥	*Rorippa nasturtium-aquaticum*	watercress	十字花科	欧洲	YS
白木香	*Rosa banksiae*	banks rose	蔷薇科	东亚	FYL
狗牙蔷薇	*Rosa canina*	dog rose	蔷薇科	欧洲、亚洲	YL
月季	*Rosa chinensis*	Chinese rose	蔷薇科	东亚	YL
刺玫蔷薇	*Rosa davurica*	Dahurian rose	蔷薇科	东亚、欧洲	YL
法国蔷薇	*Rosa gallica*	rose	蔷薇科	中亚、欧洲	YL
多花蔷薇	*Rosa multiflora*	Japan rose	蔷薇科	东亚	YL
刺梨	*Rosa roxburghii*	roxburgh rose	蔷薇科	东亚	YLS
玫瑰	*Rosa rugosa*	Japanese rose	蔷薇科	东亚	YL
迷迭香	*Rosmarinus officinalis*	rosemary	唇形科	欧洲	YF
欧茜草	*Rubia tinctorum*	madder	茜草科	欧洲、亚洲、非洲	YQ
欧洲木莓	*Rubus caesius*	European dewberry	蔷薇科	欧洲、亚洲	SY
兴安悬钩子	*Rubus chamaemorus*	cloudberry	蔷薇科	欧洲、亚洲、北美	SY
美国悬钩子	*Rubus flasselaris*	American dewberry	蔷薇科	北美	S
黑莓	*Rubus fruticosus*	blackberry，bramble	蔷薇科	欧洲	S
南美覆盆子	*Rubus glaucus*	South American raspberry，mora de Castilla	蔷薇科	美洲	S
覆盆子	*Rubus idaeus*	raspberry	蔷薇科	欧洲、亚洲、北美	SY

续 表

中文名	拉丁名	英文名	科名	原产地	用途
草莓覆盆子	*Rubus illecebrosus*	strawberry raspberry, balloon berry	蔷薇科	东亚	S
齿叶悬钩子	*Rubus laciniatus*	cut-leaved bramble	蔷薇科	欧洲	S
罗甘莓	*Rubus loganobaccus*	logan berry	蔷薇科	北美	SY
多腺悬钩子	*Rubus phoenicolasius*	wineberry, wine raspberry	蔷薇科	东亚	SY
薅叶悬钩子	*Rubus rosifolius*	Mauritius raspberry	蔷薇科	东南亚	S
甜茶	*Rubus suavissimus*	Chinese sweet tea	蔷薇科	东亚	SY
榆叶悬钩子	*Rubus ulmifolius*	blackberry	蔷薇科	欧洲	SY
葡萄叶悬钩子	*Rubus vitifolius*	dewberry	蔷薇科	北美	S
酸模	*Rumex acetosa*	sour leek, sorrel	蓼科	东亚	SY
小酸模	*Rumex acetosella*	sheep's sorrel	蓼科	亚洲、欧洲、北美	SY
皱叶酸模	*Rumex crispus*	yellow dock, curled dock	蓼科	亚洲、欧洲、北美	SY
盾叶酸模	*Rumex scutatus*	French sorrel	廖科	欧洲、亚洲	Y
假叶树	*Ruscus aculeatus*	butcher's broom	假叶树科	欧洲	Y
叙利亚芸香	*Ruta chalepensis*	Aleppo rue	芸香科	欧洲	YF
芸香	*Ruta graveolens*	rue, herb of grace	芸香科	欧洲	YF
北美圆柏	*Sabina virginiana*	cedarwood virginian	柏科	北美	FQ
可食甘蔗	*Saccharum edule*	lowland sugar, pit pit sugar	禾本科	东南亚	SQ
甘蔗	*Saccharum officinarum*	sugarcane	禾本科	东南亚	SQY
甜根子菜	*Saccharum spontaneum*	wild sugar cane	禾本科	东南亚	SQY
茨菇	*Sagittaria sagittifolia*	arrowhead, Chinese arrowhead	泽泻科	欧洲、东亚	SY
蜜蛇皮果	*Salacca conferta*	kelubi	棕榈科	东南亚	S
蠕虫状蛇皮果	*Salacca vermicularis*	kepela	棕榈科	东南亚	S
互瓦氏蛇皮果	*Salacca wallichiana*	rakum palm, rekum, sala	棕榈科	东南亚	S
蛇皮果	*Salacca zalacca* (*S. edulis*)	salak, snake fruit	棕榈科	东南亚	S
白柳	*Salix alba*	white willow	杨柳科	欧洲	YL
无翅猪毛菜	*Salsola komarovii*	oka-hijiki	藜科	东亚	S
牙刷树	*Salvadora persica*	mustard tree, toothbrush tree	刺茉莉科	非洲	Y
蓝花鼠尾草	*Salvia farinacea*	mealycup sage, mealy sage	唇形科	北美	S
灌丛鼠尾草	*Salvia fruticosa*	Greek sage	唇形科	欧洲	SY
丹参	*Salvia miltiorrhiza*	Danshen root	唇形科	东亚	Y
药用鼠尾草	*Salvia officinalis*	sage	唇形科	欧洲	S
南欧丹参	*Salvia sclarea*	clary sage	唇形科	欧洲、亚洲	SY
加拿大接骨木	*Sambucus canadensis*	American elderberry	忍冬科	北美	SY
黑接骨木	*Sambucus nigra*	elder, elderberry	忍冬科	欧洲	SY
接骨木	*Sambucus racemosa*	grape elder	忍冬科	欧洲、亚洲	SY
山道楝	*Sandoricum koetjape*	santol, sentul	楝科	东南亚	S
美洲血根草	*Sanguinaria candensis*	bloodroot	罂粟科	北美	SY
小地榆	*Sanguisorba minor*	salad burnet, garden burnet, small burnet, burnet	蔷薇科	欧洲	SY

续 表

中文名	拉丁名	英文名	科名	原产地	用途
地榆	*Sanguisorba officinalis*	greater burnet	蔷薇科	欧洲、北美、亚洲	SYQ
欧洲变豆菜	*Sanicula europaea*	sanicle	伞形科	欧洲、亚洲	Y
檀香树	*Santalum album*	sandalwood	檀香科	南亚	YF
乌桕	*Sapium sebiferum*	Chinese tallow tree	大戟科	东亚	YZL
肥皂草	*Saponaria officinalis*	soap wort	石竹科	欧洲、亚洲	Y
无忧花	*Saraca indica*	asoka	豆科	亚洲	Y
美洲檫木	*Sassafras albidum*	sassafras	樟科	北美	Y
夏香草	*Satureja hortensis*	summer savory	唇形科	欧洲	YS
冬香草	*Satureja montana*	winter savory	唇形科	欧洲	YS
守宫木	*Sauropus androgynus*	sweet-shoot，chekur manis	大戟科	东南亚	Y
柔毛白乳香	*Schinus molle*	pepper tree，pink pepper	漆树科	南美	S
肖乳香	*Schinus terebinthiotius*	pepper tree	漆树科	美洲	Y
曼杰提树	*Schinziophyton rautanenii*	Manketti tree，mongongo，mongongo tree	大戟科	非洲	S
五味子	*Schisandra chinensis*	schisandra，fructus schisandrae	木兰科	东亚	YS
裂叶荆芥	*Schizonepeta tenuifolia*	Jing Jie	唇形科	东亚	Y
伯尔硬胡桃	*Sclerocarya birrea*	marula，marula tree	漆树科	非洲	S
水扒椆	*Scolopendrium vulgare*	hartstongue	水龙骨科	欧洲、北非、亚洲	S
西班牙水飞蓟	*Scorzonera hispanica*	golden thistle，Spanish oyster plant	菊科	欧洲	Y
林生玄参	*Scrophularia nodosa*	figwort	玄参科	欧洲、亚洲、北美	Y
黄芩	*Scutellaria baicalensis*	baikal skullcap	唇形科	东亚	Y
侧花黄芩	*Scutellaria laterifolia*	skullcap，virginia skullcap，mad dog	唇形科	北美	Y
黑麦	*Secale cereale*	rye	禾本科	中亚	SY
佛手瓜	*Sechium edule*	chayote，vegetable pear	葫芦科	北美	S
大花月光掌	*Selenicereus grandiflorus*	night flowering cereus	仙人掌科	南美	Y
月光掌	*Selenicereus megalanthus*	night brooming cereus	仙人掌科	北美	S
屋顶长生草	*Sempervivum tectorum*	houseleek	景天科	欧洲、非洲、亚洲	Y
金色千里光	*Senecio aureus*	liferoot，squaw weed	菊科	北美	Y
锯叶棕	*Serenoa repens*	saw palmetto	棕榈科	北美	Y
芝麻	*Sesamum indicum*	sesame	胡麻科	非洲、中亚、南亚	S
木田菁	*Sesbania grandiflora*	bakphul，Agati sesbania，sesban	豆科	东南亚	S
小米	*Setaria italica*	foxtail millet，Italian millet	禾本科	欧洲	S
矮狗尾草	*Setaria pumila*	yellow foxtail，pigeon grass	禾本科	亚洲	S
大叶婆罗	*Shorea macrophylla*	illipe nut	龙脑香科	东南亚	S
香蕉瓜	*Sicana odorifera*	casabanana	葫芦科	南美	S
水飞蓟	*Silybum marianum*	milk thistle，cardus marianus	菊科	欧洲	Y
霍霍巴	*Simmondsia chinensis*	jojoba	黄杨科	美洲	YQZ
白芥	*Sinapis alba*	white mustard	十字花科	欧洲	SY
非洲姜	*Siphonochilus aethiopicus*	African ginger	姜科	南美	F

续 表

中文名	拉丁名	英文名	科名	原产地	用途
药用大蒜芥	*Sisymbrium officinale*	hedge mustard	十字花科	欧洲、亚洲	SY
菊薯	*Smallanthus sonchifolius*	yacon	菊科	美洲	Y
鹿药	*Smilacina japonica*	root and rhizome of Japanese false solomonseal	百合科	东亚	Y
北美菝葜	*Smilax bona-nox*	Chinese briar	菝葜科	北美	S
土茯苓	*Smilax glabra*	glabrous greenbrier rhizome，rhizome of glabrous greenbrier	百合科	东亚	Y
洋菝葜	*Smilax officinalis*	sarsaparilla	百合科	亚洲、澳洲	S
洪都拉斯菝葜	*Smilax regelii*	Jamaica sarsaparilla	菝葜科	美洲	Y
澳洲茄	*Solanum aviculare*	kangaroo apple，poroporp	茄科	澳洲	Y
欧白英	*Solanum dulcamara*	commonnightshand	茄科	欧洲、北非、亚洲	Y
黑樱桃茄	*Solanum melanocerasum*（*S. intrusum*）	garden huckleberry	茄科	南美	S
茄	*Solanum melongena*	aubergine，eggplant，brinjal	茄科	南亚	S
南美香瓜茄	*Solanum muricatum*	pepino，melon pear	茄科	南美	S
龙葵	*Solanum nigrum*	black nightshade，wonderberry	茄科	欧洲	SY
基多茄	*Solanum quitoense*	naranjilla，lulo	茄科	南美	S
下萼茄	*Solanum retroflexum*	msoba，umsoba	茄科	非洲	S
马铃薯	*Solanum tuberosum*	potato	茄科	南美	S
加拿大一枝黄花	*Solidago canadensis*	goldenrod	菊科	北美	YL
毛果一枝黄花	*Solidago virgaurea*	goldenrod	菊科	欧洲、亚洲	Y
苦苣菜	*Sonchus oleraceus*	sonchus，common sowthistle	菊科	东亚	S
槐	*Sophora japonica*	Chinese scholar tree	豆科	东亚	SY
越南槐	*Sophora tonkinensis*	tonkin sophora	豆科	东南亚	Y
白花楸	*Sorbus aria*	whitebeam berry	蔷薇科	欧洲	Y
欧洲花楸	*Sorbus aucuparia*	mountain ash，rowan	蔷薇科	欧洲	SY
欧亚花楸	*Sorbus domestica*	service tree，sorb apple	蔷薇科	欧洲、亚洲、非洲	S
治疝花楸	*Sorbus torminalis*	service tree，sorb apple	蔷薇科	欧洲	S
高粱	*Sorghum bicolor*	sorghum，broomcorn	禾本科	非洲	S
密花豆	*Spatholobus suberectus*	suberect spatholobus	豆科	美洲	S
赤根驱虫草	*Spigelia marlandica*	pink root，Indian pink	马钱科	南美	Y
金纽扣	*Spilanthes acmella*	spilanthes，para cress，toothache plant	菊科	南美洲	SY
菠菜	*Spinacea oleracea*	spilanthes，para cress	菊科	中亚	S
甜槟榔青	*Spondias cytherea*（*S. dulcis*）	ambarella，hog plum	漆树科	东南亚	Y
蒙滨槟榔青	*Spondias mombin*（*S. lutea*）	yellow mombin，caja fuit，jobo	漆树科	美洲	S
紫色槟榔青	*Spondias purpurea*	Spanish plum，red mombin，Jamacaica plum	漆树科	美洲	S
药水苏	*Stachys officinalis*	betony	唇形科	欧洲	Y

续 表

中文名	拉丁名	英文名	科名	原产地	用途
草石蚕(甘露子)	*Stachys sieboldii*	Chinese artichoke	唇形科	东亚	S
繁缕	*Stellaria media*	chickweed, common chickweed	石竹科	欧洲	S
胖大海	*Sterculia lychnophora*	salva nut tree, Taiwan sweet gum tree	梧桐科	东南亚	Y
欣毛梧桐	*Sterculia urens*		梧桐科	亚洲、非洲	Y
甜叶菊	*Stevia rebaudiana*	stevia, sugar-leaf, sweet stevia	菊科	南美洲	SY
草乌桕	*Stillingia sylvatica*	stillingia	大戟科	北美	Y
毒毛旋花子	*Strophanthus kombe*	strophanthus	夹竹桃科	非洲	Y
马钱	*Strychnos nux-vomica*	nux vomica, strychnine tree	马钱科	亚洲	Y
刺马钱	*Strychnos spinosa*	monkey orange	马钱科	非洲	S
安息香	*Styrax benzoin*	benzoin	安息香科	东南亚	FY
印度獐牙菜	*Swertia chirata*	chirata	龙胆科	南亚	Y
日本当药	*Swertia japonica*	swertia	龙胆科	东亚	Y
聚合草	*Symphytum officinale*	comfrey	紫草科	欧洲	SY
臭菘	*Symplocarpus foetidus*	skunk cabbage	天南星科	北美	Y
神秘果	*Synsepalum dulcificum*	miraculous berry, miracle fruit	山榄科	非洲	S
丁香	*Syringa aromaticum*	clove	桃金娘科	东南亚	LY
暴马丁香	*Syringa reticulata* var. *mandshurica*	manchurian lilac	木犀科	东亚	LY
水丁香	*Syzygium aqueum*	water apple, watery rose apple	桃金娘科	东南亚	S
马墨	*Syzygium cuminii*	jambul, java plum	桃金娘科	东南亚、澳洲	SY
蒲桃	*Syzygium jambos*	nose apple, Malabar plum, jambos	桃金娘科	东南亚	S
马六甲蒲桃	*Syzygium malaccensis*	Malay rose apple, pomerac	桃金娘科	东南亚	S
圆锥花序蒲桃	*Syzygium paniculatum*	garden eugenia, brush cherry	桃金娘科	澳洲	S
多花蒲桃	*Syzygium polyantha*	salam leaf, duan salam, Indonesian bay leaf	桃金娘科	东南亚	S
莲雾(洋蒲桃)	*Syzygium samarangense*	Jambu air, Java wax apple, love apple, java rose apple, royal apple, bell fruit, wax jambu	桃金娘科	东南亚	S
紫色钟花树	*Tabebuia avellanedae*	lapacho	紫葳科	南美	YL
伊博卡	*Tabernanthe iboga*	Iboga	夹竹桃科	非洲	Y
万寿菊	*Tagetes erecta*	tagetes, tagette, taget	菊科	南美	YL
棱轴土人参	*Talinum triangulare*	talinum, flameflower, waterleaf	菊科	北美	S
酸荚罗望子(酸角)	*Tamarindus indica*	tamarind	豆科	非洲	S
小白菊	*Tanacetum parthenium*	feverfew	菊科	欧洲	SL
菊蒿	*Tanacetum vulgare*	tansy	菊科	东亚	Y
蒲公英	*Taraxacum mongolicum*	mongolian dandelion herb	菊科	东亚	Y
西洋蒲公英	*Taraxacum officinale*	common dandelion, dandelion	菊科	欧洲、亚洲	S
欧洲红豆杉	*Taxus baccata*	yew	紫杉科	欧洲	Y
东北红豆杉	*Taxus cuspidate*	Japanese yew	紫杉科	亚洲	Y

续 表

中文名	拉丁名	英文名	科名	原产地	用途
阿江榄仁树	*Terminalia arjuna*	arjuna	使君子科	南亚	Y
毗黎勒	*Terminalia bellerica*	belleric, myrbalan	使君子科	南亚、东南亚	S
榄仁树	*Terminalia catappa*	Indian almond	使君子科	东南亚	S
诃子	*Terminalia chebula*	myrobalan, medicine terminalia	使君子科	东南亚	S
卡氏榄仁树	*Terminalia kaernbachii*	okari	使君子科	东南亚	Y
番杏	*Tetragonia tetragonioides*	western-style meal, New Zealand spinach	番杏科	东亚、东南亚	S
四翼豆	*Tetrapleura tetraptera*	prekese, aridan, aidan tree	豆科	非洲	S
石蚕香科	*Teucrium chamaedrys*	wall germander	唇形科	欧洲、非洲、亚洲	FY
西非竹芋	*Thaumatococcus daniellii*	miracle fruit, miracle berry	竹芋科	非洲	Y
可可树	*Theobroma cacao*	cacao, cocoa tree	梧桐科	南美	S
黄花夹竹桃	*Thevetia peruviana*	yellow oleander	夹竹桃科	非洲	YL
菥蓂	*Thlaspi arvense*	broo's mustard	十字花科	亚洲	YS
北美香柏(北美崖柏)	*Thuja occidentalis*	arbor, vitae	柏科	北美	Y
柠檬百里香	*Thymus × citriodorus*	lemon thyme	唇形科	欧洲	SYF
百里香	*Thymus mongolicus*	mongol thyme	唇形科	欧洲	YF
欧百里香	*Thymus serpyllum*	wild thyme	唇形科	欧洲	YF
麝香草	*Thymus vulgaris*	common thyme, garden thyme	唇形科	欧洲	SF
菩提花(心叶椴)	*Tilia cordata*	linden, lime	椴树科	欧洲	YQ
金果榄	*Tinospora sagittata*	arrowshaped tinospara	防己科	东亚	Y
心叶金果榄	*Tinosnora cordifolia*	cordifolia tinospora	防己科	亚洲	SY
香椿	*Toona sinensis*	Chinese toona	防己科	亚洲	SY
银紫丹	*Tournefortia argentea*	velvet leaf	紫草科	东南亚	
糙果芹	*Trachyspermum ammi*	ajowan, ajwain, carom, omam	伞形科	亚洲、非洲	SY
蒜叶婆罗门参	*Tragopogon porrifolius*	salsify, oyster plant	菊科	欧洲	SY
婆罗门参	*Tragopogon pratensis*	goat's beard	菊科	欧洲	SY
乌菱	*Trapa bicornis*	water chestnut, caltrop, ling nut	菱科	东亚	S
菱	*Trapa bispinosa*	singharanut	菱科	欧洲、亚洲	S
漂浮菱	*Trapa natans*	European water chestnut, water caltrops	菱科	东亚	S
瓜叶栝楼	*Trichosanthes cucumerina* (*T. anguina*)	snake gourd, serpent gourd	葫芦科	东南亚、南亚	SY
异株栝楼	*Trichosanthes dioica*	pointed gourd	葫芦科	东南亚	S
栝楼	*Trichosanthes kirilowii* (*T. japonica*)	Mongolian gourd	葫芦科	东亚	SY
全缘栝楼	*Trichosanthes ovigera* (*T. cucumeroides*)	Japanese snake gourd	葫芦科	东亚	SY
红车轴草	*Trifolium pratense*	red clover	豆科	欧洲、中亚	S

续 表

中文名	拉丁名	英文名	科名	原产地	用途
胡芦巴	*Trigonella foenum-graecum*	fenugreek	豆科	非洲、欧洲	SYQ
褐花延龄草	*Trillium erectum*	bethroot	百合科	北美	Y
三叶金橘	*Triphasia trifolia*	lime berry，trifoliate lime berry	芸香科	东南亚、东亚	S
普通小麦	*Triticum aestivum*	bread wheat，wheat	禾本科	中亚	S
硬粒小麦	*Triticum durum*	durum wheat，macaroni wheat	禾本科	中亚	S
一粒小麦	*Triticum monococcum*	einkorn wheat	禾本科	欧洲、中亚	S
欧洲小麦	*Triticum spelta*	spelt	禾本科	欧洲、中亚	S
圆锥小麦	*Triticum turgidum var. dicoccum*	emmer wheat	禾本科	欧洲、中亚	S
旱金莲	*Tropaeolum majus*	nasturtium	旱金莲科	南美	SY
块茎旱金莲	*Tropaeolum tuberosum*	Mashua，tuber nasturtium	旱金莲科	南美	S
加拿大铁杉	*Tsuga canadensis*	Canada hemlock	松科	北美	Y
郁金香	*Tulipa gesneriana*	flower of common tulip，garden tulip	百合科	东亚	L
匍匐特纳草	*Turnera diffusa*	damiana	窝籽科	北美	Y
款冬	*Tussilago farfara*	coltsfoot	菊科	欧洲、亚洲	Y
印度娃儿藤	*Tylophora asthmatica*	asmatica，indian lobelia	萝藦科	南亚	Y
香蒲	*Typha angustifolia*	cattail	香蒲科	亚洲	YX
宽叶香蒲	*Typha latifolia*	typha dishes	香蒲科	亚洲	YX
野枇杷	*Uapaca kirkiana*	wild loquat，mahobohobo	大戟科	非洲	S
安第斯薯	*Ullucus tuberosus*	ulluco，tuberous basella，melloco	落葵科	南美	YL
榆树	*Ulmus pumila*	siberian elm，Asiatic elm，dwarf elm	榆科	亚洲	SX
糙枝榆	*Ulmus rubra*	slippory elm	榆科	北美	SY
钩藤	*Uncaria rhynchophylla*	Gou Teng	茜草科	东亚、东南亚	Y
茸毛钩藤	*Uncaria tomentosa*	cat's claw	茜草科	南美	Y
海葱	*Urginea maritima*	squill	百合科	欧洲	S
异株荨麻（大荨麻）	*Urtica dioica*	perennial stinging nettle	荨麻科	欧洲、亚洲	S
欧荨麻（小荨麻）	*Urtica urens*	annual stinging nettle	荨麻科	欧洲、亚洲、北美	Y
须松萝	*Usnea barbata*	bread moss	松萝科	欧洲、非洲、北美	Y
王不留行	*Vaccaria segetalis*	cowherb seed	石竹科	亚洲	Y
狭叶越橘	*Vaccinium angustifolium*	lowbush blueberry	杜鹃花科	北美	SY
北美越橘	*Vaccinium ashei*	rabbiteye blueberry	杜鹃花科	北美	S
乌饭树	*Vaccinium bracteatum*	oriental blueberry	杜鹃花科	东亚	SY
高大越橘（蓝莓）	*Vaccinium corymbosum*	highbush blueberry	杜鹃花科	北美	S
南美越橘	*Vaccinium floribundum*	mortino，Andes blueberry	杜鹃花科	北美	SY
大果越橘	*Vaccinium macrocarpon*	large cranberry，American cranberry	杜鹃花科	北美、亚洲	SY
欧洲越橘	*Vaccinium myrtillus*	bilberry，common blueberry	杜鹃花科	欧洲、亚洲、北美	SY

续 表

中文名	拉丁名	英文名	科名	原产地	用途
小果越橘	*Vaccinium oxycoccus*	small cranberry, European cranberry	杜鹃花科	欧洲、亚洲、北美	SY
笃斯越橘	*Vaccinium uliginosum*	blueberry	杜鹃花科	亚洲、欧洲	SY
越橘	*Vaccinium vitis-idaea*	lingonberry, cowberry	杜鹃花科	欧洲、亚洲、北美	SY
蜘蛛香	*Valeriana jatamansi*	spider valerian	缬草科	东亚	Y
欧缬草	*Valeriana officinalis*	valerian, garden valerian, garden heliotrope	败酱科	欧洲、北非	Y
萵苣缬草	*Valerianella locusta*	corn salad, common cornsalad, lamb's lettuce	败酱科	欧洲	Y
绿藜芦	*Veratrum viride*	American hellebore	百合科	北美	Y
毛蕊花	*Verbascum thapsus*	mullein	玄参科	欧洲、亚洲	Y
马鞭草	*Verbena officinalis*	vervain	马鞭草科	欧洲、北非、东亚	Y
扁桃斑鸠菊	*Vernonia amygdalina*	bitterleaf	菊科	非洲	Y
药用婆婆纳	*Veronica officinalis*	speedwell	玄参科	欧洲、北美	Y
香根草(岩兰草)	*Vetiveria zizanioides*	aromatic root	禾本科	南亚	Y
欧洲荚蒾	*Viburnum opulus*	cramp bark, guelder rosa	忍冬科	欧洲、北美	Y
樱叶荚蒾	*Viburnum prnuifolium*	black haw	忍冬科	北美	SY
蚕豆	*Vicia faba*	broad bean, fava bean	豆科	中亚	S
乌头叶豇豆	*Vigna aconitifolia*	moth bean	豆科	东亚	S
赤豆	*Vigna angularis*	adzuki bean	豆科	东亚	SY
蒙戈豇豆	*Vigna mungo*	urd bean, black gram	豆科	中亚、南亚、东南亚	SY
绿豆	*Vigna radiata*	mung bean, green gram, golden gram, moong	豆科	南亚	SY
班巴拉花生(地豇豆)	*Vigna subterranea*	bambara groundnut, bambara-bean, Jugo bean	豆科	非洲	S
赤小豆	*Vigna umbellata*	rice bean	豆科	东南亚	SY
豇豆	*Vigna unguiculata*	cowpea, black-eyed bean	豆科	非洲	S
长豇豆	*Vigna unguiculata* subsp. *sesquipedalis*	asparagus bean, yard long bean	豆科	东亚	SY
小蔓长春花	*Vinca minor*	lesser periwinkle	夹竹桃科	欧洲	LY
紫罗兰(香堇菜)	*Viola odorata*	sweet violet	堇菜科	欧洲、亚洲	LY
三色堇	*Viola tricolor*	heartsease	堇菜科	欧洲、北非、亚洲	LY
洋豆蔻	*Virola sebifera*	red ucuuba	肉豆蔻科	南美洲	Y
白果槲寄生	*Viscum album*	European mistletoe	桑寄生科	欧洲、亚洲	Y
穗花黄荆	*Vitex agnus-castus*	agnus castus, chaste tree	马鞭草科	欧洲、亚洲	Y
牡荆	*Vitex negundo* var. *cannabifolia*	negundo chaste tree	马鞭草科	亚洲	Y
山葡萄	*Vitis amurensis*	wild grapes	葡萄科	亚洲	S
美国葡萄	*Vitis labrusca*	slip skin grape, fox grape	葡萄科	北美	S

续 表

中文名	拉丁名	英文名	科名	原产地	用途
葡萄	*Vitis vinifera*	grape，grapevine	葡萄科	欧洲、亚洲	S
厚叶木香	*Vladimiria beradioides*	thick leaf vladimiria	菊科	亚洲	Y
山萮菜(山葵)	*Wasabia japonica*	wasabi，Japanese horseradish	十字花科	东亚	SY
睡茄	*Withania somnifera*	withania，ashwagandha，Indian ginseng	茄科	中亚、南亚	Y
文冠果	*Xanthoceras sorbifolia*	shiny leaf yellow horn	无患子科	东亚	YZL
暗绿黄肉芋	*Xanthosoma atrovirens*	yellow malanga	天南星科	美洲	S
千年芋(慈姑叶黄肉芋)	*Xanthosoma sagittifolium*	tannia，new cocyam，white malange	天南星科	美洲	S
海檀木	*Ximenia americana*	wild plum，sour plum	铁青树科	美洲、非洲	S
埃塞俄比亚木瓣树	*Xylopia aethiopica*	Guinea pepper	番荔枝科	非洲	S
丝兰	*Yucca filamentosa*	yucca	龙舌兰科	美洲	YX
美洲花椒	*Zanthoxylum americanum*	prickly ash，toothache tree	芸香科	北美	SY
花椒	*Zanthoxylum bungeanum*	Chinese prickly ash，Chinese pepper	芸香科	东亚	SY
两面针	*Zanthoxylum nitidum*	needle，bothsides	芸香科	东亚	SY
胡椒木(秦椒)	*Zanthoxylum piperitum*	Sichuan pepper，Japan pepper	芸香科	东亚	SY
野花椒	*Zanthoxylum simulans*		芸香科	东亚	SY
玉米	*Zea mays*	corn，maize，mealies	禾本科	南美	SY
卡萨蒙纳姜	*Zingiber cassumunar*	cassumunar ginger，bangle	姜科	东南亚	S
姜	*Zingiber officinale*	ginger	姜科	南亚	SY
水生菰	*Zizania aquatica*	American wild rice，Canadian wild rice	禾本科	北美	S
茭白	*Zizania latifolia*	Chinese wild rice，Manchurian wild rice	禾本科	东亚	S
枣	*Ziziphus jujuba*	Chinese date，jujube tree	鼠李科	欧洲、亚洲	SY
酸枣	*Ziziphus spinosa*	spine date	鼠李科	东亚	SY
白脉根枣	*Ziziphus lotus*	lotus fruit	鼠李科	欧洲	SY
滇刺枣	*Ziziphus mauritiana*	desert apple，Indian jujube，ber	鼠李科	南亚、中亚	S
混杂枣	*Ziziphus mistol*	mistol	鼠李科	南美	SY
非洲枣	*Ziziphus mucronata*	buffalo thorn	鼠李科	非洲	S
叙利亚枣	*Ziziphus spina-christi*	Christ's crown of thorns，ilb	鼠李科	中亚	SY

中文名索引

W

X

Y

Z

拉丁名索引

D

E

F

G

H

I

J

K

L

M

N

O

S

T

U

V

W

X

Z

英文名索引

C

D

E

F

G

H

I

J

K

L

M

N

O

P

Q

R

S

T

U

V

W

参 考 文 献

1. 缪剑华，彭勇，肖培根. 南药与大南药[M]. 北京：中国医药科技出版社，2014.
2. 王胜三. "一带一路"百问百答[M]. 北京：中国社会出版社，2015.
3. 王思明. 美洲作物在中国的传播及其影响研究[M]. 北京：中国三峡出版社，2010.
4. 袁昌齐，冯煦. 欧美植物药[M]. 南京：东南大学出版社，2004.
5. 袁昌齐，肖正春. 世界植物药[M]. 南京：东南大学出版社，2013.
6. 张卫明，袁昌齐，张茹云，等. 芳香疗法和芳疗植物[M]. 南京：东南大学出版社，2009.
7. 张卫明，肖正春，等. 中国辛香料植物资源开发与利用[M]. 南京：东南大学出版社，2007.
8. 张元明，李耀明，沈观冕，等. 中亚植物资源及其利用[M]. 北京：气象出版社，2013.
9. 赵中振，肖培根. 当代药用植物典：第三册[M]. 上海：上海世界图书出版公司，2008.
10. 周其明. 果树 蔬菜 花卉 植物手册. 广州：广东科技出版社，1995.
11. Andrew Chevalier Fnimh. Encyclopedia of Herbal Medicine[M]. 2nd ed. N. Y. : DK Publishing Inc., 2000.
12. Ben-Erik van Wyk, Michael Wink. Medicinal Plants of the World[M]. Portland, Oregon: Timber Press Inc., 2004.
13. Ben-Erik van Wyk. Food Plants of the World[M]. Portland, Oregon: Timber Press Inc., 2006.
14. Bep Oliver-Bever. Medicinal Plants in Tropical West Africa [M]. Cambridge: Cambridge University Press, 2009.
15. Claire kowalchik, William H Hylton. Rodale's Illustrated Encyclopedia of Herbs[M]. Emmaus, Pensylvania: Rodale Press, 1998.
16. Daniel E Moerman. Natural American Medicinal Plants[M]. Portland, London: Timer Press, 2009.
17. Michael Castleman. The New Healing Herbs[M]. Emmaus, Pensylvania: Rodale press, 2002.
18. Matthew Wood. The Earth wise Herbal[M]. Berkeley, California; North Atlantic Books, 2009.
19. Matthew Wood. The Earth wise Herbal: A complete Guide to old world Medicinal Plants[M]. Berkeley, California; North Atlantic Books, 2008.
20. Patrick Lima, Turid Forsyth. Herbs: The Complete Gardener's Guide[M]. Ontario: Firefly Books, 2001.

本书部分图片来自以下网站：

https://en.wikipedia.org/wiki/Wiki

http://cn.bing.com/

https://www.google.com.hk/

http://www.cvh.ac.cn/

http://www.plantphoto.cn/

https://www.baidu.com/

http://bio.psu.edu/

http://www.botany.hawaii.edu/